1. Auflage 1 16 15 14 13 12 | 18 17 16 15 14

Alle Drucke dieser Auflage sind unverändert und können im Unterricht nebeneinander verwendet werden.
Die letzte Zahl bezeichnet das Jahr des Druckes.

Autoren: Wolfram Bäurle, Eycke Fröchtenicht, Günter Ganz, Paul Gietz, Wolfgang Heitland, Barbara Hoppe, Otfried Müller, Reinhard Peppmeier, Petra Schleusener, Michael Wächter, Burkhard Weizel, Charlotte Willmer-Klumpp, Ulrike Wolf

Redaktion: Dr. Andreas Henseler
Herstellung: Christine Guntrum

Layoutkonzeption und Gestaltung: Matthias Balonier, Infografik, Lützelbach
Unter Mitarbeit von: Karin Mall, Berlin
Umschlaggestaltung: KOMA AMOK®, Kunstbüro für Gestaltung, Stuttgart
Gestaltung Periodensystem: normaldesign, Schwäbisch Gmünd
Illustrationen: Matthias Balonier, Lützelbach; Udo Buffler, Marburg; Jeanne Kloepfer, Lindenfels; Angelika Kramer, Stuttgart; Karin Mall, Berlin; Tom Menzel, Rohlsdorf; Otto Nehren, Achern
Reproduktion: Meyle + Müller, Medien-Management, Pforzheim
Druck: Himmer AG, Augsburg

Printed in Germany
ISBN: 978-3-12-068560-9

9 783120 685609

PRISMA CHEMIE 7–10

Ausgabe A

Wolfram Bäurle
Eycke Fröchtenicht
Günter Ganz
Paul Gietz
Wolfgang Heitland
Barbara Hoppe
Otfried Müller
Reinhard Peppmeier
Petra Schleusener
Michael Wächter
Burkhard Weizel
Charlotte Willmer-Klumpp
Ulrike Wolf

Ernst Klett Verlag
Stuttgart · Leipzig

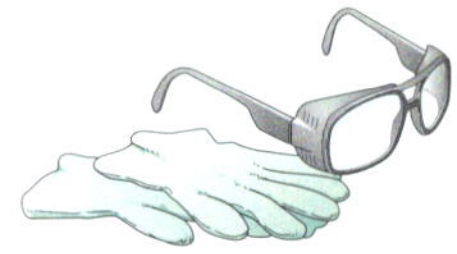

58 Trennen und Mischen

76 Rund um das Wasser

92 Chemische Reaktion

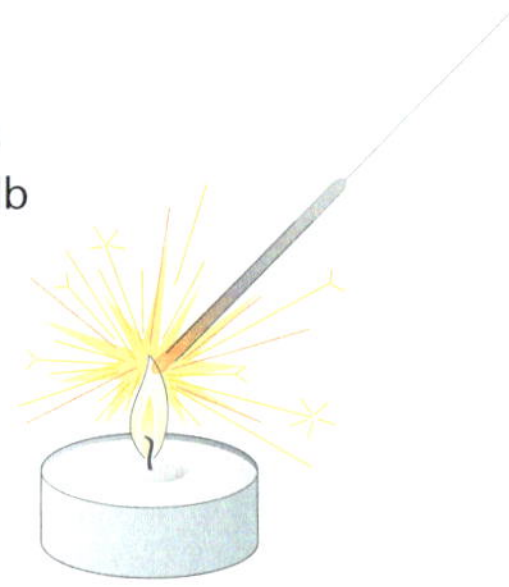

110 Luft und Verbrennung

140 Die chemische Zeichensprache

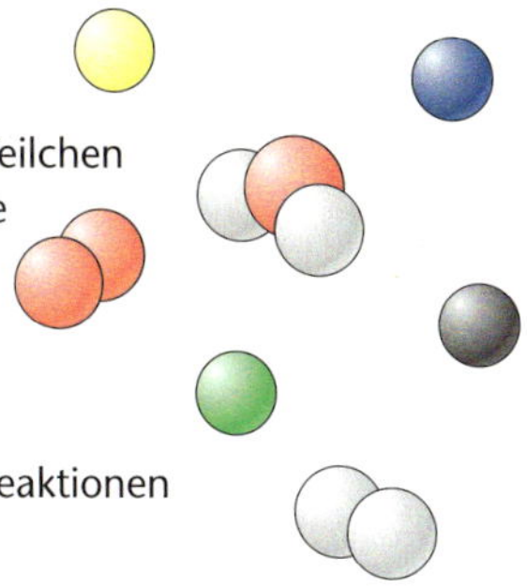

156 Reduktion und Redoxreaktion

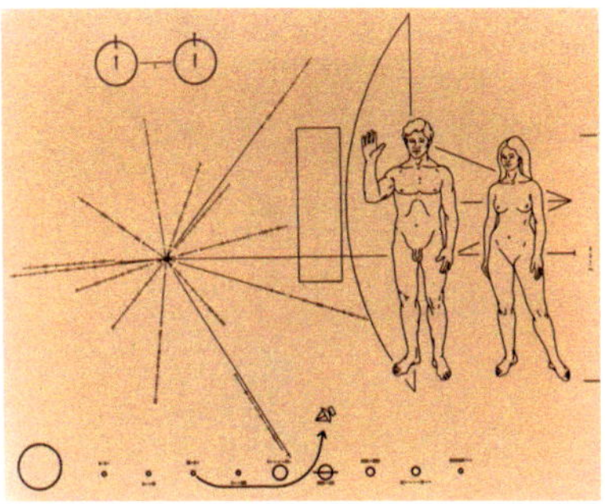

168 Atombau, Periodensystem und Elementgruppen

200 Chemische Bindungen

226 Säuren, Laugen, Salze

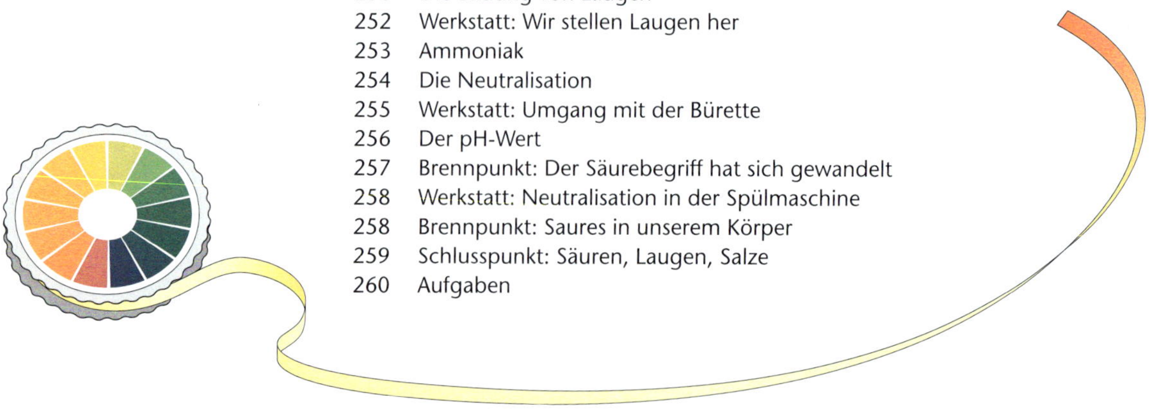

262 Technische Prozesse

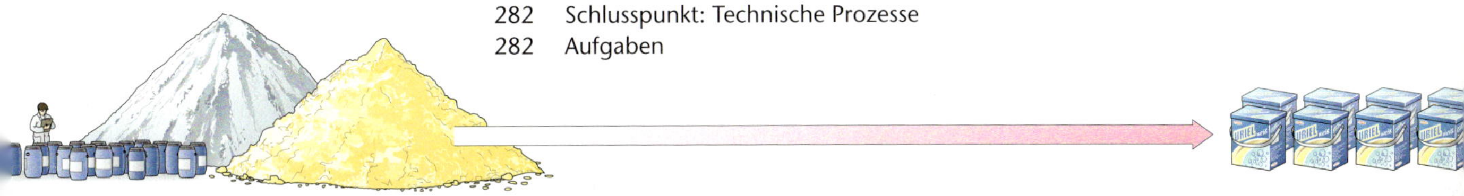

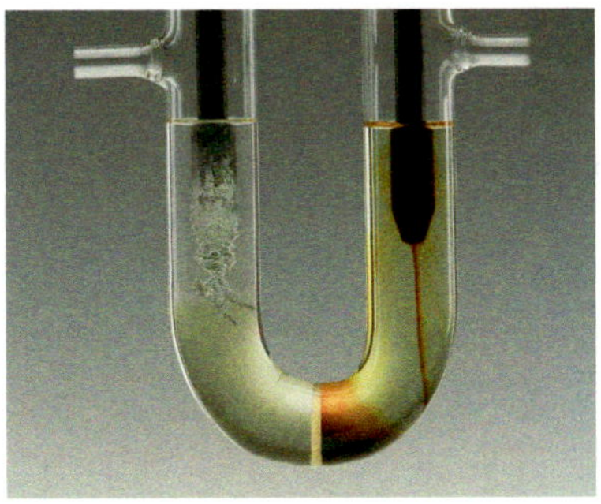

284 Elektrische Energie und chemische Prozesse

304 Der Weg zur Kohlenstoffchemie

306 Kohlenwasserstoffe – Energieträger und Rohstoffe

334 Alkohole und organische Säuren

362 Ernährung und Pflege

392 Anhang

Chemie – es geht nicht ohne
Hände waschen, Zähne putzen, CD hören, Gummibärchen essen, Cola trinken, Blue Jeans und bunte T-Shirts anziehen… alles ganz selbstverständliche Vorgänge. Jeder tut sie tagtäglich und denkt nicht viel darüber nach, woher diese Sachen eigentlich kommen. Verantwortlich sind Entdeckungen in der Chemie. Wie sähe denn der Alltag aus, wenn es keine Chemie gäbe? Es gäbe keine Zahnpasta oder Zahnbürste, keine Gummibärchen, keine Blue Jeans, keine bunten T-Shirts, keine …
Die Chemie trägt ganz wesentlich dazu bei, dass es uns so gut geht.

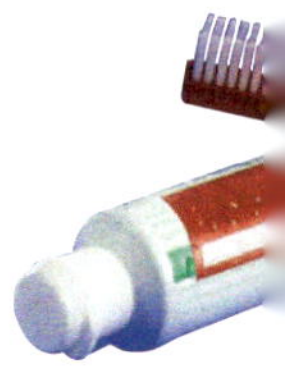

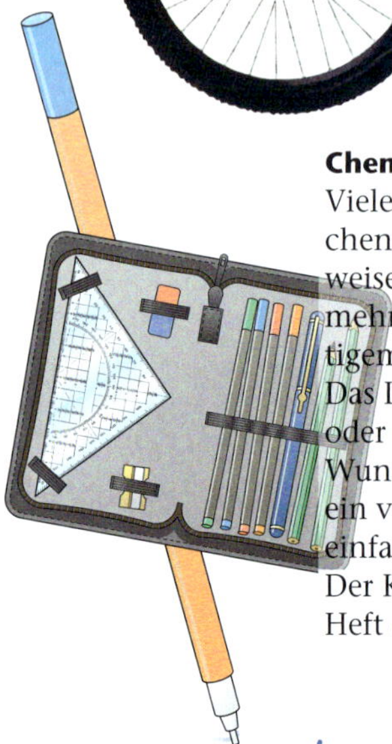

Chemie im Federmäppchen
Viele Gegenstände aus dem Federmäppchen sind Produkte der Chemie. Beispielsweise besteht die Bleistiftmine heute nicht mehr aus giftigem Blei, sondern aus ungiftigem Graphit.
Das Lineal kann aus dem Naturstoff Holz oder einem Kunststoff bestehen.
Wundersam ist der Tintenkiller. Er lässt ein vorher mit Tinte geschriebenes Wort einfach wieder verschwinden.
Der Klebstoff aus der Tube klebt Zettel ins Heft oder hilft beim Basteln.

nte lässt sich killen!

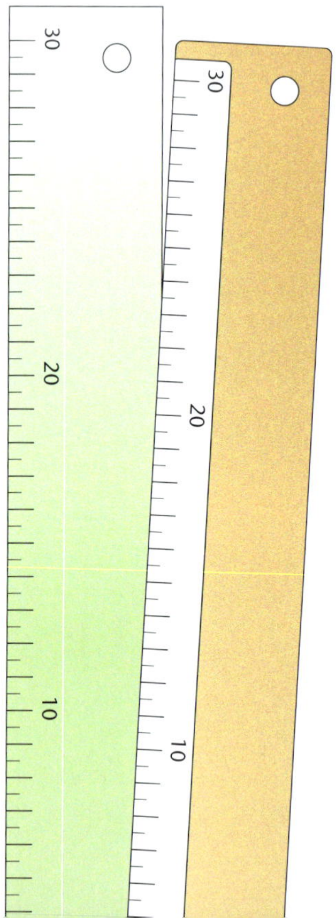

Chemie – um uns und in uns
Chemie steckt in vielen Dingen. Skateboards und Inline-Skates haben Kunststoffrollen, die lautlos gleiten. Diese wurden von Chemikern mitentwickelt.
Der Computer besteht aus Kunststoffteilen, Mikrochips und vielen anderen Teilen, die eine Verbindung zur Chemie haben.
Auch wenn es um das Essen geht, spielt die Chemie eine wichtige Rolle. Beispielsweise hat man herausgefunden, dass das Vitamin A der Karotten nur dann dem Körper nützt, wenn es zusammen mit Fett gegessen wird.

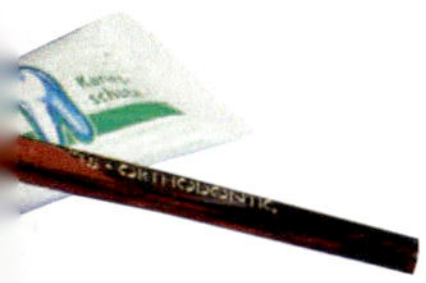

In unserer Umgebung ist so viel Chemie verborgen, die es zu erforschen gibt.

Chemie – ein neues Unterrichtsfach
Chemie ist wie Biologie und Physik eine Naturwissenschaft und ein Unterrichtsfach. Die Biologie erforscht das Leben bei Mensch, Tieren und Pflanzen. Die Physik beschäftigt sich mit den grundlegenden Erscheinungen in der belebten und unbelebten Natur und sucht dort nach Gesetzmäßigkeiten. Die Chemie untersucht die Eigenschaften und die Umwandlung von Stoffen unserer Umwelt. Es gibt viel Interessantes zu entdecken!

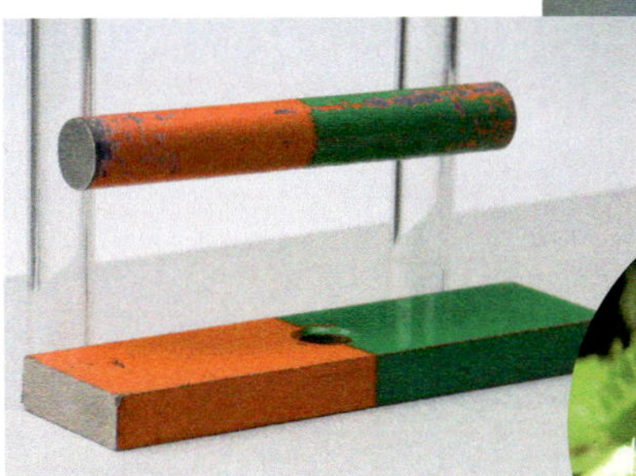

Chemie gibt es schon lange
Die Geschichte der Chemie begann schon vor 4000 bis 5000 Jahren in Ägypten. Obwohl man damals noch nicht von Chemie sprach, beschäftigten sich die Ägypter bereits mit Vorgängen, die aus heutiger Sicht zur Chemie gehören. Neben dem Einbalsamieren ihrer Toten, stellten sie Parfüme, Öle und Kosmetika her. Gefäße aus Ton stammten ebenfalls aus dieser Zeit sowie Schmuck und andere Gegenstände aus Metallen, die aus Erzen gewonnen wurden.

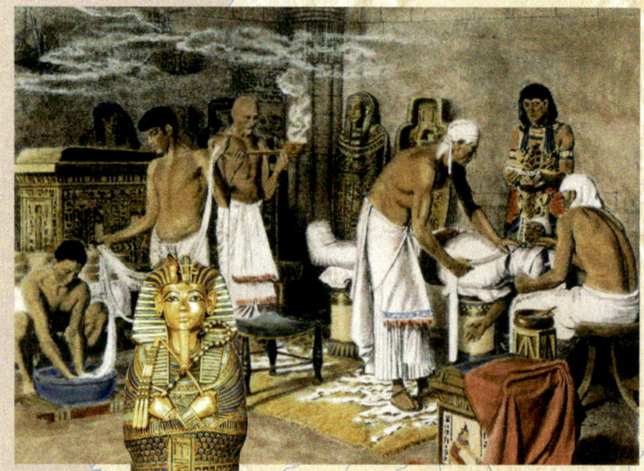

Der Begriff „Chemie"
Der Begriff „Chemie" wurde vermutlich von den Ägyptern geprägt. Wahrscheinlich leitet er sich von „chemia" ab, was „schwarze Erde" bedeutet. Diese schwarze Erde bedeckte nach den regelmäßigen Überschwemmungen des Nils das Land und machte den Boden fruchtbar. Außerdem bedeutete „chemia" auch das „geheimnisvolle Schwarze" im Auge des Menschen, denn Chemie wurde lange Zeit als eine Art Zauberei angesehen.
Die Chemie als Wissenschaft entwickelte sich erst in den letzten 200 Jahren.

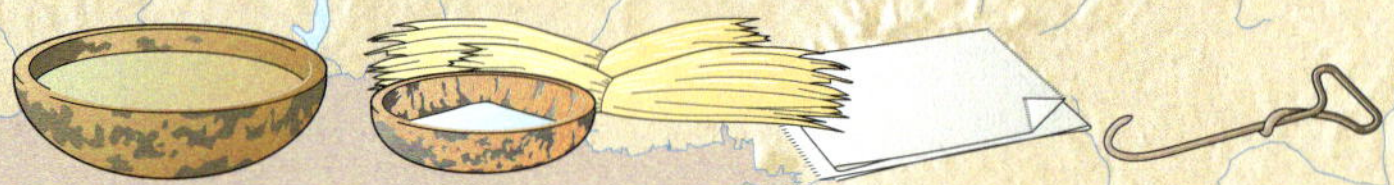

Die Alchemisten
Im Mittelalter gab es keine Chemiker im heutigen Sinne. Sie hatten viele Namen: Man nannte sie z. B. Quacksalber, Kräuterfrauen, Bader, Zauberer und Alchemisten. Überliefert ist, dass die Alchemisten versuchten, Gold künstlich herzustellen und nach dem Elixier, das zur ewigen Jugend verhelfen sollte, suchten – was ihnen nie gelang.
Sie beschäftigten sich aber auch mit heute noch bedeutsamen Verfahren. Damals wurde beispielsweise bereits Bier gebraut, Eisen verhüttet, Schießpulver hergestellt oder Alkohol gewonnen. Es wurden auch viele Geräte entwickelt, die noch heute in modernen Labors zu finden sind.

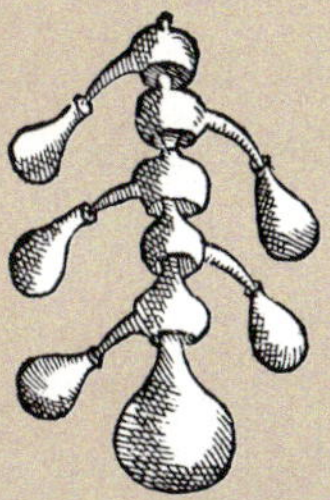
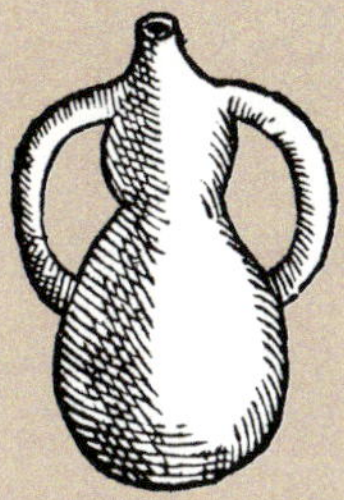

Ein Farbstoff erobert die Welt
Die Geschichte des blauen Farbstoffs begann bereits vor 5000 Jahren. Beim Zerreiben der Pflanze Indigofera tinctoria entstand ein blauer Farbstoff, der Indigo genannt wurde. Der Farbstoff konnte damals nur mühsam hergestellt werden. Das teure Blau war daher früher nur den Gewändern von Königen vorbehalten.

Im 19. Jahrhundert begannen Chemiker dann gezielt Indigo zu untersuchen. Sie fanden bereits 1897 ein Rezept, Indigo im Labor herzustellen. Mit der Massenherstellung von Indigo durch die Firma BASF wurde der Stoff in gewünschter Menge verfügbar. Aus dem ehemals „königlichen" Farbstoff wurde der Farbstoff der Arbeitskleidung.

Mittlerweile hat der blaue Farbstoff die Welt erobert: blau, verwaschen, stonewashed, baggy, worker, flair. Die Blue Jeans hat heute in jedem Kleiderschrank ihren Platz.

Sicheres Experimentieren

Ein Chemieraum unterscheidet sich in vielen Bereichen von einem Klassenraum. Wenn du dich im Chemieraum einmal umschaust, werden dir sofort Anschlüsse für Gas, Wasser und Strom auffallen.

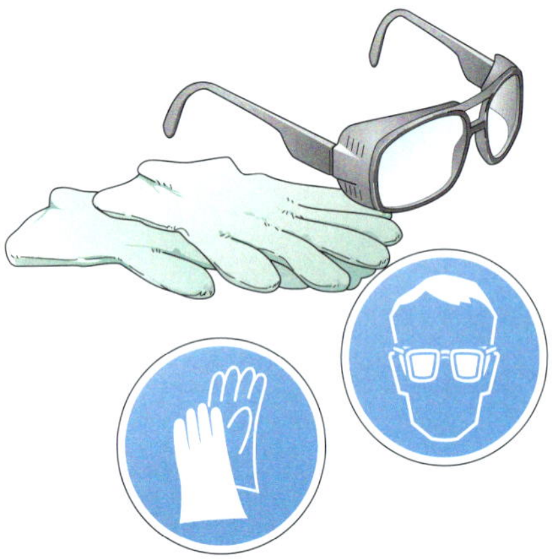

In den Schränken stehen Laborgeräte und Chemikalien für zahlreiche Experimente bereit. Vielleicht sind dir schon einige Geräte bekannt?

Experimente können viel Spaß machen. Damit jedoch keine Unfälle passieren, sollten stets Sicherheitsvorschriften wie z. B. das Tragen von Schutzbrillen beachtet werden.

Fallen dir im Fachraum Einrichtungen auf, die der Sicherheit dienen? Auch auf vielen Chemikalienflaschen findest du auffällige Symbole für den sicheren Umgang. Beschreibe solche Symbole.

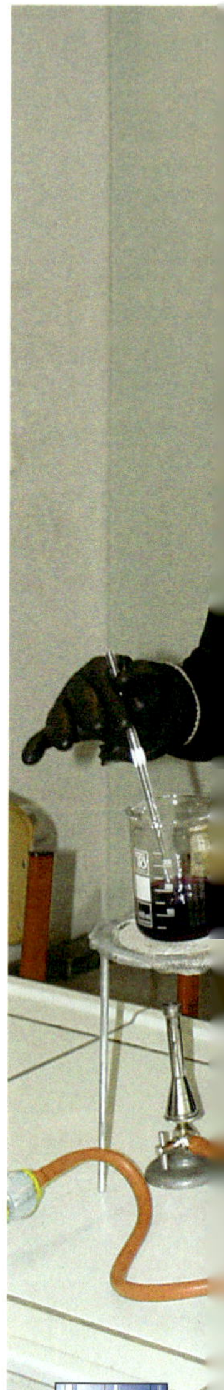

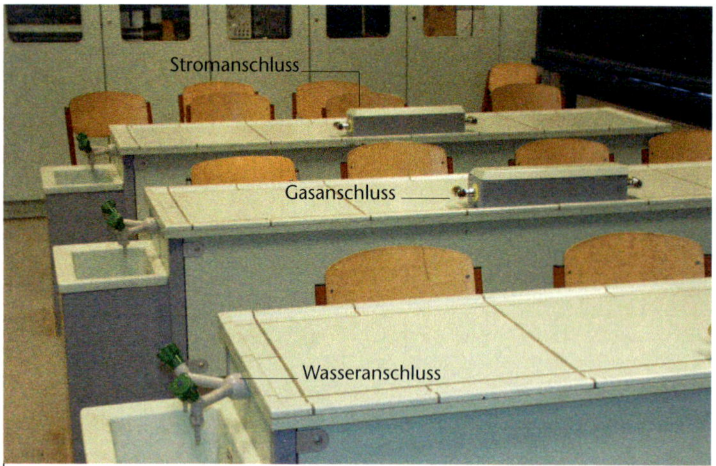

1 Der Fachraum Chemie – ein Raum mit besonderen Einrichtungen

2 Labor-Schutzkleidung

3 Labor-Schutzbrille

4 Labor-Schutzhandschuhe

Verhalten im Fachraum Chemie
Die besondere Ausstattung des Chemieraumes sorgt dafür, dass Experimente gelingen und sicher durchgeführt werden können. Deshalb weist der Chemieraum gegenüber dem Klassenzimmer besondere Einrichtungen auf.

Telefon (Notruf)
110 Polizei (Notruf)
112 Feuerwehr

NOT-AUS-Schalter
Alle Strom- und Gaszuführungen können mit einem Druck unterbrochen werden.

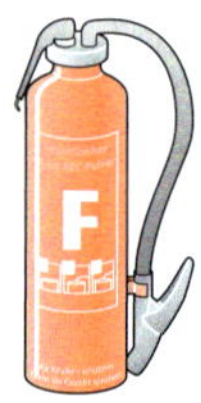

Feuerlöscher
Kleine Brände werden mit dem Kohlenstoffdioxidlöscher oder mit Löschsand bekämpft.

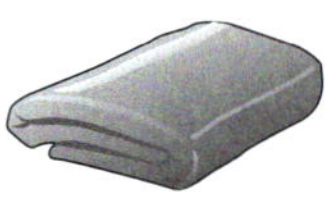

Feuerlöschdecke
Durch Einhüllen brennender Personen werden die Flammen erstickt.

Augendusche
Die Augen werden nach Verätzung durch Säuren und Laugen sofort gespült.

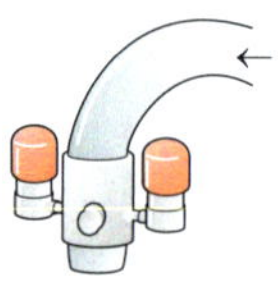

Erste-Hilfe-Kasten
Lage und Inhalt dieses Kastens sollten bekannt sein.

5 Wichtige Sicherheitseinrichtungen im Fachraum Chemie

Die Tischoberflächen bestehen häufig aus Keramikfliesen oder einem widerstandsfähigen Kunststoff. Neben oder auf den Tischen gibt es Anschlüsse für Wasser, Strom und Gas (▷ B 1). Diese Anschlüsse dürfen erst dann in Betrieb genommen werden, wenn mit dem Experimentieren begonnen wird.

Gefährliche Experimente, bei denen Explosions- oder besondere Spritzgefahr besteht, werden auf dem Lehrerdemonstrationstisch hinter einer Schutzscheibe vorgeführt.

Zahlreiche Einrichtungen wie der NOT-AUS-Schalter, die Augendusche oder der Feuerlöscher (▷ B 5) dienen der Sicherheit beim Experimentieren.

Persönliche Schutzausrüstung
Da beim Experimentieren Spritzer ins Auge gelangen können, werden bei der Durchführung von Versuchen Schutzbrillen aufgesetzt. Labor-Schutzbrillen verfügen über Seitenklappen (▷ B 3), die verhindern, dass seitlich Spritzer ins Auge gelangen. Eine normale Brille ersetzt deshalb keine Labor-Schutzbrille.

Bei vielen Versuchen müssen auch Schutzhandschuhe getragen werden. Labor-Schutzhandschuhe sind aus besonderen Materialien hergestellt (▷ B 4), die auch von ätzenden Stoffen nicht durchdrungen werden können.
Um die Kleidung nicht zu verschmutzen, ist es bei einigen Versuchen ratsam, einen Kittel (▷ B 2) oder eine andere Schutzkleidung zu tragen.

Werkstatt

Umgang mit dem Gasbrenner

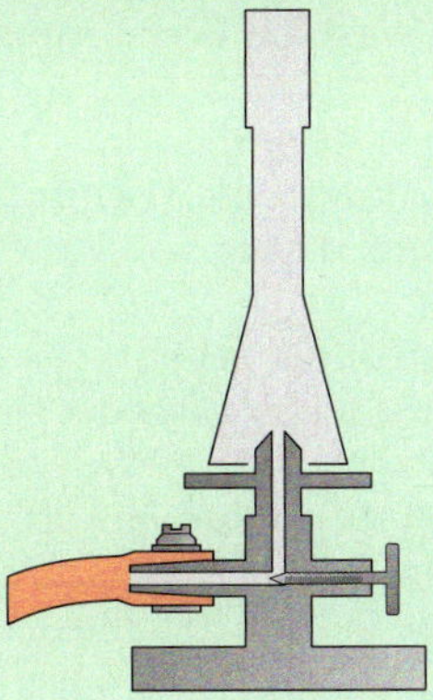

1 Ein Teclubrenner im Schnitt

2 Bei geschlossener Luftzufuhr entsteht eine leuchtende Flamme.

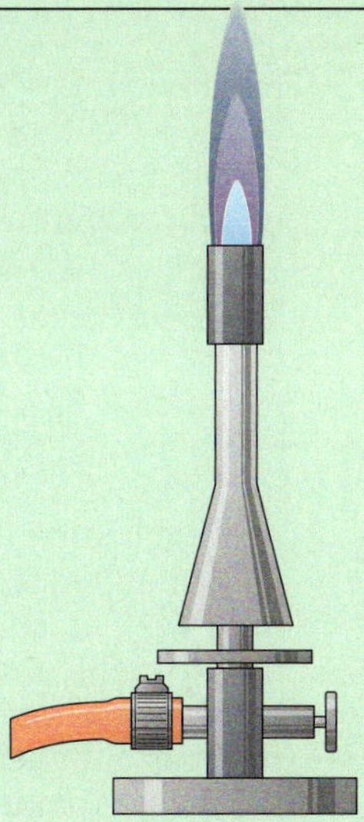

3 Ist die Luftzufuhr geöffnet, entsteht eine rauschende Flamme.

Sieh dir den Gasbrenner genau an, bevor du damit umgehst.

1 Bedienungsanleitung für einen Gasbrenner

Material
Schutzbrille, Haarband, Gasbrenner, Anzünder

Hinweis: Führe alle Versuche im Stehen durch!

Versuchsanleitung
a) Setze die Schutzbrille auf. Binde lange Haare zusammen!

b) Stelle den Brenner standsicher auf den Tisch.

c) Verbinde die Kupplung des Gasschlauches mit der zentralen Gasversorgung am Tisch.

d) Schließe die Luftzufuhr.

e) Öffne die Schraube zur Gasregulierung und entzünde das ausströmende Gas sofort.

f) Öffne die Luftzufuhr und schließe sie wieder.

g) Schließe die Gaszufuhr und kopple den Gasschlauch von der Gasversorgung am Tisch ab.

Aufgaben
1. Zeichne die Skizze des Brenners (▷ B 1) ab und beschrifte die Teile.
2. Übertrage die wichtigsten Stationen zur Bedienung eines Gasbrenners in dein Heft. Achte auf die richtige Reihenfolge.

2 Flammenzonen

Material
Schutzbrille, Haarband, Gasbrenner, Anzünder, Magnesiastäbchen, Holzstäbchen

Versuchsanleitung
a) Halte ein Magnesiastäbchen in verschiedenen Höhen in die rauschende Flamme (▷ B 4).

b) Führe einen Holzspan durch den unteren Bereich der rauschenden Flamme. Arbeite rasch und achte darauf, dass der Holzspan kein Feuer fängt.

Aufgabe
Beobachte! Wo ist die Flamme am heißesten?

3 Gelb leuchtend – schwarz rußend

Material
Schutzbrille, Haarband, Reagenzglas, Reagenzglashalter, Reagenzglasgestell, Gasbrenner, Teelicht, Anzünder

Versuchsanleitung
a) Bewege über der Flamme eines Teelichtes ein Reagenzglas, bis es am Boden verrußt ist (▷ B 5).

b) Halte das verrußte Reagenzglas in die rauschende Flamme eines Gasbrenners und warte, bis der Rußbelag wieder verschwunden ist.

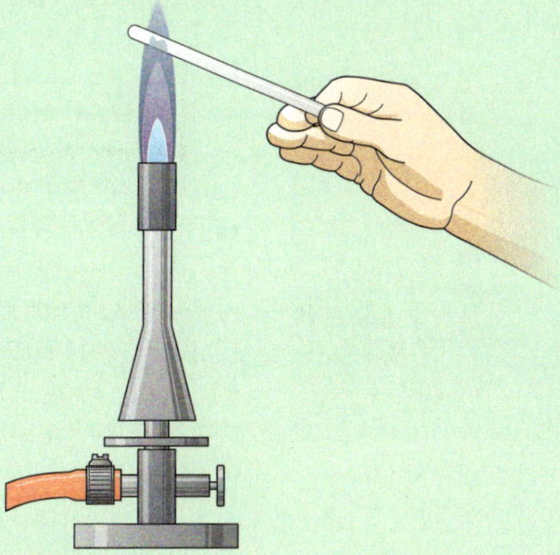

4 Zu Versuch 2a

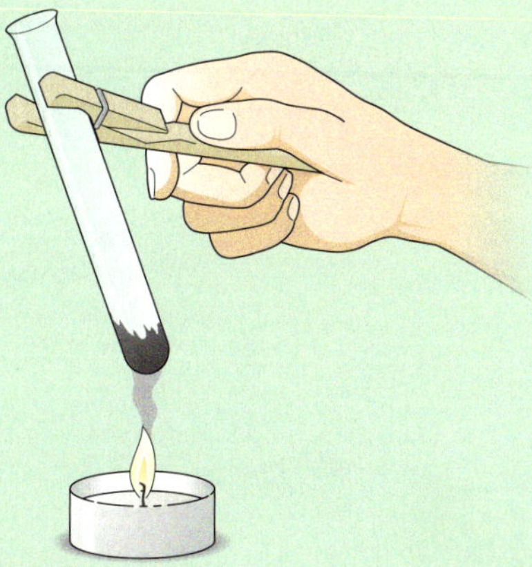

5 Zu Versuch 3

1 Teelicht

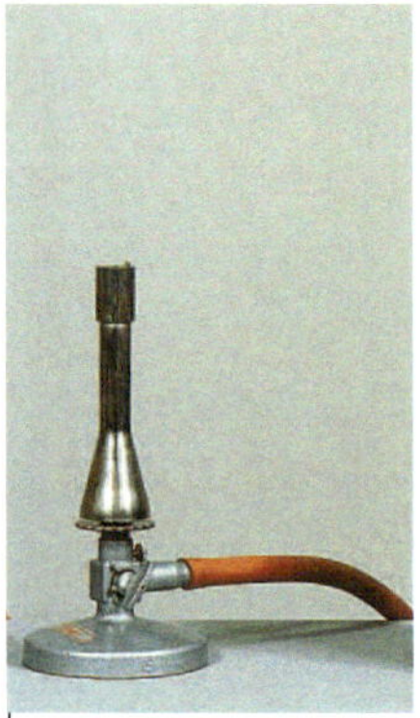

2 Teclubrenner

3 Bunsenbrenner

Ein brennendes Teelicht (▷ B 1) reicht aus, um den Tee in der Kanne warm zu halten. Benötigt man in kurzer Zeit mehr Wärme, ist ein Gasbrenner besser geeignet (▷ B 2).

Den Gasbrenner kennen lernen

Es gibt verschiedene Arten von Gasbrennern (▷ B 2, B 3). Den Aufbau eines Teclubrenners zeigt Bild 4. Seitlich am Gasbrenner befindet sich eine Schraube, sie dient zur Regulierung der Gaszufuhr. Dreht man die Schraube auf, strömt Gas durch eine feine Düse in das Brennerrohr.

Unten am Brennerrohr befindet sich ein Rädchen, das sich nach unten und wieder nach oben drehen lässt. Wird es nach unten gedreht, strömt durch eine Öffnung Luft ein und vermischt sich mit dem Gas. Dreht man das Rädchen ganz nach oben, ist die Luftzufuhr geschlossen.

Flammen, Hitze und Ruß

Ist die Luftzufuhr am Gasbrenner geschlossen, entsteht eine leuchtende Gasflamme, die wie eine große Kerzenflamme aussieht. Sie leuchtet gelb und rußt stark (▷ B 5, links).

Dreht man das Rädchen am Brennerrohr nach unten, verschwindet das Leuchten. Es entsteht eine nicht leuchtende Flamme, mit der in den meisten Fällen gearbeitet wird (▷ B 5, rechts).

Ist die Luftzufuhr ganz geöffnet, hörst du ein Rauschen. Es entsteht eine rauschende Flamme mit einem hellblauen Kegel im Inneren. Diese Flamme ist sehr heiß. An der Spitze des hellblauen Kegels kann die Temperatur bis 1400 °C erreichen (▷ B 6).

▶ Abhängig von der Luftzufuhr kann man am Gasbrenner eine leuchtende, eine nicht leuchtende oder eine rauschende Flamme einstellen.

Beim Entzünden des Gases am Brenner musst du immer eine bestimmte Reihenfolge einhalten.

Schritt für Schritt wird das Brennergas entzündet

- Setze zuerst eine Schutzbrille auf.
- Stelle den Gasbrenner in die Tischmitte und achte darauf, dass er stabil und sicher steht.
- Lege einen Gasanzünder bereit.
- Verbinde den Schlauch fest mit der Gasleitung am Tisch.
- Kontrolliere das Rädchen für die Luftzufuhr und die Schraube für die Gaszufuhr am Brenner. Beide müssen geschlossen sein.
- Öffne den Gashahn am Tisch.
- Öffne die Gaszufuhr am Brenner und entzünde das ausströmende Gas sofort.

Sicher ist sicher

Achte immer darauf, dass nicht unbemerkt Gas ausströmen kann. Erdgas bildet mit Luft ein explosives Gemisch. Geht die Brennerflamme aus, muss der Gashahn sofort geschlossen werden.

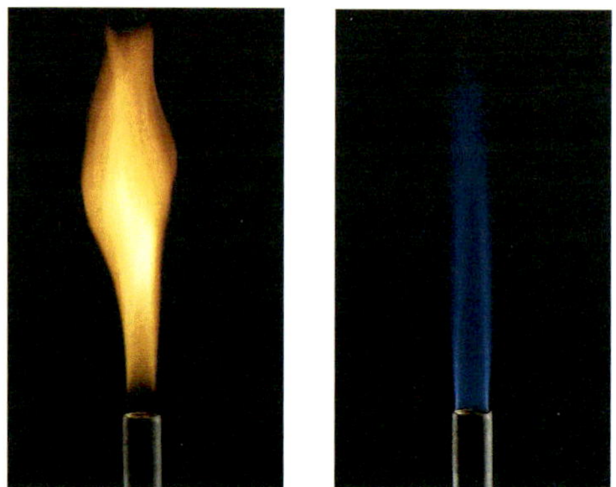

5 Leuchtende und nicht leuchtende Flamme

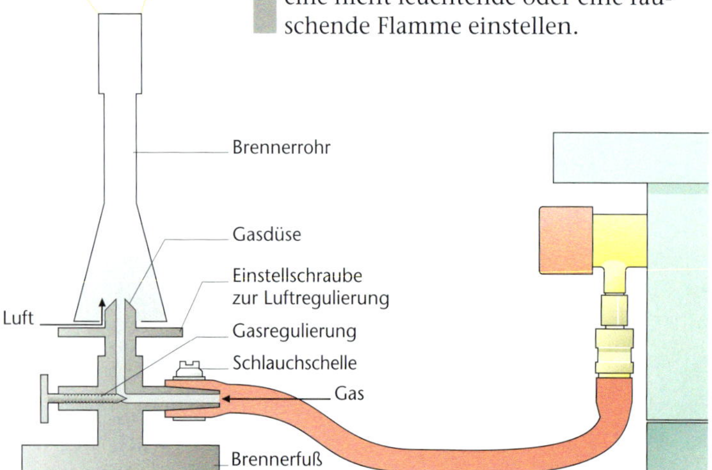

4 Aufbau eines Teclubrenners

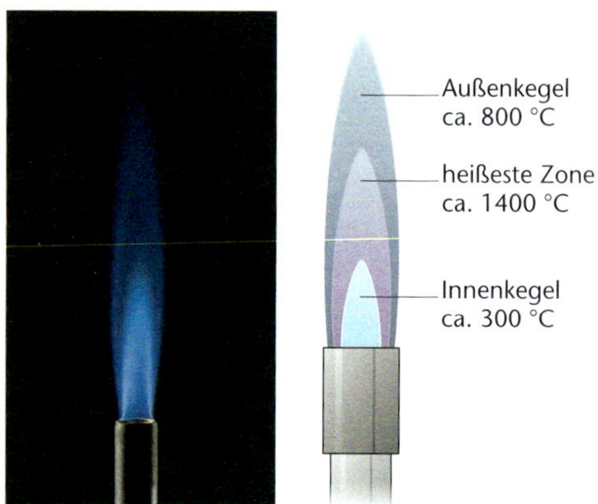

6 Rauschende Flamme und Temperaturzonen

Wir erhitzen Stoffe

1 Wir erhitzen Flüssigkeiten mit dem Gasbrenner

Material

Schutzbrille, Gasbrenner, Reagenzglas, Reagenzglashalter, feuerfeste Unterlage, Siedesteinchen, Wasser

Versuchsanleitung

a) Stelle den Gasbrenner sicher in die Tischmitte auf eine feuerfeste Unterlage. Entzünde den Brenner in der vorgeschriebenen Reihenfolge.

b) Fülle ein Reagenzglas zu einem Viertel mit Wasser und gib einige Siedsteinchen hinzu. Bewege das Reagenzglas über der Brennerflamme auf und ab. Achte darauf, dass die Öffnung des Reagenzglases nicht auf Personen gerichtet ist.

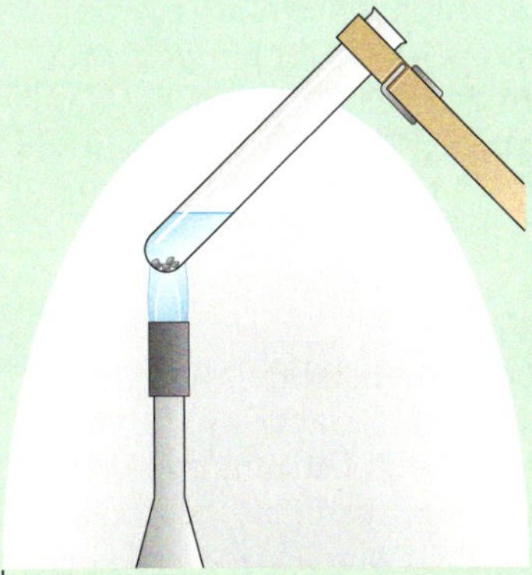

1 Erhitzen von Wasser mit dem Gasbrenner

Aufgaben

1. Notiere die Tätigkeiten beim Entzünden des Gasbrenners in der richtigen Reihenfolge.

2. Welche Sicherheitsmaßnahmen sind zu treffen, wenn Flüssigkeiten in einem Reagenzglas erhitzt werden?

3. Beim Umgang mit dem Gasbrenner ist Vorsicht geboten. Bild 2 zeigt eine mögliche Gefahrenquelle. Beschreibe.

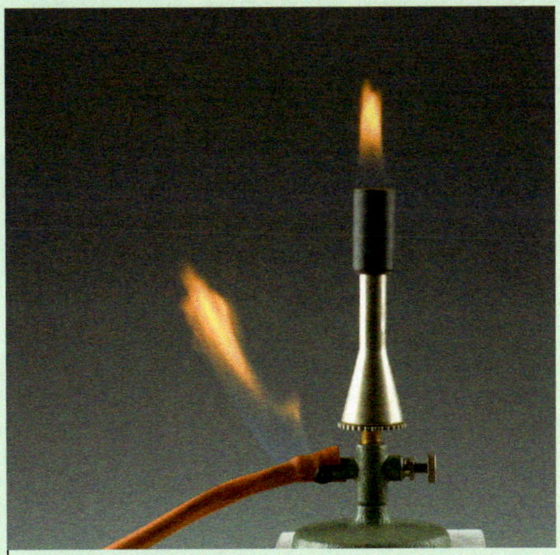

2 Gefahr beim Umgang mit dem Gasbrenner

2 Rundschmelzen eines Glasrohrstückes

Material

Schutzbrille, Gasbrenner, Glasbiegerohr, Glasschneider (ersatzweise: Feile), Schutzhandschuhe (hitzebeständig), 2 Tücher, feuerfeste Unterlage

Versuchsanleitung

a) Ritze das Biegerohr an der gewünschten Stelle mit einem Glasschneider (oder Feile) ein. Umwickle das Glasrohr zum Schutz der Hände mit je einem Tuch. Nimm das Glasrohr zwischen beide Hände. Brich jetzt mit geringem Druck die Teile auseinander (Bewegung vom Körper weg!) (▷ B 3).

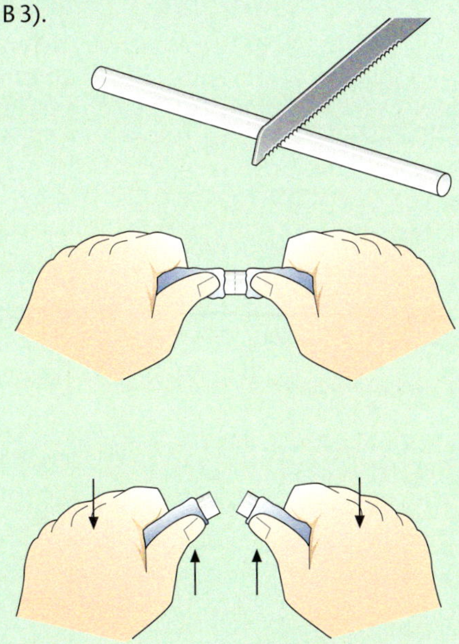

3 Schneiden und Brechen eines Glasrohrstückes

b) Drehe mit möglichst gleichmäßiger Geschwindigkeit die scharfkantigen Glasrohrstücke am Rand der rauschenden Flamme (▷ B 4). Lege die Glasrohrstücke dann auf eine feuerfeste Unterlage ab. Prüfe nach dem Erkalten, ob die Kanten rundgeschmolzen sind. Falls sie noch scharfkantig sind, muss das Rundschmelzen wiederholt werden.

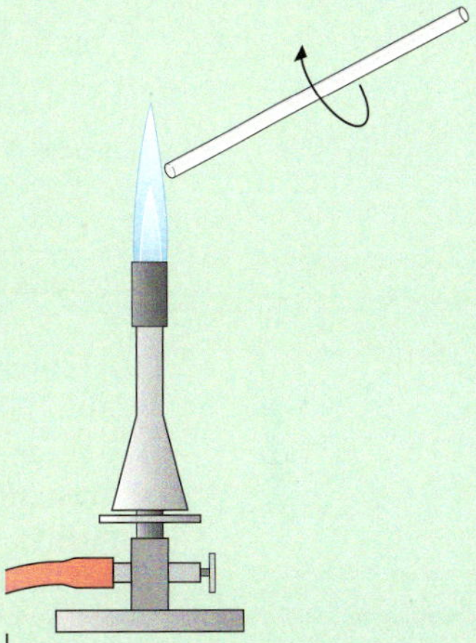

4 Rundschmelzen in der Brennerflamme

3 Herstellen eines Winkelrohres

Material

Schutzbrille, Schutzhandschuhe (hitzebeständig), Gasbrenner, rundgeschmolzene Glasrohrstücke, feuerfeste Unterlage

Versuchsanleitung

Erhitze ein rundgeschmolzenes Glasrohrstück in der Mitte. Drehe dabei das Glasrohrstück in der rauschenden Flamme. Wenn das Rohr auf einer längeren Strecke erweicht ist, nimm es aus der Flamme. Biege dann außerhalb der Flamme einen Winkel von 90° (▷ B 5) und lasse das Winkelrohr abkühlen. Beim Biegen muss das Glasrohr ohne Druck zu beiden Enden hin gezogen werden.

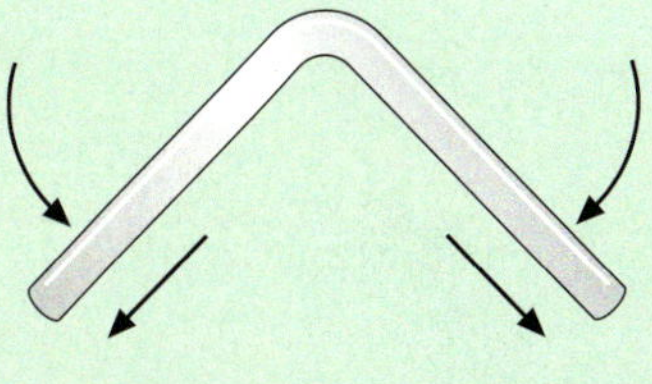

5 Herstellen eines Winkelrohres

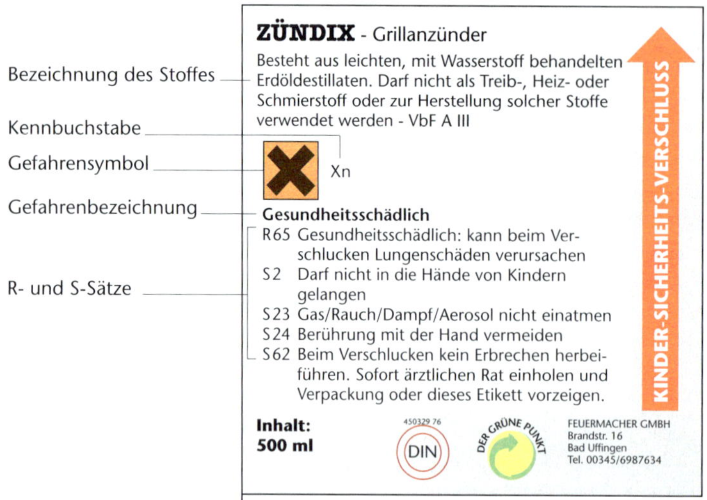

1 Etikett mit Gefahrenhinweisen

Kennzeichnung von Gefahrstoffen
Für Gefahrstoffe werden Etikette verwendet, die wichtige Hinweise zum sicheren Umgang mit diesem Stoff (▷ B 1) enthalten:
- **Bezeichnung (Name) des Stoffes**
- **Gefahrensymbol**
- **Kennbuchstabe**
- **Gefahrenbezeichnung**
- **Hinweise auf besondere Gefahren (R-Sätze)**
- **Sicherheitsratschläge (S-Sätze)**

Zielgerichtet können dann entsprechende Sicherheitsmaßnahmen wie die Verwendung von Schutzhandschuhen, Schutzbrillen oder das Bereitstellen von Feuerlöschmitteln getroffen werden.

Gefährdungen durch Chemikalien
Zahlreiche Vorratsgefäße fallen durch ein orangefarbenes Symbol auf. Auch im Haushalt finden wir zum Beispiel Brennspiritus, Entkalker oder Grillanzünder (▷ B 1), die mit einem solchen Symbol gekennzeichnet sind. Diese Symbole werden Gefahrensymbole genannt. Stoffe, die mit einem solchen Symbol gekennzeichnet sind, nennt man Gefahrstoffe.

Gefahrstoffe sind durch Gefahrensymbole gekennzeichnet.

Gesundheitsgefährdende Stoffe können durch Einatmen, Verschlucken oder sogar durch die Haut in den Körper gelangen (▷ B 2).

2 Aufnahmewege von Gefahrstoffen

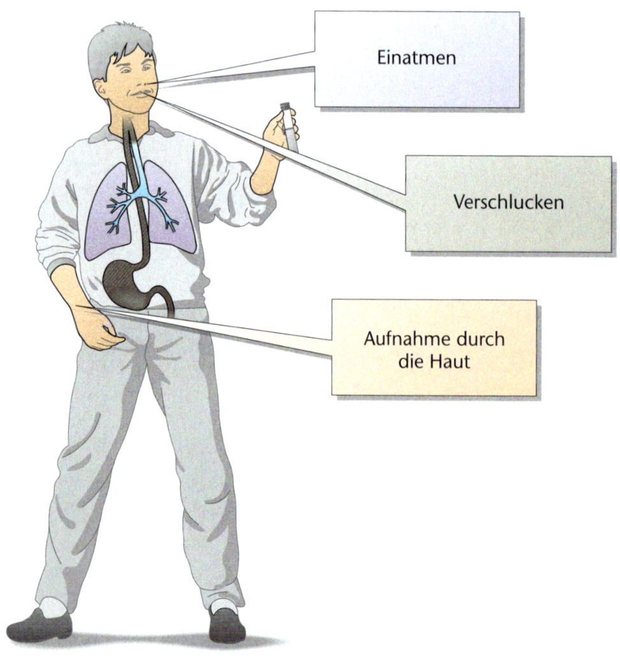

Gefahrensymbol – ein erster Hinweis auf mögliche Gefahren
Das Gefahrensymbol (▷ B 3) ermöglicht eine schnelle Information über die Hauptgefahr eines Stoffes. Anhand dieses Symbols lässt sich sofort erkennen, ob ein Stoff z. B. giftig, ätzend oder feuergefährlich ist. Einige Gefahrensymbole können jedoch auch mehrere Bedeutungen haben. So steht z. B. das Totenkopfsymbol sowohl für giftige als auch für sehr giftige Stoffe. Deshalb wird dem Symbol noch ein Kennbuchstabe hinzugefügt, z. B. der Buchstabe T für „Giftig“ und der Buchstabe T+ für „Sehr giftig“ (▷ B 3).

R- und S-Sätze
Neben dem Gefahrensymbol weisen **R-Sätze** (engl.: risk, Gefahr) auf die besonderen Gefahren beim Umgang mit dem Stoff hin. Ein R-Satz kann als Zahl oder als Text angegeben werden, z. B. R 23 oder „Giftig beim Einatmen“.
Sicherheitsratschläge werden durch **S-Sätze** (engl.: security, Sicherheit) angegeben. Auch diese können als Zahl oder als Text aufgedruckt sein (siehe Anhang).

Aufgaben

1 Suche im Anhang alle R-Sätze heraus, die sich auf die Giftwirkung eines Stoffes beziehen.

2 Welcher S-Satz weist auf das Tragen einer Schutzbrille hin?

3 Es gibt Gefahrensymbole, die mehrere Bedeutungen haben. Welche Symbole gehören dazu?

Symbol	Kennbuchstabe	Gefahrenbezeichnung	Gefährlichkeitsmerkmale	Symbol	Kennbuchstabe	Gefahrenbezeichnung	Gefährlichkeitsmerkmale
	T+	Sehr giftig	Sehr giftige Stoffe können schon in sehr geringen Mengen zu schweren Gesundheitsschäden führen.		E	Explosionsgefährlich	Dieser Stoff kann unter bestimmten Bedingungen explodieren.
	T	Giftig	Giftige Stoffe können in geringen Mengen zu schweren Gesundheitsschäden führen.		O	Brandfördernd	Brandfördernde Stoffe können brennbare Stoffe entzünden, Brände fördern und Löscharbeiten erschweren.
	Xn	Gesundheitsschädlich	Gesundheitsschädliche Stoffe führen in größeren Mengen zu Gesundheitsschäden.		F+	Hochentzündlich	Hochentzündliche Stoffe können schon bei Temperaturen unter 0 °C entzündet werden.
	Xi	Reizend	Dieser Stoff hat Reizwirkung auf Haut und Schleimhäute, er kann Entzündungen auslösen.		F	Leichtentzündlich	Leichtentzündliche Stoffe können schon bei niedrigen Temperaturen entzündet werden. Mit der Luft können sie explosionsfähige Gemische bilden.
	C	Ätzend	Dieser Stoff kann lebendes Gewebe zerstören.		N	Umweltgefährlich	Wasser, Boden, Luft, Klima, Pflanzen oder Mikroorganismen können durch diesen Stoff so verändert werden, dass Gefahren für die Umwelt entstehen.

3 Gefahrensymbole und ihre Bedeutung (vereinfacht)

Umgang mit Chemikalien

Um sich und andere nicht zu gefährden und um gute Experimentierergebnisse zu erhalten, wird mit Chemikalien sehr sorgfältig umgegangen. Chemikalien werden niemals mit den Fingern angefasst, sondern mit einem Spatel oder Spatellöffel entnommen. Chemikalien sollten nur sehr sparsam entnommen werden. Einmal entnommene Chemikalien können verunreinigt sein. Sie werden deshalb nicht in das Originalgefäß zurückgegeben, sondern verbraucht oder entsorgt. Restchemikalien werden in einem entsprechenden Gefäß entsorgt (▷B4).

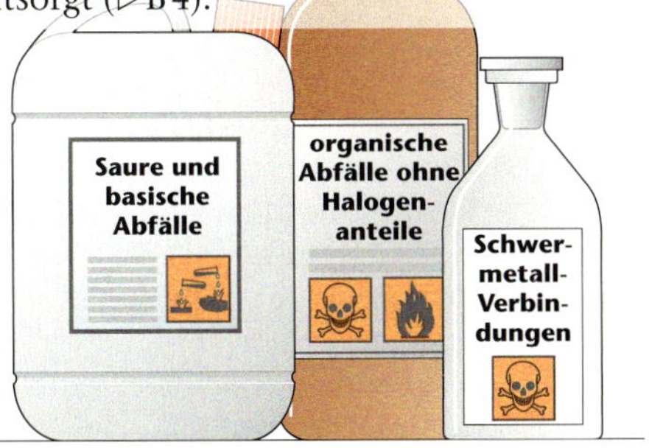

4 Entsorgungsgefäße

Der AGW-Wert

Beim Umgang mit besonders gefährlichen Stoffen sind besondere Schutz- und Vorsichtsmaßnahmen erforderlich. So können schon geringe Mengen Chlor in der Luft zu Gesundheitsschäden führen. Deshalb wurden genaue Werte für die am Arbeitsplatz vertretbaren Konzentrationen festgelegt. Für Chlor sind dies z. B. 1,5 mg Chlor pro Kubikmeter Luft. Dieser Wert wird als **Arbeitsplatzgrenzwert** oder AGW-Wert (▷B5) bezeichnet. Das bedeutet, ein gesunder Arbeiter darf an seinem Arbeitsplatz während eines Achtstundentages keiner höheren Konzentration von Chlor ausgesetzt sein.

	AGW-Wert	
Halogen	**mg/m³**	**ml/m³**
Fluor	0,2	0,1
Chlor	1,5	0,5
Brom	0,7	0,1
Iod	1,1	0,1

5 Einige AGW-Werte

Gefährlichen Stoffen auf der Spur

Gefahrstoffen kannst du überall begegnen. Viele Stoffe des täglichen Lebens gehören dazu. Häufig macht gerade die Gefährlichkeit die besondere Verwendung dieser Stoffe erst möglich. Was würdest du über Brennspiritus denken, wenn dieser nicht brennen würde?

Gefahrstoffe im Alltag
Gehe einmal zu Hause auf die Suche nach gefährlichen Stoffen. Besonders geeignet dafür ist der Hobbykeller.

- Findest du Stoffe mit einem Gefahrensymbol? Notiere diese Stoffe und die dazugehörigen Gefahrensymbole.
- Erkundige dich nach umweltverträglichen Putz- und Reinigungsmethoden.
- Fallen dir Maßnahmen ein, mit denen die Umweltgefährdung durch Haushaltschemikalien verringert werden könnte?
- Notiere die Sicherheitsratschläge von den Packungen.
- Beurteile den Einsatz dieser Stoffe unter den Gesichtspunkten von Sicherheit und Umweltverträglichkeit.

Stoffe auf ihre Umweltverträglichkeit testen
Zahlreiche Stoffe im Haushalt, wie z. B. einige Putz- und Reinigungsmittel, können die Umwelt schädigen. Manchmal tragen sie ein Symbol, das auf diese Gefahr hindeutet. Aber nicht immer ist die Umweltgefährlichkeit „auf den ersten Blick" zu erkennen.

- Plane einen einfachen Versuch, der einen Hinweis auf die Umweltgefährdung eines Stoffes gibt.

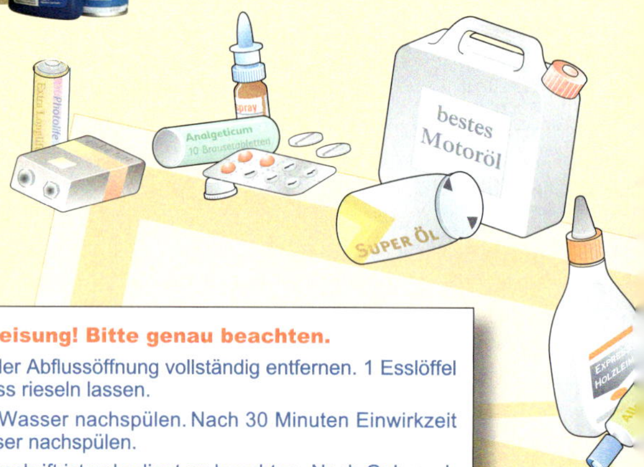

Der Rohrreiniger – eine ätzende Angelegenheit
Betrachtest du das Etikett eines Rohrreinigers, dann fallen dir sofort einige Warnhinweise auf.

Gebrauchsanweisung! Bitte genau beachten.
Wasser oberhalb der Abflussöffnung vollständig entfernen. 1 Esslöffel direkt in den Abfluss rieseln lassen.
Mit 200 ml kaltem Wasser nachspülen. Nach 30 Minuten Einwirkzeit gründlich mit Wasser nachspülen.
Die Dosierungsvorschrift ist unbedingt zu beachten. Nach Gebrauch Verschlusskappe wieder fest aufschrauben.

Ätzend!

Verursacht schwere Verätzungen.
Darf nicht in die Hände von Kindern gelangen.
Bei Kontakt mit den Augen sofort gründlich mit Wasser ausspülen und Arzt benachrichtigen.
Beschmutzte Kleidung sofort ausziehen.
Geeignete Schutzhandschuhe tragen.
Enthält Natriumhydroxid.

- Warum muss beim Einsatz von Rohrreinigern sehr vorsichtig vorgegangen werden?
- Plane Versuche, mit denen man die Wirkung von Rohrreinigern auf unterschiedliche Stoffe überprüfen kann. Warum ist bei diesen Versuchen das Tragen von Schutzhandschuhen unbedingt notwendig?
- Ist es wichtig, dass nach Gebrauch des Rohrreinigers die Verschlusskappe fest aufgeschraubt wird?
- Wenn Rohrreiniger ins Auge gelangt: Was ist zu tun?

Stoffe, die feuergefährlich sind
Im Haushalt lassen sich auch Stoffe aufspüren, die feuergefährlich sind.

- Gibt es bei dir zu Hause feuergefährliche Stoffe?

- Was ist besonders zu beachten, wenn du Experimente mit solchen Stoffen durchführst?

- Erkundige dich bei der örtlichen Feuerwehr oder im Internet nach besonders feuergefährlichen Stoffen.

Gefährliche Stoffe richtig entsorgen
Können gefährliche Stoffe nicht mehr verwendet werden, müssen sie als Abfall entsorgt werden. Häufig werden sie aus Unkenntnis in den Ausguss oder in den Abfalleimer geschüttet. Auf diese Weise kann jedoch die Umwelt erheblich belastet werden.

- Es gibt im Haushalt viele Problemabfälle, die sachgerecht entsorgt werden müssen. Zähle sie auf!

- Gib etwas Rohrreiniger in eine Petrischale. Versuche mithilfe eines Zahnstochers das Gemisch zu trennen. Zähle und beschreibe die Bestandteile.

- Welchen „Wirkstoff" des Rohrreinigers vermutest du aufgrund des Etikettes?

- Suche nach sachgerechten „Entsorgungswegen" für Problemabfälle.

- Verfolge den „Weg" von Problemstoffen, wenn sie in den Ausguss geschüttet werden. Was ist auf dieser „Reise" der Abfallstoffe zu befürchten?

Das Versuchsprotokoll

Zu jedem Versuch ein Versuchsprotokoll
Zur vollständigen Durchführung eines Versuches gehört auch die Anfertigung eines schriftlichen Protokolls. Das Versuchsprotokoll dient dazu, alle Versuchsschritte zu dokumentieren.

Ein Versuchsprotokoll sollte übersichtlich angefertigt und klar gegliedert sein. Die Auswertung eines Versuches gelingt nur dann, wenn im Protokoll alle Beobachtungen und Messergebnisse genau festgehalten wurden.

Thema des Versuchs
Der Versuch wird als Thema oder Fragestellung formuliert. Es sollte möglichst in einem Satz, aber exakt formuliert werden.

Material
Es werden alle benötigten Chemikalien, Geräte und sonstige Hilfsmittel notiert.

Name und Datum
Wie bei jeder Protokollerstellung enthält auch ein Laborprotokoll den Namen des Protokollanten und das Datum der Anfertigung.

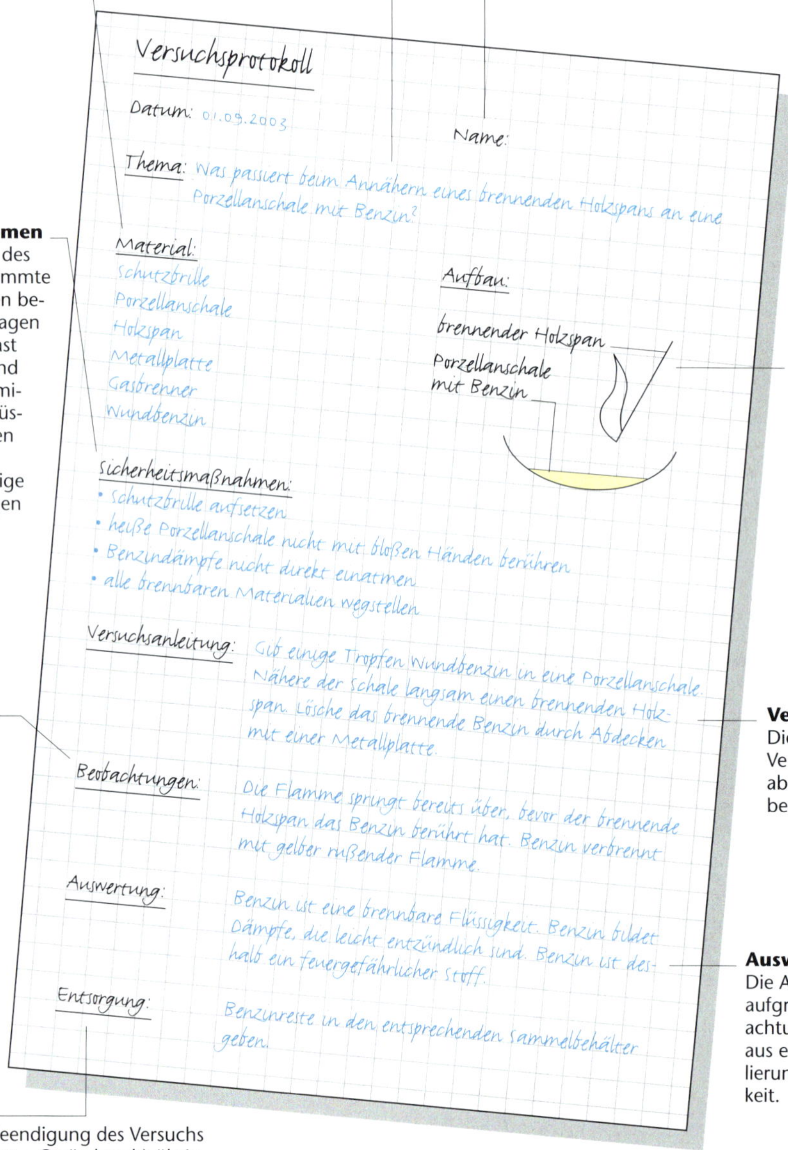

Sicherheitsmaßnahmen
Bei der Durchführung des Versuchs müssen bestimmte Sicherheitsmaßnahmen beachtet werden. Das Tragen einer Schutzbrille ist fast immer unerlässlich. Sind die verwendeten Chemikalien Gefahrstoffe, müssen die entsprechenden R- und S-Sätze vorher durchgelesen und nötige Sicherheitsvorkehrungen getroffen werden.

Versuchsaufbau
Besonders geeignet zur Darstellung einer Versuchsskizze ist eine Labor-Geräteschablone oder ein PC-Programm für Laborgeräte. Versuchsskizzen sollten beschriftet werden.

Beobachtungen
Alle Einzelheiten, die während des Versuchsablaufs beobachtet werden, insbesondere die Messergebnisse werden notiert.

Versuchsanleitung
Die Durchführung des Versuchs wird in kurzer, aber verständlicher Form beschrieben.

Auswertung
Die Auswertung erhält man aufgrund der Versuchsbeobachtungen. Sie besteht häufig aus einer allgemeinen Formulierung oder einer Gesetzmäßigkeit.

Entsorgung
Häufig bleiben nach Beendigung des Versuchs Abfälle (Chemikalienreste, Gerätebruch) übrig. Diese müssen in geeigneter Form entsorgt werden.

Wir erstellen eine Laborordnung

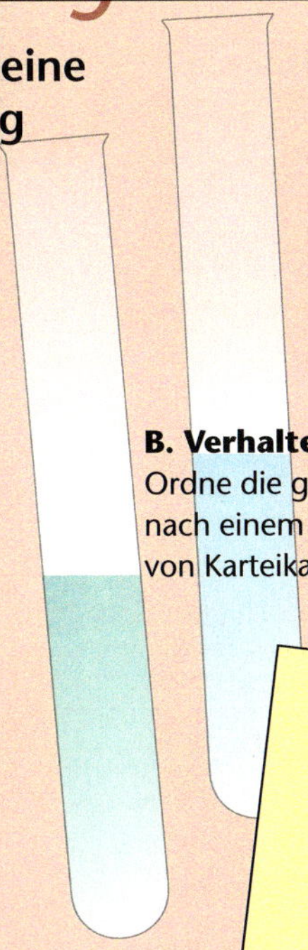

A. Verhaltensregeln sammeln
Sammle in einem Gespräch in deiner Gruppe möglichst viele Vorschläge für Verhaltensregeln im Labor.
Beispiel: „Reagenzglasöffnungen beim Erhitzen nie auf andere Schülerinnen und Schüler richten", „Versuchsanleitungen genau einhalten", usw.

B. Verhaltensregeln ordnen
Ordne die gesammelten Regeln nach einem System, z. B. in Form von Karteikarten.

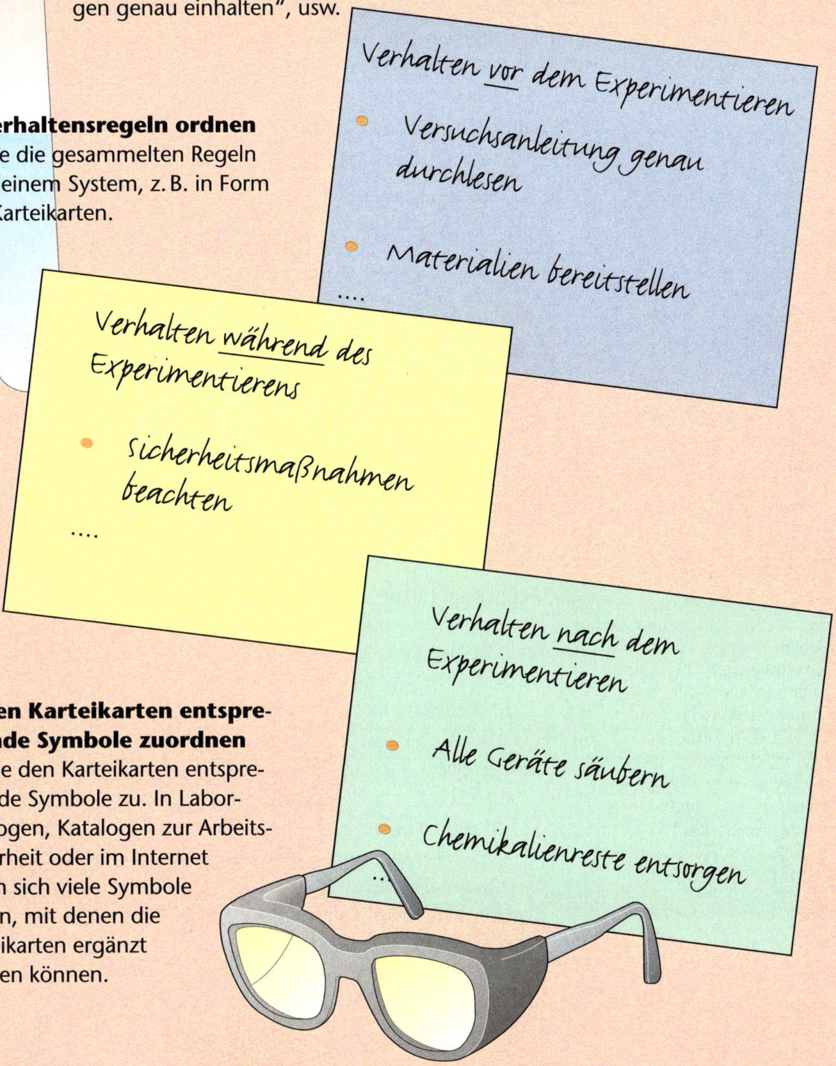

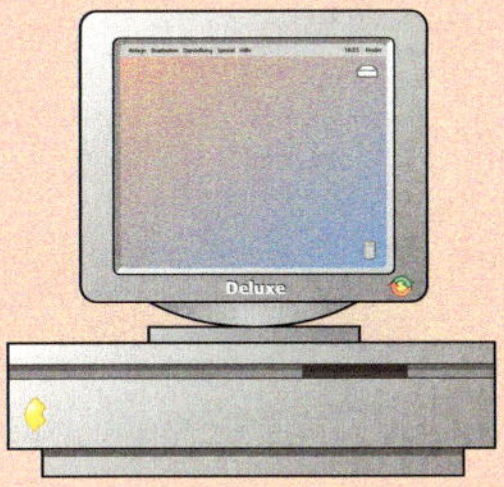

C. Den Karteikarten entsprechende Symbole zuordnen
Ordne den Karteikarten entsprechende Symbole zu. In Laborkatalogen, Katalogen zur Arbeitssicherheit oder im Internet lassen sich viele Symbole finden, mit denen die Karteikarten ergänzt werden können.

Giftige Stoffe

Ätzende Stoffe

Feuergefährliche Stoffe

Hinweis auf erste Hilfe

Standort des nächsten Telefons (Feuerwehr 112, Notruf 110)

Schutzbrille tragen

Schutzhandschuhe tragen

Feuer, offenes Licht verboten

D. Karteikarten und Symbole zu einer Laborordnung zusammenfügen
Füge die Karteikarten z. B. auf einem Plakat oder einer Wandtafel zu einer Laborordnung zusammen. Ergänze diese durch passende Begleittexte und kleine Skizzen.

Sicheres Experimentieren

Sicherheitseinrichtungen und Schutzausrüstung

Die Information über Sicherheitseinrichtungen und das Tragen von Schutzausrüstung gewährleisten eine sichere Versuchsdurchführung (▷ B 1).

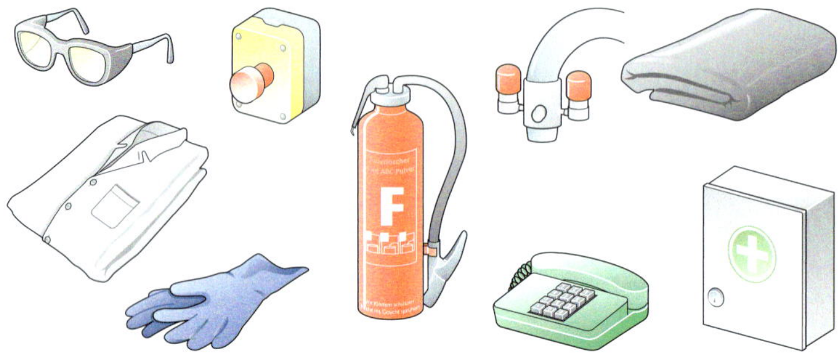

1 Sicherheitseinrichtung und Schutzausrüstung

Der Gasbrenner

Man unterscheidet verschiedene Typen von Gasbrennern: Bunsenbrenner, Teclubrenner (▷ B 2) und Kartuschenbrenner. Je nach Luftzufuhr kann mit dem Gasbrenner eine leuchtende, nicht leuchtende oder rauschende Flamme erzeugt werden. In der Regel wird mit der nicht leuchtenden Flamme gearbeitet.

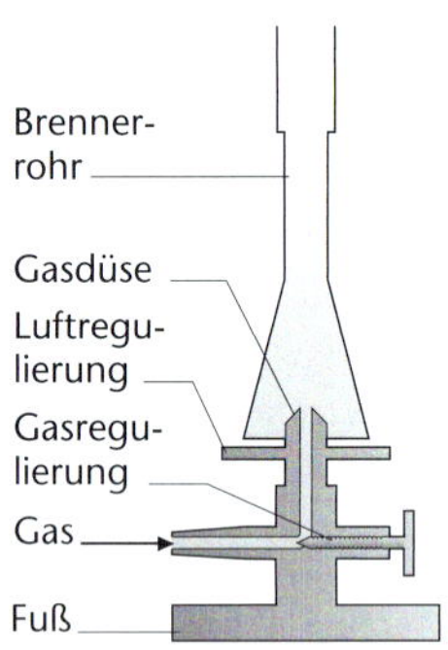

2 Aufbau des Teclubrenners

Gefahrensymbol und Kennbuchstabe

Gefahrensymbole und Kennbuchstaben geben eine schnelle Information über die Gefährlichkeit eines Stoffes (▷ B 4).

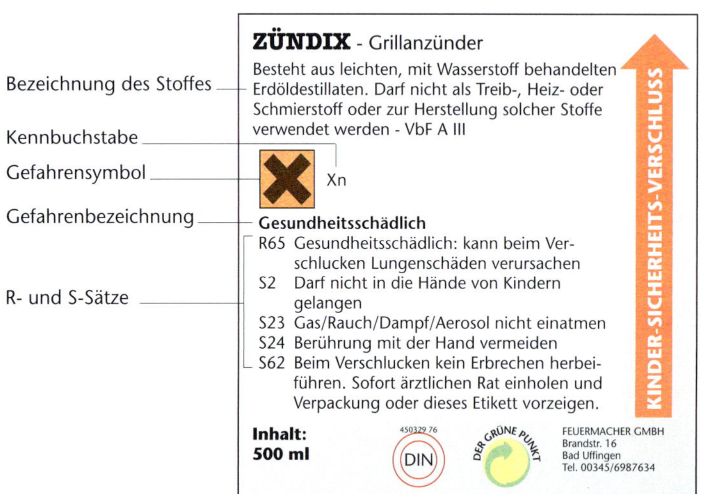

3 Gefahrstoff-Etikett

	T+	Sehr giftig
	T	Giftig
	Xn	Gesundheitsschädlich
	Xi	Reizend
	C	Ätzend
	E	Explosionsgefährlich
	O	Brandfördernd
	F+	Hochentzündlich
	F	Leichtentzündlich
	N	Umweltgefährlich

4 Gefahrensymbole und Kennbuchstaben

R- und S-Sätze

Die R-Sätze geben die besonderen Gefahren, die S-Sätze die Sicherheitsratschläge für Gefahrstoffe an (▷ B 3).

Versuchsprotokoll

Ein vollständiges Versuchsprotokoll enthält folgende Angaben: Name des Protokollanten, Datum, Thema des Versuches, Material, Sicherheitsmaßnahmen, Versuchsanleitung, Beobachtungen, Auswertung und Entsorgung.

Entsorgung

Chemikalienabfälle sind meist Sonderabfälle. Sie müssen in geeigneten Sammelgefäßen der Entsorgung zugeführt werden.

Aufgaben

1 Erkläre die unterschiedlichen Funktionen der Sicherheitseinrichtungen im Chemieraum.

2 Welche Schutzausrüstung sollte beim Experimentieren verwendet werden?

3 Eine Labor-Schutzbrille unterscheidet sich von einer normalen Sehbrille in einem wesentlichen Punkt. Begründe.

4 Warum ist es besonders wichtig, dass jeder die Lage des Not-Aus-Schalters im Chemieraum genau kennt?

5 Nenne einige Grundregeln für den sachgemäßen Umgang mit Chemikalien.

6 a) Beim Erhitzen von Flüssigkeiten im Reagenzglas werden Siedesteinchen eingesetzt (▷ B 1). Begründe.
b) Worauf sollte beim Erhitzen von Flüssigkeiten in einem Reagenzglas besonders geachtet werden?
c) An welcher Stelle sollte beim Erhitzen der Reagenzglashalter das Reagenzglas halten? Begründe.

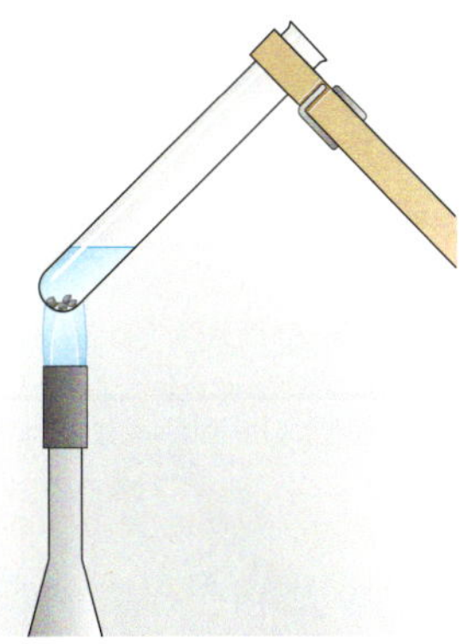

1 Zu Aufgabe 6

7 Ein neuer Spiritusreiniger soll auf den Markt kommen. Zeichne ein Etikett, das auch die notwendigen Sicherheitsangaben enthält.

8 Das Chemikalienetikett in Bild 2 ist kaum noch zu erkennen.
a) Was sollte man bei der Entsorgung dieser Flasche beachten?
b) Wie sollte man allgemein mit gefährlichen Stoffen verfahren, die nicht mehr identifiziert werden können?

2 Zu Aufgabe 8

9 Eines der wichtigsten Laborgeräte ist der Gasbrenner.
a) Nenne die Bestandteile eines Gasbrenners.
b) Welche Schritte sind notwendig, um einen Gasbrenner in Betrieb zu setzen?

10 In Bild 3 sind verschiedene Zonen einer rauschenden Brennerflamme zu erkennen.
a) Welche Temperaturen gehören zu diesen Zonen?
b) Warum wird nur selten mit einer rauschenden Brennerflamme gearbeitet?

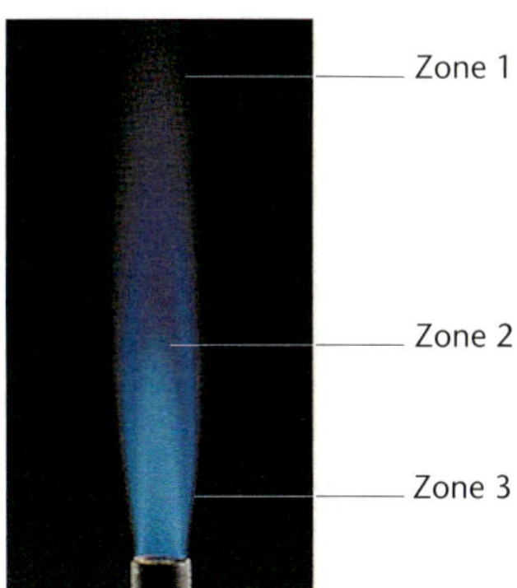

3 Zu Aufgabe 10

4 Zu Aufgabe 12

11 a) Mit einem Gasbrenner können unterschiedliche Flammentypen erzeugt werden. Beschreibe diese.
b) Welcher Flammentyp sollte beim Erhitzen einer Flüssigkeit gewählt werden?
c) Wie sollte die Luftzufuhr eines Gasbrenners in einer Experimentierpause eingestellt werden? Begründe.

12 Brennbare Flüssigkeiten werden in Spezialschränken aufbewahrt (▷ B 4). Welche Gründe sprechen gegen eine Lagerung in einem normalen Chemikalienschrank?

13 Umweltgefährdende Stoffe sind mit einem besonderen Gefahrensymbol gekennzeichnet.
a) Welche Bedeutung hat das Gefahrensymbol in Bild 5?
b) Warum muss auf Etiketten neben dem Gefahrensymbol noch die Gefahrenbezeichnung angegeben sein?

5 Zu Aufgabe 13

Stoffe, Teilchen, Eigenschaften

Wir sind von Gegenständen aus sehr verschiedenen Materialien umgeben. In der Chemie werden Materialien als Stoffe bezeichnet. Wir werden die Eigenschaften der Stoffe untersuchen und der Frage nachgehen, woraus Stoffe bestehen. Diese Frage wird sich nicht durch einfache Beobachtungen klären lassen. Hier sind Phantasie, Experimente und Nachdenken gefragt.

Die Eigenschaften der Stoffe bestimmen ihre Verwendung.
Stelle die Vor- und Nachteile von Löffeln aus Kunststoffen, Edelstahl und Holz zusammen.

Gips, Zucker und Salz sind weiße Stoffe. Überlege Möglichkeiten, mit denen du die Stoffe unterscheiden und identifizieren kannst.

Mit dem bloßen Auge können wir Muster und Farben von Hemden erkennen.
Was machen Lupe, Mikroskop und Elektronenmikroskop sichtbar?

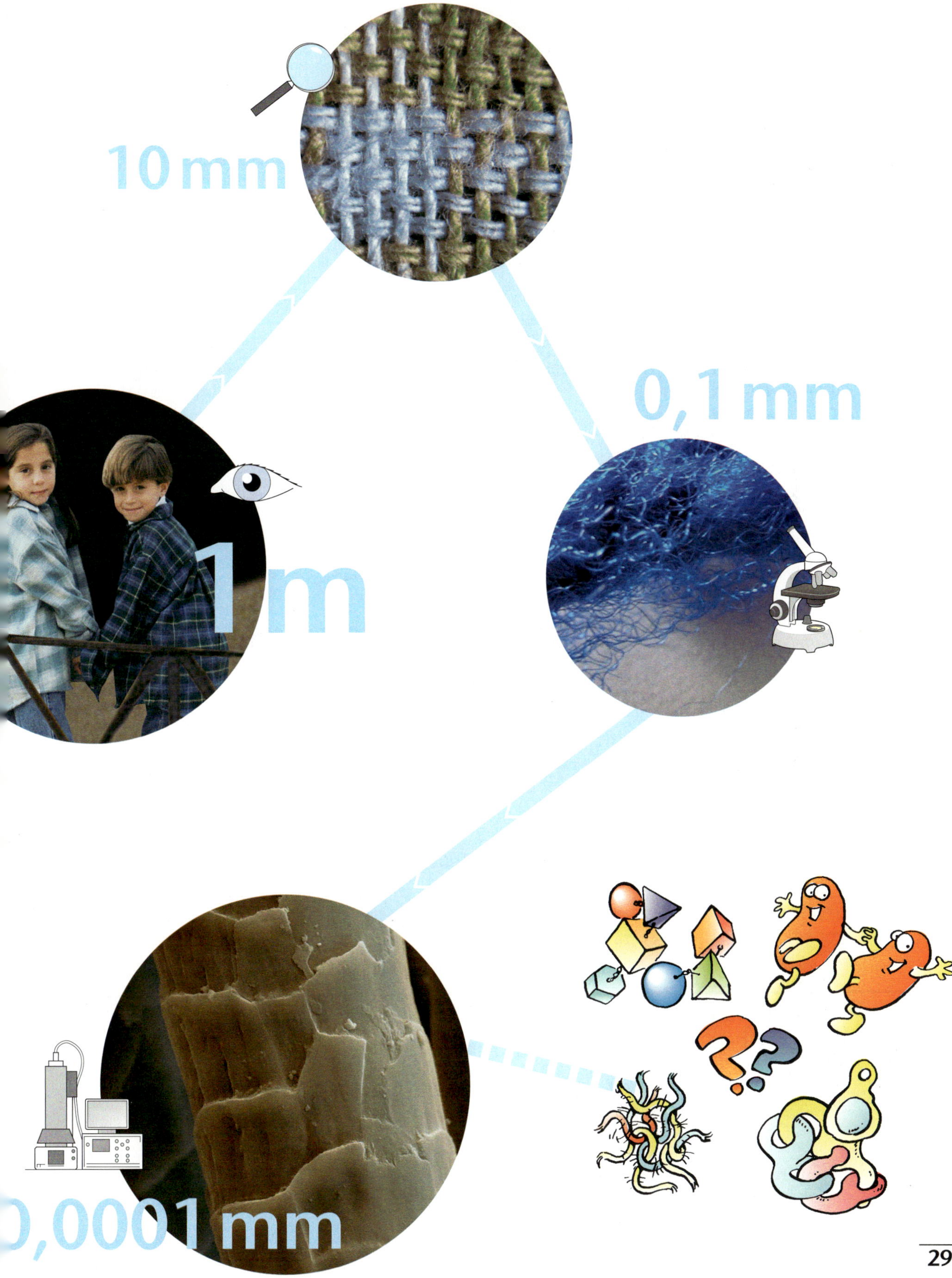
10 mm
0,1 mm
1 m
,0001 mm

Werkstatt

Wir untersuchen Stoffe

1 Wir betrachten Stoffe

Material

Uhrgläser, Lupe, Spatel, Stück Kunststoff, Stück Gummischlauch, Stück Glas, Holzstück, Kupferblech, Eisenblech, Kochsalz, Kandiszucker, Essig, Wachs, Citronensäure, Zimt, Wasser

Versuchsanleitung

Gib jeweils eine kleine Stoffprobe auf ein Uhrglas und betrachte die Stoffe mit der Lupe. Notiere ihr Aussehen (Farbe, Glanz, Oberflächenbeschaffenheit) und lege dazu eine Tabelle an (▷ B 1).

Stoff	Aussehen
Kupfer	
Gummi	
Glas	
Holz	

1 Das Aussehen der Stoffe

2 Wir betasten Stoffe

Material

Kupferblech, Eisenblech, Holzstück, Radiergummi, Münze, Kreide, Wachs, Kandiszucker

Versuchsanleitung:

a) Befühle die Stoffe mit den Fingern. Gib an, ob sie sich kalt oder warm, weich, hart, rau oder glatt anfühlen.

b) Versuche mit einer Ecke des Kupferbleches das Eisenblech anzuritzen (Vorsicht vor Schnittwunden!). Versuche danach auch umgekehrt, mit dem Eisenblech auf dem Kupfer einen Kratzer zu erzeugen (▷ B 2).

2 Ritzversuche

c) Wiederhole solche Ritzversuche auch mit den anderen Stoffen. Vergleiche deren Ritzhärten miteinander und ordne die Stoffe nach ihrer Härte.

3 Wir riechen Stoffe

Material

Essig, Zimt, Pfeffer, Parfüm, Kochsalz

Versuchsanleitung

Prüfe vorsichtig den Geruch von Essig, Zimt, Pfeffer, Parfüm sowie Kochsalz (▷ B 3).
Versuche, den Geruch mit Worten wie zum Beispiel scharf, beißend, süßlich, säuerlich, geruchlos, faulig und fruchtig zu beschreiben.

3 Den Geruch von Stoffen immer nur durch Zufächeln prüfen!

4 Wir ertasten die Wärmeleitfähigkeit von Stoffen

Material

Schutzbrille, Becherglas (250 ml), Glas- und Metallstab (jeweils ca. 30 cm), Gasbrenner, Dreifuß mit Keramik-Drahtnetz, Handtuch, Metallbecher und Kunststoffbecher (gleich groß), Stoppuhr, Wasser

Versuchsanleitung

a) Erhitze Wasser im Becherglas zum Sieden. Tauche den Glas- und den Metallstab gleichzeitig ca. 10 Sekunden in das Wasser ein. Ziehe die Stäbe dann gleichzeitig wieder aus dem Wasser heraus, trockne sie mit dem Handtuch kurz ab und befühle sie (▷ B 4). Welcher Stab wird schneller warm?

b) Gib in den Kunststoff- und Metallbecher gleiche Mengen heißes Wasser und befühle die Becher vorsichtig. Welcher Becher ist außen schneller warm?

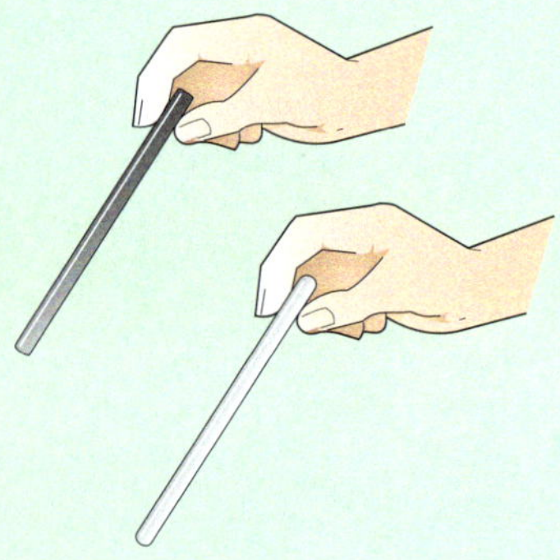

4 Was wird schneller warm, Metall oder Glas?

Alle Körper und Gegenstände bestehen aus Materialien. Betrachtet man beispielsweise verschiedene Kupfergegenstände (▷B 1), interessiert sich der Physiker zum Beispiel für die Masse der Körper und der Mathematiker für die Berechnung der Oberflächen. Den Chemiker interessiert weniger die Masse und Form solcher Gegenstände, er setzt sich in erster Linie mit den Eigenschaften der Materialien auseinander. In der Chemie werden diese Materialien **Stoffe** genannt.

Die Bestimmung der Stoffeigenschaften ist ein wesentliches Aufgabengebiet der Chemie. Viele Stoffeigenschaften können wir bereits mit den Sinnen oder einfachen Hilfsmitteln bestimmen, ohne die Stoffeigenschaften messen zu müssen.

Aussehen eines Stoffes
Mithilfe der Augen erkennen wir die Farbe eines Stoffes und seinen Oberflächenglanz (▷V1). Viele Stoffe besitzen ein charakteristisches Aussehen wie rötlich glänzendes Kupfer oder gelber, nicht glänzender Schwefel. Manche Stoffe wie zum Beispiel Wasser sind farblos. Einige Feststoffe zeigen typische Kristallformen (▷B 2).

Geschmack eines Stoffes
Mithilfe der Zunge erkennen wir den Geschmack eines Stoffes. Geschmacksproben dürfen nur an Lebensmitteln, auf keinen Fall aber an unbekannten Stoffen durchgeführt werden, um Gesundheitsschäden vorzubeugen.

Oberflächenbeschaffenheit und Wärmeleitfähigkeit eines Stoffes
Mithilfe der Haut ertasten wir die Oberflächenbeschaffenheit und die Wärmeleitfähigkeit eines Stoffes (▷V 2). Metallische Gegenstände besitzen eine glatte Oberfläche und leiten die Wärme gut.

Härte und Verformbarkeit eines Stoffes
Die Verformbarkeit eines Stoffes ist ebenfalls eine typische Stoffeigenschaft. So lassen sich zum Beispiel Gummi und Wachs mit den Händen verformen oder mit dem Fingernagel bzw. einem Messer anritzen. Andere Stoffe wie Kochsalz sind spröde.
Der Diamant ist der härteste Naturstoff. Aufgrund dieser Stoffeigenschaft sind viele Bohrer mit Diamanten besetzt.

1 Kupfergegenstände – gleicher Stoff, verschiedene Formen

Im Unterschied zu Holz und Glas, die beim Biegen zerbrechen können, sind Metalle gut verformbar. Ein Stück Gummi nimmt nach seiner Verformung die alte Form wieder an, es ist elastisch.

Geruch eines Stoffes
Mithilfe der Nase unterscheiden wir Stoffe wie Parfüm, Essig oder Alkohol (▷V3). Geruchsproben können in der Chemie jedoch gefährlich sein, denn viele Stoffe geben gesundheitsschädliche, stark reizende oder gar giftige Dämpfe ab (Gefahrstoffe). Geruchsproben erfolgen nur durch Zufächeln mit der Hand, niemals durch direktes Riechen mit der Nase.

▶ Sinnlich wahrnehmbare Stoffeigenschaften sind Farbe und Glanz, Geruch und Geschmack, Härte, Verformbarkeit und Wärmeleitfähigkeit eines Stoffes.

Versuche

1 Betrachte und beschreibe das Aussehen (Farbe, Glanz) von einem Eisen- und Kupferblech, Stangenschwefel, Kohlenstoff, einem Gummischlauch, einem Glasstab und Kochsalz.

2 Befühle die in Versuch 1 genannten Stoffe. Teste ihre Härte, Glätte und Verformbarkeit. Gib an, ob sie sich eher warm oder eher kalt anfühlen.

3 Nimm vorsichtig durch Zufächeln Geruchsproben von Alkohol, Wasser, Parfüm und Essig.

2 Verschiedene Kristalle

1 Leiter mit Isolation

Viele Stoffeigenschaften lassen sich mithilfe unserer Sinnesorgane nicht erfassen. Die elektrische Leitfähigkeit ist eine wichtige Eigenschaft zur Identifizierung und Unterscheidung von Stoffen. Wir benötigen Hilfsmittel zur Messung der Leitfähigkeit.

Elektrische Leitfähigkeit

Die elektrische Leitfähigkeit eines Stoffes kann in einem Stromkreis (s. u.) ermittelt werden. Metalle, Kohlenstoff sowie eine Kochsalzlösung leiten den elektrischen Strom. Stoffe wie Glas und die meisten Kunststoffe sind Nichtleiter. Sie eignen sich daher zur Isolation von Stromleitern.

Aufgaben

1 Warum ist die Abdeckung eines Lichtschalters aus Kunststoff?

2 Durch welches Messgerät lässt sich die Glühlampe bei der Untersuchung der elektrischen Leitfähigkeit ersetzen?

3 Ein Mitschüler behauptet, dass Kupfer besser den elektrischen Strom leitet als Eisen. Plane einen Versuch zur Überprüfung dieser Behauptung. Schreibe dazu alle benötigten Materialien auf und formuliere die Versuchsanleitung.

Werkstatt

Wir messen die elektrische Leitfähigkeit von Stoffen

1 Die elektrische Leitfähigkeit von Feststoffen

Material

Schutzbrille, Batterie (4,5 V), 4 Krokodilklemmen, 3 Experimentierkabel, Glühlämpchen (4 V; 0,04 A) mit Fassung, Holzstück, Kreide, Glasstab, Eisenblech, Kupferblech, Papier

Versuchsanleitung

Baue einen Stromkreis wie in Bild 1 beschrieben auf. Klemme dabei den jeweiligen Feststoff zwischen zwei Krokodilklemmen und überprüfe die Leitfähigkeit. Welche Stoffe sind elektrisch leitfähig und welche nicht?
Lege eine Tabelle an.

2 Die elektrische Leitfähigkeit von Flüssigkeiten

Material

Schutzbrille, 2 Bechergläser (250 ml), Glasstab, Batterie (4,5 V), 4 Krokodilklemmen, Unterputzkabel (mit abisolierten Enden), Glühlämpchen (4 V; 0,04 A) mit Fassung, 3 Experimentierkabel, destilliertes Wasser, Kochsalz, Zucker

Versuchsanleitung

Baue eine Versuchsapparatur nach Bild 2 auf. Fülle ein Becherglas zu einem Drittel mit destilliertem Wasser und prüfe mithilfe des Unterputzkabels, ob destilliertes Wasser den Strom leitet. Löse nun etwas Kochsalz in Wasser, rühre mit dem Glasstab um und überprüfe nach Auflösen der Kristalle erneut die elektrische Leitfähigkeit. Wiederhole den Versuch im zweiten Becherglas mit Zucker statt Kochsalz.

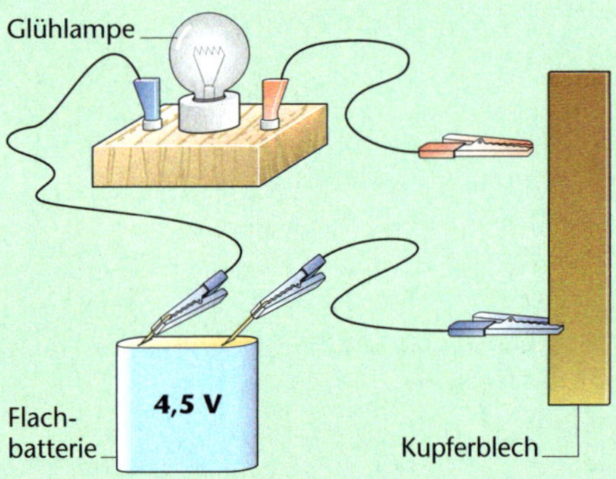

1 Leitfähigkeitsmessung an Feststoffen

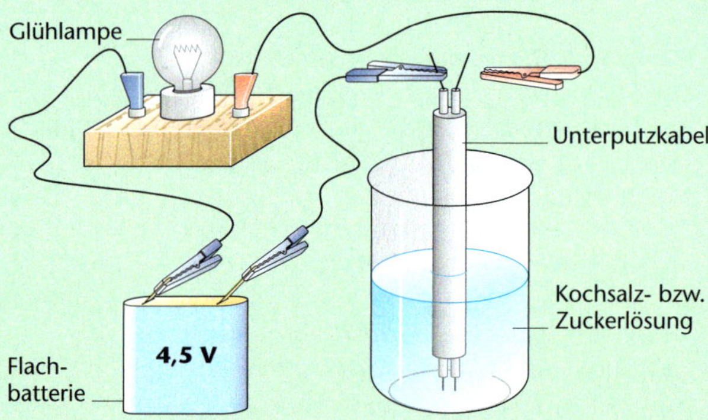

2 Leitfähigkeitsmessung in Flüssigkeiten

Temperaturkurven

1 Wasser wird erwärmt.

Zeit in min	Temperatur in °C
0	20
1	28
2	37
3	46
4	54
5	61
6	68
7	74
8	80
9	85
10	89
11	92
12	94

2 Messwerte

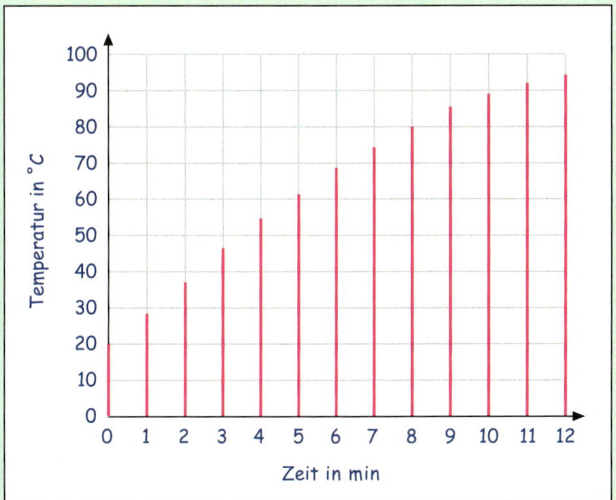

3 Säulendiagramm

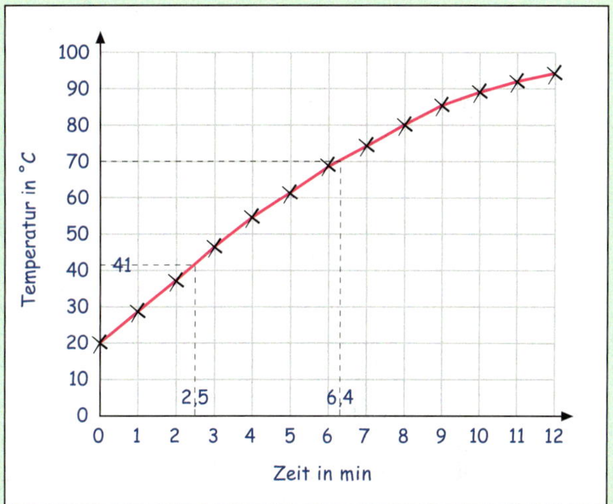

4 Temperaturkurve zu Versuch 1

Mit diesem Versuch lernst du, wie man gemessene Temperaturwerte in einer Grafik darstellt.

1 Erwärmen von Wasser

Material

1 Becherglas, 1 Heizplatte, 1 Thermometer, 1 Stoppuhr, Wasser

Versuchsanleitung

Wenn ihr diesen Versuch zu dritt durchführt, könnt ihr die Aufgaben – Zeitmessung, Ablesen und Notieren der Messwerte – untereinander aufteilen (▷ B 1).
Erwärmt das Wasser im Becherglas auf der Heizplatte. Rührt dabei mehrmals um, damit sich die Wärme gleichmäßig verteilt. Haltet das Thermometer ins Wasser und beginnt mit der Messung, sobald das Wasser 20 °C erreicht hat. Lest nach jeweils einer Minute die Temperatur ab und notiert die Werte in einer Tabelle (▷ B 2).

Grafik erstellen

a) Erstellt aus euren Messwerten ein Säulendiagramm. Die x-Achse ist die Zeitachse, die y-Achse die Temperaturachse (▷ B 3). Achtet auf den Maßstab an den Achsen!
b) Bei der zweiten Zeichnung (▷ B 4) könnt ihr euch Arbeit „sparen“: Markiert nur die Spitzen der Säulen durch Kreuze.
Der x-Wert ist der Zeitwert, der y-Wert der Temperaturwert. Die Kreuze könnt ihr zu einer Temperaturkurve verbinden.

Grafik auswerten

Ihr lest das Thermometer nur zu bestimmten Zeitpunkten ab. Die Wassertemperatur steigt aber während der ganzen Messung an. Mithilfe der Temperaturkurve könnt ihr deshalb bestimmen, welche Werte die Temperatur zwischen den einzelnen Messpunkten hat. Mithilfe der gestrichelten Linien in Bild 4 findet ihr z. B. heraus, dass nach 2,5 min die Temperatur 41 °C beträgt. Umgekehrt könnt ihr angeben, dass die Temperatur von 70 °C nach 6,4 min erreicht ist.

Werkstatt

Schmelz- und Siedetemperatur

1 Schmelzen von Eis

Material

Schutzbrille, großes Reagenzglas, Stativ, 2 Doppelmuffen, 2 Universalklemmen, Gasbrenner, Thermometer, Stoppuhr, Hammer, Handtuch, Millimeterpapier, Bindfaden, Eiswürfel aus dem Eisfach

Versuchsanleitung

a) Befestige das Reagenzglas mit Klemme und Doppelmuffe am Stativ wie in Bild 1 beschrieben. Hänge das Thermometer an der oberen Klemme auf (▷ B 1).

b) Wickle 2 bis 3 Eiswürfel in ein Handtuch und zerkleinere diese vorsichtig mit dem Hammer. Gib die Bruchstücke anschließend in das Reagenzglas. Das Thermometer muss mithilfe der Muffe so verschoben werden, dass das untere Ende von Eisstücken umschlossen ist (▷ B 1).

c) Erwärme das Reagenzglas von unten gleichmäßig mit der nicht leuchtenden Flamme. Lies mit Beginn des Erwärmens alle 20 Sekunden die Temperatur ab und notiere die Messwerte (▷ B 2). Der Versuch ist beendet, wenn das Eis vollständig geschmolzen ist.

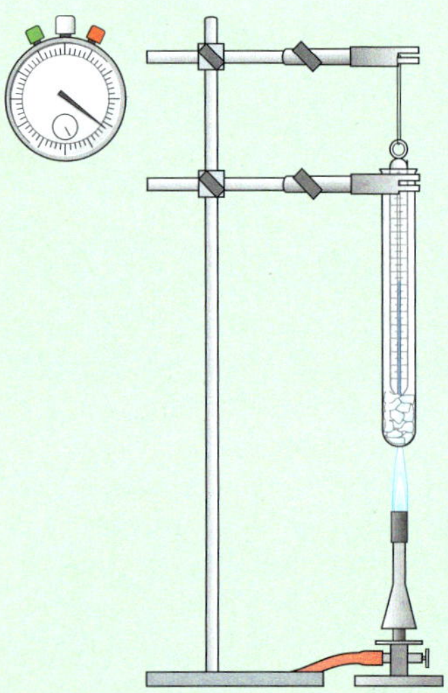

1 Bestimmung der Schmelztemperatur von Eis

Zeit	Temperatur
20 s	
40 s	
60 s	
80 s	
100 s	
120 s	

2 Tabelle für Messzeiten und Temperaturen

d) Bereite ein Temperatur-Zeit-Diagramm vor. Benutze dazu Millimeterpapier. Trage auf der x-Achse die Zeit und auf der y-Achse die Temperatur ab (▷ B 4).

e) Übertrage die Wertepaare in das Diagramm. Verbinde dann die Punkte zu einer Kurve. Markiere den Schmelzbereich durch zwei kleine senkrechte Striche. Setze in der Mitte des Schmelzbereiches eine Markierung auf die Kurve. Zeichne durch diesen Punkt eine Gerade parallel zur Zeitachse. Lies dort, wo diese Gerade die Temperaturachse schneidet, die Schmelztemperatur t_{sm} des Eises ab.

2 Sieden von Wasser

Material

Schutzbrille, Becherglas (400 ml, breite Form), Thermometer, Dreifuß mit Keramik-Drahtnetz, Gasbrenner, Siedesteinchen, Stativ, Doppelmuffe, Universalklemme, Bindfaden, Millimeterpapier, Wasser

Versuchsanleitung

a) Baue eine Versuchsapparatur nach Bild 3 auf. Befestige das Thermometer an der Klemme mithilfe eines Fadens.
Gib ca. 200 ml Wasser in das Becherglas und hänge das Thermometer so in die Flüssigkeit, dass das untere Ende etwa 1 cm in das Wasser eintaucht (▷ B 3).

b) Gib einige Siedesteinchen in das Becherglas und erwärme das Wasser mit der rauschenden Flamme des Gasbrenners. Sobald die Flüssigkeit erhitzt wird, lies alle 20 Sekunden die Temperatur ab. Notiere auch diese Werte in einer Tabelle (▷ B 2).

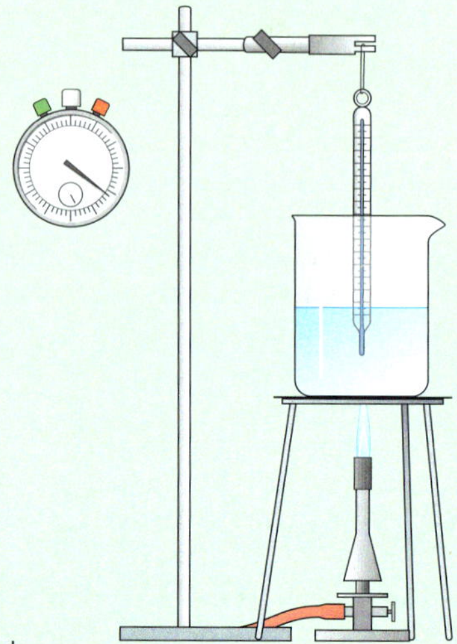

3 Bestimmung der Siedetemperatur von Wasser

Der Versuch ist beendet, wenn die Temperatur über einen längeren Zeitraum nicht mehr ansteigt.

c) Übertrage auch diese Wertepaare in ein geeignetes Temperatur-Zeit-Diagramm. Verfahre zur Bestimmung der Siedetemperatur wie in 1e) beschrieben.

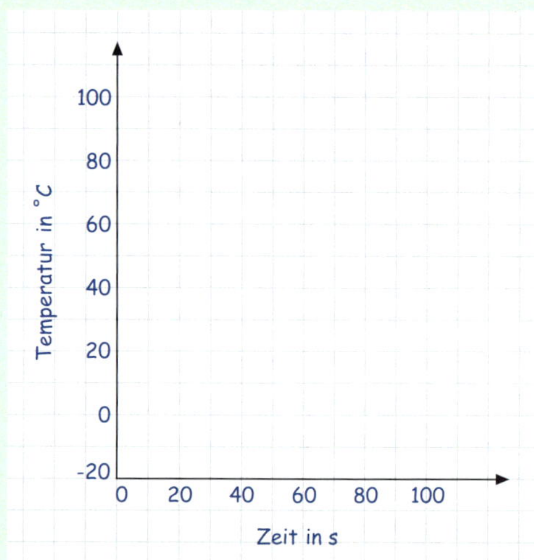

4 Temperatur-Zeit-Diagramm

1 Wolken, Wasser, Schnee und Eis

2 Schnellkochtopf

4 Eisläufer

Aggregatzustände ändern sich

Am Südpol in der Antarktis gibt es nur Schnee und Eis. Die Forscher, die dort leben, müssen ihr Trinkwasser selbst herstellen. Sie brechen Blöcke aus dem Eis und erwärmen sie in großen Kesseln. Das Eis schmilzt zu Wasser. Den Übergang von fest zu flüssig nennt man **Schmelzen**. Die Temperatur, bei der ein Feststoff schmilzt, ist die **Schmelztemperatur**.
Wird der Kessel weiter erwärmt, verdampft das Wasser, die Flüssigkeit geht in den gasförmigen Zustand über. Diesen Vorgang nennt man **Verdampfen**. Die Temperatur, bei der ein Stoff verdampft, heißt **Siedetemperatur**. Ein reiner Stoff hat nur eine Schmelztemperatur und auch nur eine Siedetemperatur.

Schmelz- und Siedetemperatur sind messbare Stoffeigenschaften. Mit ihnen lässt sich ein Stoff häufig identifizieren.

Kühlt sich gasförmiger Wasserdampf ab, dann wird er wieder flüssig, er **kondensiert**. Dieser Vorgang ist zu beobachten, wenn beim Kochen in der Küche die Fensterscheiben beschlagen. Wird Wasser im Gefrierfach abgekühlt, dann erstarrt es zu Eis.

Schmelzen, Erstarren, Verdampfen und Kondensieren bezeichnen Übergänge zwischen den Aggregatzuständen.

Nicht nur Wasser kann seinen Aggregatzustand ändern

Festes Wachs schmilzt, wenn es erwärmt wird und verdampft bei weiterem Erhitzen. Auch Metalle schmelzen. Dies geschieht z. B. beim Löten mit Zinn. Nach dem Erkalten sind die beiden Werkstücke fest miteinander verbunden.

Die Siedetemperatur hängt vom Druck ab

Wasser siedet auf einem hohen Berg bei einer niedrigeren Temperatur als 100 °C. Die Siedetemperatur ist nämlich vom Luftdruck abhängig. Genaue Bestimmungen der Siedetemperatur werden einheitlich bei einem Druck von 1013 hPa, dem Normdruck, durchgeführt. Auf einem 5000 m hohen Berg beträgt der Druck nur etwa 500 hPa und die Siedetemperatur des Wassers etwa 81 °C.

Im Schnellkochtopf hingegen baut sich durch den Wasserdampf ein erhöhter Druck auf. Die Siedetemperatur des Wassers steigt dadurch auf 120 °C.

Aufgaben

1 Welche der in Bild 3 aufgeführten Stoffe sind bei Zimmertemperatur (20 °C) fest, flüssig oder gasförmig?

2 Beschreibe mit eigenen Worten, warum im Schnellkochtopf die Kartoffeln schneller gar werden.

Stoff	Schmelztemperatur t_{sm} in °C	Siedetemperatur t_{sd} in °C
Sauerstoff	–219	–183
Alkohol	–117	78
Quecksilber	–39	356
Wasser	0	100
Schwefel	119	444
Blei	327	1740
Eisen	1535	2750

3 Schmelz- und Siedetemperaturen einiger Stoffe bei Normdruck

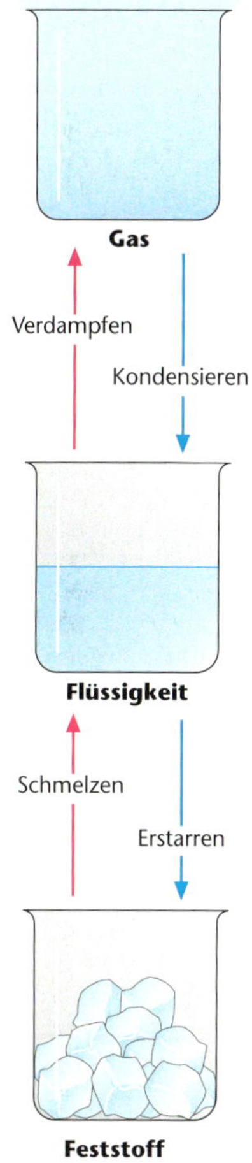

5 Änderung der Aggregatzustände

Werkstatt

Löslichkeit

1 Die Löslichkeit von Kochsalz in Wasser

Material

Messzylinder, Reagenzglas, Stopfen, Becherglas, Spatellöffel, Waage, Kochsalz, Wasser

Versuchsanleitung

a) Fülle in ein Reagenzglas 10 ml Wasser.

b) Stelle das mit 10 ml Wasser gefüllte Reagenzglas auf die Waage. Notiere den angezeigten Wert (dies ist die Masse von 10 ml Wasser).

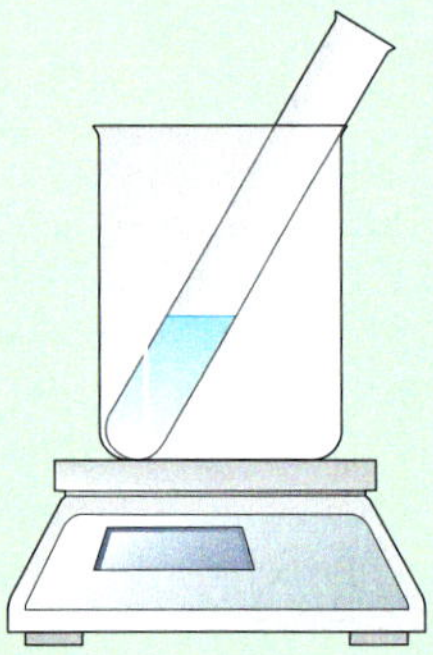

1 Wiegen

c) Gib eine kleine Portion Kochsalz ins Wasser. Verschließe das Reagenzglas mit dem Stopfen und schüttle es kräftig, bis sich das Kochsalz gelöst hat.

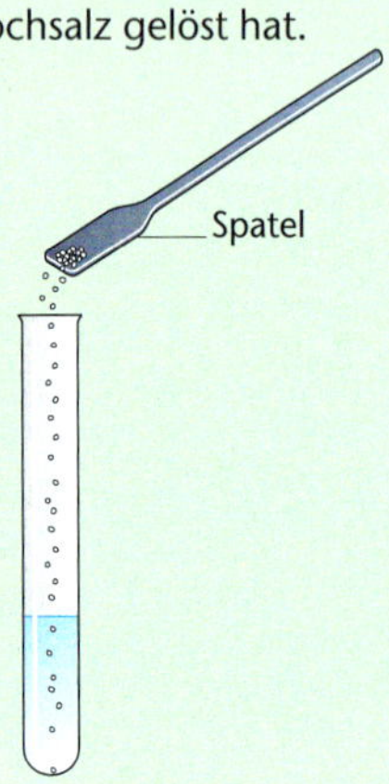

2 Lösen von Kochsalz

d) Gib jetzt eine weitere (kleine) Portion Kochsalz hinzu und schüttle das Reagenzglas wieder. Wiederhole den Vorgang so lange, bis sich – trotz kräftigen Schüttelns – kein Kochsalz mehr löst und am Boden des Reagenzglases einige Kochsalzkristalle zurückbleiben.

e) Wiege jetzt das Reagenzglas erneut und notiere den gemessenen Wert.

Aufgaben

1. Subtrahiere die beiden Messwerte voneinander. Du weißt nun, wie viel Gramm Kochsalz sich in 10 ml Wasser gelöst haben.

2. Wenn du den Wert mit 10 multiplizierst, dann weißt du, wie viel Gramm Kochsalz sich in 100 ml Wasser lösen.

2 Löslichkeit und Temperatur

Kaliumnitrat (Salpeter) ist ein Salz, das in vielen Mineraldüngern enthalten ist. Seine Löslichkeit in Wasser hängt stark von der Temperatur ab.

Material

Messzylinder, Reagenzglas, Stopfen, Becherglas, Thermometer (–10 °C bis +110 °C), Dreifuß, Keramik-Drahtnetz, Gasbrenner, Anzünder, Waage, glattes Papier, Eis, dest. Wasser, Kaliumnitrat, Schere

Versuchsanleitung

a) Falte zehn kleine Papierstücke (z. B. 4 cm × 4 cm) und wiege zehn Kaliumnitratportionen mit der Masse $m = 0{,}5$ g auf den Papierstreifen ab.

b) Gib 10 ml dest. Wasser in das Reagenzglas. Stelle es in ein Wasserbad, das durch Abkühlen oder Erwärmen auf die gewünschte Temperatur gebracht wird (▷ B 3).

c) Gib dann eine Kaliumnitratportion in das dest. Wasser im Reagenzglas und schüttle kräftig. Wenn sich das Salz gelöst hat, gib

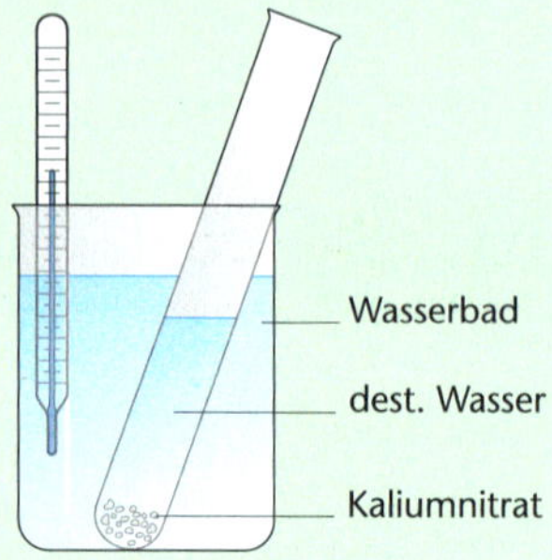

4 Wasserbad

die nächste Kaliumnitratportion in das Reagenzglas. Notiere, wie viel Kaliumnitrat du verwendet hast. Stelle das Reagenzglas immer wieder in das Wasserbad.
Beende die Zugabe des Kaliumnitrats, wenn sich ein Bodenkörper gebildet hat.

d) Notiere die Gesamtmasse der gelösten Kaliumnitratportion.
Hat sich von der letzten Kaliumnitratportion wenig oder nichts gelöst, muss das übrig gebliebene Kaliumnitrat von der Gesamtmasse der zuletzt in das Reagenzglas gegeben Kaliumnitratportion abgezogen werden.

e) Erwärme das Wasserbad, bis es die nächste gewünschte Temperatur aufweist. Schüttle das Reagenzglas kräftig und fahre fort wie in c).

f) Zwischendurch müssen immer wieder Kaliumnitratportionen abgewogen werden.

Aufgaben

1. Werte die Tabelle in einem Diagramm aus.
2. Beschreibe die Löslichkeit von Kaliumnitrat in Abhängigkeit von der Temperatur.
3. Wie groß ist die Löslichkeit von Kaliumnitrat bei 25 °C?

Temperatur	**10 °C**	**20 °C**	**30 °C**	**40 °C**	**50 °C**
Masse der gelösten Kaliumnitratportion in g					
Löslichkeit des Kaliumnitrats in g pro 100 ml Wasser					

3 Tabelle anlegen

1 Salz in Wasser

2 Öl in Wasser

3 Asche in Wasser

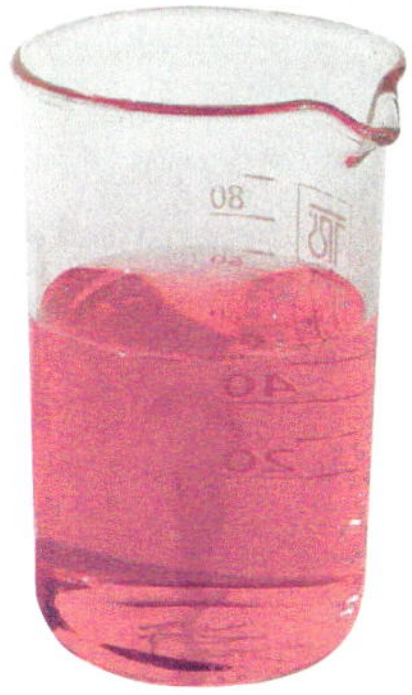

4 Kaliumpermanganatlösung

Lösung und Löslichkeit
Kartoffeln kocht man in Wasser, dem Kochsalz zugegeben wird. Das Kochsalz sieht man nicht, es hat sich gelöst. Wasser ist das Lösungsmittel, Kochsalz der gelöste Stoff.
Gibt man weiter Salz in das Wasser, wird die Lösung salziger. Irgendwann kommt der Moment, in dem sich das Salz aber nicht mehr löst. Es setzt sich am Boden ab. Sobald sich ein Bodensatz bildet, ist die Lösung gesättigt. Dieses bedeutet, dass sich in einer bestimmten Wassermenge nur eine begrenzte Menge Salz löst. In 100 g Wasser können nur 36 g Kochsalz gelöst werden.

Flüssigkeiten, die Stoffe lösen, heißen Lösungsmittel.
Die Löslichkeit ist eine messbare Stoffeigenschaft. Sie gibt an, wie viel Gramm eines Stoffes sich in 100 g Wasser lösen.

Die Löslichkeit von Zucker ist in Wasser noch größer als die von Salz (▷ B 5).

Nicht nur Feststoffe, sondern auch Flüssigkeiten und Gase können mit Wasser Lösungen bilden. Alkoholische Getränke sind im Wesentlichen Lösungen aus Wasser und Alkohol. Das Prickeln von Softdrinks beruht auf gelöstem Kohlenstoffdioxid, das durch die Verminderung des Drucks beim Aufschrauben der Flasche frei wird.

Die Löslichkeit vieler Stoffe in Wasser ist von der Temperatur abhängig. So ist in warmem Sprudel weniger Kohlenstoffdioxid gelöst als in kaltem. Bei Feststoffen ist es oft umgekehrt. Die meisten Feststoffe sind in warmem Wasser besser löslich als in kaltem. Zur Angabe der Löslichkeit eines Stoffes in Wasser oder einem anderen Lösungsmittel gehört deshalb auch eine Temperaturangabe (▷ B 5).

Nicht alles ist in Wasser löslich
Zucker und Salz lösen sich gut in Wasser, Öl und Fett aber nicht, diese schwimmen auf dem Wasser. Öl und Fett sind aber gut in Benzin löslich. Ein Fettfleck lässt sich deshalb mit Benzin leicht entfernen.

Stoff	Löslichkeit in g/100 g Wasser
Zucker	204
Kochsalz	36
Kaliumnitrat	32
Soda	22
Gips	0,2
Sauerstoff	0,0043
Stickstoff	0,0019

5 Löslichkeit einiger Stoffe in Wasser bei 20 °C

Aufgaben

1 a) Beschreibe den Unterschied zwischen Meerwasser und Trinkwasser.
b) Erkläre, warum die Frau in Bild 7 vom Wasser „getragen“ wird.

2 Ist Stickstoff oder Sauerstoff besser in Wasser löslich?

3 Du trinkst eine Tasse Kaffee mit zwei Stückchen Würfelzucker. In der Tasse bleibt Zucker zurück. War der Kaffee eine gesättigte Zuckerlösung?
Begründe deine Entscheidung.

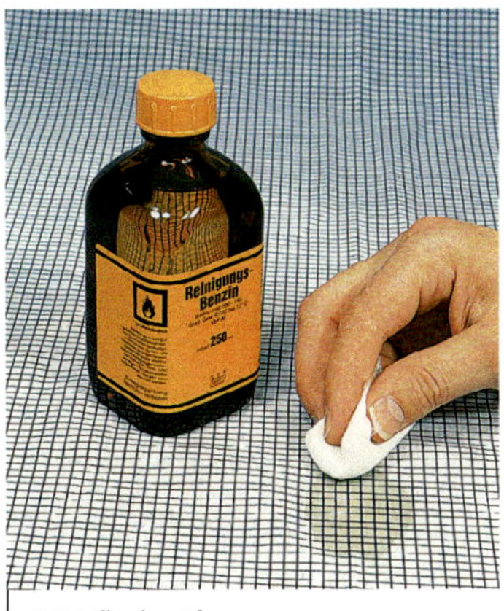

6 Fettfleckentfernung

7 Meerwasser

Werkstatt

Wir bestimmen die Dichte

1 Wir bestimmen die Dichte von Kupfer

Material

Kupferwürfel (1 cm³), Waage, quadratische Kupfersäule (ca. 6 cm × 1 cm × 1 cm)

Versuchsanleitung

a) Wiege den Kupferwürfel (▷ B 1). Bestimme dann die Dichte ρ des Kupferwürfels: Dividiere die Masse *m* des Würfels durch sein Volumen *V*.

b) Wiege danach die Kupfersäule. Berechne das Volumen *V* und die Dichte ρ der quadratischen Säule. Vergleiche die Dichte des Kupferwürfels mit der Dichte der Kupfersäule.

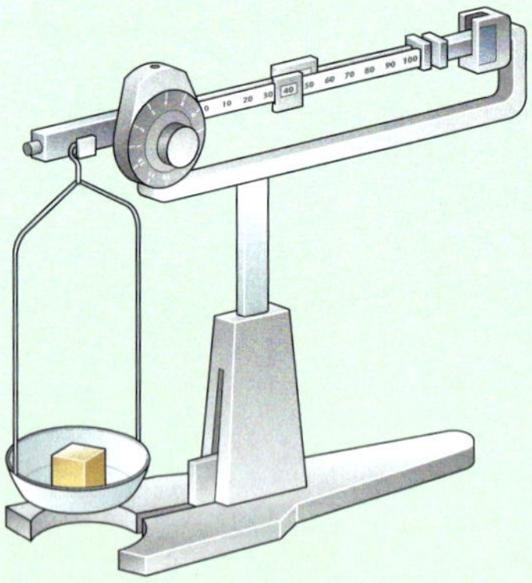

1 Bestimmung der Masse

2 Wir bestimmen die Dichte von Murmeln

Material

10 Tonmurmeln (Ø ca. 1,4 cm), Waage, Messzylinder (50 ml), Wasser, Handtuch

Versuchsanleitung:

a) Wiege drei Murmeln und notiere ihre Masse.

b) Bestimme danach das Volumen *V* der 3 Murmeln. Fülle dazu 20 ml Wasser in den Messzylinder. Zum richtigen Ablesen des Wasserstandes wird der Messzylinder senkrecht auf den Tisch gestellt.

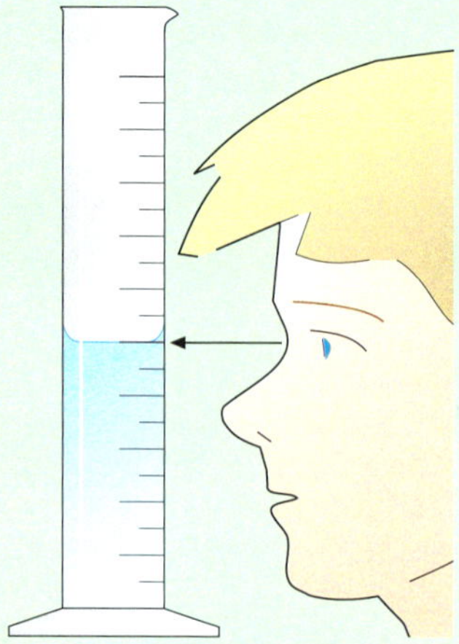

2 Ablesen des Wasserstandes

Schaue dann waagerecht gegen den Wasserrand. Entscheidend für die Wasserhöhe ist die tiefste Stelle des Wasserspiegels (▷ B 2). Gib dann die 3 Murmeln in den mit Wasser gefüllten Messzylinder und lies den neuen Wasserstand ab. Das Volumen der 3 Murmeln entspricht dem verdrängten Wasservolumen (▷ B 3).

c) Berechne die Dichte: Dividiere die Masse *m* durch das Volumen *V*.

d) Trockne alle Murmeln mit dem Handtuch ab. Wiederhole den Versuch nun mit 5 und mit 10 Murmeln und berechne deren Dichten. Notiere und vergleiche die Ergebnisse.

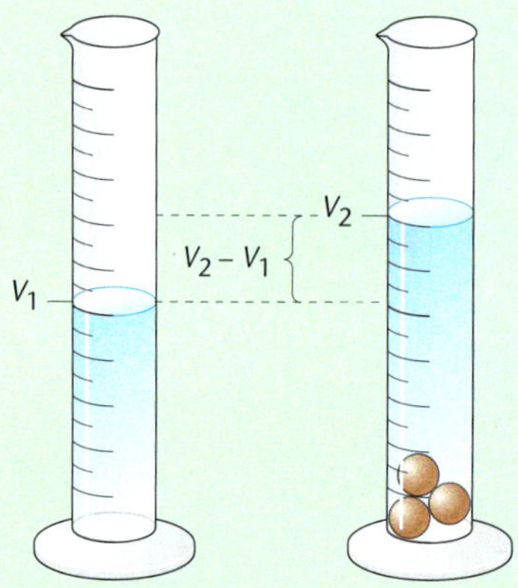

3 Volumenmessung durch Wasserverdrängung

3 Wer hat die größere Dichte?

Material

Messzylinder (50 ml), Wasser, Isopropylalkohol, Waage

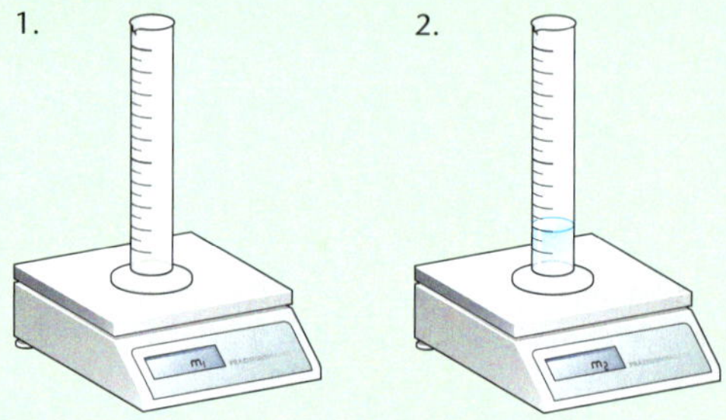

4 Leermessung (links) und Abmessen der Wassermenge (rechts)

Versuchsanleitung

Stelle den leeren Messzylinder auf die Waage und bestimme seine Masse (▷ B 4). Fülle genau 10 ml Wasser in den Messzylinder und bestimme die Masse erneut. Bestimme auch die Masse von 20 ml und 30 ml Wasser. Wiederhole den Versuch, verwende nun aber Isopropylalkohol anstelle von Wasser.

Aufgabe

1. a) Zeichne ein Volumen-Masse-Diagramm (ähnlich wie in ▷ B 5).
b) Trage dann alle Messergebnisse der Versuche ein. Wähle für Wasser und Isopropylalkohol unterschiedliche Farben.
c) Welche Linien ergeben sich?
d) Berechne die Dichte der beiden Stoffe. Welcher hat die größere Dichte?

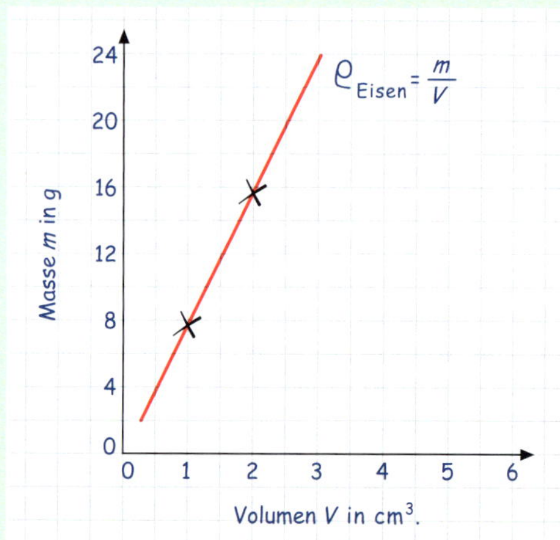

5 Beispiel für ein Volumen-Masse-Diagramm

Die Dichte – eine messbare Stoffeigenschaft

Ein Würfel mit der Kantenlänge von 1 cm hat ein Volumen von 1 cm^3. Bestimmt man die Massen verschiedener Kubikzentimeter-Würfel, stellt man Unterschiede fest (▷V 1; B 1). Ein Bleiwürfel ist schwerer als ein Aluminiumwürfel. Beide haben unterschiedlich große Massen, aber das gleiche Volumen. Die Eigenschaft, in der sich Aluminium und Blei unterscheiden, ist ihre **Dichte** ρ (sprich „rho").
Die Dichte ist der Quotient aus der Masse und dem Volumen eines Stoffes. Sie ist eine messbare, charakteristische Stoffeigenschaft. Die Einheit der Dichte ist Gramm pro Kubikzentimeter (g/cm^3).

Die Dichte ρ ist eine charakteristische, messbare Stoffeigenschaft.

$$\text{Dichte} = \frac{\text{Masse}}{\text{Volumen}}; \quad \rho = \frac{m}{V}$$

Dichtebestimmung von Flüssigkeiten
An einem Messzylinder kann man das Volumen einer Flüssigkeitsmenge direkt ablesen. Dabei ist 1 ml Flüssigkeit gleich einem Volumen von 1 cm^3. Durch Wiegen bestimmt man die Masse der Flüssigkeitsmenge und berechnet aus Masse und Volumen die Dichte des Stoffes.

Dichtebestimmung von Feststoffen
In der Regel liegen die Stoffe nicht als Kubikzentimeter-Würfel vor. Es gibt Platten, eckige und runde Stangen oder ganz unregelmäßig geformte Körper.
Die Bestimmung der Masse ist auch bei unregelmäßigen Körpern einfach. Schwieriger ist es allerdings, ihr Volumen zu ermitteln. Hier kannst du z. B. die Methode der Wasserverdrängung einsetzen (▷B 2). Dazu füllst du einen Standzylinder mit Wasser und liest das Volumen ab. Gib nun den zu untersuchenden Körper dazu und miss das Volumen erneut. Das gesuchte Volumen ergibt sich aus der Differenz der beiden Messwerte. Aus Masse und Volumen kannst du dann die Dichte bestimmen.

1 Gleich große Würfel aus verschiedenen Stoffen sind unterschiedlich schwer.

Versuch

1 Nimm einige Kubikzentimeter-Würfel aus verschiedenen Stoffen nacheinander in die Hand. Bringe die Würfel in eine Reihenfolge von „leicht" bis „schwer". Überprüfe deine Reihenfolge mit der Waage.

Aufgabe

1 Ein Koffer mit den Maßen: $l = 100$ cm, $b = 50$ cm, $h = 20$ cm soll mit Goldbarren vollständig gefüllt werden.
Welche Masse hat der Koffer, der selbst nur 2 kg wiegt, mit den Goldbarren?
Lässt sich der Koffer transportieren?

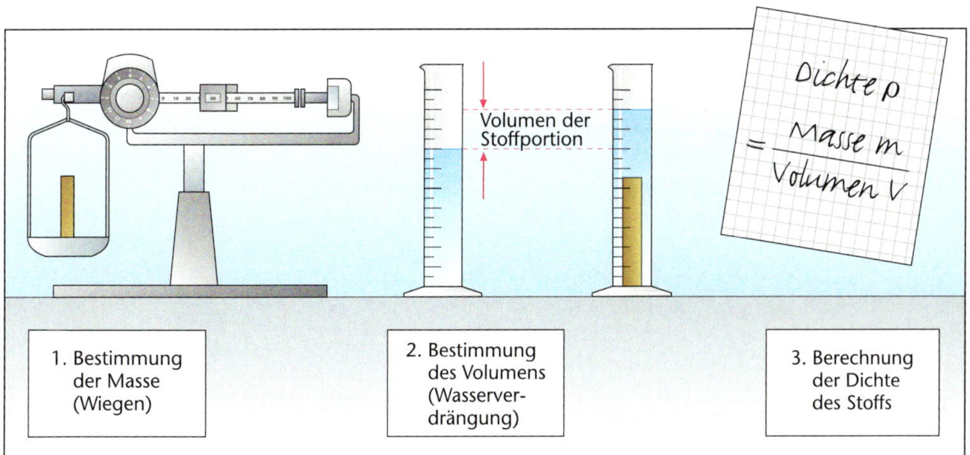

2 Bestimmung der Dichte von Feststoffen

Stoff (bei 20 °C)	**Dichte** ρ in g/cm^3
Holz	ca. 0,80
Wasser	1,00
Aluminium	2,70
Zink	7,14
Eisen	7,87
Kupfer	8,90
Blei	11,40
Gold	19,32

3 Dichte einiger Stoffe

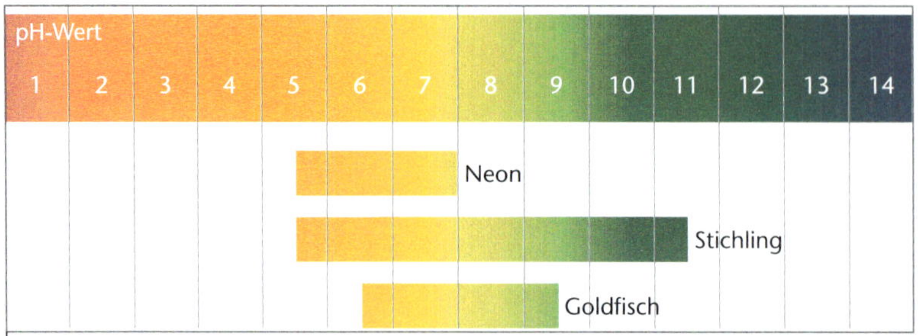

1 Fische und Wasserqualität

2 Aquarium

3 Schwarzer Tee mit Zitronensaft

Schwarzer Tee und Rotkohlsaft

Viele Teeliebhaber trinken schwarzen Tee mit Zitronensaft. Der Saft ändert nicht nur den Geschmack, sondern auch die Farbe des Tees. Schwarzer Tee wird bei der Zugabe des sauren Saftes heller (▷V 1; ▷B 3). Auch die Farbe von frisch geschnittenem Rotkohl ändert sich, wenn man Essig zugibt. Ein intensives Rot zeigt sich. Spült man eine Schüssel, in der noch Reste von Rotkohl sind, mit einem Spülmittel, färben sich diese grün bis grünblau. Seifenlösung und viele Spülmittel sind alkalische Lösungen. Reines Wasser ist weder sauer noch alkalisch, sondern neutral. Farbstoffe, die durch Farbänderung **saure**, **alkalische** oder **neutrale Lösungen** anzeigen, nennt man **Indikatoren** (lat. indicare: anzeigen).

▶ Indikatoren sind Farbstoffe, die durch Farbänderung saure, alkalische und neutrale Lösungen anzeigen.

Ein Indikator für alle Fälle

Im Unterricht wird der Universalindikator verwendet. Dieses ist ein Indikatorgemisch, das es als Flüssigkeit oder als Teststreifen gibt. Mit einem Universalindikator lässt sich feststellen, wie stark sauer oder alkalisch eine Lösung ist. Die Anzeige reicht auf einer Skala meist von 0 bis 14. Es handelt sich dabei um den so genannten pH-Wert. Je niedriger der pH-Wert einer Lösung ist, desto saurer ist sie. Eine neutrale Lösung hat den pH-Wert 7. Ist der pH-Wert größer als 7, liegt eine alkalische Lösung vor.

▶ Der pH-Wert gibt an, wie stark sauer (pH $<$ 7) oder alkalisch (pH $>$ 7) eine Lösung ist. Der pH-Wert 7 zeigt eine neutrale Lösung an.

Indikator-Test für Fische

Viele Fische reagieren empfindlich auf Änderungen des pH-Wertes. Bild 1 zeigt, in welchem Bereich der pH-Wert eines Gewässers liegen muss, in dem z. B. Stichlinge vorkommen. Das Wasser in einem Aquarium muss daher regelmäßig überprüft werden (▷V 2).

Versuche

1 Gib einige Tropfen Zitronensaft in schwarzen Tee. Erkläre das Ergebnis.

2 Prüfe mit Teststäbchen das Wasser des Schulaquariums.

Aufgabe

1 Welche Lösung ist stärker sauer bzw. alkalisch:
a) pH = 4,
b) pH = 2,
c) pH = 12,
d) pH = 9?

Tests mit Indikatoren

1 Obst und Gemüse

2 Rotkohl wird gekocht und anschließend filtriert.

1 Wie sauer sind Obst und Gemüse?

Material

Reibschale mit Pistill, Messer, Universalindikatorpapier, Wasser, verschiedene Obst- und Gemüsesorten

Versuchsanleitung

Schneide das Obst oder das Gemüse auf und lege auf die frische Schnittstelle ein Stück Universalindikatorpapier. Beobachte die Farbreaktion. Wenn du Salat oder Sauerkraut verwendest oder die Schnittstelle ausgetrocknet ist, dann gib etwas von der Probe in die Reibschale und stelle mit Wasser einen Brei her. Lege nun ein Universalindikatorpapier auf den Brei.

Aufgabe

Ordne das Obst und Gemüse in sauer, alkalisch oder neutral ein. Lege dazu eine Tabelle an.

2 Rotkohlsaft als Indikator

Material

Schutzbrille, 2 Bechergläser (500 ml, weit), Messzylinder (10 ml), Reagenzgläser, Reagenzglasstopfen, Reagenzglasgestell, Gasbrenner, Dreifuß, Keramik-Drahtnetz, Trichter, Rundfilter, Schere, Folienstifte, frische Rotkohlblätter, Universalindikatorflüssigkeit, Haushaltsprodukte wie z. B. Zitronensaft, Speiseessig, Seifenlösung, Leitungswasser

Versuchsanleitung

a) Schneide frische Rotkohlblätter in feine Streifen. Gib die Streifen in ein Becherglas und bedecke sie mit Wasser. Erhitze das Wasser bis zum Sieden und koche den Inhalt über dem Gasbrenner, bis die Flüssigkeit intensiv rot gefärbt ist (▷ B 2). Lasse das Gemisch danach abkühlen. Filtriere die Lösung in das zweite Becherglas (▷ B 2).
b) Stelle Lösungen der verschiedenen Haushaltsprodukte (Zitronensaft, Speiseessig, Seifenlösung etc.) her und fülle sie in je zwei Reagenzgläser ab. Beschrifte die Reagenzgläser.
c) Gib etwa 2 ml des filtrierten Rotkohlsafts aus Versuch a) zur Lösung im ersten Reagenzglas und Universalindikatorflüssigkeit in das zweite Reagenzglas. Schüttle die Reagenzgläser, bis jeweils eine deutliche Farbe zu erkennen ist.

Aufgabe

Erstelle eine Tabelle, trage die Lösungen und die Farben der beiden Indikatoren ein.

3 Wir stellen einen „Regenbogen" her

Material

Schutzbrille, 5 Reagenzgläser, Reagenzglasgestell, eine Tropfflasche (50 ml) mit verdünnter Natronlauge, eine Tropfflasche (50 ml) mit verdünnter Salzsäure (beides von der Lehrerin/dem Lehrer vorbereitet, höchstens 0,1 mol/l), eine Tropfflasche mit Universalindikator, destilliertes Wasser

Versuchsanleitung

a) Stelle fünf Reagenzgläser nebeneinander in das Reagenzglasgestell (▷ B 3) und fülle sie zur Hälfte mit destilliertem Wasser. Gib in jedes Reagenzglas vier Tropfen Universalindikator.
b) Gib in das erste und zweite Reagenzglas jeweils vier Tropfen verdünnte Salzsäure.
Gib in das vierte und fünfte Reagenzglas jeweils vier Tropfen verdünnte Natronlauge.
c) Tropfe nun so viel Salzsäure und so viel Natronlauge in das zweite, dritte und vierte Reagenzglas, bis die gewünschten Farben des Regenbogens entstehen (▷ B 3).

Entsorgung

Verdünnte Salzsäure und Natronlauge sind Chemikalien, die nicht in den Abfluss gehören und deshalb gesammelt werden. Gieße den Inhalt der fünf Reagenzgläser in den Behälter für saure und alkalische (basische) Abfälle.

3 Regenbogen in Gläsern

Strategie

Wir erstellen einen Steckbrief

A. Stoffeigenschaften kennen lernen und untersuchen

Jeder Stoff hat bestimmte Eigenschaften. Diese Eigenschaften lassen sich auf unterschiedliche Weise bestimmen.

Prüfe den Stoff zunächst mit deinen Sinnesorganen:

- Farbe und Glanz
- Form und Oberfläche
- Geruch
- Aggregatzustand
- ...

Vorsicht! Unbekannte Stoffe können giftig sein oder die Schleimhaut reizen. Geschmacks- und Geruchsproben von unbekannten Stoffen sind deshalb verboten.

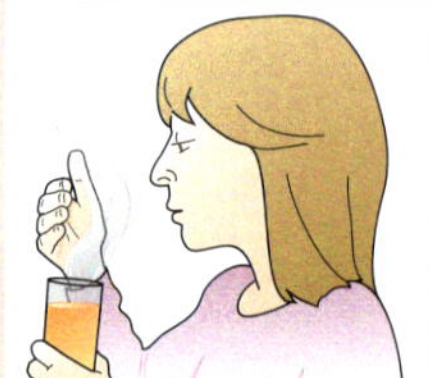
Geruch

Verformbarkeit

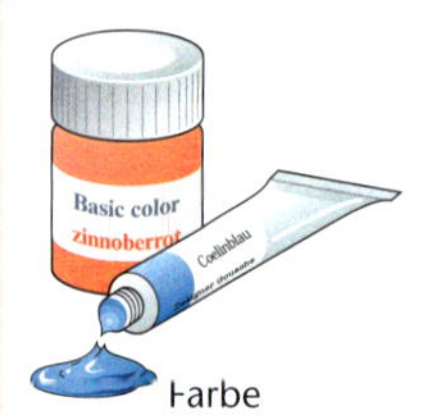

Farbe

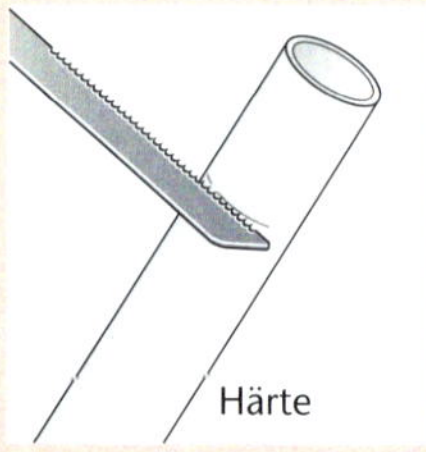
Härte

elektr. Leitfähigkeit

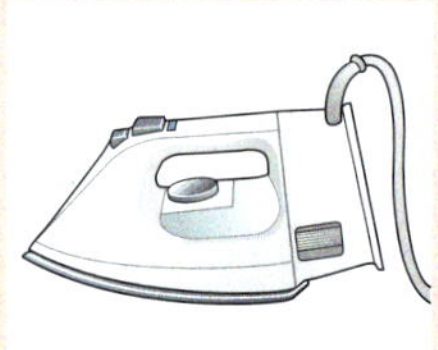
Wärmeleitfähigkeit

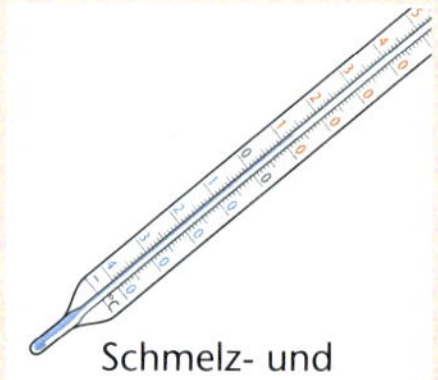
Schmelz- und Siedetemperatur

Löslichkeit

Brennbarkeit

Form

Magnetisierbarkeit

Führe mit dem Stoff Experimente durch, um weitere Eigenschaften herauszufinden:

- Härte
- Verformbarkeit
- Leitfähigkeit für Strom
- Wärmeleitfähigkeit
- Löslichkeit in Wasser
- magnetische Eigenschaft
- Verhalten beim Erwärmen
- ...
- ...

B. Gemeinsame und unterschiedliche Eigenschaften zu anderen Stoffen erkennen

Vergleiche die gefundenen Eigenschaften des unbekannten Stoffs mit den Eigenschaften bekannter Stoffe. Stimmen alle Eigenschaften überein, dann handelt es sich um den gleichen Stoff. Durch diesen Vergleich kannst du den Namen des unbekannten Stoffs finden.

C. Eigenschaften auswählen und im Steckbrief beschreiben

Im Steckbrief wird zuerst der Name des Stoffs angegeben. Dann werden untereinander die untersuchten Eigenschaften notiert. Bei jeder Eigenschaft wird das Ergebnis der Experimente eingetragen. Mit dem Steckbrief kannst du den Stoff jederzeit wiedererkennen.

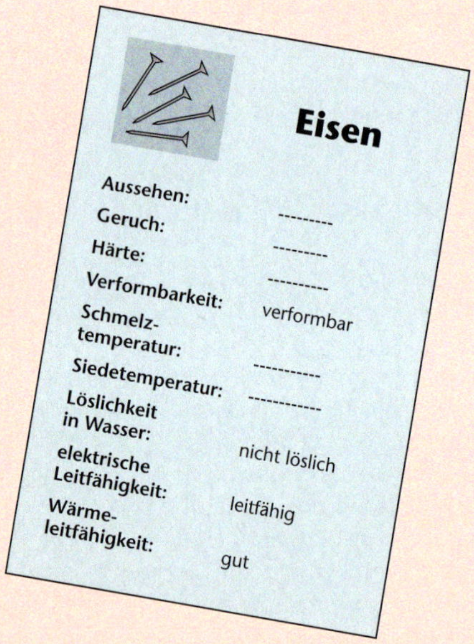

Steckbrief von Trinkalkohol

1 Wie sind Alkohol und Wasser zu unterscheiden?

Material

Schutzbrille, Reagenzglasgestell, 2 Reagenzgläser, Messzylinder, wasserfester Filzstift, reiner Alkohol, destilliertes Wasser

Versuchanleitung

a) Gib ca. 15 ml Alkohol und ca. 15 ml destilliertes Wasser in je ein Reagenzglas. Kennzeichne das Glas mit dem Alkohol eindeutig mit dem Filzstift. Halte beide Gläser gegen das Licht und vergleiche. Gibt es einen Unterschied?

b) Rieche am Wasser und am Alkohol. Notiere die Ergebnisse.

2 Welche Dichte hat Alkohol?

Material

Schutzbrille, Messzylinder (50 ml), Waage, Alkohol

Versuchsanleitung

a) Wiege den leeren Messzylinder und notiere seine Masse.
b) Gib 10 ml (= 10 cm³) Alkohol in den Messzylinder und wiege wieder. Notiere auch hier die Masse.
c) Berechne die Masse von 10 ml Alkohol.
d) Berechne die Dichte von Alkohol: $\rho_{Alkohol}$ $\frac{m_{Alkohol}}{10\,cm^3}$ (▷ B 1).

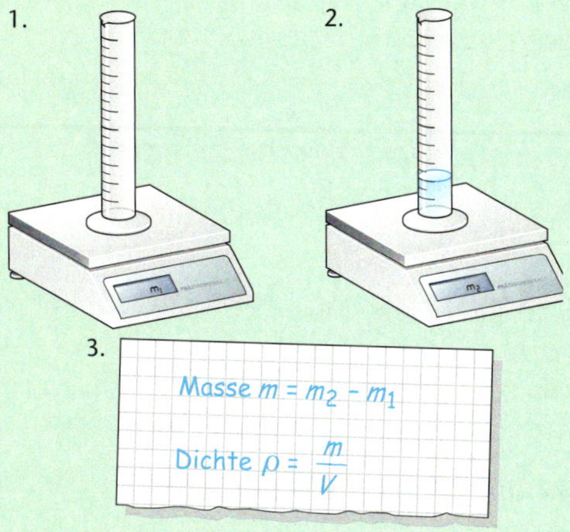

1 Bestimmung der Dichte von Alkohol

3 Brennt Alkohol?

Material

Schutzbrille, Tropfpipette, Ceranplatte, Streichhölzer, Alkohol

Versuchsanleitung

Tropfe maximal 5 bis 6 Tropfen Alkohol mithilfe der Tropfpipette auf die Ceranplatte. Sorge dafür, dass in der näheren Umgebung kein brennbarer Stoff steht. Zünde dann ein Streichholz an und prüfe, ob der Alkohol brennt.

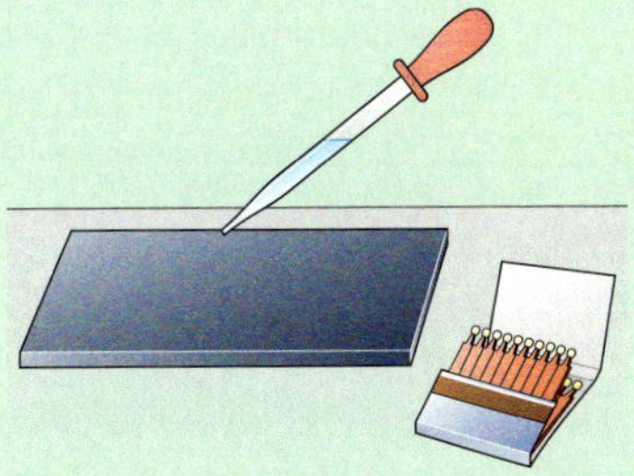

2 Bestimmung der Brennbarkeit

4 Wann siedet Alkohol?

Material

Schutzbrille, Becherglas (250 ml), Reagenzglas, Thermometer, Dreifuß mit Keramik-Drahtnetz, Gasbrenner, Stativ, 2 Doppelmuffen, 2 Universalklemmen, Siedesteinchen, Bindfaden, Wasser, Alkohol

Versuchanleitung

Fülle das Becherglas etwa zur Hälfte mit Wasser und stelle es auf den Dreifuß über den Gasbrenner.
Gib in das Reagenzglas 1 bis 2 cm hoch Alkohol und 2 Siedesteinchen. Befestige das Reagenzglas so am Stativ, dass es durch Absenken gut in das Becherglas getaucht werden kann. Das Stativ mit dem Reagenzglas wird zunächst weit weg vom Gasbrenner gestellt.
Erhitze jetzt das Wasser auf dem Dreifuß zum Sieden (▷ B 3a).
Schließe dann die Gaszufuhr zum Brenner. Senke nun das Reagenzglas am Stativ so ab, dass es in das Wasserbad eintaucht. Der Alkohol im Reagenzglas muss sich dabei vollständig im Wasserbad befinden. Hänge ein Thermometer ins Reagenzglas (▷ B 3b).
Lies die Temperatur ab, wenn diese nicht mehr ansteigt.

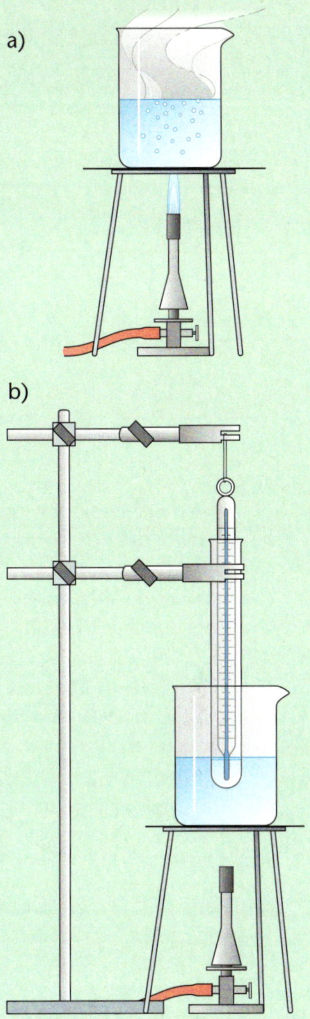

3 Bestimmung der Siedetemperatur

Aufgabe

Erstelle mit den Ergebnissen aus den Versuchen einen Steckbrief für Alkohol.
Vergleiche mit dem Steckbrief von Wasser (▷ B 4).

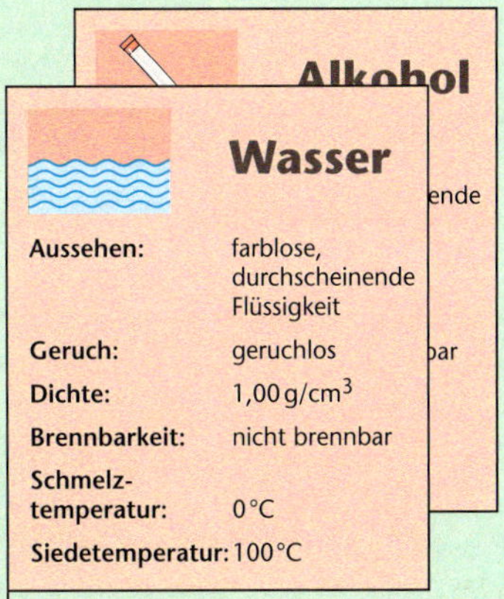

4 Steckbriefe

Werkstatt

Den Stoffen auf der Spur

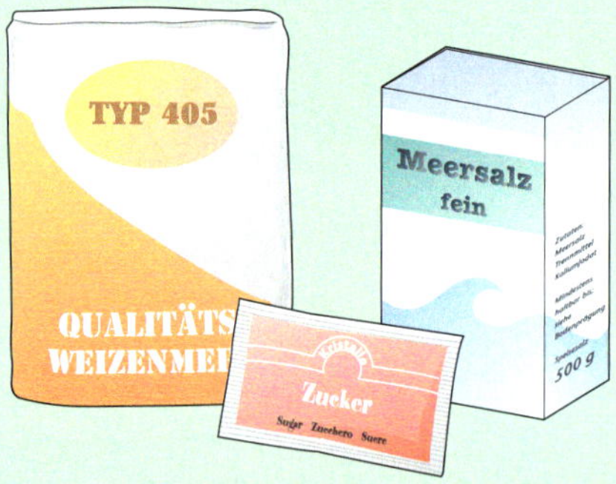

Im Haushalt findest du viele weiße Stoffe, die sich in ihren Eigenschaften voneinander unterscheiden. In vielen Fällen helfen Steckbriefe bei der Unterscheidung.

1 Weißen Stoffen auf der Spur: Mit den Sinnen

Material

Uhrgläser, Lupe, Löffel, Kochsalz, Haushaltszucker, Citronensäure

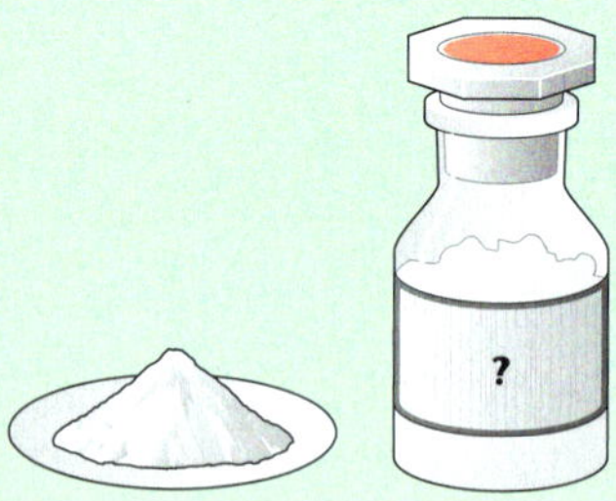

1 Welcher Stoff ist es?

2 Mit der Lupe untersuchen

Versuchsanleitung

a) Gib mit einem Löffel etwas Kochsalz auf ein Uhrglas. Prüfe das Aussehen mit einer Lupe. Bestimme die Kristallform und stelle den Geruch fest.

b) Wiederhole den Versuchsteil a) mit Haushaltszucker und anschließend mit Citronensäure.

2 Weißen Stoffen auf der Spur: Verformbarkeit

Material

Reibschale mit Pistill, Hammer, Ablagepapier, 1 Stück Kochsalz, Haushaltszucker, Citronensäure

Versuchsanleitung

a) Lege ein Stück Kochsalz zwischen zwei Bögen Ablagepapier und klopfe mit einem Hammer darauf.

b) Zerreibe Zucker mit einem Pistill in einer Reibschale.

c) Wiederhole Versuchsteil b) mit Citronensäure.

Aufgabe

Betrachte die Versuchsergebnisse und entscheide, ob der jeweilige Stoff verformbar ist oder nicht.

3 Nachweis der elektrischen Leitfähigkeit

Material

3 Uhrgläser, 2 Spatellöffel, Elektrodenhalter mit Glühlämpchen (4 V; 0,04 A), 2 Kohleelektroden, 2 Verbindungskabel, Flachbatterie (4,5 V), 2 Krokodilklemmen (isoliert), 1 Stück Kochsalz, Haushaltszucker, Citronensäure

Versuchsanleitung

a) Überprüfe an einem Stück Kochsalz die Leitfähigkeit dieses Stoffs für elektrischen Strom. Drücke dazu die beiden Kohleelektroden (dürfen sich nicht berühren) auf das Salz. Das Glühlämpchen im geschlossenen Stromkreis entscheidet.

b) Gib etwas Zucker auf ein Uhrglas. Prüfe die elektrische Leitfähigkeit wie in Versuchsteil a).

c) Wiederhole den Versuchsteil b) mit Citronensäure.

4 Weißen Stoffen auf der Spur: Löslichkeit

Material

Schutzbrille, 3 Bechergläser (100 ml, weite Form), 3 Rührstäbe aus Glas, 3 Spatellöffel, Ablagepapier, Kochsalz, Haushaltszucker, Citronensäure, destilliertes Wasser

Versuchsanleitung

a) Fülle ein Becherglas zur Hälfte mit Wasser. Gib einen Spatellöffel Kochsalz in das Wasser. Rühre mit einem Glasstab um.

b) Wiederhole den Versuch mit Zucker und anschließend mit Citronensäure.

Aufgaben

1. Entwirf nach dem Muster in Bild 3 selbst einen Steckbrief für Kochsalz.

2. Trage die Stoffeigenschaften, die du bestimmt hast, in deinen Steckbrief ein.

3. Stelle für Haushaltszucker und für Citronensäure je einen Steckbrief zusammen. Trage die überprüften Eigenschaften ein.

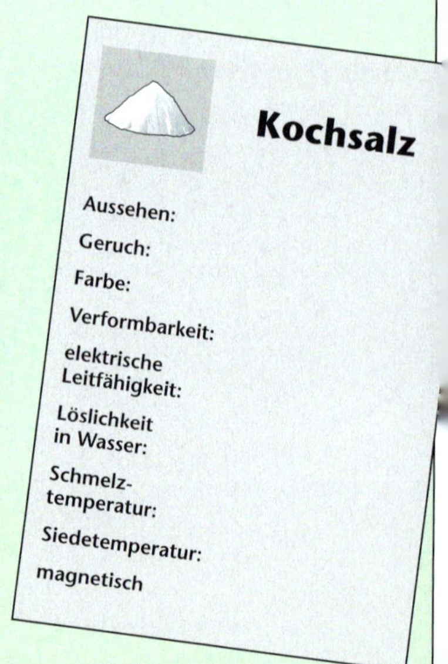

3 Steckbrief: Kochsalz

Stoffe bestehen aus kleinsten Teilchen

1 Ein Duft verteilt sich

Material

Schutzbrille, Gasbrenner, Dreifuß mit Ceranplatte, Uhr, Weihrauchkorn oder ein Stück von einem Räucherstäbchen

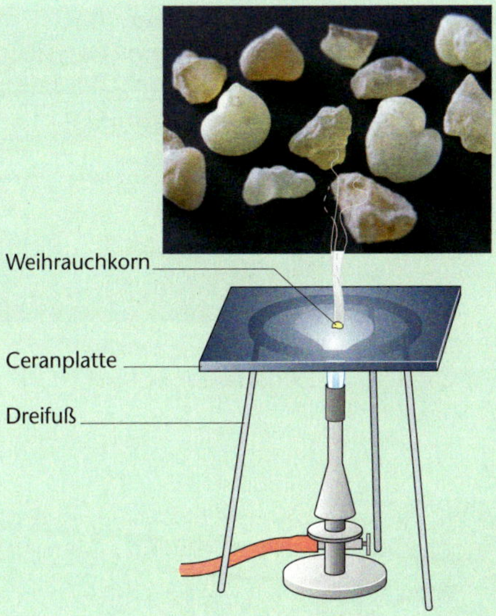

1 Weihrauchkörner werden erhitzt.

Versuchsanleitung

Lege ein Weihrauchkorn auf einen Dreifuß mit Ceranplatte und erhitze von unten mit der rauschenden Brennerflamme. Achte genau darauf, zu welchem Zeitpunkt welche Beobachtungen zu machen sind. Wann ist der Versuch zu Ende?

2 Parfüm verschwindet

Material

Uhrglas, Parfüm

Versuchsanleitung

Gib ein paar Tropfen Parfüm auf ein Uhrglas. Stelle durch Geruchsproben an unterschiedlichen Stellen des Raumes fest, wann und an welcher Stelle des Raumes der Duft festzustellen ist.
Was passiert mit dem Parfümtropfen nach einiger Zeit?

3 Öl macht sich breit

Material

Schutzbrille, Glasschale (Ø etwa 15 cm), Tropfpipette, Becherglas, Scheidetrichter, Stativ, Universalklemme, Doppelmuffe, Lineal, Wasser, Speiseöl, Bärlappsporen, Wundbenzin

Versuchsanleitung

Gib in eine kleine Glasschale Wasser. Streue vorsichtig eine dünne Schicht Bärlappsporen auf die Wasseroberfläche. Tropfe dann mithilfe einer Tropfpipette aus geringer Höhe vorsichtig dünnflüssiges Öl auf die Wasseroberfläche (▷ B 2). Die Oberfläche muss ruhig sein. Falls das Öl zu dickflüssig ist, verdünne es mit etwas Wundbenzin. Benutze ein Lineal zur Bestimmung des Ölfleckdurchmessers. Wiederhole den Versuch unter gleichen Bedingungen mehrere Male. Erneuere bei jedem Durchgang das Wasser in der Schale. Was ist zu beobachten? Wie sind die Beobachtungen zu deuten?

Entsorgung

Trenne die wässrige Lösung von der ölhaltigen mithilfe eines Scheidetrichters (▷ B 3). Gib die ölige Flüssigkeit anschließend in den passenden Entsorgungsbehälter und die wässrige in den Abfluss.

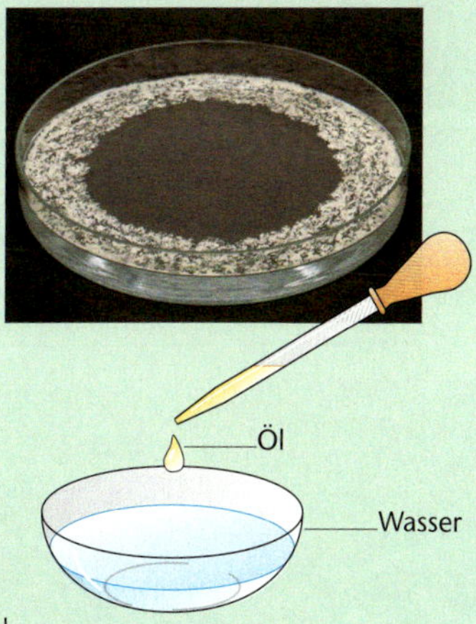

2 Öl macht sich breit.

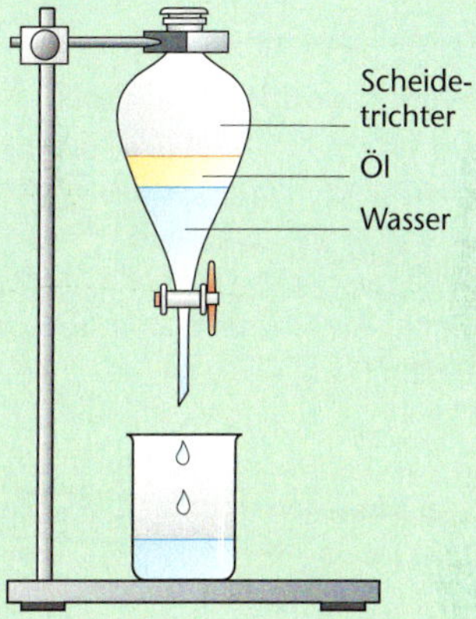

3 Trennung eines Öl-Wasser-Gemisches

4 Ein Stoff zerteilt sich

Material

Schutzbrille, Standzylinder (hohe Form), Uhr, Pinzette, Wasser, Kaliumpermanganat (gekörnt)

Versuchsanleitung

Gib mit der Pinzette ein Körnchen Kaliumpermanganat in einen mit Wasser gefüllten Standzylinder (▷ B 4). Lasse das Gefäß an einem Ort ruhig stehen.
Notiere die Beobachtungen zu Beginn des Versuches, nach etwa 10 Minuten, nach weiteren 30 Minuten und nach einigen Tagen. Erkläre die Beobachtungen.

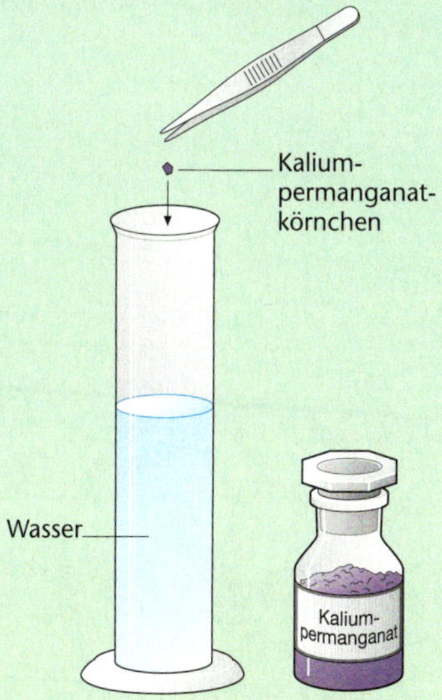

4 Ein Stoff zerteilt sich.

Modell- und Teilchenvorstellung

Modell und Wirklichkeit

Du kennst Modellautos, Modelleisenbahnen oder Puppenhäuser.

- Vergleiche die Modelle mit ihren Vorbildern: einem Auto, einer Lokomotive, einem Waggon, einem Haus.

- Beschreibe Gemeinsamkeiten und Unterschiede von Modellen und ihren Vorbildern.

Funktionsmodelle

In der Automobilindustrie werden Automodelle eingesetzt. An ihnen testet man im Windkanal die Strömungseigenschaften der Karosserie.

- In welchen Eigenschaften muss ein solches Automodell mit einem wirklichen Auto übereinstimmen?

- Welche Teile benötigt das Modell nicht?

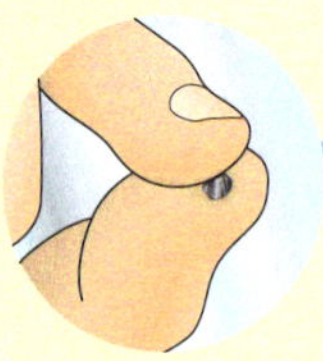

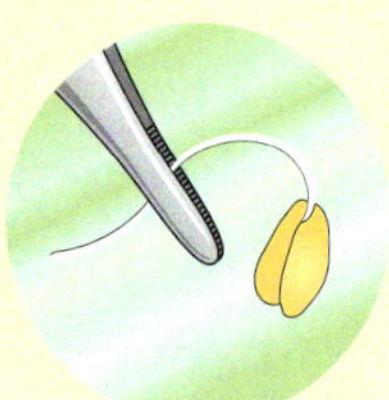

Was ist wohl das Allerkleinste?

Überlege einmal genau: Was ist das Allerkleinste, was du dir vorstellen kannst? Eine Ameise meinst du, oder ein Staubkörnchen?

- Gibt es nicht vielleicht noch viel kleinere Dinge als ein Staubkörnchen? Diskutiere mit deinen Klassenkameraden und -kameradinnen.

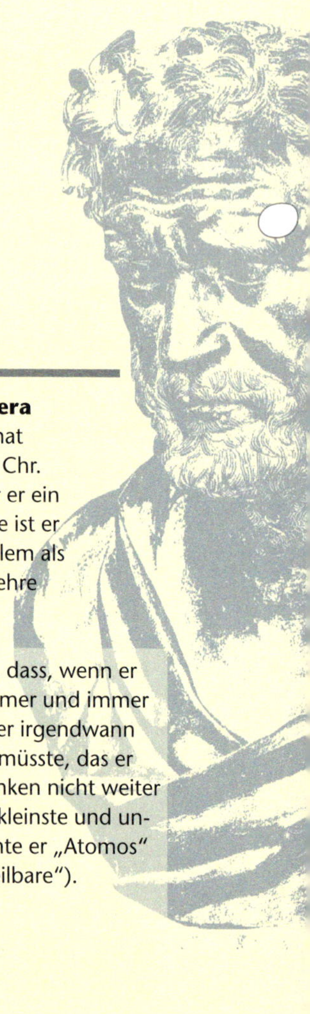

Demokrit von Abdera

DEMOKRIT VON ABDERA hat etwa von 460 – 371 v. Chr. gelebt. Eigentlich war er ein Philosoph, doch heute ist er den Chemikern vor allem als Begründer der Atomlehre bekannt.

Er hatte sich gedacht, dass, wenn er einen Gegenstand immer und immer wieder teilen würde, er irgendwann ein Teilchen erhalten müsste, das er selbst in seinen Gedanken nicht weiter teilen könnte. Dieses kleinste und unteilbare Teilchen nannte er „Atomos" (griech. für „das Unteilbare").

Ein eigenes Modell finden

Niemand hat bisher die kleinsten Teilchen, von denen schon DEMOKRIT gesprochen hat, mit eigenen Augen gesehen.
Trotzdem haben sich Vorstellungen über den Aufbau und das Aussehen dieser Teilchen entwickelt. Diese Vorstellungen sind aus der Beobachtung von Naturerscheinungen, aus der Phantasie und aus der Deutung von Experimenten entstanden.

- Lege zu Hause einen Gegenstand in einen Schuhkarton und verschließe den Karton. Befestige den Deckel am besten mit einem Klebestreifen.

Tauscht in der Klasse die Kartons aus, ohne sie zu öffnen. Bildet Kleingruppen und sammelt gemeinsam Informationen über den nicht sichtbaren Gegenstand im verschlossenen Karton.

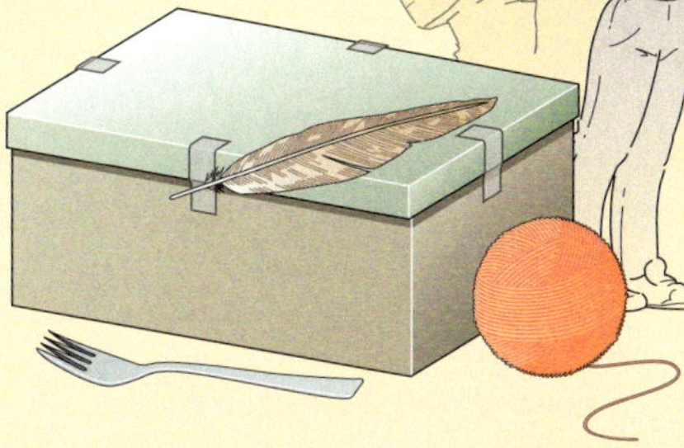

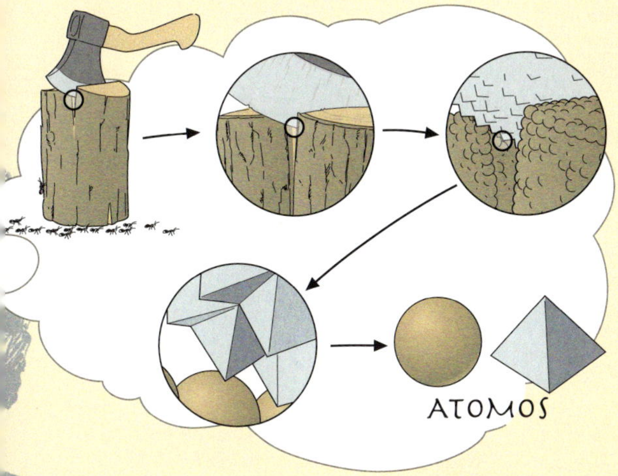

Wir sind Künstler

Künstler können alles. Sie können Teile herausnehmen oder welche hinzufügen. Oder sie stellen die Dinge auf den Kopf, machen sich einen Spaß aus dem Ernsten, oder erklären Lustiges zu bitterem Ernst.
Damit helfen sie uns, die Welt mit anderen Augen zu betrachten und immer wieder neue Ideen zu finden.

- Was haltet ihr von seiner Idee? Wie könnt ihr sie nachprüfen?

- Sind all die Dinge, die uns umgeben, nur aus einer Art unteilbarer Teilchen aufgebaut, oder gibt es verschiedene Sorten davon?

- Probiere es doch einfach mal aus. Sei ein Künstler! Male oder bastele kleinste Teilchen, so wie du sie dir vorstellst.

1 Die Heliumteilchen „schlüpfen" durch die Hülle des Luftballons (Längsschnitt).

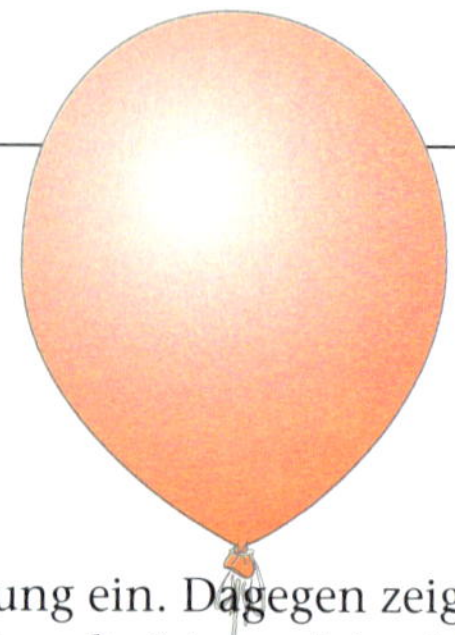

Warum wird ein mit Gas gefüllter Ballon allmählich kleiner?
Füllt man einen Luftballon mit dem nicht brennbaren Gas Helium und einen weiteren Luftballon aus gleichem Material mit Sauerstoff, so schrumpft bei gleicher Ausgangssgröße der mit Helium gefüllte Ballon viel schneller (▷ V 1).
Diese Beobachtung lässt sich leicht erklären, wenn wir davon ausgehen, dass die beiden Gase aus kleinen Teilchen bestehen. Die Hülle eines Luftballons enthält viele winzige Öffnungen. Wird der Ballon mit Gas gefüllt, so dehnt sich die Hülle aus und die Öffnungen werden größer. Durch diese Öffnungen „schlüpfen" die kleinen Teilchen.

Ein Heliumteilchen ist kleiner als ein Sauerstoffteilchen. Die Heliumteilchen können deshalb schneller durch Öffnungen der Ballonhaut schlüpfen.

Verallgemeinert man diese Deutung, so bestehen Stoffe aus kleinen Teilchen. Die Teilchen verschiedener Stoffe sind unterschiedlich groß.

Ein überraschendes Ergebnis
Wenn du zwei Flüssigkeiten mit dem gleichen Volumen in ein Gefäß gießt, so erwartest du, dass das Gemisch das doppelte Volumen einnimmt.

Gießt man 50 ml Alkohol sehr vorsichtig zu 50 ml Wasser, bilden sich zwei Flüssigkeitsschichten. Das Gesamtvolumen beträgt 100 ml. Mischt man die beiden Flüssigkeiten, stellt sich eine Volumenverminderung ein. Dagegen zeigt eine Wägung, dass die Masse sich nicht ändert (▷ V 2). Es ist also nichts verloren gegangen.

Wie kann diese Volumenverminderung gedeutet werden?

Ein Modellversuch zur Veranschaulichung der Volumenverminderung
Auch Wasser und Alkohol bestehen aus kleinen Teilchen. Geht man davon aus, dass die Alkoholteilchen größer sind als die Wasserteilchen, können beim Durchmischen einige der kleineren Wasserteilchen in die Lücken zwischen den größeren Alkoholteilchen „schlüpfen".

Ein Modellversuch (▷ B 2) bestätigt diese Überlegungen. Gießt man 50 ml Erbsen zu 50 ml Senfkörnern, so ist zunächst keine Volumenverringerung zu erkennen. Diese tritt aber beim Durchmischen ein. Die kleineren Senfkörner sind in die Räume zwischen den Erbsen gerutscht.

Versuche

1 a) Man füllt einen runden Luftballon mit Helium. Dann bestimmt man an der breitesten Stelle den Umfang. Der Ballon wird mit einer Schnur am Stativ befestigt. Nach ca. 15 Minuten, ca. 30 Minuten, einigen Stunden und Tagen wird der Umfang erneut bestimmt.
b) Mit einem Luftballon aus gleichem Material wiederholt man den Versuch. Den Ballon füllt man mit Sauerstoff.

2 Fülle einen Messzylinder genau mit 50 ml Alkohol. Gieße dann langsam den Alkohol in einen Messzylinder, der mit 50 ml Wasser gefüllt ist. Betrachte die Flüssigkeit im durchscheinenden Licht und lies das Volumen ab. Wiege den Messzylinder mit dem Gemisch und notiere das Ergebnis. Vermische mit einem Glasstab die Lösungen intensiv. Achte darauf, dass keine Flüssigkeit herausspritzt. Wenn die Flüssigkeit sich beruhigt hat, lies erneut das Volumen ab und wiege wieder.

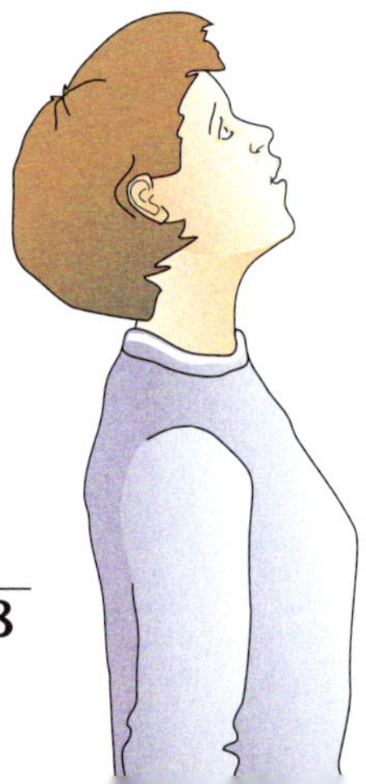

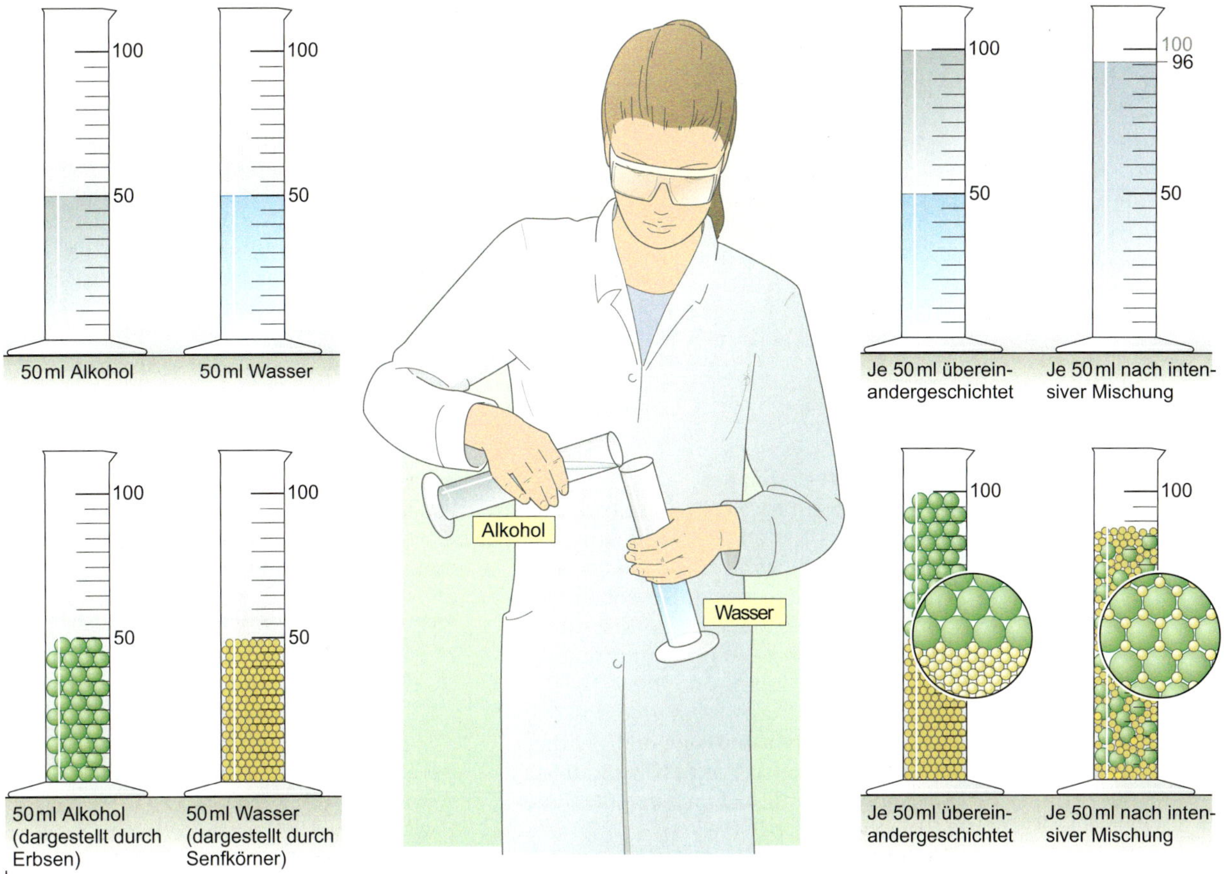

2 Ein Modellversuch zur Erklärung der Volumenverminderung

Diese Beobachtungen und Deutungen führen zu einer Modellvorstellung über den Aufbau der Stoffe. Danach sind alle Stoffe aus kleinsten kugelförmigen Teilchen aufgebaut. Dieses Modell nennt man **Kugelteilchenmodell**.

Merkmale des Kugelteilchenmodells:
Alle Stoffe bestehen aus kleinsten kugelförmigen Teilchen.
Die Teilchen eines Stoffes sind untereinander gleich. Sie haben die gleiche Größe und Masse.

Man spricht von kleinsten Teilchen, weil man diese Teilchen zunächst als nicht weiter teilbar ansieht. Später werden wir Tatsachen kennenlernen, die uns zwingen, die Vorstellung über den Aufbau dieser Teilchen zu ändern.

Der Modellbegriff

Modelle sind aus dem Alltag wohl bekannt. Sie stellen mehr oder weniger gute Abbilder eines Originals dar. Eine Modelleisenbahn gibt zum Beispiel viele Details (meist verkleinert) wirklichkeitsgetreu wieder.

Hingegen versuchen viele Modelle in den Naturwissenschaften – so auch das Kugelteilchenmodell –, Beobachtungen zu erklären.

Modelle in der Chemie sind keine Abbilder eines Originals, sondern Vorstellungs- und Erklärungshilfen.

Modelle haben Grenzen

Mit dem Kugelteilchenmodell lassen sich viele Erscheinungen anschaulich erklären. Stoffe können aber Eigenschaften haben, für die das Modell keine Erklärung liefert. Erbsen und Senfkörner haben eine Farbe, über die Farbe der kleinsten Teilchen können wir nichts aussagen. Beim Mischen von Wasser und Alkohol tritt eine Erwärmung auf, auch diese lässt sich nicht mit dem Kugelteilchenmodell erklären.
Wir müssen uns etwas Neues überlegen.

Aufgabe

1 Du lässt einen mit Helium gefüllten Ballon an die Decke deines Zimmers steigen. Nach drei Tagen liegt der Ballon schlaff auf dem Boden. Erkläre!

1 Wie schnell breitet sich der Duft aus?

Ein Duft breitet sich aus

Der Duft eines stark riechenden Parfüms, das in einem offenen Gefäß auf dem Experimentiertisch steht, ist nach kurzer Zeit im ganzen Raum wahrnehmbar. Man könnte vermuten, dass der Geruchsstoff durch Luftströmungen im Raum transportiert wird. Allerdings breitet sich der Geruchsstoff auch in einem geschlossenen Raum ohne Luftströmungen aus. Bei dieser Ausbreitung findet eine vollständige Durchmischung des Geruchsstoffs mit der Luft statt.

Diffusion

Die Durchmischung von Geruchsstoff und Luft lässt sich gut erklären, wenn man davon ausgeht, dass die kleinsten Teilchen in ständiger Bewegung sind.
Die kleinsten Teilchen des Geruchsstoffs wandern in die Lücken zwischen den Teilchen der Luft. Ebenso wandern die Teilchen der Luft in die Lücken zwischen den Teilchen des Geruchsstoffs.
Eine solche selbstständige Durchmischung verschiedener Stoffe heißt **Diffusion**.
Die Diffusion beruht auf der Eigenbewegung der kleinsten Teilchen. Die Bewegung der Teilchen ist dabei völlig regellos und ungeordnet. Nicht nur die kleinsten Teilchen eines Gases, sondern auch die einer Flüssigkeit oder eines Feststoffs führen eine Eigenbewegung aus.

Aufgabe

1 Gibt man ein Stück Würfelzucker in Wasser, so löst es sich langsam auf. Beschreibe anhand der Abbildungen in Bild 2 die Bildung der Zuckerlösung mithilfe des Teilchenmodells.

2 Lösen von Zucker im Teilchenmodell

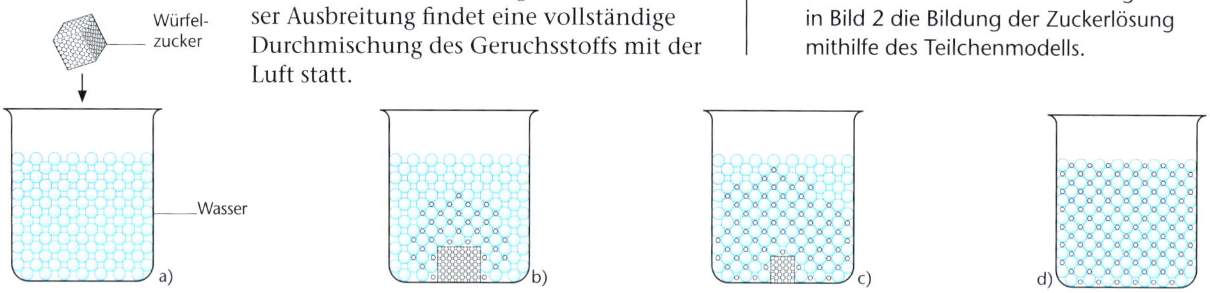

Zeitpunkt

Die Entdeckung von Robert Brown

1 Robert Brown

Der englische Botaniker Robert Brown untersuchte Blütenpollen von Pflanzen. Im Jahr 1827 betrachtete er kleine Pollenkörnchen in einem Tropfen Wasser unter dem Mikroskop. Dabei entdeckte er eine unregelmäßige Zitterbewegung, die Pollen bewegten sich wie von selbst. Zuerst glaubte er, kleine Lebewesen entdeckt zu haben.

Die Zitterbewegung wird von den unsichtbaren kleinsten Wasserteilchen hervorgerufen, die sich ständig bewegen und die Blütenpollen in unregelmäßigen Abständen anstoßen. Durch zahlreiche Stöße bewegen sich die Pollen auf einer Zickzackbahn (▷ B 2). Diese unregelmäßige Zitterbewegung wird nach ihrem Entdecker **Brown'sche Bewegung** genannt.

2 Brown'sche Bewegung eines Teilchens

Brennpunkt

Blutwäsche durch Teilchengröße

Die Dialyse
Die Niere (▷ B 1) bildet ein wichtiges Filtersystem im menschlichen Körper, denn sie filtert schädliche Stoffwechselprodukte aus dem Blut. Ist die Niere nicht mehr funktionstüchtig, gibt es häufig nur noch eine Lösung: die „künstliche Niere" – ein medizinisches Gerät zur Blutwäsche. Die Blutwäsche über eine künstliche Niere wird auch **Dialyse** genannt.

Bei der Dialyse werden dem Nierenkranken pro Minute etwa 200 bis 300 ml Blut entnommen und in ein Dialysegerät geleitet. Dort strömt das „verunreinigte" Blut durch eine Dialysemembran mit winzig kleinen Poren. Deren Durchmesser beträgt nur etwa 3 bis 5 Millionstel Millimeter. Wichtige Blutbestandteile wie Blutkörperchen, Blutplättchen und Eiweiße können diese winzigen Poren nicht passieren, wohl aber die beim Stoffwechsel entstehenden Salze und der Harnstoff. Diese Stoffe, die das Blut mit der Zeit vergiften würden, werden von einer speziellen Flüssigkeit aufgenommen und so aus dem Blut entfernt (▷ B 1). Das gereinigte Blut wird dann wieder in den Blutkreislauf zurückgeführt.

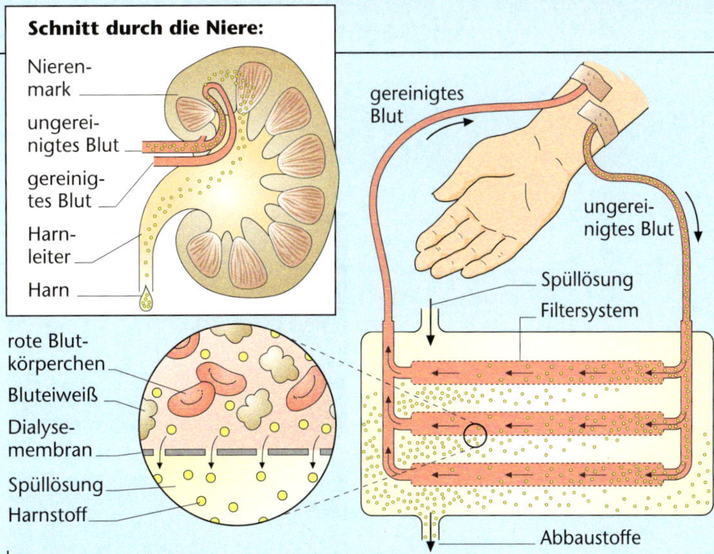

1 Prinzip der Dialyse

Da der natürliche „Entgiftungsvorgang" in der Niere ständig abläuft, müssen Dialysepatienten, um eine annähernd gleiche Entgiftung zu erreichen, jeden dritten Tag etwa 4 bis 6 Stunden an die künstliche Niere angeschlossen werden.

Werkstatt

Simulation einer Dialyse

Material
Schutzbrille, mittleres Becherglas (150 ml), großes Becherglas (500 ml), Trichter, Stativ, Doppelmuffe, Metallstab, Faden, Dialyseschlauch (ca. 10 bis 15 cm lang), Kaliumpermanganat, schwarze Tusche, Wasser

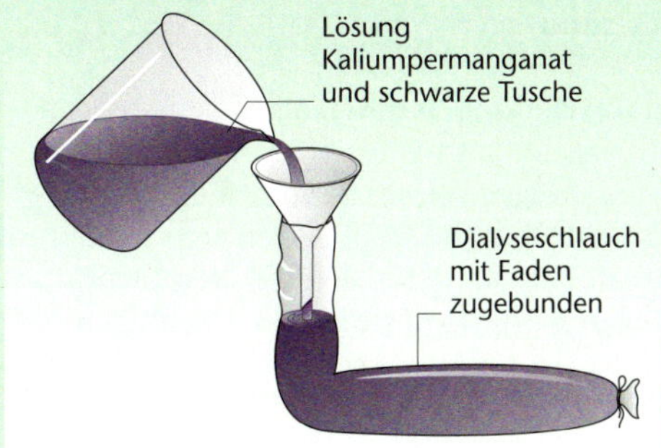

Versuchsanleitung
Fülle den Dialyseschlauch mit einem Gemisch aus Kaliumpermanganat- und Tuschelösung. Binde den Schlauch an den Enden fest zu. Fülle das große Becherglas zu etwa zwei Drittel mit Wasser. Hänge den Schlauch so auf, dass er in das mit Wasser gefüllte Becherglas taucht.

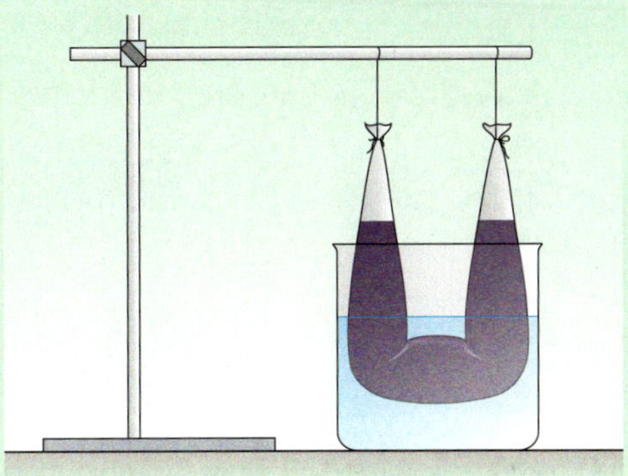

Aufgabe
Welcher Stoff soll in dem Versuch die Blutkörperchen und welcher den Harnstoff darstellen?

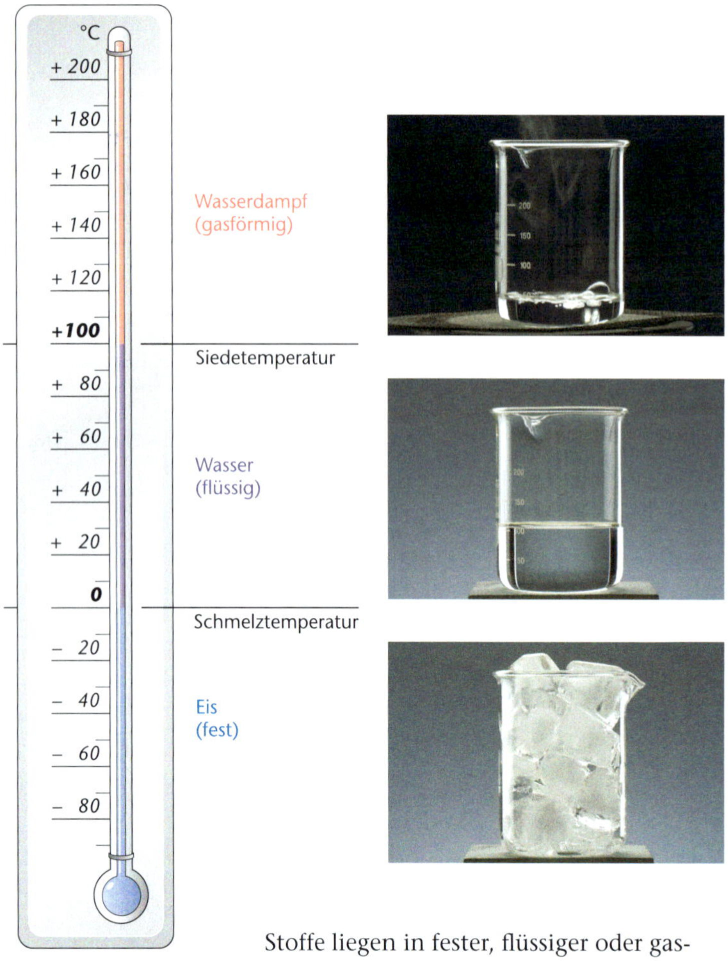

1 Wasser in drei Aggregatzuständen

Stoffe liegen in fester, flüssiger oder gasförmiger Form vor. Durch Erhitzen bzw. Abkühlen kann man diese Stoffe von einem Aggregatzustand in einen anderen überführen.

Erstarren und Schmelzen
Im Winter kannst du überall beobachten, wie flüssiges Wasser beim Abkühlen zu Eis erstarrt: Zum Beispiel bilden sich Eiszapfen an Stellen, an denen Wasser herabtropft, Regen gefriert auf der Straße zu Blitzeis und Seen überziehen sich mit einer Eisschicht.

2 Raureif

Die Erstarrungstemperatur des Wassers beträgt 0 °C. Wird umgekehrt das Eis erwärmt, geht es bei 0 °C wieder in flüssiges Wasser über. Schmelz- und Erstarrungstemperatur stimmen überein.

Verdampfen und Kondensieren
Bei Zufuhr von Wärme verdampft Wasser zu Wasserdampf. Die Siedetemperatur von Wasser beträgt 100 °C. Beim Abkühlen kondensiert der Dampf wieder zu Wasser. Auch Kondensations- und Siedetemperatur stimmen überein (▷ B 1).

Überspringen des flüssigen Zustands
Wenn man im Winter nasse Wäsche zum Trocknen im Freien aufhängt, gefriert das darin enthaltene Wasser. Trotzdem trocknet die starre Wäsche an der Leine, und zwar ohne dass das Eis schmilzt. Das Eis geht direkt in Wasserdampf über. Diesen Übergang vom Feststoff zum Gas nennt man **Sublimieren.**
In kalten Nächten bildet sich auf Pflanzen Raureif (▷ B 2), an Fenstern sind manchmal Eisblumen zu sehen. Raureif und Eisblumen entstehen, wenn der Wasserdampf direkt zu Eis wird. Diesen Übergang vom gasförmigen in den festen Zustand nennt man **Resublimieren.**

▶ Den Übergang von fest nach gasförmig nennt man Sublimieren.
Den Übergang von gasförmig nach fest nennt man Resublimieren.

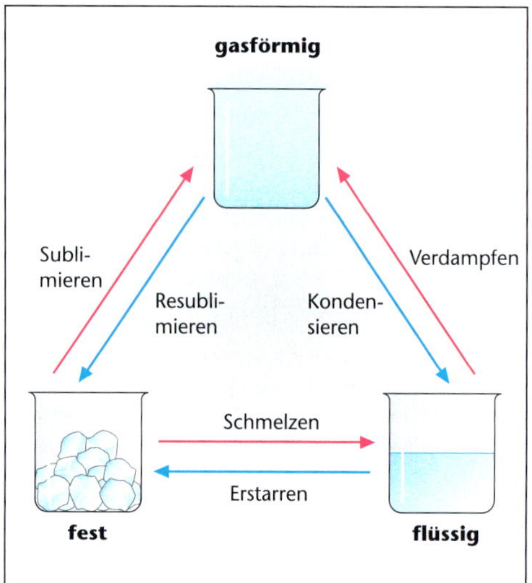

3 Benennung der Übergänge zwischen den Aggregatzuständen

Kugelteilchen in Feststoffen
In einem **Feststoff** sind die Teilchen regelmäßig angeordnet. Sie bewegen sich nur sehr wenig, die Abstände zwischen ihnen sind sehr klein.
Zwischen den Teilchen wirken starke Anziehungskräfte, die dafür sorgen, dass der Feststoff zusammenhält. Daher sind große Kräfte nötig, um einen Feststoff zu zerbrechen.

Kugelteilchen in Flüssigkeiten
Gibt man eine **Flüssigkeit** in ein Gefäß, so passt sie sich der Gefäßform an. Auch hier hilft das Kugelteilchenmodell bei der Erklärung.
Damit sich eine Flüssigkeit der Gefäßform anpassen kann, müssen die Teilchen gegeneinander beweglich sein. Das bedeutet, dass die Anziehungskräfte zwischen den Teilchen in einer Flüssigkeit sich geringer auswirken als in Feststoffen. In der Flüssigkeit ist der Abstand zwischen den Teilchen größer als im Feststoff.

Kugelteilchen in Gasen
Erhitzt man eine Flüssigkeit bis zum Sieden, entsteht ein **Gas**. Gasförmige Stoffe nehmen den gesamten Raum ein, der ihnen in einem Gefäß zur Verfügung steht. Außerdem können sie entweichen, wenn das Gefäß offen ist.
Diese Beobachtung kann man damit erklären, dass die Teilchen in einem Gas einen sehr großen Abstand zueinander haben. Die Anziehungskräfte zwischen den Teilchen wirken sich noch schwächer aus als in einer Flüssigkeit. Die Teilchen können sich frei und regellos im Raum bewegen.

Kugelteilchen in Bewegung:
Von fest über flüssig nach gasförmig …
Führt man einem Feststoff Energie zu, so nehmen die Teilchen des Stoffes die Energie auf. Sie bewegen sich schneller und die Anziehungskräfte zwischen ihnen wirken sich schwächer aus (▷ B 4); der Stoff wird flüssig.
Wird den Kugelteilchen noch mehr Energie zugeführt, so nimmt ihre Eigenbewegung weiter zu. Die Teilchen entfernen sich weiter voneinander, sodass die Anziehungskräfte kaum noch wirksam sind (▷ B 4). Die Flüssigkeit wird gasförmig.

… und wieder zurück
Gase kondensieren beim Abkühlen zu Flüssigkeiten. Durch den Entzug von Energie verringert sich die Teilchenbewegung und die Teilchen nähern sich einander an. Die Anziehungskräfte zwischen den Teilchen wirken sich wieder stärker aus.
Beim weiteren Abkühlen erstarrt die Flüssigkeit, sie wird fest. Durch den Entzug von Energie nimmt die Bewegung der Teilchen weiter ab und sie ordnen sich regelmäßig an (▷ B4).

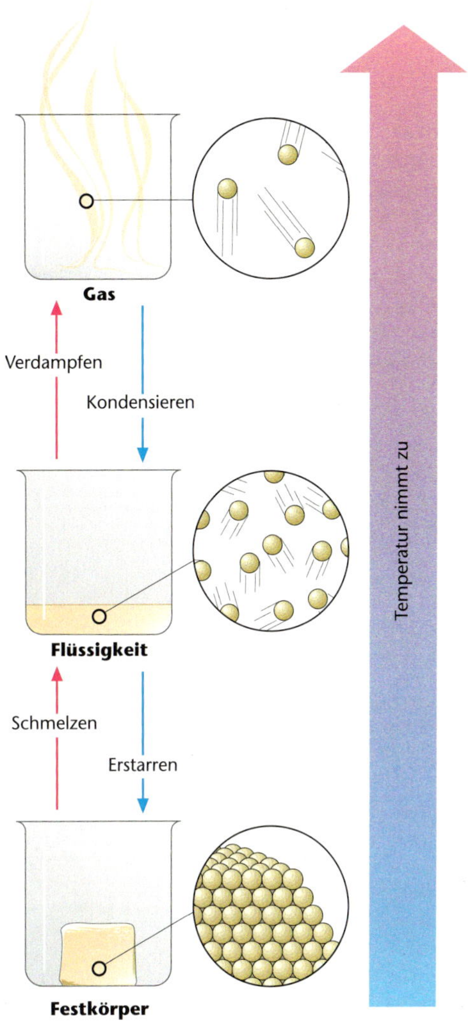

4 Die Aggregatzustände im Teilchenmodell

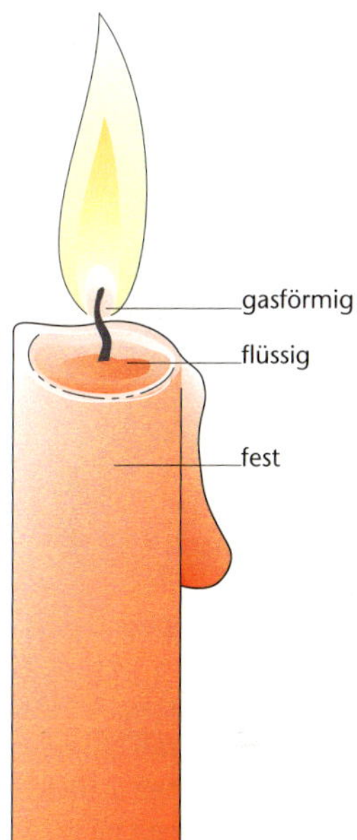

5 Hier liegt das Wachs in den drei Aggregatzuständen vor.

Aufgaben

1 Beschreibe die Änderung der Aggregatzustände am Beispiel einer brennenden Kerze (▷ B 5). Verwende dazu das Kugelteilchenmodell.

2 Trockeneis ist festes Kohlenstoffdioxid. Bei Raumtemperatur sublimiert es. Deute den Vorgang mit dem Teilchenmodell.

Strategie

Lernen in der Gruppe macht Spaß

In der Gruppe geht's leichter

Anjas Mutter arbeitet im Kindergarten in einem Arbeitsteam, Fabians Vater in einer Montagegruppe. Stefanies Bruder gehört zur Bedienungsmannschaft einer Kantine. An fast allen Arbeitsplätzen in Industrie, Wirtschaft und Verwaltung ist für die Bewältigung moderner Aufgaben und zur Durchführung von Projekten Zusammenarbeit gefragt. Das ist auch in der Schule so.

Daher ist es wichtig, dass du Teamarbeit oder Gruppenarbeit übst.

In der Gruppe lernst du, selbst aktiv zu sein, du kannst gemeinsam mit anderen arbeiten, diskutieren, entscheiden und Probleme lösen.

1 Gruppenarbeit ist im Berufsleben besonders wichtig.

A. Wie stellt ihr eure Gruppen zusammen?

Bei der Gruppenbildung sollten nicht immer nur Sympathie und Freundschaft entscheiden. Effektiv lernt ihr zusammen, wenn Jungen und Mädchen, leistungsstarke und leistungsschwächere Schülerinnen und Schüler zusammenarbeiten. Die, die schon etwas vom Stoff verstehen und andere, die noch gar keine Ahnung haben, sollten sich zusammentun.

Die Gruppe sollte drei, maximal vier Mitglieder haben, sonst können nicht alle gleich gut mitarbeiten.

2 Übersicht

B. Kennst du das „Ich – Du – Wir – Prinzip"?

a) Zuerst machst du dich eigenständig mit der Fragestellung vertraut, überlegst, was du schon zum Thema weißt und versuchst, eigene Schritte in Richtung auf die Lösung zu gehen. Nimm dir Zeit, lasse dich nicht hetzen.
Das ist die „Ich-Phase".

b) Um Fortschritte zu machen, tauscht du dich mit einem Partner aus, ergänzt seine Ideen, versuchst zu verstehen, was sie oder er über die Fragestellung oder das Problem denkt.
Damit arbeitet ihr als Partner an der Lösung weiter.
Das ist die „Du-Phase".

c) Zum Schluss überlegt die ganze Gruppe, was jeder schon weiß und wie ein gemeinsames Ergebnis erarbeitet werden kann.
Das ist die „Wir-Phase".

C. Gruppenarbeit – so wird´s gemacht:

- Verteilt die Arbeiten gerecht. Es kann nicht sein, dass nur die Mädchen schreiben und die Jungen die Versuche machen.
- Informiert euch während der Gruppenarbeit über euren Arbeitsfortschritt. Denkt daran, die Arbeitszeit einzuhalten.
- Überlegt euch, wie ihr eure Ergebnisse präsentieren und vortragen wollt. Es sollen möglichst alle Gruppenmitglieder beteiligt sein, nicht nur der Gruppensprecher.
- Sprecht in der Gruppe über eure Teamarbeit. Wer arbeitet besonders gut? Wer muss noch etwas mehr leisten? Wer stört die Team arbeit?

Stoffe, Teilchen, Eigenschaften

Stoffeigenschaften
Stoffe kann man an ihren Eigenschaften erkennen. Gleiche Stoffe besitzen gleiche Eigenschaften (▷ B 2). Stoffeigenschaften kann man mit den Sinnen oder einfachen Hilfsmitteln bestimmen:
- Glanz und Farbe,
- Geschmack ,
- Geruch,
- Wärmeleitfähigkeit,
- Härte und Verformbarkeit.

Messbare Stoffeigenschaften sind:
- elektrische Leitfähigkeit,
- Löslichkeit,
- Schmelz- und Siedetemperatur,
- Dichte.

Löslichkeit
Die Löslichkeit gibt an, wie viel Gramm eines Stoffes sich in 100 g Lösungsmittel lösen. Die Löslichkeit eines Stoffes ist abhängig vom Lösungsmittel und der Temperatur.

Dichte
Die Dichte ρ ist der Quotient aus der Masse und dem Volumen einer Stoffportion. Dichte: $\rho = \frac{m}{V}$; Einheit: g/cm^3.

Die Dichte kann nach Bestimmung der Masse und des Volumens einer Stoffportion berechnet werden (▷ B 3).

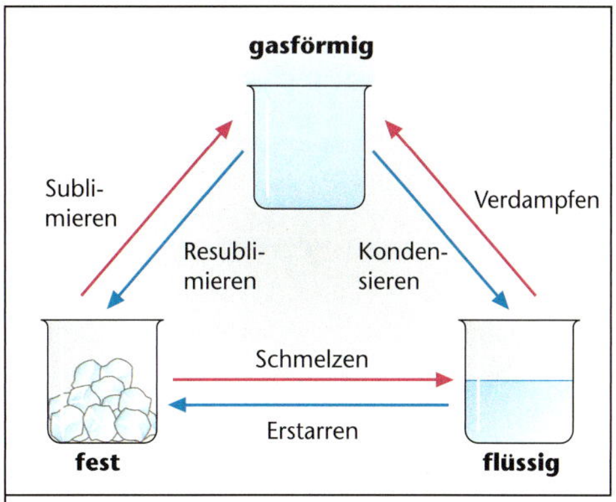

1 Aggregatzustände und ihre Übergänge

Aggregatzustände und ihre Übergänge
Fest, flüssig und gasförmig sind die Aggregatzustände der Stoffe. Stoffe können ihren Aggregatzustand durch Abkühlen oder Erwärmen ändern (▷ B 1).

Schmelz- und Siedetemperatur
Die Schmelztemperatur t_{sm} ist die Temperatur, bei der ein Feststoff schmilzt. Die Siedetemperatur t_{sd} ist die Temperatur, bei der eine Flüssigkeit siedet.

Der pH-Wert
Ist der pH-Wert einer Lösung kleiner als 7, ist die Lösung sauer; ist der pH-Wert gleich 7, so liegt eine neutrale Lösung vor; ist der pH-Wert größer als 7, ist die Lösung alkalisch.

Kochsalz

Aussehen:	weiß, Feststoff, gekörnt
Geruch:	---------
Härte:	spröde
Verformbarkeit:	nicht verformbar
Dichte:	$2{,}2\,g/cm^3$
Schmelztemperatur:	800 °C
Siedetemperatur:	1460 °C
Löslichkeit in Wasser:	gut löslich
elektrische Leitfähigkeit:	nicht leitfähig
Wärmeleitfähigkeit:	schlecht

2 Steckbrief von Kochsalz

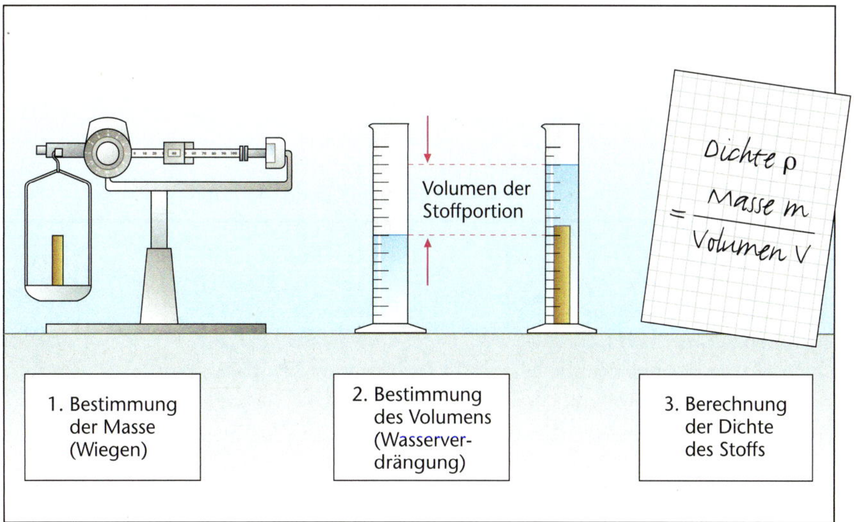

3 Dichtebestimmung eines Feststoffs

Das Kugelteilchen-Modell
Alle Stoffe bestehen aus kleinsten kugelförmigen Teilchen. Die Teilchen einer Stoffart besitzen gleiche Größe. Die Teilchen verschiedener Stoffe sind unterschiedlich groß.

Modelle und ihre Grenzen
Modellvorstellungen, die eine bestimmte Beobachtung nicht erklären können, müssen nicht falsch sein, sondern sind nur in einem gewissen Bereich gültig. Sind die Grenzen eines Modells ausgeschöpft, muss man es erweitern bzw. ein neues Modell entwickeln.

Sublimieren und Resublimieren
Der Übergang von fest nach gasförmig heißt Sublimation, der Übergang von gasförmig nach fest heißt Resublimation.

Aggregatzuständ und Kugelteilchenmodell
Wird ein Stoff erhitzt, nimmt die Eigenbewegung der Teilchen zu. Die Anziehungskräfte zwischen den Teilchen werden weniger wirksam. Ihre Abstände zueinander größer.

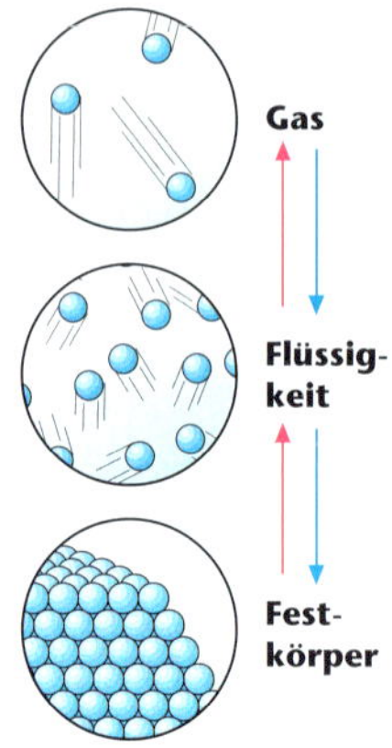

Aufgaben

1 Nenne drei Stoffeigenschaften, die nur mit Hilfsmitteln erfasst werden können. Benenne das dazu erforderliche Hilfsmittel oder Messgerät.

2 Nenne je drei Stoffeigenschaften für folgende Stoffe:
a) Wasser, b) Blei,
c) Eisen, d) Iod.
Erstelle zu einem von ihnen einen Stoffsteckbrief (▷ B 1).

Gold

Aussehen:	gelb, glänzend
Geruch:	---------
Härte:	fest
Verformbarkeit:	verformbar
Dichte:	19,32 g/cm³
Schmelztemperatur:	1064 °C
Siedetemperatur:	3080 °C
Löslichkeit in Wasser:	nicht löslich
elektrische Leitfähigkeit:	leitfähig
Wärmeleitfähigkeit:	gut

1 Zu Aufgabe 2

3 Ordne folgende Stoffe a) nach ihren Dichten und b) nach ihren Siedetemperaturen. Beginne mit dem Stoff mit der geringsten Dichte bzw. der niedrigsten Siedetemperatur: Gold, Blei, Wasser, Eisen, Aluminium.

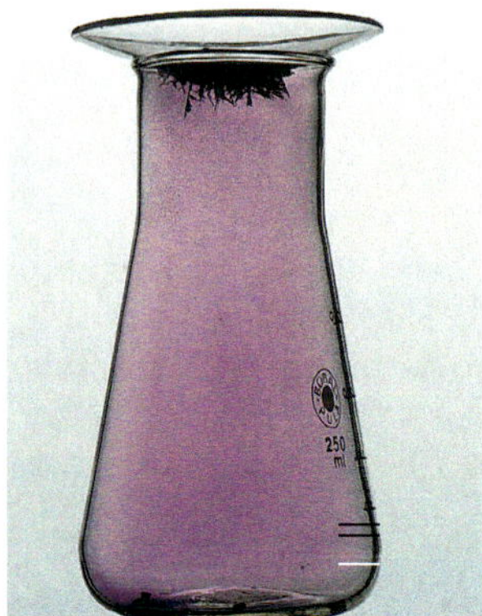

2 Zu Aufgabe 4

4 Iod bildet blauschwarze Kristalle. Wird festes Iod erwärmt, entsteht direkt violetter Ioddampf (▷ B 2). Deckt man den Kolben mit einem Uhrglas ab, das kaltes Wasser enthält, entstehen an dessen Unterseite wieder Iodkristalle. Benenne die Übergänge der Aggregatzustände und beschreibe die Vorgänge mit dem Kugelteilchenmodell.

5 Benenne folgende Aggregatzustandsänderungen:
a) Schnee taut,
b) Wäsche trocknet im Winter auf einer Leine bei –12 °C,
c) Regenwasser gefriert,
d) Regenwolken bilden sich aus feuchtwarmer Luft.

6 Beschreibe, wie man für ein Bleistück und für Alkohol jeweils die Dichte ρ bestimmen kann.

7 Welcher der folgenden Stoffe ist am besten verformbar: Der Werkstoff Glas, der Nährstoff Kandiszucker, der Schmuckstein Diamant oder das Schmuckmetall Gold? Begründe.

8 Schreibe ein Versuchsprotokoll (▷ B 3) für das Experiment: „Bestimmung der Löslichkeit von Kochsalz in Wasser".

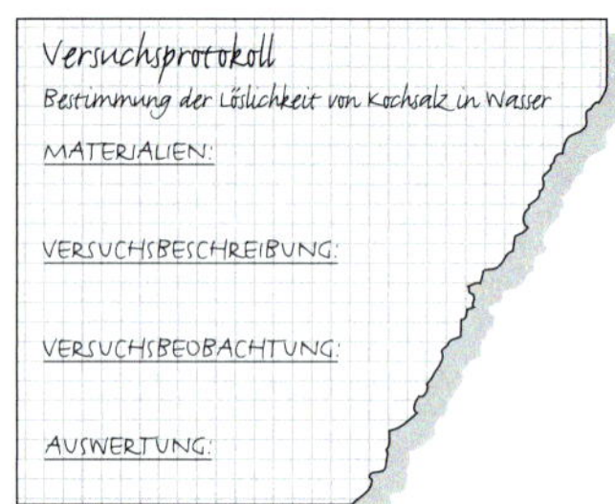

3 Zu Aufgabe 8

9 Lebenswichtig für Pflanzen ist unter anderem der richtige pH-Wert des Bodens. Lies aus der Grafik (▷ B 4) günstige pH-Bereiche für Bäume und Beerensträucher ab.

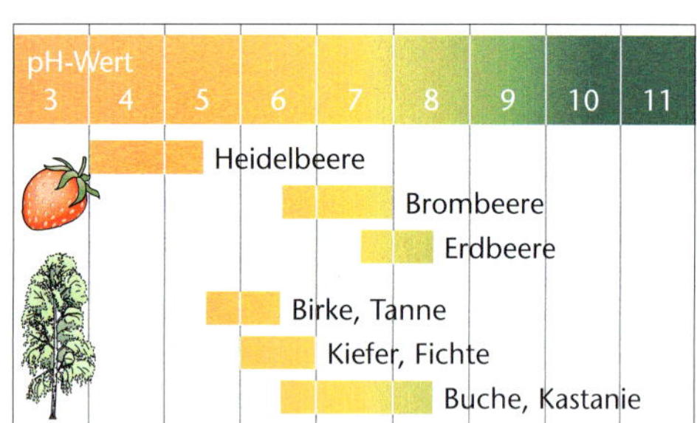

4 Zu Aufgabe 9

5 Zu Aufgabe 10

10 Betrachte Bild 5. Beschreibe und deute den Unterschied. Dosen und Inhalt haben das gleiche Volumen.

11 In vielen Filmen spielen historische Ereignisse eine Rolle. Oft müssen dabei Gegenstände originalgetreu nachgebaut

6 Zu Aufgabe 11

werden (▷ B 6). Wodurch unterscheidet sich ein solches Modell vom Teilchenmodell in der Chemie?

12 Ein Dummy wird in der Automobilindustrie oft für Crash-Tests eingesetzt. Wieso kann der Dummy als Modell benutzt werden?

13 In der Biologie werden wie in der Chemie häufig Modelle eingesetzt. Ordne den folgenden Beispielen die Begriffe Original, Abbild und Erklärungshilfe zu:
lebender Vogel, ausgestopfter Vogel, Vogelskelett, Scherenschnitt eines Vogels, Foto eines Vogels.

14 Die Teilchen in den Würfeln (▷ B 7) stellen jeweils einen festen, flüssigen und gasförmigen Stoff dar.
a) Welcher Würfel gehört zu welchem Aggregatzustand?
b) Erkläre, woran man im Teilchenmodell erkennt, ob es sich um einen festen, flüssigen oder gasförmigen Stoff handelt.

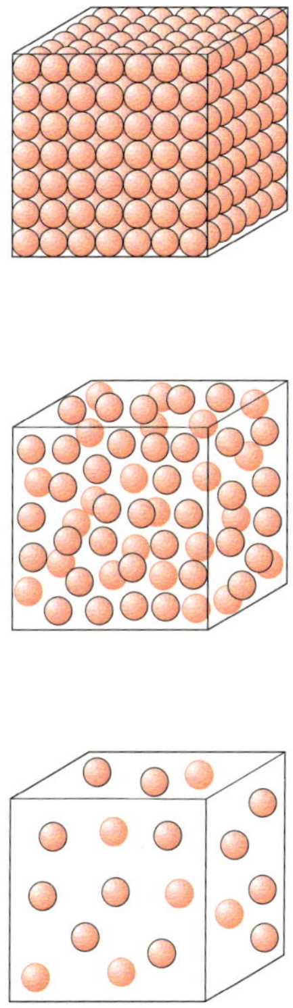

7 Zu Aufgabe 14

1 Cola-Getränke sind beliebt. Sie machen aber auch dick, wenn sehr viel davon getrunken wird. Cola, nicht Cola light, enthält Zucker. Den in 1 l Cola gelösten Zucker kannst du selbst ermitteln. Dazu musst du wissen, dass Aromastoffe, Säure usw. nur in sehr kleinen Mengen in der Cola sind. Der Hauptbestandteil ist neben Wasser Zucker.
Zur Lösung der Aufgabe erhältst du die Liste mit Materialien und die Tabelle.

a) Überlege zunächst, wie du die Aufgabenstellung mit den angegebenen Materialien lösen kannst.
b) Entwirf eine Versuchsanleitung.
c) Bereite dich darauf vor, deinen Mitschülerinnen und Mitschülern deine Versuchsanleitung vorzustellen.
d) Führe das Experiment in der Schule durch.
e) Ermittle die Masse des Zuckers, der in 1 l Cola gelöst ist.

Masse Zucker in g in 1 l Zuckerlösung	Dichte der Zuckerlösung g/ml
0	0,998
20	1,006
40	1,014
60	1,021
80	1,029
100	1,037
120	1,044
140	1,052

Materialien
100-ml-Messkolben, kleiner Trichter, Waage, Kunststoffschüssel, Haushaltsmixer, Cola

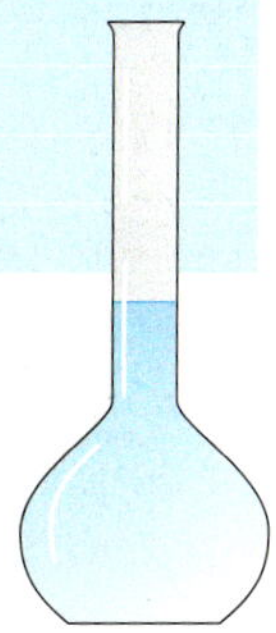

Trennen und Mischen

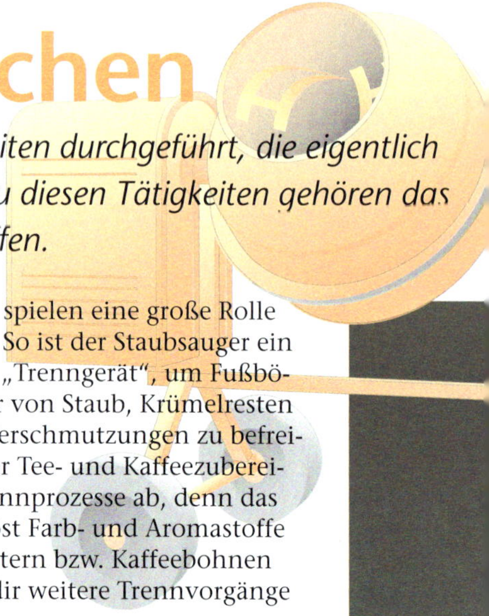

Im Haushalt werden viele Arbeiten durchgeführt, die eigentlich typische Laborarbeiten sind. Zu diesen Tätigkeiten gehören das Trennen und Mischen von Stoffen.

Trennvorgänge spielen eine große Rolle beim Reinigen. So ist der Staubsauger ein wirkungsvolles „Trenngerät", um Fußböden und Polster von Staub, Krümelresten und lockeren Verschmutzungen zu befreien. Auch bei der Tee- und Kaffeezubereitung laufen Trennprozesse ab, denn das heiße Wasser löst Farb- und Aromastoffe aus den Teeblättern bzw. Kaffeebohnen heraus. Fallen dir weitere Trennvorgänge ein?

Neben unterschiedlichen Trennverfahren sind im Haushalt aber auch zahlreiche Mischvorgänge zu finden.
Mehl, Zucker, Backpulver und weitere Zutaten lassen sich zu einem Kuchenteig mischen. Nenne ein Gerät, das sich hierfür eignet.

Trenn- und Mischvorgänge sind Tätigkeiten, die nicht nur im Haushalt zu finden sind. Zur Herstellung von Kosmetika, Arzneien, Getränken, Farben, Lacken und vielen anderen Produkten sind diese Vorgänge unverzichtbar.

PREMIUM
KAFFEE
Kaffesahne

Je nach Geschmack

1 Das Müsli gehört zum Frühstück.

Bei den folgenden Versuchen probierst du verschiedene Lebensmittel. Achte darauf, dass der Tisch, auf dem du arbeitest, und alle Materialien sehr sauber sind.
Die Versuche kannst du auch in der Schulküche durchführen.

1 Müslimischung

Material
1 Packung Müsli, Zahnstocher, flacher Teller

Versuchsanleitung
Gib etwas Müsli aus der Packung auf den Teller. Sortiere die Bestandteile nach ihrem Aussehen, ihrer Farbe und ihrem Geschmack (▷ B 2).

Aufgaben
1. Welche Bestandteile enthält das Müsli? Notiere, was du gefunden hast und vergleiche das Ergebnis mit den Angaben auf der Packung.

2. Aus welchen Zutaten würdest du ein Müsli mischen? Notiere das Rezept für dein Lieblingsmüsli.

2 Was ist drin im Müsli?

2 Früchtetee aus dem Beutel

Material
Zahnstocher, flacher Teller, Schere, Teelöffel, Teefilter, Tasse, Wasserkocher, Zucker, Früchtetee (lose oder im Beutel)

Versuchsanleitung
a) Schneide den Teebeutel auf und schütte die Früchtetee-Mischung auf den Teller. Sortiere die Bestandteile mit dem Zahnstocher nach Aussehen und Farbe.

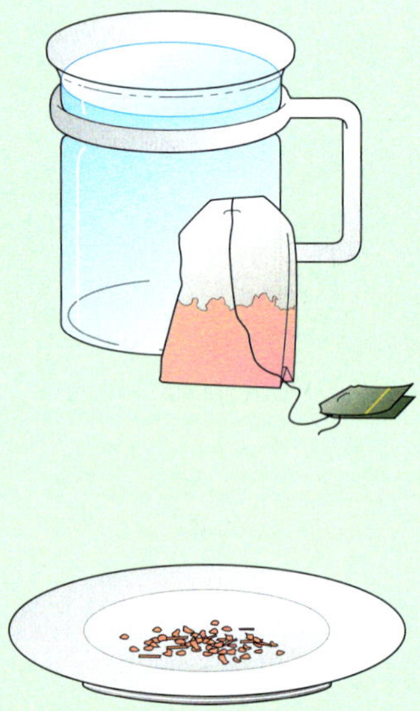

3 Früchtetee – selbst gemischt und zubereitet

b) Wähle einige Bestandteile aus und mische sie. Fülle das Gemisch in einen Teefilter. Hänge den Teefilter in eine Tasse und gieße heißes Wasser dazu (▷ B 3).
Lasse den Tee 5 Minuten ziehen. Süße nach Geschmack mit Zucker und probiere das Getränk.

Aufgabe
Welche Bestandteile kannst du im Tee erkennen? Lies die Angaben auf der Packung und versuche, sie den Bestandteilen zuzuordnen.

4 Brausepulver

3 Brausepulver unter der Lupe

Material
Zahnstocher, Lupe, Papierhandtuch, flacher Teller, Teelöffel, Brausepulver

Versuchsanleitung
a) Schütte das Brausepulver auf einen Teller und betrachte es unter der Lupe. Versuche, verschiedene Bestandteile zu erkennen und mithilfe des Zahnstochers zu sortieren.

b) Prüfe nacheinander den Geschmack der gefundenen Bestandteile. Befeuchte dazu einen Teelöffel mit Wasser, tupfe einige Körnchen der verschiedenen Stoffe auf und schlecke den Löffel ab. Spüle den Löffel nach jeder Geschmacksprobe gründlich ab.

Aufgaben
1. Lies die Angaben auf der Verpackung. Aus welchen Zutaten besteht das Brausepulver?

2. Beschreibe, wonach die einzelnen Stoffe schmecken. Kannst du die verschiedenen Geschmacksrichtungen den Bestandteilen zuordnen, die auf der Verpackung angegeben sind?

Soßen selbst gemacht

In der Küche stellen wir die unterschiedlichsten Gemische her. Achte bei diesen Versuchen besonders auf saubere Materialien.

1 Essig und Öl

Material

6 Reagenzgläser mit Stopfen, Reagenzglasgestell, Wasser, Essig, Speiseöl, Kochsalz

Versuchsanleitung

Stelle im Reagenzglas zunächst eines der Gemische a) bis f) her. Verschließe dann das Glas mit einem Stopfen und schüttle es kräftig. Stelle das Reagenzglas im Reagenzglasgestell ab und beobachte das Gemisch.

a) Fülle ein Reagenzglas 1 cm hoch mit Wasser und gib Essig dazu.
b) Fülle ein Reagenzglas 1 cm hoch mit Wasser und gib Speiseöl dazu.
c) Fülle ein Reagenzglas 1 cm hoch mit Essig und gib Speiseöl dazu.
d) Fülle ein Reagenzglas 1 cm hoch mit Wasser und gib einige Salzkörnchen dazu.
e) Fülle ein Reagenzglas 1 cm hoch mit Essig und gib einige Salzkörnchen dazu.
f) Fülle ein Reagenzglas 1 cm hoch mit Speiseöl und gib einige Salzkörnchen dazu.

1 Versuche mit Essig und Speiseöl

Gemisch	Aussehen im Reagenzglas	Beobachtung
Essig und Wasser		
Speiseöl und Wasser		
Essig und Speiseöl		

2 Beschreibung von Gemischen

Aufgaben

1. Fertige in einer Tabelle wie in Bild 2 eine Zeichnung des Gemisches im Reagenzglas an. Beschreibe das Verhalten der Mischungen in Stichworten.

2. Denke dir ein Rezept für eine Salatsoße aus und schreibe es auf. In welcher Reihenfolge würdest du die Zutaten mischen? Begründe!

2 Öl und Wasser und Ei

Material

Reagenzglas mit Stopfen, Reagenzglasgestell, Teelöffel, Wasser, Speiseöl, Eigelb

Versuchsanleitung

Mische im Reagenzglas Speiseöl und Wasser. Gib nun einen halben Teelöffel Eigelb dazu. Verschließe das Glas mit einem Stopfen und schüttle es. Lasse das Reagenzglas stehen. Beobachte das Gemisch einige Minuten.

Aufgabe

Was beobachtest du beim Mischen von Wasser, Öl und Eigelb? Vergleiche mit Versuch 1b. Kennst du ein Lebensmittel, das aus den drei im Versuch verwendeten Zutaten besteht?

3 Milch und Pulver

Material

Dessertschalen, Rührschüssel, Löffel, Schneebesen, 1 Packung Dessertsoße ohne Kochen (Schokoladen- oder Vanille-Geschmack), 250 ml kalte Milch

Versuchsanleitung

Gib die Zutaten nach Anleitung auf der Packung zusammen. Stelle die fertige Soße kalt und verteile anschließend Kostproben.

Aufgaben

1. Lies die Inhaltsangabe auf der Packung. Welche der genannten Reinstoffe kennst du?

2. Finde heraus, was sich hinter den unbekannten Bezeichnungen verbirgt und welche Aufgabe die Stoffe haben könnten.

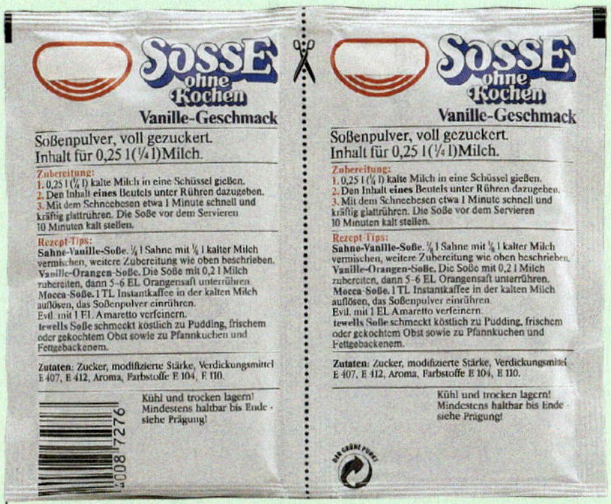

3 Inhaltsstoffe einer Dessertsoße

4 Dieser Nachtisch ist schnell zubereitet.

1 Chemikalienetikett des Reinstoffes Kupfer

2 Brausepulver – ein künstliches Stoffgemisch

3 Granit – ein natürliches Stoffgemisch

Reinstoffe – Stoffe aus nur einem Stoff

Stoffe wie Eisen, Kochsalz oder Wasser werden als Reinstoffe bezeichnet, wenn sie nicht mit anderen Stoffen vermischt sind. **Reinstoffe** sind durch messbare Eigenschaften wie Siedetemperatur, Schmelztemperatur und Dichte gekennzeichnet.

Stoffe so zu reinigen, dass sie tatsächlich nur noch aus einem einzigen Stoff bestehen, ist sehr schwierig. Selbst Laborchemikalien, die auf dem Etikett mit der Angabe „reinst" versehen sind, enthalten noch sehr geringe Mengen an Verunreinigungen (▷ B 1).

Stoffgemische enthalten mehrere Stoffe

Im Alltag begegnen uns häufig Produkte, die aus unterschiedlichen Stoffen zusammengemischt sind. Dazu gehören beispielsweise Brausepulver (▷ B 2), Kosmetika, Waschmittel, Medikamente, Farben oder verschiedene Lebensmittel. Sind mehrere Stoffe miteinander vermischt, spricht man von einem **Stoffgemisch**.

> Reinstoffe sind Stoffe, die nur aus einem Stoff bestehen.
> Stoffgemische enthalten mindestens zwei Reinstoffe.

Viele Stoffgemische findet man auch in der Natur. Betrachtet man z. B. ein Stück Granit genauer, stellt man fest, dass er aus drei unterschiedlichen Bestandteilen besteht: aus rötlichem Feldspat, aus weißem Quarz und aus schwarzem Glimmer (▷ B 3). Häufig wird erst unter der Lupe oder dem Mikroskop sichtbar, ob es sich um ein Stoffgemisch handelt.

Aufgaben

1 Ordne nach Reinstoffen und Stoffgemischen:
Meerwasser, Mineralwasser, Aluminiumfolie, Apfelsaft, Milch, Goldkette, Eisenschraube, Holzleim, Spülmittel, Kupferblech, Tee.

2 Wie bezeichnet man ein Gemisch aus
a) Benzin und Wasser,
b) Zucker und Wasser,
c) Zucker und Mehl,
d) Sand und Wasser?

3 Nenne die Bestandteile der Stoffgemische in Bild 4 bis 9.

Arten von Stoffgemischen
Bei einigen Stoffgemischen kann man die einzelnen Bestandteile deutlich erkennen. So erkennt man im Granit mit bloßem Auge die drei unterschiedlichen Bestandteile (▷V 1). Manchmal kann man die Bestandteile eines Stoffgemisches nur mit einer Lupe erkennen. Solche Stoffgemische werden **heterogene Stoffgemische** genannt (griech.: heteros, verschieden).

Löst man jedoch etwas Kochsalz oder Zucker in Wasser, dann sieht die entstandene **Lösung** (▷B 6) wie ein einheitlicher Stoff aus. Die gelösten Bestandteile sind auch unter dem Mikroskop nicht mehr zu erkennen (▷V 2). Solche Stoffgemische werden als **homogene Stoffgemische** (griech.: homo, gleichartig) bezeichnet.

▶ Bei heterogenen Stoffgemischen sind die unterschiedlichen Bestandteile erkennbar. Bei homogenen Stoffgemischen sind sie nicht erkennbar.

Je nach Aggregatzustand und Löslichkeit der einzelnen Bestandteile gibt es für heterogene Stoffgemische eigene Fachbegriffe (▷B 10).

Wird ein fester, wasserunlöslicher Stoff in Wasser fein verteilt, bildet sich eine **Suspension**. Verrührt man beispielsweise Kalk in Wasser (▷V 3a), dann bildet sich zunächst eine milchig aussehende Suspension. Nach kurzer Zeit setzen sich die festen Kalkpartikel am Boden des Gefäßes ab. Versucht man Öl und Wasser miteinander zu mischen, so erhält man eine **Emulsion** (▷V 3b; B 9).

4 Mineralwasser

5 Kirschwasser

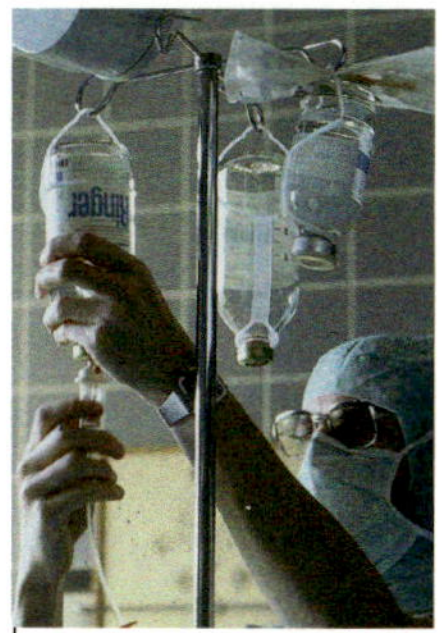

6 Kochsalzlösung

7 Nebel

8 Rauchwolke

9 Milch

Bei vielen Emulsionen wie Sonnenmilch oder Majonäse wird das Entmischen durch Zugabe von Emulgatoren verzögert.

Verteilen sich feinste Flüssigkeitströpfchen in einem Gas, dann entsteht ein **Nebel** (▷B 7). Löst er sich auf, bleiben Flüssigkeitströpfchen zurück.

Ein Gemisch feinster Feststoffpartikel in einem Gas nennt man **Rauch** (▷B 8). Beim Zigaretten- oder Schornsteinrauch sind feinste Partikel mit Luft gemischt.

Versuche

1 Betrachte Gartenerde, Granitgestein, Brausepulver, Schwefelpulver und Eisenpulver unter der Lupe. Wie viele Bestandteile sind zu erkennen?

2 Löse im Reagenzglas eine Spatelspitze Kochsalz in destilliertem Wasser. Betrachte die Lösung unter einer Lupe oder einem Mikroskop.

3 Gib a) eine Spatelspitze Kalk, b) einige Tropfen Speiseöl in je ein mit Wasser gefülltes Reagenzglas. Schüttle kräftig und lasse jedes Gemisch einige Minuten lang stehen.

Beispiel des Stoffgemisches	Aggregatzustand der Bestandteile vor der Mischung	Benennung
Granit, Steinsalz	fest – fest	Feststoffgemisch
Lehmwasser	fest – flüssig	Suspension
Kochsalzlösung	fest – flüssig	Lösung
Fetttropfen in Milch	flüssig – flüssig	Emulsion
Weinbrand	flüssig – flüssig	Lösung
Flüssigkeitströpfchen in der Luft	flüssig – gasförmig	Nebel
Sprudel	flüssig – gasförmig	Lösung
Ruß- und Staubkörnchen in der Luft	fest – gasförmig	Rauch

10 Einteilung und Benennung von Stoffgemischen

Werkstatt

Einfache Trennverfahren

Häufig lassen sich Gemische durch geeignete Verfahren in ihre Bestandteile trennen.

1 Studentenfutter auslesen

Material
Flacher Teller, Holzstäbchen, Packung Studentenfutter

Versuchsanleitung
a) Schütte das Studentenfutter aus der Packung auf den Teller.
b) Nimm ein Holzstäbchen und sortiere die im Studentenfutter enthaltenen Bestandteile.

1 Studentenfutter

Aufgabe
Nach welchen Eigenschaften hast du die Bestandteile ausgelesen?

2 Das muss wieder auseinander

Material
Gasbrenner, Anzünder, Dreifuß, Topf, Teller, Teeglas, Salz, Kies, Sand, Teeblätter, Nudeln, Wasser

Versuchsanleitung
a) Koche die Nudeln in Salzwasser.
b) Brühe einen Tee auf, indem du die Teeblätter in einem geeigneten Glas mit heißem Wasser übergießt.
c) Mische Kies und Sand.

Aufgaben
1. Überlege, wie du die Mischungen am besten wieder auseinander bekommst.

2. Besorge geeignete Geräte und trenne die Mischungen.

3. Sind die verwendeten Geräte gleich gut zur Trennung der unterschiedlichen Mischungen geeignet oder gibt es Unterschiede?

2 Nudeln im Wasser

3 Tee mit Teeblättern

4 Kies und Sand

4. Dir ist am Sonntagnachmittag beim Vorbereiten deines Lieblingsnudelgerichts versehentlich der ganze Rest Salz, immerhin ein halbes Paket, in den Topf mit Wasser gefallen. Darin kannst du die Nudeln nun nicht mehr kochen. Außerdem brauchst du noch Salz für die Soße. Weiteres Salz findest du nicht, die Nachbarn sind nicht zu Hause, der nächste Tankstellenshop ist zu weit weg.

Siehst du eine Möglichkeit, die Nudeln trotzdem mit einer angemessenen Menge Salz im Wasser zuzubereiten und das nötige Salz für die Soße zu bekommen?

3 Absetzen lassen und abgießen

Durch Absetzenlassen und Abgießen kann z. B. verschmutztes Wasser grob gereinigt werden. Das Abgießen wird auch als **Dekantieren** („über die Kante gießen") und das Absetzen lassen als **Sedimentieren** bezeichnet.

Material
Becherglas, Erlenmeyerkolben (250 ml, Weithals), Becherglas (150 ml, hohe Form), Glasstab, Löffel, Wasser, Sand, Erde

Versuchsanleitung
a) Fülle ein Becherglas etwa zur Hälfte mit Wasser. Gib mit einem Löffel Sand und Erde in das Wasser.
b) Rühre mit einem Glasstab gut um. Lasse das Becherglas eine Zeit lang ruhig stehen.
c) Gieße das überstehende klare Wasser vorsichtig in einen Erlenmeyerkolben ab (▷ B 5). Achte darauf, dass weder Sand noch Erde mit abgegossen werden.
d) Stelle die abgegossene Flüssigkeit neben ein Becherglas mit reinem Wasser und vergleiche die Flüssigkeiten.

Aufgabe
Ist diese Trennmethode gut genug, um wieder reines Wasser zu erhalten? Was könntest du noch versuchen?

5 Trennen durch Abgießen

1 Kaffee – ein Filterprodukt

Filter im Alltag

Filter findet man heute in vielen Bereichen. So sind z. B. in Aquarien Filteranlagen (▷B 2) eingebaut, um das Wasser von Verunreinigungen zu befreien. In einer Kaffeemaschine (▷B 1) tropft kochend heißes Wasser auf Kaffeepulver in einem Papierfilter. In der Kanne sammelt sich der heiße, dunkelbraune Filterkaffee. Filtrierte Flüssigkeiten werden auch als **Filtrat** bezeichnet.

Im Auto filtern Kraftstoff- und Ölfilter Verunreinigungen heraus und sorgen für eine lange Lebensdauer des Motors.

▶ Durch Filtrieren kann man ungelöste Feststoffe von einer Flüssigkeit trennen. Filtrierte Flüssigkeiten werden auch als Filtrat bezeichnet.

Eindampfen in der Küche

Kocht man Salzwasser für Reis oder Nudeln, setzt sich Salz am Topfrand ab, ein Teil des Wassers verdampft. Wird beim Marmeladekochen nicht ständig gerührt, brennt die eindickende Marmelade an.
In einem Dampfkochtopf muss zu Beginn eine bestimmte Menge Wasser eingefüllt werden, damit die Kartoffeln im Topf nicht anbrennen. Bratensoße wird beim Erwärmen dickflüssig, sie schmeckt intensiv nach Salz und anderen Gewürzen.

▶ Durch Eindampfen werden gelöste Stoffe zurückgewonnen. Die Flüssigkeit verdampft, die Feststoffe bleiben zurück.

2 Filter im Aquarium

3 Eindampfen von Bratensoße

Werkstatt

Wir filtrieren und dampfen ein

1 Wir filtrieren Schmutzwasser

Material

Rundfilter, Trichter, Erlenmeyerkolben (250 ml, Enghals), Becherglas (250 ml), Erde, Wasser, Spatellöffel

Versuchsanleitung

Stelle zunächst durch Einrühren von etwas Erde in Wasser Schmutzwasser her. Falte dann einen Rundfilter wie in Abb. 1 und forme aus dem Papier einen kleinen Trichter.
Stecke diesen dann in den Kunststofftrichter und gieße das Schmutzwasser aus dem Becherglas hinein.
Fange das Filtrat im Erlenmeyerkolben auf.

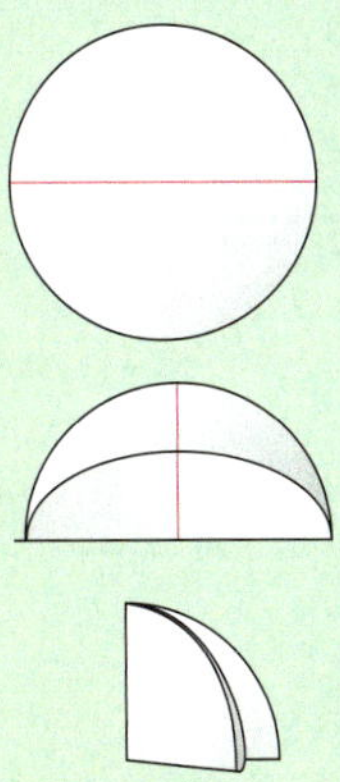

1 Filter falten

2 Eindampfen

Material

Schutzbrille, Becherglas, Dreifuß, Keramik-Drahtnetz, Gasbrenner, Anzünder, Abdampfschale, Pinzette, Lupe, Spatellöffel, Kochsalz, Wasser

Versuchsanleitung

Stelle durch Einrühren von Salz in Wasser zunächst Salzwasser her. Fülle etwas von dem Salzwasser in eine Abdampfschale und erhitze bis zum Sieden. Bevor das letzte Wasser verdampft ist, stelle den Brenner aus (Vorsicht, Spritzgefahr beim Eintrocknen!). Entnimm mit der Pinzette Proben des weißen Rückstands an verschiedenen Stellen und betrachte diese mit der Lupe.

2 Eindampfen

Ein lebender Filter

Ein riesiges Maul ohne Zähne

Der Blauwal hat keine Zähne. Stattdessen hängen von seinem Gaumen lange Hornplatten mit vielen haarartigen Fransen ins Maul herab. Diese Hornplatten nennt man Barten. Die Blauwale gehören zur Gruppe der **Bartenwale** (▷ B 3).
Zum Fressen öffnen die Bartenwale das Maul und lassen Wasser mitsamt dem Plankton hineinströmen (▷ B 2). Beim Schließen des Mauls pressen sie das Wasser mit der Zunge durch die Barten wieder hinaus. Die Barten wirken wie ein riesiger Filter, sie halten die Nahrung zurück. Mit einem Maul voll können so 50 kg Krill in den Magen des Wals gelangen.
Aufgrund ihrer Fressgewohnheiten gehören auch Buckelwale, Grönlandwale und Finnwale zu den Bartenwalen.

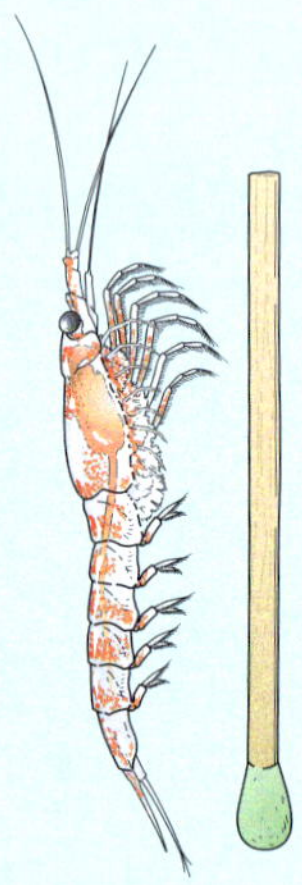

1 Ein Krill im Größenvergleich

Blauwale – Giganten im Meer

Blauwale sind die größten Tiere, die jemals auf der Erde gelebt haben. Sie können bis zu 30 Meter lang werden. Ein Blauwal wiegt etwa so viel wie 33 Elefanten.
Das Erstaunliche ist, dass sich diese Riesen von winzig kleinen Lebewesen ernähren, die man Plankton nennt. Ein Blauwal kann 100 Millionen Mal größer sein als die Nahrung, die er frisst.

Im Eismeer am Nordpol schweben Billionen von Planktonlebewesen nahe der Wasseroberfläche. Die kleinen Krebse, die in Massen unter dem Plankton zu finden sind, nennt man Krill. Die orangefarbenen Krebschen sind ungefähr so lang wie Streichhölzer (▷ B 1). Sie gedeihen am besten in sehr kaltem Wasser. Um satt zu werden, muss der Wal eine riesige Menge Krill fressen.

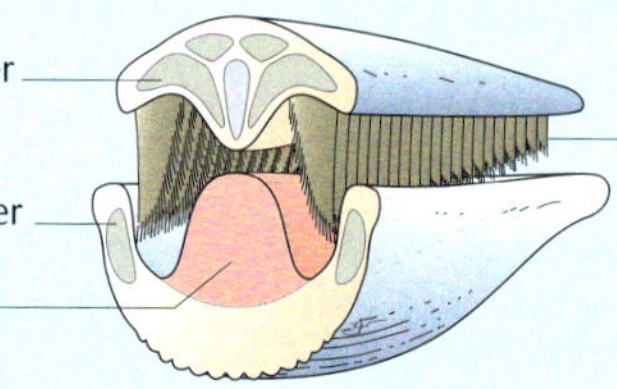

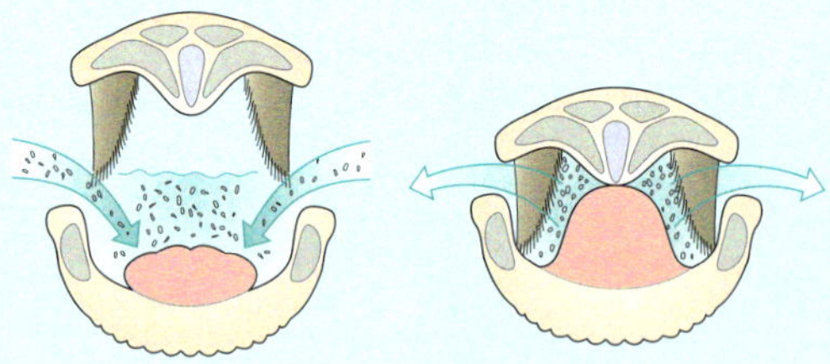

Die Nahrung wird mitsamt dem Meerwasser aufgenommen.

Dann wird das Wasser nach außen gedrückt, während die Nahrung von den Barten zurückgehalten wird.

2 Nahrungsaufnahme beim Bartenwal

3 Wale im Eismeer

Was Filter leisten können

1 Wie man Kohlestaub aus Wasser entfernt

Material

Becherglas (250 ml, niedrige Form), Erlenmeyerkolben (250 ml, Enghals), Glastrichter, Filterpapier (rund), Glasstab, Reibschale mit Pistill, Sieb (engmaschig), Spatellöffel, Holzkohlestücke, Wasser

1 Zerreiben von Holzkohle

Versuchsanleitung

a) Zerreibe einige Holzkohlestückchen mit dem Pistill in der Reibschale (▷ B 1). Arbeite sorgfältig, sodass kein Holzkohlepulver neben den Mörser fällt.

b) Siebe das Holzkohlepulver über dem Becherglas, das zur Hälfte mit Wasser gefüllt ist (▷ B 2). Rühre die Flüssigkeit ständig um.

c) Gieße die Holzkohlesuspension durch einen Papierfilter in den Erlenmeyerkolben (▷ B 3). Betrachte das Filtrat.

2 Herstellung einer Holzkohlesuspension

3 Filtrieren der Holzkohlesuspension

2 Wie man einen Farbstoff zurückhält

Material

2 Erlenmeyerkolben (250 ml, Enghals), 1 Glasstab, 2 Glastrichter, Filterpapier (rund), Aktivkohlefilter (rund), rote Schokolinsen, Wasser

Versuchsanleitung

a) Löse zwei oder drei rote Schokolinsen in Wasser. Rühre die Lösung mit dem Glasstab um (▷ B 5).

b) Gieße die Hälfte der farbigen Lösung durch einen Papierfilter in einen Erlenmeyerkolben (▷ B 6).

c) Gieße die andere Hälfte der farbigen Lösung durch einen Aktivkohlefilter in den anderen Erlenmeyerkolben (▷ B 6).

Aufgaben

1. Vergleiche die Flüssigkeiten, die du durch das Filtrieren mit dem Papierfilter und mit dem Aktivkohlefilter (▷ B 4) erhältst. Welchen Unterschied stellst du fest? Wie kannst du dir den Unterschied erklären?

2. Aktivkohlefilter werden in verschiedenen Geräten im Haushalt und in der Industrie eingesetzt. Informiere dich im Internet, wo diese Filter verwendet werden und welche Vorteile sie gegenüber anderen Filtern haben.

4 Aktivkohlefilter (Vergrößerung)

5 Die farbige Hülle der Schokolinsen löst sich im Wasser.

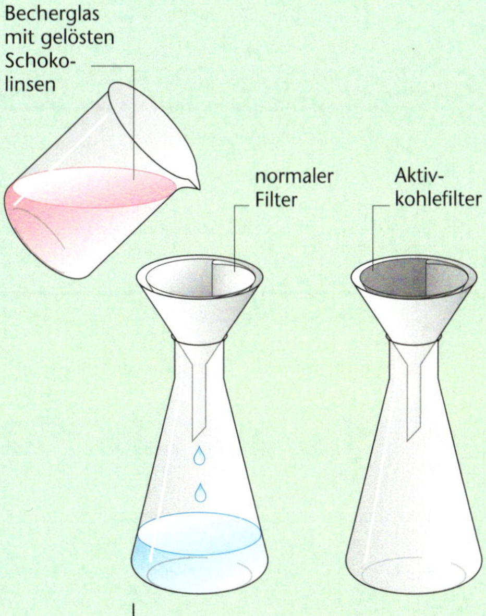

6 Die Farblösung wird filtriert.

Trinkwassser aus Meerwasser

1 Wasser im Überfluss?

Auf vielen Inseln, die mitten im Meer liegen, herrscht im Sommer Trinkwassermangel. Woran liegt das, wenn doch Wasser im Überfluss vorhanden ist?

1 Meerwasser herstellen

Material

Becherglas (250 ml), Glasstab, Messzylinder (100 ml), Waage, Spatellöffel, Kochsalz, Wasser

Versuchsanleitung

Löse 3,5 g Kochsalz in 100 ml Wasser. Rühre dazu gut um. Bewahre die Kochsalzlösung („Meerwasser") auf.

2 Süßwasser aus Meerwasser

Material

Schutzbrille, Becherglas (250 ml), Becherglas (100 ml), Glasplatte, Reagenzglashalter, Dreifuß, Keramik-Drahtnetz, Gasbrenner, Anzünder, „Meerwasser"

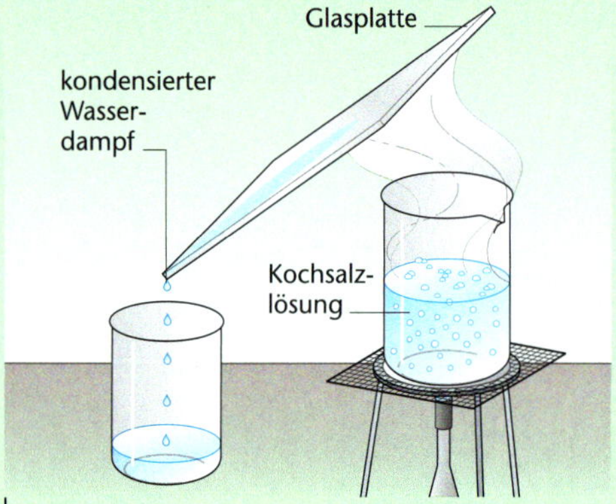

2 Süßwassergewinnung

Versuchsanleitung

Erhitze die Kochsalzlösung aus Versuch 1 zum Sieden. Halte eine Glasplatte mit einem Reagenzglashalter schräg in den Dampf. Fange die kondensierte Flüssigkeit auf (▷ B 2).

3 Kühlung mit Kaltluft

Material

Becherglas (250 ml), Reagenzglas, Stopfen (einfach durchbohrt), Glasrohr (ungleichschenklig gewinkelt), Stativ, Doppelmuffe, Universalklemme, Gasbrenner, Anzünder, „Meerwasser"

Versuchsanleitung

a) Fülle das Reagenzglas zu einem Drittel mit „Meerwasser". Befestige das Reagenzglas mit einer Universalklemme schräg an einem Stativ. Verschließe das Reagenzglas mit dem Stopfen, durch dessen Bohrung das ungleichschenklig gewinkelte Glasrohr gesteckt wurde. (Vorsicht! Glas-Stopfen-Verbindung!)
Lasse das freie Glasrohrstück in das Becherglas münden (▷ B 3).

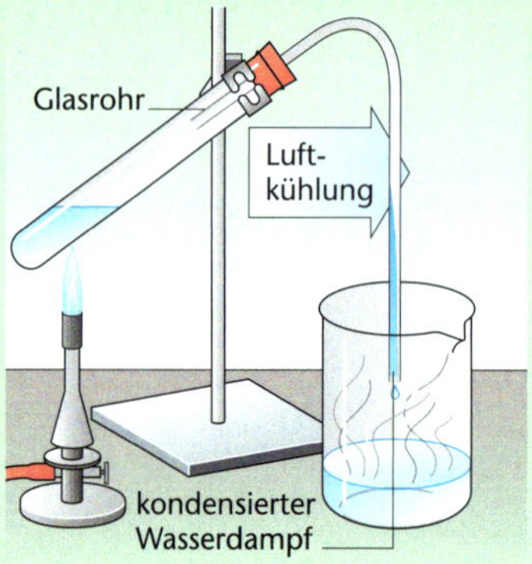

3 Kühlung mit Kaltluft

b) Erhitze das „Meerwasser" im Reagenzglas mit der rauschenden Brennerflamme. Fange das Kondenswasser im Becherglas auf.
c) Prüfe die elektrische Leitfähigkeit der gebildeten Flüssigkeit und vergleiche sie mit der Leitfähigkeit des „Meerwassers".

Aufgabe

Wodurch unterscheiden sich Kochsalzlösung und Kondenswasser?

4 Im Kühlbad

Material

Schutzbrille, Becherglas (400 ml, hohe Form), 2 Reagenzgläser (Durchmesser 30 mm), Stopfen (einfach durchbohrt), Glasrohr (ungleichschenklig gewinkelt), Stativ, 2 Doppelmuffen, 2 Universalklemmen, Gasbrenner, Anzünder, „Meerwasser", kaltes Wasser

Versuchsanleitung

a) Fülle ein großes Reagenzglas etwa zu einem Drittel mit „Meerwasser". Verschließe das Reagenzglas mit einem Stopfen, durch dessen Bohrung ein ungleichschenklig gewinkeltes Glasrohr gesteckt wurde. (Vorsicht! Glas-Stopfen-Verbindung!)
Befestige das Reagenzglas schräg am Stativ mit der Universalklemme und der Doppelmuffe.
b) Fülle das Becherglas etwa zur Hälfte mit kaltem Wasser. Befestige das andere Reagenzglas so am Stativ, dass es möglichst weit ins Wasser des Becherglases eintaucht (▷ B 4).

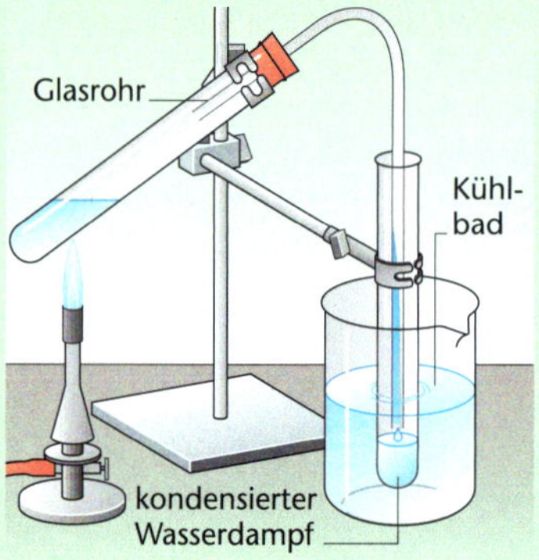

4 Kühlung im Wasserbad

c) Erhitze das „Meerwasser" im Reagenzglas mit der schwach rauschenden Brennerflamme, bis es zu sieden beginnt.
Beobachte das Reagenzglas im Kühlbad.

Aufgabe

Vergleiche die Ergebnisse der verschiedenen Experimente. Gib an, welche Kühlungsmethode besonders vorteilhaft ist.

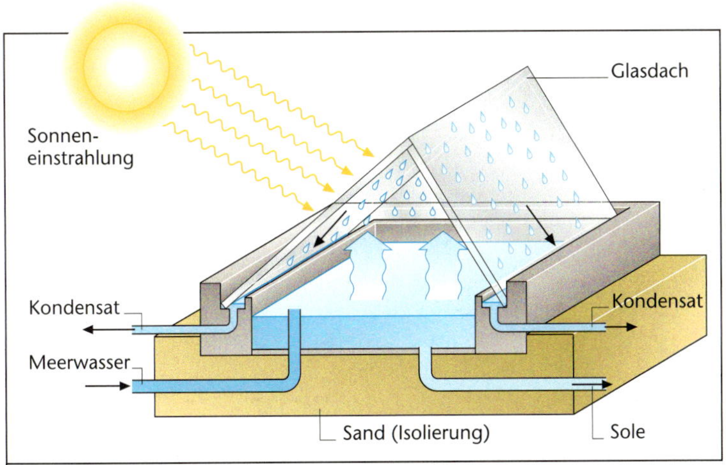

1 Schema einer Anlage zur Trinkwassergewinnung aus Meerwasser

2 Anlage zur Trinkwassergewinnung

Trinkwasser aus Meerwasser

In einigen Mittelmeerländern ist das Trinkwasser knapp und wird daher aus Meerwasser gewonnen. Dazu wird Meerwasser in großen Anlagen durch Sonneneinstrahlung erwärmt (▷ B 1, B 2). Das Wasser verdampft und kondensiert an Kühlflächen, von denen es dann in Sammelrinnen zusammenfließt. Das Salz bleibt aufgrund seiner hohen Siedetemperatur in der Sole (mittelhochdt.: sul, Salzbrühe) zurück. Das Verdampfen und anschließende Kondensieren wird als Destillieren (lat.: destillare, herabträufeln) bezeichnet. Zur Verwendung als Trinkwasser werden dem Destillat geringe Mengen an Mineralsalzen zugefügt.

▶ Die Trennung eines Stoffgemisches durch Verdampfen und anschließendes Kondensieren nennt man Destillieren.

Destillieren im Labor

Für die Destillation im Labor wird eine geeignete Apparatur benötigt. Ein wichtiger Teil der Destillationsanlage ist das Kühlsystem. Besonders häufig wird in einer Destillationsanlage der Liebigkühler eingesetzt, der aus einem Kondensationsrohr und einem Kühlmantel besteht (▷ B 3). In dem Kühlmantel wird von unten her ständig kaltes Wasser nachgeführt. Dadurch kommt der Dampf mit einer immer kühler werdenden Glaswand in Berührung und wird besonders gut abgekühlt.

Versuch

1 In einer Apparatur wie in Bild 3 wird Salzwasser zum Sieden erhitzt. Im Kühler kondensiert Wasserdampf. Das destillierte Wasser wird aufgefangen.

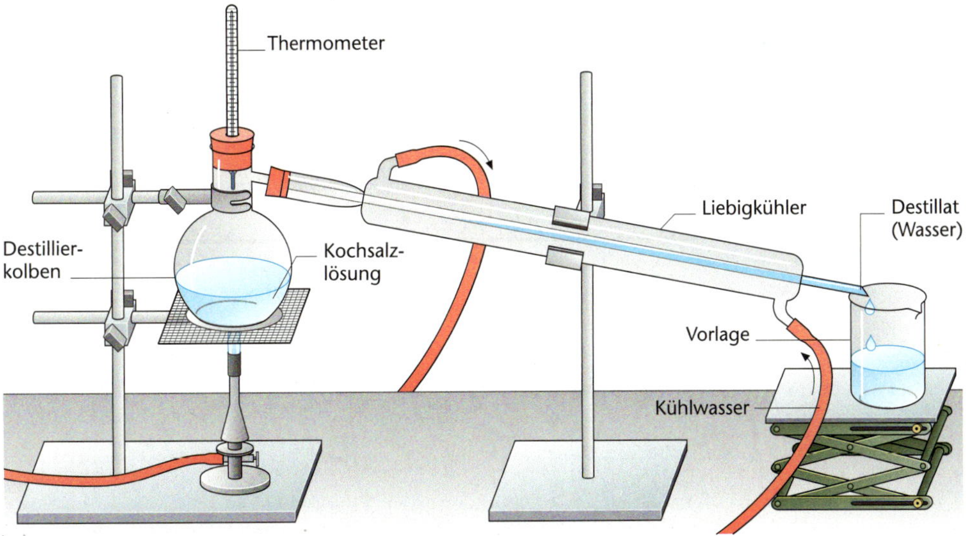

3 Destillationsapparatur im Labor

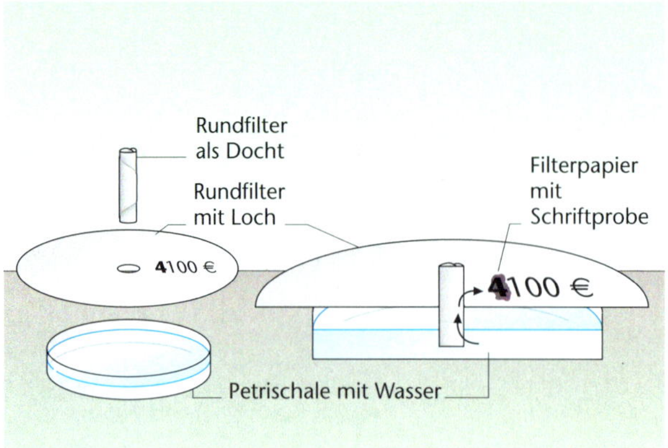

1 Papierchromatografie in der Petrischale

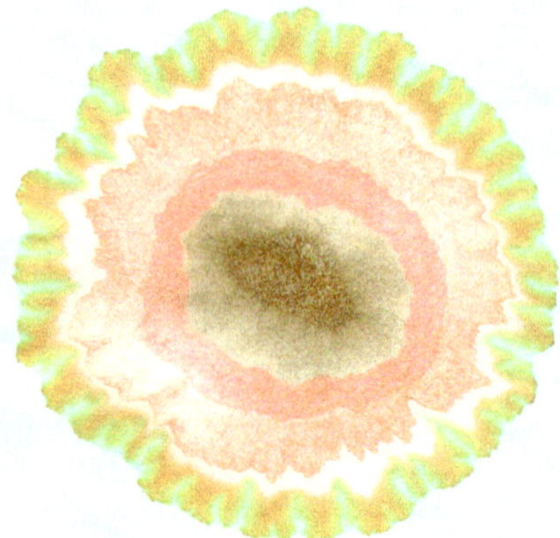

2 Runge-Bild

Der Chemiker F. RUNGE entdeckte 1850, dass sich beim Auftropfen von Farblösungen auf Papier unterschiedliche Farbringe bildeten (▷ B 2). Diese Art von Bildern wird auch heute noch „Runge-Bilder" genannt. RUNGE war begeistert von der Schönheit der Bilder, ohne sich bewusst zu sein, dass er damit die Grundlage für ein wichtiges Trennverfahren – die Papierchromatografie – geschaffen hatte.

Die Papierchromatografie

Die Chromatografie (griech.: chroma, Farbe und graphein, schreiben) nutzt die Eigenschaft von Stoffen aus, an Oberflächen unterschiedlich stark zu haften. Bei der Papierchromatografie wird ein Stoffgemisch zunächst durch ein geeignetes Lösungsmittel, das **Fließmittel**, transportiert. Bei seinem Weg über das Papier nimmt das Fließmittel die Stoffe unterschiedlich weit mit. Stoffe, die auf Papier gut haften, wandern langsam und bleiben rasch hängen.
Das Haften an einer Oberfläche wird auch als Adsorption bezeichnet; deshalb sagt man, dass ein Stoff an einer Oberfläche adsorbiert wird.

▶ Das Haften eines Stoffes an einer Oberfläche bezeichnet man als Adsorption.

Da gleiche Stoffe auch gleich gut haften, bilden sich bei Farbstoffgemischen Zonen gleicher Farbe. Diese Zonen sind bei den Runge-Bildern (▷ B 2) gut sichtbar ausgebildet.
Besonders leicht durchzuführen ist die Papierchromatografie mit Filterpapier (▷ V 1; V 2). Bessere Ergebnisse erzielt man jedoch, wenn man für die unterschiedlichen Stoffgemische spezielle Chromatografiepapiere verwendet.

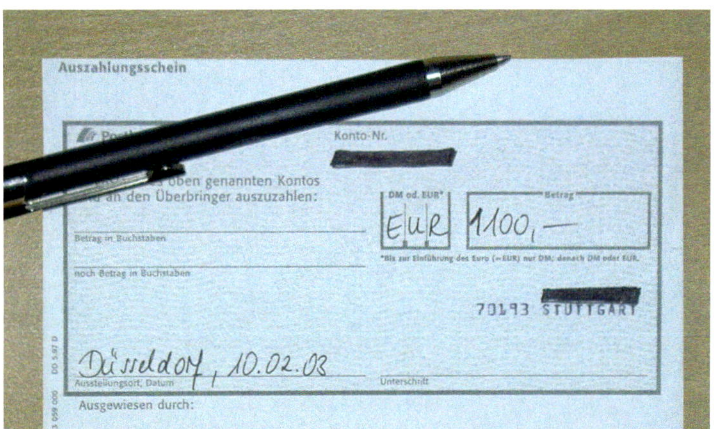

3 Vorsicht! Scheckbetrug!

Versuche

1 Schreibe mit einem schwarzen, wasserlöslichen Filzschreiber einen Betrag, z. B. € 100, auf einen Rundfilter. Füge dann mit einem Filzschreiber eines anderen Herstellers eine weitere schwarze Ziffer hinzu, so dass z. B. der Betrag € 4100 entsteht. Bohre mithilfe eines spitzen Bleistifts in der Mitte des Rundfilters ein Loch. Stecke in dieses Loch einen „Docht" aus einem gerollten Filterpapierstreifen (▷ B 1). Fülle jetzt eine Petrischale etwa zur Hälfte mit Wasser und lege das Rundfilter so darauf, dass der Docht in das Wasser taucht. Beobachte und deute die Versuchsergebnisse.

2 Wiederhole die Papierchromatografie aus Versuch 1. Statt eines €-Betrages markiere dieses Mal farbige Punkte, die mit verschiedenfarbigen, wasserlöslichen Filzschreibern aufgetragen werden.

Trennverfahren von A bis Z

Absetzenlassen
Aufgrund der großen Dichte von Gold können beim Goldwaschen Schlamm, Steine und Sand von den winzigen Goldkörnchen getrennt werden. Durch geschicktes Schwenken der Schale erreicht man, dass sich über den Steinen Sand und Schlamm absetzen, während die winzigen Goldkörnchen am Boden der Schale zurückbleiben.

Auspressen
Mit Handpressen werden halbierte Früchte ausgepresst. Dabei fließt der Saft durch ein Sieb, in dem das Fruchtfleisch hängen bleibt.

Chromatografieren
Man trägt wasserlösliche Filzstiftfarben um das Loch eines durchbohrten Rundfilters auf.
Tränkt man das Rundfilterpapier von innen mit Wasser, so beobachtet man die Entstehung verschiedener Farbzonen. Das Wasser transportiert die Farbstoffe, die unterschiedlich haften bleiben.

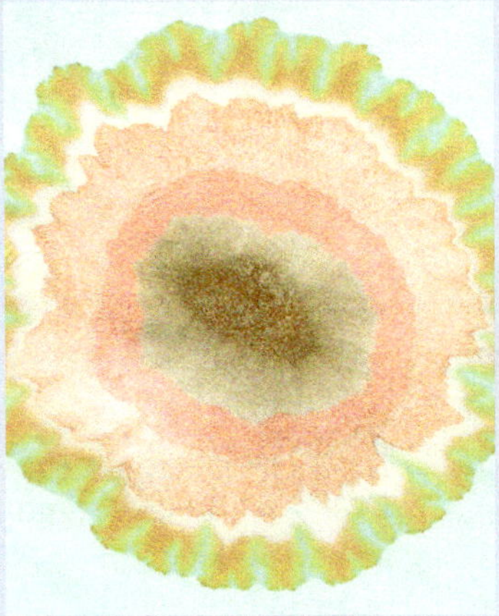

Entsaften
Der Saft von Karotten und Tomaten wird meist nicht ausgepresst, sondern durch Entsaften gewonnen. Im Entsafter wird das Gemüse zuerst zerkleinert. Die Masse wird dann in ein siebartiges Gitter gegeben, das sich sehr schnell dreht. Das Gemüse wird dadurch nach außen gepresst, der Saft fließt durch das Gitter in eine Rinne und läuft über eine Austrittsöffnung ins Glas.

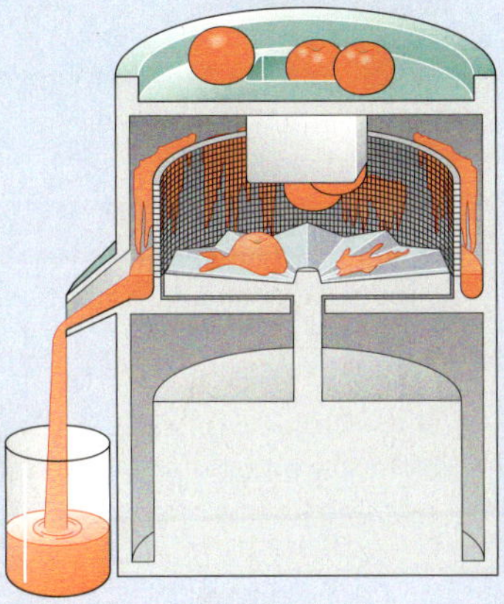

Filtrieren
Kaffeepulver wird mit heißem Wasser aufgebrüht. Die festen Bestandteile werden von einem Filter zurückgehalten. Die gelösten Farb- und Geschmacksstoffe können dagegen den Filter passieren.

Magnettrennung
Bei der Mülltrennung und der Verwertung von Schrott nutzt man die magnetischen Eigenschaften von Eisen aus. Mithilfe eines Elektromagneten werden Eisenteile aus dem zerkleinerten Müll auf dem Förderband aussortiert. Auch bei der Schrottverwertung wird Eisen auf diese Weise von anderen Metallen getrennt. Das wichtige Metall Eisen kann so zurückgewonnen und weiterverwertet werden.

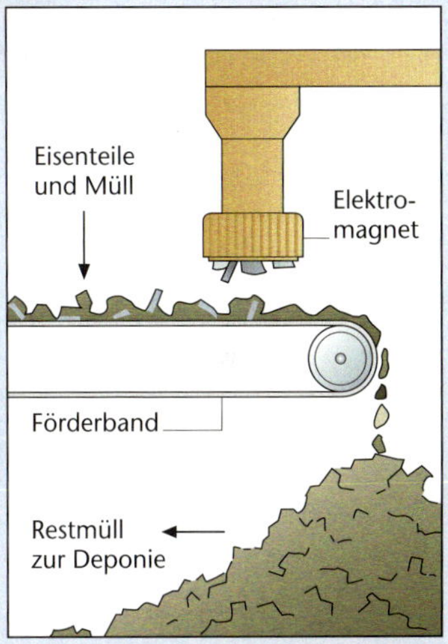

Zentrifugieren
Eine Zentrifuge arbeitet ähnlich wie eine Schleuder. Das flüssige Stoffgemisch wird in eine Trommel gegeben, die sich sehr schnell dreht. Die schweren Bestandteile werden nach außen geschleudert und so von den leichteren getrennt. Das Verfahren wird z. B. bei der Milch angewendet, um die Molke vom Fett zu trennen.

Wertstoff-Trennung

Müll – ein Gemisch, das niemand will?

Weltweit werden jährlich rund 1 Milliarde Tonnen Müll erzeugt. Die Tendenz ist steigend. Viele Abfallstoffe sind jedoch zum Wegwerfen zu schade. Solche Stoffe können als Wertstoffe wieder verwendet werden. Auch du kannst dafür sorgen, dass solche Wertstoffe erhalten bleiben.

● Jeder trägt mit seinem Verhalten mehr oder weniger zum Müllaufkommen bei.
Stelle zu Hause die Menge des wöchentlichen Mülls fest. Berechne daraus die Jahresmenge und den Anteil pro Person.

Recyclingpapier selbst gemacht

Altpapier ist ein wertvoller Rohstoff, aus dem sich wieder Papiererzeugnisse herstellen lassen. Aus Papierfetzen kannst du selbst Recyclingpapier herstellen.

● Zähle die Geräte und Materialien auf, die du zur Herstellung von Recyclingpapier benötigst.

● Plane die Vorgehensweise zur Herstellung von Recyclingpapier aus Altpapier. Orientiere dich dabei an den folgenden Verfahrensschritten:
a) Herstellung eines Schöpfrahmens,
b) Herstellung eines Papierbreis,
c) Papierschöpfen,
d) Herstellung von Rohpapier,
e) Pressen und Trocknen.

● Vergleiche die Qualität des selbst hergestellten Recyclingpapiers mit käuflichem Recyclingpapier.

● Welche Verfahren werden angewendet, um die Druckerschwärze aus dem Altpapier zu entfernen?

● Nenne Produkte, die man noch aus Altpapier herstellen könnte.

Wir trennen die Stoffe aus einem Wertstoff-Sack

● Stelle aus gereinigten Abfällen ein Gemisch her, wie es auch in einem Wertstoff-Sack vorhanden sein könnte.

● Plane eine Versuchsreihe, bei der die unterschiedlichen Wertstoffe aus dem Gemisch getrennt werden können.

● Stelle unterschiedliche Verfahren zusammen, um nicht verwertbaren Restmüll zu beseitigen.

● Mit der Deponierung und der Verbrennung von Müll sind Probleme verbunden. Erkundige dich bei deiner Heimatgemeinde oder hole dir Informationen aus dem Internet.

Glas – ein Wertstoff mit hoher „Recyclingquote"

Altglas lässt sich beinahe beliebig oft einschmelzen und stellt daher beim Müllrecycling einen besonders geschätzten Wertstoff dar.

● Was ist beim Sammeln von Altglas zu beachten?

● Erkundige dich in deiner Nachbarschaft nach Altglas-Sammelstellen. Gibt es informierende Hinweise an den Sammelstellen?

● Warum ist das Recyceln von Glas einfacher als beispielsweise das Recyceln von Kunststoffen oder Metallen?

Metalle und Kunststoffe aus Haushalt und Altfahrzeugen

In Deutschland werden jährlich ca. 2 Millionen Autos verschrottet. Jedes besteht zu etwa 60 % aus Metallen und zu etwa 40 % aus Nichtmetallen.

Auch im Haushalt fallen jährlich etwa 330 000 Tonnen an wieder verwertbaren Metallen an. Davon sind 90 % Eisen und 10 % Aluminium und weitere Nicht-Eisenmetalle (NE-Metalle).

- Sammle Informationen über Metallabfälle im Haushalt.

- In vielen weiteren Bereichen fallen erhebliche Mengen an Metallen an, die wieder verwertet werden können. Berichte!

- Erkundige dich nach Möglichkeiten, Metalle aus Altfahrzeugen zurückzugewinnen.

- Informiere dich, wie eine Shredderanlage funktioniert.

- Viele Teile eines Fahrzeugs (siehe Grafik) bestehen aus wieder verwertbaren Kunststoffen. Benenne diese Teile.

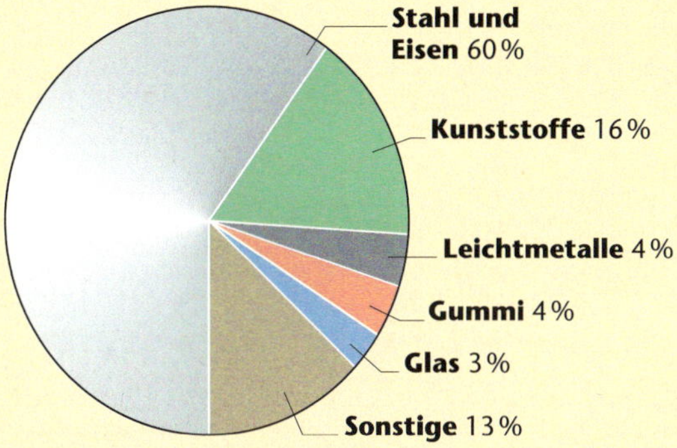

- Informiere dich im Internet über die verschiedenen Möglichkeiten des Kunststoff-Recyclings.

Trennen und Mischen

Reinstoffe
Reinstoffe sind Stoffe, die nur aus einm Stoff bestehen. Reinstoffe sind durch messbare Eigenschaften wie Siedetemperatur, Schmelztemperatur und Dichte gekennzeichnet.

Stoffgemische
Stoffgemische sind Gemische aus unterschiedlichen Reinstoffen. Bei heterogenen Stoffgemischen sind die unterschiedlichen Bestandteile erkennbar; bei homogenen Stoffgemischen sind die unterschiedlichen Bestandteile nicht mehr erkennbar.

Bezeichnungen für Stoffgemische
Für einige Stoffgemische gibt es je nach Aggregatzustand und Löslichkeit der Gemischbestandteile eigene Fachbegriffe (▷ B 1).

Trennung von Stoffgemischen
Zur Trennung von Stoffgemischen gibt es unterschiedliche Trennverfahren (▷ B 2). Die Auswahl eines geeigneten Trennverfahrens hängt von den Eigenschaften der Gemischbestandteile ab.

Beispiel des Stoffgemisches	Aggregatzustand der Bestandteile vor der Mischung	Benennung
Granit, Steinsalz	fest – fest	Feststoffgemisch
Lehmwasser Kochsalzlösung	fest – flüssig	Suspension Lösung
Fetttropfen in Milch Weinbrand	flüssig – flüssig	Emulsion Lösung
Flüssigkeitströpfchen in der Luft Sprudel	flüssig – gasförmig	Nebel Lösung
Ruß- und Staubkörnchen in der Luft	fest – gasförmig	Rauch

1 Einteilung und Benennung von Stoffgemischen

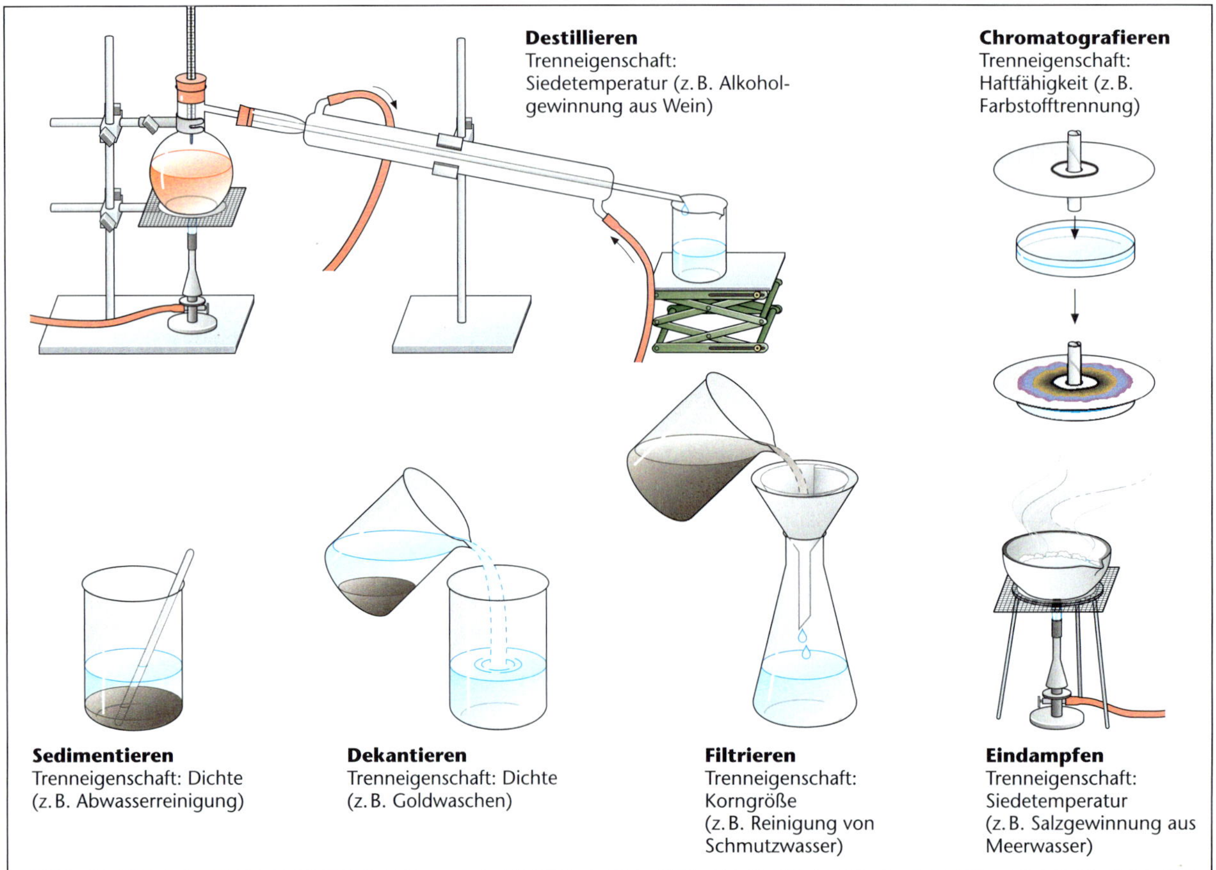

2 Wichtige Trennverfahren im Überblick

Aufgaben

1 Entscheide bei den folgenden Stoffen, ob es sich um einen Reinstoff oder ein Stoffgemisch handelt: Brausetablette, Würfelzucker, Eisenfeilspäne, Mineralwasser, Regenwasser, destilliertes Wasser, Alkohol, Wein, Kochsalz.

2 Gib an, ob sich beim Mischen der folgenden Stoffe mit Wasser eine Lösung, eine Suspension oder eine Emulsion bildet: Zucker, Kochsalz, Mehl, Öl, Sand, Alkohol.

3 Viele Lebensmittel sind Gemische.
a) Welche Bestandteile sind im Studentenfutter enthalten (▷ B 1)?
b) Welche Zutaten werden für einen Obstsalat gemischt?

1 zu Aufgabe 3

4 Wenn man Milch unter dem Mikroskop betrachtet, sieht man viele kleine Tröpfchen, die in einer Flüssigkeit schweben (▷ B 2).

2 Zu Aufgabe 4

3 Zu Aufgabe 5

a) Um welchen Stoff handelt es sich bei den fein verteilten Tröpfchen in der Milch?
b) Zu welcher Art von Stoffgemischen gehört Milch?

5 Reines Gold ist für die Verwendung als Schmuck viel zu weich. Seine Oberfläche wird schnell zerkratzt. Um die Härte von Gold zu erhöhen, wird es mit anderen Metallen legiert. In Schmuckstücke aus legiertem Gold wird ein Stempel mit einer Ziffer eingeschlagen (▷ B 3).
a) Was bedeutet z. B. der Stempel „333"?
b) Welche Metalle werden beim Legieren reinem Gold zugegeben?

6 Benenne die folgenden Stoffgemische und gib an, ob es sich um ein homogenes oder ein heterogenes Gemisch handelt:
Milch, Rotwein, Salzwasser, Zigarettenrauch, Lehmwasser, Schmutzwasser.

7 Welche Trennverfahren werden eingesetzt:
a) bei der Kaffeezubereitung in einer Kaffeemaschine,
b) bei der Zubereitung von Tee aus einem Teebeutel,
c) bei der Gewinnung von Trinkwasser aus Meerwasser,
d) bei der Herstellung von Butter aus Frischmilch?

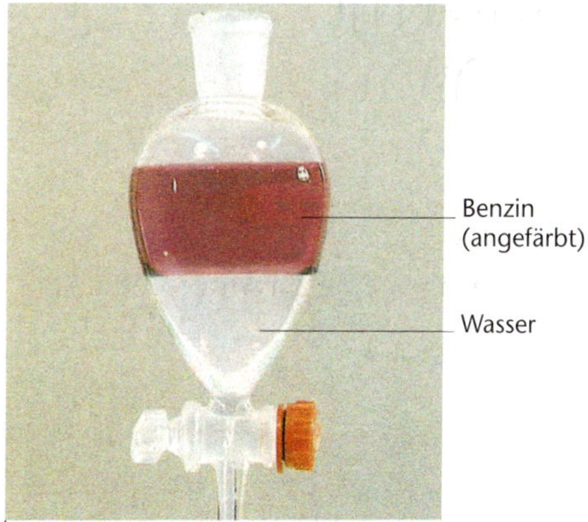

4 Zu Aufgabe 8

8 In einem Scheidetrichter können Flüssigkeiten voneinander getrennt werden (▷ B 4). Beschreibe die Durchführung der Trennung. Welche Eigenschaften der Flüssigkeiten werden bei der Trennung ausgenutzt?

9 Fruchtsaftgetränke sind häufig mit dem Aufdruck „Vor Gebrauch schütteln!" versehen. Begründe.

10 In einer Autowaschanlage entsteht durch Benzin und Öl verunreinigtes Abwasser. Dieses Abwasser darf erst nach Durchlaufen eines Ölabscheiders (▷ B 5) in die Kanalisation gelangen.
a) Welche Trenneigenschaft wird beim Ölabscheider ausgenutzt?
b) Welche Verunreinigungen können nicht abgetrennt werden?

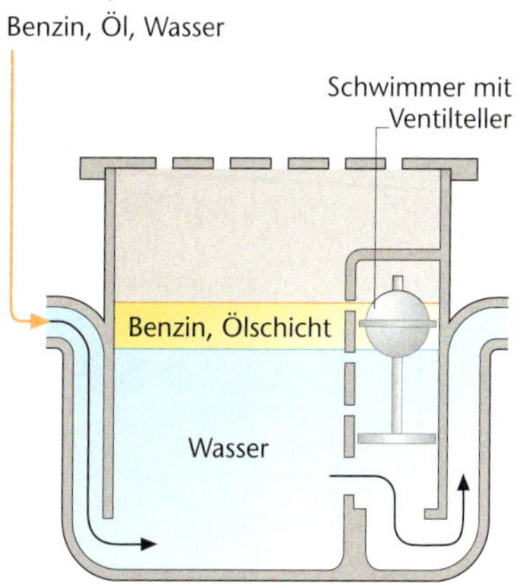

5 Zu Aufgabe 10

Rund um das Wasser

Wasser ist der kostbarste Schatz unseres Planeten. Ohne Wasser gäbe es kein Leben auf der Erde.

Wasser ist eine Flüssigkeit mit erstaunlichen Eigenschaften. Überlege, was damit gemeint sein könnte.

Wasser verändert die Landschaft. Kennst du Beispiele dafür?

Die Wasservorräte der Erde sind begrenzt, in vielen Regionen herrscht Wassermangel. Sammle Berichte über Trinkwasser und Abwasser und stelle sie vor.

Brennpunkt

Das Weltwasser in Zahlen

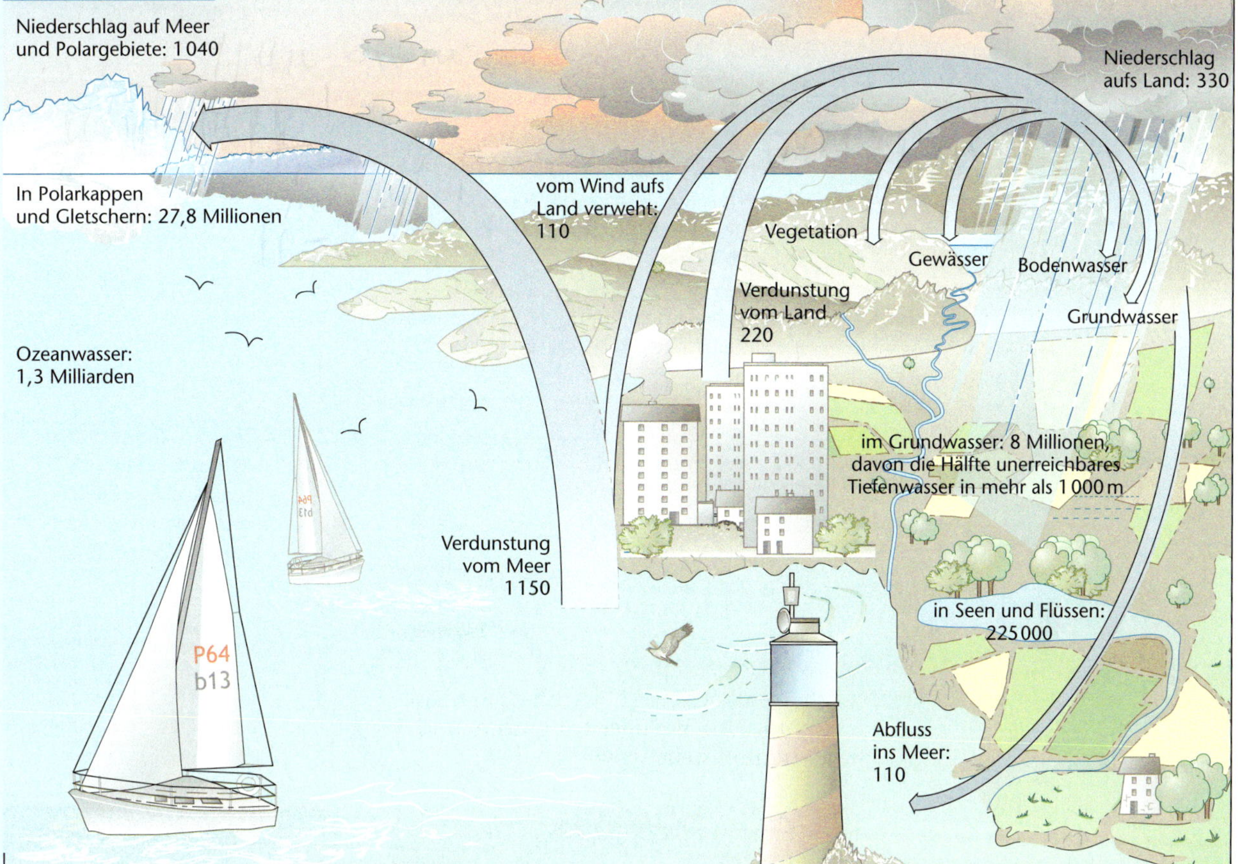

1 Das Weltwasser in Zahlen: Angaben in km^3/Tag. Ein Kubikkilometer entspricht einer Billion Liter (1 km^3 = 1 000 000 000 000 l).

Der blaue Planet

Unsere Erde wird häufig als „blauer Planet" bezeichnet. Kennst du den Ursprung dieses Namens? Fast zwei Drittel der Erdoberfläche sind von Wasser bedeckt. Vom Weltall aus betrachtet erscheinen diese Flächen bläulich schimmernd. Wasser gibt es auf der Erde also scheinbar im Überfluss. Betrachten wir die Wasservorkommen einmal genauer.

Von jeweils 100 Teilen Wasser auf der Erde sind 97 Teile salzhaltiges **Meerwasser**, das für den Menschen ungenießbar ist. Nur 3 Teile von 100 sind **Süßwasser**. So bezeichnet man Wasser, in dem kein oder nur sehr wenig Salz gelöst ist.
Von 3 Teilen Süßwasser sind 2 Teile als **Eis** am Nord- und Südpol und in den Gletschern der Hochgebirge gebunden. Nur ca. ein Drittel des Süßwassers ist flüssig. Den größten Anteil des flüssigen Süßwassers macht das **Grundwasser** aus. Das **Oberflächenwasser** in Seen und Flüssen gehört ebenfalls dazu, sein Anteil ist jedoch sehr gering. Etwa die Hälfte des Grundwassers befindet sich mehr als 800 Meter unter der Erdoberfläche und ist nicht nutzbar. Als Trinkwasser stehen deshalb nur sehr kleine Wassermengen zur Verfügung.

Aufgabe

1 Stell dir vor, der gesamte Wasservorrat der Erde würde in eine Badewanne passen, die 150 l fasst.
a) Wie viele Liter davon sind Süßwasser, wie viele Salzwasser? In welches Gefäß könnte man die Süßwassermenge füllen?
b) Wie viele Liter Süßwasser sind flüssig, wie viele sind fest? Welches Gefäß könnte man hier verwenden?
c) Nur etwa der hundertste Teil der Süßwassermenge kommt als Oberflächenwasser vor. Wie viele Liter sind das? Rechne in Milliliter um! In welche Art Gefäß könnte man diese Menge füllen?

Schwimmen, tauchen, schweben, trinken

Der Nautilus, ein natürliches U-Boot
Der Nautilus lebt an steilen Korallenriffen in tropischen Meeren.

- Informiere dich über seine Lebensweise und beschreibe, wie er im Wasser steigt oder sinkt.

- Viele U-Boote der US-NAVY wurden nach ihrem tintenfischähnlichen Vorbild Nautilus benannt. Recherchiere im Internet!

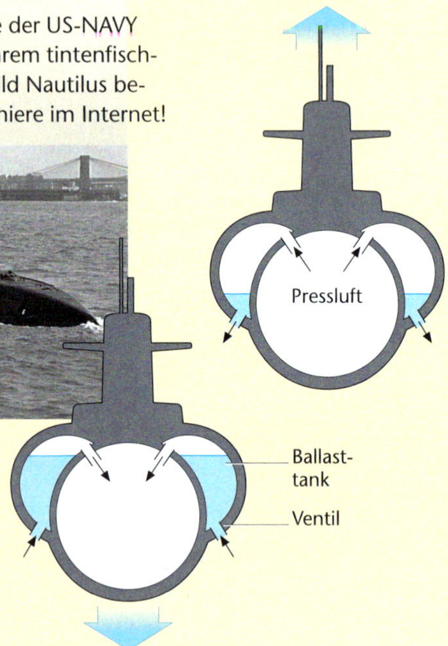

- Auch U-Boote können sinken, schweben und aufsteigen. Welche Rolle spielen dabei die Ballastkammern? Beschreibe!

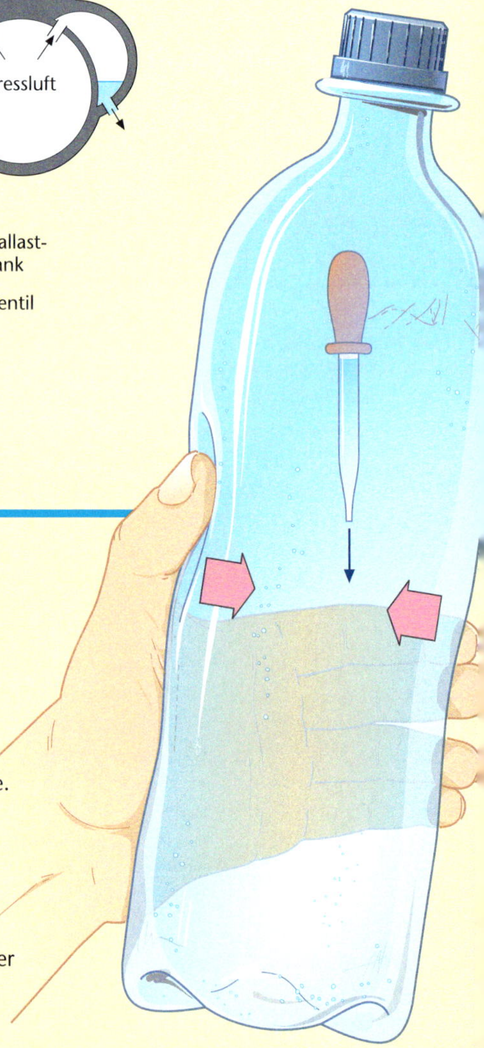

Ein Flaschenteufelchen tanzt auf und ab
Drückt man die Flasche mit der Hand zusammen, sinkt der Cartesische Tauchkörper.

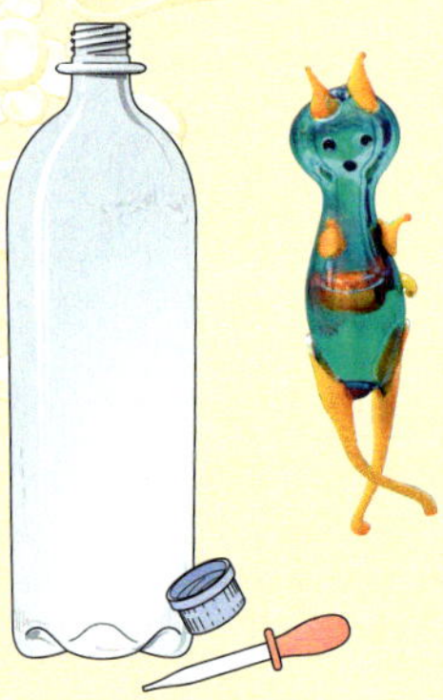

- Du kannst dieses Spielzeug ganz einfach nachbauen. Als Taucher verwendest du ein Glasröhrchen oder eine Pipette.

- Die Tauchkörper werden nach dem französischen Forscher René Descartes benannt. Welche Gesetzmäßigkeiten kann man mit dem Tauchkörper zeigen?

Abtauchen in eine andere Welt

Zu Beginn eines Tauchganges musst du den Auftrieb überwinden, um unter die Wasseroberfläche zu gelangen.

- Informiere dich, wodurch du den Auftrieb beim Tauchen beeinflussen und verändern kannst!

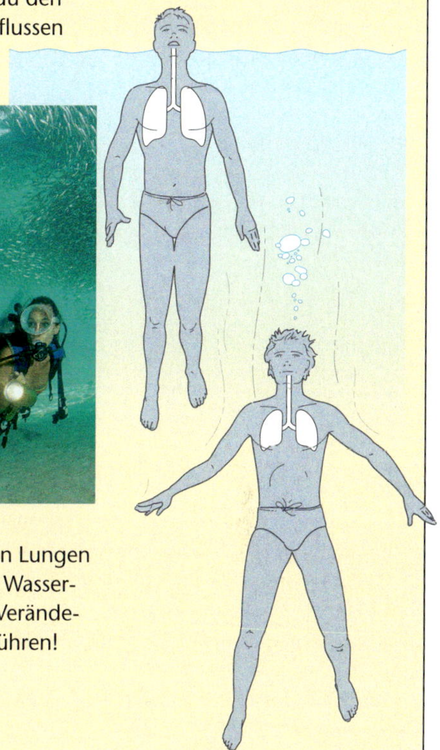

- Muss der Unterwasseranteil eines Schiffes repariert oder neu angestrichen werden, kommen Schwimmdocks zum Einsatz. Beschreibe das Trockenlegen des Schiffes.

- Ein Mensch mit luftgefüllten Lungen kann ohne Bewegung an der Wasseroberfläche schweben. Zähle Veränderungen auf, die zum Sinken führen!

Wer Wasser spart, hilft der Natur

Der Beruf des Wasserträgers gehört der Vergangenheit an. Für die meisten von uns ist es selbstverständlich geworden, jederzeit den Wasserhahn aufzudrehen.

- Schätze, wie viele volle 10-Liter-Eimer du täglich für deine Familie herbeitragen müsstest!

- Verfolge einen Tag lang ganz bewusst deinen Wassergebrauch. Zähle die Tätigkeiten auf, bei denen du Wasser brauchst. Schau regelmäßig auf die Wasseruhr in deinem Haushalt. Rechne deinen persönlichen Wasserbedarf pro Tag aus!

- Jeder kann helfen Gewässer zu schützen und Wasser zu sparen. Betrachte die Bilder und überlege, was du selbst tun kannst!

Werkstatt

Wasser und Eis

1 Herstellung einer Kältemischung

Material
Schutzbrille, Becherglas (100 ml), Thermometer (–50 °C bis +50 °C), Eiswürfel, Wasser, Kochsalz

Versuchsanleitung
Fülle das Becherglas bis zum Rand mit Eiswürfeln und gib Wasser dazu. Miss die Temperatur des Wassers (▷ B 1).

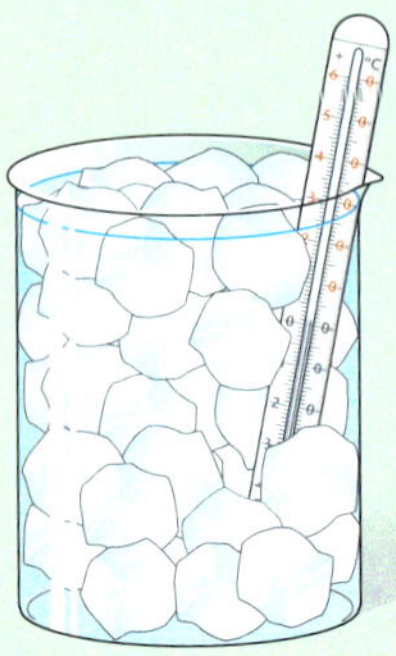

1 Temperaturmessung

Bestreue die Eiswürfel mit einer Handvoll Salz. Beobachte das Thermometer und notiere die gemessenen Temperaturen.

Aufgabe
Was passiert mit den Eiswürfeln im Glas, wenn das Salz zugegeben wird?

2 Frostschutzmittel im Reagenzglas

Material
Schutzbrille, 2 Reagenzgläser, Reagenzglashalter, Becherglas mit Kältemischung aus Versuch 1, destilliertes Wasser, Thermometer (–50 °C bis +50 °C), Glycerin

Versuchsanleitung
Fülle eines der Reagenzgläser zur Hälfte mit Wasser. Gib in das andere Reagenzglas ein Gemisch aus gleichen Teilen Wasser und Glycerin (▷ B 2). Stelle beide in eine Kältemischung und miss die Temperaturen der Flüssigkeiten.

Aufgaben
1. Beschreibe die Beobachtungen.
2. Informiere dich, wozu Glycerin verwendet wird.

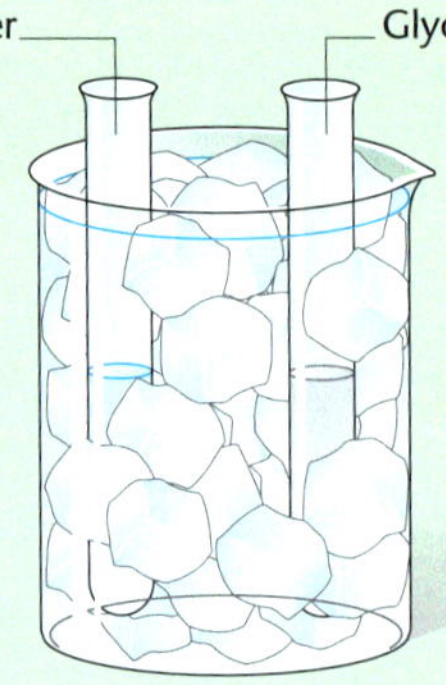

2 Gefroren in der Kältemischung

3 Eiswürfel an der Angel

Material
Schutzbrille, Becherglas (250 ml), Bleistift, Faden, Salzstreuer, Eiswürfel, Wasser

Versuchsanleitung
Bastle aus dem Bleistift und einem Stück Faden eine Angel. Gib einen Eiswürfel in das Becherglas und füge so viel Wasser dazu, bis der Eiswürfel schwimmt. Versuche den Eiswürfel mit dem Faden zu angeln (▷ B 3). Streue dazu einige Salzkörnchen auf das Eis.

3 Eiswürfel an der Angel

4 Wasser und Spiritus im Steigrohr

Material
Schutzbrille, 2 Erlenmeyerkolben (50 ml, Enghals), 2 Glasrohre mit durchbohrtem Stopfen, Glaswanne, Thermometer (–10 °C bis +110 °C), Stoppuhr, dest. Wasser, Wasser, Eiswürfel, Brennspiritus

Versuchsanleitung
a) Fülle einen Erlenmeyerkolben bis knapp unter den Rand mit Wasser. Verschließe die Öffnung mit einem durchbohrten Stopfen, in dem ein Glasrohr steckt. Schiebe nun das Glasröhrchen weiter nach unten. Achte darauf, dass im Erlenmeyerkolben keine Luft eingeschlossen ist und dass im Glasrohr Wasser steht.
Kühle den Erlenmeyerkolben in Eiswasser auf 0 °C ab. Nimm dann den Kolben aus dem Eiswasser heraus, sodass er sich erwärmen kann (▷ B 4).

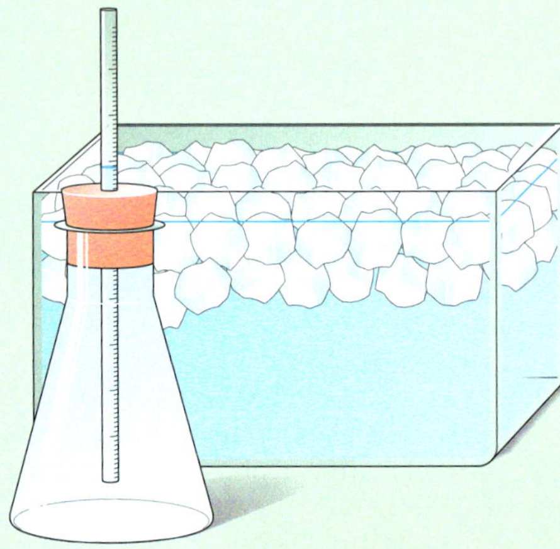

4 Beobachtungen im Steigrohr

Lies die Steighöhe der Flüssigkeit im Glasrohr alle 2 Minuten ab und trage die Messwerte in ein Diagramm ein.
b) Wiederhole den Versuch, verwende nun aber Brennspiritus anstelle von Wasser.

Aufgaben
1. Bereite für Wasser und Spiritus je ein Diagramm vor. Trage auf der senkrechten Achse die Steighöhe der Wassersäule in Zentimeter ein und auf der waagerechten Achse die Zeit im Abstand von zwei Minuten. Verbinde die eingetragenen Messwerte jeweils zu einer Kurve.

2. Vergleiche die Steighöhen von Wasser und Brennspiritus und beschreibe die Unterschiede.

Überleben am Grund des Sees
Vielleicht warst du im Winter auch schon einmal auf einem zugefrorenen See Schlittschuhlaufen. In vielen solcher Seen und Teiche leben Fische. Wie überleben sie die kalte Jahreszeit?
Im Winter kühlt das Wasser eines Sees an der Oberfläche ab. Beim Abkühlen nimmt die Dichte des Wassers zu, es sinkt daher nach unten. Bei einer Temperatur von 4 °C ändert sich allerdings etwas.
Kühlt das Wasser an der Oberfläche weiter ab, sinkt es nicht mehr nach unten. Denn bei Temperaturen unter 4 °C nimmt die Dichte des Wassers wieder ab, es dehnt sich aus. Dieses kalte Wasser bleibt daher an der Oberfläche, bis es bei einer Temperatur von 0 °C zu Eis gefriert. Die Eisschicht schwimmt auf dem Wasser und bedeckt die Oberfläche des Sees. Weil die Wassertemperatur von der Oberfläche bis zum Grund bis auf 4 °C ansteigt, können Fische und Pflanzen im Winter auch in zugefrorenen Seen überleben (▷ B 4).

Wasser ist die Ausnahme
Die beschriebene Beobachtung, die man im Winter an einem See machen kann, ist ungewöhnlich. Werden feste Stoffe über ihre Schmelztemperatur hinaus erwärmt, gehen sie in den flüssigen Zustand über. Dabei nimmt ihre Dichte ab.
Anders verhält es sich beim Wasser: Erwärmt man Eis über 0 °C, geht es zwar ebenfalls in den flüssigen Zustand über, allerdings nimmt seine Dichte zunächst zu, bis eine Temperatur von 4 °C erreicht ist (▷ B 3). Beim Erwärmen über 4 °C nimmt die Dichte dann ab. Das Wasser dehnt sich nun aus, sein Volumen nimmt wie bei anderen Flüssigkeiten zu.
Dieses ungewöhnliche Verhalten bezeichnet man als **Anomalie des Wassers.**

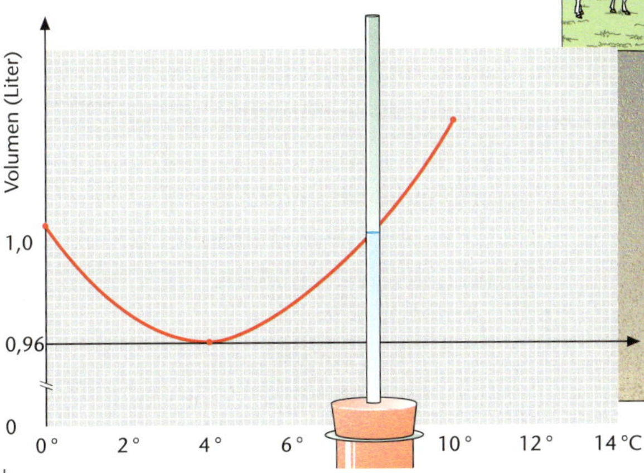

3 Wasser verhält sich anders.

1 Geplatzte Flasche

2 Frostaufbrüche

Wasser dehnt sich bei Abkühlung auf Temperaturen unter 4 °C aus. Sein Volumen nimmt zu.

Frostschäden
Durch gefrierendes Wasser kommt es im Winter immer wieder zu Frostschäden. Im Freien können Wasserleitungen platzen, wenn sie nicht rechtzeitig vor dem ersten Frost entleert werden. Die Sprengkraft des gefrierenden Wassers führt jeden Winter zu erheblichen Straßenschäden. Eis in den Ritzen zerstört den Straßenbelag (▷ B 2).

Aufgabe

1 Lässt man im Winter eine mit Wasser gefüllte Glasflasche im Freien liegen, erlebt man eine Überraschung (▷ B 1). Beschreibe, was passiert ist und begründe!

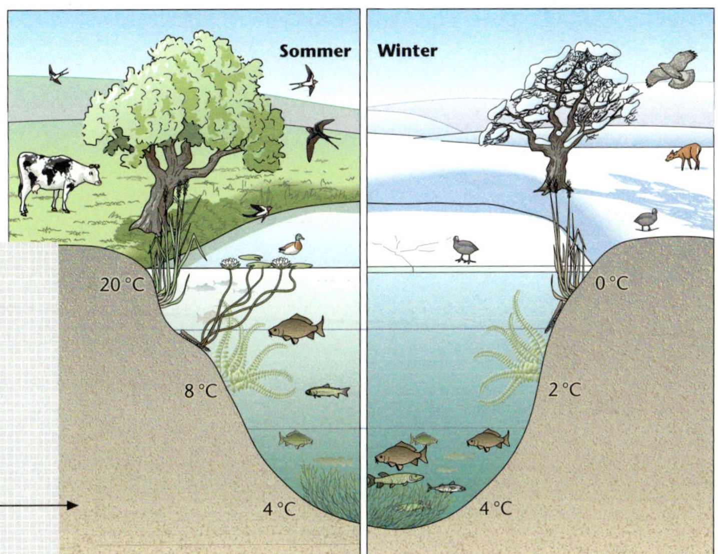

4 Warum Fische und Pflanzen im zugefrorenen See überleben.

Zeitpunkt

Der Untergang der Titanic

1 Auf der Fahrt um das blaue Band

2 Auf der Route nach New York

Jungfernfahrt über den Atlantik
Am 10.04.1912 gingen im Hafen von Southampton mehr als 2200 Menschen an Bord des größten und luxuriösten Schiffes seiner Zeit (▷B 1), der Titanic. Millionäre reisten 1. Klasse in Luxus-Suiten mit mehreren Zimmern und eigenem Bad. Für arme Auswanderer gab es tief unten im Bauch des Schiffes Schlafgelegenheiten der 3. Klasse.

Eisberg an Steuerbord
Bereits seit dem 13.04. war eine Vielzahl von Funkwarnungen vor Treibeis eingegangen. Doch der Kapitän blieb auf Kurs, er wollte sein Ziel New York pünktlich erreichen (▷B 2). Um 23.40 Uhr sichtete ein Matrose nur wenige 100 Meter vom Schiff entfernt einen Eisberg. Sofort befahl der erste Offizier: „Hart Backbord und äußerste Kraft zurück!" Doch es war zu spät. Die Titanic schrammte am Eisberg entlang, wobei das Schiff unter der Wasseroberfläche an sechs Stellen aufgeschlitzt wurde. Noch war alles ruhig an Bord.

3 Der Untergang

Frauen und Kinder in die Boote
Schnell erkannte der Kapitän die aussichtslose Lage der Titanic. Um 0.05 Uhr ordnete er an, die Passagiere der 1. Klasse zu wecken und die Rettungsboote klarzumachen. 16 Boote mit je 65 Plätzen waren an Bord – viel zu wenig, um alle Passagiere aufnehmen zu können.
Viele Passagiere wollten die Seilfahrt in die Tiefe jedoch nicht riskieren, sie vertrauten auf die Unsinkbarkeit des Schiffes. So wurden um 0.45 Uhr die ersten Rettungsboote halb leer zu Wasser gelassen.
Um 1.15 Uhr stand das Wasser bis zur fünften Etage, das Schiff neigte sich. Um 2.05 Uhr befanden sich von ursprünglich etwa 2 200 immer noch über 1 500 Personen an Bord. Etwa zehn Minuten später hob sich das Heck und das Schiff zerbrach in der Mitte.
Um 2.20 Uhr versank die Titanic endgültig. Nur etwas mehr als 700 Personen konnten lebend geborgen werden.

Aufgabe

1 Suche im Internet nach Zahlen und Fakten über das Luxus-Schiff Titanic und sammle Berichte über seinen Untergang. Weshalb galt das Schiff als unsinkbar?

1 Meerwasser ist salzhaltig.

Wasser

Aussehen:	farblose, durchscheinende Flüssigkeit
Geruch:	geruchlos
Dichte:	1,00 g/cm^3
Brennbarkeit:	nicht brennbar
Schmelz-temperatur:	0 °C
Siedetemperatur:	100 °C

2 Steckbrief

Reines Wasser ist kein Naturprodukt

Den größten Teil des auf der Erde vorkommenden Wassers bildet das Meerwasser (▷ B 1). Meerwasser ist stark salzhaltig. Auch Flusswasser, Regenwasser und Leitungswasser enthalten geringe Mengen gelöster Stoffe. Reines Wasser, wie es z. B. in Laboren verwendet wird, enthält dagegen keine gelösten Stoffe. In der Natur kommt Wasser in dieser reinen Form aber nicht vor, es muss hergestellt werden.

Steckbrief von Wasser

Reines Wasser hat eine Siedetemperatur von 100 °C und gefriert bei 0 °C zu Eis. Enthält das Wasser gelöste Stoffe, verändern sich Schmelz- und Siedetemperatur (▷ V 1; V 2). Dies nutzt man im Winter, um vereiste Straßen aufzutauen. Das Auftausalz, das gestreut wird, bringt das Eis zum Schmelzen.

Zieht im Sommer ein Gewitter auf, dürfen die Besucher im Freibad nicht mehr ins Wasser. Das Badewasser enthält gelöste Stoffe, die es elektrisch leitfähig machen. Reines Wasser dagegen ist ein Nichtleiter (▷ V 3).

Die Dichte von Stoffen wird in der Regel bei 20 °C angegeben. Beim Abkühlen erhöht sich die Dichte von Flüssigkeiten, bis die Erstarrungstemperatur erreicht ist. Wasser allerdings erreicht seine größte Dichte nicht bei 0 °C, sondern bei 4 °C. Sie beträgt bei dieser Temperatur 1,0 g/cm^3 (▷ V 4).

Zum Nachweis von Wasser wird Watesmopapier verwendet. Mit Wasser zeigt es eine tiefblaue Farbe (▷ B 3).

Versuche

1 Fülle ein Reagenzglas zur Hälfte mit destilliertem Wasser und stelle es in ein Becherglas mit Eis. Miss die Erstarrungstemperatur. Wiederhole mit einer Kochsalzlösung.

2 Gib in zwei Erlenmeyerkolben je 50 ml destilliertes Wasser. Gib in einen der Kolben noch 10 g Kochsalz. Erhitze beide Flüssigkeiten und bestimme die Siedetemperatur.

3 Prüfe die elektrische Leitfähigkeit von destilliertem Wasser, Leitungswasser und Kochsalzlösung. Vergleiche die Ergebnisse.

4 Bestimme die Dichte von destilliertem Wasser. Miss die Temperatur.

5 Tauche einen Streifen Watesmopapier in destilliertes Wasser, Leitungswasser, Benzin und Öl. Vergleiche die Farbe.

6 Plane Versuche zur Unterscheidung von destilliertem Wasser und Leitungswasser.

3 Wassernachweis mit Watesmopapier

Lexikon

Das Wasser-ABC

Abwasser
Abwasser aus Haushalten gelangt über Fallleitungen zur Grundleitung unter dem Haus und von dort in die Kanalisation unter der Straße. Zur Reinigung, Belüftung und Kontrolle der unterirdischen Rohre sind in regelmäßigen Abständen Einstiegsschächte angebracht.

Brunnen
Brunnen sind Anlagen zur Gewinnung von Grundwasser. Das Grundwasser wird über Rohre nach oben gepumpt und in den Wasserwerken zu Trinkwasser aufbereitet.
An der Erdoberfläche ist meist nur der Brunnenkopf oder ein kleines Brunnenhaus zu sehen.

Grundwasser
In der Tiefe der Erde sammelt sich Grundwasser. Es fließt unterirdisch wie ein Fluss, nur wesentlich langsamer. Wenn Grundwasser an der Erdoberfläche austritt, spricht man von einer Quelle.

Hochwasser
Hochwasser ist ein Naturereignis und kommt in unregelmäßigen Abständen vor. Wenn es tagelang regnet und der Boden mit Wasser gesättigt oder gefroren ist, sammelt sich das Wasser an der Oberfläche und lässt Flüsse über die Ufer treten.

Hydranten
Entnahmestellen für größere Wassermengen auf der Straße nennt man Hydranten. Sie sind an eine Hauptwasserleitung angeschlossen. Ein rot umrandetes Hinweisschild gibt den Durchmesser der Rohrleitung und die genaue Lage der Entnahmestelle an. Das Bild unten besagt, dass der Hydrant an eine Wasserleitung mit einem Durchmesser von 100 mm angeschlossen ist. Seine genaue Lage vom Hinweisschild aus befindet sich in 4,4 m Entfernung nach vorne und 7,5 m nach rechts.

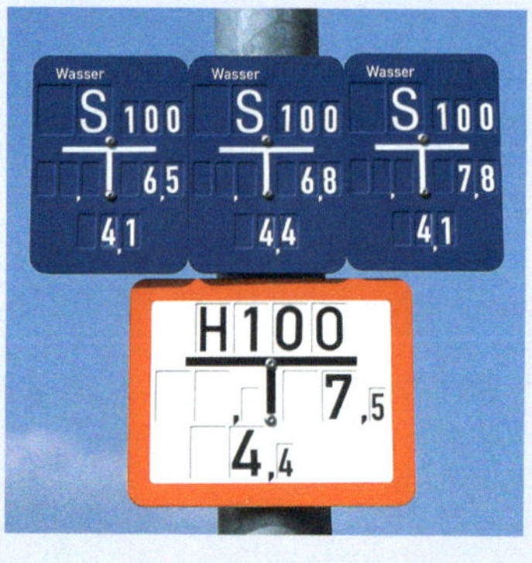

Schieber
Bei Reinigungsarbeiten oder Rohrbrüchen werden in den Trinkwasser-Leitungen Absperrschieber geschlossen. Die blauen Hinweisschilder geben den Durchmesser der Wasserleitung und die genaue Lage des Schiebers an.

Schutzgebiete
Wasserschutzgebiete, in denen Trinkwasser gewonnen wird, sind mit blauen Verkehrszeichen gekennzeichnet. Hier gelten besondere Vorschriften, um das Grundwasser vor Verunreinigungen zu schützen. Das blaue Schild weist darauf hin, dass die Straße durch oder entlang eines Wasserschutzgebietes führt.

Oberflächenspannung
An der Grenzfläche zwischen Wasser und Luft wirkt die Oberflächenspannung des Wassers. Sie sorgt dafür, dass der Wasserläufer mit seinen besonders geformten Füßen über das Wasser gleitet ohne unterzugehen.

Auf, im und unter Wasser

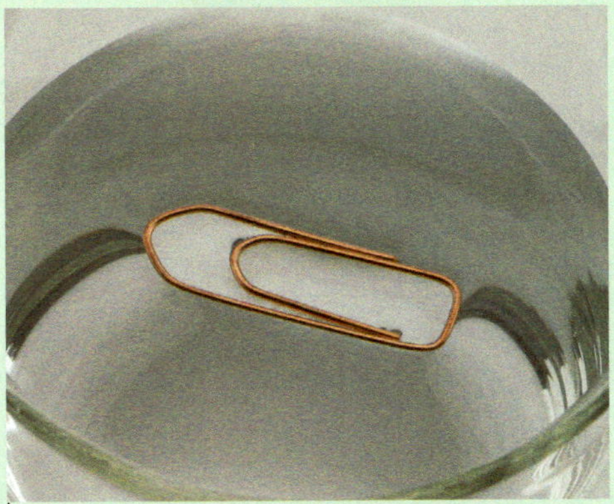

1 Ein Zaubertrick?

Vielleicht ist es dir schon einmal gelungen, flache Steine über das Wasser hüpfen zu lassen. Ein Stein, der sonst untergeht, springt also über die Wasseroberfläche.

1 Schwimmendes Metall

Material

Glasschüssel, Nadel, Reißzwecke, Büroklammer, Rasierklinge, Gabel, Pinzette, Spülmittel in einer Spritzflasche, Wasser

Versuchsanleitung

a) Fülle die Glasschüssel mit Wasser und stelle sie auf den Tisch. Warte, bis die Wasseroberfläche ganz ruhig ist.
b) Lege mit einer Gabel die Nadel oder die Büroklammer vorsichtig auf die Wasseroberfläche (▷ B 1).
c) Setze danach die Rasierklinge mit der Gabel auf die Wasseroberfläche.
(Achtung! Sei vorsichtig beim Umgang mit der Rasierklinge).
d) Fasse mit der Pinzette eine Reißzwecke und setze sie vorsichtig auf die Wasseroberfläche.

Aufgaben

1. Betrachte die Metallgegenstände auf der Wasseroberfläche von der Seite.
Beschreibe die Berührungsstelle zwischen den Gegenständen und dem Wasser.
2. Gib nun etwas Spülmittel aus der Spritzflasche ins Wasser.
Wie wirkt sich die Zugabe von Spülmittel aus?

2 Auf der Flucht

Material

Glaswanne, Streichhölzer, Pipette, Pinzette, Spülmittel, Wasser

Versuchsanleitung

Fülle Wasser in die Glaswanne. Lege mit der Pinzette mehrere Streichhölzer auf die Wasseroberfläche. Ordne sie an wie in Bild 2 gezeigt.
Tropfe nun mit einer Pipette etwas Spülmittel zwischen die Streichhölzer.

2 Auf der Flucht

Aufgabe

Beobachte die Streichhölzer. Was passiert in dem Augenblick, in dem das Spülmittel auf die Wasseroberfläche trifft? Beschreibe, wie sich die Streichhölzer verhalten.

3 Wasserberge

Material

Trinkglas, Münzen, Pipette, Wasser

Versuchsanleitung

a) Tropfe mit der Pipette Wasser auf die Münze. Achte darauf, dass das Wasser nicht abläuft (▷ B 3).
b) Fülle ein Trinkglas randvoll mit Wasser. Lasse von der Seite nacheinander Münzen ins Wasser gleiten, bis sich ein Wasserberg gebildet hat.

Aufgaben

1. Wie viele Wassertropfen kannst du auf die Münze bringen, bevor das Wasser abläuft?

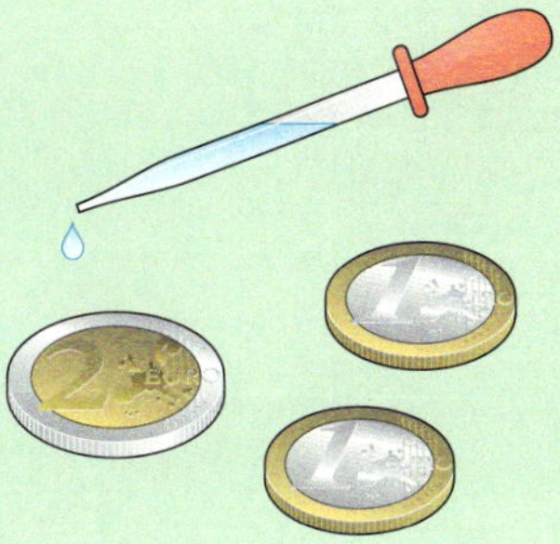

3 Wasserberg

2. Veranstaltet einen Wettbewerb: Wer kann die meisten Münzen ins Glas gleiten lassen, ohne dass das Wasser überläuft? Warum erzielt ihr nicht die gleiche Anzahl?

4 Linsen im Fahrstuhl

Material

4 Trinkgläser, Pipette, Linsen, Pfefferkörner, Rosinen, Reiskörner, kohlensäurehaltiges Mineralwasser, Leitungswasser, Spülmittel

Versuchsanleitung

a) Fülle je zwei Trinkgläser mit Mineralwasser und zwei mit Leitungswasser (▷ B 4).
Gib Linsen bzw. Reiskörner in Mineralwasser und Leitungswasser. Beobachte die vier nebeneinander stehenden Gläser genau. Wiederhole den Versuch nach einer gewissen Zeit mit Pfefferkörnern und Rosinen.
b) Wiederhole den Versuch, gib nun aber jeweils einen Tropfen Spülmittel dazu.

4 Mal oben, mal unten

Aufgaben

1. Beschreibe deine Beobachtungen und finde eine Erklärung.
2. Welche Auswirkung hat die Zugabe von Spülmittel?

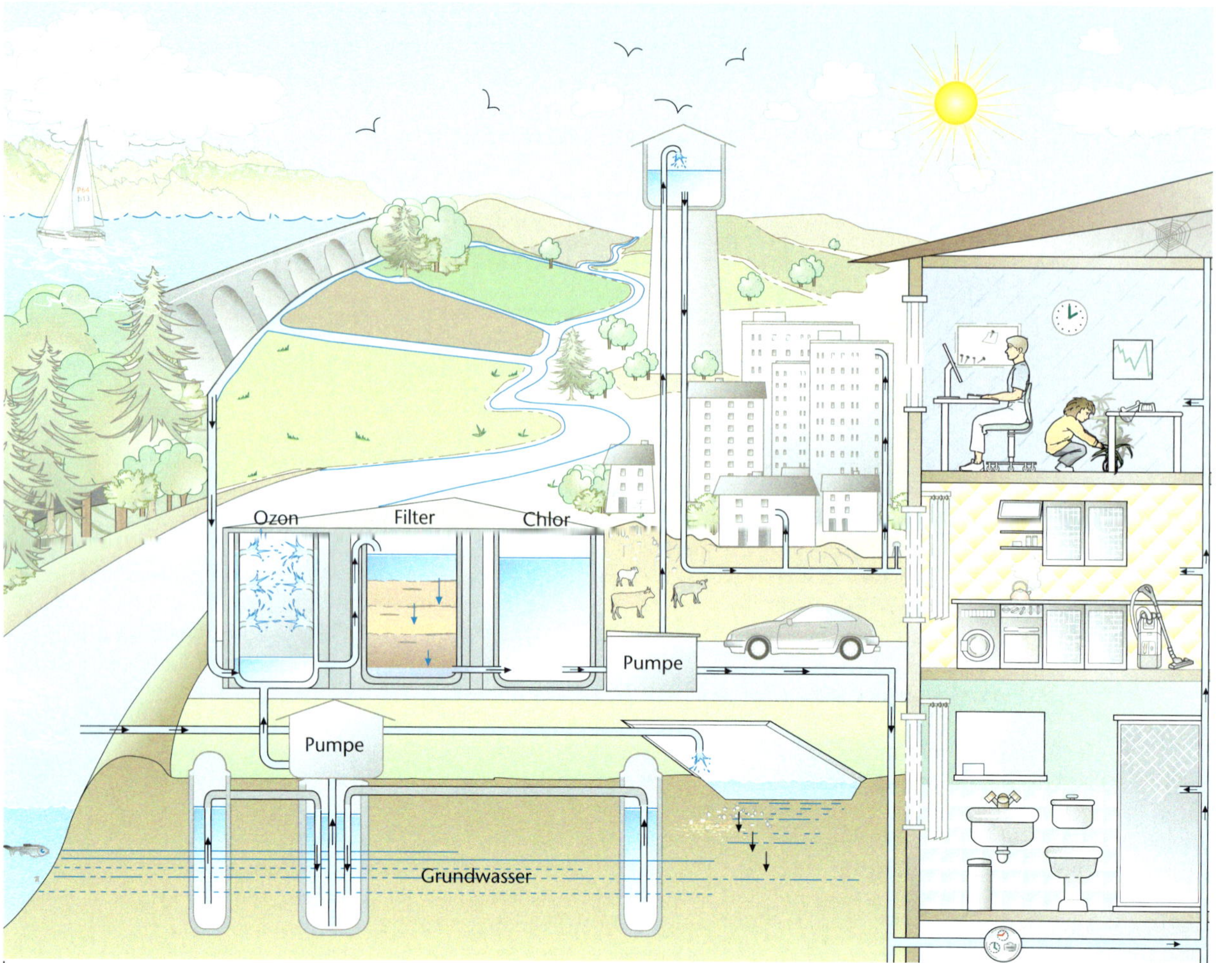

1 Versorgung mit Trinkwasser

2 Trinkwasser

Trinkwasser aus der Leitung

In vielen Ländern der Erde wird das Trinkwasser aus Brunnen oder Flüssen geschöpft und über weite Entfernungen zu den Häusern getragen. Bei uns kann man zu jeder Zeit den Wasserhahn aufdrehen und beliebig viel Wasser entnehmen. Die Wasserwerke versorgen die Haushalte mit Trinkwasser bester Qualität (▷ B 1; B 2).
Die Arbeit der Wasserwerke gliedert sich in vier große Bereiche: die Wassergewinnung, die Wasseraufbereitung, die Wasserspeicherung und die Wasserverteilung.

Wassergewinnung

In Deutschland wird der größte Teil des Trinkwassers aus Grund- und Quellwasser gewonnen. Meistens wird das Grundwasser aus Brunnen an die Oberfläche gepumpt. Legt man Brunnen in der Nähe von Flüssen an, gewinnt man außer Grundwasser auch noch das so genannte **Uferfiltrat**. Dabei versickert Wasser aus dem Fluss im Ufer, fließt auf dem Weg zum Brunnen durch Sand oder Kies und wird dabei wie in einem Filter gereinigt.

Wasseraufbereitung

Das so gewonnene Wasser enthält meist noch gelöste Stoffe und Schwebstoffe. Deshalb wird es weiter aufbereitet. Das Wasser gelangt zunächst in eine Belüftungskammer mit ozonhaltiger Luft, in der es durch Düsen fein zerstäubt wird. Die gelösten Stoffe wandeln sich dabei in Feststoffe um. Diese flocken aus und werden in Sand- und Kiesschichten, die als Filter wirken, abgetrennt.
In speziellen Anlagen können sie auch mithilfe von Aktivkohlefiltern aus dem Wasser entfernt werden. Enthält das Wasser noch Krankheitskeime, wird es durch eine Behandlung mit UV-Licht, Ozon oder Chlor desinfiziert.

3 Hochbehälter

Wasserspeicherung

Der Wasserbedarf ist je nach Tageszeit und Jahreszeit sehr unterschiedlich. Deshalb werden in Talsperren (▷B 5) große Mengen Fließwasser aufgestaut und gespeichert. Damit immer ausreichend Trinkwasser zur Verfügung steht, wird auch das aufbereitete Wasser gespeichert (▷B 3). Oft werden Speicherbehälter auf Bergkuppen angelegt. Im flachen Gelände benutzt man Wassertürme (▷B 4), aus denen das Wasser ohne Pumpen direkt zum Verbraucher gelangt. Das Wasser befindet sich im oberen Teil des Wasserturmes. Durch ein Röhrensystem ist der Wasserturm mit den Haushalten verbunden. In diesem System kann das Wasser nur so hoch wie im Turm steigen.

4 Historischer Wasserturm in Lüneburg

5 Okertalsperre

Wasserverteilung

Unter den Straßen liegt ein weit verzweigtes Wasserleitungsnetz. Größere Städte besitzen meistens Ringleitungen mit Hauptrohren. Sie haben einen Durchmesser von bis zu einem Meter. Von diesen zweigen Straßenleitungen mit einem geringeren Durchmesser ab. Von den Straßenleitungen gehen Hausleitungen ab, die sich hinter dem Wasserzähler im Haus verzweigen.

Wasseruhr

Wasseruhren sind in jedem Haushalt zu finden. Auf der Wasseruhr kannst du den Wasserverbrauch ablesen. Die durch die Wasseruhr hindurchgeflossene Wassermenge wird für den Haushalt als Verbrauch in Kubikmetern angezeigt (▷B 6).

6 Wasseruhr: Zählerstand 176 m³

▶ Trinkwasser wird von den Wasserwerken zur Verfügung gestellt. Diese gewinnen das Wasser, bereiten es auf, speichern und verteilen es.

Aufgaben

1 Überlege, zu welchen Zeiten der Wasserbedarf im Haushalt besonders hoch ist.

2 Lies zuhause jeden Tag den Zählerstand der Wasseruhr (▷B 6) ab und berechne den Wasserverbrauch pro Woche. Überlege, wie du Wasser sparen kannst.

7 Täglicher Wasserverbrauch einer Person

Es gibt viel zu klären

1 Rechen

2 Eine Fällungsreaktion

Wohin fließt unser Abwasser?
Hast du dich schon einmal gefragt, wo die Abwässer der Stadt oder der Gemeinde, in der du lebst, bleiben? Unter den Straßen führen oft riesige Kanäle unsere Abwässer zu einer Kläranlage, die in vielen Fällen weit außerhalb der Stadt liegt.
In der Kläranlage wird das Schmutzwasser in verschiedenen Stationen so behandelt, dass es gereinigt wieder an die Umwelt abgegeben werden kann.

Wer klärt das Wasser?
Interessant dabei ist, dass in der zentralen, der **biologischen Reinigungsstufe**, das Abwasser fast wie bei einem Bach mithilfe von Kleinstlebewesen, vor allem Bakterien, gereinigt wird.

So kann eine Kläranlage aussehen
Eine moderne Kläranlage besteht aus der **mechanischen Reinigung** mit Rechen (▷ B 1), Sandfang und Vorklärbecken und der **biologischen Reinigung** mithilfe von Mikroorganismen. Eine weiter gehende Abwasserreinigung wird durch das Nachklärbecken und die Flockungsfiltration erreicht. Nur wenn die Belastung sehr hoch ist, werden Phosphate mithilfe von Eisensalzen während des normalen Klärprozesses chemisch ausgefällt (▷ B 2). Dazu werden dem Wasser so genannte Fällmittel zugegeben. Zusammen mit den Stoffen, die ausgefällt werden sollen, bilden die Fällmittel unlösliche Flocken. Diese fallen aus und werden durch Filter zurückgehalten. Deshalb spricht man von einer Flockungsfiltration. Danach gelangt das geklärte Wasser über den Vorfluter, das ist meist ein kleiner Bach, in den natürlichen Wasserkreislauf zurück.

Eine schlammige Angelegenheit
In allen Klärungsstufen wird Schlamm erzeugt und in den Faulturm geleitet.
Hier wird der Schlamm unter Abgabe von Methangas zersetzt. Das Gas wird in einem Turm gesammelt und für die Energiegewinnung verwendet. Bei der Zersetzung des Faulschlamms entsteht ein kompostartiges Produkt, das teilweise als Dünger verwendet werden kann. Aber viele Klärschlämme

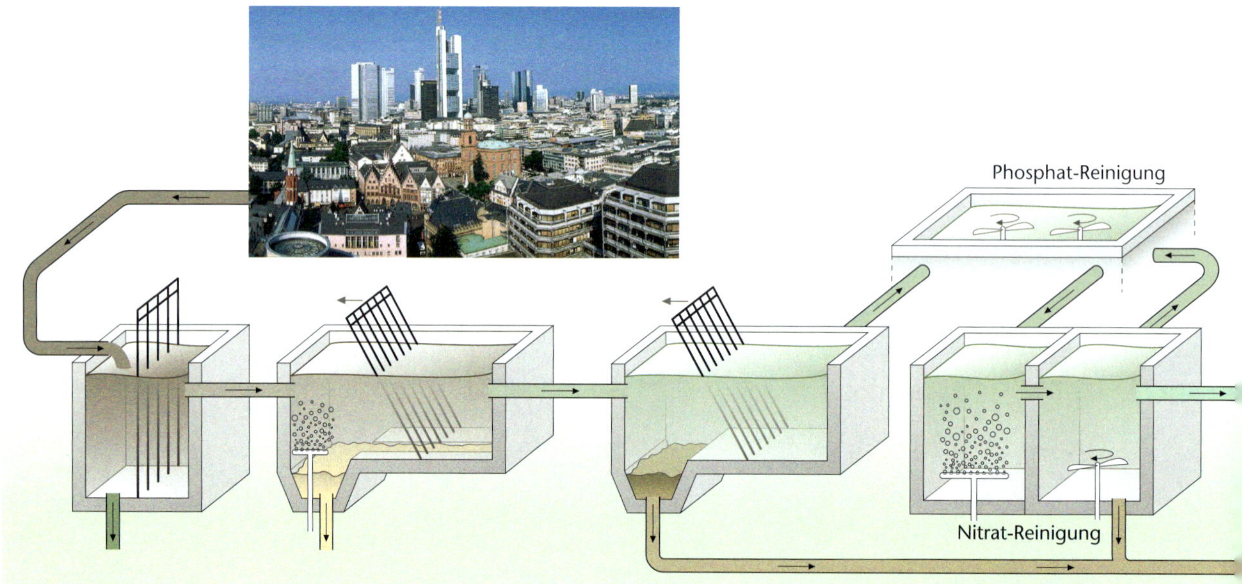

Rechen
Hier werden durch ein Gitter und Siebe grobe Stoffe aus dem ankommenden Wasser zurückgehalten.

Sandfang
In die Sandfangbecken wird Luft gepumpt, um das Abwasser aufzufrischen. Außerdem trennt sich der Sand so besser von den organischen Stoffen. Er setzt sich ab und wird mithilfe von Pumpen entfernt.
Bevor das Wasser in das Vorklärbecken gelangt, werden wasserunlösliche Stoffe wie Fette und Öle zurückgehalten.

Vorklärbecken
Die Fließgeschwindigkeit wird herabgesetzt. Das Wasser fließt nun so langsam, dass sich die meisten Schwebstoffe im Wasser als Schlamm absetzen können.
Dieser Rohschlamm wird abgepumpt und im Faulturm gelagert.

Belebtschlammbecken
Die Zufuhr von Sauerstoff bietet Bakterien und anderen Einzellern ideale Lebensbedingungen. Die Mikroorganismen ernähren sich u. a. von den im Wasser gelösten Schmutzstoffen.
Dadurch werden diese Verbindungen entfernt. Der überschüssige Belebtschlamm wird zum Faulturm geleitet.

mechanische Reinigung

biologische Reinigung

sind so stark mit Schwermetallen belastet, dass sie nicht als Dünger eingesetzt werden dürfen, sondern in Deponien gelagert oder verbrannt werden müssen.

Immer besser
Chemiker und Abwassertechniker entwickeln immer bessere Methoden, damit das Wasser noch sauberer wird.

Eine Kläranlage reinigt Abwasser in verschiedenen Stufen so gründlich, dass es wieder an die Natur abgegeben werden kann. Die Hauptreinigungsstufe ist die biologische Reinigung.

Aufgaben

1 Warum nennt man die wichtige Reinigungsstufe einer Kläranlage „biologische" Reinigung?

2 Beschreibe, was geschehen würde, wenn nach wie vor alle Abwässer der Gemeinden entlang der Flüsse ungeklärt in die Gewässer geleitet würden.

3 Luftbild einer Kläranlage

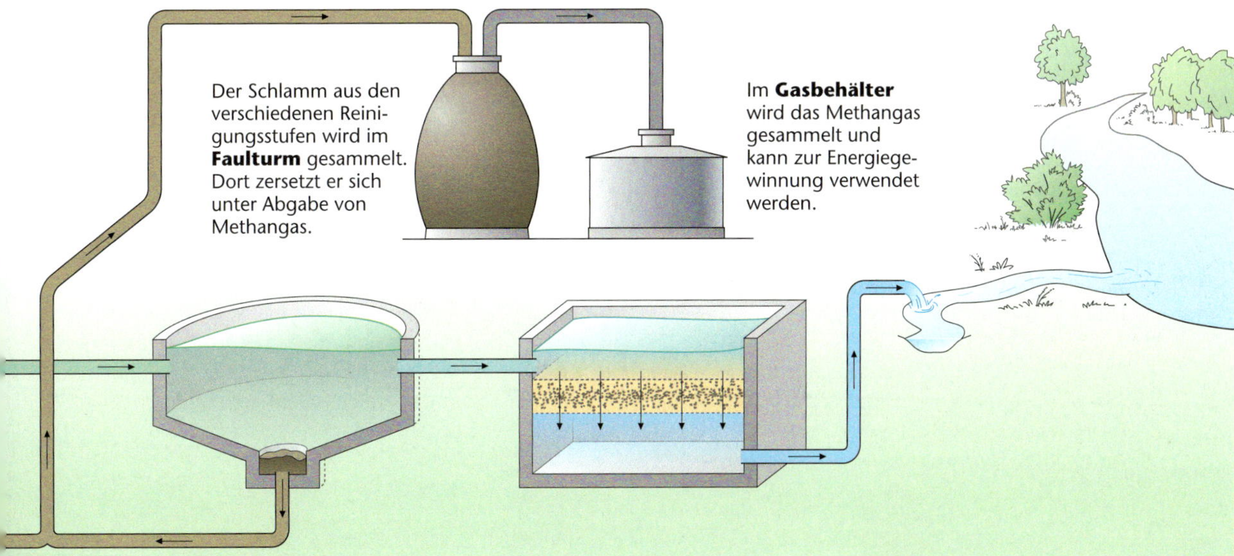

Nachklärbecken
Hier bleibt das Wasser einige Zeit stehen, damit sich die restlichen Flocken des Belebtschlamms absetzen können. Ein Teil des abgesetzten Belebtschlamms wird in den Faulturm gepumpt, der andere Teil wird nochmal in das Belebtschlammbecken zurückgepumpt.

Flockungsfiltration
Zum Schluss wird das Wasser noch von krank machenden Keimen und evtl. noch vorhandenen Phosphaten befreit. Dies geschieht mithilfe der Flockungsfiltration. Das Wasser hat nun fast Trinkwasserqualität.

Vorfluter
Über den Vorfluter, meist ein Fließgewässer, gelangt das gereinigte Wasser wieder in den natürlichen Wasserkreislauf.

(chemische Ausfällung nur nach Bedarf)

Zum Experten werden

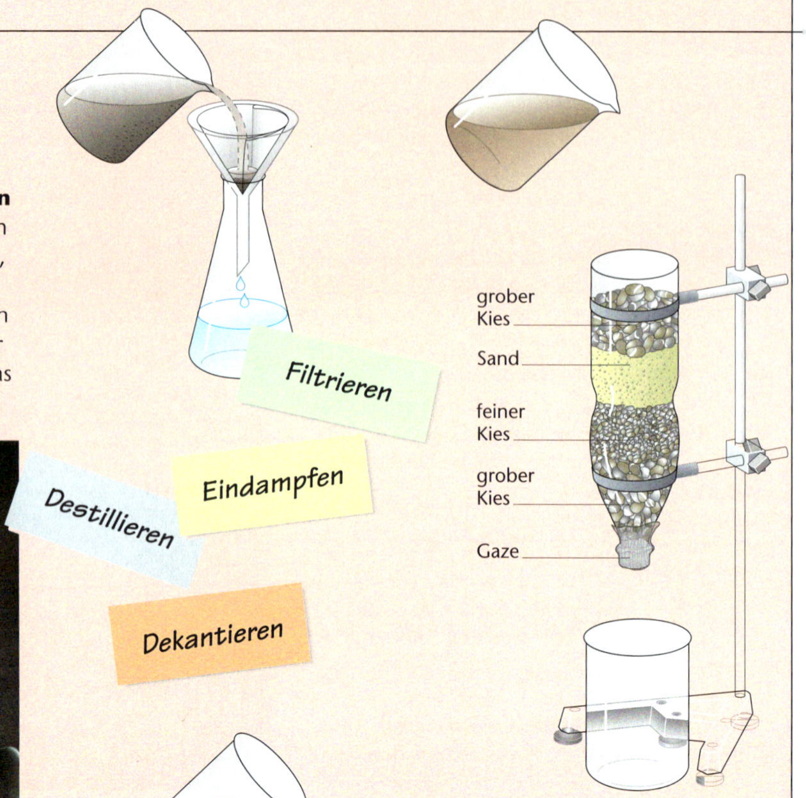

A. Geteilte Arbeit verdoppelt das Wissen
Wenn ihr euch in ein neues Thema einarbeiten möchtet, kommt meist viel Arbeit auf euch zu, denn oft sind die Gebiete sehr umfangreich. Für den Einzelnen ist es dann schwierig, sich in kurzer Zeit über alles selbst zu informieren. Ihr könnt euch die Arbeit erleichtern, wenn ihr das Thema aufteilt und in Gruppen bearbeitet.

B. In der Gruppe zum Experten werden
- Die Klasse ist in Gruppen eingeteilt.
- Jede Gruppe sammelt Informationen zu einem bestimmten Thema z. B. Trennverfahren.
- Lest Texte, plant Versuche, recherchiert eventuell im Internet. Macht euch Notizen.
- Nach dem Sammeln von Informationen ist es wichtig, die Meinung anderer zu hören. Besprecht die Ergebnisse in eurer Expertengruppe
- Gestaltet anschließend einen Hefteintrag für das besprochene Trennverfahren.

Alle in der Gruppe sind jetzt Experten für ein Trennverfahren. Sie erhalten ein Expertenabzeichen, z. B. eine Anstecknadel, eine Kappe oder ein Halstuch in einer bestimmten Farbe.

C. Die Expertenrunde
- Die Experten einer Gruppe verteilen sich einzeln auf die Gruppentische. Es bilden sich neue Gruppen.
- In der neuen Gruppe ist jeder Experte für ein anderes Trennverfahren.
- Die Experten diskutieren in der Expertenrunde, welches Tennverfahren für ein vorliegendes Gemisch geeignet ist.

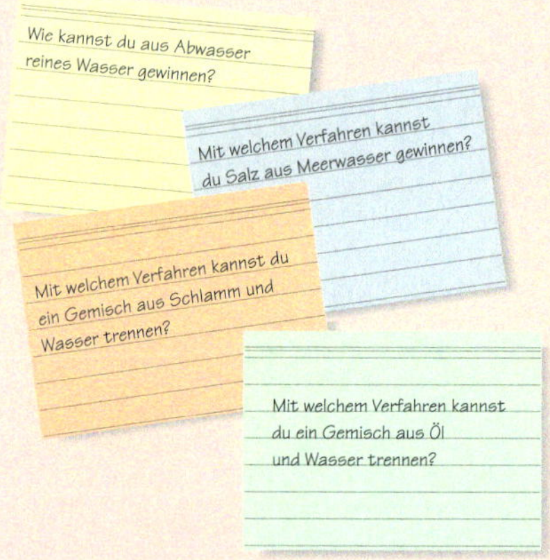

Rund um das Wasser

Anomalie des Wassers
Wasser zieht sich beim Erwärmen von 0 °C bis 4 °C zusammen und dehnt sich oberhalb von 4 °C wieder aus. Wasser hat bei 4 °C seine größte Dichte. Dieses ungewöhnliche Verhalten bezeichnet man als Anomalie des Wassers (▷ B 1).

Steckbrief von Wasser
Die Eigenschaften von reinem Wasser sind in Bild 2 zusammengestellt.
Zum Nachweis von Wasser wird Watesmopapier verwendet. Mit Wasser zeigt es eine tiefblaue Farbe.

Trinkwasser
Trinkwasser wird von den Wasserwerken zur Verfügung gestellt. Diese gewinnen das Wasser, bereiten es auf, speichern und verteilen es.

Kläranlage
Eine Kläranlage (▷ B 3) reinigt Abwasser in einer mechanischen und einer biologischen Reinigungsstufe so gründlich, dass es wieder in den natürlichen Wasserkreislauf abgegeben werden kann.

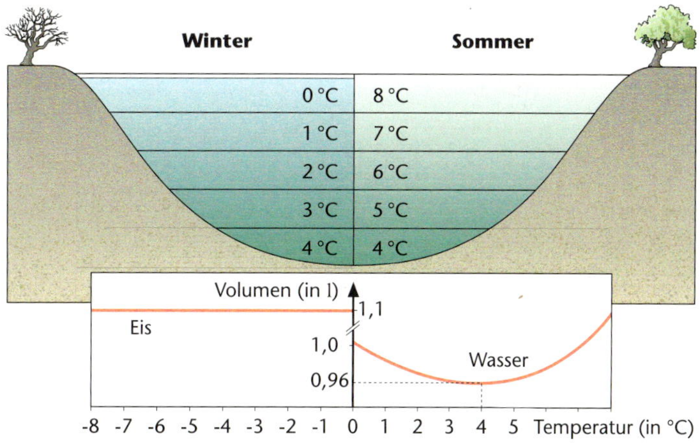

1 Anomalie des Wassers

Wasser

Aussehen:	farblose, durchscheinende Flüssigkeit
Geruch:	geruchlos
Dichte:	1,00 g/cm³
Brennbarkeit:	nicht brennbar
Schmelztemperatur:	0 °C
Siedetemperatur:	100 °C

2 Steckbrief von Wasser

3 Kläranlage

Aufgaben

1 a) Eisberge sind für die Schifffahrt gefährlich, weil man nur die Spitze über dem Wasser sieht (▷ B 4). Warum schwimmt Eis?
b) Ein Eiswürfel schwimmt in einem randvoll gefüllten Glas mit Wasser. Läuft das Glas über, wenn der Eiswürfel schmilzt? Stelle eine Vermutung an und begründe sie. Führe den Versuch anschließend durch.

2 a) Erkläre, warum Gewässer von der Oberfläche aus zufrieren.
b) Was versteht man unter der Anomalie des Wassers?

4 Zu Aufgabe 1

5 Zu Aufgabe 3

3 In manchen Wasserwerken werden Nilhechte in Trinkwasserbecken gehalten (▷ B 5). Die Fische senden in bestimmten Abständen elektrische Stromstöße aus. Ändert sich die Wasserqualität, nimmt die Anzahl der Stromstöße ab. Über einen Computer, der mit den Becken verbunden ist, wird Alarm gegeben.
a) Welche Anforderungen werden an Trinkwasser gestellt?
b) Welche Gründe sprechen dafür, das Trinkwasser durch Fische überwachen zu lassen?
c) Erkundige dich beim Wasserwerk, woher das Trinkwasser deines Wohnorts stammt.

Die chemische Reaktion

Im Alltag kann man beobachten, dass sich Stoffe verändern. Der Chemiker beobachtet, untersucht und beschreibt solche Stoffumwandlungen und kann sie sogar selbst in Gang bringen.

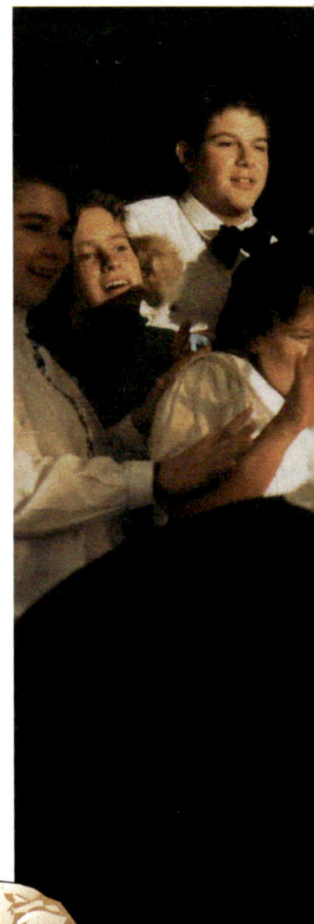

Beschreibe Vorgänge im Alltag, bei denen sich Stoffe bleibend verändern.

Betrachte die Abbildungen. Beschreibe, welche Veränderungen du auf den Abbildungen beobachten kannst.

Im Bild in der Mitte wird ein geheimnisvoller Prozess in Gang gebracht. Überlege, was zu tun ist, um Stoffumwandlungen in Gang zu bringen?

Kartoffelpuffer und Apfelmus

1 Kartoffeln reiben, würzen, mischen

Geräte/Zutaten

Kartoffelschäler, Messer, Reibe, Schüssel, Rührlöffel, 1 kg rohe Kartoffeln, 2 große Zwiebeln, 2 Eier, Salz. Der Tisch, auf dem du arbeitest, und alle Geräte müssen sehr sauber sein.

Rezept

a) Schäle 1 kg rohe Kartoffeln und 2 Zwiebeln und reibe sie auf der feinen Seite einer Reibe in eine Schüssel (▷ B 1).

b) Schlage 2 Eier auf und mische diese mit der Kartoffelmasse. Salze nach Geschmack.

1 Kartoffeln reiben

2 Kartoffelpuffer backen

Geräte/Zutaten

Pfanne, Holzbrett, Kochplatte, Heber zum Wenden, Teller, Löffel, Öl oder Bratfett

Zubereitung

a) Forme mit einem Löffel aus der Kartoffelmasse kleine Kuchen und lege sie auf ein Holzbrett.

b) Erhitze Öl oder Bratfett in einer Pfanne. Gib die kleinen Kuchen vom Holzbrett in das erhitzte Öl oder Fett. Drücke die Masse etwas flach. Backe sie auf beiden Seiten, bis die Kartoffelpuffer knusprig sind (▷ B 2).

c) Lege die gebackenen Kartoffelpuffer auf einen Teller.

2 Braten der Kartoffelpuffer

3 Leckeres Apfelmus

Geräte/Zutaten

Messer, Schäler, Schüssel, Löffel, Kochplatte, Sieb, Rührlöffel, Kochtopf, Wasser, 10 Äpfel, Zucker

Rezept

a) Schäle die Äpfel, entferne das Kerngehäuse und schneide kleine Apfelstücke (▷ B 3).
Gib diese in einen Topf mit etwas Wasser.

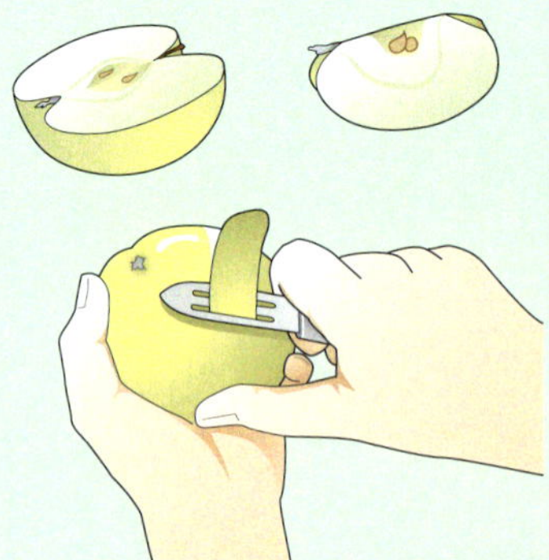

3 Äpfel schälen und schneiden

b) Koche die Apfelstücke, bis sie weich sind. Rühre zwischendurch um.

c) Drücke die weich gekochten Äpfel durch ein Sieb in eine Schüssel (▷ B 4). Süße nach Geschmack.

d) Gib eine Portion Apfelmus auf einen Teller und dazu einen Kartoffelpuffer. Guten Appetit!

4 Äpfel passieren

Aufgaben

1. Vergleiche alle Veränderungen der Kartoffeln vor, während und nach dem Braten.

2. Beschreibe die Veränderungen der Äpfel bei der Zubereitung von Apfelmus.

3. Was geschieht mit den Kartoffeln und Äpfeln aus der Sicht des Chemikers?

5 Kartoffelpuffer mit Apfelmus

Kupfer-Rot und Schwefel-Gelb

1 Aus zwei mach eins

Material

Schutzbrille, langes Reagenzglas, Gasbrenner, Stativ, Doppelmuffe, Universalklemme, Pinzette, Spatellöffel, Aktivkohlestopfen, Schere, Kupferblech (etwa 8 cm × 3 cm), Schwefelpulver

Versuchsanleitung

a) Fülle wenig Schwefelpulver in ein Reagenzglas (etwa 1 cm hoch). Knicke einen Kupferblechstreifen einmal in der Längsrichtung. Schiebe den Streifen mit einer Pinzette in das Reagenzglas. Verschließe das Reagenzglas mit einem Aktivkohlestopfen.

b) Befestige das Reagenzglas fast waagerecht an einem Stativ. Erhitze das Kupferblech mit einer rauschenden Flamme bis zur Schwarzfärbung (▷ B 1). Bewege die Flamme in Richtung Schwefel und erhitze diesen, bis Schwefeldampf über das Blech strömt. Das erhitzte Blech darf dabei nicht abkühlen. Bewege deshalb den Brenner zwischen Kupfer und Schwefel hin und her. Nimm die Flamme vom Reagenzglas, sobald eine weitere Veränderung am Blechstreifen auftritt.

c) Nimm mit einer Pinzette den Streifen nach dem Abkühlen aus dem Reagenzglas.

2 Wir untersuchen den neuen Stoff

Material

Schutzbrille, Becherglas (100 ml, hohe Form), Batterie (4,5 V), Experimentierkabel, Krokodilklemmen, Glühlampe (4 V; 0,04 A) mit Fassung, Gasbrenner, Lupe, Reibschale mit Pistill, Dreifuß mit Keramik-Drahtnetz, Kupfer- und Schwefelpulver, Kupferblech, Streifen aus Versuch 1, Wasser

Versuchsanleitung

a) Baue einen Stromkreis wie in Bild 2 beschrieben auf. Prüfe die elektrische Leitfähigkeit des Streifens aus Versuch 1 und vergleiche mit einem Kupferblechstreifen.

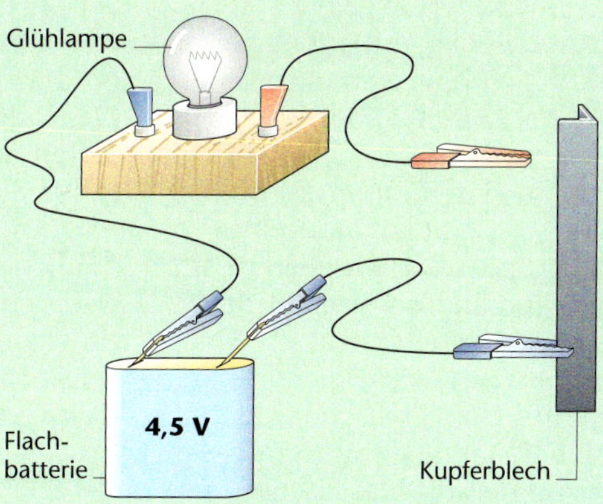

2 Elektrische Leitfähigkeit

b) Prüfe die Wärmeleitfähigkeit. Halte dazu einen Kupferblechstreifen und den Streifen aus Versuch 1 jeweils zur Hälfte in heißes Wasser (▷ B 3). Fühle, welcher Streifen schneller warm wird.

c) Untersuche die Verformbarkeit. Versuche zuerst den Streifen aus Versuch 1 über einer Reibschale zu verformen. Halte den Streifen dazu zwischen beiden Händen. Vergleiche mit einem Kupferblechstreifen.

d) Vergleiche das Aussehen. Zerreibe dazu ein Stück des Streifens aus Versuch 1 in einer Reibschale mit einem Pistill. Betrachte mit einer Lupe den zerriebenen Stoff und vergleiche ihn mit Kupfer- und Schwefelpulver.

3 Wärmeleitfähigkeit

Aufgaben

1. Erstelle zu Versuch 1 ein Versuchsprotokoll.

2. Lege eine Tabelle (▷ B 4) an und trage die Eigenschaften der Stoffe ein.

3. Überlege, was bei dem Experiment mit den Stoffen geschieht.

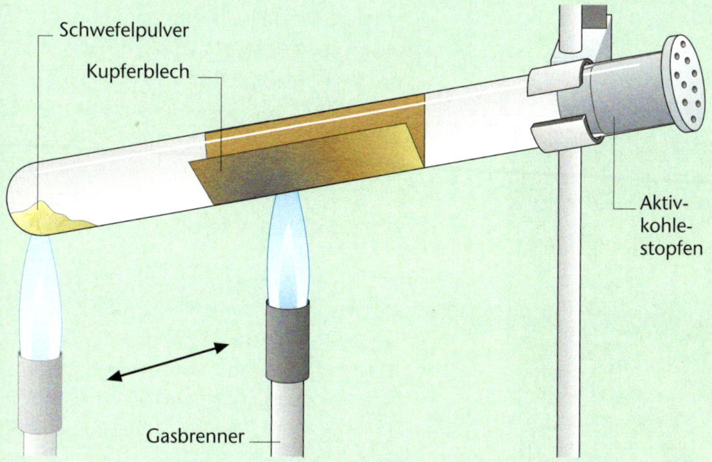

1 Schwefeldampf streicht über erhitztes Kupferblech.

Eigenschaften	Kupfer	Schwefel	neuer Stoff
Farbe			
Verformbarkeit			
•			
•			

4 Tabelle

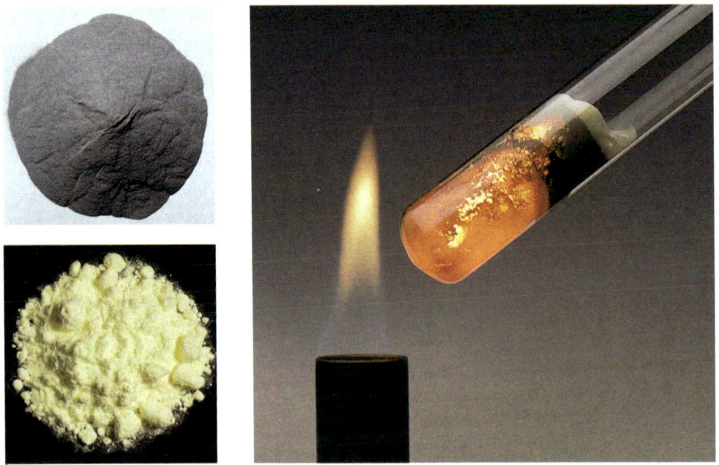

1 Ausgangsstoffe – chemische Reaktion

Ein neuer Stoff wird hergestellt – aus zwei mach eins

Eisen ist ein Metall. Ein Eisenblech ist grau glänzend, verformbar und elektrisch leitfähig. Von einem Magneten wird es stark angezogen. Schwefel ist ein gelber Stoff, der sich entzünden lässt und mit blauer Flamme brennt. Schwefel ist nicht magnetisch und nicht elektrisch leitfähig.

Mischt man graues Eisenpulver mit gelbem Schwefelpulver, entsteht ein graugelbes Gemisch (▷ B 2, links). Das Mischen ist ein physikalischer Vorgang, bei dem die Stoffe Schwefel und Eisen erhalten bleiben, obwohl die Mischung anders aussieht als die beiden Reinstoffe. Das Gemisch lässt sich wieder in seine Bestandteile auftrennen. Man könnte zum Beispiel das Eisenpulver mit einem Magneten aussortieren.

Erhitzt man das Gemisch an einer Stelle, fängt es dort an zu glühen. Die Glühfront wandert ohne weiteres Erhitzen durch das restliche Gemisch (▷ B 1; V 1). Nach dem Abkühlen bleibt ein grauschwarzer Stoff übrig, der einheitlich aussieht (▷ B 2, rechts). Der Stoff ist spröde und nicht brennbar. Er wird vom Magneten schwach angezogen und leitet den elektrischen Strom nur wenig (▷ V 1). Die Ausgangsstoffe sind nicht einfach herauszusuchen. Beim Erhitzen ist ein neuer Stoff entstanden, es hat eine Stoffumwandlung stattgefunden. Dies kann man daran erkennen, dass der neue Stoff andere Eigenschaften aufweist als die **Ausgangsstoffe** (**Edukte**). Einen Vorgang, bei dem durch **Stoffumwandlung** neue Stoffe entstehen, bezeichnet man als **chemische Reaktion**. Die neu gebildeten Stoffe nennt man **Endstoffe** (**Reaktionsprodukte**).

2 Eisen-Schwefel-Gemisch und Reaktionsprodukt

▶ Bei einer chemischen Reaktion findet eine Stoffumwandlung statt.
Aus den Ausgangsstoffen (Edukten) entstehen Endstoffe (Reaktionsprodukte) mit anderen Eigenschaften.

Bei der chemischen Reaktion von Eisen und Schwefel hat sich nur **ein** Reaktionsprodukt gebildet. Der neue Stoff heißt Eisensulfid. Reagiert Schwefel mit einem Metall, so entstehen **Metallsulfide** (lat.: sulfur, Schwefel). Aus Silber und Schwefel bildet sich schwarzes Silbersulfid. Eine ähnliche chemische Reaktion findet statt, wenn ein Silberlöffel mit Eigelb in Berührung kommt. Auch Kupfer reagiert mit Schwefel beim Erhitzen. Es bildet sich blauschwarzes Kupfersulfid.

Versuche

1 Mische 7 g Eisenpulver und 4 g Schwefelpulver in einer Reibschale. Erhitze das Gemisch im Reagenzglas von unten an einer Stelle. Nimm den Brenner weg, sobald das Gemisch zu glühen beginnt. Untersuche den entstandenen Stoff nach dem Abkühlen und vergleiche seine Eigenschaften (Farbe, Verformbarkeit, elektrische Leitfähigkeit, magnetische Wirkung) mit den Ausgangsstoffen Eisen und Schwefel. (Aktivkohlestopfen! Schutzbrille!)

2 Man mischt 8 g Zinkpulver und 4 g Schwefelpulver und häuft das Gemisch auf einem Backstein in Form eines Bergrückens auf. Im Freien entzündet man das Gemisch mit einem glühenden Draht. (Sicherheitsabstand! Schutzbrille! Schutzhandschuhe!)

Ein graues Gemisch aus Zink- und Schwefelpulver reagiert beim Erwärmen heftig. Es verbrennt mit hellem Licht, eine gelbe Rauchwolke steigt auf. Übrig bleibt ein hellgelber Feststoff, der nicht mehr brennt. Das Reaktionsprodukt ist Zinksulfid (▷B6; V2).

Chemische Reaktion – kurz und bündig
Die Vorgänge bei einer chemischen Reaktion kann man in kurzer Form aufschreiben. Diese Kurzschreibweise nennt man **Reaktionsschema** (▷B6). Es gibt an, welche Stoffe miteinander reagieren und welche Reaktionsprodukte bei der Stoffumwandlung entstehen. Auf der linken Seite des Reaktionsschemas stehen die Edukte, auf der rechten Seite die Reaktionsprodukte. Dazwischen wird ein **Reaktionspfeil** gezeichnet. Der Reaktionspfeil wird als „reagieren zu", das Pluszeichen als „und" gelesen.
Reaktionsschema:

Zink + Schwefel ⟶ Zinksulfid

Lies: Zink und Schwefel reagieren zu Zinksulfid

Das **Pluszeichen** gibt an, dass zwei Ausgangsstoffe miteinander reagiert haben. Dabei ist **ein** Reaktionsprodukt entstanden.

▶ Das Reaktionsschema beschreibt die chemische Reaktion mit Worten und Zeichen.

3 Magnetkies

4 Zinkblende

5 Bleiglanz

Sulfide in der Natur
Unter den natürlichen Sulfiden gibt es Kiese, Glanze und Blenden. Diese Begriffe stammen aus der Bergmann-Sprache. **Magnetkies** (Eisensulfid) ist ein Eisenerz (▷B3). Kleine Bruchstücke werden vom Magneten angezogen. Kiese sind hochglänzend und meist so hart, dass sich Funken bilden, wenn sie mit Stahl angeschlagen werden. **Zinkblende** (Zinksulfid; ▷B4) hat eine hohe Lichtbrechung, fast wie ein Diamant. Blenden sind durchscheinend bis durchsichtig, haben unterschiedliche Farben und eine geringe Härte. **Bleiglanz** (Bleisulfid; ▷B5) enthält meist einen geringen Anteil an Silbererz. Glanze sind dunkler als Kiese, von grauer Farbe und geringer Härte.

▶ Sulfide sind Verbindungen von Metallen mit Schwefel.

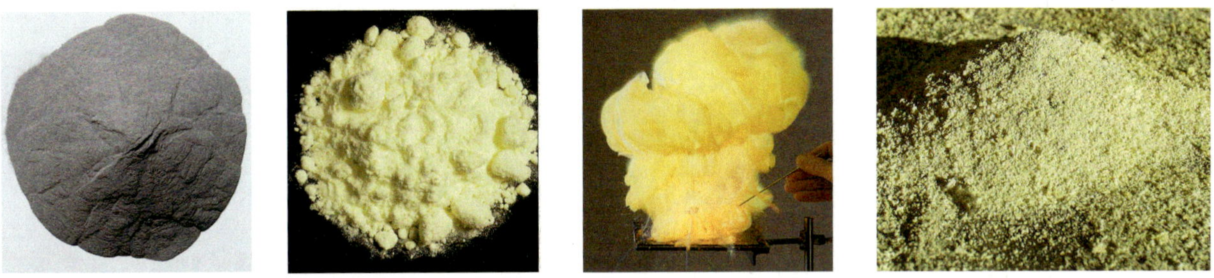

Ausgangsstoffe (Edukte)			**chemische Reaktion**	**Endstoffe (Reaktionsprodukte)**
Zink	und	Schwefel	reagieren zu	Zinksulfid

Reaktionsschema:

Zink + **Schwefel** ⟶ **Zinksulfid**

6 Die chemische Reaktion auf einen Blick

Werkstatt

Aktiv machen – womit?

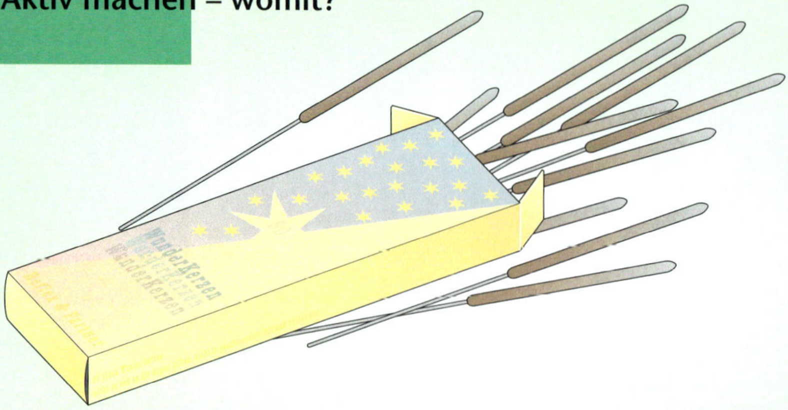

1 Aktiv machen durch Reiben

Material

Schutzbrille, Streichholzschachtel mit Streichhölzern

Versuchsanleitung

Entnimm der Streichholzschachtel ein Streichholz. Bewege das Streichholz entlang der Reibfläche, bis es entzündet wird (▷ B 1). Reibe vom Körper weg.

1 Aktiv machen durch Reibung

2 Aktiv machen durch Wärme

Material

Schutzbrille, Reagenzglas, Reagenzglashalter, Gasbrenner, Streichhölzer

Versuchsanleitung

Brich 3 bis 4 Streichhölzer so ab, dass nur die Köpfe übrig bleiben. Fülle die Köpfe in ein Reagenzglas und halte dieses mithilfe eines Reagenzglashalters über die nicht leuchtende Brennerflamme (▷ B 2).

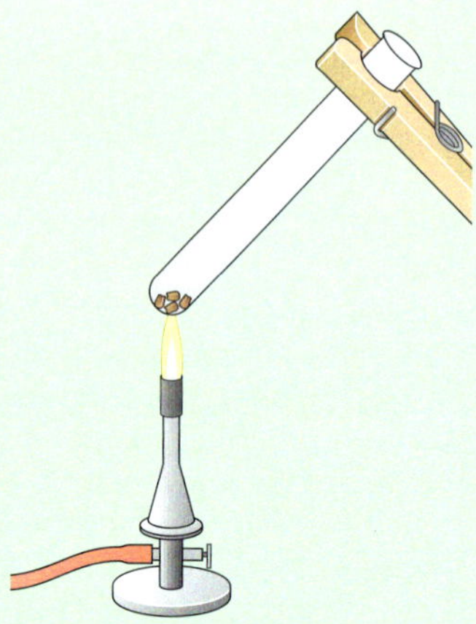

2 Aktiv machen durch Wärme

3 Aktiv machen in der Flamme

Material

Schutzbrille, Teelicht, Streichholzschachtel mit Streichhölzern, Wunderkerze

Versuchsanleitung

Entzünde das Teelicht mit einem Streichholz. Halte eine Wunderkerze über die Flamme (▷ B 3). Achte darauf, dass die sprühende Wunderkerze in sicherem Abstand von Personen und brennbaren Stoffen abbrennt.

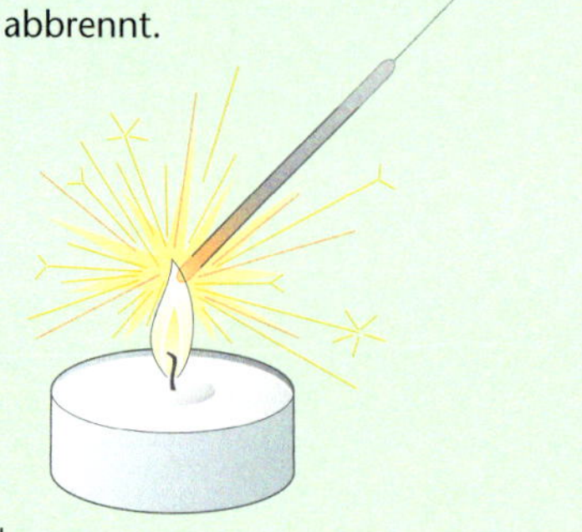

3 Aktiv machen in der Flamme

4 Aktiv machen durch Besprühen

Material

Schutzbrille, Zerstäuber, Filterpapier, Pinsel, Lösung A (3 g Kaliumhexacyanoferrat(II) in 100 ml destilliertem Wasser), Lösung B (1 g Ammoniumthiocyanat in 100 ml destilliertem Wasser), Lösung C (4 g Eisen(III)-chlorid-6-Hydrat in 100 ml destilliertem Wasser)
Die Lösungen werden von der Lehrerin/vom Lehrer ausgegeben!

4 Aktiv machen durch Besprühen

Versuchsanleitung

Schreibe mit einem Pinsel mit den Lösungen A und B auf ein Filterpapier. Lass den Text anschließend trocknen.

Besprühe das Geschriebene mit der Lösung C aus einem Zerstäuber (▷ B 4). Beobachte die Veränderungen. Hast du eine Erklärung dafür?

1 Aktivieren ...

2 ... und dann reagieren

Zuerst Aktivieren ...

Viele chemische Reaktionen laufen nicht von alleine ab. Ein Feuerwerkskörper explodiert erst, wenn man ihn zündet. Ein Streichholz entflammt beim Reiben an einer Reibfläche. Papier lässt sich durch ein Brennglas entzünden.

Ein Gemisch aus Eisen und Schwefel muss zunächst an einer Stelle erhitzt werden, damit die chemische Reaktion in Gang kommt. Auch ein Zink-Schwefel-Gemisch muss erst mit einem heißen Draht gezündet werden (▷ B 1), bevor es reagiert (▷ B 2). Diese Versuche zeigen, dass viele chemische Reaktionen durch **Zufuhr von Energie** in Gang kommen. Dabei müssen die Ausgangsstoffe zuerst reaktionsbereit oder **aktiv** gemacht werden. Die dafür notwendige Energie bezeichnet man als **Aktivierungsenergie**.

▶ Zum Auslösen vieler chemischer Reaktionen ist Aktivierungsenergie erforderlich.

... dann laufen lassen

Fängt ein Eisen-Schwefel-Gemisch zu glühen an, kann der Gasbrenner entfernt werden. Die Glühfront wandert durch das gesamte Gemisch, ohne dass weiter erhitzt wird. Die chemische Reaktion läuft jetzt ohne Energiezufuhr von alleine ab. Dabei werden Wärme und Licht an die Umgebung abgegeben. Eine Reaktion, bei der Wärme frei wird, nennt man **exotherm** (griech.: thermos, warm). Bei der Verbrennung von Propangas wird z. B. so viel Wärme frei, dass sich die Luft im Ballon erwärmt und er aufsteigt (▷ B 4).

Den exothermen Verlauf einer chemischen Reaktion gibt man im Reaktionsschema an:

Eisen + Schwefel ⟶ Eisensulfid | exotherm

▶ Chemische Reaktionen, bei denen Energie frei wird (z. B. in Form von Licht, Wärme), nennt man exotherme Reaktionen.

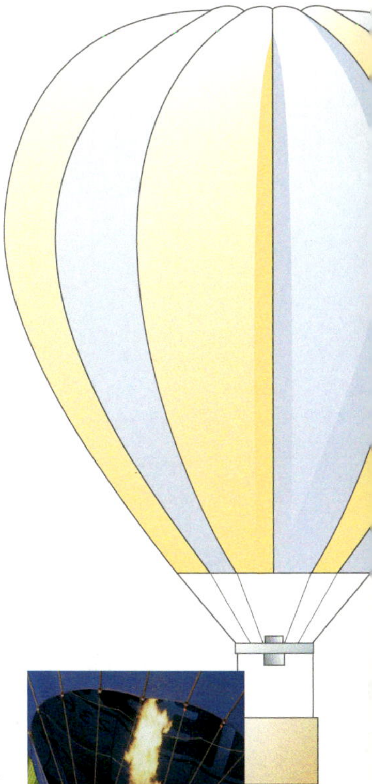

4 Nach dem Erhitzen steigt der Heißluftballon.

Eine Modellvorstellung veranschaulicht den Ablauf

Der Ablauf einer exothermen Reaktion kann mit folgender Modellvorstellung verglichen werden: Eine Kugel soll über einen Hügel nach unten gebracht werden. Sie kann den Hügel nicht von alleine überwinden. Sie muss auf den Berg hinaufgeschoben werden. Dazu benötigt man Energie. Oben, von der Bergspitze aus, kann die Kugel dann von selbst ins Tal rollen.

Viele chemische Reaktionen kommen nicht von alleine in Gang. Die Ausgangsstoffe (Edukte) müssen zuerst aktiv gemacht werden. Dazu benötigt man Aktivierungsenergie. Hat die Reaktion eingesetzt, wird viel Energie frei. Sie reicht aus, um die chemische Reaktion in Gang zu halten.

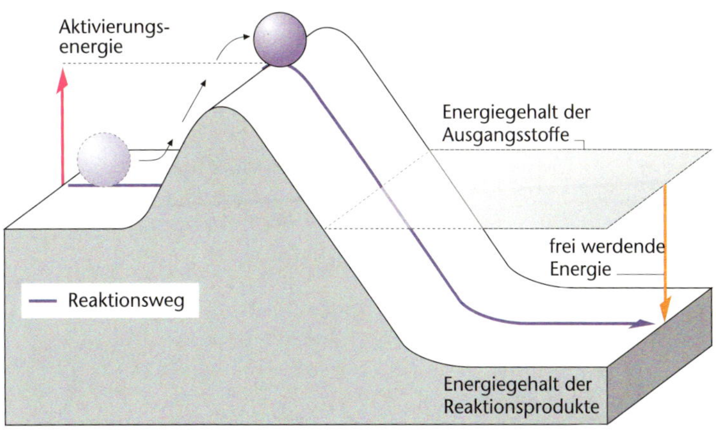

3 Modellvorstellung zum Ablauf einer chemischen Reaktion

Fassen Sie keine elektrischen Geräte an, während Sie im Wasser sind oder auf nassem Boden stehen, Sie könnten sonst in Gefahr geraten.

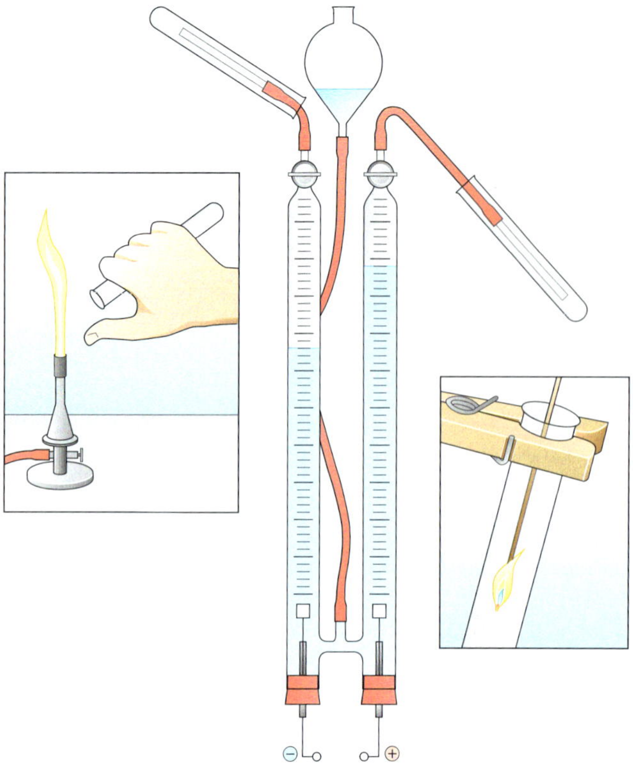

1 Zerlegung von Wasser im Hofmann'schen Apparat

Leitungswasser ist schwach elektrisch leitfähig. Durch Zusätze im Wasser wird die Leitfähigkeit erhöht.

Wasser – aus eins mach zwei

In eine Apparatur nach Bild 1 (▷ V 1) lässt man leitfähig gemachtes Wasser fließen, bis die beiden Glasröhren gefüllt sind. Von unten ragen Platindrähte in die Röhren. Ein Draht ist mit dem Pluspol, der andere mit dem Minuspol einer Gleichspannungsquelle verbunden. Legt man eine Gleichspannung an, steigen in den Glasröhren Gasbläschen auf. Nach einiger Zeit beobachtet man, dass sich in einer Röhre etwa doppelt so viel Gas gebildet hat wie in der anderen.

Das Gas, das am Minuspol entsteht, lässt sich entzünden und verbrennt mit einem leisen oder lauten pfeifenden Geräusch (▷ B 1). Dieses Gas heißt **Wasserstoff**.

Das Gas, das am Pluspol entsteht, brennt nicht. Hält man aber einen glimmenden Holzspan in das Gas, flammt dieser sofort auf und brennt mit heller Flamme (▷ B 1). Das Gas heißt **Sauerstoff**.

Wasser lässt sich mithilfe des elektrischen Stroms in Wasserstoff und Sauerstoff zerlegen. Schaltet man den elektrischen Strom aus, hört die Gasbildung auf. Die Zerlegung von Wasser geht nur weiter, solange Energie zugeführt wird. In diesem Versuch handelt es sich um elektrische Energie.

▶ Chemische Reaktionen, bei denen ständig Energie benötigt wird, bezeichnet man als endotherme Reaktionen.

Die Zerlegung von Wasser kann man in einem Reaktionsschema beschreiben. Aus **einem** Ausgangsstoff entstehen zwei Reaktionsprodukte:

Wasser ⟶ Wasserstoff + Sauerstoff | endotherm

Lies: Wasser reagiert in einer endothermen Reaktion zu Wasserstoff und Sauerstoff.

Die beiden Gase lassen sich nicht in weitere Stoffe zerlegen. Wasserstoff und Sauerstoff sind Grundstoffe oder **Elemente**.

▶ Elemente sind Grundstoffe, die sich nicht in weitere Stoffe zerlegen lassen.

Zeitpunkt

Wasser aus Feuer

1 H. Cavendish (1731–1810)

1766 ließ Henry Cavendish (▷ B 1) Salzsäure auf Zink tropfen. Dabei beobachtete er, dass sich ein unbekanntes Gas bildete. Er fing das Gas in einer Schweinsblase auf und untersuchte seine Eigenschaften. Da das Gas leicht entzündlich und brennbar war, nannte er es „brennbare Luft". Nach weiteren Untersuchungen stellte er fest, dass beim Verbrennen des feuergefährlichen Gases im Gefäß Wasser entstand. Später nannte man das brennbare Gas Wasserstoff, weil man mit ihm Wasser erzeugen konnte.

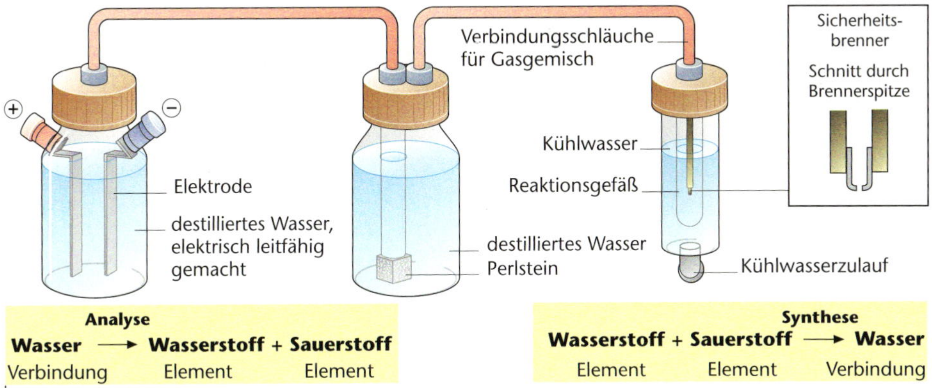

2 Zerlegung und Bildung von Wasser im Schager'schen Apparat

3 Knallgasgemisch

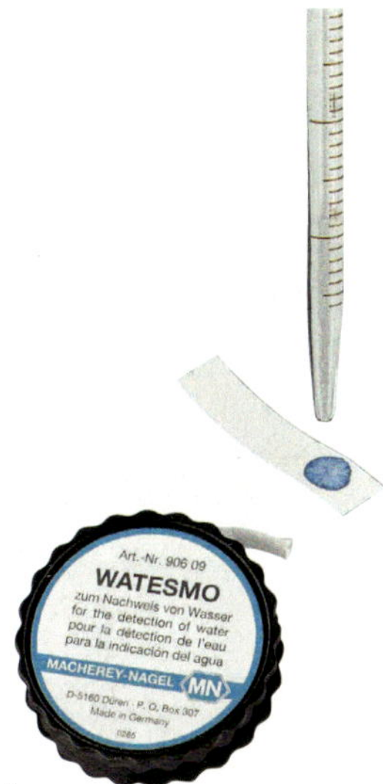

4 Wassernachweis mit Watesmopapier

Zerlegung von Wasser

In einer Apparatur nach Bild 2 (▷ V 2) wird Wasser mithilfe des elektrischen Stroms zerlegt. Im ersten Gefäß sieht man Gasbläschen aufsteigen. An der Metallplatte, die mit dem Minuspol verbunden ist, steigt doppelt so viel Gas auf wie an der anderen Metallplatte. Die Gase mischen sich und strömen durch ein zweites Gefäß mit destilliertem Wasser. In diesem kann die Blasenbildung beobachtet werden.

Leitet man das Gasgemisch in eine Seifenlösung, beobachtet man an der Oberfläche die Bildung von Schaumbläschen (▷ B 3). Der Schaumberg lässt sich entzünden und verbrennt explosionsartig mit lautem Knall. Bei der Zerlegung von Wasser ist Knallgas entstanden, ein Gemisch aus doppelt so viel Wasserstoff wie Sauerstoff. Wasser ist eine **Verbindung** aus den Elementen Wasserstoff und Sauerstoff.

▶ Verbindungen sind Stoffe, die sich in andere Stoffe zerlegen lassen.

Bildung von Wasser

In der gleichen Apparatur (▷ B 2) bildet sich im dritten Gefäß wieder Wasser.
Das Knallgasgemisch lässt sich an einem Sicherheitsbrenner gefahrlos entzünden. Dabei verbrennen Wasserstoff und Sauerstoff mit fast unsichtbarer Flamme. Es bildet sich eine farblose Flüssigkeit und Wärme wird frei. Mit Watesmopapier kann man nachweisen, dass es sich bei der Flüssigkeit um Wasser handelt (▷ B 4). Aus Wasserstoff und Sauerstoff ist in einer exothermen Reaktion Wasser entstanden.

Analyse und Synthese

In der Apparatur nach Bild 2 wird zuerst Wasser in Wasserstoff und Sauerstoff zerlegt. Dazu ist Energie erforderlich. Aus den beiden Gasen wird wieder Wasser gebildet. Dabei wird Energie frei.

▶ Die Zerlegung einer Verbindung bezeichnet man als Analyse.
Die Bildung einer Verbindung bezeichnet man als Synthese.

Versuche

1 Man versetzt Wasser mit verdünnter Schwefelsäure und füllt das Gemisch in einen Hofmann'schen Apparat. Dann legt man an die Platinelektroden eine Gleichspannung an (▷ B 1).
Ist eine der beiden Röhren zur Hälfte mit Gas gefüllt, unterbricht man den Versuch und leitet die Gase jeweils in Reagenzgläser.
Das Gas, das am Minuspol entsteht, lässt man gegen die Brennerflamme strömen.
Das Gas, das am Pluspol entsteht, prüft man mit einem glimmenden Holzspan.

2 Man füllt in das 1. Gefäß der Apparatur von Bild 2 Wasser mit verdünnter Natronlauge und legt an die Elektroden eine Gleichspannung an. Man leitet das Gasgemisch über den Sicherheitsbrenner in eine Metallschale mit Seifenlösung, entfernt das Einleitungsrohr und entzündet den Schaumberg mit einem brennenden Holzspan (Mund öffnen! Ohren schützen!). Dann wird das Gasgemisch am Sicherheitsbrenner entzündet und im wassergekühlten Reaktionsgefäß verbrannt. Der Wassernachweis erfolgt mit Watesmopapier.

1 Bergsteiger mit Sauerstoffflasche

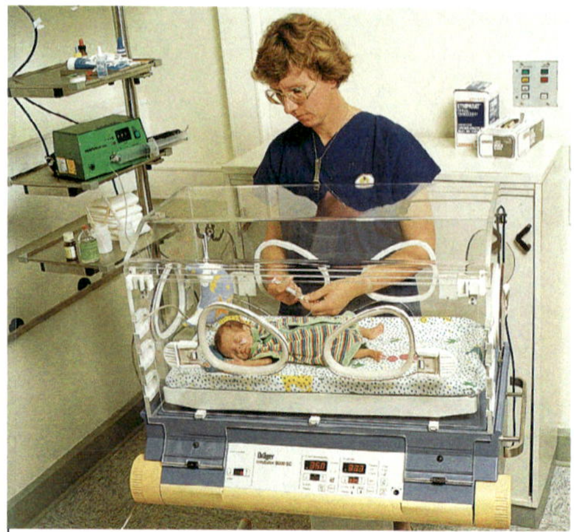

2 Sauerstoffeinsatz in der Medizin

3 Glimmender Holzspan

4 Glimmspanprobe

Sauerstoff
Luft ist ein Gasgemisch, in dem das Gas Sauerstoff mit rund 21 Vol.-% enthalten ist. Dieses Gas ist für Mensch und Tier lebensnotwendig und ist an allen Verbrennungsvorgängen beteiligt.

Eigenschaften
Sauerstoff ist ein farb-, geruch- und geschmackloses Gas. Seine Dichte beträgt 1,33 g/l, sie ist größer als die von Luft (1,19 g/l). Sauerstoff ist in Wasser löslich. Die Siedetemperatur beträgt –183 °C.

Sauerstoff ist nicht brennbar, unterhält aber die Verbrennung. Hält man in einen mit Sauerstoff gefüllten Standzylinder einen an der Luft glimmenden Holzspan (▷ B 3), flammt dieser auf (▷ B 4). Er brennt mit heller Flamme. Bläst man außerhalb des Zylinders die Flamme aus, kann der Versuch wiederholt werden.
Dieser Versuch wird zum Nachweis von Sauerstoff verwendet (▷ V 1). Man bezeichnet ihn als Glimmspanprobe.

Mit der Glimmspanprobe kann Sauerstoff nachgewiesen werden.

Sauerstoff kommt in Stahlflaschen in den Handel. In diesen steht das Gas unter hohem Druck und darf nur über Druckminderventile entnommen werden (▷ B 5).

Versuch

1 Führe einen glimmenden Holzspan langsam in einen mit Sauerstoff gefüllten Standzylinder. Ziehe den brennenden Holzspan wieder heraus, blase die Flamme aus und wiederhole den Versuch.

Verwendung
Sauerstoff wird in der Medizin in Reinform oder mit Luft vermischt zur Unterstützung der Atmung eingesetzt (▷ B 2). Bergsteiger, für die der Sauerstoffgehalt der Luft in großen Höhen nicht mehr ausreicht, nehmen Sauerstoffflaschen mit (▷ B 1). In der Technik wird das Gas beim Schweißen und Schneiden von Stahlplatten verwendet.

5 Sauerstoffflasche

Farbe	farblos
Geruch	geruchslos
Geschmack	geschmacklos
Aggregatzustand bei Zimmertemperatur	gasförmig
Dichte (20 °C)	1,33 g/l
Schmelztemperatur	– 219 °C
Siedetemperatur	–183 °C
Brennbarkeit	brennt nicht, unterhält die Verbrennung
Löslichkeit in Wasser (20 °C)	geringfügig (0,0043/g/100 g)

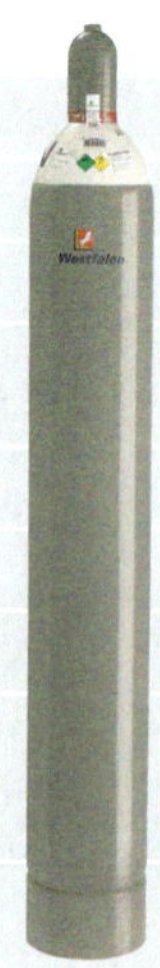

6 Eigenschaften von Sauerstoff

Wasserstoff
Bei der Zerlegung von Wasser mithilfe des elektrischen Stromes erhält man am Minuspol das Gas Wasserstoff. Es besitzt eine Reihe von wichtigen Eigenschaften, die man beim Umgang mit diesem Gas kennen sollte.

Eigenschaften
Wasserstoff ist das „leichteste“ Gas, d. h., es besitzt mit 0,083 g/l die geringste Dichte aller Gase. Es ist farb-, geruch- und geschmacklos und kann deshalb von uns nicht wahrgenommen werden.

Beim Einführen einer brennenden Kerze in einen mit Wasserstoff gefüllten Zylinder entzündet sich das Gas am unteren Rand. Im Innern des Zylinders erlischt die Flamme. Beim Herausziehen der Kerze entzündet sie sich wieder (▷ B 1; ▷ V 1).

Zunächst entzündet sich der Wasserstoff an der Öffnung des Zylinders, da dort der für die Verbrennung notwendige Sauerstoff vorhanden ist. Im Innern des Standzylinders – im reinen Wasserstoff – erlischt jedoch die Flamme, da dort der Sauerstoff fehlt. Währenddessen brennt der Wasserstoff an der Öffnung kaum sichtbar weiter, sodass sich die Kerze beim Herausziehen an dem Flammensaum wieder entzünden kann.

Dieser Versuch zeigt, dass Wasserstoff zwar ein brennbares Gas ist, jedoch nicht die Verbrennung unterhält.

Knallgas
Wasserstoff-Luft-Gemische sind gefährlich, da sie explosionsartig verbrennen.

Versuche

1 Man spannt einen dickwandigen Zylinder mit der Öffnung nach unten ein, füllt ihn mit Wasserstoff und führt eine brennende Kerze rasch ein und zieht sie wieder heraus. (Schutzscheibe! Schutzbrille!)

2 Man füllt ein kleines Reagenzglas mit Wasserstoff, verschließt es mit dem Daumen und nähert es mit der Öffnung schräg nach unten einer Gasflamme. Das Gas lässt man gegen die Flamme strömen. (Schutzbrille!)

1 Eine Kerze wird in einen mit Wasserstoff gefüllten Standzylinder eingeführt.

Diese explosiven Gasgemische bezeichnet man als **Knallgas**. Beim Umgang mit Wasserstoff muss immer geprüft werden, ob in einer Apparatur reiner Wasserstoff vorhanden ist. Dieser Nachweis erfolgt mit der **Knallgasprobe** (▷ B 2; ▷ V 2).
Dazu wird mehrmals in je einem kleinen Reagenzglas eine Probe Gas genommen und einer Gasflamme genähert. Erst nachdem eine Probe Gas ruhig abbrennt, darf das Gas an der Apparatur entzündet werden.

2 Die Knallgasprobe

Mit der Knallgasprobe weist man Wasserstoff nach.

Farbe	farblos
Geruch	geruchslos
Geschmack	geschmackslos
Aggregatzustand bei Zimmertemp.	gasförmig
Dichte (20 °C)	0,083 g/l
Schmelztemperatur	– 259 °C
Siedetemperatur	– 253 °C
Brennbarkeit	brennbar, bildet mit Luft und Sauerstoff explosive Gemische
Löslichkeit in Wasser (20 °C)	sehr gering

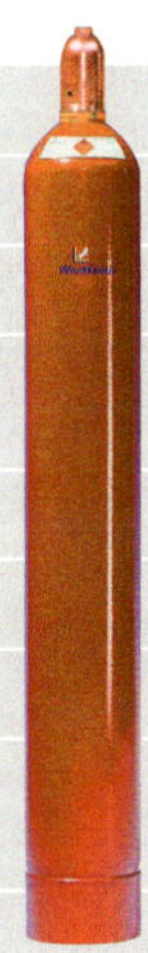

3 Eigenschaften von Wasserstoff

Der elektrische Strom zerlegt Wasser

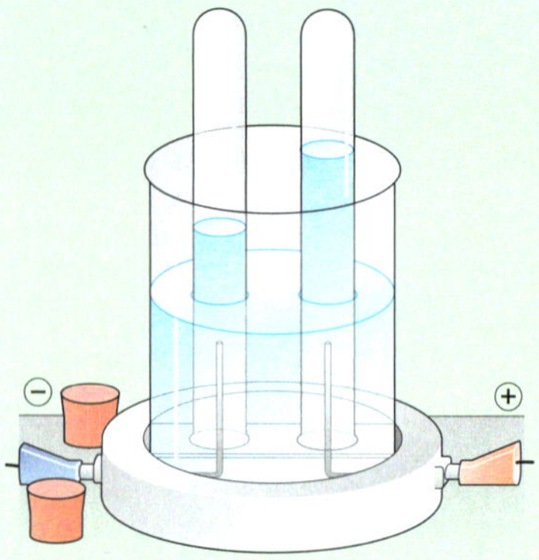

1 Zerlegung von Wasser

1 Aus eins werden zwei

Material

Schutzbrille, Schutzhandschuhe, Behälter mit zwei Platinelektroden und zwei Anschlussbuchsen, 2 kleine Reagenzgläser mit passenden Stopfen, Reagenzglasgestell, Messzylinder (100 ml), 2 Experimentierkabel, Gleichspannungsquelle (0 bis 12 V), destilliertes Wasser, verdünnte Schwefelsäure (wird von der **Lehrkraft** ausgegeben)

Versuchsanleitung

Gib 100 ml destilliertes Wasser in den Behälter nach Bild 1. Fülle zwei Reagenzgläser mit Wasser, verschließe sie mit dem Zeigefinger und stülpe sie senkrecht über die Platinelektroden. Lass etwas verdünnte Schwefelsäure von der **Lehrkraft** zutropfen. Schließe über Experimentierkabel die Anschlussbuchsen an eine 12-V-Gleichspannungsquelle an.
Lass den elektrischen Strom so lange fließen, bis eines der Reagenzgläser ganz mit Gas gefüllt ist. Schalte die Stromzufuhr ab. Ziehe beide Reagenzgläser aus der Flüssigkeit (Schutzhandschuhe!) und verschließe sie je mit einem Stopfen. Beschrifte die Reagenzgläser: Gas vom Minus- bzw. Pluspol. Bewahre dann beide Reagenzgläser im Reagenzglasgestell für nachfolgende Versuche auf.

2 Nachweis von Wasserstoff

Material

Schutzbrille, vollständig mit Gas gefülltes Reagenzglas aus Versuch 1, Reagenzglashalter, Teelicht, Streichhölzer

Versuchsanleitung

Entzünde ein Teelicht. Halte das Reagenzglas aus Versuch 1, das vollständig mit Gas gefüllt ist, mit der Öffnung schräg nach unten (▷ B 2). Nimm den Stopfen vom Reagenzglas. Achte darauf, dass das Gas gegen die Flamme des Teelichts strömt.

2 Nachweis von Wasserstoff

3 Nachweis von Sauerstoff

Material

Schutzbrille, Reagenzglas mit der geringeren Gasportion aus Versuch 1, Reagenzglashalter, Streichhölzer, Holzspan

Versuchsanleitung

Entzünde einen Holzspan. Blase die Flamme aus. Entferne den Stopfen vom Reagenzglas und halte den noch glimmenden Holzspan in das Reagenzglas (▷ B 3).

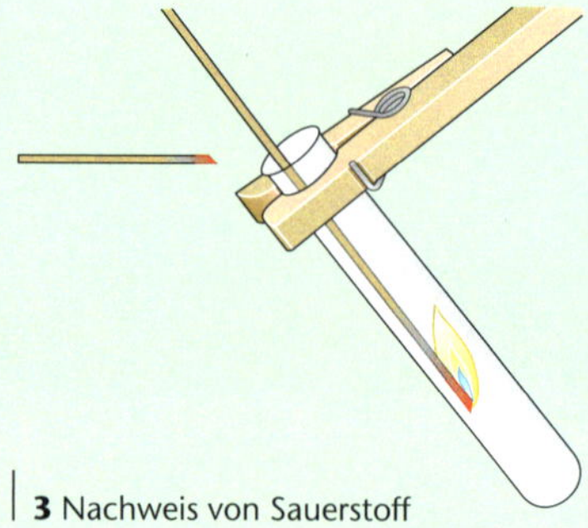

3 Nachweis von Sauerstoff

4 Sonnenenergie für die Zerlegung von Wasser

Material

Schutzbrille, Apparatur nach Bild 4, Solarzelle, 2 Experimentierkabel, Beleuchtungsquelle, 2 Schlauchklemmen, destilliertes Wasser

Versuchsanleitung

Fülle in die Reaktionsröhren der Apparatur in Bild 4 gleich hoch destilliertes Wasser. Verschließe die Kunststoffschläuche am Reaktionsgefäß mit den Schlauchklemmen. Verbinde die Anschlussbuchsen mit einer Solarzelle und belichte diese einige Zeit. Beobachte die Gasentwicklung in den beiden Reaktionsröhren.

Aufgaben

1. Welches Gas ist jeweils in den Reaktionsröhren entstanden? Begründe.

2. Formuliere für die durchgeführte Reaktion das Reaktionsschema in Worten.

3. Woran erkennt man, dass es sich um eine endotherme Reaktion handelt?

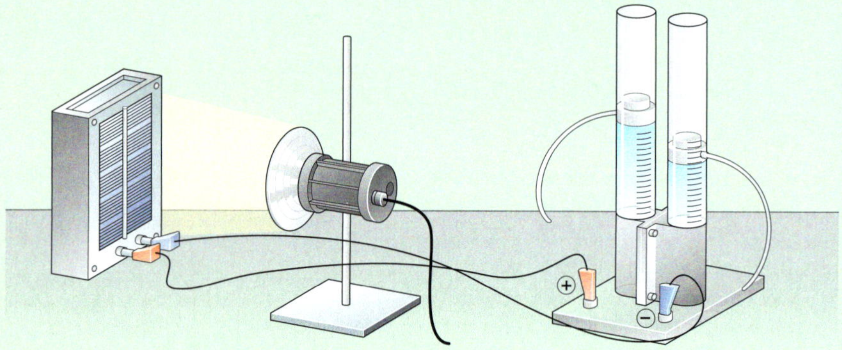

4 Zerlegung von Wasser und Auffangen der Gase

Mit Wasserstoff aufsteigen

1783, 2. Dezember
JACQUES CÉSAR CHARLES und NICOLAS ROBERT stiegen in Paris mit einem selbst gebauten Ballon 300 m hoch auf (▷ B 1). Der Ballon war mit 18 m^3 Wasserstoff gefüllt. Da man Schwierigkeiten hatte, diese für die damalige Zeit enorme Menge Wasserstoff zu erzeugen, benötigte man für die Füllung des Ballons vier Tage. Das Gas wurde aus Zink und Schwefelsäure in einem Fass hergestellt, das mit Weidenstricken umwickelt war (▷ B 2). Eiserne Fassreifen wären von überlaufender Säure zerstört worden. Vor dem Abfüllen musste Wasserstoff in eine Anlage geleitet werden, in der noch anhaftende Säuretröpfchen entfernt wurden. Die Säuretröpfchen hätten sonst Löcher in die Ballonhülle fressen können.

1 Ballonaufstieg von CHARLES in seiner „Charliere"

1900, 2. Juli
Das erste lenkbare Luftschiff, von GRAF ZEPPELIN gebaut, stieg in Friedrichshafen am Bodensee in die Luft. Es war 128 m lang, seine Gasbehälter waren mit insgesamt 11 300 m^3 Wasserstoff gefüllt.

2 Füllung des Ballons mit Wasserstoff

1924, 27. August
Ein Zeppelin fuhr erstmals in über 70 Stunden von Friedrichshafen bis Sandy Hook (USA) über den Atlantik.

1937, 6. Mai
Mit 96 Fahrgästen an Bord überquerte das Luftschiff „Hindenburg" den Atlantik. Die Gasbehälter waren mit 200 000 m^3 Wasserstoff gefüllt. Ein plötzlicher Funkenschlag löste bei der Landung in Lakehurst (USA) eine Katastrophe aus. Der Wasserstoff entzündete sich und verbrannte. Die Hülle des Luftschiffes geriet in Brand und wurde innerhalb von Minuten völlig zerstört (▷ B 3). Wie durch ein Wunder überlebten 61 Personen die Katastrophe. Mit diesem Ereignis war die Luftschifffahrt für lange Zeit beendet.

3 Katastrophe von Lakehurst

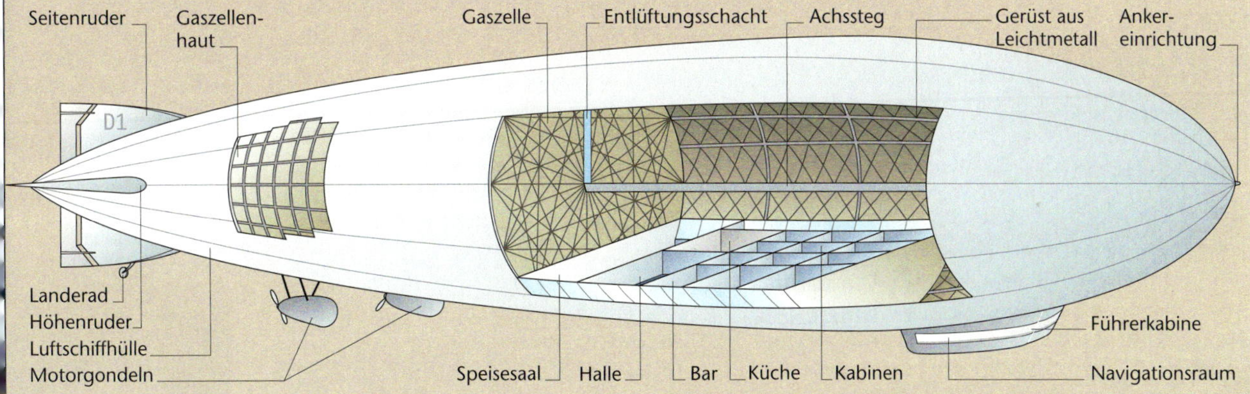

4 Blick in ein Luftschiff

1 Entzündung von Wasserstoff am Perlkatalysator

Ein Knallgasgemisch kann man über längere Zeit aufbewahren, ohne dass es sich verändert. Durch einen Funken oder ein brennendes Streichholz lässt sich das Gemisch aber sofort entzünden. Es verbrennt explosionsartig.

Zünden ohne Feuer

Lässt man Wasserstoff über eine platinbeschichtete Perle strömen, beginnt sie zu glühen. Nach kurzer Zeit entzündet sich der Wasserstoff oberhalb der rot glühenden Perle und verbrennt (▷B1; V1). Zum Zünden sind kein Funke und keine Wärme nötig, die chemische Reaktion kommt bei Zimmertemperatur trotzdem in Gang.

Ursache für die Selbstzündung von Wasserstoff ist das fein verteilte Platin auf der Perle. An der Platinoberfläche reagiert Wasserstoff mit Sauerstoff zu Wasser. Dabei wird so viel Wärme frei, dass sich die Perle bis zur Rotglut erhitzt. Schließlich entzündet sich Wasserstoff. Mit Platin benötigt man weniger Aktivierungsenergie. Man sagt: Platin wirkt als **Katalysator**. Nach der chemischen Reaktion ist die Katalysatorperle unverändert. Sie kann jederzeit wieder verwendet werden.

Modellvorstellung zum Ablauf einer chemischen Reaktion mit einem Katalysator

Die Modellvorstellung (▷B2) veranschaulicht, dass Katalysatoren einen anderen Reaktionsweg ermöglichen. Mit einem Katalysator wird weniger Aktivierungsenergie benötigt, um die Reaktion in Gang zu bringen. Katalysatoren werden in der Chemie häufig verwendet, um chemische Reaktionen bei niedrigen Temperaturen zu ermöglichen.

2 Modellvorstellung zum Ablauf einer chemischen Reaktion

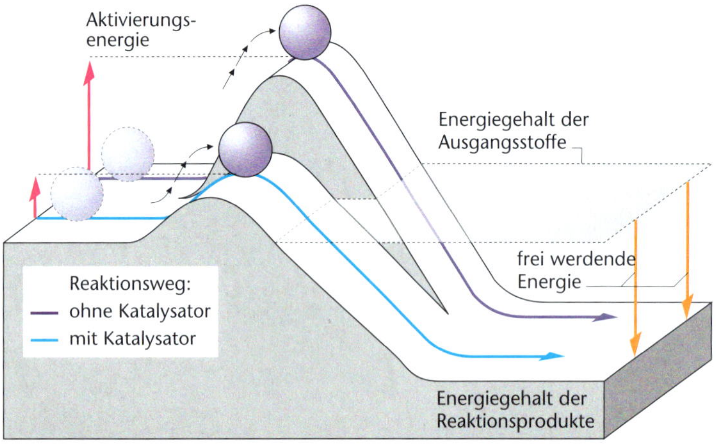

▶ Katalysatoren setzen die Aktivierungsenergie herab. Sie liegen nach der Reaktion unverändert vor.

Versuch

1 Eine Glaspipette wird mit Kupferwolle als Rückschlagsicherung vorbereitet. Man drückt eine mit Platin beschichtete Perle auf die Öffnung der Pipette und leitet langsam Wasserstoff durch das Rohr (2 bis 3 Blasen pro Sekunde) bis zur Zündung des Gases. Man wiederholt den Versuch. (Schutzbrille!)

Zeitpunkt

Das Platinfeuerzeug von Döbereiner

Im Jahr 1823 entdeckte JOHANN WOLFGANG DÖBEREINER (1780–1849), dass sich Wasserstoff an der Luft entzündet, wenn das Gas gegen Platindrähte strömt. Dabei kam ihm die Idee, ein Feuerzeug herzustellen.
„Meine Platinfeuerzeuge werden immer beliebter. Gegen 20 000 derselben sind bereits teils in Deutschland, teils in England in Gebrauch.“

Dies konnte er wenig später berichten. Im Feuerzeug wurde Wasserstoff aus Zink und verdünnter Schwefelsäure erzeugt. Drückte man den großen Hebel des Feuerzeugs herunter, konnte das Gas entweichen und sich an einem Platinschwamm entzünden. Der Flüssigkeitsspiegel im inneren Glas stieg und benetzte das Zink. Dabei entstand so lange Wasserstoff, bis die Säure das Zink nicht mehr berührte.
Das Feuerzeug war wieder zündbereit.

1 J. W. DÖBEREINER und sein Platinfeuerzeug

Brennpunkt

Schnell und erfolgreich durch Synthese

1 Skiläuferin 1910

2 Abfahrtsläufer

Synthese verändert das Leben

Im Labor werden neue Stoffe durch Synthesen hergestellt. Dies ist ein wichtiges Arbeitsgebiet der Chemie. Für den alltäglichen Gebrauch gibt es Kleidung aus Synthesefasern, gefärbt mit synthetischen Farbstoffen oder Sportgeräte aus Syntheseprodukten. In vielen Bereichen ersetzen heute durch Synthese hergestellte Stoffe die früher verwendeten Naturstoffe.

Skifahren – Holz oder Kunststoff?

Bei den olympischen Winterspielen 1924 erreichte der Sieger im Abfahrtslauf auf Holzskiern eine Geschwindigkeit von 50 km/h. Damals trugen Skifahrer Skistiefel aus Leder. Gegen Kälte und Nässe schützten Baumwollanoraks, Wollmützen und Fausthandschuhe (▷ B 1). Heute erreichen die Abfahrtsläufer auf Kunststoffskiern Spitzengeschwindigkeiten von 140 km/h (▷ B 2). Skistiefel haben innen eine wärmende Schaumstoffschicht, außen sind sie wasserdicht und kratzfest. Skianzüge sind leicht und elastisch, wasserabstoßend und atmungsaktiv. Stabile und bruchsichere Helme sollen vor Verletzungen schützen.

Kautschuk – Natur und Synthese

Naturkautschuk wird aus der Milch des Kautschukbaums gewonnen (▷ B 4). Schon vor 2 500 Jahren formten die Mayas in Mittelamerika aus dem gummiartigen Material Bälle oder machten damit Schuhe und Kleidung wasserdicht. Das erste Produkt aus Naturkautschuk in Europa war der Radiergummi.

Später benutzte man Kautschuk als Grundstoff für Boote, Schwimmgürtel oder Regenschirme und zur Beschichtung wetterfester Kleidung. Naturkautschuk hatte aber einen großen Nachteil: Bei Wärme wurde er weich und klebrig, in der Kälte spröde und brüchig.

4 Kautschukbaum

1838 wurde ein Verfahren entdeckt, das Naturprodukt hitzebeständiger und widerstandsfähiger zu machen. Der Bedarf an Naturkautschuk nahm stark zu, als man daraus Gummireifen für Fahrzeuge herstellen konnte. Chemiker forschten nach einem neuen Stoff, der dem Naturprodukt ähnlich war. Zu Beginn des letzten Jahrhunderts gelang die Synthese von Kautschuk im Labor (▷ B 3). Heute wird Synthesekautschuk vor allem aus Erdöl hergestellt, nur noch ein Drittel des Bedarfs wird mit Naturkautschuk gedeckt.

3 Kautschuk wird heute synthetisch hergestellt.

Die chemische Reaktion

Chemische Reaktion
Bei chemischen Reaktionen findet eine Stoffumwandlung statt. Aus den Ausgangsstoffen (Edukten) entstehen Endstoffe (Reaktionsprodukte) mit anderen Eigenschaften. Das Reaktionsschema beschreibt eine chemische Reaktion mit Stoffnamen und den Symbolen „+" sowie „⟶" (▷B1).

Ausgangsstoffe (Edukte) ⟶ **Endstoffe (Reaktionsprodukte)**

Reaktionsschema:

Zink + **Schwefel** ⟶ **Zinksulfid**

1 Chemische Reaktion

Energie bei chemischen Reaktionen
Zum Auslösen vieler chemischer Reaktionen ist Aktivierungsenergie erforderlich (▷B2; B4).
Chemische Reaktionen, bei denen Energie frei wird (z. B. in Form von Licht, Wärme), nennt man exotherm.
Chemische Reaktionen, bei denen ständig Energie benötigt wird, nennt man endotherm.

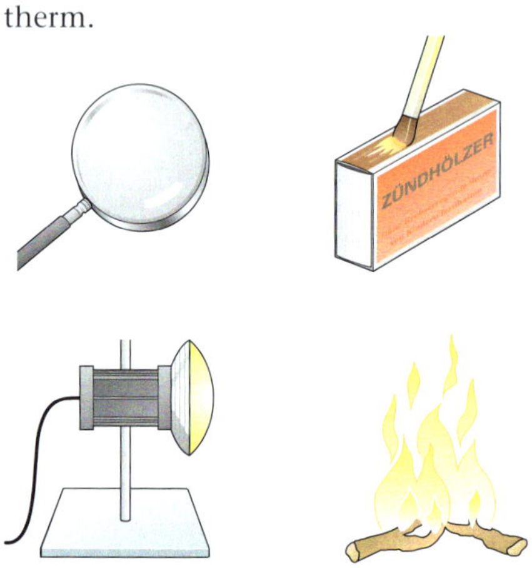

2 Aktivieren – womit?

Katalysator
Katalysatoren setzen die Aktivierungsenergie herab (▷B4). Sie liegen nach der Reaktion unverändert vor.

Analyse
Wasser ⟶ **Wasserstoff + Sauerstoff**
Verbindung — Element — Element

Synthese
Wasserstoff + Sauerstoff ⟶ **Wasser**
Element — Element — Verbindung

3 Analyse und Synthese von Wasser

Analyse und Synthese
Die Zerlegung einer Verbindung bezeichnet man als Analyse.
Die Bildung einer Verbindung bezeichnet man als Synthese (▷B3).

Element und Verbindung
Elemente sind Grundstoffe, die sich nicht in weitere Stoffe zerlegen lassen. Verbindungen sind Stoffe, die sich in andere Stoffe zerlegen lassen.

Sauerstoff
ist ein farbloses, geruchloses und geschmackloses Gas,
seine Dichte (1,33 g/l) ist größer als die von Luft,
ist nicht brennbar, fördert aber die Verbrennung,
kann durch die Glimmspanprobe nachgewiesen werden (▷B5).

5 Glimmspanprobe

Wasserstoff
ist das leichteste Element (Dichte: 0,083 g/l),
ist ein brennbarer Stoff, fördert aber die Verbrennung nicht,
bildet mit Sauerstoff (Luft) ein explosives Gemisch (Knallgas),
kann durch die Knallgasprobe nachgewiesen werden (▷B6).

6 Knallgasprobe

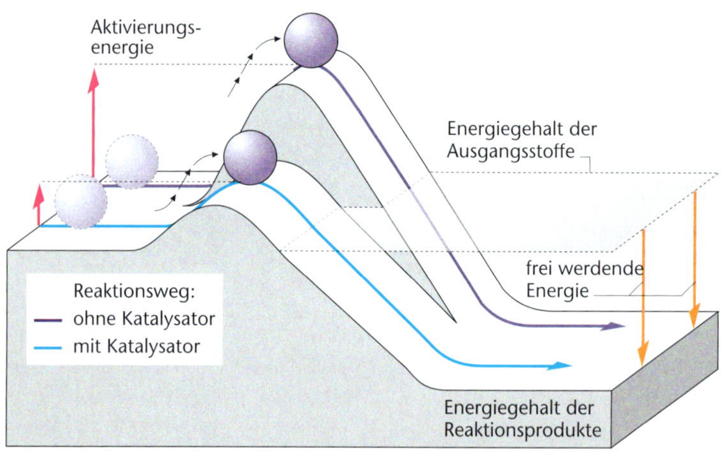

4 Modellvorstellung zum Ablauf einer chemischen Reaktion

Aufgaben

1 Aus rohen Kartoffeln kann man in heißem Öl in der Fritteuse Pommes frites zubereiten (▷ B 1). In Imbissbuden werden dazu meist gefrorene Pommes frites verwendet. Überlege, bei welchem der Vorgänge eine chemische Reaktion stattgefunden hat: Einfrieren oder Frittieren? Begründe.

1 Zu Aufgabe 1

2 Frisch gepflückte Äpfel verändern sich mit der Zeit und beginnen zu faulen. Finden dabei chemische Reaktionen statt? Begründe.

3 Lässt man Toastbrot zu lange rösten, verkohlt es (▷ B 2). Beschreibe an diesem Beispiel, an welchen Merkmalen man eine chemische Reaktion erkennen kann.

3 Zu Aufgabe 4

4 Eiswürfel schmelzen, wenn man sie erwärmt. Dieser Vorgang lässt sich beim Abschmelzen der Gletscher auch in der Natur (▷ B 3) beobachten. Erläutere anhand dieses Beispiels den Unterschied zwischen der Änderung des Aggregatzustands und der chemischen Reaktion.

5 Wird schwarzes Silbersulfid im Reaktionsrohr ständig stark erhitzt, bildet sich eine rotglühende Kugel. Nach dem Abkühlen sieht man im Rohr einen gelben Stoff und eine silbrig glänzende Kugel, die sich leicht verformen lässt (▷ B 4).

a) Welche Stoffe sind bei der Zerlegung von Silbersulfid entstanden? Formuliere das Reaktionsschema.

b) Welche dieser Stoffe sind Elemente, welche Verbindungen?

c) Hat eine exotherme oder eine endotherme Reaktion stattgefunden? Begründe.

6 Heißer Schwefeldampf reagiert mit einem erhitztem Kupferblech. Es entsteht ein blauschwarzer, spröder Stoff (▷ B 5).

a) Benenne die Ausgangsstoffe und das Reaktionsprodukt. Formuliere das Reaktionsschema.

b) Handelt es sich bei diesem Vorgang um eine Analyse oder eine Synthese?

c) Erkläre mithilfe einer Modellvorstellung den Ablauf einer exothermen Reaktion.

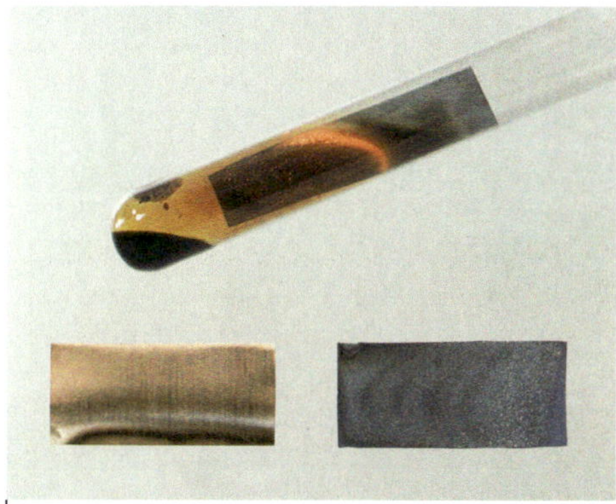

5 Zu Aufgabe 6

7 Bei manchen chemischen Reaktionen wird Platin als Katalysator eingesetzt. Beschreibe mithilfe einer Modellvorstellung die vorteilhafte Wirkung eines Katalysators.

2 Zu Aufgabe 3

4 Zu Aufgabe 5

Luft und Verbrennung

Luft ist lebenswichtig, sie umgibt uns nahezu überall. Verbrennungsvorgänge bestimmen das Leben in der Natur, unseren Alltag und die moderne Technik.

Luft und Verbrennung gehören zusammen. Welche Gründe sprechen dafür?

Überlege, unter welchen Bedingungen Feuer und Brände entstehen.

Verbrennungen sind für die Menschen von großem Nutzen. Damit verbunden sind aber auch Gefahren. Sammle Beispiele, die zu dieser Aussage passen.

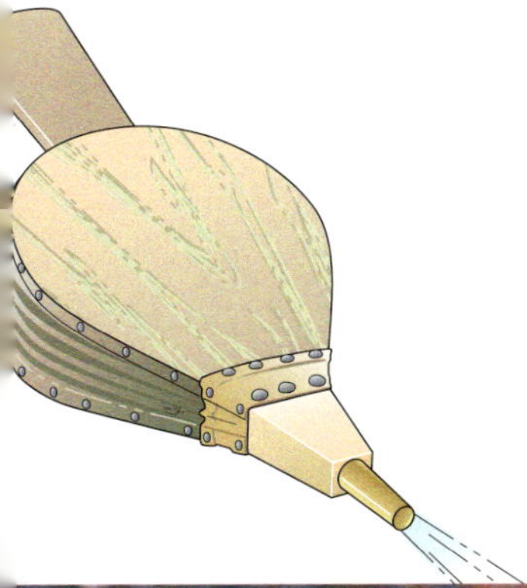

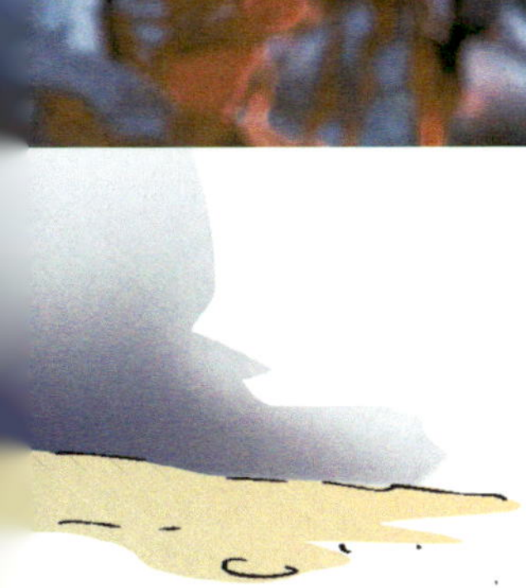

Brennmaterialien für ein Lagerfeuer
Bei einer Klassenfahrt ist abends ein Lagerfeuer geplant. Trockenes Holz, Äste und Wurzelstücke werden gesammelt. An einem dafür ummauerten Platz wird zuerst das Kleinmaterial übereinander geschichtet. Größere Hölzer werden ringsherum so aufgestellt, dass ein Kegel entsteht. Zwischen dem Brennmaterial gibt es viel Luft. An der untersten Stelle wird zerknülltes Zeitungspapier eingeschoben und entzündet (▷ B 1). Mit viel Luft wird das Lagerfeuer in Gang gebracht.

Bedingungen einer Verbrennung
Holz, Papier und Kohle sind feste, **brennbare Stoffe**. Mit ihnen kann man ein Feuer im Freien oder im Ofen machen. Andere Stoffe wie Spiritus, Benzin und Heizöl gehören zu den brennbaren Flüssigkeiten. Der Umgang mit ihnen ist zum Teil sehr gefährlich.
Manche brennbaren Stoffe sind gasförmig. So dient Erdgas im Haushalt zum Heizen und Kochen.

Immer wieder kommt es vor, dass ein Holzfeuer gar nicht richtig in Gang gebracht werden kann. Es fehlt an **Luft**. Nur wenn ausreichend Luft zur Verfügung steht, gibt es ein kräftiges Feuer.

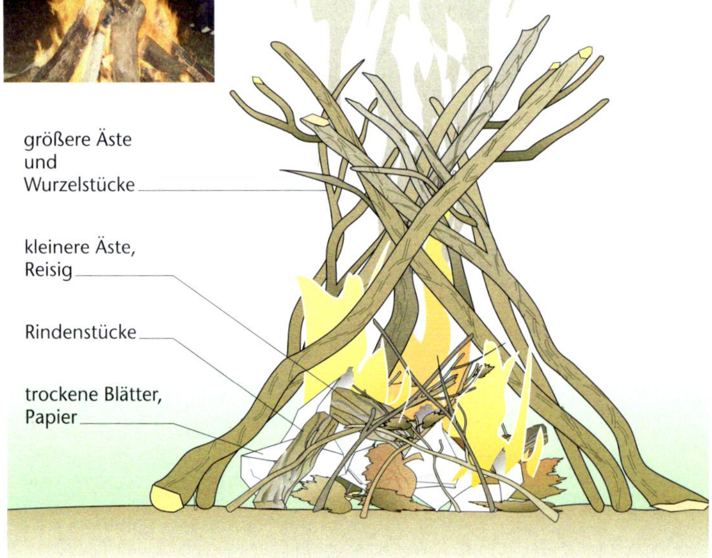

1 Lagerfeuer

2 Bestimmung der Flammtemperatur

Mit einer offenen Flamme darf man nicht in die Nähe von Benzin geraten. Benzindämpfe entflammen sofort. Heizöl dagegen muss man zuerst erwärmen, um brennbare Dämpfe zu bekommen. Hält man ein Thermometer unmittelbar über die Flüssigkeit, so kann man die Temperatur bestimmen, bei der die Dämpfe entflammen. Diese Temperatur ist die **Flammtemperatur** (▷ B 2; V 2). Nähert man einen brennenden Holzspan den Dämpfen, springt die Flamme über.

Versuche

1 Auf einer Metallplatte liegen ein Stück Pappe, ein Holzklotz, ein Stück Kohle und mehrere Zündhölzer. Mit einer Brennerflamme wird die Plattenmitte von unten erhitzt (▷ B 3).

2 In einem Heizblock wird in einer Porzellanschale Heizöl so lange erwärmt, bis Dämpfe über der Flüssigkeit entzündet werden können. Die Temperatur, bei der die Dämpfe erstmals entflammen, wird mit einem Thermometer ermittelt.

3 ! In ein Zündrohr werden 4 bis 6 Tropfen Wundbenzin gegeben. Das Rohr wird mit einem Kunststoffdeckel dicht verschlossen und der Inhalt gut durchgeschüttelt. Im abgedunkelten Raum wird das Benzin-Luft-Gemisch gezündet (▷ B 5). Der Versuch wird mit veränderter Tropfenzahl wiederholt.

4 ! Man führt in einem Modellsilo aus Plexiglas eine Staubexplosion durch. (▷ B 6, oben rechts).

3 Was zündet zuerst?

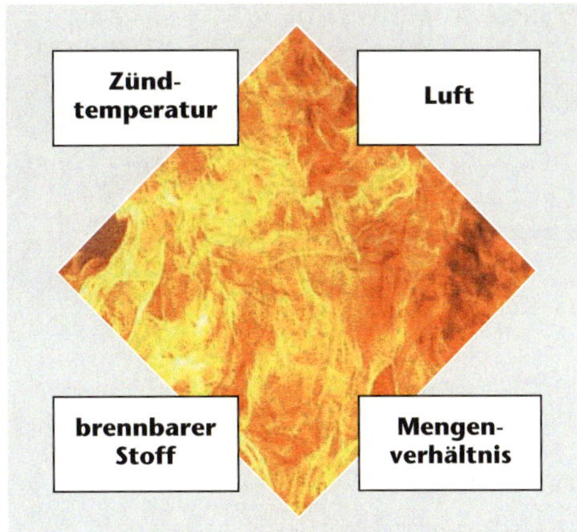

4 Bedingungen für eine Verbrennung

5 Bestimmung der Zündgrenze

Erreicht ein Stoff durch Erwärmen ohne offene Flamme wie in Bild 3 (▷ V1) die Temperatur, bei der sich der Stoff entzündet, wird diese seine **Zündtemperatur** genannt.
Die Zündfähigkeit von Benzin-Luft-Gemischen kann man in einem Zündrohr untersuchen (▷ B5; V3). Eine unterschiedliche Anzahl von Tropfen Wundbenzin ergeben verschiedene **Mengenverhältnisse** im Zündrohr. Durch genaues Zählen der Tropfen wird jene Mischung bestimmt, die besonders gut zündet.

Welchen Einfluss hat der Zerteilungsgrad auf die Verbrennung?
Die Auswahl des Brennmaterials für das Lagerfeuer hat gezeigt, dass feines Astholz im Vergleich zu dicken Holzstücken rasch verbrannte. Holzspäne brennen lichterloh, Holzstaub kann sogar explodieren. Je feiner zerteilt ein Brennmaterial ist, desto größer ist die Kontaktfläche, um so heftiger verläuft die Verbrennung (▷ B6).

Je höher der Zerteilungsgrad, desto heftiger läuft die Verbrennung ab.

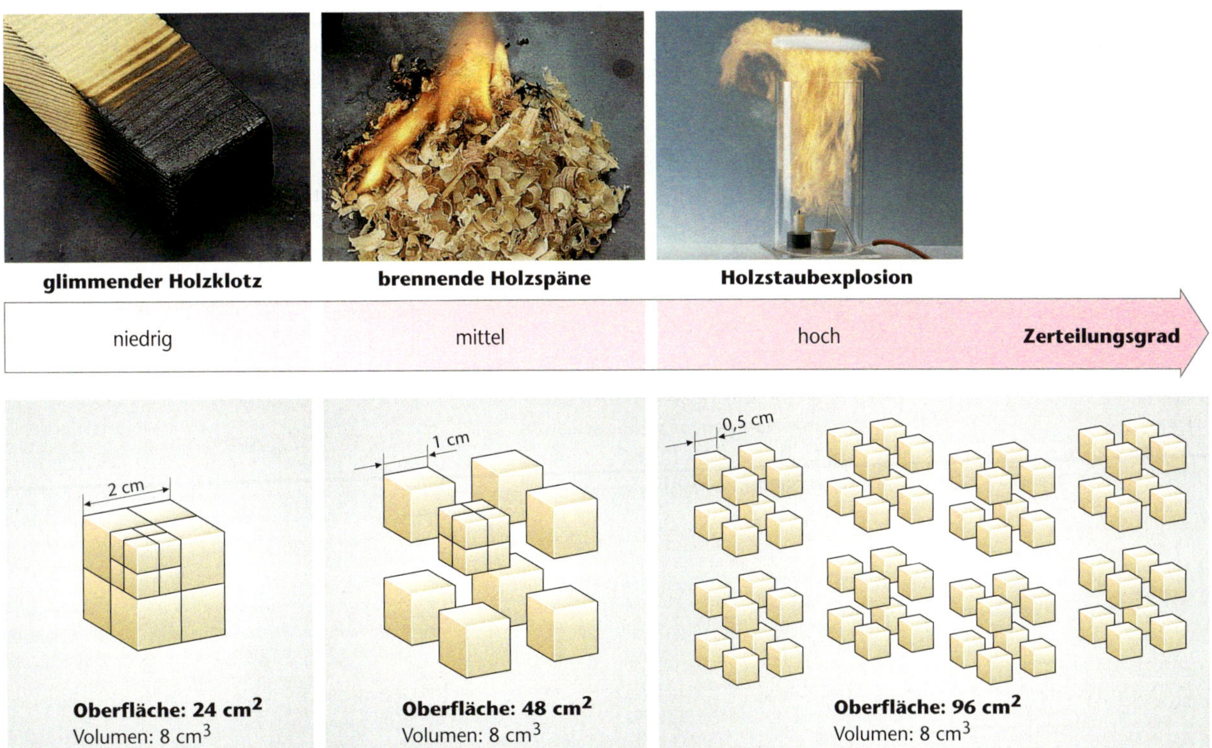

6 Mit zunehmendem Zerteilungsgrad läuft die Verbrennung heftiger und vollständiger ab.

Brennmaterial für ein Lagerfeuer

Ein Feuer im Freien darf nur an genehmigten Plätzen entzündet werden. Am besten geeignet ist ein ummauerter Grillplatz.

Das Feuer muss ständig beaufsichtigt werden. Wenn starker Wind aufkommt, dann musst du das Feuer sofort löschen. In der Nähe von Gebäuden oder leicht entzündlichen Stoffen darfst du kein Feuer anmachen.

Aufgabe
Erkunde einen Platz, an dem eine Feuerstelle vorhanden ist und ein Feuer gemacht werden darf.

1 Was brennt am besten?

Material
Schutzbrille, feuerfeste Handschuhe, feuerfeste Unterlage, Tiegelzange, Teelicht, Streichhölzer, Zeitungspapier, Papiertüte, Schreibpapier, Stroh, Watte, Heu, dünne und dicke Ästchen, dünne und dicke Holzscheite, Zapfen, Holzkohle oder andere Brennmaterialien, Wasserflasche, Wasser

Versuchsanleitung
a) Ziehe die Handschuhe an. Stelle ein brennendes Teelicht auf die feuerfeste Unterlage in der Feuerstelle. Halte kleine Stücke eines Brennmaterials mit der Tiegelzange über die Flamme des Teelichts (▷ B 2). Beobachte, ob die Stoffe Feuer fangen.

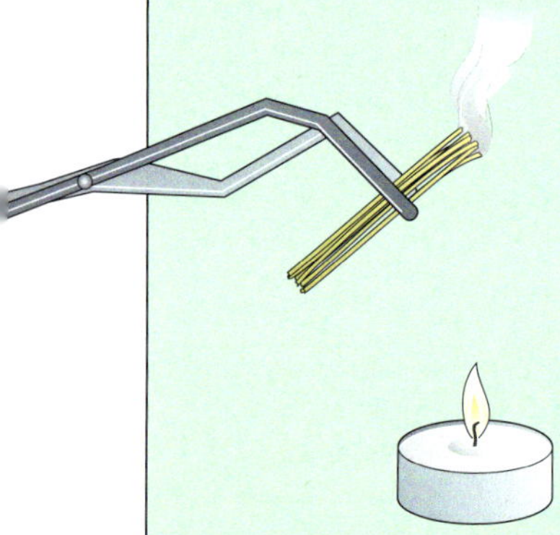

2 Wie gut brennt Stroh?

1 Am Lagerfeuer

b) Feuchte Papier und kleine Ästchen mit Wasser an. Wie schnell fängt das Material jetzt Feuer?

Aufgaben
1. Erstelle ein Versuchsprotokoll. Gib zuerst an, welches Brennmaterial du verwendet hast. Beschreibe anschließend, welche Stoffe schnell Feuer fangen. Wie sehen die Brandreste aus?

2. Was beobachtest du, wenn das Brennmaterial feucht ist?

3. Wie kannst du das Aufflammen bei schwer entzündlichen Stoffen beschleunigen? Überprüfe deine Überlegungen im Versuch.

2 Ein Lagerfeuer aufschichten

Material
Schutzbrille, feuerfeste Handschuhe, Streichhölzer, verschiedene Brennmaterialien

Versuchsanleitung
Schichte aus verschiedenen Brennmaterialien ein Lagerfeuer auf und entzünde es. Beobachte, in welcher Reihenfolge die Stoffe Feuer fangen.

Aufgaben
1. Warum werden locker zerknüllte Papierseiten ins Feuer gelegt und nicht die zusammengefaltete Zeitung?

2. Warum darf im Lagerfeuer kein Kunststoff verbrannt werden?

3 Feuer aus!

Material
Sand, Schaufel

Versuchsanleitung
Lösche das Lagerfeuer mit Sand (▷ B 3). Beobachte die Feuerstelle so lange, bis du sicher bist, dass in der Asche keine Glut mehr vorhanden ist und das Feuer vollständig gelöscht ist.

Aufgaben
1. Ist ein Feuer gelöscht, wenn keine Flammen mehr zu sehen sind?

2. Unter welchen Bedingungen kann sich ein Feuer wieder entzünden?

3. Die Feuerwehr lässt an einer Brandstelle eine Brandwache zurück. Nenne Gründe dafür.

3 Eine Flamme wird erstickt.

Brennpunkt

Waldbrand

1 Schneisen schlagen

2 Löschhubschrauber

3 Ausschlagen

4 Feuerwehr im Einsatz mit Strahlrohr

5 Waldbrand

Die Gefahr von Waldbränden ist in den heißen Sommermonaten am größten. Dann genügt schon eine glimmende Zigarettenkippe, um den Wald in Brand zu setzen.
Jeder Waldbrand beginnt mit einem Bodenfeuer. Es brennt nur der Rand der Fläche, der Feuersaum. Die aufsteigende Wärme trocknet die Bäume aus und die Baumkronen fangen an zu brennen. Das Kronenfeuer erlischt wieder, wenn es keine Nahrung vom Boden erhält.

Von der Entstehungsstelle aus breitet sich ein Waldbrand nach allen Seiten aus. Wind verschlimmert die Lage. Deshalb ist rasches Handeln erforderlich. Je früher ein Waldbrand entdeckt wird, um so wirkungsvoller kann das Feuer bekämpft und gelöscht werden. Jeder, der ein Entstehungsfeuer im Wald sieht, muss so schnell wie möglich die Feuerwehr alarmieren und dann selbst versuchen, die Flammen mit Ästen auszuschlagen oder mit Sand zu ersticken.
In Gebieten, in denen es keine Waldwege und keine Löschwasserteiche gibt, ist die Waldbrandbekämpfung schwierig und teuer. Hubschrauber und Löschflugzeuge kommen nur zum Einsatz, wenn die Brandstelle mit Tanklöschfahrzeugen nicht zu erreichen ist.

6 Der Wald erneuert sich.

Aufgaben

1 Weshalb ist Rauchen und offenes Feuer im Wald und bis 100 Meter vom Wald entfernt vom 1. März bis 31. Oktober verboten?

2 Betrachte die Abbildungen 1 bis 4 auf dieser Seite. Mit welchen Mitteln und Methoden kann ein Waldbrand bekämpft werden? Begründe, wann welche Methode zum Einsatz kommt.

3 Zähle mögliche Gefahrenquellen auf, denen Feuerwehrmänner ausgesetzt sind, wenn der Wald brennt.

4 Nach großen Waldbrandkatastrophen verschwinden viele Tierarten aus ihren Lebensräumen. Nenne Gefahren, denen Tiere bei Waldbränden ausgesetzt sind.

1 Methoden der Brandbekämpfung

Entzug des brennbaren Stoffes
Lang anhaltende Trockenheit sorgt im Sommer für ideale Voraussetzungen einer Brandgefahr in Wald- und Heidelandschaften. Bereits ein unachtsam weggeworfener glühender Zigarettenstummel kann einen Flächenbrand hervorrufen. Das rasch sich ausbreitende Feuer kann meist nur noch aufgehalten werden, wenn man breite Schneisen schlägt und Gräben zieht, um dem Feuer seine Nahrung zu nehmen. Brennen Häuser in einer Altstadt, kann man dem Feuer oft nur Einhalt gebieten, wenn man angrenzende, nicht brennende Häuser einreißt.

2 Die Feuerwehrleute am Schaumlöscher werden mit Wasser gekühlt.

Abkühlen unter die Zündtemperatur
Brennt der Dachstuhl eines Fachwerkhauses in einem mittelalterlichen Stadtkern, verhindert man das Übergreifen der Flammen auf Nachbargebäude durch den Einsatz von großen Mengen Wasser. Das Brennmaterial wird unter dessen Zündtemperatur abgekühlt.

Unterbrechen der Luftzufuhr
Oft ist Wasser kein geeignetes Löschmittel. Schlagen zum Beispiel aus einem Papierkorb die Flammen, können diese durch rasches Abdecken erstickt werden. Brennende Kleidung von Menschen wird durch Einhüllen in eine Decke gelöscht.

Benzinbrände werden mit Kohlenstoffdioxid-Schaum eingedämmt und erstickt. Werden Magnesiumlegierungen bearbeitet, können in seltenen Fällen Magnesium-Brände auftreten. Nur mit Sand, Steinsalz oder Zement kann weiterer Luftzutritt verhindert werden. Alle übrigen Löschmittel reagieren mit Magnesium.

Versuche

1 In einer Metallschale werden kleine Holzstücke entzündet. Das lodernde Feuer wird mit Wasser aus einer Spritzflasche gelöscht (Abzug!) (▷ B 3).

2 Eine kleine Portion Wundbenzin wird in einer Porzellanschale entzündet. Zur Sicherheit steht diese Schale auf einer feuerfesten Unterlage. Mit einer Metallplatte wird der Benzinbrand durch Abdecken gelöscht (▷ B 4).

3 Man gießt Butangas aus einem Kartuschenbrenner in ein Becherglas. Das Gas wird mit einem brennenden Holzspan vorsichtig entzündet. Die Flamme wird mit einem Löschpulver (z. B. Natriumhydrogencarbonat), das durch ein Sieb rieselt, bestreut (Schutzscheibe!) (▷ B 5).

4 Magnesiumpulver wird auf einem starken Eisenblech zu einem kleinen Kegel aufgeschichtet und entzündet. Man spritzt aus einiger Entfernung etwas Wasser auf das glimmende Magnesium. Das brennende Magnesium wird mit Sand, Zement oder Steinsalz bedeckt (Sicherheitsabstand!) (▷ B 6). Nicht in die Flamme schauen!

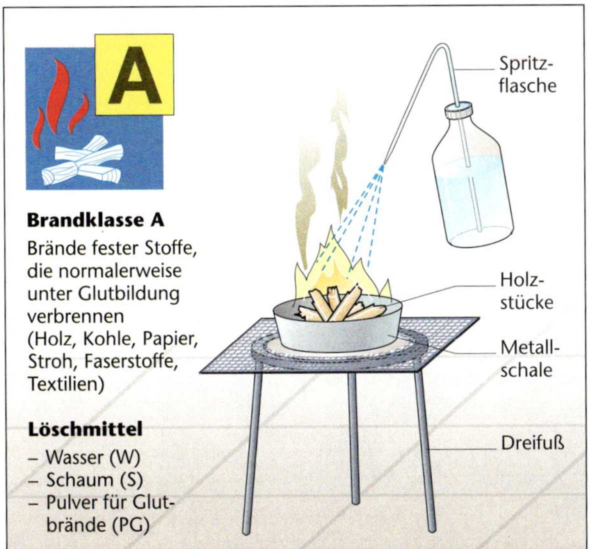

3 Zu Versuch 1

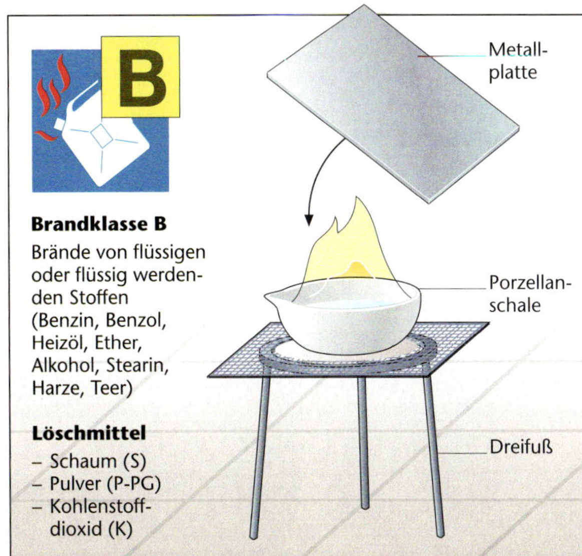

4 Zu Versuch 2

Verändern des Mengenverhältnisses
Bei besonderen Brennstoffen, wie z. B. bei Benzin-Luft-Gemischen, ist das Gemisch nur bei einem bestimmten Mengenverhältnis der Gemisch-Bestandteile zündfähig. Im Brandfall ändert sich das Mengenverhältnis von Luft und brennbarem Stoff bereits, wenn man Fenster und Türen schließt und den brennbaren Stoff entfernt.

Für jeden Brand ein Löschmittel
Eine rasch wirksame Brandbekämpfung hängt bereits vom Informationsgehalt einer Brandmeldung ab. Die Feuerwehr kennt für jeden brennbaren Stoff ein geeignetes Löschmittel.
In fünf Brandklassen fasst sie brennbare Stoffe und Löschmittel zusammen. Feststoffe, wie z. B. Holz, Kohle und Papier, sind in der Brandklasse A (▷ V 1).
In Brandklasse B sind flüssige oder flüssig werdende Stoffe, wie z. B. Benzin, Heizöl oder Kerzenwachs (▷ V 2) aufgenommen. In Brandklasse F wurden Brände von Speisefetten und Speiseölen aus Brandgruppe B ausgegliedert. Der Grund hierfür ist, dass die Standardlöschmittel für die Brandklassen A, B und C auf diese Stoffe kaum einsetzbar sind. In der Brandklasse C sind Gase, wie z. B. Wasserstoff und Erdgas (▷ V 3) zusammengefasst. Zur Brandklasse D gehören Metallbrände, die nur schwer zu bekämpfen sind (▷ V 4).

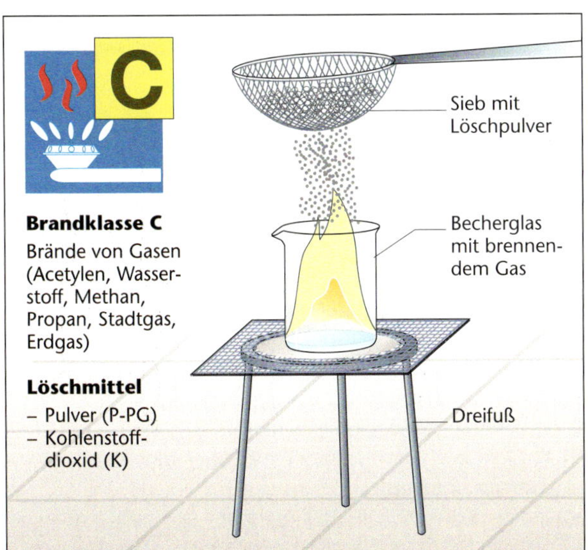

5 Zu Versuch 3

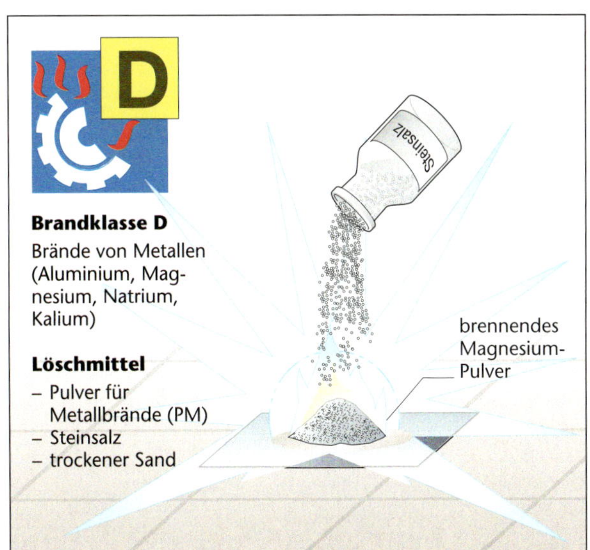

6 Zu Versuch 4

Strategie

Eine Dokumentation erstellen

Die Feuerwehr informiert
Erstelle zum Thema Feuerwehr eine Dokumentation.

A. Sammle Informationen
Organisiere zuerst bei der Feuerwehr einen Besuchstermin für die Klasse oder lade einen Feuerwehrmann ein. Suche auch im Internet (Homepage der Feuerwehr) oder in Büchern Informationen zur Feuerwehr.

B. Wähle Informationen aus
Nach einem ersten Überblick über das Stoffangebot, z. B. Jugendfeuerwehr, Ausrüstung der Feuerwehr, Brandursachen usw. wähle ein interessantes Thema aus. Arbeite möglichst in Gruppen.

C. Ordne die Informationen
Nun müssen die unterschiedlichen Informationen und Themen zusammengetragen und sinnvoll geordnet werden. Mögliche Ordnungskriterien sind:

- gleichartige Informationen / Themen zusammenfassen,
- Überbegriffe bzw. übergeordnete Themen finden, z. B. Brände: Brandursachen / Brandarten / Brandbekämpfung,
- weniger wichtige Informationen aussortieren.

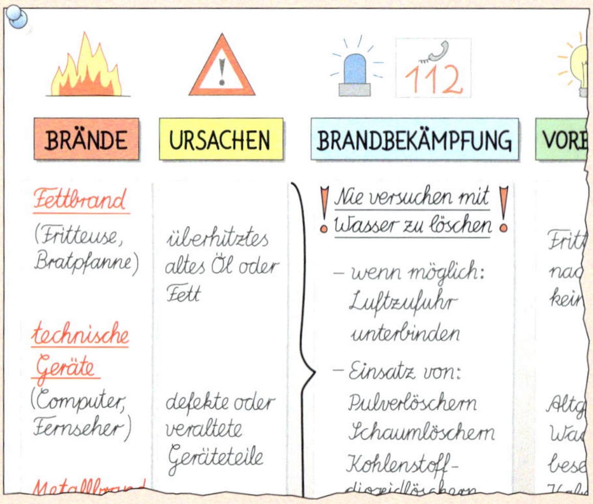

D. Erstelle eine Dokumentation
Welche Möglichkeiten gibt es hier (z. B. Plakatwand, Schaukasten)? Welche sind geeignet und warum? Sollen die Arbeiten aus einem ungewöhnlichen Blickwinkel dargestellt werden?
Tipps:

- Text-, Bild- und Anschauungsmaterial sollen gleichgewichtig nebeneinander stehen.
- Die Dokumentation sollte nicht zu überladen sein (weniger ist mehr!).
- Der Textteil sollte kurz und informativ sein und in möglichst großer Schrift dargestellt werden.

Versuche mit einer Kerze

1 Flamme auf dem Sprung

Material

Schutzbrille, Kerze, Kerzenhalter, Streichhölzer

Versuchsanleitung

Entzünde eine Kerze. Warte, bis die Flamme ruhig brennt. Blase die Flamme aus und halte eine Streichholzflamme sofort in die Nähe des Dochtes. Wiederhole den Vorgang mehrmals nacheinander (▷ B 1).

1 Flamme auf dem Sprung

2 Flamme aus der Flamme

Material

Schutzbrille, Kerze, Kerzenhalter, Streichhölzer, Glasröhrchen (gewinkelt, gleichschenklig), Tiegelzange

Versuchsanleitung

Entzünde eine Kerze. Halte mit einer Tiegelzange ein gewinkeltes Glasröhrchen mit der einen Öffnung in den innersten Bereich der Kerzenflamme. Bringe eine Streichholzflamme an das offene Ende des Glasröhrchens (▷ B 2).

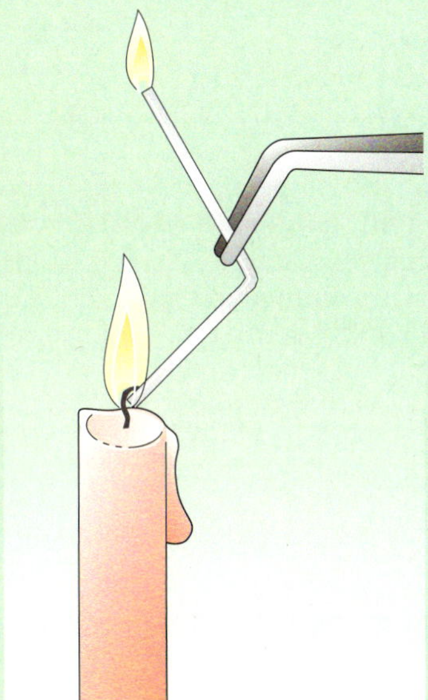

2 Flamme aus der Flamme

3 Auf die Luft kommt es an

Material

Schutzbrille, Kerze, Kerzenhalter, Streichhölzer, Glasrohr (beidseitig offen, Ø ca. 30 mm), Holzplatte, Glasplatte, 2 Unterlegklötzchen

Versuchsanleitung

a) Stelle eine brennende Kerze auf eine Holzplatte. Stülpe ein Glasrohr über die Kerze. Decke das obere Ende des Glasrohres mit einer Glasplatte ab (▷ B 3, links).

b) Wiederhole den Versuch und stelle das Glasrohr auf zwei Holzklötzchen. Lasse das Glasrohr oben offen (▷ B 3, rechts).

3 Auf die Luft kommt es an.

4 Mikadostäbchen selbst gemacht

Material

Schutzbrille, Kerze, Kerzenhalter, Streichhölzer, Holzstäbchen

Versuchsanleitung

Entzünde eine Kerze. Halte ein Holzstäbchen zwischen beiden Händen und führe es durch den unteren Teil der Flamme. Wiederhole es mehrmals, bis ein markiertes Mikadostäbchen nach Wahl entstanden ist (▷ B 4).

4 Mikadostäbchen selbst gemacht

Aufgabe

Beobachte das erstmalige Entzünden einer Kerze genau und überlege, warum die Flamme zunächst kleiner wird.

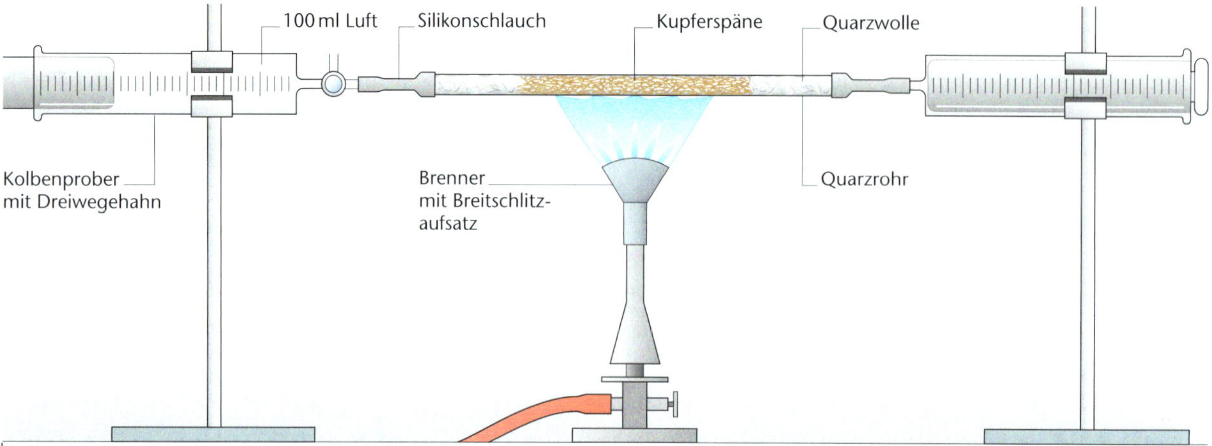

1 Welcher Teil der Luft reagiert?

Nur ein Teil der Luft reagiert
Wenn man Kupfer erhitzt und Luft über das heiße Kupfer strömen lässt (▷ B 1; V 1), dann lassen sich zwei Beobachtungen machen: Das Kupfer hat seinen metallischen Glanz verloren und stattdessen einen schwarzen Überzug bekommen. Außerdem hat sich das Gasvolumen in der Apparatur etwa um ein Fünftel verringert. Als Reaktionsprodukt hat sich Kupferoxid gebildet, das an seiner schwarzen Farbe zu erkennen ist. Der Anteil der Luft, welcher mit dem Kupfer reagiert hat, ist der **Sauerstoff**.

Versuch

1 Ein Quarzrohr wird mit blanken Kupferspänen gefüllt und an zwei Kolbenprober (100 ml) angeschlossen (▷ B 1). Die Kupferspäne werden mit einem Brenner mit Breitschlitzaufsatz kräftig erhitzt. Dabei wird die Luft mit den Kolbenprobern so lange über das heiße Kupfer hin- und hergeschoben, bis das Gasvolumen in der Apparatur konstant bleibt. Nach dem Abkühlen wird die Volumenverminderung der Luft bestimmt. Mit der Restluft wird die Glimmspanprobe durchgeführt.

Werkstatt

Luft reagiert mit Kupfer

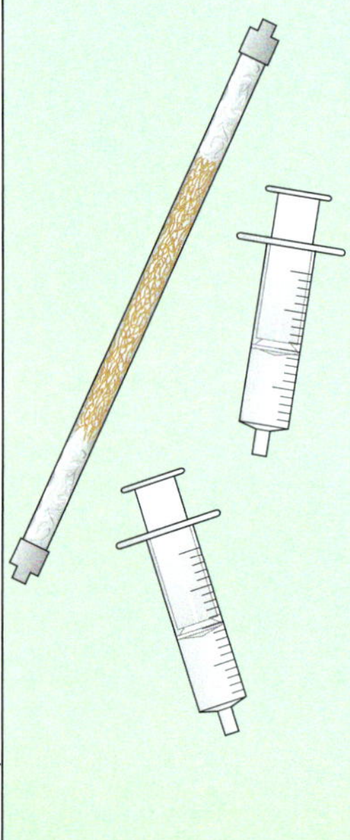

Material
Schutzbrille, Gasbrenner mit Breitschlitzaufsatz, Quarzwolle, Streichhölzer, blanke Kupferspäne, Kerze, 2 Stative; aus einem Gerätesatz: Quarz-Reaktionsrohr (Ø 8 mm), 2 Kunststoffspritzen (60 ml, geölt mit Silikonöl), 2 Halterungen für die Kunststoffspritzen, Dreiwegehahn, 2 Rohr-8-Buchsen oder Silikonschlauchverbindungen (8 mm)

Versuchsanleitung
a) Fülle ein etwa 20 cm langes Quarzrohr mit blanken Kupferspänen und verschließe beide Öffnungen des Quarzrohres mit etwas Quarzwolle. Schließe über die Rohr-8-Buchsen an eine Öffnung des Quarzrohres eine Kunststoffspritze an. Schließe an die andere Öffnung den Dreiwegehahn an. Verbinde den Dreiwegehahn mit der zweiten Spritze. Stelle eine der beiden Spritzen auf null und die andere auf 60 ml. Schließe den Dreiwegehahn und prüfe, ob die Apparatur dicht ist.

b) Erhitze das Kupfer mit dem Gasbrenner und drücke die Luft so lange mit den Spritzen über das Kupfer hin und her, bis sich das Gasvolumen in beiden Spritzen zusammen nicht mehr verändert. Lass die Apparatur abkühlen. Bestimme nach dem Abkühlen, um wie viel sich das Gasvolumen in der gesamten Apparatur verändert hat. Bewahre die Restluft in einer der Spritzen für Teilversuch c) auf.

c) Entzünde eine Kerze und drücke die Restluft aus einer der Spritzen seitlich gegen die Kerzenflamme. Beobachte.

1 Die Erde mit ihrer Lufthülle

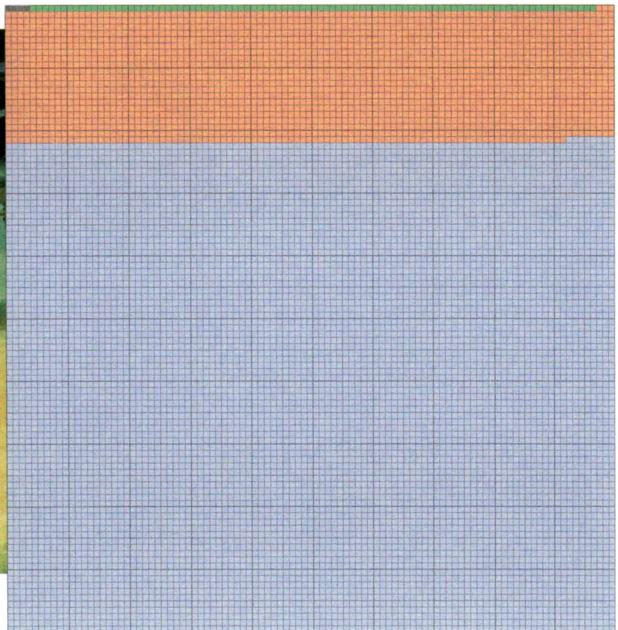

2 Die Zusammensetzung der Luft (Kohlenstoffdioxid grau, Edelgase grün, Sauerstoff rot, Stickstoff blau)

Was ist drin in der Luft?

Stellst du eine brennende Kerze unter einen luftgefüllten Glaskolben, wird die Flamme kleiner. Sie geht schließlich ganz aus, obwohl im Kolben noch genügend Restluft ist. Genauere Experimente zeigen, dass nur etwa ein Fünftel der Luft an der Verbrennung beteiligt ist. Es ist **Sauerstoff**, der die Verbrennung fördert.

Der Hauptanteil der Luft ist **Stickstoff**. Das farb- und geruchlose Gas ist sehr reaktionsträge. Es ist ungiftig und nicht brennbar. Flüssiger Stickstoff ist ein wichtiger Stoff in der Kältetechnik. Lebensmittel werden darin tiefgefroren und dadurch haltbar gemacht. In der Medizin wird sogar Sperma in flüssigem Stickstoff aufbewahrt.

Nur einen geringen Anteil in der Luft macht das Gas **Kohlenstoffdioxid** aus. Es ist nicht brennbar und hat eine größere Dichte als Luft.

Kaum mehr als 150 Jahre ist es her, dass Wissenschaftler in der Luft weitere Stoffe entdeckten. Man hielt sie nach der Entdeckung für völlig reaktionsunfähig und nannte sie deshalb **Edelgase** (▷ B 3).

Aufgabe

1 Erstelle für Stickstoff einen Steckbrief mit den Stoffeigenschaften des Gases.

Helium, Neon, Argon, Krypton und Xenon sind nur in Spuren in der Luft vorhanden.

▶ Luft ist ein Gemisch aus den Gasen Sauerstoff, Stickstoff, Kohlenstoffdioxid und Edelgase.

Genaue Berechnungen zeigen, dass auf 10 000 Luftteile 2095 Anteile Sauerstoff und 7808 Teile Stickstoff kommen. Daneben sind 4 Anteile Kohlenstoffdioxid und 93 Anteile Edelgase vorhanden (▷ B 2).

3 Unter Einwirkung von elektrischem Strom erzeugen die Edelgase Neon und Argon farbiges Licht.

Strategie

Ein Kreisdiagramm erstellen

Luft ist ein Gemisch verschiedener Gase. Die Anteile sind sehr genau bekannt:

Bestandteile	Volumenanteile in Prozent
Stickstoff	78,08 %
Sauerstoff	20,95 %
Edelgase	0,93 %
Kohlenstoffdioxid	0,04 %

Um solche Anteile anschaulich darzustellen, kannst du ein Diagramm zeichnen. Beim Kreisdiagramm erkennst du an der Größe der Kreisausschnitte, wie die Anteile verteilt sind. Die Kreisausschnitte sehen aus wie Kuchenstücke. Je größer ein solches Kuchenstück ist, um so höher ist der Anteil des Stoffes.
Nun lernst du, ein Kreisdiagramm zu erstellen.

1. Schritt
Zeichne einen Kreis und markiere den Mittelpunkt. Achte darauf, dass du den Kreis nicht zu klein wählst.

2. Schritt
Berechne für die angegebenen Prozentwerte die Winkel.

$1\,\% = \frac{1}{100} = 0{,}01$

$10\,\% = \frac{10}{100} = 0{,}1$

100% entsprechen 360°
10% entsprechen 36°
1% entspricht 3,6°

78,08% entsprechen 78,08 x 3,6° = 281°

20,93% entsprechen ?°

3. Schritt
Jede Strecke vom Mittelpunkt des Kreises zu einem Kreispunkt heißt Radius.
Zeichne den ersten Radius vom Mittelpunkt des Kreises senkrecht nach oben ein. Trage an diesen Radius den berechneten Winkel an. Achte darauf, dass der Nullpunkt des Geodreiecks auf dem Mittelpunkt des Kreises liegt.

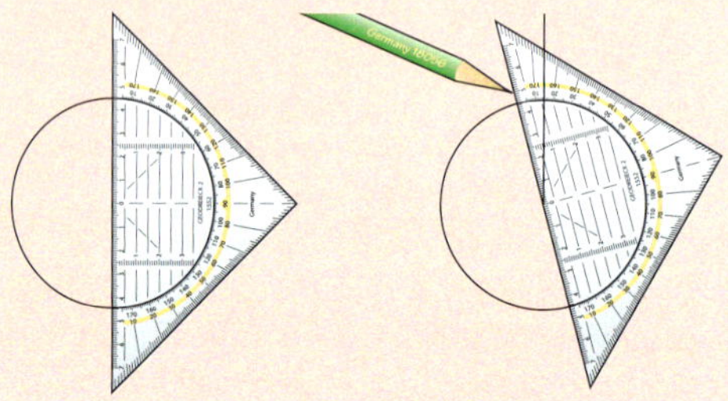

4. Schritt
Zeichne alle berechneten Winkel in den Kreis ein. Runde die Werte auf ganze Zahlen. Sie ergeben zusammengerechnet immer 360°.

5. Schritt
Male die Kreisausschnitte mit verschiedenen Buntstiften aus. Beschrifte das Diagramm und lege eine Legende an.

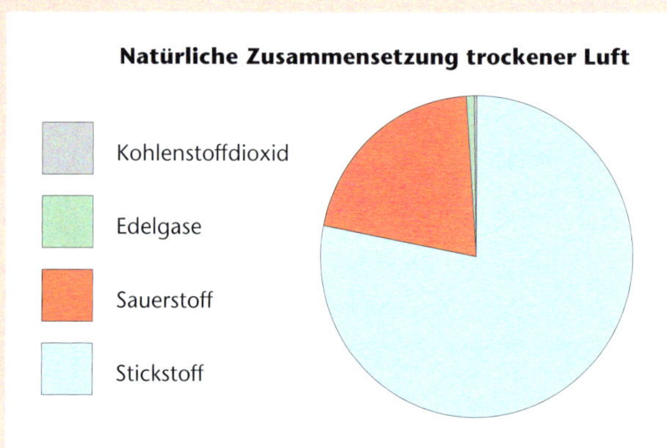

Diagramme am PC

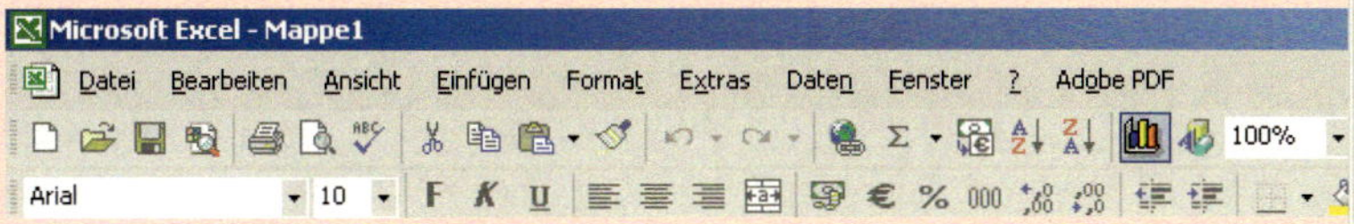

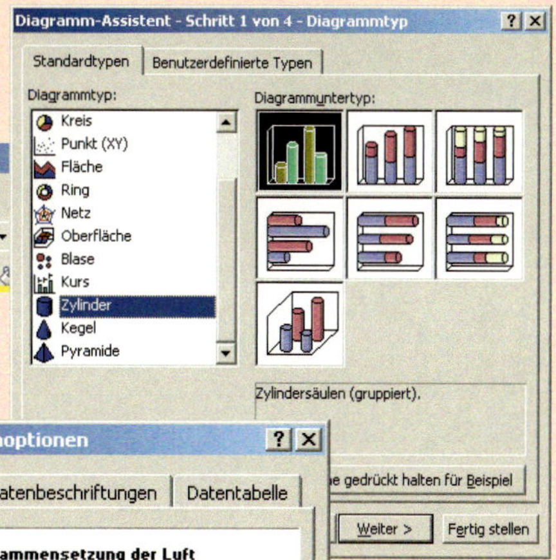

In einem Diagramm werden Zahlenwerte zeichnerisch dargestellt. Die Zahlen werden in Bilder verwandelt. Das geht am Computer ganz einfach.

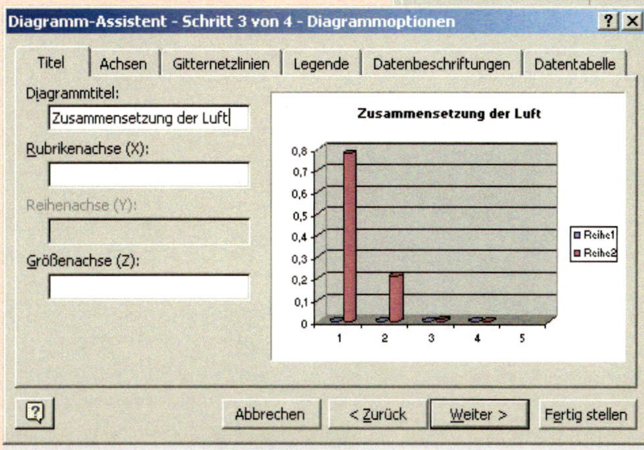

A. Eine Tabelle in Diagramme verwandeln
Viele Themen werden übersichtlich in Tabellen angeboten. Diagramme helfen dir, die Zahlenwerte aus den Tabellen zu veranschaulichen. Du kannst die Diagramme von Hand zeichnen oder am Computer mit einem Tabellenkalkulationsprogramm.

B. Einen Diagrammtyp auswählen
Schreibe eine Tabelle, z. B. im Microsoft-Programm Excel© und markiere alle Spalten. Klicke dann in der Symbolleiste auf den Diagramm-Assistenten, der dich durch das Programm führt. Wählst du z. B. als Diagrammtyp Säule aus, siehst du rechts daneben eine Auswahl verschiedener Säulendiagramme.

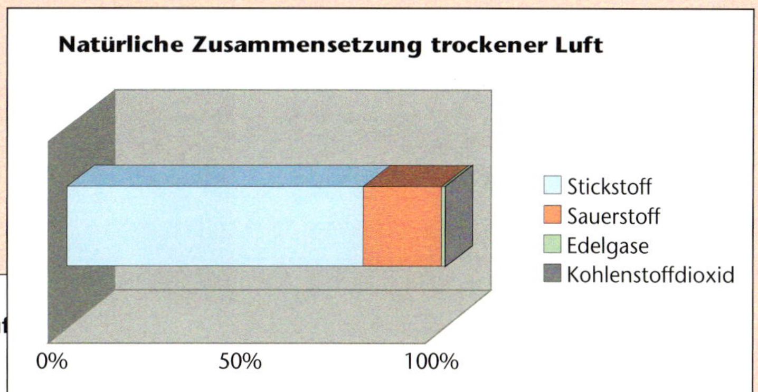

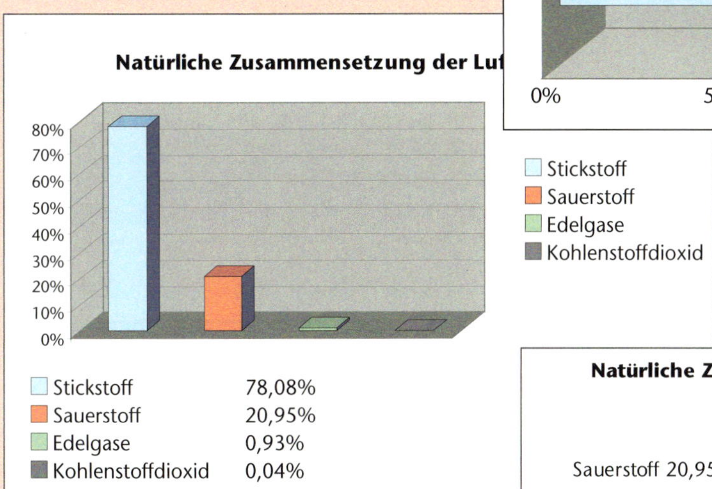

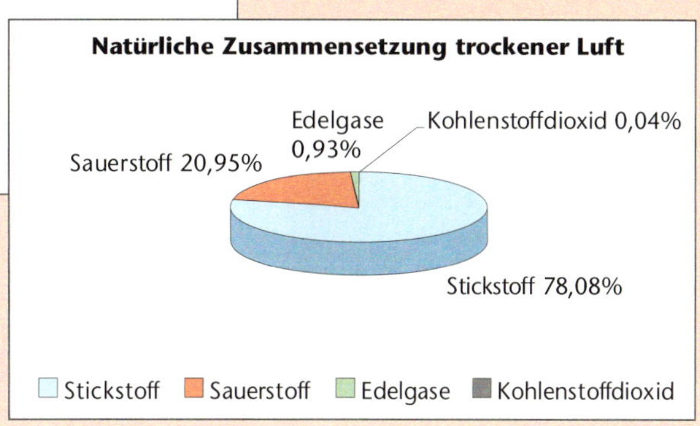

Brennpunkt

Flüssige Luft

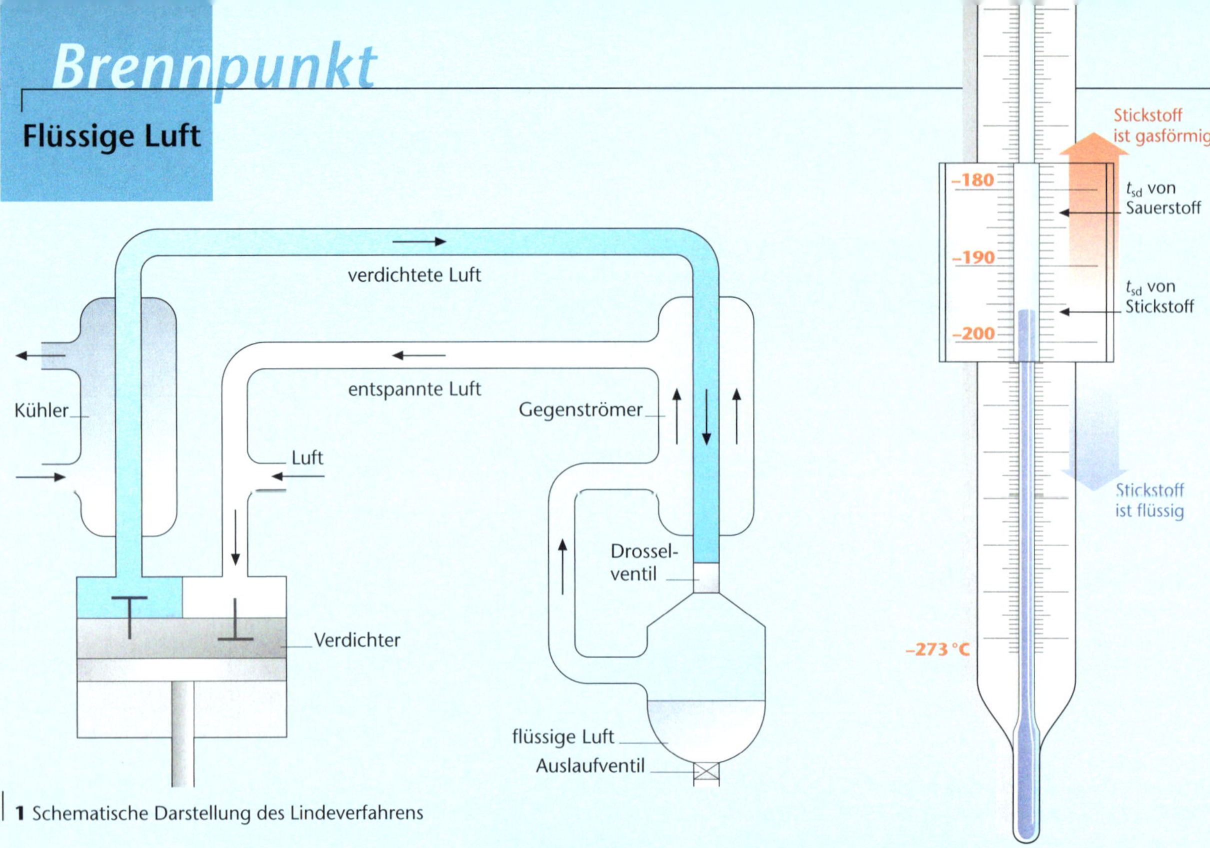

1 Schematische Darstellung des Lindeverfahrens

Bei der Herstellung von Pulverkaffee wird das wässrige Kaffeekonzentrat in ganz kurzer Zeit extrem stark abgekühlt. Solch ein Verfahren nennt man Schockgefrieren. Um Impfstoffe oder Zellkulturen langfristig aufzubewahren, lagert man sie bei sehr tiefen Temperaturen. Flüssiger Stickstoff hat eine Temperatur von unter −196 °C und eignet sich daher sowohl für die Schockgefrierung als auch zur Lagerung empfindlicher Stoffe (▷ B 3). Den flüssigen Stickstoff erhält man durch Verflüssigung der Luft und anschließender Destillation der flüssigen Luft.

2 Flüssige Luft

Die Verflüssigung von Luft

Die Luft wird in dickwandigen Behältern bei sehr hohem Druck zusammengepresst, dadurch wird die Luft heiß. Diese heiße Luft wird anschließend wieder auf die normale Temperatur gekühlt und danach entspannt. D.h., der Druck der Luft wird wieder auf den Normdruck herabgesetzt. Durch diese Druckerniedrigung fällt die Temperatur der Luft erneut weiter ab. Diesen Prozess aus Druckerhöhung, Abkühlung und Druckerniedrigung wiederholt man viele Male hintereinander. Dabei wird die Luft schließlich so kalt, dass sie kondensiert, also flüssig wird (▷ B 2). Dieses Verfahren wird nach seinem Erfinder LINDE das **Lindeverfahren** (▷ B 1) genannt.

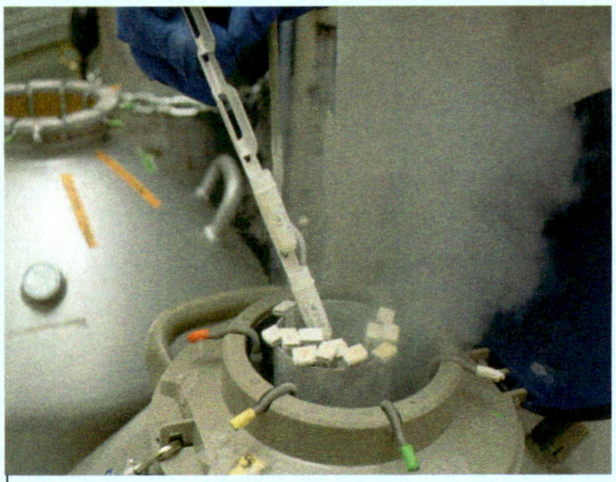

3 Tiefkühlung unter flüssigem Stickstoff

Die Destillation der Luft

Erwärmt man flüssige Luft auf −196 °C, beginnt Stickstoff zu sieden. Sauerstoff siedet aber erst bei der höheren Temperatur von −183 °C (▷ B 2). Wenn Stickstoff siedet, Sauerstoff aber noch flüssig bleibt, dann trennen sich auf diese Weise Stickstoff und Sauerstoff voneinander.

Werkstatt

Wir verbrennen Stoffe

1 Wie lange brennt das Teelicht?

Material

Schutzbrille, Becherglas (100 ml), Becherglas (250 ml), Becherglas (500 ml), Stoppuhr, feuerfeste Unterlage, Teelicht, Streichhölzer

Versuchsanleitung

Stelle ein Teelicht auf die feuerfeste Unterlage und entzünde es. Stülpe das kleinste Becherglas über das Teelicht. Miss die Zeit, wie lange das Teelicht unter dem Becherglas brennt. Wiederhole den Versuch mit dem mittleren und zuletzt mit dem größten Becherglas. Vergleiche die Brenndauer.

1 Wie lange brennt das Teelicht?

2 Verändern Verbrennungen die Masse von Holz?

Material

Schutzbrille, Zahnstocher aus Holz, Waage, Pinzette, feuerfeste Unterlage, Gasbrenner

Versuchsanleitung:

Wiege einige Zahnstocher. Erhitze diese Zahnstocher, halte sie dabei mit der Pinzette in die Flamme. Wiege die Reste der Zahnstocher und vergleiche die Massen vorher und nachher.
Erkläre das Versuchsergebnis.

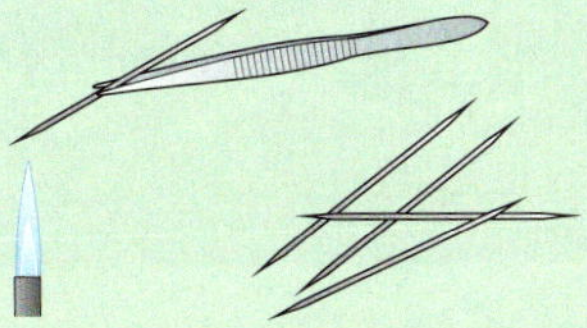

3 Verändert sich die Masse von Eisen beim Glühen?

Material

Schutzbrille, Waage, Porzellanschale, Gasbrenner, Eisenwolle

Versuchsanleitung

a) Lege die Porzellanschale auf die Waage und stelle die Waage auf „null". Lege die Eisenwolle auf die Porzellanschale und bestimme die Masse der Eisenwolle (▷ B 2a).

b) Nimm die Porzellanschale mit der Eisenwolle von der Waage. Entzünde das Gas am Brenner und halte die schwach rauschende Gasflamme vorsichtig von der Seite an die Eisenwolle (▷ B 2b). Stelle die Porzellanschale mit der Eisenwolle wieder auf die Waage. Was kann man aus der Veränderung der Anzeige schließen?

Aufgabe

Verreibe das Verbrennungsprodukt und vergleiche dessen Farbe und dessen Festigkeit mit der Eisenwolle.

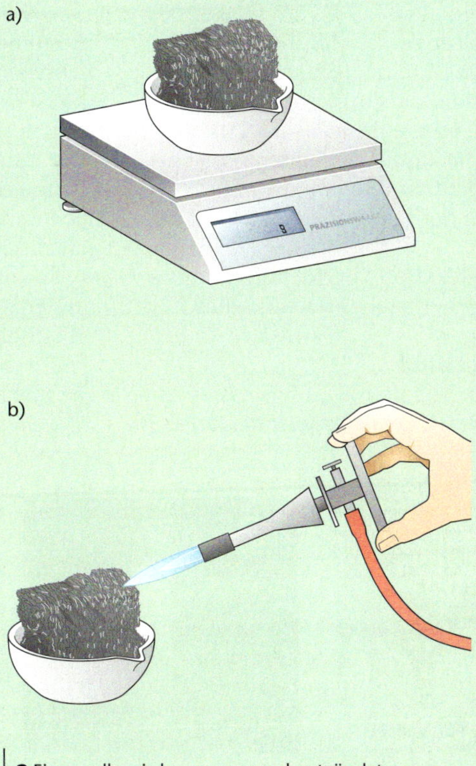

2 Eisenwolle wird gewogen und entzündet.

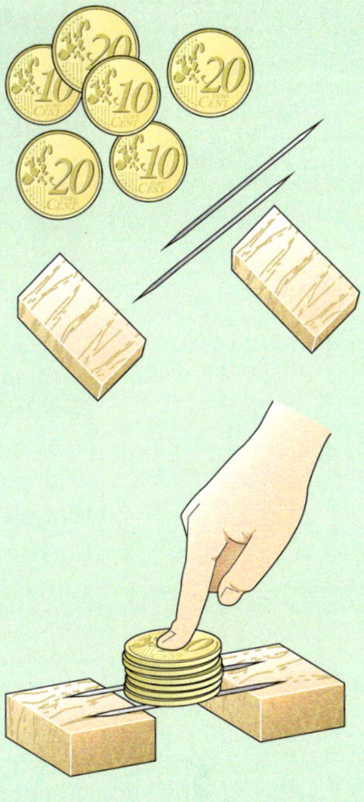

3 Zahnstocher auf der Unterlage tragen die Münzen.

4 Verbrennungen verändern Stoffe

Material

Schutzbrille, Gasbrenner, feuerfeste Unterlage, 2 Holzklötzchen als Unterlage, Pinzette, 6 kleine Münzen, 2 Zahnstocher aus Holz

Versuchsanleitung

a) Lege 2 Zahnstocher wie in Bild 3 beschrieben über die Klötzchen und belaste sie mit allen Münzen. Drücke mit dem Finger zusätzlich darauf und prüfe die Festigkeit der Zahnstocher.

b) Erhitze die beiden Zahnstocher wenigstens auf einer Länge von 4 cm. Halte sie dabei mit der Pinzette. Halte die Zahnstocher waagerecht und drehe sie beim Erhitzen um ihre Längsachse, dann bleiben sie nahezu gerade. Lege die zwei verkohlten Zahnstocher über die Klötzchen. Untersuche, wie viele Münzen die beiden verbrannten Zahnstocher tragen können.

Aufgabe

Erkläre die Versuchsergebnisse.

1 Magnesia verhindert das Abrutschen beim Turnen.

2 Magnesium verbrennt zu Magnesiumoxid.

Magnesium, ein brennbares Metall
Entzündet man einen Streifen Magnesiumband an der Luft, verbrennt er mit heller Lichterscheinung zu einem weißen Reaktionsprodukt (▷ B 2). Magnesium hat mit Sauerstoff aus der Luft zu Magnesiumoxid reagiert. Magnesiumoxid ist ein weißer Stoff, der unter der Bezeichnung Magnesia im Sport verwendet wird (▷ B 1).

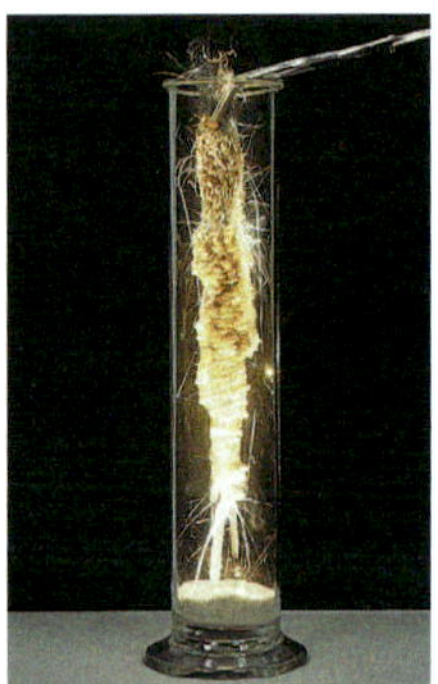

3 Eisen wird oxidiert.

Metalle reagieren mit Sauerstoff
In reinem Sauerstoff verbrennen Metalle sehr viel heftiger als an der Luft. Magnesium reagiert mit Sauerstoff so stark, dass sich das gesamte Reaktionsprodukt in Form eines weißen Rauches im Standzylinder zeigt (▷ B 4; V 1). Ein gleißendes Licht ist zu sehen. Angeglühte Eisenwolle verbrennt in reinem Sauerstoff unter lebhaftem Funkensprühen zu Eisenoxid (▷ B 3; V 2), während sie an der Luft nur glüht. Die Reaktionsprodukte unterscheiden sich nicht von denen, die beim Verbrennen an der Luft entstehen.

Bei der Reaktion von Metallen mit Sauerstoff entstehen Metalloxide.

Oxide, Oxidation
Reagiert ein Metall mit Sauerstoff, so entsteht ein **Oxid**. Oxide unterscheiden sich in ihren Eigenschaften von den Metallen, aus denen sie entstanden sind.
Es sind spröde Stoffe mit hohen Schmelztemperaturen. Die Reaktion des Metalles mit Sauerstoff bezeichnet man als **Oxidation** (griech./lat.: oxygenium, Sauerstoff). Bei den meisten Oxidationen wird Energie in Form von Licht und Wärme frei. Es handelt sich um exotherme Reaktionen.

Oxide sind Verbindungen mit Sauerstoff. Die Reaktion eines Stoffes mit Sauerstoff wird Oxidation genannt.

Reaktionen von Metalloxiden mit Wasser
Magnesium verbrennt an der Luft zu Magnesiumoxid. Schlämmt man Magnesiumoxid mit Wasser auf und gibt Universalindikator dazu, ist eine Blaufärbung festzustellen. Daher muss diese Aufschlämmung alkalisch sein (▷ B 5; V 3). Die Aufschlämmung von Branntkalk (Calciumoxid) ergibt mit Universalindikator ebenfalls eine Blaufärbung und ist deshalb alkalisch (▷ B 6; V 4). So wie Magnesiumoxid und Calciumoxid reagieren auch andere Metalloxide. Sie bilden mit Wasser alkalische Lösungen.

Metalloxide bilden mit Wasser alkalische Lösungen.

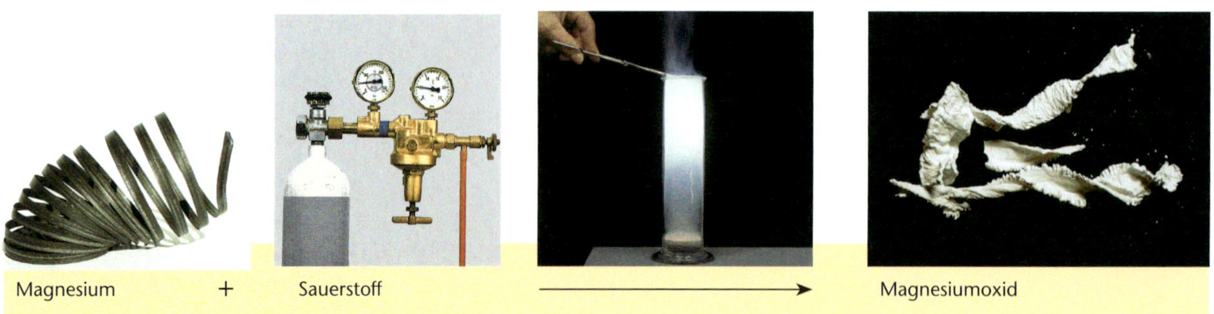

4 Magnesium und Sauerstoff reagieren zu Magnesiumoxid.

5 Eine Lösung von Magnesiumoxid in Wasser ist alkalisch.

6 Eine Lösung von Calciumoxid in Wasser ist alkalisch.

Versuche

1 Ein Magnesiumband wird in einem mit Sauerstoff gefüllten Standzylinder verbrannt, dessen Boden mit Sand bedeckt ist. (Vorsicht! Nicht in die Flamme schauen! Schutzbrille!)

2 Man füllt einen Standzylinder mit Sauerstoff und gibt einen gehäuften Esslöffel Sand in den Zylinder. Man glüht etwas Eisenwolle an und taucht sie in den Standzylinder. (Schutzbrille!)

3 In eine Petrischale wird etwas Wasser mit einigen Tropfen Universalindikator gegeben. Die Petrischale wird auf den Tageslichtprojektor gestellt. Über der Petrischale wird ein Magnesiumband so verbrannt, dass das Magnesiumoxid in die Petrischale fällt (▷ B 5). (Schutzbrille, nicht in die Flamme schauen!)

4 Mit stark rauschender Brennerflamme wird Calcium in einem Porzellantiegel so lange erhitzt, bis es an der Luft verbrennt. Das weiße Calciumoxid gibt man in eine Petrischale, in der sich mit Universalindikator versetztes Wasser befindet (▷ B 6). (Schutzbrille!)

Aufgaben

1 In einem Porzellantiegel wird Calcium erhitzt und verbrannt. Benenne das Reaktionsprodukt.

2 Zur Untersuchung von Flammenfärbungen verwendet man Magnesiastäbchen. Auch andere Geräte, beispielsweise Magnesiarinnen, Tiegel und Reaktionsrohre bestehen aus Magnesia.
Warum ist der Stoff dafür geeignet?

Brennpunkt

Rosten

Oxidation ohne Flammenerscheinung
Werden Gegenstände aus Eisen ungeschützt der Luft und Feuchtigkeit ausgesetzt, bildet sich eine rotbraune Schicht aus **Rost** (▷ B 2). Eisen hat mit Sauerstoff aus der Luft zu **Eisenoxid** reagiert. Diese Oxidation findet ohne erkennbare Licht- und Wärmeabgabe statt. Man bezeichnet sie deshalb als **langsame Oxidation**. Die Rostschicht ist locker und spröde, wie die Mikroaufnahme zeigt (▷ B 1). Sauerstoff und Feuchtigkeit können sie leicht durchdringen und an das darunter liegende Metall gelangen. Auf diese Weise können im Laufe der Zeit selbst dicke Eisenteile durchrosten.

1 Mikroaufnahme

Rostschutz
Um Eisenteile vor Rost zu schützen, muss der Zutritt von Luft und Wasser verhindert werden. Autos werden lackiert, Eisengitter und -tore mit Rostschutzfarbe gestrichen oder mit Kunststoff überzogen, eiserne Kochtöpfe emailliert und Gartengeräte wie Spaten und Harken eingeölt.

2 Eisen rostet.

1 Olympia-Medaillen in Bronze, Silber, Gold

Vergleichende Oxidation von Metallen
Bläst man Magnesiumpulver durch ein Winkelrohr in die nicht leuchtende Flamme, verbrennt das Metall mit hell leuchtendem Funkenregen (▷V 1; ▷B 2). Wiederholt man den Versuch mit Pulver gleicher Korngröße von Kupfer und Eisen, zeigen sich deutliche Unterschiede in der Reaktionsheftigkeit. Kupfer verbrennt mit grünlicher Flamme, Eisen gelb leuchtend (▷B 2) und Magnesium erzeugt eine helle Flamme.

Das Bestreben der einzelnen Metalle, mit Sauerstoff ein Oxid zu bilden, ist also unterschiedlich ausgeprägt (▷B 2).

Bindungsbestreben der Metalle
Von Gold zu Magnesium nimmt das Bestreben der Metalle zu, mit Sauerstoff zu reagieren. Nach diesem Bindungsbestreben lassen sich die Metalle auch unterscheiden. Metalle, deren Reaktionsbereitschaft mit Sauerstoff groß ist, werden **unedle Metalle** genannt. Metalle wie Gold und Silber sind **Edelmetalle**, sie besitzen ein geringes Bindungsbestreben zu Sauerstoff (▷B 3).

Unedle Metalle haben ein großes, Edelmetalle kein oder nur ein geringes Bindungsbestreben zu Sauerstoff.

Versuche

1 Ein Winkelrohr wird in Magnesiumpulver getaucht. Das Pulver wird von unten in die nicht leuchtende Gasbrennerflamme geblasen. Das Winkelrohr soll dabei mindestens einen 20 cm langen Schenkel zum Mund haben. (Feuerfeste Unterlage! Sicherheitsabstand!)

2 Man wiederholt den Versuch 1 mit Eisenpulver, Kupferpulver und Aluminiumpulver gleicher Korngröße.

2 Kupfer, Eisen, Magnesium reagieren unterschiedlich heftig mit Sauerstoff.

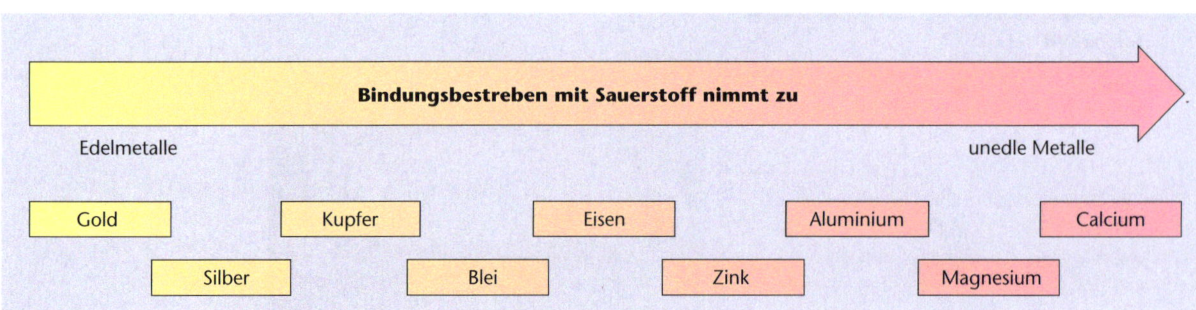

3 Bindungsbestreben von Metallen zu Sauerstoff

Werkstatt

Unterschiedlich starke Oxidation

1 Wir oxidieren Eisen

Material

Schutzbrille, Standzylinder mit Deckglas, Gasbrenner, (ggf. feuerfeste Unterlage), Tiegelzange, Spatellöffel, Sand, Eisenwolle, Sauerstoff aus der Sauerstoffflasche (wird von der Lehrkraft ausgegeben)

Versuchsanleitung

Gib ca. einen halben Zentimeter Sand in den Standzylinder. Lass den Standzylinder vom Lehrer / von der Lehrerin mit Sauerstoff füllen und decke den Zylinder mit dem Deckglas ab. Entzünde den Gasbrenner und halte einen Ballen Eisenwolle mit der Tiegelzange in die Brennerflamme (▷ B 1a). Wenn die Eisenwolle glüht, tauche sie in den mit Sauerstoff gefüllten Standzylinder (▷ B 1b).

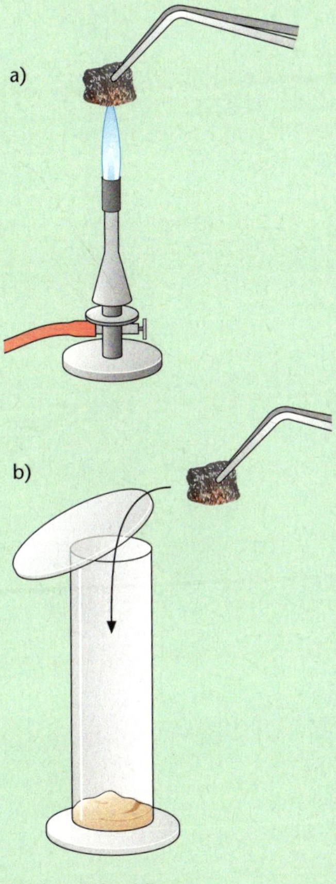

1 Eisen wird oxidiert.

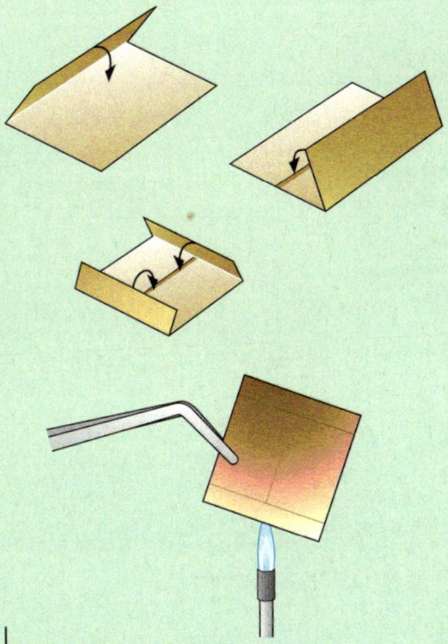

2 Kupfer wird oxidiert.

2 Wir oxidieren Kupfer

Material

Schutzbrille , Tiegelzange, Gasbrenner, feuerfeste Unterlage, Kupferblech (ca. 5 cm × 5 cm)

Versuchsanleitung

Falte ein etwa 5 cm × 5 cm großes Kupferblech (▷ B 2) (Vorsicht! Schnittverletzungen!), presse es fest zusammen und halte es mithilfe der Tiegelzange etwa eine Minute über die Flamme des Gasbrenners. Lass anschließend das Kupferblech erkalten und falte es wieder auseinander. Vergleiche den Zustand innen und außen.

3 Wir erzeugen Funkenregen

Material

Schutzbrille, Stativ, Universalklemme, Doppelmuffe, Gasbrenner (kein Kartuschenbrenner!), ein Stück Aluminiumfolie, Metallspatel mit Füllrinne, Eisenpulver, Kupferpulver, Zinkpulver (die Pulverproben sollten möglichst gleiche Korngröße besitzen) jeweils in einer Porzellanschale

Versuchsanleitung

Decke den Tisch mit einer ausreichend großen Aluminiumfolie ab und falte die Ränder der Folie nach oben um. Spanne den Gasbrenner waagerecht am Stativ ein und entzünde ihn. Achte darauf, dass kein Mitschüler in Flammenrichtung steht!

Nimm dann mit dem Spatel eine kleine Prise Metallpulver aus einer der Porzellanschalen und lass das Pulver von oben auf die nicht leuchtende Gasbrennerflamme rieseln (▷ B 3). Notiere die Beobachtungen. Ordne die Metalle nach zunehmender Reaktionsheftigkeit.

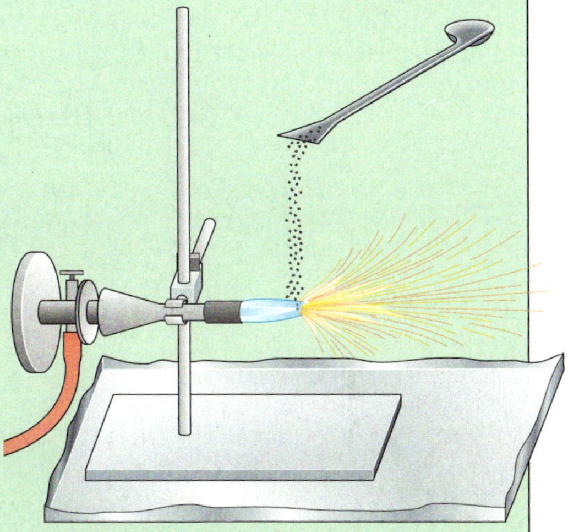

3 Ein Funkenregen wird erzeugt.

4 Wie schnell rostet Eisen?

Material

Reagenzglas, Becherglas, Spatel, fingerdicker Ballen Eisenwolle, Wasser

Versuchsanleitung

Schiebe einen Ballen Eisenwolle mit dem Spatel bis an den Boden eines Reagenzglases. Stelle das Reagenzglas mit der Öffnung nach unten in ein zu zwei Dritteln mit Wasser gefülltes Becherglas (▷ B 4). Beschreibe das Versuchsergebnis nach drei Tagen.

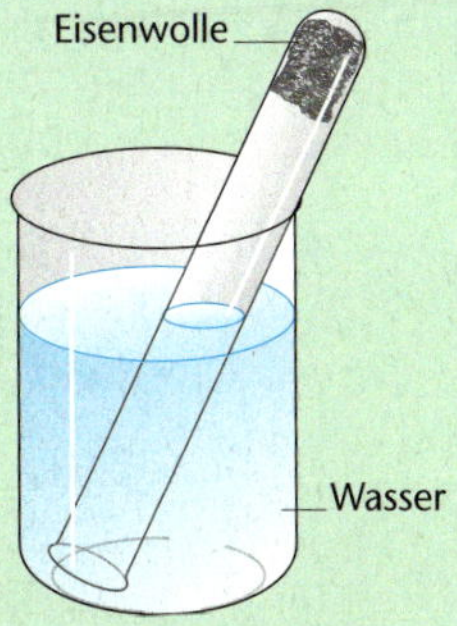

4 Eisenwolle unter Wasser

Holz verkohlen wie vor 2000 Jahren

Von Beruf Köhler
Dürre Ästchen verbrennen rasch, zurück bleibt ein kleines Häufchen Asche. Dicke Holzstücke verkohlen im Feuer, bevor sie entflammen und zu Asche verbrennen. Nur ein Köhler weiß, wie aus schweren Baumhölzern die leichte Holzkohle entsteht. Heute gibt es nur noch wenige Köhler, die die Kunst der Holzverkohlung beherrschen.

1 Ein Holzkohlemeiler

2 Köhlerhütte aus früherer Zeit

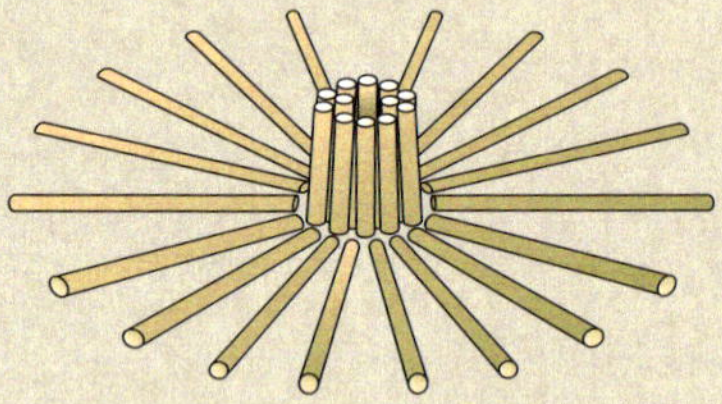

Zuerst wird die Ebene, die Kohlenplatte, hergestellt. In der Mitte entsteht ein Schacht.

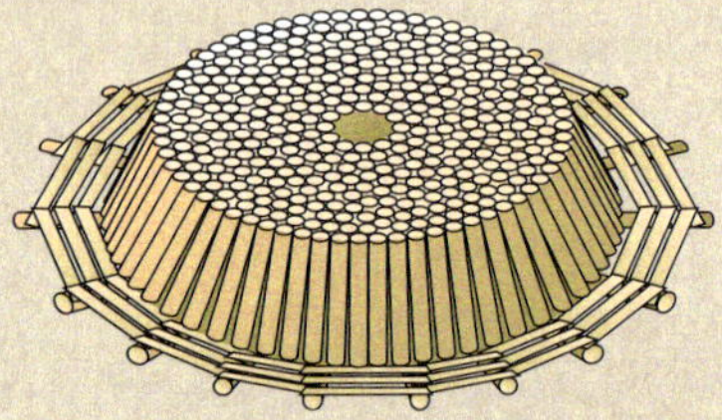

Auf der Kohlenplatte werden die Hölzer um den Schacht gesetzt.

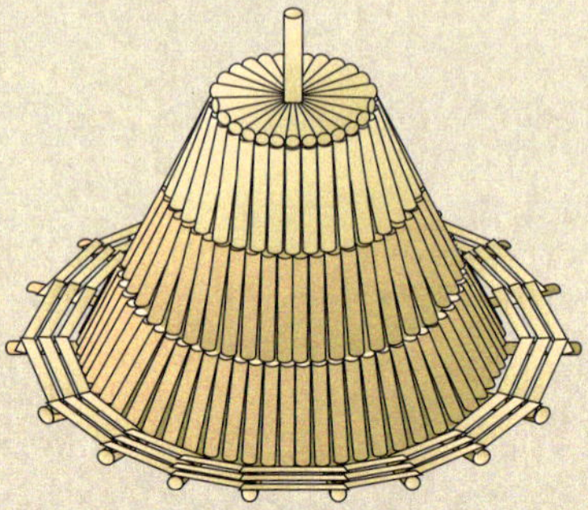

Der Holzstapel besteht aus drei bis vier Stockwerken stehender Spalten. In den Schacht wird der Füllstamm gestellt.

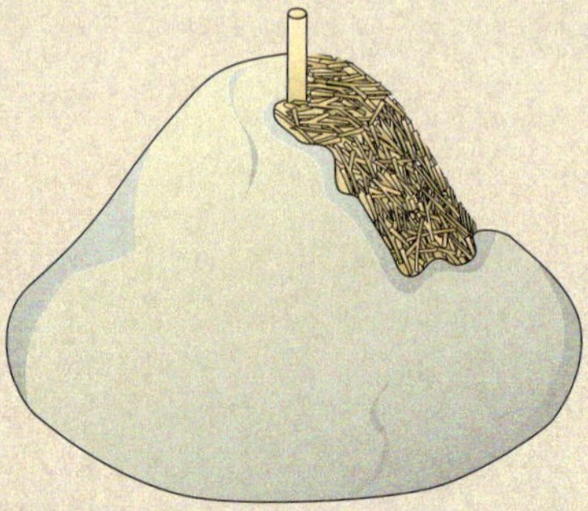

Der Meiler wird mit feuchter Asche und Gras luftdicht abgedeckt. Der Meiler wird im Schacht gezündet.

3 Aufbau eines Holzkohlemeilers

Kunstvoll geschichtet im Meiler
Die Herstellung von Holzkohle ist harte Arbeit und dauert mehrere Wochen. Während dieser Zeit bleibt der Köhler in seiner Hütte nahe beim Holzkohlemeiler (▷B 2). Für den Aufbau des 3 bis 4 Meter hohen Meilers wählt er einen windgeschützten Platz, in dessen Nähe ein Bach vorbeifließt.
Zunächst werden lange Holzstangen so aufgestellt, dass in der Mitte ein schmaler Luftschacht bleibt. In diesen Schacht wird ab der ersten Lage ein Füllstamm eingesetzt. Rundherum werden trockene Holzstücke in mehreren Etagen zu einem Meiler aufgeschichtet (▷B 3). Meist werden dicke Buchenholzstücke verwendet, die etwa einen Meter lang sind. Darüber kommt eine Schicht aus feuchtem Laub oder Heu. Dann wird der ganze Meiler mit Erde luftdicht abgedeckt und gezündet. Dazu zieht der Köhler den Füllstamm in der Mitte heraus und füllt den Schacht von oben mit glühender Holzkohle.

Verkohlen bei Tag und bei Nacht
Nun muss der Köhler Tag und Nacht dafür sorgen, dass der Meiler nicht ausgeht oder Feuer fängt. Damit das Holz langsam verkohlt, sticht er kleine Luftlöcher in die Erdhülle. Bei etwa 300 °C bilden sich im Holzkohlemeiler Wasserdampf und Gase. Aus den Löchern steigen feine weiße Wölkchen auf (▷B 1). Man sagt: „Der Meiler schwitzt".

Entweicht blauer Rauch, ist die Verkohlung abgeschlossen und alle Luftlöcher müssen wieder verstopft werden. Ohne Luftzufuhr erstickt die Glut und der Meiler erkaltet. Schicht für Schicht wird die fertige Holzkohle abgetragen, mit Wasser gekühlt und in Säcke gefüllt.

Holzkohle (▷B 4) ist ein begehrter Brennstoff, da sie beim Verbrennen viel mehr Hitze entwickelt als Holz. Sie wird heute meist nicht mehr im Freien, sondern in modernen Industrieanlagen erzeugt.

4 Holzkohle

1 Auf dem Gartengrill wird Holzkohle verwendet.

2 Holzkohle verbrennt in Sauerstoff.

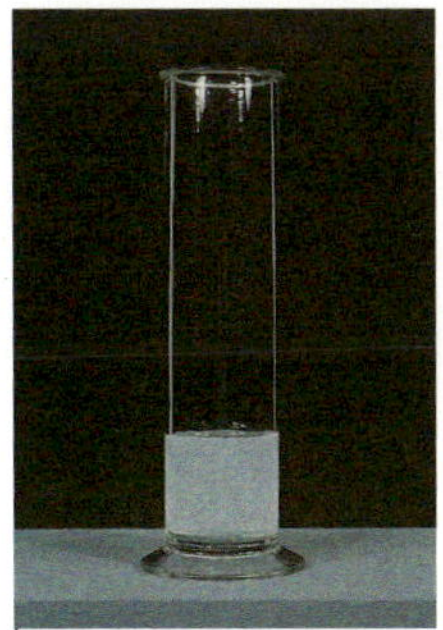
3 Kalkwasserprobe

Oxide des Kohlenstoffs
Holzkohle (▷ B 1) wird aus Holz gewonnen. Sie besteht fast ausschließlich aus Kohlenstoff, daneben enthält sie noch geringe Mengen mineralischer Stoffe. Zündet man Holzkohle an, so glüht sie unter Luftzufuhr hell auf und verglüht langsam unter Wärmeabgabe. Hellgraue Asche bleibt als Rückstand der Mineralstoffe übrig. Es entsteht kein sichtbares Oxid.

Taucht man angeglühte Holzkohle in einen Standzylinder mit reinem Sauerstoff, verbrennt sie zu einem farb- und geruchlosen Gas (▷ B 2; V 1). Schüttelt man Kalkwasser mit dem Gas im Standzylinder, erfährt das Kalkwasser eine milchige Trübung. Die Trübung von Kalkwasser ist ein Nachweis für Kohlenstoffdioxid. Bei der Reaktion von Kohlenstoff mit Sauerstoff ist also **Kohlenstoffdioxid** entstanden (▷ B 3).

▶ Kohlenstoffdioxid entsteht bei der Reaktion von Kohlenstoff mit Sauerstoff.

Kohlenstoffdioxid hat eine größere Dichte als Luft und kann deshalb umgegossen werden. Kerzen, die in verschiedenen Höhen brennen, werden im Gefäß von unten nach oben erstickt (▷ B 4).

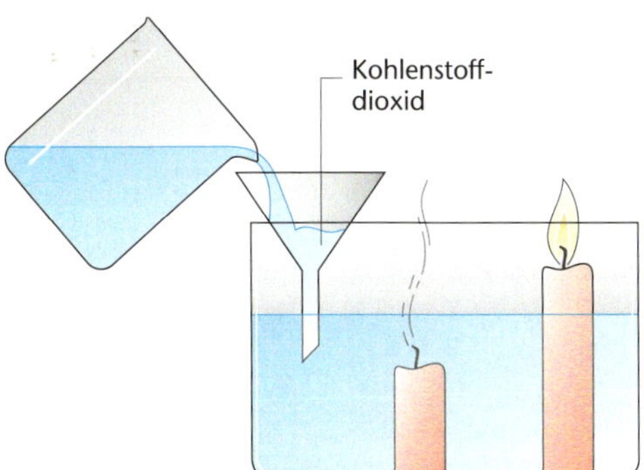

4 Kohlenstoffdioxid erstickt die Flamme.

Kohlenstoffdioxid verleiht vielen Getränken den prickelnden Geschmack. Trockeneis ist festes Kohlenstoffdioxid und wird zum Tiefkühlen von Lebensmitteln verwendet (▷ B 5).

Verbrennt Kohlenstoff bei ungenügender Luftzufuhr, so entsteht ein giftiges Gas, das **Kohlenstoffmonooxid**. Es ist farb- und geruchlos und wirkt beim Einatmen schon in geringen Mengen tödlich. Beim Entzünden verbrennt es mit blauer Flamme zu Kohlenstoffdioxid (▷ B 6). Kohlenstoffmonooxid entsteht in Verbrennungsmotoren und in Kohleheizkesseln.

5 Trockeneis zur Kühlung von Lebensmitteln

6 Kohlenstoffmonooxid verbrennt mit blauer Flamme.

Versuch

1 Entzünde ein Stück Holzkohle auf einem Verbrennungslöffel und tauche diesen in einen mit reinem Sauerstoff gefüllten Standzylinder. Prüfe das Reaktionsprodukt mit Kalkwasser. (Schutzbrille!)

Aufgabe

1 Formuliere das Reaktionsschema für die Bildung von Kohlenstoffdioxid.

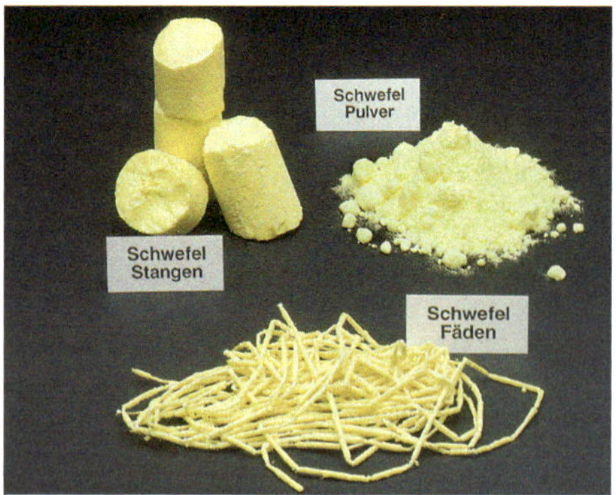

1 Handelsformen des Schwefels

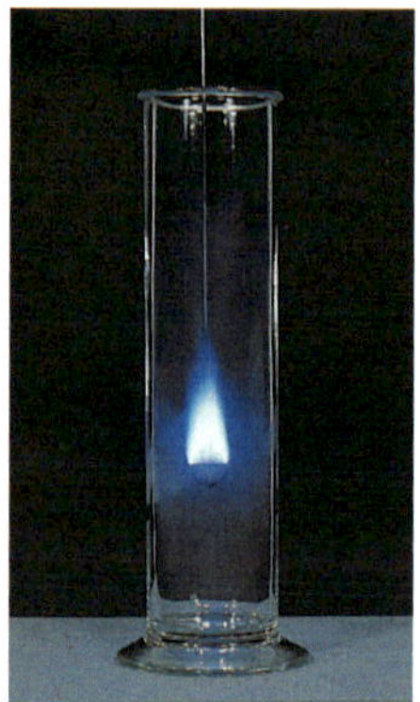

2 Schwefel verbrennt.

Schwefel reagiert mit Sauerstoff
Erhitzt man Schwefel im Verbrennungslöffel und taucht diesen in einen Standzylinder mit reinem Sauerstoff, so verbrennt Schwefel mit leuchtend blauer Flamme (▷ B 2; V 1). Es entsteht ein farbloses, stechend riechendes Gas. Schwefel hat mit Sauerstoff **Schwefeldioxid** gebildet. Schwefeldioxid ist giftig und reizt die Schleimhäute.

Wasserstoff reagiert mit Sauerstoff
Ein Space-Shuttle wird mit einer Trägerrakete in den Weltraum gebracht. Den Antrieb bilden die beiden Gase Wasserstoff und Sauerstoff, die im flüssigen Zustand mitgeführt werden. Die bei der Verbrennung freigesetzte Energie bildet den Schub. Es entstehen riesige Mengen Wasserdampf. Wasserstoff reagiert mit Sauerstoff zu **Wasserstoffoxid** (Wasser; ▷ B 3).

Stickstoff reagiert mit Sauerstoff
Bei Verbrennungsvorgängen, die bei hoher Temperatur ablaufen, reagieren Stickstoff und Sauerstoff zu Stickstoffoxiden. Dies geschieht in Verbrennungsmotoren und Kraftwerken.

Nichtmetalloxide reagieren mit Wasser
Schwefeldioxid ergibt mit Wasser eine saure Lösung (▷ B 4; V 2). Auch das bei der Verbrennung von Kohlenstoff gebildete Gas Kohlenstoffdioxid löst sich gut in Wasser und ergibt ebenfalls eine schwach saure Lösung (▷ V 3). Kohlenstoff und Schwefel sind Nichtmetalle. Ihre Verbrennungsprodukte sind **Nichtmetalloxide**, die mit Wasser **saure Lösungen** bilden.

▶ Bei der Reaktion von Nichtmetallen mit Sauerstoff entstehen Nichtmetalloxide. Nichtmetalloxide bilden mit Wasser saure Lösungen.

Versuche

1. Eine kleine Portion Schwefel wird in einem Verbrennungslöffel entzündet und dieser sofort in einen mit Sauerstoff gefüllten Standzylinder getaucht. Mit einem Deckglas wird der Zylinder verschlossen. (Abzug!)

2. Man füllt einen Standzylinder etwa 4 cm hoch mit Wasser und gibt einige Tropfen Universalindikator dazu. Ein Stück Schwefel wird auf einen Verbrennungslöffel gegeben und im Standzylinder verbrannt (Abzug!). Dann verschließt man den Standzylinder mit einem Deckglas und schwenkt ihn um.

3. Fülle einen Standzylinder etwa 4 cm hoch mit Wasser und gib einige Tropfen Universalindikator dazu. Verbrenne anschließend ein Stück Holzkohle auf dem Verbrennungslöffel im Standzylinder, bis das Feuer ausgeht. Schwenke das Wasser im Standzylinder kräftig um. Achte auf die Farbänderung.

3 In Raketentriebwerken verbrennt Wasserstoff mit Sauerstoff.

4 Eine Lösung von Schwefeldioxid und Wasser ist sauer.

1 Kohlekraftwerk

2 Absorberturm

Rauchgas aus Kohlekraftwerken
In Kohlekraftwerken wird Braun- oder Steinkohle zur Wärmeerzeugung verbrannt. Neben festen Rückständen in Form von Asche entstehen bei der Verbrennung Feuerungsabgase, die als **Rauchgas** entweichen und zur Luftverschmutzung beitragen. Bei der Rauchgasentschwefelung wird Schwefeldioxid aus dem Rauchgas entfernt.

Laborversuch zur Rauchgasentschwefelung
Man erhitzt zerkleinerte Braunkohle bis zum Glühen, beobachtet die Rußabscheidung im Rundkolben und prüft das entstehende Rauchgas auf Schwefeldioxid (Prüfröhrchen). Das Rauchgas wird dann durch eine Lugol-Lösung geleitet (▷ B 4). Die Entfärbung der Lösung deutet auf Schwefeldioxid hin. Anschließend wird das Rauchgas durch Kalkwasser geleitet. Das Kalkwasser wird milchig trüb. Schwefeldioxid wird absorbiert, ein Salz bildet sich. Prüft man noch einmal auf Schwefeldioxid, wird die Lugol-Lösung farblich nicht mehr verändert.

Rauchgasentschwefelung in der Technik
In einem Waschturm, dem Absorberturm, (▷ B 2), der etwa 40 Meter hoch ist und einen Durchmesser von 15 Metern aufweist, wird das heiße schwefeldioxidhaltige Rauchgas auf ca. 50 °C gekühlt. Die Waschflüssigkeit ist eine Suspension aus Wasser und fein gemahlenem Kalkstein. Auf mehreren Düsenebenen wird die Waschsuspension in das Rauchgas gesprüht. Das gasförmige Schwefeldioxid reagiert mit der Kalksteinsuspension. Über chemische Reaktionen entsteht Gips. Durch dieses Verfahren wird der Schwefeldioxidausstoß im Rauchgas um mehr als 85 % reduziert.

Gipspellets
Der in einer **R**auchgas**e**ntschwefelungs-**A**nlage entstandene Gips (**REA**-Gips) wird zu Pellets (▷ B 3) gepresst oder nach Entzug von Wasser in rieselfähiger Form gelagert. Ein Teil dieser Gipsproduktion wird in der Baustoffindustrie verwertet.

3 Gipspellets

Versuch

1 Man baut eine Versuchsapparatur nach Bild 4 auf. Den Weg des entstehenden Rauchgases verfolgt man über Rußabscheidung, Waschflaschen mit Lugol-Lösung, Kalkwasser und wieder Lugol-Lösung bis zum Prüfröhrchen für Schwefeldioxid am Versuchsende.

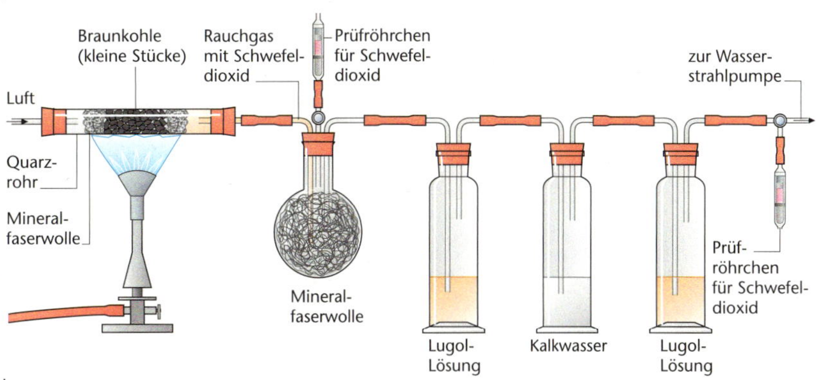

4 Schwefeldioxid wird aus dem Rauchgas entfernt.

Brennpunkt

Treibhauseffekt

1 Ein Gewächshaus ist ein Treibhaus.

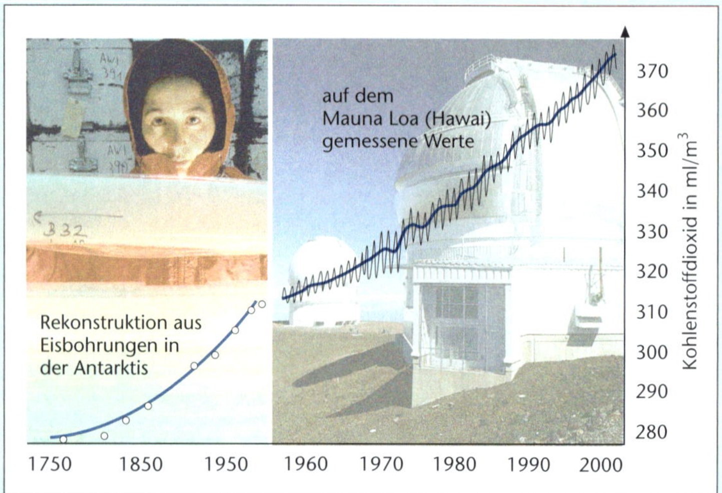

2 Kohlenstoffdioxid in der Atmosphäre

Was ist ein Treibhaus?

In einem Gewächshaus (▷B1) ist das Glas für normales Sonnenlicht durchlässig. Die Pflanzen und der Boden erwärmen sich und strahlen auch wieder Wärme ab. Diese Wärmestrahlung wird vom Glas teilweise zurückgehalten, das Gewächshaus erwärmt sich. Pflanzen treiben in einem Treibhaus auch aus, wenn es draußen kalt ist.

Treibhaus Erde

Ein Teil der Sonnenstrahlen dringt durch die Atmosphäre, die natürliche Lufthülle der Erde, und erwärmt die Oberfläche. Die von der Oberfläche zurückgeworfene Wärmestrahlung wird teilweise zurückgehalten von den Wassertröpfchen in den Wolken und vor allem von gasförmigem Wasser und Kohlenstoffdioxid in der Atmosphäre. Die Lufthülle der Erde wirkt wie die Glasscheibe eines Gewächshauses (▷B4). Man spricht vom Treibhauseffekt. Ohne die Gase der Atmosphäre läge die mittlere Jahrestemperatur auf der Erde bei –18 °C und nicht, wie tatsächlich gemessen, bei +15,5 °C.

Wird es wärmer auf der Erde?

Heute entsteht durch Verbrennung kohlenstoffhaltiger Brennstoffe weltweit mehr Kohlenstoffdioxid, als die Bäume und andere grüne Pflanzen aufnehmen können. Die Folge davon ist ein Anstieg des Kohlenstoffdioxidgehaltes in der Luft (▷B2). Auch die Vernichtung von Tropenwald durch Brandrodung erhöht den Anteil von Kohlenstoffdioxid in der Atmosphäre (▷B3). Dadurch verstärkt sich der natürliche Treibhauseffekt und die Temperatur in Bodennähe nimmt zu.

Aufgaben

1 Welche Gefahren sind mit der Zunahme des Treibhauseffekts verbunden?

2 Wodurch erhöht sich der Anteil von Kohlenstoffdioxid in der Atmosphäre?

3 Suche nach Informationen über weitere Treibhausgase, die das Klima auf der Erde beeinflussen.

3 Brennender Regenwald in den Tropen

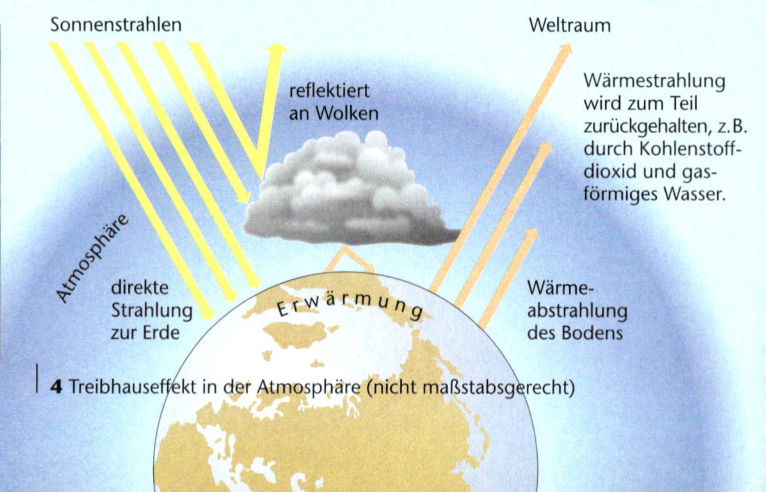

4 Treibhauseffekt in der Atmosphäre (nicht maßstabsgerecht)

Brennpunkt

Luftverschmutzung

Schädliche Verbrennungsprodukte
Kohle, Erdgas, Erdöl und Erdölprodukte wie Benzin, Diesel- und Heizöl werden verbrannt, damit die Energie, die bei diesen Oxidationsvorgängen frei wird, genutzt werden kann. Beim Verbrennen entstehen nicht nur Wasserdampf und Kohlenstoffdioxid, sondern auch andere Oxide, die als Abgase die Luft verschmutzen. Die Brennstoffe enthalten Schwefelverbindungen, deshalb entsteht das giftige **Schwefeldioxid**. Es reizt die Schleimhäute und schädigt die Atmungsorgane. Bei der Verbrennung von Benzin im Motor entstehen giftige **Stickstoffoxide** und bei einer unvollständigen Verbrennung **Kohlenstoffmonooxid**. Die Stickstoffoxide entstehen durch Oxidation von Luftstickstoff im heißen Motor. Stickstoffoxide sind schon in geringen Mengen sehr giftig, auch Kohlenstoffmonooxid beeinträchtigt schon in geringer Konzentration die Sauerstoffaufnahme des Blutes. Der Schadstoffausstoß der verschiedenen Verursacher ist sehr unterschiedlich (▷ B 1).

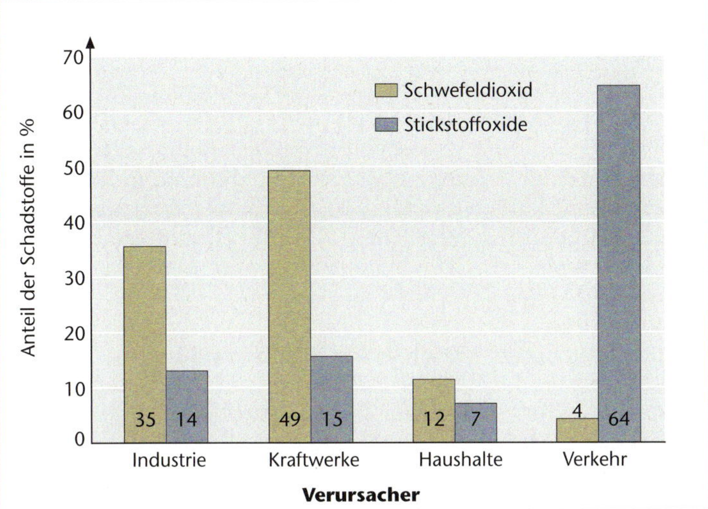

1 Schadstoffausstoß und Verursacher in Deutschland

Feinstäube
Bei Verbrennungsprozessen entstehen so genannte Feinstäube. Sie schädigen die Atmungsorgane. Da der Teilchendurchmesser beim Feinstaub unter 0,2 Millimetern liegt, können die Stäube sogar durch die Lungenbläschen ins Blut gelangen. Dies ist besonders gefährlich, weil die Stäube auch Verbindungen giftiger Schwermetalle (Blei, Cadmium, Zink) enthalten können.

Zeitpunkt

Smog

1 „Big Ben" in London im Nebel

2 Polizistinnen mit Schutzmasken

London im Dezember 1952
Die Schadstoffe in der Luft fördern die Nebelbildung. In London tauchte 1952 zum ersten Mal das Phänomen „Smog" auf (▷ B 1). Rauch und Nebel behinderten den Verkehr, innerhalb von 14 Tagen starben 4000 Menschen mehr als sonst in diesem Zeitraum. Sehr viele litten unter Augenreizung, Atem- und Kreislaufbeschwerden, vor allem Kleinkinder und ältere Menschen. Luftmessungen ergaben eine fünfmal höhere Rauchkonzentration und eine sechsmal höhere Schwefeldioxidkonzentration als sonst. Mit Tüchern und Smog-Schutzmasken (▷ B 2) versuchte die Bevölkerung, sich vor dem Smog zu schützen. Das Wort Smog ist eine Wortbildung aus den englischen Wörtern **Sm**oke = Rauch und F**og** = Nebel und versinnbildlicht den durch die Luftverunreinigung hervorgerufenen Nebel.

Brennpunkt

Ozon am Boden

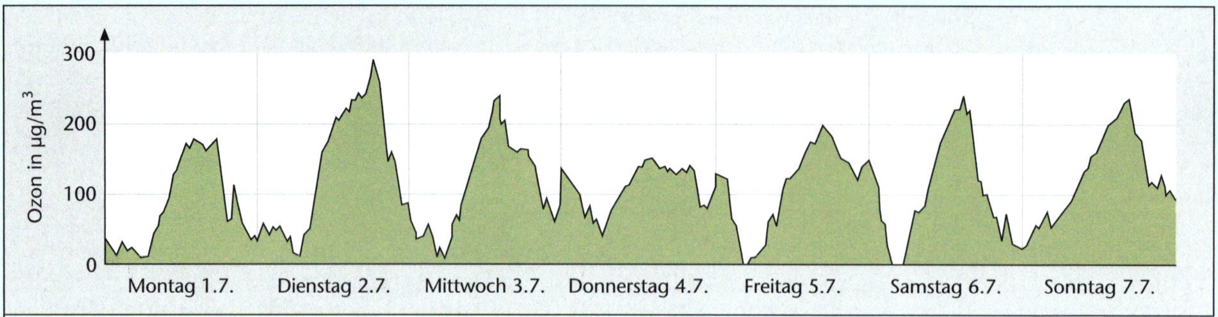

1 Wohin verschwand das Ozon am Donnerstag?

Ozon
Ozon bildet sich in den Dunstglocken der Städte und Industriegebiete, wenn die Luft besonders viele Schadstoffe enthält. Ozon ist ein sehr giftiges Gas mit einem typischen Geruch. Besonders Stickstoffoxide und Kohlenwasserstoffe aus den Auspuffgasen der Autos tragen bei intensiver Sonneneinstrahlung zur Ozonbelastung bei. Im Frühjahr und Sommer können an heißen, sonnigen Tagen zwischen den Mittags- und Abendstunden erhöhte Ozonwerte gemessen werden. Von den Medien werden Grenzwerte an die Bevölkerung mit der Empfehlung weitergegeben, körperlich anstrengende Tätigkeiten im Freien zu meiden.

2 Ozonwarnung

Ozon – ein Gift für die Lungen
Bei zu hohen Ozonwerten können bei dafür besonders empfindlichen Menschen wie Allergikern und Asthmatikern Kopfschmerzen, Augenreizungen, Kratzen im Hals und Atembeschwerden auftreten. Selbst bei gesunden Menschen können Lungenfunktionsstörungen auftreten. Für Ozon existieren keine Emissions-Grenzwerte. Doch es gibt Schwellenwerte, um die Ozonkonzentration in der Atemluft zu beurteilen. Bei einem Mittelwert, der unter 110 Mikrogramm pro Kubikmeter Luft (110 µg/m³) über einen Zeitraum von acht Stunden liegt, sind keine gesundheitsschädigenden Auswirkungen zu befürchten.

Ozon macht sich bemerkbar
Einige Pflanzen reagieren sehr empfindlich auf erhöhte Ozonwerte in der Luft. Bestimmte Tabakpflanzen (▷ B 4) und Kleesorten zeigen dann braune Stellen auf ihren Blättern. Ähnliche Schäden, wie sie bei Versuchspflanzen auftreten, gibt es auch bei vielen Nutzpflanzen, wie z. B. bei Weizen und Erbsen.

Das Ozongesetz
Im Juli 1995 wurde von der Bundesregierung das „Ozongesetz" erlassen; es galt bis 1999. Damit sollten die hohen Ozonwerte im Sommer gesenkt werden. Inhalt dieses Gesetzes waren weiträumige Fahrverbote für Kraftfahrzeuge, die hohe Konzentrationen an Schadstoffen ausstoßen. Fahrverbote wurden erteilt, wenn an drei Messstationen, die mehr als 50 km voneinander entfernt sind, ein Ozonwert gemessen wird, der 240 µg/m³ Luft am selben Tag überschritt.

3 Ozonbelastung im Jahresverlauf

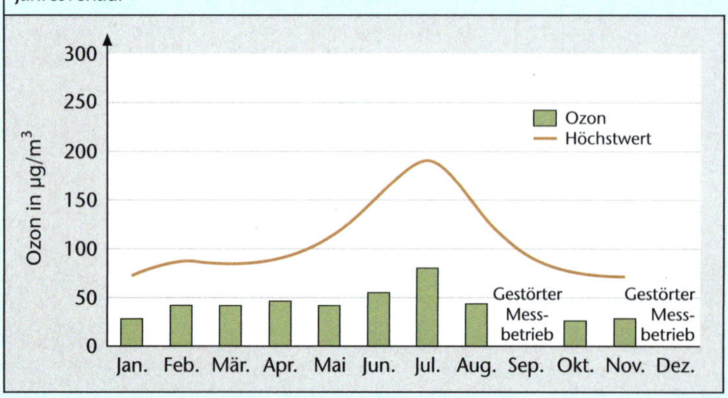

4 Die Tabaksorte Bel-W3 reagiert besonders empfindlich auf Ozon.

Schlusspunkt

Luft und Verbrennung

Bedingungen einer Verbrennung
Eine Verbrennung findet nur statt, wenn vier Bedingungen gleichzeitig erfüllt sind (▷ B 2):

1. Ein brennbarer Stoff muss vorhanden sein.
2. Luft muss ungehindert Zutritt zum brennbaren Stoff haben.
3. Die Zündtemperatur des brennbaren Stoffes muss erreicht sein.
4. Luft und brennbarer Stoff müssen im richtigen Mengenverhältnis vorliegen.

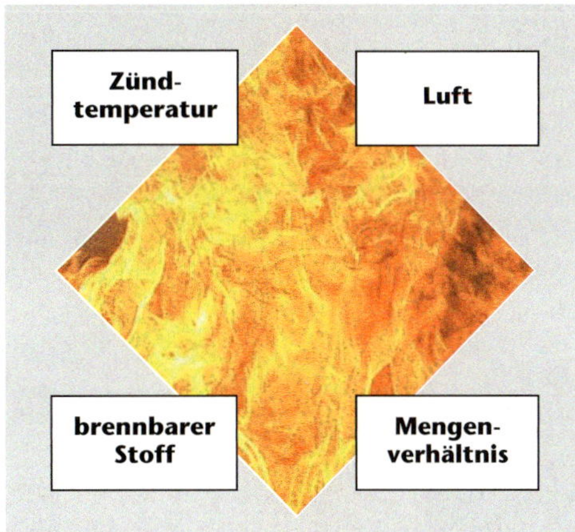

2 Bedingungen einer Verbrennung

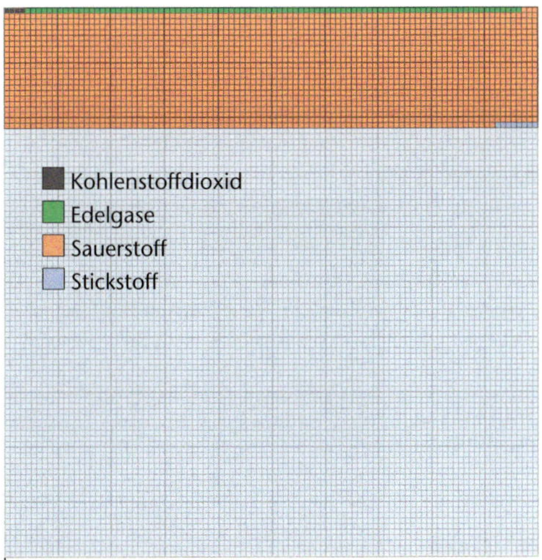

1 Zusammensetzung der Luft

Luft – ein Gasgemisch
Luft ist ein Gasgemisch und besteht aus Sauerstoff, Stickstoff, Kohlenstoffdioxid und Edelgasen (▷ B 1).

Metalle reagieren mit Sauerstoff
Bei Reaktionen von Metallen mit Sauerstoff entstehen Metalloxide.
Beispiele:
Magnesium + Sauerstoff ⟶ Magnesiumoxid
Eisen + Sauerstoff ⟶ Eisenoxid

Oxide und Oxidationen
Oxide sind Verbindungen mit Sauerstoff. Die Reaktion eines Stoffes mit Sauerstoff wird Oxidation genannt.

Bildung alkalischer Lösungen
Metalloxide bilden mit Wasser alkalische Lösungen (▷ B 3).

Nichtmetalle reagieren mit Sauerstoff
Bei der Reaktion von Nichtmetallen mit Sauerstoff entstehen Nichtmetalloxide.
Beispiele:
Kohlenstoff + Sauerstoff ⟶ Kohlenstoffdioxid
Schwefel + Sauerstoff ⟶ Schwefeldioxid

Bildung saurer Lösungen
Nichtmetalloxide bilden mit Wasser saure Lösungen (▷ B 4).

3 Magnesiumoxid bildet in Wasser eine alkalische Lösung.

4 Schwefeldioxid bildet in Wasser eine saure Lösung.

Aufgaben

1 Terpentinöl ist schwer entzündbar. Sprüht man es in die Gasbrennerflamme, entzündet es sich sofort und brennt mit einer Stichflamme (▷ B 1). Erkläre dies.

1 Zu Aufgabe 1

2 Jeder Landwirt weiß, dass sich feuchtes Heu in einer Scheune leicht selbst entzündet (▷ B 2). Deshalb misst er regelmäßig die Temperatur des eingelagerten Heus. Überlege, wodurch es zur Selbstentzündung kommen kann.

2 Zu Aufgabe 2

3 Wenn man Kupfer über die rauschende Gasbrennerflamme hält, entsteht Kupferoxid (▷ B 3). Wenn man aber Kupfer über eine Kerzenflamme hält, dann bildet sich Ruß und kein Kupferoxid. Erkläre. Formuliere das Reaktionsschema für die Bildung von Kupferoxid.

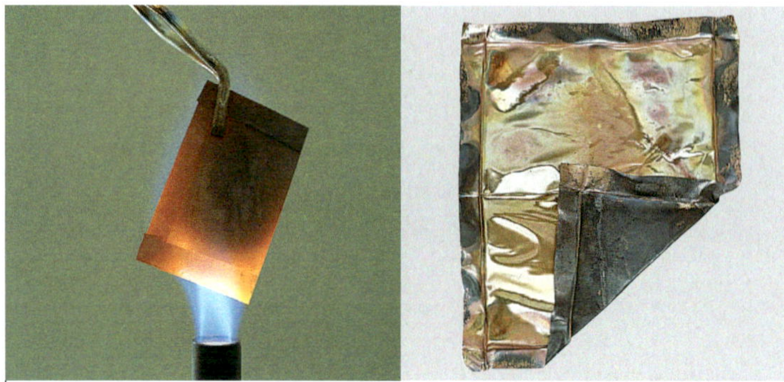

3 Zu Aufgabe 3

4 Aus einer roten Gasflasche wird ein farbloses Gas in ein Reaktionsrohr gefüllt und entzündet. Die Reaktion verläuft explosiv. Nach der Reaktion ist im Rohr ein Beschlag zu sehen, der sich mit Watesmopapier (▷ B 4) nachweisen lässt. Welche chemische Reaktion wurde durchgeführt? Formuliere das Reaktionsschema und gib die Reaktionsart an.

4 Zu Aufgabe 4

5 Gib ein Merkmal an, nach dem man entscheiden kann, ob ein Metall edel ist.

6 Regen ist ganz schwach sauer, auch in reiner Luft. Warum?

7 Auch im Körper des Menschen finden Oxidationen statt.
a) Welche Stoffe werden dabei oxidiert?
b) Wodurch unterscheiden sich solche Oxidationen von Verbrennungen an der Luft?
c) Wozu dient die frei werdende Energie (▷ B 5)?

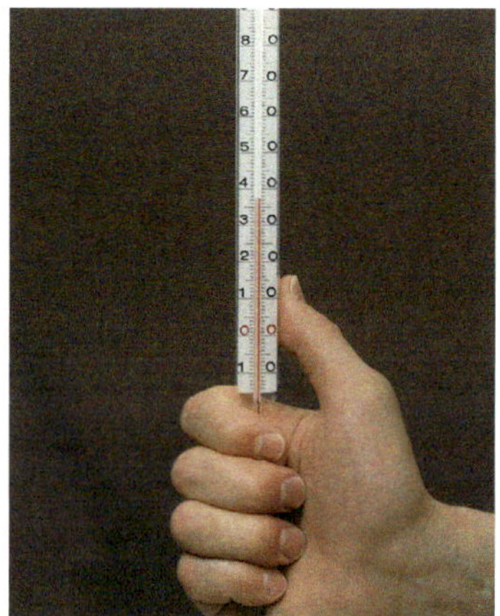

5 Zu Aufgabe 7

8 Ein Rostschutzmittel lässt sich aus Sauerstoff und Blei herstellen. Zu welcher Stoffklasse gehört das Rostschutzmittel demnach?

9 Nenne einen Grund, warum man das Kohlenstoffdioxid als einen natürlichen Bestandteil der Luft bezeichnen kann. Man könnte Kohlenstoffdioxid aber auch als Luftschadstoff bezeichnen. Unter welcher Voraussetzung?

1 Unter welchen Bedingungen entsteht Kohlenstoffmonooxid?

2 Kohlenstoffmonooxid ist ein brennbares Gas, das mit bläulicher Flamme verbrennt. Benenne das Reaktionsprodukt und formuliere das Reaktionsschema der Verbrennung.

3 Zum Grillen wird häufig Holzkohle verwendet. Die weißgraue Asche ist nicht das Oxid des Kohlenstoffs.
Beschreibe die Bildung und den Nachweis des entstehenden Oxids von Kohlenstoff.

4 Grüne Pflanzen benötigen zum Leben Kohlenstoffdioxid und Wasser. Zeige auf, wie Tiere und Menschen von den Pflanzen abhängig sind. Zeichne dazu ein Schema, nutze Informationen aus Büchern und dem Internet.

Hamburg meldet: Land unter

Noch weiß niemand genau, ob solche Schreckensmeldungen eintreffen werden: Italien hat sich in eine unfruchtbare Steppenlandschaft verwandelt, in Süddeutschland sind alle Fichten und Tannen abgestorben, dafür blühen im Schwarzwald die Orangen, der Kölner Dom steht zur Hälfte unter Wasser und Hamburg ist überflutet.

5 Hamburg meldet: „Land unter"! Lies die Meldung dieser Zeitschrift und beurteile die Aussagen.
Stelle einen Bezug zu Kohlenstoffdioxid her.

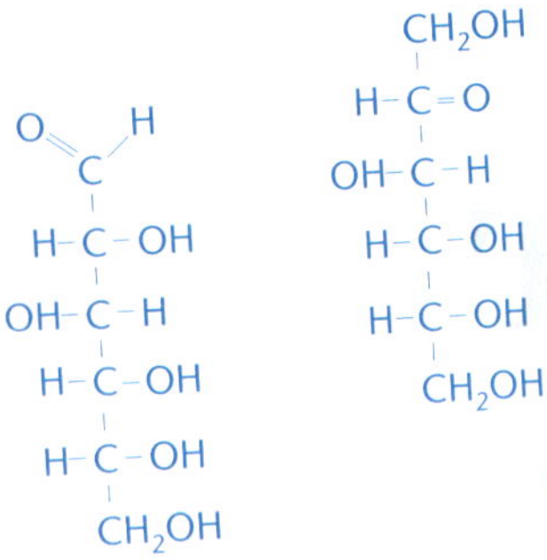

Die chemische Zeichensprache

Chemische Substanzen und Vorgänge werden mithilfe von Formeln beschrieben. Auch die meisten Laien wissen, dass die Formel H_2O für Wasser steht. Dem, der diese „Geheimsprache" lesen kann, erschließt sich eine gewisse Ordnung in der Welt und er kann zahlreiche chemische Beobachtungen deuten.

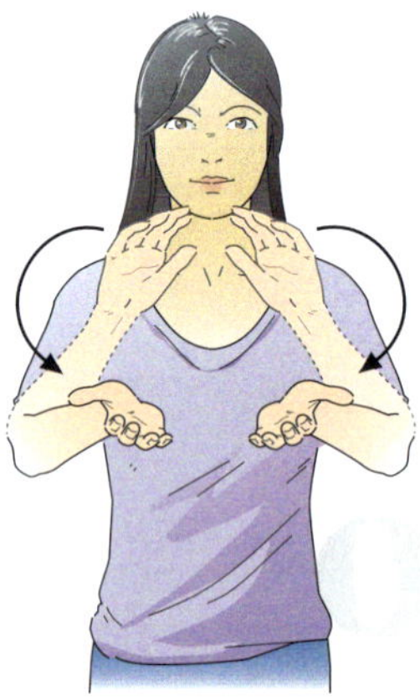

Menschen können sich sowohl über die flüchtige Lautsprache, als auch über die beständige Schriftsprache oder über Bilder miteinander verständigen. In welcher Situation wählt ihr welche Form der Kommunikation?

Als „Symbol" kann ein Bild Sprachgrenzen überwinden. Tragt die Bedeutung der auf dieser Seite dargestellten „Symbole" zusammen!

Auch Geheimsprachen arbeiten mit „Symbolen". Tragt einige Beispiele zusammen!

CO_2

O_2

H_2O

Cu

H_2

CuO

C

Al_2O_3

1 Eine Kerze brennt ab.

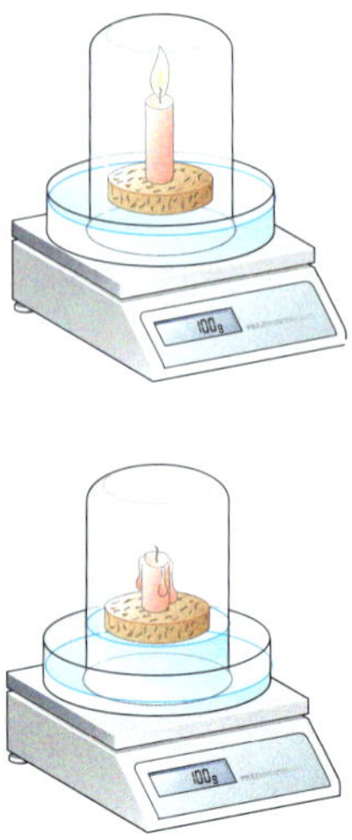

2 Eine Kerze wird in einer geschlossenen Apparatur verbrannt.

Ein Stoff wird „leichter"
Eine brennende Kerze wird mit der Zeit kleiner und verliert an Masse (▷ B 1). Es ist also nicht verwunderlich, dass die Kerze mit der Zeit leichter wird.

Ein Stoff wird „schwerer"
Hängen zwei gleich schwere Ballen Eisenwolle an einer Balkenwaage, so ist diese im Gleichgewicht. Erhitzt man jedoch einen Ballen, so neigt sich die Waage zu der Seite, an der die verbrannte Eisenwolle hängt (▷ V 1; B 3). Das Verbrennungsprodukt ist offensichtlich schwerer als der Ausgangsstoff.

Leichter oder schwerer – ein Gesetz?
Es scheint so, als würden die Massen bei manchen Reaktionen kleiner werden, bei anderen größer. Wird eine Kerze in einer geschlossenen Apparatur verbrannt (▷ V 2; B 2) so zeigt sich vor und nach der Reaktion keine Massenveränderung.

ANTOINE L. LAVOISIER (1743–1793) erkannte als Erster das **Gesetz von der Erhaltung der Massen.**

▶ Bei chemischen Reaktionen ist die Masse der Ausgangsstoffe gleich der Masse der Reaktionsprodukte.

3 Eisenwolle wird an einer Balkenwaage erhitzt.

Versuche

1 Zwei gleich große Ballen Eisenwolle werden an eine Balkenwaage gehängt (▷ B 3). Nachdem die Waage im Gleichgewicht ist, wird ein Ballen erhitzt.

2 Stelle eine auf Kork befestigte kleine Kerze in eine zu zwei Drittel mit Wasser gefüllte Glaswanne. Stülpe ein Becherglas über die Kerze und wiege die gesamte Apparatur. Entzünde dann die Kerze unter dem Becherglas. Beobachte und erkläre (▷ B 2).

Werkstatt

Werden Stoffe „leichter" oder „schwerer"?

1 Streichholzköpfe werden verbrannt

Material
Schutzbrille, Gasbrenner, Zange, 2 dünnwandige Reagenzgläser, Reagenzglashalter, Stopfen mit Bohrung und passendem kurzem Glasrohr, Klebeband, Bindfaden, Schere, Waage, 10 Streichhölzer, Luftballon

Versuchsanleitung
a) Knipse mit der Zange die Köpfe von den Streichhölzern ab. Gib 5 Streichholzköpfe in ein Reagenzglas und wiege die Apparatur. Verbrenne dann die Streichholzköpfe im Reagenzglas über der Brennerflamme. Halte dabei das Reagenzglas mit dem Reagenzglashalter. Wenn sich die Streichholzköpfe entzündet haben, lasse die Apparatur abkühlen und wiege erneut.

b) Gib 5 Streichholzköpfe in das zweite Reagenzglas. Verschließe das Reagenzglas mit einem durchbohrten Stopfen. Führe das Glasrohr in den Stopfen ein und befestige einen Luftballon mit Faden und Klebeband so auf dem Glasrohrende, dass dieser dicht abschließt (▷ B 1).
Wiege die Apparatur. Verbrenne nun die Streichhölzer über der Brennerflamme. Wiege die Apparatur nach dem Erkalten erneut.

Aufgaben
1. Wie sind die Beobachtungen aus Versuch b) zu erklären?

2. Wie unterscheiden sich Versuch 1 a) und b)? Erkläre.

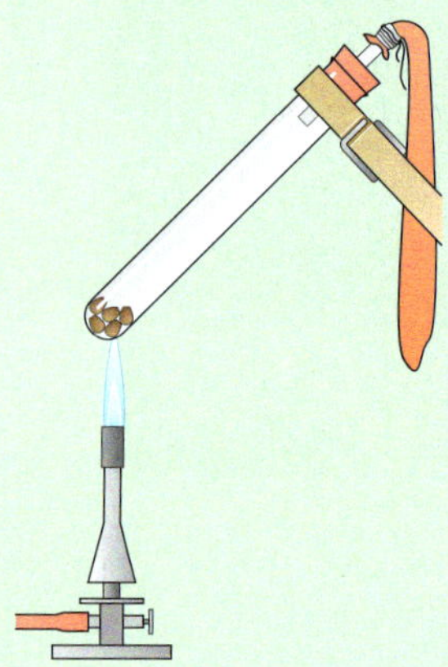

1 Streichholzköpfe werden verbrannt.

Symbole im Wandel der Zeit

Die Symbolsprache der Alchemisten
Seit Urzeiten verwenden die Menschen Zeichen und Symbole zur Kommunikation. Im Mittelalter erfanden die Alchemisten eine Symbolsprache für chemische Stoffe und chemische Vorgänge. Sie verschlüsselten ihre Erkenntnisse dabei oft so, dass sie nur von Eingeweihten verstanden und gebraucht werden konnten. Zudem stellte ein einziges alchemistisches Symbol den Teil einer ganzen philosophischen Weltanschauung dar und diente auch als magisches Beschwörungszeichen.

1 Alchemistische und astrologische Symbole

Im Zentrum von Bild 1 ist das alchemistische Symbol für Quecksilber dargestellt, das von anderen Symbolen umgeben ist, die auch astrologisch gedeutet werden können. Bei dem alchemistischen Symbol für Quecksilber ist der Kreis ein Symbol für die Sonne und der Halbkreis ein Symbol für den Mond. Die dritte Grundfigur, das Kreuz, steht für die Erde und erinnert an die vier Himmelsrichtungen aber auch an die „vier Grundelemente" Feuer, Wasser, Luft und Erde.

Aufgaben

1 Suche im Internet nach mindestens fünf alchemistischen Symbolen und ihren Bedeutungen.

2 Erkläre, warum Feuer, Wasser, Luft und Erde nach heutiger Vorstellung keine Elemente sind.

2 Die „vier Elemente" Feuer, Wasser, Luft und Erde

Symbole wandeln sich
Man wählt Symbole, wenn man durch ein einfaches Bild oder ein Zeichen Ideen sichtbar, nachvollziehbar und greifbar machen möchte. Ein Herz steht z. B. als Symbol für die Liebe und hat mit dem eigentlichen biologischen Organ wenig gemeinsam.
Inzwischen hat sich jedoch die Vorstellung von den Stoffen gewandelt und dementsprechend haben sich auch die Symbole geändert. Das Symbol für Quecksilber lautet heute Hg.

Auch für das Wasser sind im Laufe der Jahrhunderte verschiedene Symbole überliefert worden (▷ B 3).

Manche Symbole – wie das Herz – kann jeder verstehen. Die Bedeutung anderer Symbole – wie z. B. die der chemischen Zeichensprache – müssen erst gelernt werden.

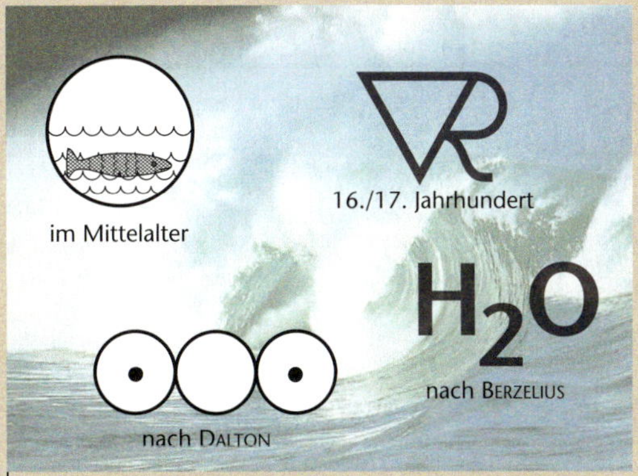

3 Das Symbol für Wasser im Wandel der Zeit

Das Spiel mit den Teilchen

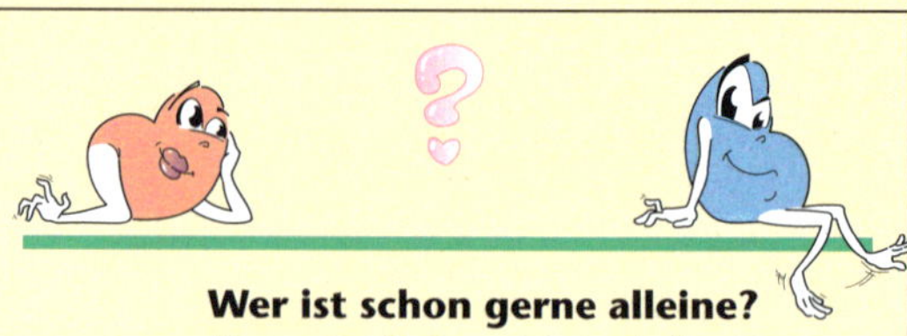

Wer ist schon gerne alleine?
Atome schließen sich nach festen Spielregeln zu größeren Gruppen zusammen. Ein Atom eines Elements geht häufig nur eine bestimmte Anzahl von Bindungen ein.

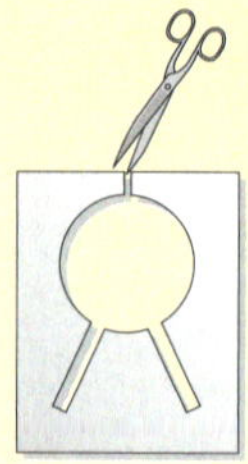

● Fertige aus einer festen Pappe eine Schablone an, indem du einen Kreis mit einem Durchmesser von 3 cm und in einigem Abstand davon einen oder zwei „Arme" ausschneidest!

Farbe	Arme	Symbol	Name
weiß	1	H	Wasserstoff
grün	1	Cl	Chlor
rot	2	O	Sauerstoff
blau	3	N	Stickstoff
schwarz	4	C	Kohlenstoff

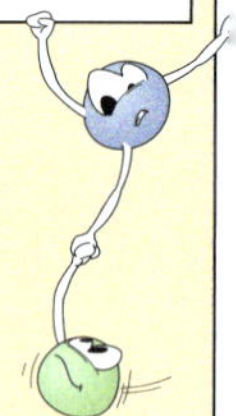

Atommodelle – eine Phantasievorstellung
Chemiker haben ihre Phantasien als dreidimensionale Modelle nachgebaut. Der spielerische Umgang mit einem Baukasten bereitet Vergnügen und gibt Aufschluss darüber, wie sich Atome verbinden.

● Schau dir genau an, was du in einem Molekülbaukasten vorfindest. Baue die Teile nach deinen Vorstellungen zusammen und beschreibe.

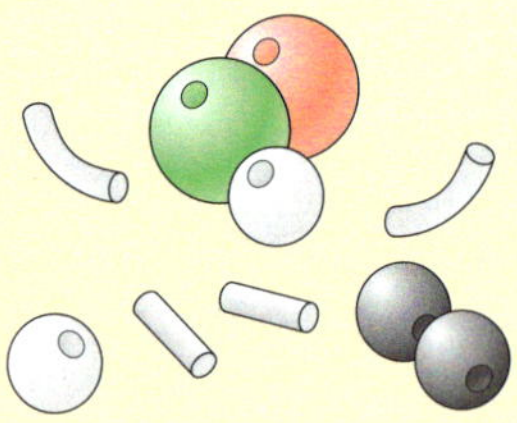

● Erstelle mithilfe der Schablone „Teilchengruppen" nach deinen Vorstellungen. Die Teilchen müssen sich dabei an den Händen fassen und es darf keine Hand frei bleiben. Zur Kennzeichnung kannst du die Teilchen einfärben, ihr Symbol oder ihren Namen verwenden.

Türschilder aus Phantasieland
Postboten sind immer in Zeitdruck. Darum sind Türschilder auch so gestaltet, dass Boten möglichst schnell sehen können, wer in einem Haus wohnt.

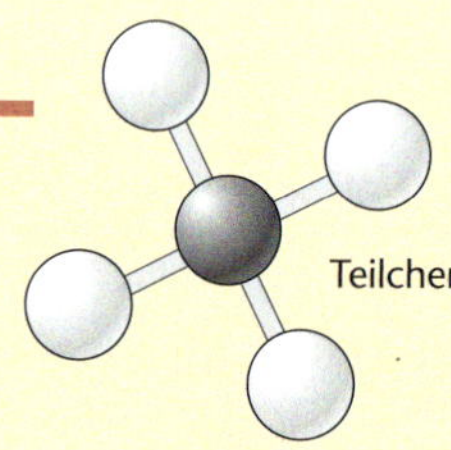

Teilchengruppe 1

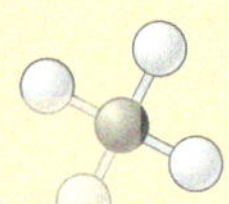

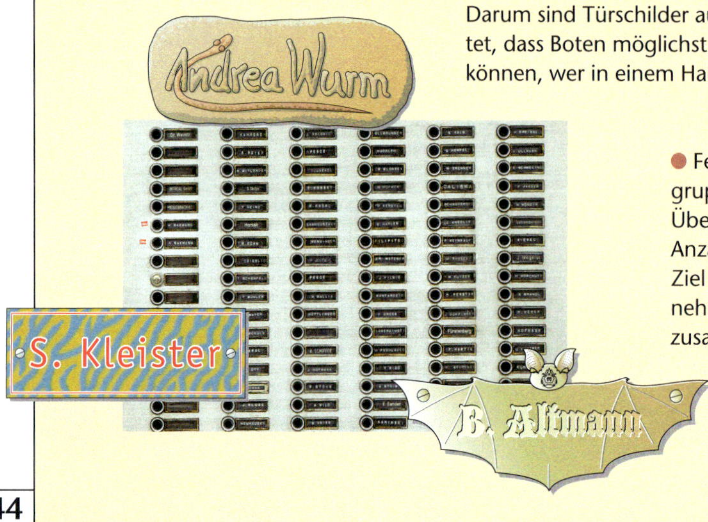

● Fertige für die beiden gezeigten „Teilchengruppen" Türschilder an.
Übersetze dazu sowohl die Art wie auch die Anzahl der Teilchen in einen sinnvollen Namen. Ziel ist, dass der Postbote möglichst schnell entnehmen kann, wie viele und welche Teilchen hier zusammenhängen!

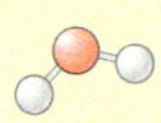

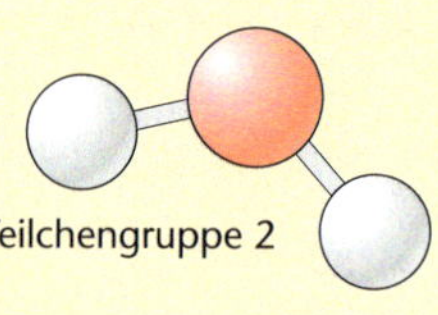

Teilchengruppe 2

1 DALTON und seine Atomvorstellungen

Die Atomvorstellungen nach DALTON

Kleinste, unteilbare Teilchen erhielten von griechischen Philosophen wie DEMOKRIT und ARISTOTELES den Namen **atomos** (griech.: unteilbar). Mehr als 2000 Jahre fand der Atombegriff kaum Anwendung. Erst als die Schriften griechischer Gelehrter im Mittelalter ins Lateinische übersetzt wurden, tauchte der Begriff wieder auf. Wesentliche Aussagen zur Vorstellung über Atome stammen von JOHN DALTON (1766–1844). 1808 veröffentlichte er ein Buch mit dem Titel: „A new system of chemical philosophy". Darin schrieb er seine Gedanken zu der Atomvorstellung nieder (▷ B 1).

Atome erhalten Zeichen und Symbole

Wie die griechischen Philosophen konnte auch DALTON die Atome nicht sehen. Er entwickelte lediglich Vorstellungen (Modelle) zur Erklärung verschiedener Phänomene. DALTON führte dazu Kreise als Symbole für Atome ein. Zur Unterscheidung der verschiedenen Atomsorten versah er die Kreise mit Punkten, Linien oder Anfangsbuchstaben der Elemente. Auf diese Weise erhielt jedes damals bekannte Element ein bestimmtes **Symbol** (▷ B 2).

▶ Ein Element besteht aus einer einheitlichen Atomsorte.

Gehen Elemente wie z. B. Wasserstoff und Sauerstoff eine Verbindung ein, so bleiben Größe, Masse und Gestalt der einzelnen Atome erhalten. Sie ordnen sich nur auf eine bestimmte Art neu an. Die Teilchen des Wassers bestehen aus zwei Wasserstoffatomen und einem Sauerstoffatom. Daher setzt sich das Symbol für die Verbindung Wasser aus den Symbolen für Sauerstoff- und Wasserstoffatome zusammen.

Das Molekül

Eine Verbindung, die aus mindestens 2 miteinander verbundenen Atomen besteht, wird **Molekül** (lat.: moles, Masse, Klumpen) genannt. Die Atome eines Moleküls können gleichartig oder verschiedenartig sein. So sind im Wasserstoffmolekül zwei Wasserstoffatome miteinander verbunden, im Wassermolekül jedoch zwei Wasserstoffatome und ein Sauerstoffatom (▷ B 3). Gase, wie z. B. Wasserstoff oder Sauerstoff, sind aus Molekülen mit jeweils zwei gleichartigen Atomen aufgebaut.

▶ Moleküle setzen sich aus mindestens zwei Atomen zusammen. Viele Gase bestehen aus zweiatomigen Molekülen.

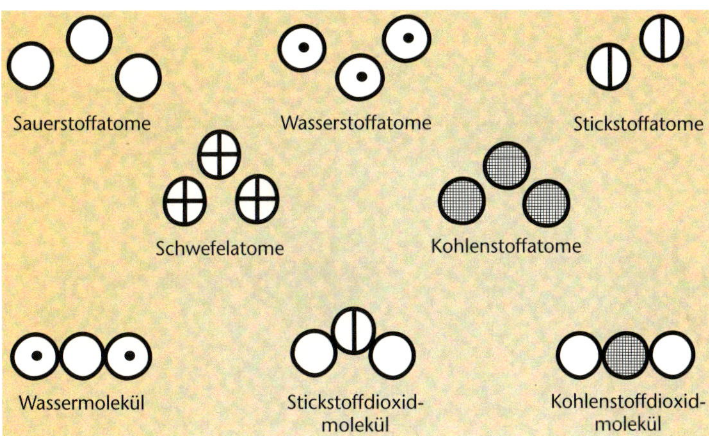

2 Symbole für Atome und Moleküle nach DALTON

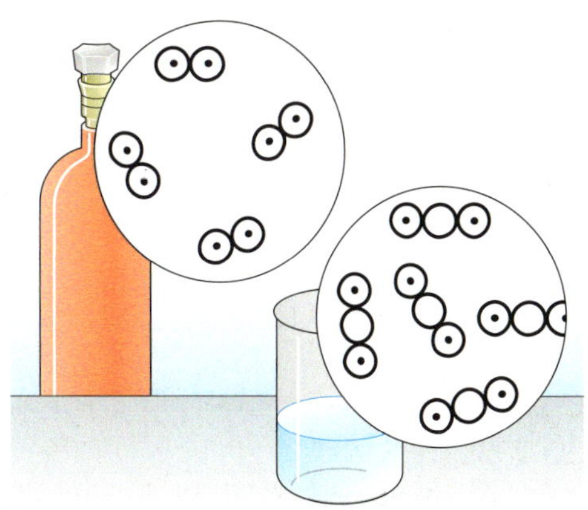

3 Wasserstoff- und Wassermoleküle nach DALTON

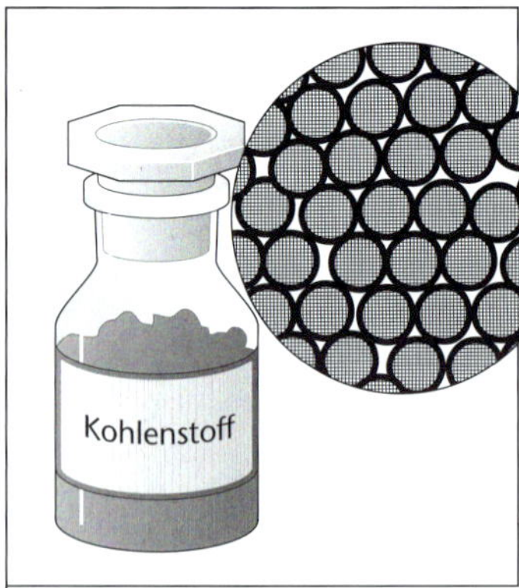

1 Kohlenstoff besteht aus Kohlenstoffatomen.

2 Sauerstoff besteht aus Sauerstoffmolekülen.

3 Kohlenstoffdioxid besteht aus Kohlenstoffdioxidmolekülen.

mono	1
di	2
tri	3
tetra	4

4 Griechische Vorsilben

Verbrennt Kohlenstoff in einem Sauerstoffstrom, so reagiert der schwarze Feststoff mit dem Sauerstoff. Bei dieser chemischen Reaktion entsteht ein Oxid mit dem Namen Kohlenstoffdioxid, das mit Kalkwasser nachgewiesen werden kann (▷B5). Die Ausgangsstoffe besitzen andere Eigenschaften als das Reaktionsprodukt Kohlenstoffdioxid – eine chemische Reaktion hat stattgefunden.

Die Bildung von Molekülen – Teilchen gruppieren sich um

Das Element Kohlenstoff ist ein Feststoff und besteht nur aus Kohlenstoffatomen (▷B1). Das Gas Sauerstoff besteht aus Molekülen, die aus je zwei Sauerstoffatomen zusammengesetzt sind (▷B2). Atome bleiben laut DALTON unverändert.

Das Gesetz von der Erhaltung der Masse lässt sich dadurch erklären, dass bei der Reaktion keine Teilchen verloren gehen. Es hat sich nur die Anordnung der Atome geändert. Das Kohlenstoffdioxidmolekül, welches hier entsteht, setzt sich zusammen aus einem Kohlenstoffatom und zwei Sauerstoffatomen (▷B3; B4). Bei der chemischen Reaktion hat eine **Umgruppierung der Atome** stattgefunden (▷B5).

Bei chemischen Reaktionen lösen sich Atome aus ihren Verbänden und bilden neue Anordnungen. Es findet eine Umgruppierung der Atome statt.

Aufgabe

1 Flüssiges Wasser entsteht, wenn Wasserstoffgas mit Sauerstoffgas reagiert. Beschreibe diesen Vorgang mithilfe der Umgruppierung der Teilchen.

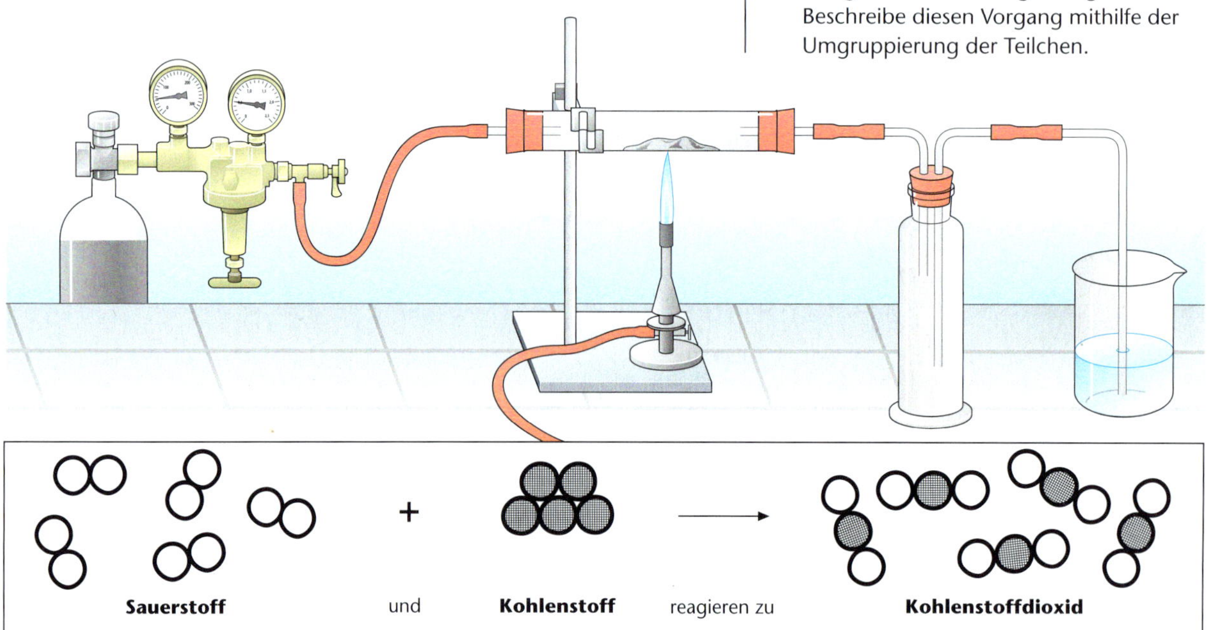

5 Die chemische Reaktion als Umgruppierung der Teilchen

Die Entwicklung der heutigen Symbolschreibweise

Die noch heute gebräuchlichen Zeichen wurden zu Beginn des 19. Jahrhunderts von dem schwedischen Naturwissenschaftler JÖNS JAKOB BERZELIUS (1779–1848) in die Chemie eingeführt. In seinen „Annals of Philosophy" beschrieb er 1811 seine Idee, den Anfangsbuchstaben des griechischen oder lateinischen Namens als Symbol für das Element zu verwenden.

Bei gleichen Anfangsbuchstaben – z. B. Carbo und Cuprum – wird zur Unterscheidung der zweite Buchstabe hinzugefügt. Dabei wird der erste Buchstabe immer groß und der zweite Buchstabe immer klein geschrieben.

Die chemische Formel

In einem Molekül sind mehrere Atome miteinander verbunden. Sie werden durch eine chemische Formel beschrieben, wie zum Beispiel H_2O oder CO_2.

Die chemische Formel gibt die Art und die Anzahl der miteinander verbundenen Atome in einer Verbindung an.

Die Art der Atome wird dabei durch die entsprechenden Symbole und die Anzahl der jeweiligen Atome im Molekül durch eine kleine, tiefgestellte Zahl angegeben. Die „1" wird nicht mitgeschrieben. Die Formel H_2O besagt, dass in einem Wassermolekül zwei Wasserstoffatome und ein Sauerstoffatom miteinander verbunden sind.

Aufgaben

1 Zeichne die Moleküle Stickstoffdioxid, Kohlenstoffdioxid und Wasser in der DALTON'schen Vorstellung. Nun suche für jedes Kreissymbol das entsprechende Symbol von BERZELIUS heraus und „übersetze" so die Formel in die moderne Schreibweise!

2 Schreibe die Formeln:
a) Ein Methanmolekül besteht aus einem Kohlenstoffatom und vier Wasserstoffatomen.
b) Ein Ammoniakmolekül besteht aus einem Stickstoffatom und drei Wasserstoffatomen.

3 Deute folgende Formeln:
a) SO_2, b) O_3, c) H_2SO_4.

„Die chemischen Zeichen müssen Buchstaben sein, damit sie ohne Verunzierung gedruckt werden können (...) Ich wähle deshalb als Zeichen die Anfangsbuchstaben im lateinischen Namen eines jeden Grundstoffes".

1 BERZELIUS und die chemische Zeichensprache

CO_2 O_2 H_2O Cu H_2 CuO C Al_2O_3

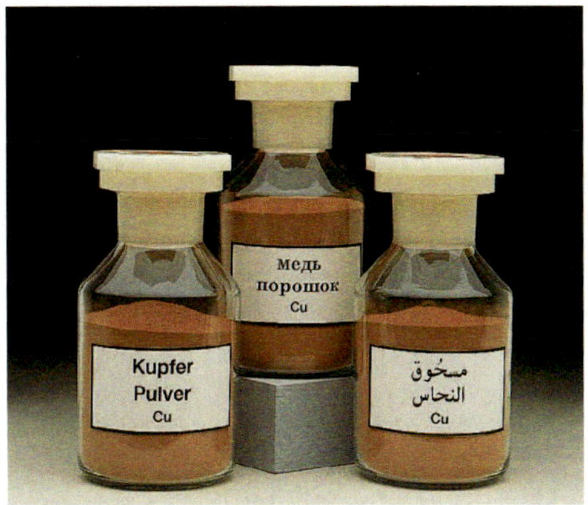

2 Symbole sind international verständlich.

Elementname	Symbol	Namensursprung/ Bedeutung
Wasserstoff	H	lat.: Hydrogenium, Wasserbildner
Sauerstoff	O	lat.: Oxygenium, Säurebildner
Stickstoff	N	lat.: Nitrogenium, Salpeterbildner
Eisen	Fe	lat.: Ferreus, hart, schwer
Kohlenstoff	C	lat.: Carbo, Kohle
Kupfer	Cu	lat.: Cuprum, aus Zypern
Schwefel	S	lat.: Sulfur
Silber	Ag	lat.: Argentum, Silber
Gold	Au	lat.: Aurum
Quecksilber	Hg	lat.: Hydrargyrum, flüssiges Silber
Blei	Pb	lat.: Plumbum
Zinn	Sn	lat.: Stannum
Chlor	Cl	griech.: Chloros, gelbgrün

3 Die Herleitung der Symbole

„(...) Ein Atom eines bestimmten Elements kann nur eine bestimmte Anzahl von Bindungen eingehen!“

1 Sir Edward Frankland

Atom	Symbol	Wertigkeit
Wasserstoff	H	I
Magnesium	Mg	II
Sauerstoff	O	II
Stickstoff	N	III
Aluminium	Al	III
Kohlenstoff	C	IV

4 Die Wertigkeit einiger Atome

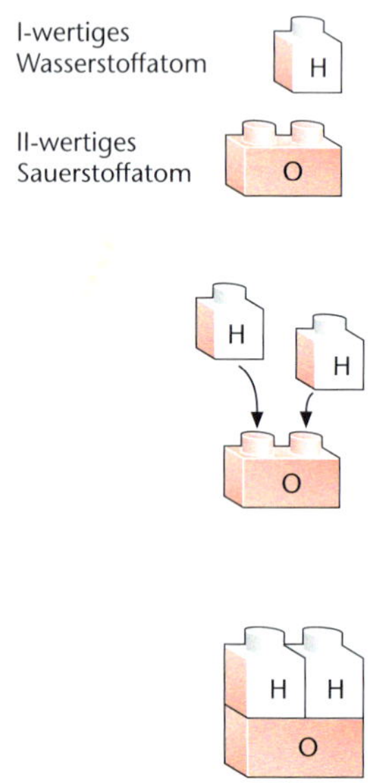

2 Der Weg zur Formel

Die Wertigkeit von Atomen

Die Formel für Wasser ist H_2O und nicht HO. Wie kann man ermitteln, wie viele Atome einer Art jeweils in einem bestimmten Molekül miteinander verbunden sind?

Der englische Chemiker Sir Edward Frankland schlug 1852 in diesem Zusammenhang in seiner Veröffentlichung „Philosophical Transaction“ zum ersten Mal das Konzept der Wertigkeiten vor. Die Wertigkeit eines Atoms gibt an, wie viele Wasserstoffatome es binden oder ersetzen kann. Zahlreiche Untersuchungen haben gezeigt, dass das Wasserstoffatom selbst immer einwertig ist. Die Wertigkeit eines Atoms wird mit einer römischen Zahl gekennzeichnet.

Die Wertigkeit eines Elements gibt an, wie viele Wasserstoffatome von einem Atom dieses Elements gebunden oder ersetzt werden können.

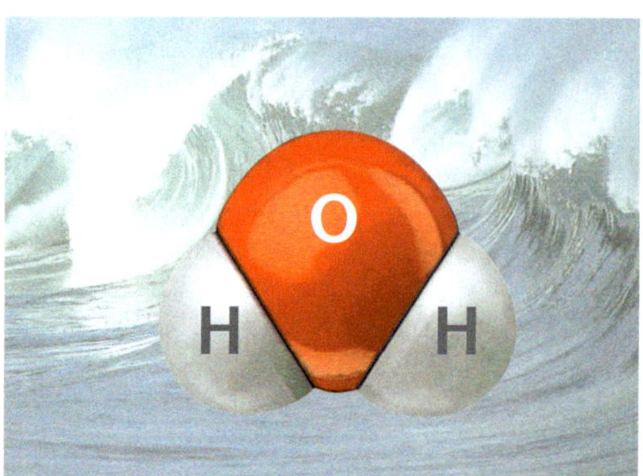

3 Das Wassermolekül

Bis zur Zeit Edward Franklands wurde die Formel für Wasser tatsächlich noch HO geschrieben. Nach dem Konzept der Wertigkeiten ergibt sich aber, dass ein Sauerstoffatom zwei Wasserstoffatome binden kann. Das Sauerstoffatom ist also II-wertig und die Formel muss dementsprechend H_2O lauten (▷ B 2, B 3).

Bestimmung von Formeln mithilfe der Wertigkeit

1. Schritt: Wertigkeit ermitteln

Die Wertigkeiten der einzelnen Atome werden aus der Tabelle abgelesen und den jeweiligen Atomen zugeordnet. Als Modell können Steckbausteine dienen (▷ B 2).

2. Schritt: Wertigkeiten ausgleichen

Die Atome werden durch Vervielfachen solange ergänzt, bis alle Steckplätze belegt sind. Ein II-wertiges Sauerstoffatom kann demnach zwei I-wertige Wasserstoffatome binden.

3. Schritt: Formel erstellen

Die Anzahl gleichartiger Steckbausteine wird in der Formel durch eine kleine, tiefgestellte Zahl verdeutlicht. Die „1“ wird nicht geschrieben. Die Formel lautet also H_2O.

Aufgaben

1 Ermittle die Formel für
a) Magnesiumoxid,
b) Natriumsulfid (Natrium ist I-wertig und Schwefel II-wertig).

2 Vergleiche die Abbildungen der „Steckbausteine“ aus (▷ B 2) mit den jeweiligen Atomen im Molekülmodell in (▷ B 3).

Die Bildung chemischer Formeln

Durch die Idee FRANKLANDS ist uns eine einfache Methode zum Aufstellen chemischer Formeln an die Hand gegeben worden. Je nachdem, was dir lieber ist, kannst du sie spielerisch oder rechnerisch erstellen. Als Beispiel soll die Formel von Aluminiumoxid erstellt werden.

Formeln spielerisch erstellen

1. Schritt: Man liest aus einer Tabelle die Wertigkeiten der Atome ab und verdeutlicht sie mithilfe von Steckbausteinen. Die Anzahl der Steckplätze entspricht der Wertigkeit des jeweiligen Atoms.

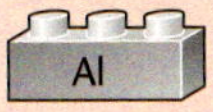

Aluminium (Al)
III-wertig

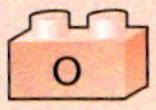

Sauerstoff (O)
II-wertig

2. Schritt: Nun werden die Atome durch Vervielfachen so ergänzt, dass alle Steckplätze „belegt" sind.

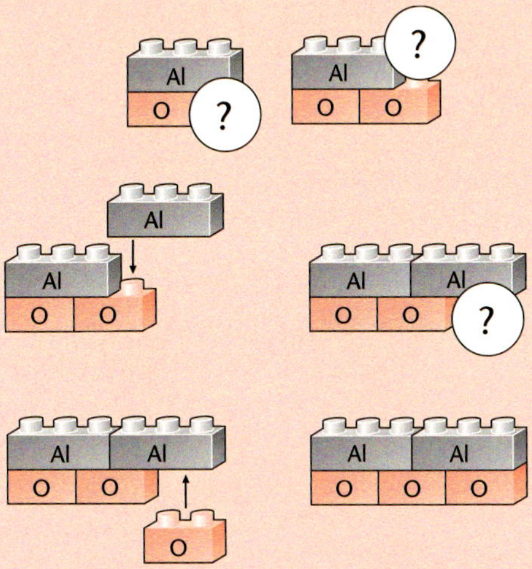

3. Schritt: Die Anzahl der Atome im Verbindungsteilchen kann nun abgelesen werden. Sie wird in der Formel hinter dem Symbol als tiefgestellte arabische Zahl geschrieben.

Formeln rechnerisch erstellen

1. Schritt: Der Name der Verbindung wird aufgeschrieben und die beteiligten Stoffe in unterschiedlichen Farben unterstrichen. Daraufhin werden die Abkürzungen zugeordnet.

Aluminiumoxid

Dabei handelt es sich um eine Verbindung von Aluminium mit Sauerstoff.

Aluminiumatom: Al Sauerstoffatom: O

2. Schritt: Es wird eine Hilfsformel aufgestellt, die nur die Art der beteiligten Stoffe als Symbol enthält.

AlO

3. Schritt: Die Wertigkeiten der Atome werden aus der Tabelle abgelesen.

Al: III-wertig O: II-wertig

4. Schritt: Das KGV (Kleinstes Gemeinsames Vielfaches) der Wertigkeiten wird ermittelt.

Das KGV von III und II ist 6

5. Schritt: Es wird zu jeder Wertigkeit eine Zahl ermittelt, mit der diese multipliziert werden muss, um das KGV zu ergeben.

III x 2 = 6 II x 3 = 6

6. Schritt: Der ermittelte Multiplikator wird in der Hilfsformel dem Atom mit der entsprechenden Wertigkeit zugeordnet. Der Multiplikator wird hinter das Symbol als tiefgestellte, arabische Zahl geschrieben.

Al_2O_3

Strategie

Ein Modell für die Reaktionsgleichung

Ein Ausflug ins Grüne
Bei einem Ausflug ins Grüne sollte man sich reichlich mit Getränken versorgen.

Der Getränkehändler, zu dem fährst, ist ein ganz komischer Kauz! Er verkauft Dir immer nur eine Flasche Cola, wenn Du gleichzeitig 2 Flaschen Limonade dazu kaufst. Du kommst mit 4 Flaschen Limonade aus dem Laden. Wie viel Cola hast Du gekauft?

Nicht im Zweierpack
Damit nicht genug. Der Getränkehändler lagert die Flaschen in Zweierpacks, gibt aber nur Dreierpacks ab. Die Flaschen müssen also auch noch entsprechend umgepackt werden!

Übertrage folgendes Schema in Dein Heft und fülle es sinnvoll aus.
Kürze die Cola – Flaschen mit „A" und die Limonadeflaschen mit „B" ab!

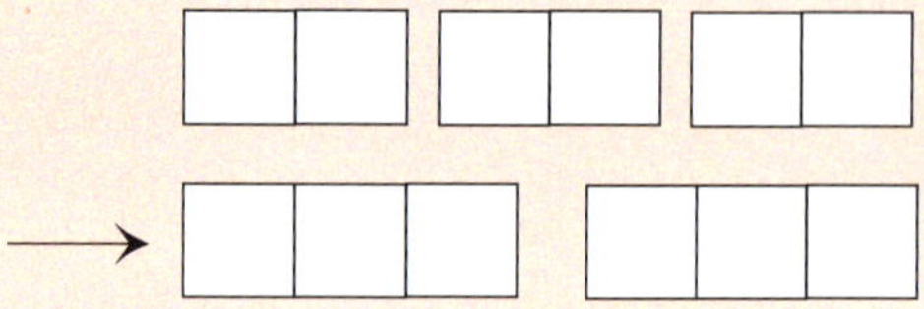

Verkürzung der Schreibweise
Im Folgenden sind einige Kurzschreibweisen angegeben. Überlege, welche Schreibweise den Ablauf beim Getränkehändler am sinnvollsten beschreibt. Begründe.

a) $2\,A + 4\,B \longrightarrow 2\,A + 4\,B$
b) $A_2 + B_4 \longrightarrow A_2 + B_4$
c) $A_2 + B_4 \longrightarrow AB_2 + AB_2$
d) $A_2 + 2\,B_2 \longrightarrow 2\,AB_2$
e) $2\,A + B_4 \longrightarrow 2\,AB_2$

Eine Modellvorstellung
Unser Besuch beim Getränkehändler stellt ein Modell für die chemische Reaktionsgleichung dar. Die vollständige Reaktionsgleichung für die Bildung von Wasser aus den Elementen lautet:

$$2\,H_2 + O_2 \longrightarrow 2\,H_2O$$

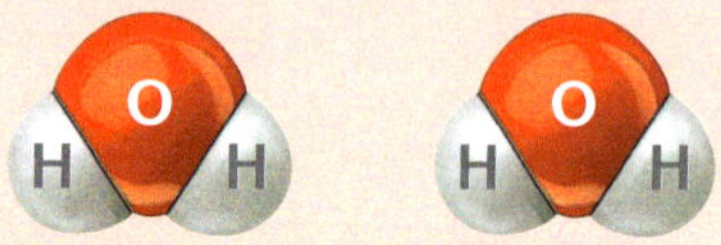

Aufgaben

1 Formuliere das Reaktionsschema für die Reaktion $2\,H_2 + O_2 \longrightarrow 2\,H_2O$.

2 Welche Atomsorte entspricht im Modell den Limonadeflaschen, welche den Colaflaschen?

3 Erkläre, was während einer chemischen Reaktion passiert.

4 Überlege, was die „große 2" und die „tiefgestellte 2" kennzeichnen.

Die Reaktionsgleichung

Vom Reaktionsschema zur Reaktionsgleichung
Bei der Reaktion von Sauerstoff mit Eisen bildet sich Eisenoxid.

Diese Reaktion kann durch ein Reaktionsschema in Worten formuliert werden:
Eisen + Sauerstoff ⟶ Eisenoxid

Ein solches Reaktionsschema ist weder international verständlich, noch kann daraus abgelesen werden, wie viele Atome an der Reaktion beteiligt sind.
Mithilfe der chemischen Symbolsprache ist es nun möglich, solche Reaktionsschemata kürzer, verständlicher und genauer zu formulieren.

1. Schritt: Aufstellen des Reaktionsschemas in Worten
„Eisen reagiert mit Sauerstoff zu Eisenoxid." Dies ist die einfachste Formulierung einer chemischen Reaktion, die als Reaktionsschema formuliert werden kann:

Eisen + Sauerstoff ⟶ Eisenoxid

Nicht berücksichtigt ist hier die mengenmäßige Zusammensetzung der an der Reaktion beteiligten Teilchen.

Vor der Reaktion:
- Eisen ist ein Feststoff und besteht nur aus Eisenatomen.
- Sauerstoff liegt in Form von zweiatomigen Molekülen vor (▷ B 1).

Nach der Reaktion:
Eisenoxid hat die Formel Fe_2O_3 (▷ B 2) und die Eisenoxidteilchen können nun als „Verbindungsteilchen" bezeichnet werden. Das Eisenatom ist III-wertig. Die Wertigkeit kann man auch im Namen mit angeben: Eisen(III)-oxid. Sauerstoff ist II-wertig.

2. Schritt: Ersetzen durch Symbole und Formeln
Beachtet man die Überlegungen aus Schritt 1, so lautet die Schreibweise nun:

$Fe + O_2 \longrightarrow Fe_2O_3$

Vergleicht man die Anzahl der an der Reaktion beteiligten Atome, stellt man fest, dass pro Eisenoxidteilchen 3 Atome Sauerstoff benötigt werden. Links vom Pfeil stehen aber zunächst nur 2 Sauerstoffatome zur Verfügung. Man sagt: „Die Gleichung stimmt noch nicht".

3. Schritt: Ausgleichen des einen Reaktionspartners
Es reagieren 3 Sauerstoffmoleküle zu 2 Verbindungsteilchen Eisenoxid. Es sind nun 6 Sauerstoffteilchen auf beiden Seiten der Gleichung vorhanden.

$Fe + 3\ O_2 \longrightarrow 2\ Fe_2O_3$

4. Schritt: Ausgleichen des anderen Reaktionspartners
Wenn aber insgesamt 4 Eisenatome für 2 Verbindungsteilchen Fe_2O_3 benötigt werden, müssen auch auf der linken Seite der Gleichung 4 Eisenatome bereitgestellt werden. Die ausgeglichene Reaktionsgleichung lautet dann:

$\mathbf{4\ Fe + 3\ O_2 \longrightarrow 2\ Fe_2O_3}$

▶ In einer Reaktionsgleichung muss die Anzahl der an der Reaktion beteiligten Atome vor und nach der Reaktion gleich sein.

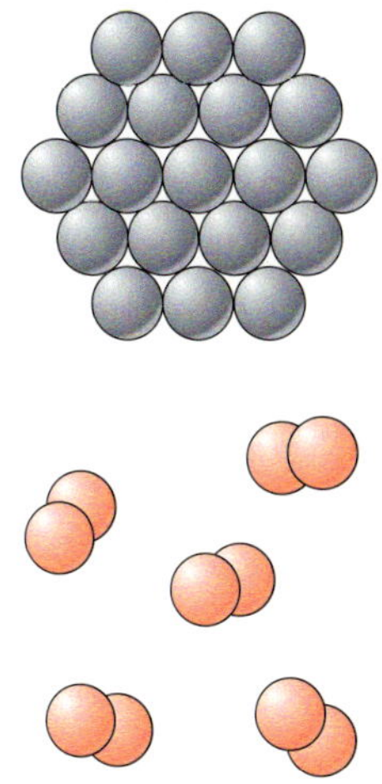

1 Eisenatome und Sauerstoffmoleküle im Modell

Aufgaben

1 Erstelle die Reaktionsgleichung für die Bildung von Wasser aus den Elementen.

2 Wie lautet die Reaktionsgleichung für die Bildung von Aluminiumchlorid (Cl ist I-wertig) aus Aluminiumatomen und zweiatomigen Chlormolekülen?

3 Natrium reagiert mit Schwefel. Wie lautet die Reaktionsgleichung (im Reaktionsprodukt ist Na I-wertig; S ist II-wertig)?

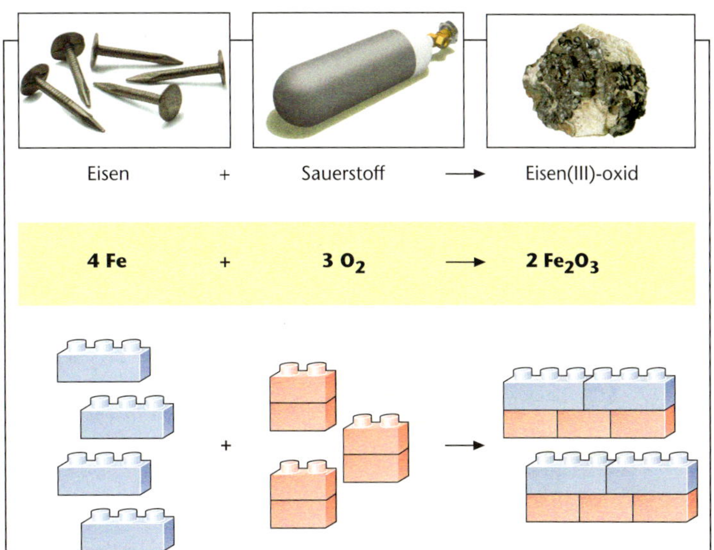

2 Vom Reaktionsschema zur Reaktionsgleichung

Brennpunkt

Massenverhältnisse von Teilchen in Reaktionen

1 J. L. Proust

Die Bildung von Kupfersulfid

Kupfer und Schwefel reagieren miteinander, wenn man beide Stoffe intensiv in einem Mörser verreibt (▷ B 2). Beide Stoffe reagieren aber auch miteinander, wenn man ein Kupferblech mit Schwefel erhitzt (▷ B 3). In beiden Fällen sieht man eine bläuliche Flamme. Sie gilt als Zeichen für die Verbrennung von Schwefel zu Schwefeldioxid.

Wie viel Schwefel reagiert mit Kupfer?

Gibt man gleich viel Schwefel und Kupfer in einen Porzellantiegel und erhitzt die beiden Stoffe, so verbrennt nur ein Teil des Schwefels. Führt man eine Versuchsreihe mit unterschiedlichen Mengen Kupfer durch, so reagieren Kupfer und Schwefel in einem bestimmten Massenverhältnis miteinander (▷ V 1).

2 Kupfer und Schwefel reagieren im Mörser.

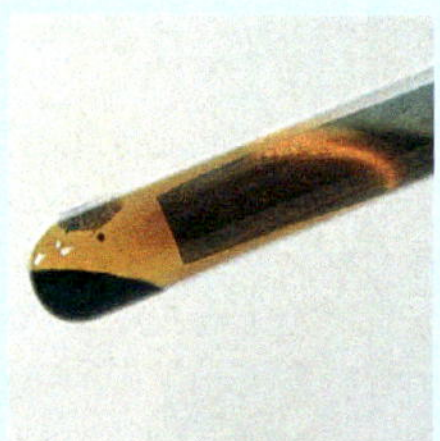

3 Kupfer und Schwefel werden erhitzt.

Das Gesetz von den konstanten Proportionen

Seitdem die Waage in Untersuchungen einbezogen wurde, beschäftigen sich viele Naturwissenschaftler mit dem Phänomen, dass Stoffe nur in bestimmten Massenverhältnissen miteinander reagieren.
Zu diesen Naturwissenschaftlern gehörte auch Joseph Louis Proust (1754–1826) (▷ B 1). Er erkannte die Zusammenhänge zwischen den Massen miteinander reagierender Partner und formulierte 1799 das **Gesetz von den konstanten Proportionen:** In einer chemischen Verbindung sind die Elemente in bestimmten Massenverhältnissen enthalten.

Versuch

1 In einem Porzellantiegel mit Deckel wird 1 g Kupferblech mit 1 g Schwefel erwärmt. Zunächst wird vorsichtig erhitzt, bis die bläuliche Flamme des Schwefels nicht mehr zu sehen ist. Dann wird der Boden des Tiegels zum Glühen gebracht, bis der gesamte überschüssige Schwefel verdampft ist. Nach dem Abkühlen wird das entstandene Kupfersulfid im Porzellantiegel gewogen und das Massenverhältnis $m_{Kupfer} : m_{Schwefel}$ im Kupfersulfid bestimmt. Der Versuch wird anschließend variiert, indem man die Masse des Kupfers jeweils um 1 g erhöht. (Abzug!)

Werkstatt

Wie viel Kupfer reagiert mit Schwefel?

Material

Schutzbrille, Gasbrenner, Pinzette, langes Reagenzglas, Stativ, Doppelmuffe, Universalklemme, Aktivkohlestopfen, Waage, Schere, Spatellöffel, Kupferblech, Schwefelpulver

Versuchsanleitung

Schneide unterschiedlich lange Kupferblechstreifen zurecht. Bestimme die jeweilige Masse der Streifen (die Massen sollten zwischen 0,5 g bis 1,2 g liegen).
Gib ungefähr 1 g Schwefelpulver und einen Kupferblechstreifen in ein Reagenzglas. Wie man den Schwefel und das Kupfer erhitzt (▷ B 1), hast du schon geübt. Sieh nochmals in deinem Chemiebuch nach, wie das geht. Halte dich genau an diese Vorschrift! Hole nach dem Abkühlen vorsichtig mit der Pinzette den Streifen wieder heraus und wiege erneut. Verfahre mit allen anderen Kupferblechstreifen ebenso.

Aufgabe

Erstelle eine Tabelle wie in Bild 2.

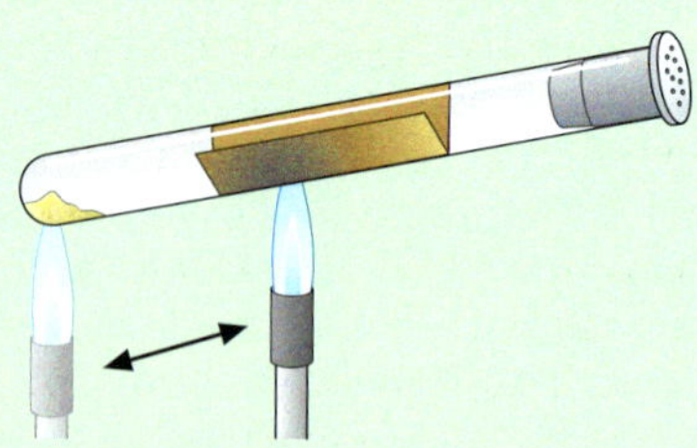

1 Kupfer wird mit Schwefel erhitzt.

m_{Kupfer}	$m_{Kupfersulfid}$	$m_{Kupfer} : m_{Schwefel}$

2 Tabelle

Kann man Atome wiegen?

Bestimmt man die Masse eines Wasserstoffatoms in Gramm, so erhält man einen sehr kleinen Wert (absolute Atommasse): 0,000 000 000 000 000 000 000 001 674 g.

Da solche Zahlenwerte für Berechnungen zu umständlich sind, hat man als neue Maßeinheit die Atommasseneinheit mit der Abkürzung u (engl.: unit, Einheit) eingeführt (relative Atommasse):
Sie ist genau festgelegt als der zwölfte Teil der Masse eines Kohlenstoffatoms.

Da dieser Wert fast mit der Masse eines Wasserstoffatoms übereinstimmt, kann man vereinfacht sagen: ein Wasserstoffatom hat etwa die Masse von 1 u.

> Die Masse eines Atoms wird in der relativen Atommasse mit der Einheit u angegeben.

Kann man Atome zählen?

Die Anzahl von Atomen in einer bestimmten Stoffportion ist unvorstellbar groß. So enthalten 56 g Eisen 600 000 000 000 000 000 000 000 ($= 6 \cdot 10^{23}$) Eisenatome. Die Zahl von $6 \cdot 10^{23}$ ist dabei nicht wahllos gewählt. Es hat sich nämlich gezeigt, dass man die Einheit u durch die Einheit g ersetzen kann, wenn man genau $6 \cdot 10^{23}$ Teilchen einer Atomsorte einsetzt. So wiegt z. B. ein Schwefelatom 32 u, aber $6 \cdot 10^{23}$ Schwefelatome wiegen 32 g (▷ B 1). Da es umständlich ist, immer mit einer solch großen Zahl zu rechnen, fasst man den Wert zu einer neuen Einheit zusammen: $6 \cdot 10^{23} = 1$ mol. Wie Gramm die Einheit für die Masse *m* ist, ist Mol die Einheit für die Stoffmenge *n*.

> Die Stoffmenge *n* gibt die Teilchenzahl einer Stoffportion an. Die Einheit ist das mol. 1 Mol: $6 \cdot 10^{23}$ Teilchen.

Wie viel wiegt 1 mol einer bestimmten Teilchenart?

1 Wasserstoffatom wiegt 1 u. 1 mol oder $6 \cdot 10^{23}$ Wasserstoffatome wiegen 1 g. Ein Schwefelatom ist 32mal schwerer als ein Wasserstoffatom. Deswegen sind auch 1 mol Schwefelatome 32mal schwerer als 1 mol Wasserstoffatome. Sie wiegen 32 g.

Um zu wissen, wie viel 1 mol einer Atomart wiegt, schaut man im Periodensystem nach, welche Masse das entsprechende Atom hat.

> Die Masse von 1 mol einer Atomart erhält man, indem man bei der Atommasse die Einheit u (unit) durch die Einheit g (Gramm) ersetzt.

Wie viel wiegt 1 mol einer Verbindung?

Die Verbindung Eisensulfid setzt sich aus den Elementen Eisen und Schwefel zusammen. Die Formel ist FeS. Die Masse von 1 mol FeS ergibt sich, indem man die Massen der Atome addiert, aus denen sich der Stoff der Formel nach zusammensetzt. 1 mol Eisensulfid FeS hat demnach(gerundet) die Masse von 56 g + 32 g = 88 g (▷ B 2).

Reaktionsgleichungen anders gelesen

Die Stoffmenge erspart das Abzählen der Atome.

$$Fe + S \longrightarrow FeS$$

Die Reaktionsgleichung besagt, dass ein Atom Eisen mit einem Atom Schwefel reagieren muss, damit ein Teilchen Eisensulfid entsteht. Lässt man $6 \cdot 10^{23}$ oder 1 mol Teilchen miteinander reagieren, so kann man die Reaktionsgleichung auch anders lesen: 1 mol Eisenatome reagieren mit 1 mol Schwefelatomen zu 1 mol Eisensulfid.

Aufgabe

1 $4\,Al + 3\,O_2 \longrightarrow 2\,Al_2O_3$
Die Gleichung hat eine Doppelbedeutung. Formuliere beide Bedeutungen in Worten.

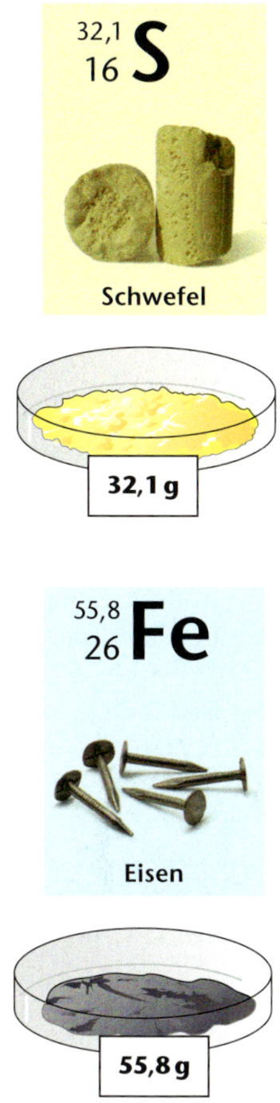

1 Gleiche Teilchenanzahl in Stoffportionen

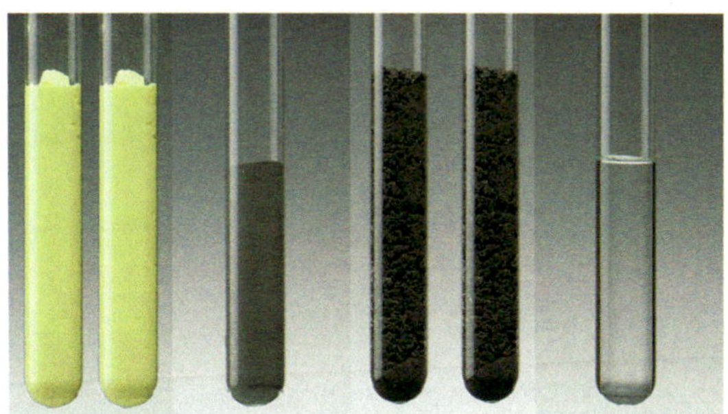

Teilchen	Schwefel (S)	Eisen (Fe)	Eisensulfid (FeS)	Wasser (H_2O)
Masse der Stoffportion (*m*) (gerundet)	32 g	56 g	88 g	18 g
Teilchenmasse (*u*)	32,1 u	55,8 u	87,9 u	18 u
Teilchenanzahl	$6 \cdot 10^{23}$	$6 \cdot 10^{23}$	$6 \cdot 10^{23}$	$6 \cdot 10^{23}$

2 1 mol verschiedener Stoffportionen

Schlusspunkt

Die chemische Zeichensprache

Das Gesetz von der Erhaltung der Masse
Bei chemischen Reaktionen ist die Masse der Ausgangsstoffe gleich der Masse der Reaktionsprodukte.

Element
Ein Element besteht aus einer einheitlichen Teilchensorte.

Molekül
Ein Molekül setzt sich aus mindestens zwei Atomen zusammen. Viele Gase bestehen aus zweiatomigen Molekülen.

Die chemische Reaktion
Bei chemischen Reaktionen lösen sich die Atome aus ihren Verbänden und bilden neue Anordnungen. Es findet eine Umgruppierung der Atome statt.

Die chemische Formel
Die chemische Formel gibt die Art und die Anzahl der miteinander verbundenen Atome an.

Die Wertigkeit
Die Wertigkeit eines Elements gibt an, wie viele Wasserstoffatome von einem Atom dieses Elements gebunden oder ersetzt werden können.

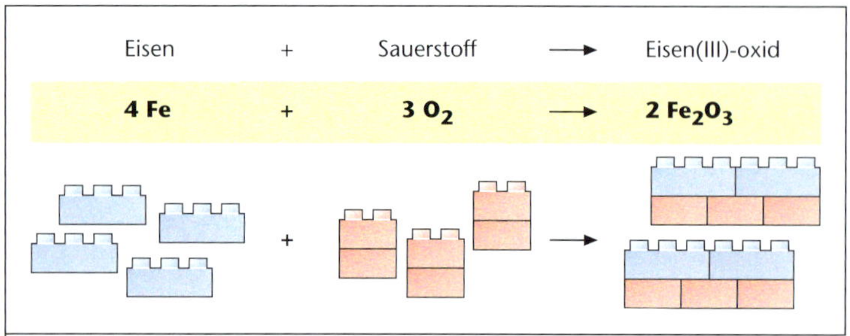

1 Aufstellen einer Reaktionsgleichung

Die Reaktionsgleichung
In einer Reaktionsgleichung muss die Anzahl der an der Reaktion beteiligten Atome vor und nach der Reaktion gleich sein.

Die Atommasseeinheit u
Die Masse eines Atoms wird in Atommasseneinheiten mit der Einheit u angegeben.

Das Mol
Die Stoffmenge n gibt die Teilchenzahl einer Stoffportion an. Die Einheit ist Mol. 1 mol: $6 \cdot 10^{23}$ Teilchen.

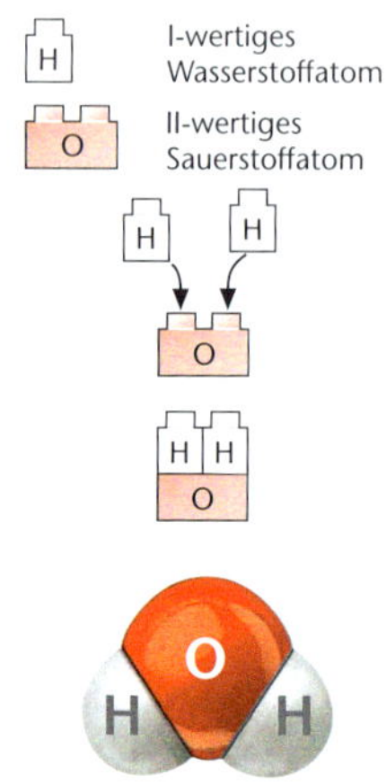

2 Molekülbildung

Aufgaben

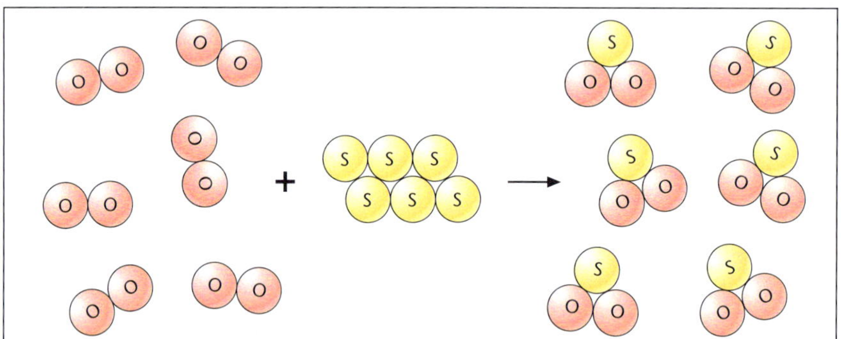

3 Zu Aufgabe 3

1 Magnesium (II-wertig) und Stickstoff (III-wertig) reagieren zu Magnesiumnitrid.
a) Bilde die Formel für Magnesiumnitrid,
b) formuliere Reaktionsschema und Reaktionsgleichung.

2 Deute folgende Angaben
a) 10 H_2O,
b) 3 NH_3,
c) 4 Cl_2.

3 Erläutere mithilfe der Abbildung (▷ B 3) den Ablauf einer chemischen Reaktion mit dem Teilchenmodell.

4 Erstelle die Reaktionsgleichung:
a) für die Zerlegung von Eisen(III)-chlorid in seine Elemente. Beachte dabei, dass Chlor nur als zweiatomiges Molekül vorkommt,
b) für die Synthese von Schwefeltrioxid.

5 $2\,H_2 + O_2 \longrightarrow 2\,H_2O$
a) Formuliere die Reaktionsgleichung in Worten!
b) Du setzt 2 mol Wasserstoff ein. Berechne die entsprechende Masse in Gramm.

6 Eine Aluminiumstange wiegt 108 g. Berechne die Stoffmenge der Stange in mol.

7 192 g Sauerstoff reagieren vollständig mit Aluminium zu Aluminiumoxid.
a) Berechne die Stoffmenge des Sauerstoffs in mol.
b) Berechne die benötigte Masse an Aluminium.

Chemietest
Thema: Chemische Zeichensprache

◆ **Frage 1:**

Um die Veränderung sehen zu können, müssen wir das Experiment in einer verschlossenen Apparatur durchführen. Dazu wird Eisenwolle in ein schwer schmelzbares Reagenzglas gegeben und mit einem mit Luft gefüllten Ballon verschlossen. Daraufhin wird das Reagenzglas mit dem Gasbrenner erhitzt.

Als Reaktionsprodukt erhalten wir einen Stoff mit dem Namen Eisenoxid.

◆ **Frage 2:**

Eisen + Sauerstoff ⟶ Eisenoxid

◆ **Frage 3:**

Die Formel des Reaktionsproduktes Eisenoxid ist Fe_2O_3, da Eisen III-wertig und Sauerstoff II-wertig ist.
Die vorläufige Reaktionsgleichung lautet nun:
$Fe + O_2 \longrightarrow Fe_2O_3$

◆ **Frage 4:**

Da auf der linken Seite nur ein Eisenatom und zwei Sauerstoffatome, auf der rechten aber zwei Eisenatome und drei Sauerstoffatome sind, stimmt die Gleichung noch nicht.
$Fe + O_2 \longrightarrow Fe_2O_3$ / Fe Atome ausgleichen
$2\ Fe + O_2 \longrightarrow Fe_2O_3$ / O Atome ausgleichen
$2\ Fe + 3\ O_2 \longrightarrow 2\ Fe_2O_3$ / Fe Atome ausgleichen
$4\ Fe + 3\ O_2 \longrightarrow 2\ Fe_2O_3$

◆ **Frage 5:**

a) 4 Eisenatome und 3 Sauerstoffmoleküle reagieren zu 2 Verbindungsteilchen Eisenoxid.
b) 4 mol Eisen und 3 mol Sauerstoff reagieren zu 2 mol Eisenoxid.

1 Du hast dir beim Skaten ein Bein gebrochen und mehrere Wochen im Chemieunterricht gefehlt. Dein Lehrer verlangt dennoch von dir, den letzten Test nachzuschreiben.

Du leihst dir daraufhin von einem Klassenkameraden seine schriftliche Übung aus und versuchst nun, anhand seiner Lösungen die Zusammenhänge zu verstehen.

Denn beim Kopieren sind die Aufgabenstellungen verloren gegangen. Formuliere anhand der Antworten für jeden dargestellten Schritt die Aufgabenstellung, die der Lehrer hier gestellt haben könnte.

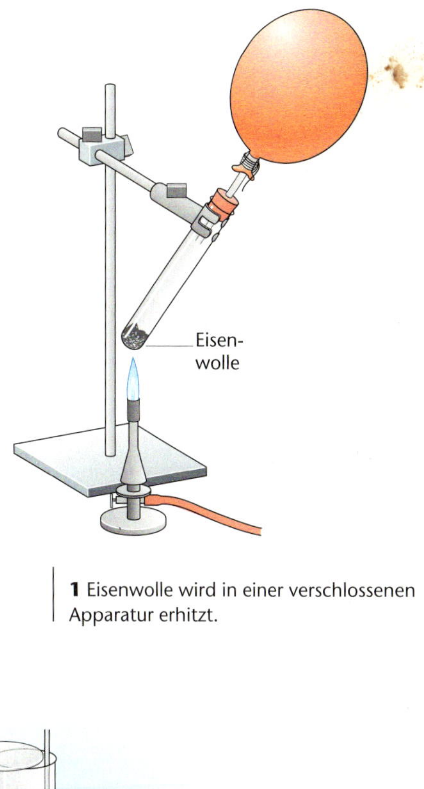

1 Eisenwolle wird in einer verschlossenen Apparatur erhitzt.

2 Der Tag des Nachschreibtests ist für dich gekommen. Deine Aufgabe lautet: „Aluminiumpulver wird in einen Verbrennungslöffel gegeben, erhitzt und in einen mit Sauerstoff gefüllten Standzylinder gehalten. Formuliere die vollständige Reaktionsgleichung und erkläre jeden der Schritte dabei ausführlich!"

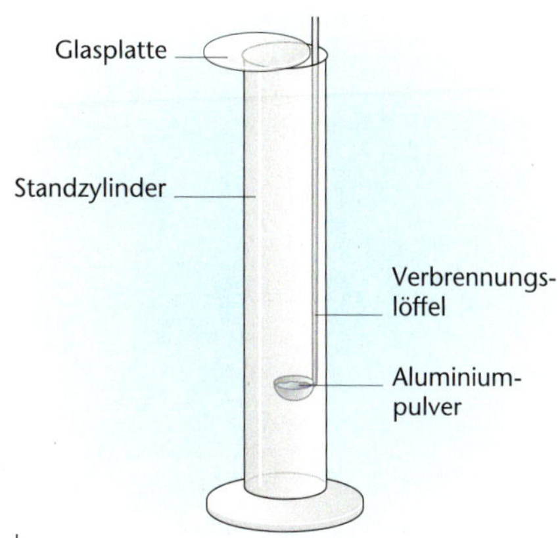

2 Verbrennung von Aluminium in Sauerstoff

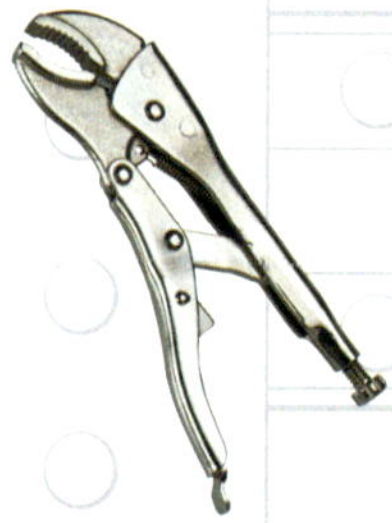

Reduktion und Redoxreaktion

Viele Metalle waren und sind wichtige Gebrauchsmetalle der Menschen. Zunächst als Schmuck oder Grabbeilagen verwendet, wurden sie bald auch als Werkzeuge oder Waffen eingesetzt. Die Erde hält solche Schätze bereit, sie müssen aber erst gehoben und chemisch aufbereitet werden.

Nennt einige Metallgegenstände aus eurem Alltag, die für euch unerlässlich sind.

Gold kommt „gediegen" vor, Kupfer und Eisen in der Regel nur in Verbindungen. Erklärt den Begriff „gediegen".

Der Mensch ist schon seit jeher an Metallen wie Eisen und Kupfer interessiert. Sie sind aber in der Natur in ihren Verbindungen „versteckt" und so für den Menschen nicht direkt zugänglich. Kennt ihr schon einige Aufarbeitungsverfahren?

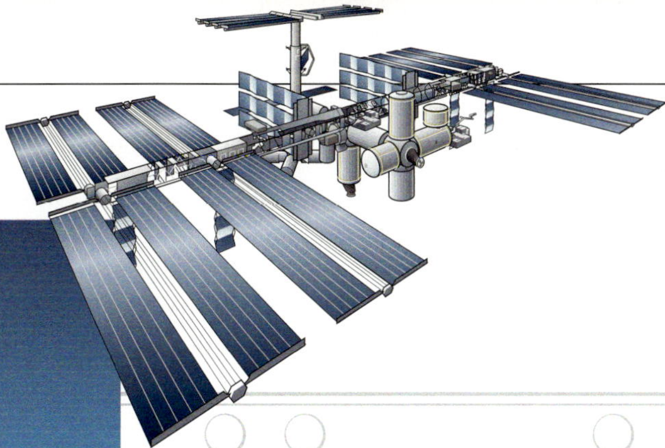

Reduktion durch Zuführen von Energie
Erhitzt man Silberoxid im Reagenzglas (▷V 1), so entsteht Silber als fein verteilter weißer Rückstand an der Reagenzglaswand. Die Glimmspanprobe beweist, dass gleichzeitig Sauerstoff entstanden ist.

Silberoxid ⟶ Silber + Sauerstoff | endotherm

Die Reaktion ist **endotherm**, d. h., zum Entreißen des Sauerstoffs aus dem Silberoxid ist fortwährend Energie notwendig. Man kann auf diese Weise das Metall aus seinem Oxid herstellen.
Man sagt, das Metalloxid ist **reduziert** (lat.: reducere, zurückführen) worden.

▶ Eine chemische Reaktion, bei der Sauerstoff abgegeben wird, wird als Reduktion bezeichnet.

Reduktion durch ein Reduktionsmittel
Die Reduktion durch Zuführen von Energie gelingt bei vielen Metalloxiden nur bei sehr hohen Temperaturen. Es gibt aber noch einen anderen Weg der Metallgewinnung aus dem Oxid.

Die Reaktion zwischen schwarzem Kupferoxid und Eisen (▷V 2) läuft nach dem Start freiwillig weiter. Neben einem grauschwarzen Feststoff erkennt man auch rötliche Kügelchen: es ist Kupfer entstanden.

Kupferoxid + Eisen ⟶ Kupfer + Eisenoxid

Das metallische Eisen kann dem Kupferoxid den Sauerstoff entreißen.
Eisen ist ein **Reduktionsmittel**.

▶ Ein Stoff, der in der Lage ist, andere Stoffe zu reduzieren, wird Reduktionsmittel genannt.

Versuche

1 Man gibt 0,5 g Silberoxid in ein Reagenzglas und erhitzt mit der nicht leuchtenden Brennerflamme. Gleichzeitig wird ein glimmender Holzspan über die Öffnung des Reagenzglases gehalten. (Schutzbrille!)

2 Fülle ein Gemisch aus 1,6 g schwarzem Kupferoxid und 0,8 g Eisenpulver in ein Reagenzglas. Erhitze das Gemisch bis zum ersten Aufglühen über einer feuerfesten Unterlage. Beobachte den Ablauf der Reaktion, ohne weiter zu erhitzen. (Schutzbrille!)

3 Mische 1,6 g rotes Eisenoxid mit 0,8 g Kupferpulver und erhitze das Gemisch in einem Reagenzglas mehrfach bis zum Glühen. (Schutzbrille!)

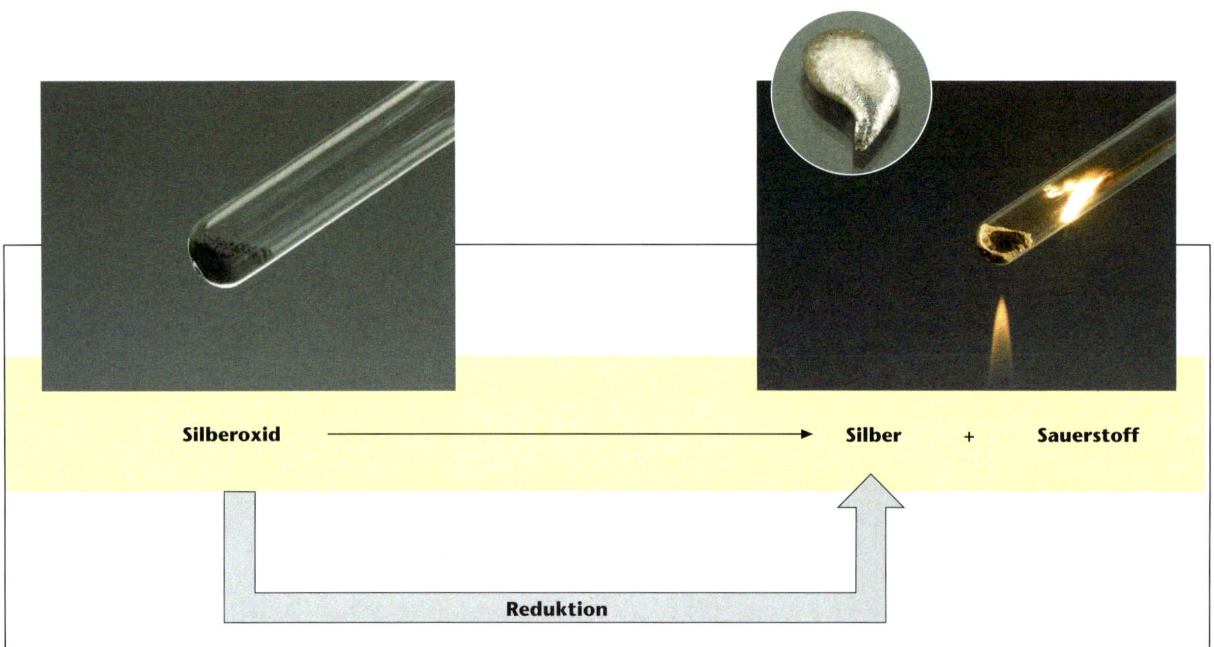

1 Silber wird hergestellt.

Die Reduktion von Metalloxiden

1 Material zu Versuch 1

1 Die Reduktionskraft von Eisen

Material

Schutzbrille, Reagenzglas, Brenner, feuerfeste Unterlage, Reibschale, Reagenzglashalter, Spatellöffel, Waage, schwarzes Kupferoxid, Eisenpulver

Versuchsanleitung

Mische 1,6 g schwarzes Kupferoxid mit 0,8 g Eisenpulver in einer Reibschale und gib das Gemisch dann in ein Reagenzglas. Nun erhitze kräftig mit der rauschenden Flamme des Brenners über einer feuerfesten Unterlage. Beobachte nach dem ersten Aufglühen den Ablauf ohne weiter zu erhitzen.

Aufgaben

1. Fertige vor Versuchsbeginn eine Versuchsskizze an, indem du die in Bild 1 dargestellten Geräte verwendest und dabei sinnvoll zusammenfügst! Ergänze Zeichnungen der fehlenden Geräte und Chemikalien eigenständig.

2. Beschreibe deine Versuchsbeobachtungen schriftlich in deinem Heft.

3. Formuliere zunächst das Reaktionsschema und dann die Reaktionsgleichung (das Kupferatom und das Sauerstoffatom haben die Wertigkeit II).

2 Wir stellen Kupfer her

Material

Schutzbrille, Reagenzglas, Becherglas, durchbohrter Gummistopfen, gewinkeltes Glasrohr, Stativ, Doppelmuffe, Universalklemme, Gasbrenner, Reibschale mit Pistill, Filterpapier, Waage, Spatellöffel, Steinwolle, schwarzes Kupferoxidpulver, Holzkohlepulver, Kalkwasser

Versuchsanleitung

Wiege 3 g schwarzes Kupferoxid und 0,3 g Holzkohlepulver ab. Stelle aus beiden Stoffen in der Reibschale ein Gemisch her. Fülle das Gemisch in das Reagenzglas. Gib in die Reagenzglasöffnung etwas Steinwolle.

Schiebe das gewinkelte Glasrohr vorsichtig in den Stopfen und verschließe das Reagenzglas damit. Bringe das Reagenzglas waagerecht so am Stativ an, dass das Glasrohr gerade in das Kalkwasser ragt und der Gasbrenner unter das Gemisch gestellt werden kann. Erhitze das Gemisch zunächst vorsichtig bis zum Glühen (▷ B 2).

Nachdem das Gemisch durchgeglüht ist, schiebe sofort die Klemme am Stativ nach oben und hebe dadurch das Glasrohr aus dem Kalkwasser. Hierdurch wird verhindert, dass das Kalkwasser in das Reagenzglas steigt.

Aufgaben

1. Beschreibe den Versuchsablauf.

2. Formuliere die Reaktionsgleichung.

3. Welche Aufgabe hat das Kalkwasser?

4. Ordne die Begriffe „Reduktionsmittel" und „Reduktion" sinnvoll zu.

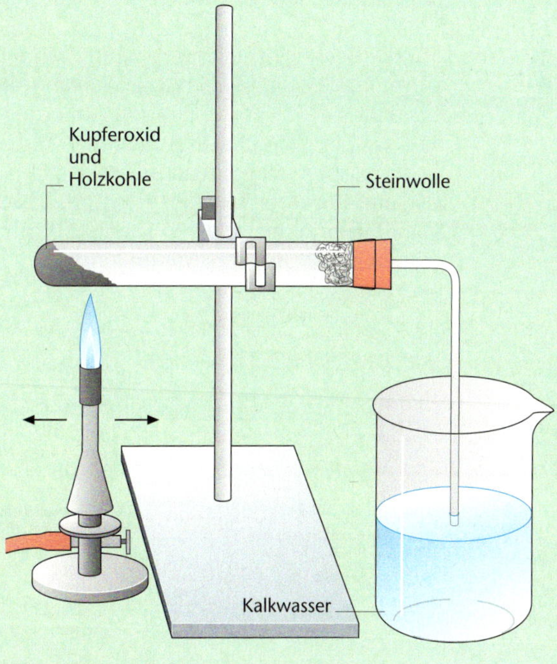

2 Wir stellen Kupfer her.

1 Kupfer, Eisen und Magnesium reagieren unterschiedlich heftig mit Sauerstoff.

Die Reduktionskraft der Metalle
Versucht man Eisenoxid mit Kupfer zu reduzieren, so setzt keine Reaktion ein. Das Eisen hält den Sauerstoff „zu stark fest“. Man kann Kupfer gegenüber Eisenoxid nicht als Reduktionsmittel einsetzen.

Bindungsbestreben der Metalle
Die Elemente haben ein unterschiedlich starkes Bestreben, mit Sauerstoff zu reagieren (▷ B 1). Nach diesem Bestreben lassen sich die Metalle einteilen. Metalle, deren Reaktionsbereitschaft mit Sauerstoff groß ist, werden unedle Metalle genannt. Metalle wie Gold und Silber sind Edelmetalle. Sie besitzen ein geringes Bindungsbestreben zu Sauerstoff (▷ B 2).

Wer wird reduziert, wer wird oxidiert?

Kupferoxid + Eisen ⟶ Kupfer + Eisenoxid

Aus der Reaktionsgleichung kann man entnehmen, dass sich Sauerstoff „lieber“ mit Eisen als mit Kupfer verbindet. Außerdem hält das Eisen den Sauerstoff stärker fest als das Kupfer. Der Sauerstoff wechselt also den Bindungspartner, wenn man ein Metall verwendet, das den Sauerstoff mit größerer Kraft an sich binden kann.

Das Eisen nimmt den Sauerstoff auf – es wird oxidiert. Das Kupferoxid hingegen gibt den Sauerstoff ab. Es wird reduziert. Mit der Reduktion ist gleichzeitig eine Oxidation abgelaufen. Chemiker sprechen von einer **Redoxreaktion**. Der Begriff Redoxreaktion ist eine Wortschöpfung aus den Begriffen **Red**uktion und **Ox**idation.

Eine chemische Reaktion, bei der eine Reduktion und eine Oxidation zusammen auftreten, wird als Redoxreaktion bezeichnet.

Reduktionsmittel und Oxidationsmittel – ein Mittel zum Zweck
Ein Stoff, der in der Lage ist, andere Stoffe zu reduzieren, heißt Reduktionsmittel. Er wird während der Reaktion selbst oxidiert.

Dementsprechend werden Stoffe, die in der Lage sind, Sauerstoff auf andere Stoffe zu übertragen als Oxidationsmittel bezeichnet. Der Stoff wird während des chemischen Vorgangs selbst reduziert. Reduktion und Oxidation laufen immer gleichzeitig ab. Der eine Vorgang findet nicht ohne den anderen statt.
Das sieht man ganz deutlich, wenn man die Reaktionsgleichung betrachtet:

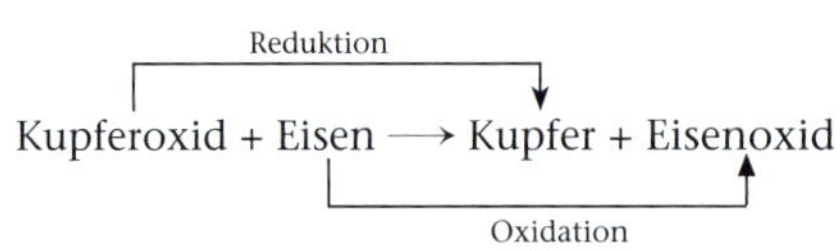

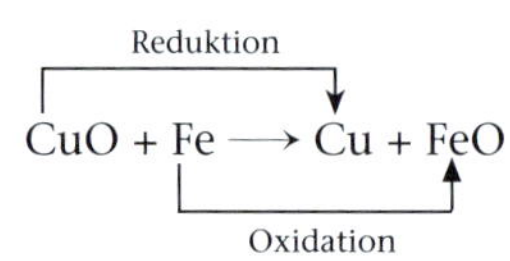

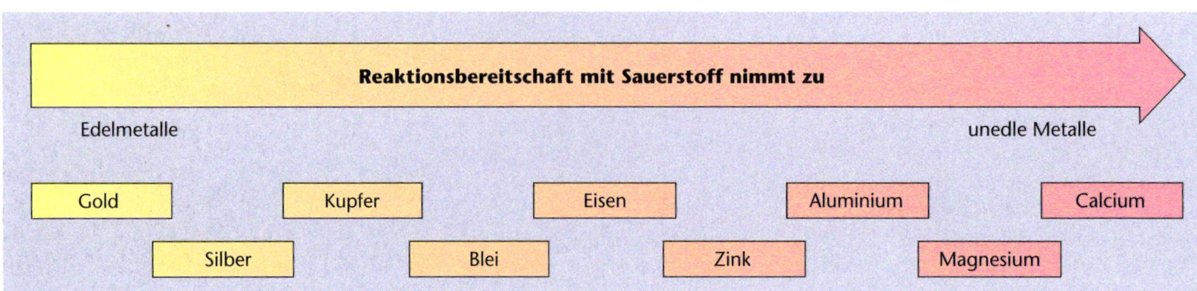

2 Bindungsbestreben von Metallen zu Sauerstoff

Versuche

1 Ein schwer schmelzbares Reagenzglas wird etwa 3 cm hoch mit Sand beschickt. Dieser wird mit einer Pipette mit so viel Wasser befeuchtet, wie er aufnehmen kann. Es darf keine Flüssigkeit mehr austreten, wenn man das Reagenzglas waagerecht hält. Das Reagenzglas wird nun in ein Stativ eingespannt. In das Reagenzglas schiebt man ein Knäuel blankgeschmirgeltes Magnesiumband. Zum Auffangen des entstehenden Gases wird das Reagenzglas mit einem durchbohrten Gummistopfen verschlossen, an den ein gewinkeltes Glasrohr angeschlossen wird (Stahlwollesicherung!). Das Magnesiumband wird nun zunächst stark mit der Brennerflamme erhitzt (▷ B 3). Danach wird der feuchte Sand fächelnd erhitzt. Wenn das Metall aufglüht, wird nur noch die Wasserdampfentwicklung fortgesetzt. Mit dem aufgefangenen Gas wird die Knallgasprobe durchgeführt. (Schutzscheibe! Schutzbrille!)

2 In einen mit Kohlenstoffdioxid gefüllten Standzylinder (am Boden Sand) führt man ein brennendes Magnesiumband ein. (Schutzbrille! Nicht direkt in die Flamme sehen!)

Wir haben Redoxreaktionen zwischen Metallen und Metalloxiden kennen gelernt. Die Nichtmetalloxide Wasser und Kohlenstoffdioxid können aber ebenfalls reduziert werden.

Aufgaben

1 Ordne in den folgenden Reaktionsgleichungen die Begriffe Oxidation, Reduktion, Oxidationsmittel und Reduktionsmittel sinnvoll zu:
a) $FeO + Zn \longrightarrow ZnO + Fe$
b) $PbO + Zn \longrightarrow Pb + ZnO$
c) $PbO + Fe \longrightarrow Pb + FeO$
d) $CuO + Pb \longrightarrow Cu + PbO$

2 a) Formuliere für die Reaktion von Wasser mit Magnesium die Reaktionsgleichung.
b) Ordne die Begriffe Oxidation, Reduktion, Oxidationsmittel und Reduktionsmittel sinnvoll zu.

3 Überlege, ob es möglich ist, Wasser auch mithilfe von Kupfer zu reduzieren!

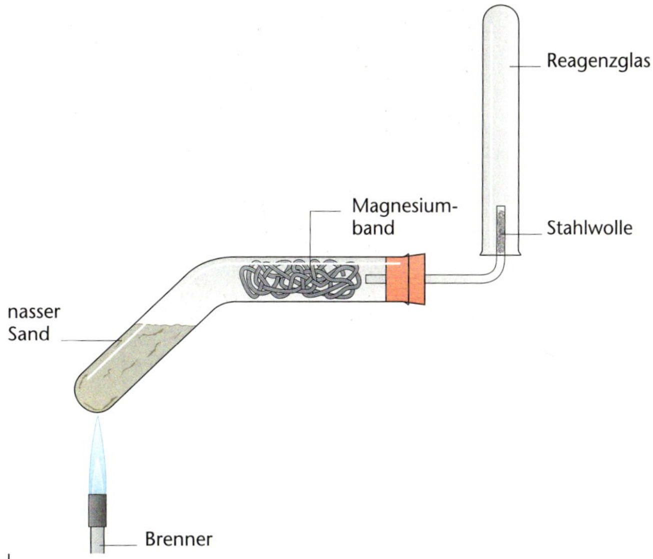

3 Die Reduktion des Wassers durch Magnesium

Die Reduktion des Wassers
Wasserdampf kann durch heißes Magnesium reduziert werden (▷ B 3). Dabei wird der Sauerstoff auf das Metall übertragen und dort gebunden. Es bildet sich Magnesiumoxid. Der Wasserstoff wird frei, kann aufgefangen und durch die Knallgasprobe nachgewiesen werden (▷ V 1).

Das Metall ist also in der Lage, dem Wasser (Wasserstoffoxid H_2O) den Sauerstoff zu entreißen. Das Wasserstoffoxid ist reduziert worden. Magnesium hat Wasser reduziert. Auch hier findet eine Redoxreaktion statt.

Reduktion (Wasser → Wasserstoff)

Wasser + Magnesium ⟶ Wasserstoff + Magnesiumoxid

Oxidation (Magnesium → Magnesiumoxid)

Das Oxidationsmittel ist in diesem Fall das Nichtmetalloxid Wasser.

Die Reduktion von Kohlenstoffdioxid
Die Reduktionskraft des Magnesiums reicht aus, um Kohlenstoffdioxid zu Kohlenstoff zu reduzieren (▷ V 2). Es entstehen Magnesiumoxid und fester Kohlenstoff.

Reduktion (CO_2 → C)

$$CO_2 + 2\,Mg \longrightarrow C + 2\,MgO$$

Oxidation (Mg → MgO)

Dabei stellt Magnesium das Reduktionsmittel dar und wird selbst oxidiert. Kohlenstoffdioxid ist das Oxidationsmittel und wird selbst reduziert.

4 Magnesium reagiert mit Kohlenstoffdioxid.

Brennpunkt

Der Hochofenprozess

1 Eisenerz

2 Koks

3 Funktion einer Hochofenanlage

Eisen aus Eisenerz
Die Herstellung von Eisen ist eine wichtige Grundlage für den technischen Fortschritt. Dampfmaschinen, Eisenbahnen, Autos, die Energieversorgung, Nachrichtentechnik oder die Raumfahrt würde es ohne Eisen nicht geben. Eisen wird in einem Hochofen (▷ B3) durch Reduktion von Eisenoxid mit Kohlenstoff gewonnen.

Redoxreaktionen im Hochofen
Im Hochofen werden in einem ständigen Prozess von oben Erz, Koks und Zusatzstoffe zugeführt, während von unten heiße Luft mit ca. 1300 °C eingeblasen wird. Kohlenstoff kann mit dem Sauerstoff der heißen Luft zwei unterschiedliche gasförmige Oxide bilden: Kohlenstoffmonooxid und Kohlenstoffdioxid. Im Hochofen entsteht zunächst durch das Einblasen der heißen Luft Kohlenstoffdioxid. Dieses reagiert mit weiterem Kohlenstoff zu dem giftigen Gas Kohlenstoffmonooxid.

Kohlenstoff + Kohlenstoffdioxid ⟶ Kohlenstoffmonooxid

Kohlenstoffmonooxid steigt im Hochofen auf und entzieht, da es ein starkes Reduktionsmittel ist, dem von oben kommenden Eisenoxid den Sauerstoff. Es wird dabei zu Kohlenstoffdioxid oxidiert.

Eisenoxid + Kohlenstoffmonooxid ⟶ Eisen + Kohlenstoffdioxid

Gleichzeitig entsteht aus dem Eisenoxid durch Reduktion Eisen. Das sich bildende Kohlenstoffdioxid reagiert in der darüber liegenden Koksschicht wieder zu Kohlenstoffmonooxid.

Kohlenstoffdioxid + Kohlenstoff ⟶ Kohlenstoffmonooxid

Im unteren Teil des Hochofens wird Eisen auch direkt durch Kohlenstoff reduziert:

Eisenoxid + Kohlenstoff ⟶ Eisen + Kohlenstoffmonooxid

Die Hochofenanlage
Die im Hochofen entstehende Gase und die Gase, die vom eingeblasenen Heißwind übrig bleiben, entweichen als Gichtgas. Das Gichtgas ist brennbar und kann wieder im Hochofen verwertet werden. Letztlich wird es in den Winderhitzer geleitet, wo es unter Luftzufuhr verbrannt wird.

Das entstandene Eisen ist aufgrund der hohen Temperatur im unteren Teil des Hochofens flüssig. Es sammelt sich auf dem Boden des Hochofens. Dort wird es von Zeit zu Zeit „abgestochen". Die Zusatzstoffe, die so genannten Zuschläge, reagieren mit den Verunreinigungen des Erzes. Dabei entsteht Schlacke, die auf dem Roheisen schwimmt.

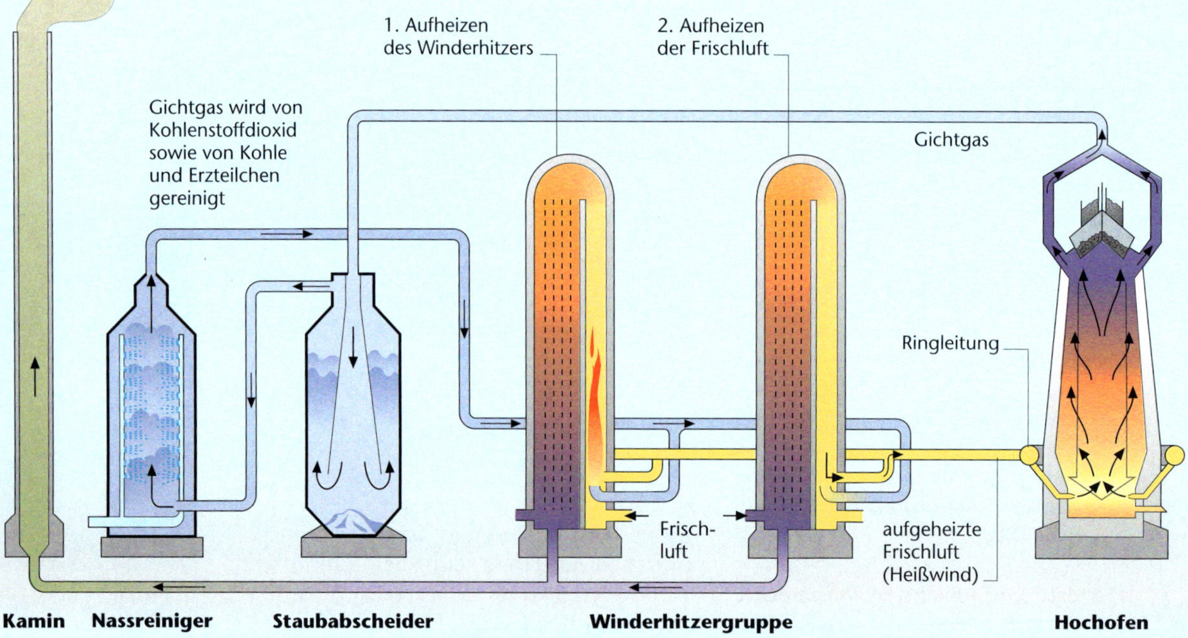

1 Der ICE fährt auch bei hohen Geschwindigkeiten ohne Erschütterungen.

Das Thermitverfahren
Moderne Züge müssen auch bei hohen Geschwindigkeiten möglichst ohne Erschütterungen fahren. Kilometerlange Gleise können nicht in einer Fabrik hergestellt werden. Transportierbare Schienen müssen erst auf der Trasse zusammengeschweißt werden, damit daraus Schienen ohne „Unterbrechung" entstehen. Das Schweißverfahren hierzu heißt **Thermitverfahren.**

Ein Versuch soll dieses Verfahren verdeutlichen (▷V 1; B 3). Die extrem helle Flamme und die weit sprühenden Funken weisen auf eine äußerst heftige exotherme Reaktion hin. Durch die Öffnung im Boden des Blumentopfes tropft flüssiges Material in den Sand. Nach dem Erkalten kann man durch Untersuchung mit einem Magneten dieses Material als Eisen identifizieren.
Es läuft eine Redoxreaktion ab, bei der Aluminium dem Eisenoxid den Sauerstoff entzieht. Aluminium bindet den Sauerstoff folglich viel stärker als Eisen.

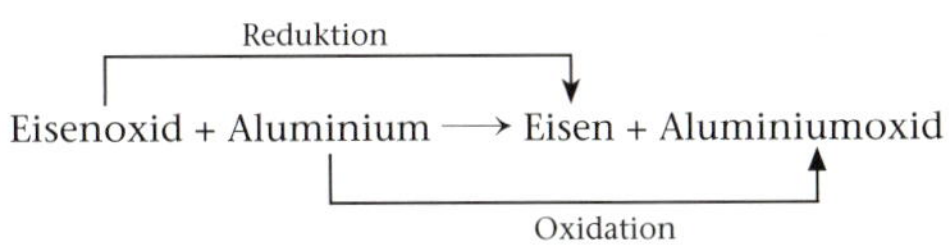

Versuch

1 Ein Thermitgemisch aus 15 g rotem, trockenem Eisenoxid, 5 g Aluminiumgrieß und 0,5 g Aluminiumpulver wird in eine Hülse aus Alufolie geschüttet, die in einem mit Sand gefüllten Blumentopf steckt. Auf das Gemisch gibt man etwas Magnesiumpulver. Man steckt in das Gemisch ein Magnesiumband und zündet es an (▷B 3). (Schutzbrille! Schutzhandschuhe! Nur im Freien durchführen! Feuerfeste Unterlage, z. B. Sandwanne, benutzen!)

Durch die stark exotherme Reaktion wird so viel Wärme frei, dass das Eisen weit über seine Schmelztemperatur erhitzt wird. Fließt das flüssig gewordene Eisen zwischen die Enden der zu verbindenden Eisenbahnschienen, werden diese auch flüssig. Das Material verschmilzt. Eine Form verhindert das seitliche Abfließen und bildet die Schiene (▷B 2).

2 Durch die Thermitreaktion entstehen „Endlosschienen".

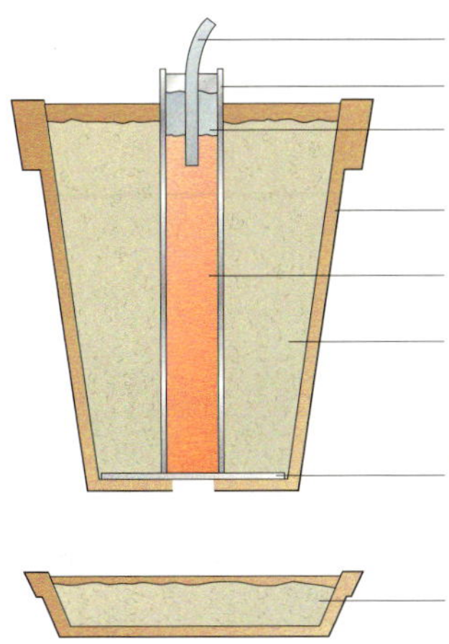

3 Der Versuchsaufbau zum Thermitverfahren

Lexikon

Stahl

Vom Roheisen zum Stahl
Roheisen enthält aufgrund der Herstellung mit Koks etwa 3 bis 4 % Kohlenstoff und ist dadurch spröde. Man bläst deshalb in einem besonderen Ofen, einem Konverter (▷ B 1; B 2), reinen Sauerstoff in das flüssige Roheisen. Das Einblasen von Sauerstoff in den Konverter wird von den Fachleuten als „Frischen" des Roheisens bezeichnet. Dadurch wird Kohlenstoff zu Kohlenstoffdioxid verbrannt, das als Gas entweicht. Das zurückbleibende kohlenstoffarme Eisen hat neue Eigenschaften und wird Stahl genannt.

Stahl – wozu?
Mit dem Stahl haben sich die Menschen ein Produkt geschaffen, das Grundlage für verschiedenste Wirtschaftszweige wie Automobilherstellung, Schiffsbau, Bauindustrie, Maschinenbau und Rüstungsindustrie ist.

Stahlverarbeitung
Flüssiger Stahl kann in Formen gegossen werden (Gussstahl), dabei entstehen beispielsweise Schiffsschrauben und andere Maschinenteile. Meistens wird Stahl in heißem Zustand weiterverarbeitet. Auf vollautomatischen Walzstraßen (▷ B 3) werden Stahlträger oder dünne Bleche hergestellt.

Stahl – welche Sorte?
Durch geringe Zusätze von Stahlveredlern werden die Eigenschaften der Edelstähle wesentlich verbessert. Stahlveredler können Aluminium, Chrom, Cobalt, Kupfer, Mangan, Molybdän, Nickel, Niob, Silicium, Titan, Vanadium, Wolfram oder andere Metalle sein. In Deutschland werden etwa 2 500 Stahlsorten hergestellt. Eine im Küchenbereich häufig verwendete Stahlsorte ist der V2A-Stahl (▷ B 4).

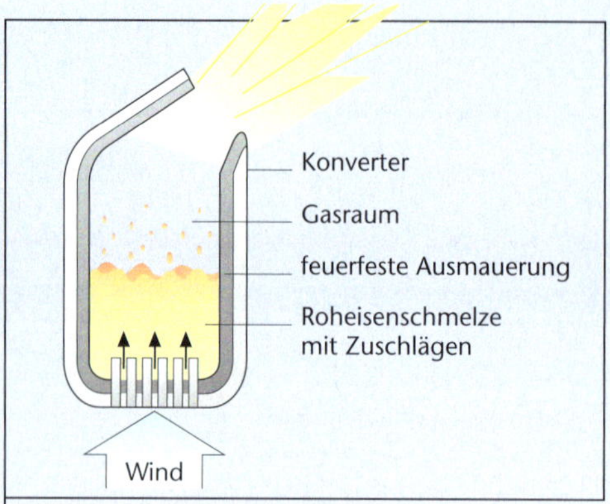

1 Schnitt durch einen Konverter

2 Konverter zur Stahlgewinnung

3 Walzstraße bei der Stahlherstellung

Man erhält je nach den Zusätzen nicht rostende oder hitzebeständige Stähle, unmagnetische Stähle oder Stähle mit außerordentlich hohen magnetischen Eigenschaften, Stahlsorten mit besonderer Härte, Säurebeständigkeit oder Zugfestigkeit. So bewirken z. B. Zusätze von Chrom und Wolfram mehr Härte, oder Zusätze von Nickel und Vanadium mehr Zähigkeit.

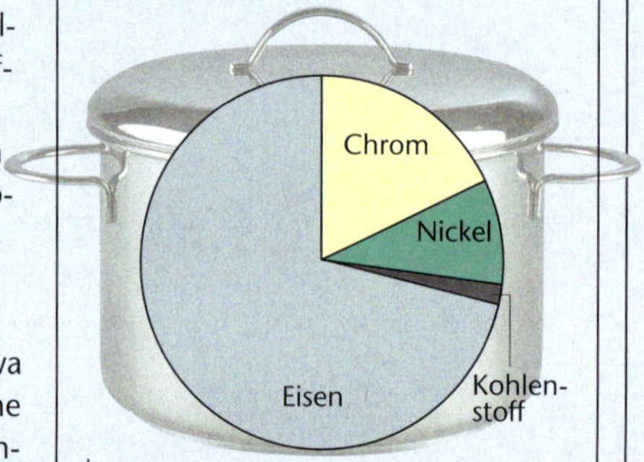

4 Zusammensetzung von V2A-Stahl

Aufgaben

1 Informiere dich über die Größenordnung der Stahlerzeugung in Europa, USA, Russland, China und Japan.

2 „Nirosta" ist ein eingetragenes Warenzeichen. Was meint dieses Kunstwort?

3 Die Bezeichnung „Oxygenstahlwerk" verrät etwas über die Arbeitsweise. Erkläre.

4 Suche nach Zusammensetzungen von Stahlsorten.

Metallverarbeitung

Metallgegenstände faszinieren
Im Laufe seiner Geschichte wurde der Mensch immer geschickter in der Gewinnung von Stoffen aus der Natur und deren Bearbeitung.

So folgen in Mitteleuropa nach der Steinzeit die Kupferzeit (4. Jahrtausend v. Chr.), die Bronzezeit (2. Jahrtausend v. Chr.) und endlich die Eisenzeit (800–15 v. Chr.). Aufgrund ihres faszinierenden Glanzes und ihrer leichten Verformbarkeit dienten Metalle wie Kupfer, Eisen und Gold schon früh zur Schmuckherstellung und zur Herstellung von Gebrauchsgegenständen. Wie wertvoll Gegenstände waren, die aus diesem Metall hergestellt wurden, zeigt sich schon daran, dass sie häufig als Grabbeilagen dienten.

1 Maske von Tutanchamun

Der Mensch findet kostbare Naturschätze
Kupfer kommt in der Natur nur in geringem Maße „gediegen" vor. Deswegen entwickelten sich schon in der Bronzezeit Bergbautechnologien zum Abbau von Kupfer- und Zinnerzen. Die Legierung aus Kupfer und Zinn heißt Bronze. Ihre Herstellung erfordert chemische Kenntnisse und spezielle Verarbeitungsmethoden.

Erfindung besonderer Aufbereitungsverfahren
Mit Ausnahme der Edelmetalle reagieren alle Metalle außerordentlich leicht mit Sauerstoff und kommen in der Natur nur als Verbindungen vor.

Es wird angenommen, dass die Menschen ursprünglich gediegenes Eisen (urkeltisch „isorai" oder indogermanisch „eison", glänzend) aus Meteoriten verwendeten. Um größere Mengen der Metalle aus ihren Verbindungen zu erhalten, benötigt man spezielle Verfahren, um die Metalle vom Sauerstoff zu „befreien" und sie aufzuarbeiten („verhütten").

Der Vorläufer des Hochofens
Eisen ist seit etwa dreitausend Jahren das wichtigste Gebrauchsmetall. Schon früh wurde Eisen im heutigen Südwestdeutschland als Handelsgut erworben. Aufgrund von Geräte- und Waffenfunden geht man davon aus, dass die „Urnenfelderleute" Süddeutschlands ab 800 v. Chr. in der Lage waren, große Mengen an Eisen selbst herzustellen. Sie machten dies im Rennofen nach dem Rennfeuerverfahren (▷B2).

3 Metallwerkstatt

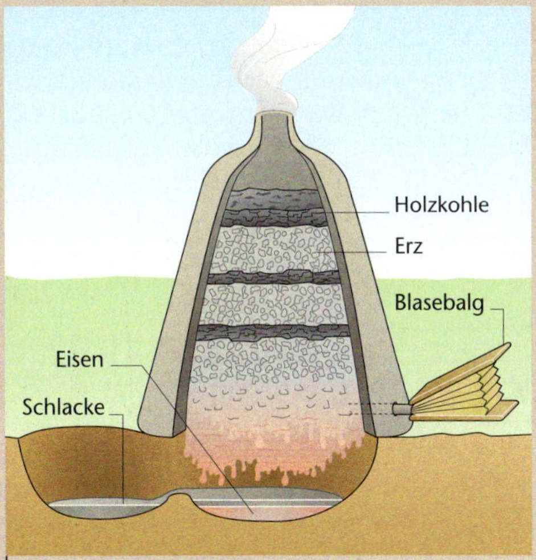

2 Schema eines Rennfeuerofens

Aufgaben

1 Nenne mindestens 5 Berufe, die sich im Laufe der Zeit im Zusammenhang mit der Bearbeitung von Metallen gebildet haben.

2 Die Zeit des „Wilden Westens" ist vielfach geprägt durch den „Goldrausch"! Informiere dich über diese Zeit, die Techniken und die Motive der Goldgräber.

3 Im zweiten Weltkrieg spielte der Stahl bei der Produktion von Rüstungsgütern eine wichtige Rolle. Informiere dich in diesem Zusammenhang im Internet zu den Begriffen „Deutschlands Norwegenfeldzug", „Montanunion" und „Europäische Union".

4 Goldrausch

Reduktion und Redoxreaktion

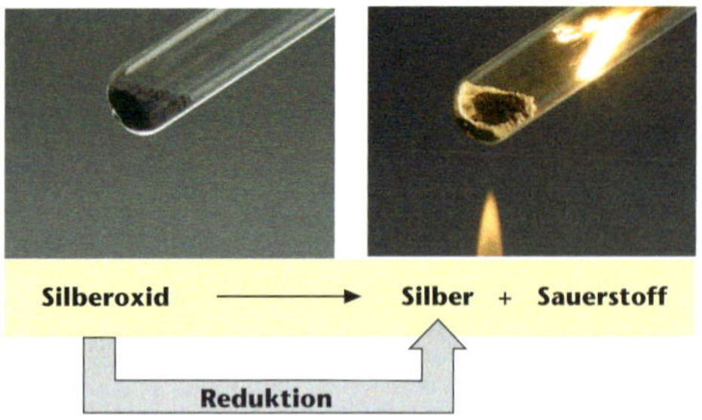

1 Die Reduktion

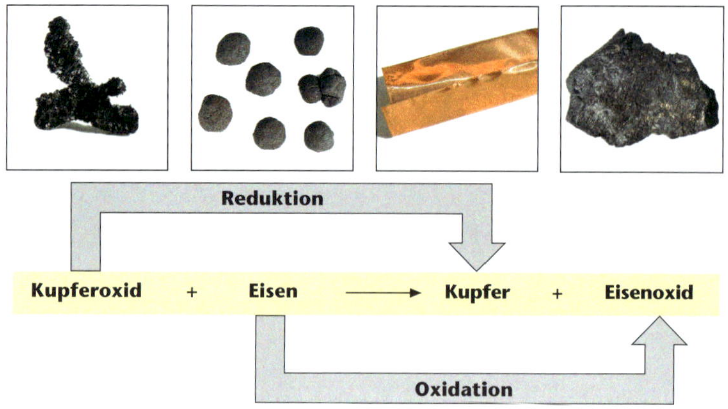

2 Die Redoxreaktion

Reduktion
Eine chemische Reaktion, bei der Sauerstoff abgegeben wird, ist eine Reduktion (▷ B 1).

Reduktionsmittel
Ein Stoff, der in der Lage ist, andere Stoffe zu reduzieren, wird als Reduktionsmittel bezeichnet. Er wird dabei selbst oxidiert.

Redoxreaktion
Eine Reaktion, bei der Reduktion und Oxidation gleichzeitig ablaufen, nennt man Redoxreaktion (▷ B 2).

Oxidationsmittel
Ein Stoff, der in der Lage ist, andere Stoffe zu oxidieren, wird als Oxidationsmittel bezeichnet. Er wird dabei selber reduziert.

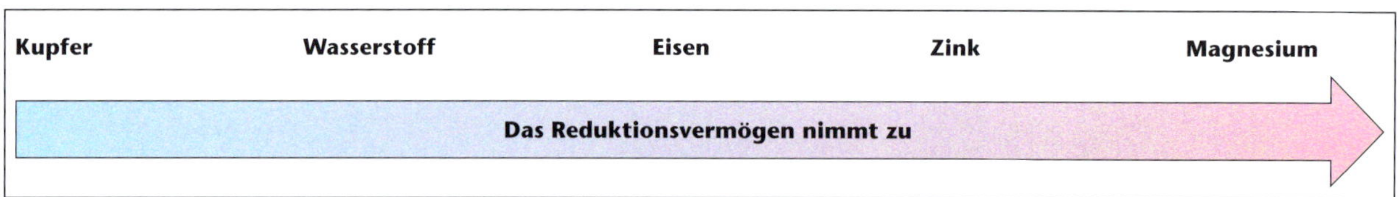

3 Das Reduktionsvermögen einiger Metalle im Vergleich zum Wasserstoff

Aufgaben

1 Nenne zwei Metalle, mit denen Eisenoxid reduziert werden kann.
a) Formuliere jeweils das Reaktionsschema.
b) Kennzeichne das Oxidationsmittel und das Reduktionsmittel.

2 a) Gold ist ein edles Metall und Eisen ein unedles Metall. Begründe mithilfe des Bindungsbestrebens der Metalle zu Sauerstoff.
b) Zeichne die Abbildung 3 in dein Heft ab und ergänze sie durch das Metall Gold.

3 Welche Stoffe entstehen bei der Reduktion von Wasser mit Magnesium? Formuliere das Reaktionsschema.

4 Bei der Knallgasreaktion reagieren Wasserstoff und Sauerstoff zu Wasser. Dies ist eine Redoxreaktion. Formuliere die Reaktionsgleichung. Kennzeichne das Oxidationsmittel und das Reduktionsmittel.

5 Schon vor 2000 Jahren gewannen die Römer Blei. Durch Erhitzen unter Luftzufuhr („Rösten") erhielten sie aus dem Erz das Oxid. Dieses wurde dann mit Kohlenstoff reduziert. Ist Blei ein starkes oder ein schwaches Reduktionsmittel?

6 Rost (▷ B 4) entsteht nur, wenn Eisen mit Wasser und Luft in Berührung kommt. Handelt es sich hier um einen Redoxprozess? Informiere Dich!

4 Zu Aufgabe 6

1 In einem Hochofen wird aus Eisenerz (Eisenoxid) Eisen gewonnen. Informiere dich im Internet oder im Lexikon über folgende Begriffe:
a) Eisenerz, b) Koks, c) Gangart des Hochofens, d) Winderhitzer, e) Möller, f) Heißwinde, g) Abstich, h) Schlacke.

2 Diskutiere folgende Aussagen mit deinem Nachbarn:
a) Um Eisen aus Eisenerz zu gewinnen, benötigt man einen Stoff, der sich lieber mit Sauerstoff verbindet als mit Eisen.
b) Um Eisen aus Eisenerz zu gewinnen, benötigt man einen Stoff, der sich nicht so gerne mit Sauerstoff verbindet wie Eisen.
c) Kupfer und Zink könnten im Hochofen ebenfalls zur Reduktion des Eisenoxids eingesetzt werden.

3 Die „Schachtofenbauweise" ist für einen Hochofen charakteristisch.
a) Zeichne die Abbildung dieser Seite sorgfältig in dein Heft ab.
b) Erkläre den Begriff „Schachtofenbauweise".
c) Der Verlauf der chemischen Prozesse spiegelt sich in der Bauweise des Hochofens wieder. Erkläre.

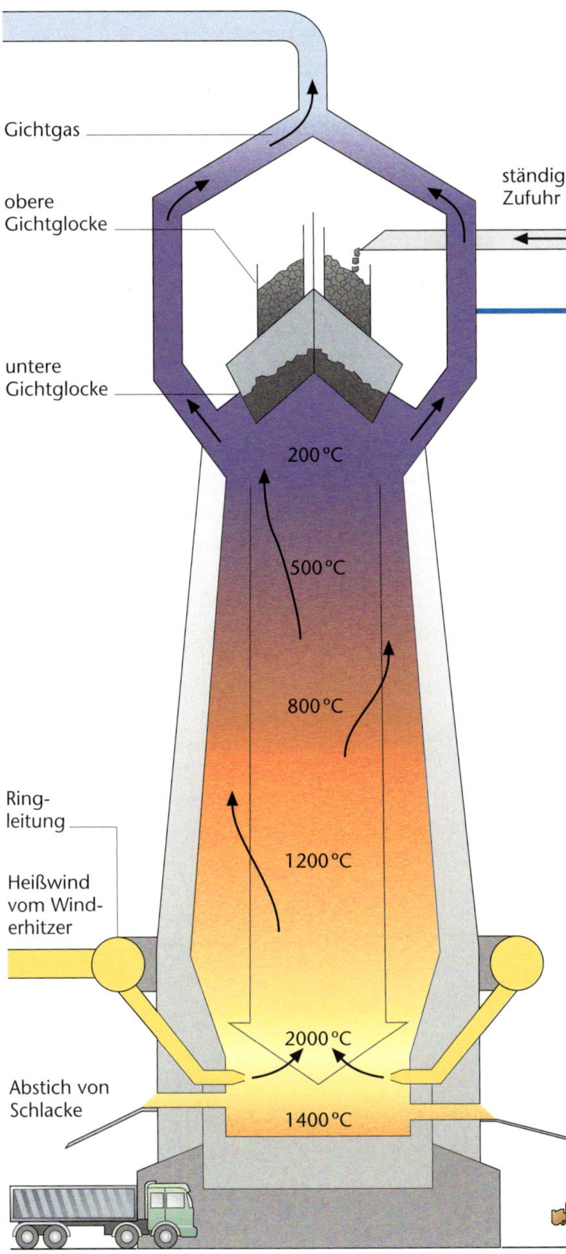

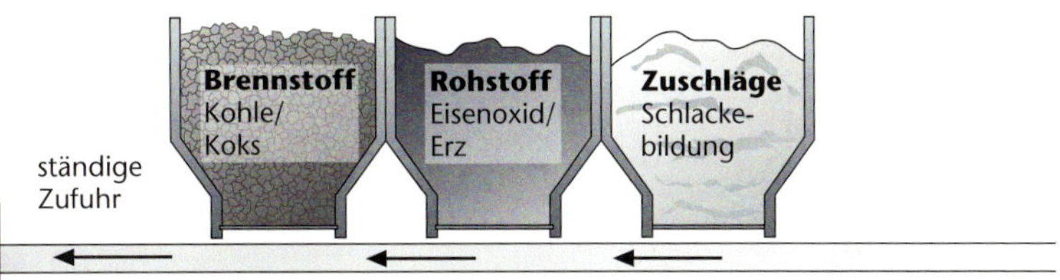

4 Bei den Prozessen im Hochofen laufen folgende chemische Reaktionen ab:
Bei der Verbrennung des Koks, der im Wesentlichen Kohlenstoff darstellt, entsteht Kohlenstoffdioxid. Diese Verbrennung liefert Energie für den gesamten Prozess. In einer zweiten Reaktion entsteht das giftige Kohlenstoffmonooxid, indem das Kohlenstoffdioxid nun seinerseits mit Kohlenstoff reagiert. Nun kann das Eisenerz mithilfe von Kohlenstoffmonooxid stufenweise zu Eisen reduziert werden. Das metallische Eisen sammelt sich im Hochofen an und kann „abgestochen" werden.

a) Formuliere die Reaktionsgleichungen.

b) In welcher Zone des Ofens laufen welche Reaktionen ab? Informiere dich.

c) Trage die Reaktionsgleichungen an entsprechender Stelle in deine Zeichnung ein und kennzeichne dabei, welcher Stoff oxidiert und welcher jeweils reduziert wird.

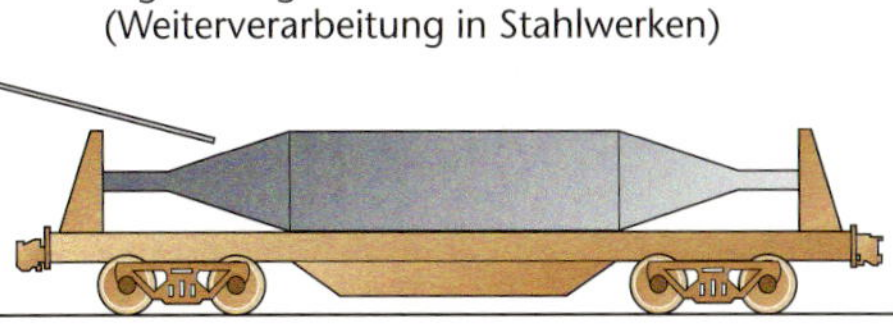

Atombau, Periodensystem und Elementgruppen

Heute sind über 100 Elemente bekannt, etwa 90 davon kommen in der Natur vor. Einige Elemente sind in ihren Eigenschaften auffallend ähnlich. In diesem Kapitel werden wir nicht nur neue Elemente kennen lernen und ordnen, sondern auch in die Atome hinein schauen.

1972 wurde auf Cape Kennedy eine Raumsonde gestartet, die den Planeten Jupiter erkunden soll und danach unser Sonnensystem verlassen wird. Gibt es in den unendlichen Weiten der Milchstraße andere intelligente Lebewesen, werden sie vielleicht in 100 Millionen Jahren eine kleine Metallplatte an Bord der Sonde finden. In die Oberfläche der Platte sind Bilder und Zeichen eingraviert. Sie geben Auskunft über den Heimatplaneten Erde und die Flugbahn der Sonde, über die Eigenschaften der Elemente und das Aussehen der Menschen.

Berichte über die Elemente zwischen den Sternen und der Sonne. In welchem Verhältnis treten sie im Weltraum auf?

Vergleiche die Elemente der Sonne mit denen des Mondes und der Erdrinde. Was kannst du erkennen?

Die Erdatmosphäre ist anders zusammengesetzt als das Wasser der Meere. Versuche, Unterschiede aufzuzeigen.

Erdatmosphäre	
Stickstoff	78,1 %
Sauerstoff	20,9 %
Argon	0,9 %
sonstige	0,1 %

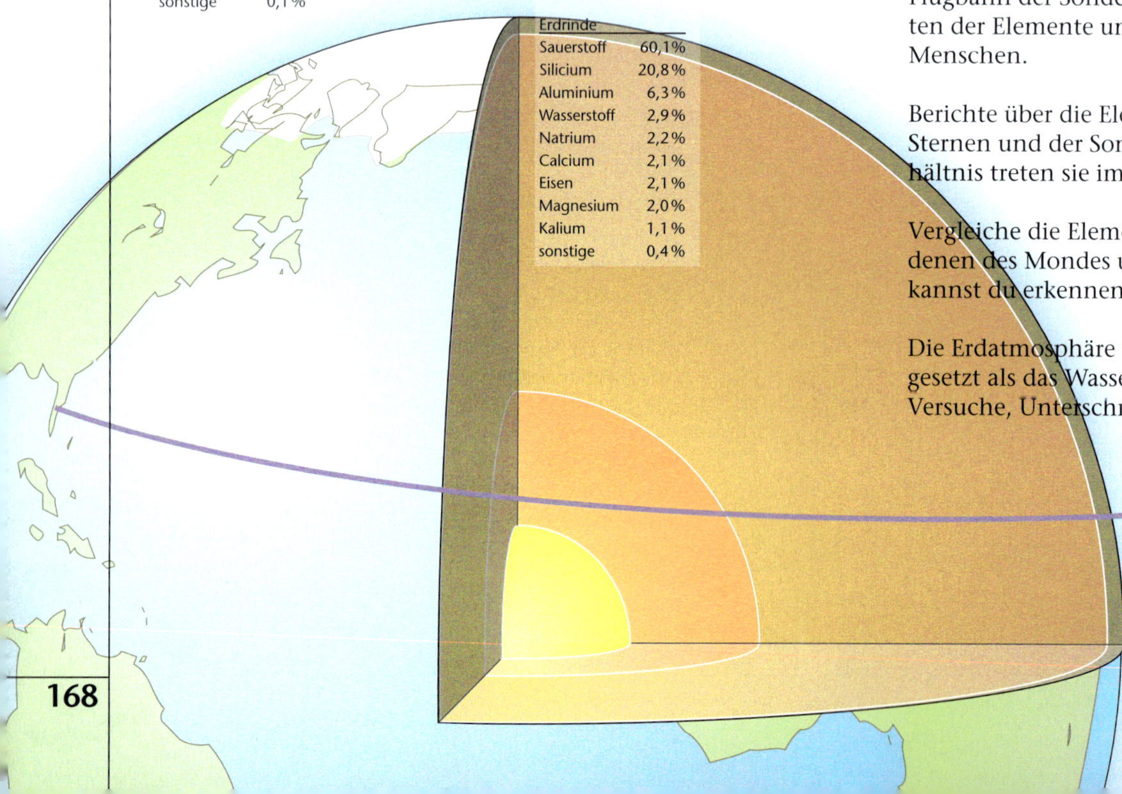

Erdrinde	
Sauerstoff	60,1 %
Silicium	20,8 %
Aluminium	6,3 %
Wasserstoff	2,9 %
Natrium	2,2 %
Calcium	2,1 %
Eisen	2,1 %
Magnesium	2,0 %
Kalium	1,1 %
sonstige	0,4 %

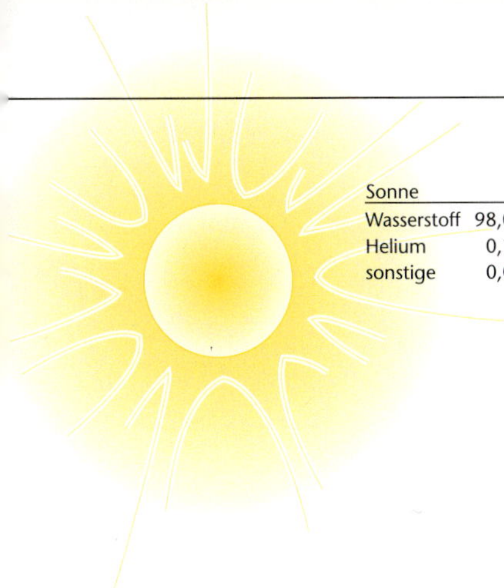

Sonne	
Wasserstoff	98,00 %
Helium	0,19 %
sonstige	0,01 %

Jupiter	
Wasserstoff	93,0%
Helium	6,0%
sonstige	1,0%

Mensch	
Wasserstoff	60,6 %
Sauerstoff	25,7 %
Kohlenstoff	10,7 %
Stickstoff	2,4 %
sonstige	0,6 %

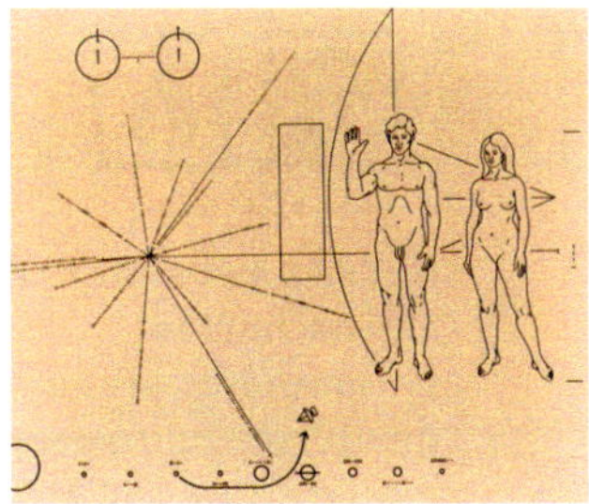

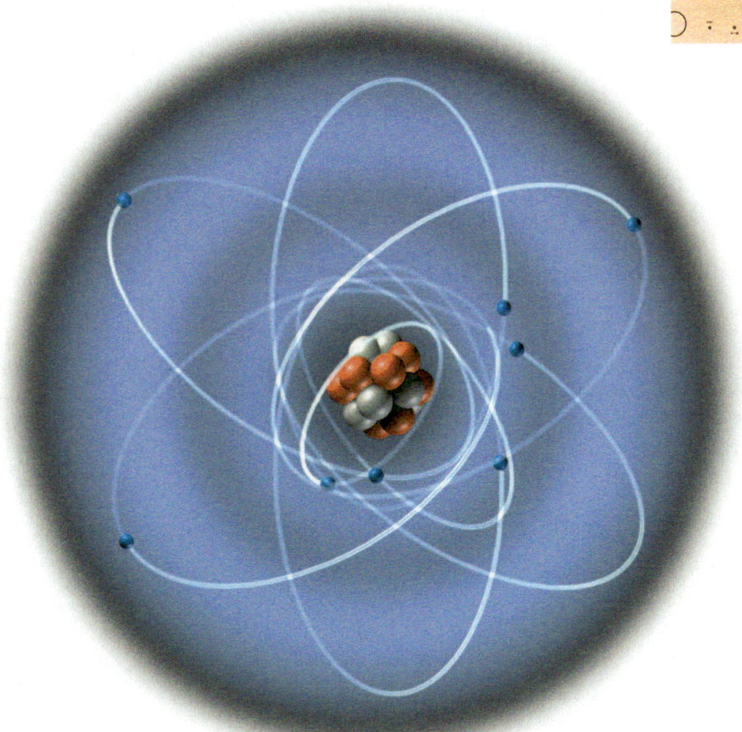

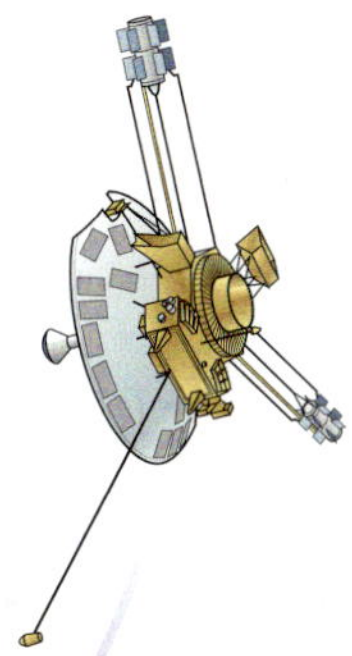

Mond	
Sauerstoff	46,6 %
Silicium	27,7 %
Aluminium	8,2 %
Eisen	5,0 %
Calcium	3,6 %
Natrium	2,9 %
Kalium	2,6 %
Magnesium	2,0 %
sonstige	1,4 %

Atome im „leeren“ Weltraum	
Wasserstoff	75,0 %
Helium	25,0 %

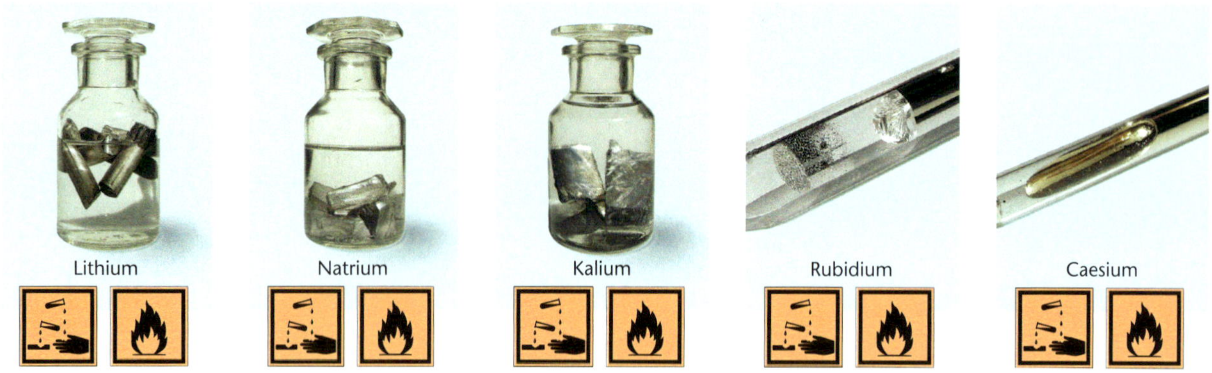

1 Die Alkalimetalle

Metalle mit außergewöhnlichen Eigenschaften

Lithium, Natrium und Kalium sind Elemente, die in unserem Alltag nur in Verbindungen vorkommen. Diese Elemente besitzen eine Reihe bemerkenswerter Eigenschaften. Die Chemikalienflaschen im Labor tragen neben den Stoffnamen die Gefahrensymbole mit den Kennbuchstaben F (leicht entzündlich) und C (ätzend) (▷B 1). An der Luft bilden die Elemente eine matte, zum Teil krustenartige Oberfläche. Schneidet man diese Elemente mit einem Messer, gelingt dies bei Kalium besonders leicht, bei Lithium dagegen sehr viel schwerer. Ihre frischen Schnittflächen zeigen einen metallischen Glanz (▷B 2; V 1). An der Luft verändert sich die Oberfläche sehr rasch wieder (▷B 4).

Lithium, Natrium und Kalium werden leicht oxidiert. Sie werden deshalb unter Paraffinöl aufbewahrt. An den Schnittstellen kann die elektrische Leitfähigkeit nachgewiesen werden (▷B 3; V 2). Natrium, Kalium und Lithium gehören zu der Stoffgruppe der Metalle. Im Gegensatz zu den bisher bekannten Metallen besitzen diese Elemente jedoch niedrigere Schmelztemperaturen. Natrium schmilzt bei 98 °C (▷B 5). Die Dichten von Natrium, Kalium und Lithium sind kleiner als die von Wasser, sie werden zu den **Leichtmetallen** gezählt.

4 Natriumstück an der Luft

2 Metallglanz

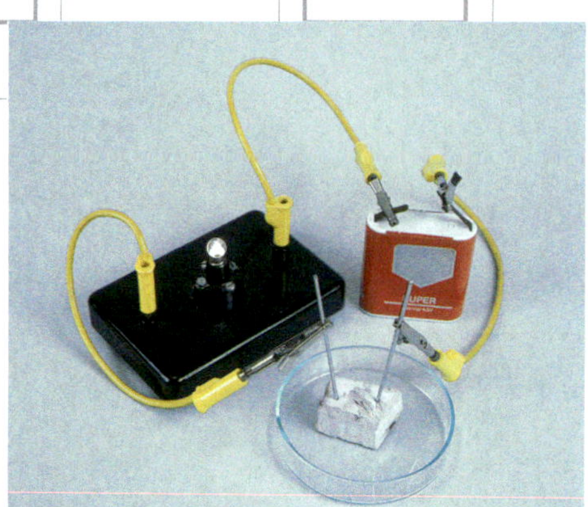

3 Elektrische Leitfähigkeit

5 Natrium schmilzt.

6 Natriumdampflampen in einer Unterführung

7 Natrium auf Filterpapier in Wasser

Versuche

1 Von einem Stück Natrium aus der Vorratsflasche wird ein Stück abgeschnitten und die Schnittfläche beobachtet. (Schutzbrille!)

2 Man prüft die elektrische Leitfähigkeit an der frischen Schnittfläche eines Natriumstücks. (Schutzbrille!)

3 a) Eine große runde Glaswanne wird zur Hälfte mit Wasser und etwas Spülmittel gefüllt. Von einem größeren Stück Natrium wird anhaftendes Paraffinöl sorgfältig entfernt und mit einem Messer ein kleines, linsengroßes Stück unter Benzin herausgeschnitten (die Kruste muss vollständig entfernt sein). Dieses Stück gibt man auf die Wasseroberfläche. (Schutzscheibe! Schutzbrille!)
b) Man wiederholt den Versuch mit Lithium und Kalium (höchstens linsengroß!) in je einer anderen Wanne.
c) Mit Lithium und Natrium wiederholt man den Versuch auf Filterpapierschiffchen.

Alkalimetalle miteinander vergleichen
Beim Verbrennen der Metalle Lithium, Natrium und Kalium zeigen sich charakteristische Flammenfarben. Bei Natrium wird eine intensive Gelbfärbung sichtbar. Wegen ihres gelben Lichtes werden Natriumdampflampen häufig im Bereich von Überwegen und Straßenunterführungen verwendet (▷B 6). Dieses Licht durchdringt besonders gut Nebel und Dunst.

Gibt man ein kleines Natriumstück auf Wasser, bildet sich eine Kugel, die sich zischend auf der Wasseroberfläche hin- und herbewegt (▷V 3). Die Kugel wird schnell kleiner und verschwindet. Bringt man ein Filterpapierschiffchen mit einer kleinen Portion Natrium auf die Wasseroberfläche, entzündet sich der bei der Reaktion mit Wasser entstehende Wasserstoff. Mit Teilen des Natriums verbrennt Wasserstoff leuchtend gelb (▷B 7). Lithium und Kalium reagieren ähnlich wie Natrium mit Wasser (▷B 8).
Die Elemente Lithium, Natrium und Kalium zeigen ähnliche Eigenschaften. Man fasst sie in einer **Elementgruppe** zusammen, den **Alkalimetallen**.
Rubidium (▷B 9) und Caesium (▷B 10) gehören ebenfalls zu den Alkalimetallen. Sie werden in Glasampullen gasdicht eingeschmolzen, da sie noch reaktionsfähiger sind als Kalium und bereits an der Luft heftig reagieren.

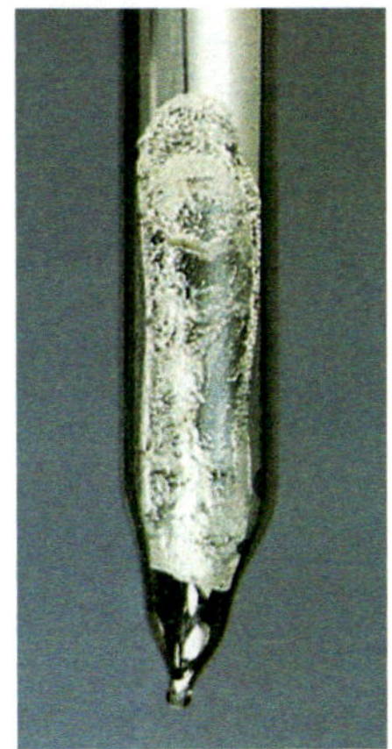

9 Rubidium

10 Caesium

Elemente mit ähnlichen Eigenschaften bilden eine Elementgruppe.
Lithium, Natrium, Kalium, Rubidium und Caesium bilden die Elementgruppe der Alkalimetalle.

Name (Symbol)	**Schmelztemperatur** (°C)	**Dichte bei 20 °C** (g/cm³)	**Härte**	**Heftigkeit der Reaktion mit Wasser**
Lithium (Li)	180	0,53	↑	
Natrium (Na)	98	0,97		
Kalium (K)	63	0,86	nimmt zu	nimmt zu
Rubidium (Rb)	39	1,53		
Caesium (Cs)	28	1,88		↓

8 Alkalimetalle im Vergleich

Feuerwerk voller Überraschungen

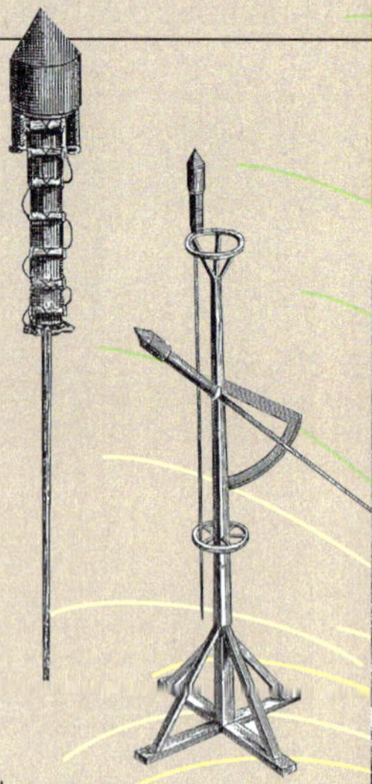

1 Feuerwerkskörper um 1780

3 Herstellung von Feuerwerkskörpern um 1760

4 Lustfeuerwerk

5 BERTHOLD SCHWARZ

Feuerwerk vor tausend Jahren

Um 1050 berichteten Missionare, die nach China gereist waren, dass dort bei Festlichkeiten fliegende Feuer und Knallballone gezündet wurden. In Europa tauchten die ersten Feurwerkskörper im 13. Jahrhundert auf. Im Mittelalter wurden bei Theatervorstellungen brennende Räder oder Fächer als Höllenfeuer aufgestellt. Ab dem 18. Jahrhundert gab es kaum ein Fest an Fürsten- und Königshäusern ohne Feuerwerk (▷B 1; B 4).
Manchmal kam es dabei zu schrecklichen Katastrophen. Beim Frühlingsfest 1748 in Paris stritten sich die französischen und italienischen Feuerwerker darum, wer seine Feuerwerksraketen zuerst zünden durfte. Beide zündeten zur gleichen Zeit und alles explodierte. 40 Zuschauer starben und mehr als 300 wurden verletzt.

2 Feuerwerksraketen heute

Feuerwerk und Farben

Heute gehören zum Feuerwerk das Zischen und Sprühen von Feuerwerksraketen (▷B 2), das Pfeifen und Heulen von Schwärmern oder das Donnern von Kanonenschlägen. Besonders beeindruckend sind farbige Leuchteffekte am dunklen Himmel. Die Farben werden beim Feuerwerk auf unterschiedliche Weise erzeugt. Weißes Licht sieht man beim Verbrennen von Magnesium. Meist werden in den Feuerwerksraketen aber nicht die Metalle, sondern ihre Verbindungen eingesetzt. Verbindungen von Calcium, Strontium und Lithium leuchten in verschiedenen Rottönen. Natriumverbindungen erzeugen ein gelbes, Kaliumverbindungen ein violettes Licht. Verbindungen von Barium färben die Flamme gelbgrün.

Herstellung von Feuerwerksraketen

Feuerwerker, die früher zugleich Experten für Schießpulver waren, stellten Brandsätze für den Antrieb von Feuerwerksraketen her. Dazu benötigten sie Holzkohle, Schwefel und Salpeter. Dieses Gemisch wurde Schwarzpulver genannt und gilt als Erfindung des Mönchs BERTHOLD SCHWARZ, der im 14. Jahrhundert lebte (▷B 5).
Auch heute wird für den Antrieb von Feuerwerksraketen meist Schwarzpulver verwendet. Alle Bestandteile des Schwarzpulvers werden einzeln fein zermahlen, gemischt und in Papierhülsen gefüllt. Beim Zünden verbrennt das Gemisch sehr schnell, heiße Gase werden nach unten ausgestoßen und lassen die Raketen aufsteigen. Nacheinander werden verschiedene Stoffgemische in der Rakete gezündet. Explosive Gemische erzeugen Pfeif- oder Knallgeräusche (Knallsatz). Sprengsätze enthalten Verbindungen von Metallen, die beim Zünden leuchtende und farbige Funken sprühen.

Werkstatt

Die Flammenfärbung bringt es an den Tag

1 Salze bekennen Farbe

Material

Schutzbrille, Gasbrenner, Stativ, Doppelmuffe, Universalklemme, Alufolie, 5 Uhrgläser, Spatellöffel, Cobaltglas, Magnesiastäbchen, destilliertes Wasser in der Spritzflasche, Salzproben: Lithiumchlorid, Natriumchlorid, Kaliumchlorid, Rubidiumchlorid, Caesiumchlorid

Versuchsanleitung

a) Spanne den Gasbrenner schräg am Stativ ein und entzünde. Gib einige Salzkörnchen der Proben jeweils auf ein Uhrglas. Benetze eine Probe mit einigen Tropfen destilliertem Wasser. Glühe die Spitze eines Magnesiastäbchens in der rauschenden Flamme aus (▷ B 2 a). Tauche dieses ausgeglühte Magnesiastäbchen in die angefeuchtete Probe (▷ B 2 b). Halte das Magnesiastäbchen in die nicht leuchtende Brennerflamme (▷ B 2 c). Betrachte die Flammenfärbung zusätzlich durch ein Cobaltglas.
b) Wiederhole den Versuch mit den übrigen Salzproben. Achte immer darauf, dass das Magnesiastäbchen intensiv ausgeglüht ist.

Aufgabe

Schreibe die Salznamen und die Flammenfarben, die man mit und ohne Cobaltglas erkennen kann, in eine Tabelle.

2 Mit der Flammenfärbung Alltagsprodukten auf der Spur

Material

Schutzbrille, Gasbrenner, Stativ, Doppelmuffe, Universalklemme, Alufolie, 5 Uhrgläser, Spatellöffel, Cobaltglas, Magnesiastäbchen, Backpulver, Waschmittel, Schmierseife, Kernseife, Brausepulver, dest. Wasser in der Spritzflasche

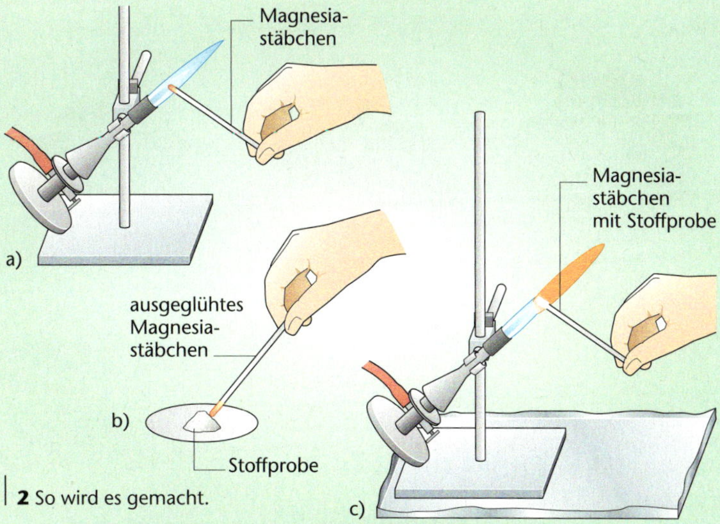

2 So wird es gemacht.

Versuchsanleitung

a) Gib auf ein Uhrglas z. B. Backpulver und benetze die Probe mit destilliertem Wasser. Tauche ein gut ausgeglühtes Magnesiastäbchen in die angefeuchtete Probe und halte es danach in die nicht leuchtende Brennerflamme (▷ B 2). Beobachte die Flammenfärbung.
Betrachte die Färbung zusätzlich durch ein Cobaltglas.

Vergleiche die Flammenfärbung mit den Farben von Bild 1.

b) Wiederhole den Versuch mit den übrigen Proben.
Verwende immer ein intensiv ausgeglühtes Magnesiastäbchen. Brich das verwendete, abgekühlte Stück dann ab.

Aufgabe

Schreibe jeweils die Probe mit der beobachteten Flammenfärbung in eine Tabelle.
Auf welche Metalle deuten die Flammenfärbungen hin?

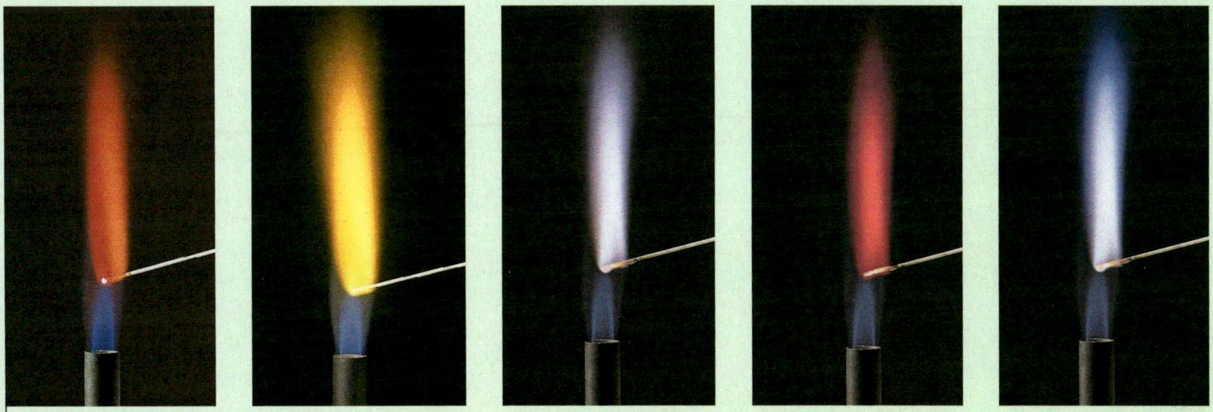

1 Flammenfarben der Alkalimetalle: Lithium, Natrium, Kalium, Rubidium, Caesium

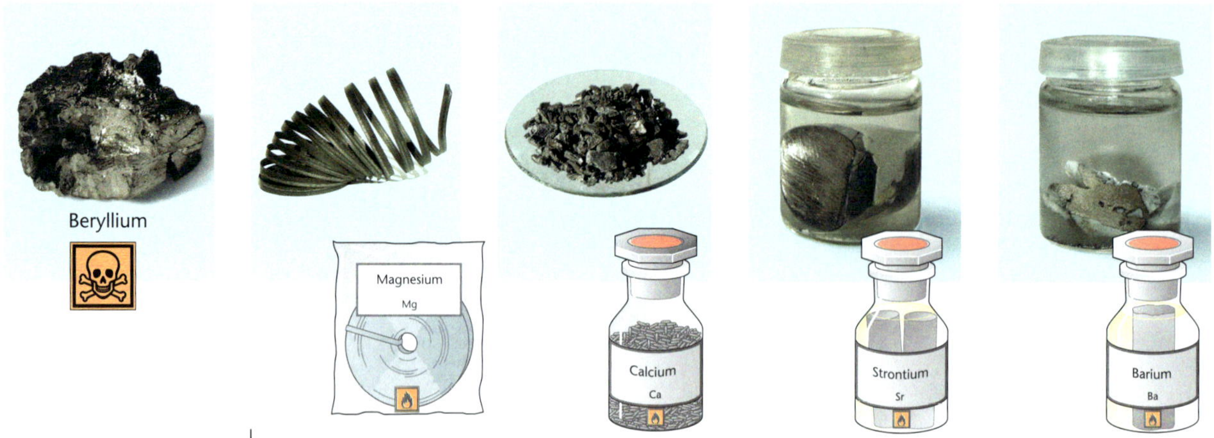

1 Die Erdalkalimetalle

Erdalkalimetalle als Elementgruppe
Bei den Elementen Beryllium, Magnesium, Calcium, Strontium und Barium (▷B 1) können wie bei den Alkalimetallen typische Eigenschaften der Metalle nachgewiesen werden. Frisch angeschmirgelte Calciumkörner zeigen Metallglanz und elektrische Leitfähigkeit (▷B 4; V 1).
Die leichte Verformbarkeit erkennt man z. B. beim Verbiegen eines Magnesiumbandes (▷B 3).
Die Verbindungen der Elemente sind am Aufbau der Erdrinde beteiligt. Calciumverbindungen bilden Kalkgestein (▷B 5).
Beryllium, Magnesium, Calcium, Strontium und Barium besitzen ähnliche Eigenschaften wie die Alkalimetalle. Sie werden deshalb **Erdalkalimetalle** genannt.
An der Luft sind nur Beryllium, Magnesium und Calcium einigermaßen beständig. Beryllium ist giftig und meist nicht in der Chemiesammlung zu finden. Wie die Alkalimetalle werden Strontium und Barium wegen ihrer großen Reaktionsfähigkeit unter Paraffinöl aufbewahrt.
Die Metalle lassen sich nur schwer schneiden, ihre Härte ist unterschiedlich. Aufgrund ihrer geringen Dichte werden die Erdalkalimetalle zu den Leichtmetallen gezählt.

Beryllium, Magnesium, Calcium, Strontium und Barium bilden die Elementgruppe der Erdalkalimetalle.

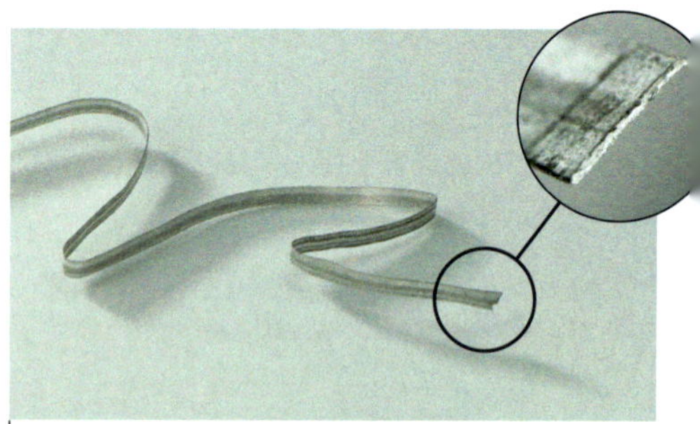

3 Verformbarkeit und metallischer Glanz

2 Calciumkörner

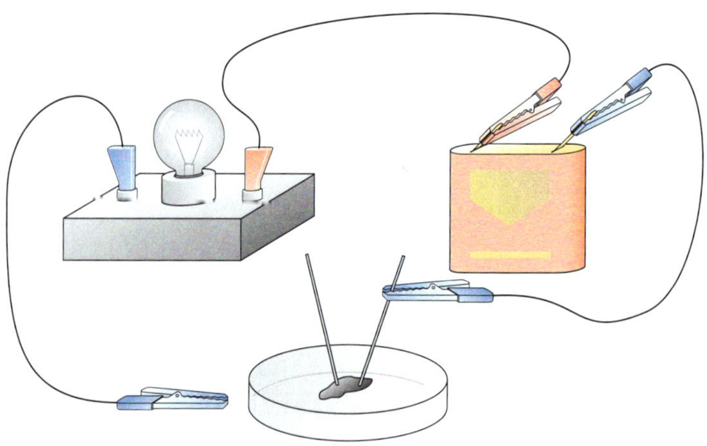

4 Elektrische Leitfähigkeit

5 Kalkstein

8 Magnesium in Wasser

Eigenschaften im Vergleich

Wie bei den Alkalimetallen kann man auch bei den Erdalkalimetallen die Reaktion mit Wasser untersuchen. Man erkennt deutliche Unterschiede. Beryllium reagiert überhaupt nicht mit Wasser, Magnesium nach dem Anschmirgeln (▷ B 8). Calcium (▷ B 9), Strontium und Barium sind wesentlich reaktionsfreudiger. Bei der Reaktion von Calcium mit Wasser entstehen Wasserstoff und eine milchig trübe Flüssigkeit (▷ V 2).

Ebenso wie Alkalimetalle färben einige Erdalkalimetalle die nicht leuchtende Brennerflamme: Calcium ziegelrot, Strontium zinnoberrot und Barium hellgrün (▷ B 6).

Versuche

1 Halte mit der Pinzette ein Calciumkorn und reibe es auf Schmirgelpapier. Wiederhole den Vorgang mit einem Stück Magnesium. Vergleiche die frischen Oberflächen und prüfe die elektrische Leitfähigkeit. (Schutzbrille!)

2 Bringe ein Calciumstückchen mit der Pinzette unter die Öffnung eines wassergefüllten, umgestülpten Reagenzglases in einer pneumatischen Wanne. Wiederhole den Versuch so lange, bis das Glas mit Gas gefüllt ist. Führe dann mit dem Gas die Knallgasprobe durch. (Schutzbrille!)

9 Calcium in Wasser

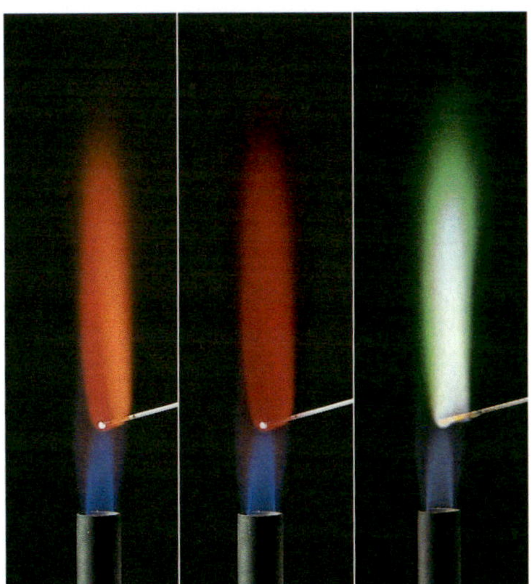

6 Flammenfärbung: Calcium, Strontium, Barium

Element (Symbol)	**Schmelztemperatur** (°C)	**Dichte bei 20 °C** (g/cm^3)	**Härte**	**Heftigkeit der Reaktion mit Wasser**
Magnesium (Mg)	649	1,74	↑ nimmt zu	↓ nimmt zu
Calcium (Ca)	839	1,54	↑ nimmt zu / ↓ nimmt zu	↓
Strontium (Sr)	769	2,60	↓	↓
Barium (Ba)	725	3,51	↓	↓

7 Erdalkalimetalle im Vergleich

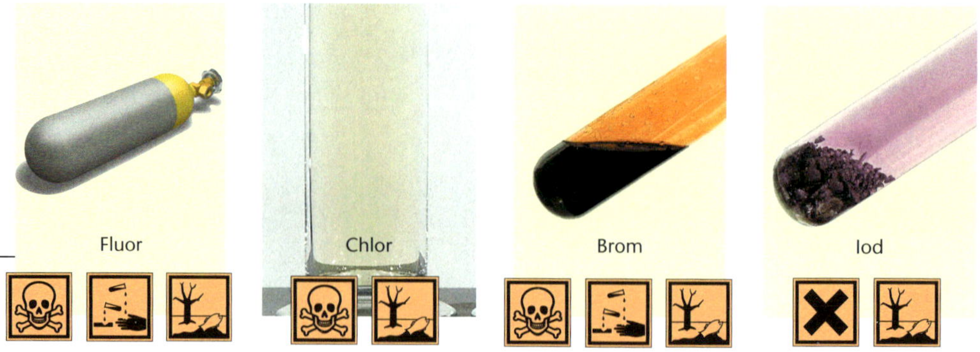

1 Die Halogene

Eigenschaften von Fluor
Das schwach gelbliche Gas Fluor hat einen durchdringenden Geruch. Beim Einatmen ruft es schwere Entzündungen der Atemwege hervor, auf der Haut verursacht es starke Verätzungen. Fluor besitzt eine außergewöhnliche Reaktionsfähigkeit gegenüber vielen Stoffen. Es lässt Holzwolle, Kautschuk, Filmmaterial, Schokolade, Aluminiumpulver und Terpentinöl spontan entflammen (▷B 2). Mit Wasserstoff reagiert es explosionsartig. In der Schule dürfen daher keine Versuche mit Fluor durchgeführt werden.

2 Fluor reagiert spontan mit Staniol, Aluminiumpulver und Holzwolle.

Eigenschaften von Chlor
Chlor (griech.: chloros, gelbgrün) ist ein gelbgrünes, giftiges Gas mit stechendem Geruch. Den Geruch kennt man vom gechlorten Wasser im Schwimmbad. Es wirkt desinfizierend und tötet Bakterien und Krankheitserreger ab.
Die Dichte des Chlors ist 2,5-mal so groß wie die der Luft; es löst sich nur mäßig in Wasser. Beim Umgang mit Chlor sind wegen seiner Giftigkeit besondere Schutz- und Vorsichtsmaßnahmen nötig. Schon weniger als ein Prozent Chlor in der Luft können beim Menschen rasch zum Tode führen, da es Luftwege und Lungenbläschen verätzt.
Chlor ist nach Fluor eines der reaktionsfähigsten Nichtmetalle. Es reagiert schon bei Zimmertemperatur mit den meisten Elementen. Blatt- und Blütenfarbstoffe von Pflanzen werden von Chlor zerstört, Farbstoffe werden gebleicht (▷B 3; V 3).

Eigenschaften von Brom
Brom (griech.: bromos, übelriechend, Gestank) ist eine dunkelrotbraune Flüssigkeit, die schon bei Zimmertemperatur unter Bildung von braunen, stechend riechenden Dämpfen verdunstet. Es ist das einzige bei Zimmertemperatur flüssige Nichtmetall. Auf die Haut wirkt es stark ätzend und ist sehr giftig.

Eigenschaften von Iod
Iod (griech.: iodes, veilchenblau) besteht aus grauschwarzen, glänzenden Kristallen. Beim langsamen Erwärmen sublimieren diese zu violettfarbenem Dampf. Iod ist im Vergleich zu Brom, Chlor und Fluor sehr reaktionsträge, zerstört aber dennoch beispielsweise Kork und Gummi.

Halogene reagieren mit Wasserstoff
Taucht man eine Wasserstoff-Flamme in Chlorgas, brennt die Flamme weiter und die Farbe des Chlors verschwindet. Es entsteht ein farbloses Gas, das stechend riecht und an feuchter Luft Nebel bildet. Das Gas heißt Chlorwasserstoff.

Auch Brom und Iod reagieren mit Wasserstoff. Es bilden sich die stechend riechenden Gase Bromwasserstoff bzw. Iodwasserstoff. Dabei nimmt die Heftigkeit der Reaktion von Chlor über Brom zu Iod ab. Die Reaktion von Fluor mit Wasserstoff ist so heftig, dass sie im Schullabor nicht durchgeführt werden kann.

Halogene, eine Elementgruppe
Fluor, Chlor, Brom und Iod sind Nichtmetalle mit ähnlichen Eigenschaften (▷B 7). Vergleicht man diese Elemente in ihren Reaktionen mit Kupfer, so zeigt sich, dass die Reaktionsfreudigkeit deutlich von Chlor über Brom bis Iod abnimmt (▷B 4 bis 6; V 1). Dampft man die wässrigen Lösungen der Reaktionsprodukte ein, erhält man feste, salzartige Rückstände (▷V 2).

Fluor, Chlor, Brom und Iod gehören zur Elementgruppe der Halogene.

Die Bezeichnung **Halogen** bedeutet Salzbildner. Die Elemente reagieren mit Metallen und bilden salzartige Produkte. Das bekannteste Salz ist Kochsalz.
In Halogenlampen wird der Gasfüllung ein Halogen beigemischt. Es entsteht ein sehr helles Licht, die Lampen haben eine sehr lange Lebensdauer. Silberhalogenide spielen als lichtempfindliche Substanzen in der Fotografie eine Rolle.

3 Chlor wirkt bleichend.

4 Kupferfolie in Chlor

5 Kupferfolie in Brom

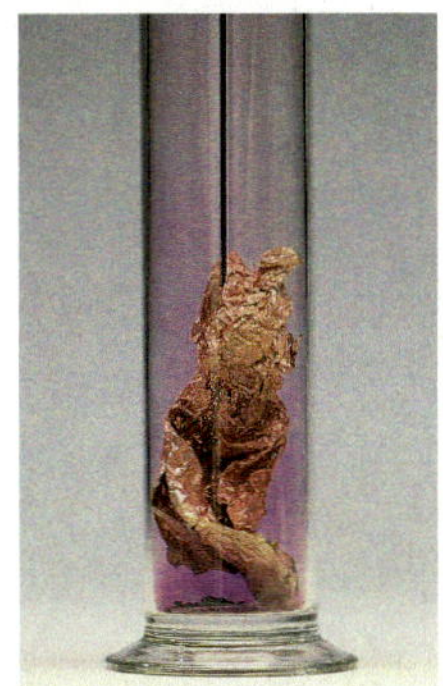
6 Kupferfolie in Iod

Versuche

1 Man hält eine Kupferfolie (Blattmetall) in je einen Standzylinder mit Chlor-, Brom- und Ioddampf.
Zur Beschleunigung der Reaktion kann man die Kupferfolie mit etwas Wasser bespritzen. (Abzug! Schutzbrille!)
Vergleiche die Reaktionsheftigkeit.

2 Die wässrigen Lösungen der Reaktionsprodukte aus Versuch 1 werden eingedampft.
Die Rückstände betrachtet man unter einer Lupe. (Schutzbrille!)

3 In einen mit Chlor gefüllten Standzylinder wird eine blaue oder andersfarbige Blüte getaucht. Nach einiger Zeit wird die Veränderung der Blüte beschrieben. (Abzug! Schutzbrille!)

Name (Symbol)	**Schmelztemperatur** (°C)	**Siedetemperatur** (°C)	**Farbe des Gases**	**Reaktionsfähigkeit**	**Gefährlichkeit**
Fluor (F)	−219	−188	schwach gelblich	↑ nimmt zu	sehr giftig ätzend
Chlor (Cl)	−101	−35	gelbgrün		giftig
Brom (Br)	−7	59	rotbraun		sehr giftig ätzend
Iod (I)	113	184	violett		gesundheitsschädlich

7 Halogene im Vergleich

Aufgaben

1 Fluor, Chlor und Brom kommen in der Natur nicht als Elemente vor. Erkläre!

2 Warum wird Kochsalz meist nicht aus den Elementen gewonnen?

3 Vergleiche die Reaktionsfähigkeit einiger Halogene mit Kupferfolie (▷B 4 bis B 6). Beschreibe die Unterschiede.

4 Erstelle einen Stoffsteckbrief von Chlor. Nenne Gefahren sowie R- und S-Sätze, die beim Umgang mit Chlor beachtet werden müssen.

Belichten und Fixieren

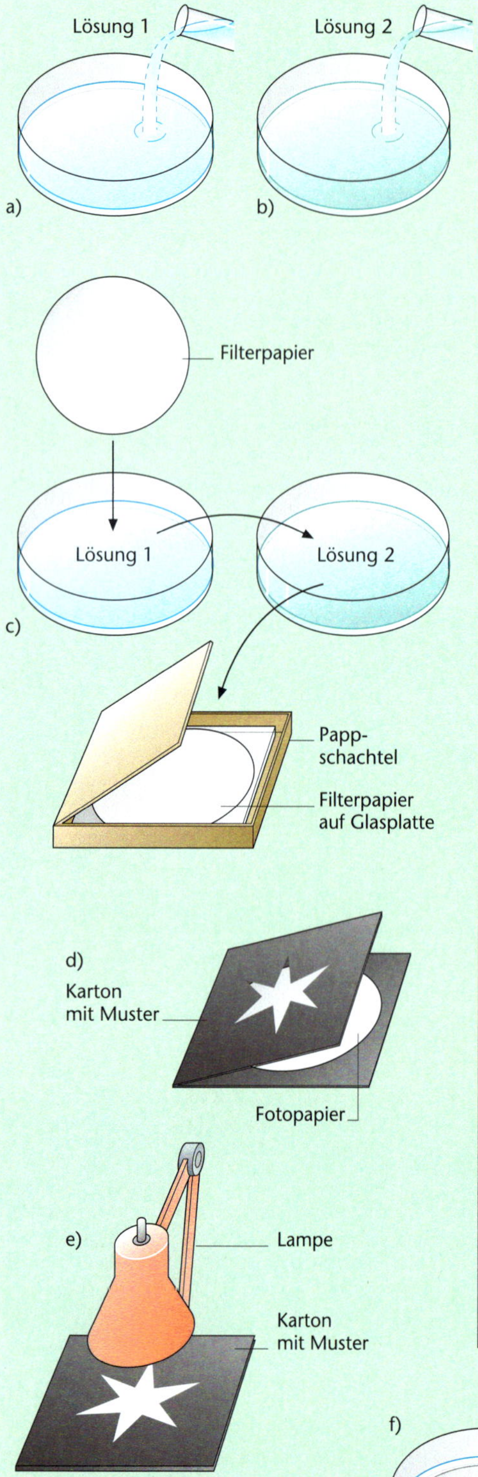

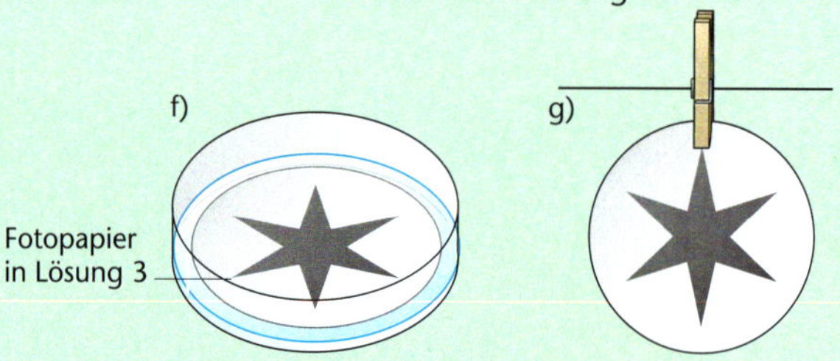

1 Fotobildherstellung

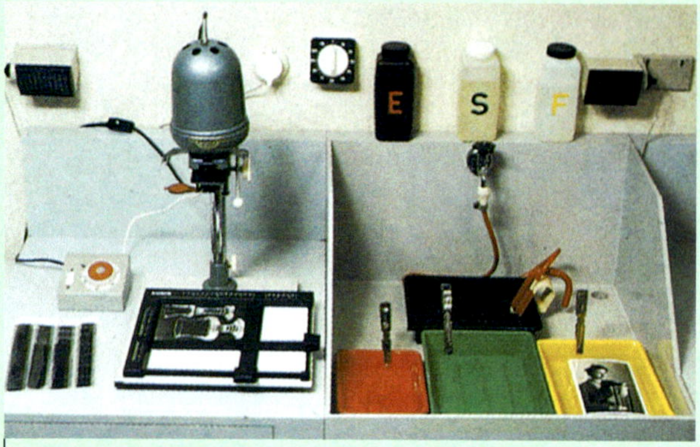

2 Fotolabor

1 Fotobilder selbst gemacht

Material

Schutzbrille, Schutzhandschuhe, Gasbrenner, 4 Petrischalen, Messzylinder, 3 Reagenzgläser, Reagenzglasgestell, Spatellöffel, Pinzette, Filterpapier, Pappschachtel, schwarzer Karton, Schere, Glasplatte, Lampe, Reagenzglashalter, Natriumchlorid, Natriumthiosulfat, Gelatine, Silbernitrat, Wasser

Versuchsanleitung

a) Löse in einem Reagenzglas unter leichtem Erwärmen etwa einen halben Spatellöffel Gelatine in 10 ml Wasser. Gib zu dieser Lösung einen viertel Spatellöffel voll Natriumchlorid und schüttle, bis sich das Salz gelöst hat. Gib die frisch hergestellte Lösung in die erste Petrischale.

b) Stelle in einem Reagenzglas eine Lösung von einem viertel Spatellöffel Silbernitrat in 10 ml Wasser her. Gib die Lösung in die zweite Petrischale.
Achtung! Silbernitrat darf nicht auf die Haut und in die Augen gelangen! Schutzhandschuhe! Schutzbrille!

c) Lege in die erste Petrischale etwa 2 Minuten lang ein Filterpapier, bis es vollständig durchtränkt ist. Nimm das Papier mit einer Pinzette aus der Petrischale. Lass die überschüssige Lösung in eine Schale abtropfen und lege das Papier mit der gleichen Schichtseite ca. 2 Minuten in die zweite Petrischale. Bringe das Papier mit der „beschichteten" Seite nach oben auf eine Glasplatte und lass es in einem verdunkelten Raum, einer Pappschachtel oder einem Trockenschrank trocknen.

d) Falte einen schwarzen Karton und schneide in eine Seite eine Figur (z. B. einen Stern). Schiebe in diese Schablone das selbst hergestellte Fotopapier mit der Schichtseite nach oben.

e) Belichte das Fotopapier im Karton mit einer möglichst hellen Lampe, bis sich das Papier schwärzt.

f) Stelle eine Natriumthiosulfatlösung her (Lösung 3). Gib hierfür einen Spatellöffel Natriumthiosulfat in 15 ml Wasser. Fülle damit eine weitere Petrischale und tauche das belichtete Fotopapier in die Lösung.

g) Spüle das fertige Bild gut unter fließendem Wasser ab und hänge es zum Trocknen auf.

Aufgabe

Welche der Abbildungen entspricht dem Belichten, welche dem Fixieren?
Ordne jeweils entsprechende Arbeitsschritte zu.

Edelgase – zu edel für die Chemie

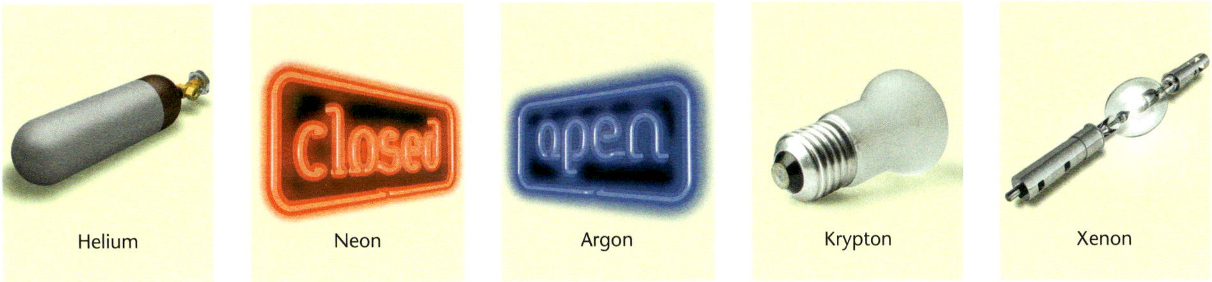

1 Die Edelgase

Eigenschaften und Reaktionsverhalten

Edelgase sind in der Luft zu ca. 1 % enthalten. Man hielt sie nach ihrer Entdeckung für völlig reaktionsunfähig und bezeichnete sie deshalb als **Edelgase**. Von Helium, Neon und Argon sind keine Verbindungen bekannt, von Krypton und Xenon nur sehr wenige. Wegen ihrer außergewöhnlichen Reaktionsträgheit verbinden sich Edelgase auch untereinander nicht. Ihre kleinsten Teilchen sind Einzelatome. Von Helium bis Xenon nimmt die Dichte zu (▷ B 5).

Alltägliche Verwendung

Helium hat eine sehr viel geringere Dichte als Luft und wird deshalb zur Füllung von Ballonen und Luftschiffen verwendet (▷ B 3).

Ein Gemisch aus Argon, Krypton und Stickstoff erhöht die Lebensdauer von Glühlampen. Durch Verwendung von Krypton kann die Temperatur der Glühdrähte auf etwa 2 500 °C gesteigert und damit die Lichtausbeute noch erhöht werden (▷ B 2). Beim Schutzgasschweißen hält Argon den Sauerstoff von der Schweißstelle und schützt so das Metall vor der Verbrennung. Auf diese Weise kann man sogar Aluminium schweißen (▷ B 4). Mit Neon, Krypton und anderen Edelgasen gefüllte Leuchtstoffröhren spenden unterschiedlich farbiges Licht (▷ B 6).

Die Elemente Helium, Neon, Argon, Krypton und Xenon gehören zur Elementgruppe der Edelgase.

2 Glühlampe

3 Ein Luftschiff fliegt mithilfe von Helium.

4 Schutzgasschweißen

Name (Symbol)	**Siedetemperatur** (°C)	**Dichte** (g/l)	**Anteil in 1 l Luft** (ml)	**Verwendung**
Helium (He)	−269	0,17	0,0046	Füllgas für Ballone, Taucherluft
Neon (Ne)	−246	0,84	0,016	in Leuchtröhren, Glühlampen
Argon (Ar)	−186	1,66	9,3	Schutzgas beim Schweißen
Krypton (Kr)	−152	3,48	0,0011	Füllgas für Glühlampen
Xenon (Xe)	−107	5,49	0,00008	in Elektronenblitzgeräten, Xenonlampen

5 Edelgase im Vergleich

6 Leuchtreklame

1 Die Kohlenstoff-Silicium-Gruppe

Die Kohlenstoff-Silicium-Gruppe – unterschiedliche Vorkommen
Pflanzen, Tiere und Menschen enthalten Kohlenstoffverbindungen. Kohlenstoff ist das Element des Lebens. Silicium und Zinn werden nur in Spuren zum Leben benötigt, Germanium und Blei dagegen nicht. In der Erdrinde unseres Planeten ist die Verteilung dieser Elemente ganz anders. 26 von 100 Atomen in der Erdrinde sind Siliciumatome. Nur 3 von 10000 Atomen sind Kohlenstoffatome. Weniger als 1 Atom von einer Million Atomen ist ein Germanium-, Zinn- oder Bleiatom.

Kohlenstoff ist nicht immer schwarz
Steinkohle und **Braunkohle** haben einen unterschiedlich hohen Kohlenstoffanteil. Sie werden in Bergwerken abgebaut. **Holzkohle** besteht fast ausschließlich aus Kohlenstoff. Man gewinnt sie aus Holz. Aufgrund ihrer Verwendung wird Holzkohle im Handel als Grillkohle angeboten (▷ B 2).

2 Grillkohle

3 Graphit zum Schreiben

Graphit besteht nur aus Kohlenstoffatomen. Beim Reiben auf Papier hinterlässt Graphit einen schwarzen Strich, da sich kleine Graphitplättchen abspalten (▷ B 3). Von der Verwendung in Bleistiftminen hat Graphit seinen Namen (griech.: grapheïn, schreiben).
Graphit hat eine hohe Schmelztemperatur. Daher werden Schmiermittel (▷ B 4) und Schmelztiegel, die hohen Temperaturen ausgesetzt sind, aus Graphit gefertigt. Graphit ist elektrisch leitfähig (▷ V 1).

Diamant besteht nur aus Kohlenstoffatomen. Diamant ist der härteste aller in der Natur vorkommenden Stoffe (▷ V 2). Unter besonderen Bedingungen kann man aus Kohlenstoffverbindungen oder aus Graphit künstliche Diamanten herstellen. Sie werden als Industriediamanten zum Schleifen, Schneiden und Bohren verwendet.

Natürliche Diamanten sind gesuchte Edelsteine (▷ B 5). Die wertvollsten Diamanten sind farblos, durchsichtig und stark lichtbrechend. Sie werden mit Diamantpulver geschliffen und als kostbare Brillanten verkauft. Ihre Masse wird in Karat angegeben. Ein Karat sind 0,2 g.

4 Graphit zum Schmieren

5 Diamant und Brillant

Silicium und Germanium – „moderne" Elemente

Silicium kommt in der Natur häufig in Verbindungen vor. Sand, Ton und viele Gesteine bestehen aus Siliciumverbindungen. Meist wird Silicium aus Sand gewonnen, der fast unbegrenzt zur Verfügung steht (▷ B 6). Silicium wird in der Computertechnik zur Herstellung von Mikrochips benötigt (▷ B 8). Dabei werden Stäbe aus reinstem Silicium in dünne Scheiben zersägt (▷ B 7). Aus einer Scheibe werden Chips herausgeschnitten, mit Anschlüssen versehen und mit Kunststoff ummantelt.

Germanium ist ein seltenes, grauweißes, glänzendes Metall. Aufgrund seiner chemischen Eigenschaften steht es im Periodensystem zwischen Silicium und Zinn. Es dient zur Herstellung von Dioden, Transistoren, optischen Linsen und Radargeräten.

Zinn und Blei – gewichtige Schwermetalle

Zinn ist ein weiches, silbrigglänzendes Schwermetall. An der Luft und unter Wasser behält es seinen Glanz. Zinn dient zur Herstellung von Zinngeschirr, z. B. Tellern, Bechern oder Krügen (▷ B 10). Mit Zinn überzogenes Eisen ist Weißblech, aus dem Konservendosen für Lebensmittel hergestellt werden.

Blei ist ein weiches, leicht verformbares Schwermetall. Ein Bleigürtel erleichtert das Abtauchen in große Wassertiefen (▷ B 9). Bleibänder beschweren Gardinen. Bleischürzen dienen beim Röntgen als Strahlenschutz. Bleiplatten sind Hauptbestandteile von Autobatterien. Bleiglas enthält Bleidioxid und wird wegen seiner hohen Lichtbrechung als Schmuckglas verwendet. Blei und seine Verbindungen sind giftig. Beim Umgang mit Blei und Bleiverbindungen ist daher besondere Vorsicht geboten.

▶ Kohlenstoff, Silicium, Germanium, Zinn und Blei bilden eine Elementgruppe.

6 Sanddüne

7 Reines Silicium

8 Mikrochip

9 Taucher mit Bleigürtel

10 Schmuckteller aus Zinn

Versuche

1 Prüfe die elektrische Leitfähigkeit von Graphit, Diamant und Zinn.

2 Prüfe die Härte von Graphit und eines Industriediamanten durch Ritzen mit einem Eisennagel.

Aufgaben

1 Welches Reaktionsprodukt entsteht jeweils bei der Verbrennung von Holzkohle, Graphit oder Diamant? Begründe.

2 Mit welchem Experiment kann man ein geschliffenes Glas von einem Brillanten rasch unterscheiden?

Zeitpunkt

Elemente vergleichen, ordnen, suchen

Vor ca. 200 Jahren begannen Forscher nach einer Ordnung für die damals bekannten Elemente zu suchen.

Die Triaden von Döbereiner
Johann Wolfgang Döbereiner (1780–1849) war Professor für Chemie in Jena. Im Jahr 1817 entdeckte er die Ähnlichkeit von jeweils drei Elementen zueinander. Er fasste sie zu Dreiergruppen zusammen, so genannten Triaden. Die Atommasse des mittleren Elements einer Triade war nahezu gleich dem Mittelwert der beiden anderen Elemente.

Einteilung der Elemente in Familien
Max von Pettenkofer (1818–1901) war Professor für Hygiene in München. 1850 erkannte er die chemische Zugehörigkeit von jeweils vier Elementen zu einer Familie. Bei den Elementen einer Familie fand er etwa gleiche regelmäßige Abstände zwischen den Atommassen aufeinander folgender Elemente. Aus Geldmangel konnte er seine Forschungen nicht weiterführen.

Sieben Verwandtschaftsgruppen
1864 ordnete der englische Chemiker John Newlands (1837–1898) die damals bekannten Elemente nach steigender Atommasse. Er erkannte, dass jeweils das achte Element wieder ähnliche Eigenschaften wie das Ausgangselement zeigte. Sein System aus sieben Verwandtschaftsgruppen enthielt aus heutiger Sicht noch Ungenauigkeiten.

J. W. Döbereiner

1817

Triade 1	Triade 2	Triade 3	Triade 4
Kalcium	Chlor	Schwefel	Lithium
Strontium	Brom	Selen	Natrium
Baryum	Jod	Tellur	Kalium

M. v. Pettenkofer

1850

Magnesium	Stickstoff	Sauerstoff
Kalcium	Phosphor	Schwefel
Strontium	Arsen	Selen
Baryum	Zinn	Tellur

J. Newlands

1864

H	Li	Be	B	C	N	O
F	Na	Mg	Al	Si	P	S
Cl	K	Ca	Cr	Ti	Mn	Fe

1869

I	II	III	IV	V	VI
	B = 11.0	Al = 27.3	–	–	–
	C = 11.97	Si = 28		–	
			Ti = 48		Zr = 89.7
	N = 14.01	P = 30.9		As = 74.9	
			V = 51.2		Nb = 93.7
	O = 15.96	S = 31.98		Se = 78	
			Cr = 52.4		Mo = 95.6
	F = 19.1	Cl = 35.38		Br = 79.75	
			Mn = 54.8		Ru = 103.5
			Fe = 55.9		Rh = 104.1
			Co = Ni = 58.6		Pd = 106.2
Li = 7.01	Na = 22.99	K = 39.04		Rb = 85.2	
			Cu = 63.3		Ag = 107.66
?Be = 9.3	Mg = 23.9	Ca = 39.9		Sr = 87.0	
			Zn = 64.9		Cd = 111.6

Differenz von I zu II und von II zu III ungefähr = 16.
Differenz III zu V, IV zu VI, V zu VII schwankend um 46
Differenz VI zu VIII, von VII zu IX = 88 bis 92.

Fig.38 Periodic system of Meyer (187

1 Periodensystem von L. Meyer

Versuche eines Systems der Elemente nach ihren Atomgewichten und chemischen Functionen.

Von

D. Mendeleeff,
Professor an der Universität zu St. Petersburg.

			Ti = 50	Zr = 90	? = 180
			V = 51	Nb = 94	Ta = 182
			Cr = 52	Mo = 96	W = 186
			Mn = 55	Rh = 104,4	Pt = 197,4
			Fe = 56	Ru = 104,4	Ir = 198
			Ni = Co = 59	Pl = 106,6	Os = 199
H = 1			Cu = 63,4	Ag = 108	Hg = 200
	Be = 9,4	Mg = 24	Zn = 65,2	Cd = 112	
	B = 11	Al = 27,4	? = 68	Ur = 116	Au = 197?
	C = 12	Si = 28	? = 70	Sn = 118	
	N = 14	P = 31	As = 75	Sb = 122	Bi = 210?
	O = 16	S = 32	Se = 79,4	Te = 128?	
		5,5	Br = 80	I = 127	
		9	Rb = 85,4	Cs = 133	Tl = 204
		0	Sr = 87,6	Ba = 137	Pb = 207

L. Meyer

D. Mendelejew

Das Periodensystem von Meyer und Mendelejew

Im Jahr 1869 waren 50 Elemente bekannt. Damals entdeckten der deutsche Chemieprofessor Lothar Meyer (1830–1895) und der russische Chemieprofessor Dimitrij Mendelejew (1834–1907) unabhängig voneinander eine Anordnung der Elemente, die wir heute **Periodensystem** nennen. Nach ihren Aufzeichnungen waren die Elemente nach steigender Atommasse geordnet. Beide Forscher erkannten, dass dabei ähnliche Elemente in regelmäßigen Abständen (Perioden) auftraten. Die gesamte Reihe konnte so aufgeteilt werden, dass ähnliche Elemente (in der ursprünglichen Anordnung) nebeneinander standen.

Im Periodensystem von Mendelejew waren an verschiedenen Stellen noch Fragezeichen eingesetzt. Der russische Forscher war von seinem System so überzeugt, dass er Lücken ließ für noch fehlende Elemente. Er konnte sogar die Eigenschaften der unbekannten Elemente voraussagen. Das geheimnisvolle Element, das auf Aluminium folgen musste, nannte er Eka-Aluminium. Er nahm an, dass das unbekannte Element in der Hand schmelzen würde. Mendelejew sagte nicht nur die Schmelztemperatur, sondern auch die Atommasse und die Dichte voraus.

1875 entdeckte der französische Chemiker Lecoq de Boisbaudran (1838–1912) ein neues Element, das er zu Ehren seines Vaterlands Gallium nannte. Bei näheren Untersuchungen erkannte er, dass die Eigenschaften von Gallium und Eka-Aluminium fast identisch waren. Eine Lücke im Periodensystem war ausgefüllt.

1886 entdeckte der deutsche Chemiker Clemens Winkler (1838–1904) das Element Germanium, das auf Silicium folgte. Auch bei diesem Element konnten die Voraussagen von Mendelejew bestätigt werden.

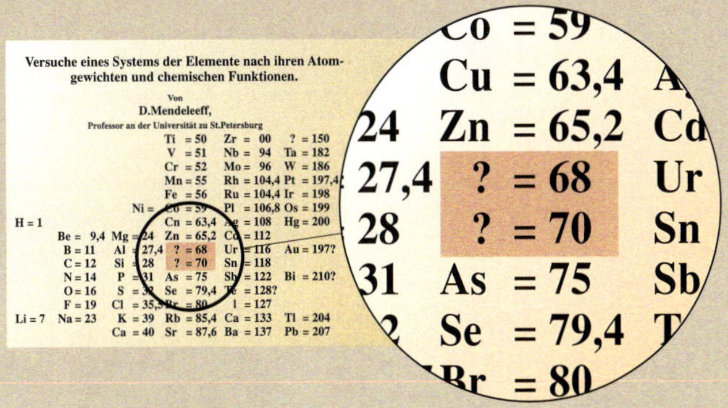
Versuche eines Systems der Elemente nach ihren Atomgewichten und chemischen Funktionen.
Von
D.Mendeleeff,
Professor an der Universität zu St.Petersburg

Ti = 50   Zr = 00   ? = 150
V = 51   Nb = 94   Ta = 182
Cr = 52   Mo = 96   W = 186
Mn = 55   Rh = 104,4   Pt = 197,4
Fe = 56   Ru = 104,4   Ir = 198
Ni = Co = 59   Pl = 106,8   Os = 199
H = 1   Cn = 63,4   Ag = 108   Hg = 200
Be = 9,4   Mg = 24   Zn = 65,2   Cd = 112
B = 11   Al = 27,4   ? = 68   Ur = 116   Au = 197?
C = 12   Si = 28   ? = 70   Sn = 118
N = 14   P = 31   As = 75   Sb = 122   Bi = 210?
O = 16   S = 32   Se = 79,4   Te = 128?
F = 19   Cl = 35,5   Br = 80   I = 127
Li = 7   Na = 23   K = 39   Rb = 85,4   Ca = 133   Tl = 204
Ca = 40   Sr = 87,6   Ba = 137   Pb = 207

? = 68

vorausgesagt	Eigenschaften	festgestellt
ca. 68	Atommasse (u)	69,7
niedrig	Schmelztemperatur (°C)	30
6	Dichte (g/cm^3)	5,90

? = 70

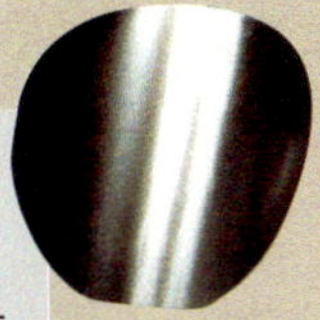

vorausgesagt	Eigenschaften	festgestellt
ca. 70	Atommasse (u)	72,6
hoch	Schmelztemperatur (°C)	937
5,5	Dichte (g/cm^3)	5,32

Das Langperiodensystem von Werner

In den Jahren 1894 bis 1898 wurden die Edelgase entdeckt und in das Periodensystem eingeordnet. 1905 entwickelte der deutsche Chemiker Alfred Werner (1866–1919) ein Langperiodensystem mit 18 Gruppen, in denen ähnliche Elemente untereinander stehen.
Die Entwicklung des Periodensystems ist nicht abgeschlossen und geht mit der Entdeckung neuer Elemente weiter.

A. Werner

1905

Langperiodensystem nach Alfred Werner (1905, mit den heutigen Elementsymbolen)

H	Li	Be										(Be)	B	C	N	O	F	Ne
Ne	Na	Mg	(Al)									(Mg)	Al	Si	P	S	Cl	Ar
Ar	K	Ca	Sc	Ti	V	Cr	Mn	Fe	Co	Ni	Cu	Zn	Ga	Ge	As	Se	Br	Kr
Kr	Rb	Sr	Y	Zr	Nb	Mo	–	Ru	Rh	Pd	Ag	Cd	In	Sn	Sb	Te	I	Xe
Xe	Cs	Ba	La*	–	Ta	W	–	Os	Ir	Pt	Au	Hg	Tl	Pb	Bi	Po	–	Rn
Rn	–	Ra	Ac	Th	–	U												
			(La*)	Ce	Pr	Nd	–	Sm	Eu	Gd	Tb	Dy	Ho	Er	Tm	Yb	Lu	

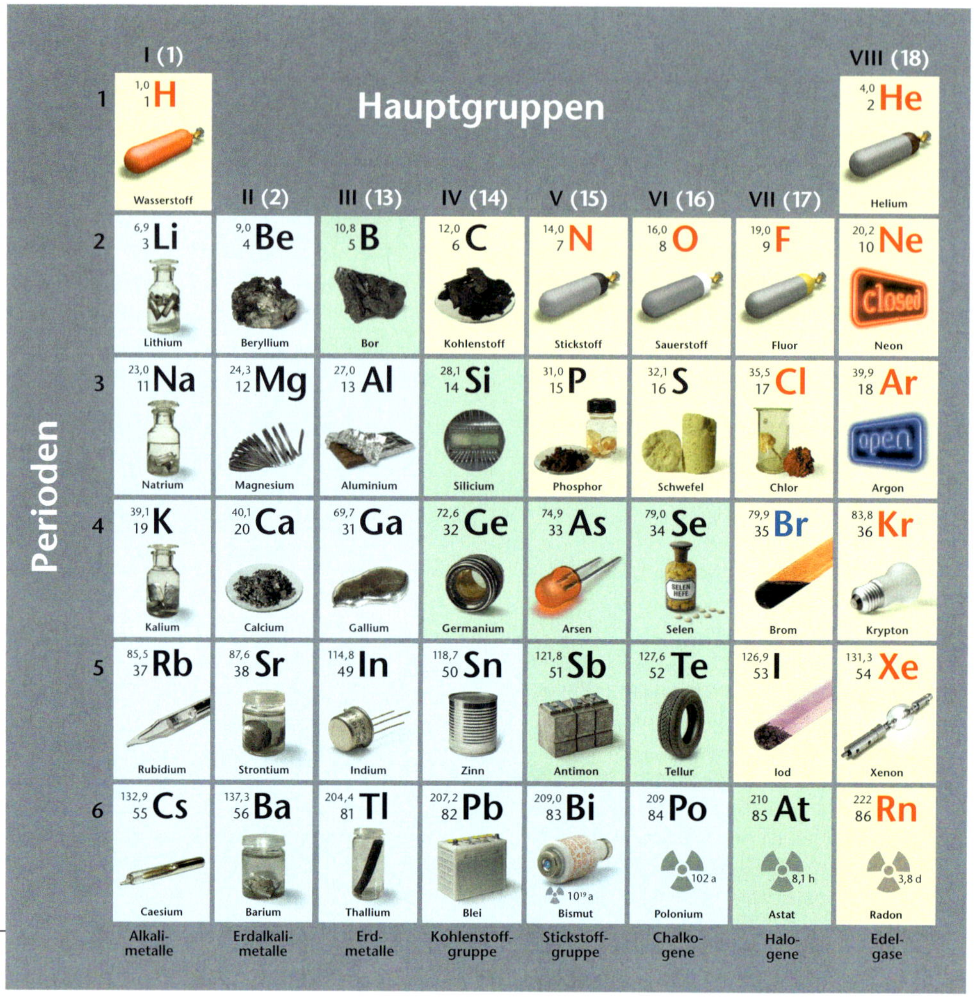

1 Die Hauptgruppen des Periodensystems

Einteilung in Perioden
Heute sind über 100 Elemente bekannt. Sie werden im **Periodensystem** der Elemente geordnet. Etwa vier Fünftel der Elemente zählen zu den Metallen, die übrigen zu den Nichtmetallen. Die waagerechten Reihen nennt man **Perioden**, weil nach bestimmten Abständen Elemente mit ähnlichen Eigenschaften wiederkehren.
Die Perioden werden mit arabischen Ziffern bezeichnet. Zur 1. Periode gehören nur zwei Elemente, Wasserstoff und Helium (▷ B 1).

Einteilung in Hauptgruppen
Die **Hauptgruppen** sind die senkrechten Spalten im Kurzperiodensystem (▷ B 1). Sie werden häufig mit römischen Ziffern gekennzeichnet. In den Hauptgruppen stehen Elemente mit ähnlichen Eigenschaften. Nicht bei allen Hauptgruppen ist die chemische Verwandtschaft so deutlich zu erkennen wie bei den Alkalimetallen der I. Hauptgruppe oder den Edelgasen der VIII. Hauptgruppe. Elemente, die nicht zu den 8 Hauptgruppen gehören, werden in **Nebengruppen** (▷ B 2) zusammengefasst (vollständiges Periodensystem im Anhang).

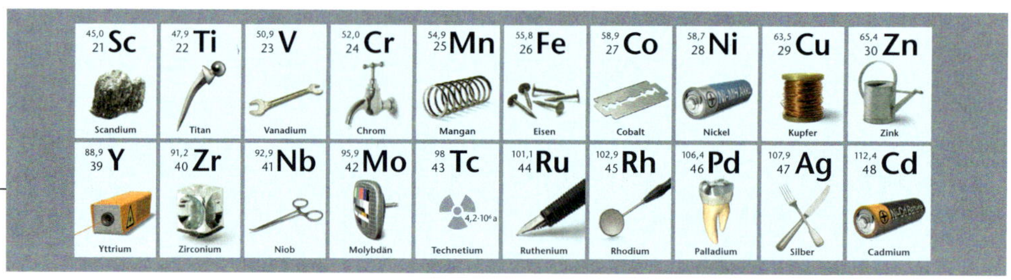

2 Die Nebengruppen des Periodensystems (Ausschnitt)

Werkstatt

Eine Ordnung finden

1 Anfertigen von Elementkarten

Material

Schere, Klebstoff, Farbstifte, 19 farbige Karten in der Größe A7, weiße Kartonstreifen, Pinnwand, Pinnnägel, Periodensystem der Elemente

Anleitung

Zeichne von den 19 abgebildeten Elementen Bilder oder scanne die Abbildungen in den Computer ein und stelle Kopien her. Klebe wie im Beispiel (▷ B 1) jeweils ein Bild auf die rechte Hälfte der Farbkarte. Schreibe auf die linke Hälfte den Namen des dazu gehörenden Elements. Gib unter dem Namen zuerst das Elementsymbol, dann die Atommasse und zuletzt die Nummer der Hauptgruppe an (▷ B 1).

Informationen über die Elemente findest du im Anhang des Buches. Hefte die fertigen Elementkarten an eine Pinnwand.

2 Auf der Suche nach einer Ordnung

Anleitung

Überlege Ordnungsmöglichkeiten für die angefertigten Elementkarten. Schreibe die gefundenen Gruppennamen auf weiße Kartonstreifen und hefte sie an die Pinnwand. Ordne jeweils die Elementkarten zu.

Beispiele für Ordnungsmöglichkeiten sind:

- Ordnung alphabetisch nach Namen oder nach Elementsymbolen
- Ordnung nach Metallen und Nichtmetallen
- Ordnung nach den Aggregatzuständen bei Zimmertemperatur
- Ordnung nach steigender Atommasse
- Ordnung nach Elementgruppen
- Ordnung nach Gefahrstoffen
- Ordnung nach ...

Aufgaben

1. a) Vergleiche die gefundenen Ordnungssysteme auf ihre mögliche Verwendung.
b) Überlege, welches System möglichst viele Informationen auf einmal liefert.

2. Ordne abschließend die 19 Elementkarten wie im heutigen Periodensystem an und erkläre die Vorgehensweise.

1 Elementkarte zu Neon

Werkstatt

Anziehen und Abstoßen

1 Die Haare stehen zu Berge.

1 Aufgeladen – aber wie?

Material

Hartgummistab, Glasstab, Tierfell, Tuch aus synthetischen Fasern (z. B. Dralon), Glimmlampe

Versuchsanleitung

a) Reibe einen Hartgummistab mit einem Tierfell. Halte eine Glimmlampe an einem Ende mit Daumen und Zeigefinger. Berühre mit dem anderen Ende der Glimmlampe den Hartgummistab. Beobachte das Gas in der Glimmlampe im leicht abgedunkelten Unterrichtsraum.

b) Wiederhole den Versuch mit einem Glasstab. Reibe diesen mit einem Tuch aus synthetischen Fasern. Halte eine Glimmlampe an diesen Glasstab. Beobachte das Gas in der Glimmlampe.

Aufgabe

Vergleiche die Beobachtungen mit Bild 2 und erkläre.

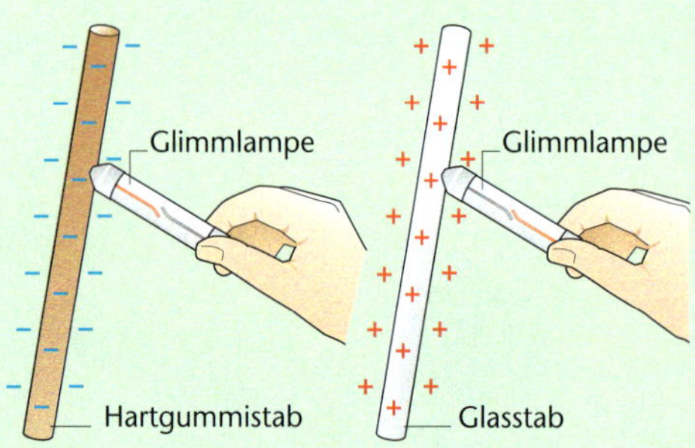

2 Die Glimmlampe informiert.

2 Voneinander – zueinander

Material

Hartgummistab, Hartgummistab auf Spitze gelagert, Tierfell, Glasstab, Tuch aus synthetischen Fasern (z. B. Dralon), 4 Kunststofffolien

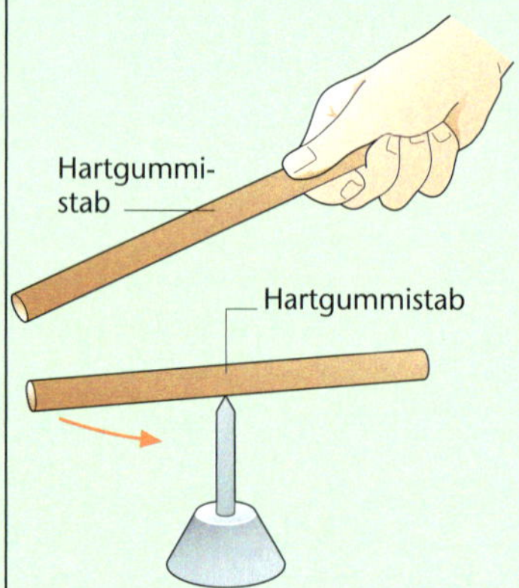

3 Abstoßung

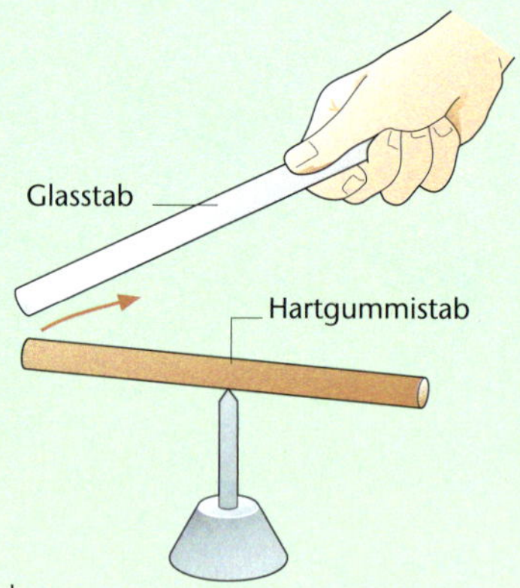

4 Anziehung

Versuchsanleitung

a) Reibe zwei Hartgummistäbe mit einem Tierfell. Lege den kürzeren Stab auf eine Spitze und nähere diesem den längeren Hartgummistab von der Seite (▷ B 3). Beobachte die Lageveränderung des drehbaren Stabes.

b) Reibe einen Glasstab mit einem Tuch aus synthetischen Fasern. Nähere diesen Glasstab dem auf einer Spitze gelagerten, frei drehbaren Hartgummistab (▷ B 4). Beobachte die Lageveränderung des Hartgummistabes.

c) Wiederhole die Versuche mit Kunststofffolien anstelle von Stäben und beobachte.

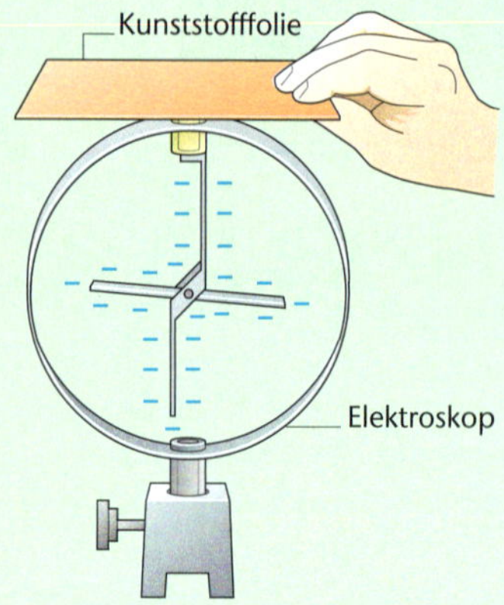

5 Elektroskop

3 Aufgeladen – viel oder wenig?

Material

Elektroskop, Kunststofffolie, Wolltuch, Hartgummistab, Tierfell

Versuchsanleitung

a) Reibe eine Kunststofffolie mit einem Wolltuch. Streiche mit der Kunststofffolie anschließend über die Konduktorkugel eines Elektroskopes (▷ B 5). Wiederhole den Versuch mehrmals.
Beobachte den Zeigerausschlag.

b) Wiederhole den Versuch mit einem Hartgummistab und einem Tierfell.

4 Staubfänger

Material

Staubtuch, dunkel lackierte Möbeloberfläche

Versuchsanleitung

Wische mit einem Staubtuch über eine möglichst dunkel lackierte Oberfläche. Versuche den Staub zu entfernen.

Aufgabe

Überlege, wie der Versuch in Bild 6 durchgeführt werden kann.

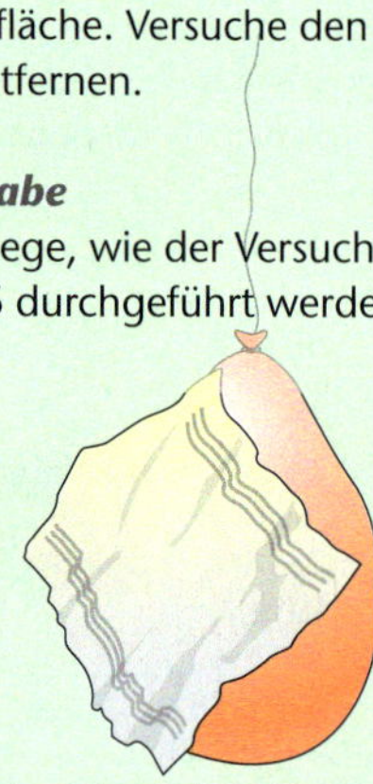

6 Echt anziehend

Rutherford auf Spurensuche

Der neuseeländische Physiker Sir Ernest Rutherford (1871–1937; ▷B2) fand einen experimentellen Weg, um das Innere der Atome zu erforschen. Besonders interessierte ihn die im Jahre 1896 von Henri Becquerel entdeckte Radioaktivität. Dabei erkannte man, dass die Atome mancher Elemente zerfallen und dabei radioaktive Strahlung aussenden (siehe S. 194, 195).

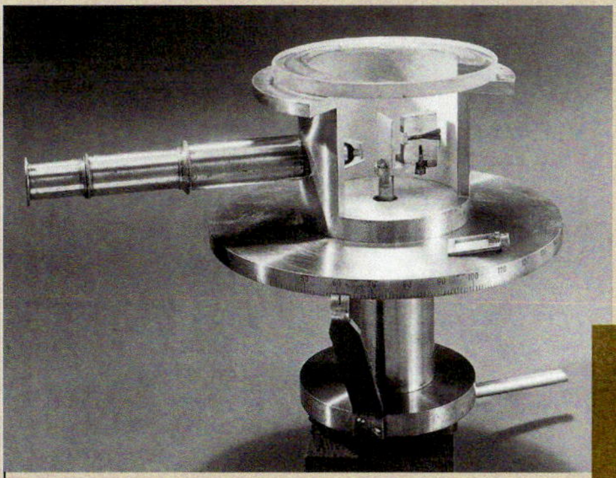
1 Apparatur von Rutherford (Nachbildung)

2 Ernest Rutherford

Der Streuversuch von Rutherford
1907 entwickelte Rutherford eine Apparatur (▷B1), um Genaueres über den Aufbau der Atome zu erfahren. Von einer Strahlenquelle aus ließ er eine Goldfolie mit radioaktiven Strahlen, vorwiegend α-Strahlen, beschießen. Die α-Strahlung bestand aus positiv geladenen α-Teilchen, deren Masse etwa 7000-mal so groß ist wie die der Elektronen. Die α-Teilchen trafen mit einer Geschwindigkeit von 15000 Kilometer pro Sekunde auf die Goldfolie auf. Diese war so dünn, dass in ihr (nur) etwa 2000 Atomschichten hintereinander lagen. Um die Goldfolie herum konnte kreisförmig ein Mikroskop geschwenkt werden, vor dem sich ein Leuchtschirm befand. Auf diesem beobachtete Rutherford mit dem Mikroskop kleine Lichtblitze, wenn eines der α-Teilchen dort einschlug (▷B3).
Nach zwei Jahren hatten seine Mitarbeiter mehr als 100000 Lichtblitze gezählt.

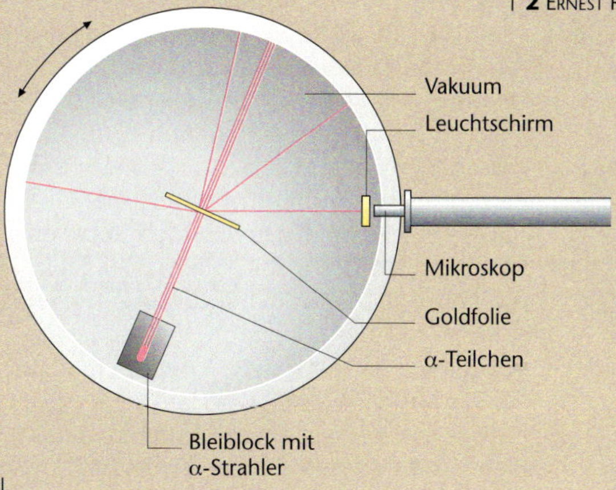

3 Streuversuch

Bei seiner Auswertung stellte Rutherford fest, dass die meisten α-Strahlen die Goldfolie durchdrangen und nur wenige abgelenkt wurden (▷B4).
Er schloss daraus, dass Atome zum größten Teil leer sind. Außerdem müssten die Atome ein kleines, positives Zentrum besitzen, da von diesem die α-Strahlen abgelenkt bzw. zurückgeworfen wurden.

4 Goldfolie in der Atomvorstellung von Rutherford (Auschnitt)

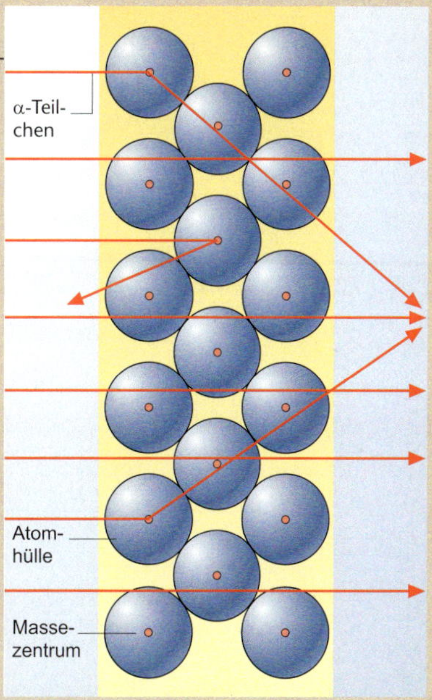

Modellvorstellung – Atommodell
Rutherford entwickelte ein neues Atommodell. Im Innern des Atoms gibt es ein positiv geladenes Massezentrum, das er **Atomkern** nannte. Der Atomkern ist von einer elektrisch **negativ geladenen Hülle** umgeben. In dieser Hülle bewegen sich die Elektronen um das Massezentrum. Dieses Atommodell (▷B5) wurde von seinem Schüler, dem Dänen Niels Bohr, im Hinblick auf die Hülle weiterentwickelt.

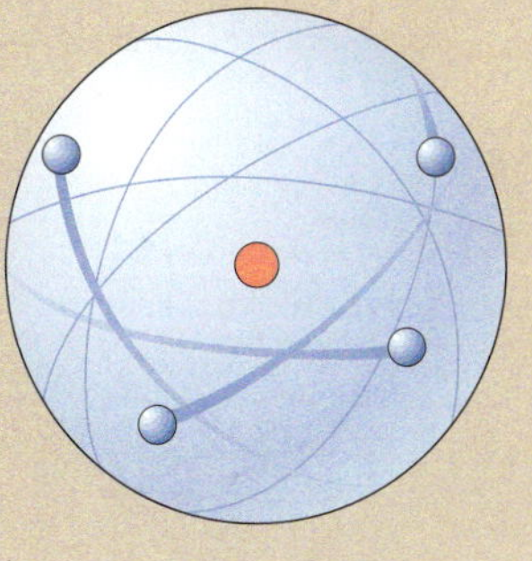
5 Atommodell von Rutherford

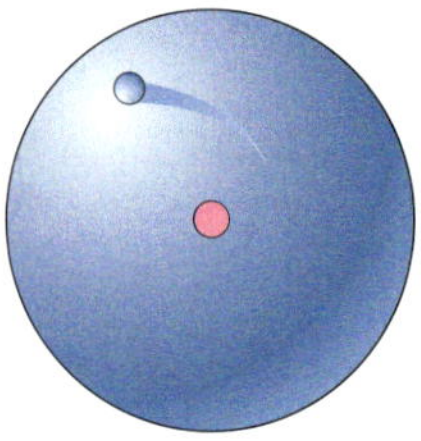

Bewegung eines Elektrons um den Kern

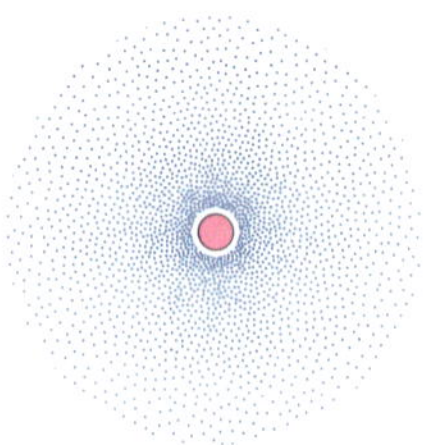

Viele Momentaufnahmen eines Elektrons

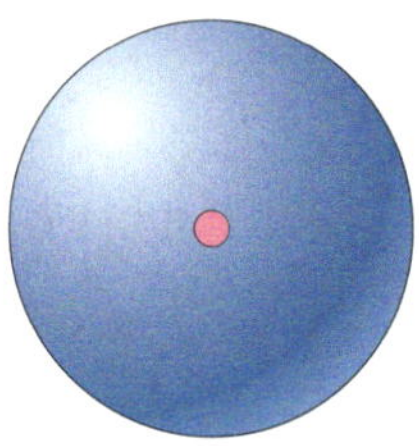

Bewegungsraum des Elektrons

1 Kern-Hülle-Modell des Wasserstoffatoms in verschiedenen Darstellungen

Das Kern-Hülle-Modell des Wasserstoffatoms

John Dalton (1766–1844) stellte sich Atome als feste Massekugeln vor (▷ B 2). Nach dem Streuversuch von Ernest Rutherford (1871–1937) musste eine neue Modellvorstellung entwickelt werden (▷ B 3).
Nach Rutherford bestehen Atome aus einem positiv geladenen Kern und einer negativ geladenen Hülle. Das einfachste Atom, das Wasserstoffatom, besitzt einen Kern aus einem positiv geladenen Teilchen, dem **Proton**. Das Proton hat eine Masse von etwa 1 u. Alle Protonen haben eine gleich große positive elektrische Ladung, die positive Elementarladung.
Im Raum um das Proton befindet sich ein entgegengesetzt geladenes Teilchen, das **Elektron** (▷ B 4). Es hat eine negative Elementarladung. Die Masse eines Elektrons beträgt 0,000 55 u. Bei der Ermittlung der Gesamtmasse eines Wasserstoffatoms kann die sehr geringe Masse eines Elektrons vernachlässigt werden.
Obwohl sich Elektron und Atomkern aufgrund ihrer gegensätzlichen Ladung anziehen, fällt das Elektron nicht auf den Kern. Es bewegt sich mit sehr hoher Geschwindigkeit im Raum um den Kern, der **Elektronenhülle** (▷ B 1, oben). Das Elektron kann überall in der Hülle angetroffen werden. Momentaufnahmen würden zeigen, dass das Elektron zu jedem Zeitpunkt an einer anderen Stelle ist. Je dichter die Punkte erscheinen, desto häufiger ist das Elektron in diesem Bereich zu finden (▷ B 1, Mitte). Die negative Ladung ist also über die Elektronenhülle verteilt.
Das Elektron kann an einer beliebigen Stelle der Elektronenhülle um den Kern angetroffen werden. Im vereinfachten Modell (▷ B 1, unten) erkennt man lediglich den Bewegungsraum des Elektrons.

2 Dalton und das Kugelmodell

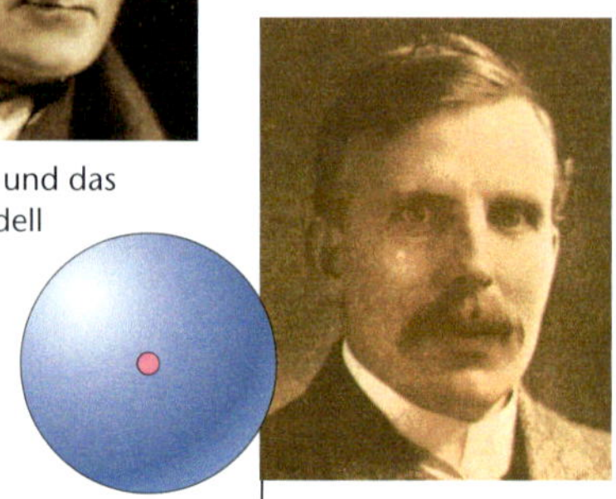

3 Rutherford und das Kern-Hülle-Modell

Die Bausteine der Atome

Auf Wasserstoff folgt im Periodensystem Helium. Ein Heliumatom hat 2 Protonen und 2 Elektronen (▷ B 5). Der Atomkern ist also zweifach positiv geladen, die Elektronenhülle zweifach negativ. Die Masse eines Heliumatoms beträgt 4 u. Die beiden Protonen im Kern haben die Masse 2 u. Daraus folgt, dass im Kern noch andere Teilchen enthalten sein müssen, die zwar eine Masse, jedoch keine Ladung besitzen. Diese Teilchen werden **Neutronen** genannt. Wie Protonen haben die Neutronen etwa die Masse 1 u. Addiert man die Anzahl der Protonen und der Neutronen, erhält man die **Nukleonenzahl**. Elektronen, Protonen und Neutronen sind die Bauteilchen der Atome.

▶ Atome sind aus Protonen, Neutronen und Elektronen aufgebaut.
Die Anzahl der Protonen und Neutronen ergibt die Nukleonenzahl.

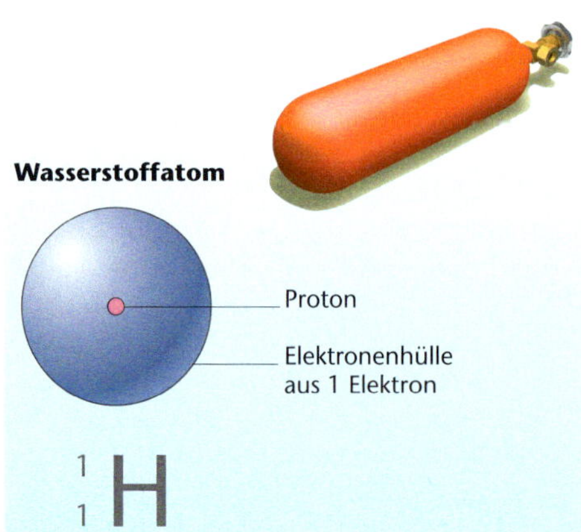

4 Bau des Wasserstoffatoms

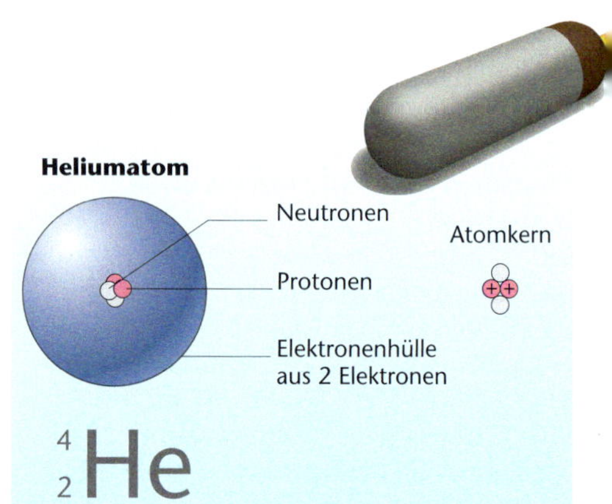

5 Bau des Heliumatoms

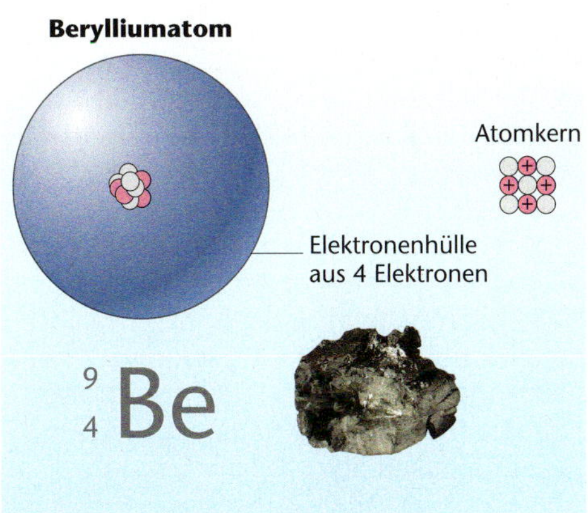

6 Bau des Berylliumatoms

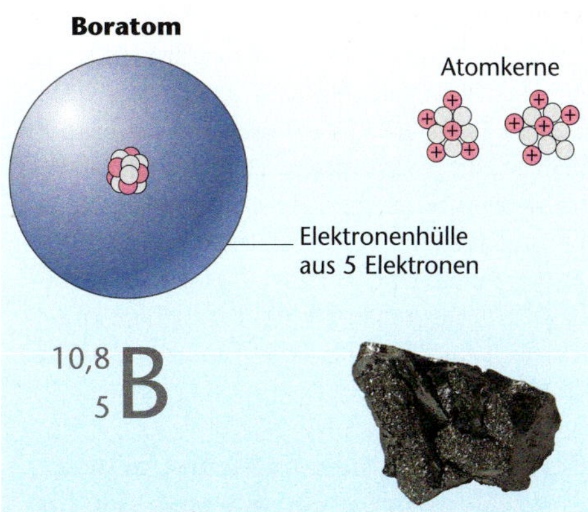

7 Bau des Boratoms

Die Zahl der Protonen kennzeichnet ein Element

Ein Berylliumatom hat die Protonenzahl 4 und die Nukleonenzahl 9. Vier Kernteilchen sind Protonen. Ein Berylliumatomkern besteht aus 4 Protonen und 5 Neutronen (▷B6), hat also 9 Nukleonen. Die Zahl der Protonen nimmt im Periodensystem von Element zu Element zu. Die Protonenzahl entscheidet über die Zugehörigkeit des Atoms zu einem bestimmten Element. Im Periodensystem wird die Protonenzahl zum Ordnen der Elemente verwendet. Die Protonenzahl wird daher auch **Ordnungszahl** genannt und links unten neben dem Element angegeben.

> Die Ordnungszahl (Protonenzahl) gibt die Anzahl der Protonen an und bestimmt die Stellung des Elements im Periodensystem.

Im neutralen Atom stimmt die Anzahl der Elektronen in der Atomhülle mit der Anzahl der Protonen im Kern überein. So kann man mit der Ordnungszahl zugleich angeben, wie viele Elektronen die Hülle des neutralen Atoms bilden. Bild 8 zeigt die Bauteilchen der Atome: Protonen, Neutronen und Elektronen. Sie unterscheiden sich in ihrer Masse und Ladung.

Isotope

Wir haben erfahren, dass Protonen und Neutronen ziemlich genau die Masse 1 u haben. Ein Boratom, dessen Kern aus 5 Protonen und 6 Neutronen besteht, hat demzufolge die Masse 11,0 u. Vergleicht man diesen Wert mit der Angabe der „mittleren Atommasse" im Periodensystem (▷B7 und Anhang), so stellt man fest: Im Periodensystem sind 10,8 u angegeben.

Bei der experimentellen Massenbestimmung von Boratomen erhält man zwei Werte: 10,0 u und 11,0 u. Es gibt also zwei verschiedene Sorten von Boratomen, die sich in ihrer Masse unterscheiden. Die Atome eines Elementes weisen zwar immer die gleiche Anzahl von Protonen und Elektronen auf, sie unterscheiden sich aber häufig in der Anzahl der Neutronen und damit in der Atommasse. Solche Atome des gleichen Elementes, die sich in ihrer Neutronenzahl unterscheiden, werden **Isotope** genannt. Isotope unterscheiden sich nicht in ihrem chemischen Verhalten. Dieses wird durch die Elektronenhülle (und nicht durch Neutronen) bestimmt.

> Atome des gleichen Elements, die sich in ihrer Neutronenzahl unterscheiden, werden Isotope genannt.

Die mittlere Atommasse in u

Das Element Bor ist ein Gemisch aus 80 % Boratomen mit der Masse 11,0 u und 20 % Boratomen mit der Masse 10,0 u. Daraus kann man eine durchschnittliche Atommasse, die **mittlere Atommasse** von 10,8 u berechnen.
Und das geht so:
Von 100 Atomen haben 80 Atome die Masse 11,0 u. Diese haben zusammen eine Masse von $80 \cdot 11{,}0\,u = 880\,u$.
Von 100 Atomen haben 20 Atome die Masse 10,0 u. Diese haben zusammen eine Masse von $20 \cdot 10{,}0\,u = 200\,u$.
100 Atome haben damit zusammen die Masse 1 080 u. Bor hat also eine mittlere Atommasse von $1\,080\,u : 100 = 10{,}8\,u$.
Die Kerne der beiden Boratomsorten enthalten die gleiche Anzahl von Protonen. Die Zahl der Neutronen beträgt entweder 5 oder 6, die Nukleonenzahl ist 10 oder 11.

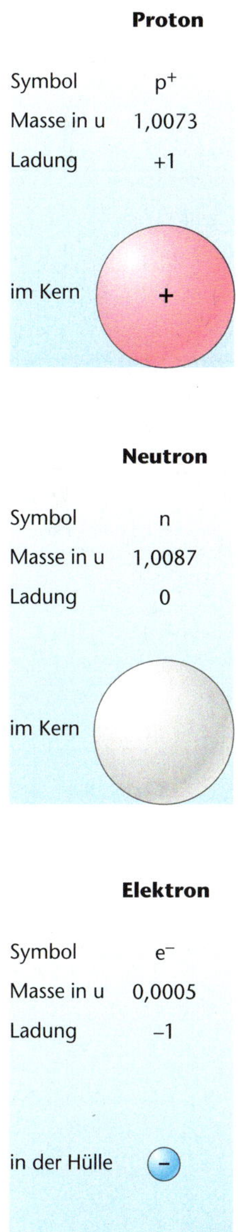

8 Bauteilchen der Atome

Das Schalenmodell

1 NIELS BOHR

Mit dem Rutherford'schen Kern-Hülle-Modell kann man den Aufbau eines Atoms erklären. NIELS BOHR (1885–1962; ▷ B 1), ein dänischer Physiker, war ein Schüler von RUTHERFORD. Er erkannte, dass mit der bisherigen Vorstellung von der Elektronenhülle nicht die Zugehörigkeit eines Elementes zu einer bestimmten Elementgruppe erklärbar war. In Zusammenarbeit mit RUTHERFORD entwickelte BOHR ein Modell vom Feinbau der Elektronenhülle (▷ B 2).

Die Elektronenhülle näher betrachtet

In der Elektronenhülle bewegen sich die Elektronen. Die Hülle umgibt den Kern kugelförmig.
Das Wasserstoffatom hat nur ein Elektron. Es hält sich in einem kugelförmigen Bereich um den Atomkern (hier: ein Proton) auf. Der Heliumatomkern mit zwei Protonen und zwei Neutronen umgibt sich mit zwei Elektronen, die sich beide in demselben kugelförmigen Bereich um den Kern aufhalten. Mehr Elektronen kann dieser Bereich nicht aufnehmen. Wasserstoff und Helium bilden die erste Periode.
Beim Lithiumatom wird wieder ein kugelförmiger Bereich um den Kern mit zwei Elektronen besetzt. Zusätzlich enthält ein schalenförmiger weiterer Bereich das dritte Elektron. Dieser Aufenthaltsbereich wird bis auf acht Elektronen beim Neonatom aufgefüllt. Die Elemente von Lithium bis Neon bilden die 2. Periode. Beim Übergang von einem Edelgasatom zum nachfolgenden Alkalimetallatom wird wieder eine neue Schale aufgebaut. Beim Natriumatom wird der dritte Aufenthaltsbereich, die 3. Schale, mit einem Elektron begonnen. Diese Modellvorstellung wird **Schalenmodell** genannt.

Die Atome in einer Periode besitzen die gleiche Anzahl von Schalen (▷ B 3).

▶ Die Nummer der Periode gibt die Anzahl der Schalen in der Elektronenhülle an.

In einer Hauptgruppe unterscheiden sich die Atome zwar in der Anzahl der Schalen, sie besitzen jedoch in der äußeren Schale die gleiche Anzahl von Elektronen. Diese Elektronen nennt man Außenelektronen. Nur das Heliumatom weicht von dieser Regelmäßigkeit ab (▷ B 3).

▶ Die Nummer der Hauptgruppe entspricht der Anzahl der Elektronen auf der äußeren Schale (Außenelektronen).

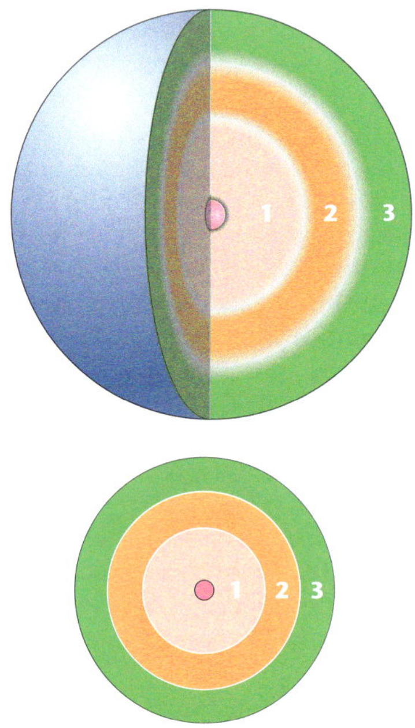

2 Die Elektronenhülle im Schalenmodell

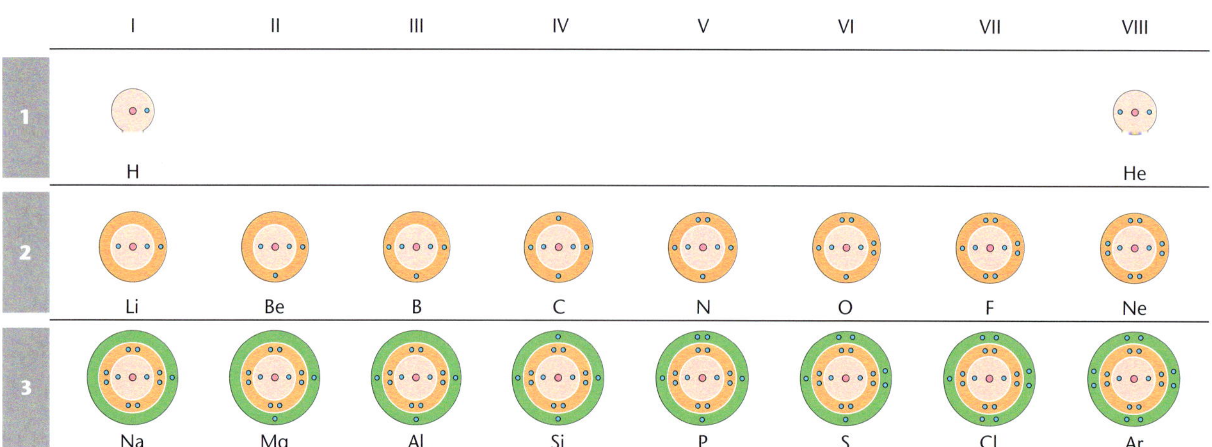

3 Die Schalenmodelle einiger Elemente

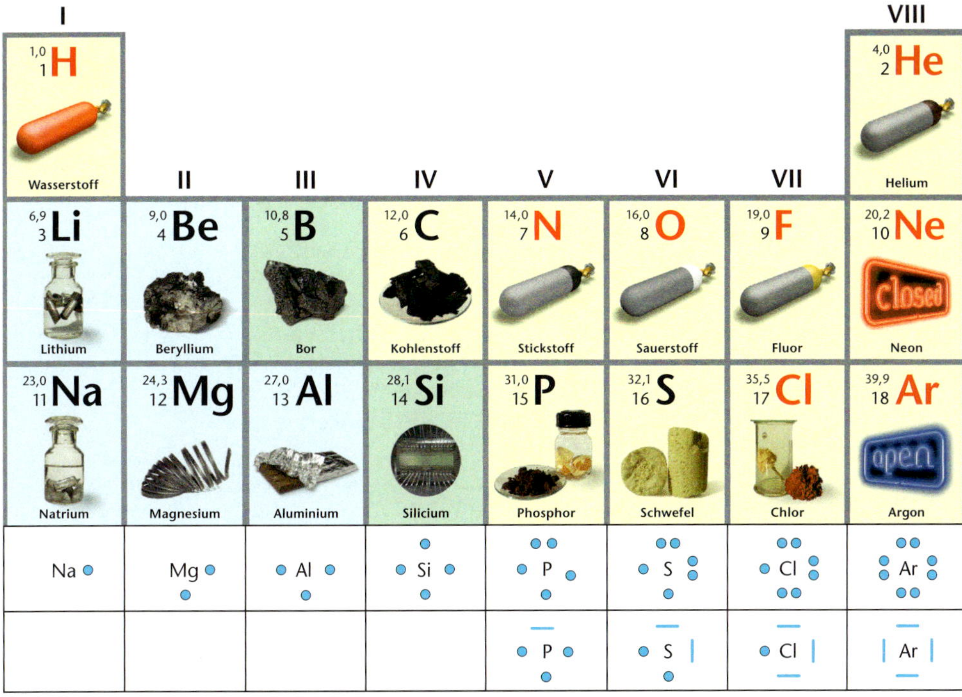

4 Periodensystem und Atombau

Periodensystem und Atombau
Die Ähnlichkeit von Elementen derselben Hauptgruppe beruht auf der Gemeinsamkeit im Aufbau ihrer Atome. Bei den Atomen der Alkalimetalle ist die äußere Schale nur mit einem Elektron besetzt, die Atome der Erdalkalimetalle haben zwei Außenelektronen und Halogenatome sieben. Diese Außenelektronen bestimmen die Eigenschaften der Elemente. Häufig genügt es, für ein Atom die Außenelektronen anzugeben. Die übrigen Elektronen der inneren Schalen bilden mit dem Atomkern den **Atomrumpf**. Vereinfacht werden die Außenelektronen durch Punkte um das Elementsymbol dargestellt (▷B4). Bei mehr als vier Außenelektronen bildet jedes hinzukommende Elektron mit einem schon vorhandenen ein Elektronenpaar. Ein **Elektronenpaar** kann durch einen Strich dargestellt werden.

Die Elektronenschreibweise zeigt die Anordnung der Außenelektronen.

Acht Außenelektronen sind etwas Besonderes
Besonders auffällig ist, dass die Atome der reaktionsfreudigen Halogene nur ein Elektron weniger besitzen als die Atome der Edelgase in der gleichen Periode. Offenbar hat die Besetzung der Außenschale mit 8 Elektronen eine besondere Bedeutung im Hinblick auf die Reaktionsfreudigkeit der Elemente.

Diese 8 Elektronen ergeben zusammen die stabile Edelgasanordnung, die als **Oktett** oder Achterschale bezeichnet wird.

Eine Ausnahme bildet das Heliumatom in der 1. Periode, das bereits mit 2 Elektronen die größtmögliche Zahl an Außenelektronen in der ersten Schale besitzt.

Aufgaben

1 Was haben die Atome der Elemente einer Periode bzw. die einer Hauptgruppe gemeinsam?

2 Zeichne das Schalenmodell
a) eines Kaliumatoms,
b) eines Schwefelatoms.
Gib die jeweilige Elektronenverteilung in den Schalen an.

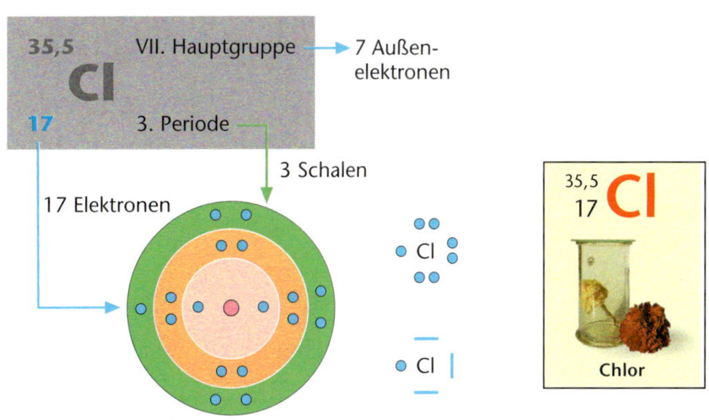

5 Was man ablesen kann.

Historie der Atommodelle

Demokrit von Abdera

Die Atome der Philosophen

„atomos" ist griechisch und heißt „unteilbar".
Die griechischen Philosophen Leukipp von Milet und Demokrit von Abdera stellten sich um 450 v. Chr. vor, dass die Welt aus winzigen Teilchen besteht.

- Recherchiere im Geschichtsbuch die Ereignisse in der Zeit um 450 v. Chr. in Griechenland.

- Wie stellten sich die Philosophen den Aufbau von harten, scharfkantigen oder von weichen Stoffen vor?
Betrachte die Atommodelle und beschreibe.
Die Atommodelle sind den Vorstellungen von Leukipp und Demokrit nachempfunden.

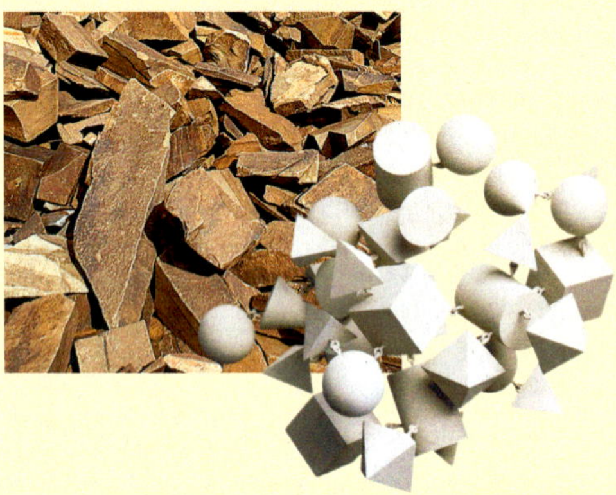

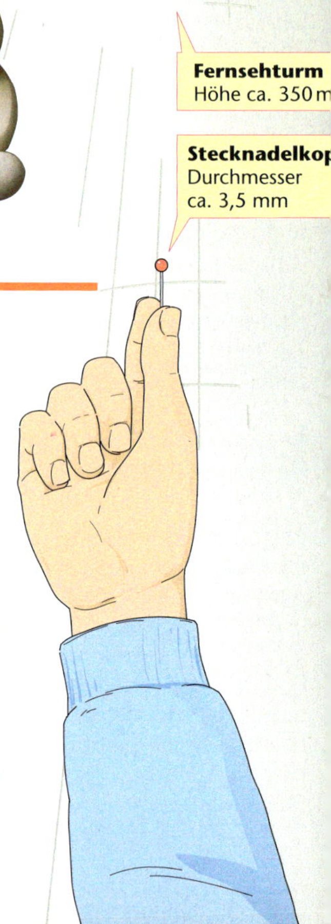

Die Größe des Atoms: schätzen oder rechnen!

- Denke dir Experimente aus, die Informationen über die Teilchengröße liefern.

Filterpapier
Porengröße: $\frac{1}{1000}$ mm

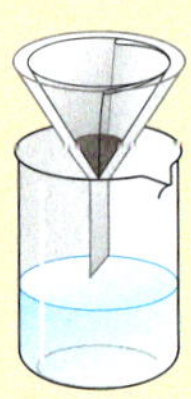

Dialyseschlauch
Porengröße: $\frac{1}{1000000}$ mm

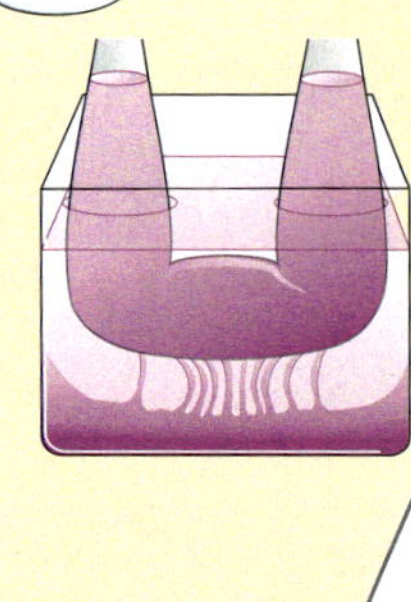

- Suche in Büchern oder im Internet nach Informationen über die Atomgröße.

- Beschreibe die Größe des Atomkerns im Vergleich zum Atom. Setze die Größe des Atoms ins Verhältnis zum Durchmesser des Atoms!

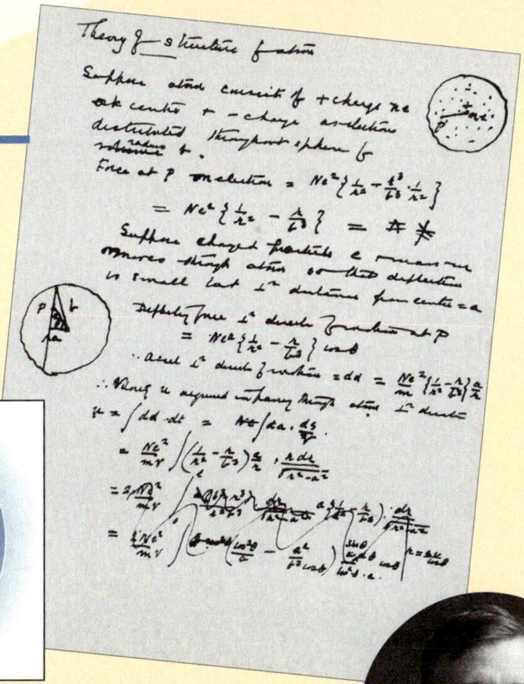

Atome: geht es noch kleiner?
Zu Beginn des 20. Jahrhunderts hatten die Naturwissenschaftler so viele Hinweise für die Existenz von Atomen gefunden, dass kaum noch Zweifel angebracht waren.

● Die Abbildung zeigt ERNEST RUTHERFORDS erste Notiz zu seinem Atommodell. Beschreibe die Experimente und Vorstellungen von Rutherford.

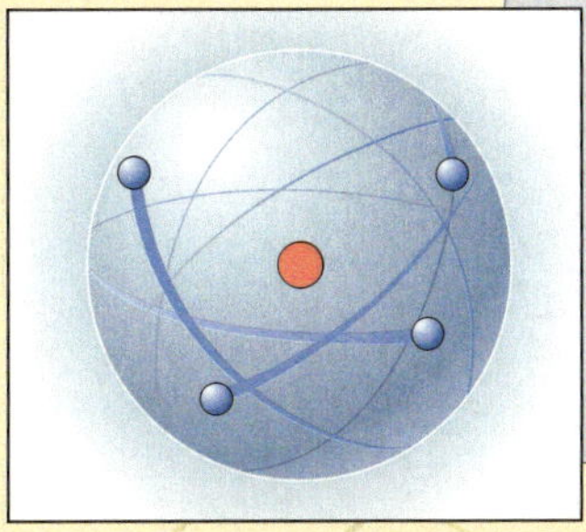

ERNEST RUTHERFORD

● Das erste Atom-Modell hat JOSEPH THOMSON 1904 entwickelt. Es wurde Rosinenkuchen-Modell genannt.
Suche im Internet nach diesem Modell und beschreibe die Vorstellung von Thomson.

● Das Atommodell von BOHR und SOMMERFELD wurde zwischen 1913 und 1916 entwickelt. Die Abbildung zeigt ein Uran-Atom nach ihren Vorstellungen. Beschreibe!

JOSEPH THOMSON

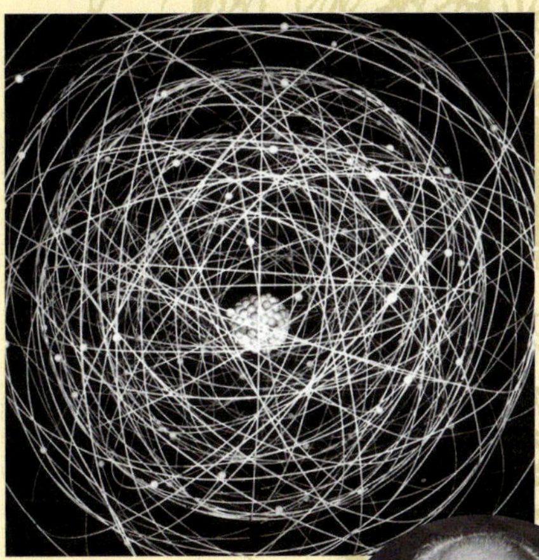

ARNOLD SOMMERFELD

NIELS BOHR

Nobelpreisträger entdecken die Radioaktivität

1 Henri Becquerel

Becquerel entdeckte unsichtbare Strahlen

Henri Becquerel (1852–1908; ▷ B 1) war Professor für Physik in Paris. 1896 untersuchte er Uransalze, die im Sonnenlicht leuchteten. Becquerel nahm zuerst an, dass das Leuchten durch Sonnenlicht angeregt war. Dann wurde das Wetter schlechter und der Professor legte eine lichtgeschützte Fotoplatte zusammen mit dem Uransalzbrocken in eine Schublade. Er schrieb: *„Ich entwickelte die Platte in der Erwartung, nur ganz schwache Bilder zu finden. Ganz im Gegenteil, die Umrisse erschienen in großer Intensität."*
Die strahlenden Salze hatten eine unbelichtete Fotoplatte geschwärzt, die in dickes schwarzes Papier eingewickelt war. Durch diesen Zufall entdeckte Becquerel, dass Uransalze von sich aus strahlen. Er beschrieb sie als selbststrahlend oder radioaktiv. Die energiereiche Strahlung war nicht sichtbar, schwärzte Filme und konnte schwarzes Papier durchdringen (▷ B 2; B 3).

2 Originalfotoplatte von Becquerel

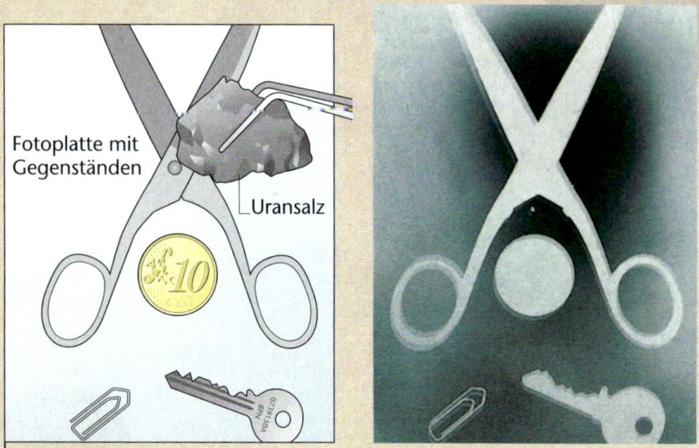

3 Nachgestellter Versuchsaufbau Becquerels

4 Das Element Radium

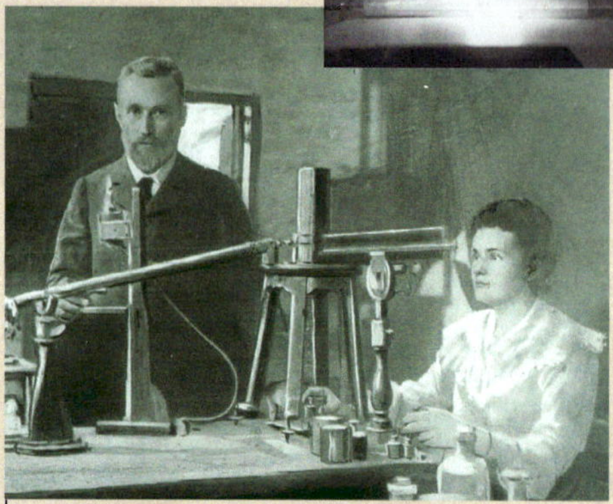

5 Das Ehepaar Pierre und Marie Curie

Das Ehepaar Curie entdeckte radioaktive Elemente

Marie Curie (1867–1934) kam aus Polen nach Frankreich. 1895 heiratete sie in Paris den Physiker Pierre Curie (1859–1906). Das Ehepaar (▷ B 5) untersuchte die geheimnisvolle Strahlung, die Becquerel entdeckt hatte. Dazu ließen sie Uranerz, das unter dem Namen Pechblende bekannt war, aus Böhmen nach Paris bringen.

Nach Jahren mühsamer Arbeit konnten sie aus Uranerz einen Stoff herstellen, der 300-mal so stark strahlte wie das Erz. Sie hatten ein neues Element entdeckt, das Marie zu Ehren ihres Vaterlands Polonium nannte. Im gleichen Jahr konnten Marie und Pierre Curie aus zwei Waggonladungen Uranerz 0,1 g eines zweiten Elements gewinnen. Wegen seiner ungewöhnlich starken Strahlung gaben sie ihm den Namen Radium (▷ B 4). Die Strahlung nannten sie **Radioaktivität**.
Bis 1916 hat man weltweit nur 48 g Radium, bis 1937 etwa 700 g gewonnen. Der Preis für Radium war damals viel höher als der für Gold.

Die Nobelpreisträger für Physik

1903 erhielten Henri Becquerel und das Ehepaar Marie und Pierre Curie den Nobelpreis für Physik für die Entdeckung der Radioaktivität.

1906 starb Pierre Curie bei einem Verkehrsunfall. Seine Frau Marie Curie setzte die Forschungsarbeiten fort und erhielt 1911 einen zweiten Nobelpreis für die Entdeckung des Radiums.

Radioaktivität

1 Strahlenmessung

Radioaktive Strahlen
Radioaktive Strahlung ist für Menschen nicht direkt wahrnehmbar. Die radioaktive Strahlung hat ihren Ursprung im Zerfall von Atomkernen. Nach ihrem Verhalten im elektrischen Feld unterscheidet man α-, β- und γ-Strahlen.

2 Geiger-Müller-Zähler

Geiger-Müller-Zähler
Der Geiger-Müller-Zähler dient zur Messung radioaktiver Strahlung (▷ B 1). Er besteht aus einem Metallrohr (Zählrohr), das mit Gas gefüllt ist. Die radioaktive Strahlung passiert mit hoher Geschwindigkeit das Zählrohr und lädt das Gas elektrisch auf.
Die dabei auftretenden elektrischen Impulse werden gezählt und über einen Lautsprecher hörbar gemacht (▷ B 2).

Alpha-Strahlen
α-Strahlen werden zu einer negativ geladenen Platte abgelenkt (▷ B 4). Sie sind zweifach positiv geladene Heliumkerne mit der Masse 4 u. In der Luft haben sie nur eine Reichweite von wenigen Zentimetern. Durch ein Blatt Papier werden α-Strahlen abgeschirmt (▷ B 5). Ein bekanntes radioaktives Element ist Radium (▷ B 3). Beim Zerfall von Radiumatomen entstehen α-Strahlen.

Beta-Strahlen
β-Strahlen werden zu einer positiv geladenen Platte abgelenkt (▷ B 4). Sie sind sehr schnelle, negativ geladene Elektronen. β-Strahlen lassen sich durch 4 mm bis 5 mm dicke Aluminiumbleche abschirmen (▷ B 5). Ein bekannter β-Strahler ist radioaktives Iod.

Gamma-Strahlen
γ-Strahlen ändern ihre Richtung im elektrischen Feld nicht (▷ B 4). Sie tragen keine Ladung und werden daher nicht abgelenkt. γ-Strahlen sind sehr energiereich und haben ein starkes Durchdringungsvermögen. Sie können nur durch dicke Bleiplatten abgeschwächt werden (▷ B 5).

Halbwertszeit des Radiumatoms mit der Masse 226 u

a	Jahr (lat. annus)
d	Tag (lat. dies)
h	Stunde (lat. hora)
min	Minute
s	Sekunde

3 Angaben zur Halbwertszeit

Halbwertszeit
Jeder radioaktive Stoff hat eine für ihn typische Halbwertszeit. Die Halbwertszeit ist die Zeit, in der die Hälfte der Atomkerne einer radioaktiven Stoffportion zerfällt. Sie kann Tausende von Jahren, einige Tage oder Stunden, wenige Minuten oder nur Sekunden betragen. Radioaktives Radium hat eine Halbwertszeit von 1600 Jahren (▷ B 3).

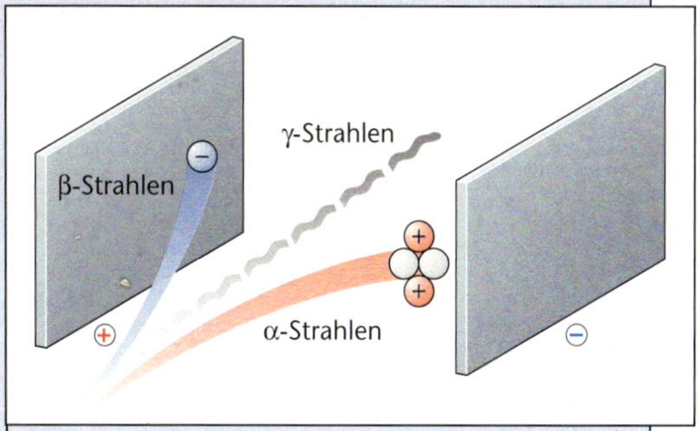

4 Ablenkbarkeit der Strahlenarten

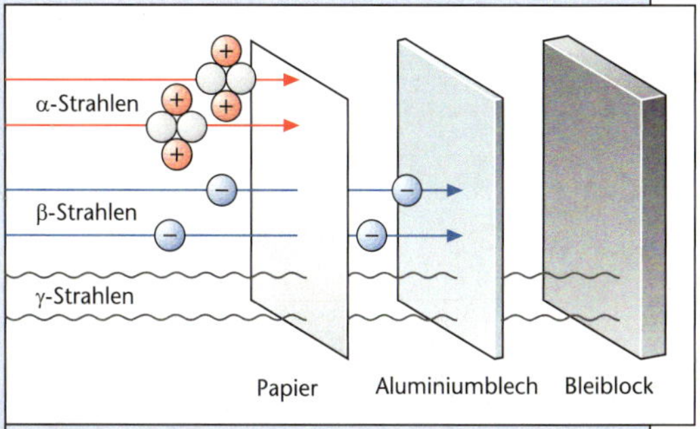

5 Abschirmung der Strahlenarten

Das bedeutet, dass in 1600 Jahren die Hälfte der Atomkerne einer Radiumprobe zerfallen ist. Nach weiteren 1600 Jahren ist noch ein Viertel der Atomkerne einer Radiumprobe vorhanden (▷ B 6).

Strahlenschutz-Gefahrensymbol
Das Gefahrensymbol (▷ B 3) weist auf radioaktive Stahlung hin.
Dies ist besonders wichtig, da Strahlenbelastung die Gesundheit des Menschen gefährden kann. Den direkten Kontakt mit als radioaktiv gekennzeichnetem Material sollte man auf jeden Fall vermeiden.

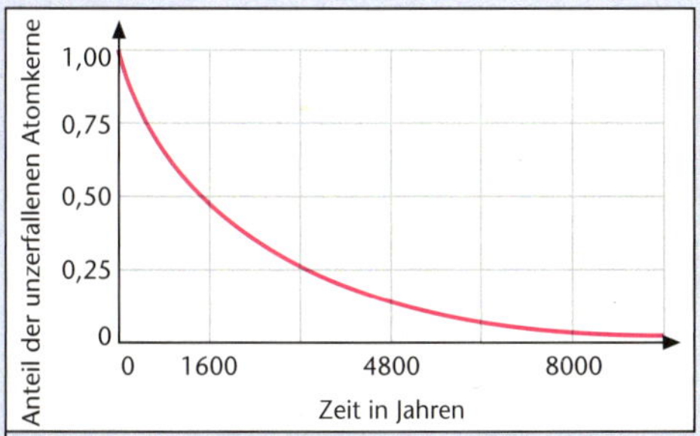

6 Halbwertszeit von Radium

Einblick in die Welt der Atome

1 Räumliche Aufnahme von Magnesiumatomen

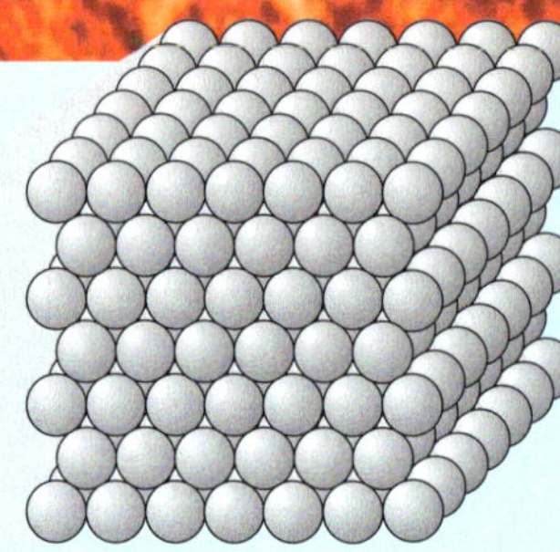

Bilder von Atomen

Jeder kennt räumliche Bilder, sogenannte Hologramme, von Scheckkarten oder Geldscheinen. Auf dem Silberstreifen einer 10-Euro-Banknote erkennt man beim Kippen das Euro-Symbol und die Zahl 10 als Hologramm. Dieser Sicherheitsstreifen schützt vor Fälschungen.
Ähnliche Hologramme von Atomverbänden kann man heute mithilfe von Röntgenstrahlen erzeugen. In der Aufnahme eines Magnesiumkristalls erkennt man z. B., welche Atome vorne und welche hinten liegen (▷ B 1). Die räumliche Anordnung der Atome wird sichtbar.

Blick in das Innere der Atome

Es gibt kein Mikroskop, mit dem man in das Innere der Atome blicken kann. Informationen über den Atombau erhält man nur durch Experimente mit schnellen, energiereichen Teilchen. Heute untersuchen Physiker die Atome in Teilchenbeschleunigern (▷ B 3). Sie sind in großen unterirdischen Tunneln untergebracht, in denen energiereiche Teilchen mit großer Geschwindigkeit aufeinander prallen. Bei diesen Zusammenstößen entstehen neue Teilchen. Wie Detektive versuchen die Forscher, die herausfliegenden Teilchen aufzuspüren, ihre Flugbahn und ihre Herkunft zu bestimmen. Auf diese Weise wurden eine Vielzahl von Materieteilchen entdeckt. Unterschiedliche Bauteilchen der Atome sind in Bild 2 zu erkennen.

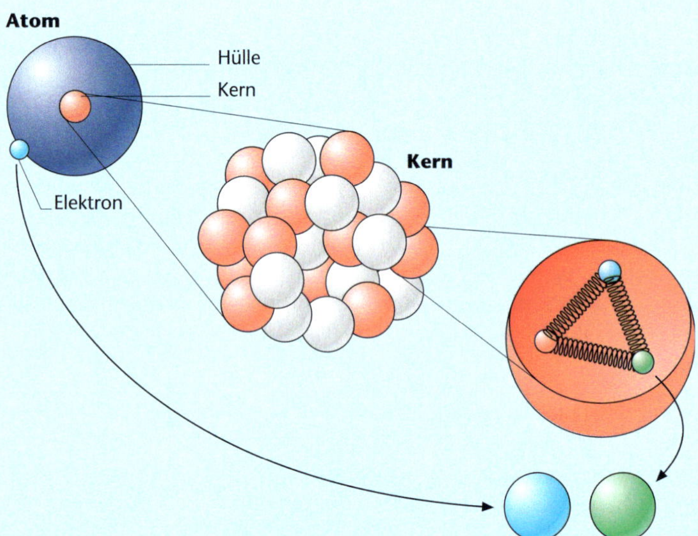

2 Blick in das Innere der Materie

3 Blick auf eine unterirdische Beschleunigeranlage

Atombau, Periodensystem und Elementgruppen

Elementgruppen und Atombau

Alkalimetalle stehen in der I. Hauptgruppe. Die Metalle sind sehr reaktionsfähig. Die Atome dieser Elemente besitzen 1 Außenelektron.

Erdalkalimetalle stehen in der II. Hauptgruppe. Die Metalle haben ähnliche Eigenschaften wie die Alkalimetalle, sind aber weniger reaktionsfähig. Die Atome der Elemente haben 2 Außenelektronen.

Die **Kohlenstoff-Silicium-Gruppe** ist die IV. Hauptgruppe. Zu ihr gehören Nichtmetalle und Metalle. Die Atome der Elemente haben 4 Außenelektronen.

Halogene stehen in der VII. Hauptgruppe. Sie sind sehr reaktionsfähig. Die Atome der Elemente haben 7 Außenelektronen.

Edelgase stehen in der VIII. Hauptgruppe. Die Gase sind sehr reaktionsträge. Die Atome haben eine stabile Elektronenanordnung in der Außenschale mit 8 Außenelektronen (Oktett). Das Heliumatom hat 2 Elektronen in der äußersten Schale.

Das Periodensystem der Elemente

Hauptgruppen sind die senkrechten Spalten im Periodensystem. Die Elemente einer Hauptgruppe bilden eine Elementgruppe und zeigen häufig ähnliche Eigenschaften (▷ B 1).

Perioden sind die waagerechten Reihen im Periodensystem (▷ B 2).

Bauteilchen der Atome

Atome sind aus Protonen, Neutronen und Elektronen aufgebaut (▷ B 3).

1 Die Hauptgruppen des PSE

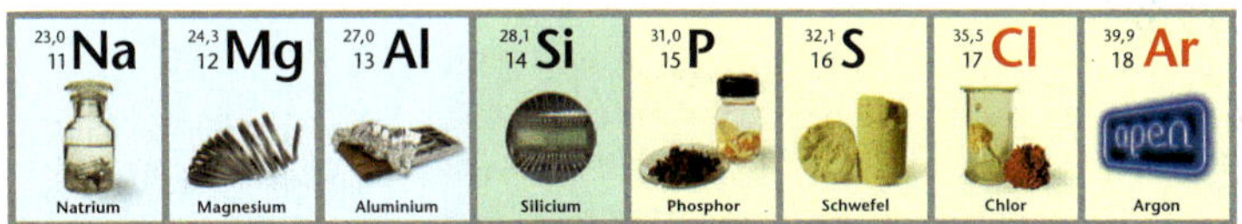

2 Die 3. Periode

Ordnungszahl und Nukleonenzahl

Die Ordnungszahl (Protonenzahl) (▷ B 4) gibt die Anzahl der Protonen im Atomkern sowie der Elektronen in der Hülle an. Addiert man die Zahl der Protonen und Neutronen, so erhält man die Nukleonenzahl.

Isotope und mittlere Atommasse

Atome des gleichen Elements, die sich in ihrer Neutronenzahl unterscheiden, werden Isotope genannt.
Die mittlere Atommasse eines Elements in u ergibt sich aus den Anteilen der Isotope.

	Elektron	Proton	Neutron
Zeichen	e^-	p^+	n
Ort im Atom	Hülle	Kern	Kern
Masse in u	0,0005	1,0073	1,0087
Ladung in Elementarladungen	–1	+1	0

gleich große, aber entgegengesetzte Ladungen (Elektron – Proton)
nahezu gleiche Massen (Proton – Neutron)

3 Bauteilchen der Atome

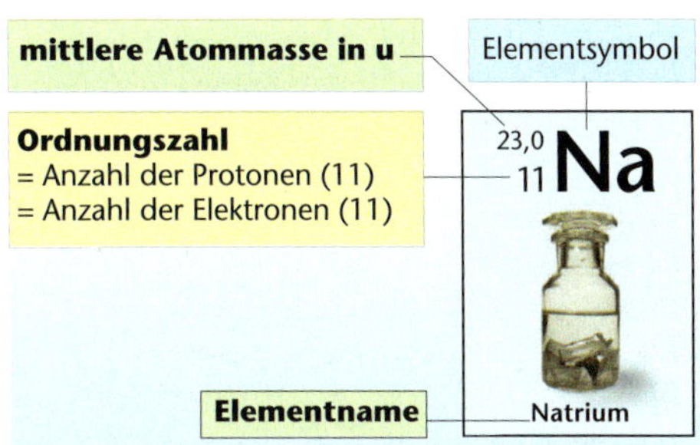

4 Zahlen am Elementsymbol

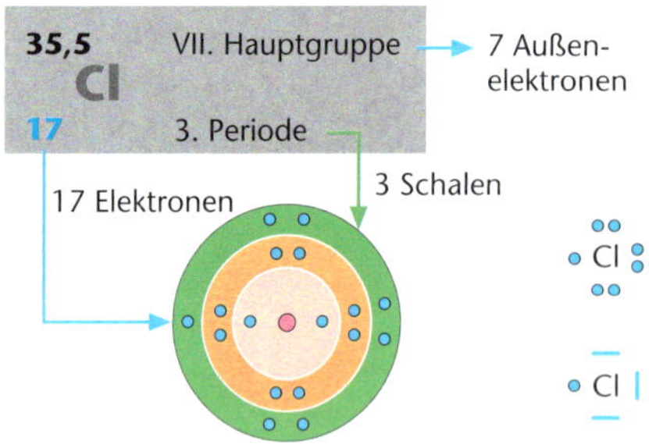

5 Was man ablesen kann

Atombau und Periodensystem
Die Hauptgruppen-Nummer gibt die Anzahl der Außenelektronen an.

Die Perioden-Nummer gibt die Anzahl der Schalen in der Elektronenhülle an.

Die Elektronenschreibweise zeigt die Anordnung der Außenelektronen. Einzelelektronen werden als Punkte, Elektronenpaare als Striche geschrieben (▷ B 5).

Aufgaben

1 Auf der Chemikalienflasche in Bild 1 sind Gefahrensymbole zu erkennen. Das Element wird unter einer Flüssigkeit aufbewahrt. Beim Verbrennen leuchtet es intensiv gelb. Um welches Element handelt es sich?

1 Zu Aufgabe 1

2 Die Elemente mit den Symbolen in Bild 2 sind nach zunehmender Atommasse geordnet. Welche Elemente fehlen in der Reihe? Ergänze sie. Ordne anschließend die Elemente so an, dass solche mit ähnlichen Eigenschaften untereinander stehen.
Welche Elementgruppen sind zu erkennen?

3 Zu Aufgabe 3

3 a) Gib die Ordnungszahl von Magnesium an (▷ B 3).
b) Zeichne das Schalenmodell eines Magnesiumatoms. Berechne und notiere die Anzahl der Protonen im Atomkern.
c) Beschreibe die Stellung von Magnesium im Periodensystem der Elemente. Zu welcher Elementgruppe gehört das Metall?

4 Welche Informationen über den Aufbau eines Atoms liefert
a) die Ordnungszahl,
b) die Hauptgruppen-Nummer,
c) die Perioden-Nummer?

5 Was versteht man unter dem Begriff „Elektronenschreibweise"? Gib die Elektronenschreibweise der Atome in der dritten Periode an.

4 Zu Aufgabe 6

6 Zu welcher Elementgruppe gehört das flüssige Element in Bild 4? Beschreibe seine Stellung im Periodensystem der Elemente. Zeichne das Schalenmodell eines Bromatoms.

7 Wie viele Millimeter würde man messen, wenn man 100 000 000 Atome nebeneinander legen könnte und jedes einzelne Atom einen Durchmesser von $\frac{1}{10\,000\,000}$ mm hat?

8 Ein Eisenwürfel mit einer Kantenlänge von 10 m hat eine Masse von ca. 8 000 t. Könnte man alle Atomkerne aus den Eisenatomen des Würfels herausholen, so würde man ein Würfelchen von 1 mm³ erhalten. Welche Masse hätte das winzige Würfelchen? Begründe.

Li	Be	B	C	N	O	F	Na	Mg	Al	Si	P	S	Cl	K	Ca

2 Zu Aufgabe 2

$_{3}$**Li**	**Lithium** wird wegen seiner hohen Reaktionsfähigkeit unter Paraffinöl aufbewahrt.
$_{4}$**Be**	elementares **Berylium**
$_{5}$**B**	elementares **Bor**
$_{6}$**C**	**Kohlenstoff** in der Modifikation Graphit
$_{7}$**N**	**Stickstoff** wird in grau/schwarzen Stahlflaschen aufbewahrt.
$_{8}$**O**	**Sauerstoff** wird in grau/weißen Stahlflaschen aufbewahrt.
$_{9}$**F**	**Fluor** wird in grau/gelben Stahlflaschen aufbewahrt.
$_{10}$**Ne**	**Neon** erzeugt bei der elektrischen Entladung in Leuchtröhren rotes Licht.

1 a) Welche Elemente der 2. Periode sind Gase; welche davon kommen in der Luft vor?
b) Erstelle für die Gase der 2. Periode je einen Steckbrief mit entsprechenden Eigenschaften.
c) Skizziere das Schalenmodell der Atome von gasförmigen Elementen und beschrifte die Bauteilchen!
d) Beschreibe die Stellung der Elemente im PSE und gib die Elektronenschreibweise an!

2 Nach welchen Kriterien können die Elemente der 2. Periode geordnet werden?

Atom	Symbol	Wertigkeit
Beryllium		
Bor		
Fluor		
Kohlenstoff		
Lithium		
Neon		0
Sauerstoff	O	II
Stickstoff	N	III

3 a) Überlege, welcher Zusammenhang zwischen der Wertigkeit der Atome und der Stellung im PSE besteht! Formuliere eine Regel.
b) Fertige eine Tabelle an (siehe links) und ergänze die fehlenden Elementsymbole und die Wertigkeiten.

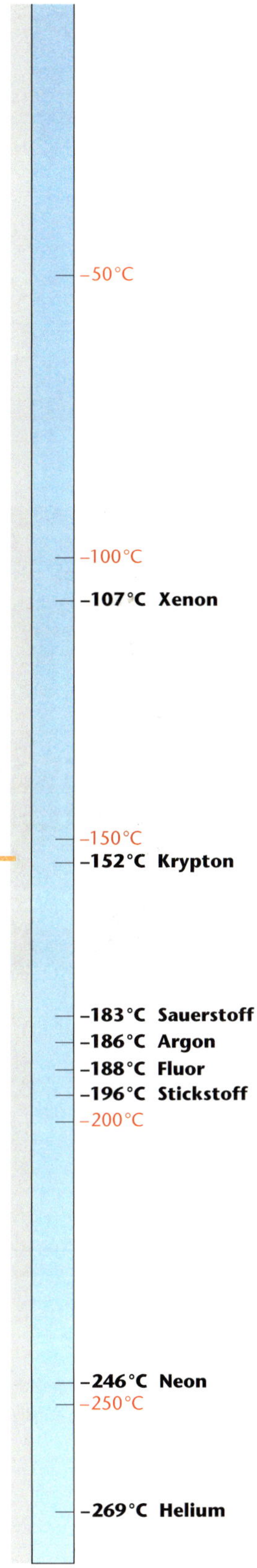

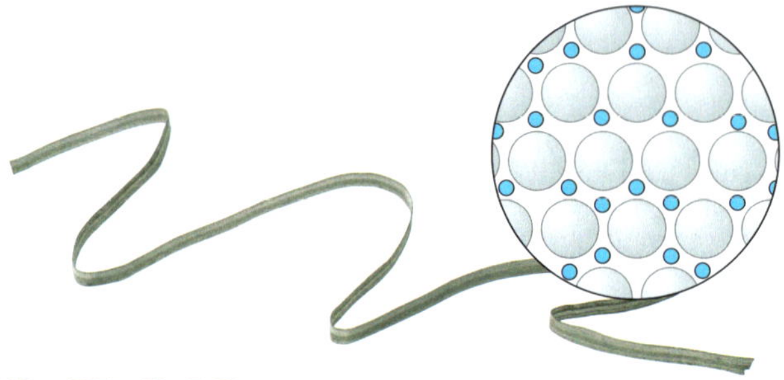

Chemische Bindungen

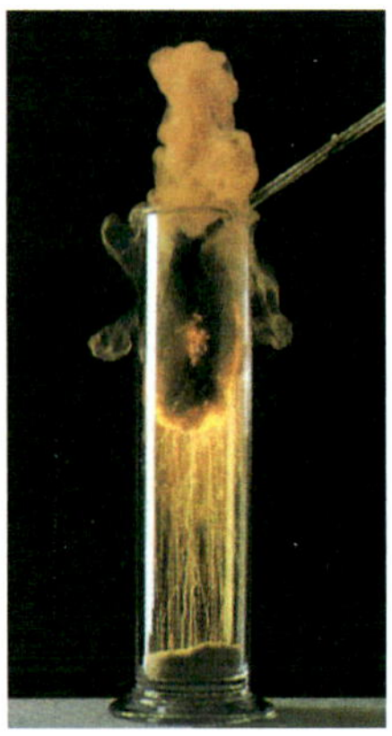

Manche Atome verbinden sich gut miteinander, andere dagegen kaum oder gar nicht. Die chemischen Bindungstheorien erklären dieses Verhalten. Der Bau der Atome stellt dabei den Schlüssel für das Verständnis dar.

Metallisches Natrium reagiert mit Chlorgas zu festen Natriumchloridkristallen. Du kennst Natriumchlorid unter der Bezeichnung „Kochsalz" aus dem Alltag. Liste einige Eigenschaften auf.

Das Verhalten einiger Atome bei der Bildung von Verbindungen ist hier als Comic dargestellt. Beschreibe.

Einige Stoffe sind bei Zimmertemperatur gasförmig, andere flüssig oder fest. Erkläre die unterschiedlichen Aggregatzustände mithilfe der Teilchenvorstellung.

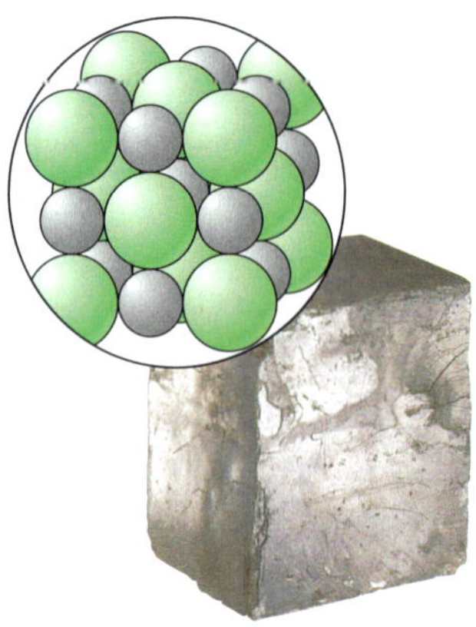

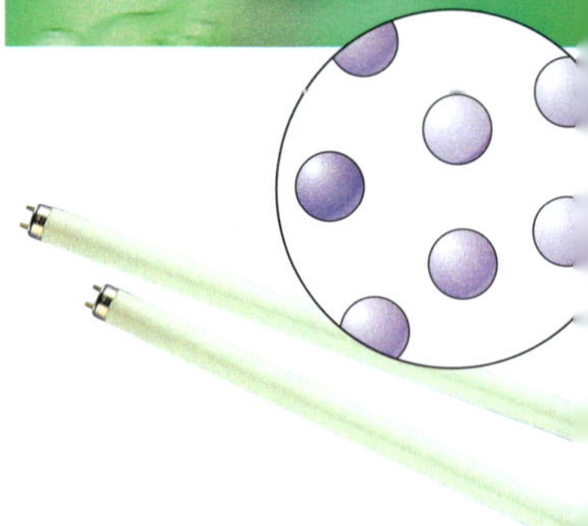

Das Verhalten einiger Atome.

unterschiedliche Aggregatzustände bei Zimmertemperatur mithilfe Teilchen-Vorstellung

Zeitpunkt

Vom weißen Gold zum Gebrauchsgewürz

1 Transport von gepökeltem Fleisch

Kochsalz – das weiße Gold
Im Mittelalter erhielt Kochsalz den Beinamen weißes Gold. Da es einerseits nicht überall vorkam, andererseits aber sehr gefragt war, war Salz damals so kostbar wie Gold.
Die Handelswege von den Salzquellen zu den damaligen Lebensräumen waren lang und beschwerlich. Zudem verteuerten Zölle die begehrte Handelsware.
Kochsalz benutzte man nicht nur als Gewürz. Es diente auch zum Konservieren von Fleisch, Wurst und Fisch (▷B 1). Außerdem konnte man damals bereits Eis-Kochsalz-Gemische (Kältemischungen) herstellen. Auf diese Weise ließen sich Lebensmittel über Stunden frisch halten.

Salz aus Siedeöfen
Im Leipziger Land, in der Nähe des kleinen Ortes Groitzsch, entdeckten Archäologen vor wenigen Jahren Überreste eines **Salzsiedeofens** (▷B 2; B 3). Der Ofen stammt aus der älteren Eisenzeit um 600 v. Chr. Unter der Ofenwand aus Lehm befinden sich Gefäße, welche mit einer Salzlösung (Sole) gefüllt wurden. Nach ca. 10-stündigem Erwärmen blieb in den Gefäßen das kostbare Salz zurück. Das Lösungsmittel Wasser entwich als Dampf aus den Öffnungen.

2 Salzsiedeofen um 600 v. Chr.

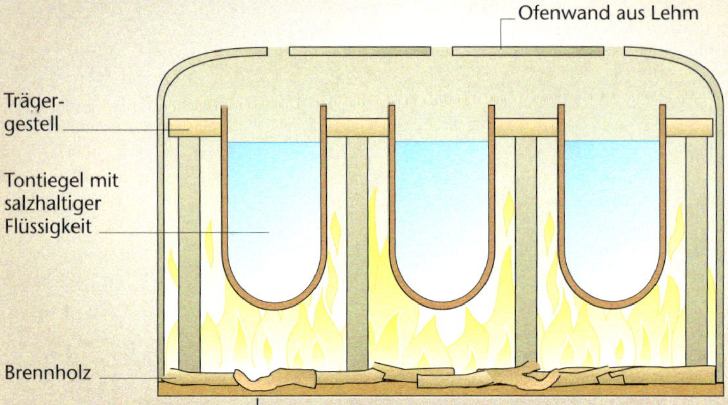

3 Schnittdarstellung eines Salzsiedeofens

4 Salzgewinnung aus Meerwasser auf der Insel Lanzarote

5 Im Salzbergwerk Bad Friedrichshall

Salz aus Meerwasser
Bereits die Römer gewannen Salz aus dem Meerwasser. Im Mittelmeerraum findet man noch heute an vielen Orten Salzgewinnungsstätten. Diese sind teilweise noch an den gleichen Stellen wie zur Römerzeit.
In großen flachen Meerwasserbecken wird das Wasser in rechteckigen Feldern – auch **Salzgärten** genannt – durch die Sonnenwärme zum Verdunsten gebracht (▷B 4). Zurück bleibt Salz, das gereinigt als Speisesalz in den Handel kommt.

Salz aus dem Salzbergwerk
Heute ist Salz ein Gebrauchsgut, welches sehr preiswert und in vielen Formen und Zusammensetzungen im Handel ist. Salz wird im Bergbau, den sogenannten **Salinen** (Salzstöcken), abgebaut, beispielsweise in Bad Friedrichshall (▷B 5). Ortsnamen mit den Silben -salz, -sulz, -sol oder -hall weisen noch heute auf alte Stätten der Salzgewinnung hin.

Kochsalz, ein Stoff aus dem Alltag

Der Mensch braucht Salz
Salz ist für den menschlichen Körper lebensnotwendig. Es regelt den Wasserhaushalt, ist an der Erregung von Nerven und Muskeln beteiligt. Bei der Bildung der Magensäure spielt es eine wichtige Rolle.
Das Blut und die übrigen Körperflüssigkeiten müssen einen bestimmten Salzgehalt aufweisen. Eine **physiologische Kochsalzlösung** enthält 9 g Kochsalz in 1 kg Kochsalzlösung. Dieser Salzgehalt entspricht ungefähr dem des Blutes. Deshalb kann diese Kochsalzlösung als Blutersatzstoff eingesetzt werden.
Mit dem Schweiß und dem Urin verliert der Körper Salz. Was an Salz ausgeschieden wird, muss dem Körper wieder zugeführt werden.

Auf die richtige Menge kommt es an
Über die Nahrung nehmen wir täglich Salz zu uns. Der Salzgehalt vieler Lebensmittel ist aber so hoch, dass der tägliche Bedarf oft überschritten wird. Darüber hinaus wird Kochsalz als Tafel- oder Speisesalz zum Würzen von Speisen verwendet. Übermäßiger Salzgenuss ist schädlich, er kann die Ursache von Krankheiten sein.

Der individuelle Bedarf an Salz ist unterschiedlich. Er hängt z. B. vom Alter, der körperlichen Verfassung und der körperlichen Betätigung ab. Wer schwere körperliche Arbeit verrichtet oder bestimmte Sportarten treibt, braucht mehr Salz, weil er durch Schwitzen mehr Salz ausscheidet.

1 Speisesalz kann man als Fein-, Mittel- oder Grobsalz kaufen.

2 Aus Meersalz...

Ist Speisesalz Meersalz?
Speise- oder Tafelsalz (▷ B 1) enthält neben Kochsalz bis zu 3 % „Fremdsalze".
Diese Zusammensetzung ergibt sich aus der Gewinnung aus natürlichen Vorkommen. Natriumchlorid kommt in der Natur als Steinsalz (in Salzlagerstätten) oder gelöst in Solen, Salzseen oder im Meer vor. Die anderen Salze sind neben Natriumchlorid im Meerwasser gelöst. Wird Speisesalz aus Meerwasser gewonnen, bleiben diese anderen Salze nach dem Verdunsten des Wassers zusammen mit Natriumchlorid zurück und werden bei der Reinigung des Salzes nicht vollständig entfernt.

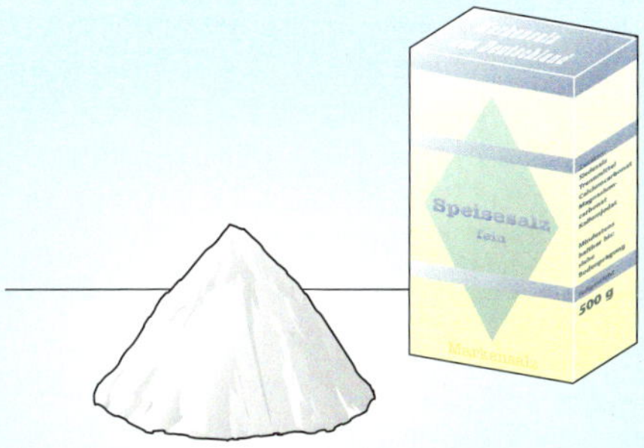

3 ...wird Speisesalz.

Steinsalz hat sich in ausgetrockneten Meeresteilen abgelagert. Es kommt deshalb zusammen mit anderen im Meerwasser gelösten Salzen vor. Aus natürlichen Salzlösungen, den Solen, bleibt beim Eindampfen ein Gemisch aus Salzen zurück.

Aufgabe

1 Begründe, warum man Speisesalz als Meersalz bezeichnen könnte.

1 Gewürz

3 Streusalz

2 Konservierung

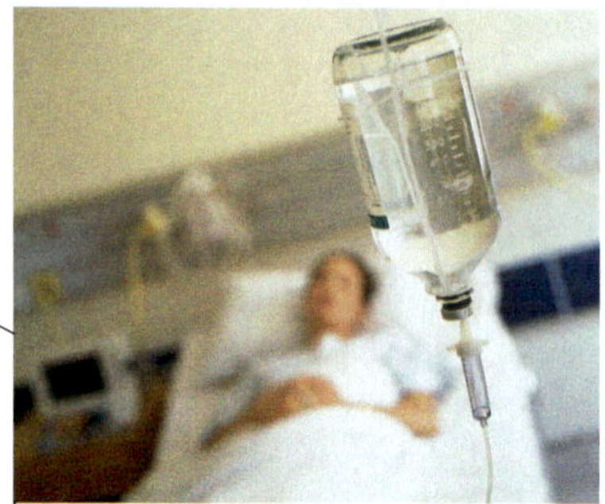
4 Physiologische Kochsalzlösung

Die Salze – eine Stofffamilie
Wenn im Alltag der Begriff „Salz" verwendet wird, so meint man Kochsalz, das der Chemiker „Natriumchlorid" nennt. Kochsalz besteht zu mindestens 97 % aus Natriumchloridkristallen, hat eine hohe Schmelztemperatur und sowohl die Lösung wie auch die Schmelze leiten den elektrischen Strom. Derartige Eigenschaften zeigen aber z. B. auch die Stoffe Lithiumbromid, Magnesiumsulfat oder Calciumchlorid. Der Chemiker kennt somit eine Vielzahl von Salzen. Die Salze sind eine Stofffamilie.

5 Eine Stofffamilie

Kochsalz – ein Multitalent
Kochsalz ist im Haushalt ein wesentlicher Bestandteil in der Gewürzliste (▷ B 1). Zudem dient es als Konservierungsmittel (▷ B 2). Im Winter hilft es als Bestandteil von Streusalz (▷ B 3), die Straßen von Eis und Schnee zu befreien. In der Medizin wird eine physiologische Kochsalzlösung als Blutersatzstoff (▷ B 4) verwendet. Die vielseitigen Verwendungsmöglichkeiten machen Kochsalz für den Menschen unentbehrlich.

Kochsalz bildet Kristalle
Verdunstet aus einer wässrigen Kochsalzlösung langsam das Wasser (▷ V 1), so bleiben regelmäßig geformte Kristalle zurück (▷ B 6).

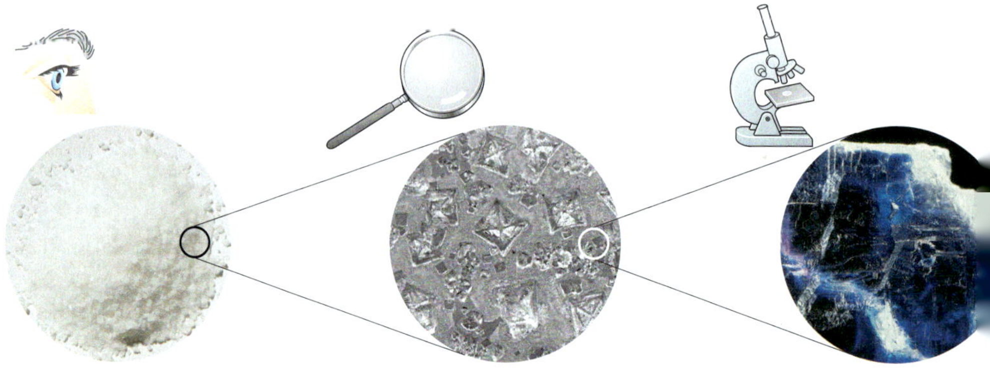
6 Kochsalz bildet würfelförmige Kristalle.

Diese sind häufig schon mit bloßem Auge zu erkennen. Mithilfe einer Lupe oder unter dem Mikroskop erkennt man deutlich: Es handelt sich um regelmäßige Würfelformen unterschiedlicher Größe.

Kochsalz (Natriumchlorid) ist ein weißer Feststoff, der aus würfelförmigen Kristallen aufgebaut ist.

Natriumchlorid entsteht
Gibt man ein heißes Stück Natrium in Chlorgas, so reagieren beide Elemente nach kurzer Zeit in einer stark exothermen Reaktion miteinander. Dabei werden Licht und Wärme frei (▷V 3). An den Rändern des Reagenzglases setzt sich ein weißer Belag ab (▷B 7).

Aus dem silbergrauen Alkalimetall Natrium und dem gelbgrünen Gas Chlor ist ein weißer, kristalliner Feststoff entstanden, der keine Ähnlichkeit mehr mit den Ausgangsstoffen zeigt. Es hat eine chemische Reaktion stattgefunden.

Löst man den weißen Belag in etwas Wasser und lässt das Wasser langsam verdunsten, so entstehen weiße Kristalle. Unter der Lupe oder dem Mikroskop erkennt man die typische Würfelform der Natriumchloridkristalle.

Aus dem Alkalimetall Natrium und dem Halogen Chlor ist bei der Reaktion ein Salz entstanden, das wir Natriumchlorid nennen.

Reaktionsschema:
Natrium + Chlor ⟶ Natriumchlorid |exotherm

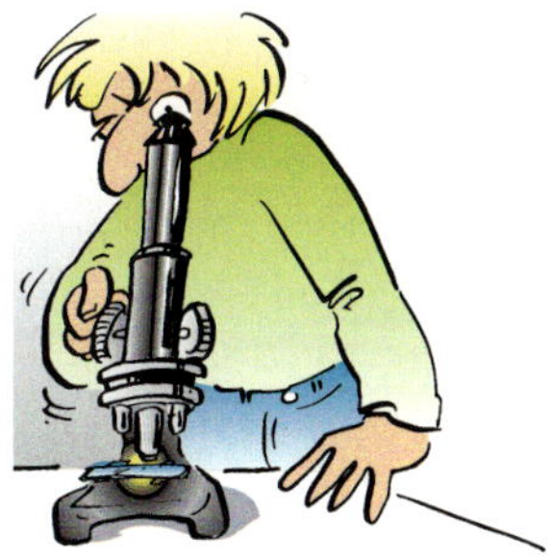

Natrium + Chlor ⟶ **Natriumchlorid**

7 Natrium reagiert heftig mit Chlor.

Versuche

1 Gib in eine flache Glasschale etwa 2 bis 3 mm hoch Wasser. Löse eine Messerspitze Kochsalz darin auf. Stelle die Schale an einen warmen Ort und lasse sie erschütterungsfrei stehen, bis sich Kristalle bilden. Betrachte die Kristalle unter einer Lupe oder einem Mikroskop.

2 Wiederhole Versuch 1 mit Natriumchlorid und vergleiche.

3 In ein Reagenzglas mit Loch wird ein entkrustetes, erbsengroßes Stück Natrium gegeben und erhitzt. Kurz bevor sich das Natrium entzündet, wird das Reagenzglas in einen Klemmhalter mit Abdeckplatte gespannt und auf den mit Chlor gefüllten Standzylinder aufgesetzt (Abzug! Schutzbrille!). Der entstandene weiße Stoff wird mit wenig Wasser herausgelöst. Einen Tropfen der Lösung gibt man auf einen Objektträger und betrachtet den Rückstand unter dem Mikroskop (▷B 7).

4 Betrachte einige Kristalle folgender Salze unter dem Mikroskop: Kupfersulfat, Kupferchlorid, Lithiumbromid, Magnesiumsulfat und Calciumchlorid.
a) Beschreibe die Eigenschaften der Kristalle mit Worten.
b) Skizziere die Form der Kristalle.

Aufgaben

1 Definiere den Begriff „Familie“. Nenne Beispiele für Familien im
a) biologischen Sinne,
b) mathematischen Sinne,
c) chemischen Sinne.

2 Formuliere die Reaktionsgleichung für die Bildung von Natriumchlorid aus den Elementen.

3 Überlege, warum auch die Metalle eine Stofffamilie bilden. Trage die Eigenschaften von 5 dir bekannten Metallen schriftlich zusammen.

Atome wollen so wie Edelgasatome sein

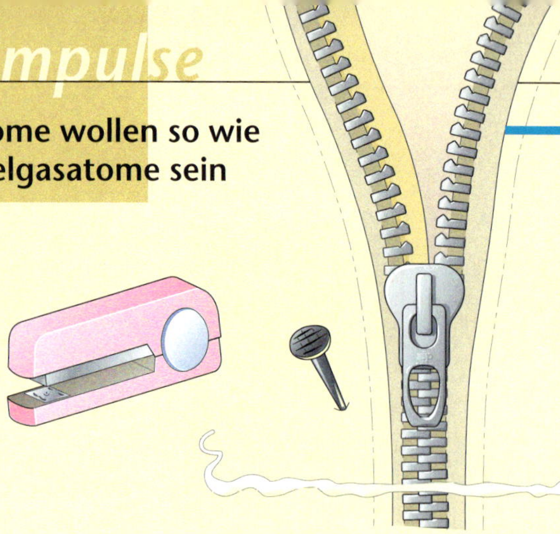

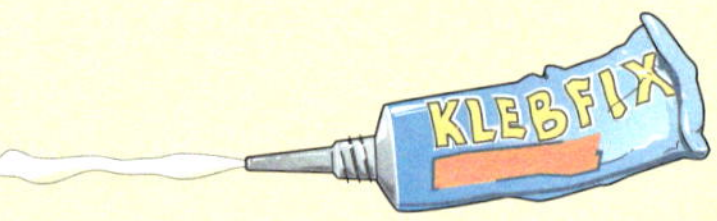

Welche Kräfte lassen Dinge aneinander hängen?

Ein Molekül besteht aus mindestens zwei Atomen, die miteinander verbunden sind. Es stellt sich die Frage, aufgrund welcher Kräfte die Atome aneinander hängen könnten. Eine Hilfe bietet Dir dabei ein Blick in Deine Alltagswelt!

- Wo und warum halten im Alltag Teile zusammen? Liste mindestens 20 Möglichkeiten in Deinem Heft auf.

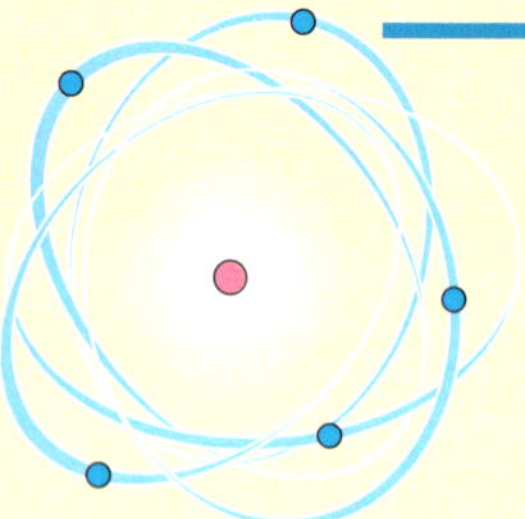

Die Atomvorstellung von Niels Bohr

Nach der Vorstellung von Niels Bohr befinden sich in einem Atomkern Protonen und Neutronen. Um diesen Kern herum bewegen sich die Elektronen auf bestimmten Bahnen.

- Forsche im Internet nach den biografischen Daten von Niels Bohr.

- Zeichne ein Natriumatom in der Bohr'schen Atomvorstellung.

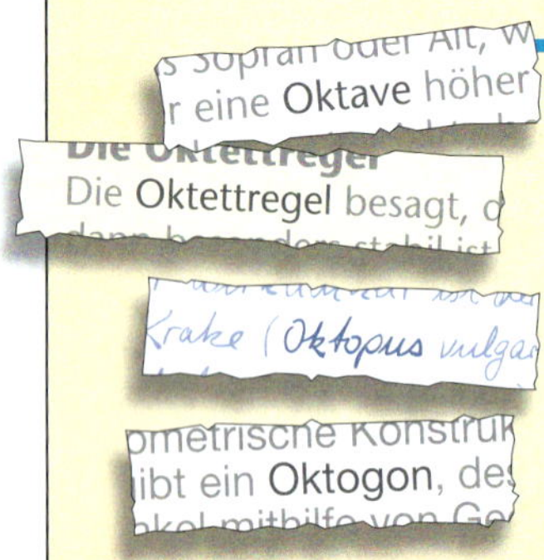

Die 8 – eine magische Zahl

Die „8" scheint eine magische Zahl zu sein. Sie taucht in vielen Zusammenhängen auf.

- Suche nach deutschen Übersetzungen für die nebenstehenden Begriffe.

- Findest Du noch weitere Begriffe mit der Vorsilbe „Okt…"?

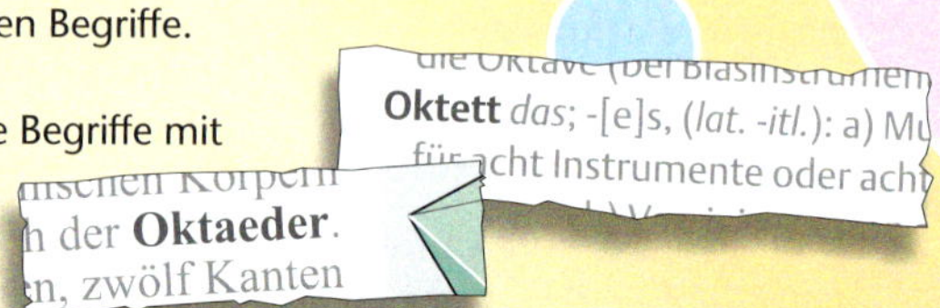

Walther Kossel

Gilbert Newton Lewis

Die Oktettregel

Die Oktettregel besagt, dass ein Teilchen dann besonders stabil ist, wenn es acht Elektronen auf seiner äußeren Schale besitzt. Man sagt, es hat Edelgaskonfiguration (Edelgasanordnung).

Diese Regel haben Walther Kossel und Gilbert Newton Lewis 1915 aufgestellt.

- Forsche im Internet nach den biografischen Daten von Kossel und Lewis!

Gestaltung einer Symboltafel

- Ordnet jedem Schüler der Klasse die Ordnungszahl eines Hauptgruppenelements zu. Auf einem DIN-A4-Blatt gestaltet ihr nun euer Symbol nach euren Vorstellungen.

Außer dem Elementsymbol sollen auch die Massenzahl, die Ordnungszahl und der deutsche Name des Elements enthalten sein.

Auf der Rückseite stellt ihr das Atom mithilfe des Schalenmodells dar. In einer Tabelle nennt ihr deutlich die Anzahl der Protonen (p+), der Elektronen (e-) und der Neutronen (n).

Du bist ein Schwefelatom

Das Schwefelatom steht im Periodensystem in der VI. Hauptgruppe und in der 3. Periode.

- Diskutiere folgende Aussagen mit Deinem Nachbarn:

Das Schwefelatom hat 6 Elektronen auf seiner äußeren Schale und besitzt 3 Schalen.

Das Schwefelatom hat 3 Außenelektronen und besitzt 6 Schalen.

Das Schwefelatom könnte noch 2 Elektronen aufnehmen, um seine äußere Schale voll mit Elektronen zu besetzen.

Das Schwefelatom könnte 6 Elektronen aufnehmen, und hätte dann eine voll besetzte äußere Schale.

Die Anwendung der Oktettregel

Nur Edelgasatome (außer Helium) besitzen acht Elektronen auf ihrer Außenschale. Alle anderen besitzen weniger Elektronen als acht. Dennoch streben auch sie an, ihre äußere Schale mit acht Elektronen zu besetzen.

- Wähle ein beliebiges Element aus dem Periodensystem aus und stelle das Atom mithilfe des Schalenmodells dar.

- Wie viele Elektronen müsste das Atom aufnehmen oder abgeben, um ein „Elektronenoktett" zu erreichen? Begründe!

Wie ändert sich die Ladung?

Protonen sind positiv geladen, Elektronen sind negativ geladen. Im Atom befinden sich immer gleich viele Protonen wie Elektronen. Das Atom ist somit ungeladen.

- Zeichne die nebenstehende Tabelle in dein Heft ab. Welche Ladungen ergeben sich bei den vorgegebenen Verteilungen von Protonen und Elektronen?

- Um welche Atome hat es sich ursprünglich gehandelt? Haben sie Elektronen aufgenommen oder abgegeben? Begründe!

Protonenzahl (p^+)	Elektronenzahl (e^-)	Ladung
11	10	?
17	18	?
16	16	?

Das Oktett und die Edelgasanordnung

Bei chemischen Reaktionen haben beide Reaktionspartner das Bestreben, die Elektronenverteilung eines Edelgasatoms zu erreichen. Dies ist normalerweise der Fall, wenn sich 8 Elektronen – also ein Elektronenoktett – auf der äußeren Schale befinden. Man spricht von der Oktettregel.

Die Atome haben das Bestreben, die Elektronenverteilung eines Edelgasatoms zu erreichen. Dabei entsteht jeweils ein Elektronenoktett.

Ein guter Kompromiss

Aus ihrer Stellung im Periodensystem kann man entnehmen, dass das Natriumatom 1 Elektron und das Chloratom 7 Elektronen auf seiner äußeren Schale besitzen. Um ein Oktett zu erreichen müsste das Natriumatom 7 Elektronen aufnehmen oder 1 Elektron abgeben und seine äußere Schale auflösen. Das Chloratom könnte 1 Elektron aufnehmen. Beide Atome können den Edelgaszustand demzufolge in einem gemeinsamen Schritt erreichen: Das Natriumatom gibt sein Außenelektron an das Chloratom ab.

Aufgabe

1 Bilde die Ionen folgender Atome:
a) Magnesium, b) Stickstoff, c) Sauerstoff, d) Brom, e) Lithium.

Neue Teilchen entstehen

Das Natriumatom hat während der Reaktion 1 Elektron abgegeben. Mit 10 Elektronen entspricht die Elektronenverteilung des Teilchens nun der des Edelgasatoms Neon.

Das Natriumteilchen hat aber nach wie vor 11 Protonen. Es ist also hinsichtlich seiner Ladung aus dem Gleichgewicht geraten. Man sagt: es entsteht ein einfach positiv geladenes Teilchen und schreibt Na^+.
Aus dem Chloratom ist das einfach negativ geladene Teilchen Cl^- entstanden, das 17 Protonen aber nun 18 Elektronen besitzt. Seine Elektronenverteilung entspricht derjenigen des Argonatoms.

Wir brauchen einen neuen Namen

Da Atome ungeladen sind, benötigen wir für die geladenen Teilchen einen neuen Namen. Man nennt sie **Ionen** (griech.: ionos, Wanderer).

Ionen sind elektrisch positiv oder elektrisch negativ geladene Teilchen.

Na	$\longrightarrow$	Na^+	+	e^-
Natriumatom		Natriumion		Elektron

Cl	+	e^-	$\longrightarrow$	Cl^-
Chloratom		Elektron		Chloridion

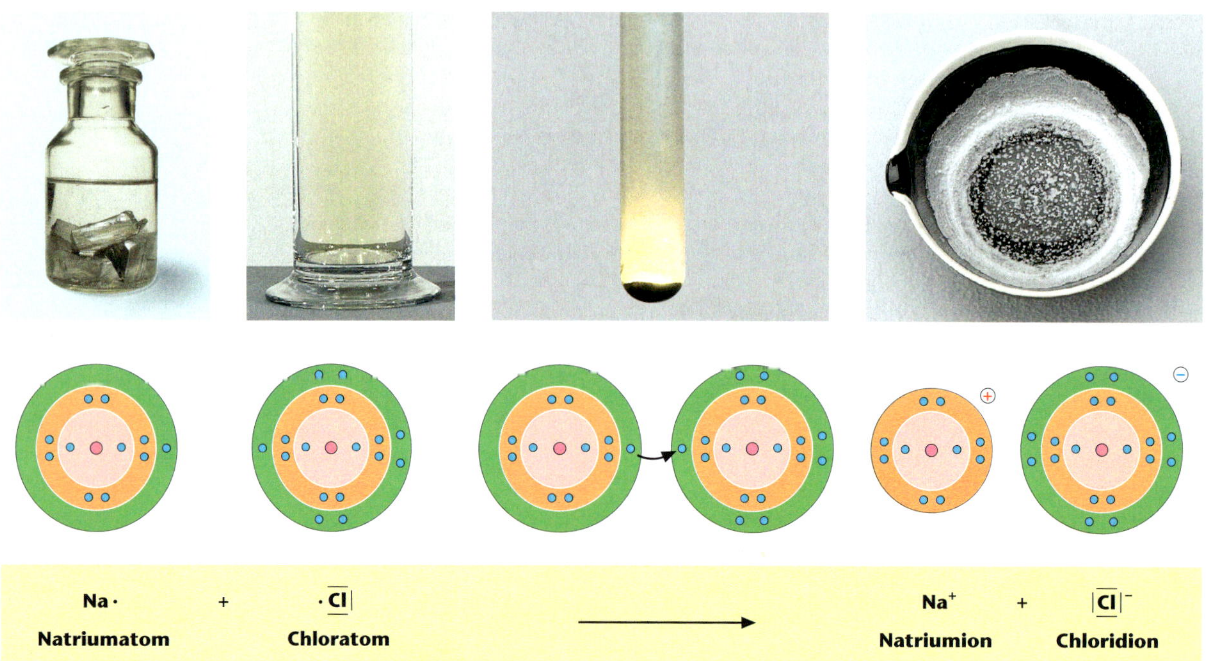

1 Die Ionenbildung am Beispiel vom Natriumion und Chloridion

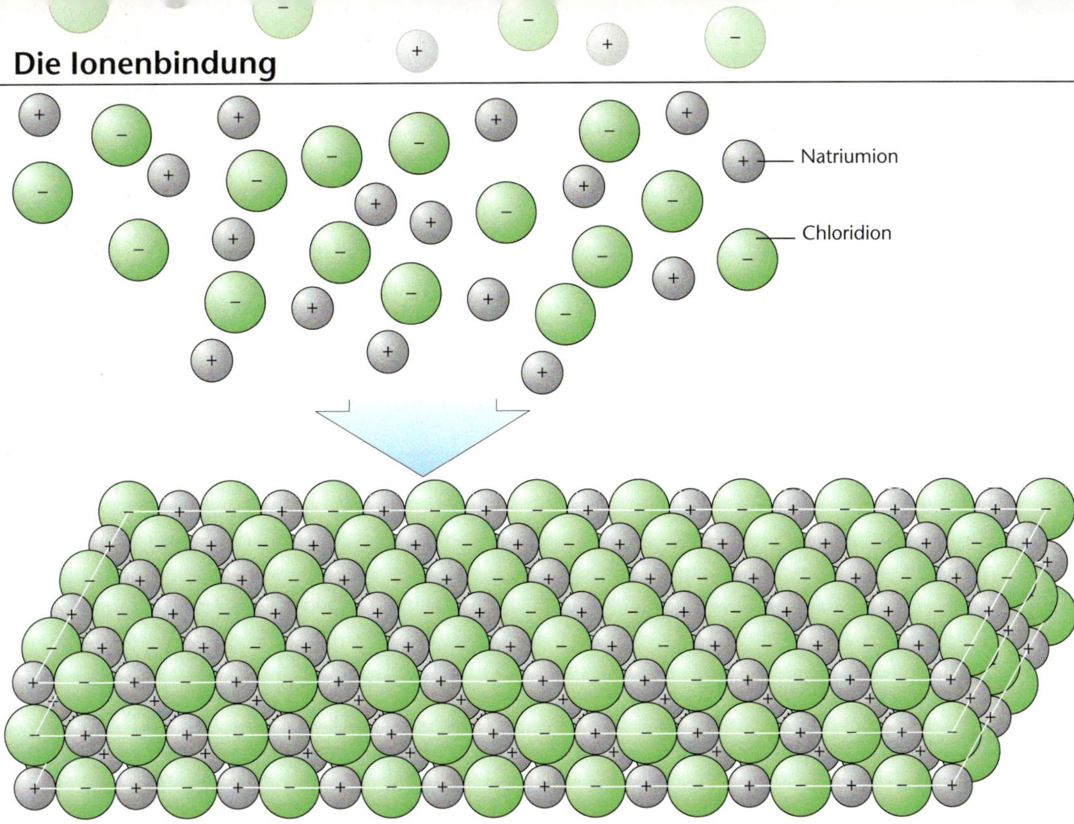

1 Unterschiedlich geladene Ionen ordnen sich.

Gegensätze ziehen sich an
Bei der heftig ablaufenden Reaktion zwischen Natrium und Chlor bilden sich sehr viele Ionen.
Da sich gleichnamige Ladungen abstoßen und ungleichnamige Ladungen anziehen, lagern sich abwechselnd positiv geladene Natriumionen und negativ geladene Chloridionen nebeneinander und übereinander (▷ B 1).
Die Bindung kommt also aufgrund entgegengesetzter Ladungen zustande und wird **Ionenbindung** genannt.

Eine Ionenbindung liegt dann vor, wenn entgegengesetzt geladene Ionen sich gegenseitig anziehen.

Bei der Entstehung von Ionen durch Elektronenübertragung ändert sich auch die Größe der Teilchen. So ist das Natriumion beispielsweise kleiner als das Natriumatom.

Die räumliche Ionenverteilung – ein Merkmal von Natriumchlorid
Lagern sich viele Ionenschichten übereinander, wächst die Ionenanordnung von positiv geladenen Natriumionen und negativ geladenen Chloridionen aus der Ebene in den Raum. Es entsteht eine räumliche, regelmäßige Anordnung unterschiedlich geladener Ionen.

Diese Anordnung nennt man **Ionengitter**.
Im Ionengitter des Natriumchlorids befinden sich die Ionen an den Ecken eines gedachten Würfels (▷ B 2). Dieser würfelförmige Aufbau ist unter der Lupe oder dem Mikroskop gut zu erkennen.

Die räumliche, regelmäßige Anordnung von Ionen nennt man Ionengitter.

Salze sind aus Ionen aufgebaut
Neben den Chloriden gibt es noch viele weitere Verbindungen, die aus Ionen aufgebaut sind und Kristalle bilden. Diese Verbindungen gehören zur Stofffamilie der Salze. Salze sind **Ionenverbindungen**.

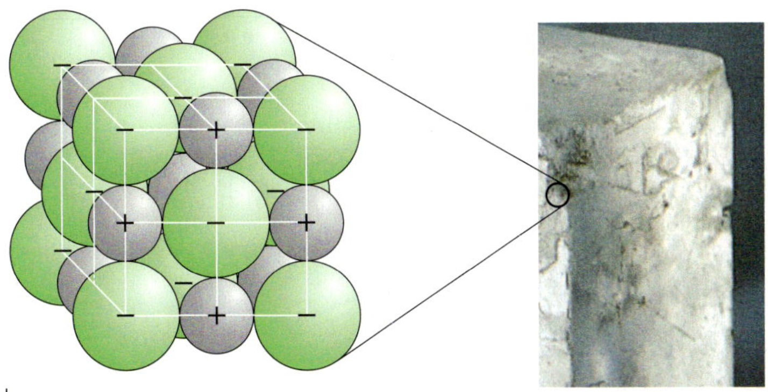

2 Natriumchlorid bildet ein Ionengitter.

Kristall und Modell

1 Kristalle lassen sich züchten

Material

Schutzbrille, Becherglas (250 ml), Erlenmeyerkolben (250 ml), Glasstab, Messzylinder, Schnappdeckelglas, Kristallisierschale, Petrischale, Trichter, Filterpapier, Thermometer (–10 °C bis 110 °C), Gasbrenner, Dreifuß, Keramik-Drahtnetz, Spatellöffel, Pinzette, Papierhandtuch, Kalialaun, Kupfersulfat, destilliertes Wasser

Versuchsanleitung

a) Herstellen einer gesättigten Lösung
Gib in ein Becherglas zu ca. 150 ml Wasser unter ständigem Rühren mit dem Glasstab portionsweise Kalialaun, bis sich ein Bodensatz bildet.
Erwärme die Lösung unter Umrühren auf höchstens 50 °C (▷ B 1). Füge weiter Salz hinzu, bis ein Bodensatz sichtbar bleibt. Lass die Lösung abkühlen und filtriere sie in einen Erlenmeyerkolben. Das Filtrat muss klar und ohne Bodensatz sein (▷ B 2).

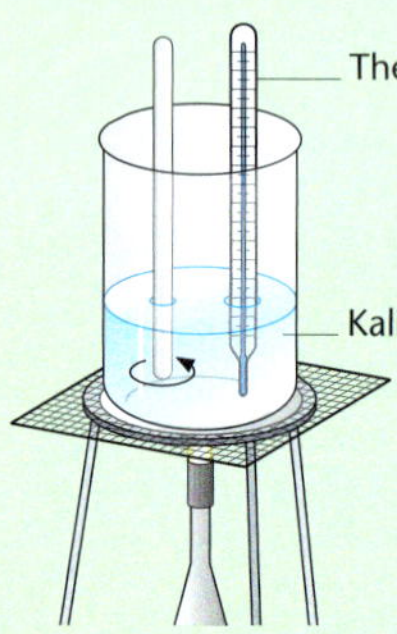

1 Erwärmen der Lösung

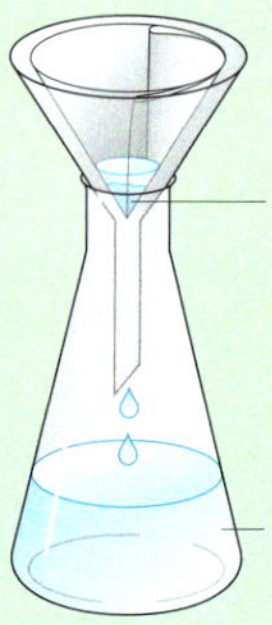

2 Filtrieren der Lösung

b) Herstellen von Keimkristallen
Gieße etwas von der klaren, gesättigten Salzlösung aus dem Versuch a) in eine Petrischale. Lasse sie so lange stehen, bis sich am Boden der Petrischale größere Kristalle gebildet haben. Nimm mithilfe der Pinzette zwei oder drei Kristalle zum Weiterzüchten heraus, bevor sie mit anderen Kristallen zusammenwachsen. Trockne sie mit einem weichen, saugfähigen Papier ab. Bewahre die anderen Kristalle in einem kleinen Schnappdeckelglas auf und beschrifte das Glas korrekt. Gieße die restliche Salzlösung in den Erlenmeyerkolben zurück.

c) Züchten von Kristallen
Filtriere 100 ml bis 150 ml Salzlösung aus dem Erlenmeyerkolben in eine Kristallisierschale und lege zwei oder drei ausgewählte Keimkristalle mithilfe einer Pinzette auf den Boden des Gefäßes. Decke die Schale mit einem Rundfilterpapier ab und stelle sie an einen ruhigen, gleichmäßig temperierten Ort (▷ B 3). Bilden sich Nebenkristalle, müssen diese mithilfe der Pinzette entfernt werden.

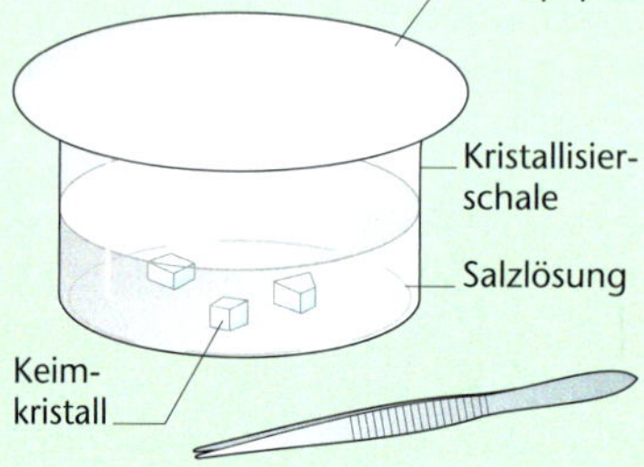

3 Kristalle werden gezüchtet.

d) Wiederhole den Versuch mit Kupfersulfat.

Aufgabe

Falls ein Scanner zur Verfügung steht, kannst du die Petrischale mit den entstandenen Kristallen direkt einscannen und als Bild ausdrucken.

2 Ein Modell ist anschaulich

Material

32 weiße Papierkugeln, 32 grüne Papierkugeln, Klebstoff

Versuchsanleitung

a) Klebe 4 Kugeln nach dem Schema grün – weiß – grün – weiß in einer Reihe zusammen.
b) Bilde danach eine Reihe, die sich genau spiegelbildlich zu der ersten verhält.
c) Führe die Anordnung in der Ebene fort, bis sich ein Quadrat ergibt.
d) Fertige eine zweite Ebene an, die sich hinsichtlich der Farbverteilung der Kugeln genau spiegelbildlich zu der ersten Ebene verhält!
f) Fahre gleichermaßen fort, bis sich ein Würfel ergibt!

Aufgaben

Führe eine Modelldiskussion durch und beantworte dabei folgende Fragen:

1. Wie viele grüne Kugeln umgeben jeweils eine weiße bzw. wie viele weiße jeweils eine grüne Kugel?
2. Was symbolisieren die Farben?
3. Was stellt der Klebstoff dar?
4. Wähle eine sinnvolle Formel aus:
a) Na^+Cl^-; b) 32 Na + 32 Cl;
c) $Na_{32}Cl_{32}$; d) NaCl; e) $Na^{32}Cl^{32}$

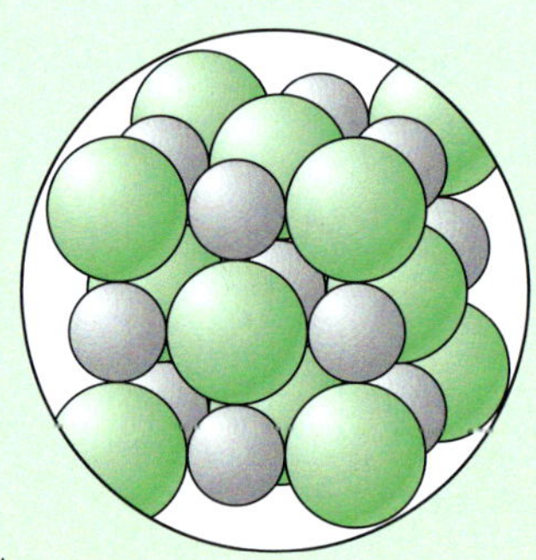

4 Raumerfüllung im Natriumchloridgitter

Große Kräfte – hohe Schmelztemperatur
Der Zusammenhalt zwischen ungleich geladenen Ionen ist sehr groß. Um diese Anziehungskräfte zu überwinden, muss viel Energie aufgewandt werden. Die Schmelztemperatur von Natriumchlorid z. B. ist sehr hoch. Sie beträgt 800 °C.

Salze sind spröde
Knetmasse lässt sich zwischen den Fingern leicht verformen. Ein Kristall dagegen ist hart und spröde. Schlägt man von oben mit einem Hammer auf den Kristall, werden kleine Stücke abgespalten. Dabei verschieben sich die Ionenschichten so, dass sich gleich geladene Ionen gegenüberstehen. Diese stoßen sich ab und eine Abspaltung ist leicht möglich (▷ B 1).

Elektrische Leitfähigkeit von Salzen
Prüft man bei Zimmertemperatur die elektrische Leitfähigkeit eines Salzes, stellt man keine Leitfähigkeit fest (▷ V 1a). Dies ist erstaunlich, da doch im Gitter viele geladene Ionen vorliegen. Die Ionen sind aber so fest an ihre Plätze gebunden, dass keine Ladungsbewegung stattfindet.

Und sie bewegen sich trotzdem
Erwärmt man ein Salz stark (▷ V 1b), fließt elektrischer Strom. Die zugeführte Wärmeenergie dient dazu, die Ionen von ihren Plätzen zu lösen (▷ B 2). Die nun frei beweglichen Ionen leiten den elektrischen Strom. Die elektrische Stromstärke steigt langsam an.

Salze sind spröde und haben häufig hohe Schmelztemperaturen. Salzschmelzen leiten den elektrischen Strom.

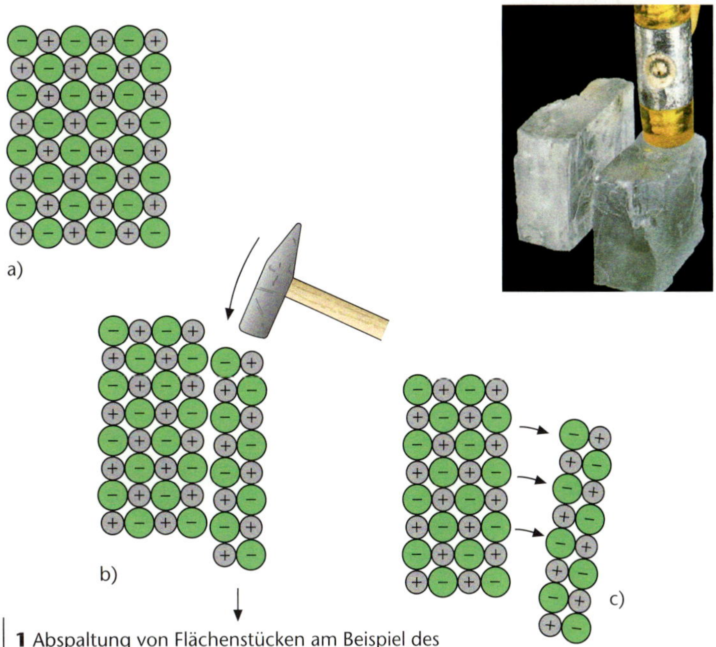

1 Abspaltung von Flächenstücken am Beispiel des Natriumchloridkristalls

Versuch

1 a) Man gibt in einen Porzellantiegel auf einem Dreifuß mit Tondreieck festes Natriumchlorid und taucht zwei Graphitelektroden in das Salz. Die Elektroden verbindet man mit einer Gleichspannungsquelle. Zum Ablesen der Stromstärke wird ein Messgerät (5 A) in Reihe geschaltet.

b) Mit einer Lötlampe mit Hartlötbrenneraufsatz wird das Natriumchlorid aus V 1a) im Porzellantiegel bis zur Schmelze erhitzt. Die Spannung wird so eingestellt, dass in der Schmelze ein Strom gemessen werden kann (▷ B 3). (Abzug! Schutzbrille!)

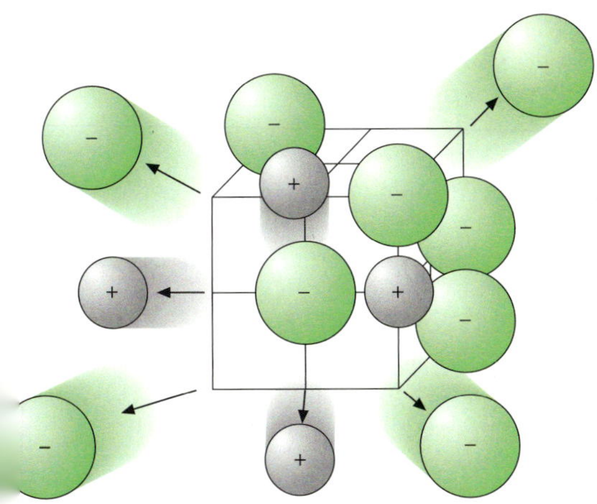

2 Frei bewegliche Ionen durch Wärmezufuhr

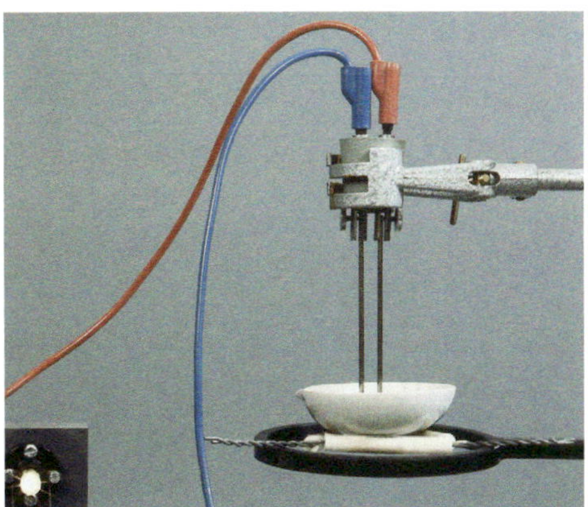

3 Salzschmelzen leiten den elektrischen Strom.

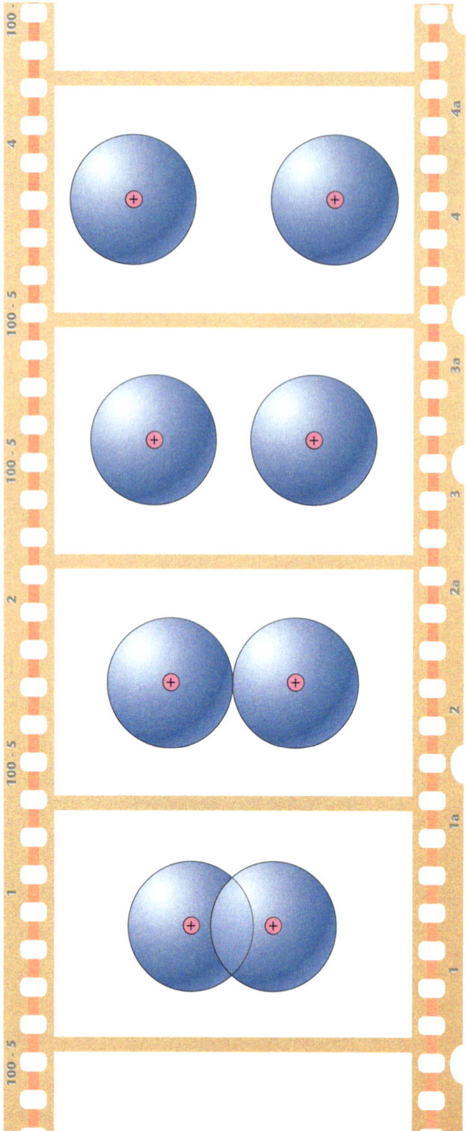

1 Zwei Wasserstoffatome nähern sich...

Salze sind Verbindungen von Metallen und Nichtmetallen. Ordnen sich in einem regelmäßigen Gitter Ionen an, die durch Aufnahme bzw. Abgabe von Elektronen gebildet werden, spricht man von einer Salzverbindung.

Gleiche Atome verbinden sich

Die Formel für Wasserstoff ist H_2. Die Teilchen bestehen aus zweiatomigen Molekülen. Wie können sich aber zwei offensichtlich gleiche Atome aneinander binden? Aus der Stellung im Periodensystem ergibt sich, dass ein Wasserstoffatom 1 Elektron auf der äußeren Schale besitzt. Es müsste demnach noch 1 Elektron aufnehmen, um die Elektronenanordnung des Edelgasatoms Helium zu erreichen. Dessen Schale ist mit 2 Elektronen voll besetzt. Jedes der beiden Wasserstoffatome ist demnach gleichermaßen bestrebt, noch 1 Elektron aufzunehmen.

Zwei Wasserstoffatome nähern sich …

Die Bildung eines Wasserstoffmoleküls stellt man sich in mehreren Einzelschritten vor (▷ B 1):
Bei der Annäherung der beiden Atome wird das Elektron eines Wasserstoffatoms von dem positiven Kern des jeweils anderen Wasserstoffatoms angezogen. Ab einer bestimmten Entfernung benutzen beide Atome beide Elektronen gleichermaßen. Der Aufenthaltsort der beiden Elektronen ist – vergleichbar mit einer Momentaufnahme – genau zwischen den beiden Atomen. Jedes Wasserstoffatom besitzt so zwei Elektronen. Es entsteht ein Wasserstoffmolekül.

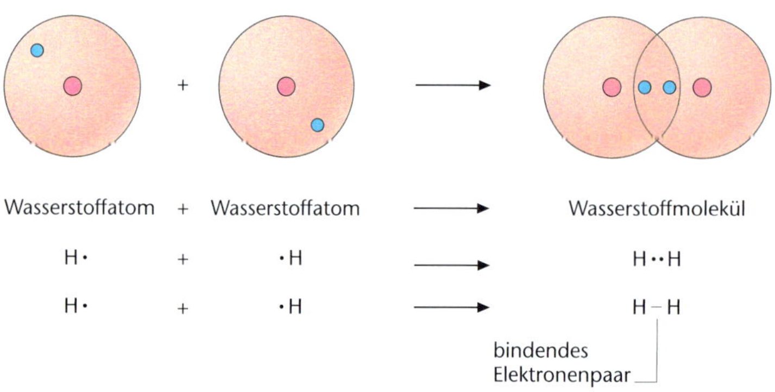

2 Zwei Wasserstoffatome verbinden sich zu einem Wasserstoffmolekül (Schalenmodell).

Die Atombindung

Die Elektronenschreibweise (▷ B 2) stellt den Zustand optimaler Nähe dar. Die beiden Elektronen bewirken als **bindendes Elektronenpaar** den Zusammenhalt der beiden Wasserstoffatome. Sie gehören beiden Atomen gleichermaßen an und werden durch einen **Bindungsstrich** symbolisiert.

Sind Atome durch gemeinsame Elektronenpaare gebunden, so spricht man von einer Atombindung. Dabei entstehen Moleküle.

Moleküle lassen sich durch eine **Strukturformel** beschreiben.

In der Strukturformel kennzeichnen Elementsymbole die Atome, Bindungsstriche die bindenden Elektronenpaare.

Nichtbindende Elektronenpaare
Ein Chloratom besitzt 7 Außenelektronen. 6 dieser Außenelektronen lassen sich zu 3 Paaren zusammenfassen. Das siebte Elektron bleibt ungepaart. Gehen zwei Chloratome eine Atombindung miteinander ein, so können beide Atome die Elektronenverteilung des Argonatoms erreichen. Die anderen 3 Elektronenpaare sind nicht an der Bildung der Bindung beteiligt.

Nichtbindende Elektronenpaare sind nicht an der Bindungsbildung beteiligt und gehören einem Atom alleine an.

Aufgaben

1 Die Edelgase Helium, Neon und Argon bilden keine Moleküle. Begründe.

2 Beschreibe in B 3 die Strukturformel
a) des Chlorwasserstoffmoleküls und
b) des Kohlenstoffdioxidmoleküls
mithilfe der Fachbegriffe.

Mehrfachbindung
Ein Sauerstoffatom besitzt 6 Außenelektronen. Diese bilden nur 2 Paare, sodass 2 ungepaarte Elektronen zurückbleiben. Jedes Sauerstoffatom stellt seine beiden ungepaarten Elektronen für die Bindungsbildung zur Verfügung und erreicht dadurch die Elektronenverteilung des Neonatoms. Es sind also 4 Elektronen an der Bindung beteiligt (▷B 4). Dies wird durch zwei Bindungsstriche symbolisiert und als **Doppelbindung** bezeichnet. Stickstoffatome können sogar eine **Dreifachbindung** ausbilden.

Moleküle mit unterschiedlichen Atomen
Chlorwasserstoffmoleküle mit der Formel HCl sind aus unterschiedlichen Atomarten aufgebaut. Dennoch kann für jedes Atom durch die Ausbildung einer Atombindung ein stabiler Edelgaszustand erreicht werden. Dabei sind die beiden Atome über eine **Einfachbindung** miteinander verbunden und am Chloratom befinden sich drei nichtbindende Elektronenpaare.

Größere Moleküle
Das CO_2-Molekül besteht aus drei Atomen. Jedes Atom kann einen stabilen Edelgaszustand erreichen, wenn zwischen dem Kohlenstoffatom und jedem Sauerstoffatom eine Doppelbindung ausgebildet wird.

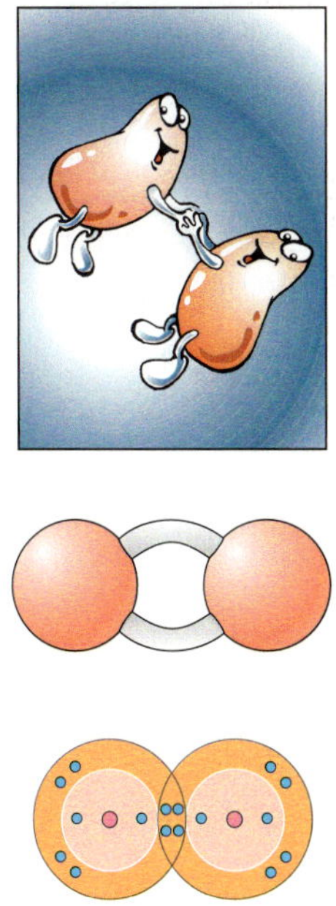
⟨O::O⟩
⟨O=O⟩

4 Das Sauerstoffmolekül O_2

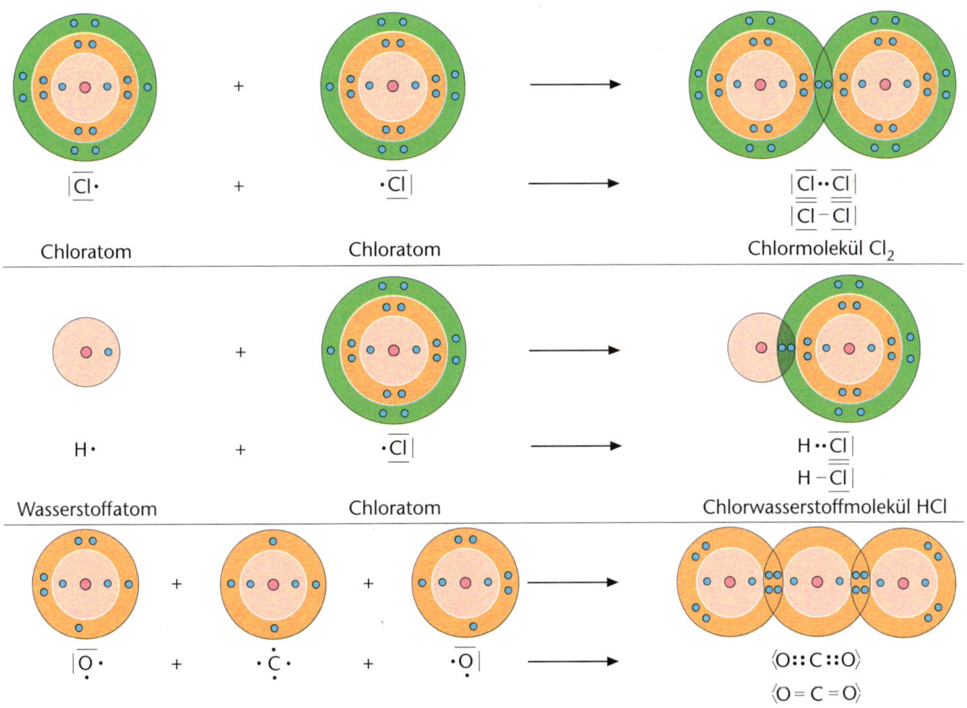

3 Die Bildung von Molekülen

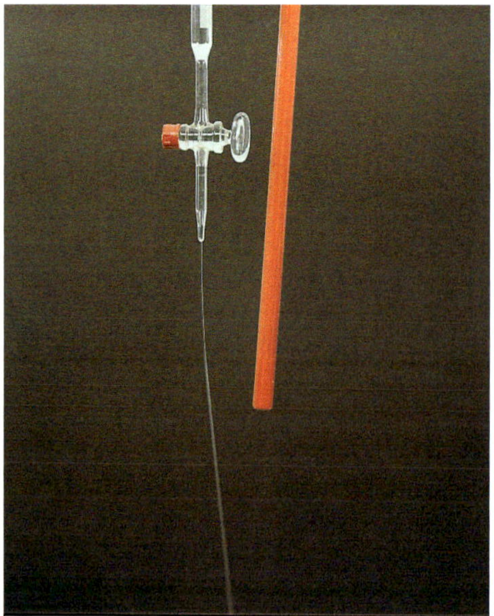

1 Ein Wasserstrahl wird abgelenkt.

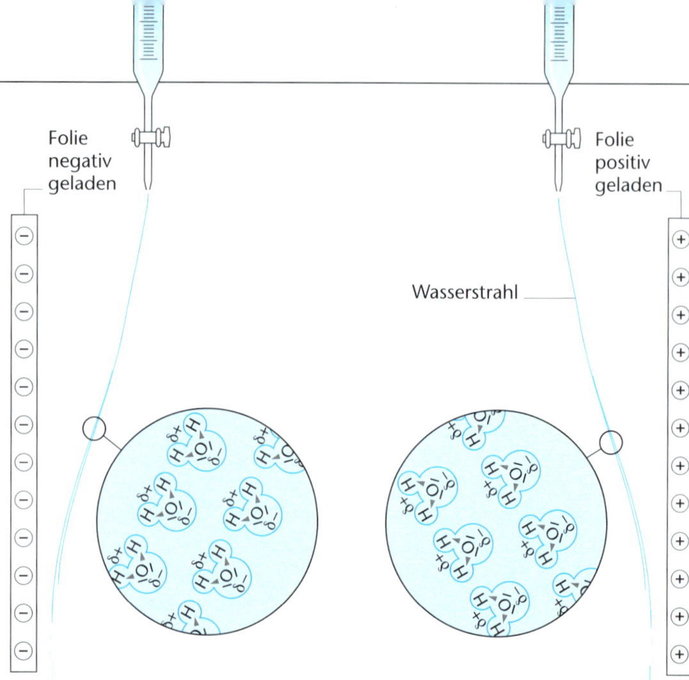

Wasser – eine besondere Flüssigkeit

Hält man an einen senkrecht nach unten fließenden Wasserstrahl seitlich eine negativ aufgeladene Folie, so wird der Wasserstrahl in Richtung Folie abgelenkt. Das gleiche Verhalten zeigt der Wasserstrahl auch dann, wenn die Folie positiv aufgeladen ist (▷ V 1; B 1). Im Wassermolekül müssen folglich Ladungen vorliegen.

Bildung des Wassermoleküls

Das Sauerstoffatom im Wassermolekül benötigt 2 Elektronen, um ein stabiles Oktett zu erreichen. Das Sauerstoffatom bildet mit 2 Wasserstoffatomen jeweils eine Atombindung aus.
Woher entstehen jedoch die Ladungen im Molekül, die eine Ablenkung des Wasserstrahls bewirken?
Das Sauerstoffatom besitzt im Vergleich zum Wasserstoffatom die Fähigkeit, die Bindungselektronen stärker anzuziehen.

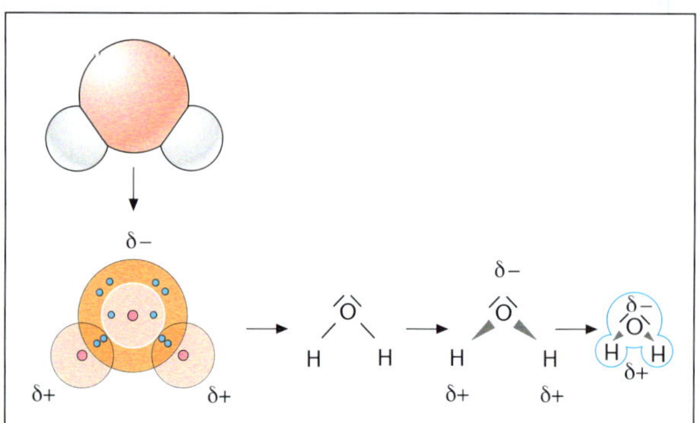

2 Im Wassermolekül liegen Teilladungen vor.

Das Wasserstoffatom gibt jedoch sein Elektron nicht an das Sauerstoffatom ab. Das Elektron wird lediglich in die Richtung des Sauerstoffkerns verschoben.

Durch die Verschiebung macht sich beim Wasserstoffatom die positive Kernladung stärker bemerkbar. Das Wasserstoffatom bekommt eine **positive Teilladung δ+** (sprich: Delta plus). Das bindende Elekronenpaar und damit die negative Ladung befindet sich nun in größerer Nähe zum Sauerstoffatom. Dieses enthält dementsprechend eine **negative Teilladung δ–** (sprich: Delta minus).

Die polare Atombindung

Eine derartige Verschiebung des bindenden Elektronenpaares in die Richtung des einen Bindungspartners kennzeichnet man in der Strukturformel durch die dickere Seite eines Keils (▷ B 2). Es entstehen Teilladungen im Molekül. Man nennt diese Bindung **polare Atombindung**.

> Hat ein Atom in einer Atombindung eine größere Tendenz, das Bindungselektronenpaar an sich zu ziehen, so wird das bindende Elektronenpaar in Richtung dieses Partners verschoben. Es entsteht eine polare Atombindung.

Das Wassermolekül ist gewinkelt

Ein dünner Wasserstrahl wird zu einer Folie hin ausgelenkt (▷ B 1), gleichgültig, ob diese positiv oder negativ aufgeladen ist. Der Wasserstrahl reagiert also in jedem Fall auf die Ladung der Folie.

Aufgrund der Verschiebung der bindenden Elektronenpaare hin zum Sauerstoffatom und aufgrund der Anordnung der nicht bindenden Elektronenpaare des Sauerstoffatoms ergibt sich eine besondere Struktur des Wassermoleküls. Die drei Atome des Wassermoleküls stehen in einem Winkel von etwa 105° zueinander (▷ B 2). Die Ladungsschwerpunkte sind räumlich voneinander getrennt. Das δ+ (sprich: delta positive) Ende liegt zwischen den beiden Wasserstoffatomen. Das δ– (sprich: delta negative) Ende liegt am Sauerstoffatom. Das Wassermolekül bildet zwei unterschiedlich geladene Pole – es ist ein **Dipol**.

Dipole entstehen, wenn sich durch Elektronenverschiebung innerhalb eines Moleküls unterschiedliche Ladungsschwerpunkte ausbilden.

Die Atome im Wassermolekül können nicht in einer Reihe angeordnet sein, da sich die positive und die negative Teilladung dann aufheben würden. Die Entstehung von gerichteten Ladungen wäre nicht zu erklären.

Die Wasseroberfläche steht unter Spannung

Um einen Aluminiumring von einer Wasserfläche zu lösen, ist eine messbare Kraft aufzuwenden (▷ V 2; B 3). Diese Erscheinung wird als **Oberflächenspannung** bezeichnet. Die Wasserläufer, eine zu den Wanzen gehörende Insektenart, nutzen diese Oberflächenspannung, um sich mit besonders geformten Füßen auf der Wasseroberfläche zu bewegen (▷ B 5).

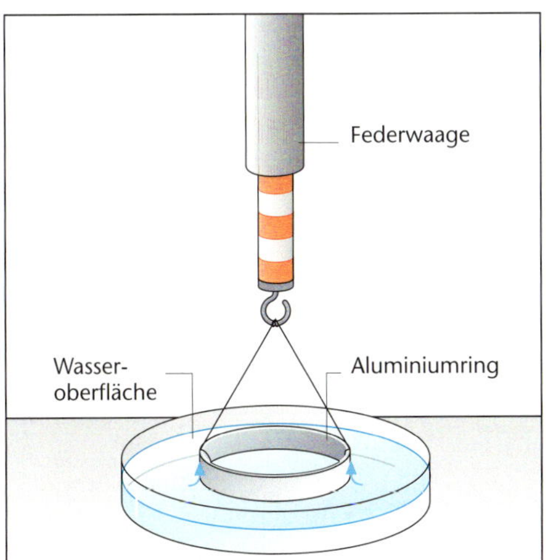

3 Die Oberflächenspannung des Wassers

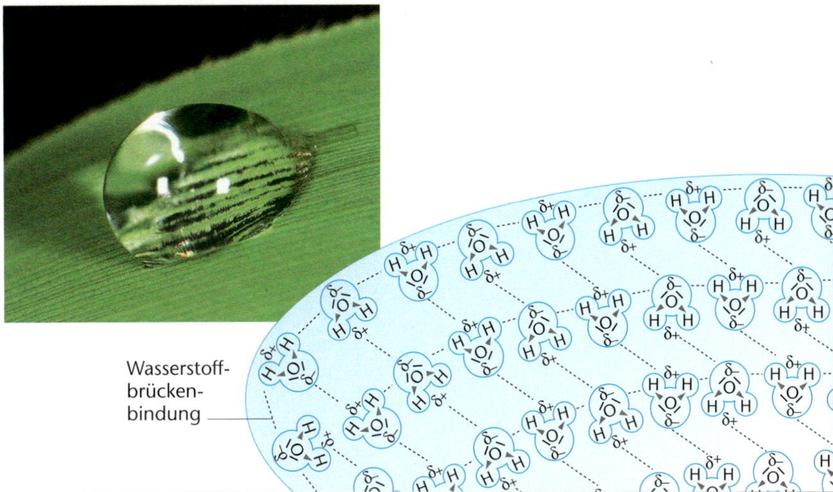

4 Benachbarte Wassermoleküle ordnen sich.

Wie ist die Entstehung dieser Oberflächenspannung zu erklären? Benachbarte Wassermoleküle beeinflussen sich gegenseitig. Sie drehen sich so, dass sich positive und negative Ladungsschwerpunkte gegenüber stehen. Zwischen der positiven Teilladung des Wasserstoffatoms eines Wassermoleküls und der negativen Teilladung des Sauerstoffatoms eines anderen Wassermoleküls besteht eine Wechselwirkung. Diese zwischenmolekularen Kräfte führen zu einem Zusammenhalt, den man **Wasserstoffbrücke** nennt. Die Anziehungskräfte wirken nach innen und an der Grenze zwischen Wasser und Luft, so bildet sich die Tropfenform aus (▷ B 4).

Zwischen den Dipolmolekülen des Wassers treten Wasserstoffbrückenbindungen auf.

5 Die Oberflächenspannung des Wassers trägt den Wasserläufer.

Versuche

1 Lade zwei Folien durch Reibung unterschiedlich elektrisch auf. Halte sie nacheinander parallel zu einem senkrecht nach unten fließenden Wasserstrahl.

2 Hänge an eine Federwaage einen Aluminiumring (▷ B 3). Tauche ihn vorsichtig bis etwa zur Hälfte in ein Gefäß mit Wasser. Ziehe ihn langsam und gleichmäßig mit der Federwaage nach oben. Lies in dem Augenblick, in dem sich der Ring von der Wasseroberfläche löst, die Kraft an der Waage ab .

Werkstatt

Ein Wasserstrahl lässt sich dressieren

Material
Schutzbrille, Bürette, Stativ, Universalklemme, Doppelmuffe, Kunststoffwanne, 2 Overheadfolien mit Schutzpapier, Stoffstück, Wasser, Ethanol, Wundbenzin

Versuchsanleitung
a) Baue eine Versuchsapparatur nach Bild 2 auf. Fülle in die Bürette Wasser aus der Spritzflasche.

b) Lege die zwei Folien übereinander auf ein Schutzpapier. Reibe mit dem Ärmel des Pullovers oder einem Stoffstück mehrmals über die obere Folie (▷ B 1).

c) Trenne ruckartig die Folien vom Schutzpapier, dann die beiden Folien voneinander.

d) Öffne den Bürettenhahn und nähere jede Folie einzeln dem Wasserstrahl aus der Bürette (▷ B 2).

e) Wiederhole den Versuch statt mit Wasser einmal mit Ethanol, das andere Mal mit Benzin.

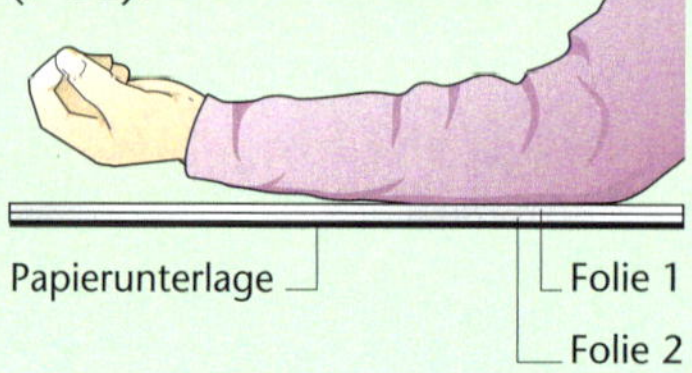

1 Folien werden elektrisch aufgeladen.

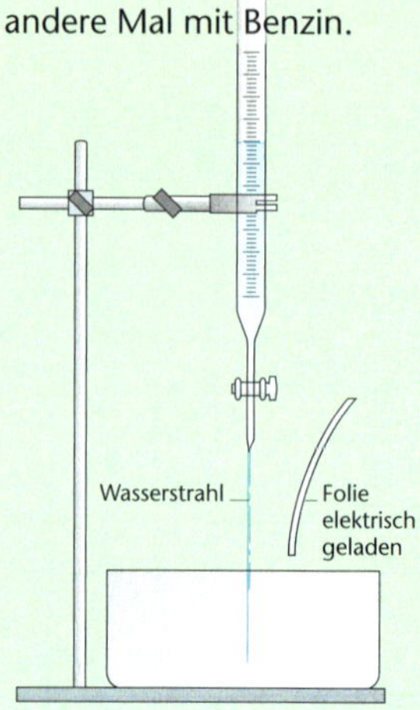

2 Die Folie wird dem Wasserstrahl genähert.

Brennpunkt

Die Elektronegativität (EN)

Ionenbindung oder Atombindung?
Welche Art von Bindung zwei Atome bilden, hängt von ihrer Fähigkeit ab, die Bindungselektronen anzuziehen. Um diese Fähigkeit vergleichen zu können, hat man die **Elektronegativität** der Atome eingeführt. Die Elektronegativität wird als Zahl angegeben. Fluor zieht von allen Elementen die Bindungselektronen am stärksten an und erhielt den Wert 4,0.

Die Elektronegativität stellt also die Fähigkeit eines Atoms dar, Bindungselektronen anzuziehen.

Sind zwei Atome miteinander verbunden, so besitzt das elektronegativere die negative Teilladung. Je größer der Unterschied der Elektronegativitäten zwischen zwei Atomen ist, desto größer ist deren Tendenz, Ionen auszubilden.

Aufgabe

1 Entscheide durch die Berechnung der Elektronegativitätsdifferenz, ob zwischen dem Wasserstoffatom und dem Sauerstoffatom im Wassermolekül eine polare Atombindung vorliegt.

Entscheidungshilfen
Ist die Elektronegativitätsdifferenz größer als 1,7, so handelt es sich um eine Ionenbindung, wenn die Bindung zwischen einem Metallatom und einem Nichtmetallatom geschlossen wird.

Ist die Elektronegativitätsdifferenz kleiner als 1,7, so handelt es sich um eine polare Atombindung.

Ist die Elektronegativitätsdifferenz 0, so ist die Atombindung unpolar, da sich die bindenden Elektronenpaare genau zwischen den beiden Atomen befinden.

Periode																		
1	H 2,1																	He
2	Li 1,0	Be 1,5											B 2,0	C 2,5	N 3,0	O 3,5	F 4,0	Ne
3	Na 0,9	Mg 1,2											Al 1,5	Si 1,8	P 2,1	S 2,5	Cl 3,0	Ar
4	K 0,8	Ca 1,0	Sc 1,3	Ti 1,5	V 1,6	Cr 1,6	Mn 1,5	Fe 1,8	Co 1,8	Ni 1,8	Cu 1,9	Zn 1,6	Ga 1,6	Ge 1,8	As 2,0	Se 2,4	Br 2,8	Kr
5	Rb 0,8	Sr 1,0	Y 1,3	Zr 1,4	Nb 1,6	Mo 1,8	Tc 1,9	Ru 2,2	Rh 2,2	Pd 2,2	Ag 1,9	Cd 1,7	In 1,7	Sn 1,8	Sb 1,9	Te 2,1	I 2,5	Xe

1 Elektronegativitäten der ersten fünf Perioden nach PAULING

Das Aufstellen von Strukturformeln

A. Das Lesen einer Strukturformel

Häufig findet man Strukturformeln von Molekülen, deren Atome durch Atombindungen miteinander verbunden sind. In den Strukturformeln symbolisieren Bindungsstriche die Atombindungen.

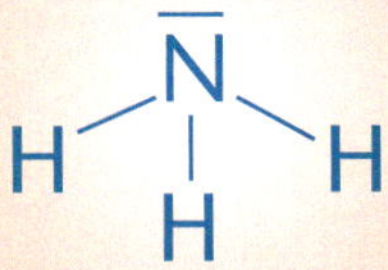

Man liest: Im Ammoniakmolekül ist das Stickstoffatom jeweils über eine Einfachbindung mit den drei Wasserstoffatomen verbunden. Zusätzlich befindet sich am Stickstoffatom ein nichtbindendes Elektronenpaar.

B. Einfach- oder Mehrfachbindung?

Im Cyanwasserstoffmolekül ist das Kohlenstoffatom über eine Dreifachbindung mit dem Stickstoffatom, und über eine Einfachbindung mit dem Wasserstoffatom verbunden.

Im Sauerstoffmolekül sind zwei Sauerstoffatome über eine Doppelbindung miteinander verbunden und besitzen je zwei nichtbindende Elektronenpaare.

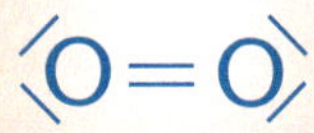

C. Das Aufstellen einer Strukturformel

Wie kommt man zum Beispiel zur Strukturformel von N_2? Zunächst hilft ein Blick auf das Schalenmodell des Stickstoffatoms. Wir wissen, dass die erste Schale mit maximal zwei Elektronen besetzt sein kann, die zweite Schale fasst maximal acht Elektronen. Aus dem Schalenmodell kann man zudem entnehmen, dass ein Stickstoffatom 5 Elektronen auf der äußeren Schale besitzt. Zwei dieser 5 Elektronen bilden ein Paar, 3 Elektronen bleiben ungepaart.

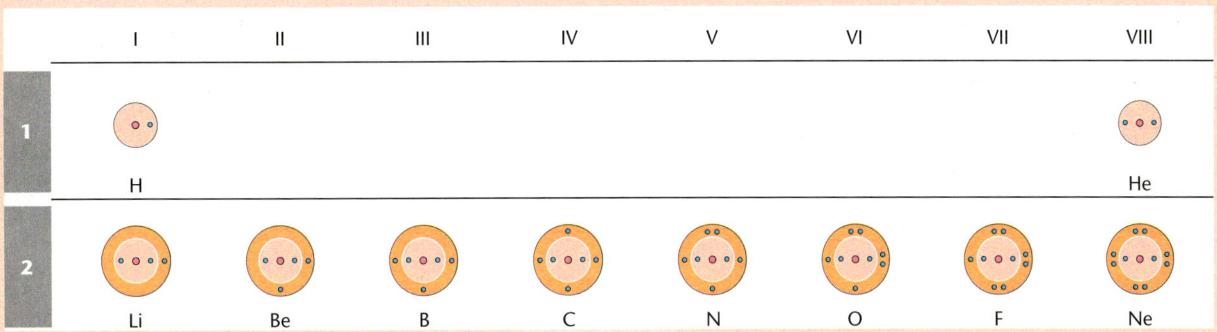

D. Die Lewis-Schreibweise

Gehe nach folgenden Regeln vor:

1. Ermittle mithilfe des Periodensystems die Anzahl der Außenelektronen für das betrachtete Atom. Das Stickstoffatom N besitzt 5 Außenelektronen.

2. Verteile nun in regelmäßiger Anordnung 4 Elektronen um das Symbol herum. Erst dann fügst du ein zweites Elektron zu einem schon vorhandenen hinzu.

a) 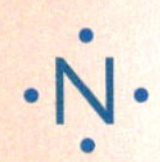

b) 

3. Da die Summenformel für das Stickstoffmolekül N_2 ist, muss mit dem zweiten Atom genauso verfahren werden:

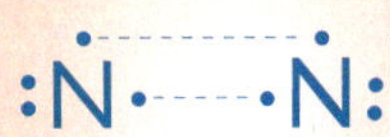

4. Man erhält nun die Strukturformel, indem man die **einzelnen** Punkte beider Atome durch einen Strich verbindet. Hier bilden sich drei bindende Elektronenpaare aus.

5. Die beiden Punkte, die schon vorher am Symbol standen, werden ebenfalls durch einen Strich dargestellt. Dieser befindet sich aber weiterhin in der Nähe des Symbols und stellt das nichtbindende Elektronenpaar dar.

Die Herstellung von Salzwasser ist denkbar einfach. Man macht sich die gute Löslichkeit des Salzes in Wasser zu Nutze.

Wasser contra Benzin
Ein gehäufter Löffel Natriumchlorid wird in Wasser und ein weiterer in Benzin gelöst (▷V 1). Sieht man sich bei Zugabe der beiden Lösungsmittel den Lösungsvorgang genauer an, lassen sich interessante Beobachtungen machen. Das Wasser wird vom Natriumchlorid ohne fremde Hilfe förmlich angesaugt (▷B 1). In relativ kurzer Zeit löst das neu hinzukommende Wasser das Natriumchlorid vollständig auf. Andere Flüssigkeiten wie zum Beispiel Benzin bewirken dieses Verhalten nicht.

1 Natriumchlorid wird in Wasser gelöst

Frei bewegliche Ionen entstehen
Gibt man nur wenige Körnchen Natriumchlorid zu destilliertem Wasser und prüft dabei die elektrische Leitfähigkeit (▷V 2), so kann man einen raschen Anstieg beobachten. Es müssen demnach beim Zusammentreffen von Wasser und Natriumchlorid in kurzer Zeit viele frei bewegliche Ionen entstanden sein.

Wasser löst Salz – die Hydratation
Sobald Wassermoleküle mit Natriumionen und Chloridionen in Berührung kommen, lagern sich die Dipolmoleküle so um die Ionen des Ionengitters, dass sich jeweils ungleiche Teilladungen gegenüber stehen (▷B 3b). Die Ionen werden von den Ecken der Gitter ausgehend aus ihren Gitterplätzen gelöst und das Kristallgitter von seiner Oberfläche her langsam zerstört (▷B 3c).

Wassermoleküle umlagern die nun frei beweglichen Natrium- und Chloridionen und bilden so genannte **Hydrathüllen** (Wasserhüllen). Diese verhindern eine erneute Bildung des Ionengitters (▷B 3d). Die Bildung von Hydrathüllen nennt man **Hydratation**.

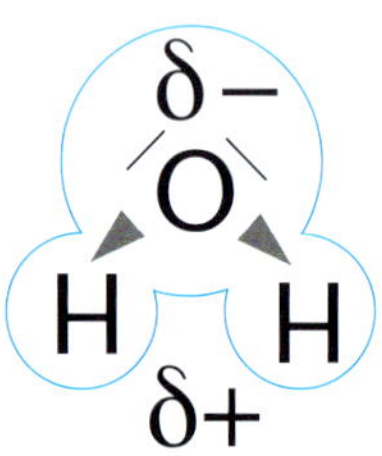

2 Das polare Wassermolekül

Bei der Hydratation lösen Wassermoleküle die Ionen eines Salzes aus ihren Gitterplätzen und bilden eine Hydrathülle um die Ionen.

Versuche

1 Man gibt in die Mitten zweier Petrischalen je einen Löffel Kochsalz und stellt die Petrischalen auf den Overheadprojektor. Aus einer Spritzflasche lässt man langsam von der Seite her Wasser bzw. Wundbenzin zulaufen.

2 Man prüft die elektrische Leitfähigkeit einer wässrigen Natriumchloridlösung.

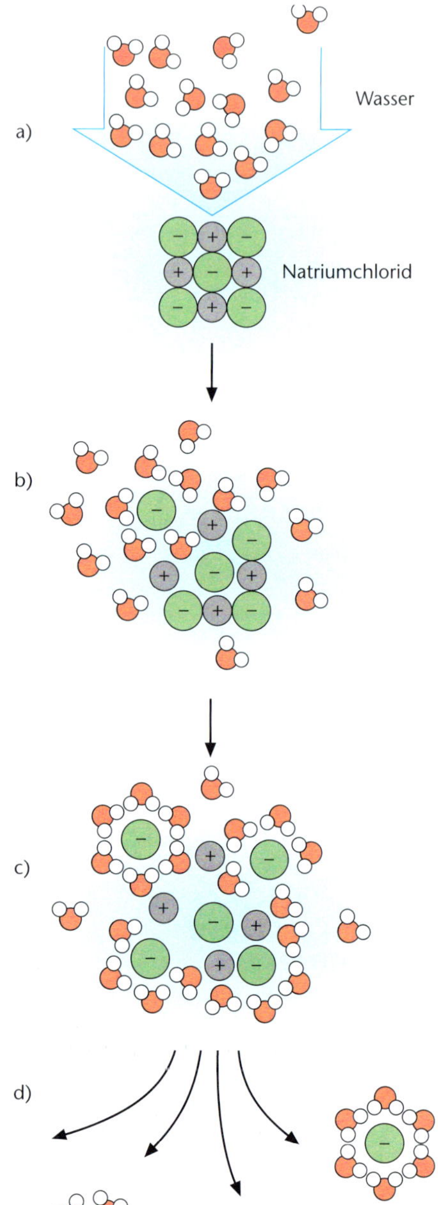

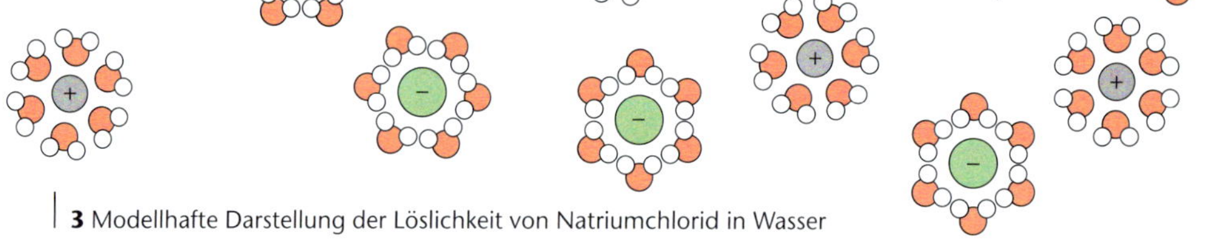

3 Modellhafte Darstellung der Löslichkeit von Natriumchlorid in Wasser

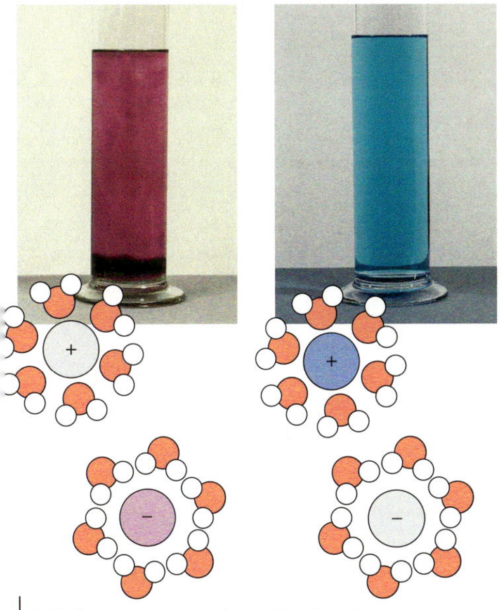

1 Kaliumpermanganat und Kupfersulfat werden in Wasser gelöst.

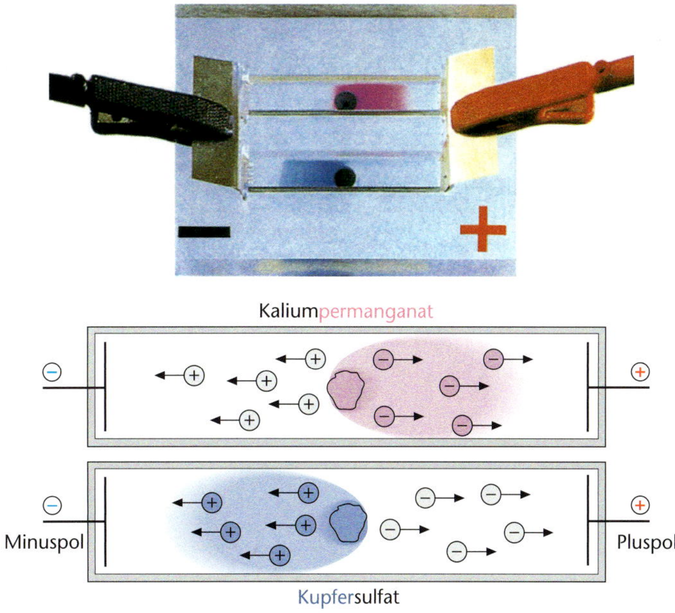

2 Wanderung der Ionen farbiger Salze in einer Ionenwanderungszelle

Lassen sich Ionen markieren?
Löst man festes Kupfersulfat in Wasser, so entsteht eine blaue Lösung. Sie enthält positiv geladene Kupferionen und negativ geladene Sulfationen. Die blaue Farbe wird durch die hydratisierten Kupferionen verursacht. Löst man festes Kaliumpermanganat in Wasser, so entsteht eine violette Lösung. In ihr sind positiv geladene Kaliumionen und negativ geladene Permanganationen enthalten. Die violette Farbe der Lösung wird durch die Permanganationen hervorgerufen (▷B 1).

In den Lösungen liegen bewegliche Ionen vor, die von Wassermolekülen umgeben sind. Es ist nicht möglich zu sagen, an welcher Stelle der Lösung sich gerade welche Ionen befinden. Sie bewegen sich regellos.

Die Richtung wird vorgegeben
In einer Ionenwanderungszelle ändert sich die regellose Bewegung der Ionen in eine zielgerichtete (▷B 2; V 1). Mit farbigen Ionen kann dies beobachtet werden. Die Ionen „wandern" wie auf einer durch Leitplanken begrenzten Autobahn nach rechts oder links. In Richtung Pluspol bewegt sich mit der Zeit eine violette Farbfront und in Richtung Minuspol eine blaue Farbfront.

Aus dem Versuch ist abzulesen, dass die violette Farbfront negativ geladene Permanganationen enthält und die blaue Farbfront positiv geladene Kupferionen.

Die Sulfationen und Kaliumionen werden ebenfalls zu den entgegengesetzt geladenen Polen hingezogen, ihre Bewegung ist aber wegen der fehlenden Farbe nicht zu erkennen. Die Grafik zeigt, wie positiv geladene Ionen (Kaliumionen) zum Minuspol, negativ geladene Ionen (Sulfationen) zum Pluspol wandern (▷B 2, unten).

Genauso wie die Ionen in einer Kupfersulfatlösung bzw. in einer Kaliumpermanganatlösung verhalten sich die Ionen in allen Salzlösungen. In einem elektrischen Feld findet eine **Ionenwanderung** statt.

▶ Liegen in einer Lösung frei bewegliche Ionen vor, so wandern die positiv geladenen Ionen bei Anlegen einer elektrischen Spannung zum Minuspol und die negativ geladenen Ionen zum Pluspol.

Versuch

1 In die Rinnen einer Ionenwanderungszelle wird ca. 2 mm hoch verdünnte Kaliumnitratlösung (Elektrolytlösung) gegeben. Die Elektroden werden an eine Gleichspannung von 20 V angeschlossen. Ein Körnchen Kaliumpermanganat wird in die Mitte der oberen Rinne gelegt. In die untere Rinne gibt man einige Tropfen verdünnte Ammoniaklösung und legt in die Mitte ein Körnchen Kupfersulfat (▷B 2).

Werkstatt

Wir untersuchen Metalleigenschaften

1 Die Beweglichkeit von Elektronen

Material
Schutzbrille, 4 Experimentierkabel, Multimeter mit verschiedenen Messbereichen, Gleichspannungsquelle ($U = 2\,V$), 2 Isolatoren, Glühlampe mit Fassung, Kupferdraht, Magnesiumband, Holzstab

Versuchsanleitung
Baue den Versuch nach der Abbildung 1 auf und befestige zwischen den Isolatoren nacheinander den Kupferdraht, das Magnesiumband und den Holzstab. Bestimme jeweils die elektrische Stromstärke. Beginne zunächst mit dem größten Messbereich.
Werte die Beobachtungen aus.

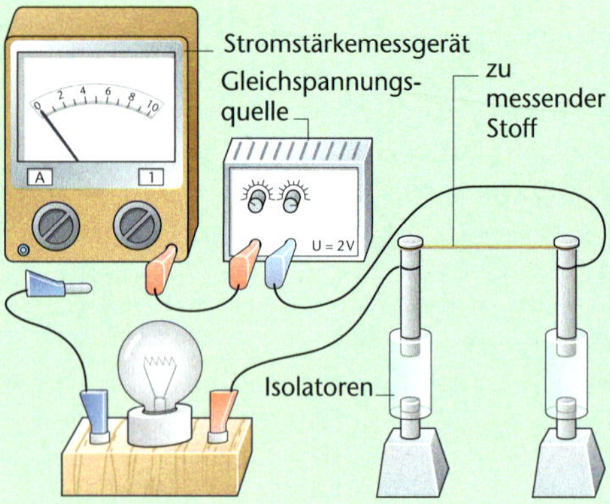

1 Elektrische Leitfähigkeit von Metallen

2 Elektronen werden schneller

Material
Schutzbrille, 4 Experimentierkabel, Stromstärkemessgerät, Gleichspannungsquelle, 2 Isolatoren, Zange, Thermometer (–10 °C bis 110 °C), Streichhölzer, Kupferdraht (Ø ca. 0,8 mm), gestampftes Eis

Versuchsanleitung
Benutze die Versuchsapparatur aus Versuch 1 (▷ B 1). Schneide mithilfe einer Zange zwei gleich lange Drahtstücke ab. Stelle die elektrische Spannung auf einen kleinen Wert ein (ca. 0,5 V).

Der erste Kupferdraht wird einige Stunden im Eis auf etwa –10 °C abgekühlt. Anschließend wird das Drahtstück möglichst schnell zwischen die Isolatoren gespannt und die Stromstärke wird abgelesen. Ein zweiter Draht wird bei Zimmertemperatur (ca. 20 °C) eingespannt und die elektrische Stromstärke gemessen. Danach erwärmt man, bei sonst gleichen Bedingungen, den Draht vorsichtig von unten mit einem brennenden Streichholz und liest die elektrische Stromstärke ab.
Deute die Beobachtungen.

3 Elektronen sind leicht übertragbar

Material
Elektroskop, Tesaband

Versuchsanleitung
Klebe auf den Zinkteller eines Elektroskops einen Streifen Tesaband sehr fest auf.
Reiße anschließend ruckartig das Tesaband wieder ab und beobachte den Zeigerausschlag (▷ B 2).

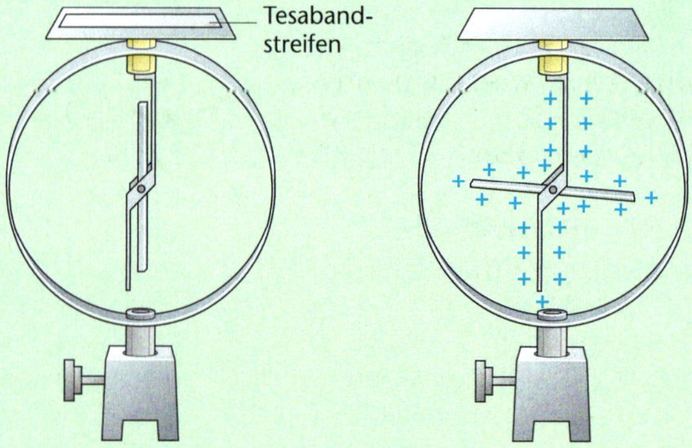

2 Elektronen sind leicht übertragbar und beweglich.

Aufgabe
Betrachte die zugehörige Versuchsabbildung (▷ B 2) und versuche die Beobachtungen mithilfe des Elektronengasmodells zu erklären.

4 Namenskette aus Draht

Material
Kleine Zange, Silber- oder Kupferdraht, Lederband, Papier, Stift

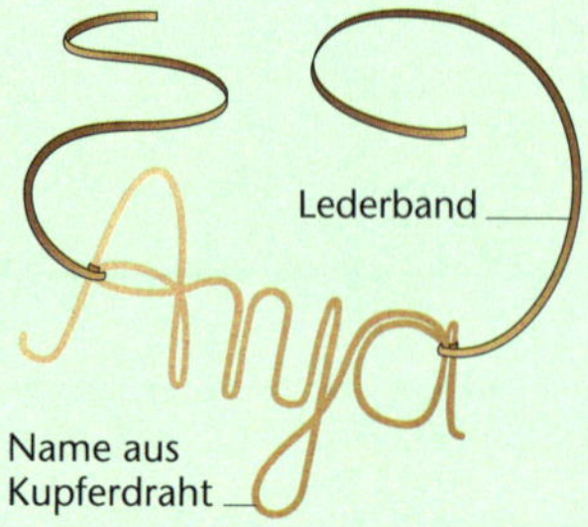

3 Namenskette aus Draht

Versuchsanleitung
Schreibe, bevor mit dem Biegen begonnen wird, deinen Namen zuerst auf Papier. Der Name muss ohne Absetzen geschrieben werden können. Forme mithilfe der Zange deinen Namen aus Silber- bzw. Kupferdraht. Überlege, an welchen Stellen das Lederband befestigt werden kann (▷ B 3).

Aufgabe
Warum ist ein Biegen des Drahtes so problemlos möglich?
Erkläre mithilfe des Elektronengasmodells.

Die Metallbindung

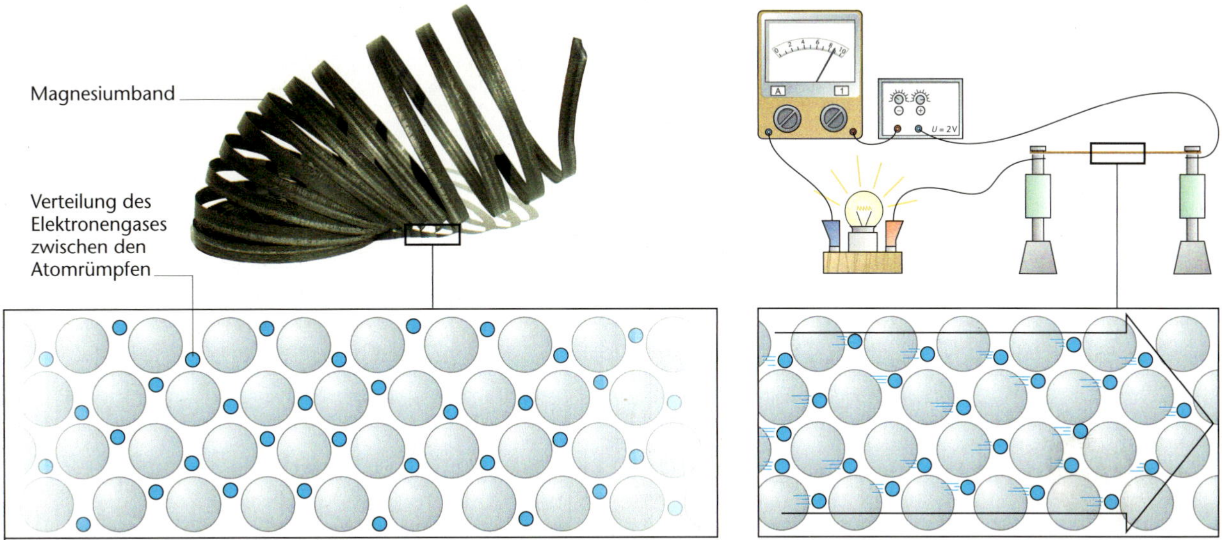

1 Atomrumpfmodell und Verhalten des Elektronengases bei Anlegen einer elektrischen Spannung

Metalle sind gute elektrische Leiter
Metalle zeigen eine wesentlich höhere Leitfähigkeit für elektrischen Strom als eine wässrige Natriumchloridlösung (▷V 1). Diese hohe elektrische Leitfähigkeit kann nicht auf das Vorhandensein von frei beweglichen Ionen zurückgeführt werden. Es liegen andere Ladungsträger in Metallen vor.

Die Ladungsträger in Metallen
Metallatome haben meist nur ein oder zwei Außenelektronen. Diese sind sehr beweglich und verlassen leicht den Aufenthaltsbereich des Atoms. So entstehen positiv geladene **Atomrümpfe** (▷B 1; B 2). Die positiv geladenen Atomrümpfe werden durch negativ geladene Elektronen zusammengehalten. Da die Elektronen sich frei wie die Teilchen in einem Gas bewegen, spricht man von einem **Elektronengas**. Diese hohe Beweglichkeit der Elektronen erklärt die gute elektrische Leitfähigkeit (▷B 1, rechts).

Die Metallbindung wird hervorgerufen durch die Anziehung zwischen positiv geladenen Atomrümpfen und negativ geladenen Elektronen (Elektronengas).

Metalle lassen sich verformen
Die Beweglichkeit der Atomrümpfe und des Elektronengases sorgt auch dafür, dass sich Metalle leicht verformen lassen.
In Salzverbindungen sind die Ionen fest an ihre Plätze gebunden. In Metallen dagegen haben die Teilchen eine größere Bewegungsfreiheit. Beim Verformen werden die Atomrümpfe gegeneinander verschoben. Das Elektronengas hält die Atomrümpfe zusammen (▷B 3).
Deshalb kann man einen Magnesium- oder einen Kupferdraht leicht verformen.

Versuch

1 Man baut einen Stromkreis nach Bild 1 auf. In die Messstrecke setzt man nacheinander verschiedene Metalldrähte und bestimmt die elektrische Stromstärke. Anschließend vergleicht man mit der Stromstärke einer verdünnten Natriumchloridlösung.

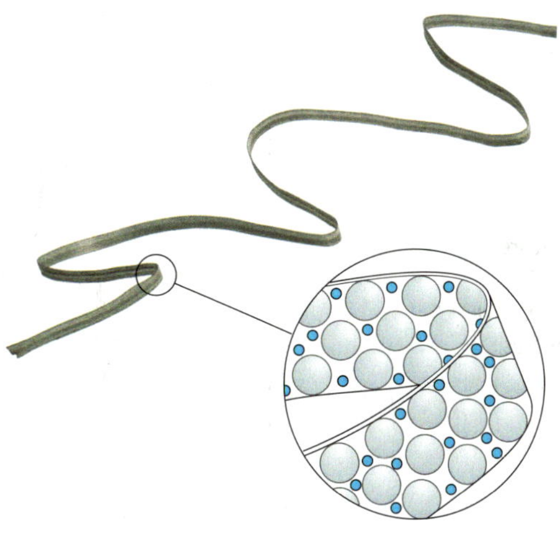

3 Metalle lassen sich gut verformen.

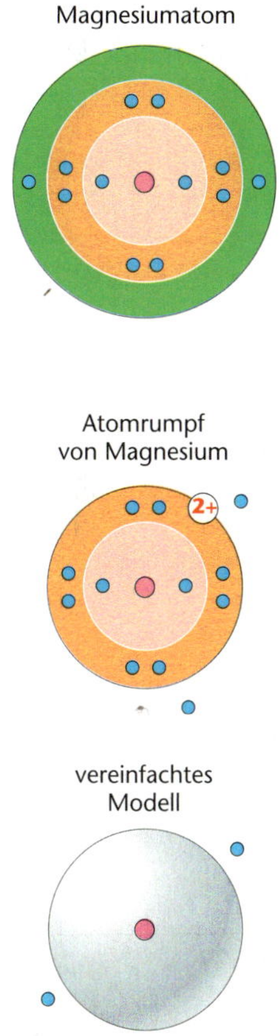

2 Entstehung des Atomrumpfes

Riesenmoleküle aus gleichen Atomen

1 Verbrennung eines Diamanten 1775

Diamanten im Feuer

Im Jahre 1775 bewies der französische Forscher A. L. LAVOISIER (1743–1794), dass Diamanten brennen. Er erhitzte auf dem Marktplatz von Paris einen Diamanten (▷ B 1). Bei dieser Verbrennung entstand wie bei Graphit Kohlenstoffdioxid. Sowohl Graphit als auch Diamant müssen aus Kohlenstoffatomen aufgebaut sein.

Diamant – alles ganz regelmäßig

Ein Kohlenstoffatom hat vier Außenelektronen. Im Diamantgitter ist jedes Kohlenstoffatom (tetraedrisch) mit vier weiteren Kohlenstoffatomen über gleich lange Atombindungen verbunden. Es entsteht ein regelmäßiges, stabiles Gitter (▷ B 2). Die Atombindungen sind für die große Härte und die fehlende elektrische Leitfähigkeit des Diamanten verantwortlich.

Graphit – alles in Schichten

Im Graphitgitter ist jedes Kohlenstoffatom mit nur drei weiteren, gleich weit entfernten Kohlenstoffatomen verbunden. Dadurch entstehen Schichten aus regelmäßigen Sechsecken, die wie Stockwerke übereinander angeordnet sind (▷ B 2). Das vierte Außenelektron eines jeden Kohlenstoffatoms ist über die ganze Schicht beweglich. Die beweglichen Elektronen bewirken die elektrische Leitfähigkeit von Graphit. Die Schichten lassen sich leicht gegeneinander verschieben, daher ist Graphit leicht spaltbar und sehr weich.

Fullerene – alles rund

Erst in neuerer Zeit konnte eine dritte Erscheinungsform des Kohlenstoffs hergestellt werden, käfigartig gebaute Moleküle aus Kohlenstoffatomen. Nach dem amerikanischen Architekten RICHARD BUCKMINSTER FULLER, der durch den Bau von Kuppeln bekannt wurde, werden sie Fullerene genannt. Die aus ihnen aufgebauten Stoffe heißen Fullerite. Das bekannteste Fulleren ist ein kugelförmiges Kohlenstoffmolekül aus 60 Kohlenstoffatomen. Jedes Kohlenstoffatom ist mit drei weiteren Kohlenstoffatomen zu Fünf- und Sechsecken verbunden, die wie bei einem Fussball die Oberfläche einer Kugel bilden (▷ B 3). Die überzähligen Elektronen sind ähnlich wie bei Graphit über die ganze Oberfläche beweglich.

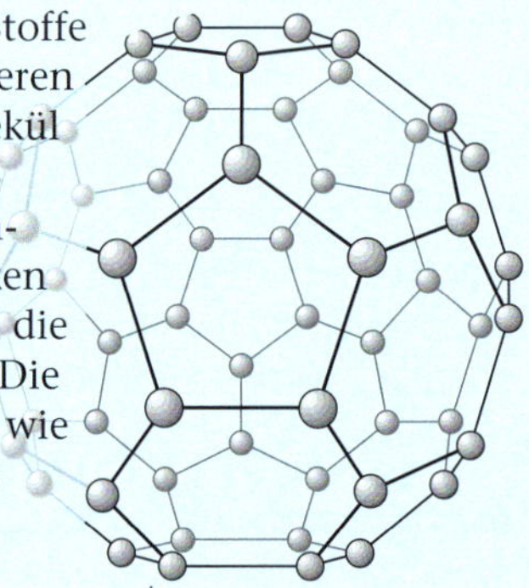

3 Aufbau eines Buckminsterfullerens

Diamant, Graphit und Fullerene sind verschiedene Erscheinungsformen, so genannte Modifikationen des Elements Kohlenstoff. Die unterschiedlichen Eigenschaften der Stoffe beruhen auf der unterschiedlichen Anordnung der Atome.

Eigenschaften von Diamant
farblos, durchsichtig, stark lichtbrechend
sehr hart
schwer spaltbar
keine elektrische Leitfähigkeit
Dichte 3,5 g/cm³
schmilzt nicht, sondern wandelt sich in Graphit um

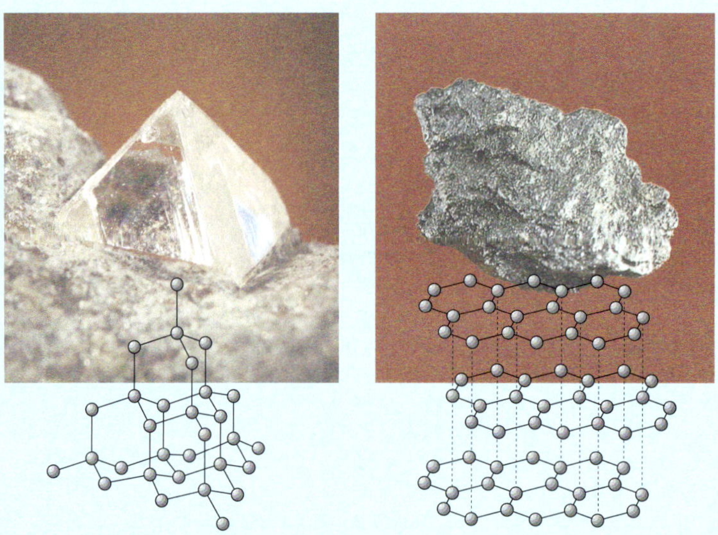

Eigenschaften von Graphit
schwarz, glänzend
sehr weich
leicht spaltbar
gute elektrische Leitfähigkeit
Dichte 2,3 g/cm³
Schmelztemperatur ca. 3700 °C

2 Diamant und Graphit – Eigenschaften und Aufbau der beiden Erscheinungsformen des Kohlenstoffs

Chemische Bindungen

Natriumchlorid
Natriumchlorid (Kochsalz) ist ein weißer Feststoff, der aus würfelförmigen Kristallen aufgebaut ist.

Edelgasanordnung
Die Atome haben das Bestreben, die Elektronenverteilung eines Edelgasatoms zu erreichen.

Ionen
Ionen sind elektrisch positiv oder elektrisch negativ geladene Teilchen.

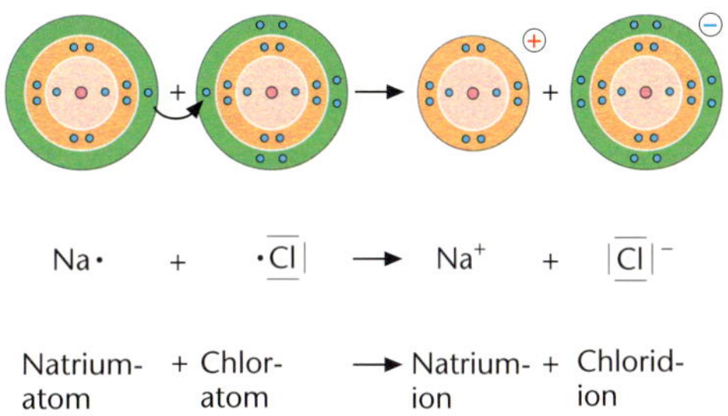

1 Die Ionenbildung am Beispiel von Natriumchlorid

Ionenbindung, Ionengitter
Eine Ionenbindung liegt dann vor, wenn entgegengesetzt geladene Ionen sich gegenseitig anziehen. Die räumliche, regelmäßige Anordnung von Ionen nennt man Ionengitter (▷ B 4).

Salze
Salze sind aus Ionen aufgebaut. Sie sind spröde und haben häufig hohe Schmelztemperaturen. Salzschmelzen leiten den elektrischen Strom.

Atombindung
Sind Atome durch gemeinsame Elektronenpaare gebunden, so spricht man von einer Atombindung. Dabei entstehen Moleküle (▷ B 2).

Nichtbindende Elektronenpaare
Nichtbindende Elektronenpaare sind nicht an der Bindungsbildung beteiligt und gehören einem Atom alleine an.

Strukturformel
In der Strukturformel kennzeichnen die Elementsymbole die Atome und die Bindungsstriche die bindenden Elektronenpaare.

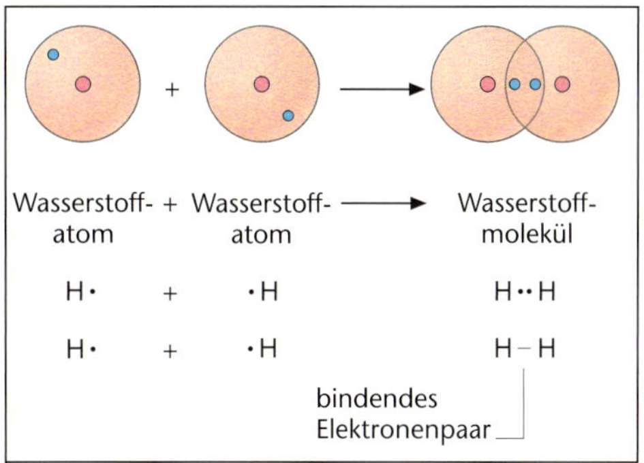

2 Die Atombindung am Beispiel des Wasserstoffmoleküls

Die polare Atombindung
Hat ein Atom in einer Atombindung eine größere Tendenz, das Bindungselektronenpaar an sich zu ziehen, so wird das bindende Elektronenpaar in Richtung dieses Partners verschoben. Es entsteht eine polare Atombindung (▷ B 3).

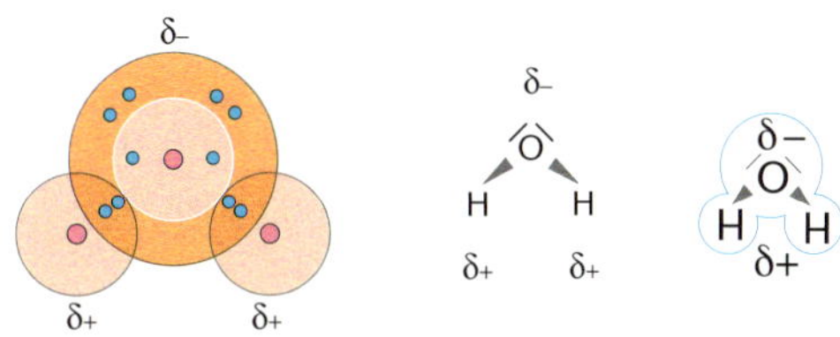

3 Das Wassermolekül als Dipol

Dipole, Wasserstoffbrücken
Dipole entstehen, wenn sich durch Elektronenverschiebung innerhalb eines Moleküls unterschiedliche Ladungsschwerpunkte ausbilden (▷ B 3). Zwischen den Dipolmolekülen des Wassers treten Wasserstoffbrückenbindungen auf.

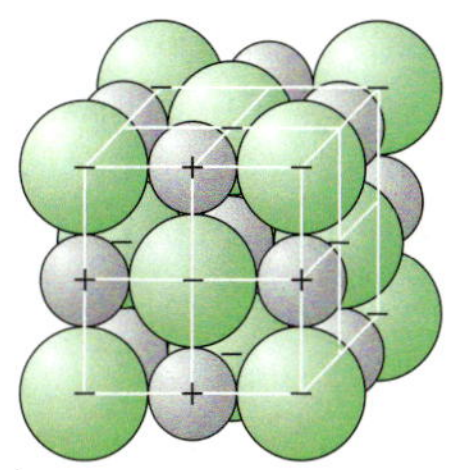

4 Ionengitter am Beispiel von NaCl

Hydratation
Bei der Hydratation lösen Wassermoleküle die Ionen eines Salzes aus ihren Gitterplätzen und umlagern die jetzt freien Ionen.

Ionenwanderung
Liegen in einer Lösung frei bewegliche Ionen vor, so wandern die positiv geladenen Ionen bei Anlegen einer elektrischen Spannung zum Minuspol und die negativ geladenen Ionen zum Pluspol.

Metallbindung
Die Metallbindung (▷ B 5) wird hervorgerufen durch die Anziehung zwischen positiv geladenen Atomrümpfen und negativ geladenen Elektronen (Elektronengas).

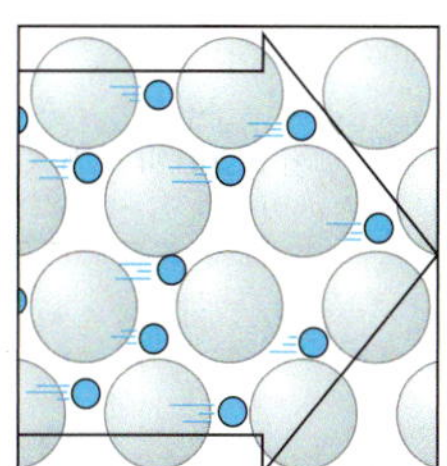

5 Die Metallbindung im Atomrumpfmodell

Aufgaben

1 Zeichne die Strukturformeln folgender Verbindungen und kennzeichne die Teilladungen: a) F_2, b) NH_3, c) CH_4, d) CCl_4, e) O_2.

2 Ermittle die Art der chemischen Bindung und berechne die Elekronegativitätsdifferenz: a) HCl, b) LiCl, c) Br_2, d) H_2O, e) CH_4, f) $MgCl_2$.

3 Für die Verbindung Magnesiumchlorid lässt sich keine Strukturformel zeichnen. Begründe.

4 Das linear gebaute Chlorwasserstoffmolekül ist ein Dipol. Zeichne die Strukturformel, kennzeichne die Teilladungen und begründe so die Aussage.

5 Nenne die Eigenschaften von Natriumchlorid, die zeigen, dass es zur Stofffamilie der Salze gehört.

6 Deute die Salzeigenschaften von Natriumchlorid mithilfe des Gittermodells (▷ B 1).

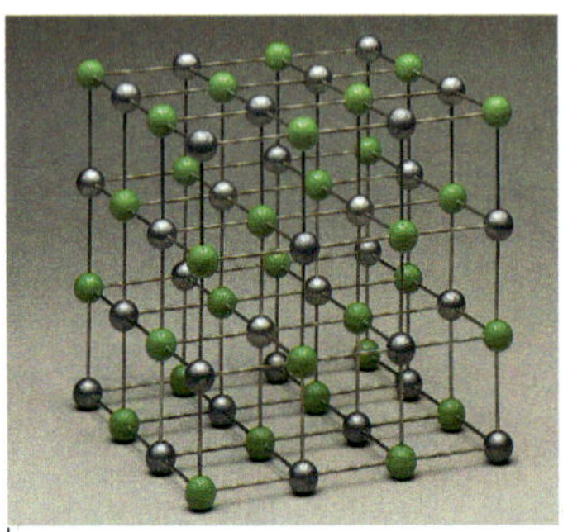

1 Zu Aufgabe 6

7 Welcher Vorgang wird durch die Abbildung 2 beschrieben? Benenne die entstehenden Teilchen!

8 Begründe mithilfe des Schalenmodells und der Oktettregel, warum die Atome der VIII. Hauptgruppe des Periodensystems nicht als Moleküle vorkommen.

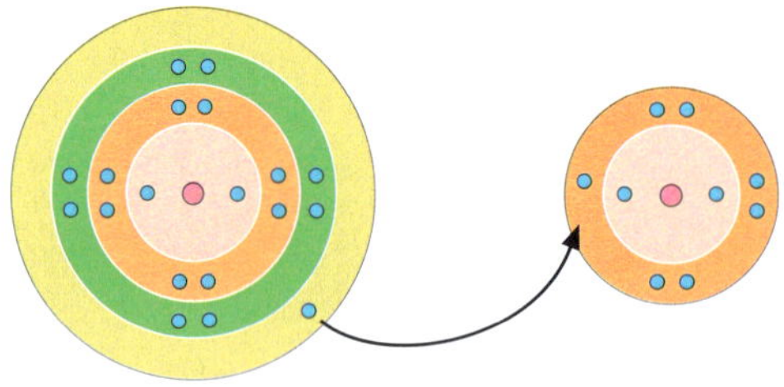

2 Zu Aufgabe 7

9 Welche der folgenden Verbindungen gehören zur Stofffamilie der Salze? Benenne die Verbindungen und begründe mithilfe der Elektronegativität und der Bindungstheorie: a) HCl, b) $AlCl_3$, c) NaF, d) CaO, e) Li_2O.

10 Metalle sind gut verformbar (▷ B 3). Erkläre diese Eigenschaft mithilfe eines geeigneten Modells.

3 Zu Aufgabe 10

11 a) Beschreibe den Aufbau folgender Moleküle (▷ B 4) mithilfe der Fachbegriffe.
b) Übertrage die Strukturformeln in dein Heft. Kennzeichne die Elektronenverschiebungen mit der Keilschreibweise und trage die Teilladungen mit δ+ und δ– ein.

12 Formuliere mithilfe des Schalenmodells die Bildung
a) eines Methanmoleküls CH_4 aus einem Kohlenstoffatom und vier Wasserstoffatomen,
b) eines Stickstoffmoleküls N_2 aus zwei Stickstoffatomen.

13 Die chemische Formel von Salzen wird als „Verhältnisformel" bezeichnet. Die Verhältnisformel für Natriumchlorid ist „NaCl".
a) Diskutiere folgende Aussagen mit deinem Nachbarn:
– NaCl drückt aus, dass ein Natriumion mit einem Chloridion verbunden ist,
– NaCl drückt aus, dass die Ionen im Zahlenverhältnis 1:1 miteinander verbunden sind.
b) Begründet eure Entscheidung schriftlich.

14 Sowohl in der Metallbindung wie auch in der Ionenbindung sind positiv geladene Teilchen vorhanden.
a) Grenze die Begriffe „positiv geladener Atomrumpf" und „positiv geladenes Ion" gegeneinander ab.
b) Verdeutliche deine Überlegungen anhand einer Skizze in deinem Heft.

15 a) Bestimme bei folgenden Verbindungen, ob eine Ionenbindung oder eine Atombindung vorliegt: HF, KCl, Na_2S, Al_2O_3, H_2S, SO_2
b) Bei welchen der genannten chemischen Formeln handelt es sich um eine Verhältnisformel? Begründe mithilfe der Bindungstheorie.
c) Die chemischen Formeln von Molekülen werden als „Summenformel" bezeichnet. Versuche, diesen Begriff zu definieren und gegen den Begriff „Verhältnisformel" abzugrenzen.

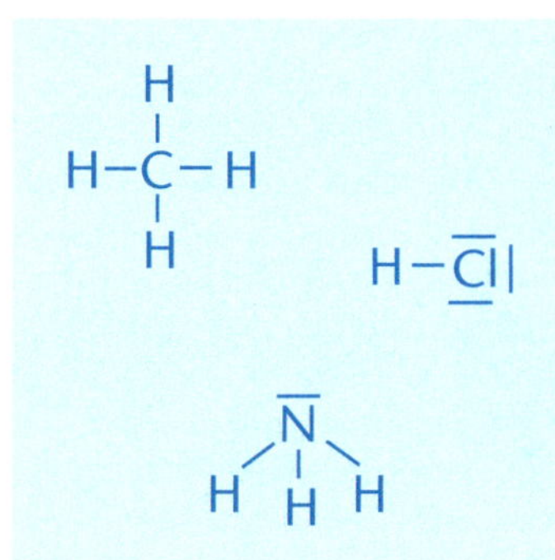

4 Zu Aufgabe 11

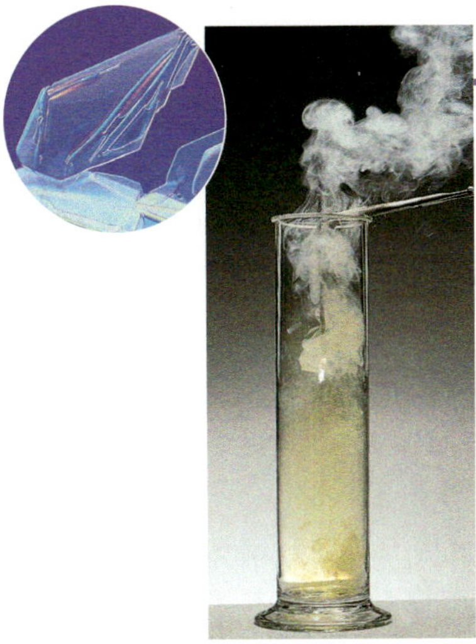

1 Chlorgas zeigt nicht nur mit dem Metall Natrium eine heftige Reaktion, sondern ebenfalls mit Magnesium. Hält man ein brennendes Magnesiumband in Chlorgas, so setzt eine heftige exotherme Reaktion ein, bei der Licht und Wärme frei werden. Nach Ablauf der Reaktion hat sich an der Gefäßwand ein weißer, salzartiger Feststoff abgesetzt. Die grüngelbe Farbe im Standzylinder ist verschwunden. Es ist Magnesiumchlorid entstanden.

a) Formuliere die vollständige Reaktionsgleichung für die Reaktion zwischen Magnesium und Chlor.

b) Bei einer Reaktion bilden sich Ionen. Zeichne eine Tabelle aus 10 Spalten und 14 Zeilen in dein Heft und beschrifte die Spalten dem Beispiel entsprechend. Ergänze die Tabelle durch die Elemente: Ca, Al, N, O, C, Mg, Li, F, K.

c) Formuliere eine Regel, aus der zu entnehmen ist, wann Atome Elektronen abgeben und wann sie Elektronen aufnehmen.

Symbol	**Name**	**Schale**				**Aufnahme**	**Abgabe**	**Ion**	**Edelgas**
		1	**2**	**3**	**4**	**e^-**	**e^-**		
Na	Natrium	2	8	1	–	–	–1	Na^+	Ne
Cl	Chlor	2	8	7	–	+1	–	Cl^-	Ar
S	Schwefel	2	8	6		+2	–	S^{2-}	

2 Ein Kristall ist nach außen hin ungeladen. Deswegen besitzt Magnesiumchlorid die Formel $MgCl_2$ und nicht MgCl.

a) Erkläre die Bildung der Formel für Magnesiumchlorid, indem du die Abbildung unten beschreibst.

b) Bilde die Formel für folgende Salze: Natriumsulfid, Aluminiumoxid, Calciumbromid, Lithiumfluorid.

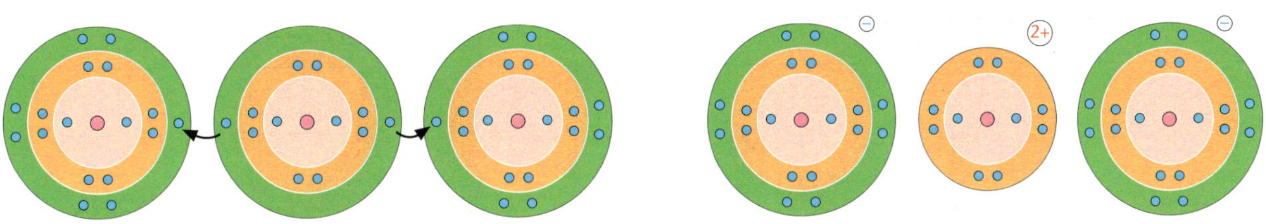

$\|\overline{\underline{Cl}}\cdot$	+	$Mg:$	+	$\cdot\overline{\underline{Cl}}\|$	⟶	$[\|\overline{\underline{Cl}}\|]^-$	+	$\|Mg\|^{2+}$	+	$[\|\overline{\underline{Cl}}\|]^-$
Chloratom		Magnesiumatom		Chloratom		Chloridion		Magnesiumion		Chloridion

Säuren, Laugen, Salze

Säuren und Salze sind wichtige Stoffgruppen. Unter Säuren und Salzen kann sich jeder etwas vorstellen. Der Begriff „Lauge" sagt uns viel weniger. Laugen begegnet man im Alltag häufig, man erkennt diese Lösungen oft nicht sofort.

In der Natur kann man Salze in Form schön ausgebildeter Kristalle finden. Kennst du außer Kochsalz noch andere Salze?

In welchen Lebensmitteln und Reinigern begegnen dir Säuren?

Recherchiere, woher der Begriff Lauge stammt. Frage auch deine Großeltern.

Laugen sind alkalische Lösungen. Wie lassen sich saure und alkalische Lösungen (Laugen) leicht voneinander unterscheiden?

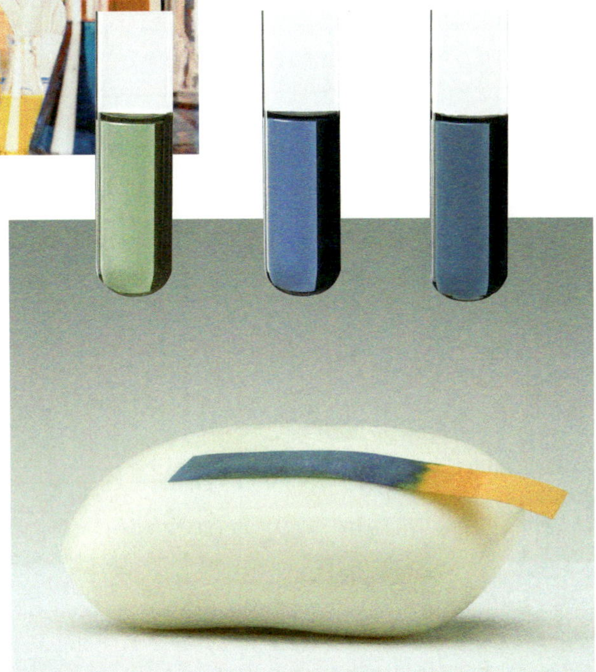

Werkstatt

Alles sauer, oder?

1 WC-Reiniger und Rohrreiniger

Material

Schutzbrille, Schutzhandschuhe, Pipette, 2 Petrischalen, Zahnstocher, Universalindikatorpapier, dest. Wasser, Rohrreiniger (fest), WC-Reiniger (fest)

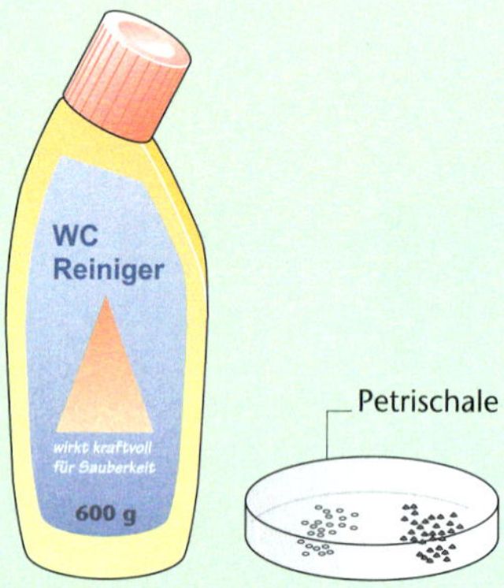

1 Bestandteile des WC-Reinigers lassen sich sortieren.

Versuchsanleitung

Schütte ein wenig Rohrreiniger und ein wenig WC-Reiniger in je eine Petrischale. Sortiere die unterschiedlichen Bestandteile mit einem Zahnstocher an jeweils verschiedene Stellen der Petrischale (▷ B 1). Lasse die Bestandteile einige Zeit liegen und achte auf Veränderungen.
Gib vorsichtig einige Tropfen destilliertes Wasser auf die jeweiligen Stoffproben und prüfe mit Universalindikatorpapier (▷ B 2).
Welche Bestandteile wirken sauer?

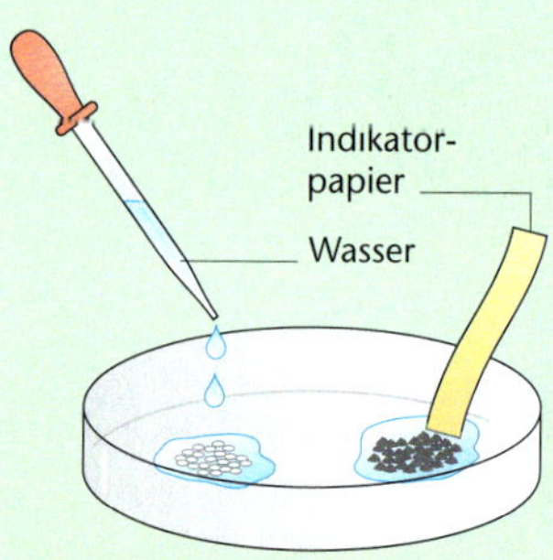

2 Prüfen mit Indikatorpapier

2 Welche Stoffe beseitigen Kalk?

Material

Schutzbrille, Schutzhandschuhe, 5 Bechergläser, Spatellöffel, Folienstift, destilliertes Wasser, kleine Marmorstücke, Essigessenz, verdünnte Salzsäure, Rohrreiniger, Citronensäurelösung, WC-Reiniger

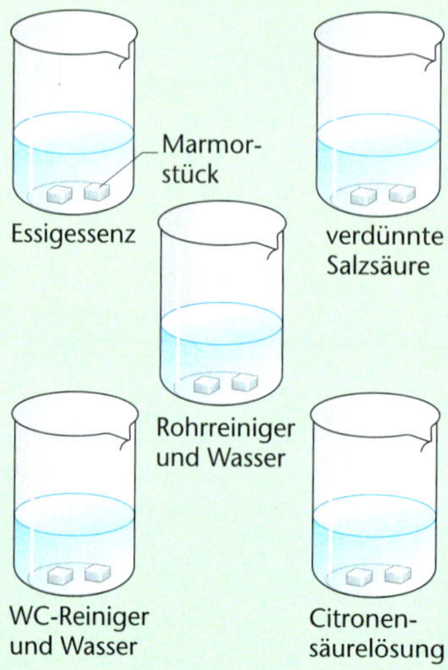

3 Was löst Kalk?

Versuchsanleitung

Gib in jedes Becherglas ein Stück Marmor und übergieße dieses
a) mit Essigessenz,
b) mit verdünnter Salzsäure,
c) mit Wasser und Rohrreiniger,
d) mit Wasser und WC-Reiniger,
e) mit Citronensäurelösung
(▷ B 3). Beschrifte die Bechergläser. Lege eine Tabelle an.

Aufgabe

Welche Stoffe sind geeignet, Kalkablagerungen zu beseitigen? Vergleiche diese Stoffe mit den Inhaltsstoffen von Haushaltschemikalien, die Kalk beseitigen.

3 Haushaltsstoffe – sauer oder nicht sauer?

Material

Schutzbrille, mehrere Bechergläser (50 ml), Spatellöffel, Universalindikatorpapier, Pinzette, Folienstift, Stoffe aus dem Haushalt (z. B. Seife, Essig, Weißwein, Mineralwasser usw.), dest. Wasser

Versuchsanleitung

Gib in je ein Becherglas eine Probe eines Stoffes aus dem Haushalt und beschrifte die Gläser. Haushaltsmittel, die Feststoffe sind, müssen erst in ein wenig destilliertem Wasser gelöst werden. Prüfe die Stoffe mit Universalindikatorpapier. Benutze eine Pinzette, um das Indikatorpapier in die Lösung zu halten.
Lege eine Tabelle an und trage die Ergebnisse ein (▷ B 4).

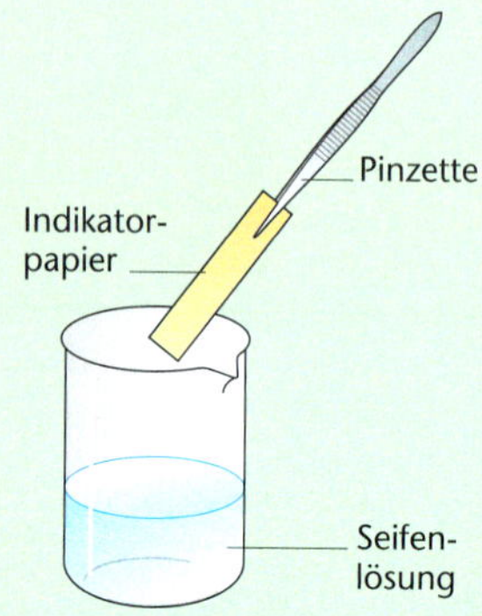

Haushaltsstoff	sauer	nicht sauer
Feinseife		
Kernseife		
Entkalker		
Essigessenz		
Speiseessig		
Weißwein		
Mineralwasser		
Maschinenspülmittel		
Klarspüler		

4 Sauer oder nicht sauer?

1 Aus Zitronensaft kann Citronensäure gewonnen werden.

3 Universalindikator färbt sich in sauren Lösungen rot.

Eine Säure entfaltet ihre Wirkung im Wasser
Zitronensaft schmeckt sauer. Aus Zitronensaft kann ein weißer Feststoff gewonnen werden, die **Citronensäure** (▷B 1).

Hält man ein trockenes Universalindikatorpapier an Citronensäure, so zeigt sich am Papier keine Veränderung. Erst wenn die Citronensäure in Wasser gelöst ist, färbt sich Universalindikator rot (▷V 1). Die Rotfärbung des Indikators weist auf eine saure Lösung hin. Diese saure Lösung ist aus der Säure und Wasser entstanden.

▶ Die Rotfärbung von Universalindikator zeigt eine saure Lösung an.

Verschiedene Säuren im Labor
Im Labor gibt es Flaschen mit Salzsäure, Schwefelsäure, Phosphorsäure, Salpetersäure und anderen Säuren. Prüft man diese Säuren mit Universalindikator, färbt sich dieser rot (▷B 3).

Es handelt sich bei diesen „Säuren" um wässrige Lösungen von Säuren. Säuren sind feste, flüssige oder gasförmige Reinstoffe, die mit Wasser saure Lösungen bilden.

Je nach Konzentration der Säure ist der Wasseranteil sehr unterschiedlich. Konzentrierte Schwefelsäure enthält etwa 2 % bis 5 % Wasser, konzentrierte Salzsäure enthält etwa 64 % Wasser. Der Wasseranteil verdünnter Salzsäure liegt über 90 %.

▶ Durch Lösen von Säuren in Wasser entstehen saure Lösungen.

Meist arbeitet oder experimentiert man mit sauren Lösungen, die häufig verkürzt als Säuren bezeichnet werden.

Versuch

1 Halte trockenes Universalindikatorpapier
a) in feste Citronensäure,
b) in eine wässrige Lösung von Citronensäure. (Schutzbrille!)

Aufgaben

1 Ist Zitronensaft eine Säure, eine saure Lösung oder ein Reinstoff?

2 Ist Essig eine Säure oder saure Lösung?

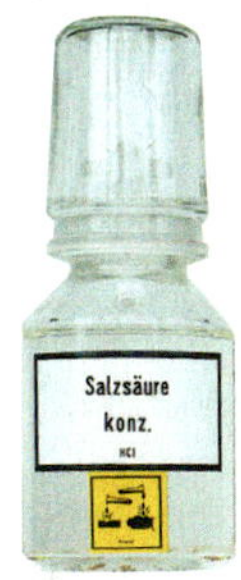

4 Konzentrierte Salzsäure

5 Verdünnte Salzsäure

2 Saure Lösungen im Alltag

Eigenschaften saurer Lösungen

1 Saure Lösungen und Metalle

Material

Schutzbrille, Reagenzgläser, durchbohrter Stopfen mit Gasableitungsrohr, kleines Reagenzglas, Reagenzglasgestell, Gasbrenner, Gasanzünder, Papierhandtuch, Magnesiumband, Eisennagel, Kupferblech, Citronensäurelösung, verd. Salzsäure, verd. Essigsäure

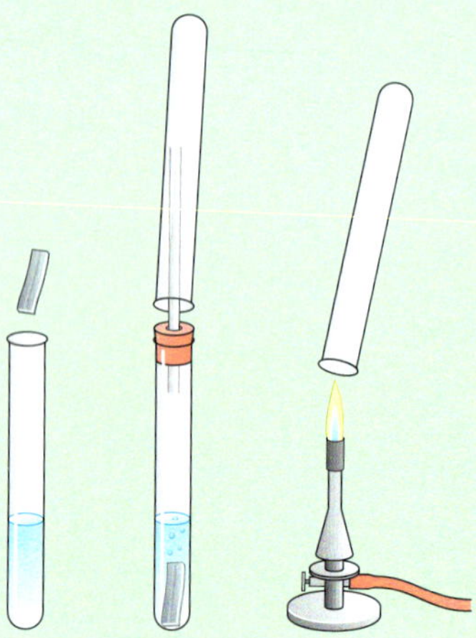

1 Saure Lösung und Metall

Versuchsanleitung

a) Fülle jeweils drei Reagenzgläser etwa 3 cm hoch mit Citronensäurelösung, verd. Essigsäure, verd. Salzsäure und stelle die Reagenzgläser in das Reagenzglasgestell.
b) Gib zu jeder Säure in jeweils einem Reagenzglas ein Stückchen Magnesiumband, einen Eisennagel, ein Stück Kupferblech. Beobachte etwa 10 Minuten.
c) Fülle ein Reagenzglas zu etwa einem Drittel mit verd. Essigsäure. Stelle das Reagenzglas in das Reagenzglasgestell. Gib zu der Säure ein Stück Magnesiumband. Verschließe das Reagenzglas mit dem durchbohrten Stopfen mit Ableitungsrohr. Stülpe über das Ableitungsrohr ein kleines Reagenzglas. Führe nach einiger Zeit das kleine Reagenzglas mit der Öffnung an die Brennerflamme.
d) Wiederhole den Versuch c) mit Citronensäurelösung bzw. Salzsäure.

Aufgabe

Beschreibe und deute deine Beobachtungen.

Entsorgung

Das Kupferblech wird abgetrocknet und kann wieder verwendet werden. Die anderen Lösungen werden sachgerecht entsorgt.

2 Elektrische Leitfähigkeit

Material

Schutzbrille, Kochplatte, Porzellanschale mit flachem Boden, Tiegelzange, Spatellöffel, Batterie (4,5 V) oder Spannungsquelle, 4 Krokodilklemmen, Unterputzkabel (mit abisolierten Enden), 3 Experimentierkabel, Glühlämpchen (4 V; 0,04 A) mit Fassung, 3 Bechergläser (100 ml), Glasstab, dest. Wasser, Citronensäure, verd. Essigsäure, verd. Salzsäure

Versuchsanleitung

a) Gib in die Porzellanschale Citronensäure. Erwärme die Säure auf der Herdplatte bis zum Schmelzen. Rühre die Citronensäure mit dem Glasstab. Halte die Schale dabei mit der Tiegelzange fest.

2 Citronensäure wird unter Umrühren geschmolzen.

b) Prüfe mithilfe des Unterputzkabels, ob die Schmelze den elektrischen Strom leitet.
c) Prüfe, ob eine Citronensäurelösung, Essigsäure, Salzsäure den elektrischen Strom leiten.

Aufgabe

Welche Teilchensorten leiten in Schmelzen und Lösungen den elektrischen Strom?

3 Saures auf Marmor

Aufgabe

Legt man eine Zitronenscheibe auf einen Marmorfußboden, so erhält man nach einiger Zeit einen Abdruck der Zitronenscheibe. Mit Essigreinigern und anderen sauren Reinigern dürfen Marmorfußböden nicht gepflegt werden.

Gibt man ein Marmorstückchen in eine saure Lösung, so bildet sich ein Gas.
Es ist jetzt deine Aufgabe herauszufinden, ob es sich bei dem Gas um Sauerstoff, Stickstoff, Wasserstoff oder Kohlenstoffdioxid handelt.

Du erhältst das folgende Material (▷ B 3).
a) Plane die Versuche.
b) Stelle deine Planung dem Lehrer vor und führe danach die Versuche durch.

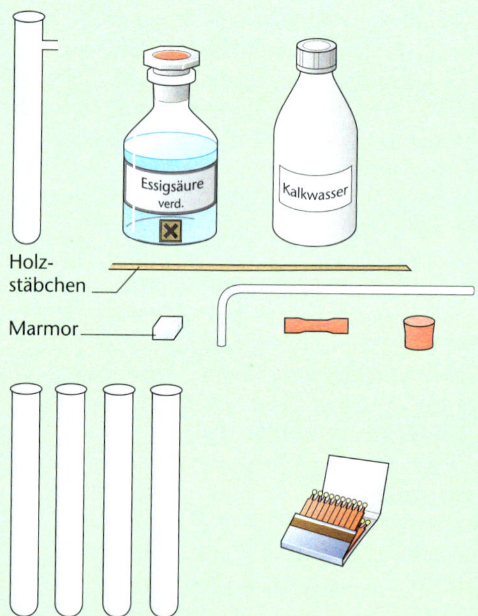

3 Material zu Versuch 3

Saure Lösungen reagieren mit unedlen Metallen

Saure Lösungen werden in Behältnissen aus Glas oder Kunststoff aufbewahrt. Warum werden saure Lösungen nicht in Gefäße aus Eisen gefüllt, obwohl diese Gefäße nicht so leicht zerbrechen?

Gibt man einen Eisennagel in eine Citronensäurelösung, so bilden sich nach kurzer Zeit Bläschen am Eisennagel. Die Gasbläschen kann man auffangen und mit der Knallgasprobe als Wasserstoff nachweisen. Auch mit Magnesium und Zink bilden saure Lösungen Wasserstoff (▷B 1, B 2), nicht aber mit Gold, Silber oder Platin.

1 Magnesium in Citronensäurelösung

2 Zink in Essigsäurelösung

In Gefäßen aus den edlen Metallen könnte man saure Lösungen aufbewahren, nicht aber in Gefäßen aus unedlen Metallen. Die unedlen Metalle reagieren mit sauren Lösungen. Im Alltag sagt man auch, die Metalle werden „zerfressen".

▶ Saure Lösungen reagieren mit unedlen Metallen unter Bildung von Wasserstoff.

Zeichnen mit sauren Lösungen

In unedle Metalle lassen sich mit sauren Lösungen Zeichnungen oder Namen eintragen. Dazu wird eine Metallplatte mit Wachs beschichtet, dieses wird nicht von der sauren Lösung angegriffen. Der Schriftzug oder das Bild wird mit einem Nagel in das Wachs bis auf die Metallplatte geritzt. Die Platte wird in eine stark saure Lösung gestellt. Das frei gelegte Metall reagiert mit der sauren Lösungen. Das Bild oder der Schriftzug gräbt sich in das Metall (▷B 4).

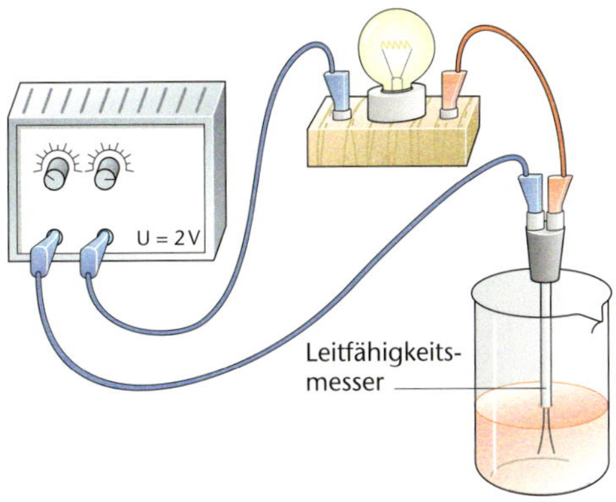

3 Saure Lösungen leiten den elektrischen Strom.

Anschließend wird die Platte abgewaschen und das Wachs entfernt.

Saure Lösungen leiten den elektrischen Strom

Feste Citronensäure zeigt keine elektrische Leitfähigkeit. Auch geschmolzene Citronensäure zeigt im Gegensatz zu geschmolzenen Salzen keine elektrische Leitfähigkeit. Löst man jedoch Citronensäure in Wasser, stellt man eine hohe elektrische Leitfähigkeit fest (▷B 3). Es müssen also in der Lösung frei bewegliche Ionen vorliegen. Diese können sich erst beim Lösen der Säure in Wasser gebildet haben.

▶ Saure Lösungen leiten den elektrischen Strom. In der Lösung liegen frei bewegliche Ionen vor.

Aufgaben

1 Welche Gemeinsamkeiten weisen saure Lösungen auf?

2 Eine Schmelze von Kochsalz leitet den elektrischen Strom, eine Citronensäureschmelze leitet den elektrischen Strom nicht. Erkläre den Unterschied.

3 Saure Lebensmittel (Obst im eigenen Saft, Erbsensuppe, Bratheringe), aber auch Cola-Getränke werden in Metalldosen aufbewahrt. Warum reagiert das Metall der Konservendosen nicht mit den sauren Flüssigkeiten? Sammle leere Konservendosen und untersuche die Innenflächen der Dosen. Vorsicht, Schnittgefahr! Recherchiere, aus welchen Metallen die Dosen bestehen.

4 Zeichnung auf einer Metallplatte

Eine Säure aus Kochsalz

Die Salzsäure trägt ihren Namen, weil sie früher direkt aus Kochsalz hergestellt wurde. Lässt man konzentrierte Schwefelsäure auf Kochsalz tropfen, entsteht ein Gas. Dieses Gas löst sich begierig in Wasser und bildet eine saure Lösung, die **Salzsäure**. Das entstehende Gas wird „Salzsäuregas" genannt (▷ B 1; V 1a).

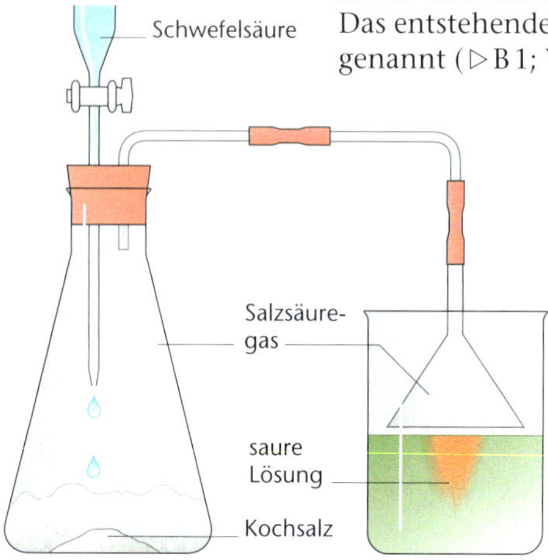

1 „Salzsäuregas" löst sich begierig in Wasser.

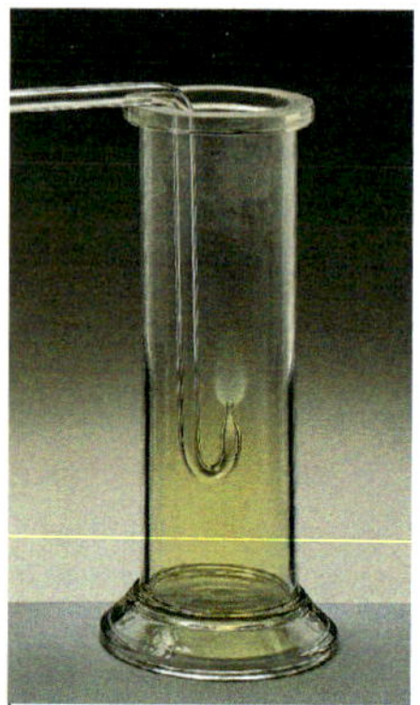

2 Die Bildung von Chlorwasserstoff

Das große Bestreben des „Salzsäuregases", sich in Wasser zu lösen, kann man in einem Versuch zeigen. Taucht man einen mit Salzsäuregas gefüllten Kolben in Wasser, so schießt das Wasser, nachdem der erste Tropfen durch die enge Öffnung des Glasrohres eingedrungen ist, springbrunnenartig in den Kolben (▷ B 3; V 1b). In 1 l Wasser lösen sich ca. 500 l Salzsäuregas. Weil bereits die ersten in den Kolben eindringenden Wassertropfen fast das gesamte Gas lösen, entsteht ein Unterdruck, der Wasser nachströmen lässt.

Die entstandene wässrige Lösung des Salzsäuregases bewirkt bei Zugabe von Universalindikator einen roten Farbumschlag. Im Kolben hat sich eine saure Lösung gebildet (▷ B 3).

Die Bestandteile der Salzsäure

Salzsäure entsteht aus „Salzsäuregas" und Wasser. Führt man mit verdünnter Salzsäure eine Elektrolyse durch (▷ B 4; V 2), entsteht an der Kathode Wasserstoff, der durch die Knallgasprobe nachgewiesen werden kann. An der Anode entsteht gelbgrünes Chlorgas, das sich in der Waschflasche sammelt. Es hat eine größere Dichte als Luft. Chlor und Wasserstoff stammen aus dem Salzsäuregas.

Dies lässt sich durch ein weiteres Experiment überprüfen. Hält man eine Wasserstoffflamme in Chlorgas, so erstickt die Flamme nicht, wie es zu erwarten wäre. Vielmehr reagiert Wasserstoff mit Chlor zu einem stechend riechenden Gas (▷ B2; V 3). Das Gas heißt **Chlorwasserstoff** und hat die Formel **HCl**.

$$H_2 + Cl_2 \longrightarrow 2\,HCl$$

Löst man das Gas in Wasser und prüft die Lösung mit Universalindikatorpapier, so stellt man fest, dass sich eine saure Lösung gebildet hat. Auch diese Lösung lässt sich wieder durch Elektrolyse in Wasserstoff und Chlor zerlegen (▷ V 3). Beim Lösen von Chlorwasserstoff in Wasser ist also wieder Salzsäure entstanden. Salzsäuregas ist folglich Chlorwasserstoff.

▶ Salzsäure ist eine Lösung von Chlorwasserstoff in Wasser.

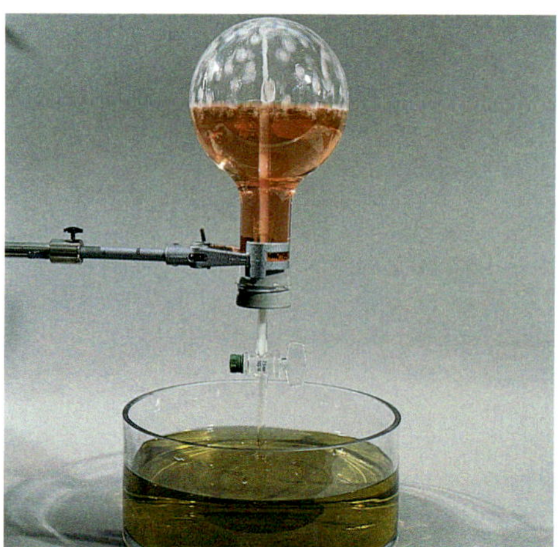

3 Salzsäuregas löst sich sehr gut in Wasser.

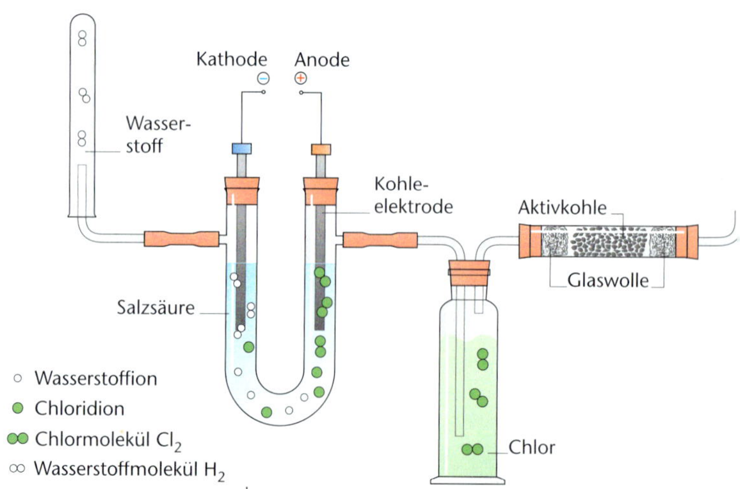

4 Die Elektrolyse von Salzsäure

Die Elektrolyse der Salzsäurelösung genauer betrachtet

Salzsäure bildet in Wasser frei bewegliche Ionen. Weil sich Wasserstoff an der Kathode bildet, müssen **Wasserstoffionen H^+-Ionen** vorliegen. Da Chlor an der Anode entsteht, muss die Lösung Chloridionen Cl^--Ionen enthalten. Beim Lösen von Chlorwasserstoff in Wasser zerfallen die Moleküle in Wasserstoffionen und Chloridionen (▷B 5).

$$HCl \longrightarrow H^+ + Cl^-$$

Beim Lösen von Chlorwasserstoff in Wasser entstehen Wasserstoffionen und Chloridionen.

Welche Ionen bewirken die sauren Eigenschaften?

Warum färbt sich Universalindikator in Salzsäure und anderen sauren Lösungen rot? Saure Lösungen müssen Gemeinsamkeiten haben.

Eine Kochsalzlösung, die Chloridionen enthält, färbt Universalindikator nicht rot (▷V 4). Die Chloridionen können folglich nicht für die Rotfärbung verantwortlich sein.

Auch bei der Elektrolyse anderer verdünnter Säuren entsteht an der Kathode Wasserstoff. Es müssen also in jeder sauren Lösung Wasserstoffionen vorliegen. Diese Ionen sind für die sauren Eigenschaften verantwortlich.

Saure Lösungen enthalten Wasserstoffionen, H^+-Ionen. Sie bewirken die sauren Eigenschaften.

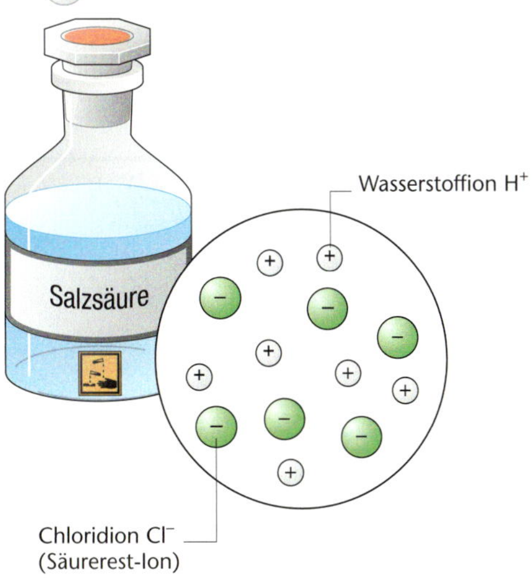

5 In Salzsäure liegen Ionen vor.

Die Chloridionen in der Salzsäurelösung sind nicht für die sauren Eigenschaften verantwortlich. Man bezeichnet sie als **Säurerest-Ionen** der Salzsäure.

Das Säurerest-Ion der Salzsäure ist das Chloridion.

Säuren zerfallen in Wasser in positiv geladene Wasserstoffionen und negativ geladene Säurerest-Ionen.

Das Wasserstoffion (H^+-Ion) ist identisch mit einem Proton. Dieses wird sofort von einem Wassermolekül gebunden. Es entsteht ein H_3O^+-Ion (siehe Seite 257).

Versuche

1 a) Man stellt Chlorwasserstoff durch Reaktion von konz. Schwefelsäure mit Kochsalz her (▷B 1) und leitet das Gas zunächst durch einen Trichter auf Wasser, welches Universalindikatorlösung enthält. (Abzug! Schutzbrille!)
b) Anschließend fängt man Chlorwasserstoff in einem Rundkolben (500 ml) auf. Nach dem Füllen wird der Kolben durch einen Stopfen mit einem zur Spitze ausgezogenen Glasrohr verschlossen (▷B 3). Der Kolben wird in einem Wasserbecken mit Universalindikatorlösung auf und ab bewegt. (Abzug! Schutzscheibe! Schutzbrille!)

2 Verdünnte Salzsäure wird in einem U-Rohr mit Gleichstrom an Kohleelektroden zerlegt (▷B 4). Das Gas, das sich an der Anode sammelt, wird in eine Waschflasche geleitet. Mit dem an der Kathode entstehenden Gas wird die Knallgasprobe durchgeführt. In die Waschflasche mit dem Gas von der Anode gibt man blaue Blüten (z. B. Stiefmütterchen). (Abzug! Schutzbrille!)

3 Man taucht eine Wasserstoffflamme langsam in einen mit Chlor gefüllten Standzylinder. Nach der Reaktion wird etwas Wasser in das Gefäß geschüttet und die Lösung mit Universalindikator getestet. Danach führt man wie in Versuch 2 die Elektrolyse durch. (Abzug!)

4 Löse in einem Reagenzglas etwas Kochsalz in Wasser und prüfe die Lösung mit Universalindikatorpapier.

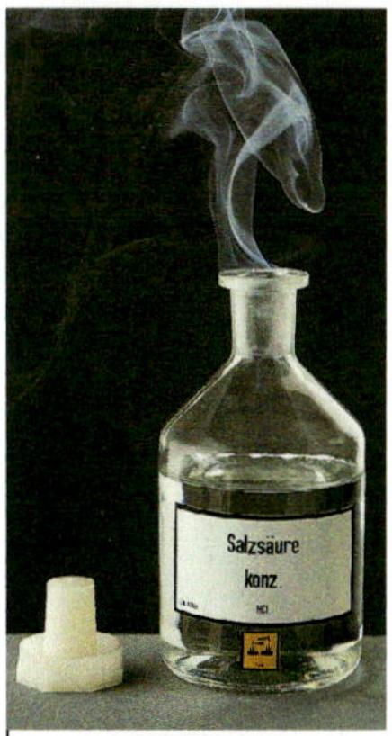

6 Aus Salzsäure entweicht Chlorwasserstoff.

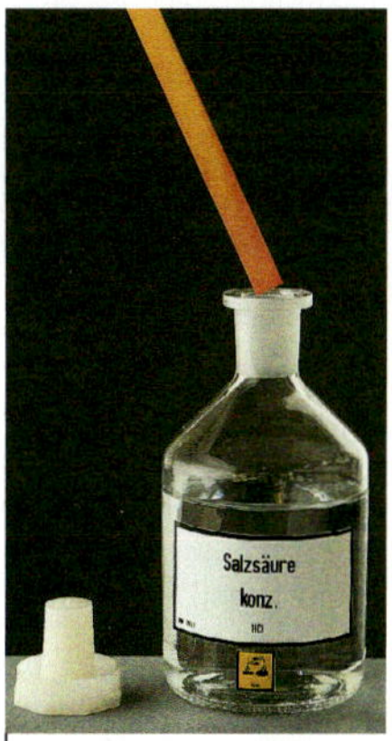

7 Feuchtes Universalindikatorpapier färbt sich rot.

1 Kochsalz entsteht.

2 Eingedampfte Kochsalzlösung

3 Kochsalzkristalle unter dem Mikroskop

Versuche

1 Man füllt in einen Reagierkelch konz. Salzsäure und gibt ein erbsengroßes, frisch entrindetes Stück Natrium auf die Salzsäure. (Schutzscheibe! Vorsicht, Spritzgefahr! Schutzbrille!)

2 Gib in ein Reagenzglas verdünnte Salzsäure und
a) ein Stück Magnesiumband,
b) ein Stück Kupfernetz.
Dampfe die Lösungen nach der Reaktion ein. (Schutzbrille!)

3 Gib in ein Reagenzglas verdünnte Salzsäure und
a) eine Spatelspitze Magnesiumoxid,
b) eine Spatelspitze Kupferoxid.
Dampfe die Lösungen nach der Reaktion ein. (Schutzbrille!)

4 Löse in einem Reagenzglas etwas Kochsalz in Wasser und gib dann einige Tropfen Silbernitratlösung dazu. (Schutzbrille!)

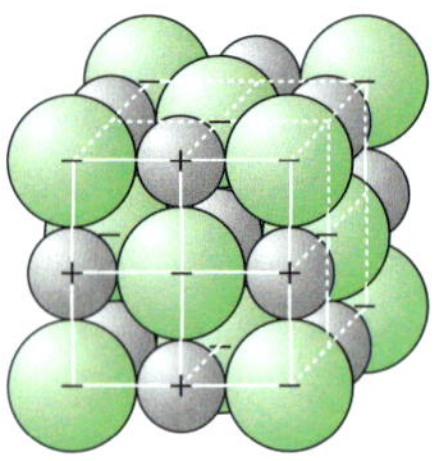

4 Ionengitter von Natriumchlorid

Kochsalz entsteht

Das bekannteste Salz der Salzsäure ist Natriumchlorid, das im Speisesalz verwendet wird. Es kann durch Reaktion von Natrium mit Chlor entstehen.
Natriumchlorid kann man aber auch aus Natrium und konzentrierter Salzsäure herstellen (▷ B 1; V 1). Das Salz kann abfiltriert oder die Lösung eingedampft werden (▷ B 2). Unter dem Mikroskop sieht man die würfelförmigen Kristalle des Kochsalzes (▷ B 3).

Aus den Natriumatomen entstehen bei der Reaktion Natriumionen. Diese lagern sich mit den bereits vorhandenen Chloridionen der Salzsäure in einem Ionengitter zusammen und bilden das Salz Natriumchlorid (▷ B 4). Gleichzeitig entsteht aus den Wasserstoffionen der Salzsäure Wasserstoff.

$$2\,Na + 2\,H^+ + 2\,Cl^- \longrightarrow 2\,Na^+ + 2\,Cl^- + H_2$$

Obwohl in wässriger Lösung Ionen vorliegen, schreibt man die entgegengesetzt geladenen Ionen oft auch zusammen.

$$2\,Na + 2\,HCl \longrightarrow 2\,NaCl + H_2$$

Neben Natrium reagieren auch andere Metalle mit Salzsäure unter Bildung von Chloriden und Wasserstoff.

Magnesiumchlorid entsteht

Bei der Reaktion von Magnesium und verdünnter Salzsäure (▷ B 5; V 2a) kann man zwar eine Wasserstoffentwicklung, aber keine Salzbildung erkennen. Das Salz ist gelöst.
Nach Eindampfen der Flüssigkeit bleibt ein weißer Belag von Magnesiumchlorid zurück:

$$Mg + 2\,HCl \longrightarrow MgCl_2 + H_2$$

Die Salze der Salzsäure heißen Chloride. Unedle Metalle reagieren mit Salzsäure zu Chloriden und Wasserstoff.

5 Magnesium in Salzsäure

6 Kupfer in Salzsäure

Lexikon

Chloride

Kaliumchlorid KCl ist ein weißes Salz und wie Kochsalz für unseren Körper lebensnotwendig. Die Kaliumionen werden über das Blut verteilt und sind für viele Stoffwechselprozesse, für die Muskelarbeit, für die Nerven- und Nierenfunktion und zur Aufrechterhaltung der Zellstruktur notwendig.

Silberchlorid AgCl ist ein weißes, in Wasser unlösliches Salz. Es ist lichtempfindlich und wird neben Silberbromid AgBr in der Schwarzweißfotografie eingesetzt. Licht zersetzt die Verbindung Silberchlorid, es entsteht Silber. Je dunkler eine Bildstelle ist, desto mehr Silber ist vorhanden.

Calciumchlorid $CaCl_2$ ist ein sehr gutes Trockenmittel. Hiermit wird z. B. beim Skispringen der Kunstschnee von überflüssigem Wasser trocken gehalten (▷ B 1). Zudem wird es als Streusalz, Heilmittel bei Allergien und Kalkmangelkrankheiten sowie als Frostschutzmittel verwendet.

1 Kunstschnee enthält Calciumchlorid.

Eisen(III)-chlorid $FeCl_3$ ist ein gelbbraunes Salz. Es wird bei der Herstellung von Farbstoffen und zur Wasseraufbereitung benutzt. Daneben wird Eisenchlorid auch zum Ätzen von Metallen, z. B. für die Herstellung von Leiterbahnen auf Platinen, verwendet (▷ B 2).

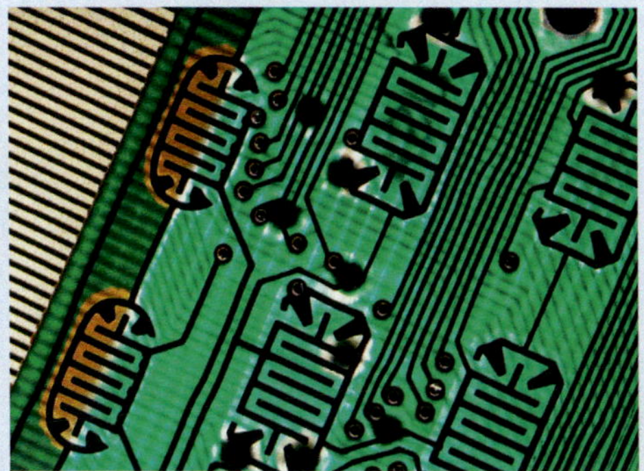

2 Leiterbahnen auf einer Platine

Ein anderer Weg zu Magnesiumchlorid
Magnesiumchlorid lässt sich auch aus Magnesiumoxid herstellen (▷ V 3a). Hierbei ist jedoch keine Gasentwicklung zu beobachten. Stattdessen entsteht Wasser. Nach Eindampfen der Lösung wird das weiße Salz Magnesiumchlorid sichtbar.

$MgO + 2\,HCl \longrightarrow MgCl_2 + H_2O$

Kupferchlorid entsteht
Kupfer reagiert nicht mit Salzsäure (▷ B 6; V 2b). Kupferoxid dagegen reagiert mit Salzsäure. Nach dem Eindampfen der Lösung kann man Kupferchlorid gewinnen (▷ B 7; V 3b).

$CuO + 2\,HCl \longrightarrow CuCl_2 + H_2O$

7 Kupferoxid reagiert mit Salzsäure (links) zu Kupferchlorid (rechts).

Metalloxide reagieren mit Salzsäure zu Chloriden und Wasser.

Nachweis von Chloridionen
Treffen in einer Lösung Silberionen Ag^+ auf Chloridionen Cl^-, so bilden die Ionen sofort unlösliches weißes Silberchlorid AgCl. Diese Reaktion ist ein Nachweis für Chloridionen (▷ B 8; V 4).

$Ag^+ + Cl^- \longrightarrow AgCl$

Silberionen dienen als Nachweis für Chloridionen.

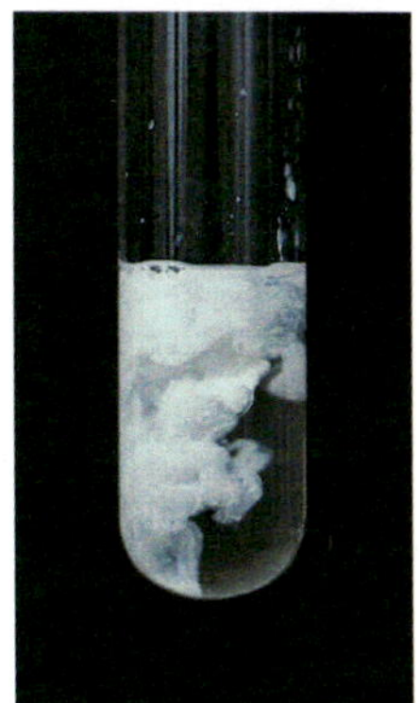

8 Der Nachweis für Chloridionen

Aufgaben

1 Formuliere jeweils die Reaktionsgleichung für die Entstehung von Calciumchlorid aus dem Metall und aus Calciumoxid.

2 Eisen(III)-chlorid hat die Formel $FeCl_3$ und wird als blutstillender Zusatz zur Verbandswatte gegeben. Wie kann Eisen(III)-chlorid hergestellt werden?

1 Beim Umgang mit konzentrierter Säure ist Vorsicht geboten.

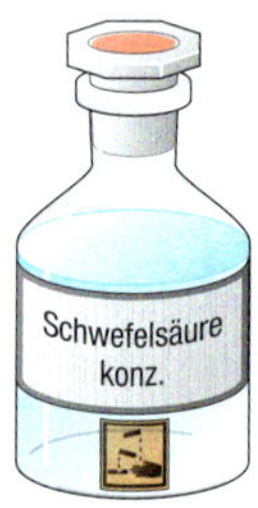

Vorsicht beim Verdünnen von konzentrierter Schwefelsäure
Konzentrierte Schwefelsäure ist eine Flüssigkeit, die stark wasseranziehend (hygroskopisch) ist. Stellt man eine Porzellanschale mit einigen Millilitern konzentrierter Schwefelsäure auf eine Waage (▷ V 1), so beobachtet man eine ständige Massenzunahme.
Die Schwefelsäure nimmt begierig Wasser aus der Luft auf und verdünnt sich dadurch. Die dabei frei werdende Wärme ist der Grund, warum man beim Verdünnen niemals Wasser in Säure gießen darf (▷ B 1). Will man konzentrierte Schwefelsäure verdünnen, muss die Säure vorsichtig in Wasser gegossen werden.

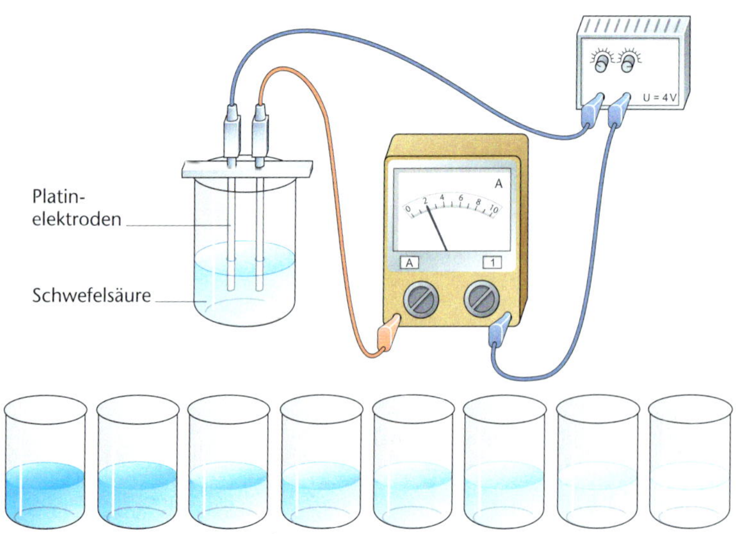

2 Leitfähigkeitsmessung in einer Verdünnungsreihe

Herstellen einer Verdünnungsreihe
Verdünnt man 25 ml konzentrierte Schwefelsäure (▷ V 2) durch vorsichtiges Einrühren in 25 ml Wasser, so erhält man eine etwa 50 %ige Schwefelsäurelösung. Setzt man dieses Verdünnen im Verhältnis 1:1 fort, so erhält man eine Verdünnungsreihe, wobei die Konzentration der Schwefelsäurelösung jeweils auf die Hälfte verringert wird.

Erfassen einer Messkurve
Misst man die elektrische Leitfähigkeit der verdünnten Schwefelsäurelösungen, kann man auf die Anzahl der darin vorkommenden Ionen schließen.
Die konzentrierte Schwefelsäure zeigt kaum elektrische Leitfähigkeit. In den nachfolgenden immer weiter verdünnten Lösungen steigt die Leitfähigkeit zunächst stark an. Bei weiterer Verdünnung fällt die Leitfähigkeit jedoch wieder ab (▷ B 3).

Auswertung der Messkurve
Die elektrische Leitfähigkeit in Flüssigkeiten weist auf frei bewegliche Ionen hin. Die kaum leitende konzentrierte **Schwefelsäure** besteht hauptsächlich aus Molekülen der Formel H_2SO_4. Die steigende Leitfähigkeit beim Verdünnen beweist, dass beim Lösen in Wasser aus den Molekülen Ionen entstanden sind. Die Schwefelsäure bildet in Wasser, wie jede andere Säure, Wasserstoffionen H^+-Ionen und Säurerest-Ionen.

Aus der Messkurve kann man schließen, dass nicht sofort alle Schwefelsäuremoleküle Ionen bilden. Der Zerfall in Ionen erfolgt vielmehr schrittweise mit zunehmender Verdünnung. Die höchste elektrische Leitfähigkeit lässt sich beobachten, wenn die Anzahl der Ionen am größten ist. Dies ist bei einer 12,5 %igen Schwefelsäurelösung der Fall.

Wird danach weiter mit Wasser verdünnt, kann die Anzahl der Ionen nicht weiter steigen. Die Anzahl der Wassermoleküle nimmt gegenüber der Zahl der vorhandenen Ionen immer weiter zu. Dadurch sinkt die elektrische Leitfähigkeit (▷ B 3).

Schwefelsäure bildet unterschiedliche Säurerest-Ionen
Da das Schwefelsäuremolekül H_2SO_4 zwei Wasserstoffatome enthält, kann es in Wasser zwei Wasserstoffionen abgeben.

Die Abgabe von Wasserstoffionen erfolgt in Schritten.
Gibt ein Schwefelsäuremolekül ein Wasserstoffion ab, entsteht ein Säurerest-Ion mit der Formel HSO_4^-, das **Hydrogensulfation**:

$$H_2SO_4 \longrightarrow H^+ + HSO_4^-$$

Das Hydrogensulfation kann ein weiteres Wasserstoffion abgeben. Dabei entsteht ein zweifach negativ geladenes Säurerest-Ion, das **Sulfation** SO_4^{2-}:

$$HSO_4^- \longrightarrow H^+ + SO_4^{2-}$$

Schwefelsäure hat die Formel H_2SO_4. Sie bildet in Wasser Wasserstoffionen, Hydrogensulfationen und Sulfationen.

Eigenschaften und Verwendung der Schwefelsäure
Konzentrierte Schwefelsäure ist eine ölige, farb- und geruchlose Flüssigkeit mit der Dichte 1,84 g/cm^3.

Konzentrierte Schwefelsäure ist stark ätzend und wasseranziehend. Kleidungsstücke, Haut und Haare werden durch sie schnell zerstört (▷ B 4).
Beim Umgang mit der Schwefelsäure sind daher die Sicherheitsvorschriften streng zu beachten.

Die Schwefelsäure ist eine wichtige Chemikalie in der Industrie. Bekannt ist ihre Verwendung als ca. 37 %ige Säure in Autoakkumulatoren, („Autobatterien"; ▷ B 5). Bei der Herstellung von Düngemitteln, Waschmitteln und Farbstoffen spielt sie eine wichtige Rolle (▷ B 6).

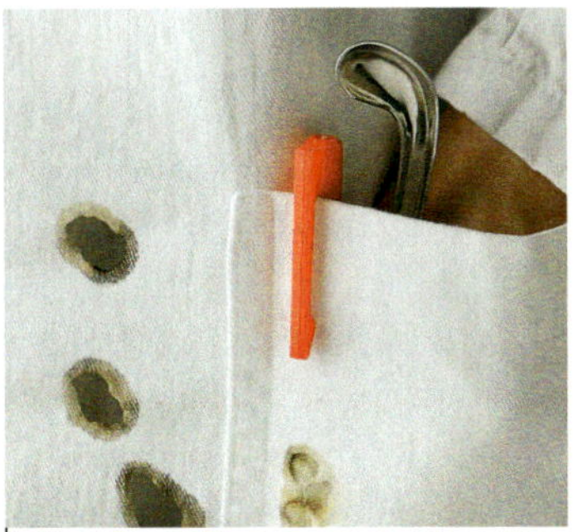

4 Schwefelsäure zerstört Baumwollgewebe.

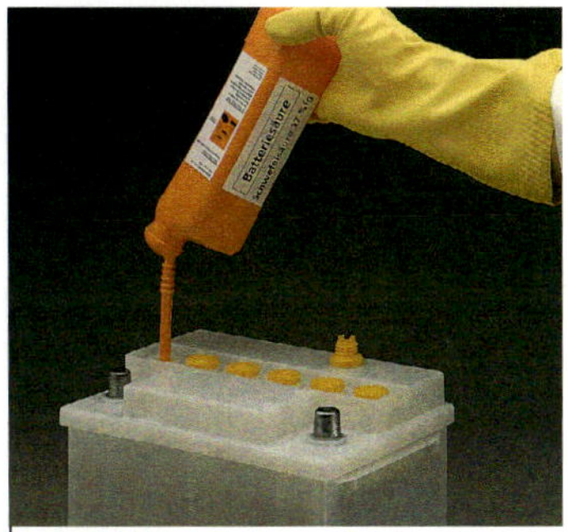

5 Schwefelsäure im Autoakku

Versuche

1 Man gibt konzentrierte Schwefelsäure in eine Porzellanschale und wiegt diese. Im Abstand von jeweils mehreren Minuten wird erneut gewogen. (Schutzhandschuhe! Schutzbrille!)

2 Man nummeriert 8 Bechergläser (100 ml). In das erste Glas werden 50 ml konz. Schwefelsäure gegeben (Schutzhandschuhe! Schutzbrille!). Alle folgenden Gläser werden mit 25 ml destilliertem Wasser gefüllt. Nun gibt man 25 ml der konz. Säure des 1. Becherglases in das 2. Becherglas (Vorsicht, Spritzgefahr!). Die Verdünnungsreihe wird fortgesetzt, indem man 25 ml des 2. Becherglases ins 3. Becherglas gibt usw. Nach dem Verdünnen misst man bei einer Spannung von ca. 4 V die Stromstärke (▷ B 2) mithilfe von Platinelektroden (Abstand ca. 2 cm). Die Werte werden erfasst, in ein Diagramm eingetragen, eine Messkurve wird erstellt. (Schutzhandschuhe! Schutzbrille!)

6 Schwefelsäure wird vielseitig verwendet.

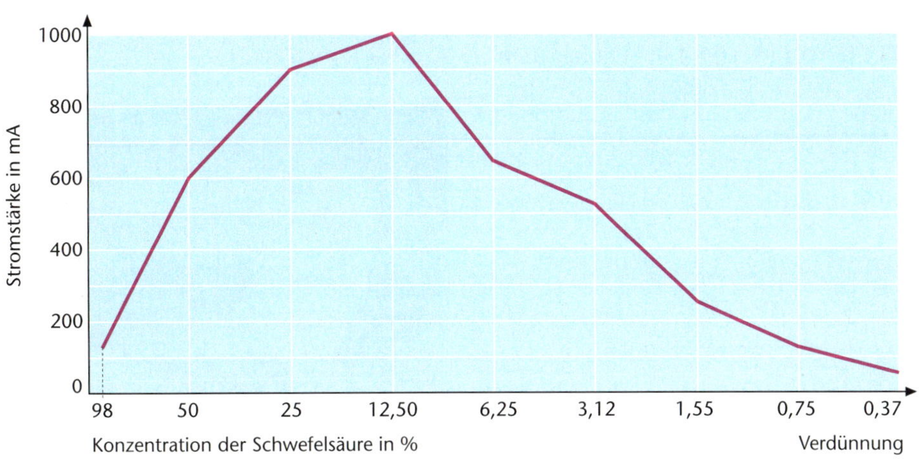

3 Auswertung der Messreihe

1 Gipsabbau

Da Schwefelsäure zwei Säurerest-Ionen bilden kann, können auch bei der Reaktion mit Metallen zwei unterschiedliche Salze entstehen: die **Hydrogensulfate** und die **Sulfate**.

▶ Die Salze der Schwefelsäure sind die Hydrogensulfate und die Sulfate.

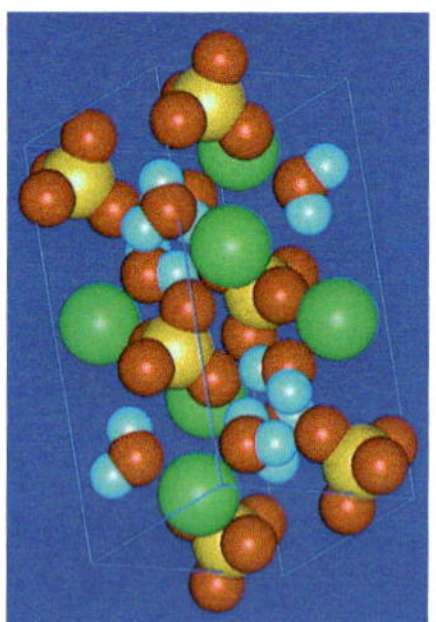

2 Modell eines Gipskristalls

3 Gips als Marienglas

4 Gips als Zwillingskristall

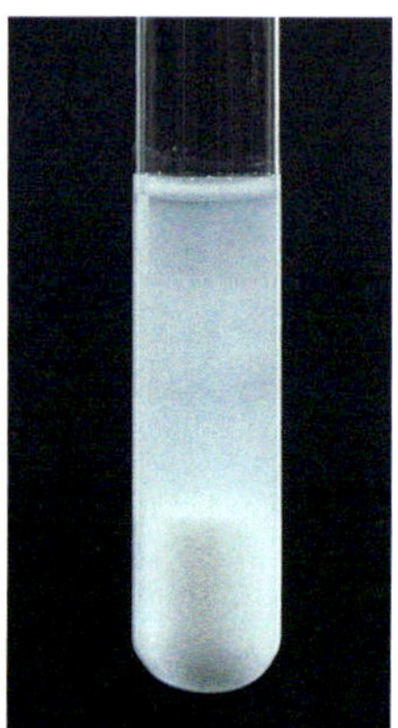

5 Niederschlag von Bariumsulfat

Gips, ein Naturprodukt

Calciumsulfat, das bekannteste Calciumsalz der Schwefelsäure, kommt in der Natur als Gips vor und wird in Steinbrüchen abgebaut (▷ B 1). Im Ionengitter (▷ B 2) sind neben den Calcium- und Sulfationen auch Wassermoleküle eingebaut. Dieses eingelagerte Wasser bezeichnet man als Kristallwasser. Die Menge des eingelagerten Wassers bestimmt die Eigenschaften des Stoffs. Deshalb wird es in der Formel angegeben:

$CaSO_4 \cdot 2\ H_2O$; lies: $CaSO_4$ mit $2\ H_2O$.

In der Natur gibt es verschiedene Gipskristalle. Marienglas (▷ B 3), Alabaster und Zwillingskristalle (▷ B 4) sind Beispiele.

Gips, ein vielseitig verwendbares Material

Durch Erhitzen des abgebauten Gipses auf ca. 130 °C erhält man gebrannten Gips. Dabei wird ein großer Teil des Kristallwassers entfernt, die Kristallstruktur wird zerstört. Das so gewonnene Material wird gemahlen und als Stuckgips, Modellgips (Zahnmedizin) oder Reparaturgips verkauft. Wird gebrannter Gips mit Wasser angerührt, so erhärtet das breiige Material nach kurzer Zeit: „Der Gips bindet ab". Durch die Wasseraufnahme bilden sich nadelförmige Kristalle, die ineinander verfilzt sind. Gips wird für Abdrücke (▷ V 1), für Gipsverbände (▷ B 6) oder für Reparaturen verwendet.

Der Nachweis von Sulfationen

Gibt man zu einer Sulfatlösung eine Bariumchloridlösung (▷ V 2), fällt ein weißer Niederschlag aus. Dabei handelt es sich um **Bariumsulfat $BaSO_4$**, ein schwer lösliches Salz der Schwefelsäure (▷ B 5):

$$Ba^{2+} + SO_4^{2-} \longrightarrow BaSO_4$$

Die Schwerlöslichkeit des Salzes nutzt man, um Sulfationen SO_4^{2-} nachzuweisen.

▶ Bariumionen Ba^{2+} dienen als Nachweis für Sulfationen SO_4^{2-}.

Versuche

1 Rühre Gips mit Wasser an. Fülle den Brei in eine Streichholzschachtel und drücke eine mit Öl bestrichene Münze in den Brei. Entferne die Münze nach ca. 15 Minuten.

2 Gib zu einer Natriumsulfatlösung einige Tropfen Bariumchloridlösung und beobachte. (Schutzbrille!)

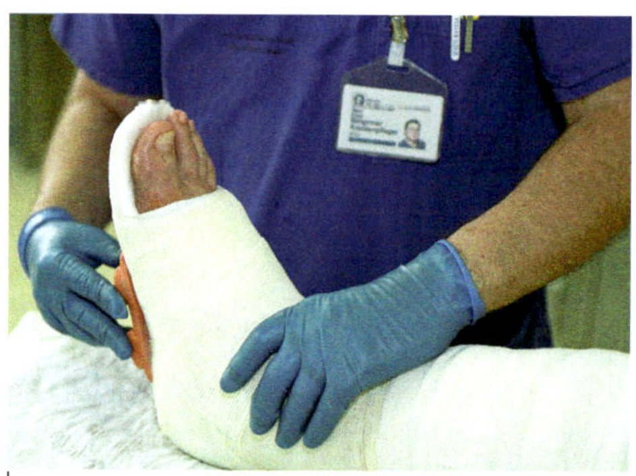

6 Gipsverband

Sulfate und Hydrogensulfate

1 Barytkristall

Bariumsulfat $BaSO_4$ wird auf Grund seiner hohen Dichte auch Schwerspat genannt. Die schönen Kristalle heißen Barytkristalle (▷ B 1). Dieses Salz ist nahezu völlig unlöslich in Wasser und wird deshalb von unserem Körper nicht aufgenommen. Es ist deshalb (im Gegensatz zu der Giftigkeit löslicher Bariumsalze) ungiftig und wird bei bestimmten Röntgenaufnahmen als Kontrastmittel eingenommen (▷ B 2).

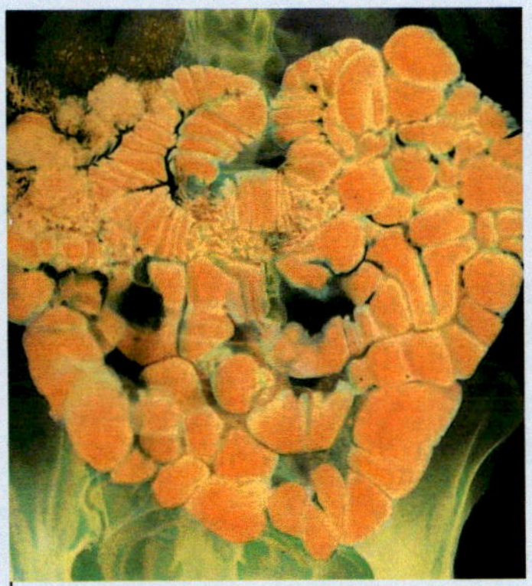

2 Falschfarbenaufnahme des Dünndarms

Kupfersulfat hat die Formel **$CuSO_4 \cdot 5\ H_2O$**. Diese zeigt an, dass im Ionengitter Wassermoleküle eingelagert sind. Beim Erhitzen wird das Wasser aus dem Kristallverband herausgetrieben. Dabei wird das blaue Salz weiß (▷ B 3). Dieser Vorgang ist umkehrbar.

Kupfersulfat kann in wasserfreier Form als Nachweismittel für Wasser (Blaufärbung) verwendet werden. Das blaue Kupfersulfat wird zum Verkupfern in galvanischen Bädern, zur Kupferstich-Ätzung (▷ B 4) in Druckereien und in der Medizin als Brech- und Bandwurmmittel eingesetzt. Die Winzer setzen es zur Bekämpfung von Rebläusen ein.

3 Blaues Kupfersulfat wird erhitzt.

4 Kupferstich

Natriumhydrogensulfat hat die Formel **$NaHSO_4$**. Beim Lösen in Wasser bildet sich das Hydrogensulfation (HSO_4^-). In wässriger Lösung kann ein weiteres Wasserstoffion abgespalten werden:

$$HSO_4^- \longrightarrow H^+ + SO_4^{2-}$$

Man sagt deshalb, Natriumhydrogensulfat ist ein saures Salz. Festes Natriumhydrogensulfat ersetzt heute in WC-Reinigern die früher verwendete Salzsäure.

5 Glaubersalz

Natriumsulfat $Na_2SO_4 \cdot 10\ H_2O$ wird auch Glaubersalz genannt. Neben **Magnesiumsulfat $MgSO_4 \cdot 7\ H_2O$**, das auch als Bittersalz bezeichnet wird, ist es in vielen Mineralwässern der Heilquellen gelöst.
Glaubersalz (▷ B 5) wird bei der Papier- und Zellstoffgewinnung, bei der Glasherstellung, zur Herstellung des Farbpigmentes Ultramarinblau (▷ B 6) und als Trockenmittel benötigt. Bittersalz wird in Mineralstoffdüngern verwendet.

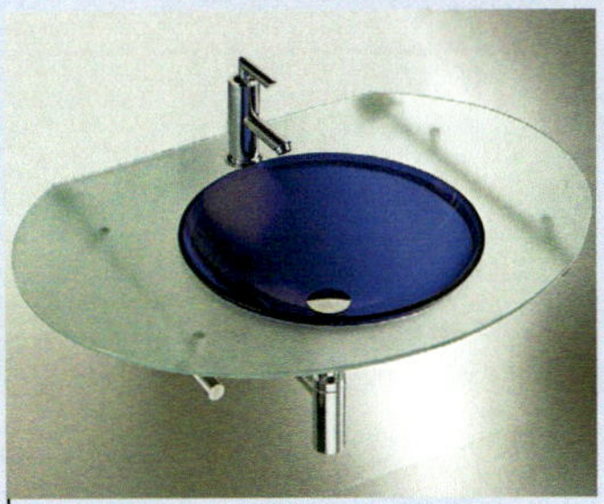

6 Waschbecken mit Glas in Ultramarinblau

Bleisulfat hat die Formel **$PbSO_4$**. Es entsteht bei der Entladung des Autoakkumulators. Der Akku besitzt eine Bleielektrode und eine Bleidioxidelektrode, die in verdünnte Schwefelsäure eintauchen. Beim Entladen läuft folgende Reaktion ab:

$$PbO_2 + Pb + 2\ H_2SO_4 \longrightarrow 2\ H_2O + 2\ PbSO_4$$

Beim Laden des Akkumulators werden die Vorgänge umgekehrt. Es wird Energie zugeführt, z. B. durch die Lichtmaschine im Auto.

Strategie

Präsentieren für alle Sinne

Das Thema einer Präsentation soll heißen: Wie entsteht eine Tropfsteinhöhle? Es ist wichtig, dass eine Präsentation interessant und abwechslungsreich gestaltet ist. Eine gelungene Präsentation spricht alle Sinne der Zuschauer an.

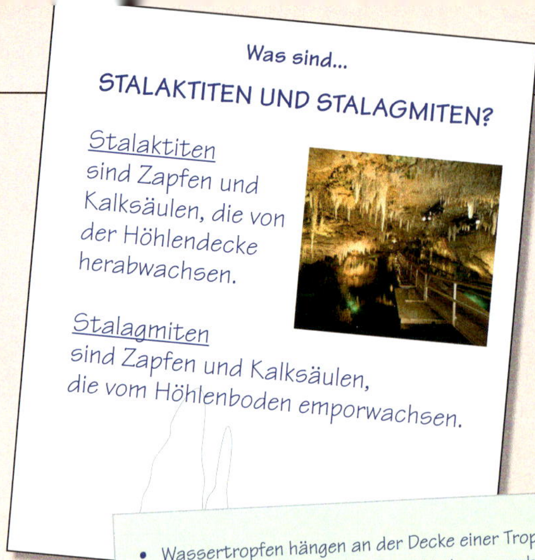

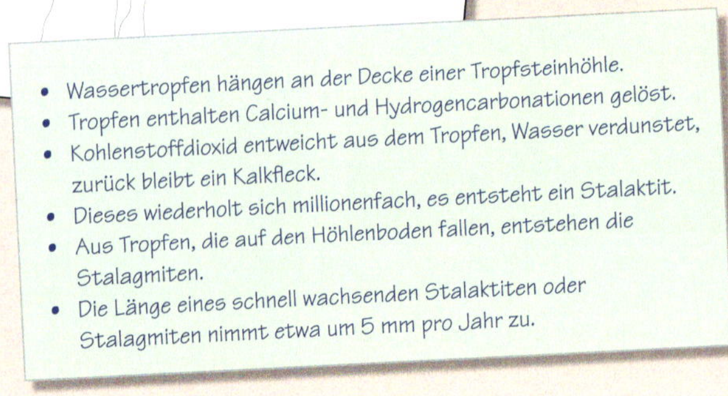

A. Text als Information

Auf einer Folie, einem Plakat usw. sollten immer nur die wichtigsten Informationen zum Thema der Seite stehen. Auf einer Karteikarte, die für die anderen nicht sichtbar ist, steht in Stichpunkten alles, was du sagen willst.

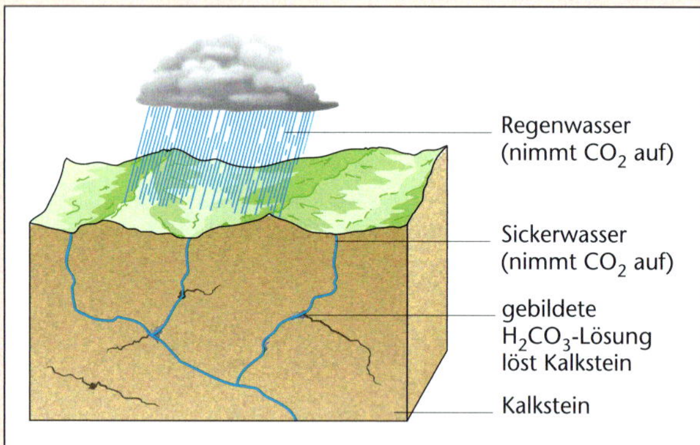

B. Unbewegte Bilder als Information

Es sollte nicht nur Text auf den Folien stehen. Benutze auch Fotos und Grafiken. Eine Grafik oder ein Bild zu Beginn der Präsentation erhöht die Aufmerksamkeit der Zuschauer.

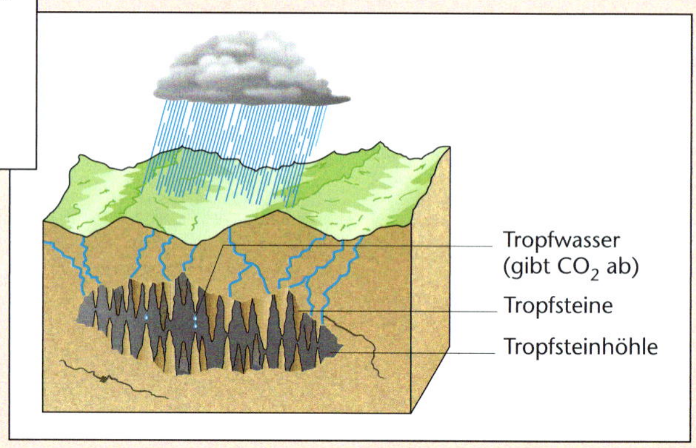

C. Bewegte Bilder als Information

Filme erhöhen das Interesse. Du solltest darauf achten, nur kurze Filmausschnitte zu benutzen. Ein Film kann mit oder ohne Ton gezeigt werden. In der Nähe deiner Schule gibt es ein Medienzentrum, bei dem deine Schule Filme, Videos und DVDs ausleihen kann.

D. Stoff- und Materialproben im Vortrag

Stoff- und Materialproben vermitteln den Zuschauern unmittelbare Eindrücke. Die Proben können, wenn von ihnen keine Gefahren ausgehen, angefasst werden. Es können Geruchsproben durchgeführt werden.

E. Experimente im Vortrag

Du kannst während einer Präsentation selbst ein Experiment vorführen oder von den Zuschauern durchführen lassen.

Die Demonstration eines Experiments ist viel einprägsamer als ein Film oder ein Bild, denn das Experiment passiert direkt vor den Augen.

1 Die Herstellung von Sprudelwasser aus Leitungswasser

Die Kohlensäure in Getränken

In vielen sprudelnden Erfrischungsgetränken ist Kohlensäure enthalten. Unsere Erfahrung zeigt, dass Sprudel fade schmeckt, je wärmer er geworden ist. Auch zum Zapfen von Bier wird häufig Kohlenstoffdioxid eingesetzt.

Die Entstehung der Kohlensäure

In vielen Haushalten steht heute eine Sprudelmaschine, mit der aus Leitungswasser ein erfrischendes Getränk hergestellt werden kann (▷ B 1). Dabei wird aus einer Gaspatrone Kohlenstoffdioxid in das Wasser gepresst. Prüft man das Wasser vor und nach der Zugabe von Kohlenstoffdioxid mit Universalindikator (▷ V 1), so stellt man fest, dass die Lösung sauer geworden ist. Die saure Lösung kann nur durch das Einleiten des Gases entstanden sein. Saure Lösungen enthalten Wasserstoffionen. Das Kohlenstoffdioxidmolekül CO_2 enthält aber keine Wasserstoffatome. **Kohlensäure** entsteht durch die Reaktion mit Wasser:

$$CO_2 + H_2O \longrightarrow H_2CO_3$$

Die Bildung von Ionen

Das Kohlensäuremolekül besitzt zwei Wasserstoffatome. Es kann deshalb zwei verschiedene Säurerest-Ionen bilden, das **Hydrogencarbonation** HCO_3^- und das **Carbonation** CO_3^{2-}.

$$H_2CO_3 \longrightarrow H^+ + HCO_3^-$$

$$HCO_3^- \longrightarrow H^+ + CO_3^{2-}$$

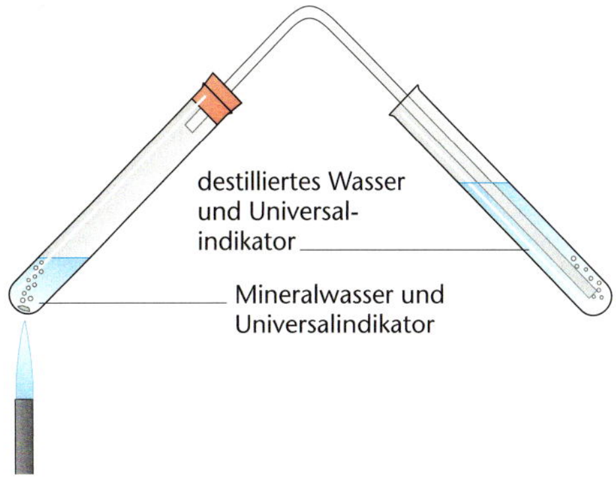

2 Kohlensäure zerfällt leicht.

▶ Kohlensäure hat die Formel H_2CO_3. Sie bildet in Wasser Hydrogencarbonationen und Carbonationen.

Der Zerfall von Kohlensäure

Beim Einleiten von Kohlenstoffdioxid in Wasser wird der größte Teil in Wasser gelöst. Nur ein sehr kleiner Teil (weniger als 1 %) bildet Kohlensäure und damit die saure Lösung.
In Wasser gelöstes Kohlenstoffdioxid kann leicht wieder ausgetrieben werden (▷ B 2; V 2). Durch Erwärmen zerfällt die Kohlensäure in Kohlenstoffdioxid und Wasser:

$$H_2CO_3 \longrightarrow CO_2 + H_2O$$

Säuren, die wie die Kohlensäure leicht wieder zerfallen, nennt man unbeständige Säuren.

Versuche

1 Presse in einer „Sprudelmaschine" Kohlenstoffdioxid aus einer Gaspatrone in Leitungswasser. Prüfe das Wasser vorher und nachher mit Universalindikatorpapier.

2 Ein Reagenzglas wird zu etwa einem Drittel mit kaltem kohlensäurehaltigem Mineralwasser gefüllt. Man gibt Universalindikator und einige Siedesteinchen zu und setzt einen Stopfen mit gewinkeltem Glasrohr auf. Das Glasrohr wird tief in ein 2. Reagenzglas geführt, das mit destilliertem Wasser und etwas Universalindikator gefüllt ist. Das 1. Reagenzglas wird mit dem Gasbrenner schwach erhitzt (▷ B 2). Bei Versuchsende zuerst das rechte Reagenzglas entfernen, dann das Erhitzen einstellen (Rückschlag! Schutzbrille!)

Carbonate – die Salze der Kohlensäure
Von den Namen der Säurerest-Ionen der Kohlensäure leiten sich die Namen ihrer Salze ab: **Hydrogencarbonate** und **Carbonate**. Während die Hydrogencarbonate gut wasserlöslich sind, sind viele Carbonate in Wasser schwer löslich. Dazu gehört **Calciumcarbonat $CaCO_3$**, das als Kalkstein ganze Gebirgszüge bildet (▷ B 1) oder als Kreide oder Marmor vorkommt.

Die Salze der Kohlensäure sind die Carbonate und die Hydrogencarbonate.

1 Gebirgszüge aus Kalk

Kohlensäure „zerfrisst" Kalk
Da Regenwasser aus der Luft Kohlenstoffdioxid aufnimmt, bildet sich auf diese Weise stark verdünnte Kohlensäure. Diese Kohlensäure dringt tief in den Boden ein. Falls sie im Untergrund auf Kalkstein $CaCO_3$ trifft, wandelt sie einen Teil des Kalksteins in lösliches Calciumhydrogencarbonat $Ca(HCO_3)_2$ um (▷ V 1).

$$CaCO_3 + H_2CO_3 \longrightarrow Ca(HCO_3)_2$$

2 In einer Tropfsteinhöhle bildet sich Kalk.

Der Kalk geht in Lösung und wird als Hydrogencarbonat vom Grundwasser fortgespült. Mit der Zeit höhlt das Grundwasser auf diese Weise das kalkhaltige Gestein aus. Es entsteht ein Höhle (▷ B 2).

Kalk bildet sich neu
An der Decke einer Tropfsteinhöhle hängen Wassertropfen mit darin gelöstem Calciumhydrogencarbonat. Wenn das Wasser verdunstet und das Kohlenstoffdioxid entweicht, wandelt sich das gelöste Calciumhydrogencarbonat in schwer lösliches Calciumcarbonat um:

$$Ca(HCO_3)_2 \longrightarrow CaCO_3 + H_2O + CO_2$$

Calciumcarbonat bleibt an der Decke hängen. Auf diese Weise wächst der Kalk als Tropfstein von der Decke herab. Es bilden sich Stalaktiten (▷ B 2).

Andere wichtige Salze der Kohlensäure
Natriumcarbonat Na_2CO_3 wurde früher aus Salzseen gewonnen. Heute wird es technisch hergestellt und kommt unter dem Namen Soda in den Handel. Es wird für die Herstellung von Seifen, Waschmitteln, Glas und Farben benötigt.

Natriumhydrogencarbonat $NaHCO_3$
ist auch unter dem Namen Natron bekannt und wird als Mittel gegen Sodbrennen verwendet. Es ist auch als Treibmittel in Backpulver, Brausepulver (▷ B 3) und in Pulverlöschern enthalten.

Versuch

1 Man leitet Kohlenstoffdioxid über längere Zeit in Kalkwasser ein. Beobachte.

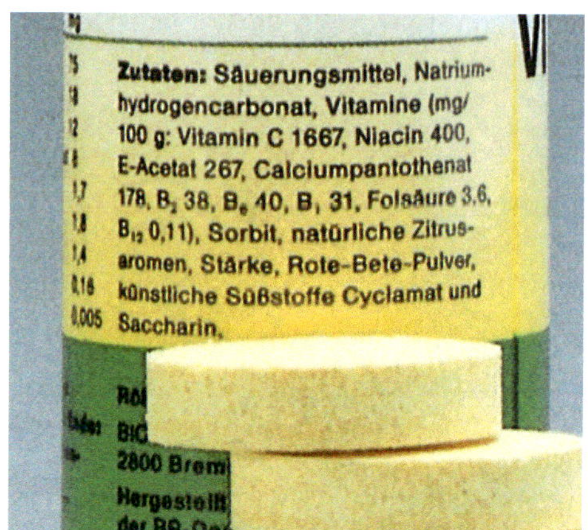

3 Brausepulver enthält Natriumhydrogencarbonat.

Wir untersuchen Salze der Kohlensäure

1 Badezimmer aus Marmor

1 Ist Marmor säurefest?

Material

Schutzbrille, Reagenzglas, Gummistopfen (einfach durchbohrt) mit Glasrohr (spitzwinklig, ungleichschenklig), Becherglas, Kalkwasser, Marmorstücke, verdünnte Salzsäure

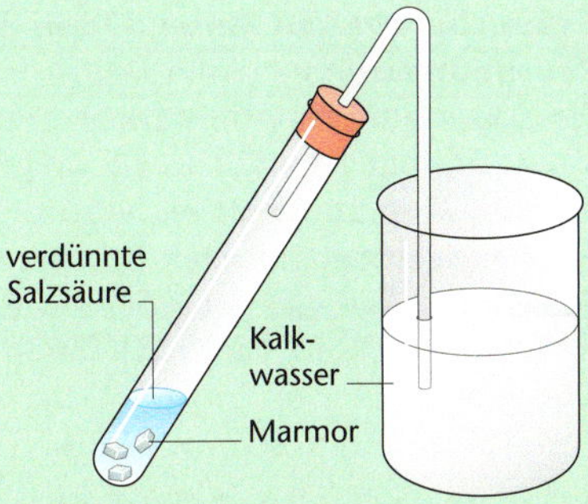

2 Ist Marmor säurefest?

Versuchsanleitung

Gib kleine Marmorstücke in ein Reagenzglas und übergieße sie mit so viel verdünnter Salzsäure, bis die Marmorstücke von der Flüssigkeit überdeckt werden. Verschließe das Reagenzglas mit einem Stopfen und halte das Glasrohr in ein mit Kalkwasser gefülltes Becherglas (▷ B 2). Beobachte.

Aufgabe

Anstelle von Marmor können auch die Schalen von Muscheln (▷ B 3) genommen werden. Warum sind diese geeignet?

3 Muscheln

2 Eierschalen verschwinden

Material

Schutzbrille, Reagenzglas, Spatellöffel, Citronensäure, destilliertes Wasser, trockene Eierschalen

Versuchsanleitung

Gib eine kleine Spatelspitze Citronensäure in ein Reagenzglas. Löse die Säure in etwas destilliertem Wasser. Zerreibe die Eierschalen zwischen den Fingern und gib sie in die Citronensäurelösung.

3 Antrieb mit Natron und Essig

Material

Schutzbrille, Spatellöffel, Filmdose oder Kapsel von Überraschungsei, verdünnte Essigsäure, Natron

Versuchsanleitung

Gib eine Spatelspitze Natron in eine Filmdose (oder die Kapsel eines Überraschungseis) und gib etwas Essigsäure dazu. Verschließe die Dose sofort und stelle dich etwas abseits.
Beobachte, was geschieht.

4 Schaumschlägerei mit Natriumhydrogencarbonat

Material

Schutzbrille, Becherglas (50 ml), Reibschale mit Pistill, Spatel, Spatellöffel, Spülmittel, Natriumhydrogencarbonat, Weinsäure, destilliertes Wasser

a) Vermische und verreibe eine Spatelspitze Natriumhydrogencarbonat mit einer Spatelspitze Weinsäure in der Reibschale. Beobachte, ob eine Reaktion einsetzt.

b) Gib das Pulvergemisch in ein Becherglas und übergieße es mit etwas Wasser, dem einige Tropfen Spülmittel zugefügt wurden (▷ B 4). Erkläre die Beobachtung.

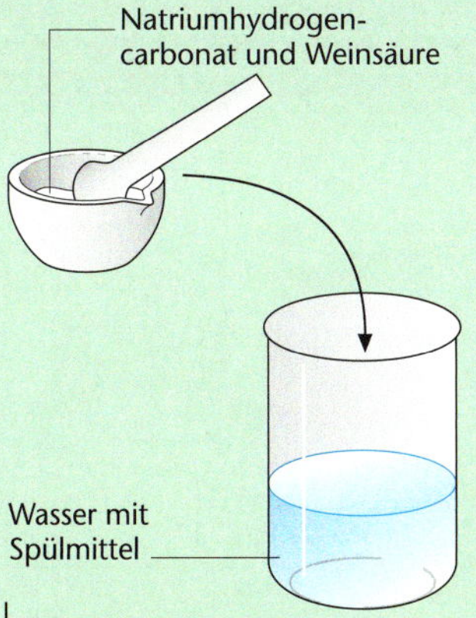

4 Schaumschlägerei

5 Dem Geheimnis des Natrons auf der Spur

Material

Schutzbrille, Reagenzglas, Gummistopfen (einfach durchbohrt), Glasrohr (spitzwinklig, ungleichschenklig), Stativ, Universalklemme, Doppelmuffe, Gasbrenner, Spatel, Becherglas (50 ml), Natron, Kalkwasser

Versuchsanleitung

Gib eine Spatelspitze Natriumhydrogencarbonat in ein Reagenzglas und setze einen Stopfen mit Glasrohr darauf. Spanne das Reagenzglas am Stativ so ein, dass das Glasrohr in das Becherglas mit Kalkwasser taucht. Erhitze das Natriumhydrogencarbonat im Reagenzglas mit dem Gasbrenner und beobachte (▷ B 5).
Entferne den Gasbrenner erst, wenn das Glasrohr aus dem Kalkwasser herausgezogen worden ist!

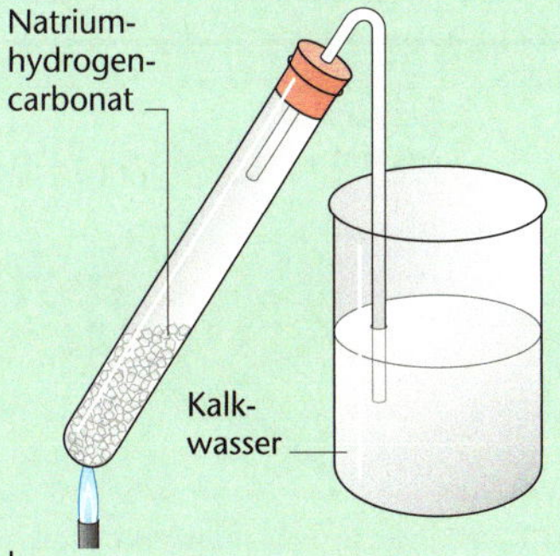

5 Das Geheimnis des Natrons

1 Roter Phosphor wird im Standzylinder verbrannt.

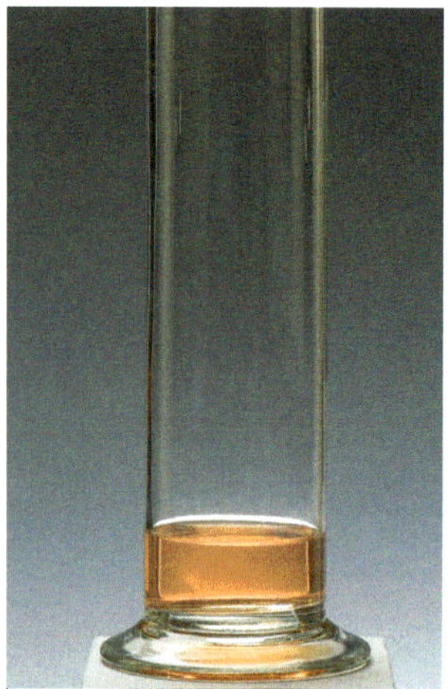

2 Phosphorsäure bildet sich.

Versuche

1 Man entzündet etwas roten Phosphor im Verbrennungslöffel und hält ihn in einen Standzylinder. Der Zylinder wird mit einer Glasscheibe abgedeckt. In einem Becherglas wird dest. Wasser mit Universalindikator versetzt und etwas davon in den Standzylinder gegeben. Nach kräftigem Durchschütteln wird die Farbe verglichen (Abzug!).

2 Man bestreicht ein rostiges Stück Eisenblech dünn mit konz. Phosphorsäure und lässt das Blech vorsichtig über dem Gasbrenner trocknen.

3 a) Zu einer wässrigen Ammoniummolybdatlösung wird so lange ca. 20 %ige Salpetersäure getropft, bis sich der anfänglich gebildete Niederschlag wieder aufgelöst hat.
b) Ein colahaltiges Getränk wird so lange mit Wasser verdünnt, bis die Eigenfarbe kaum noch wahrnehmbar ist. Dann gießt man die Getränkelösung in die Molybdatlösung aus Versuch a).

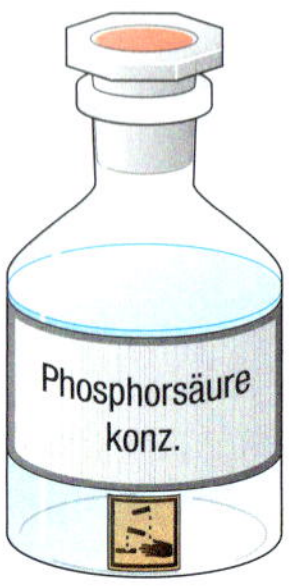

Phosphorsäure aus Phosphor
Wird roter Phosphor entzündet, so entsteht ein weißes Pulver, das Phosphoroxid (▷ B 1). Löst man es in Wasser, so lässt sich mit Universalindikator die Bildung einer sauren Lösung nachweisen (▷ B 2; V 1). Die aus Phosphoroxid und Wasser gebildete Säure heißt **Phosphorsäure** und hat die Formel $\mathbf{H_3PO_4}$.
Da das Molekül drei Wasserstoffatome besitzt, bilden sich beim Lösen in Wasser drei verschiedene Säurerest-Ionen: Das Dihydrogenphosphation $H_2PO_4^-$, das Hydrogenphoshation HPO_4^{2-} und das Phosphation PO_4^{3-}.

▶ Phosphorsäure hat die Formel H_3PO_4. Ihre Säurerest-Ionen sind die Dihydrogenphosphationen, die Hydrogenphosphationen und die Phosphationen.

Eigenschaften und Verwendung der Phosphorsäure
Phosphorsäure ist eine stark ätzende, farblose und ölige Flüssigkeit. Da sie jedoch für Lebewesen ungiftig ist, wird sie in kleinen Mengen colahaltigen Erfrischungsgetränken zugesetzt. In großen Mengen wird Phoshorsäure für die Herstellung von Düngemitteln, Waschmitteln, Wasserenthärtern und Rostumwandlern benutzt (▷ B 3; V 2).

Phosphate sind lebensnotwendig
Phospate sind für alle Organismen lebensnotwendig, denn sie sind am Knochenaufbau und Pflanzenwachstum beteiligt. In vielen Düngemitteln sind Phosphate enthalten (▷ B 4).
Phosphate werden als Säuerungs- und Konservierungsmittel Schmelzkäse und Fleischwaren zugesetzt.

Phosphate lassen sich mit einer Ammoniummolybdatlösung nachweisen. Es bildet sich ein gelber Niederschlag (▷ V 3).

▶ Die Salze der Phosphorsäure sind die Dihydrogenphosphate, Hydrogenphosphate und Phosphate.

3 Manche Rostumwandler enthalten Phosphorsäure.

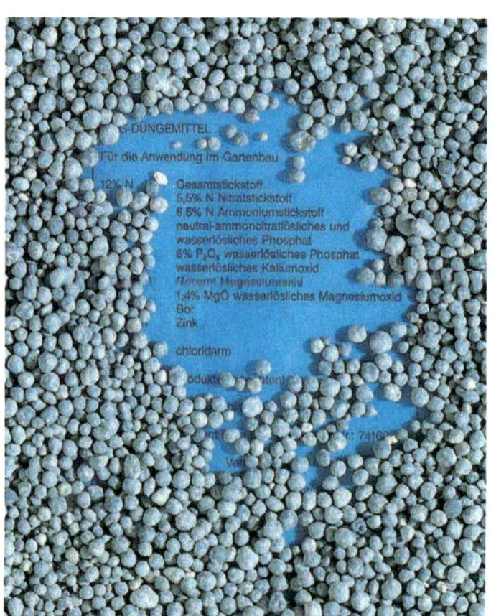

4 Düngemittel enthalten Phosphate.

1 Salpetersäure reagiert sehr heftig mit Holzkohle.

2 Konzentrierte Salpetersäure reagiert mit Magnesium und Kupfer, mit Gold nicht (rechts).

Salpetersäure ist sehr reaktionsfähig

Konzentrierte **Salpetersäure HNO_3** ist sehr reaktionsfreudig. Sie reagiert mit vielen Metallen, allerdings nicht mit Gold (▷ B 2) oder Platin. Ein Gemisch aus Salpetersäure und Salzsäure reagiert sogar mit dem „königliche Metall" Gold und wird deshalb als Königswasser bezeichnet.
Konzentrierte Salpetersäure zersetzt sich bereits durch Lichteinwirkung unter Bildung von rotbraunem, sehr giftigem Stickstoffdioxid. Deshalb wird Salpetersäure in braunen Flaschen aufbewahrt. Sie ist ein sehr starkes Oxidationsmittel und kann Holz (▷ B 1) oder Stroh spontan entzünden.

Die Säurerest-Ionen der Salpetersäure

Salpetersäure bildet in Wasser wie jede andere Säure Ionen. Da sie nur ein Wasserstoffatom im Molekül besitzt, entsteht nur ein Säurerest-Ion, das **Nitration NO_3^-**.

$$HNO_3 \longrightarrow H^+ + NO_3^-$$

Salpetersäure hat die Formel HNO_3.
Das Säurerest-Ion ist das Nitration.

Verwendung der Nitrate

Wichtiger als die Salpetersäure sind für die Technik ihre Salze, die Nitrate. Die Salze Kaliumnitrat KNO_3, Natriumnitrat $NaNO_3$ und Ammoniumnitrat NH_4NO_3 dienen als Stickstoffdünger. Durch sie nehmen die Pflanzen die für sie wichtigen Stickstoffatome auf.

Nitrate werden auch bei der Herstellung von Sprengstoffen, Kunstfasern und Farbstoffen benötigt. Kaliumnitrat KNO_3 ist ein Bestandteil des Schwarzpulvers. Bariumnitrat $Ba(NO_3)_2$ und Strontiumnitrat $Sr(NO_3)_2$ werden heute noch in Feuerwerkskörpern verwendet. Die Sprengstoffe Nitroglycerin, Dynamit und Trinitrotoluol (TNT) werden auf der Basis von Salpetersäure hergestellt.

Die Salze der Salpetersäure heißen Nitrate.

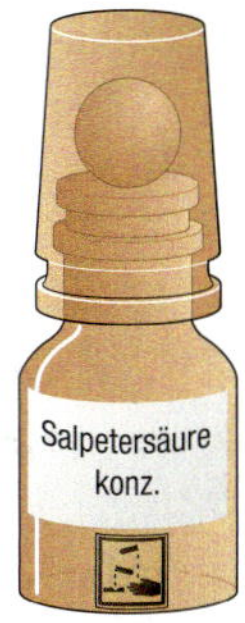

Gefahr durch Nitrate im Grundwasser und in Lebensmitteln

Durch zu starke Nitratdüngung nimmt eine Pflanze mehr Nitrate auf, als sie für das Wachstum benötigt. Diese überschüssigen Nitrate werden in der Pflanze gespeichert; mit der Nahrung nimmt der Mensch dann Nitrate auf. Zu viel Nitratdüngung bewirkt auch, dass das Grundwasser und damit unser Trinkwasser mit Nitrat angereichert wird.
Zu hohe Nitratwerte in unserem Körper gefährden die Gesundheit, weil sie in krebserregende Stoffe (Nitrit und Nitrosamine) umgewandelt werden können. Deshalb wird vom Gesetz vorgeschrieben, dass in einem Liter Trinkwasser höchstens 50 mg Nitrat vorkommen dürfen. Mit Teststreifen können Nitratwerte leicht überprüft werden (▷ B 3).

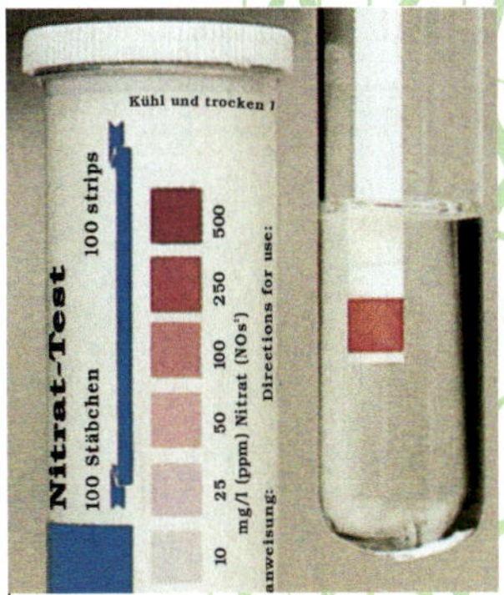

3 Teststreifen für Nitrate

Waldschäden

Die Bedeutung des Waldes
Wenn große Überschwemmungen im Flachland oder gewaltige Erdrutsche (▷B 1, B 2) und Lawinen im Bergland Menschen töten oder in Gefahr bringen, wird besonders offensichtlich, welche große Bedeutung der gesunde Wald hat.

Gesunder Waldboden kann riesige Wassermengen aufnehmen und bei Trockenheit nach und nach wieder abgeben. Zudem verhindert er das Abrutschen von Lawinen (▷B 3). Das Wurzelwerk hält auch an Steilhängen den Boden und Steine fest.
Die grünen Blätter und Nadeln produzieren Sauerstoff zum Atmen und binden Kohlenstoffdioxid aus der Luft. Außerdem filtern große Waldflächen die Luft und sorgen für angenehmen Temperaturausgleich.

1 Erdrutsche bringen Menschen in Gefahr.

2 Hang nach einem Erdrutsch

3 Schneelawine

Waldschäden – nicht nur ein deutsches Problem
Seit Mitte der 80er Jahre wird das Absterben von Bäumen jährlich statistisch erfasst. Der von der Bundesregierung vorgelegte „Waldzustandsbericht“ am Ende des Jahres 2005 weist aus, dass mehr als die Hälfte des deutschen Waldes krank ist. Bei genauerer Betrachtung fällt auf, dass verschiedene Waldregionen sehr unterschiedlich betroffen sind. So sind häufig die Kammlagen des Schwarzwaldes, des Erzgebirges, des Sauerlandes, der Hohen Tatra und anderer europäischer Gebirge besonders betroffen.

Aufgaben

1 Suche mithilfe des Internets heraus, welche Baumarten besonders von Umwelteinflüssen geschädigt sind.

2 Begründe, warum die Kammlagen der Mittelgebirge besonders von Waldschäden betroffen sind.

3 Welche Möglichkeiten zum Verhindern oder zur Reduzierung der Waldschäden kannst du dir vorstellen?

4 Gesunde Nadelbäume

Saurer Regen – ein Verursacher der Waldschäden

Das verstärkte Absterben von Bäumen wird seit etwa 25 Jahren beobachtet. Seit dieser Zeit wird nach den genauen Ursachen geforscht. Die Waldschäden können nicht nur auf eine Ursache zurückgeführt werden. Dennoch ist in der Zwischenzeit unumstritten, dass der **saure Regen** ein Verursacher der Baumschäden ist.

Was bewirkt saurer Regen?

Bei der Verbrennung schwefelhaltiger Verbindungen (z. B. in Kohle, Erdgas, Erdöl) und der Verbrennung von Stickstoff (z. B. im Automotor, in Kraftwerken) entstehen Schwefeldioxid SO_2 und Stickstoffoxide NO_x. Diese sind gasförmig und werden mit dem Wind verbreitet und mit dem Regen ausgewaschen.

Diese Gase schädigen einerseits direkt die Nadeln oder Blätter von Bäumen, da sie das für die Fotosynthese wichtige Chlorophyll zerstören. Andererseits bilden sie mit dem Regen Schwefelsäure, Schweflige Säure und Salpetersäure. Diese Säuren verändern den pH-Wert des Bodens an manchen Stellen so stark, dass die Wurzeln der Bäume geschädigt werden.

Abhilfe

Am sinnvollsten ist es, die Luftschadstoffe erst gar nicht entstehen zu lassen bzw. am Ort der Entstehung sofort zu beseitigen. Hierbei helfen Autokatalysatoren oder Anlagen zur Reinigung der Abluft in der Industrie. Auch die Suche nach und der Einsatz von alternativen Energiequellen und umweltfreundlichen Brennstoffen sollen der zunehmenden Luftverschmutzung entgegenwirken.
Bereits übersäuerte Böden oder Seen können durch Kalkung neutralisiert werden (▷B 7).

Waldschäden, nicht nur durch sauren Regen

In jüngerer Zeit wird ein Pilz als eine Hauptursache für das Absterben insbesondere von Laubbäumen angesehen. Der Name des Pilzes Phythophtera bedeutet Pflanzenzerstörer. Der Pilz, der vermutlich in den vergangenen 100 Jahren aus Ostasien über Pflanzentransporte eingeschleppt wurde, befällt die Wurzeln und dringt in die Rinde ein. Die Baumkrone kann nicht mehr mit Wasser und Nährstoffen versorgt werden. Der Baum stirbt ab. Gegen diesen Pilz gibt es bisher keine Bekämpfungsmittel.

5 Kranke Nadelbäume

6 Hinweis auf Waldschäden

7 Einsatz von Kalk zur Säureneutralisation

Sauer, alkalisch und salzig

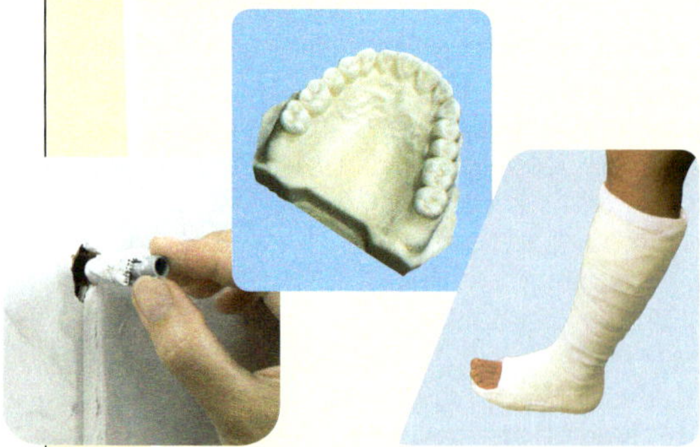

Arbeiten mit Gips

- Gips begegnet uns auf Schritt und Tritt. Ermittle die vielfältigen Verwendungsmöglichkeiten von Gips und schreibe diese übersichtlich auf.

- Gib in einen Joghurtbecher 2 Esslöffel Gipspulver und rühre soviel Wasser unter, bis ein dicker Brei entsteht.
Stecke in den Gipsbrei einen Kunststoffdübel.

Miss die Zeit, bis der Brei hart ist. Nimm den Becher in die Hand und fühle.

Kannst du die Abbindezeit des Gipses verlängern?

Versuche den Dübel herauszuziehen, nachdem der Gips hart geworden ist.

- Forme aus einem Gipsbrei eine Figur oder ein Zeichen. Du kannst deine Plastik nach dem Abbinden auch farbig gestalten.

- Erkundige dich, wie man eine Theatermaske selbst herstellen kann.

Sauer macht nicht immer lustig!

Es stößt einem etwas sauer auf. Im übertragenen Sinn bedeutet dieses, dass einem etwas missfällt. Es kann einem aber tatsächlich sauer aufstoßen. Dieses Sodbrennen löst körperliches Missbehagen aus.

- Wodurch wird Sodbrennen hervorgerufen?

- Gegen Sodbrennen kann man Antazida einnehmen. Was sind Antazida und was sollen sie bewirken?

Ein **Schließmuskel** am Mageneingang verhindert normalerweise, dass Magensäure in die Speiseröhre aufsteigen kann.

Bei Funktionsstörungen des Schließmuskels, bei häufigem Stress oder ungesundem Essen, gelangt Magensäure in die Speiseröhre und löst dort schmerzhafte Entzündungen aus – das „Sodbrennen".

Säure und Natron?

Brausepulver, Backpulver und Süßstofftabletten haben etwas gemeinsam. Sie enthalten eine Säure und Natron (Natriumhydrogencarbonat).

- Gib einen Teelöffel Natron in ein großes Wasserglas, das etwa zur Hälfte mit Wasser gefüllt ist. Schütte dazu Essig und beobachte.

- Gib in ein Glas mit etwas Wasser eine Süßstofftablette und beobachte.

- Warum muss ein Kaffee, zu dem eine Süßstofftablette gegeben wird, nicht umgerührt werden?

Was ist drin?

Mineralwässer enthalten Kationen und Anionen von Salzen.

- Stelle Tabellen für unterschiedliche Mineralwässer zusammen und trage die Kationen und Anionen ein. Welche Anionen und Kationen sind am meisten vertreten?

- Was bedeutet „natriumarm"?

- Bewerte die Qualität unterschiedlicher Mineralwässer.

Wassersorte: Reine Quelle	Stilles Mineralwasser
Kationen (in g/l)	**Anionen** (in g/l)
Natrium Na^{+}........: 0,24	Hydrogencarbonat HCO_3^- : 0,32
Calcium Ca^{2+}.......: 0,0027	Chlorid Cl^- ....: 0,124
Kalium K^{+}............: 0,048	Sulfat SO_4^{2-}........................: 0,0279
Magnesium Mg^{2+}: 0,00067	Fluorid F^-...........................: 0,00045

Isotonische Getränke für Sportler?

Wer Sport treibt und schwitzt, muss viel Flüssigkeit trinken, denn beim Schwitzen verliert man nicht nur Wasser, sondern auch Mineralstoffe, also Salze. Auch diese Salze müssen ersetzt werden, da sie am Körperaufbau beteiligt und für die chemischen Reaktionen im Körper unentbehrlich sind.

- Ermittle, wie viel Flüssigkeit man bei mäßiger, intensiver oder extremer Belastung in einer Stunde verliert.

- Getränke, deren Gehalt an gelösten Teilchen denen des Blutes entspricht, werden isotonische Getränke genannt. Mach dich kundig über die Zusammensetzung solcher isotonischen Getränke.

- Das optimale isotonische Getränk ist die Apfelsaftschorle: Die Mischung von einem Drittel Saft und zwei Dritteln natriumreichem Mineralwasser ist nicht besonders süß, versorgt den Körper aber dennoch mit Zucker und Mineralstoffen. Warum sollte man nach dem Sport nicht Cola oder Bier trinken, sondern Apfelsaftschorle?

- Plane ein Experiment zur Überprüfung der elektrischen Leitfähigkeit eines isotonischen Getränkes.

- Plane ein Experiment zum Nachweis von Natriumverbindungen in isotonischen Getränken.

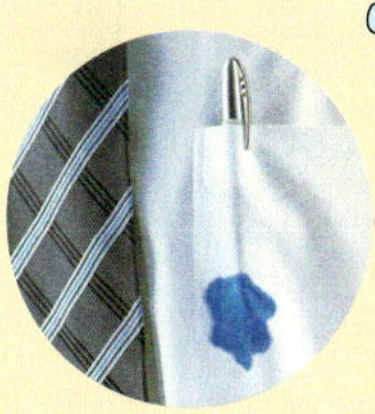

Chemie zu Hause

Die Heizstäbe des Warmwasserboilers sind verkalkt, der Abfluss der Spüle ist wieder mal verstopft und das T-Shirt ist voller Flecken von Filzschreibern!

- Mit welchen Geräten oder Reinigern lassen sich die Verkalkung, die Verstopfung und die Farbflecken entfernen?

Der Indikator zeigt eine andere Farbe

Das Gefahrensymbol auf einem Rohrreiniger zeigt an, dass beim Umgang Vorsicht geboten ist. Löst man etwas Rohrreiniger in Wasser (▷ V 1) und prüft mit Universalindikatorpapier, so zeigt sich eine kräftig blaue Farbe. Sie zeigt an, dass eine alkalische Lösung entstanden ist.

Die Reaktion von Natrium mit Wasser

Gibt man ein entrindetes Stück Natrium auf Wasser, reagiert es so heftig, dass es durch die Reaktionswärme schmilzt und kugelförmig wird (▷ B 1; V 2a). Zischend bewegt sich das Natriumstück auf der Wasseroberfläche hin und her und verschwindet schnell. Es lassen sich Schlieren und eine Blaufärbung des Universalindikators beobachten. Die Lösung ist alkalisch.

1 Natrium reagiert heftig mit Wasser.

Neben der alkalischen Lösung entsteht bei der Reaktion von Natrium mit Wasser ein Gas. Bei dem Gas handelt es sich um Wasserstoff. Das zischende Geräusch und die Bewegung des Natriumstücks auf der Wasseroberfläche entstehen durch die heftige Wasserstoffentwicklung.

Eine Lauge entsteht

Bei der Reaktion von Natrium mit Wasser entsteht Wasserstoff. Die Schlierenbildung weist darauf hin, dass noch ein weiterer Stoff entstanden ist.
Dampft man die Lösung ein, so bleibt ein weißer Belag zurück, der keine Ähnlichkeit mit Natrium hat. Der weiße Stoff ist **Natriumhydroxid NaOH**.
Natriumhydroxid ist stark wasseranziehend (hygroskopisch; ▷ B 2). Löst man Natriumhydroxid wieder in Wasser und prüft mit Universalindikator, zeigt die Blaufärbung eine alkalische Lösung an. Diese Lösung nennt man **Natronlauge**.
Bei der Reaktion von Natrium mit Wasser ist Natronlauge entstanden (▷ B 3):

$$2\,Na + 2\,H_2O \longrightarrow 2\,NaOH + H_2$$

▶ Die Lösung von Natriumhydroxid in Wasser nennt man Natronlauge. Universalindikator ergibt mit Natronlauge eine Blaufärbung.

Die Ionen der Natronlauge

Löst man festes Natriumhydroxid in Wasser, so zeigt die Lösung eine gute elektrische Leitfähigkeit (▷ B 4; V 3). Natriumhydroxid ist beim Lösen in Wasser in Ionen zerfallen. Beim Zerfall entsteht ein positiv geladenes Natriumion Na^+ und ein negativ geladenes **Hydroxidion OH^-**.

$$NaOH \longrightarrow Na^+ + OH^-$$

Andere Laugen

Die Alkalimetalle Lithium und Kalium zeigen ein ähnliches Reaktionsverhalten wie Natrium. Auch sie reagieren mit Wasser unter Wasserstoffentwicklung und bilden

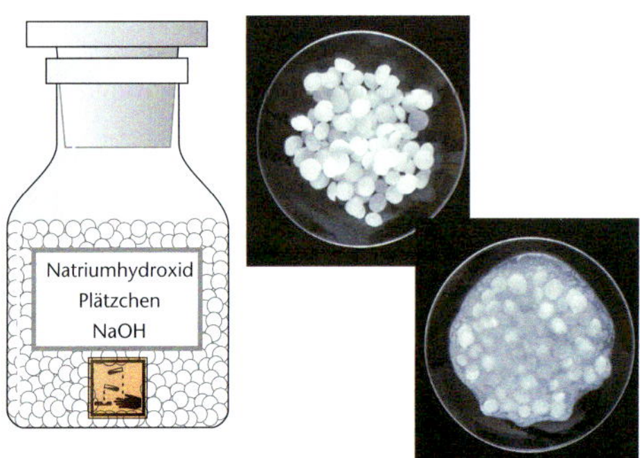

2 Natriumhydroxid ist fest und stark hygroskopisch.

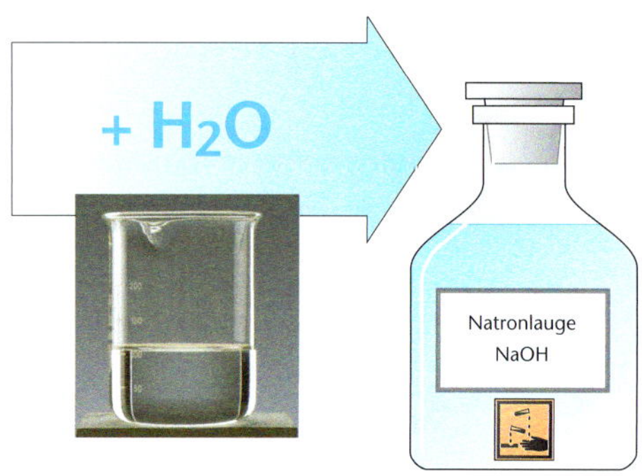

3 Natronlauge – eine farblose Flüssigkeit

4 Alkalische Lösungen leiten den elektrischen Strom.

festes Hydroxid		frei bewegliche Ionen in wässriger Lösung	Name der Laugen
NaOH	⟶	$Na^+ + OH^-$	Natronlauge
KOH	⟶	$K^+ + OH^-$	Kalilauge
LiOH	⟶	$Li^+ + OH^-$	Lithiumlauge
$Ca(OH)_2$	⟶	$Ca^{2+} + 2\ OH^-$	Calciumlauge (Kalkwasser)
$Ba(OH)_2$	⟶	$Ba^{2+} + 2\ OH^-$	Bariumlauge (Barytwasser)

5 Hydroxide bilden beim Lösen in Wasser Laugen.

Hydroxide. Lithium reagiert langsamer als Natrium, Kalium wesentlich heftiger (▷ V 2b).

Die Hydroxide lösen sich in Wasser und bilden **Laugen**. In jeder dieser Lösungen kommen Hydroxidionen vor. Diese Hydroxidionen sind verantwortlich für die alkalische Reaktion und die Farbänderung des Universalindikators.
Die wässrige Lösung von Lithiumhydroxid in Wasser nennt man **Lithiumlauge**, die Lösung von Kaliumhydroxid in Wasser **Kalilauge** (▷ B 5).

Laugen sind wässrige Lösungen, die Hydroxidionen (OH^--Ionen) enthalten. Diese sind verantwortlich für die alkalischen Eigenschaften.

Die Erdalkalimetalle reagieren mit Wasser ähnlich wie die Alkalimetalle und bilden ebenfalls Hydroxide. Diese Hydroxide bilden mit Wasser Laugen (▷ V 4).
Eine bekannte Lauge ist die **Calciumlauge**, auch Kalkwasser genannt.

Versuche

1 Löse vorsichtig etwas Rohrreiniger in einem Reagenzglas in Wasser und prüfe die Lösung mit Universalindikatorpapier. (Schutzbrille!)

2 a) Ein etwa linsengroßes, frisch entrindetes Stück Natrium wird (hinter einer Schutzscheibe) in einer pneumatischen Wanne auf Wasser gegeben. Die Lösung wird mit Universalindikator geprüft. (Schutzscheibe! Schutzbrille!)
b) Der Versuch wird mit einem linsengroßen Kaliumstück und erbsengroßen Lithiumstück wiederholt. (Schutzscheibe! Schutzbrille!)

3 Festes Natriumhydroxid wird in Wasser gelöst und die elektrische Leitfähigkeit geprüft. (Schutzbrille!)

4 Ein Körnchen Calcium wird in ein Reagenzglas mit etwas Wasser gegeben. Nach der Reaktion wird mit Universalindikator getestet. (Schutzbrille!)

Werkstatt

Wir stellen Laugen her

1 Bildet Magnesium eine Lauge?

Material

Schutzbrille, Reagenzglas, Reagenzglasgestell, feines Schleifpapier, Tropfpipette, Universalindikatorlösung, destilliertes Wasser, Magnesiumband

Versuchsanleitung

Schleife von einem Magnesiumband vorsichtig die Oberfläche mit einem Schleifpapier blank und gib es mit wenig Wasser in ein Reagenzglas. Füge einige Tropfen Universalindikatorlösung hinzu und stelle das Reagenzglas in ein Reagenzglasgestell. Beobachte.

2 Bildet Calcium eine Lauge?

Material

Schutzbrille, 3 Reagenzgläser, davon ein Reagenzglas mit größerem Durchmesser, Reagenzglasgestell, Gasbrenner, Pinzette, Trichter, Filterpapier, Porzellanschale, Dreifuß, Keramik-Drahtnetz, Calcium (gekörnt), destilliertes Wasser, Universalindikatorlösung

Versuchsanleitung

a) Fülle in ein Reagenzglas etwa 5 ml Wasser und stelle es in das Reagenzglasgestell. Gib mit einer Pinzette zwei Körnchen Calcium in das Wasser und halte sofort das Reagenzglas mit dem größeren Durchmesser über die Öffnung des Reagenzglases im Gestell (▷ B 1). Führe mit dem entstandenen Gas dann die Knallgasprobe durch.

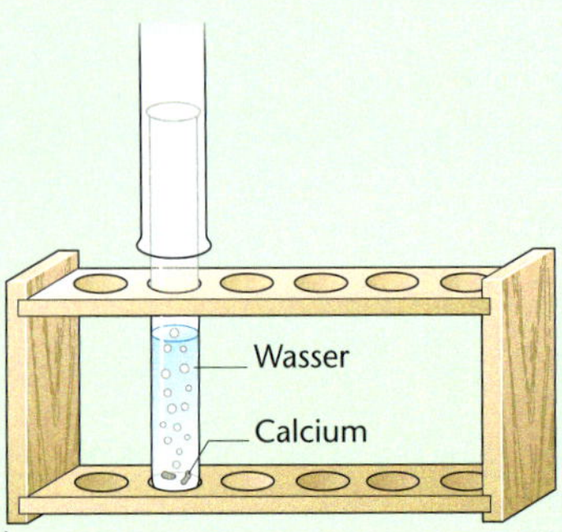

1 Calciumlauge entsteht.

b) Stelle ein Reagenzglas mit Trichter und Filterpapier in ein Reagenzglasgestell. Filtriere die Lösung aus Versuchsteil a) in das Reagenzglas im Gestell (▷ B 2).

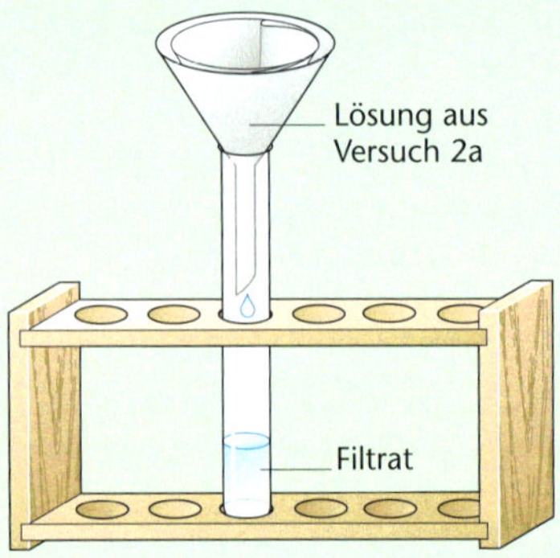

2 Die Lösung wird filtriert.

Gib zu einem Teil des Filtrates einige Tropfen Universalindikatorlösung.
Gieße den anderen Teil in eine Porzellanschale und dampfe die Lösung vorsichtig mit der nicht leuchtenden Flamme ein (▷ B 3). Entferne vor dem vollständigen Verdampfen den Brenner.

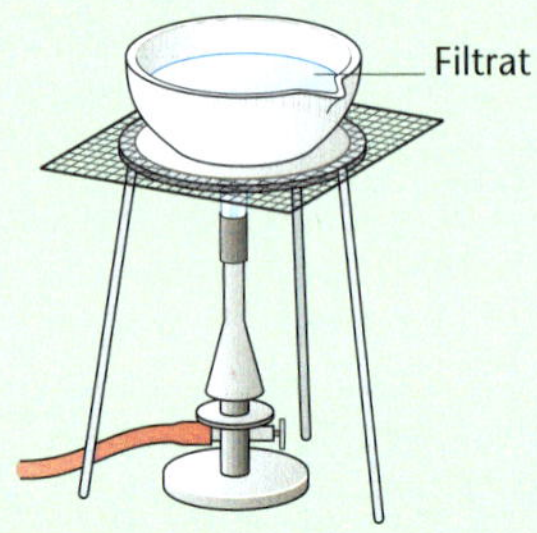

3 Die Lösung wird eingedampft.

Aufgabe

Wie heißt der eingedampfte Feststoff?

3 Wir stellen Kalkwasser her

Material

Schutzbrille, 2 Erlenmeyerkolben (250 ml), Trichter, Filterpapier, Spatellöffel, Universalindikatorpapier, destilliertes Wasser, Calciumhydroxidpulver

Versuchsanleitung

Gib eine Spatelspitze Calciumhydroxidpulver in ca. 100 ml destilliertes Wasser in einem Erlenmeyerkolben. Rühre um. Bilde aus zwei Filterpapieren einen Doppelfilter. Filtriere die Lösung zweimal in den zweiten Erlenmeyerkolben. Prüfe eine Probe der Lösung mit Universalindikatorpapier. Bewahre die Lösung für weitere Versuche auf.

Aufgabe

Wie kann man leicht überprüfen, ob Kalkwasser entstanden ist?

4 Wir arbeiten mit selbst hergestelltem Kalkwasser

Material

Schutzbrille, 2 Gaswaschflaschen, T-Stück, 3 Gummischläuche, Wasser, Kalkwasser

Versuchsanleitung

Gib etwas Wasser in die Gaswaschflaschen. Verbinde die Gaswaschflaschen wie in Bild 4 mit den Schläuchen über das T-Stück. Atme dann langsam Luft über den Schlauch am T-Stück ein und wieder aus. Wenn die Luft sichtbar über die eine Flasche ein- und über die andere Flasche ausgeatmet wird, tausche das Wasser gegen Kalkwasser und wiederhole den Versuch.

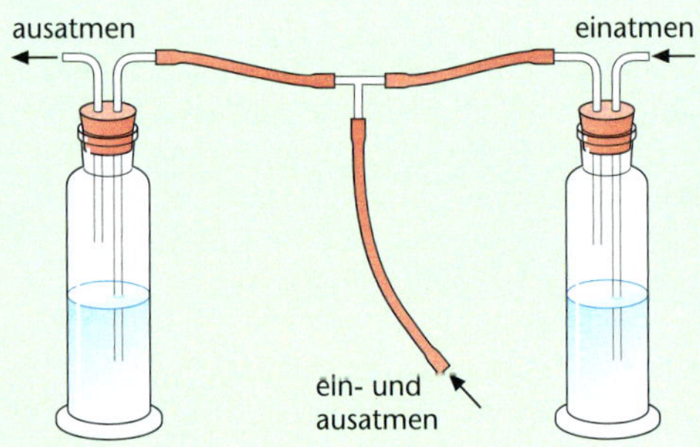

4 Luft wird über die Flaschen ein- und ausgeatmet.

Aufgaben

1. Erkläre den Versuchsablauf und das Ergebnis aus Versuch 4.
2. Überlege, was passiert, wenn man die Gaswaschflaschen falsch anschließt.

1 Ammoniak reagiert mit Salzsäuregas.

Ammoniak – ein Gas

Öffnet man eine Flasche mit Ammoniakwasser, so kann man bereits bei großem Abstand einen stechenden Geruch wahrnehmen. Das entweichende Gas heißt **Ammoniak** und hat die Formel NH_3.

Lässt man die Gase Ammoniak und Chlorwasserstoff miteinander reagieren (▷ V 1), so bildet sich weißer Rauch. Das unsichtbare Gas Ammoniak reagiert mit dem unsichtbaren Chlorwasserstoffgas zu festem Ammoniumchlorid NH_4Cl, das als Rauch sichtbar wird (▷ B 1).

$$NH_3 + HCl \longrightarrow NH_4Cl$$

Diese Reaktion wird auch als Nachweis für Ammoniakgas benutzt.

Die Eigenschaften von Ammoniak

Das Gas Ammoniak löst sich sehr gut in Wasser und bildet Ammoniakwasser. Eine 10%ige wässrige Lösung wird auch als „Salmiakgeist" bezeichnet. Ammoniak darf nicht eingeatmet werden; auf der Haut verursacht es eine entzündliche Rötung und Blasenbildung. Deshalb muss mit Ammoniakwasser vorsichtig umgegangen werden.

Ammoniakwasser – alkalisch ohne Alkalimetall

Ammoniakwasser zeigt mit Universalindikator eine alkalische Reaktion (▷ V 2). Es müssten in der Lösung also Hydroxidionen OH^- vorliegen. Das Ammoniakmolekül NH_3 enthält jedoch keine Hydroxidionen. Diese können nur durch eine Reaktion mit Wasser entstanden sein. Beim Lösen in Wasser reagieren einige Ammoniakmoleküle mit den Wassermolekülen. Dabei wird jeweils ein Wasserstoffion H^+ eines Wassermoleküles an das Ammoniakmolekül gebunden. Dabei entsteht ein Hydroxidion und ein positiv geladenes Ion, das **Ammoniumion** NH_4^+ (▷ B 2). Die entstehende Lauge wird daher auch als Ammoniumhydroxidlösung bezeichnet.

Tatsächlich reagiert nur ein kleiner Teil der Ammoniakmoleküle zu Ammonium- und Hydroxidionen, die meisten Moleküle lösen sich in Wasser, manche entweichen schon bei Zimmertemperatur. Aus diesem Grund riechen ammoniakhaltige Putzmittel (▷ B 3) und Ammoniakwasser stark nach dem Gas.

▶ Ammoniak bildet in Wasser gelöst eine Lauge. Diese heißt Ammoniakwasser oder Ammoniumhydroxidlösung.

Vorkommen und Verwendung von Ammoniumsalzen

Salze, die Ammoniumionen enthalten, nennt man **Ammoniumsalze**. Ammoniumchlorid NH_4Cl wird in geringen Mengen den Salmiakpastillen (▷ B 4) zugesetzt, es wirkt schleimlösend und geschmacksverstärkend.

Ein Gemisch aus Ammoniumhydrogencarbonat und Ammoniumcarbonat ist ein besonderes Backpulver, das als Hirschhornsalz bezeichnet wird (▷ B 5; V 3).

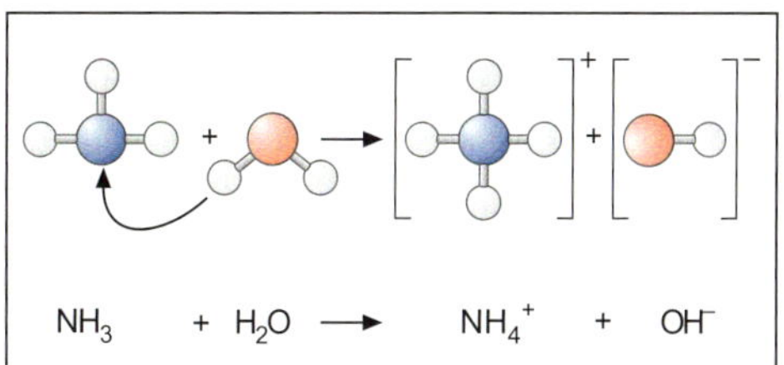

2 Ein Ammoniakmolekül reagiert mit einem Wassermolekül.

Versuche

1 Man gibt je einen mit konz. Ammoniakwasser und mit konz. Salzsäure getränkten Wattebausch in eine Abdampfschale. (Abzug! Schutzbrille!)

2 Gib zu verdünnter Ammoniaklösung in einem Reagenzglas etwas Universalindikatorlösung. (Schutzbrille!)

3 Gib in ein Reagenzglas eine Spatelspitze Hirschhornsalz und erhitze. Halte feuchtes Universalindikatorpapier in die Öffnung des Reagenzglases.

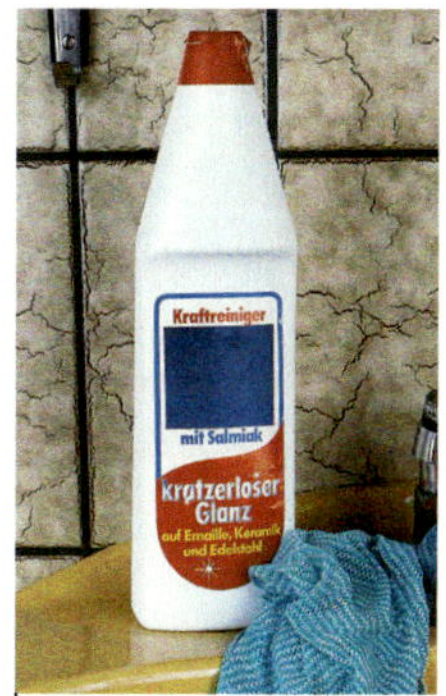

3 Ammoniakhaltiges Putzmittel

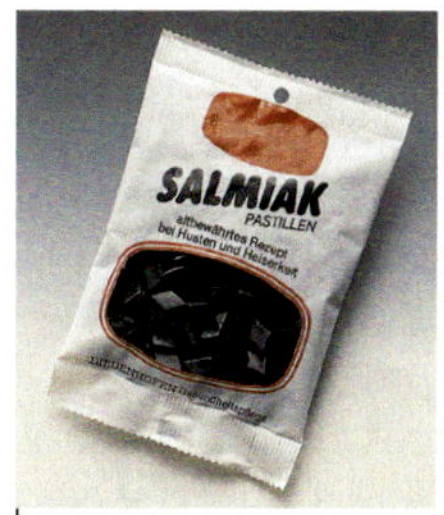

4 Salmiakpastillen

5 Hirschhornsalz

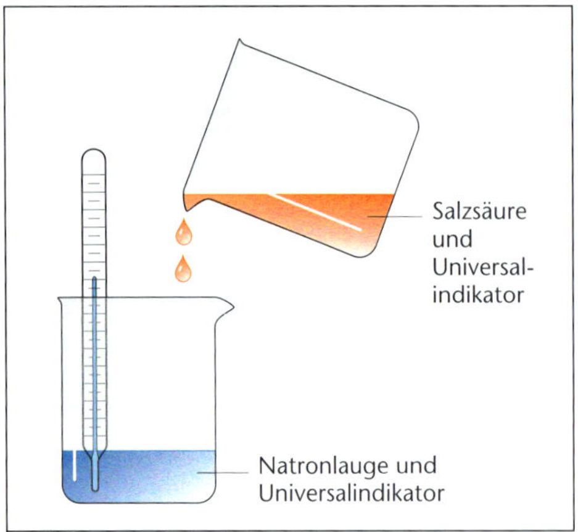

1 Neutralisation von Natronlauge mit Salzsäure

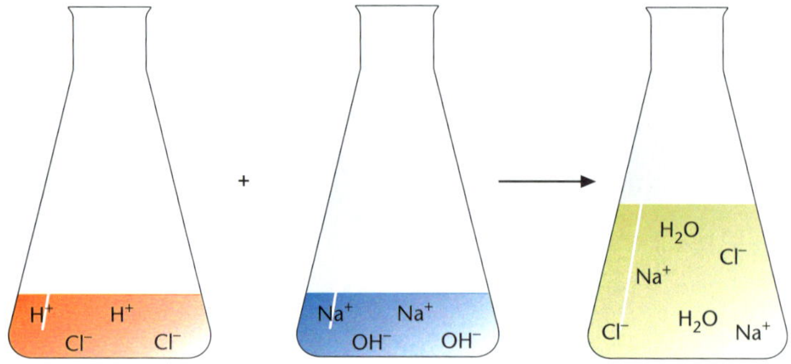

Mischen von Säure und Lauge

Saure Lösungen und Laugen können Pflanzen und Fische gefährden. Diese Lösungen dürfen deshalb nicht unbehandelt in das Abwasser gegeben werden. Was passiert, wenn eine saure und eine alkalische Lösungen zusammen in das Abwasser gelangen?

Tropft man verdünnte Salzsäure zu verdünnter Natronlauge, der Universalindikator zugesetzt wurde, so nimmt die Blaufärbung ab und geht langsam in Gelbgrün über (▷ B 1; V 1). Diese Farbe zeigt, dass eine neutrale Lösung entstanden ist. Ihr pH-Wert ist 7. Außerdem ist eine Temperaturerhöhung messbar. Temperaturerhöhung und Farbänderung des Indikators deuten darauf hin, dass eine chemische Reaktion stattgefunden hat.

Beim Zusammentreffen der Wasserstoffionen der sauren Lösung und der Hydroxidionen der Lauge bilden sich Wassermoleküle.

$H^+ + OH^- \longrightarrow H_2O$ |exotherm

Diese Reaktion wird als **Neutralisation** bezeichnet. Die Neutralisation ist eine exotherme chemische Reaktion.

▶ Die Bildung von Wassermolekülen aus Wasserstoffionen und Hydroxidionen ist eine Neutralisationsreaktion.

2 Beim Eindampfen einer neutralisierten Lösung bleibt das Salz zurück.

Salze durch Neutralisation

Salzsäure enthält neben Wasserstoffionen auch Chloridionen. Natronlauge weist neben den Hydroxidionen auch Natriumionen auf.

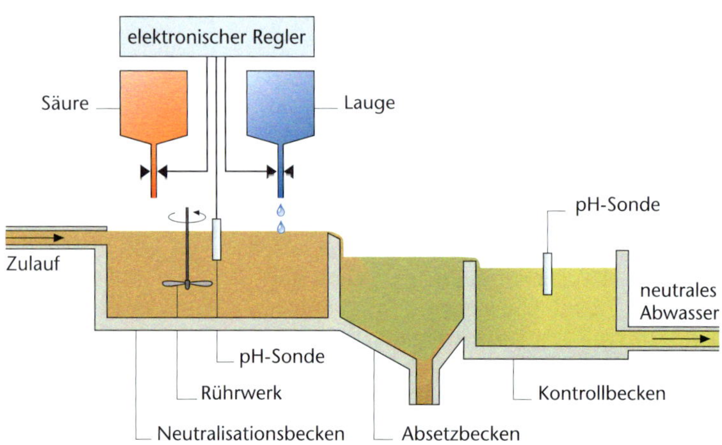

3 Schema einer Neutralisationsanlage

Wenn die Wasserstoffionen mit den Hydroxidionen zu Wassermolekülen reagieren, bleiben Natrium- und Chloridionen übrig. Aus diesen Ionen ist Natriumchlorid (Kochsalz) aufgebaut. Tatsächlich zeigt sich ein weißer, salzartiger Feststoff , wenn man die Lösung aus Salzsäure und Natronlauge eindampft (▷ B 2).

$Na^+ + OH^- + H^+ + Cl^- \longrightarrow NaCl + H_2O$

Natronlauge	Salzsäure	Natriumchlorid	Wasser

Nicht nur Salzsäure und Natronlauge, sondern auch andere Säuren und Laugen können zu Salzen und Wasser reagieren.

Säure + Lauge ⟶ Salz + Wasser |exotherm

Neutralisation, wichtig für die Umwelt
In vielen Industriezweigen (z. B. Lack-, Waschmittel- oder Papierindustrie) entstehen saure oder alkalische Abfälle. Bevor diese in die Umwelt eingeleitet werden, müssen sie neutralisiert werden (▷ B 3).

Versuch

1 a) Fülle ein Reagenzglas zu etwa einem Drittel mit verdünnter Natronlauge. Füge drei Tropfen Universalindikator zu der Natronlauge. Gib anschließend tropfenweise verdünnte Salzsäure zu der Lauge, bis der Indikator nach Gelbgrün umschlägt. (Schutzbrille!) Miss die Temperatur der Natronlauge, der Salzsäure und der entstandenen Lösung.
b) Schüttle die Lösung zur Entfernung des Indikators mit Aktivkohle und filtriere. Lass die Flüssigkeit des Filtrats verdunsten und betrachte den Rückstand unter der Lupe.

Aufgaben

1 Stelle die Reaktionsgleichungen für die Reaktionen von a) Kalilauge und Salzsäure und b) Calciumlauge (Kalkwasser) und Salzsäure auf.

2 Welche Säure muss man mit welcher Lauge neutralisieren, um das Salz Natriumsulfat zu erhalten?

3 Zum Kalken eines Bodens wird häufig Calciumoxid (Branntkalk) eingesetzt. Welche Stoffe entstehen bei der Reaktion von Calciumoxid und Schwefelsäure?

Werkstatt

Umgang mit der Bürette

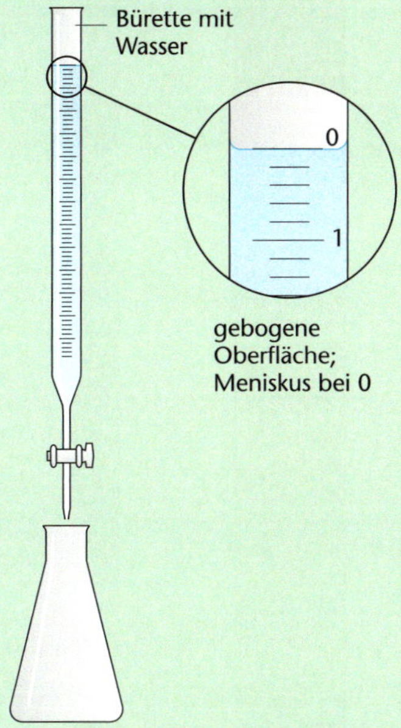

1 Volumenmessung mit der Bürette

1 Messen mit einer Bürette

Material
Bürette (50 ml), Erlenmeyerkolben (100 ml), Becherglas (100 ml), Stativ, Doppelmuffe, Universalklemme, dest. Wasser

Versuchsanleitung
a) Befestige die Bürette mit der Klammer am Stativ. Gib dann destilliertes Wasser in das Becherglas. Fülle damit die Bürette bis über die obere Markierung und stelle das Becherglas unter den Bürettenhahn. Öffne den Bürettenhahn kurz, damit die Luft aus dem Hahn entfernt wird.
Stelle den Wasserstand durch vorsichtiges Öffnen der Bürette auf den Nullpunkt (▷ B 1). Lass 20 Tropfen aus der Bürette ausfließen und lies das Volumen an der Bürette ab. Vergleiche die Messergebnisse in der Klasse.

b) Fülle die Bürette wie in a) beschrieben mit Wasser. Lass 1 ml Wasser aus der Bürette in das Becherglas tropfen. Zähle dabei die Tropfen. Wie viele Tropfen hat 1 ml? Vergleiche die Ergebnisse in der Klasse.

2 Neutralisation

Material
Schutzbrille, Bürette (50 ml), Messzylinder, 2 Bechergläser (100 ml), Erlenmeyerkolben (100 ml), Stativ, Doppelmuffe, Universalklemme, Universalindikator, Salzsäure ($c(HCl) = 0{,}1$ mol/l), Natronlauge ($c(NaOH) = 0{,}1$ mol/l)

Versuchsanleitung
a) Befestige die Bürette mit der Klemme am Stativ. Gib dann etwa 10 ml Salzsäure in das Becherglas und fülle die Säure in die Bürette. Lasse die Säure aus der Bürette in das zweite Becherglas laufen. Die Bürette ist jetzt von Staub und Wasserresten befreit.

b) Gib jetzt etwa 30 ml Salzsäure in die Bürette. Halte unter den Bürettenhahn das zweite Becherglas und öffne kurz den Hahn, damit die Luft aus dem Hahn entfernt wird. Lies den Stand der Bürette genau ab.

c) Gib in den Erlenmeyerkolben genau 20 ml Natronlauge und 5 Tropfen Universalindikator.

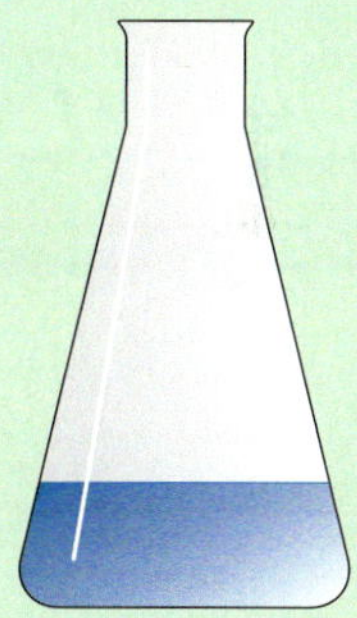

2 Diese Lösung wird neutralisiert.

d) Lass aus der Bürette die Salzsäure in die Natronlauge im Erlenmeyerkolben tropfen. Schwenke den Erlenmeyerkolben ständig. Schließe den Hahn der Bürette, wenn die Flüssigkeit im Erlenmeyerkolben die Farbe Gelbgrün zeigt.
Lies wieder den Stand der Bürette ab und vergleiche in der Klasse.

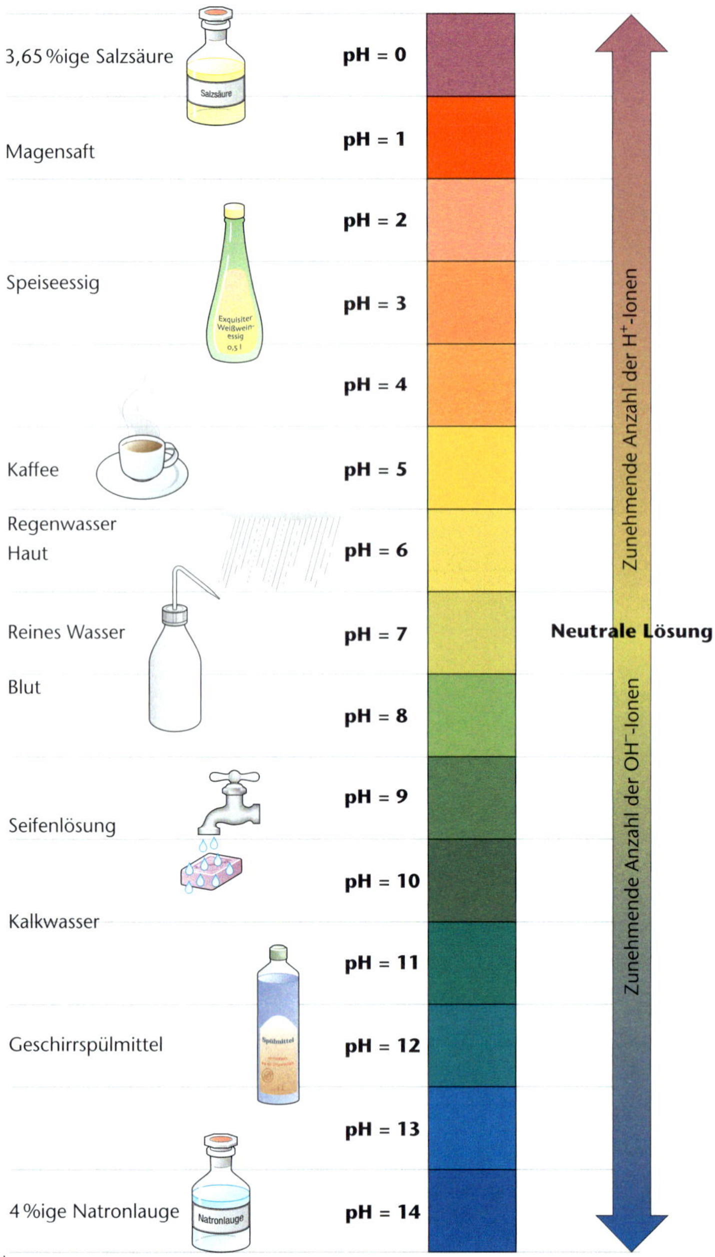

1 Die pH-Werte einiger Lösungen

Indikatoren und pH-Wert-Skala
Indikatoren zeigen über eine charakteristische Farbe an, ob eine Lösung sauer oder alkalisch ist. Zur genauen Beschreibung, wie sauer oder alkalisch eine Lösung ist, wird der **pH-Wert** benutzt. Meist wird eine pH-Skala von 0 bis 14 eingesetzt.

Der pH-Wert von Lösungen
Saure Lösungen besitzen einen pH-Wert, der kleiner als 7 ist. Je stärker sauer eine Lösung ist, desto kleiner ist der pH-Wert und desto mehr H^+-Ionen enthält die Lösung. So enthält ein Liter einer Lösung mit einem pH-Wert 1 zehnmal so viele H^+-Ionen wie ein Liter einer Lösung mit einem pH-Wert 2. Von pH 7 bis pH 0 steigt die Konzentration der H^+-Ionen auf das 10 000 000-fache an.

Alkalische Lösungen besitzen einen pH-Wert, der größer als 7 ist. Meist reicht die pH-Skala bis 14. Je stärker alkalisch eine Lösung ist, desto größer ist der pH-Wert. So enthält ein Liter einer Lösung mit dem pH-Wert 14 zehnmal so viele OH^--Ionen wie ein Liter der Lösung mit dem pH-Wert 13. Von pH 7 bis pH 14 steigt die Konzentration der OH^--Ionen um das 10 000 000-fache an.

Neutrale Lösungen haben den pH-Wert 7. Diese Lösungen enthalten nur wenige, aber gleich viele H^+- und OH^--Ionen.

Der pH-Wert ist ein Maß für den sauren (pH < 7), alkalischen (pH > 7) oder neutralen (pH = 7) Charakter einer Lösung.

Verdünnung verändert den pH-Wert
Verdünnt man einen Liter einer sauren Lösung (▷ V 1) mit dem pH-Wert 2 auf zehn Liter, so steigt der pH-Wert auf 3. Die Lösung wird durch die Verdünnung weniger sauer, da die Konzentration der H^+-Ionen abnimmt.

Verdünnt man eine alkalische Lösung, so nimmt die Konzentration der OH^--Ionen ab. Um aus einer Lösung mit dem pH-Wert 10 eine Lösung mit dem pH-Wert 8 zu erhalten, muss die Lösung auf das 100-fache verdünnt werden.

Durch Verdünnung steigt der pH-Wert einer sauren Lösung, der pH-Wert einer alkalischen Lösung fällt.

Versuch

1 Gib 1 ml einer 0,365 %igen Salzsäurelösung in einen 10-ml-Messzylinder und misst den pH-Wert. (Schutzbrille!) Fülle den Messzylinder mit Wasser bis zum 10-ml-Eichstrich auf und miss erneut den pH-Wert. Gib dann 1 ml von dieser Lösung in einen zweiten 10-ml-Messzylinder und fülle wieder mit Wasser auf 10 ml auf. Wiederhole die pH-Bestimmung und vergleiche.

Der pH-Wert ist entscheidend
Das Wasser im Schwimmbad sollte einen pH-Wert von etwa 7,2 haben. Liegt er über 7,8, werden die Schleimhäute gereizt. Der Badende empfindet ein Brennen in der Nase und den Augen. Liegt der pH-Wert unter 6,8, können Metallteile der Schwimmbadanlage angegriffen werden.

In Klärwerken wird sowohl der pH-Wert des Abwassers als auch des geklärten Wassers ständig überwacht. Schnell und genau kann der pH-Wert mit elektrischen pH-Metern (▷ B 2) bestimmt werden.
Es ist meist nicht sinnvoll, den pH-Wert durch Verdünnung zu verändern. So muss z. B. 1 l Natronlauge mit dem pH-Wert 14 mit 1 Million Liter Wasser verdünnt werden, um den unbedenklichen pH-Wert 8 zu erreichen.
Sinnvoller ist es, saure und alkalische Abfälle durch Zugabe einer Lauge oder Säure zu neutralisieren.

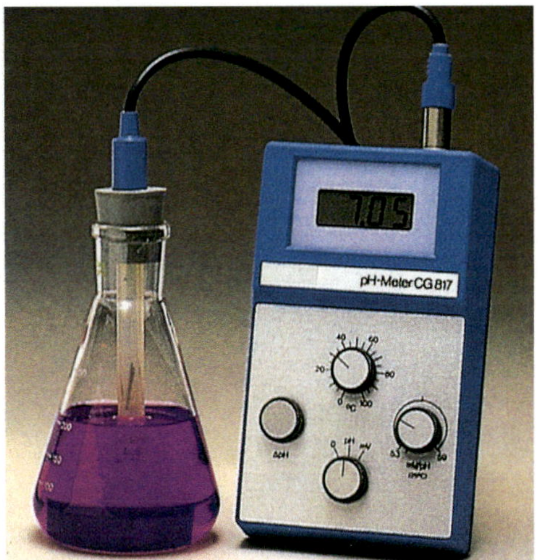

2 pH-Meter

Aufgaben

1 a) Welche pH-Werte weisen Essigsorten auf?
b) Welchen pH-Bereich weisen Seifenlösungen auf?

2 Wie ändert sich der pH-Wert, wenn eine 4 %ige Natronlauge verdünnt wird?

3 Bevor Salzsäurereste in das Abwasser gegeben werden, sollten sie einen pH-Wert von 6 bis 7 aufweisen. Wie bringst du Salzsäurereste, die beim Experimentieren anfallen, auf diesen pH-Bereich?

Brennpunkt

Der Säurebegriff hat sich gewandelt

Von der Farbänderung zu den Wasserstoffionen
Die Kenntnis über die Eigenschaften und die Zusammensetzung der Säuren hat sich erst allmählich entwickelt (▷ B 1).
Säuren wurden zunächst über ihren Geschmack und die Änderung der Farben von Indikatoren erkannt.

Unsere heutigen Vorstellungen gehen auf das Ende des 19. Jahrhunderts und das erste Viertel des 20. Jahrhunderts zurück.

Der dänische Chemiker S. ARRHENIUS führte 1887 die elektrische Leitfähigkeit saurer Lösungen darauf zurück, dass die Moleküle von Säuren sich im Wasser in Wasserstoffionen (H^+-Ionen) und Säurerest-Ionen spalten. Die Wasserstoffionen sind entscheidend für die Eigenschaften saurer Lösungen.

Oxoniumionen
Beim Zerfall eines Chlorwasserstoffmoleküls in Wasser entstehen ein Chloridion und ein Wasserstoffion. Ein Wasserstoffion(H^+-Ion) ist identisch mit einem Proton. Dieses kleine positiv geladene Teilchen kommt in wässrigen Lösungen nicht frei vor. Das Proton wird sofort von einem Wassermolekül gebunden. Das Wassermolekül stellt für die Bindung des Protons ein Elektronenpaar zur Verfügung. Das aus einem Wassermolekül und einem Proton gebildete H_3O^+-Ion heißt **Oxoniumion**. Dieses Ion ist wie jedes Ion in Wasser noch von weiteren Wassermolekülen umhüllt.

1 Entwicklung des Säurebegriffs

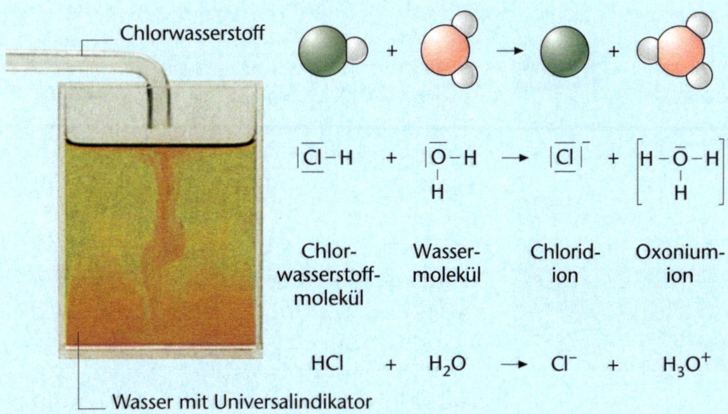

2 Beim Einleiten von Chlorwasserstoff in Wasser bilden sich H_3O^+-Ionen.

Werkstatt

Neutralisation in der Spülmaschine

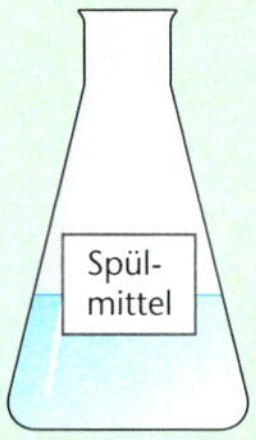

Erlenmeyerkolben 1

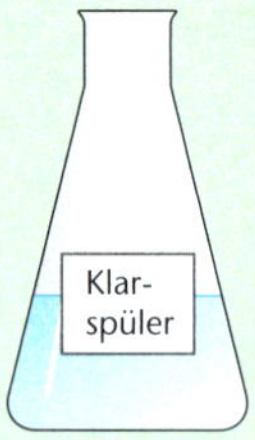

Erlenmeyerkolben 2

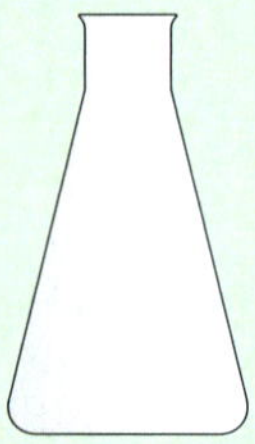

Erlenmeyerkolben 3

1 Gläser werden glasklar

Material

Schutzbrille, Schutzhandschuhe, 3 Erlenmeyerkolben (100 ml), Glasstab, Messzylinder (10 ml), Spatellöffel, Tropfpipette, Folienstift, Universalindikatorlösung, destilliertes Wasser, Spülmittelpulver (keine mehrschichtigen Tabletten) für Geschirrspüler, Klarspüler

Versuchsanleitung

a) Fülle einen Erlenmeyerkolben mit 50 ml destilliertem Wasser und löse 3 bis 4 Spatelspitzen Spülmittelpulver darin. Beschrifte den Kolben (1: Spülmittel).

b) Löse im 2. Erlenmeyerkolben etwa 8 ml Klarspüler in 50 ml Wasser. Beschrifte den Kolben (2: Klarspüler).

c) Ziehe die Handschuhe an und spüle mit etwa zwei Dritteln der Spülmittellösung den 3. Erlenmeyerkolben von innen und außen. Stelle ihn kopfüber an eine geeignete Stelle zum Trocknen.

d) Gib in die restliche Lösung des 1. Kolbens (mit Spülmittel) einige Tropfen Universalindikatorlösung. Tropfe nach und nach mit einer Tropfpipette Klarspülerlösung aus dem 2. Erlenmeyerkolben in die Lösung. Halte jeweils nach einigen Tropfen inne, schwenke den Kolben um und notiere die Farbe, die der Indikator anzeigt. Beende die Zugabe von Klarspülerlösung, wenn der Indikator eine gelbgrüne Farbe anzeigt.

e) Entsorge die neutralisierte Lösung ins Spülbecken und stelle den 1. Erlenmeyerkolben zum Trocknen neben den 3. Kolben.

f) Gib in den Rest der Klarspülerlösung einige Tropfen Universalindikator. Notiere die Farbe.

Aufgaben

1. Was ist mit dem Spülmittel durch die Zugabe von Klarspüler geschehen?

2. Warum ist der 1. Erlenmeyerkolben nach dem Trocknen ohne Flecken?

Brennpunkt

Saures in unserem Körper

Sodbrennen – Säure brennt wie Feuer

Der menschliche Magensaft enthält eine etwa 0,3 %ige Salzsäure. Diese saure Lösung soll die Verdauung unterstützen und mit der Nahrung verschluckte Bakterien töten. Wenn etwas Magensaft in die Speiseröhre gerät, dann empfindet man dies als unangenehmes Brennen (Sodbrennen). Zur Neutralisation der überschüssigen Magensäure kann man einmalig etwas Natron $NaHCO_3$ (▷ B 1) einnehmen.

1 Natron hilft gegen Sodbrennen.

Erstickungsmelder im Blut

Das Blut transportiert Kohlenstoffdioxid CO_2 zur Lunge. Dort wird es ausgeatmet. Auf diese Weise erreicht der Körper, dass das Blut weniger sauer wird. Kohlenstoffdioxid bildet nämlich mit dem Wasser im Blut Kohlensäure. Je mehr Kohlenstoffdioxid im Blut ist, desto saurer ist das Blut. Der Mensch kann den Atem deshalb nicht sehr lange anhalten. Wenn Kohlenstoffdioxid nicht ausgeatmet wird, reichert sich das Blut damit an und übersäuert dadurch. Der Körper reagiert darauf mit einem unbändigen Drang zum Ausatmen, um das Kohlenstoffdioxid so schnell wie möglich loszuwerden (▷ B 2).

2 Erstickungsmelder im Blut

Säuren, Laugen, Salze

Säure Name (Formel)	**Säurerest-Ion** Name	**Formel**	**Salze**	**Beispiel**
Salzsäure (HCl)	Chloridion	Cl^-	Chloride	$NaCl$
Schwefelsäure (H_2SO_4)	Hydrogensulfation Sulfation	HSO_4^- SO_4^{2-}	Hydogensulfate Sulfate	$NaHSO_4$ Na_2SO_4
Kohlensäure (H_2CO_3)	Hydrogencarbonation Carbonation	HCO_3^- CO_3^{2-}	Hydrogencarbonate Carbonate	$NaHCO_3$ $CaCO_3$
Phosporsäure (H_3PO_4)	Dihydrogenphosphat-ion Hydrogenphosphation Phosphation	$H_2PO_4^-$ HPO_4^{2-} PO_4^{3-}	Dihydrogenphos-phate Hydrogenphosphate Phosphate	KH_2PO_4 Na_2HPO_4 $Ca_3(PO_4)_2$
Salpetersäure (HNO_3)	Nitration	NO_3^-	Nitrate	KNO_3

1 Wichtige Säuren, ihre Ionen und ihre Salze

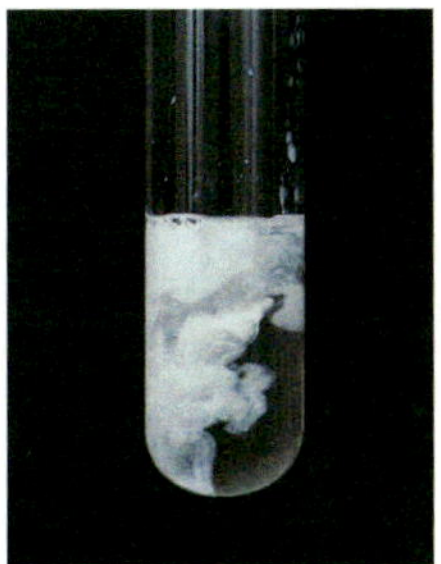

2 Nachweis von Chloridionen

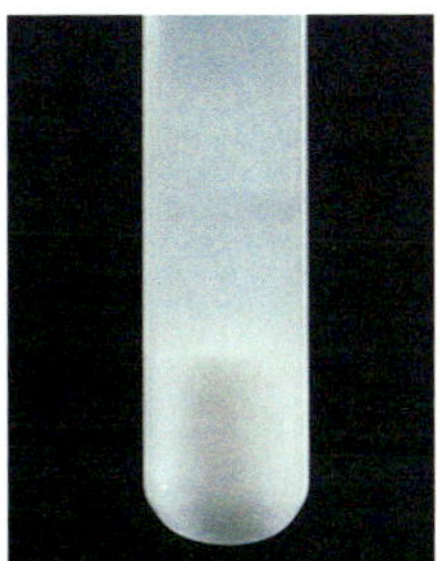

3 Nachweis von Sulfationen

Säuren und ihre Eigenschaften

Säuren (▷ B 1) sind Stoffe, die in wässrigen Lösungen H^+-Ionen bilden. Diese sind verantwortlich für die sauren Eigenschaften. Saure Lösungen:
- färben Universalindikator rot,
- leiten den elektrischen Strom,
- reagieren mit unedlen Metallen unter Bildung von Wasserstoff.

Nachweisreaktionen für Säurerest-Ionen

- Silberionen Ag^+ sind ein Nachweis für Chloridionen Cl^-. Es entsteht ein weißer Niederschlag von Silberchlorid $AgCl$ (▷ B 2):
  $Ag^+ + Cl^- \longrightarrow AgCl$
- Bariumionen Ba^{2+} sind ein Nachweis für Sulfationen SO_4^{2-}. Es entsteht ein weißer Niederschlag von Bariumsulfat $BaSO_4$ (▷ B 3):
  $Ba^{2+} + SO_4^{2-} \longrightarrow BaSO_4$

Hydroxid	**Ionen der Lauge** (wässrig. Lösung)	**Name der Lauge**
$NaOH$	$Na^+ + OH^-$	Natronlauge
KOH	$K^+ + OH^-$	Kalilauge
$Ca(OH)_2$	$Ca^{2+} + 2\ OH^-$	Calciumlauge
$Ba(OH)_2$	$Ba^{2+} + 2\ OH^-$	Bariumlauge

5 Wichtige Laugen

Laugen und ihre Eigenschaften

Laugen (▷ B 5) sind wässrige Lösungen, die Hydroxidionen OH^- enthalten. Diese sind verantwortlich für die alkalischen Eigenschaften. Alkalische Lösungen:
- färben Universalindikator blau,
- leiten den elektrischen Strom.

Ammoniak

Ammoniak bildet in Wasser gelöst eine Lauge. Diese heißt Ammoniakwasser.

Die Neutralisation

Die Reaktion zwischen H^+-Ionen einer sauren Lösung und OH^--Ionen einer Lauge zu neutralen Wassermolekülen nennt man Neutralisation.

Wege der Salzbildung

Salze können auf verschiedenen Wegen entstehen.
- Unedle Metalle reagieren mit sauren Lösungen zu Salzen und Wasserstoff:
  Bsp.: $2\ Na + 2\ HCl \longrightarrow 2\ NaCl + H_2$
- Metalloxide und saure Lösungen reagieren zu Salzen und Wasser:
  Bsp.: $MgO + 2\ HCl \longrightarrow MgCl_2 + H_2O$
- Säuren und Laugen reagieren zu Salzen und Wasser (Neutralisation):
  $HCl + NaOH \longrightarrow NaCl + H_2O$

Der pH-Wert

Der pH-Wert ist ein Maß für den sauren, alkalischen oder neutralen Charakter einer Lösung (▷ B 4).
Durch Verdünnung steigt der pH-Wert einer sauren Lösung, der pH-Wert einer alkalischen Lösung fällt.

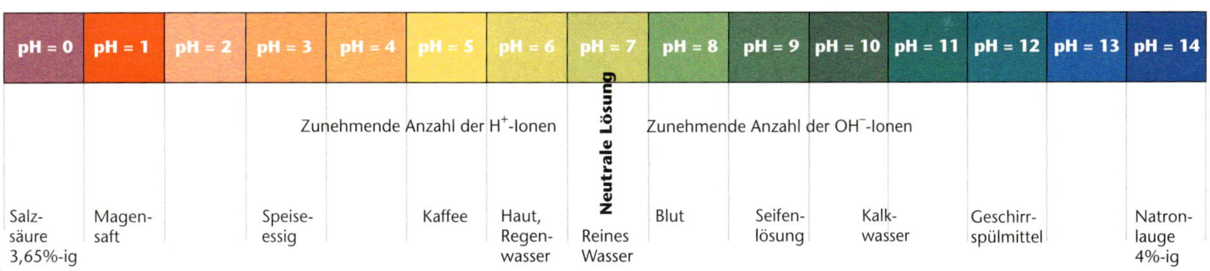

4 Die pH-Werte von Lösungen

Aufgaben

1 Zu Aufgabe 1

1 An welchen Farben des Universalindikators erkennt man, ob eine Lösung alkalisch, sauer oder neutral ist (▷ B 1)?

2 Zinksulfat $ZnSO_4$ kann auf verschiedenen Wegen entstehen. Formuliere die Bildung:
a) aus Zink und Säure,
b) aus Zinkoxid (Zink ist II-wertig) und Säure.

2 Zu Aufgabe 3

3 Welches in Bild 2 angegebene Symbol muss auf jeden Fall auf einer Chemikalienflasche, die eine stark saure Lösung enthält, stehen?

4 Formuliere folgende Reaktionsgleichungen und benenne die entstehenden Salze:
a) Kalkwasser reagiert mit Salzsäure.
b) Natronlauge reagiert mit Salzsäure.
c) Bariumlauge reagiert mit Schwefelsäure.

5 Leitet eine Lösung, die bei der Neutralisation von Salzsäure durch Natronlauge entsteht, den elektrischen Strom? Begründe deine Entscheidung. Stelle auch die Reaktionsgleichung auf.

6 a) Erläutere die Begriffe Neutralpunkt und Neutralisation.
b) Nenne Situationen aus dem Alltag, bei denen eine Neutralisation stattfindet.

7 Erkläre den Begriff Lauge und nenne die charakteristischen Eigenschaften einer Lauge.

3 Zu Aufgabe 8

8 Woraus bestehen die Schneckenhäuser der Weinbergschnecken (▷ B 3)? Unter Einwirkung einer sauren Lösung schäumt das Schneckenhaus auf. Erkläre den Vorgang.

9 Aluminiumsulfat $Al_2(SO_4)_3$ ist ein Salz, das weiße Kristalle bildet (▷ B 4).
a) Welche Ionen sind am Aufbau des Kristallgitters beteiligt?
b) Beschreibe, mit welchem Versuch Sulfationen nachgewiesen werden können.

4 Zu Aufgabe 9

5 Zu Aufgabe 10

10 Zur Bekämpfung der Reblaus werden die Weinstöcke oft mit einer Lösung eines Salzes der Schwefelsäure gespritzt (▷ B 5). Es enthält Kupferionen Cu^{2+}. Mit Bariumhydroxid bildet es einen weißen Niederschlag. Welche Formel hat dieses Salz?

11 a) Eine Lösung mit pH = 10 wird auf das 10fache verdünnt. Welchen pH-Wert hat sie nach dem Verdünnen?
b) Welchen pH-Wert hat eine Lösung, die vor 1000facher Verdünnung den pH-Wert 2 hatte?

12 Wird einer Säure Wasser entzogen, bleibt das Anhydrid zurück. So ist Schwefeltrioxid SO_3 das Anhydrid der Schwefelsäure H_2SO_4.
Wie heißt das Anhydrid der Kohlensäure?

13 Die Abwässer der Haushalte passieren in der Kläranlage unter anderem eine biologische Reinigungsstufe.
a) Informiere dich, was hier geschieht.
b) Begründe, warum vor einer biologischen Reinigung der pH-Wert kontrolliert werden muss.
c) Zähle Stoffe aus dem Haushalt auf, die den pH-Wert des Abwassers beeinflussen können.

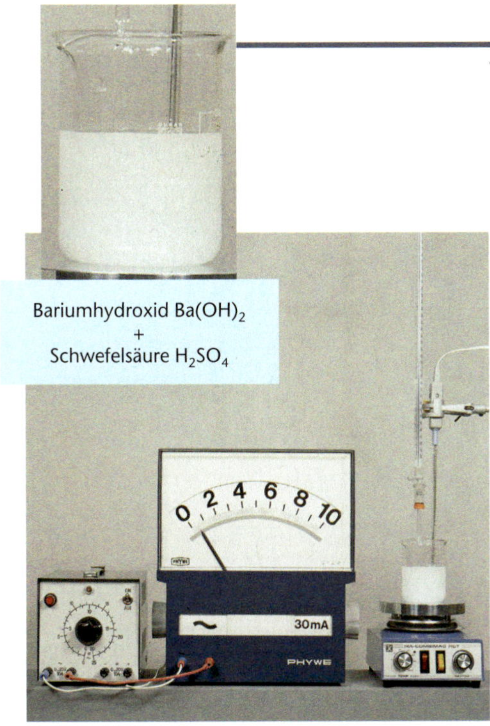

1 Man kann eine Neutralisation über die Leitfähigkeit verfolgen. Man löst z. B. einen Spatel Bariumhydroxid in einem Becherglas in ca. 100 ml Wasser. Zu dieser Lösung lässt man Schwefelsäure aus einer Bürette tropfen. Die Stromstärke wird in Abhängigkeit vom Volumen der zugegebenen Schwefelsäure notiert. Die Werte werden in eine Tabelle geschrieben. Beim Zutropfen der Schwefelsäure zu der Bariumhydroxidlösung bildet sich ein weißer Niederschlag.

Volumen der zugegebenen Schwefelsäure	**Gemessene Stromstärke**
0	80 mA
5 ml	60 mA
10 ml	40 mA
15 ml	20 mA
20 ml	0
25 ml	25 mA
30 ml	50 mA
35 ml	75 mA

a) Beschreibe den Verlauf der Stromstärke in Abhängigkeit vom Volumen der zugegebenen Schwefelsäure und mache Vorschläge zur Deutung.

b) Formuliere die Reaktionsgleichung für diese Neutralisationsreaktion.

2 Ein Auszubildender füllt die folgenden Lösungen ab: Salzsäure, Natronlauge, Natriumchloridlösung, Natriumcarbonatlösung. Nach einiger Zeit stellt er fest, dass er die Beschriftung der Gefäße vergessen hat. Nach kurzen Überlegungen fällt ihm ein, dass er die Lösungen mit einigen einfachen Nachweisen identifizieren kann.
Entwirf einen Untersuchungsplan zur Identifizierung der Lösungen. Schreibe die benötigten Materialien auf.

3 a) Erkläre die chemischen Grundlagen der Entkalkung.
b) Begründe, warum auch Essig zum Entkalken eingesetzt werden kann.
c) Wähle ein geeignetes Nachweismittel für das bei der Entkalkung entstehende Gas aus.
d) Mit einer 5%igen Salzsäure (pH-Wert etwa 0) verläuft die Entkalkung wesentlich schneller als mit 5%igem Essig (pH-Wert etwa 2,6). Erkläre!

e) Nimm Stellung zu der Forderung „keine chemischen Entkalker“ zu verwenden!

Aus einer Gebrauchsanweisung für einen Wasserkocher

Bei kalkhaltigem Wasser muss der Wasserkocher in regelmäßigen Zeitabständen entkalkt werden. Verwenden Sie zum Entkalken ein handelsübliches flüssiges Entkalkungsmittel (keine chemischen Entkalker verwenden) und beachten Sie dabei dessen Gebrauchsanweisung!
Tipp: Bei leichter Verkalkung können Sie anstelle eines Entkalkungsmittels auch mit einer Mischung von 5–6 Löffeln Essig auf 0,5 Liter Wasser entkalken.
Achtung, kaltes Wasser verwenden! Kann nach der Entkalkerzugabe stark schäumen. Anschließend den Wasserkocher zweimal mit klarem Wasser spülen.

Technische Prozesse

In der chemischen Technik werden große Mengen an Grundchemikalien wie Schwefelsäure oder Ammoniak produziert. Diese Grundchemikalien werden benötigt, um Produkte wie Farbstoffe, Kunststoffe oder Wasch- und Reinigungsmittel herzustellen.

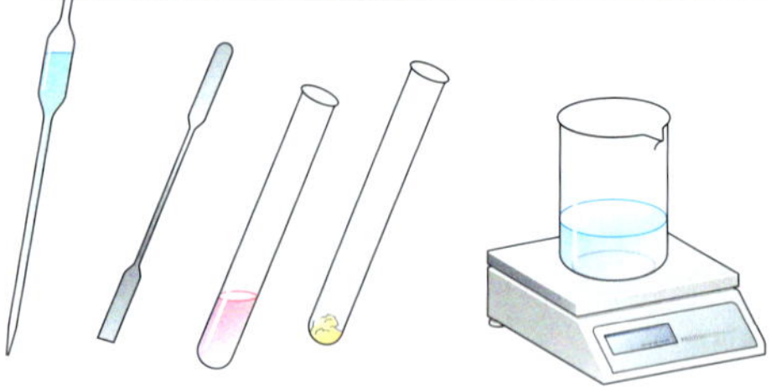

Wird eine chemische Reaktion in einem Schulexperiment durchgeführt, geht es darum, den Reaktionsablauf zu verstehen. Dabei ist es vollkommen ausreichend, wenn kleine Stoffportionen von wenigen Gramm oder Millilitern eingesetzt werden.

In der chemischen Industrie dagegen dient der Ablauf einer Reaktion dazu, große Mengen eines Stoffes zu produzieren. Häufig beträgt die Tagesproduktion eines solchen Stoffes mehrere Tonnen.

Welche grundsätzlichen Unterschiede vermutest du zwischen einem Schulexperiment und einem chemischen Ablauf in einem Betrieb?

Wie müssten die Abläufe in einem Betrieb gestaltet werden, damit möglichst wirtschaftlich gearbeitet wird?

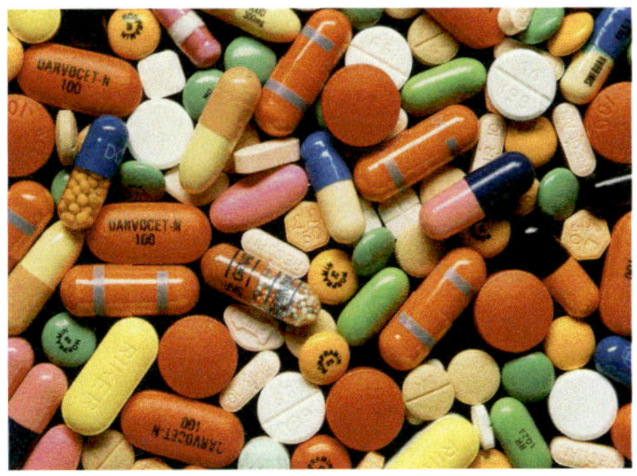
DARVOCET-N
100

URIEL weiß

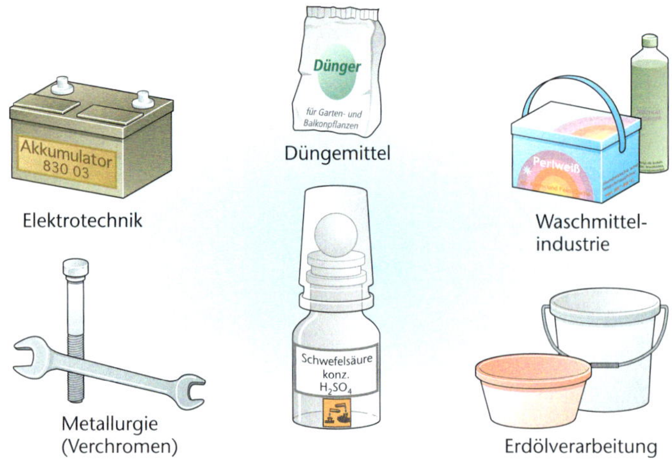

1 Verwendung der Schwefelsäure

Das Kontaktverfahren im Schulexperiment

Schwefelsäure gehört aufgrund ihrer vielen Einsatz- und Verwendungsmöglichkeiten zu den wichtigsten Säuren überhaupt (▷ B 1). Ihre Herstellung kann in einem Schulexperiment nachvollzogen werden (▷ B 3; V 1).

Das Kontaktverfahren in der Technik

In der chemischen Technik wird die Schwefelsäure im Prinzip nach den gleichen Schritten wie im Schulexperiment hergestellt. Da man Katalysatoren in der Technik auch als Kontaktstoffe oder kurz als „Kontakt" bezeichnet, wird das technische Verfahren zur Herstellung von Schwefelsäure auch **Kontaktverfahren** genannt. Im Gegensatz zum Schulversuch müssen in der Technik jedoch große Mengen von konzentrierter Schwefelsäure produziert werden. Das Kontaktverfahren verläuft in drei Schritten:

2 Großtechnische Anlage zur Herstellung von Schwefelsäure

1. Gewinnung von Schwefeldioxid

Ausgangsstoff für die Herstellung von Schwefelsäure ist elementarer Schwefel, der in großen Mengen bei der Entschwefelung von Erdgas und Rohölprodukten anfällt. Dieser Schwefel wird in einem Schwefel-Verbrennungsofen zunächst zerstäubt und dann zu Schwefeldioxid verbrannt.

Vor der Weiterverarbeitung wird das heiße Gas in Abhitzekesseln abgekühlt und in einer Elektrofiltration von Schmutzpartikeln gereinigt. Schmutzpartikel würden den nachfolgenden Katalysator unwirksam machen. Es sind Katalysatorgifte.

2. Katalytische Oxidation von Schwefeldioxid

In dem nachfolgenden Kontaktofen wird bei einer Temperatur von 430 °C Schwefeldioxid in Schwefeltrioxid umgewandelt. Als Katalysator wird Vanadiumoxid (V_2O_5) verwendet. Damit das Schwefeltrioxid nicht zu heiß wird und dadurch wieder zerfällt, muss es während der Reaktion abgekühlt werden. Diese Abkühlung erfolgt in einem Wärmetauscher. Die abgeführte Wärme wird an anderer Stelle wieder eingesetzt.

Nicht umgewandeltes Schwefeldioxid wird nochmals in den Kontaktofen zurückgeführt. Durch dieses **Doppelkontaktverfahren** werden ca. 99,7 % des Schwefeldioxids in Schwefeltrioxid umgesetzt.

3. Aus Schwefeltrioxid wird Schwefelsäure

Da Schwefeltrioxid von Schwefelsäure besser aufgenommen wird als von Wasser, wird Schwefeltrioxid aus den Kontaktöfen in **Absorptionstürme** mit konzentrierter Schwefelsäure eingeleitet. Durch fortwährende Wasserzufuhr wird die Konzentration auf 98 % gehalten.

Versuch

1 Nach dem Versuchsaufbau in Bild 3 wird Schwefelpulver im Luftstrom verbrannt. Das an den Katalysatorperlen entstehende Schwefeltrioxid wird durch einen Rundkolben und dann durch eine Waschflasche mit Bariumchloridlösung gesaugt.

Schwefel verbrennt im Standzylinder zu Schwefeldioxid.

Am glühenden Platindraht bildet sich Schwefeltrioxid, das als weißer Rauch sichtbar wird.

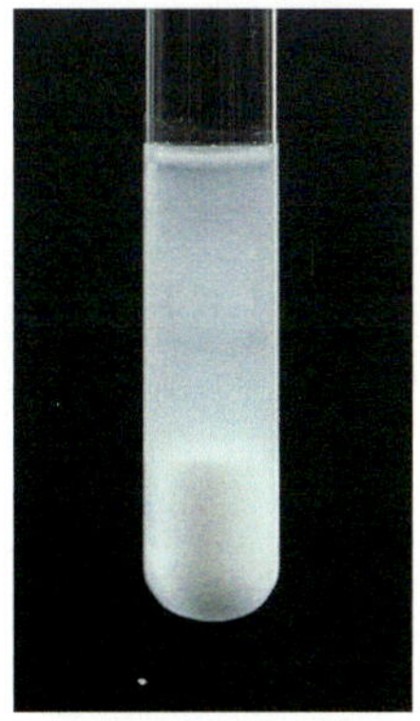

Bei Anwesenheit von Schwefelsäure bildet sich ein weißer Niederschlag von Bariumsulfat.

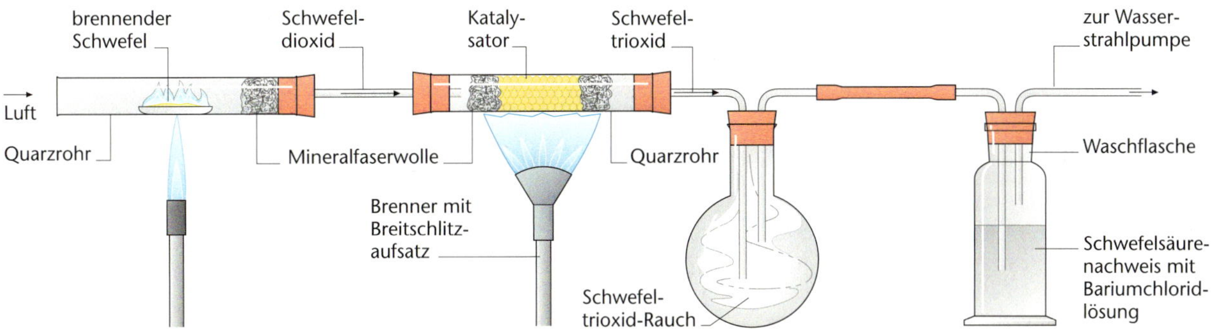

1. Gewinnung von Schwefeldioxid

   Bei der Verbrennung von Schwefel entsteht Schwefeldioxid.

   $$S + O_2 \longrightarrow SO_2$$

2. Katalytische Oxidation von Schwefeldioxid
   Tritt Schwefeldioxid mit einem geeigneten Katalysator in Kontakt, wird Schwefeldioxid zu Schwefeltrioxid umgewandelt.
   Das Schwefeltrioxid wird als weißer Rauch sichtbar.

   $$2\,SO_2 + O_2 \longrightarrow 2\,SO_3$$

3. Aus Schwefeltrioxid wird Schwefelsäure
   Wird der Schwefeltrioxid-Rauch durch eine Waschflasche mit Wasser geleitet, so bildet sich Schwefelsäure.

   $$SO_3 + H_2O \longrightarrow H_2SO_4$$

3 Modellexperiment zur Herstellung von Schwefelsäure

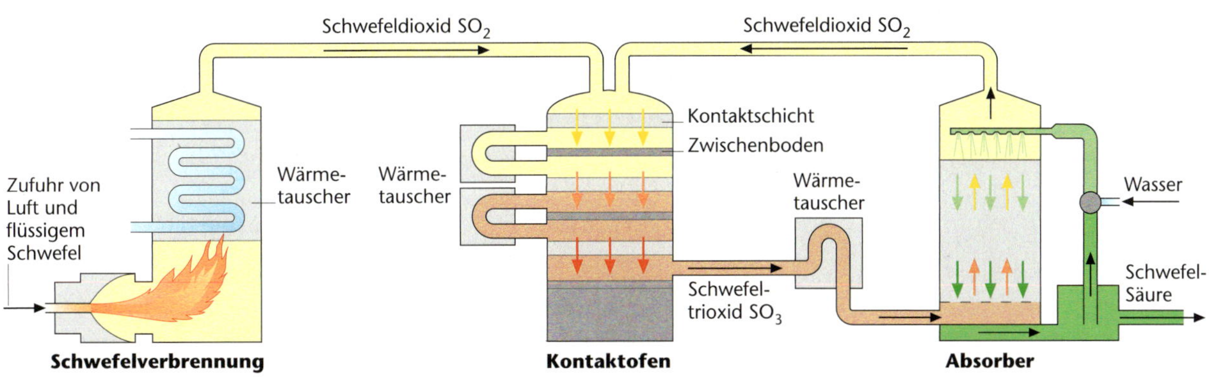

4 Schema der Schwefelsäureherstellung in der Großtechnik

Zeitpunkt

Justus von Liebig

1 Justus von Liebig im Labor

Justus von Liebig (▷ B 1) wurde 1803 in Darmstadt als Sohn eines Drogerie-Inhabers geboren. Mit 16 Jahren begann er in Bonn sein Chemiestudium.

Als Liebig mit 21 Jahren bereits Chemieprofessor in Gießen wurde, stellte er die Anleitung der Studenten zum Experimentieren in den Vordergrund der Ausbildung. Denn für ihn stand fest, dass man den Geheimnissen der Natur nicht durch Spekulationen auf den Grund kommt, sondern allein durch Experimente.

Liebig erkannte, dass jede Pflanze zum Wachsen anorganische (salzähnliche) Mineralstoffe aus dem Boden aufnimmt. Eine Pflanze kann daher nur so gut wachsen, wie ihr der Boden die erforderlichen Nährsalze liefert (▷ B 2; B 5). Und wenn der Boden an Nährstoffen erschöpft ist, dann soll man ihm die erforderlichen Salze zuführen. Liebig empfahl daher die künstliche Düngung der Äcker mit Mineraldünger. Außerdem erkannte Liebig, dass die kleinste Menge der vorhandenen, notwendigen Nährsalze im Boden das Wachstum der Pflanzen bestimmt (Minimumgesetz) (▷ B 4). Das heißt, die anderen im Überschuss vorliegenden Mineralstoffe können die Mangelerscheinung, die durch das fehlende Nährsalz entsteht, nicht ausgleichen.
Die Anwendung der Mineralstofftheorie führte zur Vervielfachung der Ernteerträge, mit der Folge, dass heute über 6 Milliarden Menschen auf der Erde leben können. Mineralstoffdünger werden heute maßgeblich aus Phosphorsäure und Salpetersäure gewonnen.

Neben der Mineralstoffdüngung hat Liebig auf vielen anderen Gebieten der Chemie gearbeitet. Er starb 1873 in München. Eine besondere Würdigung seiner Tätigkeiten ist im Liebig-Museum in Gießen zu sehen.

3 Getreide mit Stickstoffmangel

4 Bildliche Darstellung des Minimumgesetzes von Liebig

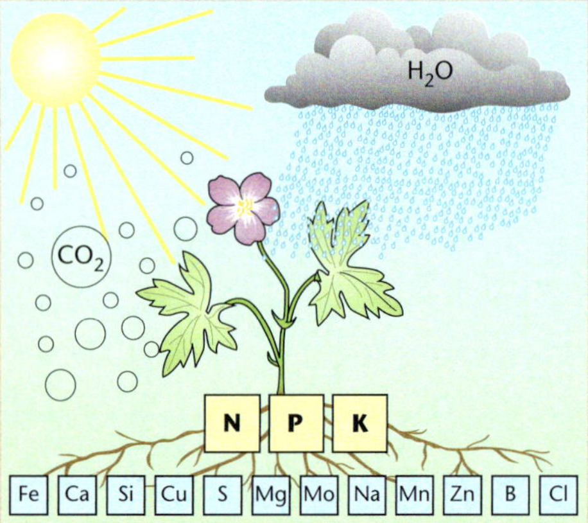

2 Pflanzen benötigen Salze bestimmter Elemente als Mineralstoffe.

Salze der Elemente	Wirkung bei der Pflanze
Stickstoff (N)	Blatt- und Sprossenentwicklung
Phosphor (P)	Wachstum, Blüten- und Samenbildung
Kalium (K)	Ausbildung von Blüten und Früchten, Wachstum, Widerstandsfähigkeit
Calcium (Ca)	Allgemeines Pflanzenwachstum
Magnesium (Mg)	Ausbildung des grünen Farbstoffs Chlorophyll
Schwefel (S)	Allgemeines Pflanzenwachstum
Spurenelemente (Fe, Cu, Mn, Zn, B, Mo)	Allgemeines Pflanzenwachstum

5 Wofür die Pflanze die Salze bestimmter Elemente benötigt.

„Der Griff in die Luft“

3 Die ersten Ammoniaköfen

Großer Bedarf an Ammoniak zu Beginn des 20. Jahrhunderts

Mit zunehmender wirtschaftlicher Entwicklung wurde in Deutschland auch der Bedarf an der Grundchemikalie Ammoniak immer größer. Ammoniak diente hauptsächlich der Gewinnung von stickstoffhaltigen Düngemitteln und Sprengstoffen. Die Herstellung aus der natürlich vorkommenden Stickstoffverbindung Salpeter war für den großen Bedarf nicht mehr ausreichend.

1 FRITZ HABER

FRITZ HABER – Ammoniak aus Luftstickstoff

Der Chemiker und Nobelpreisträger WALTHER NERNST (1864–1941) konnte zeigen, dass sich Ammoniak aus den Elementen Stickstoff und Wasserstoff bilden lässt, wenn die Reaktion bei hohem Druck und hoher Temperatur verläuft. Bei der hohen Temperatur von ca. 1000 °C zerfiel jedoch der größte Teil des Ammoniaks sofort wieder.

Auf der Suche nach einer wirtschaftlichen Ammoniaksynthese konnte der Chemiker FRITZ HABER (1868–1934) die Arbeiten von NERNST weiterführen. HABER experimentierte dabei mit unterschiedlichen Katalysatoren, um die Synthese bei niedrigen Temperaturen durchzuführen. 1908 fand HABER in den Metallen Uran und Osmium zwei Katalysatoren, die bereits bei Temperaturen von 500 °C bis 600 °C eine große Ammoniakausbeute ermöglichen. Mithilfe dieser Katalysatoren konnte HABER im Juli 1909 vor Mitarbeitern der BASF eine kleine Versuchsanlage vorführen (▷ B 2), die bei einer Temperatur von 550 °C und einem Druck von 20 MPa pro Stunde etwa 80 g Ammoniak produzierte. Für seine Arbeiten wurde HABER 1918 mit dem Nobelpreis für Chemie ausgezeichnet.

2 Versuchsanlage von FRITZ HABER

Von der Versuchsanlage zur Großtechnik

4 CARL BOSCH

CARL BOSCH (1874–1940), ein Chemiker und Verfahrenstechniker bei der BASF, griff die Ideen von HABER auf und entwickelte die Versuchsanlage technisch weiter. Dabei tauschte er die teuren Katalysatoren Osmium und Uran gegen ein preiswertes Gemisch aus Eisen, Aluminiumoxid, Kaliumoxid und Kalk aus.

1913 konnte dann die erste großtechnische Anlage mit einer Tagesproduktion von 30 t Ammoniak in der Nähe von Ludwigshafen in Betrieb genommen werden. Dieses Verfahren zur Gewinnung von Ammoniak wird nach ihren Erfindern auch **Haber-Bosch-Verfahren** genannt.
Für seine Arbeiten erhielt BOSCH 1931 den Nobelpreis für Chemie.

1 Getreidefeld mit und ohne Dünger

Stickstoffverbindungen sind unentbehrlich für das Pflanzenwachstum

Der Blick auf eine Packung Mineraldünger verrät anhand der Bezeichnung „Nitro" (lat.: Nitrogenium, Stickstoff), dass dieser Dünger Stickstoff in gebundener Form enthält (▷ B 1). Die Düngung mit Stickstoffdünger wird notwendig, wenn der natürliche Stickstoffkreislauf unterbrochen wird.

Der natürliche Stickstoffkreislauf wird vom Menschen unterbrochen

In der unberührten Natur verrotten abgestorbene Pflanzenteile an Ort und Stelle. Die von der Pflanze aus dem Boden aufgenommenen Mineralstoffe werden damit wieder an den Boden zurückgegeben. Der Mineralstoffgehalt bleibt somit erhalten.

Werden jedoch Böden landwirtschaftlich genutzt und abgeerntet, entzieht man dem Boden immer mehr Mineralstoffe, wie z. B. auch Stickstoffverbindungen. Der Boden verarmt, die Erneteerträge gehen zurück (▷ B 1). Da heute viele Böden landwirtschaftlich intensiv genutzt werden, ist der Bedarf an Stickstoffdünger sehr groß.

Ammoniak: der „Ausgangsstoff" der Stickstoffdüngung

Stickstoffdünger enthalten Stickstoffverbindungen. Diese Verbindungen werden aus **Ammoniak NH_3** hergestellt. Da Ammoniak der Ausgangsstoff für die Produktion von Stickstoffdünger ist, werden heute große Mengen an Ammoniak benötigt.

Ammoniaksynthese: der Griff in die Luft

Grundlegend für die **Ammoniaksynthese** waren Untersuchungen von Fritz Haber und Carl Bosch. In einer kleinen Versuchsanlage konnte gezeigt werden, dass sich Wasserstoff und Stickstoff, der in der Luft nahezu unbegrenzt vorliegt, zu Ammoniak verbinden:

$$N_2 + 3\,H_2 \longrightarrow 2\,NH_3 \quad |\text{exotherm}$$

▶ Bei der Ammoniaksynthese reagieren Stickstoff und Wasserstoff zu Ammoniak.

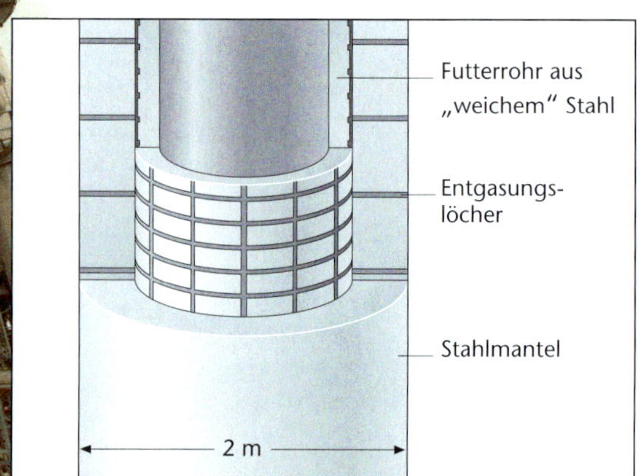

2 Großtechnische Ammoniakanlage und Schnittdarstellung des Doppelrohrs

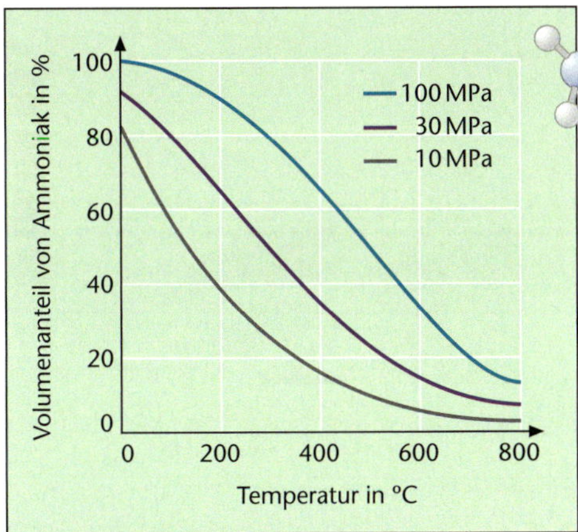

3 Die Ammoniakausbeute ist temperatur- und druckabhängig.

Die Synthese von Ammoniak ist temperatur- und druckabhängig

Wie Bild 3 zeigt, ist die Bildung von Ammoniak von der Temperatur und dem Druck abhängig. Da bei hoher Temperatur Ammoniak wieder zerfällt, ist die Ausbeute bei niedrigen Temperaturen höher. Bei niedrigen Temperaturen verläuft die Ammoniakbildung aber sehr langsam, sodass die Produktion von Ammoniak zu lange dauern würde. Deshalb werden zur Beschleunigung der Reaktion geeignete Katalysatoren (Gemisch aus Eisen, Aluminiumoxid, Kaliumoxid und Kalk) eingesetzt. Diese sorgen als Reaktionsbeschleuniger dafür, dass eine schnelle Synthese auch bei niedrigen Temperaturen möglich ist.

Beim Arbeiten mit unterschiedlichen Drücken stellt man fest, dass sich bei hohem Druck mehr Ammoniak bildet als bei niedrigem Druck (▷ B 3).
Aufgrund der besonderen Anforderungen an das verwendete Material kann der Druck jedoch nicht beliebig erhöht werden.

Der Ammoniakofen – der Trick mit dem Doppelrohr

Das eigentliche Kernstück einer Ammoniaksyntheseanlage ist das ca. 20 m lange Reaktionsrohr. Es wird auch als **Ammoniakofen** bezeichnet (▷ B 2). Um einem hohen Druck standzuhalten, muss der Ammionakofen aus hartem Stahl bestehen. Stahl ist eine Legierung aus Eisen und Kohlenstoff. Kohlenstoff reagiert jedoch bei höheren Temperaturen mit Wasserstoff; ein reines Stahlrohr würde deshalb schnell platzen. Deshalb besteht der Ofen im Inneren aus einer zweiten Schicht aus „weichem“, kohlenstoffarmen Stahl, der von Wasserstoff nicht angegriffen werden kann. Entgasungslöcher in diesem Futterrohr sorgen dafür, dass eindringender Wasserstoff ins Freie abgeführt wird, ohne den äußeren Stahlmantel zu beschädigen (▷ B 2).
Die großtechnische Ammoniaksynthese wird heute bei einem Druck von 20 MPa bis 30 MPa und einer Temperatur von 450 °C durchgeführt. Eine moderne Anlage produziert über 1500 t Ammoniak am Tag.

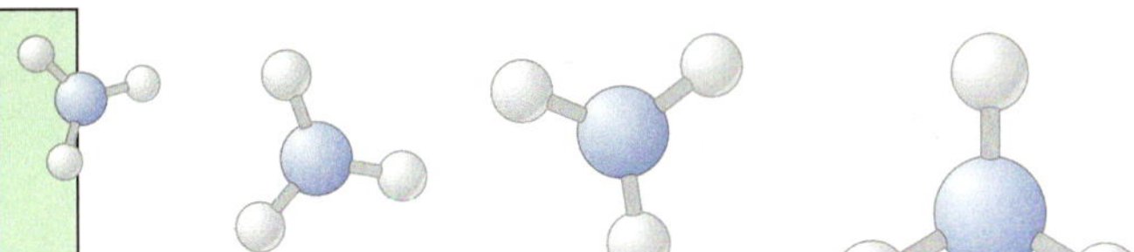

Aufgaben

1 Warum ist es bei der Durchführung der Ammoniaksynthese von besonderer Bedeutung, geeignete Katalysatoren zu verwenden?

2 Die Ammoniakausbeute ist bei einem Druck von 100 MPa sehr hoch (▷ B 3). Trotzdem wird die Synthese bei einem niedrigeren Druck durchgeführt. Begründe.

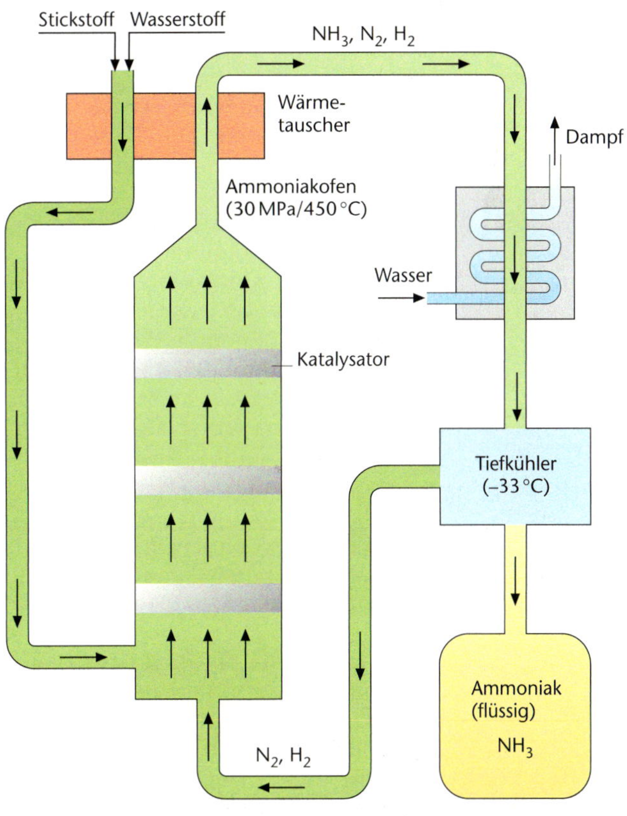

4 Schema einer Ammoniakanlage

Kalkstein

Marmor

1 Der technische Kalkkreislauf

Kalkstein: Grundstoff der Bauindustrie
In Kalksteinbrüchen finden sich häufig Versteinerungen, die auf die Herkunft des Kalkes hinweisen. So kann man gut Formen von Korallen, Schnecken, Muscheln, Seelilien und Ammoniten erkennen. Kalkstein besteht zum größten Teil aus **Calciumcarbonat $CaCO_3$** und ist der Ausgangsstoff für die Zementherstellung.
Calciumcarbonat ist nicht nur Hauptbestandteil des Kalksteins, sondern auch des Marmors. Während Kalkstein aus Meeresablagerungen entstanden ist, haben sich die Kristalle des Marmors in der Tiefe der Erdrinde bei hoher Temperatur und hohem Druck gebildet. Marmor zeichnet sich deshalb gegenüber dem Kalkstein durch seine Härte und Festigkeit aus.

Der technische Kreislauf des Kalkes
Zum Mauern und Verputzen wird häufig **Kalkmörtel** verwendet. Ausgangsstoff für die Mörtelherstellung ist Branntkalk. Er wird durch Erhitzen von Kalkstein auf etwa 1000 °C gewonnen.

Dabei zerfällt Kalkstein in **Branntkalk** CaO und Kohlenstoffdioxid:

$$CaCO_3 \longrightarrow CaO + CO_2$$

Versetzt man Branntkalk mit Wasser, so bildet sich in einer stark exothermen Reaktion **Löschkalk** (Calciumhydroxid $Ca(OH)_2$):

$$CaO + H_2O \longrightarrow Ca(OH)_2$$

Ein Gemisch aus Löschkalk mit Sand ergibt dann **Kalkmörtel**. Beim Festwerden (Abbinden) nimmt der Mörtel Kohlenstoffdioxid aus der Luft auf:

$$Ca(OH)_2 + CO_2 \longrightarrow CaCO_3 + H_2O$$

Mit den Sandkörnern bilden die entstandenen Kalkkristalle ein festes Gefüge, das dann die Mauersteine zusammenhält. Aus dem Ausgangsstoff Calciumcarbonat ist beim Abbinden wieder Calciumcarbonat geworden (▷ B 1).

Zement – für die Bauindustrie unverzichtbar
Zur Herstellung von **Zement** werden Kalkstein und Ton benötigt. Ton ist ein Aluminiumsilicat, eine Verbindung aus den Elementen Aluminium, Silicium und Sauerstoff. Ein Gemisch aus 25 % Ton und 75 % Kalkstein wird in einem Zementwerk zunächst fein gemahlen und dann bei etwa 1450 °C zu einem festen Zementklinker gebrannt. Fein gemahlen kommt der Zementklinker dann als Zement in den Handel. Am häufigsten wird der Portlandzement verkauft. Er hat eine ähnliche Farbe wie ein Felsgestein in der Nähe der englischen Stadt Portland.

Zementhaltige Bindemittel wurden schon von den Römern zum Verbinden von Bruchsteinen eingesetzt. Aus dieser Zeit leitet sich auch der Name für Zement (lat.: caementum, Bruchstein) ab.

Wird Zement mit Wasser angerührt, dann erstarrt er ohne weitere Zusätze zu einer festen Masse, man sagt „der Zement bindet ab". Durch Aufnahme von Wasser bildet der Zement faserartige Kristalle, die miteinander verfilzen und so einen festen Verband bilden.

Vom Zement zum Beton
Mischt man Zement mit Kies und Sand, dann erhält man bei Zugabe von Wasser **Beton**. Beton spielt in der heutigen Bautechnik eine führende Rolle. Er ist vielseitig verwendbar und verhältnismäßig preiswert.

Wird auf einer Baustelle eine größere Menge an Beton benötigt, dann wird er als „Transportbeton" in Spezialfahrzeugen angeliefert. Beton wird hierbei während der Anlieferung gemischt.

Zur weiteren Festigung werden in den Beton häufig Stahlstäbe oder Stahlgitter eingelegt. Man erhält dann Stahlbeton (▷ B 2). Da sich Beton und Eisen beim Erwärmen gleich stark ausdehnen, entstehen bei Temperaturschwankungen keine Risse im Beton. Stahlbeton hat eine sehr hohe Festigkeit. Dadurch sind Baukonstruktionen wie Hochhäuser und weit gespannte Brücken (▷ B 3) möglich geworden, die mit einer Steinbauweise nicht erreichbar gewesen wären.

2 Beton wird in Stahlgitter eingelegt.

3 Brücke aus Stahlbeton

Werkstatt

Kalkbrennen und Kalklöschen

1 Kalkbrennen

Material
Schutzbrille, Becherglas, Gasbrenner, Anzünder, Tiegelzange, kleines Marmorstück, Wasser, Universalindikatorlösung

Versuchsanleitung
Halte mit einer Tiegelzange ein Stück Marmor etwa 2 bis 3 Minuten in die rauschende Brennerflamme. Gib anschließend das abgekühlte Marmorstück in ein Becherglas mit etwas Wasser, das mit wenigen Tropfen Indikatorlösung versetzt wurde.

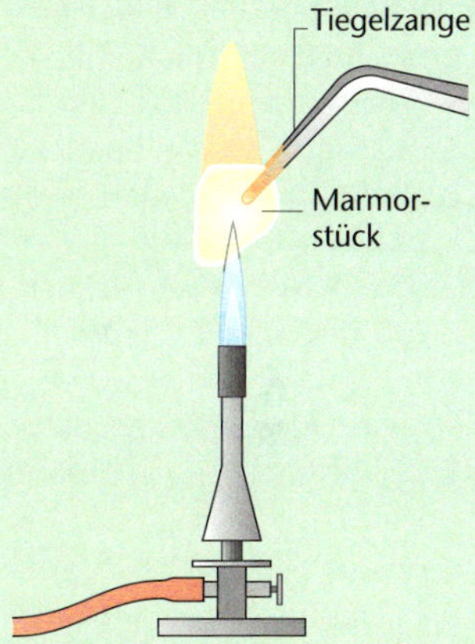

2 Kalklöschen

Material
Schutzbrille, Abdampfschale, Thermometer (–10 °C bis 110 °C), Glasstab, Spatellöffel, Universalindikatorpapier, gebrannter Kalk (Calciumoxid), Spritzflasche mit Wasser

Versuchsanleitung
Gib in eine Abdampfschale einige Spatellöffel gebrannten Kalk. Füge vorsichtig Wasser hinzu, verrühre mit dem Glasstab, miss die Temperatur und prüfe mit Indikatorpapier.

Werkstatt

Wir experimentieren mit Baustoffen

1 Eigenschaften verschiedener Baustoffe

Material

Schutzbrille, 3 Bechergläser oder Jogurtbecher, 3 Glasstäbe, Tropfpipette, Spatellöffel, 3 Pappstücke, verd. Salzsäure, gelöschter Kalk (Calciumhydroxid), Gips, Sand, Zement, Wasser

Versuchsanleitung

a) Stelle folgende Baustoffmischungen her (ein Teil der Mischungen wird für V 2, ein zusätzlicher Teil des Mörtels für V 3 benötigt):

Gips: Gib in ein Becherglas 6 bis 8 Spatellöffel Gipspulver und rühre langsam soviel Wasser dazu, dass ein gießfähiger, nicht zu dünnflüssiger Brei entsteht.

Mörtel: Mische in einem Becherglas gelöschten Kalk mit der dreifachen Menge Sand. Gib dann soviel Wasser hinzu, dass ein dicker Brei entsteht.

Zement: Mische in einem Becherglas 1 Teil Zement mit 2 Teilen Sand. Rühre dann portionsweise soviel Wasser hinzu, dass ein dicker Brei entsteht.

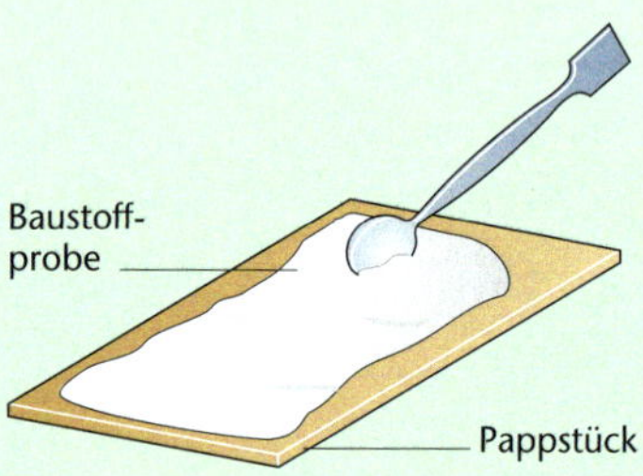

1 Auftragen der Baustoffproben auf Pappstücke

b) Streiche jeweils eine etwa 0,5 cm dicke Schicht des Gips-, Mörtel- und Zementbreis auf ein Pappstück (▷ B 1). Lasse die Proben 1 bis 2 Tage aushärten. Zerbrich dann die ausgehärteten Proben zwischen den Fingern und beurteile ihre Härte.

c) Gib danach mithilfe einer Tropfpipette einige Tropfen verdünnte Salzsäure auf Bruchstücke von jeder Baustoffprobe.
Vergleiche.

2 Wir untersuchen den Härtevorgang

Material

Schutzbrille, 3 Reagenzgläser, Reagenzglasgestell, 2 Stopfen, Spatel, Baustoffmischungen (Gips, Mörtel und Zement aus Versuch 1), Wasser

Versuchsanleitung

Forme aus Gipsbrei 6 kleine Kugeln von der Größe, dass sie in ein Reagenzglas passen. Gib je 2 Kugeln in ein Reagenzglas und bereite die Reagenzgläser wie folgt vor:

Reagenzglas 1: offen lassen,

Reagenzglas 2: mit einem Stopfen verschließen,

Reagenzglas 3: vorsichtig mit Wasser bedecken und mit einem Stopfen verschließen (▷ B 2).

Eine andere Schülergruppe führt den Versuch mit Mörtel- bzw. mit Zementkugeln durch.
Lasse die Reagenzgläser 1 bis 2 Tage stehen und prüfe die Härte der Kugeln dann mithilfe eines Spatels.
Erkläre die Versuchsergebnisse.

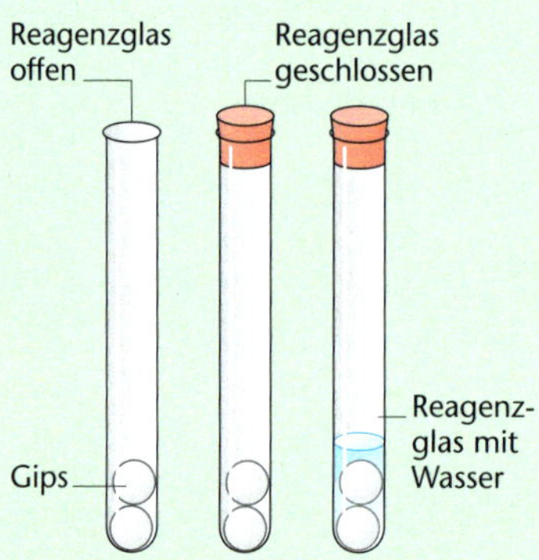

2 Untersuchung des Härtevorgangs am Beispiel Gips

3 Abbinden des Kalkes genauer betrachtet

Material

Schutzbrille, 4 Standzylinder mit Deckglas, Spatel, 4 kleine Kugeln Kalkmörtel (aus Versuch 1), Stickstoff, Sauerstoff und Kohlenstoffdioxid aus Gasflaschen (Bedienung erfolgt durch die Lehrkraft)

Versuchsanleitung

Gib auf den Boden von 4 Standzylindern jeweils eine kleine Kugel Kalkmörtel. Verschließe den ersten Standzylinder mit einem Deckglas. Die anderen Standzylinder werden mit Sauerstoff, Stickstoff und Kohlenstoffdioxid gefüllt und dann ebenfalls verschlossen (▷ B 3).
Prüfe nach 1 bis 2 Tagen die Härte der Kugeln mithilfe eines Spatels.

Aufgabe

Welches Gas muss nach den Versuchsbeobachtungen für das Abbinden (Härten) des Kalkmörtels verantwortlich sein?

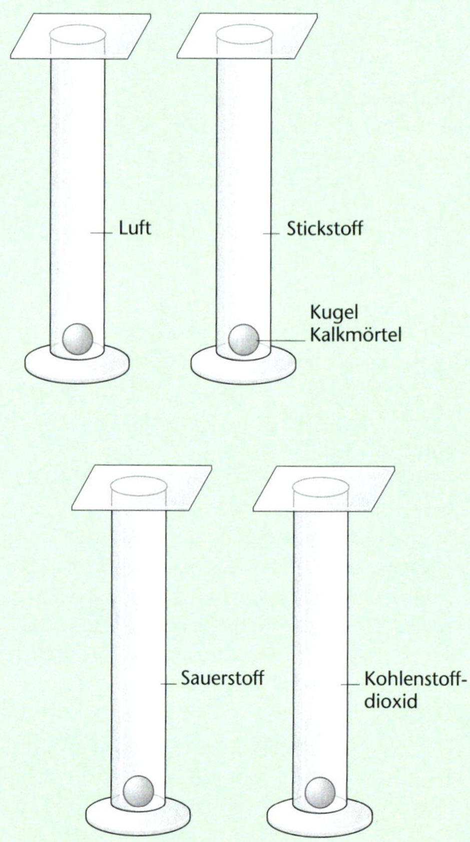

3 Abbinden des Kalkes

Planspiel: Eine neue Chemiefabrik soll entstehen

Am Rande deiner Stadt möchte ein Chemiekonzern eine neue Chemieanlage zur Herstellung von Farbstoffen bauen. In einer Sitzung im Rathaus soll beraten werden, ob dieses Vorhaben unterstützt oder abgelehnt werden soll.

Diese für die Bewohner der Stadt sehr wichtige Sitzung muss von allen Teilnehmern besonders sorgfältig vorbereitet werden. Es gibt viele Argumente, die für die Errichtung der Anlage sprechen, aber auch solche, die dagegen sprechen.

In einem **Planspiel** sollen die Argumente erarbeitet, formuliert und in einer fiktiven Sitzung ausgetauscht und zur Abstimmung gebracht werden.

A. Festlegung und Verteilung der Rollen
Es wird festgelegt, welche Rollen zu besetzen sind. Es bieten sich z. B. folgende Rollen an:
- Bürgermeister,
- Vertreter des Chemiekonzerns,
- Sachkundige Bürger,
- Vertreter von Umweltschutzverbänden,
- Vertreter der heimischen Industrie.

Die Schüler, die keine Rolle erhalten, bilden in der Sitzung die interessierten Bürger. Es ist auch möglich, mehrere Sitzungen durchzuführen, bei denen die Rollen dann getauscht werden.

B. Vorbereitung der Sitzung
Alle Teilnehmer bereiten sich intensiv auf die entscheidende Sitzung vor. Das gilt auch für die interessierten Bürger, die auf der Sitzung kritische Fragen stellen und Anregungen geben sollen. Als Informations- und Vorbereitungsquellen können z. B. genutzt werden:
- Fachkundige Personen, z. B. auch Lehrerinnen und Lehrer unterschiedlicher Fächer,
- Tageszeitungen,
- Firmenprospekte,
- Internetseiten unterschiedlicher Firmen,
- Politiker / Vertreter der Stadt.

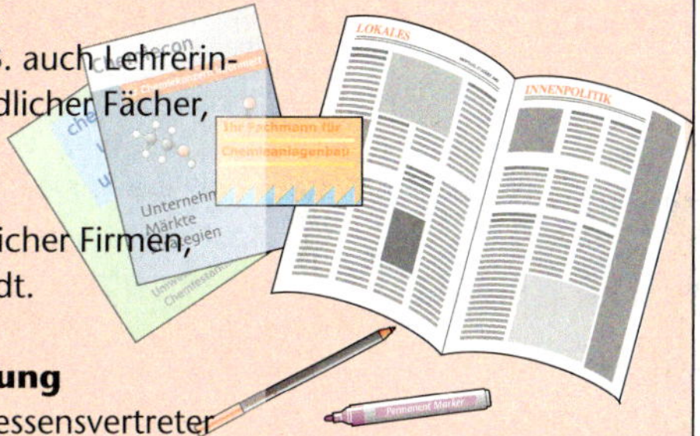

C. Durchführung der Sitzung
Jede Gruppe bzw. jeder Interessensvertreter kann zunächst einmal die Argumente für oder gegen die Chemieanlage vortragen. Dazu bestimmt jede Gruppe einen Gruppensprecher. In einem weiteren Schritt können die interessierten Bürger dann Fragen stellen. Es muss darauf geachtet werden, dass eine Person die Sitzung leitet und dass während der Sitzung ein Protokoll geschrieben wird.

D. Abstimmung
Nachdem alle Argumente ausgetauscht worden sind, soll in einer Abstimmung entschieden werden, ob die Anlage gebaut werden soll oder nicht. Vorher muss natürlich geklärt werden, wer überhaupt an der Abstimmung teilnehmen darf.

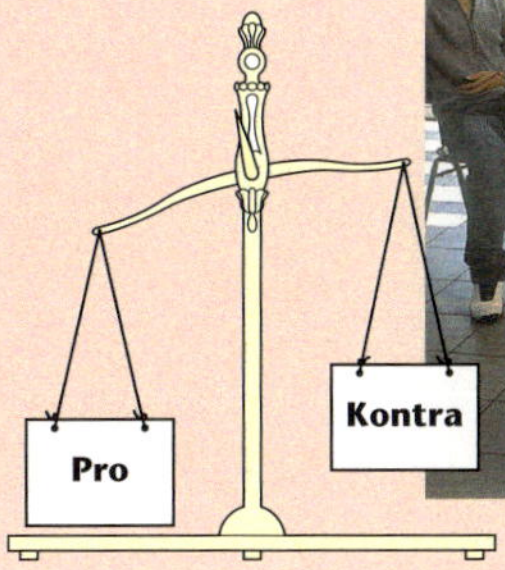

Eigenschaften und Verwendungsmöglichkeiten
Die Lichtdurchlässigkeit des Glases ist Voraussetzung für die vielen Verwendungsmöglichkeiten: für Linsen der Kameraobjektive, für Brillengläser, Frontgläser der Fernseher oder Monitore. Da die Oberfläche des Glases glatt, porenfrei, leicht zu reinigen und gasundurchlässig ist, stellt Glas ein ideales Verpackungsmaterial für Lebensmittel und Medikamente dar. Aufgrund der Beständigkeit gegen saure Lösungen und organische Lösungsmittel ist Glas ebenso als Material für Chemikalienbehälter und viele Laborapparaturen aus dem Chemielabor nicht wegzudenken (▷B1). Schon vor über 2000 Jahren ist es gelungen, Glasschmelzen herzustellen. Auch wenn es heute für die Herstellung von Spezialgläsern besondere Verfahren gibt, hat sich an der grundsätzlichen Herstellung von Glas nichts geändert.

Quarzsand: Der Ausgangsstoff für die Glasherstellung
Der Hauptbestandteil fast aller Gläser ist **Quarz**. Reiner Quarz ist Siliciumdioxid SiO_2.

1 Glas – ein vielseitiger Werkstoff

2 Glasschmelze – erst zähflüssig, dann kristallin

3 Glasbearbeitung

Wird Quarz geschmolzen und langsam wieder abgekühlt (▷V1; B2), dann wird die Schmelze allmählich zähflüssig und erstarrt schließlich ohne zu kristallisieren. Solche Schmelzen ohne regelmäßige Kristallstruktur werden allgemein als **Gläser** bezeichnet.
Gläser haben keine feste Schmelztemperatur, sondern erweichen beim Erhitzen. Aufgrund dieser Eigenschaft lassen sich Gläser leicht zu den unterschiedlichsten Formen verarbeiten. Glasbläser können daher kunstvolle Produkte herstellen (▷B3).

Reiner Quarz schmilzt erst bei ca. 1700 °C. Diese hohe Temperatur macht reines **Quarzglas** zu einem feuerfesten, aber teuren Spezialglas. Durch Zusätze von Natrium- und Calciumcarbonat kann man die Schmelztemperatur auf ca. 1300 °C senken. Das so hergestellte Glas wird **Kalknatronglas** oder **Normalglas** genannt und z. B. für Fensterscheiben oder Flaschen verwendet.

Versuch

1 Mische 20,5 g Borsäure, 5 g Lithiumcarbonat, 3,6 g Soda, 3,4 g Calciumcarbonat und 2 g Quarzpulver. Erhitze einen Tiegel auf Rotglut und gib dann einige Spatel des Gemisches hinein. Füge nach dem Schmelzen weitere Portionen hinzu. Erhitze den Tiegel mit geschlossenem Deckel ca. eine halbe Stunde auf 800 °C. Gieße die Schmelze auf ein zuvor erhitztes Eisenblech.

Für jeden Zweck das richtige Glas

Bleiglas erhält man durch Zusatz von Bleioxiden. Dieses Glas wird wegen seiner starken Lichbrechung als Schmuckglas für dekorative Trinkgläser (Kristallglas, Bleikristallglas) verwendet (▷ B 1).

1 Bleigläser

Borosilicatglas hat einen hohen Anteil von Siliciumdioxid. Es hat deshalb eine hohe Temperaturbeständigkeit und findet als feuerfestes „Jenaer Glas" (▷ B 2) Verwendung. Da es auch gegen chemische Einflüsse beständig ist, sind viele Laborgeräte aus Borosilicatglas hergestellt.

2 Borosilicatglas

Ceranglas ist eine Glaskeramik, die sich durch besonders geringe Wärmeausdehnung auszeichnet. Auch Temperaturschocks kann Ceran besonders gut widerstehen. Aus diesem Grund wird Ceran besonders für Kochflächen (▷ B 3) eingesetzt.

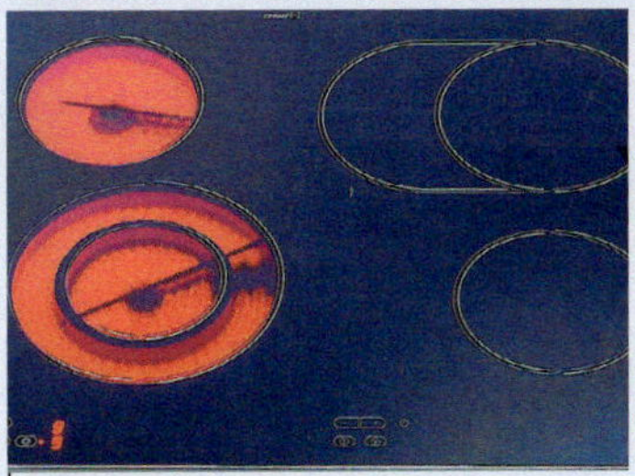

3 Ceranglas

Glasfasern können mit einem Durchmesser von wenigen Tausendsteln Millimetern aus einer Glasschmelze gezogen werden. Glasfaserkabel zur Datenübertragung können das weltweit knapper werdende Kupfer ersetzen. Optische Glasfasern (▷ B 4) sind in der Lage, Bilder zu übertragen und werden in der Medizin eingesetzt.

4 Glasfasern

Glasfaserverstärkte Kunststoffe (GFK) sind Glasfasermatten (▷ B 5), die bei der Herstellung von Kunststoffprodukten zur Erhöhung der Stabilität eingesetzt werden.

5 Glasfaserverstärkter Kunststoff (GFK) (Mikroskopaufnahme)

Anwendungsbereiche sind der Fahrzeug- und Bootsbau, die Herstellung von Sportgeräten und Schutzhelmen.

Isolierglas (▷ B 6) besteht meistens aus zwei, manchmal auch aus drei Scheiben. Zwischen den Scheiben befindet sich Luft oder ein Gas. Da Gase nur eine sehr geringe Wärmeleitfähigkeit haben, gelangt durch Isoliergläser nur wenig Wärme nach außen.

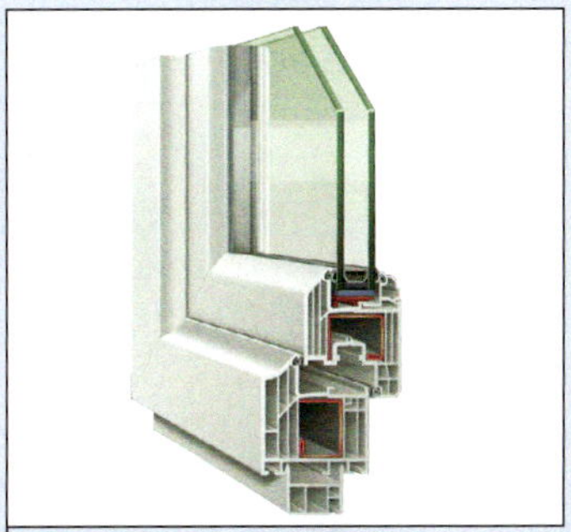

6 Isolierglas

Sicherheitsglas wird für Glas verwendet, das beim Zerbrechen leicht zu Schnittverletzungen führen kann, wie bei Autoscheiben oder Glaseinlagen in Schränken. Sicherheitsglas wird durch schnelles Erhitzen und rasches Abkühlen hergestellt. Dadurch bilden sich im Glas Spannungen, die das Glas bei Stoß oder Schlag in kleine rundliche Stücke zerspringen lässt (▷ B 7).

7 Sicherheitsglas

Beim **Verbundglas** werden mindestens zwei Sicherheitsscheiben durch eine Kunststofffolie miteinander verklebt. Zerbricht die Scheibe, bleiben die Bruchstücke an der Folie haften.

1 Töpfern mit Ton

Ton – der Grundstoff für Keramik

Wird Ton gebrannt, dann erhält man Produkte, die allgemein als **Keramiken** bezeichnet werden. Zu den Keramiken gehören Ziegelsteine, die schon seit über 5 000 Jahren für den Hausbau verwendet werden. Ton, ein natürliches Mineral, bildet sich an der Erdoberfläche beim Verwittern von Feldspat. Feldspat gehört zu den Silicaten, die etwa die Hälfte der festen Erdoberfläche ausmachen.

Ton wird verarbeitet: Die Ziegelei

Zur Herstellung von **Ziegelsteinen** werden in einer Ziegelei zunächst Ton, Sand, Kalk, Wasser und farbgebende Stoffe zu Ziegellehm vermischt. Dieser wird zu Quadern geformt, vorgetrocknet und dann in Brennöfen bei 900 °C bis 1100 °C zu Ziegeln gebrannt. Bei dieser Brenntemperatur erweichen die Körnchen des Lehms, ohne dass sie dabei flüssig werden. Die weichen Oberflächen verkleben dann zu großen Verbänden. Dieser Vorgang wird **Sintern** genannt. Nach dem Sintervorgang kühlen die Ziegel ab und werden sehr hart und fest.

Für jeden Zweck die richtige Keramik

Tonhaltige Ausgangsstoffe lassen sich nicht nur zu Ziegeln, sondern zu einer Fülle unterschiedlicher Keramiken brennen. Je nach Beschaffenheit des Tons und der Brenntemperatur erhält man **Steingut**, **Steinzeug** oder **Porzellan** (▷ B 2). Zur Herstellung von Porzellan wird besonders reiner Ton, die Porzellanerde, verwendet.

Technische Keramiken besitzen besondere Eigenschaften

Neben den Keramiken aus natürlichem Ton gibt es heute auch Keramiken, die aus synthetisch hergestellten Verbindungen gebrannt werden. Diese Keramiken werden unter dem Begriff „technische Keramiken“ zusammengefasst.

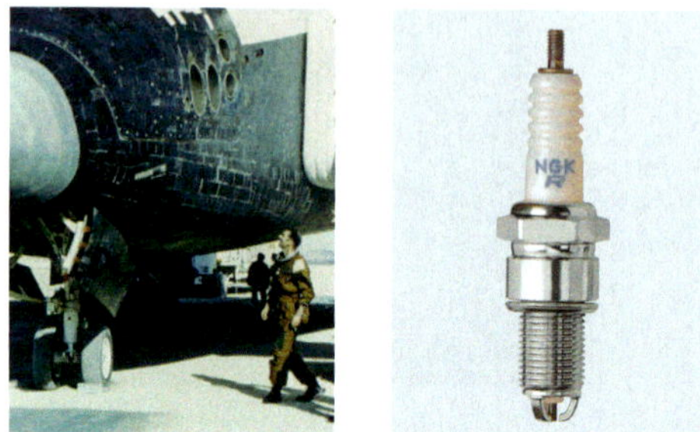

3 Technische Keramiken

Technische Keramiken sind gegen hohe Temperaturen sehr beständig, außerdem korrosions- und verschleißfrei. Technische Keramiken werden in vielen Spezialbereichen eingesetzt: in der Raumfahrttechnik für Hitzeschilde (▷ B 3, links), im Automobilbau für Abgaskatalysatoren oder Zündkerzen (▷ B 3, rechts), in der Medizin für künstliche Gelenke, Zahn- und Knochenersatz und im Alltag für Schneid- und Schleifwerkzeuge.

2 Keramiken im Überblick

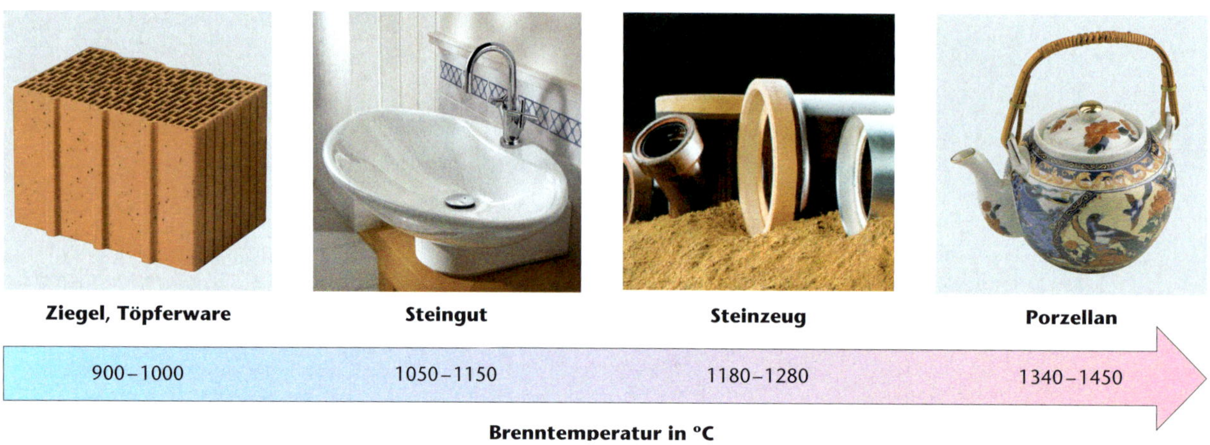

Vom Sand zum Computerchip

Silicium – das „Computermetall"
Der Fortschritt der heutigen Computertechnik ist eng mit der Entwicklung immer leistungsfähigerer Mikrochips verbunden. Der Grundstoff der Mikrochips, das Silicium, wird aus Sand gewonnen (▷B 1).

1 Sand – der Grundstoff für die Siliciumproduktion

Sand – der Grundstoff der Siliciumproduktion
Sand besteht überwiegend aus **Siliciumdioxid SiO_2**. Zur Gewinnung von Silicium wird Sand mit Kohlenstoff (Koks oder Holzkohle) in einem elektrischen Brennofen auf 1800 °C erhitzt. Bei dieser hohen Temperatur wird Siliciumdioxid zu Silicium reduziert, wobei Kohlenstoffmonooxid frei wird:

$$SiO_2 + 2\,C \longrightarrow Si + 2\,CO$$

Das bei diesem Prozess entstandene **Rohsilicium** (▷B 2) besteht zu 98 % aus Siliciumatomen. Für die Verwendung in der Computerindustrie ist es noch nicht rein genug.

2 Gewinnung von flüssigem Rohsilicium

Vom Rohsilicium zum Reinstsilicium
Für die Chipindustrie wird hochreines Silicium mit einem Reinheitsgrad von 99,9999999 % benötigt. Dies bedeutet, dass auf 1 Milliarde Siliciumatome höchstens 1 Fremdatom kommen darf.
In einem aufwändigen Verfahren wird deshalb das Rohsilicium in mehreren Schritten in hochreines Silicium überführt. Dazu wird es zunächst in eine flüssige Siliciumverbindung umgewandelt. Diese Flüssigkeit wird in großen Destillationsanlagen von allen Verunreinigungen befreit. Aus dem gereinigten Destillat werden dann Stäbe aus reinstem Silicium gewonnen. Ein solcher Siliciumstab kann eine Länge von über 2 m und einen Durchmesser von 30 cm besitzen und über 150 kg wiegen (▷B 3).

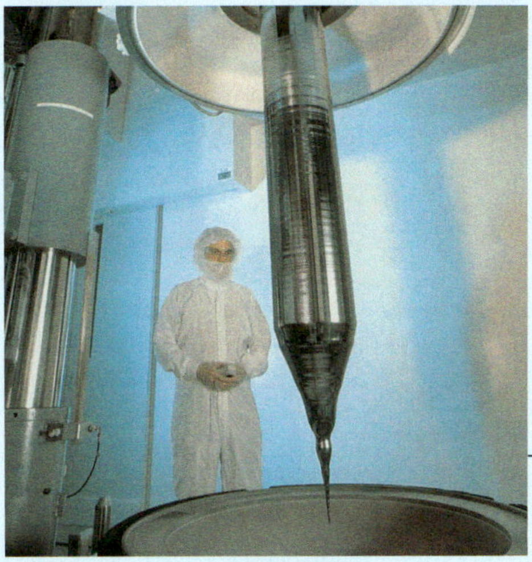

3 Siliciumstab aus der Schmelze

Vom Reinstsilicium zum Computerchip
Die Siliciumstäbe werden in einem weiteren Verfahren in dünne Scheiben zerschnitten. Diese Siliciumscheiben nennt man Wafer. Aus einem Wafer können dann bis zu 1000 Chips zum Einsatz in der Computerindustrie hergestellt werden (▷B 4).

4 Chips auf einem Wafer

Hartes und weiches Wasser

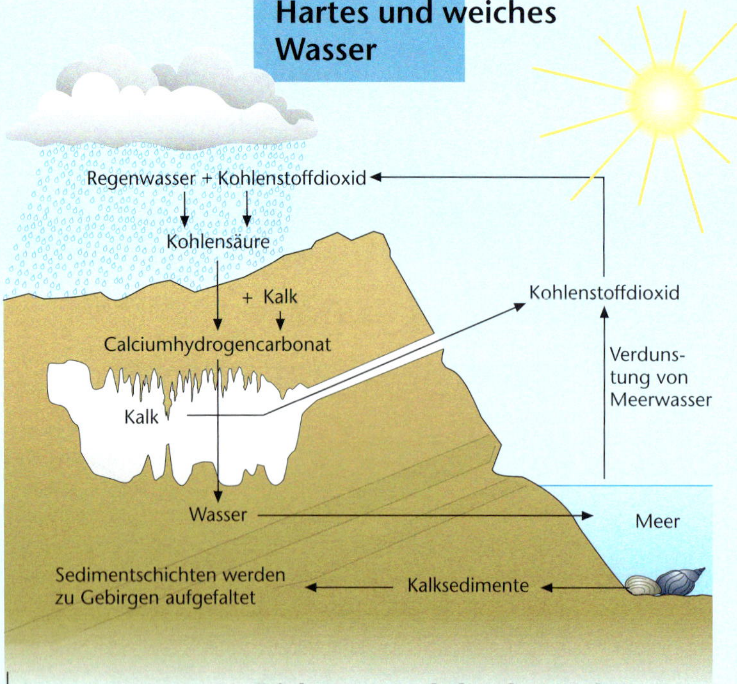

1 Kalk wird transportiert.

Trinkwasser enthält gelöste Salze

Quellwasser enthält Salze, die das Regenwasser aus dem Boden und aus durchsickerten Gesteinsschichten gelöst hat. Insbesondere die Calciumionen Ca^{2+} und die Magnesiumionen Mg^{2+} machen das Wasser „hart".

Die Wasserhärte

Die Menge der gelösten Calciumionen und Magnesiumionen bestimmen die Härte des Trinkwassers. Ein altes, aber immer noch gebräuchliches Maß ist der **Härtegrad °d** (lat.: durus, hart). Trinkwasser mit dem Härtegrad 0 °d enthält so gut wie keine gelösten Calcium- oder Magnesiumionen und gilt als sehr weich. Sehr weich ist auch Regenwasser. Mineralwasser aus der Kalkeifel ist mit ca. 70 °d ein extrem hartes Wasser. Trinkwasser wird je nach Härtegrad in vier Gruppen eingeteilt (▷ B 2).

Hartes Wasser ist lästig

Calcium- und Magnesiumionen bilden mit Seife unlösliche Seifenflocken, die sich in der Wäsche absetzen.

Wasserqualität	Härtegrad
weich	0 – 6 °d
mittelhart	7 – 13 °d
hart	14 – 20 °d
sehr hart	ab 21 °d

2 Die Unterscheidung der Wasserqualität durch die Wasserhärte

Die unlöslich gewordene Seife geht dem Waschvorgang verloren. Bei hohen Temperaturen, wie sie im Teekessel oder in einer Waschmaschine herrschen, reagieren gelöste Hydrogencarbonationen besonders leicht und bilden Carbonationen. Diese bilden mit den Calcium- bzw. Magnesiumionen unlösliches Calciumcarbonat bzw. Magnesiumcarbonat. Diese Ablagerungen werden auch **Kesselstein** genannt (▷ B 3):

Bsp.: $Ca(HCO_3)_2 \longrightarrow \underset{\text{Kalk}}{CaCO_3} + H_2O + CO_2$

Kalkablagerungen bewirken große Probleme im Haushalt. So wird z. B. der Energieaufwand zum Heizen von Wasser in einem verkalkten Gerät immer größer. Geräte, in denen Wasser erhitzt wird, müssen deshalb regelmäßig entkalkt werden.

3 Verkalkter Heizstab

Wasserhärte wird unterschieden

Der abgelagerte Kesselstein bleibt in Geräten oder Rohren zurück. Durch die jetzt fehlenden Magnesium- und Calciumionen ist das Wasser „weicher" geworden. Diesen Teil der Wasserhärte bezeichnet man als **vorübergehende** (temporäre) **Härte**. Andere Salze bleiben auch in kochendem Wasser gelöst (z. B. $CaCl_2$, $MgSO_4$). Sie verursachen die **bleibende Härte**.
Die Gesamthärte des Wassers ist die Summe aus beiden Härtearten.

Aufgaben

1 Nenne die Hauptbestandteile des Kesselsteins.

2 Beurteile die Salze Caliumcarbonat und Caliumhydrogencarbonat nach ihrer Löslichkeit in Wasser.

Werkstatt

Wie hart ist Wasser?

1 Hartes und weiches Wasser

Material

Schutzbrille, Becherglas (100 ml), Messzylinder (100 ml), Messzylinder (10 ml), 3 Reagenzgläser mit 3 Stopfen, Glasstab, Pipette (1 ml), Reagenzglasgestell, Spatellöffel, Messer, Lineal, Calciumchlorid, Kernseife, destilliertes Wasser

Versuchsanleitung

a) Kratze mit dem Messer etwas Kernseife ab und gib sie in ein Reagenzglas. Fülle das Reagenzglas zu zwei Dritteln mit destilliertem Wasser und verschließe das Reagenzglas mit dem Stopfen. Drehe das Reagenzglas mehrmals vorsichtig mit dem Stopfen nach unten und wieder nach oben, bis sich die Seifenflocken gelöst haben. Nicht schütteln! Schaum möglichst vermeiden! Bewahre die Seifenlösung für weitere Versuche auf.

b) Stelle hartes Wasser her: Löse eine Spatelspitze Calciumchlorid in 50 ml destilliertem Wasser.

c) Gib 10 ml des harten Wassers in ein Reagenzglas und gib 1 ml Seifenlösung dazu. Verschließe das Reagenzglas mit dem Stopfen und schüttle 10-mal kräftig. Miss die Schaumhöhe.

d) Wiederhole den Versuch c) mit destilliertem Wasser. Vergleiche die Schaumhöhe in den Reagenzgläsern (▷ B 1).

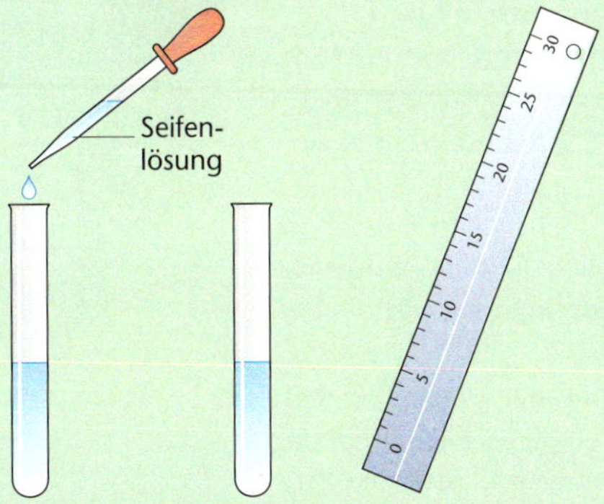

1 Was schäumt mehr?

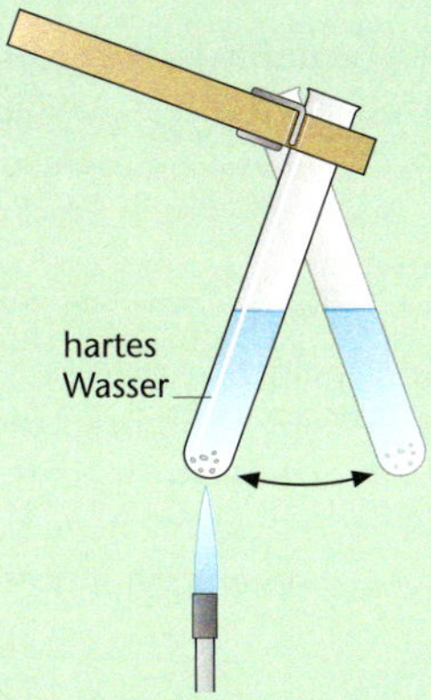

2 Hartes Wasser wird erhitzt.

2 Die Wasserhärte verschwindet

Material

Schutzbrille, Becherglas (100 ml), 2 Reagenzgläser mit Gummistopfen, Pipette (1 ml), Messzylinder (100 ml), Messzylinder (10 ml), Glasstab, Tropfpipette, Gasbrenner, Reagenzglasgestell, Lineal, Seifenlösung aus Versuch 1 a), Calciumhydrogencarbonat, dest. Wasser

Versuchsanleitung

a) Stelle hartes Wasser her. Löse dazu eine Spatelspitze Calciumhydrogencarbonat in 50 ml destilliertem Wasser. Gib jeweils 10 ml davon in zwei Reagenzgläser.

b) Gib zu dem einen Reagenzglas 1 ml Seifenlösung, verschließe es mit dem Stopfen und schüttle 10-mal. Miss die Schaumhöhe.

c) Erhitze das andere Reagenzglas einige Minuten in der nicht leuchtenden Gasbrennerflamme (▷ B 2). Kühle das erhitzte Reagenzglas unter kaltem Wasser ab und gib 1 ml Seifenlösung dazu. Verschließe das Reagenzglas mit dem Stopfen und schüttle 10-mal kräftig. Miss die Schaumhöhe.
Vergleiche die Schaumhöhen in den Reagenzgläsern. Erkläre.

3 Wasserhärte chemisch gebunden

Material

Schutzbrille, Becherglas (100 ml), Messzylinder (100 ml), Messzylinder (10 ml), Tropfpipette, Glasstab, 2 Reagenzgläser mit Stopfen, Reagenzglashalter, Lineal, Spatellöffel, Wasserenthärter (z. B. Calgon), Calciumchlorid, Seifenlösung aus Versuch 1 a), dest. Wasser

Versuchsanleitung

Stelle aus Calciumchlorid und Wasser „hartes Wasser" her (▷ V 1 b). Fülle in beide Reagenzgläser jeweils 10 ml des „harten Wassers". Gib zusätzlich in eines der beiden Reagenzgläser etwas Wasserenthärter und mische durch.

Gib dann in beide Reagenzgläser jeweils 1 ml Seifenlösung dazu und verschließe mit dem Stopfen (▷ B 3). Schüttle jedes Reagenzglas 10-mal kräftig.
Miss und vergleiche die Schaumhöhe in beiden Reagenzgläsern.

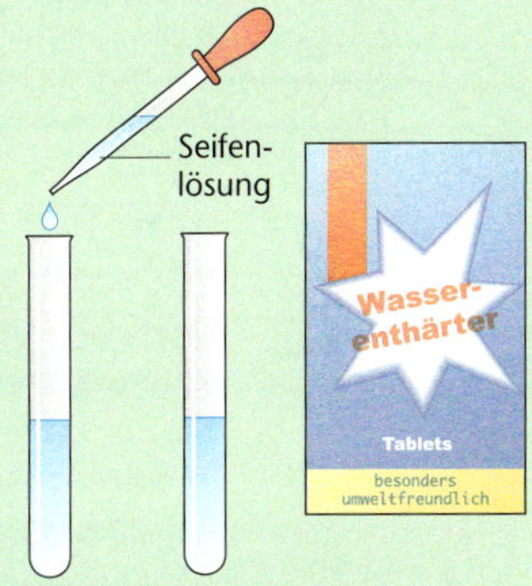

3 Wie wirkt Wasserenthärter?

Aufgaben

1. Welche Beziehung gibt es zwischen den gemessenen Schaumhöhen und der Wasserhärte?
2. Welche Stoffe bilden sich beim Erhitzen von Calciumhydrogencarbonat?

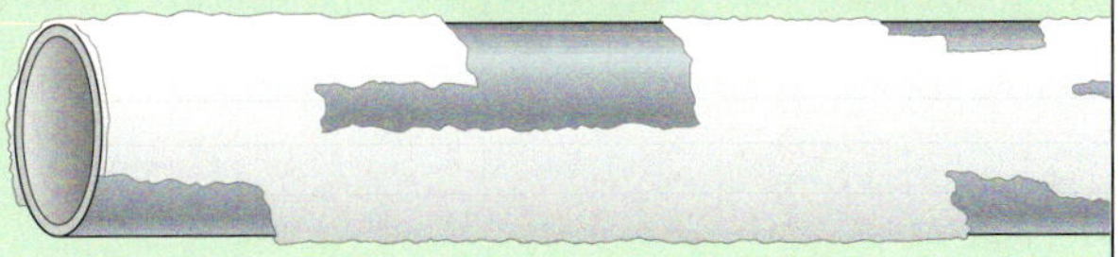

Impulse

Vom Laborversuch zur Produktion

Von der Entwicklung eines chemischen Produktes bis zum Verkauf im Geschäft ist es ein langer Weg. Die einzelnen Schritte zur Einführung eines neuen Produktes sollen an einem Beispiel nachvollzogen werden. Dazu müssen sich unterschiedliche Gruppen bilden, die verschiedene Aufgaben wahrnehmen.

Die Unternehmensführung
In der obersten Ebene „deines“ Unternehmens sollte die Entscheidung für oder gegen eine neues Produkt getroffen werden.

- Führe in einer Gruppe eine Diskussion zur Markteinführung eines neuen Produktes. Beispiele für ein solches Produkt könnten eine neue Hautcreme oder ein neues Erfrischungsgetränk sein.

- Zähle die benötigten Informationen auf, um sich für bzw. gegen ein bestimmtes Produkt zu entscheiden.

Die Produktentwicklung

- Suche in unterschiedlichen Quellen nach Rezepten für eine Hautcreme oder für ein Erfrischungsgetränk.

- Stelle Materialien zusammen, um die neue Hautcreme oder das Getränk zu „produzieren“.

- Plane Versuche, um die neuen Produkte im Labor herzustellen und führe die Versuche im Labor durch.

Verfahrenstechnik und Prozess-Steuerung
Bei der Umsetzung der Laborversuche in einen technischen Prozess sind viele Aspekte zu berücksichtigen. Viele Vorgänge werden heute durch Computer gesteuert.

- Welche Vorgänge könnten mit dem Computer gesteuert werden?

- Welche Geräte und Apparaturen werden für die technische Herstellung deines neuen Produktes benötigt?

Sicherheitstechniker und Sicherheitsingenieure
Wie bei jedem chemischen Experiment spielt auch in der chemischen Technik die Sicherheit eine besondere Rolle.

- Bilde eine „Sicherheitsgruppe“, die sich mit möglichen Gefahren bei der Produktion auseinandersetzt.

- Häufig findet man in größeren Chemiebetrieben eigenes Fachpersonal, das für die Sicherheit zuständig ist. Erkundige dich nach solchen Berufen.

Die Qualitätskontrolle

Bevor das Produkt auf den Markt kommt, muss sichergestellt sein, dass die Qualität des hergestellten Produktes auch den Anforderungen entspricht.

- Zähle für dein Produkt sinnvolle Qualitätskontrollen auf.

- Könnten Probleme entstehen, wenn entsprechende Qualitätskontrollen fehlen? Diskutiere in deiner Gruppe.

Die Marketing-Abteilung

Diese Abteilung versucht, das neue Produkt auf den Markt zu bringen.

- Finde einen werbewirksamen Namen für die Hautcreme oder das neue Getränk.

- Gestalte ein wirkungsvolles Werbeplakat, das auf das neue Produkt aufmerksam macht.

- Welche Verpackung ist für das neue Produkt geeignet? Entwickle auch ein „augenfälliges" Etikett, das möglichst geschickt auf das neue Produkt aufmerksam macht.

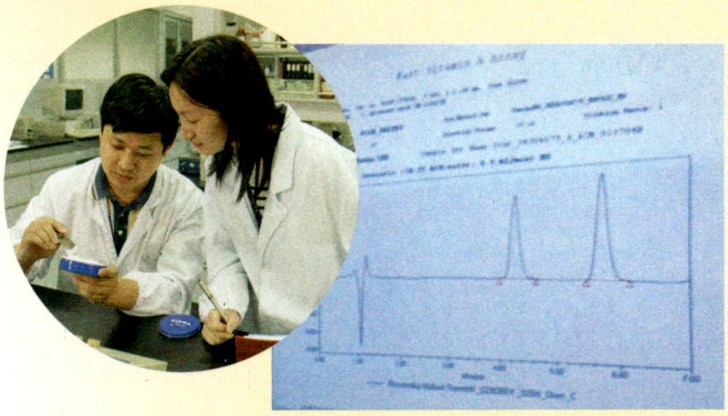

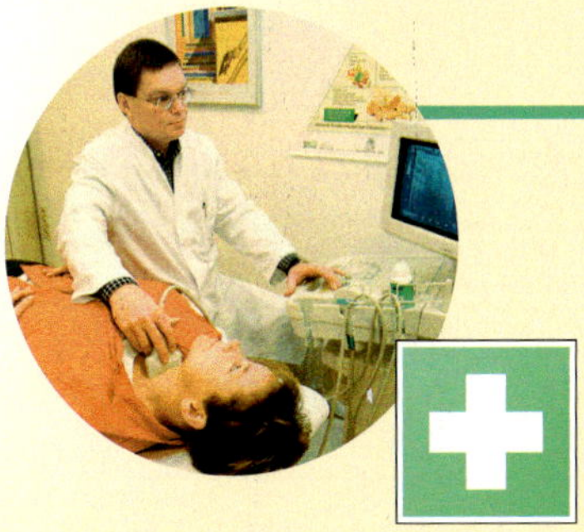

Die medizinische Abteilung

In größeren Betrieben findet man häufig auch Betriebsärzte.

- Recherchiere die Aufgaben des Betriebsarztes in seinem Betrieb.

- Auch der berufgenossenschaftliche arbeitsmedizinische Dienst (BAD) ist für die medizinische Betreuung von Arbeitnehmern zuständig. Informiere dich im Internet über die Aufgabenbereiche des BAD.

- Welche gesundheitlichen Gefährdungen könnten mit der Herstellung des von dir gewählten Produktes verbunden sein?

Chemische Berufe

Chemische Betriebe bieten eine Vielzahl von unterschiedlichen Berufsfeldern.

- Erkundige dich nach unterschiedlichen Ausbildungsberufen der chemischen Industrie. Informiere dich mithilfe von Merkblättern, die die Ausbildungsprofile unterschiedlicher Berufe übersichtlich zusammenfassen.

- Stelle für den Ausbildungsberuf „Chemikant/Chemikantin" oder „Chemielaborant/ Chemielaborantin" ein Informationsblatt zusammen.

- Nicht nur in Ausbildungsberufen der chemischen Industrie sind Chemiekenntnisse von Bedeutung. Kannst du dir Berufe außerhalb der chemischen Industrie vorstellen, in denen Chemiekenntnisse wichtig sind?

- Eine Betriebsbesichtigung soll geplant werden. Welche Schritte sind durchzuführen? Welche Fragen könnten an die Mitarbeiter und Ausbilder des Betriebes gestellt werden? Bildet Erkundungsgruppen, die sich auf einzelne Themen gezielt vorbereiten.

Das Controlling

Controller übernehmen Planungs-, Kontroll-, Steuerungs- und Koordinierungsaufgaben. Das Controlling umfasst vor allem die Wirtschaftlichkeitsberechnungen und bereitet wichtige Entscheidungen der Unternehmensführung vor.

- Stelle Aufgabenbereiche zusammen, die für ein Controlling für das gewählte Produkt sinnvoll sind.

- An welchen Stellen könnten sich kritische Phasen beim Controlling bilden?

Technische Prozesse

Herstellung der Schwefelsäure nach dem Kontaktverfahren

1. Schritt: Verbrennung von Schwefel zu Schwefeldioxid:
$S + O_2 \longrightarrow SO_2$

2. Schritt: Katalytische Oxidation von Schwefeldioxid zu Schwefeltrioxid:
$2\ SO_2 + O_2 \longrightarrow 2\ SO_3$

3. Schritt: Reaktion von Schwefeltrioxid mit Wasser zu Schwefelsäure:
$SO_3 + H_2O \longrightarrow H_2SO_4$

Die Ammoniaksynthese

Die Ammoniaksynthese wird nach dem **Haber-Bosch-Verfahren** durchgeführt. Bei der Synthese verbinden sich Wasserstoff und Stickstoff zu Ammoniak:
$N_2 + 3\ H_2 \longrightarrow 2\ NH_3$

Zement und Beton

Zement wird durch Brennen von Ton und Kalkstein hergestellt. Beton ist ein Gemisch aus Zement, Kies, Sand und Wasser. Durch Zugabe von Stahlstäben oder Stahlgittern erhält man Stahlbeton.

Keramik durch Sintern

Keramiken werden durch Sintern von Ton und Begleitstoffen hergestellt. Beim Sintern erweichen die Oberflächen der Partikel und verkleben zu großen Verbänden.

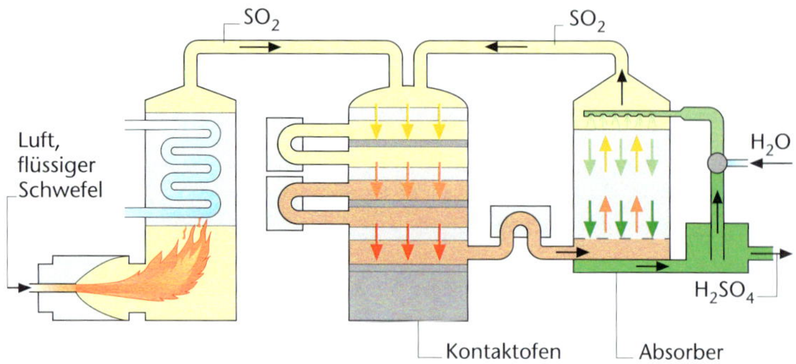

1 Herstellung von Schwefelsäure nach dem Kontaktverfahren

Technischer Kreislauf des Kalkes

Beim Brennen von Kalkstein (Calciumcarbonat) entsteht gebrannter Kalk CaO, der mit Wasser zu Löschkalk $Ca(OH)_2$ reagiert. Beim Abbinden nimmt Löschkalk Kohlenstoffdioxid aus der Luft auf und wird wieder zu festem Kalkstein.

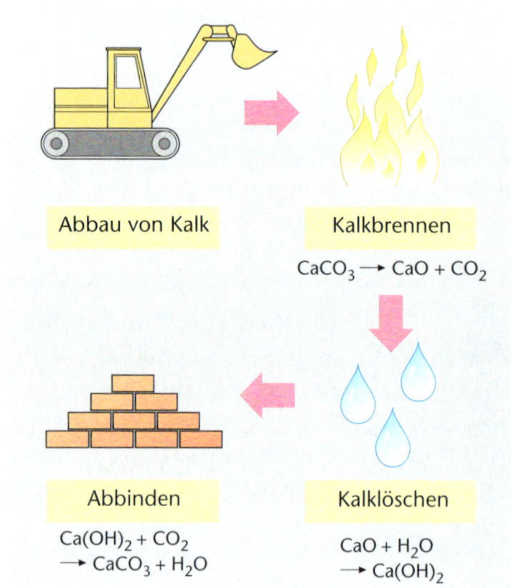

2 Der technische Kalkkreislauf

Aufgaben

1 Gib alle Reaktionsgleichungen zur Herstellung der Schwefelsäure in der richtigen Reihenfolge an.

2 In der chemischen Technik werden zahlreiche Produkte in großen Mengen hergestellt.
a) Welche Unterschiede bestehen zwischen den Laborgeräten und den Geräten, die in der chemischen Technik eingesetzt werden?
b) Welche unterschiedlichen Zielsetzungen haben die Prozesse und Abläufe im Labor gegenüber den entsprechenden Vorgängen in der chemischen Technik?

3 In Bild 3 ist ein Hochhaus aus Stahlbeton abgebildet. Welche besonderen Eigenschaften dieses Baustoffes machen solche Konstruktionen möglich?

4 Erkläre die Herstellung von Kalkmörtel und Beton.

3 Zu Aufgabe 3

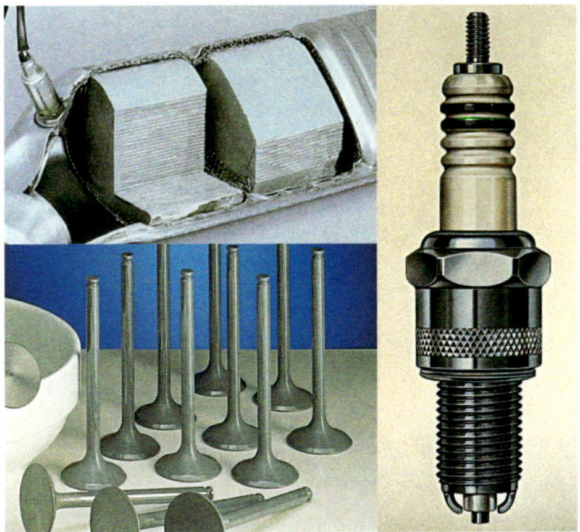

4 Zu Aufgabe 7

5 Kalkablagerungen haben oft große Probleme im Haushalt zur Folge.
a) Welche Probleme können durch hartes Wasser entstehen?
b) Ein Teil der Wasserhärte verschwindet beim Erhitzen. Wie wird dieser Teil der Härte genannt?
c) Durch welche Reaktionsgleichung kann die Ablagerung von Kalk aus hartem Wasser beschrieben werden?

6 Erkläre die Begriffe: Kalkbrennen, Kalklöschen und Abbinden und gib die für diese Prozesse zutreffenden Reaktionsgleichungen an.

7 Bild 4 zeigt einige Anwendungsbereiche von technischen Keramiken. Welche Eigenschaften technischer Keramik sind für diese Einsatzmöglichkeiten von Bedeutung?

1 In der unberührten Natur (z. B. Urwälder, Steppen) ist starkes Pflanzenwachstum ohne Düngung möglich. Auf landwirtschaftlich genutzten Böden ist jedoch ein guter Ernteertrag nur durch zusätzliche Düngung der Böden zu erreichen.
a) Warum müssen landwirtschaftlich genutzte Flächen gedüngt werden, natürlich belassene jedoch nicht?
b) Welche Arten von Düngung können eingesetzt werden?

2 Das Bild zeigt einen für das Pflanzenwachstum wichtigen Stoffkreislauf.
a) Beschreibe den Stoffkreislauf.
b) Welche Begriffe bzw. Texte können in den freien Kästchen eingetragen werden?
c) An welcher Stelle greift der Mensch häufig in den abgebildeten Stoffkreislauf ein?
d) Welche Folgen hat dieser Eingriff?

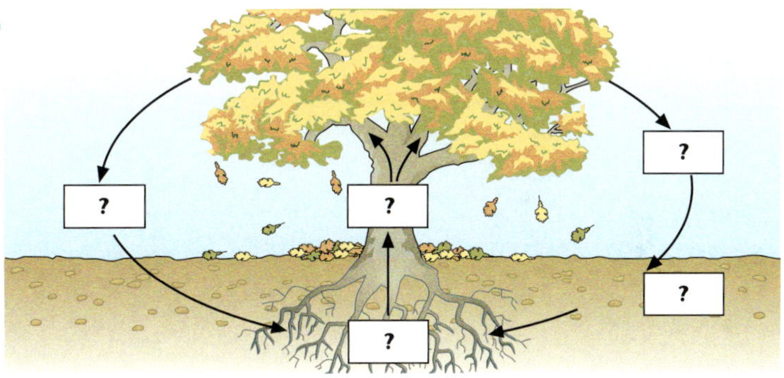

3 Bereits vor über 100 Jahren entdeckte JUSTUS VON LIEBIG ein wichtiges Wachstumsgesetz.
a) Formuliere dieses Gesetz.
b) Wie kann das Gesetz mithilfe der abgebildeten Tonne beschrieben werden?
c) Warum ist es nicht sinnvoll, einen an Magnesiumsalzen armen Boden mit zusätzlichen Calciumsalzen zu düngen?

4 Für das Pflanzenwachstum sind Stickstoffverbindungen unerlässlich.
a) Welcher technische Prozess ist für die Herstellung von Stickstoffdüngern von besonderer Bedeutung? Formuliere die grundlegende Reaktionsgleichung für diesen Prozess.
b) Welche Reaktionsbedingungen sind für diesen Prozess wichtig? Nenne diese und begründe.
c) Einige Pflanzen können mithilfe von Knöllchenbakterien Stickstoff aus der Luft binden.
Gib Pflanzen an, die diese Eigenschaft haben.

Elektrische Energie und chemische Prozesse

Der elektrische Strom kann chemische Reaktionen in Gang bringen. Durch chemische Reaktionen kann aber auch Strom erzeugt werden.

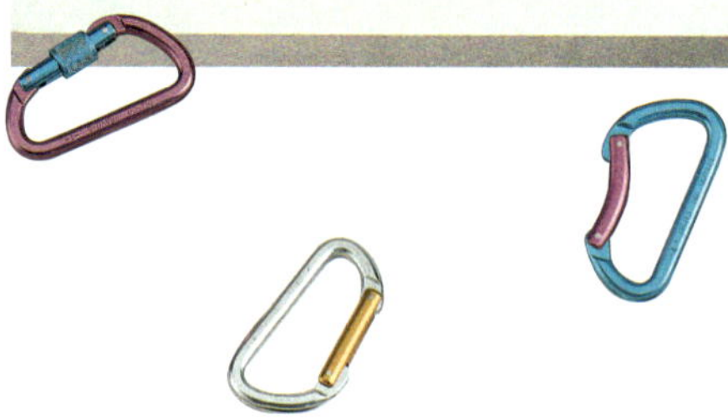

Im Haushalt werden elektrische Geräte mit Strom aus der Steckdose betrieben. Auf welche Weise kann man Geräte netzunabhängig versorgen?

Für den alltäglichen Gebrauch gibt es unterschiedliche Batterietypen. Welche kennst du? Berichte über Vor- und Nachteile.

Betrachte die Abbildungen. Beschreibe, was du erkennen kannst.

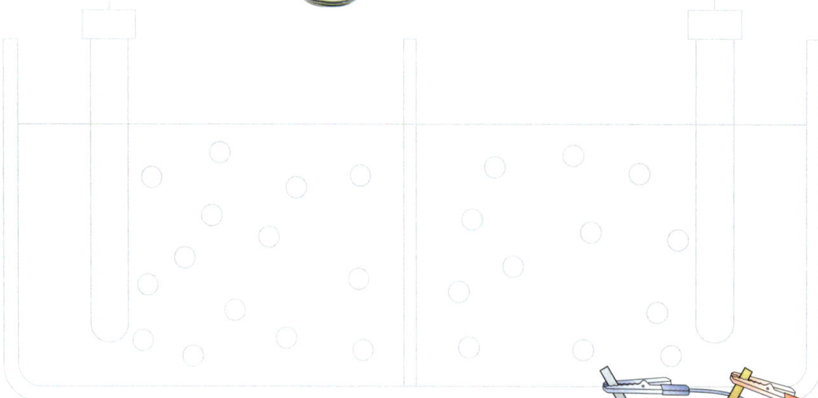

ALKALINE BATTERY
6LR61
9V

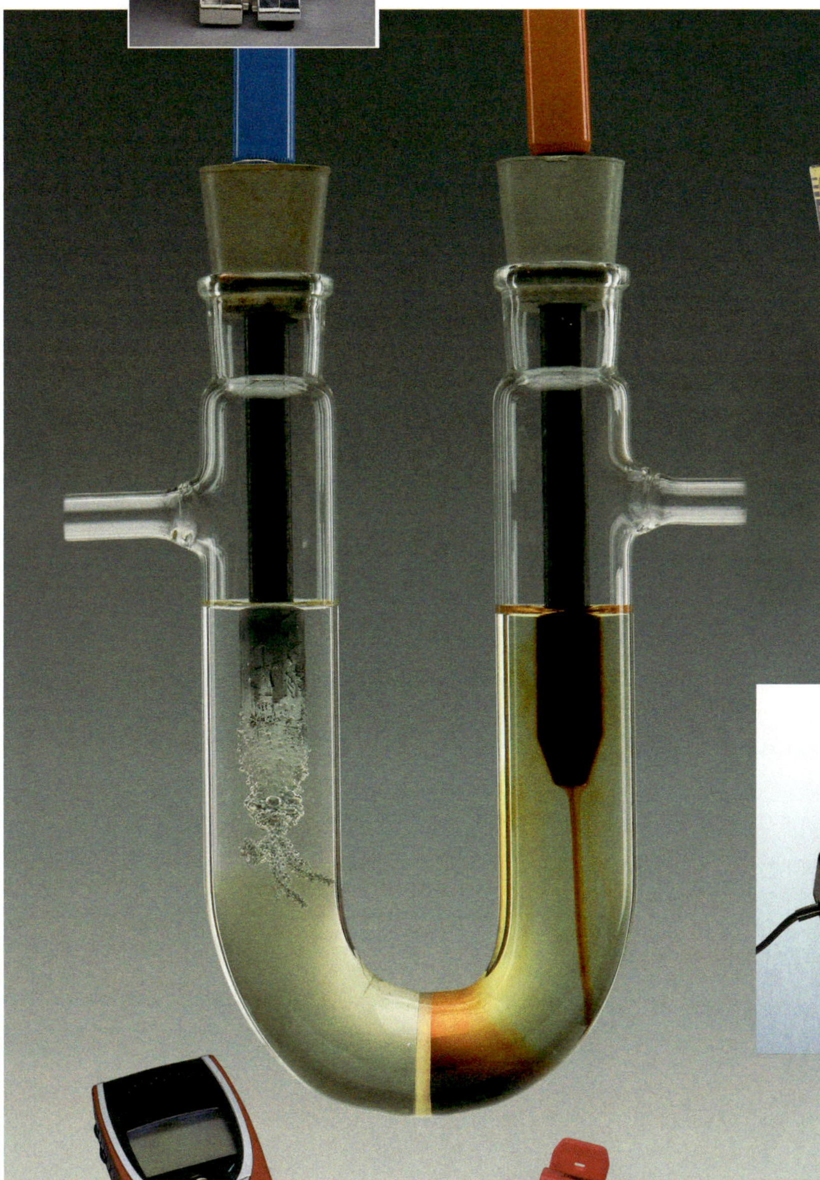

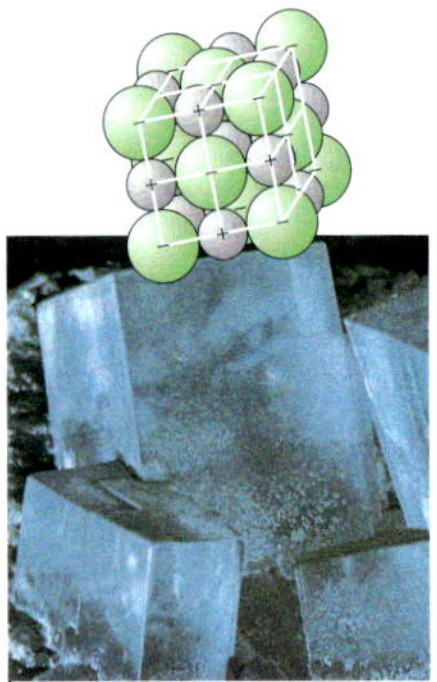

1 Natriumchlorid-kristall

Salzschmelzen sind elektrisch leitfähig

Erhitzt man Natriumchlorid stark, kann man in der Schmelze elektrische Leitfähigkeit nachweisen. Ursache dafür sind Ionen, die beim Schmelzen der Salzkristalle frei beweglich werden.

Im Experiment drückt man in das feste Natriumchlorid zwei Graphitstäbe. Einen Graphitstab verbindet man mit dem Minuspol, den anderen mit dem Pluspol einer Gleichspannungsquelle. Die Stromstärke wird an einem Messgerät kontrolliert (▷B 2; ▷V 1).

Mit einem Gebläsebrenner erhitzt man das Salz, die Anzeige am Messgerät bleibt zunächst auf Null. Ist die Schmelze rotglühend, ist ein Stromfluss am Messgerät festzustellen.

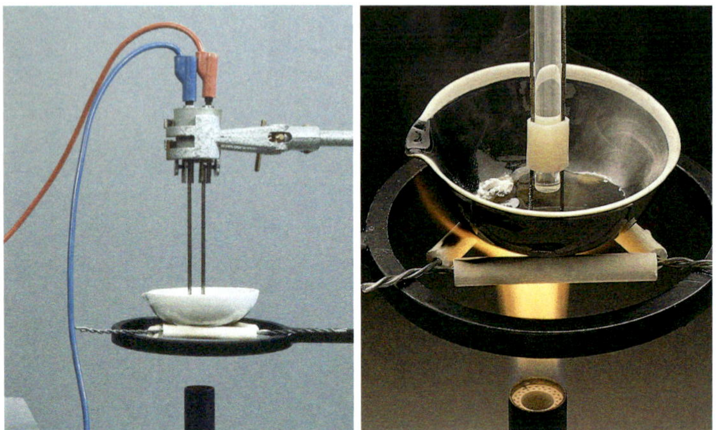

2 Elektrolyse einer Natriumchlorid-Schmelze

Vorgänge an den Elektroden

An der einen Elektrode ist ein geschmolzenes Metall erkennbar, an der anderen wird ein gelb-grünes Gas beobachtet. Die mit dem Minuspol verbundene Elektrode ist negativ geladen, d. h., sie besitzt Elektronenüberschuss. Sie wird **Kathode** (griech.: kathodos, abwärts führender Weg) genannt. Die Kathode zieht positiv geladene Ionen an. Diese Ionen werden als **Kationen** bezeichnet.

Die mit dem Pluspol verbundene Elektrode weist Elektronenmangel auf und ist deshalb positiv geladen. Sie wird **Anode** (griech.: anodos, Aufgang) genannt. Die Anode zieht negativ geladene Ionen an. Diese Ionen werden **Anionen** genannt.

In der Schmelze werden die positiv geladenen Natriumionen an der Kathode entladen, d. h., sie nehmen je ein Elektron auf und bilden ungeladene Natriumatome. An die Anode geben die negativ geladenen Chloridionen je ein Elektron ab und werden zu ungeladenen Chloratomen. Jeweils zwei Chloratome bilden ein Chlormolekül (▷B 3).

Durch den elektrischen Strom wurde Natriumchlorid in der Schmelze in die Elemente Natrium und Chlor zerlegt. Diesen Vorgang bezeichnet man als **Elektrolyse**.

▶ Die Zerlegung einer Verbindung mithilfe des elektrischen Stromes wird Elektrolyse genannt.

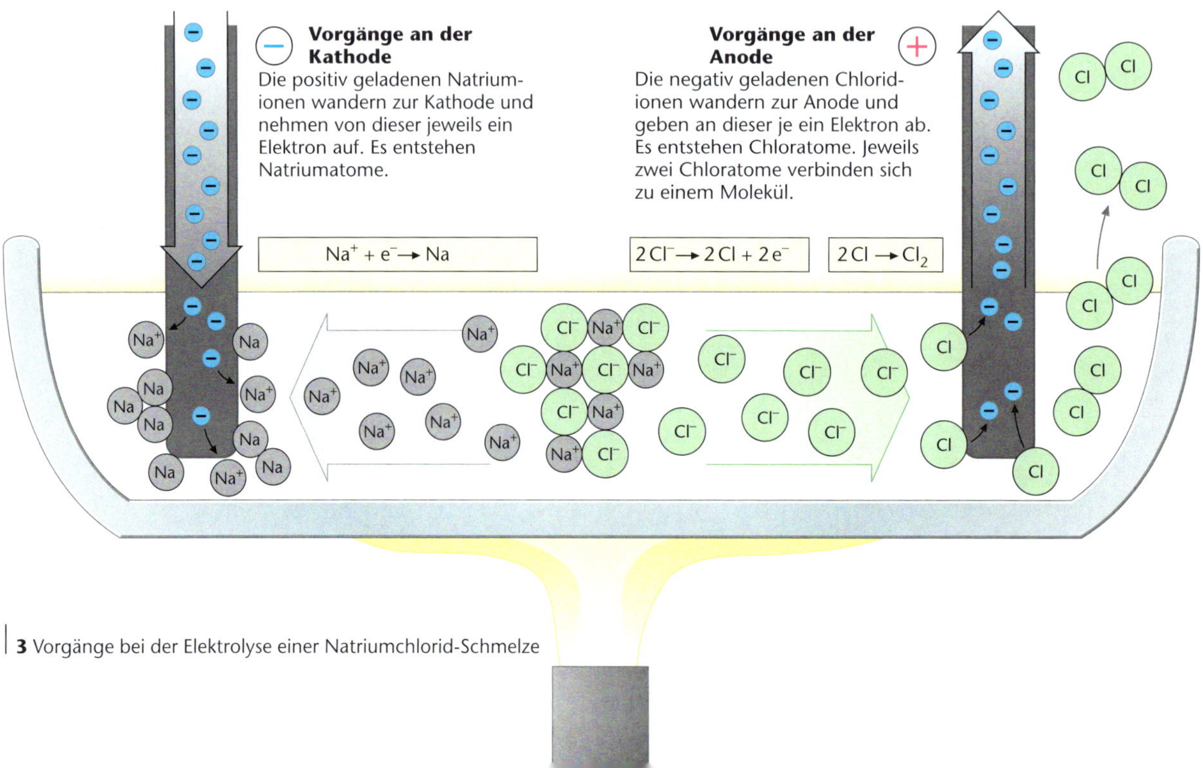

3 Vorgänge bei der Elektrolyse einer Natriumchlorid-Schmelze

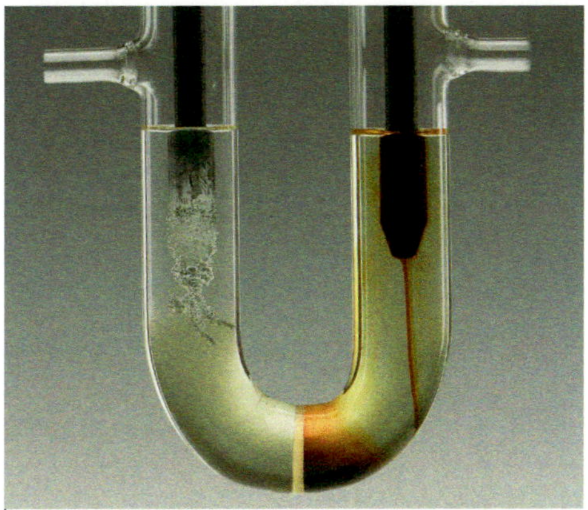

4 Elektrolyse von Zinkiodid

Elektrolyse einer Zinkiodidlösung
Vorgänge bei einer Elektrolyse lassen sich auch in wässrigen Lösungen beobachten. Führt man mit einer wässrigen Zinkiodidlösung eine Elektrolyse durch, erkennt man am Minuspol (Kathode) einen grauen metallischen Überzug von Zink und am Pluspol (Anode) braun-gelbe Schlieren von Iod (▷B 4; V 2).
In der wässrigen Zinkiodidlösung sind die Ionen frei beweglich. Positiv geladene Zinkionen wandern zur Kathode und werden an dieser entladen. Durch Aufnahme von je zwei Elektronen entstehen ungeladene Zinkatome.

$$Zn^{2+} + 2\,e^- \longrightarrow Zn$$

Negativ geladene Iodidionen wandern zur Anode. An der Anode geben die Iodidionen je ein Elektron ab und werden zu ungeladenen Iodatomen. Je zwei Iodatome bilden ein Iodmolekül.

$$2\,I^- \longrightarrow 2\,I + 2\,e^-$$
$$2\,I \longrightarrow I_2$$

Mithilfe des elektrischen Stromes wurde Zinkiodid in Zink und Iod zerlegt (▷B 5).

Kationen sind positiv geladene Ionen und wandern zur Kathode, dem Minuspol. Anionen sind negativ geladene Ionen und wandern zur Anode, dem Pluspol.

Bei allen Elektrolysen mit Halogeniden wandern positiv geladene Metallionen zur Kathode und bilden durch Aufnahme von Elektronen Metallatome. Negativ geladene Nichtmetallionen geben an der Anode Elektronen ab. Es entstehen Nichtmetallatome. Aus diesen bilden sich Moleküle.

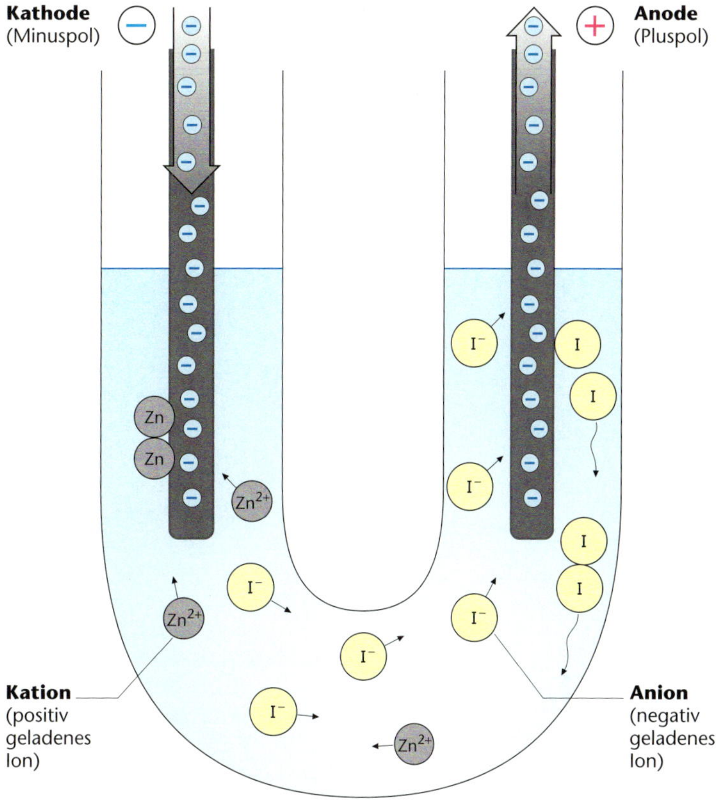

5 Vorgänge bei der Zinkiodid-Elektrolyse

Versuche

1 Man gibt in einen Porzellantiegel auf einem Dreifuss mit Tondreieck festes Natriumchlorid und taucht zwei Graphitelektroden in das Salz. Die Elektroden verbindet man mit einer Gleichspannungsquelle. Zum Ablesen der Stromstärke wird ein Messgerät (5 A) in Reihe geschaltet.

Mit einer Lötlampe mit Hartlötbrenneraufsatz wird das Salz bis zur Schmelze erhitzt. Die Spannung wird so eingestellt, dass in der Schmelze ein Strom gemessen werden kann (Abzug!).

2 In ein U-Rohr wird eine Zinkiodidlösung gefüllt. Zwei Graphitelektroden werden in die Flüssigkeit getaucht und mit einer Gleichspannungsquelle verbunden. Nach Anlegen einer Spannung von ca. 4 V werden beide Elektroden vor einem weißen Hintergrund auf Veränderungen hin beobachtet. Die Zinkiodidlösung kann mit Zinkgranalien im Vorratsgefäß recycelt werden.

Aluminiumgewinnung

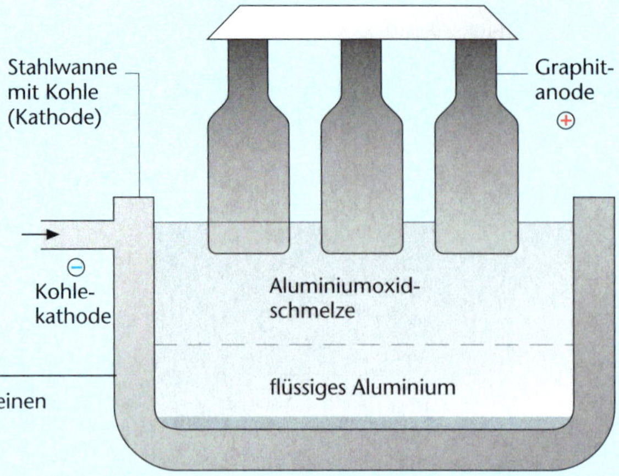

1 Schnitt durch einen Schmelzofen

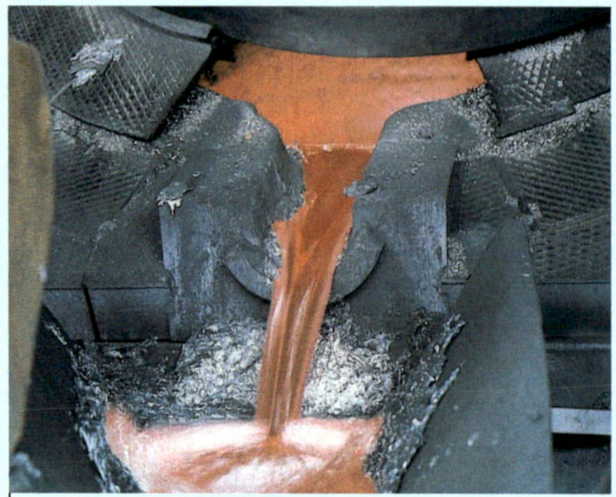

4 Flüssiges Aluminium

1820 wurde in Les Baux, einem kleinen Ort in Südfrankreich, ein rötliches Gestein entdeckt. Man nannte es Bauxit. Aus Bauxit wird **Aluminiumoxid** gewonnen. Reines Aluminiumoxid wird durch Elektrolyse in Aluminium und Sauerstoff zerlegt. Das Salz ist nicht in Wasser löslich. Deshalb muss es durch Erhitzen geschmolzen werden. Eine solche Elektrolyse wird **Schmelzflusselektrolyse** genannt.

2 Eloxiertes Aluminiumprodukt

Viel Energie für das Metall Aluminium

Aluminiumoxid hat eine sehr hohe Schmelztemperatur von 2045 °C und ist nur mit hohem Energieaufwand zu schmelzen. Im Gemisch mit Kryolith (Natrium-Aluminium-Fluorid) erhält man schon bei 960 °C eine Schmelze.
Das Gemisch aus Aluminiumoxid und Kryolith wird in eine Stahlwanne gefüllt, die mit Kohle ausgekleidet ist (▷ B 1). Kohle dient als Kathode. Die positiv geladenen Aluminiumionen wandern zur Kathode und nehmen dort jeweils drei Elektronen auf. Es entstehen Aluminiumatome. Das flüssige Aluminium sammelt sich auf dem Boden der heißen Wanne und wird von Zeit zu Zeit abgesaugt und in Barren gegossen (▷ B 4).

Die Anode besteht aus Graphitblöcken, die in die Schmelze tauchen. Die negativ geladenen Oxidionen wandern zur Anode und geben dort jeweils zwei Elektronen ab. Es entstehen Sauerstoffatome, die mit dem Kohlenstoff der Anode zu Kohlenstoffdioxid und Kohlenstoffmonooxid reagieren. Die Gase werden abgesaugt und aufgefangen.

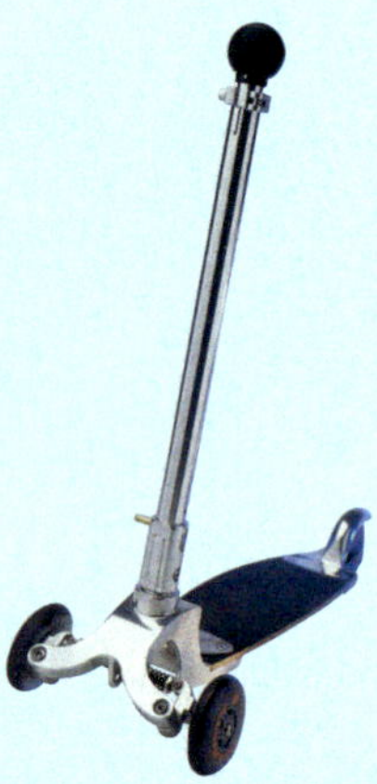

3 Kick-board mit Aluminiumteilen

Die Elektrolyse erfolgt mit einer Spannung von ca. 4,5 V und einer Stromstärke von bis zu 300 000 A.
Im Vergleich dazu können an einem Elektroherd höchstens 20 A gemessen werden. Aus 2 kg Aluminiumoxid und 0,5 kg Graphit wird 1 kg Aluminium gewonnen.

Aluminium wird geschützt

Aluminium ist als unedles Metall durch eine dünne, aber fest haftende Oxidschicht auf der Oberfläche vor Umwelteinflüssen geschützt. Die Oxidschicht lässt sich durch Elektrolyse auf das Hundertfache verstärken und anschließend anfärben (▷ B 2). Die **el**ektrolytische **Ox**idation von **Al**uminium nennt man kurz **Eloxal**verfahren.

Aufgabe

1 Aluminium besitzt eine kleine Dichte. Dies macht Aluminium zu einem wertvollen Werkstoff (▷ B 5). Wozu wird Aluminium verwendet? Nenne Beispiele.

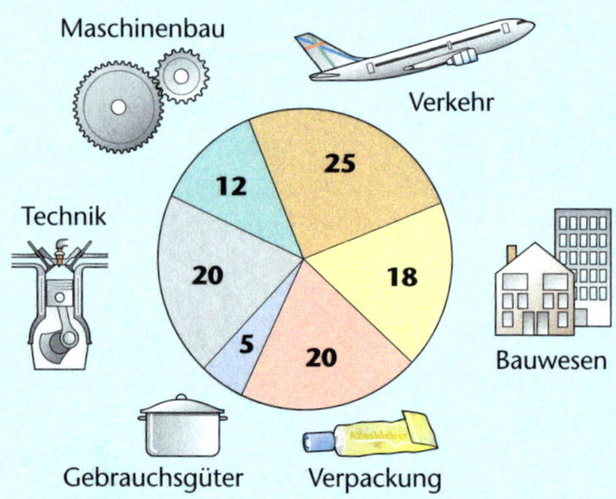

5 Die Verwendung von Aluminium (Angaben in %)

Strategie

Fachsprachen-Trainer

Der Fachsprachen-Trainer hilft beim Einüben von Sätzen mit Fachbegriffen. Korrekte Formulierungen kann man sich dann einfacher merken. Schreibt man Fachbegriffe und einzelne Satzteile auf verschiedenfarbige Kärtchen, kann man damit vollständige Sätze bilden. Das Satzmuster lässt sich so leicht erkennen und einüben. Jedes Satzmuster setzt sich aus bestimmten Fachbegriffen und verbindenden Satzteilen zusammen.

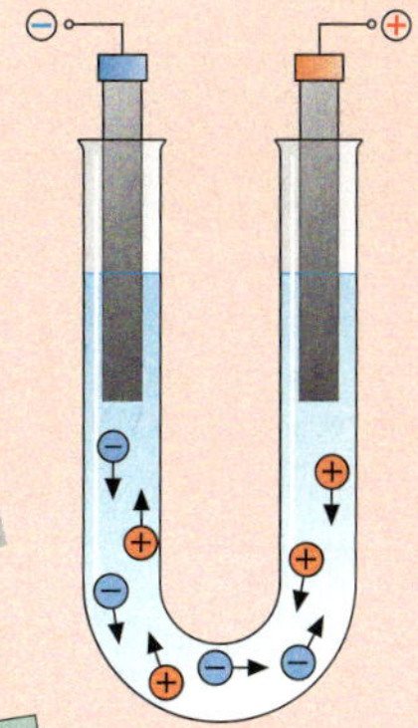

Pluspol

Nichtmetall-atome(n)

geben Elektronen ab

Nichtmetall-ionen

an der

Moleküle

A. Anfertigen von Satzmusterteilen auf Kärtchen am Beispiel der Elektrolyse
Schreibe auf rote Kärtchen alle Fachbegriffe, die auf eine positive Ladung hinweisen.
Schreibe auf blaue Kärtchen Begriffe, die auf negative Ladungen hindeuten und auf grüne Kärtchen solche ohne Ladung.
Auf weißen Kärtchen stehen verbindende Satzteile.

Anode	ist die	positiv geladene(n) Elektrode

Anionen	sind	negativ geladene Ionen

Kationen	wandern zum/zur	Minuspol
positiv geladene Ionen		Kathode
		negativ geladene(n) Elektrode

Metallionen	nehmen Elektronen auf	und	werden zu	Metall-atome(n)

B. Partnerarbeit im Trainingslager
Stelle in Partnerarbeit einfache Satzmuster auf. Beschreibe dazu die Vorgänge bei einer Elektrolyse an der Anode und an der Kathode.

C. Lernplakate mit Satzmuster
Klebe Satzmuster in der richtigen Reihenfolge auf Plakate und hänge sie im Fachraum aus.

D. An Beispielen trainieren
Verwende die Satzmuster zur Erklärung der Elektrolyse folgender Salze:
Natriumchlorid NaCl, Kaliumchlorid KCl, Kupferchlorid $CuCl_2$, Eisenchlorid $FeCl_3$, Aluminiumbromid $AlBr_3$, Kaliumiodid KI, Zinkiodid ZnI_2.

E. Weitere Trainingsgebiete
Mit dem Fachsprachen-Trainer kann man auch andere Themen einüben, z. B. die Bildung von Ionen oder Molekülen.

Galvani und Volta

1 Luigi Galvani

Galvani und die „tierische Elektrizität"

Luigi Galvani (1737–1798) war Arzt und Professor für Anatomie an der Universität von Bologna in Italien (▷B 1). Er untersuchte Muskeln und Nerven von toten Tieren, besonders von Fröschen. Dabei interessierte ihn, wodurch Nerven erregt und Muskeln bewegt werden können. Galvani befestigte Metalldrähte an den Nerven von Froschschenkeln (▷B 5). Er entdeckte, dass die Muskeln zuckten, wenn sie elektrischen Entladungen einer Elektrisiermaschine ausgesetzt waren. Im Jahr 1786 führte Galvani ähnliche Versuche bei Gewitter im Freien durch. Bei Blitzen zuckten die Muskeln auch ohne eine Elektrisiermaschine. Andere Experimente zeigten, dass sich die Muskeln auch bei schönem Wetter zusammenzogen. Dabei wurden Nerven und Muskeln der Froschschenkel von zwei unterschiedlichen Metallen berührt, die miteinander verbunden waren. Galvani hatte eine Art „tierische Elektrizität" entdeckt.

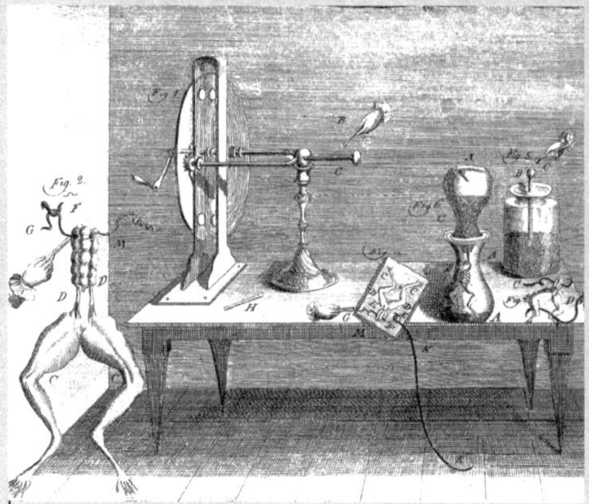

5 Galvanis erster Versuch

Volta und die erste „Batterie"

6 Alessandro Volta

Graf Alessandro Volta (1745–1827) war Professor für Physik an den Universitäten Pavia und Padua in Italien (▷B 6). Nach ihm ist die Einheit der Spannung „Volt" benannt. Volta kannte die Versuche von Galvani. Er konnte nachweisen, dass der Frosch für die Erzeugung von Elektrizität völlig unnötig war. Man musste nur zwischen zwei verschiedene Metalle eine leitfähige Flüssigkeit bringen und die Metalle außerhalb des Gefäßes leitend miteinander verbinden. Mit den „Tassenkronen" hat Volta die ersten „Batterien" der Geschichte hergestellt (▷B 4).

3 Volta führt 1801 vor Napoleon sein Experiment vor.

Die Voltasäule

Schon 1796 suchte Volta nach einer Möglichkeit die geringe Spannung der „Batterie" zu erhöhen. In der Voltasäule schaltete er so viele Batterieelemente hintereinander, dass eine Spannung von ca. 100 V erreicht wurde. Dazu schichtete er Kupferplättchen, Zinkplättchen und in Salzwasser getränkte Pappstücke regelmäßig übereinander. Volta führte seine Erfindung 1801 in Paris vor (▷B 3). Das war die Geburtsstunde der Elektrizität. Napoleon Bonaparte sah die Vorführung und bedachte Volta mit höchstem Lob und fürstlicher Belohnung. Die Voltasäule war die erste Gleichstromquelle zur Erzeugung von elektrischem Strom (▷B 2).

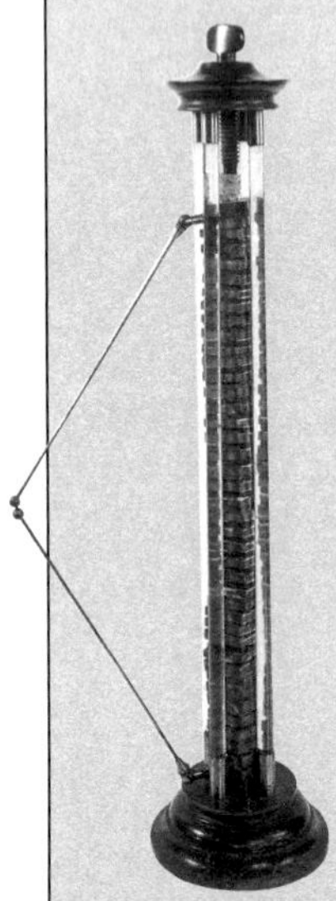

2 Die Voltasäule

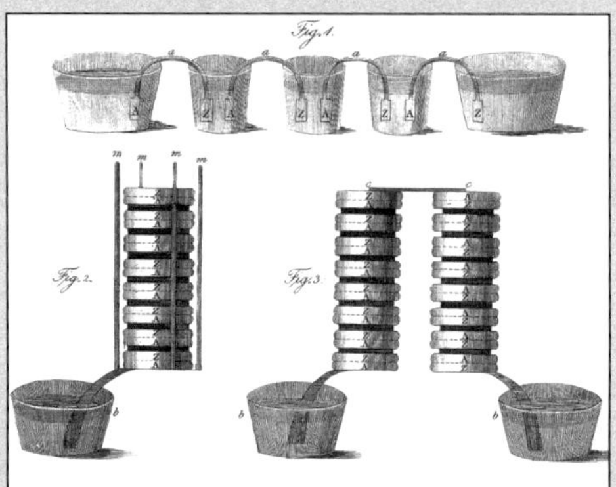

4 „Tassenkrone" (oben) und Voltasäule (unten)

Werkstatt

Strom ohne Steckdose

Die Lebensmittel werden nach dem Experimentieren entsorgt!

1 Strom aus einem Apfel

Material
Schutzbrille, Handmultimeter, Mikromotor mit Propeller, 2 Experimentierkabel, 2 Krokodilklemmen (isoliert), Kupferblechstreifen (15 mm × 75 mm), Zinkblechstreifen (15 mm × 75 mm), Apfel

1 Apfelkraftwerk – Stromgewinnung ohne Steckdose

Versuchsanleitung
a) Spannung messen:
Stecke die beiden Metallstreifen aus Zink und Kupfer in möglichst großem Abstand voneinander tief in einen Apfel. Verbinde die freien Enden über Krokodilklemmen und Experimentierkabel mit einem Handmultimeter (▷ B 2, links). Miss die Spannung.

b) Motor antreiben:
Verbinde die beiden Experimentierkabel aus Versuch a) mit einem Mikromotor mit aufgesetztem Propeller und halte den Motor frei in der Luft (▷ B 2, rechts).

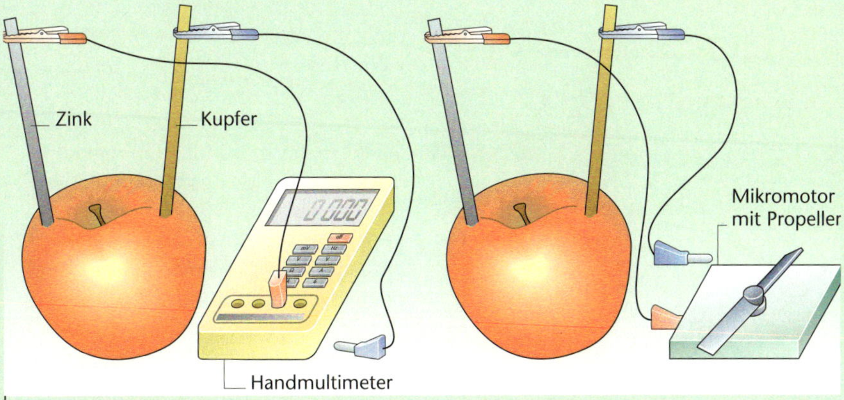

2 Strom aus einem Apfel

2 Was bringt mehr Spannung?

Material
Schutzbrille, Handmultimeter, 2 Experimentierkabel, 2 Krokodilklemmen (isoliert), Kupferblechstreifen und Zinkblechstreifen (je 15 mm × 75 mm), Kartoffel, Zitrone, destilliertes Wasser in der Spritzflasche

Versuchsanleitung
Stecke wie in Versuch 1a) die beiden Metallbleche möglichst weit voneinander entfernt in eine Kartoffel und verbinde die freien Enden der Bleche mit einem Handmultimeter. Miss die Spannung. Wiederhole den Versuch mit einer Zitrone. Spüle vorher die verwendeten Metallblechstreifen mit destilliertem Wasser gründlich ab.

Aufgabe
Trage die erhaltenen Messwerte in eine Tabelle ein und vergleiche.

	Kartoffel	Zitrone	Apfel
Spannung in V			

3 Unterschiedlich hohe Spannungen

Material
Schutzbrille, Handmultimeter, 2 Experimentierkabel, 2 Krokodilklemmen (isoliert), ein Satz Metallbleche gleicher Größe (15 mm × 75 mm) von Zink, Kupfer, Eisen, Silber, Apfel oder Kartoffel oder Zitrone, destilliertes Wasser in der Spritzflasche

Versuchsanleitung
Verwende in diesem Versuch entweder einen Apfel oder eine Kartoffel oder eine Zitrone und wähle zwei verschiedene Metallstreifen aus. Verfahre wie in Versuch 1a). Miss mit einem Handmultimeter die Spannung zwischen folgenden Metallpaaren:
a) Kupfer/Zink
b) Kupfer/Silber
c) Kupfer/Eisen
d) Eisen/Zink
e) Eisen/Silber
f) Zink/Silber

Aufgabe
Trage alle Metallpaare mit den Messwerten in eine Tabelle ein. Überlege, welche Schlussfolgerungen aus den unterschiedlichen Messwerten möglich sind.

4 Mehr Energie aus mehreren Äpfeln?

Material
Schutzbrille, Handmultimeter, 3 Experimentierkabel, 4 Krokodilklemmen (isoliert), Metallbleche (15 mm × 75 mm) von Zink, Kupfer, Eisen, Silber, 2 Äpfel (oder mehr), destilliertes Wasser in der Spritzflasche

Versuchsanleitung
Wähle je zwei Metallpaare aus (z. B. Zink/Kupfer, Eisen/Kupfer) und prüfe mit zwei Äpfeln die Spannung. Schließe beide Kraftwerke hintereinander (▷ B 1).

Aufgabe
Erläutere die Unterschiede im Vergleich zu Versuch 1.

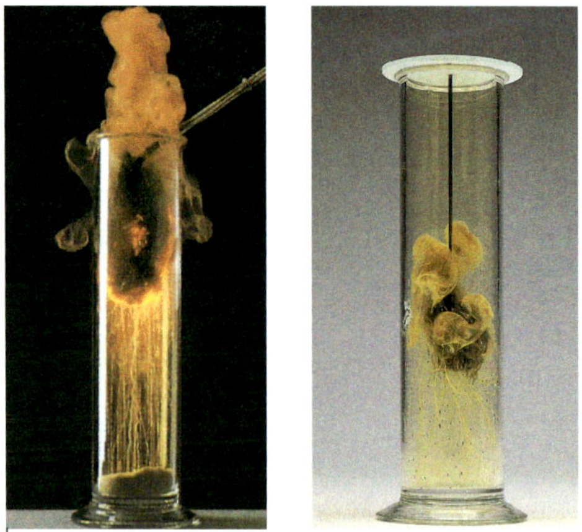

1 Bildung von Eisenchlorid (links) und Kupferchlorid (rechts)

2 Eisennagel in Kupferchloridlösung

Wettstreit um Elektronen

Taucht man Eisenwolle oder Kupferblattfolie in einen mit Chlorgas gefüllten Standzylinder, beobachtet man unterschiedlich heftige Reaktionen (▷B 1; V 1). Eisen reagiert heftiger mit Chlor als Kupfer. Daraus schließt man, dass Eisen unedler ist als Kupfer. In beiden Fällen bildet sich ein Chlorid.

Aus den Metallatomen werden durch Abgabe von Elektronen Metallionen.
Als Reaktionspartner nehmen die Chloratome die Elektronen auf und bilden Chloridionen.
Experimente zeigen, dass die Metallatome Elektronen nicht nur an Nichtmetallatome abgeben können, sondern auch untereinander in eine Art Wettstreit um die Elektronen treten.

Je unedler ein Metall ist, desto leichter gibt es Elektronen ab.

3 Kupfernagel in Eisenchloridlösung

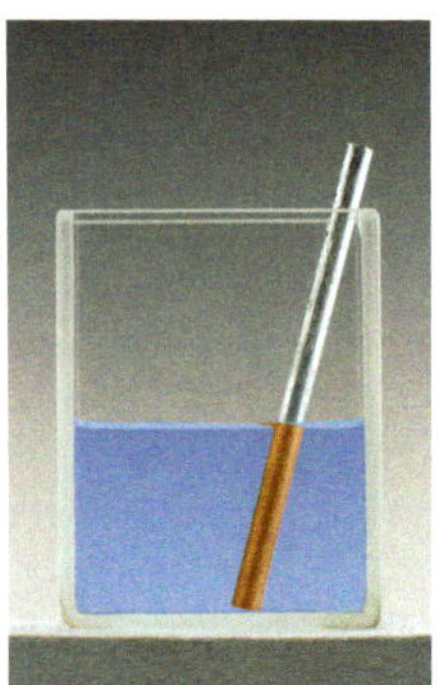

4 Zinkstab in Kupferchloridlösung

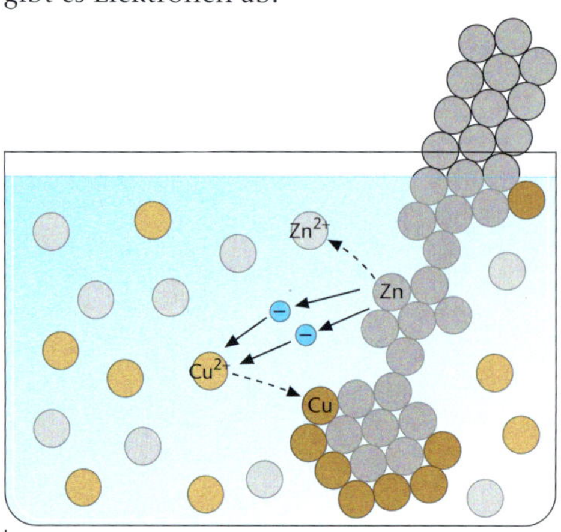

5 Vorgänge beim Elektronenfluss zwischen Zink und Kupferionen

Elektronen – von einem zum andern

Stellt man einen frisch angeschmirgelten Eisennagel in eine Kupfersalzlösung, sieht man nach wenigen Minuten zuerst am eingetauchten Nagel und später auch in der Lösung Veränderungen. Der Eisennagel überzieht sich mit einer feinen, rotbraunen Kupferschicht, die Lösung verliert ihre intensiv blaue Farbe (▷B 2; V 2).
Es müssen **Elektronenübergänge** stattgefunden haben. Eisenatome haben an Kupferionen aus der Lösung Elektronen abgegeben. Aus Eisenatomen wurden Eisenionen, aus Kupferionen bildeten sich Kupferatome. Zwischen Eisenatomen und Kupferionen findet ein Elektronenübergang statt.

$$Fe \longrightarrow Fe^{2+} + 2\,e^-$$
$$Cu^{2+} + 2\,e^- \longrightarrow Cu$$

Eine ähnliche Beobachtung macht man, wenn ein Zinkstab in eine Kupfersalzlösung getaucht wird (▷B 4; V 3). Am Zinkstab bildet sich ein feiner Überzug von Kupfer. Der Zinkstab verändert, wie zuvor der Eisennagel, allmählich seine Oberfläche.

Das unedle Metall Zink hat durch Abgabe von Elektronen Zinkionen gebildet. Diese Ionen gehen in die Lösung. Gleichzeitig haben Kupferionen durch Elektronenaufnahme Kupferatome gebildet. Diese haben sich auf dem Zinkstab abgelagert. In beiden Beispielen sind Elektronen geflossen.

Zwischen Atomen unedler Metalle und Ionen edlerer Metalle findet ein Elektronenübergang statt.

Versuche

1 In einen mit Chlor gefüllten Standzylinder, dessen Boden eine Sandschicht enthält, wird erhitzte Eisenwolle (bzw. Kupferblattfolie) getaucht (Abzug!).

2 Stelle einen frisch angeschmirgelten Eisennagel in eine Kupferchloridlösung. Wiederhole den Versuch mit einem Kupfernagel in einer Eisenchloridlösung. Beobachte einige Minuten und deute die Beobachtungen.

3 Stelle einen Zinkstab in eine Kupferchloridlösung. Beobachte einige Minuten und deute den Vorgang mithilfe von Bild 5.

Elektronen verrichten Arbeit

Eine Kupferelektrode taucht in eine Kupfersulfatlösung (▷B2; V1). In dieser Lösung steht ein Tonzylinder, in dem sich eine Zinkelektrode in einer Kaliumsulfatlösung befindet. Der Tonzylinder ist für Ionen durchlässig.
Das unedlere der beiden Metalle im Versuch ist Zink. Ungeladene Zinkatome geben Elektronen ab und werden zu Zinkionen. Die Zinkelektrode hat Elektronenüberschuss und bildet den Minuspol.
Die Kupferionen in der Lösung nehmen Elektronen auf und werden zu ungeladenen Kupferatomen. Die Kupferelektrode hat Elektronenmangel und ist daher der Pluspol. Die Salzlösungen enthalten Ionen, die den elektrischen Strom leiten. Man nennt diese Lösungen **Elektrolytlösungen** (kurz: Elektrolyt).
Die beschriebene Anordnung wird **galvanische Zelle** genannt. Sie ist eine Gleichspannungsquelle, bei der eine Spannung von ca. 1 V gemessen wird. Elektronen fließen durch einen Draht vom Minuspol zum Pluspol (▷B3). Ein Mikromotor mit Propeller dreht sich, es fließt Strom.

Verschiedene Metallpaare

Kombiniert man in **Halbzellen** (▷B1; V2) nacheinander verschiedene Metallpaare, erhält man unterschiedliche Spannungswerte. Man ordnet die Metalle nach ihrem Bestreben, Elektronen abzugeben, in einer Reihe von unedel zu edel an. Ein sehr unedles Metallatom besitzt ein sehr hohes Bestreben zur Elektronenabgabe. Zink z. B. gibt Elektronen leichter ab als Eisen oder Kupfer. Deshalb steht Zink in der Reihe der Metalle vor Eisen und Kupfer (▷B4).

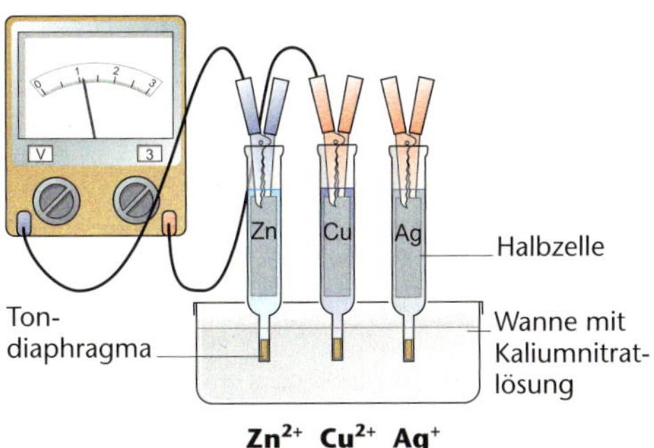

Bestreben nach Elektronenaufnahme nimmt zu

Zn^{2+}/Zn	Cu^{2+}/Cu	Ag^{+}/Ag
−0,76 V	+0,34 V	+0,80 V

1 Verschiedene Metallpaare werden kombiniert.

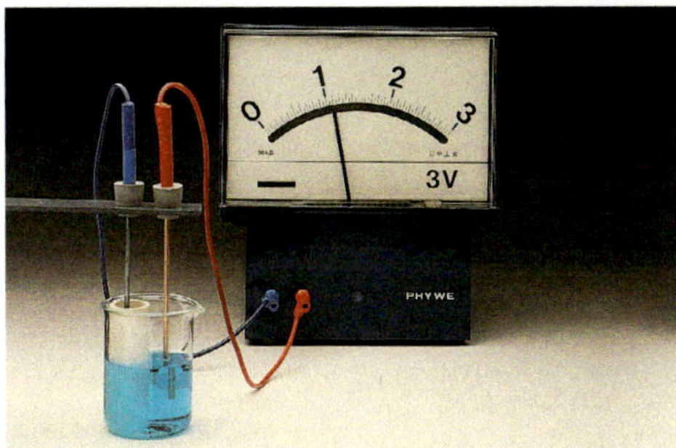

2 Spannung in einer galvanischen Zelle

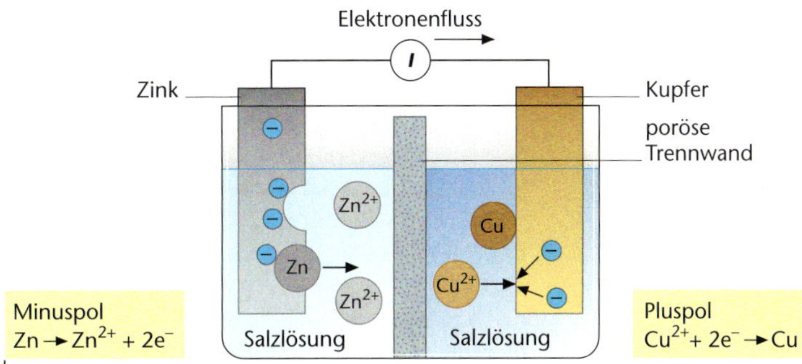

3 Vorgänge in einer galvanischen Zelle

Bestreben nach Elektronenabgabe nimmt zu

Na	**Mg**	**Zn**	**Fe**	**Pb**	**Cu**	**Ag**	**Au**

Na^{+}	Mg^{2+}	Zn^{2+}	Fe^{2+}	Pb^{2+}	Cu^{2+}	Ag^{+}	Au^{3+}

Bestreben nach Elektronenaufnahme nimmt zu

4 Von unedel zu edel

Versuche

1 Stelle eine Tonzelle mit Kaliumsulfatlösung in ein Becherglas mit Kupfersulfatlösung. Tauche eine Zinkelektrode in die Kaliumsulfatlösung und eine Kupferelektrode in die Kupfersulfatlösung. Verbinde die Elektroden zuerst mit einem Spannungsmessgerät und dann mit einem Mikromotor mit Propeller.

2 Man stellt zwei Halbzellen senkrecht in eine flache Wanne mit Kaliumnitratlösung. Die eine Halbzelle enthält Zinksulfatlösung mit Zinkblech, die andere Kupfersulfatlösung mit Kupferblech. Beide Metalle verbindet man mit einem Spannungsmessgerät. Den Versuch wiederholt man mit einem Silberblech in einer Silbersalzlösung.

1 Modellauto mit Brennstoffzelle

Bereits im Jahre 1839 wurde die erste funktionsfähige „Wasserstoff-Sauerstoff-Batterie“ konstruiert. Es handelte sich um eine **Brennstoffzelle**, die aber bald in Vergessenheit geriet. Erst um 1950 machten Raumfahrt und Militärtechnik die Entwicklung kompakter und leistungsfähiger Energiequellen erforderlich.

Aufbau einer Brennstoffzelle
In Bild 2 ist eine **PEM**-Brennstoffzelle dargestellt (engl.: **p**roton **e**xchange **m**embran). Sie besteht aus drei Schichten. Die erste Schicht ist die Anode, die zweite die Elektrolytmembran und die dritte die Kathode. Zusammen bilden sie eine Zelle. Mehrere Zellen in Reihe bilden einen Stapel, einen sogenannten Stack (▷ B 2). Die einzelnen Zellen im Stack sind durch Bipolarplatten voneinander getrennt.

Funktionsprinzip einer Brennstoffzelle
In der Brennstoffzelle trifft Wasserstoff auf die Anode. Wasserstoffatome geben je ein Elektron ab. Es entstehen positiv geladene Wasserstoffionen (Protonen), die die Elektrolytmembran durchdringen:

$$2\,H_2 \longrightarrow 4\,H^+ + 4\,e^-$$

An der Kathode reagieren die Wasserstoffionen mit Luftsauerstoff zu Wasser:

$$O_2 + 4\,H^+ + 4e^- \longrightarrow 2\,H_2O$$

Anode und Kathode wirken als Katalysator. Für die Elektronen stellt der Elektrolyt einen Isolator dar. Deshalb wandern die Elektronen über einen elektrischen Leiter von der Anode zur Kathode. Es fließt ein nutzbarer Gleichstrom (▷ B 2).

▶ Brennstoffzellen erzeugen durch chemische Vorgänge elektrische Gleichspannung.

Verwendung von Brennstoffzellen
PEM-Brennstoffzellen sind vielseitig in der Anwendung. Für den Unterricht gibt es Modellautos mit Brennstoffzellen-Technik (▷ B 1). Weitere Einsatzgebiete sind z. B. Mobiltelefone, elektrische Geräte im Campingbereich, Akku-Bohrschrauber für Heimwerker und Antriebe für Rasenmäher. Fahrzeuge mit Brennstoffzellentechnik stehen kurz vor der Serienreife. NECAR 4 stellt eine umweltbewusste Alternative zu benzin- und dieselmotorisierten Fahrzeugen dar.

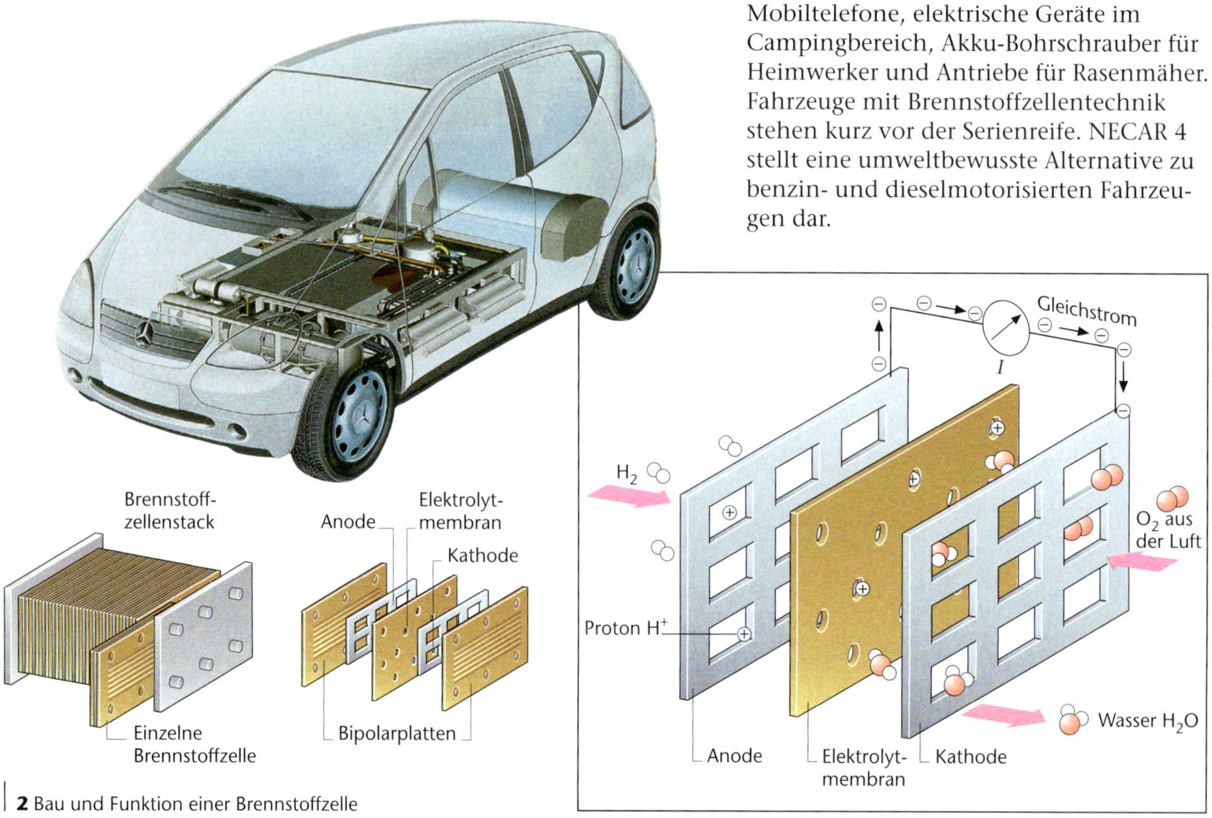

2 Bau und Funktion einer Brennstoffzelle

Begriffe aus der Elektrochemie

Galvanische Elemente sind Spannungsquellen, die elektrischen Gleichstrom liefern. Dabei wird chemische Energie in elektrische Energie umgewandelt. Sobald der Stromkreis geschlossen ist, laufen die elektrochemischen Vorgänge von selbst ab. Der Minuspol ist die Anode, der Pluspol die Kathode. Das unedlere Metall bildet den Minuspol. Ionen des edleren Metalls nehmen Elektronen auf und bilden Atome. Das edlere Metall ist der Pluspol.

Elektrolysezellen verbrauchen elektrischen Strom. Dabei wird elektrische Energie in chemische Energie umgewandelt. Die elektrochemischen Vorgänge laufen nur ab, wenn eine äußere Spannung angelegt wird, d. h., wenn ein äußerer Zwang besteht. Der Minuspol ist die Kathode, der Pluspol die Anode. Die positiv geladenen Ionen wandern zur Kathode, sie werden Kationen genannt. Anionen sind negativ geladene Ionen und wandern zur Anode.

Elektronenübergänge im galvanischen Element verlaufen zu den Vorgängen bei einer Elektrolyse entgegengesetzt. Am Pluspol werden Elektronen aufgenommen, es findet eine Reduktion statt. Am Minuspol werden Elektronen abgegeben, es handelt sich um eine Oxidation.

Elektronenübergänge bei einer Elektrolyse finden an beiden Polen gleichzeitig statt. Am Minuspol nehmen positiv geladene Ionen Elektronen auf, es handelt sich um eine Reduktion. Am Pluspol geben negativ geladene Ionen Elektronen ab, dies ist eine Oxidation.

Pole einer Spannungsquelle sind Plus- und Minuspol. Am Pluspol herrscht Elektronenmangel, am Minuspol dagegen Elektronenüberschuss.

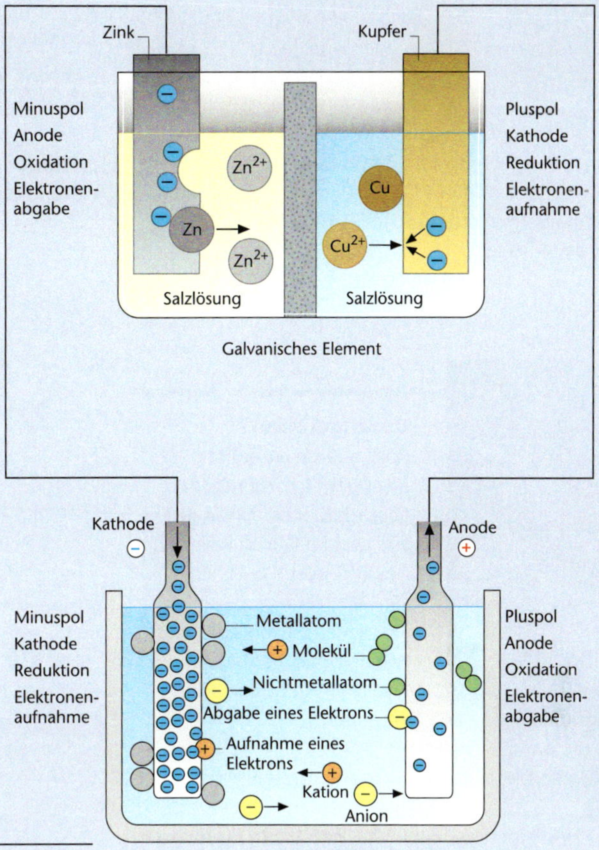

1 Galvanisches Element und Elektrolysezelle

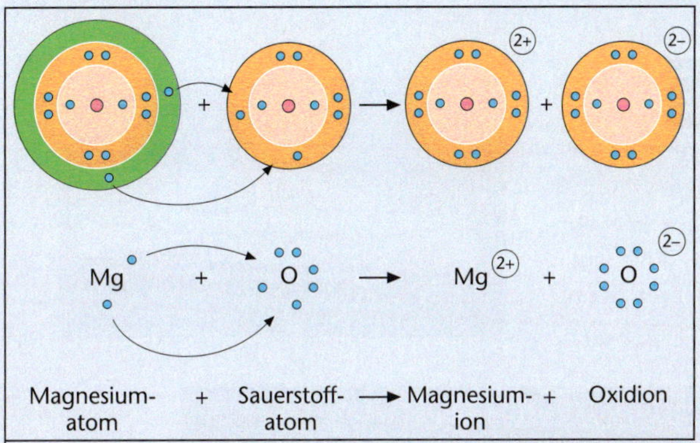

2 Redoxreaktion am Beispiel Magnesium und Sauerstoff

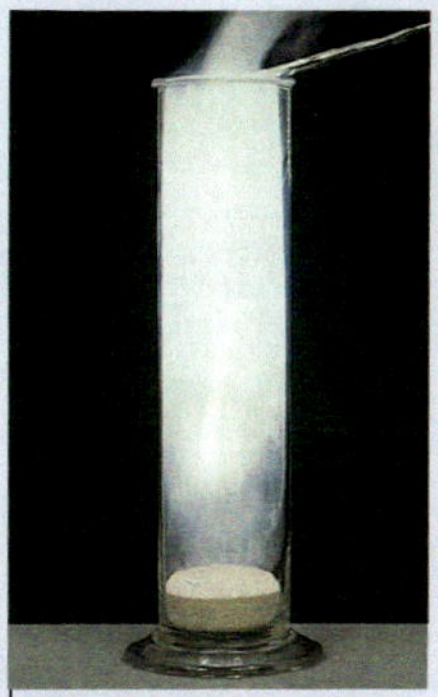

3 Magnesium reagiert mit Sauerstoff.

Oxidation ist eine Reaktion mit Sauerstoff. Bei der Oxidation von Magnesium mit Sauerstoff geben Magnesiumatome zwei Elektronen ab, es bilden sich Magnesiumionen. Oxidation ist die Abgabe von Elektronen.

$$Mg \longrightarrow Mg^{2+} + 2e^-$$

Reduktion ist die Abgabe von Sauerstoff. Bei der Reaktion von Magnesium mit Sauerstoff nehmen die Sauerstoffatome zwei Elektronen auf und bilden Oxid-Ionen. Reduktion ist die Aufnahme von Elektronen.

$$O + 2e^- \longrightarrow O^{2-}$$

Redox-Reaktionen sind Reaktionen, bei denen gleichzeitig Oxidation und Reduktion ablaufen. Dabei werden Elektronen von einem Reaktionspartner zum anderen übertragen (▷ B 2).

Galvanisieren

Die Zerstörung von Metallen durch Korrosion führt jedes Jahr zu Milliarden Euro Verlusten. Man schätzt, dass weltweit ein Drittel der Stahlproduktion als Ersatz für korrodiertes Eisen verwendet werden muss.

Durchgerostet!
Rost ist eine alltägliche Erscheinung. Eisenteile verändern sich allmählich, das unedle Metall wird mit der Zeit durch Luft, Wasser, salz- und säurehaltige Flüssigkeiten zerstört. Diese Erscheinung nennt man Korrosion (lat.: corrodere, zernagen).

- Zähle Metalle auf, die leicht korrodieren.

- Plane einen Versuch, wie man einen Eisennagel mit einer Zinkschicht überziehen kann. Prüfe, wie sich dieser „geschützte" Nagel gegen Umwelteinflüsse verhält.

Schicht auf Schicht erhöht den Schutz
Viele Gegenstände, wie z.B. Armaturen im Badezimmer, Schlüssel oder Autofelgen, sind aus Stahl gefertigt.

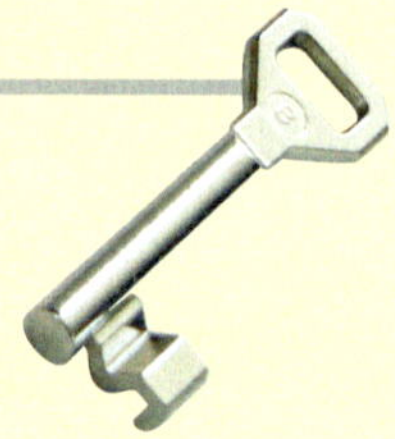

Die Stahloberfläche lässt sich mit Überzügen aus edleren Metallen schützen.

- Durch welches Verfahren werden die Überzüge erzeugt? Beschreibe die Vorgänge.

- Bei der Bildung der Metallüberzüge sagt man: „Die Anode wird geopfert." Nimm Stellung!

Feuerverzinken
Stahlbleche für Autos werden in eine 450 °C heiße Schmelze aus flüssigem Zink getaucht. Dieses Verfahren nennt man Feuerverzinken.

- Überlege, warum die Stahloberfläche der feuerverzinkten Karosserie mit einer Zinkschicht überzogen ist. Betrachte die untenstehende Grafik und beschreibe die Vorgänge.

- Worauf bezieht sich die Herstellerangabe „10 Jahre Garantie". Überlege!

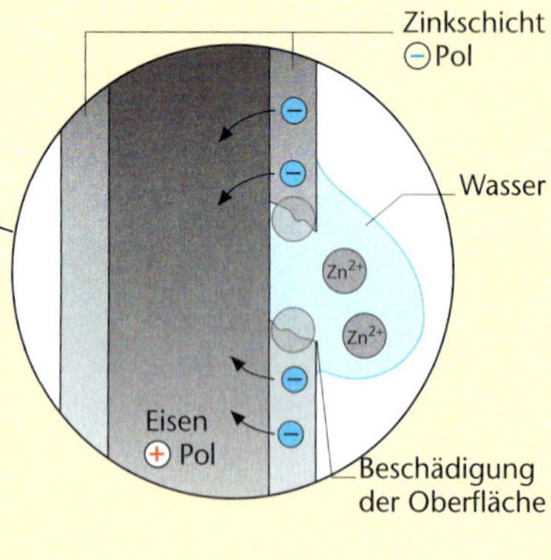

Verkupfern und versilbern

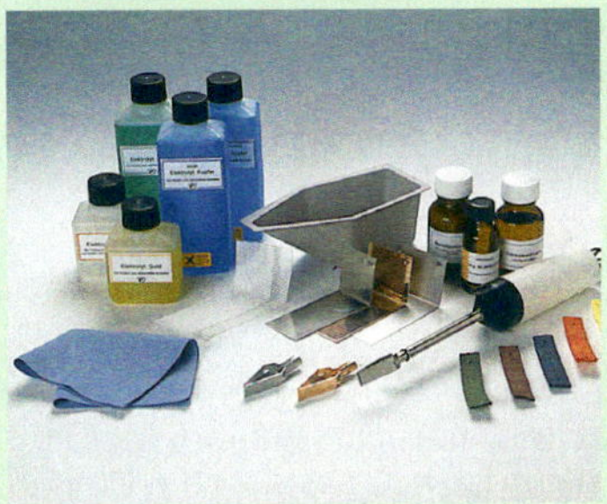

1 Materialien zum Galvanisieren

1 Verkupfern von Eisen

Material

Schutzbrille, Kunststoffwanne zum Galvanisieren, Anode aus Kupfer, 2 Krokodilklemmen (isoliert), 2 Experimentierkabel, Netzgerät, Kupferbürste, Kupferdraht (Ø 0,5 mm), Kupferelektrolyt, Gegenstand aus Eisen, Poliertuch, Lappen, Aceton, Schutzlack, destilliertes Wasser

Versuchsanleitung

a) Vorbereitung:
Bevor ein Gegenstand galvanisiert werden kann, reinige ihn sorgfältig. Bürste den Gegenstand mit der Bürste ab. Entfette ihn dann mit etwas Aceton und lasse ihn trocknen.

b) Hänge den Gegenstand an einem Kupferdraht in die Elektrolytlösung und verbinde ihn mit einer Krokodilklemme über ein Experimentierkabel mit dem Minuspol der Gleichspannungsquelle (▷ B 2).

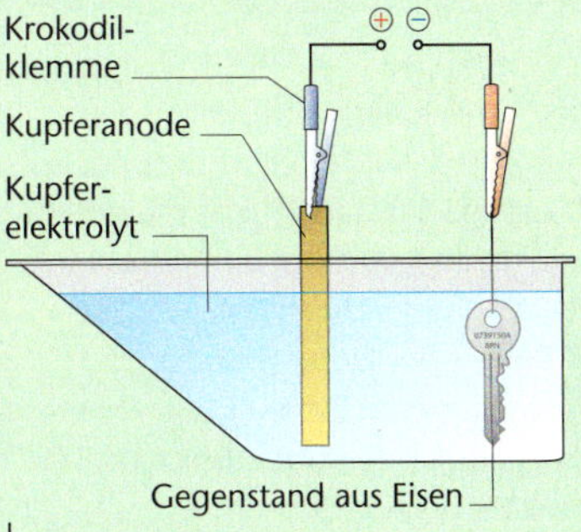

2 Verkupfern

Verbinde die Kupferanode mit dem Pluspol und lege eine Gleichspannung von etwa 4 V an. Bewege den zu verkupfernden Gegenstand zwischendurch etwas, damit das Galvanisieren allseitig gelingt.

c) Wenn die Oberfläche verkupfert ist, nimm den Gegenstand aus dem Elektrolyten. Spüle ihn gut mit destilliertem Wasser ab und lasse ihn trocknen. Poliere die Oberfläche vorsichtig, bis der gewünschte Glanz entsteht. Besprühe diese danach mit einem Schutzlack.
Arbeite sehr gewissenhaft und fülle den Elektrolyten nach dem Versuch wieder zurück in das Aufbewahrungsgefäß. Reinige alle Gefäße und Geräte sorgfältig!

2 Versilbern einer Scheibe

Material

Schutzbrille, Kunststoffwanne zum Galvanisieren, Kunststoffgitter, Anode aus Edelstahl, Netzgerät, 2 Krokodilklemmen (isoliert), 2 Experimentierkabel, Pinzette, Poliertuch, Stück Karton als Ablage, Kupferbürste, Lappen, Aceton, Silberelektrolyt, Silberdraht, Unterlegscheibe, destilliertes Wasser

Versuchsanleitung

a) Bereite den Gegenstand wie in Versuch 1 a) vor.
b) Stelle die Edelstahlanode an die eine Seite der Wanne, in der sich der Silberelektrolyt befindet. Silberelektrolyt ist sehr teuer, verwende ihn deshalb sparsam.
Befestige an der Unterlegscheibe einen Silberdraht und stelle sie an die der Anode gegenüberliegenden Wand der Wanne senkrecht auf. Verwende dabei eine Pinzette und achte darauf, dass die Finger nicht in das Bad tauchen. Lege die Pinzette auf das Kartonstück, damit es keine unnötige Verunreinigung der Tischfläche gibt!
Hänge das Kunststoffgitter zwischen Anode und Kathode in den Elektrolyten (▷ B 3). (Das Gitter verhindert eine Berührung der beiden Elektroden.)
c) Führe den Versuch wie Versuch 1 b) und c) weiter.
Wende zwischendurch mit der Pinzette die Scheibe so um, dass auch die andere Fläche der Anode gegenübersteht. Unterbrich hierfür kurz die Stromzufuhr aus Sicherheitsgründen!
Poliere nach dem Galvanisieren die bräunliche Oberfläche der Scheibe so lange, bis sie silbrig glänzt.

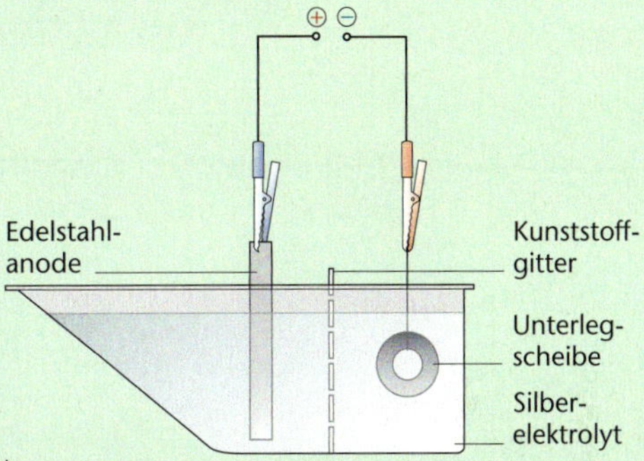

3 Versilbern

3 Verkupfern oder versilbern eines Ahornblattes

Material

Schutzbrille, Kunststoffwanne zum Galvanisieren, Anode aus Kupfer oder aus Edelstahl, Netzgerät, 2 Krokodilklemmen (isoliert), 2 Experimentierkabel, trockenes Ahornblatt, Graphit- oder Silberleitlack in der Spraydose, Kupfer- oder Silberelektrolyt

Versuchsanleitung

Besprühe das Ahornblatt zuerst dreimal mit einem passenden Leitlack. Lasse es zwischendurch gut trocknen.
Wiederhole Versuch 1 oder Versuch 2.

4 Verkupferte Naturprodukte

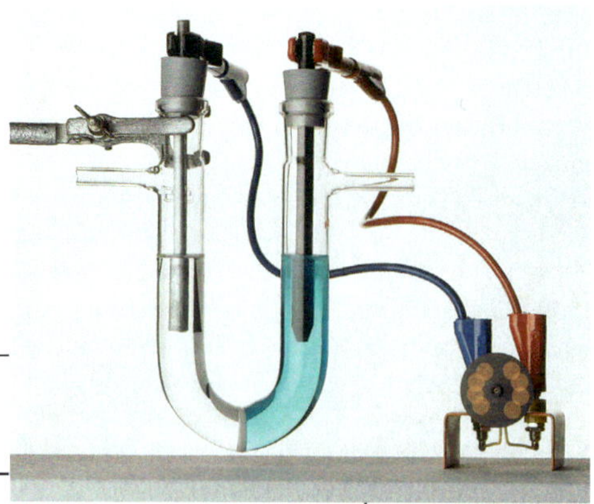

1 Galvanische Zelle aus Zink und Kohle

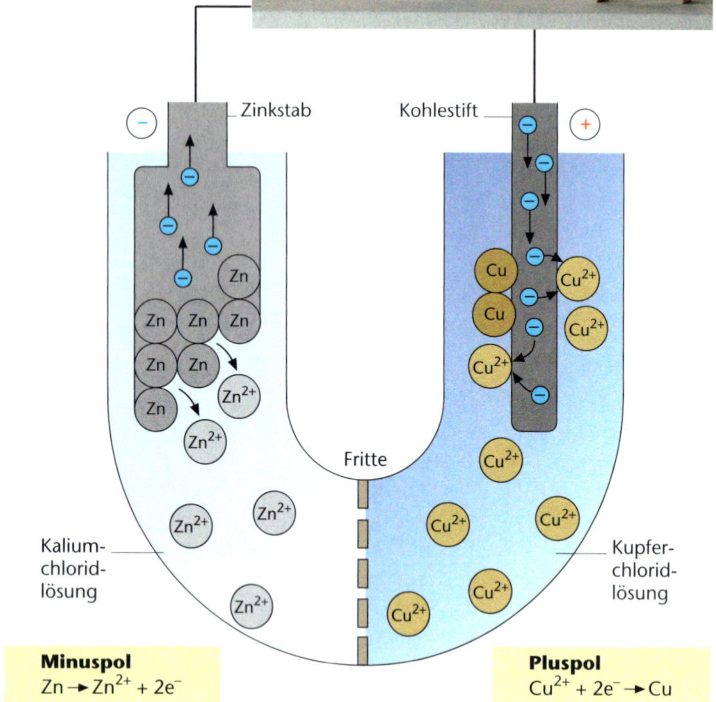

2 Vorgänge in der galvanischen Zelle

Das Zink-Kohle-Element

Eine typische galvanische Zelle stellt das **Zink-Kohle-Element** dar. Ein Zinkstab taucht in eine Kaliumchloridlösung, ein Kohlestift in eine Kupferchloridlösung. Beide Lösungen befinden sich in einem U-Rohr, das in der Mitte eine halbdurchlässige Trennwand (Fritte) besitzt. Verbindet man Zinkstab und Kohlestift mit einem Mikromotor mit Propeller, wird der Propeller angetrieben. Die galvanische Zelle liefert Strom (▷V 1; ▷B 1).

Um festzustellen, wie sich Pluspol und Minuspol zuordnen lassen, müssen die Vorgänge an den Elektroden betrachtet werden.

Am Zinkstab werden von den Zinkatomen Elektronen abgegeben, Zinkionen entstehen. Diese gehen in Lösung, der Zinkstab wird kleiner. Der Zinkstab bildet den Minuspol, er hat Elektronenüberschuss. Am Kohlestift nehmen Kupferionen aus der Lösung Elektronen auf, eine dünne Kupferschicht überzieht den Kohlestift. Der Kohlestift ist somit der Pluspol, da er Elektronenmangel aufweist (▷B 2).

Die Zink-Kohle-Batterie

Eine **Zink-Kohle-Batterie** wird als Stromquelle in Spielzeugen und Taschenlampen genutzt. Zu den wichtigen Teilen dieser galvanischen Zelle gehört ein Kohlestift, der von einem Gemisch aus Ruß und Braunstein (Mangandioxid) umgeben ist. Er bildet den Pluspol. Der Zinkbecher ist der Minuspol und besitzt eine Bodenkontaktscheibe. Zwischen Zinkbecher und Kohleelektrode ist als Elektrolyt ein Gemisch aus Ammoniumchlorid und Zinkchlorid (▷B 3). Bei der Umwandlung von chemischer Energie in elektrische Energie ist eine Gleichspannung von 1,5 V messbar. Die Batterie ist entladen, wenn der Zinkbecher vollständig reagiert hat.

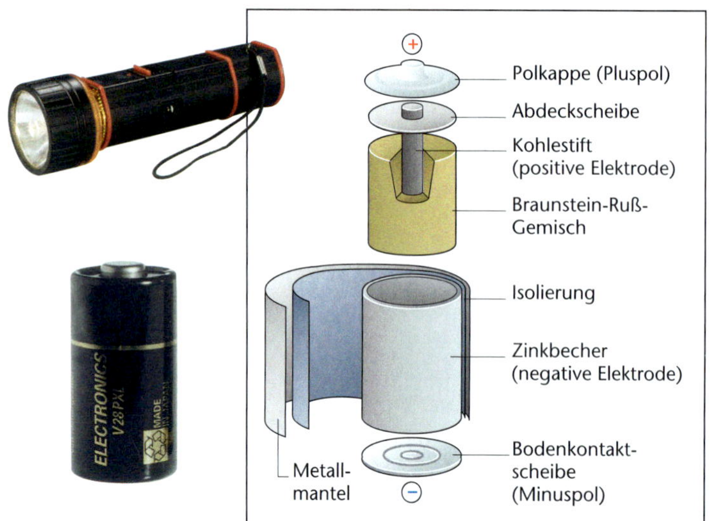

3 Aufbau einer Taschenlampenbatterie

Versuch

1 In den einen Schenkel eines U-Rohres mit Fritte wird Kaliumchloridlösung, in den anderen Kupferchloridlösung gefüllt. Einen Zinkstab taucht man in die Kaliumchloridlösung, einen Kohlestift in die Kupferchloridlösung. Die beiden Enden der Elektroden werden mit einem Spannungsmessgerät (Messbereich bis 3 V) oder einen Mikromotor mit Propeller verbunden.

Batterie-typen

Die häufigsten Batterietypen
Primärbatterien werden im Alltag kurz **Batterien** genannt. Sie können nur einmal entladen werden und sind nicht wieder aufladbar.

Zink-Kohle-Batterien sind preiswert, haben aber eine geringe Leistungsfähigkeit. Es gibt sie auch in auslaufsicherer Form (dry und superdry).

Form: Rundzellen
Spannung: 1,5 V
Minuspol: Zink
Pluspol: Kohlenstoff, Braunstein (Mangandioxid)
Elektrolyt: Ammoniumchlorid, Zinkchlorid

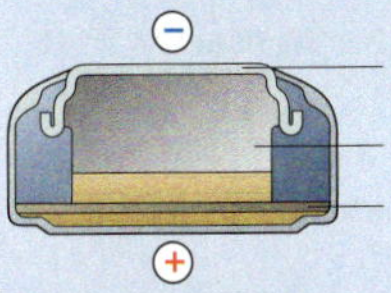

1 Zink-Luft-Batterie

Zink-Luft-Batterien (▷ B 1) sind bei niedriger Stromstärke lange haltbar.

Form: Knopfzellen
Spannung: 1,4 V
Minuspol: Zink
Pluspol: Kohlenstoff, Luft
Elektrolyt: Ammoniumchlorid

Lithium-Batterien sind sehr langlebig und nur gering umweltbelastend.

Form: Knopfzellen
Spannung: 3 V
Minuspol: Lithium
Pluspol: Braunstein
Elektrolyt: organischer Stoff

Alkali-Mangan-Batterien sind die gebräuchlichsten Gerätebatterien. Sie sind haltbar und auslaufsicher. Im Handel sind sie unter der Bezeichnung **Alkaline** erhältlich. Besondere Alkali-Mangan-Batterien sind sogar ca. 25-mal wieder aufladbar.

Form: Rund- und Knopfzellen
Spannung: 1,5 V
Minuspol: Zink
Pluspol: Braunstein (Mangandioxid), Graphit
Elektrolyt: Kaliumhydroxidlösung

Silberoxid-Batterien haben eine lange Lebensdauer und liefern eine konstante Spannung.

Form: Knopfzellen
Spannung: 1,55 V
Minuspol: Zink
Pluspol: Silberoxid
Elektrolyt: Kaliumhydroxid

Die häufigsten Akkutypen
Sekundärbatterien sind Akkumulatoren, kurz **Akkus** genannt. Sie können 500-mal bis 1000-mal wieder aufgeladen werden. Dazu benötigt man ein passendes Ladegerät.

Nickel-Cadmium-Akkus sind robust und preiswert. Sie enthalten jedoch bis zu 20 % giftiges Cadmium und müssen daher gesondert entsorgt werden.

Form: Rund- und Knopfzellen
Spannung: 1,2 V
Minuspol: Cadmium
Pluspol: Nickelhydroxid
Elektrolyt: Kaliumhydroxidlösung

Lithium-Ion-Akkus zeichnen sich durch eine hohe Leistung und deutlich längere Lebensdauer gegenüber anderen Akkus aus.

Form: Zylinder- oder Prismaform
Spannung: 3,6 V
Minuspol: Graphit
Pluspol: Lithiummetalloxide
Elektrolyt: Lithiumsalze gelöst in organischen Lösungsmitteln

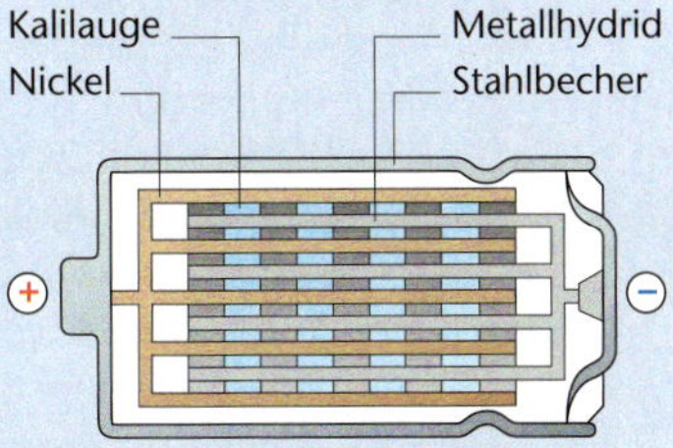

2 Nickel-Metallhydrid-Akku

Nickel-Metallhydrid-Akkus (▷ B 2) sind teuer, kommen ohne das giftige Cadmium aus.

Form: Rund- und Knopfzellen
Spannung: 1,2 V
Minuspol: Nickel
Pluspol: Metallhydrid
Elektrolyt: Kaliumhydroxid-Lösung

Eignung: sehr gut ++, gut +, brauchbar o, weniger gut –, schlecht ––

		Batterien		Akkus	
		Alkali-Mangan	Zink-Kohle	Nickel-Metallhydrid	Nickel-Cadmium
sehr hoher Stromverbrauch (Elektrowerkzeuge)		–	––	o	++
hoher Stromverbrauch (Blitzgeräte, Digitalkameras)		+	––	++	++
mittlerer Stromverbrauch (Walkman, Gameboy)		++	–	+	+
niedriger Stromverbrauch (Taschenradios)		++	o	o	o
minimaler Stromverbrauch (Küchenuhren)		++	+	––	––
Gebrauch	häufig	+	––	++	++
	selten	++	o	––	––
Preis-Leistungs-Verhältnis bei richtiger Anwendung		+	–	++	++
Umweltfreundlichkeit		+	–	++	––

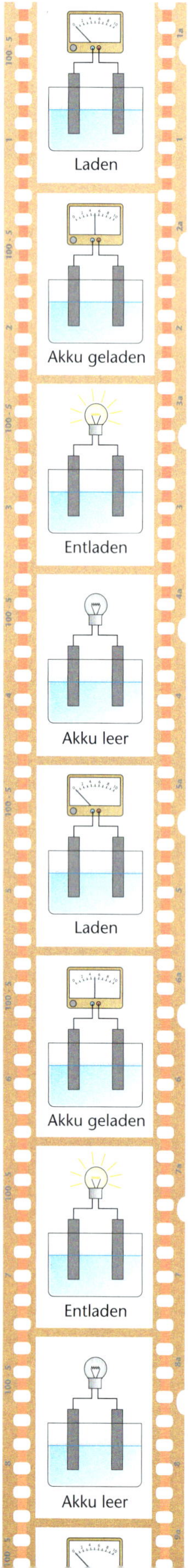

Laden – Entladen, Laden – Entladen …
Verwendet man spezielle Elektroden und Elektrolyte, so lassen sich galvanische Zellen herstellen, die wieder aufladbar sind. Diese wieder aufladbaren Batterien werden **Akkumulatoren** (kurz: Akkus) genannt. Der bekannteste Akku ist der Bleiakku, die **Autobatterie**.

Funktion eines Bleiakkumulators
Die Elektroden eines Bleiakkus bestehen aus einer größeren Anzahl von Bleiplatten und Blei(IV)-oxid-Platten. Die Platten sind eng nebeneinander angeordnet und verfügen über eine große Oberfläche (▷ B 2). Die Platten tauchen in verdünnte Schwefelsäure, die als Elektrolyt dient. Die pro Zelle erzeugte Spannung beträgt 2 V. In einer Autobatterie werden in der Regel sechs Einzelelemente in Reihe geschaltet, sodass eine Spannung von 12 V vorhanden ist. Bei der Stromentnahme wird Energie geliefert, z. B. zum Radiohören.
Es laufen folgende Reaktionen ab:

Minuspol: $Pb \longrightarrow Pb^{2+} + 2\,e^-$
Pluspol: $Pb^{4+} + 2\,e^- \longrightarrow Pb^{2+}$

Beim Laden des Akkus werden die Vorgänge umgekehrt. Es wird Energie zugeführt, z. B. durch die Lichtmaschine im Auto.

Minuspol: $Pb^{2+} + 2\,e^- \longrightarrow Pb$
Pluspol: $Pb^{2+} \longrightarrow Pb^{4+} + 2\,e^-$

Die chemischen Reaktionen beim Laden und Entladen können bis zu 1000-mal ablaufen. Da die Vorgänge umkehrbar sind (▷ V 1), können Akkus sehr viel länger verwendet werden als Batterien.

Weitere Akkus
Nickel-Metallhydrid-Akkus, Nickel-Cadmium-Akkus und Lithium-Ionen-Akkus werden in den Größen handelsüblicher Batterien angeboten. Da sie bis zu 1000-mal wieder aufgeladen werden können, haben sie eine hohe Nutzungsdauer. Zum Laden benötigt man ein Ladegerät (▷ B 1).

1 Ladegerät für Akkus

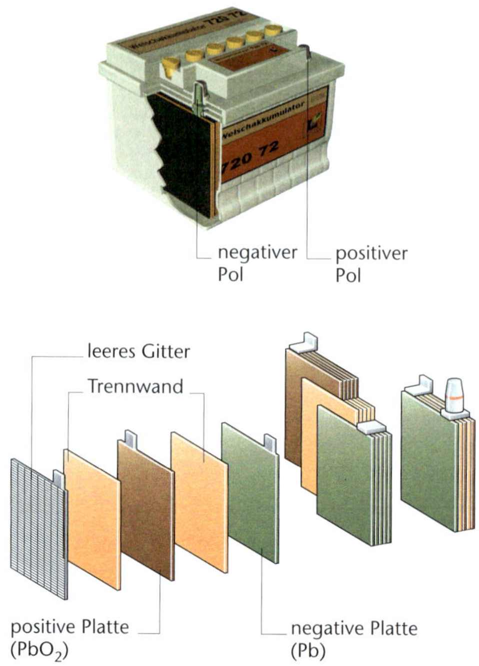

2 Aufbau des Bleiakkumulators

Versuch

1 In verdünnte Schwefelsäure taucht man zwei Bleiplatten. Die Platten werden mit einer Gleichspannungsquelle verbunden. Dieser Modellakku wird mit einer Gleichspannung von etwa 4 V geladen. Während des Ladevorgangs können Veränderungen an den Plattenoberflächen beobachtet werden.

Nach dem Ladevorgang wird ein Mikromotor mit Ventilator an die Bleiplatten angeschlossen. Die Veränderungen an den Plattenoberflächen zeigen den Entladevorgang.
Der Versuch wird mehrmals wiederholt.

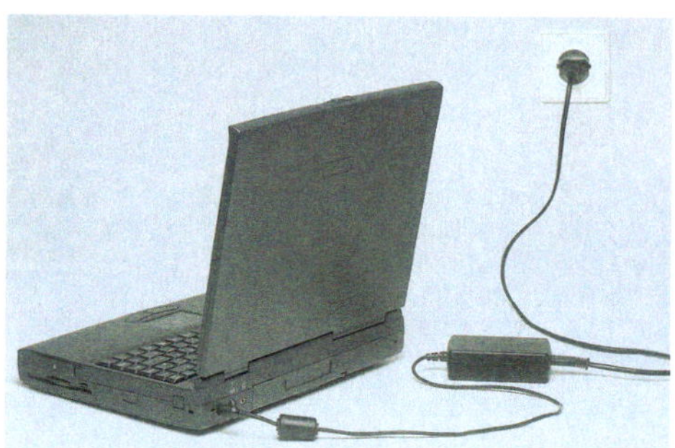

3 Aufladen der Akkus

Brennpunkt

Recycling – aus alt mach neu

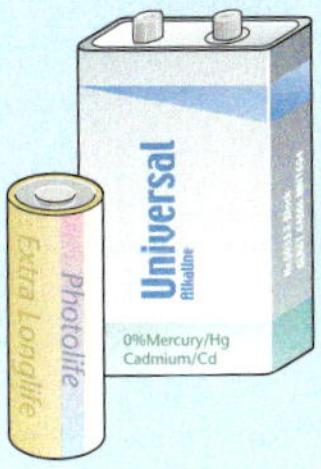

Die Batterie ist leer, der Akku verbraucht, aber dann wohin damit? Nahezu alle Batterien setzen beim Verrotten giftige oder für die Umwelt schädliche Stoffe frei. Altakkus und verbrauchte Batterien dürfen nicht in den Hausmüll gelangen, sie müssen gesammelt und wieder aufbereitet werden (▷ B 4). Nur so können wertvolle Rohstoffe zurückgewonnen und Gefahren für die Umwelt vermieden werden.

Recycling von Bleiakkus

In Millionen von Autos werden Bleiakkus als Starterbatterie verwendet (▷ B 3). Nach dem Start wird der Akku von der Lichtmaschine wieder aufgeladen. Aber mit der Zeit verändern sich die Platten, die Leistung wird geringer und schließlich wird der Akku unbrauchbar. Altakkus werden in säuredichten Edelstahlbehältern zu den Sammelstellen transportiert. In Recyclingbetrieben werden sie in ihre Bestandteile zerlegt, sortiert und zerkleinert. Aus den Platten gewinnt man Hartblei, das wieder für neue Bleiakkus verwendet wird. Das Kunststoffgehäuse wird zu Granulat verarbeitet, aus dem man z. B. Kunststoffteile für Autos fertigen kann. Insgesamt können 98 % eines Altakkus recycelt werden, der Rest ist Sondermüll (▷ B 1).

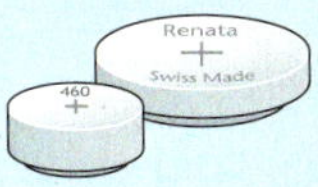

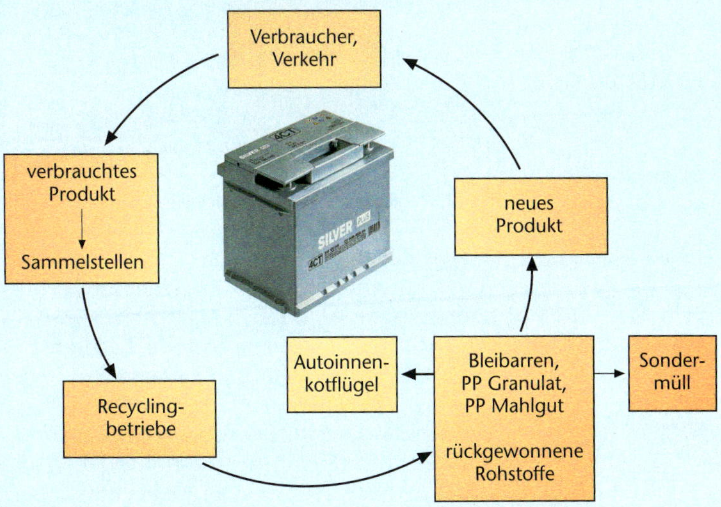

1 Recycling von Bleiakkus

- Wenn Strom aus der Steckdose verfügbar ist, auf Batterien und Akkus verzichten.
- Akkus vor dem Aufladen ganz entladen.
- Möglichst umweltfreundliche Batterien und Akkutypen verwenden.
- Qualitativ gute Ladegeräte benutzen, die zum Akkutyp passen.
- Leere Batterien aus den Geräten entfernen, da sie leicht auslaufen.
- Akkus und Batterien nicht in den Hausmüll werfen, sondern bei Sammelstellen oder beim Händler abgeben.

2 Tipps zum Umgang und Entsorgung

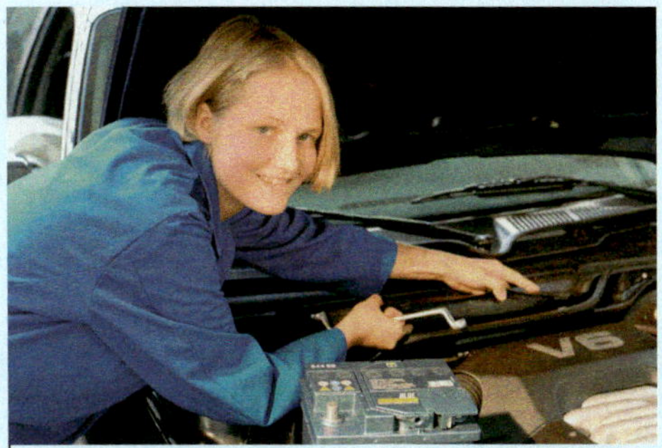

3 Starterbatterie im Auto

4 Altbatterien

Aufgaben

1 In einem Jahr werden in Deutschland etwa 14 Millionen Autobatterien in Verkehr gebracht, sie enthalten ca. 190 000 t Blei. Erkundige dich beim Autohändler über gesetzliche Bestimmungen zum Gebrauch und zur Entsorgung von Bleiakkus.

2 Batterien und Akkus, die Cadmium und Quecksilber enthalten, sind besonders umweltgefährlich. Informiere dich im Internet beim Umweltbundesamt über die Batterieverordnung. Nenne Umwelttipps, die man beim Kauf von Batterien und Akkus beachten soll.

Schlusspunkt

Elektrische Energie und chemische Prozesse

Die Elektrolyse

Die Zerlegung einer Verbindung mithilfe des elektrischen Stroms nennt man Elektrolyse (▷ B 1).
Bei der Elektrolyse wandern Kationen (positiv geladene Ionen) zur Kathode (Minuspol) und nehmen dort Elektronen auf. Anionen (negativ geladene Ionen) wandern zur Anode (Pluspol) und geben dort Elektronen ab.

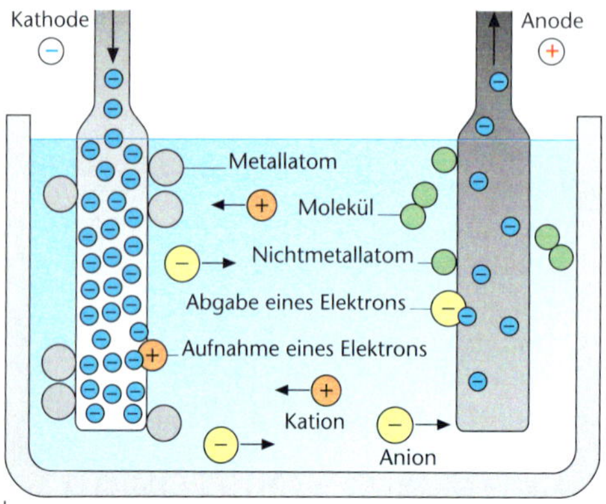

1 Elektrolyse auf einen Blick

Elektronenübergang

Von den Atomen unedler Metalle findet ein Elektronenübergang zu den Ionen edlerer Metalle statt.

Batterien und Akkus

Batterien und Akkus sind galvanische Zellen, in denen durch chemische Vorgänge elektrische Energie erzeugt wird. Batterien (▷ B 2) sind nicht aufladbar, Akkus dagegen lassen sich mehrfach wieder aufladen.

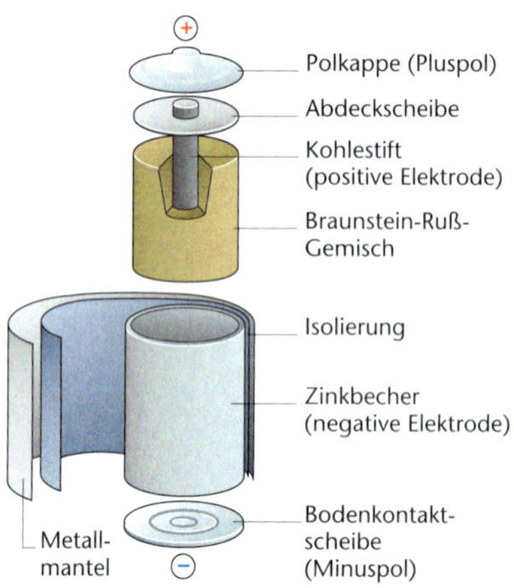

2 Aufbau der Taschenlampenbatterie

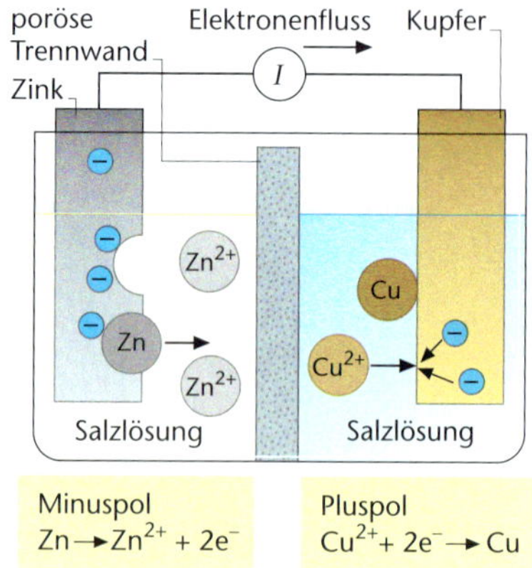

3 Die galvanische Zelle

Die galvanische Zelle

Eine galvanische Zelle ist eine elektrische Gleichspannungsquelle (▷ B 3). Sie besteht aus Minuspol, Pluspol und Elektrolyt. Das unedlere Metall bildet den Minuspol. Aus Atomen des unedleren Metalls entstehen Metallionen. Dabei werden Elektronen frei. Ionen des edleren Metalls nehmen Elektronen auf und bilden Atome. Das edlere Metall ist der Pluspol. Salzlösungen leiten den elektrischen Strom. Man nennt sie Elektrolyte. In der galvanischen Zelle wird nutzbarer elektrischer Gleichstrom erzeugt.

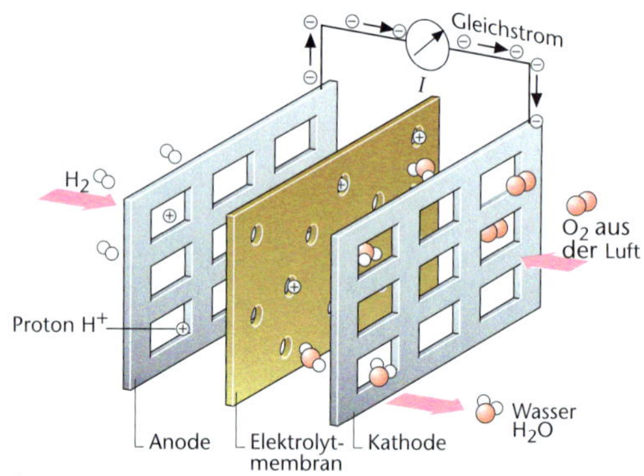

4 Vorgänge in der Brennstoffzelle

Die Brennstoffzelle

Brennstoffzellen erzeugen durch chemische Reaktionen elektrische Gleichspannung. Sie sind aus Anode, Kathode und Elektrolytmembran aufgebaut.
In der PEM-Brennstoffzelle strömt an der Anode Wasserstoff vorbei, an der Kathode Sauerstoff. Die Wasserstoffatome geben an der Anode Elektronen ab. Dabei entstehen Wasserstoffionen, die durch den Elektrolyt zur Kathode wandern. Dort verbinden sie sich mit Sauerstoff zu Wasser. Es entsteht nutzbarer elektrischer Gleichstrom (▷ B 4).

Aufgaben

1 Kupfer(II)-chlorid ist ein türkisblaues Salz, das sich gut in Wasser löst.
a) Kupfer(II)-chlorid enthält Chloridionen und zweifach positiv geladene Kupferionen. Gib die Formel des Salzes an.
b) Beschreibe die Vorgänge an der Kathode und an der Anode bei der Elektrolyse von einer Kupfer(II)-chloridlösung.
c) Warum ist seitlich am U-Rohr ein Luftballon angebracht (▷ B 1)?

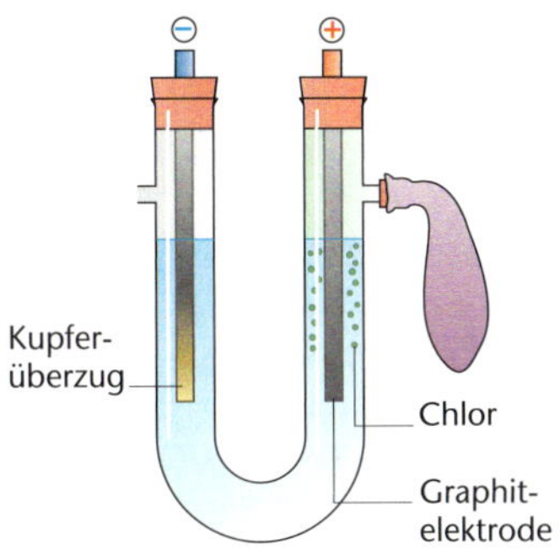

1 Zu Aufgabe 1

2 Bei der Elektrolyse von Bleichlorid entsteht an einer Elektrode fein verteiltes Blei (▷ B 2).
a) Bleichlorid hat die Formel $PbCl_2$. An welcher Elektrode wird bei der Elektrolyse der Salzlösung Blei gebildet?
b) Welcher Stoff entsteht an der anderen Elektrode?
c) Beschreibe in kurzen Sätzen die Vorgänge an den beiden Elektroden.

3 a) Welche Form und welche Art von Batterie zeigt Abbildung 3?
b) Wodurch unterscheiden sich Batterien von Akkus?

3 Zu Aufgabe 3

4 Konservendosen werden von Magneten angezogen. Beim Weißblech ist ein unedles Metall mit einer Schutzschicht aus dünnem Zinn überzogen.
a) Aus welchem unedlen Metall werden Dosen gefertigt (▷ B 4)?
b) Durch welche Maßnahmen können unedle Metalle vor Korrosion geschützt werden?

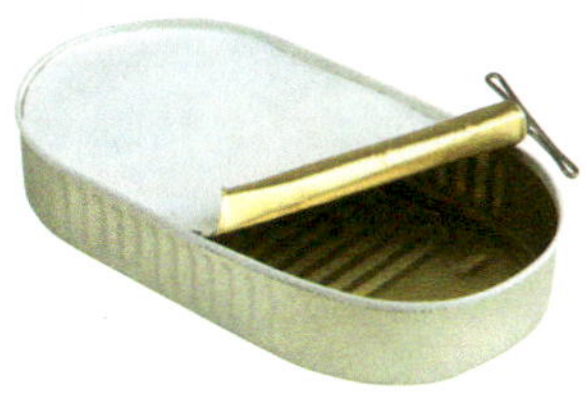

4 Zu Aufgabe 4

5 Taucht man ein blankes Kupferblech in eine Silbersalzlösung, bildet sich eine Schicht aus fein verteiltem Silber, ein Silberschwamm (▷ B 5). Erkläre die dabei ablaufenden Vorgänge.

6 Pipelines werden aus Stahlrohren gefertigt. Sie sind im Boden Salz- und Säurelösungen ausgesetzt, die das Metall zerstören können. Zum Schutz verbindet man die Stahlrohre leitend mit Magnesiumblöcken (▷ B 6).
Die Magnesiumatome geben Elektronen ab, und es entstehen Magnesiumionen. Man bezeichnet die Magnesiumblöcke als Opferanode. Erkläre den Begriff. Überlege, welche Metalle noch als Opferanode eingesetzt werden können?

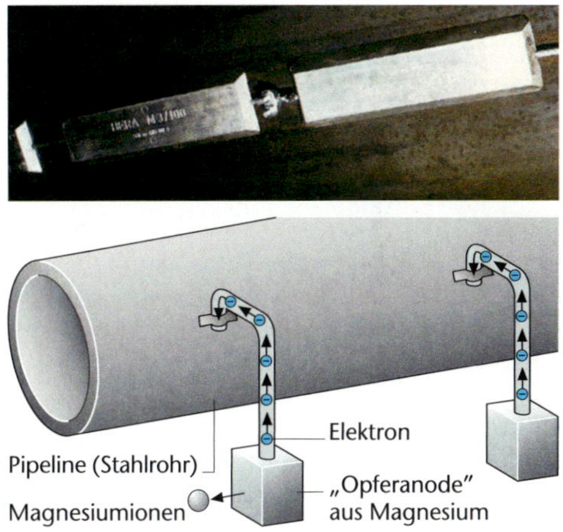

6 Zu Aufgabe 6

7 Radkappen werden in einer blauen Kupfersalzlösung verkupfert (▷ B 7), anschließend vernickelt und verchromt.
a) Wie nennt man die Herstellung von Metallüberzügen mithilfe des elektrischen Stroms?
b) Mit welcher Elektrode wird die Radkappe verbunden? Begründe.

2 Zu Aufgabe 2

5 Zu Aufgabe 5

7 Zu Aufgabe 7

Der Weg zur Kohlenstoffchemie

Stoffe von lebenden Organismen
Schon lange kannte man den Unterschied zwischen Stoffen der belebten und der unbelebten Natur. Man konnte beispielsweise Holz oder Fett gegen Metalle oder Mineralien klar abgrenzen. Bereits 1807 bezeichnete JÖNS JAKOB BERZELIUS die Stoffe, die von lebenden Organismen stammten als „organische Stoffe" und alle anderen als „anorganische Stoffe". Man war damals der Ansicht, dass organische Stoffe nur durch die besondere „Lebenskraft (vis vitalis)" der Organismen entstehen würden. Eine Herstellung solcher Stoffe im Labor hielt man deshalb für nicht möglich.

1 FRIEDRICH WÖHLER

Eine Entdeckung verändert die Welt der Chemie
Ganz neue Wege in der Chemie eröffnete die Entdeckung des Chemikers FRIEDRICH WÖHLER (1800–1882) im Jahr 1828 (▷B 1; B 2). Er hatte zufällig im Labor den organischen Stoff Harnstoff hergestellt. Harnstoff entsteht im Körper von Mensch und Tier als Abbauprodukt von Eiweißen und ist im Urin enthalten. WÖHLERS Entdeckung ist in einem Brief an seinen Kollegen BERZELIUS festgehalten:
„… muß ich Ihnen erzählen, daß ich Harnstoff machen kann, ohne dazu Nieren oder überhaupt ein Thier, sey es Mensch oder Hund nöthig zu haben … Es bedürfte nun weiter Nichts als einer vergleichenden Untersuchung mit Pisse-Harnstoff, den ich in jeder Hinsicht selbst gemacht hatte, und dem Cyan-Harnstoff.

Nach dieser Entdeckung dauert es jedoch noch einige Jahre, bis die Synthese weiterer organischer Verbindungen begann.

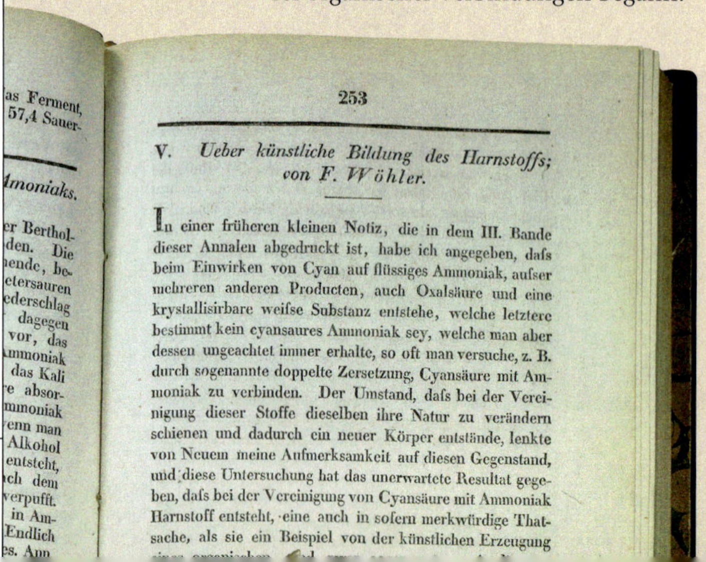

253

V. *Ueber künstliche Bildung des Harnstoffs; von F. Wöhler.*

In einer früheren kleinen Notiz, die in dem III. Bande dieser Annalen abgedruckt ist, habe ich angegeben, dafs beim Einwirken von Cyan auf flüssiges Ammoniak, aufser mehreren anderen Producten, auch Oxalsäure und eine krystallisirbare weifse Substanz entstehe, welche letztere bestimmt kein cyansaures Ammoniak sey, welche man aber dessen ungeachtet immer erhalte, so oft man versuche, z. B. durch sogenannte doppelte Zersetzung, Cyansäure mit Ammoniak zu verbinden. Der Umstand, dafs bei der Vereinigung dieser Stoffe dieselben ihre Natur zu verändern schienen und dadurch ein neuer Körper entstände, lenkte von Neuem meine Aufmerksamkeit auf diesen Gegenstand, und diese Untersuchung hat das unerwartete Resultat gegeben, dafs bei der Vereinigung von Cyansäure mit Ammoniak Harnstoff entsteht, eine auch in sofern merkwürdige Thatsache, als sie ein Beispiel von der künstlichen Erzeugung

2 Veröffentlichung von WÖHLERS Entdeckung

3 Produkte der organischen Chemie

Die Welt der Kohlenstoffverbindungen
Die Begriffe „anorganisch" und „organisch" haben eigentlich nur noch historische Bedeutung. Trotzdem gibt es diese Einteilung auch heute noch in der Chemie. Dabei kann man organische Stoffe von den anorganischen Stoffen durch einen einfachen Versuch leicht unterscheiden: Werden organische Stoffe stark erhitzt, so verkohlen sie nach einiger Zeit. Das bedeutet, alle organische Stoffe enthalten das Element Kohlenstoff – sie sind **Kohlenstoffverbindungen**.
Stoffe wie Erdöl, Erdgas und Kohle gehören dazu. Sie bilden die Grundlage für viele Produkte der chemischen Industrie (Petrochemie). Beispielsweise kann man daraus Kunststoffe, Treibstoffe oder Farbstoffe herstellen. Aber auch Alkohole, Nahrungsmittel, Waschmittel, Medikamente, Kosmetikprodukte und Kunstfasern gehören zu der Stoffgruppe der organischen Chemie.
Die organische Chemie umfasst derzeit mehr als 10 Millionen Stoffe – und täglich werden neue Verbindungen entwickelt.

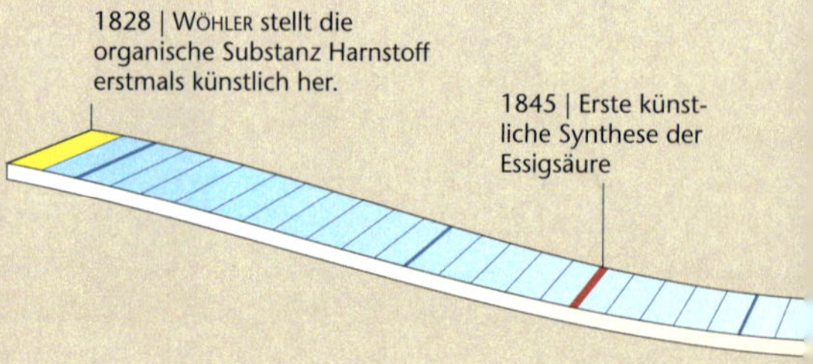

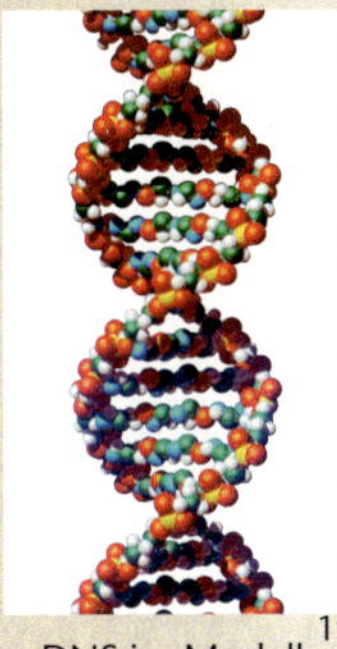

DNS im Modell

2000 | Das Erbgut von Fruchtfliege und Maus wird entschlüsselt.

1986 | Menschliche Gene werden geklont.

1977 | Beginn der gentechnologischen Produktion von Proteinen

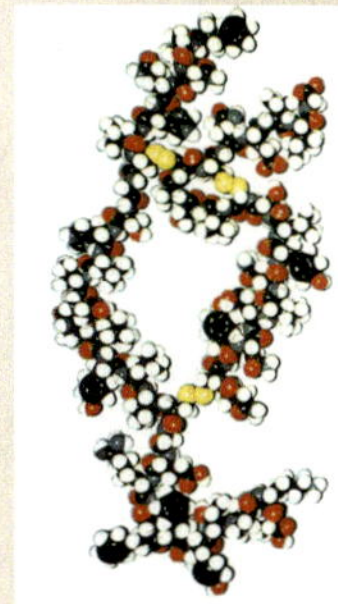

Insulin im Modell

1970 | Erste künstliche Herstellung eines Gens

1969 | Erste Synthese eines Enzyms

1965 | Erste Synthese von Insulin

1956 | Großtechnische Herstellung von PVC

1947 | Erste Synthese eines Antibiotikums

1944 | Entdeckung der DNS als Träger der Erbinformation

1941 | Großtechnische Synthese von Silikonen

1939 | Herstellung des hochschmelzbaren Kunststoffes Teflon©

1937 | Nylon© wird hergestellt.

Nylonstrümpfe

Föhn aus Bakelit

1928 | Das erste synthetische Waschmittel wird hergestellt.

1923 | Erste technische Synthese eines Treibstoffes aus Kohle

1918 | Erste Synthese eines Produktes aus Erdöl. Beginn der Petrochemie

1913 | Die erste Chemiefaser wird hergestellt.

1909 | Herstellung von Synthesekautschuk

1907 | Herstellung des ersten Kunststoffes: Bakelit

1902 | Das Bauprinzip der Proteine wird entdeckt.

1899 | Aspirin© wird hergestellt.

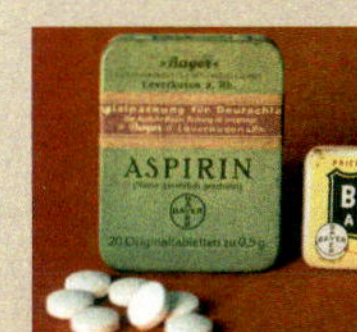

Aspirin

1888 | Erstes Arzneimittel wird bei Bayer hergestellt.

855 | Künstliche Synhese von Ethanol Trinkalkohol)

1857 | Kekulé begründet die organische Strukturchemie.

1884 | De Chardonnet gründet die erste Kunstseiden-Industrie.

Stoff gefärbt mit Indigo

1870 | Künstliche Darstellung des Naturfarbstoffes Indigo

1863 | Gründung der Chemiefirmen Bayer und Hoechst

Kohlenwasserstoffe – Energieträger und Rohstoffe

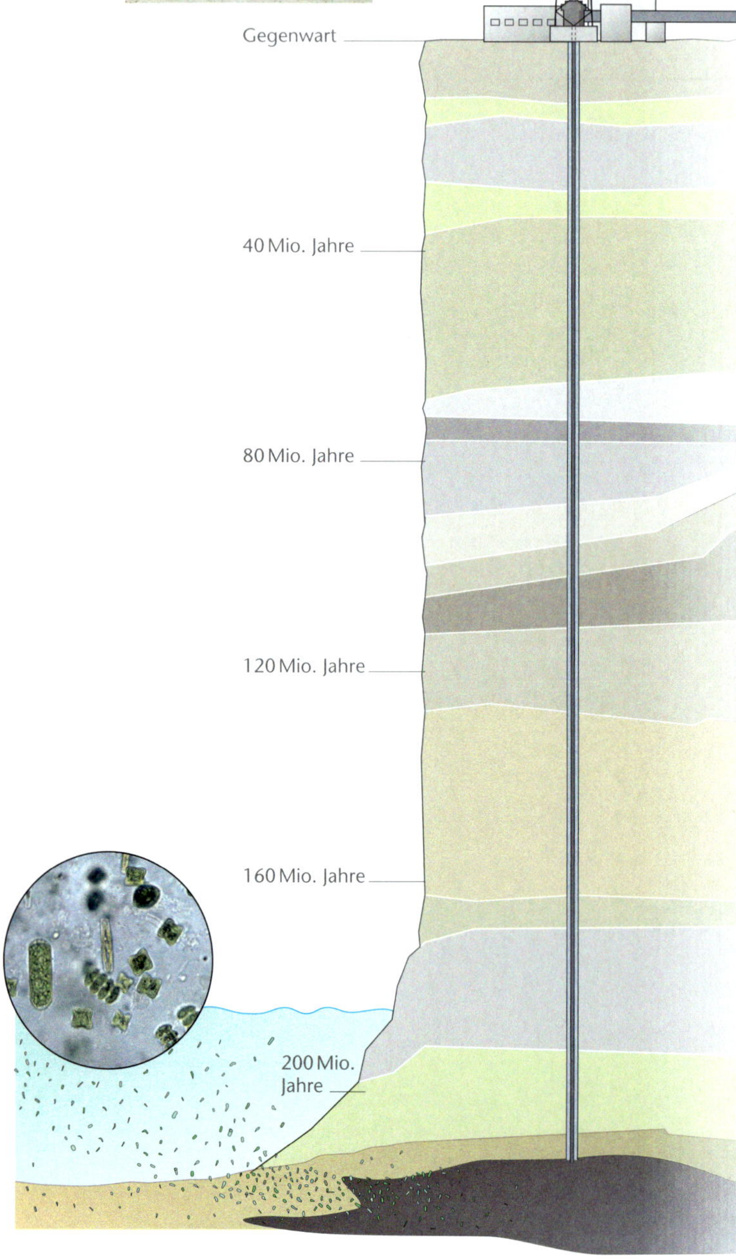

Unser Leben ist verbunden mit einem hohen Energiebedarf. Zum Heizen wird eine große Menge an Kohle, Heizöl oder Erdgas gebraucht. Der Auto-, Schiffs- und Flugverkehr benötigt eine große Menge an Treibstoffen wie Benzin oder Diesel. Im Haushalt werden viele Geräte mit elektrischer Energie betrieben.

Kohle und Erdgas stehen uns als Brennstoffe direkt zur Verfügung. Heizöl, Benzin und Diesel müssen dagegen erst aus Erdöl gewonnen werden.
Wie könnte dieser Weg vom Erdöl zum Treibstoff aussehen?

Die zum Heizen oder Kochen benötigte Energie wird überwiegend durch Verbrennung von Kohle, Erdgas oder Heizöl gewonnen. Mit der Verbrennung großer Mengen an Brennstoffen sind auch Umweltprobleme verbunden. Fallen dir dazu einige Beispiele ein?

Erdöl ist zum Verbrennen eigentlich zu schade, denn aus Erdöl lassen sich unter anderem auch Kunststoffe herstellen. Welche vorteilhaften Eigenschaften von Kunststoffen kennst du?

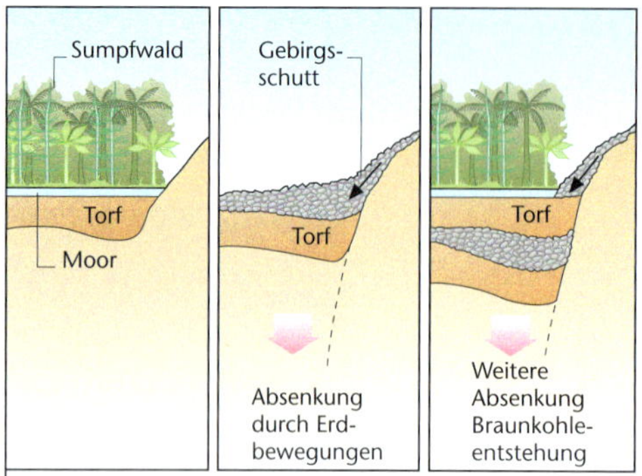

1 Entstehungsgeschichte von Kohle

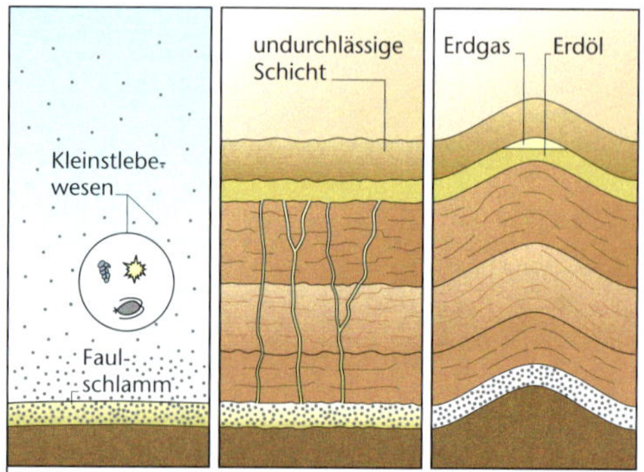

3 Entstehungsgeschichte von Erdgas und Erdöl

2 Pflanzenabdruck in Kohleschicht

Kohle – in Jahrmillionen entstanden

Die Herkunft der Kohle verraten manchmal Kohlestücke, in denen sich Abdrücke von Pflanzen finden (▷ B 2). Vor ca. 300 Millionen Jahren bedeckten große Farn- und Sumpfwälder das Land. Sterben diese ab und werden von Wasser und Schlamm bedeckt, wandeln sich Holz und andere Pflanzenteile in langen Zeiträumen unter Druck und Wärme langsam in Kohle um (▷ B 1). Diesen Vorgang nennt man **Inkohlung**. Je weiter der Inkohlungsprozess vorangeschritten ist, desto höher ist der Kohlenstoffanteil und damit der Heizwert der Kohle. Wichtige Kohlearten sind Braunkohle, Steinkohle und Anthrazit.

Steinkohle – Energieträger und Rohstoff

Erhitzt man Steinkohle unter Luftabschluss, dann entweichen bei etwa 1 000 °C flüchtige Bestandteile. Dieser Vorgang wird **Verkokung** genannt. Bei der Verkokung entstehen feste, flüssige und gasfömige Stoffe. Der feste Rückstand ist **Koks**. Koks besteht fast aus reinem Kohlenstoff und wird für Heizzwecke oder als Reduktionsmittel zur Gewinnung von Eisen genutzt.

Erdöl und Erdgas – fossile Brennstoffe

Wie die Kohle sind auch Erdöl und Erdgas in vielen Jahrmillionen entstanden. Grundstoff des Erdöls ist abgestorbenes Plankton (kleinste Meereslebewesen), das auf dem Meeresgrund infolge von Sauerstoffmangel nicht verwesen konnte. So bildete sich Faulschlamm, der durch Erdbewegungen in immer tiefere Schichten gelangte. Unter hohem Druck wurde der Faulschlamm durch Bakterien in Erdöl und Erdgas umgewandelt (▷ B 3).

Da sich Erdöl, Erdgas und Kohle aus abgestorbenen Pflanzen und Kleinstlebewesen gebildet haben, werden sie oft als **fossile Brennstoffe** bezeichnet.

Förderung und Transport von Erdöl und Erdgas

Bei einer Ölquelle wird in der Regel zuerst das über dem Erdöl angesammelte Erdgas durch Pipelines zu einer zentralen Sammelstelle geleitet. Dort wird es gereinigt, wobei der giftige und nach faulen Eiern riechende Schwefelwasserstoff (H_2S) entfernt wird.
Das Erdöl muss meist an die Oberfläche gepumpt werden. Der Transport von Erdöl und Erdgas geschieht zunächst über Pipelines bis zu den Verladehäfen. Von dort übernehmen große Erdöl- und Erdgastanker den weiteren Transport bis zu den Entladehäfen. Schließlich gelangt das Erdöl und das Erdgas über Pipelines zu den Raffinierien, wo eine Weiterverarbeitung erfolgt (▷ B 4).

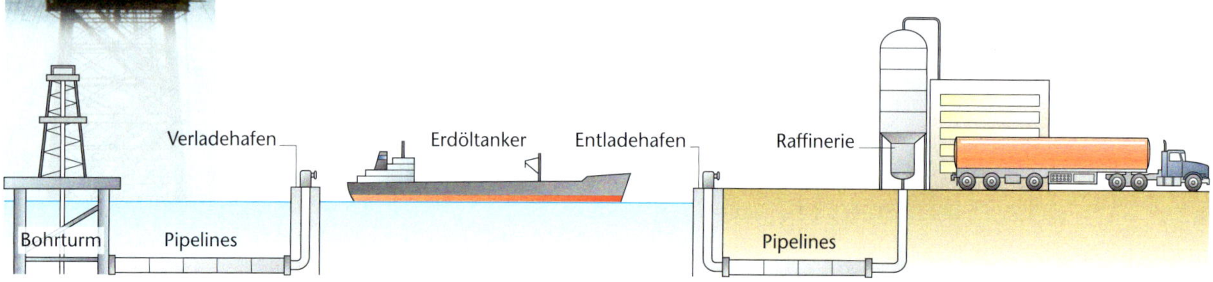

4 Der Weg des Erdöls und Erdgases

Wir untersuchen Erdölbestandteile

1 Brennbarkeit

Material
Schutzbrille, 3 Tropfpipetten, 3 Porzellanschalen, feuerfeste Unterlage, Holzspan, kleine Metallplatte, Streichhölzer, Erdölfraktionen: Wundbenzin, Petroleum, Dieselöl (Heizöl)

Versuchsanleitung
Gib mit einer Tropfpipette einige Tropfen von einer der Flüssigkeiten jeweils in eine Porzellanschale und nähere vorsichtig einen brennenden Holzspan. Wenn die Flüssigkeit nicht sofort zu brennen beginnt, streiche mehrere Male mit der Flamme des Holzspanes über die Probe. Lösche das Feuer durch Abdecken mit einer Metallplatte. Wiederhole den Versuch mit den anderen Flüssigkeiten und beurteile die Entflammbarkeit der Stoffe.

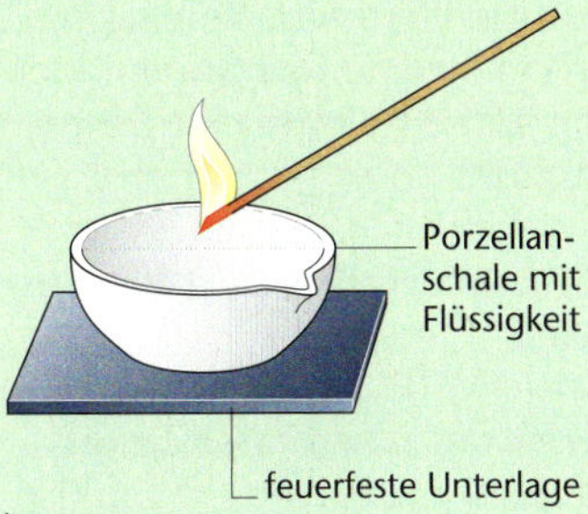

1 Brennbarkeit

2 Löslichkeit

Material
Schutzbrille, 3 Reagenzgläser, 3 Gummistopfen, 3 Messzylinder, Reagenzglasgestell, Wundbenzin, Petroleum, Wasser

Versuchsanleitung
a) Gib in ein Reagenzglas 1 ml Benzin und 1 ml Wasser. Verschließe das Reagenzglas mit einem Gummistopfen und schüttle kräftig mehrere Male. Stelle das Reagenzglas dann in einem Reagenzglasgestell ab und beobachte.

b) Wiederhole den Versuch mit 1 ml Wasser und 1 ml Petroleum.

c) Fülle jetzt ins dritte Reagenzglas 1 ml Benzin und 1 ml Petroleum und prüfe erneut die Löslichkeit durch Schütteln.

Aufgabe
Welche Aussage kann man über das Löslichkeitsverhalten der beiden Erdölbestandteile Benzin und Petroleum machen?

3 Viskosität

Material
Schutzbrille, 3 Reagenzgläser (16 mm), Reagenzglasgestell, Pinzette, 3 Büroklammern (aus Metall), Uhr mit Sekundenanzeige oder Stoppuhr, Wundbenzin, Petroleum, Schmieröl

Versuchsanleitung
Fülle je ein Reagenzglas etwa zur Hälfte mit Benzin, Petroleum und Schmieröl. Die Füllhöhen müssen genau gleich sein. Halte mit einer Pinzette eine Büroklammer über die Reagenzglasöffnung. Lasse die Büroklammer dann fallen und miss die Zeit, bis diese den Reagenzglasbodens erreicht hat (▷ B 2).

Aufgabe
Erstelle ein Versuchsprotokoll. Welche Flüssigkeit ist am zähflüssigsten?

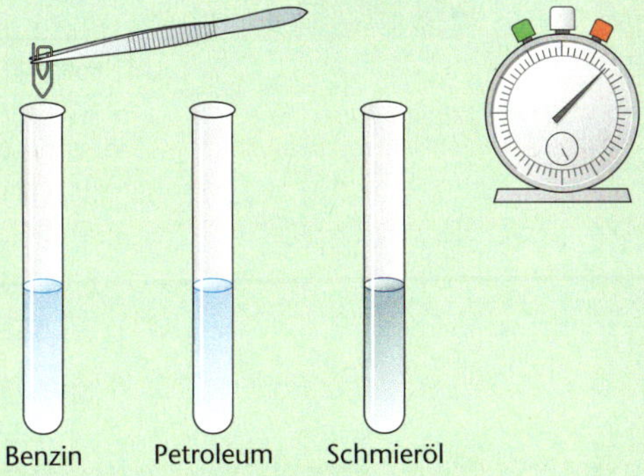

2 Viskosität

4 Verbrennungsprodukte

Material
Schutzbrille, Standzylinder, Glasplatte, Tropfpipette, Verbrennungslöffel, Watesmopapier, Streichhölzer, Kalkwasser, Wundbenzin

Versuchsanleitung
a) Gib in einen Verbrennungslöffel mit einer Tropfpipette einige Tropfen Benzin. Entzünde das Benzin über dem Standzylinder. Senke den Verbrennungslöffel mit brennendem Benzin langsam ab (▷ B 3). Lasse das Benzin einige Sekunden brennen und ziehe den Verbrennungslöffel wieder aus dem Standzylinder. Prüfe den Beschlag an der Glaswand mit Watesmopapier.

b) Führe wie in Teil a) brennendes Benzin in den Standzylinder. Lasse das Benzin so lange brennen, bis die Flamme von selbst erlischt. Gib jetzt einige Milliliter Kalkwasser in den Standzylinder, verschließe mit einer Glasplatte und schüttle mehrere Male kräftig.

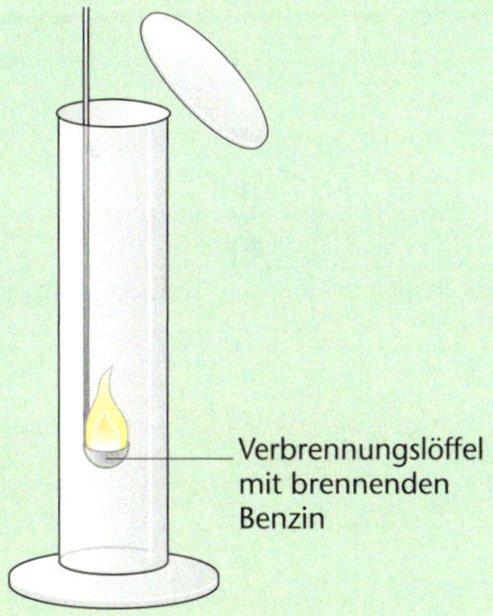

3 Verbrennungsprodukte

Aufgabe
Welche Verbrennungsprodukte des Benzins wurden im Versuch 4 nachgewiesen?

Entsorgung
Reste von Benzin, Petroleum, Öl werden in ein geeignetes Sammelgefäß gegeben. Benzin-Wasser-Gemische und Petroleum-Wasser-Gemische können mit einem Scheidetrichter getrennt werden.

Erdöl – schwarzes Gold

Aus Erdöl werden wichtige Stoffe wie Auto- und Flugzeugbenzin, Dieselöl und Heizöl gewonnen. Es wird daher manchmal auch als „schwarzes Gold“ bezeichnet. Das Erdöl aus den Lagerstätten kann nicht direkt verwendet werden, deshalb wird es in einer Raffinerie verarbeitet.

Destillation des Erdöls

Wird Erdöl in einer Destillationsapparatur (▷ B 2; V 1) auf ca. 200 °C erhitzt, steigen Dämpfe auf. Ein Teil der Dämpfe kondensiert auf dem ersten Kolonnenboden und bildet dort eine Flüssigkeitsschicht. Ein weiterer Teil der Dämpfe steigt in der Destillationskolonne weiter nach oben und kondensiert erst auf dem zweiten oder dritten Kolonnenboden. Die Temperatur nimmt dabei in der Kolonne von unten nach oben ab. Die Gewinnung unterschiedlicher Destillate ist ein Hinweis dafür, dass Erdöl kein Reinstoff, sondern ein Stoffgemisch ist.

1 Fraktionierte Destillation

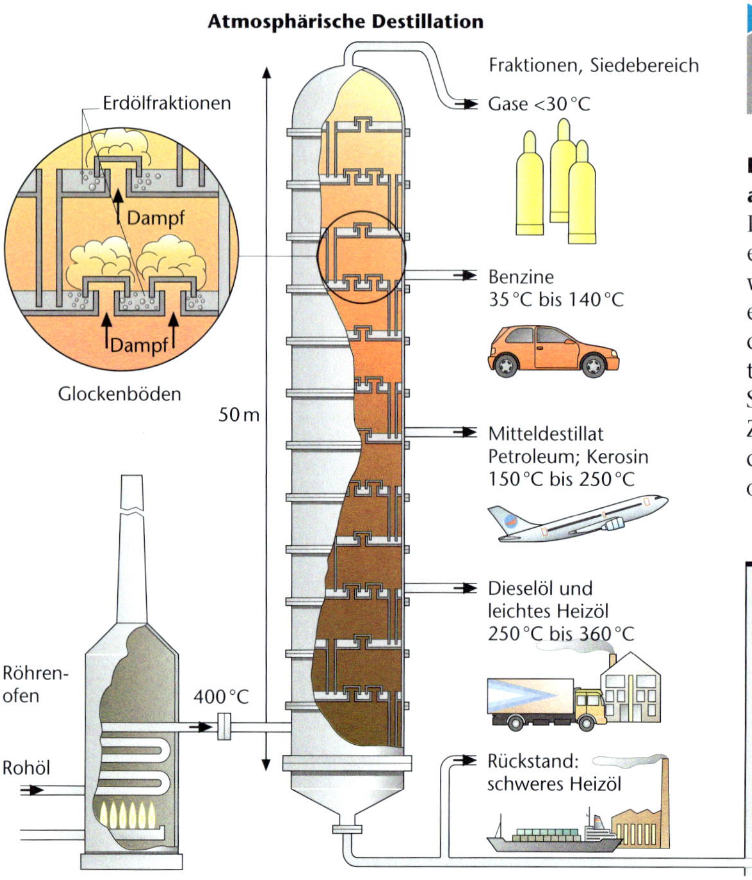

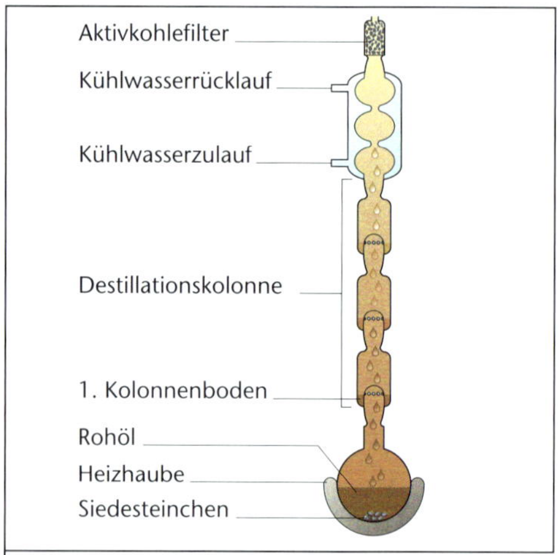

2 Destillation von Erdöl im Versuch

Da die Siedetemperaturen der Bestandteile sehr nahe beieinanderliegen, erhält man jeweils auf den Kolonnenböden keine Reinstoffe, sondern Gemische von Stoffen mit ähnlichen Siedetemperaturen. Solche Stoffgemische werden **Fraktionen** genannt.

Da die Destillation von Erdöl zu unterschiedlichen Erdölfraktionen führt, wird sie **fraktionierte Destillation** genannt.

▶ Fraktionen sind Gemische von Stoffen mit ähnlichen Siedetemperaturen. Man gewinnt sie durch fraktionierte Destillation von Erdöl.

Die Raffinerie – eine riesige Destillationsanlage für Erdöl

Die fraktionierte Destillation findet in einer **Raffinerie** statt (▷ B 4). Das Erdöl wird in einem Röhrenofen auf etwa 400 °C erhitzt, wobei es zum größten Teil verdampft. Der Öldampf wird in einen Destillationsturm geleitet. Ähnlich siedende Stoffe kondensieren und sammeln sich auf Zwischenböden, den **Glockenböden**. Von den Glockenböden werden die Erdölfraktionen dann in Lagertanks gepumpt (▷ B 1).

Versuch

1 Man erhitzt in einer Apparatur nach Bild 2 eine Probe künstlichen Erdöls. Mit einem Kontaktthermometer werden an den Kolonnenböden die Temperaturbereiche ermittelt und mit den Angaben in Bild 1 verglichen. (Abzug!) Man prüft die Destillate auf Farbe, Geruch und Brennbarkeit.

Bestandteile des Erdöls – Erdölfraktionen
Gasförmige Bestandteile des Erdöls werden als **Raffineriegas** aufgefangen. Dieses wird entweder zu Heizzwecken bereits in der Raffinerie verbrannt oder zu Flaschengas weiterverarbeitet (▷ B 5). Ein Teil des Gases wird abgefackelt. Die Fackel ist eine notwendige Sicherheitseinrichtung, damit sich kein Überdruck aufbauen und die Anlage beschädigen kann.

Auf den höheren Glockenböden des Destillationsturmes sammeln sich die **Benzine**. Sie haben einen Siedebereich von 35 °C bis 140 °C. Etwa 20 % bis 30 % des Erdöls besteht aus Benzinen (▷ B 6).

Im mittleren Bereich des Destillationsturms verflüssigen sich die **Mitteldestillate** bei Temperaturen von 150 °C bis 250 °C. Zu den Mitteldestillaten gehören **Petroleum** und **Kerosin** (Flugzeugbenzin).

Mit einem Siedebereich von 250 °C bis 360 °C werden im unteren Bereich des Turmes **Dieselöl** und **leichtes Heizöl** gewonnen.

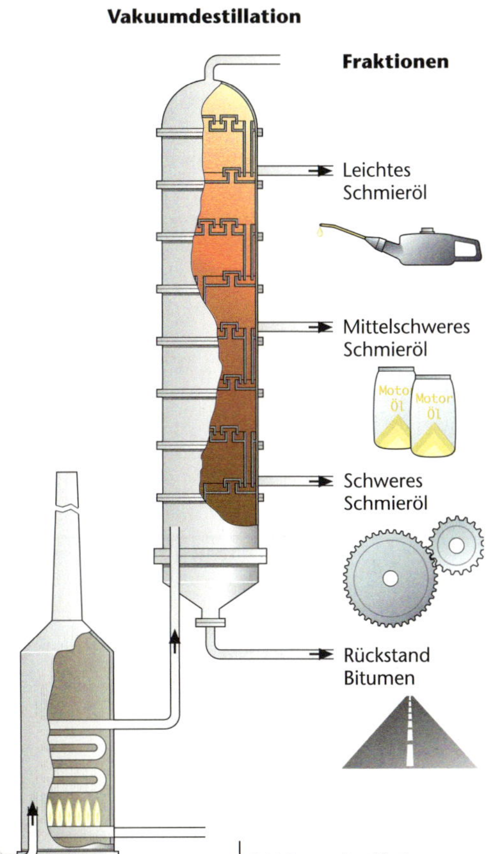

3 Vakuumdestillation

4 Destillationstürme in einer Raffinerie

Der bei 400 °C verbleibende Rückstand wird als **schweres Heizöl** bezeichnet. Er wird zur Verbrennung in Öl-Kraftwerken verwendet oder zur Weiterverarbeitung in die Vakuumdestillation geleitet.

Vakuumdestillation – Destillation mit Unterdruck
Die bei 400 °C noch zähflüssigen Bestandteile können nicht weiter erhitzt werden, da sie sich bei höheren Temperaturen zersetzen. Diese Bestandteile werden daher in einen weiteren Destillationsturm geleitet, in dem sie bei vermindertem Druck destilliert werden. Bei vermindertem Druck verdampfen die Bestandteile bei einer niedrigeren Siedetemperatur. So wird der Rückstand der atmosphärischen Destillation weiter aufgetrennt (▷ B 3).

Produkte der Vakuumdestillation
Bei vermindertem Druck werden in der Vakuumdestillation aus dem Rückstand **Schmieröle** (▷ B 7) gewonnen. Diese Fraktionen enthalten auch bei Zimmertemperatur feste Bestandteile, die **Paraffine**. Diese werden abgetrennt und z. B. zu Salben oder Kerzen verarbeitet. Der in der Vakuumdestillation noch verbleibende Rest, das **Bitumen**, wird für Isolieranstriche, Straßenbeläge (▷ B 8) und zur Herstellung von Dachpappe verwendet.

Aufgabe

1 Warum können Schmieröle und Bitumen nur durch Vakuumdestillation gewonnen werden?

5 Campinggaskocher

6 Benzinkanister

7 Schmierölbehälter

8 Asphalt im Straßenbau

Alternative Energieträger

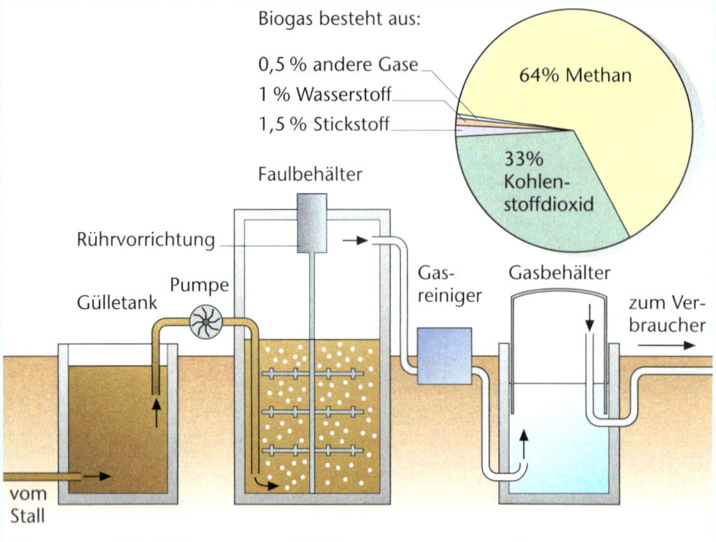

1 Aufbau einer Biogasanlage

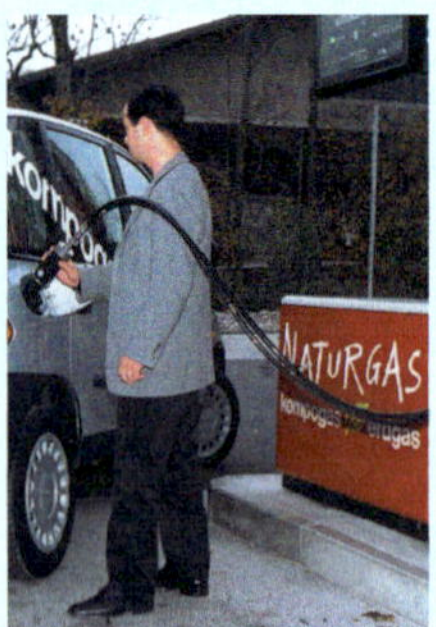

2 Autofahren mit Biogas

Biogas – Strom, Wärme und Treibstoffe aus Mist

Wenn Biomasse unter Luftabschluss fault, z. B. im Inneren von Misthaufen, in Mülldeponien oder im Faulturm einer Kläranlage, bildet sich ein Gasgemisch. Dieses wird als Biogas bezeichnet. Das Gas ist aufgrund des hohen Methananteils (▷ B 1) brennbar und kann zur Energiegewinnung genutzt werden.
In einer Biogasanlage (▷ B 1) werden organische Abfälle unter Luftabschluss in einem beheizten Faulbehälter mithilfe von Methanbakterien zersetzt. Dieser Vorgang wird auch als Fermentation bezeichnet. Eine einzige Kuh erzeugt pro Tag etwa 10 bis 20 kg Biomasse. Daraus lassen sich bis zu 3 m^3 Biogas gewinnen. Insgesamt liefert eine Kuh dadurch pro Jahr soviel Energie wie aus der Verbrennung von 300 Litern Heizöl gewonnen wird.
Aus einer Tonne Biomasse können pro Tag 100 m^3 bis 160 m^3 Biogas erzeugt werden. Biogas lässt sich als Heizgas oder zur Gewinnung von Strom in Generatoren einsetzen. Biogas lässt sich unter Druck leicht verflüssigen und kann als Treibstoff für PKWs und LKWs genutzt werden (▷ B 2).

Abfälle einer Biogasanlage wirtschaftlich genutzt

Ein zusätzlicher Vorteil von Biogasanlagen ist, dass nach dem Ausfaulen ein hochwertiger Dünger zurückbleibt. Dieser ist nahezu geruchsfrei und kann als Naturdünger in der Landwirtschaft genutzt werden.

Energiegewinnung aus Sicht der Umwelt

Ein großer Teil der Energie, die uns heute zur Verfügung steht, wird durch Verbrennung fossiler Brennstoffe gewonnen. Dabei entstehen jedoch auch viele gasförmige Verbrennungsprodukte, die zur Luftverschmutzung und zum Treibhauseffekt beitragen. Außerdem reicht der Vorrat fossiler Brennstoffe nur noch für eine begrenzte Zeit. Deshalb wird heute intensiv versucht, andere Energiequellen zu erschließen. Zu diesen alternativen Energiequellen gehören Biogas, Wasser- und Windkraft sowie Solarenergie und die Wasserstofftechnologie.

Strom aus Sonne, Wind und Wasser

Wird Strom in einem größeren Umfang mit den Energiequellen Sonne, Wind und Wasser anstelle der fossilen Brennstoffe erzeugt, kann die Belastung der Atmosphäre wirkungsvoll verringert werden. Die Wasserkraft ist in Deutschland jedoch schon fast vollständig ausgenutzt, ein weiterer Ausbau kaum möglich. Bei den Windkraftwerken und bei der direkten Umwandlung von Sonnenenergie in elektrische Energie gibt es noch Entwicklungsmöglichkeiten. Aber Wind- und Sonnenenergie haben auch Nachteile: Beide können in Mitteleuropa noch nicht ausreichend genutzt werden, da Sonne und Wind nur unregelmäßig zur Verfügung stehen und die gewonnene Energie zurzeit noch nicht in größerem Umfang speicherbar ist.

3 Alternative Energiequellen

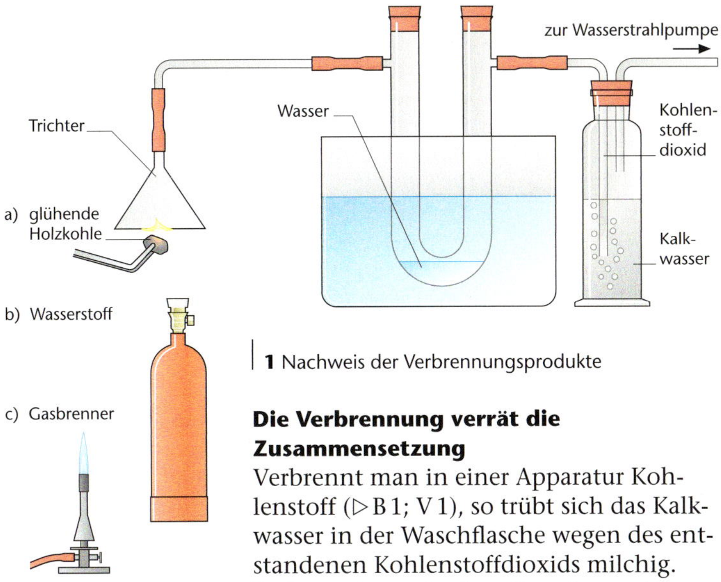

1 Nachweis der Verbrennungsprodukte

Die Verbrennung verrät die Zusammensetzung

Verbrennt man in einer Apparatur Kohlenstoff (▷B 1; V 1), so trübt sich das Kalkwasser in der Waschflasche wegen des entstandenen Kohlenstoffdioxids milchig. Verbrennt man in derselben Apparatur dagegen reinen Wasserstoff, so erhält man im U-Rohr eine Flüssigkeit, die sich mit Watesmopapier als Wasser nachweisen lässt (▷V 2).
Leitet man die Verbrennungsgase von Erdgas durch die Apparatur (▷V 2), erhält man beide Reaktionsprodukte: Kohlenstoffdioxid und Wasser. Diese Beobachtung kann dadurch erklärt werden, dass im Erdgas Verbindungen enthalten sind, an deren Aufbau Kohlenstoff- und Wasserstoffatome beteiligt sind.

2 Erdgas zum Kochen

Außer den Elementen Kohlenstoff und Wasserstoff lassen sich im Erdgas keine weiteren Elemente mehr nachweisen. Erdgas gehört deshalb zu den **Kohlenwasserstoffen**. Erdgas besteht überwiegend aus **Methan**.

> Verbindungen, deren Moleküle nur aus Kohlenstoff- und Wasserstoffatomen aufgebaut sind, werden Kohlenwasserstoffe genannt.

3 Bergwerkseinsturz nach Explosion eines Methan-Luft-Gemisches

Methan – Vorkommen und Verwendung

Methan findet man nicht nur im Erdgas. Es entsteht auch in Sümpfen und am Grunde verschmutzter Gewässer, wenn Pflanzen und Tierreste unter Luftabschluss faulen (Faulgas). Methangas hat einen hohen Heizwert. Es wird deshalb hauptsächlich zum Heizen und Kochen eingesetzt (▷B 2).

Eigenschaften des Methans

Reines Methan ist ein farb- und geruchloses Gas. Es ist leicht entzündlich und verbrennt mit bläulicher Flamme. Im Inneren eines mit Erdgas gefüllten Standzylinders erlischt eine Kerzenflamme (▷V 3). Methan ist brennbar, unterhält jedoch die Verbrennung nicht. Mit Sauerstoff bildet Methan explosive Gemische. Durch unbemerktes Ausströmen von Erdgas kommt es immer wieder zu schweren Unfällen. Für Explosionen in Bergwerken sind Methan-Luft-Gemische verantwortlich („schlagende Wetter") (▷B 3).

Methan – ein Treibhausgas

In der Atmosphäre kommt Methan nur in Spuren vor. Allgemein werden solche Gase als Spurengase bezeichnet. Trotzdem trägt Methan erheblich zum Treibhauseffekt bei. Verglichen mit dem Treibhausgas Kohlenstoffdioxid besitzt Methangas ein 21-fach höheres Treibhauspotenzial. Durch den Einfluss der Menschen erhöht sich der Methananteil jährlich um 1–2 %. Gründe hierfür sind der Nass-Reisanbau („künstliche Sumpfflächen") und die zunehmende Rinderhaltung (ein ausgewachsenes Tier kann bis zu 400 l Methan pro Tag freisetzen).

Versuche

1 Man verbrennt in der Apparatur nach Bild 1 ein Stück Holzkohle, leitet die Verbrennungsgase durch ein gekühltes U-Rohr und dann durch eine Waschflasche mit Kalkwasser.

2 Man wiederholt den Versuch 1 mit reinem Wasserstoff und danach mit der Flamme des Gasbrenners. Einige Tropfen der kondensierten Flüssigkeit werden auf Watesmopapier gegeben.

3 Man führt in einen nach unten geöffneten, mit Erdgas gefüllten Standzylinder rasch eine Kerze ein und zieht sie wieder heraus. (Schutzbrille! Schutzscheibe!)

Name	Summenformel	Kugel-Stab-Modell	Strukturformel
Methan	CH_4	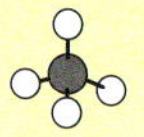	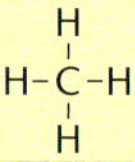
Ethan	C_2H_6	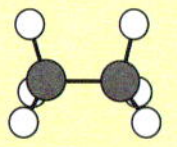	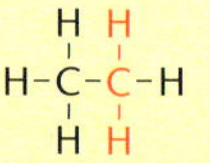
Propan	C_3H_8	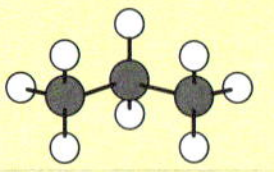	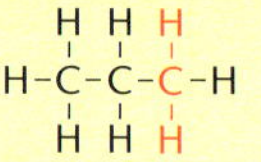
Butan	C_4H_{10}	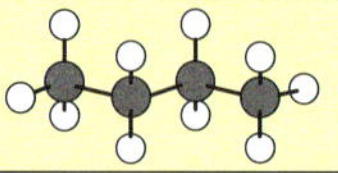	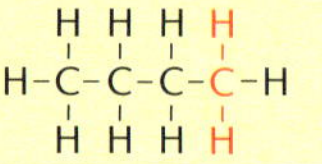

1 Die ersten vier Glieder aus der homologen Reihe der Alkane

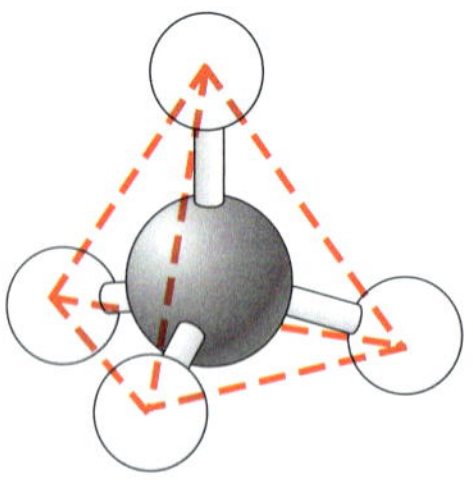

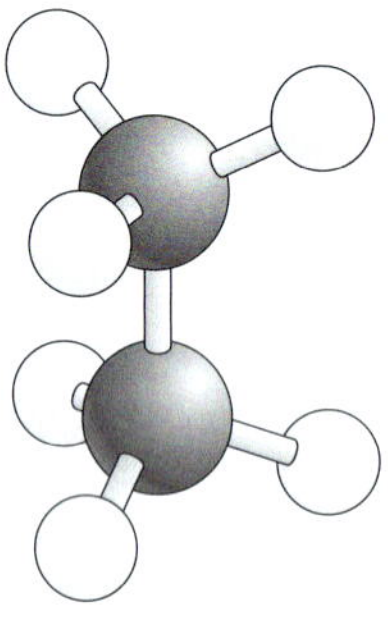

Erdöl und Erdgas enthalten Kohlenwasserstoffe
Verbrennt man Erdgas oder Erdölfraktionen wie Benzin, Dieselöl oder Petroleum, erhält man die Verbrennungsprodukte Kohlenstoffdioxid und Wasser. Da diese Stoffe Oxidationsprodukte des Kohlenstoffs und des Wasserstoffs sind, müssen die Verbindungen im Erdgas und im Erdöl Kohlenwasserstoffe sein. Ein Kohlenstoffatom ist vierwertig und kann daher 4 Wasserstoffatome binden. Der Kohlenwasserstoff mit dem einfachsten Molekülaufbau ist **Methan** mit der Formel $\mathbf{CH_4}$.

Molekülmodell des Methans
Aus der Formel CH_4 geht hervor, dass ein Methanmolekül aus einem C-Atom und vier H-Atomen aufgebaut ist. Die Formel CH_4 gibt die Anzahl der Atome im Molekül an, sie wird deshalb auch **Summenformel** genannt. Über die räumliche Anordnung der Atome macht die Summenformel aber keine Aussage.
Um den räumlichen Aufbau eines Moleküls zu verstehen, sind **Molekülmodelle** geeignet. Häufig werden Kugel-Stab-Modelle verwendet (▷ B 2, links).

Vom Molekülmodell zur Strukturformel
Ein Molekülmodell abzuzeichnen wäre sehr aufwändig. Eine Vereinfachung ergibt sich jedoch, wenn man das Molekülmodell in einer Schattenprojektion betrachtet (▷ B 2, Mitte).

Ersetzt man in einem Schattenbild des Methans die schwarzen Kreisflächen durch die entsprechenden Elementsymbole, dann erhält man eine Darstellung des Moleküls, die als **Strukturformel** bezeichnet wird (▷ B 2, rechts).

Homologe Reihe der Alkane
Neben dem Methan, dessen Molekül nur ein Kohlenstoffatom enthält, findet man im Erdgas auch Moleküle mit 2, 3 oder 4 C-Atomen. Die Reihe dieser ähnlich aufgebauten Kohlenwasserstoffe nennt man die Reihe der **Alkane** (▷ B 1).
Die ersten Glieder der Alkane heißen Methan, Ethan, Propan und Butan. Alle Glieder dieser Reihe besitzen die Endsilbe **-an**. Ab 5 Kohlenstoffatomen leiten sich die Namen von den griechischen Zahlwörtern ab: Pentan, Hexan, Heptan, Octan, Nonan, Decan, usw.

Beim Vergleich der Molekülmodelle (▷ B 1) fällt auf, dass die Moleküle aufeinander folgender Glieder sehr ähnlich aufgebaut sind und sich nur um jeweils eine $\mathbf{CH_2}$**-Gruppe** unterscheiden. Eine solche Reihe wird allgemein als **homologe Reihe** bezeichnet (griech.: homo, gleichartig). Die allgemeine Summenformel der Alkane lautet $\mathbf{C_nH_{2n+2}}$.

▶ Eine Reihe von Verbindungen, deren Moleküle sich jeweils um eine CH_2-Gruppe unterscheiden, wird homologe Reihe genannt.

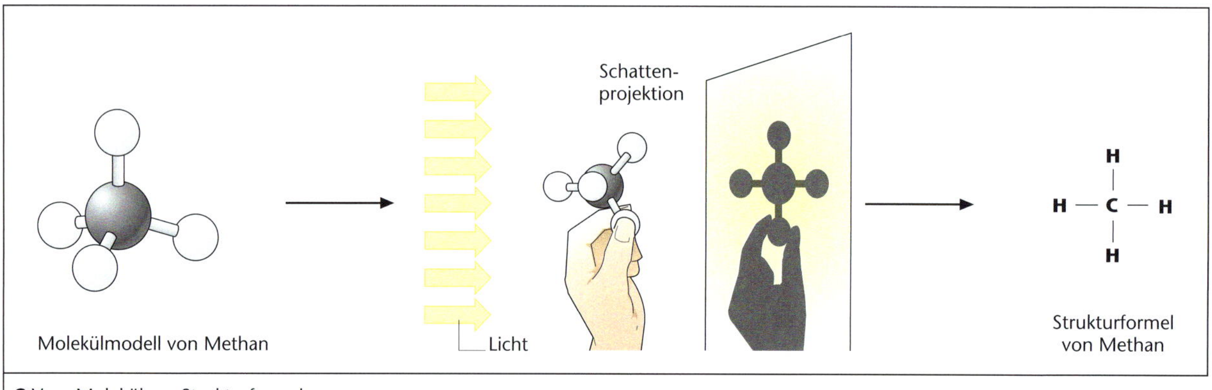

2 Vom Molekül zur Strukturformel

Eigenschaften und Vorkommen der Alkane

In der homologen Reihe der Alkane sind die ersten vier Glieder gasfömig. **Methan** ist zu etwa 90 % im Erdgas vorhanden, **Ethan** zu etwa 5 %. **Propan** und **Butan** sind Gase, die sich unter Druck leicht verflüssigen lassen und als Campinggas (Propan) oder Feuerzeuggas (Butan) Verwendung finden.
Die mittleren Alkane von **Pentan** bis **Nonan** sind dünnflüssig. Diese Alkane kommen hauptsächlich in Treibstoffen (Benzin, Dieselöl, Kerosin) vor. Alkane, deren Moleküle längere Kohlenstoffketten aufweisen, sind ölig bis zähflüssig (▷ V 1).

Diese Eigenschaft kann mit der zunehmenden Anziehungskräften zwischen den Molekülen erklärt werden. Die zwischenmolekularen Anziehungskräfte werden auch **Van-der-Waals-Kräfte** genannt.
Ab Heptadecan sind diese Kräfte so stark, dass die Alkane fest sind. Gemische von festen Alkanen werden als Paraffine bezeichnet. **Paraffine** findet man z. B. in Kerzen oder im Bohnerwachs. Je länger die Molekülketten sind, desto stärker rußen und leuchten die Flammen der Alkane (▷ V 2). Langkettige Alkane sind daher zum Verbrennen weniger geeignet.

Substitution

Alkane sind reaktionsträge. Löst man Brom in Hexan, so entfärbt sich diese rotbraune Lösung im Sonnenlicht oder beim Erwärmen (▷ V 3). Bild 5 zeigt in Formel und Modell, wie bei dieser Reaktion im Hexanmolekül ein Wasserstoffatom durch ein Bromatom ersetzt (substituiert) wird. Dabei entstehen Bromhexan und Bromwasserstoff, der feuchtes Indikatorpapier rot färbt.

Name	Formel	Schmelztemp. (° C)	Siedetemp. (° C)	Dichte	Viskosität
Methan	CH_4	–182	–161	* 0,466	
Ethan	C_2H_6	–183	–88	* 0,572	
Propan	C_3H_8	–186	–42	* 0,585	
Butan	C_4H_{10}	–135	–1	* 0,601	
Pentan	C_5H_{12}	–129	36	0,626	
Hexan	C_6H_{14}	–94	68	0,660	
Heptan	C_7H_{16}	–90	98	0,684	nimmt zu
Octan	C_8H_{18}	–56	126	0,703	
Nonan	C_9H_{20}	–53	150	0,717	
Decan	$C_{10}H_{22}$	–30	174	0,730	
⋮	⋮				
Hexadecan	$C_{16}H_{34}$	18	287	0,773	
Heptadecan	$C_{17}H_{36}$	22	302	0,778	

* im flüssigen Zustand (nahe der Siedetemperatur)

3 Eigenschaften der Alkane im Vergleich

▶ Eine Reaktion, bei der Atome (oder Atomgruppen) durch andere Atome oder Atomgruppen ersetzt werden, nennt man Substitution.

Bei der Reaktion mit Brom wird die Bindung im Brommolekül gespalten und es entstehen als Zwischenprodukte Bromatome mit ungepaarten Elektronen (▷ B 4). Diese Teilchen werden **Radikale** genannt. Kohlenwasserstoffmoleküle, die Halogenatome wie Brom-, Fluor- oder Chloratome enthalten, werden allgemein als **Halogenkohlenwasserstoffe** bezeichnet.

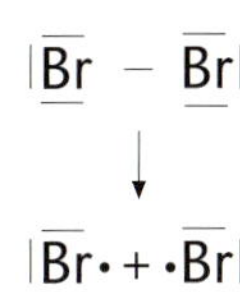

4 Als Zwischenprodukt entstehen Bromradikale

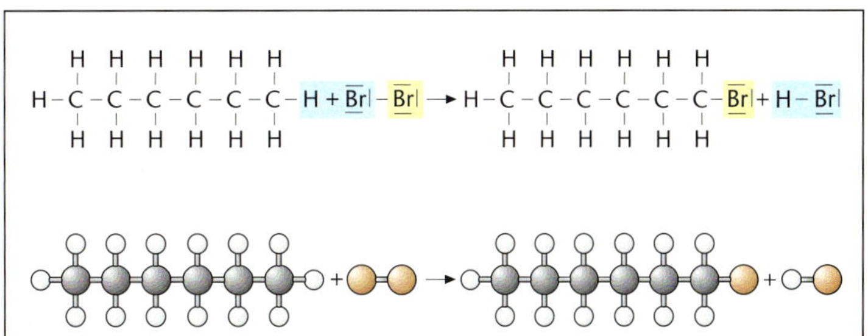

5 Substitution am Hexanmolekül

Versuche

1 Man misst die Auslaufzeit von je 50 ml Wundbenzin, Petroleum, Fahrradöl und Motorenöl aus einer Bürette.

2 In einer Porzellanschale wird je eine kleine Portion Wundbenzin, Petroleum und Paraffinöl entzündet (Petroleum und Paraffinöl vorher anwärmen). Man vergleicht die unterschiedlichen Flammen. (Abzug!)

3 Man gibt in ein Reagenzglas (oder in einen kleinen Erlenmeyerkolben) zu Hexan etwas Brom (Abzug! Schutzbrille!). Anschließend erwärmt man die Lösung oder belichtet sie auf dem Tageslichtprojektor und hält dabei ein feuchtes Indikatorpapier an die Gefäßöffnung.

Brennpunkt

CFKW und Ozonloch

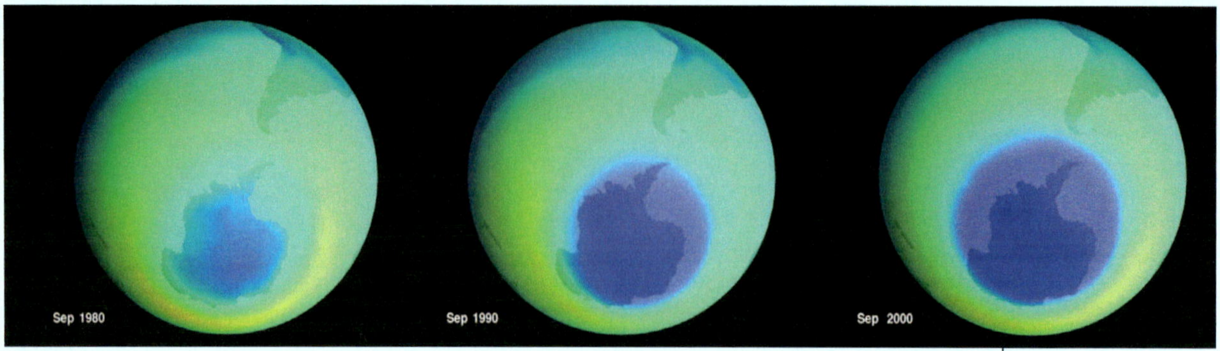

1 Satellitenaufnahme vom Ozonloch über der Antarktis (je dunkler blau, desto weniger Ozon)

Halogenkohlenwasserstoffe – Vielseitig verwendbar
Manche Kohlenwasserstoffmoleküle enthalten neben Kohlenstoff- und Wasserstoffatomen noch Halogenatome wie Brom-, Fluor- oder Chloratome. Solche Verbindungen nennt man allgemein **Halogenkohlenwasserstoffe.**

Besonders häufig trifft man Halogenkohlenwasserstoffe an, deren Moleküle Chlor- oder Fluoratome enthalten. Diese Stoffe werden **Chlor-Fluor-Kohlenwasserstoffe** – in Kurzform **CFKW** – genannt. Häufig spricht man auch von Fluor-Chlor-Kohlenwasserstoffen (FCKW).

Gasförmige CFKW lassen sich leicht verflüssigen. Da sie nicht brennbar sind, werden sie zum Aufschäumen von Kunststoffen, in Feuerlöschern und als Kältemittel in Kühlschränken in großen Mengen verwendet. Bei der Entsorgung von Kühlschränken werden die CFKW heute sorgfältig entfernt. Außerdem sind sie gute Lösungsmittel besonders für Fette. Deshalb werden CFKW zur Entfettung von Metallteilen und zur chemischen Reinigung von Kleidungsstücken eingesetzt.

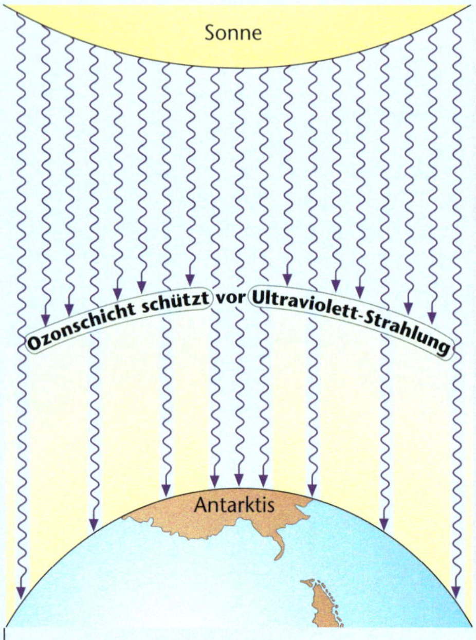

2 Wirkung der Ozonschicht

CFKW – der Hauptfeind des Ozons
Die Sonne gibt unter anderem für Lebewesen gefährliche UV-Strahlen ab. Diese Strahlen können zu Augenerkrankungen und zu Hautkrebs führen. Ein Teil dieser UV-Strahlen wird durch eine schützende Ozonschicht um die Erde herum abgeschwächt. Ozon ist eine besondere Form des Sauerstoffs mit der Formel O_3.
Die Ozonschicht umgibt die Erde in 20 bis 50 km Höhe.
Satellitenaufnahmen zeigen, dass der Ozongehalt der Ozonschicht über der Antarktis abnimmt (▷ B 1).

Als Hauptursache für den Ozonabbau werden heute die CFKW angesehen. Bei starker Sonneneinstrahlung können aus den CFKW-Molekülen aggressive Chloratome abgespalten werden. Jedes Chloratom kann in einer Kettenreaktion bis zu 100 000 Ozonmoleküle zerstören. Die schützende Ozonschicht bekommt dadurch ein „Loch" (▷ B 2).

Heute werden in Deutschland CFKW in vielen Bereichen (z. B. als Treibgas in Spraydosen) nicht mehr eingesetzt. Dennoch dauert es noch viele Jahre, bis die früher eingesetzten CFKW in der Atmosphäre abgebaut sein werden.

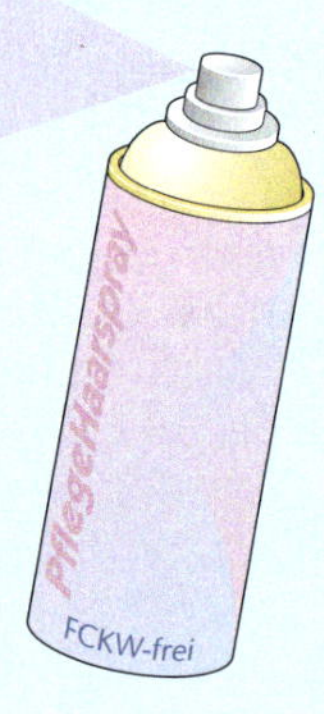

Werkstatt

Wir untersuchen Feuerzeuggas

1 Auffangen des Feuerzeuggases

Material

Schutzbrille, Feuerzeug, großes Becherglas (weite Form), Reagenzglas, Stopfen, Wasser

Versuchsanleitung

Fülle das Becherglas etwa zu drei Viertel mit Wasser. Fülle ein Reagenzglas mit Wasser, verschließe es mit dem Daumen und halte es umgekehrt in das Becherglas. Jetzt kann das Reagenzglas wieder geöffnet werden, ohne dass Wasser ausläuft.

Tauche das Feuerzeug so in das Becherglas ein, dass sich das Ausströmventil unmittelbar unter der Reagenzglasöffnung befindet (▷ B 1). Betätige das Feuerzeug und lasse die Gasblasen in dem Reagenzglas aufsteigen. Wenn das Reagenzglas mit Gas gefüllt ist, verschließe es mit einem Stopfen und nimm es aus dem Wasser heraus.

Nach dem Versuch muss das Feuerzeug mehrere Male betätigt werden, damit es wieder funktioniert.

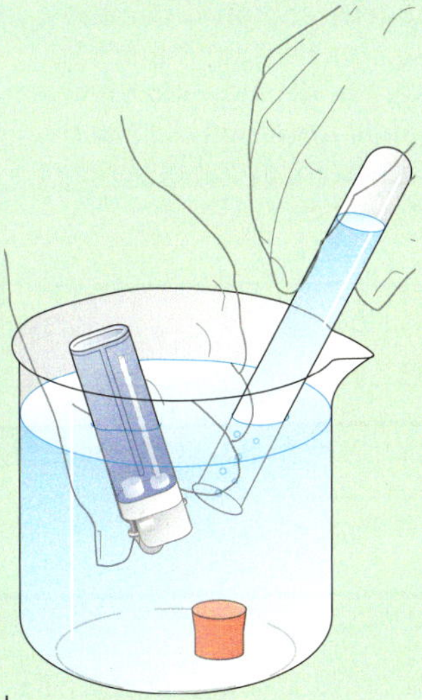

1 Auffangen des Feuerzeuggases

2 Brennbarkeit

Material

Schutzbrille, mit Gas gefülltes Reagenzglas aus Versuch 1, Holzspan, Reagenzglashalter, Feuerzeug

Versuchsanleitung

Entzünde den Holzspan mit dem Feuerzeug. Halte das Reagenzglas aus Versuch 1 bei der Versuchsdurchführung mit einem Reagenzglashalter fest (▷ B 2). Entferne dann den Stopfen des Reagenzglases und halte den brennenden Holzspan unmittelbar an die Reagenzglasöffnung.

2 Brennbarkeit

3 Reibzünder

Material

Schutzbrille, Feuerzeug, Gasanzünder mit Reibstein (Reibzünder)

Versuchsanleitung

Lasse Gas aus dem Feuerzeug ausströmen. Betätige in einem Abstand von etwa 5 cm einen Gasanzünder mit Reibstein (▷ B 3).

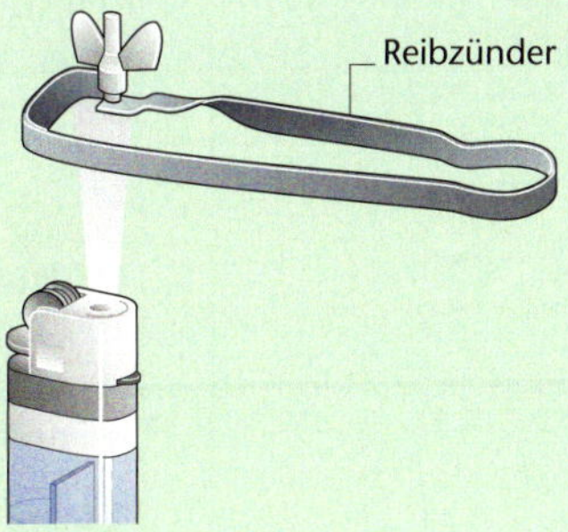

3 Zündung durch Reibung

4 Untersuchung der Verbrennungsgase

Material

Schutzbrille, Feuerzeug, Standzylinder, Stativ, Universalklemme, Doppelmuffe, Deckglas, Kalkwasser, Watesmopapier

Versuchsanleitung

Spanne den Standzylinder mit der Öffnung nach unten ins Stativ ein. Halte das brennende Feuerzeug etwa 20 Sekunden unmittelbar unter den Standzylinder, sodass die Verbrennungsgase in den Zylinder einströmen können (▷ B 4). Prüfe sofort den entstehenden Beschlag an der Glaswand mit Watesmopapier. Lasse erneut Verbrennungsgas in den Standzylinder einströmen. Fasse den Standzylinder am Fuß, drehe ihn um und gib jetzt einige Milliliter Kalkwasser hinein. Verschließe den Zylinder mit dem Deckglas und schüttle ihn einige Male kräftig.

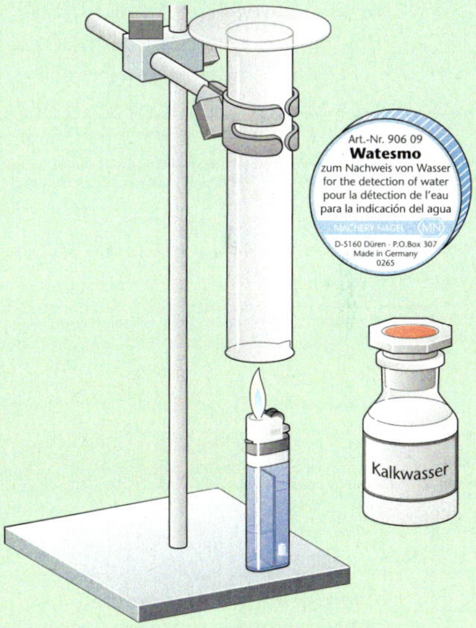

4 Untersuchung der Verbrennungsgase

Aufgaben

1. Fertige eine Skizze eines Feuerzeuges an, in der die wichtigsten Teile deutlich werden.

2. Auf welche Zusammensetzung des Feuerzeuggases deuten die Versuchsergebnisse hin?

Modell	Summenformel	Strukturformel	Name
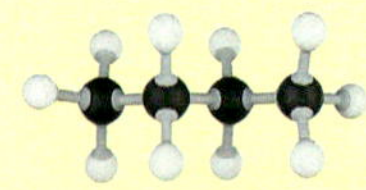	C_4H_{10}	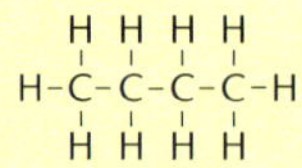	Butan
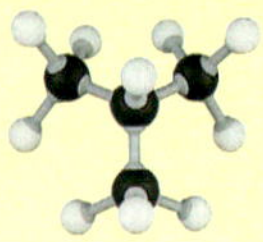	C_4H_{10}	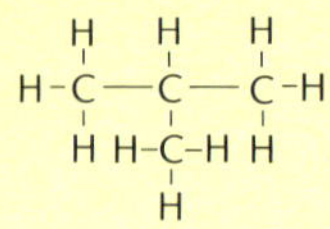	Isobutan

1 Isomere des Butans

2 Butan als Feuerzeuggas

3 Butangas-Kartusche

Eine Summenformel – zwei Strukturformeln

Butangas, das in flüssiger Form in Feuerzeugen oder Gaskartuschen vorkommt, hat die Summenformel C_4H_{10}. Beim Bau des Molekülmodells kann man feststellen, dass es zwei unterschiedliche Anordnungen der Atome gibt. Es gibt ein kettenförmiges und ein verzweigtes Molekül (▷ B 1). Der Summenformel C_4H_{10} entsprechen also zwei mögliche Strukturformeln. Da die Eigenschaften eines Stoffes auch von der Anordnung der Atome abhängen, gibt es zwei unterschiedliche Stoffe mit der Summenformel C_4H_{10}, nämlich Butan und Isobutan. Man bezeichnet sie als **Isomere**.

▶ Moleküle mit gleicher Summenformel, jedoch unterschiedlichen Strukturformeln, heißen Isomere.

C_8H_{18}

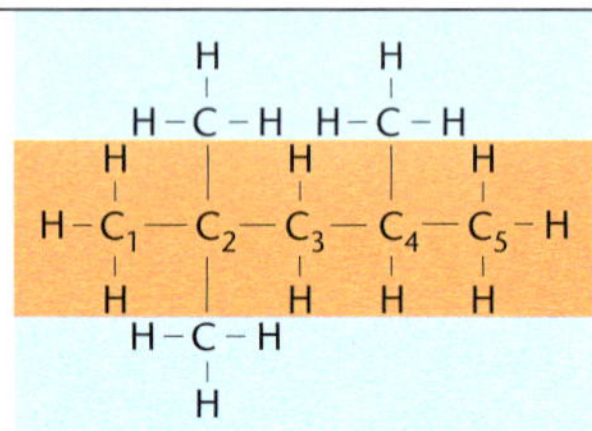

1. **Längste Kohlenstoffkette** benennen und vom kürzeren, unverzweigten Kettenende aus durchnummerieren
2. **Alkylgruppen** benennen und alphabetisch ordnen
3. **Anzahl der gleichen Alkylgruppen** ermitteln (griech. Zahlwörter)
4. **Stellung der Alkylgruppen** angeben (Nummer der Kohlenstoffatome)

2,2,4- Tri methyl pentan

4 Benennung von Isomeren. Die Länge der Hauptkette bestimmt den Grundnamen der Verbindung.

Isomerie bei Alkanen

Bei allen auf das Butan folgenden Alkanen lassen sich ebenfalls Isomere nachweisen. Ihre Zahl nimmt mit steigender Kettenlänge rasch zu (▷ B 5). Bei einem Alkan mit 25 Kohlenstoffatomen sind schon 36 Millionen Isomeriemöglichkeiten gegeben.

Namensgebung bei Isomeren

Um die Vielzahl an Isomeren einheitlich zu benennen, hat man ein genaues Benennungssystem entwickelt.
Verzweigte Alkanmoleküle bestehen aus einer Hauptkette und einer oder mehreren kürzeren Seitenketten (Verzweigungen). Die Hauptkette wird mit dem dazugehörigen Alkannamen benannt.
Seitenketten haben jeweils ein Wasserstoffatom weniger. Man bezeichnet solche Molekülreste mit der Endsilbe –yl und nennt sie Alkylreste oder Alkylgruppen. Von Methan wird so z. B. die Methylgruppe $–CH_3$ abgeleitet, von Ethan die Ethylgruppe $–C_2H_5$ usw. Die Namen der Seitenketten werden der Hauptkette vorangestellt. Zusätzlich werden die Namen dieser Alkylgruppen in alphabetischer Reihenfolge angegeben (▷ B 4).

Anzahl der Kohlenstoffatome	1	2	3	4	5	6	7	8	9	10
Anzahl der Isomeren	–	–	–	2	3	5	9	18	35	75

5 Kettenlänge und Isomerie

Aufgaben

1 Zeichne die Strukturformeln der Isomere des Pentans.

2 Gib den systematischen Namen des Isobutans an.

1 Benzintreibstoffe

Kohlenwasserstoff		Octanzahl
n-Heptan C_7H_{16}	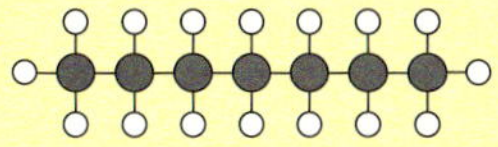	0
n-Octan C_8H_{18}	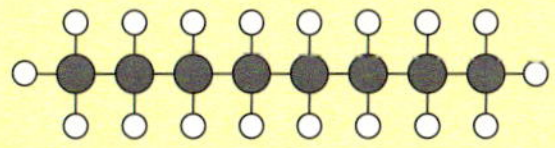	17
Isooctan C_8H_{18}	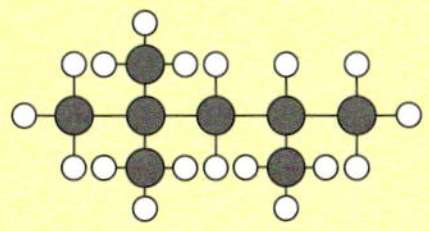	100

2 Octanzahl und Verzweigung

Für jeden Motor den richtigen Treibstoff
Ein Blick auf die Zapfsäulen einer Tankstelle zeigt die verschiedenen Treibstoffsorten (▷ B 1). Da Diesel- und Benzinmotoren unterschiedlich arbeiten, benötigen sie auch unterschiedliche Treibstoffe. Für bestimmte Benzinmotoren ist Normalbenzin ausreichend, andere dagegen benötigen Super oder Super Plus.

Verbrennung – normal oder klopfend
Arbeitet ein Benzinmotor richtig, wird das im Zylinder befindliche Benzin-Luft-Gemisch genau dann gezündet, wenn der Kolben die höchste Stellung im Zylinder erreicht hat (▷ B 3). Die Zündung erfolgt dabei mithilfe der Zündkerze (▷ V 1). Bei der Aufwärtsbewegung des Kolbens wird das Benzin-Luft-Gemisch stark verdichtet. Dabei kann es sich so stark erwärmen, dass es sich bereits entzündet, bevor der Kolben die höchste Stellung erreicht hat und ein Funke aus der Zündkerze kommt (▷ B 4). Dadurch wird auf den Kolben zu früh ein starker Explosionsdruck ausgelöst, der die Aufwärtsbewegung hemmt.
Diese Fehlzündungen sind als **Klopfen** des Motors hörbar. Das Klopfen verringert die Leistung und kann den Motor beschädigen. Um dieses zu verhindern, muss das Benzin klopffest gemacht werden.

Versuch

1 Man tropft mit einer Pipette 4 bis 5 Tropfen Wundbenzin in ein Zündrohr, verschließt mit einem Kunststoffdeckel, schüttelt gut durch und zündet dann mithilfe des Piezo-Zünders.
Man wiederholt den Versuch nach Belüften des Rohres mit einer geringeren und mit einer höheren Tropfenzahl.

Normalbenzin oder Super – die Octanzahl entscheidet
Im Benzin sind über 150 verschiedene Kohlenwasserstoffe zu finden. Dabei findet man Alkane mit verzweigten und unverzweigten Molekülen (▷ B 2). Alkane mit verzweigten Molekülen besitzen eine hohe, Alkane mit unverzweigten Molekülen dagegen eine niedrige **Klopffestigkeit**. Die Klopffestigkeit wird mit der **Octanzahl OZ** angegeben. Als Bezugsgröße für die Klopffestigkeit dient das in Bild 2 abgebildete verzweigte Octan (Isooctan), das besonders klopffest ist und die OZ 100 erhält. Heptan mit kettenförmigen, unverzweigten Molekülen (Heptan) erhält dagegen die OZ 0. Ein Benzin hat demnach z. B. die OZ 80, wenn es so klopffest ist wie ein Gemisch aus 80 % des Isooctans und 20 % des Heptans.

Die Octanzahl gibt die Klopffestigkeit eines Benzins an. Kohlenwasserstoffe mit verzweigten Molekülen sind klopffester als Kohlenwasserstoffe mit unverzweigten Molekülen.

An Tankstellen wird die Octanzahl angegeben. Normalbenzin hat in Deutschland mindestens die OZ 91, Superbenzin die OZ 95 und Super Plus die OZ 98.

1. Takt: Ansaugen (Ansaugtakt)

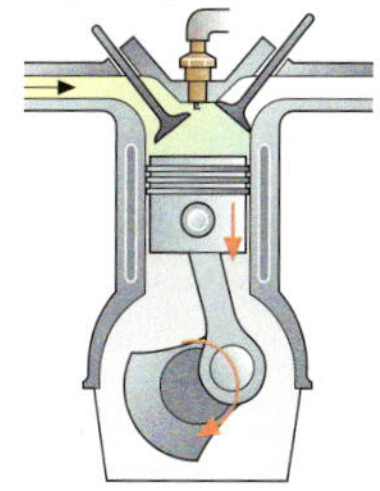

2. Takt: Verdichten (Verdichtungstakt)

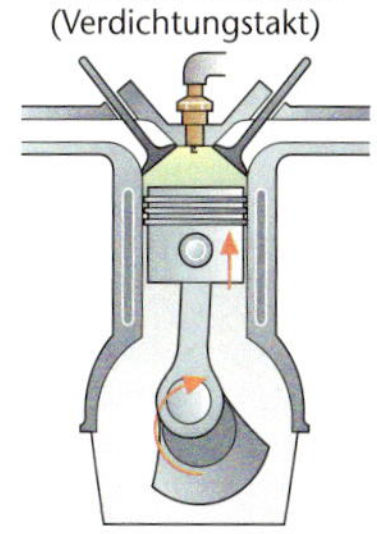

Zündung

3. Takt: Arbeiten (Arbeitstakt)

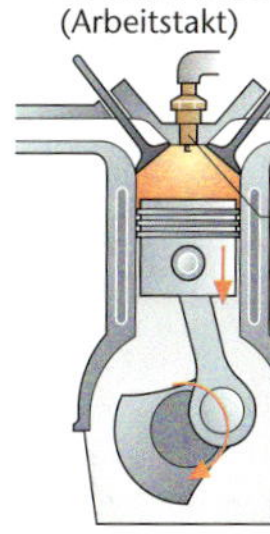

4. Takt: Auspuffen (Auspufftakt)

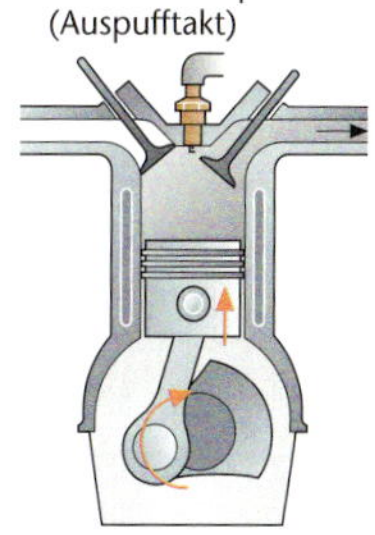

3 Nicht klopfende Verbrennung

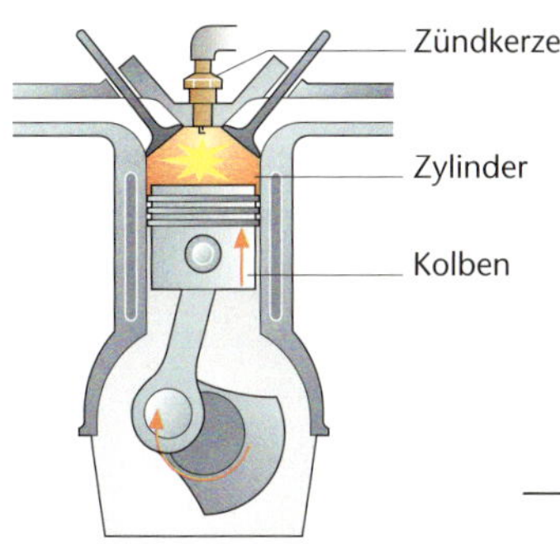

4 Klopfende Verbrennung

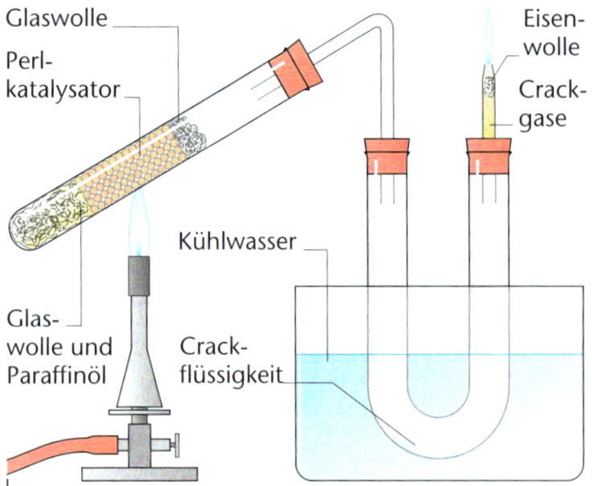

1 Cracken im Versuch

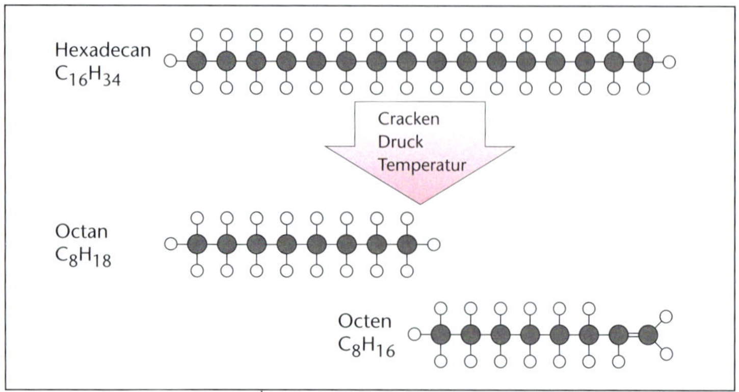

2 Cracken: Aufbrechen langer Moleküle

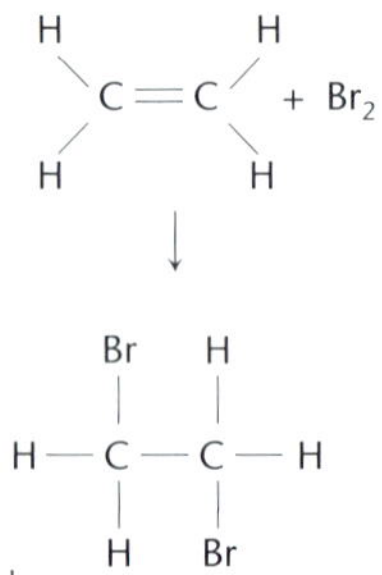

3 Addition von Brom an Ethen

Gewinnung von Benzin durch Cracken

Paraffinöl ist nicht leicht brennbar und riecht nicht nach Benzin.Wird Paraffinöl erhitzt und über heiße Katalysatorperlen geleitet (▷ B 1; V 1), bilden sich eine nach Benzin riechende Flüssigkeit und ein brennbares Gas. Bei diesem Versuch sind langkettige Kohlenwasserstoffmoleküle des Paraffinöls in kleinere Moleküle aufgespalten worden. Die kleineren Moleküle sind Bestandteile des Benzins. Das Aufbrechen langer Moleküle wird **Cracken** genannt (engl.: to crack, aufbrechen). Durch Crackverfahren wird in einer Raffinerie die Benzinausbeute aus Erdöl erhöht.

▶ Durch Cracken können langkettige Kohlenwasserstoffmoleküle in kurzkettige Moleküle aufgespalten werden.

Alkene – reaktionsfähige Crackprodukte

Gibt man zu der im Versuch 1 gewonnenen Crackflüssigkeit etwas angesäuerte Kaliumpermanganatlösung, dann entfärbt sich die zuvor intensiv violett gefärbte Lösung sehr rasch. Dieses ist ein Nachweis (Bayer´sche Probe) dafür, dass sich beim Cracken Kohlenwasserstoffmoleküle mit **Doppelbindungen** gebildet haben. Man nennt diese Moleküle **Alkene**.

4 Propen reagiert mit Brom.

Die homologe Reihe der Alkene

Wie die Alkane bilden auch die Alkene eine **homologe Reihe**. Das einfachste Alken ist Ethen mit der Formel C_2H_4, dann folgen Propen C_3H_6, Buten C_4H_8 und Penten C_5H_{10}. Die allgemeine Summenformel der Alkene lautet $\mathbf{C_nH_{2n}}$.
In den Strukturformeln wird die Doppelbindung mit einem Doppelstrich gekennzeichnet (▷ B 3).

Addition

Kohlenwasserstoffe, deren Moleküle **C=C-Doppelbindungen** aufweisen, sind reaktionsfähiger als solche ohne Doppelbindungen. Mischt man z. B. Propen mit Bromdampf (▷ V 2; B 4), so tritt rasch Entfärbung ein. Dieses kann dadurch erklärt werden, dass die Doppelbindungen leicht aufbrechen und Bromatome gebunden werden können (▷ B 3). Eine solche Reaktion wird als **Addition** bezeichnet.

▶ Die Bindung von Atomen oder Atomgruppen an einer Doppelbindung heißt Addition.

Versuche

1 Man erhitzt in einer Apparatur nach Bild 1 zunächst die Katalysatorperlen und bringt dann ca. 5 ml Paraffinöl zum Sieden. Nach Durchführung der Knallgasprobe werden die Gase entzündet. Ein Teil der Crackflüssigkeit im U-Rohr wird auf Geruch und Entflammbarkeit geprüft (Abzug!), der andere Teil wird mit etwas angesäuerter Kaliumpermanganatlösung versetzt.

2 ⚠ Man leitet Propen in einen mit Bromdampf gefüllten Standzylinder (Abzug! Schutzhandschuhe!). Beobachte.

Abgasreinigung

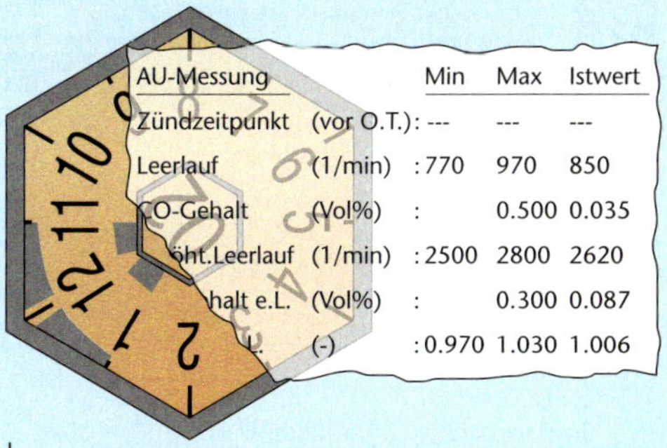

AU-Messung		Min	Max	Istwert
Zündzeitpunkt	(vor O.T.):	---	---	---
Leerlauf	(1/min)	:770	970	850
O-Gehalt	(Vol%)	:	0.500	0.035
öht.Leerlauf	(1/min)	:2500	2800	2620
halt e.L.	(Vol%)	:	0.300	0.087
L.	(-)	:0.970	1.030	1.006

1 AU-Plakette und Prüfprotokoll

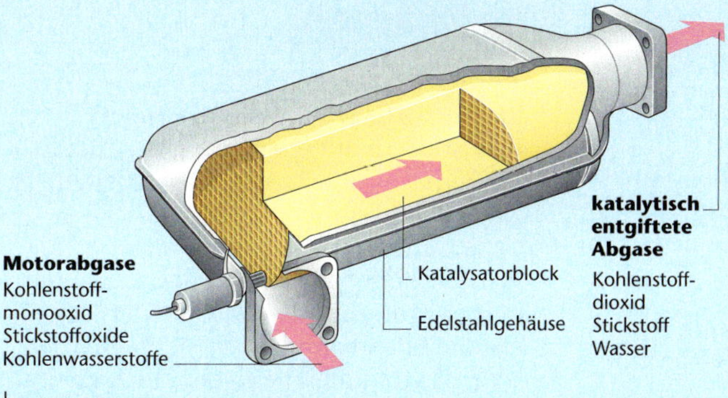

2 Der Drei-Wege-Katalysator

PKW-Abgase auf dem Prüfstand
Auf dem vorderen Kennzeichen der Autos befindet sich eine sechseckige Plakette (▷ B 1), die auf den nächsten Termin der Abgasuntersuchung hinweist. Dabei wird in der Mitte der Plakette das Jahr der nächsten Überprüfung angegeben, die Zahl in der oberen Ecke gibt den Monat an. Abgasuntersuchungen müssen regelmäßig durchgeführt werden, um sicherzustellen, dass ein Motor nicht zuviel Schadstoff produziert. Nach der Abgasuntersuchung erhält man ein Protokoll mit den Messergebnissen.

Schadstoffe bei der Benzin- und Dieselverbrennung
Zu den wichtigsten Schadstoffen des Motorabgases gehören Kohlenstoffmonooxid, Stickstoffoxide (z. B. Stickstoffmonooxid und Stickstoffdioxid) und bei der Dieselverbrennung Rußpartikel.
Ein geringer Teil des Benzins verbrennt überhaupt nicht und wird zu neuen Kohlenwasserstoffen umgewandelt. Da die Schadstoffe umwelt- und gesundheitsschädlich sind, muss ihr Anteil im Abgas möglichst gering gehalten werden.

Abgasreinigung mit dem Drei-Wege-Kat
Der Abgaskatalysator besteht aus einem Keramikkörper, durch den zahlreiche dünne Kanäle verlaufen (▷ B 2). Die Wandungen der Kanäle sind mit den Katalysatormetallen Platin, Rhodium und Palladium beschichtet. Je nach Motorgröße werden etwa 2 g bis 3 g dieser Metalle verwendet. An den Katalysatoroberflächen werden die Schadstoffe durch Reduktions- und Oxidationsvorgänge umgewandelt. Kohlenstoffmonooxid wird zu Kohlenstoffdioxid, unverbrannte Kohlenwasserstoffe werden zu Kohlenstoffdioxid und Wasser oxidiert. Stickstoffoxide dagegen werden zu unschädlichem Stickstoff reduziert. Weil die Umwandlung der Schadstoffe auf drei unterschiedlichen Wegen verläuft, wird der Abgaskatalysator auch **Drei-Wege-Kat** genannt.

Der Rußpartikelfilter
Rußpartikel aus Dieselfahrzeugen tragen zur Feinstaubbelastung in der Atemluft bei. Da Feinstaub aus sehr kleinen Partikeln besteht, kann er beim Atmen in die Lunge gelangen und ist deshalb gesundheitsgefährdend.
Rußpartikelfilter in Dieselfahrzeugen arbeiten nach unterschiedlichen Verfahren. In dem abgebildeten Beispiel (▷ B 3) werden die Rußpartikel in Filtertaschen zunächst festgehalten. Ist eine bestimmte Menge erreicht, wird die Temperatur im Rußpartikelfilter gesteigert, sodass die Rußpartikel zu Kohlenstoffdioxid verbrennen können. Dieser Vorgang wird als Regeneration des Filters bezeichnet. Auf diese Weise können bis zu 100 % der Rußpartikel aus dem Abgas entfernt werden.

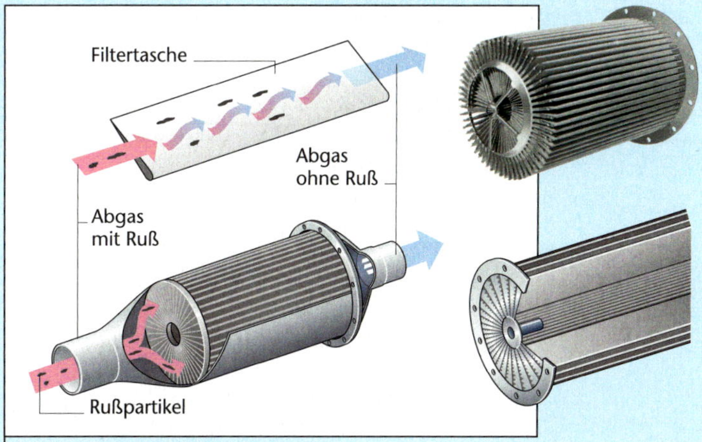

3 Rußpartikelfilter für Dieselfahrzeuge

Wasserstoff oder Benzin?

Wasserstoff, ein Raketentreibstoff

Fast ist es zur alltäglichen Information der Fernseh- und Zeitungsnachrichten geworden, dass über Raketenstarts aus Cape Canaveral (USA), aus Baikonur (Kasachstan) oder aus Französisch Guyana berichtet wird. Am 21. Juli 1969 wurde zum ersten Mal ein alter Traum der Menschen wahr. Astronauten verließen die Erde und landeten mithilfe von Raketen auf dem Mond. Alle Starts der amerikanischen Raumfahrt erfolgen mit flüssigem Wasserstoff und flüssigem Sauerstoff.

Dabei wird Wasserstoff durch Verbrennung in sein Oxid (Wasser) überführt. Diese stark exotherme Reaktion führt zu gasförmigem Wasser. Die dabei erfolgende Ausdehnung treibt die Rakete an.
Die bei einem Raketenstart zu beobachtende riesige weiße Wolke besteht aus kondensiertem Wasserdampf.

Kann Wasserstoff auch Benzin ersetzen?

Wir alle können uns ein Leben ohne Autos nur sehr schwer vorstellen. Genauso haben wir uns an die Vorstellung gewöhnt, dass ein Auto mit Benzin oder Dieselöl fährt. Aber was geschieht, wenn nicht mehr genug Erdöl für das Benzin vorhanden ist?

1 Ein Auto wird mit Wasserstoff betankt.

3 Wasserstoff wird gespeichert.

Vor ca. 60 Jahren besaßen nur sehr wenige Menschen ein Auto, heute fahren allein in Deutschland täglich etwa 42 Millionen Autos auf den Straßen.
Schlagworte wie „Luftverschmutzung“, „Lungenerkrankungen“, „Treibhausgase“ hören wir täglich. Die durch Autoabgase aus dem Benzin verursachten Umwelt- und Gesundheitsschäden nehmen zu und sind kaum wieder zu beheben. Hier bietet die Chemie Lösungen in Form der Wasserstofftechnik an: Wasserstoff anstelle von Benzin tanken.

Wasserstoff tanken

Das mit Wasserstoff betriebene Fahrzeug gilt heute als technisch gelöst. Im April 1991 fuhr an die erste Flüssig-Wasserstoff-Tankstelle in Bayern ein Auto zum Tanken vor (▷ B 1). Ein Wasserstoffauto gibt im Gegensatz zu den benzinbetriebenen Autos überwiegend Wasserdampf als Auspuffgas ab (ist also emissionsfrei). **NECAR** (**N**o **E**missions **Car**) ist das erste alltagstaugliche emissionsfreie Fahrzeug.

Da Wasserstoff unter Normdruck (1013 hPa) erst unter –253 °C vom gasförmigen in den flüssigen Zustand übergeht, ist der Tankvorgang nicht so einfach wie beim Benzin. Über einen speziellen Schraubverschluss wird der Einfüllstutzen mit dem Tank verbunden, ohne dass Luft bzw. Feuchtigkeit eindringen kann (▷ B 1).

2 Wasserstoff – ein Raketentreibstoff und Benzinersatz

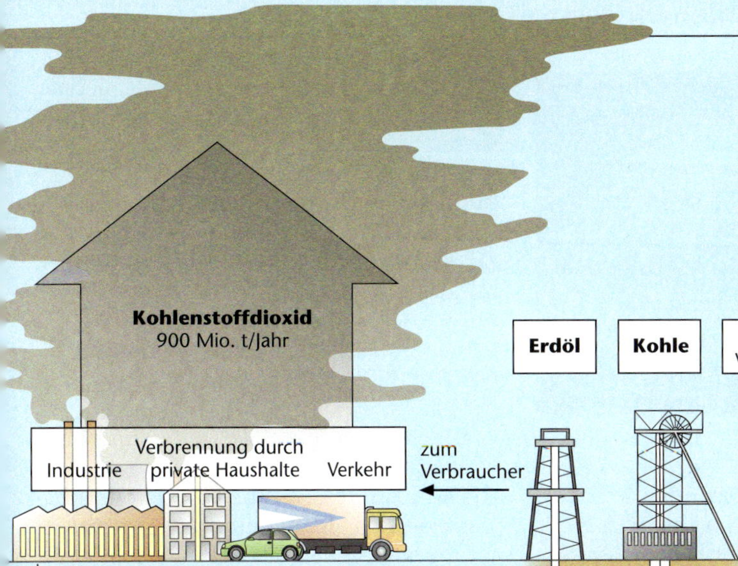

4 Von der Einbahnstraße ...

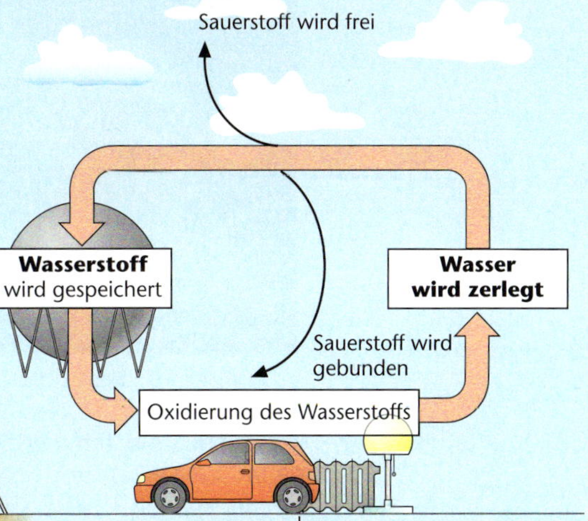

5 ... zum Kreisprozess

Der Tankschlauch ist, wegen der niedrigen Temperatur, besonders gut isoliert. Bevor Wasserstoff als Benzinersatz flächendeckend eingesetzt werden kann, ist noch die Produktion großer Mengen Wasserstoff und der Aufbau eines Tankstellennetzes zu lösen.

Von der Einbahnstraße zum Kreislauf

Der Bedarf an Energie ist besonders in den letzten 150 Jahren stark angestiegen. Heizung und elektrischer Strom im Haus sind heute ebenso eine Selbstverständlichkeit wie die Fortbewegung mit dem Auto, der Bahn oder dem Flugzeug.
Die hierzu notwendige Energie wird bisher weitgehend aus Kohle, Erdöl und Erdgas gewonnen. Bei der Verbrennung dieser Stoffe gelangen jährlich etwa 900 Millionen Tonnen Kohlenstoffdioxid in die Luft. Wie auf einer „Einbahnstraße" wird beim Verbrennen fossiler Energieträger Kohlenstoffdioxid produziert, der in die Atmosphäre entweicht und zum Treibhauseffekt beiträgt.

Günstiger ist es, Energieträger zu nutzen, die keinen Abfall produzieren, sondern sich wie in einem Kreisprozess immer wieder verwerten lassen.

Ein Kreislauf ohne Abfall – die Wasserstofftechnik

Mit der Wasserstofftechnik könnte es erstmals gelingen, diese Idee in großem Maßstab umzusetzen. Wasser lässt sich durch Elektrolyse in Wasserstoff und Sauerstoff zerlegen. Der Wasserstoff wird gespeichert (▷ B 3), der Sauerstoff dagegen entweicht in die Atmosphäre. Wird der Wasserstoff später zur Energiegewinnung verbrannt, entsteht wieder Wasser. Dabei wird die zuvor freigesetzte Menge an Sauerstoff wieder benötigt. Die Wasserstofftechnik vollzieht sich in einem Kreislauf, bei dem Wasser sowohl der Ausgangsstoff als auch das Verbrennungsprodukt ist.

Wasserstoff bietet jedoch als Energieträger nur dann Vorteile, wenn die zur Zersetzung des Wassers benötigte Energie als Sonnenenergie zur Verfügung steht. Würde man anstelle von Solarstrom Strom verwenden, der durch Verbrennung von fossilen Energieträgern erzeugt wird, würde weiterhin Kohlenstoffdioxid als Abfall produziert werden.

Aufgaben

1 Papier, Glas und Eisen sind „recycelbar".
a) Was versteht man darunter?
b) Welche Vorteile bietet „Recycling"?
c) Suche Gründe, warum man mit dem „Recycling" erst sehr spät begonnen hat.

2 Warum wird im Text oben von einer „Einbahnstraße" gesprochen (▷ B 4)?

3 Kohlenstoffdioxid ist ein Gas, das schon immer bei der Atmung der Lebewesen, bei Waldbränden (Blitzschlag) usw. natürlich entstanden ist. Warum ist es in den letzten Jahren zum Problem geworden?

4 Warum ist es bei der Gewinnung von Wasserstoff von besonderer Bedeutung, dass die dazu eingesetzte Energie Solarenergie ist?

1 Acetylen – ein Schweißgas

Acetylen – ein Schweißgas

Beim Schweißen und Schneiden (▷ B 1) erhält man eine helle, sehr heiße Flamme von etwa 3 000 °C. Diese hohe Temperatur wird nur erreicht, weil dem Schweißgas Acetylen Sauerstoff beigemischt ist.
Acetylen ist ein Kohlenwasserstoff mit dem chemischen Namen **Ethin** und der Formel $\mathbf{C_2H_2}$.
Das Ethinmolekül weist zwischen den C-Atomen eine **Dreifachbindung** auf. Es ist das erste und wichtigste Glied der homologen Reihe der **Alkine** mit der allgemeinen Summenformel $\mathbf{C_nH_{2n-2}}$.

Ottokraftstoff enthält: Benzin, Benzolgehalt (0,1–1%)

Hinweise auf besondere Gefahren: Kann Krebs erzeugen. Reizt die Haut. Auch gesundheitsschädlich: Gefahr ernster Gesundheitsschäden bei längerer Exposition durch Einatmen, Berührung mit der Haut und durch Verschlucken. Kann beim Verschlucken Lungenschäden verursachen. Giftig für Wasserorganismen, kann in Gewässern längerfristig schädliche Wirkung haben.

Sicherheitsratschläge: Exposition vermeiden. Darf nicht in die Hände von Kindern gelangen. Dampf nicht einatmen. Berührung mit der Haut vermeiden. Nicht in die Kanalisation gelangen lassen. Bei Verschlucken kein Erbrechen herbeiführen. Sofort ärztlichen Rat einholen. Von Zündquellen fernhalten – Nicht rauchen. Bei Unfall oder Unwohlsein sofort Arzt hinzuziehen. Freisetzung in die Umwelt vermeiden.

2 Benzol im Ottokraftstoff

▶ Alkine sind Kohlenwasserstoffe, deren Moleküle Dreifachbindungen aufweisen.

Ringförmige Kohlenwasserstoffmoleküle – Bestandteile im Benzin

Ein Bestandteil des Benzins ist ein Stoff mit der Summenformel C_6H_{12}. Dieser Stoff müsste der Summenformel nach eigentlich ein Alken sein. Überraschenderweise entfärbt dieser Stoff aber eine Kaliumpermanganatlösung nicht.
Es liegt die besondere Struktur einer Ringverbindung vor.
Cyclohexan (▷ B 3) gehört zu den Kohlenwasserstoffen, deren Verbindungen ringförmig aufgebaut sind. Ihren Namen wird die Silbe **Cyclo** (griech.: kyklos, Kreis) vorangestellt.

Benzol – hohe Klopffestigkeit

Das **Benzol** mit der Formel C_6H_6 wurde 1825 von MICHAEL FARADAY im Steinkohlenteer entdeckt.
Benzol ist eine farblose, aromatisch riechende Flüssigkeit, die giftig und krebserzeugend ist. Wegen seiner hohen Klopffestigkeit wird Benzol den Benzinen zugegeben (▷ B 2). Beim Tanken sollte wegen des Benzolgehaltes das Einatmen der Benzindämpfe vermieden werden. Aus diesem Grund sollten Zapfpistolen mit einem Rückführungssystem (Saugrüssel; ▷ B 4) ausgestattet sein.

4 Zapfpistole mit Rückführungssystem

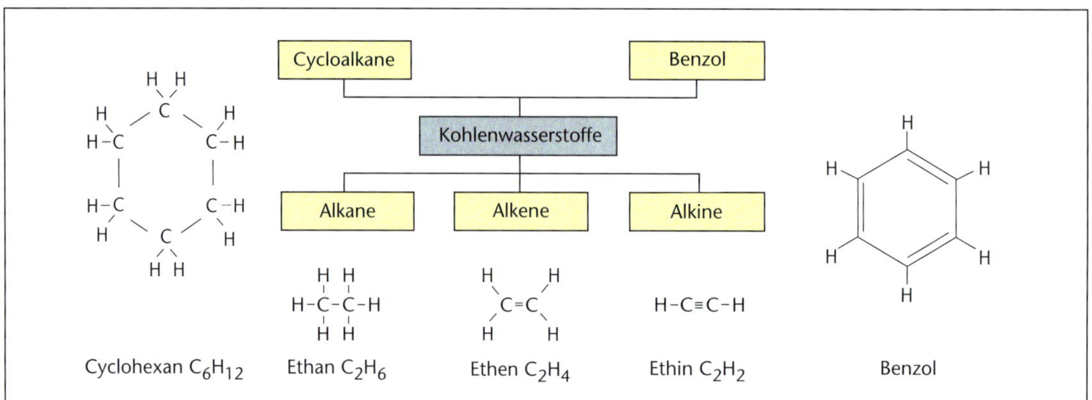

3 Vielfalt der Kohlenwasserstoffe

Wir untersuchen Kunststoffe

1 Verschiedene Gegenstände aus Kunststoff

1 Schwimmverhalten von Kunststoffen

Material

Becherglas (1 l), Becherglas (250 ml), Glasstab, gleich große Proben verschiedener Kunststoffe, Kunststoffprodukte aus dem Alltag, Kochsalz, Schere, Wasser

Versuchsanleitung

a) Fülle 1 l Wasser in ein Becherglas. Gib dann nacheinander die verschiedenen Kunststoffstücke einer Sorte hinein.

b) Stelle 100 ml gesättigte Kochsalzlösung her. Verfahre dann wie in a). Vergleiche.

c) Zerschneide einen Jogurtbecher, eine Plastikflasche oder ähnliches in gleich große Stücke und überprüfe das Schwimmverhalten in Wasser.

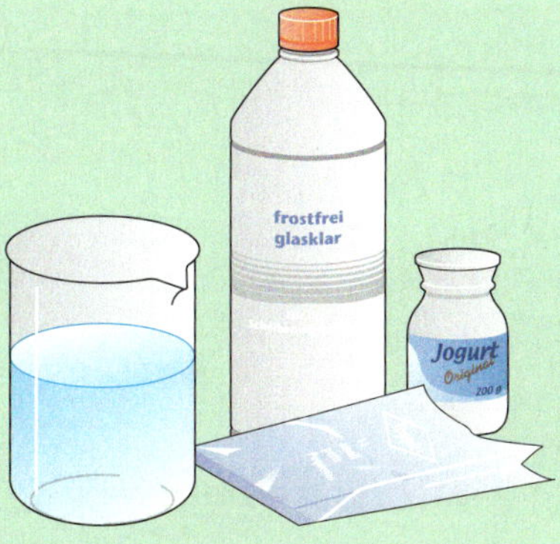

2 Materialien zu Versuch 1

2 Elektrische Leitfähigkeit von Kunststoffen

Material

Schutzbrille, 3 Experimentierkabel, 2 Krokodilklemmen, Flachbatterie (4,5 V), Glühlampe mit Fassung (4 V; 0,04 A), Büroklammer, verschiedene Kunststoffproben

Versuchsanleitung

Baue einen Stromkreis auf und überprüfe mithilfe der Büroklammer, ob der Stromkreis geschlossen ist. Prüfe dann die verschiedenen Kunststoffproben auf ihre elektrische Leitfähigkeit.

3 Sind Kunststoffe löslich?

Material

Schutzbrille, 3 Reagenzgläser, Reagenzglasgestell, Pipette, Aceton, Brennspiritus, Wundbenzin, verschiedene Kunststoffproben

Versuchsanleitung

Arbeitet in Gruppen. Jede Gruppe sollte einen anderen Kunststoff verwenden.

a) Informiert euch über R- und S-Sätze von Aceton, Brennspiritus und Wundbenzin.

b) Gib in jedes Reagenzglas ein Stück von dem gleichen Kunststoff. Gib nun mithilfe der Pipette einige Tropfen des jeweiligen Lösungsmittels auf den Kunststoff (▷ B 3).

3 Kunststoffe in Lösungsmitteln

Aufgabe

Beobachte und fasse die Ergebnisse in einer Tabelle zusammen. Vergleiche mit den Ergebnissen der anderen Gruppen.

4 Kunststoffe in heißem Wasser

Material

Schutzbrille, Becherglas, Thermometer, Fallrohr (Biegeglas Ø 8 mm), Dreifuß, Keramik-Drahtnetz, Gasbrenner, Anzünder, Tiegelzange, Nagel (ca. 6 cm lang), Kunststoffproben, Wasser

Versuchsanleitung

a) Lasse einen Nagel durch das Fallrohr auf die einzelnen Kunststoffproben fallen. Notiere die Härte der Kunststoffe (▷ B 4, oben).

b) Erhitze dann die Kunststoffproben mithilfe einer Tiegelzange in einem Becherglas mit 80 °C heißem Wasser (▷ B 4, unten). Vorsicht! Spritzgefahr!

c) Wiederhole Versuch a) mit den heißen Kunststoffproben. Notiere deren Härte und vergleiche.

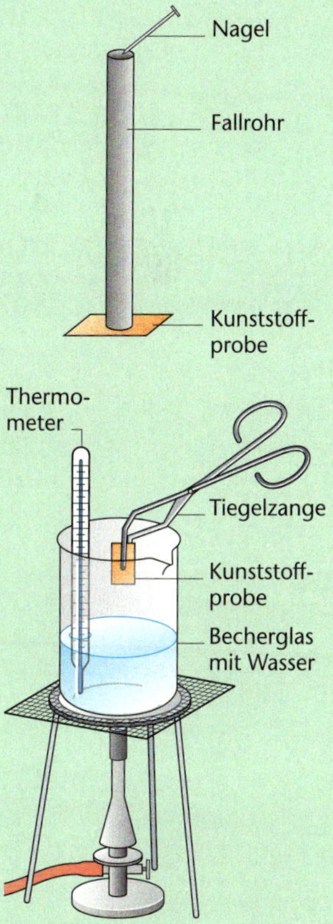

4 Verändern sich die Kunststoffeigenschaften in heißem Wasser?

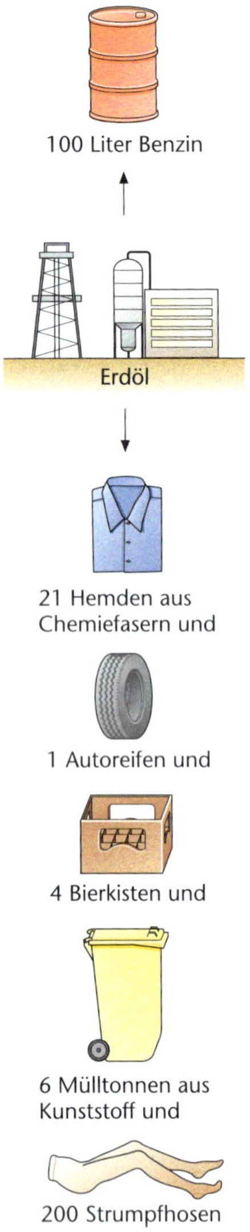

1 Erdöl – Energieträger oder Rohstoff?

Kunststoff, aus Erdöl gewonnen

Aus Erdöl lassen sich nicht nur Treib- und Schmierstoffe gewinnen. Durch unterschiedliche Synthesereaktionen können auch zahlreiche Kunststoffe für den unterschiedlichsten Einsatz gewonnen werden. So lassen sich aus einer gleich großen Menge an Erdöl entweder 100 Liter Benzin gewinnen oder eine Vielzahl unterschiedlicher Produkte aus Kunststoffen herstellen (▷ B 1). Erdöl ist also ein wertvoller Rohstoff, der zum Verbrennen eigentlich viel zu schade ist.

Vorteilhafte Eigenschaften von Kunststoffen

Kunststoffteile werden als Ersatzstoffe für Metallteile in Autos eingebaut (▷ B 4; B 5). Dabei wird die Eigenschaft der geringen Dichte der Kunststoffteile ausgenutzt (▷ V 4; B 2). Weil Kunststoffteile leichter als viele Metallteile sind, senken sie das Gewicht und damit den Benzinverbrauch eines Autos.

Viele Kunststoffe sind zudem wasser-, luft- und lichtbeständig. Sie können in nahezu jede Form gegossen, gespritzt oder gepresst werden.

Selbst komplizierte Formen lassen sich schnell und preiswert herstellen. So werden ganze Armaturenbretter, Gehäuse für Computer, Fernseher und vieles mehr produziert. Andere Kunststoffteile werden nachträglich erhitzt und dann entsprechend geformt. Diese Eigenschaft wird als Verformbarkeit bezeichnet.

Kunststoffe sind in der Regel elektrische Nichtleiter (▷ V 1). Sie werden deshalb auch verwendet, um Stromkabel zu isolieren.

4 Oldtimer

5 Modernes Auto

Höher, schneller, weiter

Sportbekleidungen und Sportgeräte wären heute ohne Kunststoffe undenkbar (▷ B 3). Bei Schwimmwettkämpfen schwimmen die Wettkämpfer in Ganzkörperanzügen aus Kunstfasern, deren Oberfläche der Haut eines Delfins nachempfunden ist. Sie schwimmen damit schneller, da die Strömungswiderstände im Wasser verkleinert werden. Surfbretter, Snowboards und Bootsrümpfe sind aus Kunststoffen hergestellt. Ihre glatte Oberfläche macht sie besonders gleitfähig.

2 Schwimmverhalten verschiedener Kunststoffproben

3 Schwimmerin im Ganzkörperanzug

6 Hausmülltonnen sind nicht hitzebeständig.

7 Teflonpfannen sind nicht kratzfest.

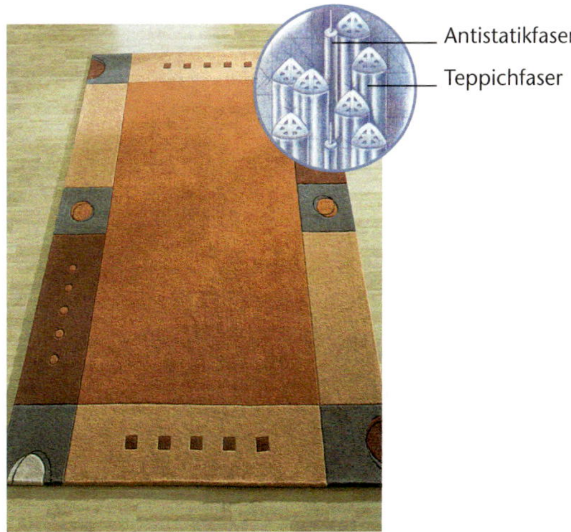

8 Antistatikfasern wirken der elektrostatischen Aufladung entgegen.

Nachteilige Eigenschaften von Kunststoffen

Manche Eigenschaften der Kunststoffe sind weniger vorteilhaft. So ist der einstmalige Traum der Autoindustrie vom „Ganzplastik-Auto" inzwischen ausgeträumt. Verschiedene Eigenschaften von Kunststoffen sprechen dagegen.

„Keine heiße Asche einfüllen!"

In manchen Fällen ist die gute Verformbarkeit der Kunststoffe von Nachteil. So dürfen z. B. in Hausmülltonnen keine heißen oder glühenden Abfälle eingefüllt werden. Durch die Hitzeeinwirkung könnte die Hausmülltonne sonst beschädigt werden (▷ B 6).
Manchmal entzündet sich der Kunststoff sogar und verbrennt. Je nachdem, um welchen Kunststoff es sich handelt, entstehen beim Verbrennen Gase. Erhitzt man PVC, so zersetzt es sich unter Bildung von Chlorwasserstoff. Zusammen mit der Luftfeuchtigkeit bildet sich Salzsäure. Das Universalindikatorpapier (▷ B 9) zeigt dies durch Rotfärbung an.

Kratzempfindlich und anfällig gegen Lösungsmittel

Kunststoffoberflächen zerkratzen sehr leicht (▷ V 2). Mit Teflon® beschichtete Pfannen dürfen deshalb nur mit Holz- oder Spezialpfannenwendern benutzt werden (▷ B 7).
Manche Kunststoffe werden von organischen Lösungsmitteln angegriffen. Haushaltsgegenstände aus Kunststoff können z. B. unter Einwirkung von Nagellackentferner „angelöst" und unansehnlich werden.

Bei Licht- und Wärmeeinwirkung können einige Kunststoffe außerdem sehr spröde werden und zerbrechen. Preiswerte Kunststoffartikel, deren Reparatur nicht lohnt, landen deshalb auf dem Müll.

Elektrostatisch aufladbar

Beim Reiben laden sich Kunststoffe häufig elektrostatisch auf (▷ V 3). Einige preiswerte Kunststoffteppiche zeigen diese Eigenschaft: Bei der Entladung spürt man einen elektrischen Schlag. Außerdem ziehen diese Böden den Staub geradezu an. Abhilfe schaffen Antistatikfasern (▷ B 8).

Versuche

1. Untersuche Kunststoffproben auf ihre elektrische Leitfähigkeit.
2. Versuche, verschiedene Kunststoffe zuerst mit dem Fingernagel, dann mit einem Messer anzuritzen.
3. Reibe eine Overheadfolie mit einem Fell oder Wolltuch und halte sie dann über Papierschnipsel.
4. Bestimme die Dichte verschiedener Kunststoffproben.

9 Chlorwasserstoffnachweis beim Verbrennen von PVC

Aufgabe

1 Verdeutliche an 10 unterschiedlichen Gegenständen, welche Eigenschaften der jeweilige Kunststoff in seiner Verwendung haben muss.

1 Polymerisation im Modell

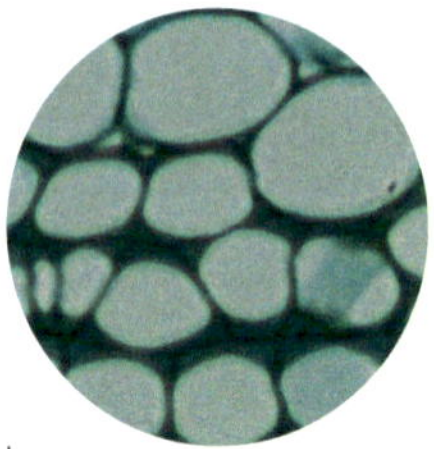

3 Holundermark unter dem Mikroskop

2 Mikrofaser unter dem Mikroskop

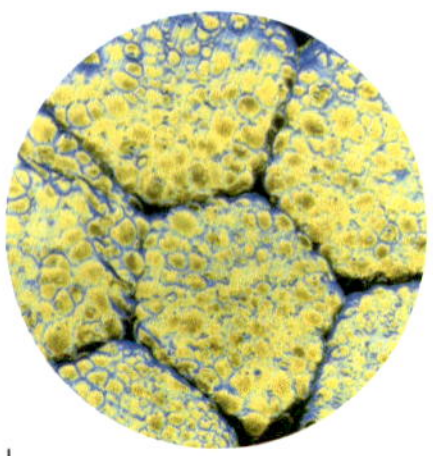

4 Polystyrolschaum unter dem Mikroskop

Der Aufbau der Kunststoffe
Erst im 20. Jahrhundert konnten der Aufbau und die Struktur der Kunststoffe aufgeklärt werden. Das Innere von Holunderbuschzweigen, das Holundermark, fühlt sich ganz ähnlich an wie das künstlich hergestellte aufgeschäumte Styropor®. Vergleicht man die mikroskopischen Bilder von Holundermark und Styropor®, so ähneln sich beide Stoffe in der Struktur (▷B 3; B 4).

Durch gezielte Forschung zum Aufbau und zu den Strukturen der Kunststoffe fand man heraus, dass die Moleküle der Kunststoffe sehr lange Kohlenstoffketten sind. Man bezeichnet sie als **Makromoleküle** (griech.: makros, lang, groß). Sie können Molekülmassen über 100 000 u aufweisen.

Vom Monomer zum Polymer
Bei der Bildung von Kunststoffen werden aus vielen einzelnen kleinen Molekülen eines Stoffes, den so genannten **Monomeren**, lange Kettenmoleküle gebildet. Diese bezeichnet man als **Polymere**.
Die Polymerketten können aber auch noch untereinander verbunden sein, was die besonderen Eigenschaften der Kunststoffe ergibt.

Kunststoffe bestehen aus Makromolekülen. Makromoleküle sind Polymere. Sie setzen sich aus vielen Monomeren zusammen.

Ein Polymer aus Ethen
Ethen ist ein ungesättigter Kohlenwasserstoff mit der Formel $C_2 H_4$. Die beiden Kohlenstoffatome sind über eine Doppelbindung miteinander verbunden. Durch Zugabe eines Katalysators brechen die Doppelbindungen der Ethenmoleküle auf. Sie verknüpfen sich dann zu einer langen Kette. Es entsteht Polyethen (Handelsname: Polyethylen, Kurzzeichen PE; ▷B 6).

Nach diesem Prinzip verknüpfen sich viele Monomere. Man nennt diesen Vorgang **Polymerisation**.

Bei der Polymerisation reagieren viele gleiche Moleküle mit Doppelbindung zu langen Kettenmolekülen (Polymeren) mit Einfachbindungen.

5 Verpackungsmaterial aus Polyethen (PE)

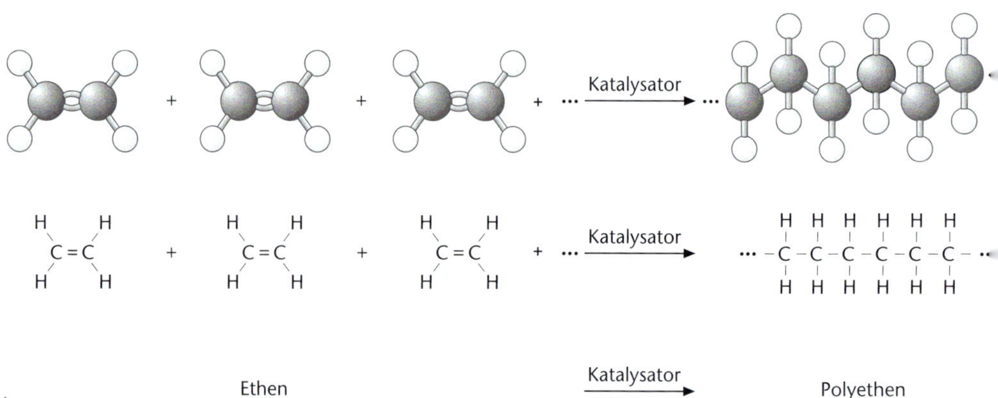

6 Polymerisation: Aus Ethen entsteht Polyethen

Einteilung der Kunststoffe

Aufgrund ihres Verhaltens gegenüber Wärme und Druck kann man die Kunststoffe in drei Gruppen einteilen.

Bei der Gruppe der **Thermoplaste** (griech.: thermos, warm, heiß; plastos, verformbar) sind die Makromoleküle hauptsächlich nebeneinander angeordnet (▷ B 1). Wird der Kunststoff schwach erwärmt, können die langen Ketten aneinander „vorbeigleiten". Dabei wird der Kunststoff plastisch verformbar, etwa so wie Knetmasse oder Wachs. Beim Abkühlen erhärten die Kunststoffe wieder und behalten die neue Form bei. Dieser Vorgang des Erwärmens und Erkaltens kann beliebig oft wiederholt werden. Beim Erhitzen zersetzen sich Thermoplaste oder sie verbrennen.

▶ Thermoplaste lassen sich beim Erwärmen leicht verformen. Sie bestehen aus nebeneinander liegenden Kohlenstoffketten.

Die **Elastomere** (griech.: elastos, dehnbar; meros, Teil) enthalten Kettenmoleküle, die den Stoff elastisch machen wie Gummi. Die langen Kettenmoleküle bilden Netzwerke, die nach Druck oder Zug wieder in die ursprüngliche Form zurückkehren (▷ B 2).
Durch die netzartige Verknüpfung sind die Elastomere nicht schmelzbar, sondern zersetzen sich oberhalb einer bestimmten Temperatur.

▶ Elastomere lassen sich beim Erwärmen nur schwach verformen. Sie bestehen aus vernetzten, elastischen Kettenmolekülen.

Die **Duroplaste** (lat.: durus, hart) sind Kunststoffe, die einen stark räumlich vernetzen Aufbau besitzen (▷ B 3). Sie lassen sich auch beim Erwärmen nicht verformen, da die Bindungen nicht verschoben werden können. Deshalb sind Duroplaste nicht schmelzbar. Erst bei hohen Temperaturen zersetzt sich der Kunststoff.

▶ Duroplaste lassen sich beim Erwärmen nicht verformen. Sie bestehen aus stark vernetzen Kettenmolekülen.

Verwendungsbeispiele
- Trinkbecher
- Folienverpackungen
- Kunststoffflaschen
- Plastikgeschirr
- Eimer
- Wasserleitungsrohre

1 Angeschmolzener Plastikbecher

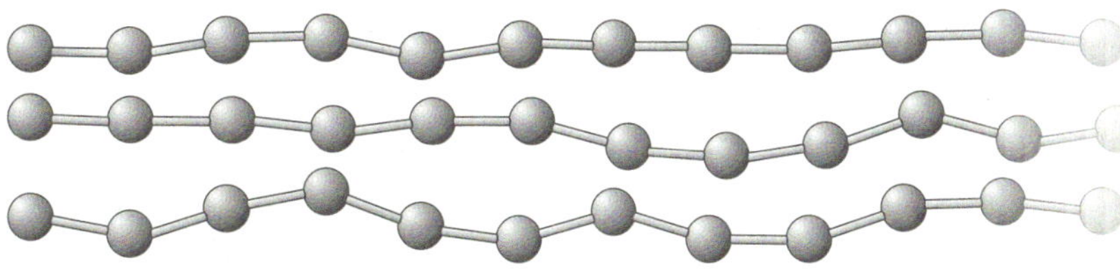

Verwendungsbeispiele
- Matratzen
- Schaumgummi aller Art
- Dichtungen
- Turnmatten
- Sicherung von Skipisten

2 Der Schwamm behält nach Druck seine Form.

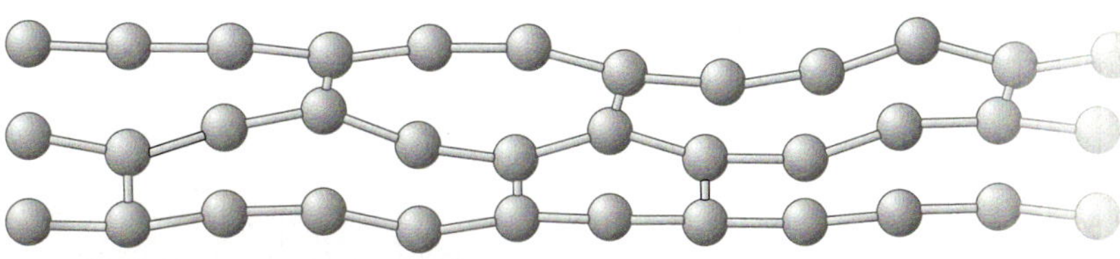

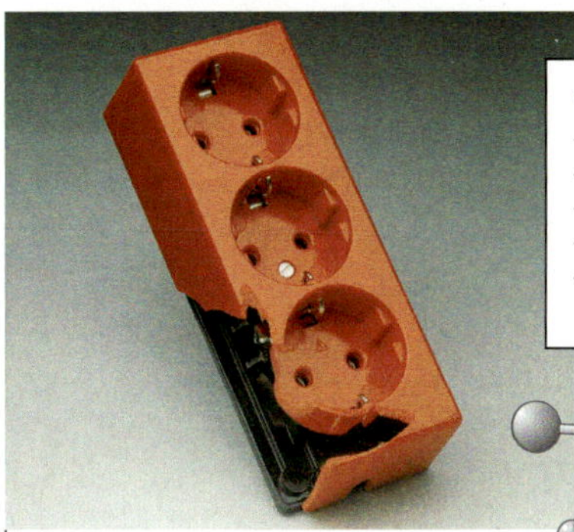

Verwendungsbeispiele
- Elektrische Schalter
- Gehäuse für elektrische Geräte
- Steckdosen
- Küchenmaschinen
- hitzebeständige Lager

3 Duroplaste sind nicht verformbar, sondern zerbrechen bei hohem Druck.

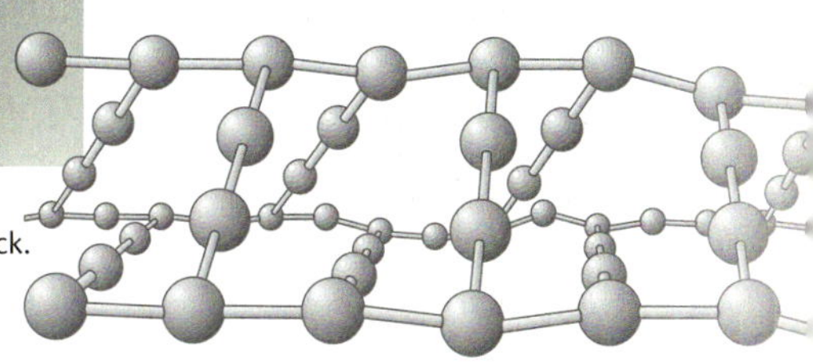

Kunststoffe in allen Lebensbereichen

Autoteile
Angefangen von den Sitzbezügen, der Schaumstofffüllung der Polster, dem Armaturenbrett, den Lichtblenden und Radkappen bis hin zum Lack ist vieles am Auto aus Kunststoff.

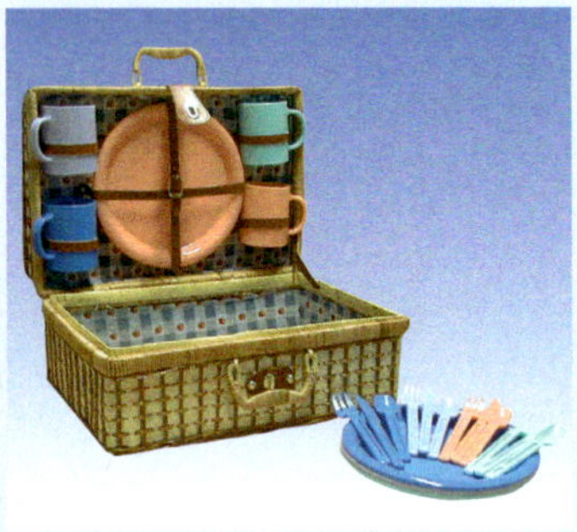

Camping
Moderne Zeltplanen sind nicht mehr aus Naturfasern, sondern aus Mikrofasern. Diese sind windabweisend, wasserabweisend und atmungsaktiv. Luftmatratzen werden heute ebenfalls aus Kunstfasern hergestellt.
Auch Campinggeschirr wird aus Kunststoff hergestellt, damit es bruchsicher und leicht ist.

Kleidung
Eigenschaften von Kunstfasern wie bügelfrei, schnelltrocknend, wasserabweisend und atmungsaktiv machen diese Kleidungsstücke für uns attraktiv. Außerdem sind die Stoffe farbecht, selbst bei häufigem Waschen.

Wurstdarm
Der Name „Wurstdarm" kommt von der ursprünglichen Herkunft der „Wurstpelle". Sie war – und ist es zum Teil auch heute noch – aus Tierdarm hergestellt. Viele Wurstdärme sind heute jedoch aus einem Kunststoffwurstdarm („Kunstdarm") gefertigt. Die Kunststoffwurstpelle ist aus mehreren Kunststoffschichten aufgebaut. Die eine Schicht lässt keine Luft an die Wurst kommen. Die andere dagegen sorgt dafür, dass kein Wasser nach außen verdampfen kann. Die Wurst bleibt damit länger frisch.

Bevor die Wurst gegessen wird, muss der Kunstdarm allerdings entfernt werden.
Grill- und Kochwürste dagegen haben überwiegend einen Naturdarm. Dieser kann mitgegessen werden.

Mit Seil und Rucksack
Die Bergsteiger tragen heute Rucksäcke aus Kunstfasern, die wasserdicht sind. Selbst das Kletterseil ist aus Kunstfaser, das auf eine besondere Weise geknüpft ist. Dadurch ist es besonders reißfest und strapazierfähig.

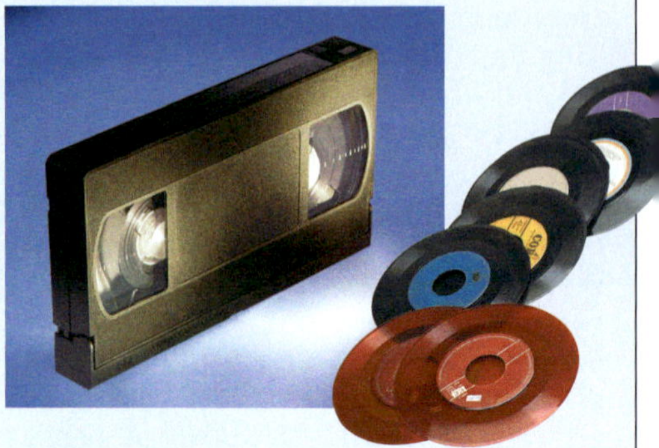

Musik und Film
Die heutige Musik- und Filmindustrie sowie die Datenverarbeitung wurden erst durch spezielle Kunststoffe möglich. Filmrollen, Videobänder, CDs und DVDs speichern die notwendigen Daten. Schallplatten aus PVC haben heute nur noch geringe Bedeutung.

Sportgeräte
Kunststoffe haben in den letzten Jahren die ursprünglich aus Holz gebauten Sportgeräte ersetzt. Ein Beispiel ist der moderne Tennisschläger: Der Kunststoff wird mit Carbonfasern verstärkt.

Verpackungen
Produkte wie Jogurt oder Quark wurden früher ausschließlich in Gläsern verkauft. Käse oder Wurst an der Theke waren in Papier gewickelt. Heute werden die meisten Verpackungsmaterialien aus Kunststoffen hergestellt.
Plastikfolien und -tüten werden luftdicht verschweißt. Plastikbecher ersetzen oftmals die Behälter aus Glas. Gegenüber Glas ist Kunststoff um ein Vielfaches leichter. Dieses bringt Transportvorteile. Allerdings entsteht durch die vielen Kunststoffverpackungen ein gewaltiger Müllberg.

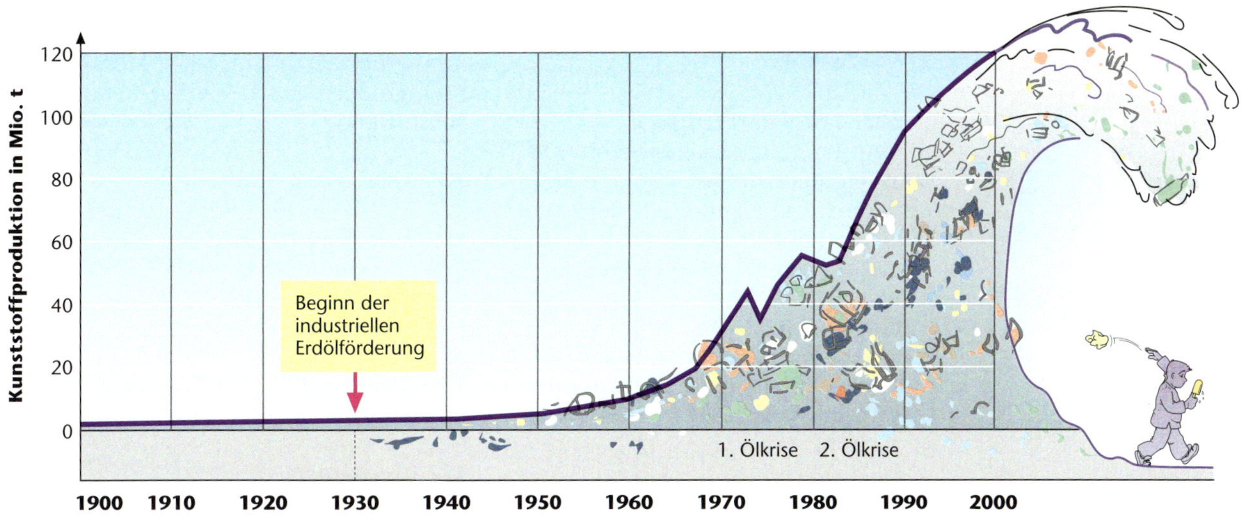

1 Der Kunststoff-Müllberg steigt ständig an.

In Deutschland fallen große Mengen an Kunststoffabfällen an (▷ B 1). Obwohl es heute Möglichkeiten gibt, Kunststoffe wieder zu verwerten, sollten als oberstes Prinzip das Vermeiden und Vermindern von Kunststoffabfall gelten.

Die werkstoffliche Verwertung

Sortenreine Kunststoffreste können direkt in die Produktionsgänge für neue Kunststoffe eingeführt werden. Dies setzt jedoch ein sorfältiges Sammeln und Sortieren voraus. Bei der **werkstofflichen Verwertung** werden sortenreine Kunststoffe nach dem Reinigen, aufgrund ihrer unterschiedlichen Dichte, getrennt. Nach dem Umschmelzen kann das sortenreine Granulat weiter verarbeitet werden.

Kunststoffabfälle aus dem Haushalt sind jedoch oft Kunststoffgemische. Diese können oftmals nur in minderwertigere Produkte umgeschmolzen werden, wie Schallschutzwände oder Parkbänke.

Die rohstoffliche Verwertung

Durch die **rohstoffliche Verwertung** können auch Kunststoffgemische wieder dem Rohstoffkreislauf zugeführt werden.

Beim Erhitzen auf 700 °C verbrennen die meisten Kunststoffe nicht, sondern werden thermisch zerlegt. Diesen Vorgang nennt man **Pyrolyse**. Dabei entstehen Flüssigkeiten, in denen die Makromoleküle in kleinere Stücke zerfallen sind. Diese Flüssigkeiten werden durch Destillation aufgetrennt und als Rohstoff in der Kunststoffproduktion wieder verwertet.

Ein noch größerer Erfolg bei der Wiederverwertung ist die **Hydrolyse** des Kunststoffabfalls. Dabei reagieren die erhitzten Kunststoffe unter Druck mit Wasser und zerfallen zu Crackprodukten, wie sie auch bei der Erdölraffination entstehen. Aus diesen Rohstoffen können dann wieder Kunststoffe hergestellt werden.

Die thermische Verwertung

Die Verbrennung der Abfälle in einer Verbrennungsanlage nennt man **thermische Verwertung**. Durch den Einbau teurer Filteranlagen wird verhindert, dass die Luft durch Halogenverbindungen und andere Schadstoffe verschmutzt.
Die entstehende Verbrennungswärme wird zur Energiegewinnung genutzt. Allerdings geht der vorher eingesetzte Rohstoff für immer verloren.

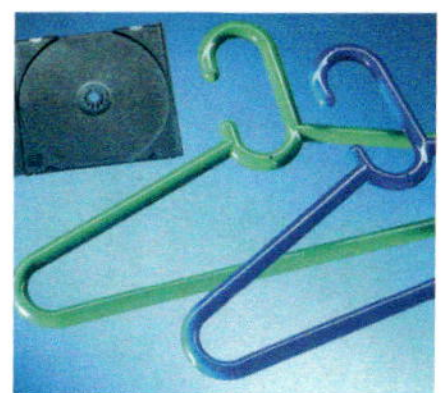

2 Produkte aus recyceltem Kunststoff

▶ Beim Kunststoffrecycling unterscheidet man zwischen werkstofflicher, rohstofflicher und thermischer Verwertung.

Kunststoffe „verschwinden"

Von bestimmten Bakterien wird der Speicherstoff Polyhydroxybuttersäure (PHB) produziert. Dieser Stoff ist ein Polymer, aus dem sich ein Kunststoff (Biopol) herstellen lässt. Bereits nach sechs Wochen beginnt sich dieser Kunststoff durch Bakterien im Boden zu zersetzen. Übrig bleiben Kohlenstoffdioxid und Wasser.
Auch die essbare Verpackung wird immer häufiger, z. B. auf Volksfesten, eingesetzt. Sie besteht aus einem abbaubaren Kunststoff auf Stärkebasis und kann nach Gebrauch gegessen werden (▷ B 3).

3 Essbare Verpackung

Kohlenwasserstoffe – Energieträger und Rohstoffe

1 Erdölfraktionen

Kohle, Erdöl und Erdgas
Kohle, Erdöl und Erdgas gehören zu den fossilen Brennstoffen. Kohle ist in Jahrmillionen aus abgestorbenen Pflanzen entstanden, Erdöl und Erdgas haben sich aus abgestorbenem Plankton gebildet.

Kohlenwasserstoffe
Verbindungen, deren Moleküle nur aus Kohlenstoff- und Wasserstoffatomen aufgebaut sind, werden Kohlenwasserstoffe genannt.

Fraktionierte Destillation
Mithilfe der fraktionierten Destillation werden aus Erdöl wichtige Erdölfraktionen gewonnen (▷ B 1).

Isomere
Moleküle mit gleicher Summenformel, jedoch verschiedenen Strukturformeln, heißen Isomere.

Octanzahl
Die Octanzahl gibt die Klopffestigkeit eines Benzins an. Kohlenwasserstoffe mit verzweigten Molekülen sind klopffester als Kohlenwasserstoffe mit unverzweigten Molekülen.

Homologe Reihe
Eine Reihe von Verbindungen, deren Moleküle sich jeweils um eine CH_2-Gruppe unterschieden, wird homologe Reihe genannt.
Alkane weisen im Molekül Einfachbindungen, **Alkene** Doppelbindungen und **Alkine** Dreifachbindungen auf. Alkane haben die allgemeine Formel C_nH_{2n+2}, Alkene die allgemeine Formel C_nH_{2n}, Alkine die allgemeine Formel C_nH_{2n-2}.

Substitution
Eine Reaktion, bei der Atome (oder Atomgruppen) durch andere Atome oder Atomgruppen ersetzt werden, nennt man Substitution.

Alkene und Addition
Alkene sind Kohlenwasserstoffe, deren Moleküle Doppelbindungen aufweisen. Die Bindung von Atomen an die Doppelbindung heißt Addition.

Alkine
Alkine sind Kohlenwasserstoffe, deren Moleküle Dreifachbindungen aufweisen.

Kunststoffe
Kunststoffe sind synthetisch hergestellte Werkstoffe. Sie entstehen aus der Reaktion kleiner Moleküle (Monomere) zu langen Kohlenstoffketten (Polymer). Man bezeichnet sie auch als Makromoleküle.

Polymerisation
Bei der Polymerisation reagieren viele gleiche Moleküle mit Doppelbindung zu langen Kettenmolekülen mit Einfachbindungen.

Kunststoffrecycling
Beim Kunststoffrecycling (▷ B 2) unterscheidet man zwischen thermischer Verwertung, werkstofflicher Verwertung und rohstofflicher Verwertung. Beispiele für die rohstoffliche Verwertung sind Pyrolyse und Hydrolyse. Als oberstes Prinzip bei der Verwendung von Kunststoffen gilt:
Vermeiden – Vermindern – Verwerten.

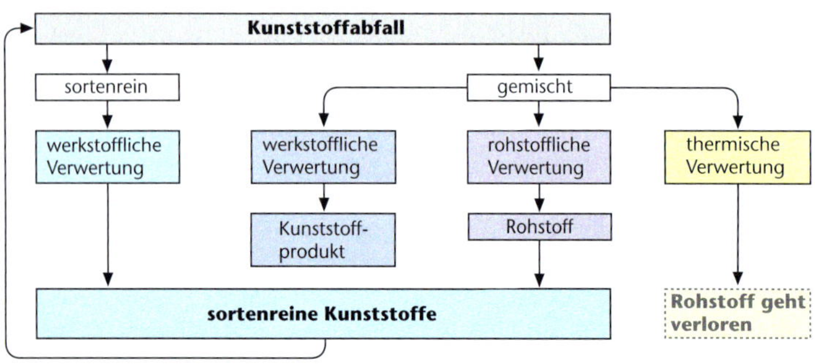

2 Kunststoffrecycling

Thermoplaste

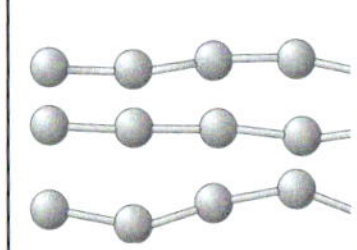

Thermoplaste (griech.: thermos: warm, heiß; plastos: verformbar) lassen sich beim Erwärmen plastisch verformen. Sie bestehen aus langen, nebeneinanderliegenden Kohlenstoffketten.

Elastomere

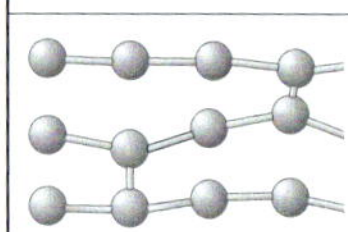

Elastomere (griech.: elastos: dehnbar; meros: Teil) lassen sich beim Erwärmen nur schwach verformen. Sie enthalten vernetzte Kettenmoleküle, die elastisch sind wie Gummi.

Duroplaste

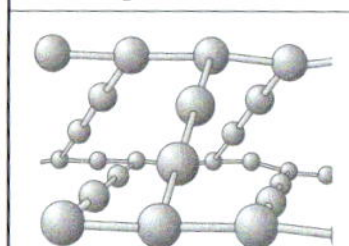

Duroplaste (lat.: durus: hart) sind Kunststoffe, die einen stark räumlich vernetzen Aufbau besitzen. Sie lassen sich auch beim Erwärmen nicht verformen.

3 Einteilung der Kunststoffe

Aufgaben

1 Beschreibe die unterschiedliche Entstehung von Kohle und Erdöl.

2 Erkläre die Besonderheit einer fraktionierten Destillation.

3 Was versteht man unter einer „homologen Reihe"?

4 Dieselmotoren arbeiten nach einem anderen Prinzip als Benzinmotoren (▷B 1).
a) Erkundige dich nach der Arbeitsweise eines Dieselmotors.
b) Welcher Schadstoff ist besonders im Abgas eines Dieselfahrzeuges zu finden?

5 Worin besteht der Unterschied zwischen Normalbenzin und Superbenzin?
a) Was versteht man unter der Octanzahl eines Benzins?
b) Ein Benzin hat die Octanzahl 92. Was bedeutet dies?

6 Wie heißen die Alkane mit 3 (7; 9) Kohlenstoffatomen im Molekül?

7 Gib die Summenformeln folgender Kohlenwasserstoffe an:
a) Pentan,
b) Hepten,
c) Butin.

8 a) Was versteht man unter „Cracken" eines Kohlenwasserstoffs?
b) Gib drei Möglichkeiten an, ein Alkanmolekül aus 14 C-Atomen zu cracken.

1 Zu Aufgabe 4

9 a) Welche Vorteile bringt das regelmäßige Ölen einer Fahrradkettenschaltung?
b) Aus welchen Kohlenwasserstoffen könnte das in Bild 2 abgebildete Schmieröl zusammengesetzt sein?

2 Zu Aufgabe 9

10 In Bild 4 sind die Abgasanlage eines Autos mit drei Schalldämpfern sowie der Abgaskatalysator eingezeichnet.
a) Beschreibe, an welcher Stelle sich der Abgaskatalysator befindet.
b) Welche Hauptschadstoffe sind an der Zusammensetzung der Autoabgase beteiligt?
c) Zu welchen Reaktionsprodukten werden diese Schadstoffe bei der Abgasreinigung umgewandelt?
d) Erkläre die Funktionsweise eines Rußpartikelfilters.

11 Viele Sportgeräte bestehen heute aus Kunststoffen (▷B 3). Welche Eigenschaften der Kunststoffe sind hierbei von besonderer Bedeutung?

12 Erkläre den Unterschied zwischen einem Elastomer und einem Thermoplast. Nenne jeweils drei Beispiele.

3 Zu Aufgabe 11

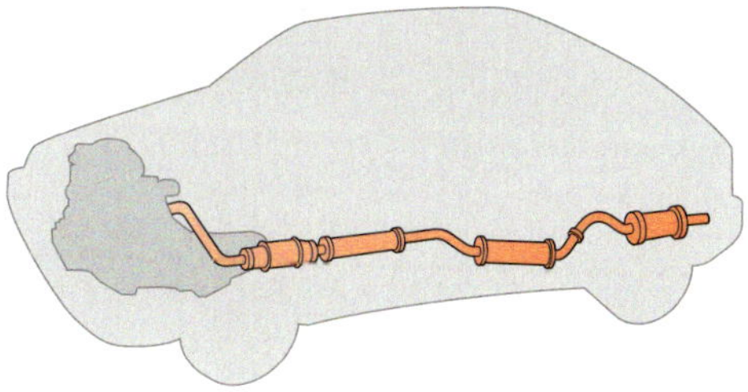

4 Zu Aufgabe 10

13 a) Erkläre das Prinzip der Polymerisation am Beispiel des Polyethens.
b) Welche Kurzschreibweise wird für Polyethen verwendet?

---

1 Der Vorrat an Erdöl ist begrenzt. Gleichwohl ist es als Rohstoff sehr begehrt.

a) Benzin, Diesel und Heizöl sind Rohölprodukte. Beschreibe, wie diese Produkte aus dem Erdöl gewonnen werden.

b) Warum wird Erdöl manchmal als „schwarzes Gold" bezeichnet?

c) Im Erdöl ist ein hoher Anteil an Schmierölen vorhanden, während der Anteil an Benzinen für den tatsächlichen Bedarf zu gering ist. Wie kann man dieses Problem lösen?

d) Über die Dauer der Verfügbarkeit der Erdölvorräte gibt es unterschiedliche Studien.
– Informiere dich über die Aussagen dieser Studien.
– Von welchen Faktoren kann die Verfügbarkeitsdauer der Erdölvorräte abhängen?

e) Der Preis, der am Weltmarkt für ein Barrel Rohöl verlangt wird, ist starken Schwankungen unterworfen. Von welchen Faktoren hängt der Preis für Rohöl ab?

f) Welche Maßnahmen könnten dazu beitragen, die Erdölvorkommen auf längere Sicht zu schonen?

Alkohole
und
organische Säuren

Wein und Essig aus vergorenen Säften wurden in vorgeschichtlicher Zeit von vielen Naturvölkern genutzt. Der im Wein enthaltene Alkohol und die Säure im Essig sind wichtige organische Kohlenstoffverbindungen.

Welche der Abbildungen bringst du in Zusammenhang mit Trinkalkohol? Beschreibe deine Überlegungen.

Außer Trinkalkohol gibt es noch eine Reihe weiterer Alkohole. Kennst du Einsatzmöglichkeiten im Alltag?

Lässt man naturbelassenen Wein an der Luft stehen, wird er mit der Zeit sauer. Es bildet sich Weinessig. Beschreibe die Bedeutung von Essig im Alltag.

Außer Essigsäure gibt es noch andere organische Säuren. Welche sind dir bekannt?

Ethanol
Essigsäure

Bier- und Weinherstellung

Jahrtausendalte Bierrezepturen

Aus Abbildungen weiß man, dass die Ägypter vor 4000 Jahren Bier mit langen Strohhalmen aus hohen Krügen tranken.

- Suche nach Informationen über das Bierbrauen im alten Ägypten.
- Wie kamen die Menschen in früherer Zeit auf die Idee, Bier herzustellen?
- Mit welchen Zutaten haben die Menschen über Jahrhunderte hinweg die Rezepturen verändert?

Herzog Wilhelm IV von Bayern

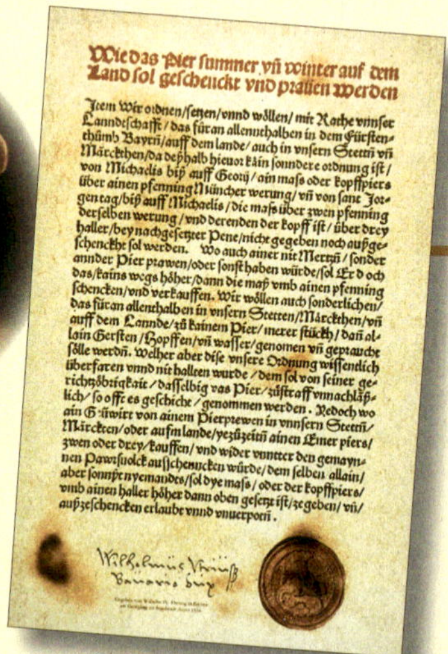

Wie das Pier summer vñ winter auf dem
Land sol geschenckt vnd prauen werden

Item Wir ordnen/setzen/vnnd wöllen/ mit Rathe vnnser
Lanndtschafft/ das füran allenthalben in dem Fürsten-
thumb Bayrn/auff dem lande/ auch in vnsern Stettñ vñ
Märckthen/da deßhalb hievor kain sonndere ordnung ist/
von Michaelis biß auff Georij/ ain maß oder kopffpiers
über ainen pfenning Müncher werung/ vñ von sant Jor-
gen tag/biß auff Michaelis/ die maß über zwen pfenning
derselben werung/ vnd derenden der kopff ist/ über drey
haller/bey nachgesetzter Pene/nicht gegeben noch außge-
schenckht sol werden. Wo auch ainer nit Mertzn/ sonder
annder Pier prawen/oder sonst haben würde/sol Er doch
das/kains wegs höher/dann die maß vmb ainen pfenning
schencken/vnd verkauffen. Wir wöllen auch sonderlichen/
das füran allenthalben in vnsern Stetten/Märckthen/vñ
auff dem Lannde/zu kainem Pier/ merer stückh/ dañ al-
lain Gersten/Hopffen/vñ wasser/genomen vñ gepraucht
sölle werdñ. Welher aber dise vnsere Ordnung wissentlich
überfaren vnnd nit hallten wurde/ dem sol von seiner ge-
richtzobrigkait/ dasselbig vas Pier/ zustraff vnnachläß-
lich/ so offt es geschicht/ genommen werden. Yedoch wo
ain Gäuwirt von ainem Pierprewen in vnnsern Stettñ/
Märckten/oder aufm lande/yezuzeitñ ainen Emer piers/
zwen oder drey/kauffen/ vnd wider vunter den gemayn-
nen Pawrsuolck außschencken würde/ dem selben allain/
aber sonnst nyemandts/sol dye maß/ oder der kopffpiers/
vmb ainen haller höher dann oben gesetzt ist/zegeben/vñ/
außzeschencken erlaube vnnd vnuerpotñ.

Jetzt ist Schluss mit der Panscherei!

Am 23. April 1516 erließ der Herzog Wilhelm IV von Bayern auf dem Landstädtetag von Ingolstadt das Deutsche Reinheitsgebot. Dies ist die älteste bis heute gültige lebensmittelrechtliche Vorschrift der Welt.

- Den Text der Urkunde findest du auch im Internet. Lies ihn, versuche ihn in die heutige Sprache zu übertragen und entwickle eine Urkunde nach deinen eigenen Vorstellungen.

- Nenne die Zutaten, die nach dem Erlass des Reinheitsgebotes zur Herstellung von Bier ausschließlich verwendet werden durften.
- Das im Mittelalter in deutschen Klöstern gebraute Bier ist mit unserem heutigen nicht mehr vergleichbar. Welche Stoffe wurden vor Erlass des Reinheitsgebotes beigemischt?

- Vergleiche die Zusammensetzung der Biere innerhalb der europäischen Länder.
- Recherchiere die Unterschiede bei den verschiedenen Biersorten!

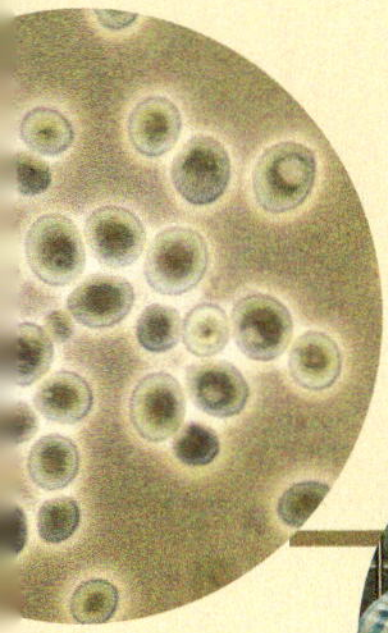

Die Bierberufe Mälzer und Brauer
Bierbrauen ist eine hohe Kunst. Dazu benötigen die Brauer Kenntnisse auf vielen Gebieten.

● Es gibt Brauberufsschulen, Meisterschulen, und man kann an Universitäten Brauwirtschaft studieren.
Auf welchen Gebieten muss sich ein Braumeister auskennen?

Von der Traube bis zum Rotwein in der Flasche
● Die Weinkelterung ist ein Vorgang, bei dem sehr viel Technik zum Einsatz kommt. Das Bild unten zeigt eine moderne Kellereianlage. Begib dich auf einen „Rundgang" und berichte über die verschiedenen Verarbeitungsstationen.

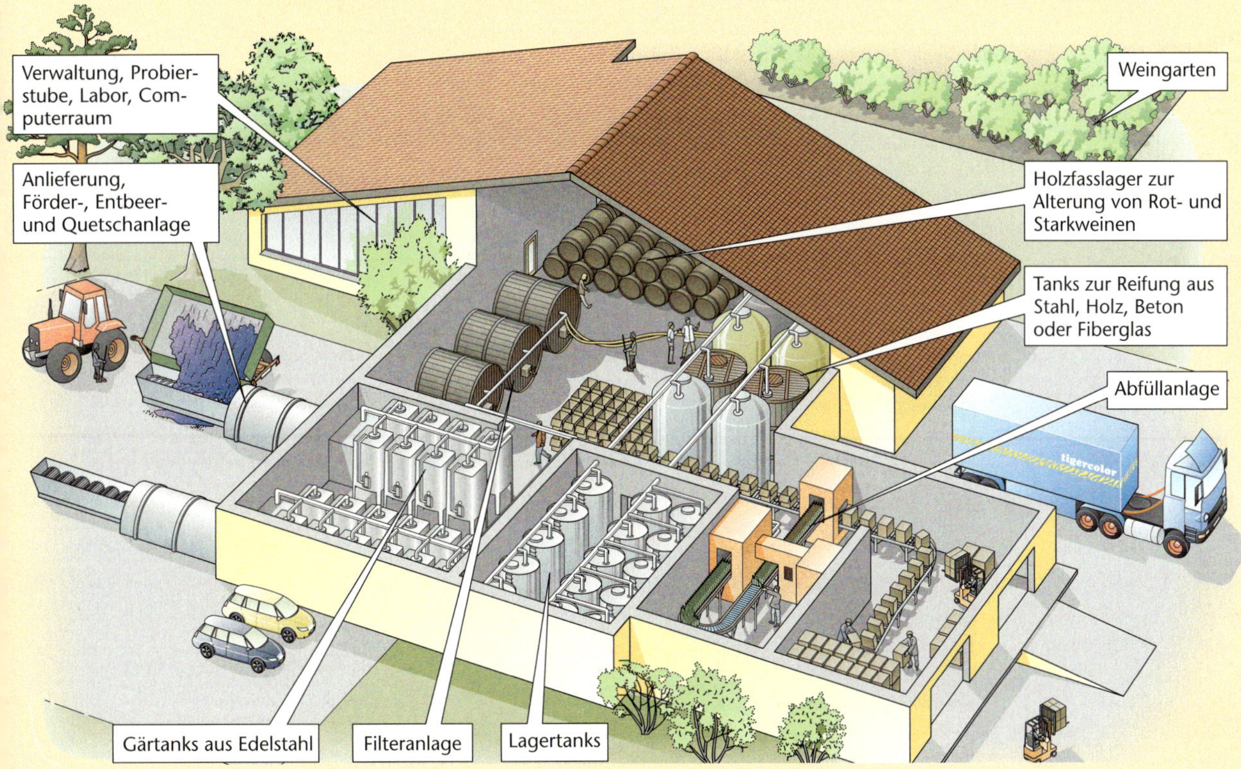

Brennpunkt

Promille

1 Wie viel Gramm Alkohol sind in 1 Liter Bier?

Alkohol – eine Droge wird unterschätzt

Bier, Wein und Schnaps sind leicht zugänglich. Je hochprozentiger das Getränk ist, um so größer ist der Alkoholanteil (▷B2). Schon geringe Alkoholmengen im Blut verändern das Verhalten eines Menschen. Alkohol macht scheinbar sorglos, belebt und enthemmt. Mit steigendem Alkoholgehalt im Blut lässt die Aufmerksamkeit und Reaktionsfähigkeit nach, Sehstörungen treten auf (▷B3; B4) und man gerät aus dem Gleichgewicht. Besonders gefährlich ist die Wirkung von Alkohol auf das Gehirn. Im Vollrausch können Millionen von Gehirnzellen zerstört werden.

Alkohol am Steuer

Alkohol im Blut führt zu riskantem Fahrverhalten und zu Verkehrsunfällen mit oft tödlichen Folgen. Bei Kontrollen im Straßenverkehr wird der Alkoholgehalt in der ausgeatmeten Luft mit einem elektronischen Messgerät ermittelt (▷B3). Nur wenig Alkohol wird ausgeatmet. Der größte Teil bleibt im Blut und wird in der Leber abgebaut.
Der Blutalkoholgehalt wird in einer Blutprobe bestimmt und in **Promille** (‰) angegeben.

Ein Promille (lat.: pro mille, je Tausend) bedeutet, dass in 1000 g Blut 1 g reiner Alkohol enthalten ist. Pro Stunde vermindert sich der Promillegehalt im Blut durch die Abbautätigkeit der Leber um etwa 0,10 ‰ bis 0,15 ‰.

Der Alkoholgehalt im Blut ist abhängig von Geschlecht, Alter, Körpermasse und vielen anderen Faktoren.
Für die grobe Berechnung des Alkoholgehaltes multipliziert man die Körpermasse von Frauen mit dem Faktor 0,55, die von Männern mit 0,68.
Nach dem Konsum von 1 Liter Bier lassen sich für eine 56 kg schwere Frau folgende Promillewerte berechnen:

$$\frac{\text{Alkoholmasse (g)}}{\text{Körpermasse (kg)} \cdot 0{,}55} = \frac{39{,}5\,\text{g}}{56\,\text{kg} \cdot 0{,}55} = 1{,}28\,\text{g/kg} = 1{,}28\,‰$$

2 Durchschnittlicher Alkoholgehalt einiger Spirituosen

Wein
79 g/Liter

Sekt
95 g/Liter

Likör
237 g/Liter

Weinbrand
300 g/Liter

4 Tunnelblick

0,2 ‰
– zunehmende Risikobereitschaft
– nachlassende Aufmerksamkeit und Konzentration

0,5 ‰
– verringerte Reaktionsfähigkeit
– falsche Einschätzung von Entfernungen und Geschwindigkeiten
– eingeengtes Sehfeld (Tunnelblick), erhöhte Blendgefahr

0,8 ‰
– fehlende Reaktionsfähigkeit
– Sehstörungen (Doppeltsehen), Beeinträchtigung der Nachtsicht
– zunehmende Enthemmung
– Fahrtüchtigkeit stark eingeschränkt

1,1 ‰
– Gleichgewichtsstörungen
– vollkommene Enthemmung, maßlose Selbstüberschätzung
– absolute Fahruntüchtigkeit

3 Wenn Alkohol mitfährt

Vergorenes

1 Hefe – mikroskopisch klein

Material

Erlenmeyerkolben (250 ml), Mikroskop, Deckglas, Objektträger, Pipette, Hefe, Wasser

Versuchsanleitung

Stelle eine Hefesuspension her (▷ B 1). Gib einen Tropfen davon auf einen Objektträger. Lege ein Deckglas darüber und betrachte die Hefezellen unter dem Mikroskop.

1 Hefesuspension

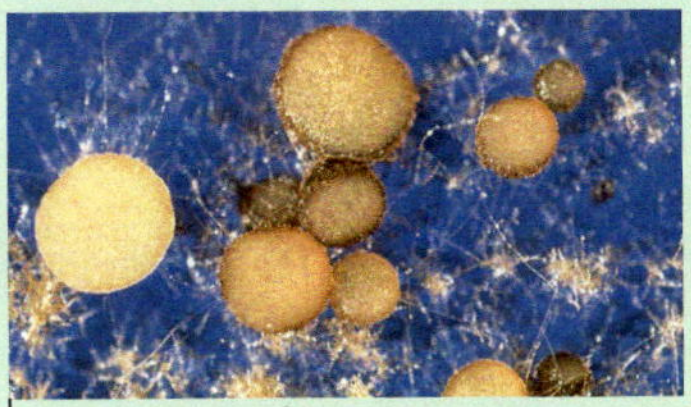

2 Hefezellen unter dem Rasterelektronenmikroskop

2 Traubensaft gärt

Material

Schutzbrille, Standzylinder, Erlenmeyerkolben (250 ml), 2 Glasröhrchen (ungleichschenklig, rechtwinklig), Gummischlauchstück, Stopfen (einfach durchbohrt), Reibschale mit Pistill, Kalkwasser, Weintrauben

Versuchsanleitung

Drücke in einer Reibschale ungewaschene Weintrauben mit einem Pistill aus. Fülle den Saft von diesen Beeren in einen Erlenmeyerkolben. Verschließe diesen mit einem Gasableitungsrohr, dessen offenes Ende in Kalkwasser eintaucht (▷ B 3). Lasse die Lösung für weitere Versuche stehen.

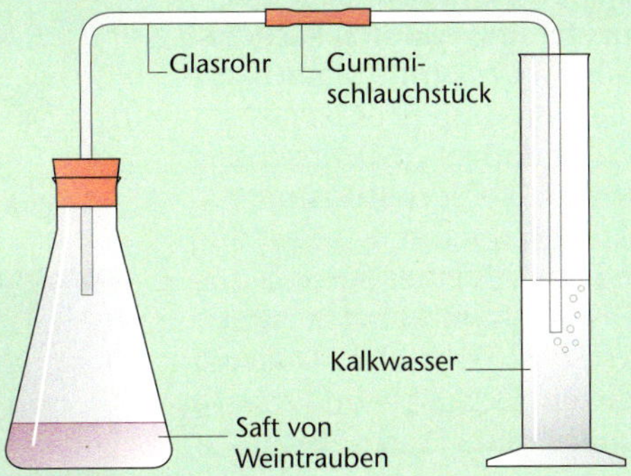

3 Welches Gas entsteht?

3 Mit und ohne Hefe

Material

Schutzbrille, 2 Erlenmeyerkolben (250 ml), 2 Stopfen (einfach durchbohrt), 2 Gärröhrchen, Becherglas (400 ml), Glasstab, Waage, Spatellöffel, Kalkwasser, Wasser, Back-, Bier- oder Weinhefe, Traubenzucker

Versuchsanleitung

Stelle eine Traubenzuckerlösung her. Löse dazu 30 g Traubenzucker in 300 ml Wasser. Verteile die Lösung auf zwei Erlenmeyerkolben und füge zu einer Lösung noch 1 g Hefe hinzu (gut aufrühren). Setze auf beide Erlenmeyerkolben jeweils ein Gärröhrchen mit Kalkwasser (▷ B 4). Vergiss nicht, die beiden Erlenmeyerkolben zu beschriften.

4 Gasbildung – woher?

4 Die Brennprobe

Material

Schutzbrille, Rundkolben (250 ml), Glasrohr (ca. 80 cm lang), Stopfen (einfach durchbohrt), Stativ, Doppelmuffe, Universalklemme, Dreifuß mit Keramik-Drahtnetz, Gasbrenner, Holzspan, Siedesteinchen, Lösungen aus den Versuchen 2 und 3

Versuchsanleitung

Führe nach einer Woche mit den Gärflüssigkeiten aus den Versuchen 2 und 3 entsprechend Bild 5 den Alkoholnachweis durch Abfackeln durch. Setze den Flüssigkeiten einige Siedesteinchen zu. Erhitze die Flüssigkeiten langsam bis zum Sieden und versuche die Dämpfe mit einem brennenden Holzspan am Ende des Steigrohres zu entflammen.

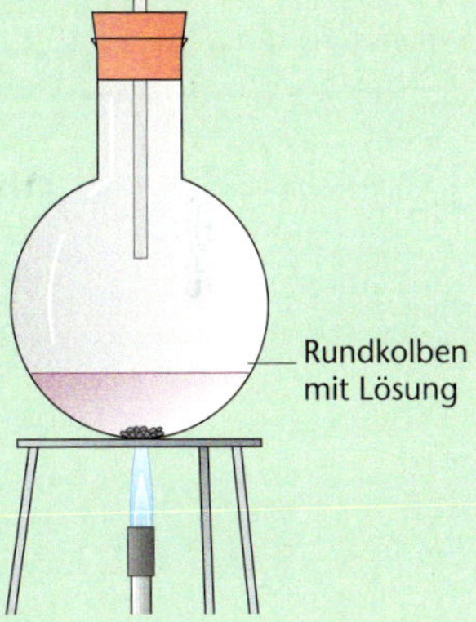

5 Brennt es oder brennt es nicht?

Aufgaben

1. Finde eine Erklärung dafür, dass nur in einer Lösung aus Versuch 3 keine Gärung stattgefunden hat.

2. Welche Funktion hat das Gärröhrchen auf der Flasche mit dem Gäransatz (▷ B 4)?

Ethanol im Alltag

In Apotheken, in Kliniklabors und in Haushalten (▷B3) wird **Ethanol** verwendet. Manche Medikamente sind alkoholische Lösungen. Die Wirkstoffe von Pflanzen werden dabei in Ethanol gelöst. Kosmetikprodukte, wie z. B. Haarwasser, enthalten Ethanol, weil es auf der Haut schnell verdunstet und dadurch kühlend wirkt. Die gelösten Duftstoffe bleiben auf der Haut zurück. Brennspiritus ist fast reiner Alkohol, er enthält in Deutschland 94 Vol.- % Ethanol. Da er rußfrei und ohne Rückstände verbrennt, wird er beim Fondue verwendet. Als gutes Lösungsmittel wird Brennspiritus im Alltag benutzt. Am bekanntesten ist Ethanol von alkoholischen Getränken. Deshalb wird Ethanol häufig nur Trinkalkohol (kurz: Alkohol) genannt.

3 Alltagsprodukte mit Alkoholgehalt

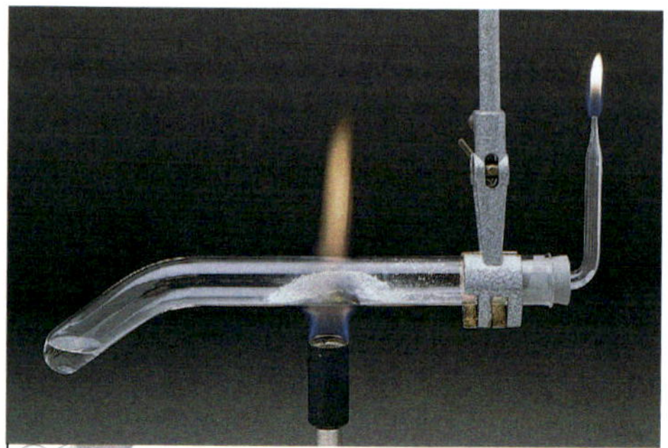

4 Ethanoldampf oxidiert Magnesium.

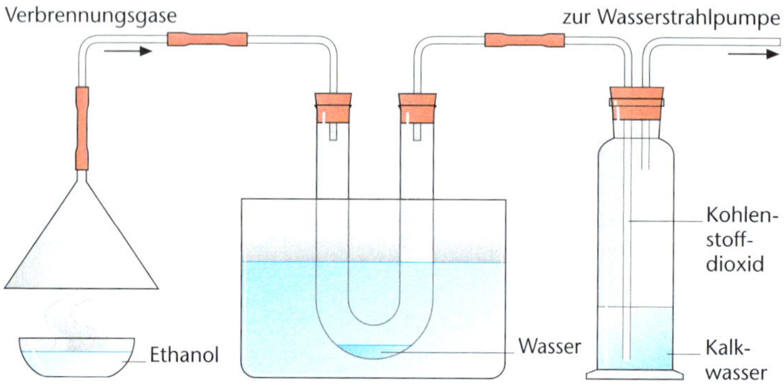

1 Nachweis von Verbrennungsprodukten

Ethanol – chemisch betrachtet

Lässt man Ethanol verbrennen und saugt die Verbrennungsgase mithilfe einer Wasserstrahlpumpe durch ein gekühltes U-Rohr, befindet sich nach kurzer Zeit in diesem eine farblose Flüssigkeit. Durch die Blaufärbung von Watesmopapier wird Wasser nachgewiesen. Auf ihrem weiteren Weg trüben die Verbrennungsgase farbloses Kalkwasser (▷B1; V1). Kohlenstoffdioxid und Wasser können demnach als Verbrennungsprodukte von Ethanol nachgewiesen werden. Leitet man in einem weiteren Versuch Ethanoldampf über erhitztes Magnesiumpulver, wird dieses oxidiert und Magnesiumoxid entsteht (▷V2; B4).

Die Versuche zeigen, dass Kohlenstoff-, Wasserstoff- und Sauerstoffatome am Aufbau von Ethanolmolekülen beteiligt sind.

An der Molekülformel **C_2H_5OH** kann man erkennen, dass Ethanolmoleküle ein Wasserstoffatom zusammen mit einem Sauerstoffatom an ein C-Atom gebunden enthalten. Diese OH-Gruppe wird **Hydroxylgruppe** genannt. Der Name Ethanol leitet sich von Ethan und der Endung **-ol** für Alkohol ab (▷B2).

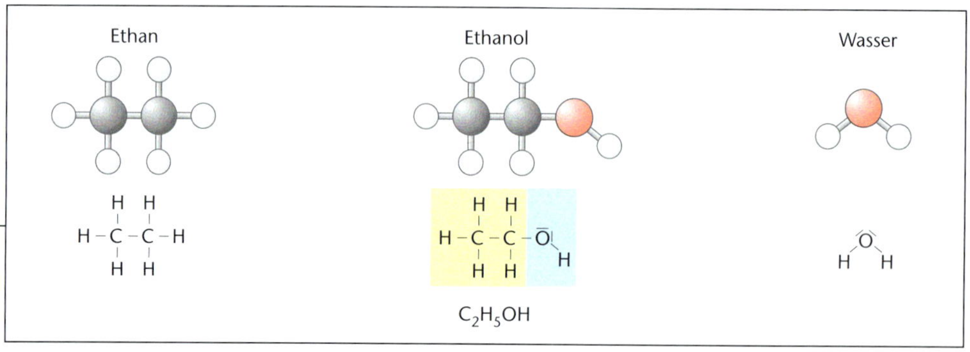

2 Ethanol zwischen Alkan und Wasser

Löslichkeitsverhalten von Ethanol
Beim Mischen von Ethanol mit Wasser bzw. Benzin stellt man fest, dass Ethanol in beiden löslich ist (▷V 3). Da Wasser und Benzin nicht ineinander löslich sind, zeigt das Versuchsergebnis ein erstaunliches Verhalten von Ethanol.

Verantwortlich für die Wasserlöslichkeit von Ethanol ist die Hydroxylgruppe (OH-Gruppe). Sie ist ähnlich wie ein Wassermolekül gebaut und ist wasserfreundlich, **hydrophil**. Der Alkylrest des Ethanolmoleküls, die Ethylgruppe, ist wasserabstoßend (**hydrophob**), da ihr Aufbau dem eines Alkanmoleküls entspricht. Ethanol löst daher auch Stoffe wie Benzin (▷B 5). Die Hydroxylgruppe bestimmt die Eigenschaften und Reaktionen von Ethanol. Man bezeichnet diese Gruppe als **funktionelle Gruppe**.

Funktionelle Gruppen bestimmen die Eigenschaften von Stoffen.

Ablenkbarkeit von Ethanol
Lässt man einen Ethanolstrahl an einer negativ geladenen bzw. positiv geladenen Folie vorbeifließen, wird der Strahl angezogen (▷B 6; V 4). Ethanolmoleküle sind wie Wassermoleküle polar. Das Sauerstoffatom der OH-Gruppe besitzt eine negative Teilladung, das Wasserstoffatom eine positive Teilladung.

Ethanolmoleküle sind Dipolmoleküle. Die OH-Gruppe ist polar.

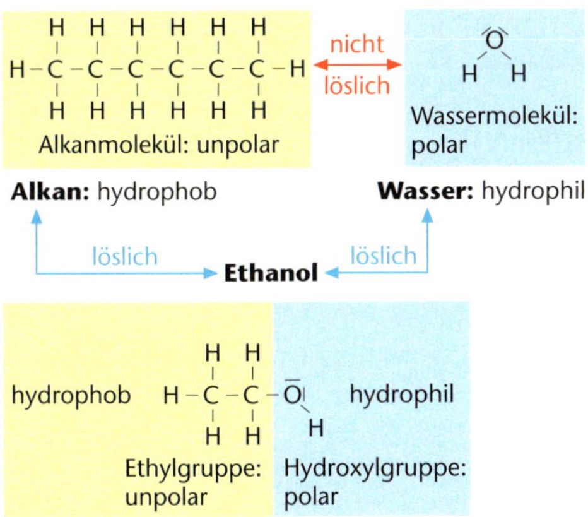

5 Löslichkeitsverhalten

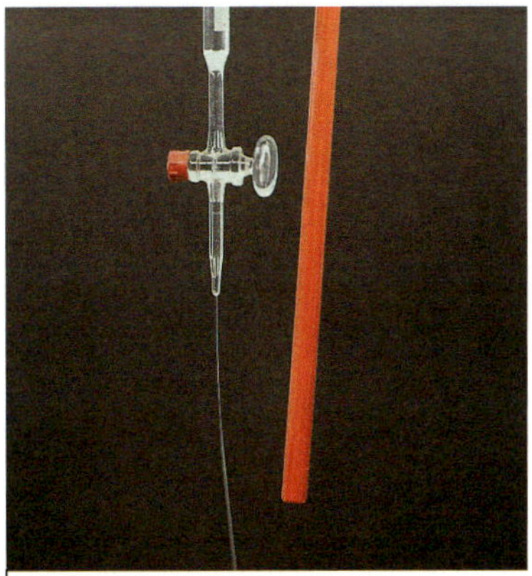

6 Ablenkung eines Ethanolstrahls

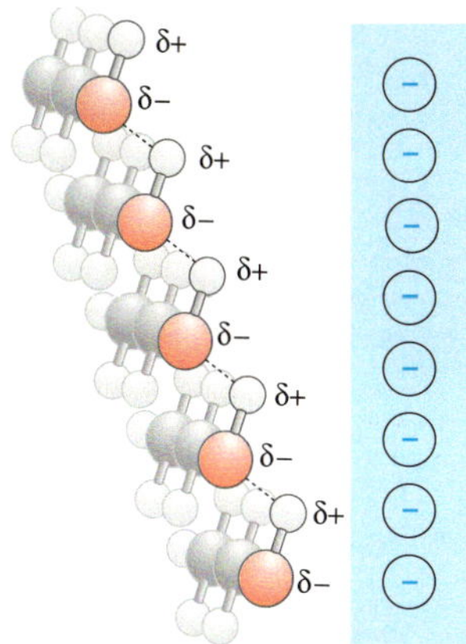

Wasserstoffbrücken und Siedetemperatur
Ethanol hat eine Siedetemperatur von 78 °C. Diese liegt über 100 °C höher als die Siedetemperatur von Propan, einem Alkan mit ähnlicher Molekülmasse und Molekülgröße. Die positive Teilladung des Wasserstoffatoms eines Ethanolmoleküls und die negative Teilladung des Sauerstoffatoms eines anderen Ethanolmoleküls ziehen sich an (▷B 7).

Es bilden sich, ähnlich wie zwischen Wasserdipolen, auch zwischen Ethanolmolekülen **Wasserstoffbrücken** aus. Diese bewirken die höhere Siedetemperatur von Ethanol im Vergleich zu Propan.

Versuche

1. Verbrenne wenige Milliliter Ethanol in einer Porzellanschale unter einem Metalltrichter. Sauge die Verbrennungsgase durch ein gekühltes U-Rohr und eine Waschflasche mit Kalkwasser (▷B 1). Prüfe das Kondensat aus dem U-Rohr mit Watesmopapier.

2. Ethanol wird in einer Apparatur wie in Bild 4 erhitzt. Die entweichenden Dämpfe werden entzündet. Dann erhitzt man die Magnesiumspäne, bis eine Reaktion an der Oberfläche erkennbar wird.

3. Prüfe die Löslichkeit von Ethanol in Wasser und in Wundbenzin.

4. Nähere eine geladene Folie je einem Strahl Ethanol, Wasser bzw. Wundbenzin (Auffangwanne verwenden). Vergleiche und erkläre.

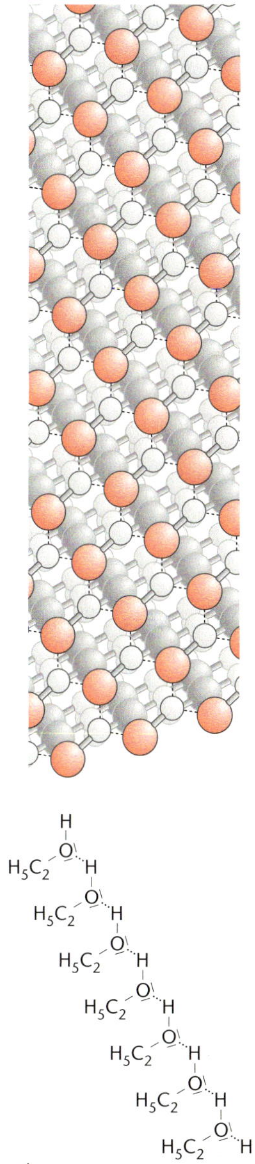

7 Wasserstoffbrücken zwischen Ethanolmolekülen

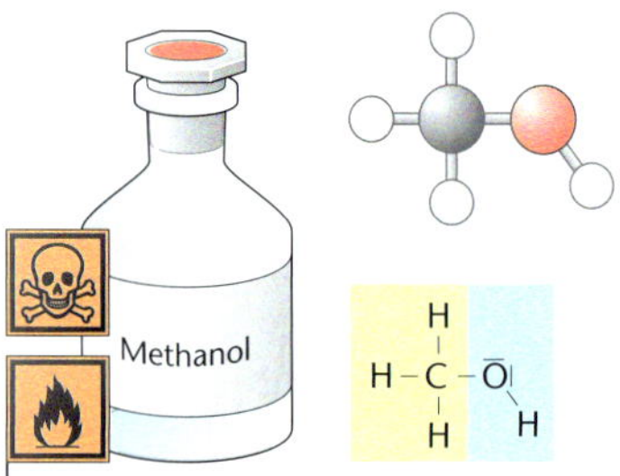

1 Methanol

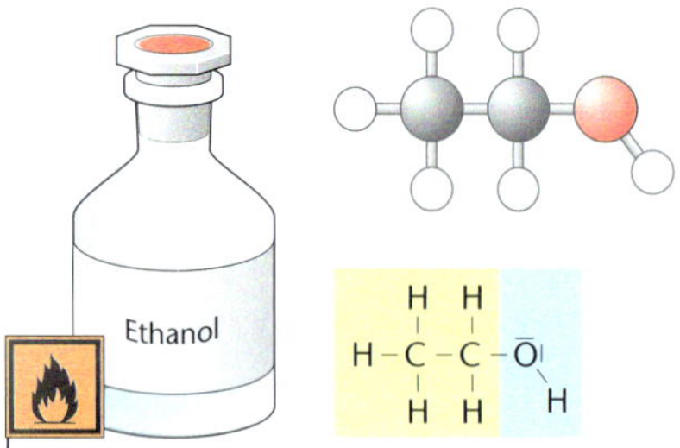

2 Ethanol

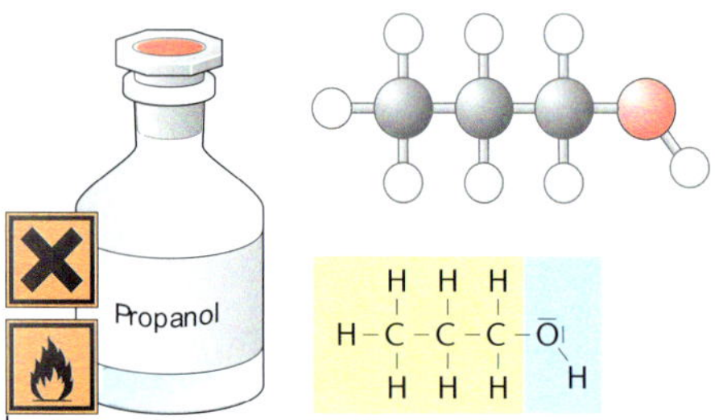

3 Propanol

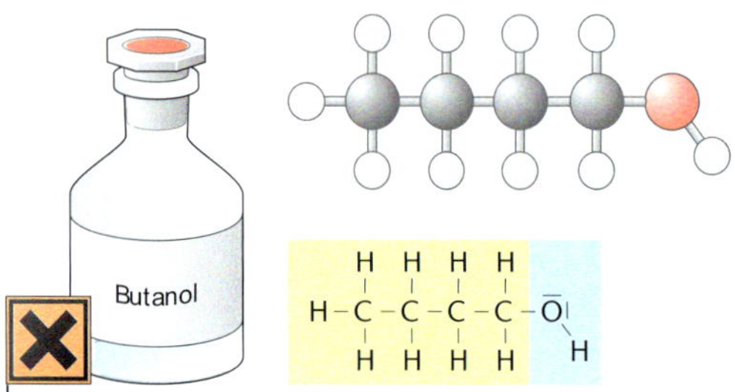

4 Butanol

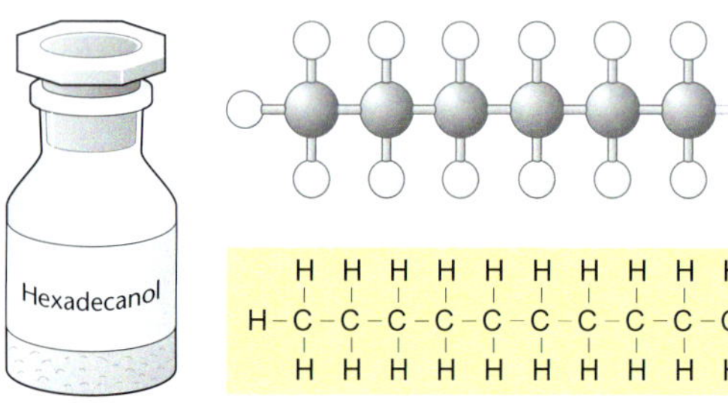

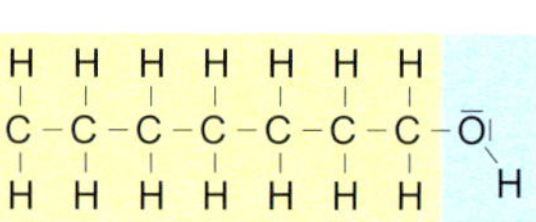
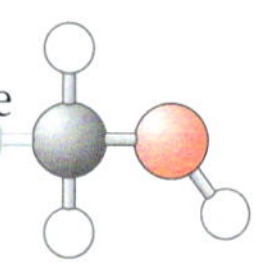
5 Hexadecanol

Methanol (Holzgeist)

Methanol (▷ B 1) wird beim Erhitzen von Holz unter Luftabschluss gewonnen. Man nennt es daher auch Holzgeist. Es ist eine farblose, leicht bewegliche, brennbare Flüssigkeit, die im Aussehen kaum von Ethanol zu unterscheiden ist. Für den Menschen ist Methanol bereits in geringsten Mengen ein gefährliches Gift. Flüssigkeit und Dämpfe verursachen eine Schädigung des Zentralnervensystems, insbesondere der Sehnerven mit nachfolgender Erblindung. Die tödliche Dosis wird auf 30 ml bis 100 ml geschätzt, es wurden jedoch schon Todesfälle mit nur 5 ml bekannt.

Das Methanolmolekül ist das am einfachsten gebaute Alkoholmolekül. Es besitzt eine polare Hydroxylgruppe und eine unpolare Methylgruppe. Methanol ist in jedem Verhältnis in Wasser, aber auch in vielen Benzinen löslich.

Ethanol (Weingeist)

Bei der alkoholischen Gärung von zuckerhaltigen Flüssigkeiten wie Traubensaft entsteht **Ethanol** (▷ B 2). Bereits seit Jahrtausenden werden so alkoholische Getränke hergestellt. Deshalb wird Ethanol noch heute als Weingeist bezeichnet. Ethanol ist der zweite Vertreter in einer Reihe von Alkoholen. Die Moleküle besitzen eine Ethylgruppe und eine Hydroxylgruppe.

Fuselöle

In alkoholischen Getränken sind als Begleitalkohole **Propanol** (▷ B 3), **Butanol** (▷ B 4) und **Pentanol** enthalten. Man bezeichnet sie als Fuselöle. Sie entstehen bei der alkoholischen Gärung als gesundheitsschädliche Nebenprodukte.

Hexadecanol (Cetylalkohol)

Bei **Hexadecanol** handelt sich um einen festen, schuppenartigen Alkohol, der in Wasser unlöslich und in Benzin nach Erwärmen löslich ist. Er wird z. B. zur Herstellung von Tensiden, Salben und Schmiermitteln verwendet. Das Molekül besitzt eine lange Alkylgruppe, welche die Löslichkeit des Alkohols in Benzin beeinflusst.

Die homologe Reihe der Alkanole

Wie die Alkane und die Alkene bilden auch die Alkohole eine homologe Reihe, deren Moleküle sich durch eine CH_2-Gruppe unterscheiden. Um die Formel eines Alkoholmoleküls dieser Reihe zu bilden, wird im entsprechenden Alkanmolekül ein Wasserstoffatom durch eine Hydroxylgruppe ersetzt. Diese Reihe wird als Reihe der **Alkanole** bezeichnet.

Alkanole bilden eine homologe Reihe. Die allgemeine Formel der Alkanole lautet $C_nH_{2n+1}OH$.

Eigenschaften ändern sich innerhalb der homologen Reihe

Vergleicht man wie bei den Alkanen die Viskosität der Alkanole (▷ V 2), stellt man fest, dass diese mit zunehmender Länge der Alkylgruppe höher wird. Alkanole mit kurzen Ketten in den Molekülen sind dünnflüssig, ähnlich wie Wasser, solche mit langen Ketten zähflüssig bis fest.
Das Löslichkeitsverhalten der Alkanole gegenüber Wasser ist durch die polare Hydroxylgruppe bedingt (▷ V 1). Es bilden sich Wasserstoffbrücken zwischen den Molekülen aus. Der Einfluss dieser Hydroxylgruppe wird mit zunehmender Kettenlänge geringer, d. h., die hydrophobe Alkylgruppe wird stärker wirksam. Alkanole, deren Moleküle lange Ketten bilden, sind daher wasserunlöslich, lösen sich aber in jedem Verhältnis in Benzin.
Ein Vergleich der Schmelz- und Siedetemperaturen der Alkanole mit denen der Alkane macht deutlich, dass die Werte bei den Alkanolen deutlich höher liegen. Der Grund dafür ist die Ausbildung von Wasserstoffbrücken zwischen den Hydroxylgruppen.
Die Eigenschaften der Alkanole ändern sich mit zunehmender Kettenlänge ihrer Moleküle. Es besteht daher ein direkter Zusammenhang zwischen der Struktur der Moleküle und den Eigenschaften der Stoffe (▷ B 6).

Wie man die Verwechslungsgefahr bei Methanol und Ethanol bannt

Ethanol und das giftige Methanol werden wegen ihrer ähnlichen Eigenschaften oft verwechselt. Zur Unterscheidung führt man die **Boraxprobe** durch (▷ V 3). Die Grünfärbung der Methanolprobe gegenüber der Gelbfärbung der Ethanolprobe (▷ B 7) gibt eine klare Unterscheidungshilfe.

Name (Trivialname)	**Molekülformel**	**Schmelztemp.** (°C)	**Siedetemp.** (°C)	**Löslichkeit in Wasser**	**Löslichkeit in Benzin**	**Viskosität**
Methanol (Methylalkohol)	CH_3OH	−98	65	unbegrenzt löslich	unbegrenzt löslich	nimmt zu
Ethanol (Ethylalkohol)	C_2H_5OH	−117	78			
Propanol (Propylalkohol)	C_3H_7OH	−126	97			
Butanol (Butylalkohol)	C_4H_9OH	−89	117	nimmt ab		
Pentanol (Pentylalkohol)	$C_5H_{11}OH$	−79	138			
Hexanol (Hexylalkohol)	$C_6H_{13}OH$	−47	157			
Dodecanol (Laurylalkohol)	$C_{12}H_{25}OH$	26	256			
Hexadecanol (Cetylalkohol)	$C_{16}H_{33}OH$	50	344			

6 Die homologe Reihe der Alkanole

7 Die Boraxprobe

Versuche

1 Gib zu kleinen Portionen verschiedener Alkohole tropfenweise Wasser bzw. Wundbenzin. Erwärme feste Alkohole im Wasserbad.

2 Plane einen Versuch zur Untersuchung der Viskosität unterschiedlicher Alkohole.

3 Man gibt zu wenig Methanol (Abzug!) bzw. Ethanol in einer Porzellanschale eine Spatelspitze Borsäure und entzündet die Proben. Ein dunkler Hintergrund lässt die unterschiedlichen Flammenfarben noch deutlicher werden.

Alkohole im Tank

1 Methanol als Treibstoff

Methanol als Treibstoff

Methanol brennt, hat aber einen viel geringeren Brennwert als Benzin. Fährt ein Fahrzeug mit Methanol, ist der Kraftstoffverbrauch höher als mit Benzin. Um genauso weit fahren zu können, müssen Methanoltanks im Auto größer sein als Benzintanks. Der Alkohol verbrennt wie Benzin zu Wasser und Kohlenstoffdioxid. Der Anteil von Schadstoffen im Abgas ist jedoch bei Methanol geringer, weil die Verbrennungstemperatur im Motor niedriger ist. Mit Alkohol im Tank fährt man umweltfreundlicher, die Abgase enthalten weniger Stickstoffoxide und Kohlenstoffmonooxid als die von Benzin.

Heute werden Gemische aus Methanol und Benzin (z. B. 15 % Methanol, M 15) und reines Methanol (M 100) als Treibstoffe erprobt (▷ B 1). Reiner Alkohol erfordert jedoch Veränderungen am Motor. Methanol verdunstet nicht so leicht wie Benzin. Die Zündung eines Alkohol-Luft-Gemisches kann vor allem beim Kaltstart Probleme bereiten. Da Alkohole hydrophil sind, kann aufgenommenes Wasser im Treibstoff zu Korrosion im Tank und in Treibstoffleitungen führen.

Methanol wird heute meist aus Erdgas hergestellt, es kann aber auch aus Kohle, Holz oder Müll gewonnen werden. Da Methanol zur Zeit noch viel teurer ist als Benzin, wird der Alkohol nur bei manchen Motorrennsportarten (▷ B 2) als Treibstoffzusatz genutzt.

Ethanol als Treibstoff

Methanol wird meist aus fossilen Rohstoffen hergestellt, deren Vorräte auf der Erde begrenzt sind. Ethanol dagegen wird aus nachwachsenden Rohstoffen gewonnen. Man spricht deshalb auch von **Bioethanol**. Es entsteht bei der alkoholischen Gärung von zucker- und stärkehaltigen Produkten, z. B. aus Zuckerrohr (▷ B 4), Zuckerrüben (▷ B 5), Weizen, Mais u. a. In Brasilien wird seit 1975 auf großen Feldern Zuckerrohr oder Mais angebaut und daraus Ethanol gewonnen. Viele Autofahrer tanken dort Bioethanol (▷ B 3). Das Land muss daher weniger Benzin und Rohöl auf dem Weltmarkt einkaufen. Die Felder, auf denen z. B. Zuckerrohr wächst, können aber nicht mehr für den Anbau anderer Nahrungsmittel genutzt werden. Dies führte dazu, dass Brasilien für die wachsende Bevölkerung heute Grundnahrungsmittel importieren muss. Wollte man in Deutschland Benzin durch Bioethanol ersetzen, müsste man die doppelte Fläche von Deutschland z. B. mit Weizen bepflanzen, um genügend Alkohol für alle Fahrzeuge zu erhalten.

2 Methanol wird im Motorrennsport als Benzinzusatz genutzt.

3 Ethanol im Tank

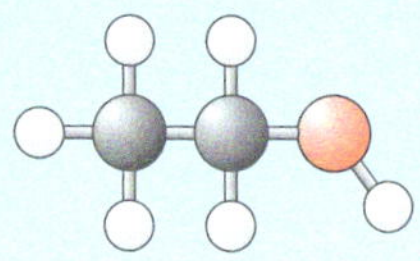

C_2H_5OH

4 Zuckerrohr

5 Zuckerrüben

Debattieren, Pro und Contra

Debattieren und Diskutieren will gelernt sein. Nicht bei jedem Thema kann man sofort mitreden, wenn man darüber noch nicht viel weiß. Ohne Informationen kann man nur schwer entscheiden, ob es günstiger ist, z. B. Benzin zu tanken oder Bioethanol als Treibstoff zu nutzen. Aber wie wird man Experte für ein Thema?
Die einzelnen Arbeitsschritte werden am Beispiel „Bioethanol contra Benzin" näher betrachtet.

A. Sammle Daten und Fakten
Zunächst müssen viele Informationen aus Büchern, Zeitschriften oder aus dem Internet gesammelt werden, z. B.
- Wie werden die Treibstoffe Benzin und Bioethanol gewonnen?
- Welche Rohstoffe werden benötigt?
- Wie hoch ist der Energiebedarf?
- Welche Umweltbelastungen treten auf?
- Gibt es Abfälle oder Abwässer? Müssen Abfälle entsorgt werden?
- Gibt es Emissionen von Schadstoffen? Muss das Abgas gereinigt werden?
- ...

B. Bewerte die Argumente
Vor einer öffentlichen Debatte müssen die gesammelten Daten und Fakten bewertet werden, d. h., die Vor- und Nachteile der beiden Treibstoffe müssen bekannt sein.
- Was spricht für Bioethanol, was spricht dagegen?
- Was spricht für Benzin als Treibstoff, was spricht dagegen?

C. Bilde Expertengruppen
Nicht jede Teilnehmerin, nicht jeder Teilnehmer an einer Debatte muss alles wissen. Die Vielzahl der einzelnen Informationen kann je nach Interesse auf mehrere Personen verteilt werden. Zunächst bildet man zwei Gruppen, eine „Benzingruppe" und eine „Bioethanolgruppe". In jeder Gruppe gibt es Experten, die verschiedene Argumente zum Thema vortragen und erklären können.
Beispiel „Bioethanolgruppe":
- Experte für Rohstoffe
- Experte für Umweltfragen
- Experte für Energiebedarf
- Experte für Flächenbedarf der benötigten Pflanzen
- Experte für Abfallprodukte
- Experte für ...

D. Debattiere im Plenum
Beim Debattieren und Diskutieren erkennt man, welche Vorteile und welche Nachteile die Treibstoffe haben. Das Ergebnis der Debatte kann eine **Ökobilanz** sein. Eine andere Gruppe kann zur selben Zeit zu einer anderen Bewertung kommen.

Die **Ökobilanz** berücksichtigt alle Schritte bei Herstellung,Transport, Gebrauch und Entsorgung eines Produkts.

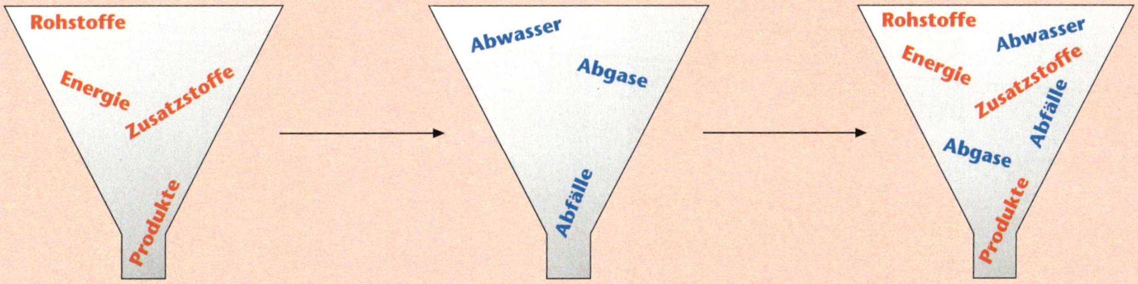

Sachbilanz | **Wirkungsbilanz** | **Bewertung**

In der **Sachbilanz** werden Rohstoffe, Zusatzstoffe, Produkte und Energiebedarf betrachtet.

In der **Wirkungsbilanz** werden die Ergebnisse der Sachbilanz im Hinblick auf Umweltbelastungen (Abfall, Abwasser, Abgas) beurteilt.

Sach- und Wirkungsbilanz führen zu einer **Bewertung**, welcher Treibstoff geeignet ist für die Zukunft.

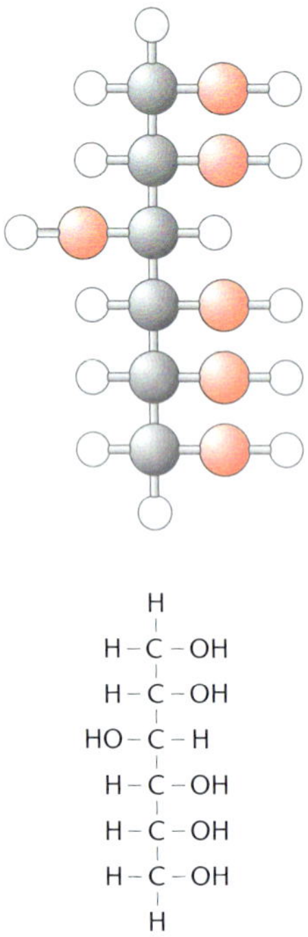

1 Sorbit

Sorbit, ein süßer Alkohol

Sorbit ist ein weißer, süß schmeckender, fester Stoff. In der Natur kommt er in den Früchten der Eberesche und im Weißdorn vor. In kleineren Mengen findet sich Sorbit auch in Äpfeln, Aprikosen, Birnen, Kirschen und anderen Früchten. Der süße Geschmack ist auf eine Anhäufung von sechs OH-Gruppen im Molekül zurückzuführen (▷ B 1). Wegen dieser Hydroxylgruppen ist Sorbit wasserlöslich und hygroskopisch und gehört zu den Alkoholen. In Diabetikersüßwaren wird Sorbit als Zuckeraustauschstoff verwendet.

Glykol

Der einfachste Alkohol mit zwei OH-Gruppen im Molekül ist **Ethandiol** (▷ B 2). Es ist eine farblose, hygroskopische, gesundheitsschädliche, süß schmeckende Flüssigkeit, die auch Glykol (griech.: glykys, süß) genannt wird. Die benachbarten Moleküle bilden untereinander Wasserstoffbrücken. Diese führen zu einer deutlich höheren Siedetemperatur und Viskosität im Vergleich zu Ethanol (▷ V 3). Die wässrige Lösung hat eine tiefe Erstarrungstemperatur. Deshalb benutzt man Ethandiol hauptsächlich als Gefrierschutzmittel (▷ B 2) in Scheibenwischanlagen der PKW's und bei der Enteisung von Flugzeugen (▷ B 3).

Glycerin

Glycerinmoleküle besitzen jeweils drei OH-Gruppen. Deshalb wird dieser Alkohol als **Propantriol** bezeichnet. Im Vergleich zu Glykol ist Glycerin noch viskoser (▷ V 3), besitzt eine weit höhere Siedetemperatur (290 °C) und ist in Wasser unbegrenzt löslich (▷ V 1).

3 Enteisung eines Flugzeuges

Glycerin ist ungiftig und schmeckt süß. Als Zusatz in Cremes, Zahnpasten und Stempelfarben (▷ B 4) wird es wegen seiner hygroskopischen Wirkung (▷ V 2) verwendet. Es sorgt für genügend Feuchtigkeit.

Versuche

1. Prüfe die Löslichkeit von Glycerin in Wasser und in Wundbenzin. Vergleiche mit dem Löslichkeitsverhalten von Propanol.
2. Fülle ein großes Uhrglas mit Glycerin, stelle es auf eine Waage und notiere sofort und nach 35 Minuten die Masse.
3. Lasse aus 1-ml-Pipetten jeweils gleiche Mengen Glykol, Glycerin und Propanol fließen. Vergleiche die Auslaufzeiten mit einer Stoppuhr.
4. Erwärme eine kleine Portion Glycerin in einer Porzellanschale und entzünde die Dämpfe. Beobachte Entflammbarkeit und Flamme.

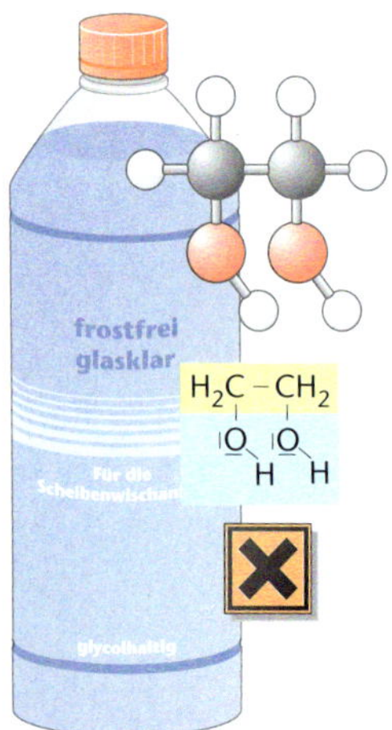

2 Glykol

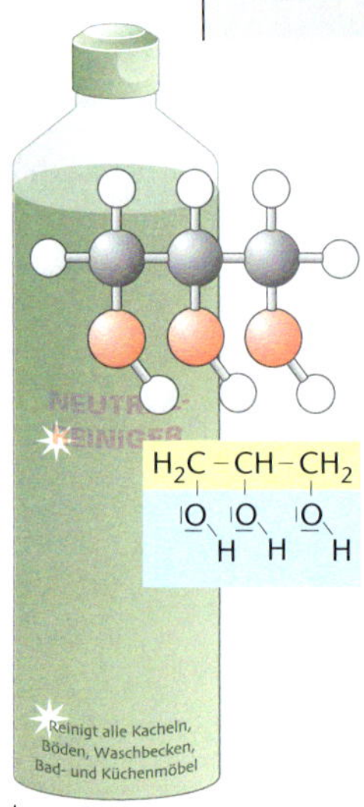

4 Glycerin

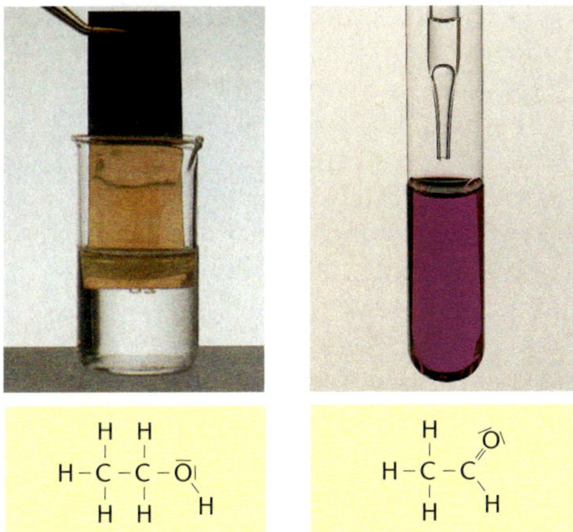
1 Aus Ethanol wird Ethanal.

Ethanol verändert das „o" im Namen
Ein Kupferdrahtnetz wird beim Erhitzen zu schwarzem Kupferoxid oxidiert. Taucht man das heiße, oxidierte Kupfer in Ethanol, beobachtet man Veränderungen (▷ B 1, links; V 1). Schwarzes Kupferoxid wird zu rötlichem Kupfer reduziert. Wird ein Stoff reduziert, muss der andere oxidiert werden. Ethanol wurde zu Ethanal oxidiert. Ein Nachweis für Ethanal ist die Rotfärbung von fuchsinschwefliger Säure (Schiff´sche Probe; ▷ B 1, rechts; V 2).

Ethanal wird auch als Acetaldehyd bezeichnet. Die stechend riechende Flüssigkeit verdunstet leicht und ist hochentzündlich. Ethanal dient zur Herstellung von Farbstoffen, Synthesekautschuk und Medikamenten.

Alkanale bilden eine Reihe
Ethanal gehört zu einer Reihe von Stoffen, deren Moleküle die funktionelle Gruppe –CHO enthalten. Ihre Namen leiten sich von den Namen der Alkane ab, die Endsilbe **–al** wird angefügt. Vertreter dieser Reihe bilden die homologe Reihe der **Alkanale** (▷ B 5). Die Alkanale werden auch **Aldehyde** genannt.

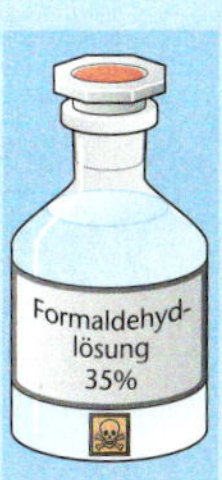

Formaldehyd

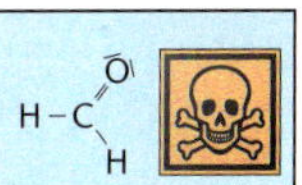

Eigenschaften:	Farbloses, stechend riechendes Gas, brennbar, giftig; sehr gut wasserlöslich;
Schmelztemperatur:	–92 °C
Siedetemperatur:	–21 °C

2 Formaldehyd

Alkanalmoleküle enthalten die Aldehydgruppe –CHO als funktionelle Gruppe.

Das Alkanal mit nur einem Kohlenstoffatom heißt **Methanal** oder Formaldehyd (▷ B 2). Das stechend riechende Gas ist giftig. Formaldehyddämpfe in Innenräumen von Gebäuden können durch Farbänderungen in Prüfröhrchen nachgewiesen werden (▷ B 3). Methanal kommt in Wasser gelöst unter dem Namen Formalin in den Handel.
Es wird zur Herstellung von Harzen, Gerbstoffen und Kunststoffen verwendet. Der erste synthetische Kunststoff wurde mithilfe von Methanal hergestellt. Man nannte ihn Bakelit (▷ B 4) nach seinem Erfinder LEO HENDRIK BAEKELAND.

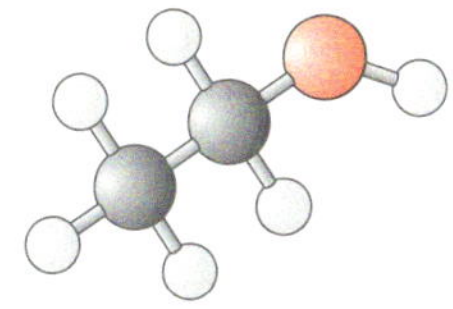
Ethanol

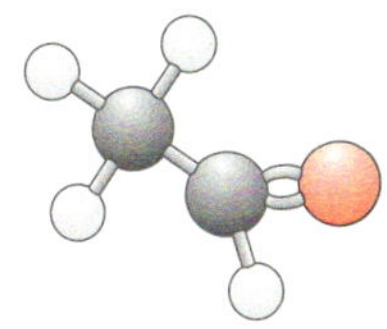
Ethanal

Versuche

1 Man gibt in ein kleines Becherglas ca. 10 ml Ethanol und taucht ein erhitztes Kupferdrahtnetz in die Flüssigkeit. Man wiederholt das Eintauchen mehrmals und gibt einige Tropfen fuchsinschweflige Säure zu (Abzug!).

2 Man tropft fuchsinschweflige Säure zu etwas Ethanal im Reagenzglas (Abzug!).

Aufgaben

1 Formuliere das Reaktionsschema und die Reaktionsgleichung (mit Strukturformeln) für die Reaktion von Ethanol mit schwarzem Kupferoxid. Um welche Reaktionsart handelt es sich dabei?

2 Infomiere dich, wodurch Methanaldämpfe in die Atemluft von Innenräumen in Gebäuden gelangen können.

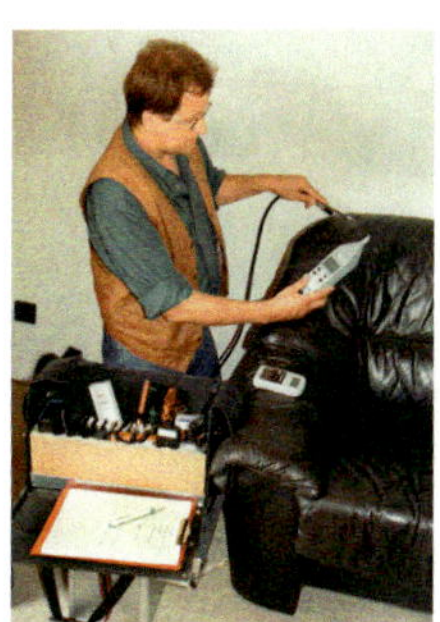
3 Prüfung auf Formaldehyd

4 Teile aus Bakelit

Methanal	H–CHO
Ethanal	CH_3–CHO
Propanal	C_2H_5–CHO
Butanal	C_3H_7–CHO
Pentanal	C_4H_9–CHO
Hexanal	C_5H_{11}–CHO
Heptanal	C_6H_{13}–CHO

5 Die Reihe der Alkanale

Essigherstellung – eine jahrtausendealte Tradition

1 Weinlese in Ägypten

Weinessig, die älteste saure Würze
5000 Jahre vor Christus wurden in Ägypten Weintrauben geerntet (▷ B 1) und mit den Füßen zerstampft. Ließ man den Traubensaft an der Luft stehen, fing er an zu gären. Es entstand Wein, der sich oft nur kurze Zeit hielt. Der Wein wurde sauer. Dieser ägyptische Essig war auch in Rom bekannt. Um Christi Geburt trugen römische Legionäre Weinessig mit sich, der mit Kräutern versetzt und mit Wasser verdünnt war. Das Wort für Essig hatte bei den Römern die gleiche Bedeutung wie Säure (lat.: acetum, Säure, Essig). Essig wurde als saure Würze von Speisen, als Erfrischungsgetränk und zum Konservieren von Lebensmitteln verwendet.

2 Essigverkäufer im 17. Jahrhundert

Von Kleopatra erzählte man sich, dass sie mit dem römischen Kaiser Antonius gewettet hatte, sie könne eine Mahlzeit im Wert von 10 Millionen Sesterzen zu sich nehmen. Sie gewann die Wette.
Sie warf eine ihrer wertvollsten Perlen in einen Krug mit Essig. Nachdem sich die kalkhaltige Perle in der Säure aufgelöst hatte, trank sie die Flüssigkeit.

Essig in Krügen oder aus Orleans
Essig war im Mittelalter zusammen mit Salz, Senf und Kräutern das Hauptgewürz für Suppen und viele Breigerichte. Meist gewann man den Essig einfach durch Stehenlassen von Wein oder anderen alkoholischen Flüssigkeiten in Essigkrügen.

Im 14. Jahrhundert wurde in Orleans in Frankreich ein besonderes Verfahren zur Herstellung von Essig entwickelt. Man ließ Traubenwein in Holzbottichen mit großer Oberfläche langsam sauer werden. Nach mehreren Wochen entstand Weinessig von guter Qualität. Essigverkäufer zogen damit über das Land (▷ B 2).

Louis Pasteur entdeckte das Geheimnis der Essigbildung
Der französische Chemiker und Biologe Louis Pasteur (▷ B 3) untersuchte 1864 die dünne Haut, die bei der Essiggärung auf der alkoholhaltigen Flüssigkeit schwamm, unter dem Mikroskop. Er entdeckte winzig kleine Stäbchen, die nur 1/1 000 mm dick und bis zu 4/1 000 mm lang waren. Er nannte sie Essigbakterien (▷ B 4). Sie lebten und vermehrten sich in der Essigmutter, so nannte man die dünne Bakterienhaut auf dem Weinessig. Durch die Tätigkeit der Essigbakterien wird Alkohol in Essig umgewandelt.

3 Louis Pasteur in seinem Labor (1885)

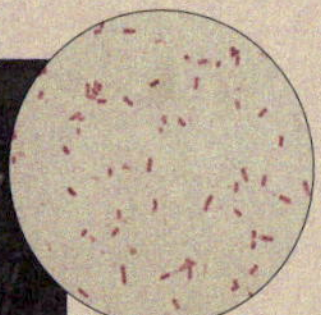
4 Essigbakterien

Essig – unterschiedlich hergestellt

Fertiger Essig nach einem Tag
Lässt man Wein offen an der Luft stehen, dauert es mehrere Wochen, bis Essig entsteht. SEBASTIAN SCHÜZENBACH (1793–1869) verwendete Buchenholzspäne (▷ B 5), um die Essigbildung zu beschleunigen. Auf der großen Oberfläche der Späne konnten Milliarden von Essigbakterien leben. Die Essigspäne wurden von oben langsam mit Wein berieselt. Durch eine Öffnung an der Seite des Bottichs konnte Luft eintreten. Unten wurde täglich fertiger Essig entnommen. Das Problem war die Selbsterwärmung der Flüssigkeit. Bei einer Temperatur von 42 °C starben die Essigbakterien ab und die Essigbildung hörte auf.

Essigbakterien bei der Arbeit – auf Holzspänen oder untergetaucht
Bis vor wenigen Jahren wurde Speiseessig noch in Großraumbildnern hergestellt, das sind 90 m^3 große Behälter aus Holz (▷ B 4). Über ein Spritzrad ließ man ethanolhaltige Flüssigkeiten über Buchenholzspäne rieseln, die zuvor mit Essigbakterien geimpft wurden. Von unten wurde Frischluft eingeblasen. Unter Einfluss der Essigbakterien reagierte Ethanol mit Luftsauerstoff zu Essigsäure. Die Flüssigkeit wurde mehrmals über Kühlrohre umgepumpt, die außen rund um den Behälter verlaufen. Das Verfahren nennt man daher **Rundpumpverfahren** (▷ B 2). Bei Temperaturen zwischen 28 °C und 37 °C wurde in 24 bis 36 Stunden das gesamte Ethanol zu Essigsäure umgesetzt.

Ein heute gängiges Verfahren der Essigherstellung ist das **Submersverfahren**. Dabei schwimmen die Essigbakterien untergetaucht (submers) ohne Holzspäne in der alkoholhaltigen Flüssigkeit (▷ B 1). Über eine Turbine am Boden wird eingeblasene Luft fein verteilt, sodass die Flüssigkeit schäumt. Auf der großen Oberfläche der Schaumbläschen können sich mehr Bakterien ansiedeln als auf Spänen. Daher verläuft die Essigbildung schneller. Die Kühlrohre mit Kühlwasser befinden sich im Inneren des Behälters.

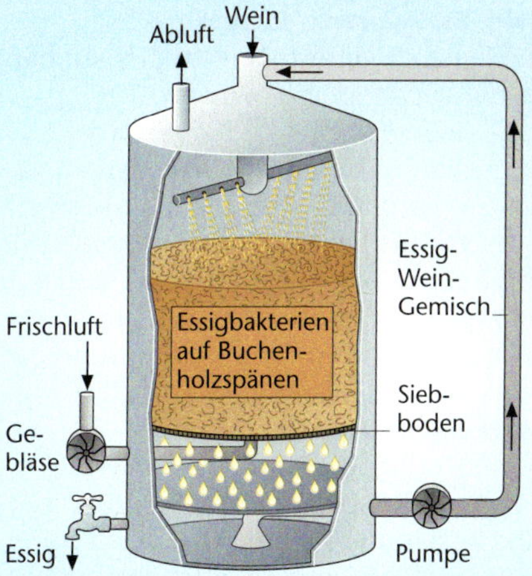

2 Essigherstellung nach dem Rundpumpverfahren

4 Großraumbildner

Versuche

1 Stelle naturbelassenen Wein im offenen Gefäß an einen warmen Ort. Prüfe den pH-Wert der Flüssigkeit zu Beginn und nach 1 bis 2 Wochen.

2 Gib 2 ml Essigmutter (Essigbakterien) zu einem Gemisch aus 3 Teilen naturbelassenem Wein und 2 Teilen Wasser. Lasse das Gemisch eine Woche an einem warmen Ort stehen und filtriere es dann durch einen Kaffeefilter in ein kleines Fläschchen.

5 Buchenholzspäne

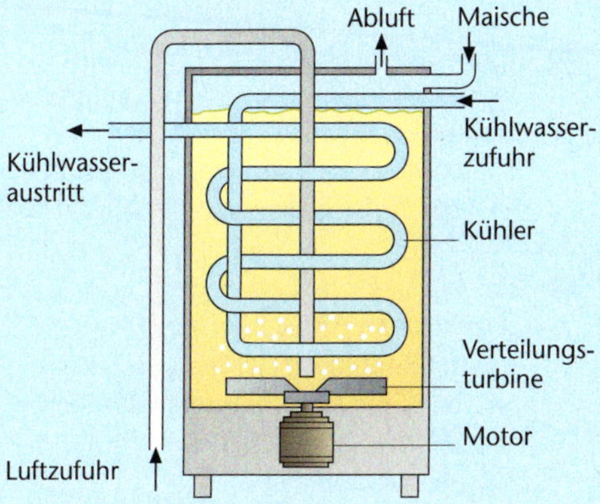

1 Essigherstellung nach dem Submersverfahren

Tafelessig stellt man aus verdünntem Kartoffel-, Getreide- oder Zuckerrübenschnaps her.

Weinessig muss aus Wein hergestellt werden. Er ist deshalb besonders aromatisch.

Obstessig hat einen fruchtigen Geschmack. Er wird vorwiegend aus Apfelwein hergestellt.

Kräuteressig erhält man, wenn man Gewürze oder Kräuter längere Zeit in Essig ziehen lässt.

Essigessenz ist eine 25 %ige Essigsäure. Sie wird nicht biologisch gewonnen, sondern chemisch hergestellt. Zum Verzehr darf man sie nur verdünnt verwenden.

3 Essigsaure Vielfalt

Essig, Essigessenz, Essigsäure

Im Haushalt gehört Essig zu den am häufigsten verwendeten Würzen. Seltener findet man Essigessenz (25 %), aus der durch Verdünnen mit Wasser Essig (5 % bis 6 %) hergestellt werden kann. Essig und Essigessenz (▷ B 2) unterscheiden sich durch ihre Konzentration von Essigsäure. Essigsäure findet man in reiner Form meist nur in Labors und Chemiesammlungen.

Säureeigenschaften

Reine Essigsäure erstarrt bei 16 °C zu eisartigen Kristallen. Das „Auseisen" bei der Herstellung führte zur Bezeichnung Eisessig (▷ B 1, oben). Beim Umgang mit reiner Essigsäure ist Vorsicht geboten, da sie stark ätzend wirkt. Ihre stechend riechenden Dämpfe sind brennbar (▷ V 3). Die typischen Eigenschaften einer Säure können auch bei Essigsäure nachgewiesen werden (▷ B 1). Prüft man verdünnte Essigsäure mit Universalindikator (▷ V 1), tritt eine Rotfärbung auf. Verdünnte Essigsäure leitet den elektrischen Strom (▷ V 2) und reagiert mit unedlen Metallen wie z. B. Magnesium unter Wasserstoffbildung (▷ V 4; V 5).

Essigsäure hat die Formel **CH_3COOH** und wird auch **Ethansäure** genannt. Bei der Verdünnung von konzentrierter Essigsäure mit Wasser bilden sich Wasserstoffionen (H^+-Ionen) und Säurerest-Ionen (CH_3COO^--Ionen), die als Acetat- oder Ethanoationen bezeichnet werden. Die H^+-Ionen werden durch den Indikator nachgewiesen und verursachen die saure Reaktion. Die vorliegenden Ionen bestimmen die elektrische Leitfähigkeit. Reine Essigsäure leitet den elektrischen Strom nicht, sie besteht aus Molekülen.

Salzbildung mit unedlen Metallen

Bei der Reaktion von verdünnter Essigsäure mit Magnesium entsteht neben Wasserstoff ein Salz, Magnesiumacetat (Magnesiumethanoat) (▷ B 3).
Das bekannteste Salz der Essigsäure ist Grünspan (▷ B 4), dieses Salz enthält hauptsächlich Kupferacetat. Grünspan bildet sich z. B., wenn essigsaure Speisen in Kupfergefäßen an der Luft stehen bleiben. Die Giftigkeit des Salzes wird durch die Kupferionen hervorgerufen.
Aluminiumacetat, ein weiteres Salz der Essigsäure, wurde als essigsaure Tonerde für entzündungshemmende Umschläge verwendet (▷ B 5).

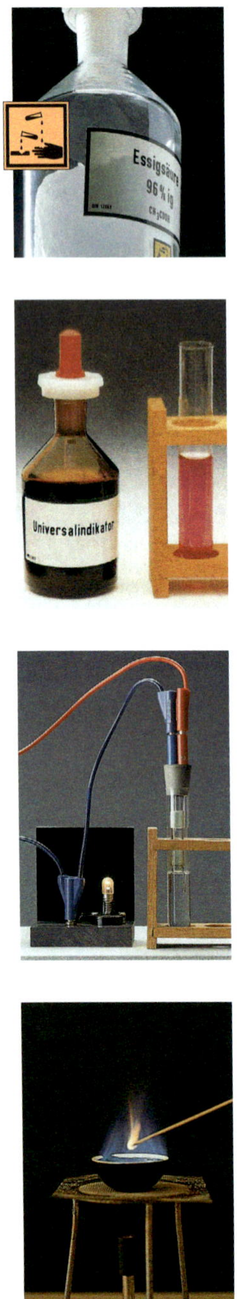

1 Essigsäure und ihre Eigenschaften

2 Essig, Essigessenz, Essigsäure

3 Magnesium in Essigsäure

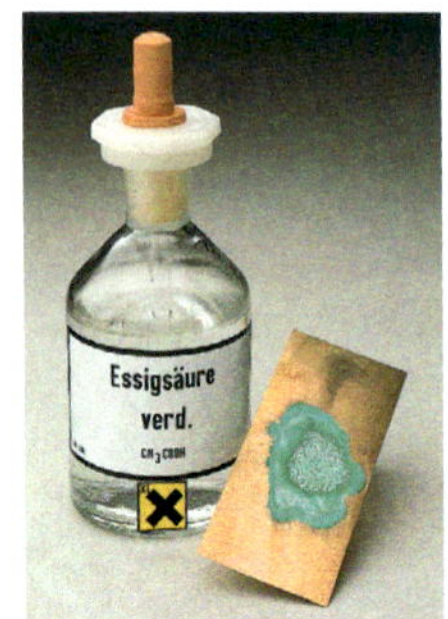

4 Grünspan

Versuche

1. Prüfe die saure Reaktion von verdünnter Essigsäure mit Universalindikator.
2. Untersuche die elektrische Leitfähigkeit von verdünnter Essigsäure.
3. In eine schwarze Porzellanschale gibt man wenige Milliliter 100 %ige Essigsäure. Man nähert der Flüssigkeitsoberfläche einen brennenden Holzspan. (Schutzbrille! Abzug!)
4. In der Projektion beobachtet man nebeneinander die Reaktion von Magnesiumspänen in Eisessig und in verdünnter Essigsäure.
5. In ein großes Reagenzglas füllt man verdünnte Essigsäure und fügt einen Magnesiumstreifen hinzu. Man fängt das entstehende Gas auf und führt die Knallgasprobe durch.
6. Eine kleine Probe Eisessig lässt man in einer flachen Petrischale mit Deckel einige Minuten im Gefrierfach stehen. Anschließend kann man die eisartigen Kristalle der Essigsäure beim Schmelzen beobachten.

Aus Ethanol entsteht Ethansäure

Ethanol lässt sich stufenweise oxidieren (▷B 6). Das sich bildende Molekül enthält wie Ethanol und Ethan zwei Kohlenstoffatome. Daher wird Essigsäure auch als **Ethansäure** bezeichnet. Sie enthält als funktionelle Gruppe eine **Carboxylgruppe** (–COOH). Verbindungen mit Carboxylgruppen werden allgemein als **Carbonsäuren** bezeichnet.

▶ Die funktionelle Gruppe der Carbonsäuren ist die Carboxylgruppe –COOH .

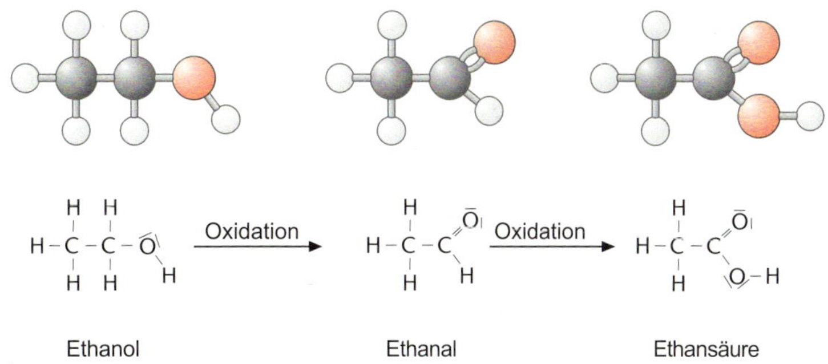

6 Aus Ethanol entsteht Essigsäure.

Verwendung von Essigsäure

Haushaltsessig (5 % bis 6 % Essigsäure) wird zum Würzen von Speisen, aber auch zum Konservieren von Nahrungsmitteln wie zum Beispiel Essiggurken verwendet. In 2 %iger bis 3 %iger Essigsäure sind krankheitserregende Bakterien nicht mehr lebensfähig.

Kalkablagerungen auf Badfliesen, in Perlatorsieben im Wasserhahn und in den Verbindungsröhrchen von Kaffeemaschinen können durch Reaktion mit Essigsäure beseitigt werden. Der größte Teil der technisch gewonnenen Essigsäure ist Ausgangsstoff zur Herstellung von Lösungsmitteln, Kunstseide (Acetatseide), Kunststoffen (Fugendichter) und Medikamenten, z. B. Aspirin® (▷B 5).

5 Verwendung von Essigsäure

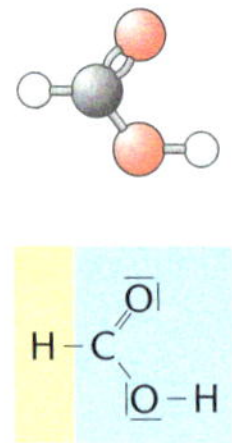

1 Methansäure in den Giftdrüsen von Ameisen

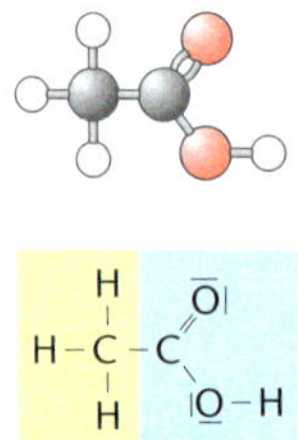

2 Ethansäure als Konservierungsmittel

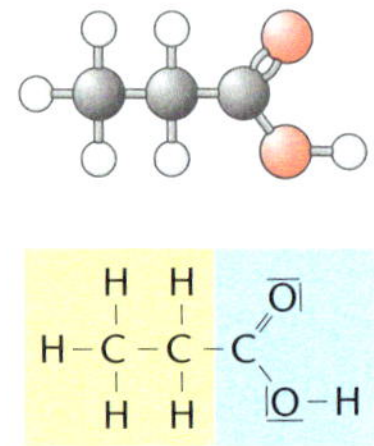

3 Propansäure in Wein

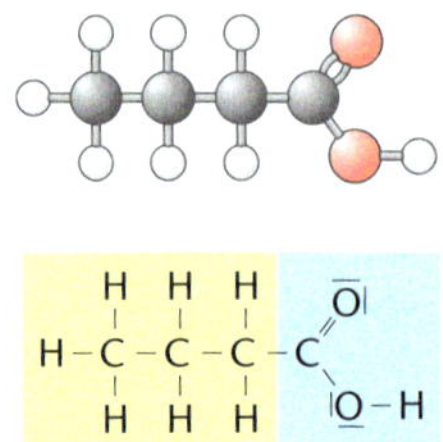

4 Butansäure in ranziger Butter

Methansäure
Ameisen produzieren in ihren Giftdrüsen eine stark ätzend wirkende Flüssigkeit, die Ameisensäure (▷B 1). Der systematische Name dieser Säure ist **Methansäure**. Auch die Nesselkapseln mancher Hohltiere (Quallen), die Brennhaare der Brennnesseln und die Nadeln von Tannen enthalten diese Säure.
Die wässrige Lösung von Ameisensäure färbt Universalindikator rot und leitet den elektrischen Strom (▷V 1). Mit unedlen Metallen reagiert sie heftig unter Bildung von Wasserstoff (▷V 2). Die entstehenden Salze heißen Formiate (lat.: formica, Ameise) oder Methanoate.

Propansäure
In geringen Mengen ist **Propansäure** (Propionsäure) im Steinkohlenteer, im Latschenkiefernöl und im Wein (▷B 3) enthalten. Es ist eine farblose, stechend riechende Flüssigkeit, die in Wasser in jedem Verhältnis löslich ist. Der Kontakt mit der Flüssigkeit führt zu starken Verätzungen der Augen und der Haut.

Butansäure
Butansäure (Buttersäure) ist eine ölige, unangenehm ranzig riechende Flüssigkeit. Sie wird beim Ranzigwerden von Butter frei (▷B 4). Ihr typischer Geruch ist auch im Schweiß von Menschen und Säugetieren enthalten, wenn dieser sich auf der Haut zersetzt. Er wird von blutsaugenden Insekten und Hunden in geringster Konzentration wahrgenommen.

Die homologe Reihe der Alkansäuren
Methansäure, Ethansäure, Propansäure und Butansäure bilden die ersten Glieder der homologen Reihe der **Alkansäuren**. Die funktionelle Gruppe ist die **Carboxylgruppe** (–COOH).

Alkansäuren bilden eine homologe Reihe. Die allgemeine Formel der Alkansäuren lautet $C_nH_{2n+1}COOH$.

Eigenschaften der Alkansäuren im Vergleich
Untersucht man bei den ersten Vertretern der homologen Reihe der Alkansäuren die Wasserlöslichkeit, stellt man fest, dass sich Methansäure vollständig in Wasser löst (▷V 3). Mit steigender Kettenlänge nimmt der Einfluss der polaren Carboxylgruppe ab, d. h., die Löslichkeit der Alkansäuren in Benzin nimmt zu (▷B 5). Alkansäuren mit langen Kohlenstoffketten im Molekül

lösen sich beim Erwärmen gut in Benzin. Da viele Alkansäuren am Aufbau der Fette beteiligt sind, werden sie **Fettsäuren** genannt. Wichtige Fettsäuren sind Palmitinsäure und Stearinsäure.
Mit zunehmender Kettenlänge steigen auch Molekülmassen und Siedetemperaturen der Alkansäuren an (▷B 5).

Gesättigte und ungesättigte Fettsäuren
Ölsäure ist eine ölige Flüssigkeit, das Molekül enthält wie **Octadecansäure** (Stearinsäure) 18 Kohlenstoffatome. Beide Säuren unterscheiden sich nicht nur in ihren Schmelz- und Siedetemperaturen, sondern auch in ihrer Reaktionsfähigkeit. Angesäuerte Kaliumpermanganatlösung wird bei Zugabe von Ölsäure rasch entfärbt (▷V 4), von Stearinsäure jedoch nicht. Ölsäure ist eine **ungesättigte Fettsäure** mit einer Doppelbindung zwischen benachbarten C-Atomen und heißt auch **Octadecensäure** (▷B 7).

Name (Trivialname)	**Molekülformel**	**Schmelztemp.** (°C)	**Siedetemp.** (°C)	**Einfluss der** Carboxylgruppe	Alkylgruppe
Methansäure (Ameisensäure)	$HCOOH$	8	100		
Ethansäure (Essigsäure)	CH_3COOH	16	118		
Propansäure (Propionsäure)	C_2H_5COOH	–21	141		
Butansäure (Buttersäure)	C_3H_7COOH	–7	164	nimmt zu	nimmt zu
Dodecansäure (Laurinsäure)	$C_{11}H_{23}COOH$	44	225*		
Hexadecansäure (Palmitinsäure)	$C_{15}H_{31}COOH$	63	269*		
Octadecansäure (Stearinsäure)	$C_{17}H_{35}COOH$	69	287*		

* bei 133 hPa

5 Die homologe Reihe der Alkansäuren

Versuche

1 Prüfe die elektrische Leitfähigkeit und den pH-Wert von verdünnter Ameisensäure (Schutzbrille!).

2 Lasse ein Stück Magnesiumband mit verdünnter Ameisensäure reagieren (Schutzbrille!).

3 Prüfe das Löslichkeitsverhalten einiger Vertreter der homologen Reihe der Alkansäuren in Wasser und Wundbenzin.

4 Schüttle Ölsäure mit angesäuerter Kaliumpermanganatlösung kräftig. Beobachte und erkläre.

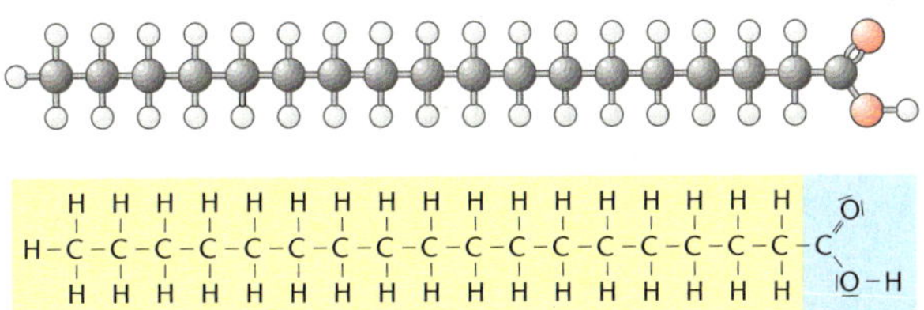

6 Octadecansäure (Stearinsäure), eine gesättigte Fettsäure

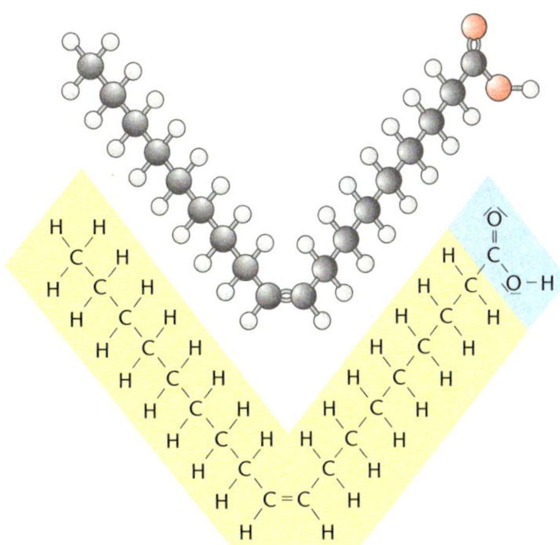

7 Octadecensäure (Ölsäure), eine ungesättigte Fettsäure

Dominospiel – Chemie spielerisch lernen

Chemiedomino spielen mit Namen und Formeln

Mit Chemiedomino lernt man spielerisch leicht: Welcher Name gehört zu welcher Formel? Welches Bild gehört zu welchem Stoff? Wie heißt die funktionelle Gruppe der Alkanole? Wie lautet der Alltagsname von Ethansäure?

Die Dominokärtchen werden zu Übungskärtchen. Bei der Suche nach dem passenden Kärtchen kann man chemisches Wissen abfragen, einüben und wiederholen. Die chemischen Zusammenhänge werden deutlich durch vielfältiges Kombinieren.

Domino lässt sich allein, zu zweit oder in der Gruppe spielen. Übt man alleine z. B. während der Stillarbeit, kann man die richtigen Lösungen mit dem Chemiebuch kontrollieren.

A. Anfertigen von Domino-Kärtchen

- Zeichne so viele Rechtecke wie möglich auf ein Blatt Papier mit den Maßen von Dominosteinen (oder Spielkärtchen). Die Vorlage lässt sich zum Kopieren verwenden. Geschickt ist es, wenn für jedes Spiel eine eigene Farbe gewählt wird.
- Wähle 8 Alkanole und 8 Alkansäuren aus. Schreibe jeweils den Handelsnamen, den systematischen Namen, die Molekülformel und die Strukturformel auf eine Hälfte eines Domino-Kärtchens.
- Nach dem Überziehen der Kärtchen mit Folie (laminieren) kann das Spiel beginnen. Es dürfen nur passende Spielkärtchen angelegt werden, z. B. Ethansäure / Essigsäure oder Ethansäure/CH_3COOH.

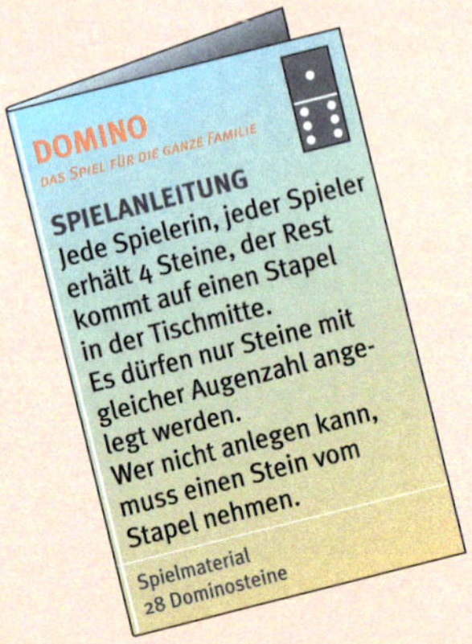

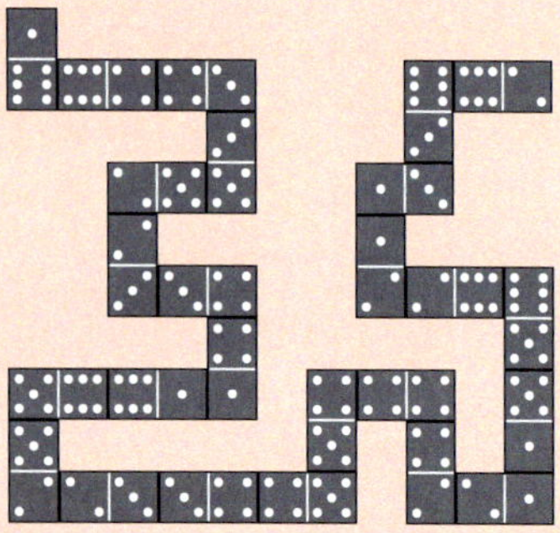

1 Dominospiel

B. Noch mehr Möglichkeiten

Die Anzahl der Dominokärtchen lässt sich beliebig vermehren. Aus der Vielzahl der organischen Verbindungen mit funktionellen Gruppen kann man noch weitere auswählen und damit neue Dominokärtchen herstellen. Man kann auch Bilder aufkleben, die zu den ausgewählten Stoffen passen oder man bringt die funktionellen Gruppen mit ins Spiel.

Beispiele für weitere Kärtchen sind:

- Passende Bilder und Fotos
- Funktionelle Gruppen
- Alkanale
- Abbildungen von Molekülmodellen
- Süße Alkohole
- Namen der Stoffgruppen
- …

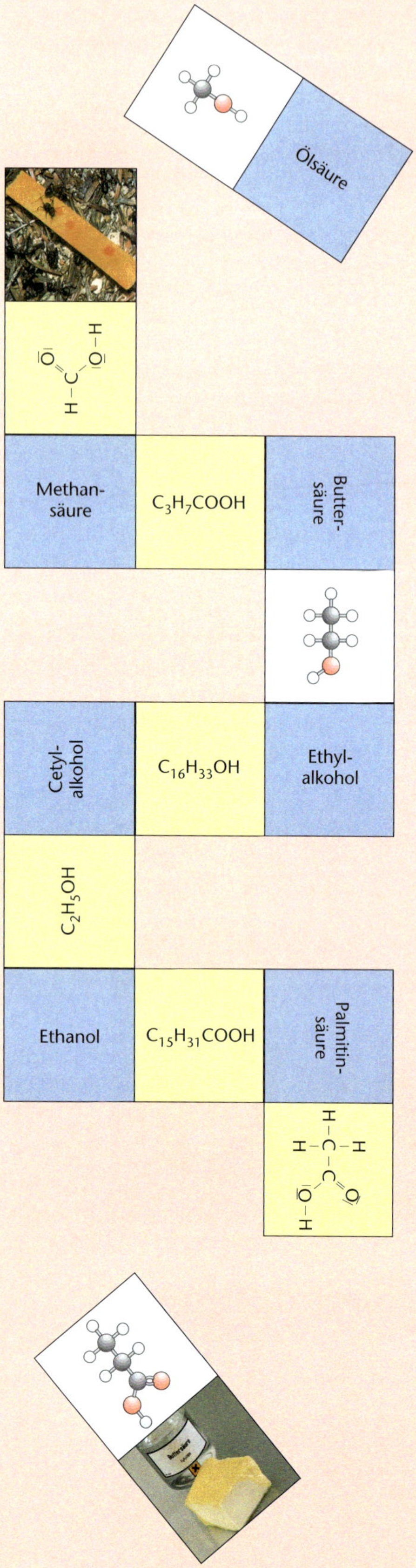

Brennpunkt

Biotechnische Arbeiter – klein, aber fleißig

1 Bioreaktor

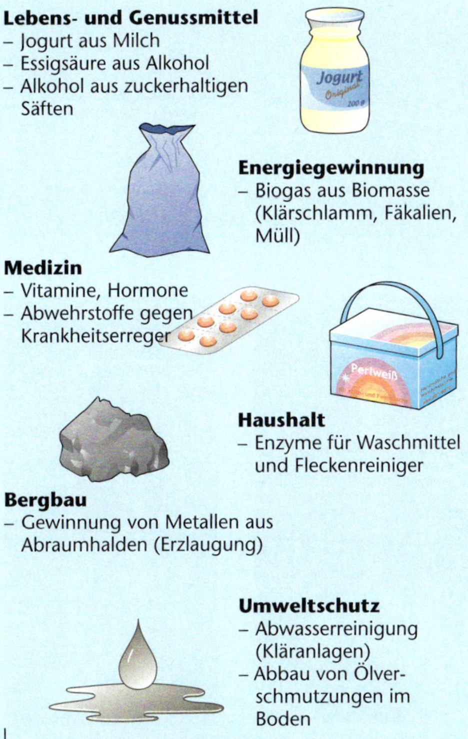

2 Biotechnologische Bereiche

Die Wissenschaft zwischen Biologie, Chemie und Technik nennt man **Biotechnologie** (▷ B 2). Sie beschäftigt sich mit Mikroorganismen. Bakterien, Pilze und Hefen entfalten ihre Wirkung oft zum Nutzen, manchmal zum Schaden der Menschen. Die Vermehrung der Mikroorganismen erfolgt in Bioreaktoren (▷ B 1). Das sind große Behälter, in denen günstige Lebensbedingungen für Bakterien und Pilze geschaffen werden.

Kleine Helfer in Lebensmitteln

Lässt man frische Milch einige Tage stehen, wird sie dick und sauer. Es entsteht Sauermilch. Die Veränderungen sind auf die Tätigkeit von Milchsäurebakterien zurück zu führen. Auch bei der Herstellung von Käse, Jogurt und Sauerkraut sind diese Bakterien beteiligt (▷ B 3).

Citronensäure – nicht aus Zitronen

Citronensäure wurde früher aus Zitronen gewonnen. Seit 1893 weiß man, dass Schimmelpilze Zucker abbauen und dabei Citronensäure bilden. Heute werden pro Jahr ca. 400 000 Tonnen Citronensäure mithilfe des Pilzes Aspergillus niger hergestellt (▷ B 4). Der Pilz wächst in der Nährlösung aus Melasse (Abfallprodukt der Zuckerindustrie) und wandelt Zucker in Citronensäure um.

Kleine Helfer im Dienst des Menschen

Viele Waschmittel enthalten spezielle Eiweiße (Enzyme), die bei Temperaturen von 30 °C bis 60 °C hartnäckige Flecken von Blut, Eigelb, Kakao oder Gras entfernen. Die Enzyme werden biotechnologisch mithilfe von Bakterien hergestellt.

Bakterien und Einzeller zersetzen organische Schmutzteilchen während der biologischen Reinigung in der Kläranlage. Den überschüssigen Belebtschlamm lässt man in Faultürmen gären und verkauft ihn als Pflanzendünger.

Im Bergbau werden Bakterien eingesetzt, um Spuren von Metallerzen aus dem Gestein zu lösen. Vor allem Kupfererz und Uranerz werden bakteriell abgebaut.

Mit gentechnisch veränderten Bakterien kann seit 1982 das Eiweiß Insulin für Diabetiker (zuckerkranke Menschen) hergestellt werden. Früher wurde das lebenswichtige Hormon Insulin aus den Bauchspeicheldrüsen von Schlachttieren gewonnen. Problematisch dabei waren störende Begleitsubstanzen und allergische Reaktionen des Empfängers.

3 Milchsäurebakterien in Sauerkraut

4 Aspergillus niger zur Herstellung von Citronensäure

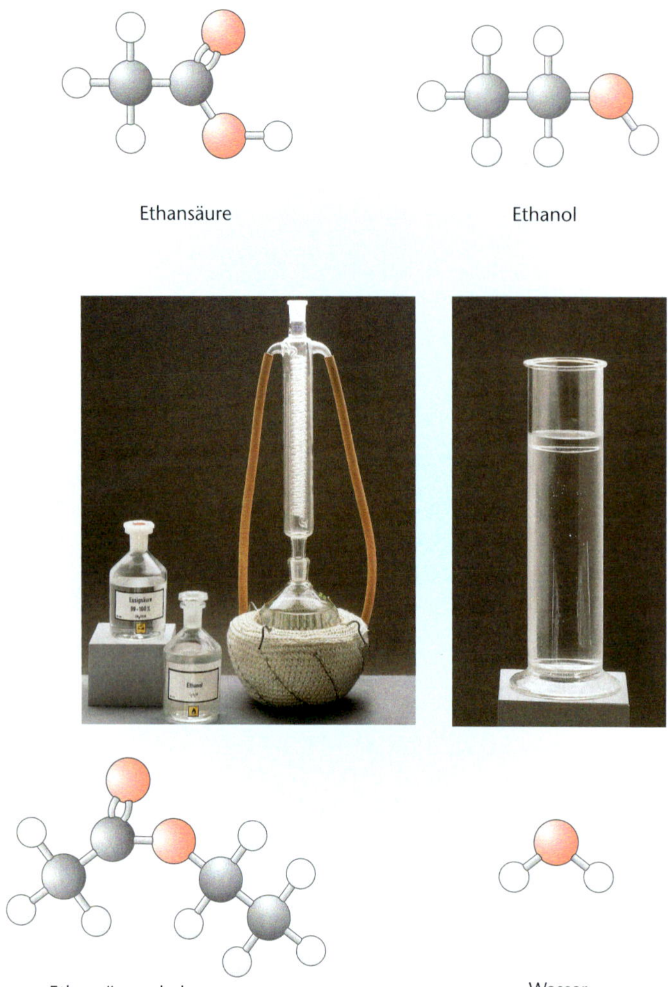

1 Herstellung von Ethansäureethylester

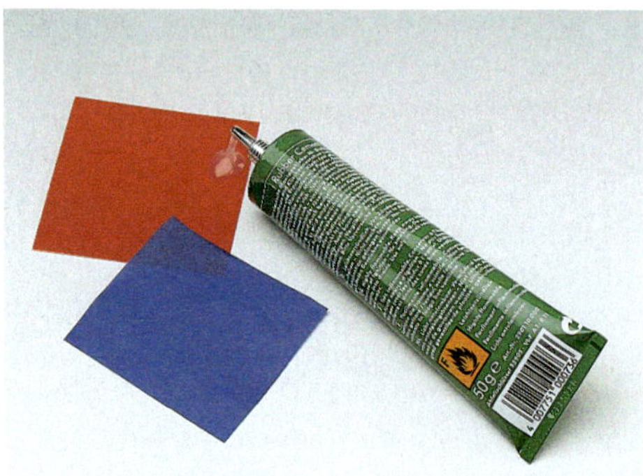

2 Ethansäureethylester als Lösungsmittel in Klebstoffen

Gerüche wandeln sich, ein neuer Duft entsteht

Ethansäure und Ethanol sind an ihrem typischen Geruch erkennbar. Erhitzt man ein Gemisch aus Ethansäure und Ethanol, so entsteht eine Flüssigkeit, die stark nach Essig riecht. Eine chemische Reaktion ist nicht nachweisbar. Wiederholt man den Versuch unter Zugabe von konzentrierter Schwefelsäure, so bilden sich zwei getrennte Flüssigkeiten (▷ B 1; V 1). Es entsteht als Reaktionsprodukt **Ethansäureethylester**. Schwefelsäure dient hier als Katalysator. Der Geruch ist von Klebstoffen bekannt. Der Ester ist nicht elektrisch leitfähig (▷ V 3). Er ist demnach nicht aus Ionen aufgebaut, sondern aus Molekülen.

Bei der Reaktion zwischen Ethansäure und Ethanol reagieren die jeweiligen funktionellen Gruppen der Moleküle miteinander. Es entsteht neben einem Estermolekül noch ein Wassermolekül (▷ B 3).

▶ Ester entsteht bei der Reaktion von Säuren mit Alkoholen.
Eine Reaktion, bei der sich Moleküle unter Abspaltung von Wassermolekülen verbinden, heißt Kondensation.

Eigenschaften von Ethansäureethylester

Durch die Kondensationsreaktion sind die funktionellen Gruppen der Ausgangsstoffe nicht mehr vorhanden. Estermoleküle können untereinander keine Wasserstoffbrücken ausbilden. Ethansäureethylester hat daher eine niedrige Siedetemperatur, ist leicht flüchtig und löst sich gut in Benzin. In Wasser ist der Ester wenig löslich (▷ V 2). Für unpolare Stoffe ist er ein sehr gutes Lösungsmittel (▷ B 2).

Aroma- und Duftstoffe

Ester, die aus Alkansäuren und Alkanolen mit jeweils kurzkettigen Molekülen gewonnen werden, sind leichtflüchtig und haben häufig einen angenehm fruchtartigen oder blumigen Geruch. Es sind vielfach Aroma- und Duftstoffe, die in der Natur vorkommen.

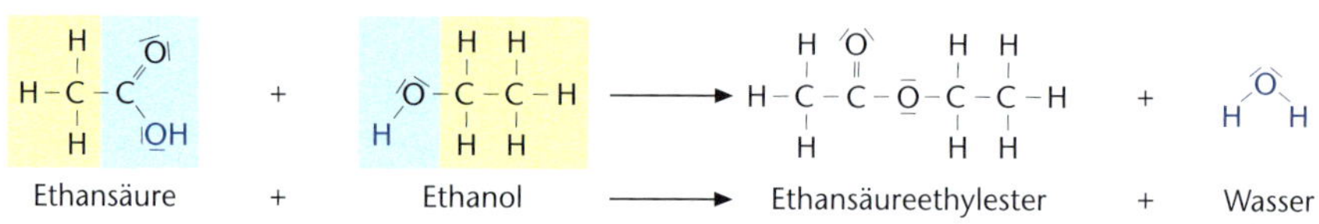

3 Esterbildung

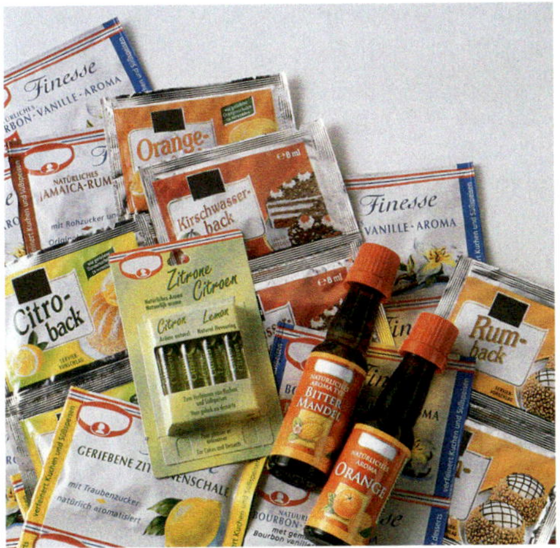

4 Aromastoffe zum Backen

Butansäuremethylester kommt in Äpfeln, Butansäureethylester in Ananas, Ethansäurepentylester in Bananen und Butansäurepropylester in Erdbeeren als Aromastoff vor.

Natürliche, naturidentische und synthetische Aromastoffe

Natürliche Aromastoffe werden aus den entsprechenden Pflanzenteilen gewonnen. Es handelt sich dabei meist um Stoffgemische.

Naturidentische Aromastoffe werden zwar synthetisch hergestellt, kommen jedoch auch in der Natur vor. Ein bekanntes Beispiel ist Vanillin.

Künstliche Aromastoffe haben keine Entsprechung in der Natur und werden im Labor entwickelt. Sie sind als Zusätze nur für bestimmte Lebensmittel, wie z. B. Pudding (▷ B 6), erlaubt und müssen einzeln auf der Verpackung angegeben werden.

Wachse

Ester aus Alkansäuren und Alkanolen mit jeweils langkettigen Molekülen sind Wachse, die in der Natur als Schutzschicht auf Blättern, Nadeln, Blüten, Früchten und in der Technik eine große Rolle spielen. Der Hauptbestandteil des Bienenwachses (▷ B 5) ist ein Ester der Palmitinsäure mit einem langkettigen Alkohol.

Ester lassen sich zerlegen – Die Hydrolyse

Durch die Reaktion mit Wasser können Ester wieder in Alkohol und Säure gespalten werden.

Die Esterspaltung ist ein Beispiel für eine **Hydrolyse** und zugleich die Umkehrung der Esterbildung. Mit Natronlauge verläuft die Esterspaltung schnell und vollständig.

$$\text{Säure} + \text{Alkohol} \xrightarrow{\text{Esterbildung}} \text{Ester} + \text{Wasser}$$

$$\text{Wasser} + \text{Ester} \xrightarrow{\text{Esterspaltung}} \text{Säure} + \text{Alkohol}$$

Esterbildung (Kondensationsreaktion) und Esterspaltung (Hydrolyse) sind ein Beispiel für umkehrbare Reaktionen.

Im Gleichgewicht

Esterbildung und Esterspaltung sind umkehrbare Reaktionen, man spricht auch von Hin- und Rückreaktion. Sie werden durch einen Doppelpfeil zusammengefasst:

$$\text{Säure} + \text{Alkohol} \rightleftarrows \text{Ester} + \text{Wasser}$$

Gleichgültig, von welcher Seite der Reaktionsgleichung man ausgeht, man erhält immer ein Gemisch aller an der Reaktion beteiligten Stoffe. Die Geschwindigkeit der Hinreaktion ist gleich der Geschwindigkeit der Rückreaktion. Dieser Zustand heißt **chemisches Gleichgewicht**. Unter dem Einfluss von Katalysatoren können die Hin- und die Rückreaktion beschleunigt werden.

Versuche

1. Man erhitzt ein Gemisch aus 20 ml reiner Essigsäure, 20 ml Ethanol und 2 ml konz. Schwefelsäure (Vorsicht! Spritzgefahr!) ca. 10 Minuten am Rückflusskühler. Anschließend wird das Gemisch in einen Standzylinder mit Wasser gegossen. Man prüft den Geruch vor und nach der Reaktion.

2. Prüfe das Löslichkeitsverhalten von Ethansäureethylester in Wasser.

3. Untersuche die elektrische Leitfähigkeit von Ethansäureethylester.

4. Man gibt zu Ethansäureethylester konz. Natronlauge und erwärmt vorsichtig (Spritzgefahr!). Die Flüssigkeit wird auf ihre Eigenschaften im Vergleich zu den Ausgangsstoffen untersucht.

5 Kerze aus Bienenwachs

6 Süßspeisen

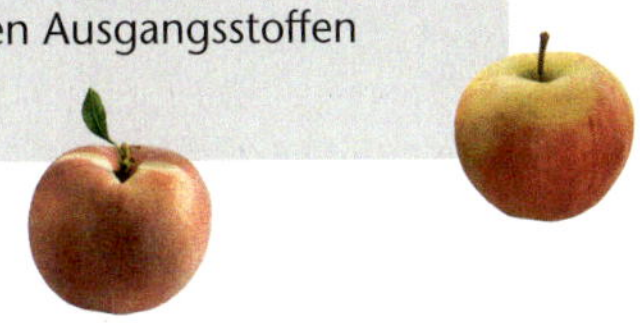

Werkstatt

Ester selbst gemacht

1 Herstellen eines Aromastoffs

Material
Schutzbrille, Schutzhandschuhe, Erlenmeyerkolben (100 ml, weite Form), Stopfen, Kunststoffwanne, 2 Messzylinder, Thermometer, Glasstab, Butanol, Ethansäure, konzentrierte Schwefelsäure (wird von der Lehrkraft ausgegeben)

Versuchsanleitung
Stelle den Erlenmeyerkolben in die Kunststoffwanne. Gib in den Erlenmeyerkolben 10 ml Ethansäure und füge 10 ml Butanol dazu. Vermische vorsichtig durch Umrühren und lasse das Gemisch stehen (▷ B 1).

1 Ethansäure und Butanol

Miss die Temperatur der Flüssigkeit und prüfe den Geruch durch Zufächeln. Anschließend tropft die Lehrerin oder der Lehrer noch 2 ml konzentrierte Schwefelsäure zum Gemisch, verschließt mit dem Stopfen und schwenkt leicht. Miss erneut die Temperatur und prüfe den Geruch durch Zufächeln.

2 Neues Aroma mit anderen Eigenschaften

Material
Schutzbrille, 8 Reagenzgläser, Reagenzglasgestell, Porzellanschale, Gasbrenner, Gasanzünder, Holzspan, dest. Wasser, Ethansäure, Butanol, Ethansäurebutylester, Gemisch aus Versuch 1, Wundbenzin

Versuchsanleitung
a) Untersuche die Löslichkeit von Ethansäurebutylester in Wasser und in Benzin. Wiederhole den Versuch mit Ethansäure, mit Butanol und dem Gemisch aus Versuch 1.
b) Gib einige Tropfen Ethansäurebutylester in eine Porzellanschale und nähere der Flüssigkeit einen brennenden Holzspan (▷ B 2).

2 Brennbarkeit von Ethansäurebutylester

Aufgaben
1. Formuliere für die Esterbildung aus Ethansäure und Butanol die Reaktionsgleichung.

2. Trage die Ergebnisse aus Versuch 2 in eine Tabelle ein. Informiere dich im Buch oder im Internet über die Brennbarkeit der Stoffe.

Stoffe	Ethansäure	Butanol	Ester
Löslichkeit in Wasser			
Löslichkeit in Benzin			
Brennbarkeit			

3 Eigenschaftsvergleich

Zeitpunkt

Dynamit

1 Alfred Nobel

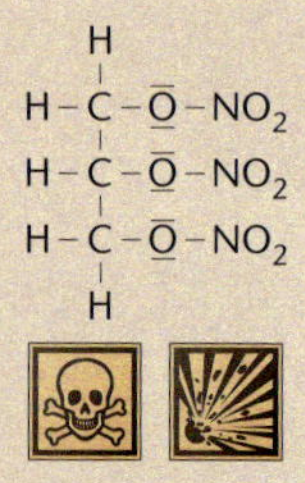

2 Glycerintrinitrat

Hochexplosiv und doch sicher

Der Hauptbestandteil von Dynamit ist Nitroglycerin. Die hochexplosive Substanz wurde 1846 von Ascanio Sobrero entdeckt. In der Fachsprache wird **Nitroglycerin** als Glycerintrinitrat oder Trisalpetersäureglycerinester bezeichnet (▷ B 2). Die ölige, leicht gelbe Flüssigkeit explodiert schon bei leichter Erschütterung, Schlag oder Stoß. Als Sprengstoff ist Nitroglycerin viel zu gefährlich.

Im Jahr 1867 entdeckte der schwedische Ingenieur Alfred Nobel (▷ B 1) ein Verfahren, mit dem Transport und Lagerung von Nitroglycerin möglich wurden. Er

3 Dynamitstangen

erhielt als festen Sprengstoff Dynamit (▷ B 3), als er Nitroglycerin in Kieselgur aufsaugen konnte. Kieselgur ist ein sehr feiner Schwamm, der aus den Gehäusen abgestorbener Kieselalgen besteht. Heute wird Dynamit meist durch andere Sprengstoffe ersetzt, z. B. ANC-Sprengstoffe. AN ist abgeleitet von Ammoniumnitrat und C steht für Kohlenstoffverbindungen. Außerdem wird Nitroglycerin in der Medizin zur Behandlung von Gefäßerkrankungen verwendet. Bei akuten Anfällen hilft dieses Medikament in Kapselform.

1 Polykondensation

2 Fasern aus Baumwolle, Seide und Polyester unter dem Mikroskop

Neben der Polymerisation gibt es auch noch eine andere Möglichkeit der Bildung von Polymeren. Eine solche Reaktion haben wir bei der Esterbildung kennen gelernt.

Polykondensation – ein Polyester wird gebildet

Bei der Reaktion von Dicarbonsäuren mit Alkandiolen entstehen unter Wasserabspaltung kettenförmige Polymere, die **Polyester** (▷ B 3). Für die Entstehung eines Polyesters müssen beide Reaktionspartner, die Alkohole und die Carbonsäuren, je zwei funktionelle Gruppen tragen. Polyester sind wie die Ester hydrophob. Da Wassermoleküle abgespalten werden können, wird diese Art der Kettenbildung **Polykondensation** genannt.

Aus Polyester werden vor allem Kleidungsstücke hergestellt.

▶ Bei der Polykondensation verknüpfen sich Monomere unter Abspaltung kleiner Moleküle (z. B. Wassermoleküle). Alle Monomere tragen zwei funktionelle Gruppen.

Polyesterfasern werden z. B. für Gardinen oder bügelfreie Wäsche verwendet. Die Fasern sind hydrophob und trocknen deshalb sehr schnell (▷ V 2). Sie sind besonders knitterfest und formbeständig.

Versuche

1 Man gibt in ein Reagenzglas ca. 2 g Borsäure und etwa 1 bis 2 ml 1,4-Butandiol. Unter ständigem Schütteln wird der Reagenzglasinhalt erhitzt und das bei der Veresterung entstehende Wasser abgedampft (Nachweis mit Watesmopapier). Nach dem Abkühlen entsteht ein zähes Produkt.

2 Bestimme jeweils die Masse eines ca. 5 cm × 5 cm großen Stück Wollstoffs und Polyesterstoffs. Lege anschließend die Stoffproben in ein Becherglas mit 100 ml Wasser. Bestimme nach dem Abtropfen jeweils die Masse beider Stoffproben und vergleiche.

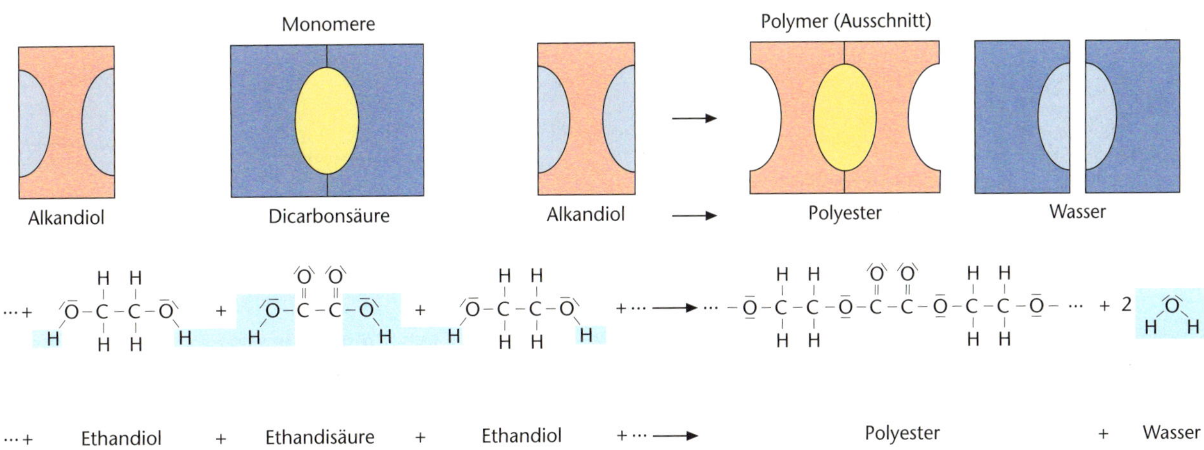

3 Polykondensation in der Formelschreibweise

Schlusspunkt

Alkohole und organische Säuren

Stoffgruppe	**Alkanole** (Alkohole)	**Alkanale** (Aldehyde)	**Alkansäuren** (Carbonsäuren)
Namensgebung	Alkanname + Endsilbe **„-ol"**	Alkanname + Endsilbe **„-al"**	Alkanname + Endsilbe **„-säure"**
Funktionelle Gruppe	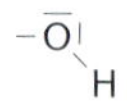	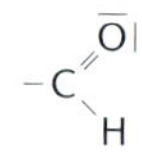	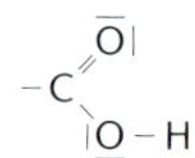
Beispiel (mit zwei Kohlenstoffatomen)	Ethanol (Ethylalkohol) 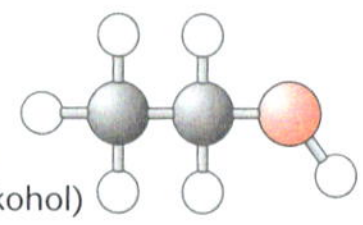	Ethanal (Acetaldehyd) 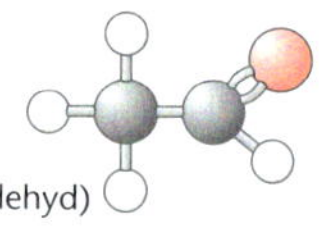	Ethansäure (Essigsäure) 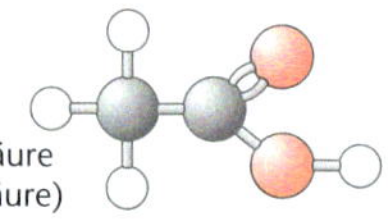
Löslichkeitsverhalten hydrophob (wasserabstoßend) hydrophil (wasserfreundlich)	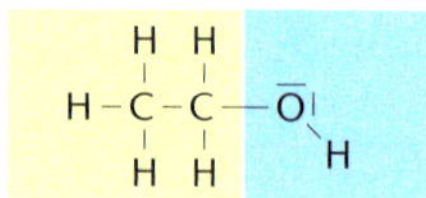 unpolar (hydrophob) polar (hydrophil)	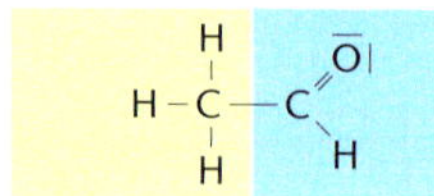 unpolar (hydrophob) polar (hydrophil)	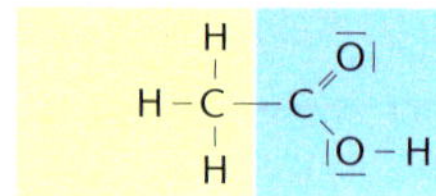 unpolar (hydrophob) polar (hydrophil)

1 Alkanole, Alkanale, Alkansäuren im Überblick

Süße Alkohole

Beispiele für Alkohole mit mehreren Hydroxylgruppen sind Ethandiol (Glykol) und Propantriol (Glycerin) (▷B 2).

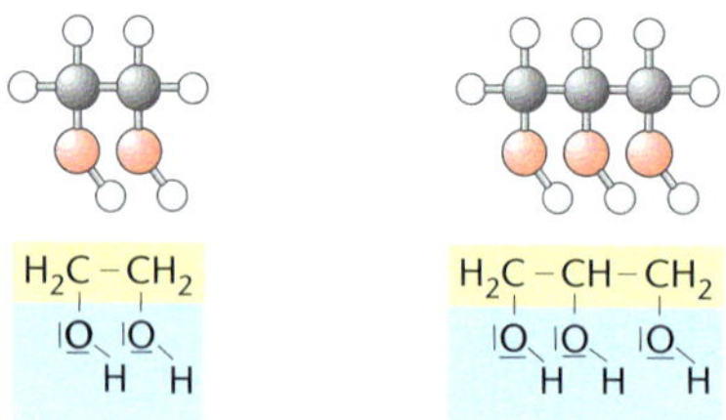

2 Ethandiol und Propantriol

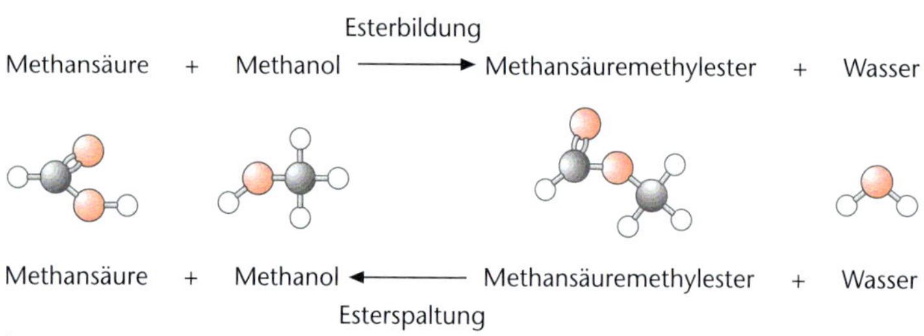

3 Esterbildung und Esterspaltung

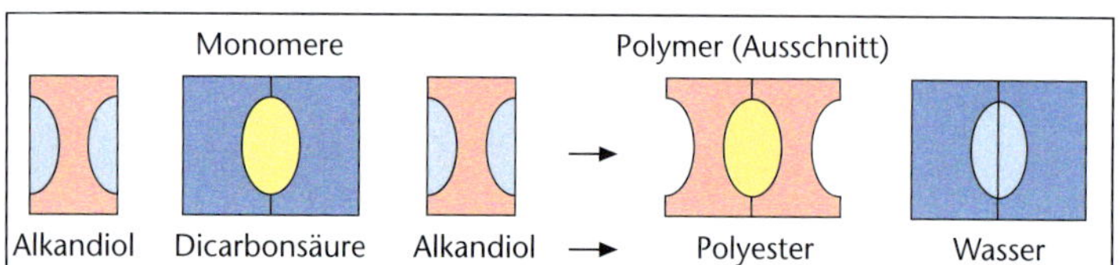

4 Polykondensation im Modell

Gesättigte und ungesättigte Fettsäuren

In den Molekülen von gesättigten Fettsäuren sind die Kohlenstoffatome über Einfachbindungen verknüpft (▷B 5). Die Moleküle von ungesättigten Fettsäuren enthalten eine oder mehrere Doppelbindungen zwischen den Kohlenstoffatomen.

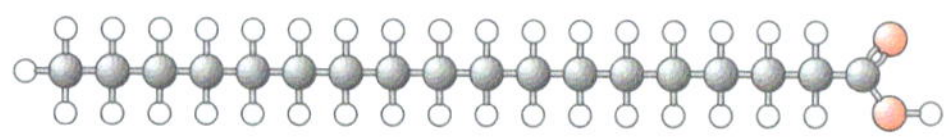

Stearinsäure, eine gesättigte Fettsäure
$C_{17}H_{35}COOH$

5 Octadecansäure (Stearinsäure)

Ester

Ester entstehen bei der Reaktion von Säuren mit Alkoholen. Die Esterbildung ist eine Kondensationsreaktion. Bei einer Kondensation verbinden sich Moleküle unter Abspaltung von Wassermolekülen. Die Spaltung einer Verbindung bei der Reaktion mit Wasser nennt man Hydrolyse (▷B 3). Die Esterspaltung ist eine Hydrolyse.

Polykondensation

Bei der Polykondensation verknüpfen sich Monomere unter Abspaltung kleiner Moleküle. Alle Monomere tragen zwei funktionelle Gruppen (▷B 4).
Beispiele: Polyester, Perlon®, Nylon®

Aufgaben

1 Zu Aufgabe 1

1 Der Hauptbestandteil von Brennspiritus ist Ethanol.
a) In welchen Bereichen des Alltags wird Brennspiritus verwendet? Nenne jeweils einige wichtige Beispiele.
b) Warum wird beim Fondue heute meist eine Paste als Brennstoff verwendet und nicht Brennspiritus (▷ B 1)?

2 Zu Aufgabe 2

2 Ein Alkoholometer ist ein Messgerät für den Alkoholgehalt von Flüssigkeiten (▷ B 2). Es besteht aus einer geschlossenen Glasröhre, die unten beschwert ist, damit das Alkoholometer senkrecht in die Flüssigkeit eintaucht. An einer geeichten Skala kann man den Alkoholgehalt der Lösung in Volumen-% direkt ablesen. Überlege, welcher Zusammenhang zwischen Eintauchtiefe und Alkoholgehalt besteht.

3 Alkoholthermometer sind mit angefärbtem Ethanol gefüllt (▷ B 3). Für welchen Temperaturbereich können solche Thermometer verwendet werden? Begründe die Werte.

3 Zu Aufgabe 3

4 Zu Aufgabe 4

4 Ameisensäure ist Bestandteil mancher Entkalkungsmittel (▷ B 4). Gib den systematischen Namen dieser Säure an. Welche Warnhinweise und Sicherheitsratschläge sind auf Behältern von Entkalkern aufgedruckt?

5 In der Abbildung 5 sind verschiedene Lösungen der pH-Wertskala zugeordnet. Werte die Tabelle aus und vergleiche.

Beispiel	pH-Wert und Farbe von Universalindikator	
3,65 %ige Salzsäure	0	
	1	
Zitronensaft	2	
Speiseessig	3	
Wein	4	
	5	
Milch	6	
reines Wasser	7	

5 Zu Aufgabe 5

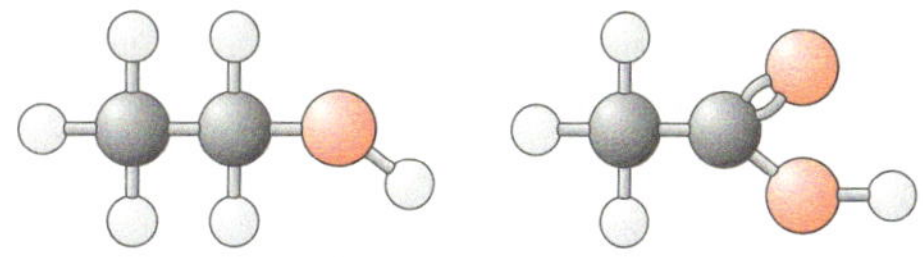

6 Zu Aufgabe 6

6 Zu welchen Stoffgruppen gehören die Moleküle der abgebildeten Modelle (▷ B 6)? Beschreibe Unterschiede und Gemeinsamkeiten im Aufbau der beiden Moleküle und in den Eigenschaften der Stoffe.

7 Octadecansäure (Stearinsäure) und Octadecensäure (Ölsäure) sind beides Fettsäuren (▷ B 7). Beschreibe die Unterschiede im Aufbau der Moleküle, im Vorkommen und in den Eigenschaften der Stoffe.

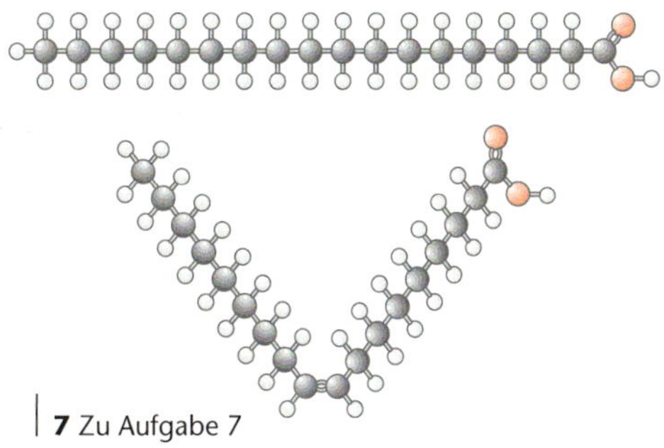

7 Zu Aufgabe 7

8 Viele Fruchtester sind Duft- und Aromastoffe.
Welche Ausgangsstoffe wurden jeweils für die Bildung der Fruchtester in Bild 8 benötigt? Formuliere für eines der Beispiele das Reaktionsschema und die Reaktionsgleichung. Um welchen Reaktionstyp handelt es sich dabei?

Propansäure-ethylester (Rumaroma)	$C_2H_5-\overset{\langle O \rangle}{\overset{\|}{C}}-\overline{\underline{O}}-C_2H_5$
Butansäure-methylester (Apfelaroma)	$C_3H_7-\overset{\langle O \rangle}{\overset{\|}{C}}-\overline{\underline{O}}-CH_3$
Butansäure-ethylester (Ananasaroma)	$C_3H_7-\overset{\langle O \rangle}{\overset{\|}{C}}-\overline{\underline{O}}-C_2H_5$
Ethansäure-pentylester (Bananenaroma)	$CH_3-\overset{\langle O \rangle}{\overset{\|}{C}}-\overline{\underline{O}}-C_5H_{11}$

8 Zu Aufgabe 8

Ernährung und Pflege

Nährstoffe, Seifen und Waschmittel sind organische Stoffe, die aus großen Molekülen aufgebaut sind. Die Eigenschaften der Stoffe werden vom Aufbau der zugehörigen Moleküle bestimmt.

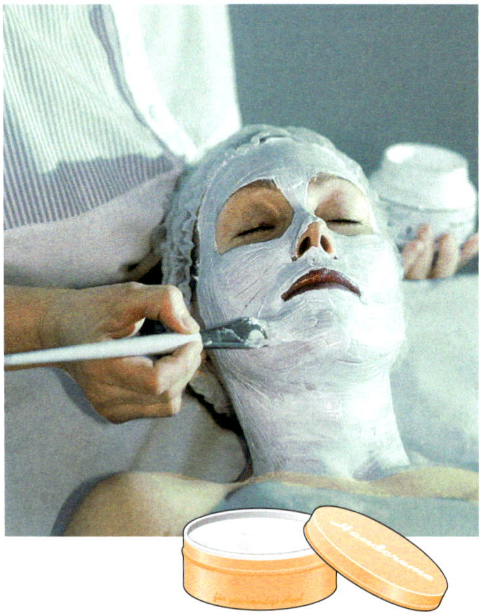

Vielfach wird bemängelt: Wir essen nicht nur zu viel, sondern auch zu einseitig. Diskutiere Regeln für eine gesunde Ernährung.

Eine ausgewogene Ernährung sollte Anteile verschiedener Nährstoffe enthalten. Welche Nährstoffe sind dir bekannt? Beschreibe den Zusammenhang von Nährstoffen und Nahrungsmitteln.

Waschen und Körperpflege fördern Wohlbefinden und Hygiene. Sind Kosmetika überflüssig?

Wie häufig und mit welchen Programmen wird die Waschmaschine bei euch zu Hause in einem Monat eingesetzt? Ermittle auch den „Verbrauch“ an Wasser und elektrischer Energie.

Eiweiß	18 %
Fett	10 %
Kohlenhydrate	0 %

Eiweiß	0 %
Fett	80 %
Kohlenhydrate	0,5 %

Eiweiß	8 %
Fett	1 %
Kohlenhydrate	47 %

Lebensmittel

- Zusatzstoffe
- Genussmittel
- Nahrungsmittel
  - Nährstoffe
  - Wirkstoffe
  - Hilfsstoffe

Nährstoffe

Eiweiße
- Grundbaustoffe der Zellen
- Wirkstoffe
- Schutzfunktion

Fette
- Energiegewinnung
- Speicherfunktion
- Löslichkeit mancher Vitamine
- Schutzfunktion

Kohlenhydrate
- Energiegewinnung

Wirkstoffe

Vitamine
- Schutzfunktion
- Unterstützung der Enzyme

Mineralstoffe
- Körperaufbau
- Stoffwechselfunktion
- Wasserhaushalt

Hilfsstoffe

Wasser
- Stoffwechselfunktion
- Entgiftung
- Regulation der Körpertemperatur

Ballaststoffe
- Unterstützung der Darmtätigkeit

1 Ernähren wir uns gesund?

Nährstoffzufuhr: ausgewogen = gesund
Fette, Eiweiße und Kohlenhydrate sind **Nährstoffe**. Sie bilden die Grundpfeiler unserer Ernährung (▷ B 1). Wir brauchen von allem etwas, möglichst auf den ganzen Tag verteilt. Die Deutsche Gesellschaft für Ernährung empfiehlt einen Rhythmus von 5 Mahlzeiten am Tag (▷ B 2). Die drei Grundnährstoffe sollen in den Mahlzeiten in ausgewogener Menge enthalten sein. Im Durchschnitt sollte ein Erwachsener mehr Kohlenhydrate als Fette und Eiweiße mit der Nahrung zu sich nehmen.

Die Nährstoffe erfüllen bestimmte Funktionen in unserem Körper. Sie dienen dazu, den Stoffwechsel- und Energiehaushalt aufrecht zu halten (▷ B 1).

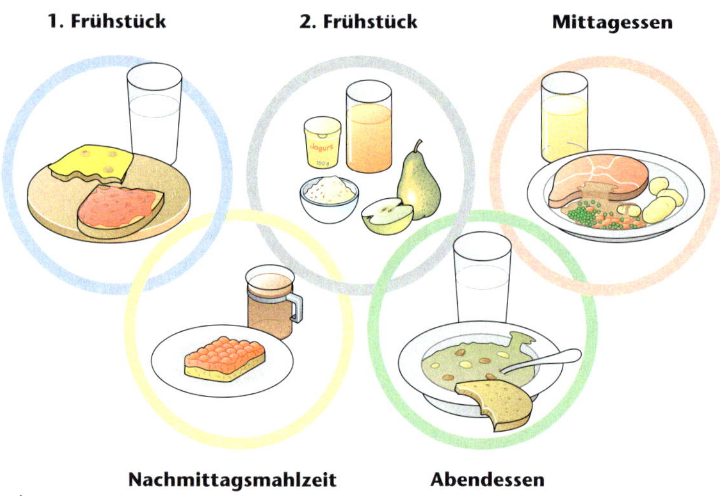

2 Fit durch ausgewogene Ernährung – 5 Mahlzeiten über den Tag verteilt

Was der Körper sonst noch braucht
So wichtig die Zufuhr von Eiweißen, Fetten und Kohlenhydraten auch ist, würde man sich auf diese beschränken, so würden sich schwerwiegende Mängel einstellen.
Zu einer gesunden Ernährung gehören auch Vitamine, Mineralstoffe, Ballaststoffe und natürlich Wasser (▷ B 1). Vitamine und Mineralstoffe fasst man unter der Bezeichnung **Wirkstoffe** zusammen.
Mineralstoffe sind Salze, die am Körperaufbau beteiligt und unentbehrlich für den Stoffwechsel sind. Einige von ihnen braucht der Körper nur in sehr geringen Mengen. Man bezeichnet sie deshalb als Spurenelemente.
Vitamine (lat.: vita, Leben) kann der Körper im Allgemeinen nicht selbst aufbauen. Sie müssen daher mit der Nahrung aufgenommen werden.

▶ Fette, Eiweiße und Kohlenhydrate sind Nährstoffe. Vitamine und Mineralstoffe sind Wirkstoffe.

Aufgaben

1 Informiere dich über die Bedeutung von Wasser und Ballaststoffen für die Ernährung.

2 Beobachte und notiere die Nahrung, die du an einem Tag zu dir nimmst. Vergleiche den Nährstoffgehalt mit einer Nährstofftabelle.

Werkstatt

„Fette“ Versuche

1 Fette hinterlassen Flecken – Die Fettfleckprobe

Material

Schutzbrille, Pipette, Reibschale mit Pistill, Spatellöffel, Filterpapier, Kugelschreiber, Erdnüsse mit Schale, Wasser

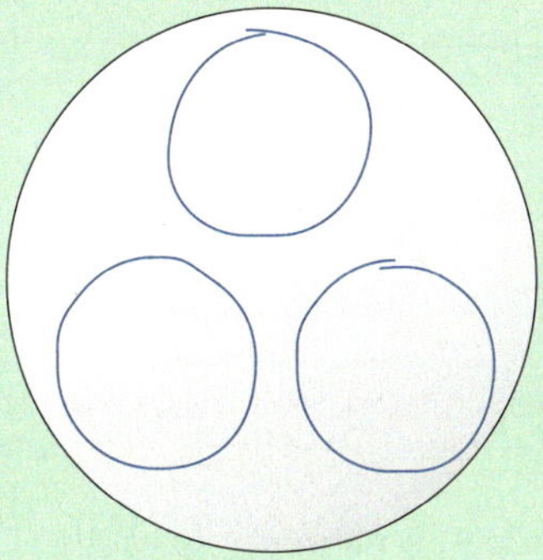

1 Die Fettfleckprobe

Versuchsanleitung

Markiere mit einem Kugelschreiber drei Kreise auf einem Filterpapier. Tropfe anschließend aus einer Pipette einen Tropfen Wasser in einen Kreis. Reibe danach mithilfe des Spatels Erdnussschalen in den zweiten Kreis. Zerreibe schließlich in der Reibschale Erdnusskerne und drücke die Masse mit dem Spatel gleichmäßig dünn innerhalb der dritten Markierung auf (▷ B 1).
Vergleiche im Gegenlicht.

2 Löslichkeit von festen und flüssigen Fetten

Material

Schutzbrille, 6 Reagenzgläser mit passenden Gummistopfen, Reagenzglasgestell, Tropfpipette, Folienstift, Spatel, Wasser, Wundbenzin, Spiritus, Olivenöl, festes Fett (z. B. Biskin)

Versuchsanleitung

a) Lege sechs gleich große Reagenzgläser mit passenden Stopfen zurecht.
Gib in ein Reagenzglas Wasser, in das zweite Wundbenzin und in das dritte Spiritus (▷ B 2).

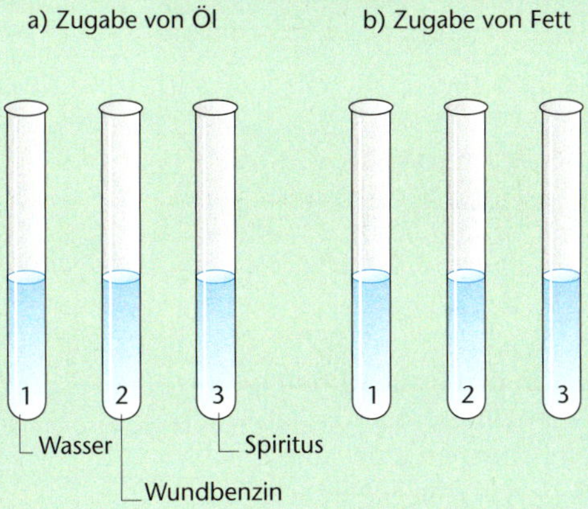

2 Löslichkeit von Fetten

Lasse nun aus der Tropfpipette gleich viele Tropfen Öl hinzulaufen. Verschließe die Reagenzgläser mit dem Stopfen und schüttle sie einige Male. Stelle sie anschließend in das Reagenzglasgestell. Notiere die Beobachtungen.

b) Verfahre nun mit den restlichen drei Reagenzgläsern so wie in Versuch a). Nimm aber jetzt statt des Öls das feste Fett. Achte darauf, gleich viel Fett für jedes Reagenzglas zu nehmen.
Notiere die Ergebnisse und vergleiche mit Versuch a).

3 Margarineherstellung

Material

Schutzbrille, Erlenmeyerkolben (250 ml) mit passendem Gummistopfen, Becherglas (400 ml, weite, passende Form), 2 Bechergläser (250 ml und 150 ml, hohe Form), Glasstab, Messzylinder, Thermometer, Gasbrenner, Dreifuß, Keramik-Drahtnetz, Magermilch, Eigelb, festes Fett, Wasser

Versuchsanleitung

Gib in den Erlenmeyerkolben etwa 5 cm hoch festes Fett. Erwärme in dem 400-ml-Becherglas 150 ml

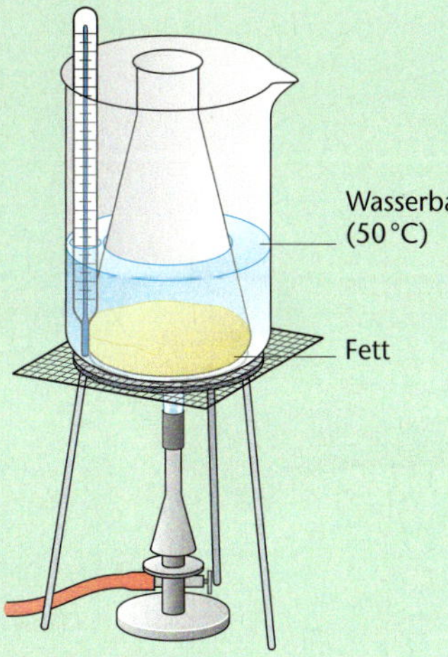

3 Erwärmen des Fettes

Wasser auf ca. 50 °C. Stelle anschließend den Erlenmeyerkolben in das Wasserbad und schmilz das Fett (▷ B 3). Gib danach ca. 1 cm hoch ein Gemisch aus Magermilch und einem Eigelb dazu. Verschließe nun den Erlenmeyerkolben mit einem Stopfen und schüttle so lange, bis eine homogene Mischung entstanden ist. Gib den Kolbeninhalt in ein 250 ml-Becherglas und kühle ihn unter fließendem kalten Wasser ab. Rühre dabei das Gemisch mit einem Glasstab um (▷ B 4). Der Versuch ist beendet, wenn eine streichfähige Masse entstanden ist. Achte darauf, dass beim Abkühlen kein Wasser in das Becherglas gelangt.

Aufgabe

Was bewirkt die Eigelbzugabe bei der Margarineherstellung?

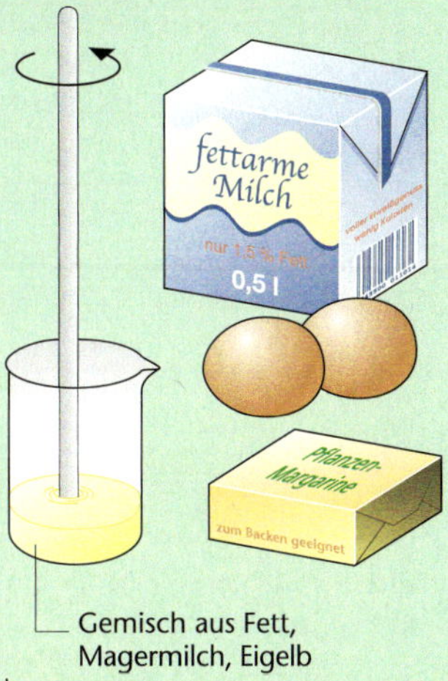

4 Margarineherstellung

1 Öl brennt.

Öl brennt
Öllampen waren bereits den Römern bekannt. Hält man einen brennenden Docht einer solchen Lampe an eine kalte Porzellanschale, so wird die Schale schwarz (▷ V 1; B 1). Es hat sich Ruß gebildet. Die Moleküle des Öls enthalten demnach anteilmäßig viele Kohlenstoffatome.

Butter wird ranzig
Lässt man Butter längere Zeit ungekühlt offen liegen, so wird sie ranzig. Sie beginnt unangenehm nach Buttersäure (Butansäure) zu riechen. Beim Test mit Universalindikatorpapier färbt sich dieses rot. Dies deutet darauf hin, dass am Aufbau von Butter die Fettsäure Butansäure beteiligt ist. Beim Ranzigwerden wird diese Säure frei, was man dann auch riechen kann.

Auch am Aufbau anderer Fette sind organische Säuren beteiligt. Diese liegen in den „Fettmolekülen" mit Glycerin verestert vor. Da das Glycerinmolekül drei OH-Gruppen besitzt, findet eine **Veresterung** an drei Stellen statt. Verestert man Glycerin mit drei Molekülen Butansäure, entsteht ein Molekül mit dem Namen Tributansäureglycerinester (▷ B 3).

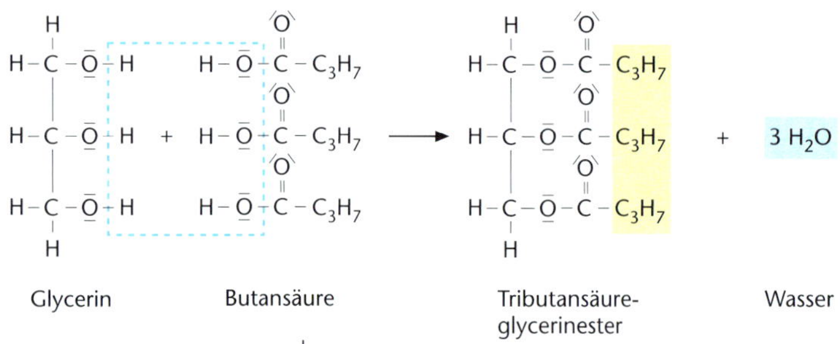

3 Entstehung von Tributansäureglycerinester

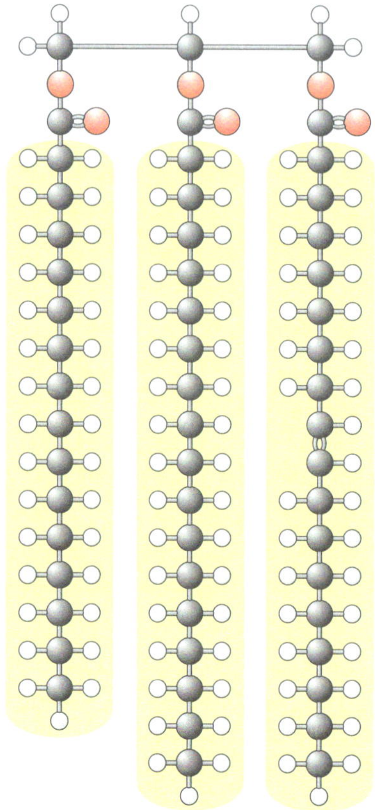

2 Palmitinsäure-Stearinsäure-Ölsäureglycerinester-molekül

Die Vielfalt der Fette
Meist sind mit dem Glycerinmolekül drei verschiedene Fettsäuremoleküle verestert. Die Fettsäuren sind oft langkettig, wie das Stearinsäuremolekül oder Palmitinsäuremolekül.
Werden Ölsaure, Stearinsäure und Palmitinsäure mit Glycerin verestert, können, je nach Anordnung der Fettsäuremoleküle, verschiedene Glycerinestermoleküle entstehen. Eine mögliche Anordnung zeigt Bild 2.

Fette bestehen zudem nie aus nur einem Glycerinester, vielmehr sind sie ein Gemisch aus verschiedenen Estern.
Deshalb gibt es eine Vielzahl unterschiedlicher Fette (▷ B 4).

Fettmoleküle sind Ester aus Glycerin und Fettsäuren. Fette sind Gemische aus verschiedenen Estern.

Aufgrund des Aufbaus von Fetten lässt sich die schlechte Wasserlöslichkeit gut erklären. Die Fettsäureglycerinester-Moleküle sind wegen ihres langen unpolaren Kohlenwasserstoffrestes hydrophob.

	tierische Fette			pflanzliche Fette			
gesättigte Fettsäuren	**Butter**	**Schweineschmalz**	**Rindertalg**	**Kokosfett**	**Olivenöl**	**Sonnenblumenöl**	**Leinöl**
Buttersäure C_3H_7COOH	3 %			9 %			
Palmitinsäure $C_{15}H_{31}COOH$	27 %	27 %	30 %	3 %	15 %	5 %	7 %
Stearinsäure $C_{17}H_{35}COOH$	10 %	2 %	20 %	32 %	2 %	2 %	3 %
ungesättigte Fettsäuren							
Ölsäure $C_{17}H_{33}COOH$	30 %	45 %	39 %	6 %	71 %	27 %	18 %
Linolsäure $C_{17}H_{31}COOH$	4 %	8 %	3 %	2 %	8 %	65 %	14 %
Linolensäure $C_{17}H_{29}COOH$	1 %						58 %

4 Welche Fettsäuren sind enthalten?

Ungesättigte Fettsäuren

Einfach ungesättigte Fettsäuren besitzen im Molekül eine Doppelbindung zwischen zwei Kohlenstoffatomen. **Mehrfach ungesättigte Fettsäuren** enthalten mehrere Doppelbindungen (▷V 2).
Die mehrfach ungesättigten Fettsäuren haben große Bedeutung für unseren Stoffwechsel. Da der Körper sie nicht selbst herstellen kann, müssen sie mit der Nahrung zugeführt werden. Man bezeichnet sie daher als **essenzielle** (lebensnotwendige) Fettsäuren (▷B 5).

Essenzielle Fettsäuren sind organische Säuren, die vom menschlichen Körper nicht selbst produziert werden können. Sie müssen mit der Nahrung aufgenommen werden.

Feste, halbfeste und flüssige Fette

Vergleicht man den Anteil der verschiedenen Fettsäuren in den einzelnen Fetten, fällt auf, dass Öle einen höheren Anteil an ungesättigten Fettsäuren enthalten (▷B 4). Je größer der Anteil an ungesättigten Fettsäuren in einem Fett ist, desto flüssiger ist es.

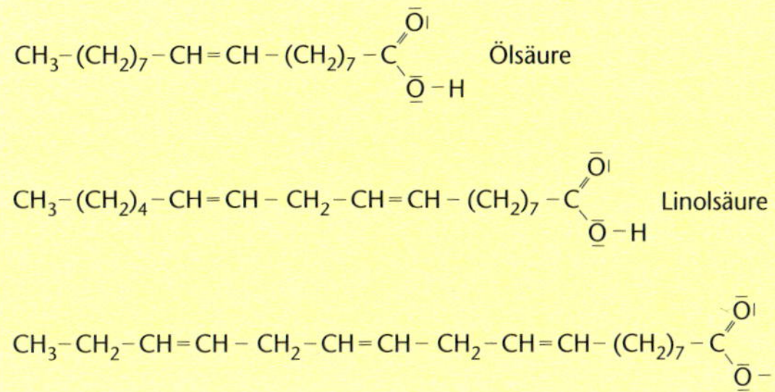

5 Einfach und mehrfach ungesättigte Fettsäuremoleküle

Versuche

1 Gib in ein Reagenzglas etwas Lampenöl. Verschließe das Gefäß mit einem durchbohrten Stopfen. Führe durch die Öffnung ein kurzes Glasrohr und ziehe einen Docht hindurch, der in das Öl taucht. Zünde den Docht an und halte eine kalte Porzellanschale über die Flamme.

2 Gib zu angesäuerter Kaliumpermanganatlösung in je einem Reagenzglas einige Tropfen a) Stearinsäure, b) Linolsäure und c) Ölsäure. Vergleiche.

Aufgaben

1 Zeichne die Strukturformeln von folgenden Estermolekülen:
a) Tripalmitinsäureglycerinester,
b) Ölsäure-Linolsäure-Palmitinsäure-glycerinester.

2 Besitzen Fette eine Schmelztemperatur? Begründe.

3 Wie viele Estermoleküle können entstehen, wenn man Ölsäure und Stearinsäure mit Glycerin verestert?

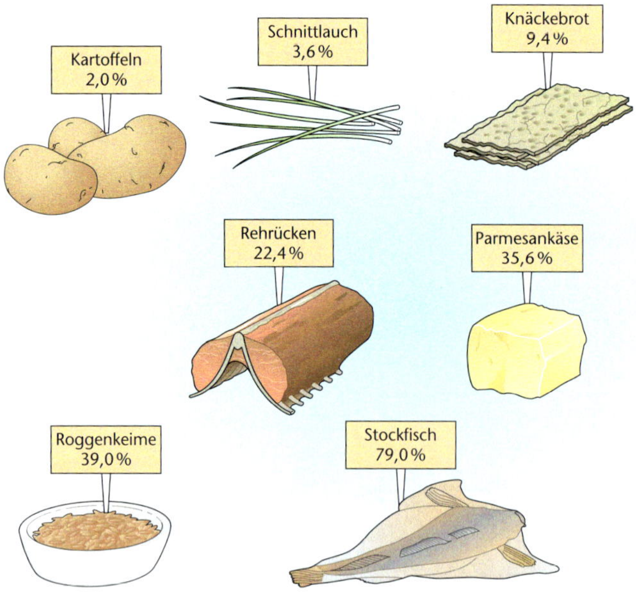

1 Eiweißgehalt ausgewählter Nahrungsmittel

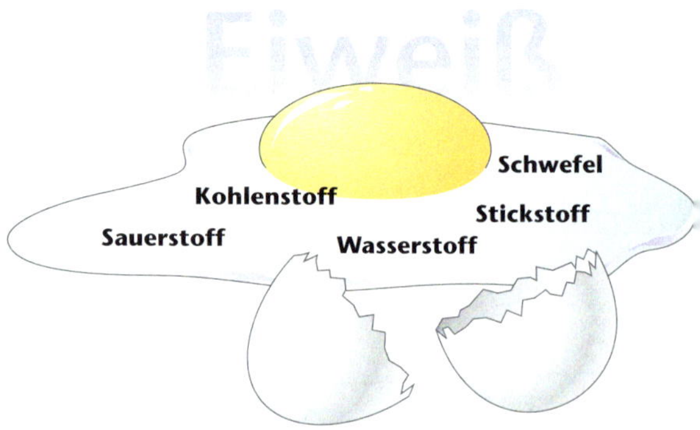

3 Die verschiedenen Eiweißbestandteile

Bedeutung und Vorkommen

In vielen Nahrungsmitteln sind Eiweiße enthalten. Diese können sowohl pflanzlicher als auch tierischer Herkunft sein.
In Fleisch, Fisch und Eiern ist relativ viel Eiweiß enthalten (▷ B 1).
Eiweiße sind für den menschlichen Körper von großer Bedeutung. Sie sind am Aufbau der Haut, der Haare und vor allem der Muskeln beteiligt. Die Zellen aller Lebewesen enthalten Eiweiße.

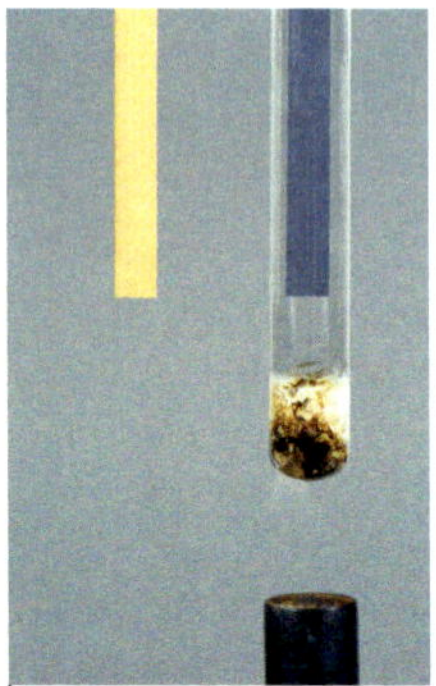

2 Die Elemente C und N werden nachgewiesen.

Versuche

1 Man erwärmt etwas Eiklar über der nicht leuchtenden Gasbrennerflamme (Abzug!).

2 Man gibt in eine kleine Abdampfschale etwas festes Eiklar sowie zwei Plätzchen Natriumhydroxid. Das Gemisch wird vorsichtig über dem Gasbrenner erwärmt. Die aufsteigenden Dämpfe werden mit angefeuchtetem Universalindikatorpapier getestet. (Abzug!)

3 Man erwärmt in einem Reagenzglas mit Gasableitungsrohr etwas festes Eiklar mit Kupfer(II)oxid. Die Reaktionsprodukte werden zuerst durch ein gekühltes U-Rohr und anschließend durch eine Waschflasche mit Kalkwasser geleitet (Abzug!). Die entstehende Flüssigkeit im U-Rohr wird mit Watesmopapier getestet.

Woraus besteht Eiweiß?

Nach dem klaren, hellen Bestandteil des frischen Hühnereis, dem Eiweiß, ist die Stoffgruppe der Eiweiße benannt. Erwärmt man etwas Eiweiß (Eiklar), so bildet sich ein schwarz-brauner Rückstand. Dieser deutet auf die Anwesenheit von Kohlenstoff hin (▷ B 2; V 1).

Ein Gemisch aus getrocknetem Hühnereiweiß und Kupferoxid entwickelt beim Erwärmen Kohlenstoffdioxid. Gleichzeitig bilden sich bei diesem Versuch Wassertropfen, die sich mit Watesmopapier nachweisen lassen (▷ V 3).

Erwärmt man etwas eingetrocknetes Hühnereiweiß mit Natriumhydroxid-Plätzchen, steigen unangenehm riechende Dämpfe auf. Feuchtes Universalindikatorpapier wird durch die Dämpfe grün-blau gefärbt (▷ B 2; V 2). Es bildet sich Ammoniak NH_3. Dies deutet darauf hin, dass das Element Stickstoff im Hühnereiweiß gebunden ist.

Diese Experimente zeigen, dass die Elemente Kohlenstoff, Wasserstoff, Sauerstoff und Stickstoff am Aufbau von Eiweiß beteiligt sind. Weitere Untersuchungen weisen zusätzlich noch das Element Schwefel nach.

▶ Eiweiße sind organische Verbindungen, die hauptsächlich aus den Elementen Kohlenstoff, Sauerstoff, Wasserstoff und Stickstoff aufgebaut sind.

Wie man Eiweiße nachweist
Gibt man zu einer Eiklarlösung eine alkalische Kupfersulfatlösung (▷ V 2), färbt sich die Lösung charakteristisch von Blau nach Violett. Dies ist ein Nachweis von Eiweißen und heißt **Biuret-Reaktion** (▷ B 1).
Beim Erwärmen einer Hühnereiweißlösung mit konzentrierter Salpetersäure setzen sich gelbe Flocken ab (▷ V 1). Der Name dieser Reaktion lautet **Xanthoprotein-Reaktion** (griech.: xanthos, gelb und protos, zuerst, ursprünglich). Auch mit dieser Reaktion kann man Eiweiße nachweisen (▷ B 2).

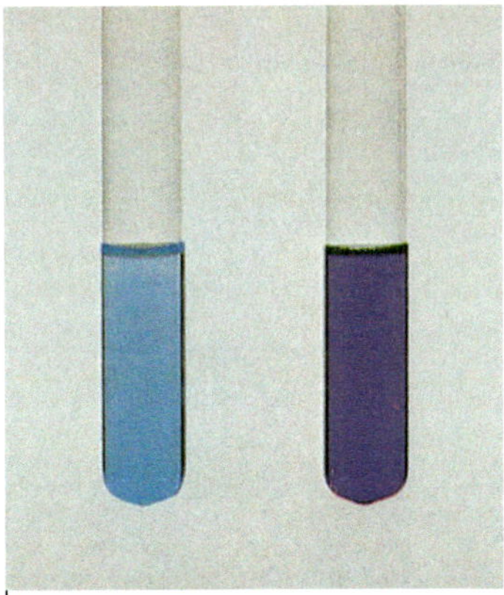
1 Biuret-Reaktion

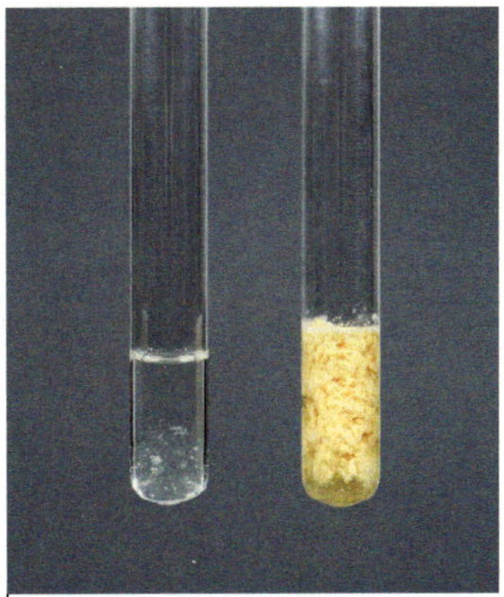
2 Xanthoprotein-Reaktion

▶ Eiweiße zeigen mit der Xanthoprotein-Reaktion eine typisch gelbe und mit der Biuret-Reaktion eine typisch violette Verfärbung.

Eiweiße werden verdaut
Essen wir eiweißhaltige Nahrungsmittel, wird im Magen das Eiweiß verdaut. Die Magensäure und das körpereigene Enzym Pepsin spalten Eiweißmoleküle in kleinere Moleküle. Diese kleinen Bausteine gehören zu einer Verbindungsklasse, den **Aminosäuren**.

Versuche

1 Man gibt zu einer Eiklarlösung bzw. Glycinlösung konzentrierte Salpetersäure und erwärmt vorsichtig (Abzug!).

2 Stelle mit verdünnter Natronlauge eine alkalische Kupfersulfatlösung her und gib sie auf eine Eiklarlösung. Falls keine Farbänderung eintritt, erwärme leicht. Wiederhole den Versuch mit Glycin.

Aminosäuren, Bausteine der Eiweiße
Aminosäuren leiten sich in ihrer Struktur von der Ethansäure ab. Ist am zweiten Kohlenstoffatom ein Wasserstoffatom durch eine **Aminogruppe –NH_2** ersetzt, erhält man die einfachste Aminosäure, **Glycin** (▷ B 3). Ersetzt man am zweiten Kohlenstoffatom ein weiteres Wasserstoffatom durch einen Kohlenwasserstoffrest oder eine andere Gruppe (–R), so entstehen weitere Aminosäuren. Die Strukturformel von Alanin erhält man beispielsweise, wenn für –R die Methylgruppe –CH_3 eingesetzt wird (▷ B 4).
Alle Aminosäuren haben als kennzeichnende funktionelle Gruppen die Aminogruppe –NH_2 und die Carboxylgruppe –COOH.

Eiweiße bestehen aus Aminosäuren. Aminosäuren bilden somit das Grundgerüst der Eiweiße.

▶ Aminosäuremoleküle enthalten die Aminogruppe –NH_2 und die Carboxylgruppe –COOH.

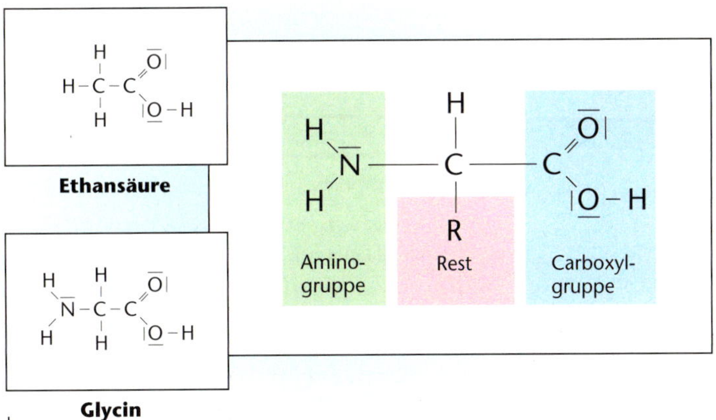

3 Allgemeine Darstellung von Aminosäuren

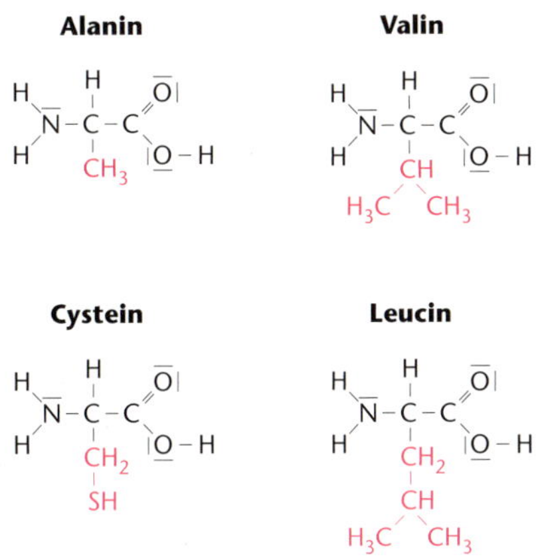

4 Die Strukturformeln einiger Aminosäuren

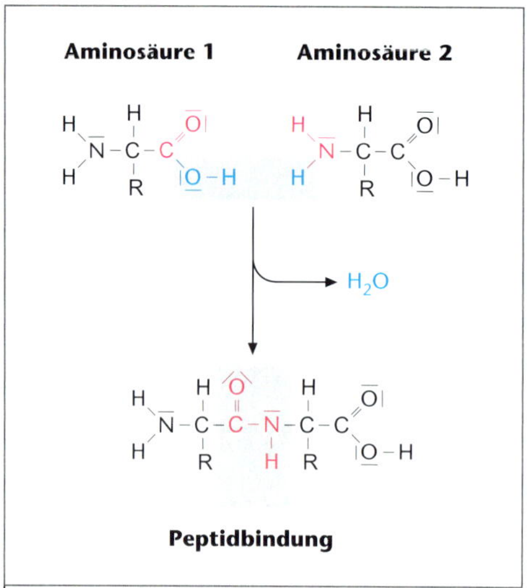

1 Die Bildung eines Dipeptids

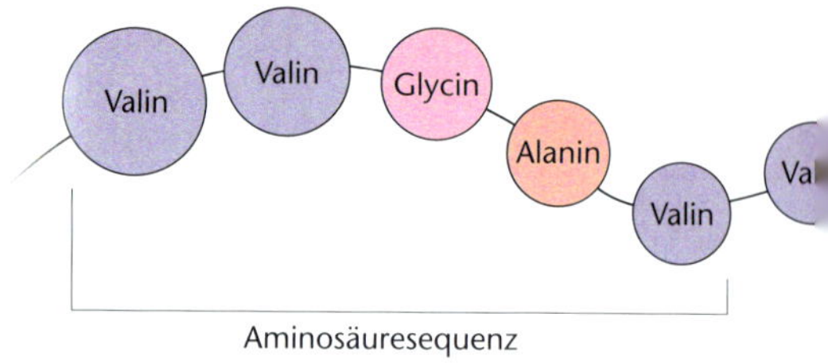

3 Die Aminosäuresequenz

Aminosäuren können sich miteinander verbinden
Zwei Aminosäuremoleküle können sich miteinander verbinden. Hierbei wird ein Wassermolekül abgespalten. Es handelt sich um eine Kondensationsreaktion, bei der neben Wasser ein **Dipeptidmolekül** entsteht. Die Verknüpfung der beiden Aminosäuren erfolgt über die **Peptidbindung** (▷B 1).

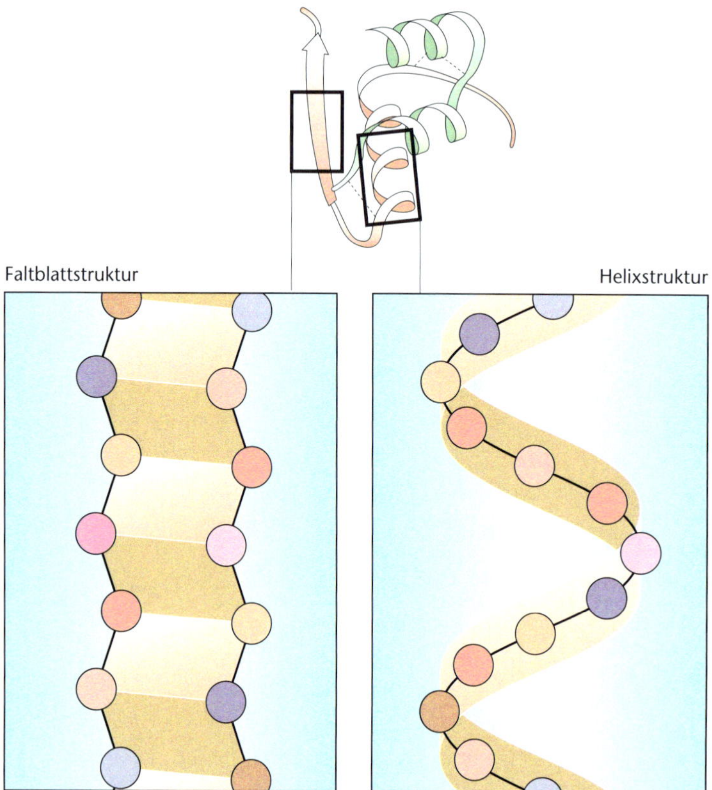

2 Die räumliche Struktur eines Proteins

Vom Dipeptid zum Polypeptid – eine Kette wächst
Dipeptide können sich in einer erneuten Kondensationsreaktion mit weiteren Aminosäuren verbinden. Es entstehen auf diese Weise lange Ketten, die **Polypeptide**. Die Abfolge (Reihenfolge) der einzelnen Aminosäuren nennt man **Aminosäuresequenz** (▷B 3). Meist benutzt man Kennbuchstaben für die verschiedenen Säuren. Dadurch wird die Sequenz übersichtlicher.

Die Kette bildet räumliche Strukturen
Polypeptidketten bilden keine gradlinigen Stränge aus, sondern lange Molekülketten, die sich falten oder knäulen können. Solche räumliche Strukturen werden als Sekundär- und Tertiärstruktur bezeichnet. Jedes Eiweiß bildet eine für seine Sequenz typische räumliche Struktur aus (▷B 2).

Polypeptide sind häufig Eiweißmoleküle mit sehr großen Molekülmassen. Diese Moleküle nennt man auch **Proteine**.

Aminosäuren verbinden sich miteinander durch Kondensationsreaktionen. Dabei entstehen Di- oder Polypeptide.

Die Anordnung der Aminosäuren ist wie ein Fingerabdruck
Beim Aufbau der für alle Lebewesen wichtigen Proteine spielen „nur“ 20 verschiedene Aminosäuren eine Rolle.

Aufgaben

1 Verknüpfe ein Molekül Valin und ein Molekül Leucin zu einem Dipeptid. Benutze dazu Strukturformeln.

2 Wie viele verschiedene Aminosäuresequenzen können entstehen, wenn sich zwei Moleküle Glycin und zwei Moleküle Valin miteinander verbinden?

Die dennoch riesige Anzahl verschiedener Proteine ist zurückzuführen auf die unterschiedlichen Kombinationsmöglichkeiten zwischen den 20 Aminosäuren. Jedes Eiweißmolekül enthält dabei eine ganz bestimmte Reihenfolge von Aminosäuren (Sequenzen). In einem Protein mit 100 Aminosäuremolekülen lassen sich, wenn 20 verschiedene Aminosäuren vorkommen, 20^{100} Kombinationen bilden. So besteht beispielsweise Hämoglobin aus 146 Aminosäuremolekülen, die in charakteristischer Weise verknüpft sind.

Eiweißstrukturen werden zerstört
Hält man eine Eiweißlösung über den Gasbrenner, so wird diese trüb. Es flockt ein weißer Niederschlag aus (▷ V 1; ▷ B 4). Dieser Vorgang wird als Gerinnung oder **Denaturierung** bezeichnet.

Eiweiße lassen sich nicht nur durch Wärme denaturieren. Bei Zugabe von Säuren (▷ B 5; V 1) oder Schwermetalllösungen zu einer Eiklarlösung zeigt sich die gleiche Reaktion wie beim Erwärmen. Die Eiweißstruktur wird unwiderruflich zerstört.

Durch Wärme, Säuren oder Schwermetalle wird die Eiweißstruktur zerstört. Dieser Vorgang wird als Denaturierung bezeichnet.

4 Eiweiß denaturiert durch Wärme.

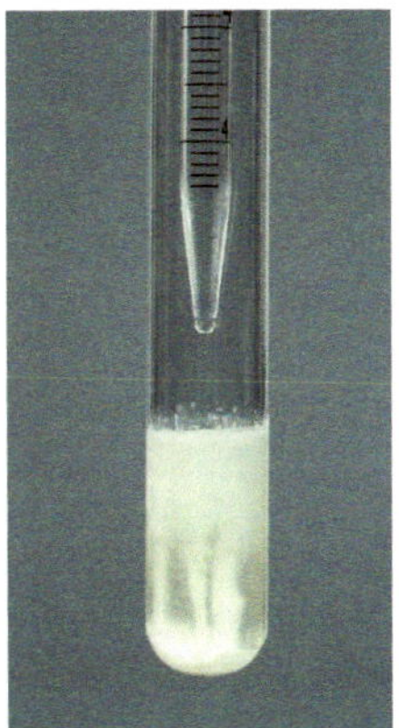

5 Eiweiß denaturiert durch Säure.

Versuch

1 Gib in zwei Reagenzgläser jeweils Eiklarlösung. Gib in das erste Reagenzglas eine verdünnte Säure. Erwärme das zweite Reagenzglas vorsichtig über der Gasbrennerflamme.

Werkstatt

Eiweiße werden verdaut

Material
Schutzbrille, 4 Reagenzgläser, Reagenzglashalter, Reagenzglasgestell, Watte, 2 Tropfpipetten, Spatellöffel, Wärmeschrank, gekochtes Hühnereiweiß, destilliertes Wasser, verdünnte Salzsäure, Pepsinlösung

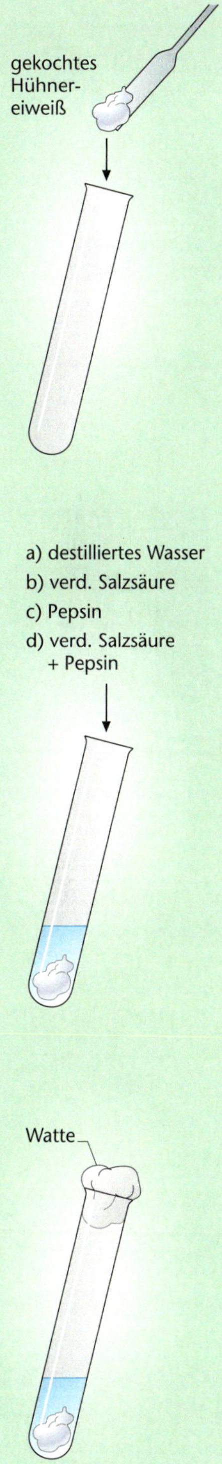

Versuchsanleitung
Gib jeweils eine Spatelspitze gekochtes Hühnereiweiß in vier Reagenzgläser.

a) Gib in das erste Reagenzglas so viel destilliertes Wasser, dass das Eiweiß ca. 1 cm hoch bedeckt ist. Verschließe das Reagenzglas mit einem Wattebausch.

b) Gib in das zweite Reagenzglas mithilfe der Tropfpipette so viel verdünnte Salzsäure, dass das Eiweiß ca. 1 cm hoch bedeckt ist. Verschließe das Reagenzglas mit einem Wattebausch.

c) Gib in das dritte Reagenzglas mithilfe der Tropfpipette so viel Pepsinlösung, dass das Eiweiß ca. 1 cm hoch bedeckt ist. Verschließe das Reagenzglas mit einem Wattebausch.

d) Gib in das vierte Reagenzglas mithilfe der Tropfpipetten so viel Pepsinlösung und verdünnte Salzsäure, dass das Eiweiß ca. 1 cm hoch bedeckt ist. Verschließe das Reagenzglas mit einem Wattebausch.

Stelle alle Reagenzgläser anschließend in einen Wärmeschrank und lasse sie dort bei einer Temperatur von 50 °C stehen. Hole die Gefäße nach einer Woche heraus und beobachte.
Deute deine Beobachtungen.

Aufgabe
Stelle einen Bezug zwischen diesem Versuch und der Verdauung von Eiweißen her!

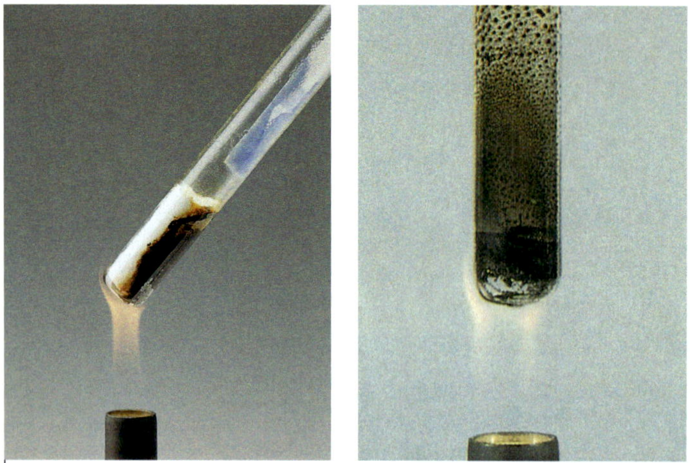

1 Traubenzucker wird erhitzt.

Versuche

1 Wenig Glucose wird im Reagenzglas erhitzt. Die Reagenzglaswand wird mit Watesmopapier geprüft (Abzug!).

2 Gib im Reagenzglas zu einer Lösung von Ethanal in Wasser Fehling'sche Lösung I und II und erwärme vorsichtig im Wasserbad (Siedesteinchen! Abzug! Schutzbrille!). Wiederhole den Versuch mit einer Glucoselösung.

3 Erwärme eine Maltoselösung mit Fehling'scher Lösung I und II. Beobachte und vergleiche mit Versuch 2.

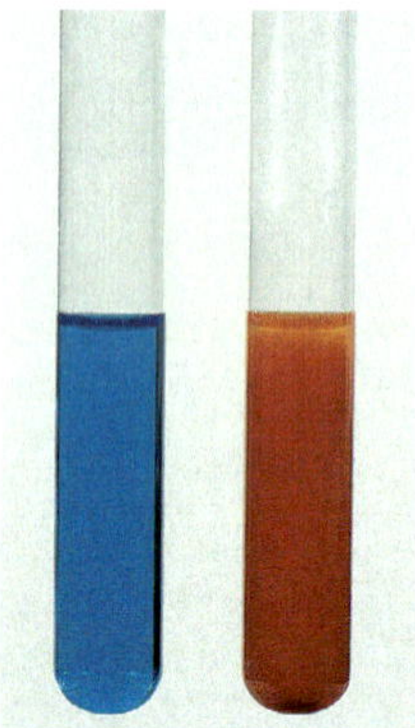

2 Fehling'sche Lösung

Traubenzucker – ein Kohlenhydrat
Erhitzt man etwas Traubenzucker im Reagenzglas, so wird dieser langsam flüssig und ändert seine Farbe von Hellgelb über Orange bis Schwarz (▷ B 1; V 1). Die Schwärzung weist auf das Element Kohlenstoff hin, der Traubenzucker verkohlt. Am Reagenzglasrand bilden sich Wassertropfen, welche mit Watesmopapier nachgewiesen werden können. Dies beweist, dass Wasserstoff am Aufbau von Traubenzucker beteiligt ist.

Traubenzucker und Traubenzuckerlösungen schmecken süß. Ähnlich wie beim Propantriol sind im Traubenzuckermolekül mehrere Hydroxylgruppen (OH-Gruppen) vorhanden (▷ B 3).
Traubenzucker gehört zu der Stoffklasse der **Kohlenhydrate**. Der Name „Kohlenhydrat" hat eigentlich nur noch historische Bedeutung. Er leitet sich aus der Erkenntnis ab, dass im Traubenzuckermolekül neben den Kohlenstoffatomen noch Wasserstoffatome und Sauerstoffatome im Verhältnis 2 : 1, wie beim Wassermolekül, vorliegen.

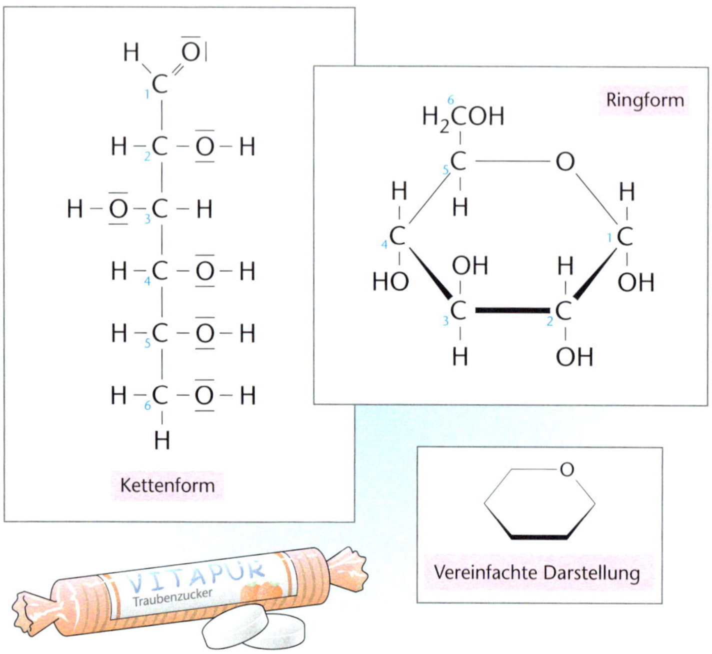

3 Glucosemolekül in Ketten- und Ringform

Traubenzucker – ein Aldehyd?
Versetzt man Ethanal mit Fehlingscher Lösung, entsteht erst eine tiefblaue Lösung (▷ V 2). Nach kurzem Erwärmen dieser Lösung bildet sich ein ziegelroter Niederschlag (▷ B 2). Dies weist auf die funktionelle Gruppe der Aldehyde hin. Gibt man zu einer Traubenzuckerlösung Fehling'sche Lösung, so zeigt sich der gleiche Niederschlag. Traubenzuckermoleküle enthalten demnach eine Aldehydgruppe –CHO im Molekül.

Eine genauere Untersuchung zeigt, dass das Traubenzuckermolekül 6 Kohlenstoffatome, 1 Aldehydgruppe und 5 Hydroxylgruppen enthält. Traubenzucker hat den systematischen Namen **Glucose** und die Formel $\mathbf{C_6H_{12}O_6}$. Man bezeichnet Glucose auch als Einfachzucker oder **Monosaccharid** (lat.: saccharum, Zucker).
Neben Glucose gibt es eine Vielzahl weiterer Kohlenhydrate. Man erkennt sie an der Endung **-ose**.

▶ Glucose ist ein Monosaccharid (Einfachzucker) und besitzt die Summenformel $C_6H_{12}O_6$.

Glucose – mal Kette, mal Ring

Glucosemoleküle können sowohl in Ketten- als auch in Ringform vorkommen. Glucose liegt nur zu einem geringen Teil (ca. 0,1 %) in der Kettenform vor. Vorherrschend ist die Ringform (▷ B 3).

Es können sich jedoch ringförmige Moleküle in kettenförmige umwandeln und umgekehrt. Die positive Reaktion mit Fehlingscher Lösung ist auf die Kettenform des Moleküls zurückzuführen, da hier die Aldehydgruppe ungebunden vorliegt.

Maltose – ein Zweifachzucker

Maltose (Malzzucker) kommt in der keimenden Gerste vor und wird durch Biokatalysatoren aus Stärke gebildet. Maltose spielt bei der Bierherstellung eine große Rolle (▷ B 5). Im Vergleich zur Glucose hat Maltose aber eine geringere Süßkraft. Deshalb wird Maltose vorwiegend als Geschmacksträger bei Backwaren, Malzkaffee oder Süßwaren eingesetzt (▷ B 6).

Maltose ist aus der Sicht der Chemie ein Zweifachzucker oder **Disaccharid**. Ein Disaccharidmolekül entsteht, wenn sich zwei Monosaccharidmoleküle miteinander verbinden. Das Maltosemolekül setzt sich aus zwei Glucosemolekülen zusammen (▷ B 7). Die Kopplung findet immer an den gleichen Stellen statt. Versetzt man Maltose mit Fehlingscher Lösung, ist eine positive Reaktion festzustellen (▷ V 3). Das Molekül kann sich so umlagern, dass am zweiten Glucosemolekül die Aldehydgruppe wirksam wird.

▶ Maltose ist ein Disaccharid (Zweifachzucker). Es besteht aus zwei Molekülen Glucose.

4 Gerstenfeld

5 Siedepfannen in einer Brauerei

6 Produkte aus Malz

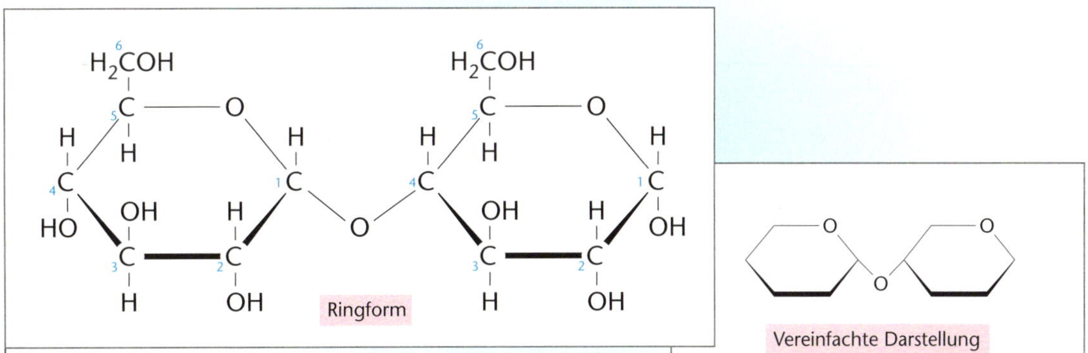

7 Struktur des Maltosemoleküls

Stärke und Zucker

1 Stärkenachweis in Nahrungsmitteln

Material

Schutzbrille, Messzylinder (10 ml), Tropfpipette, Reagenzgläser, Reagenzglashalter, Reagenzglasgestell, Spatellöffel, Reibschale mit Pistill, Gasbrenner, Anzünder, verschiedene stärkehaltige Lebensmittel (z. B. rohe Kartoffel, Getreidekörner, Mehl, Haferflocken), Lugols-Lösung, dest. Wasser

Versuchsanleitung

Zerkleinere jeweils getrennt die zu untersuchenden Lebensmittel in der Reibschale. Gib eine kleine Portion jeder Probe in ein Reagenzglas und fülle etwa 5 ml Wasser hinzu. Erhitze die Lösung vorsichtig über der Brennerflamme zum Sieden (▷ B 1) und kühle die Lösung anschließend unter Wasser ab. Prüfe jede Probe mit der gleichen Tropfenzahl Lugols-Lösung.

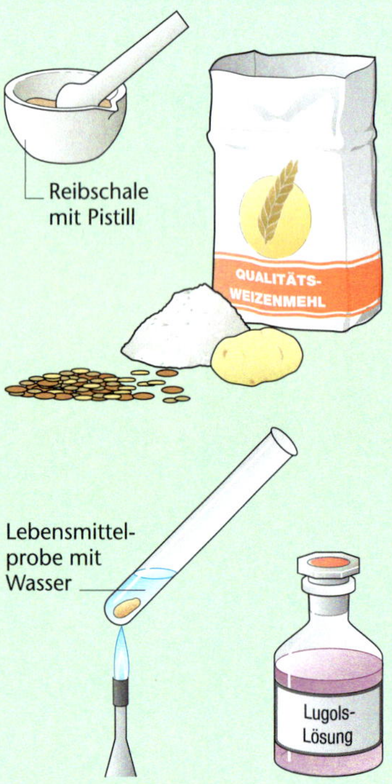

1 Stärkenachweis in Lebensmittel

2 Stärke wird abgebaut

Material

Schutzbrille, Becherglas (250 ml), Tropfpipette, Reagenzgläser, Reagenzglasgestell, Gasbrenner, Anzünder, Dreifuß, Keramik-Drahtnetz, Siedesteine, Salzsäure (10 %ig), Fehling'sche Lösung I und II, Stärkekleister

Versuchsanleitung

Fülle ca. 1 cm Stärkekleister in ein Reagenzglas und gib 8 bis 10 Tropfen Salzsäure zu. Erhitze das Reagenzglas einige Minuten im kochenden Wasserbad. Gib dann in das leicht abgekühlte Reagenzglas 3 bis 4 ml Fehling'sche Lösung I und II und erhitze wieder im kochenden Wasserbad. Siedesteine benutzen! Deute die Beobachtungen.

3 Verdauung durch Enzyme

Material

Schutzbrille, 2 Reagenzgläser, Reagenzglasgestell, Spatellöffel, Tropfpipette, Stärkelösung, Lugols-Lösung (Iod-Kaliumiodid-Lösung), Mundspeichel, Amylase

Versuchsanleitung

Gib in ein Reagenzglas etwa 2 cm hoch Stärkelösung. Füge einige Tropfen Lugols-Lösung und etwas Mundspeichel zu. Schüttle das Reagenzglas und lass es dann 10 Minuten stehen. Wiederhole den Versuch mit Amylase anstelle von Mundspeichel.

Aufgaben

1. Beschreibe die Beobachtungen und deute sie.
2. Enzyme wirken als Biokatalysatoren. Beschreibe die Wirkung von Amylase (▷ B 2). Suche nach Informationen über Enzyme und berichte.

4 Zucker in Lebensmitteln

Material

Schutzbrille, Schutzhandschuhe, Becherglas (250 ml), Reagenzgläser, Reagenzglasständer, Gasbrenner, Dreifuß, Keramik-Drahtnetz, Spatellöffel, Messer, Glucoseteststäbchen, zuckerhaltige Lebensmittel (wie Apfel, Birne, Rosinen, Honig), Fehling'sche Lösung I und II

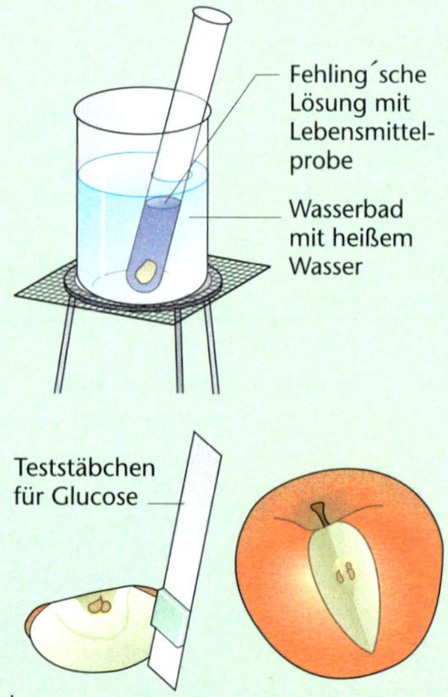

3 Untersuchung verschiedener Lebensmittel

Versuchsanleitung

a) Gib in einige Reagenzgläser ca. 1 ml Fehling'sche Lösung I und II (Vorsicht! Lösung ist stark alkalisch!). Füge jeweils eine kleine Menge der Lebensmittelprobe hinzu. Stelle dann die Reagenzgläser in ein Wasserbad mit heißem Wasser (▷ B 3, oben).

b) Prüfe Proben der Nahrungsmittel mit dem Glucoseteststäbchen.

Aufgabe

Lege eine Tabelle an und notiere die Versuchsergebnisse. Werte die Ergebnisse aus.

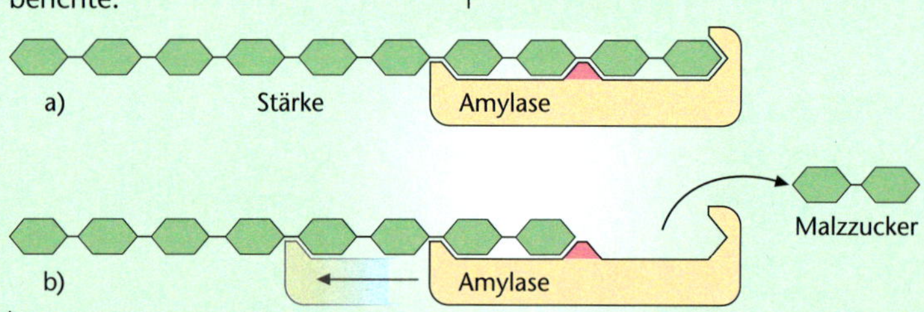

2 Zu jedem Nährstoff gehört ein bestimmtes Enzym.

Stärke und Cellulose

Ähnliche Bilder – ähnliche Stoffe?
Zerkleinert man eine rohe Kartoffel und stellt daraus eine wässrige Lösung her, so erkennt man unter dem Mikroskop ein charakteristisches Bild. Ähnliche Bilder lassen sich unter dem Mikroskop erkennen, wenn man wässrige Lösungen von Bohnen, Haferkörnern oder Weizenkörnern betrachtet (▷B1).

Anscheinend enthalten Kartoffeln, Bohnen und Getreide einen gemeinsamen Bestandteil. Dabei handelt es sich um **Stärke**. Stärke kommt vor allem in Brot, Kartoffeln, Teigwaren und Hülsenfrüchten vor und gehört zu der Stoffgruppe der **Kohlenhydrate**.

Stärke – ein besonderes Kohlenhydrat
Stärke ist kein einheitlicher Stoff, sondern setzt sich zusammen aus 80% Amylopektin und 20% Amylose. Amylose ist aus Tausenden von Glucosemolekülen aufgebaut. Sie sind auf charakteristische Weise miteinander verbunden und bilden unverzweigte Ketten. Stärke gehört deshalb zu den **Polysacchariden** (▷B2).

Die Kettenmoleküle wickeln sich spiralförmig auf. Man nennt diese Form Helix. Der Hohlraum der Wicklungen ist so groß, dass sich dort Polyiodidionen (I_5^-) einlagern können (▷B3). Versetzt man eine Aufschlämmung aus Kartoffeln mit einer Iod-Kaliumiodidlösung (Lugols-Lösung), dann werden Iodidionen in die Amylose-Helix eingelagert, dadurch erscheint die Lösung blau (▷B3). Die Prüfung mit Lugols-Lösung ist ein Nachweis für Stärke.

▶ Stärke ist ein Polysaccharid, bei dem viele Glucosemoleküle miteinander verbunden sind.

Cellulose gibt den Pflanzen Halt
Cellulose bildet als Gerüststoff den Hauptbestandteil der pflanzlichen Zellwände. Baumwolle besteht aus fast reiner Cellulose. Das Holz der Bäume enthält etwa 50% dieser Substanz. Cellulose gehört wie Stärke zu den Polysacchariden und ist aus Glucosemolekülen aufgebaut (▷B4). Die Cellulosemoleküle bilden lange unverzweigt Ketten, die bis zu 10000 Glucoseeinheiten enthalten können.

▶ Cellulose ist ein Polysaccharid, bei dem viele Glucosemoleküle zu langen Ketten verbunden sind.

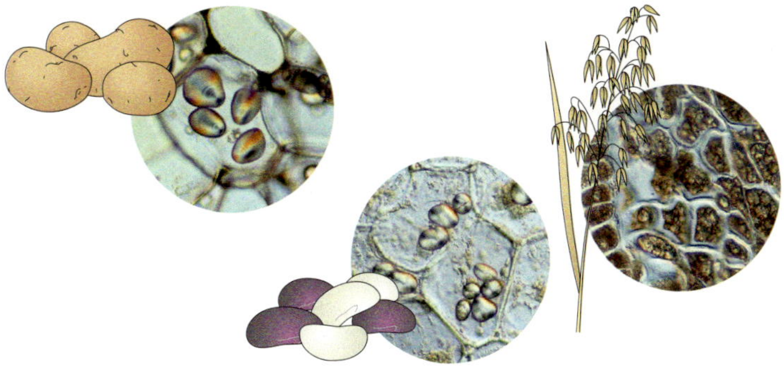

1 Stärkehaltige Lebensmittel

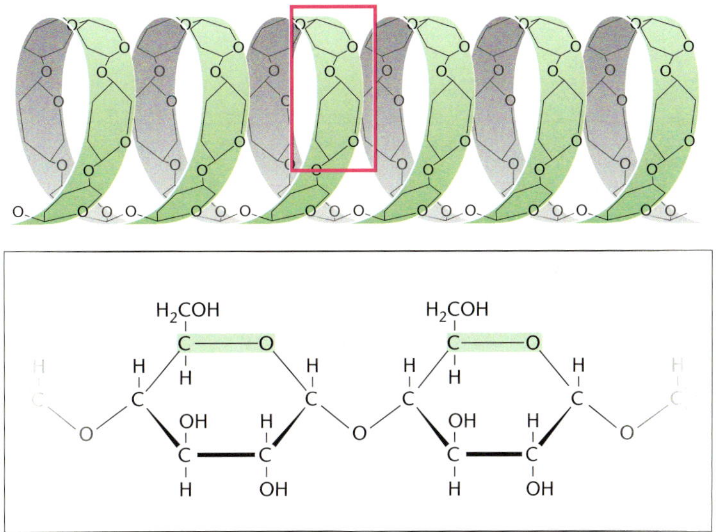

2 Die Struktur von Amylose

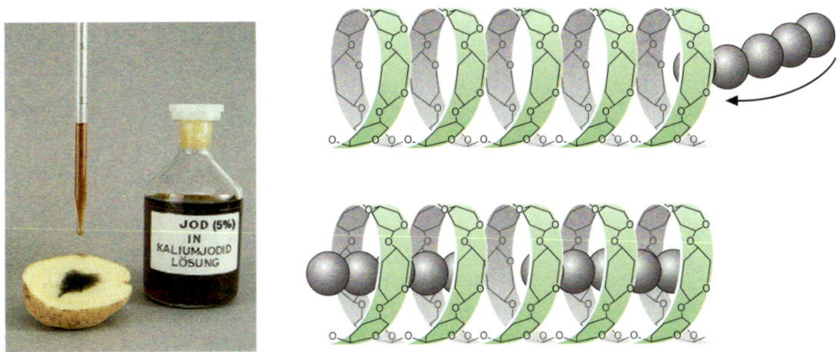

3 Stärke kann mit Lugols-Lösung nachgewiesen werden.

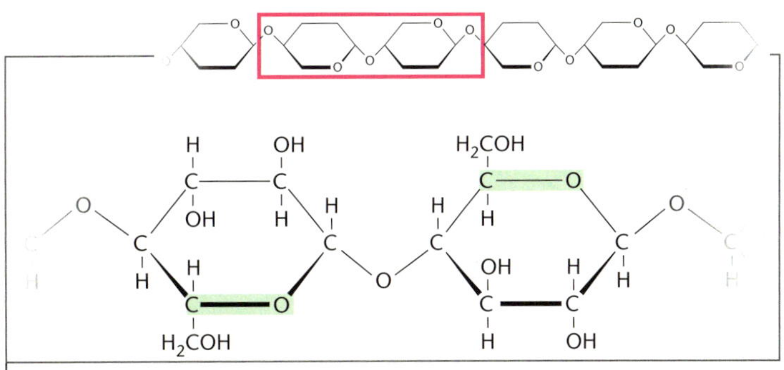

4 Aufbau der Cellulose

1 Kernseife

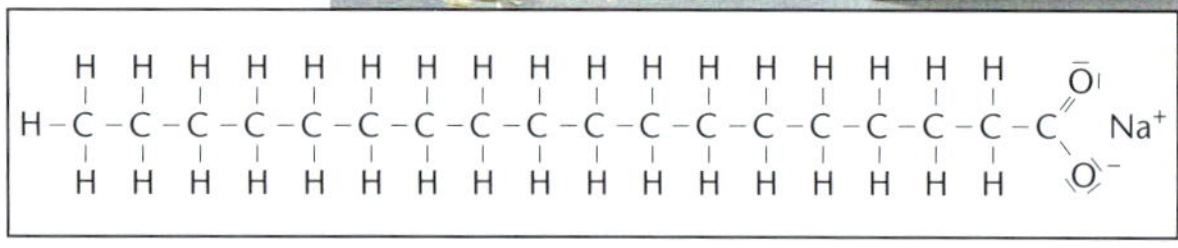

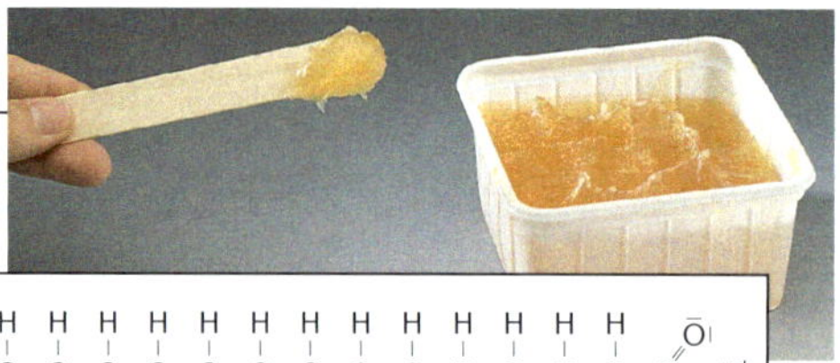

2 Schmierseife

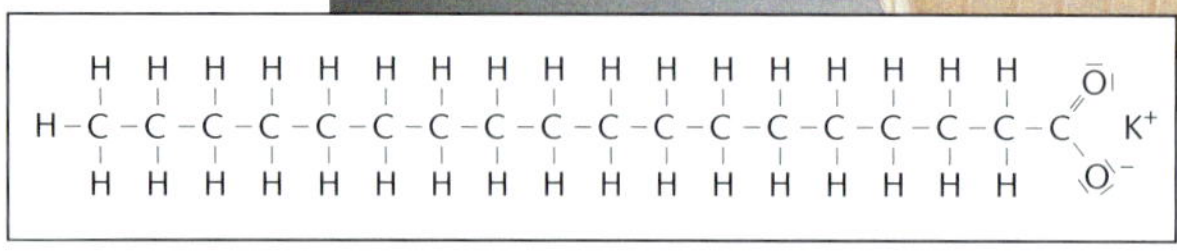

Seife aus Fett
Erhitzt man Pflanzenfett (Fettsäureglycerinester) mit Natronlauge oder Kalilauge, so entstehen Seife und Glycerin (▷ V 1).

Fett + Lauge ⟶ Seife + Glycerin

Bei der Seifenherstellung wird der wasserunlösliche Ester durch die Hydroxidionen der Lauge gespalten. Es entstehen zwei wasserlösliche Produkte: der Alkohol Glycerin, dessen Moleküle drei Hydroxylgruppen aufweisen, und ein Alkalisalz der Fettsäure, die **Seife**.

▶ Seifen sind Alkalisalze langkettiger Fettsäuren.

Wird die Reaktion mit Natronlauge durchgeführt, so entstehen Natriumsalze der Fettsäuren.

Zeitpunkt

Die Geschichte der Seifenherstellung

1 Alte Zeugnisse vom Waschen

Waschen mit Seife – so alt wie die Menschheit
Das älteste „Waschmittel" ist in jedem Fall das Wasser. Um seine Waschwirkung zu verstärken, wurde es mit Zusätzen versehen. Das älteste Rezept zum Kochen von Seife ist ca. 4500 Jahre alt. Es befindet sich auf einer Steintafel der Sumerer (▷ B 1, unten), in die es mit Keilschrift eingemeißelt ist. Bei diesem Rezept kamen auf einen Liter Öl 5,5 Liter Pottasche. Die Mischung wurde erhitzt und es entstand eine so genannte Schmierseife. Damit ist Seife eines der ältesten Chemieprodukte.

Der Waschvorgang selbst ist auf historischen Wandmalereien der Ägypter überliefert. Die Wäsche wurde in Wasser und Seife eingelegt und von Sklaven bearbeitet (▷ B 1, oben). Bis nach 1900 wurde von Hand gewaschen. Das erste Waschpulver kam 1907 auf den Markt.

Seifensieden ist eine Handwerkskunst
Früher war Seifensieden eine hohe Handwerkskunst (▷ B 2). Die Seifensieder hüteten das Geheimnis um das Seifenrezept. Es wurde ausschließlich innerhalb der Familie an die nächste Generation weitergegeben. Allerdings war Seife sehr teuer und die Rohstoffe waren knapp. Die arme Bevölkerung konnte sich Seife nicht leisten, weshalb die hygienischen Zustände sehr schlecht waren und sich Seuchen ausbreiten konnten.
Heute werden die Rohstoffe industriell hergestellt und die Seife kann von jedem gekauft werden.

2 Seifensieden um 1840

Das feste Produkt wird als **Kernseife** bezeichnet (▷B 1).

Fett + Natronlauge ⟶
Glycerin + Seifenanion + Natriumion

Nimmt man Kalilauge für die Reaktion, so entstehen Kalisalze der Fettsäuren. Die Produkte sind weich und zähflüssig, man nennt sie deshalb **Schmierseifen** (▷B 2).

Fett + Kalilauge ⟶
Glycerin + Seifenanion + Kaliumion

Diese Reaktion eines Fettes mit einer Lauge nennt man **Verseifung**.

Industriell hergestellte Seife
In großen Kesseln wird in Fette und Öle 180 °C heißer Wasserdampf eingeblasen. Das passiert unter hohem Druck und in Gegenwart eines Katalysators. Dabei werden die Fette und Öle in Glycerin und in Fettsäuren gespalten.
Diesen Vorgang nennt man **Hydrolyse**. Die Fettsäuren werden dann entweder direkt weiterverarbeitet oder aufbereitet. Für die Seifenherstellung werden die Fettsäuren in einer zweiten Stufe mit Natronlauge oder Natriumcarbonat (Soda) neutralisiert. Es bildet sich Seife (▷V 1; B 3).

▶ Kernseifen sind Natriumsalze der Fettsäuren. Schmierseifen sind Kaliumsalze der Fettsäuren.

Das riecht gut!
Feinseifen oder Toilettenseifen werden zur Körperreinigung verwendet. Zur Herstellung dieser Seifen wird meist ein Ansatz von 80 % Rindertalg (tierisches Fett) und 20 % Kokosöl benötigt. Dieser Ansatz wird nach der Reaktion mit Natronlauge zur Seife umgesetzt. Zusätzlich werden den Seifen Farbstoffe und Parfümöle zugesetzt. In ansprechende Formen gepresst und schön verpackt werden sie dann verkauft.

Versuch

1 Erwärme in einem Becherglas (400 ml, weite Form) 10 g Ölsäure mit 5 ml destilliertem Wasser vorsichtig auf 70 °C (Schutzhandschuhe! Schutzbrille! Spritzgefahr!).
Gib langsam 20 ml 20 %ige Natronlauge zu. Erwärme weiter für ca. 20 Minuten. Ersetze dabei vorsichtig immer wieder verdampftes Wasser. Gieße dann 50 ml gesättigte Kochsalzlösung zu, rühre dabei ständig um und lasse das Gemisch erkalten. Schöpfe die Seife ab und lasse sie auf einem saugfähigen Papier trocknen.
Fülle ein Reagenzglas zu einem Drittel mit destilliertem Wasser. Gib etwas von der getrockneten Seife hinzu, verschließe das Reagenzglas mit einem Stopfen und schüttle kräftig („Schaumprobe").

Fette in Sonnenblumen

Seifensieden

Ausstanzen von Seifenstücken

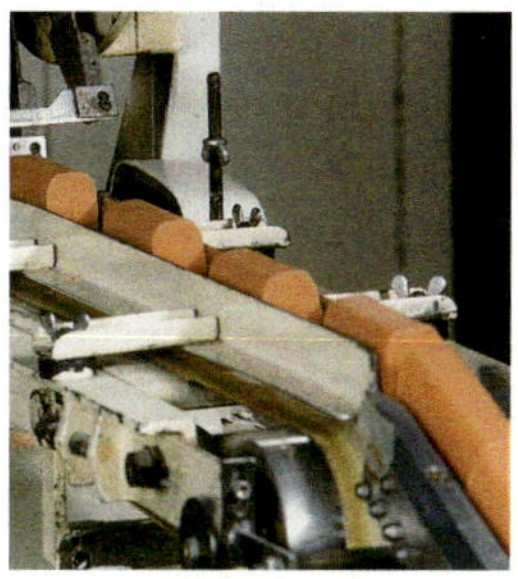
Verpacken

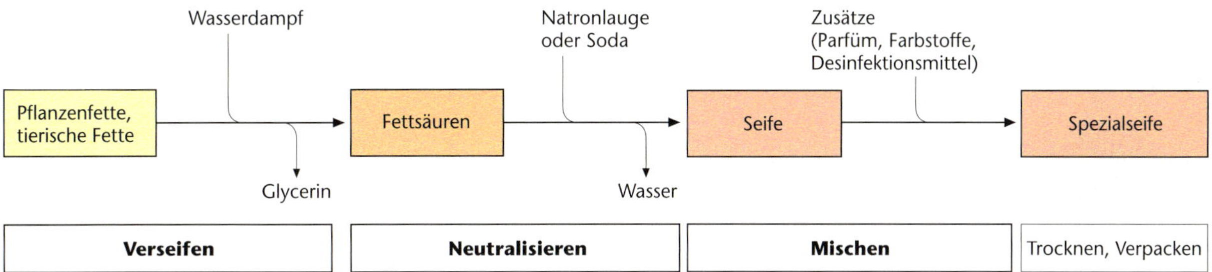

3 Stationen der industriellen Seifenherstellung

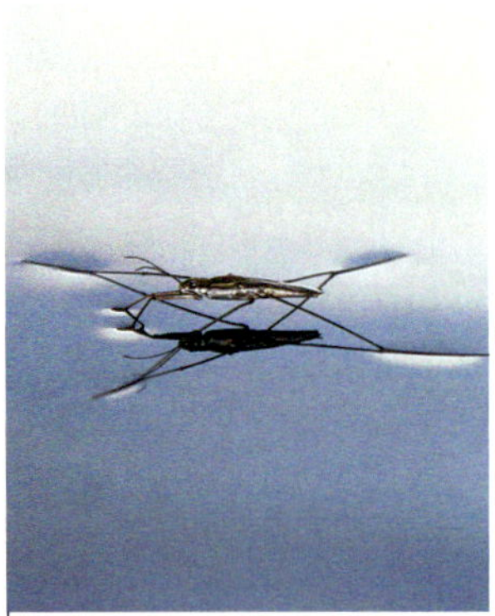

1 Der Wasserläufer wird von der Wasseroberfläche getragen.

2 Wassertropfen auf einer Faser

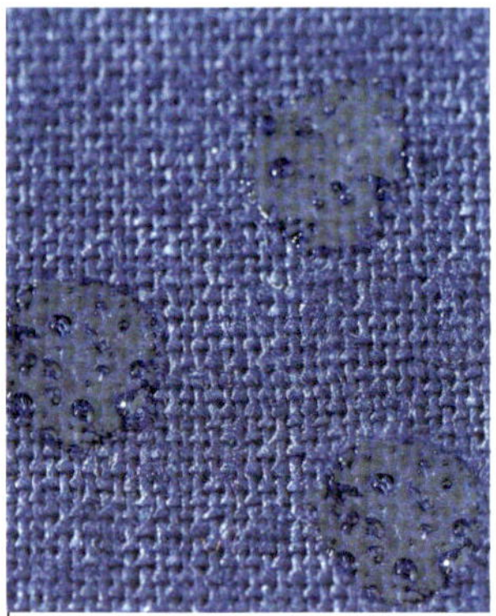

3 Nach Seifenzugabe wird die Faser benetzt.

4 Wassermoleküle ordnen sich.

5 In Seifenlösung kann das Öl ausfließen.

Eine besondere Eigenschaft des Wassers
Ein Wasserläufer kann, wie sein Name schon sagt, auf Wasser laufen (▷ B 1). Er geht auf dem Wasser wie auf einer unsichtbaren Haut.

Setzt man eine Büroklammer auf die Wasseroberfläche, schwimmt sie auf dieser. Das Gewicht der Klammer lässt sie sogar sichtbar in die Wasseroberfläche einsinken. Das Phänomen wird als **Oberflächenspannung** des Wassers bezeichnet. Es lässt sich mithilfe der Struktur der Wassermoleküle erklären.

Wasserstoffbrücken verursachen die Grenzflächenspannung
Zwischen den Wassermolekülen bestehen Anziehungskräfte (▷ B 4), die Wasserstoffbrücken. Auch an der Grenzfläche von Wasser und Luft oder Wasser und hydrophoben Stoffen (z. B. Öl) wirkt sich die Oberflächenspannung aus. Man spricht daher allgemein von **Grenzflächenspannung**. Diese Grenzflächenspannung kann man gut anhand der Form eines Wassertropfens auf einer Faser erkennen (▷ B 2).

Grenzflächenspannung und Seife
Eine Büroklammer schwimmt auf Wasser. Gibt man Seifenflocken vorsichtig auf die Wasseroberfläche, so sinkt die Büroklammer plötzlich zu Boden (▷ V 1; B 6). Seife ist ein Stoff, der die Grenzflächenspannung verringert. Solche Stoffe nennt man **Tenside**.

▶ Tenside sind Stoffe, welche die Grenzflächenspannung herabsetzen.

Das Verringern der Grenzflächenspannung wird sichtbar gemacht
Wird eine Enghalsflasche mit angefärbtem Öl gefüllt (▷ V 3) und unter Wasser getaucht, so bleibt das Öl im Kolben unter Wasser, obwohl es eine geringere Dichte hat als Wasser. Der Grund dafür ist die Grenzflächenspannung des Wassers. Gibt man Seifenlösung zum Wasser, so steigt das Öl sofort an die Oberfläche (▷ B 5). Dieser Vorgang kann auf das Waschen von ölverschmutzter Kleidung übertragen werden. Wasser kann hydrophobes Gewebe nicht benetzen (▷ B 2). Wird ein Tensid dem Wasser zugegeben, so wird die Grenzflächenspannung des Wassers herabgesetzt. Die Faser wird vom Wasser benetzt (▷ B 3). Der Waschprozess kann beginnen.

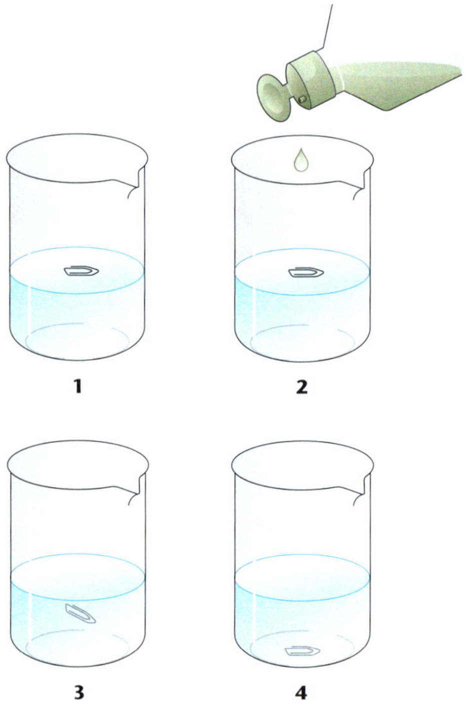

6 Bei Zugabe von Seife sinkt die Büroklammer im Wasser

7 Die Grenzflächenaktivität von Seife sichtbar gemacht

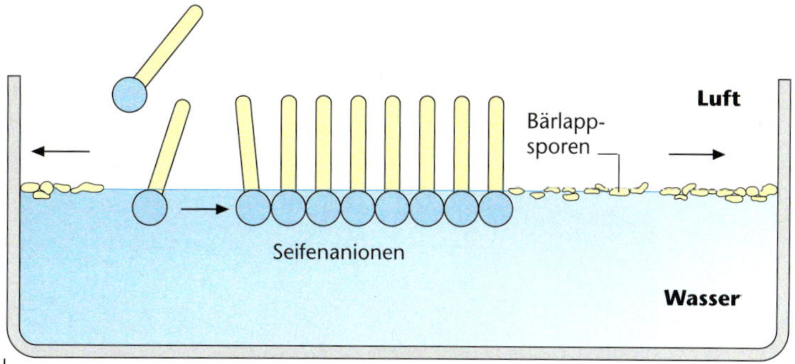

8 Modellhafte Darstellung der Grenzflächenaktivität von Seifenanionen

Ein Versuch gibt Rätsel auf

Wird ein Stück Seife in eine Wasseroberfläche getaucht, die mit Bärlappsporen bestreut ist, werden die Bärlappsporen an den Rand der Schale gedrängt. Die Mitte der Wasseroberfläche ist sporenfrei (▷B7). Um dies zu erklären, soll der Bau des Seifenanions genauer betrachtet werden.

Wirkungsweise und Bau eines Seifenanions

Seifenanionen bestehen aus einer langen Kohlenwasserstoffkette und einer negativ geladenen COO^--Gruppe. Somit hat das Seifenanion ein hydrophiles (wasserliebendes) und ein hydrophobes (wasserfeindliches) Ende (▷B9). Deshalb ordnen sich Seifenanionen an einer Grenzfläche von Luft und Wasser so an, dass das wasserfreundliche Ende in das Wasser und das wasserfeindliche Ende in die Luft eintaucht. An der Grenzfläche Wasser/Öl verhält sich das Seifenanion entsprechend. Im Modell wird zur Vereinfachung ein gelb-blaues „Streichholz" gezeichnet. Gelb für wasserfeindlich und blau für wasserfreundlich (▷B9).

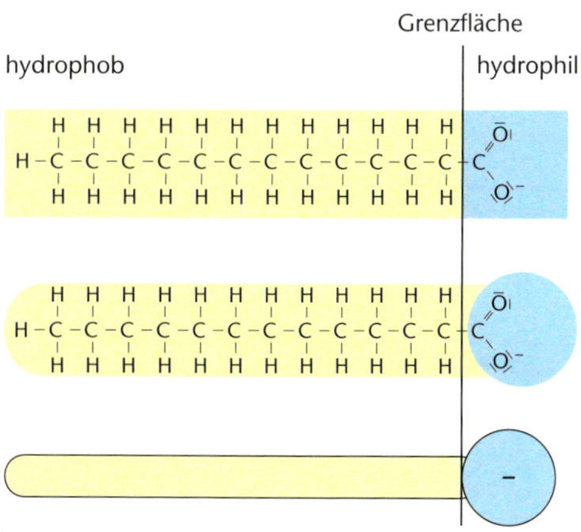

9 Bau des Seifenanions im Modell

Das Rätsel löst sich

Beim Eintauchen der Seife in die Wasseroberfläche gelangen Seifenanionen auf die Wasseroberfläche. Diese ordnen sich sogleich so an, dass der hydrophobe Teil des Seifenanions aus dem Wasser herausragt. Der hydrophile Kopf „steckt" in der Wasseroberfläche. An der Wasseroberfläche drängen sich die Seifenanionen dicht, die Bärlappsporen werden nach außen verdrängt (▷B8).

Ein Seifenanion besitzt eine hydrophile COO^--Gruppe und eine hydrophobe Kohlenwasserstoffkette.

Versuche

1. Lege eine Büroklammer mithilfe eines Löschpapiers vorsichtig auf die Wasseroberfläche. Gib dann Seifenflocken dazu und beobachte.

2. Gib Wasser in eine Kristallisierschale und bestreue die Oberfläche mit Bärlappsporen. Tauche ein Stück Kernseife in die Mitte der Oberfläche.

3. Fülle eine Enghalsflasche mit Sudanrot angefärbtem Öl und stelle diese in ein Becherglas mit Wasser. Der Hals der Flasche muss mit Wasser überdeckt sein (▷B5). Stelle eine zweite Enghalsflasche mit gefärbtem Öl in ein Becherglas mit Seifenlösung.

4. Fülle etwas Zimt in einen Faltenfilter. Versuche das Zimtpulver mit Wasser durch den Filter zu spülen. Gib nun etwas Spülmittel in den Faltenfilter und versuche wieder mit Wasser zu spülen.

1 Schmutzige Hände und T-Shirt, was nun?

Die Schmutzkiller-Eigenschaften

Sind Hände oder ein Kleidungsstück verschmutzt (▷B 1), so reicht Wasser alleine zum Säubern nicht aus. Die meisten Verschmutzungen sind öl- oder fetthaltig. Ein Waschvorgang läuft, egal ob an einer verschmutzten Faser oder beim Händewaschen, in einer bestimmten Reihenfolge ab. Im Folgenden wird der Waschvorgang anhand einer ölverschmutzen Faser verdeutlicht (▷B 2 bis B 5).

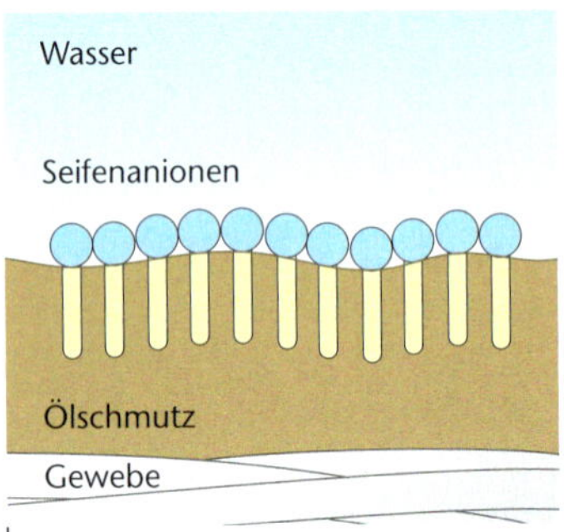

2 Seifenanionen lagern sich an der Grenzfläche an.

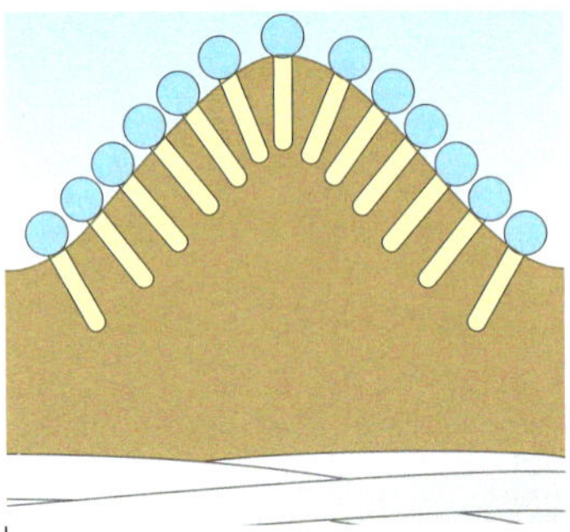

3 Ein Tropfen bildet sich.

Anlagern an den Schmutz

Die Seifenanionen lagern sich an der Grenzfläche zwischen Ölschmutz und Wasser an. Dabei dringen sie mit dem hydrophoben Ende in den ölhaltigen Schmutz ein. Die hydrophilen Köpfe befinden sich im Wasser (▷B 2).

Ablösen von der Faser

Es lagern sich immer mehr Seifenanionen an den Ölschmutz an. Dabei ragt der hydrophile, negativ geladene Kopf weiterhin

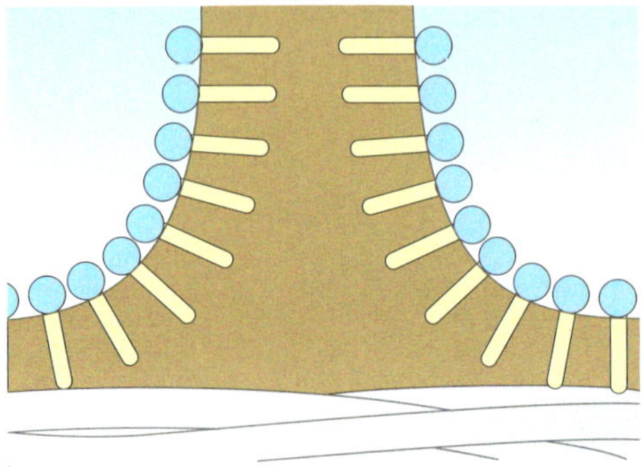

4 Ablösen von den Fasern

ins Wasser. Der Ölschmutz wird durch die Seifenmoleküle schließlich vollständig umhüllt. Dabei schiebt sich ein Tropfen zusammen (▷B 3) und der Schmutz trennt sich von der Faser (▷B 4).

Schmutz wird zerteilt

Die Schmutzteilchen werden von den Seifenanionen umlagert. Da alle Schmutzteilchen nach außen negativ geladen sind, stoßen sie sich gegenseitig ab. Deshalb können sie sich nicht mehr zusammenlagern. Sie liegen fein verteilt in der Waschlösung vor (▷B 5). Die Verteilung der Schmutzteilchen in der Waschlösung wird auch als Dispersion bezeichnet.

Waschmaschinen erleichtern die Arbeit

In die Waschmaschine wird Wasser gepumpt. Zum Wasser wird Waschmittel gegeben, wodurch die Wäsche benetzt wird. Die mechanische Bewegung der Wäschetrommel unterstützt das Ablösen des Schmutzes. Mit dem Spülwasser wird der feinverteilte Schmutz dann abgepumpt.

▶ Seifen wirken benetzend und schmutzablösend. Die Seifenanionen umhüllen den Schmutz und zerteilen diesen.

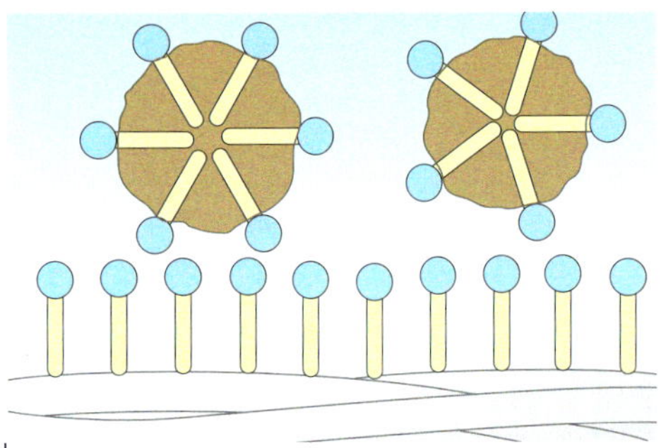

5 Der Schmutz wird fein verteilt.

Werkstatt

Seife und Seifenblasen

1 Seife selbst gemacht

Materialien

Schutzbrille, 2 Bechergläser (100 ml, 250 ml), Messzylinder (100 ml), Glasstab, Spatellöffel, Gasbrenner, Anzünder, Dreifuß, Keramik-Drahtnetz, Waage, Keksförmchen oder Streichholzschachteln, 25 %ige Natronlauge, gesättigte Kochsalzlösung, Kokosfett (z. B. Palmin), verschiedene Duftöle (z. B. Lavendelöl), dest. Wasser

1 Vorsicht beim Erhitzen von heißem Fett und Natronlauge!

Versuchsanleitung

Erhitze vorsichtig (Achtung! Spritzgefahr! Schutzbrille!) und unter ständigem Rühren 10 g Kokosfett im 250-ml-Becherglas. Gib nach und nach unter ständigem Rühren 10 ml 25 %ige Natronlauge zu. Rühre die Mischung dabei ständig mit dem Glasstab um (▷ B 1). Achte darauf, dass verdampftes Wasser durch destilliertes Wasser ersetzt wird. Lasse die Mischung abkühlen.

Gieße dann den Inhalt des Becherglases in das 100-ml-Becherglas mit der gesättigten Kochsalzlösung. Schöpfe die entstandene Seife mit dem Spatellöffel ab. Gib jetzt das Duftöl zu. Presse die Seifenmasse in ein Förmchen oder in eine Streichholzschachtel und lasse sie trocknen (▷ B 2).

2 Seifenstücke in verschiedenen Formen

2 Eine alkalische Lösung hilft beim Waschen

Materialien

Schutzbrille, Becherglas (250 ml, weite Form), Messzylinder (100 ml), Glasstab, Reagenzglas, Spatellöffel, Teelicht, Streichhölzer, Universalindikatorpapier, Leinenstoff, Holzasche, Wasser

Versuchsanleitung

Gib 125 ml Wasser in das Becherglas und rühre mithilfe des Glasstabs 5 Portionen Holzasche ein. Prüfe die Lösung mit den Fingern. Fühlt sich die Lösung seifig an? Bestimme mit dem Indikatorpapier den pH-Wert.

Berußе mit der Flamme des Teelichtes das Reagenzglas von außen und streife den Ruß auf dem Leinenstoff ab. Schwenke den Leinenstoff in der Lösung und beobachte.

3 Seifenherstellung nach einem alten Rezept

3 Riesen-Seifenblasen

Materialien

Schutzbrille, flache, große Glasschale, Glasstab, Messzylinder (100 ml), Waage, Kneifzange, Gärtnerdraht, Wolle, Seifenpulver, Zucker, Glycerin, Wasser (lauwarm)

Versuchsanleitung

Löse 10 g Seifenpulver in 250 ml lauwarmem Wasser auf. Rühre 3 g Zucker und zum Schluss 1 ml Glycerin ein.

Lasse die Flüssigkeit abkühlen.

4 Seifenblasen

Biege den Draht zu einem großen Kreis oder Stern und umwickle die Form eng mit einem Wollfaden. Tauche die Drahtform in die Seifenlösung, ziehe die Form schnell durch die Luft und erzeuge so „Riesen-Seifenblasen".

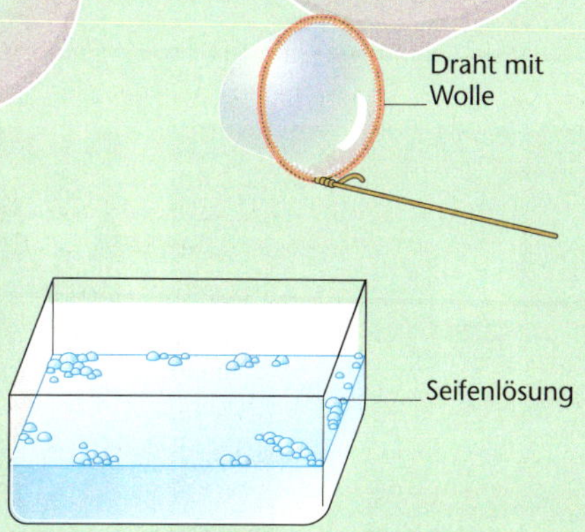

5 Die fertige Seifenblasenlösung

1 Schaum galt lange als ein Zeichen für Sauberkeit.

Nachteile der Seife

Reine Seife wird heute kaum noch zum Waschen verwendet. Seifen können leicht einen pH-Wert von 9 und größer annehmen (▷ V 1). Sie schädigen die Haut wie auch die Kleidungsstücke. Bei häufigem Händewaschen löst die Seife das Fett der Haut, die Haut „trocknet aus“. Im Leitungswasser sind Calciumionen enthalten. Beim Waschen bilden diese Calciumionen mit den Seifenanionen schwer lösliche Kalkseife (▷ B 3). Sie lagert sich auf den Gewebefasern ab. Die Wäsche vergraut, verfilzt und wird brüchig (▷ V 2; B 4).

Deshalb werden Seifen in den heutigen Waschmitteln durch **synthetische Tenside** (▷ B 2) ersetzt. Sie bilden in Wasser keine Niederschläge und schäumen weniger. Außerdem verändern sie den pH-Wert des Wassers kaum (▷ V 1).

Waschmittel werden den Bedürfnissen angepasst

Die Weiterentwicklung von Waschmitteln ist eine ständige Aufgabe der Forschungslabors von Waschmittelherstellern. Die wichtigsten Inhaltsstoffe von Waschmitteln sind die Tenside. Sie werden auch **waschaktive Substanzen** (WAS) genannt. Phosphate, die ehemaligen Wasserenthärter, wurden durch besser biologisch abbaubare Substanzen ersetzt. Häufig werden Salze der Citronensäure als Wasserenthärter eingesetzt.

5 Verschiedene Waschmittel

Fast alle Waschmittel enthalten Enzyme zum Lösen der unterschiedlichen Flecken, Duftstoffe und Stoffe, die eine Schaumbildung regulieren; weiterhin Stoffe, die die Waschmaschine vor Korrosion schützen und Stoffe, die Verfärbungen verhindern. Vollwaschmitteln sind häufig noch optische Aufheller und Bleichmittel zugesetzt.

Aber umweltfreundlich muss es sein

In Tabs und Kompaktwaschmitteln sind keine Füllstoffe mehr enthalten. Sie brauchen daher kleinere Verpackungen. Auch Nachfüllsysteme verringern den Abfall. Bei Baukastensystemen können die Verbraucher das Waschmittel sogar selbst zusammenstellen. Dabei werden einem Grundwaschmittel z. B. noch Wasserenthärter und Bleichmittel zugemischt.

$$H_3C-CH_2-CH_2-CH_2-CH_2-CH_2-CH_2-CH_2-CH_2-CH_2-CH_2-CH_2-CH_2-CH_2-CH_2-CH_2-CH_2-CH_2-COO^-$$

$$H_3C-CH_2-CH_2-CH_2-CH_2-CH_2-CH_2-CH_2-CH_2-CH_2-CH_2-CH_2-CH_2-CH_2-CH_2-SO_3^-$$

2 Seifenanion und Anion eines technischen Tensids (unten)

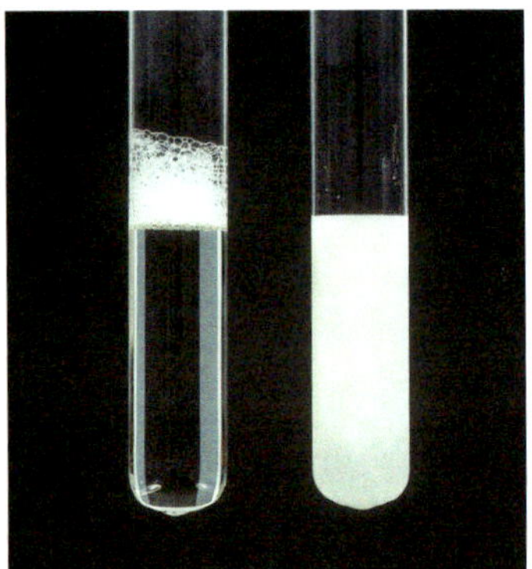

3 Waschmittel in destilliertem und hartem Wasser

4 Ablagerung von Kalkseife auf dem Gewebe

Versuche

1 Benetze jeweils ein Stück Kernseife, Schmierseife und Feinseife mit Wasser und lege ein Stück pH-Indikatorpapier (0,5 pH-Wert-Schritte) darauf. Überprüfe und vergleiche mit den pH-Werten verschiedener Waschmittel.

2 Gib Seifenflocken in hartes Wasser. Tauche dann ein mit Ruß beschmutztes Tuch in die Seifenlösung. Führe diesen Versuch auch mit weichem Wasser durch und vergleiche.

Werkstatt

Experimentieren mit Waschmitteln

1 Waschen mit Seife

Materialien

Schutzbrille, 2 Bechergläser (150 ml), Reagenzglas, Spatellöffel, Teelicht, 2 weiße Stoffstücke (ca. 5 cm × 5 cm), Streichhölzer, Seifenflocken, Wasser

Versuchsanleitung

Entzünde den Docht eines Teelichtes und halte das Reagenzglas über die Flamme, bis es berußt ist. Verteile den entstanden Ruß gleichmäßig auf die beiden Stoffstücke. Stelle eine Seifenlösung her: Gib dazu einen Spatellöffel Seifenflocken in 100 ml Wasser. Rühre um. Tauche dann das eine Stoffstück in ein Becherglas mit 100 ml Wasser, das andere in das Becherglas mit 100 ml Seifenlösung und beobachte.

1 Waschen mit Seife

2 Waschmittelbestandteile unter der Lupe

Materialien

Schutzbrille, Becherglas (100 ml), Petrischale, Glasstab, Gummistopfen, Reagenzgläser, Reagenzglashalter, Reagenzglasgestell, Spatel, Lupe, Pinzette, Universalindikatorpapier, Vollwaschmittel und Feinwaschmittel in Pulverform, Öl, Leitungswasser, Mineralwasser, dest. Wasser

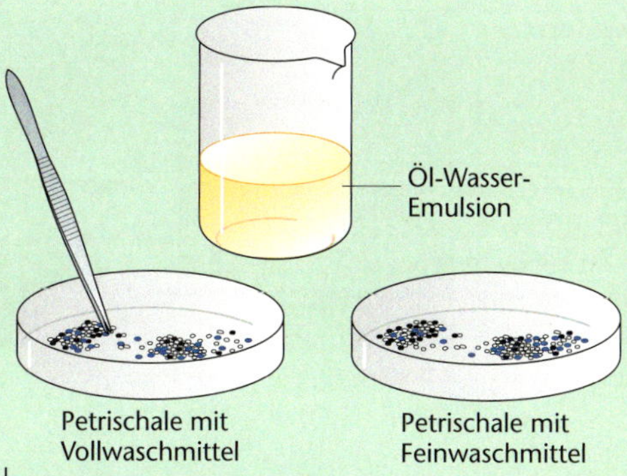

2 Aussortieren der Bestandteile

Versuchsanleitung

a) Gib in den Deckel der Petrischale eine Spatelspitze Vollwaschmittel, in den Boden eine Spatelspitze Feinwaschmittel. Sortiere mithilfe der Lupe und der Pinzette die einzelnen Bestandteile auseinander (▷ B 2). Gib jeden einzelnen der Bestandteile zu einer Öl-Wasser-Emulsion in ein Reagenzglas und schüttle.
Finde heraus, welcher der einzelnen Bestandteile für das Waschen verantwortlich ist.

b) Gib in je zwei Reagenzgläser Leitungswasser, destilliertes Wasser und Mineralwasser (▷ B 3). Gib nun zu jeder Wasserart einmal Voll- und einmal Feinwaschmittel. Setze jeweils einen Stopfen auf das Reagenzglas und schüttle.
Erkläre die Beobachtungen.
Miss dann den pH-Wert der einzelnen Lösungen. Erkläre die Beobachtungen.

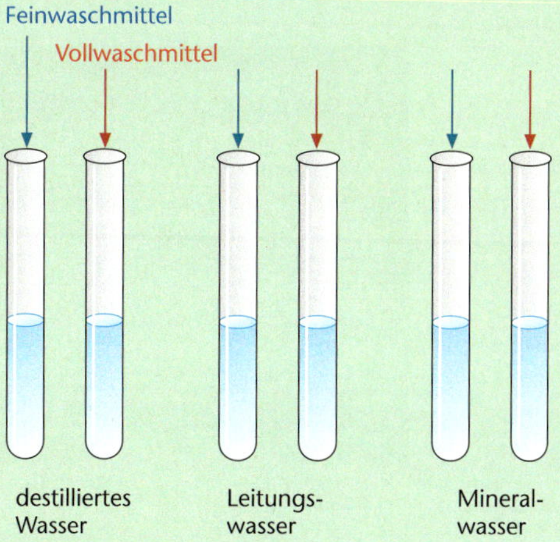

3 Wasser und Waschmittel

3 Vollwaschmittel gegen Feinwaschmittel

Materialien

Schutzbrille, 2 Bechergläser (100 ml, weite Form), Glasstab, Spatellöffel, UV-Lampe, 2 Blätter weißes Rundfilterpapier, Vollwaschmittel, Feinwaschmittel, Wasser

Versuchsanleitung

Stelle jeweils eine wässrige Lösung Vollwaschmittel und Feinwaschmittel her. Tauche nun in die Lösungen je ein Filterpapier und lasse es anschließend antrocknen. Halte die beiden Filterpapiere dann unter eine UV-Lampe (▷ B 4).

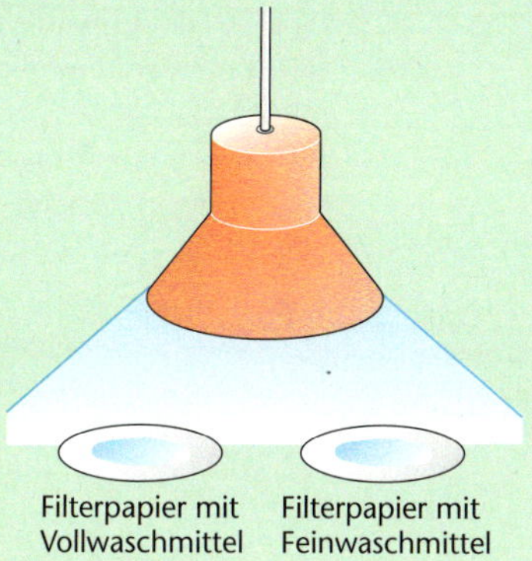

4 UV-Licht bringt es an den Tag.

4 Allerlei Untersuchungen

Materialien

Schutzbrille, Bechergläser (100 ml), Reagenzgläser, Gummistopfen, Reagenzglasgestell, Reagenzglashalter, Glasstab, Folienstift, verschiedene Waschpulver, verd. Salzsäure, Universalindikator, hartes Wasser, Kochsalzlösung

Versuchsanleitung

Stelle je vier Lösungen der verschiedenen Waschmittel her und beschrifte die Gläser.
Versetze jede Waschmittellösung mit:
a) Universalindikator,
b) hartem Wasser,
c) Kochsalzlösung,
d) verd. Salzsäure.
Setze die Gummistopfen auf und schüttle.
Finde Erklärungen für die Beobachtungen.

Waschmittel – das ist alles drin

Waschmittel gibt es heute in den unterschiedlichsten Formen: als Tabs, Perlen, als Flüssigkeit in Flaschen oder als Gel in Beutelchen. Trotzdem enthalten alle Waschmittel im Prinzip die gleichen Inhaltsstoffe.

Tenside sind die waschaktiven Substanzen (WAS) der Waschmittel. Nach ihrem Aufbau unterscheidet man verschiedene Tensidklassen: anionische Tenside, kationische Tenside, amphotere Tenside und nicht ionische Tenside (▷ B 1). Die Auswahl wird durch die Waschwirkung, die Unempfindlichkeit gegen Wasserhärte, die biologische Abbaubarkeit, die Verwendung und den Preis bestimmt.

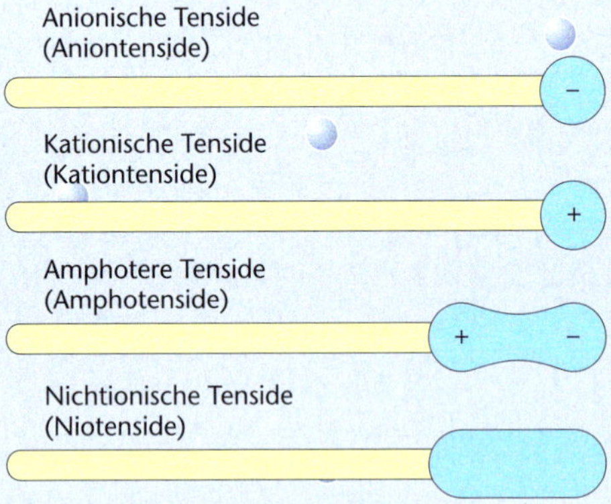

1 Tensidklassen

Enzyme werden mithilfe des Stoffwechsels von Mikroorganismen hergestellt. Sie zersetzen organische Verschmutzungen wie z. B. Blut- oder Obstflecken. Enzyme wirken nur bei niedrigen Temperaturen (▷ B 2).

Bleichmittel entfernen Veschmutzungen durch Oxidationsprozesse. Früher wurde die Wäsche in der Sonne ausgebreitet und unter natürlicher UV-Strahlung gebleicht. Natriumperborat, das erste in einem Vollwaschmittel eingesetze Bleichmittel, wirkte erst ab 60 °C. Heute wird Natriumpercarbonat als Bleichmittel eingesetzt.

2 Enzymprills lösen sich auf (Rasterelektronenaufnahme).

Wasserenthärter werden auch als „Builder" bezeichnet. Man setzt heute Zeolithe als Wasserenthärter ein. Zeolithe sind Kristalle mit großen Hohlräumen (▷ B 3). In diesen werden die Calcium- und Magnesiumionen eingeschlossen und so dem Waschwasser entzogen. Zeolithe sind im Wasser fein verteilt.

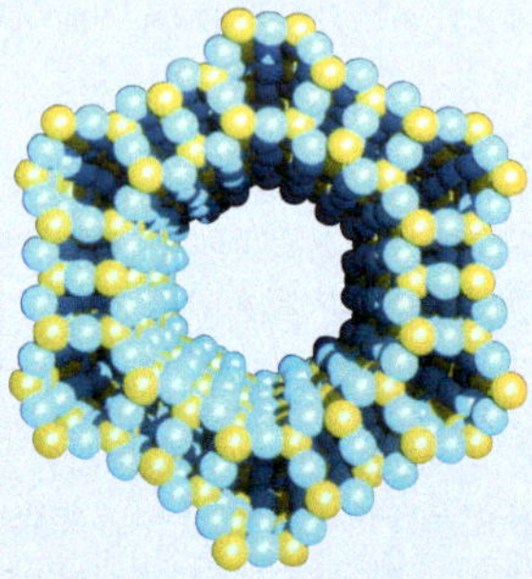

3 Zeolithmodell – Kristalle mit großen Hohlräumen

Optische Aufheller wandeln die unsichtbaren UV-Anteile des Lichts in sichtbares Licht um (▷ B 4). So wirkt die gewaschene Wäsche besonders weiß für das Auge.

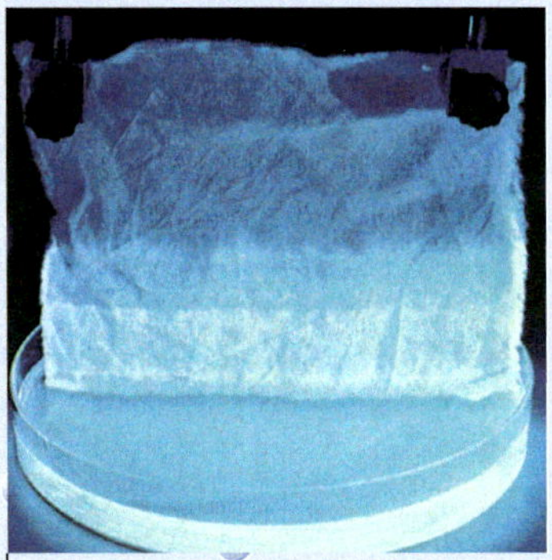

4 Optische Aufheller unter UV-Licht

Schaumregulatoren werden den Waschmitteln zugesetzt, um eine übermäßige Schaumbildung zu verhindern. Zu viel Schaum würde den Waschvorgang behindern. Schaumregulatoren sind Seifen mit langen Kohlenwasserstoffketten.

Farbübertragungsinhibitoren verhindern im Waschwasser das Anlagern von Farbstoffen an andere Kleidungsstücke. Die Farbstoffmoleküle werden im Wasser gehalten.

Vergrauungsinhibitoren verhindern die Anlagerung von neuen Schmutzteilchen auf den Kleidungsstücken.

Korrosionsinhibitoren schützen Metallteile der Waschmaschine vor Korrosion. Oft wird Natriumsilicat dem Waschmittel zugegeben. Es setzt sich als feine Schicht auf den Metallteilen ab. Die Hydroxidionen der Waschlauge können dieses Material nicht mehr angreifen.

Duftstoffe dienen zur Überdeckung des Eigengeruchs der Waschmittelinhaltsstoffe. So sind die Parfümeure der Waschmittelfirmen immer auf der Suche nach Düften, die der Wäsche eine „saubere Frische" verleihen (▷ B 5).

5 Das riecht gut!

1 Die Kosmetikindustrie wirbt mit gepflegtem Aussehen.

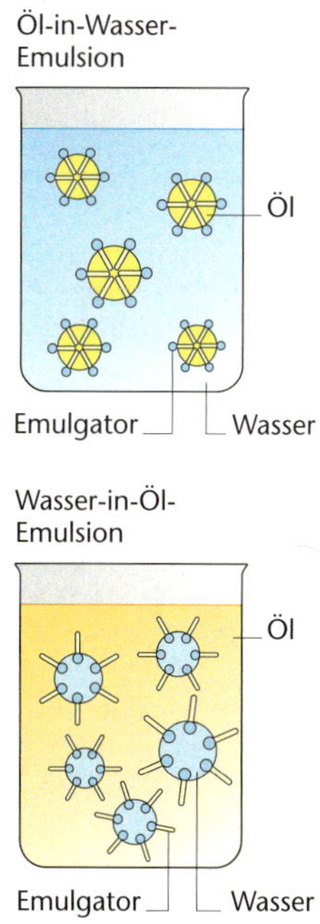

2 Emulsionstypen

Die Haut – unser größtes Organ

Es ist kaum zu glauben, aber die Haut des Menschen hat je nach Körpergröße eine Fläche zwischen 1,5 m^2 und 2 m^2. Sie wiegt ca. 10 kg bis 12 kg. Dabei übernimmt sie vielfältige Funktionen. Sie schützt den Körper vor Verletzungen, gegen Krankheitserreger und durch Pigmentbildung vor UV-Strahlung. Sie nimmt Wärme, Kälte, Schmerz, Druck oder Berührungen wahr.

Die Haut ist aus drei Schichten aufgebaut: Oberhaut, Lederhaut und Unterhaut (▷ B 3). Außerdem trägt sie Talgdrüsen, Schweißdrüsen und Haare.

Verschiedene Hauttypen benötigen unterschiedliche Pflege

Die Haut schützt sich selbst durch den Aufbau einer **Hydrolipidschicht** (Säureschutzmantel). Sie besteht aus dem Fett der Talgdrüsen und aus Wasser, das von den Schweißdrüsen produziert wird. Aus chemischer Sicht ist das eine Öl-in-Wasser-Schicht.

Jugendliche Haut ist noch sehr wasserhaltig und deshalb glatt. Beim Älterwerden findet ein Wasserverlust statt, der die Haut faltig aussehen lässt. Für jeden Hauttyp (trocken, Mischhaut, fettig) gibt es unterschiedliche Pflegeprodukte (▷ B 1).

Cremes schützen die Haut

Cremes können so aufgebaut sein, dass sie entweder **Öl-in-Wasser-Emulsionen** (O/W) oder **Wasser-in-Öl-Emulsionen** (W/O) bilden (▷ B 2). Tagescremes sind normalerweise O/W-Emulsionen. Sie ähneln damit der Hydrolipidschicht der Haut. Neben kosmetischen Cremes gibt es auch heilende Cremes. Ihnen werden Kräuterextrakte, z. B. Kamille oder Ringelblume, beigemischt. Damit die Emulsion sich nicht entmischt, gibt man Emulgatoren zu.

3 Querschnitt durch die menschliche Haut

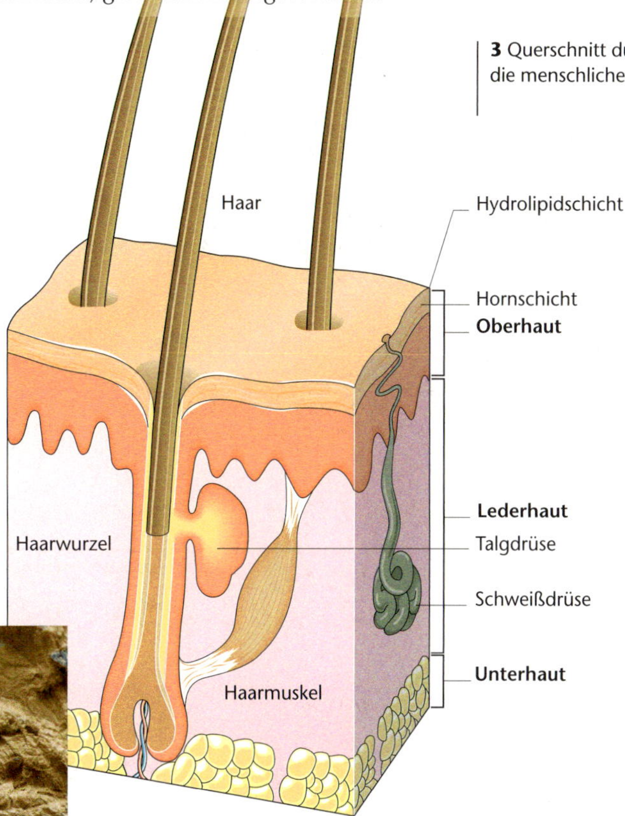

4 Mikroaufnahme der Haut

Impulse

Sonnenschutz und Hautpflege

Die Sonne geht unter die Haut

Endlich Sommer! Es ist warm, die Sonne scheint, der Himmel ist blau. Man fühlt sich gut. Will man die Sonne genießen, muss jedoch die Haut geschützt werden.

- Die Sonne kann auch heilen. Recherchiere die positiven Wirkungen der Sonnenbestrahlung auf den menschlichen Körper.
- Die Haut ist unser größtes Organ. Ermittle mithilfe eines Lexikons, eines Biologie- oder Chemiebuchs, welche Fläche die Haut einnimmt und welche Aufgaben sie erfüllt.

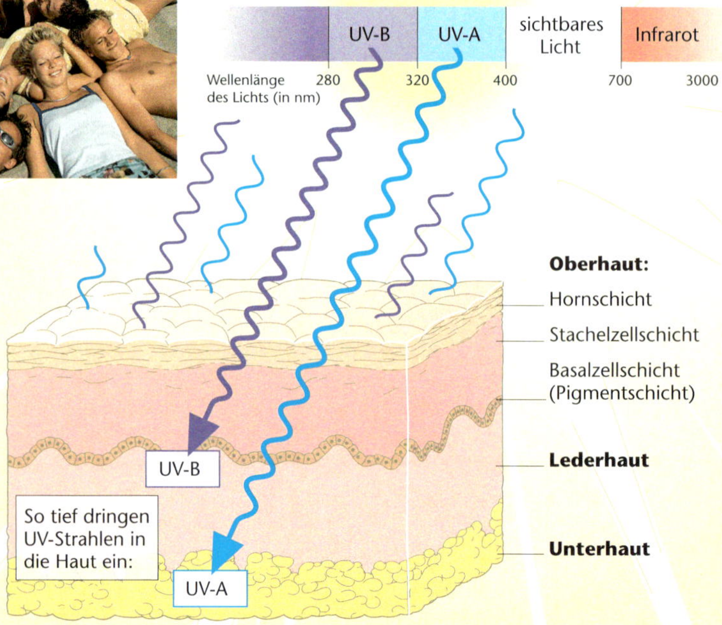

Tipps für Sonnenanbeter

Die Sonnenstrahlung besteht aus unterschiedlichen Anteilen. Für die Bräunung der Haut sind vor allem die UV-A- und UV-B-Strahlen verantwortlich.

- Welche Wirkung haben die UV-A- und UV-B-Strahlen auf unsere Haut?
- Ermittle die Bedeutung des Lichtschutzfaktors.
- Warum sollte man sich bereits 30 Minuten vor dem Sonnenbad eincremen?
- Warum ist auch bei bewölktem Himmel Sonnenschutz notwendig?

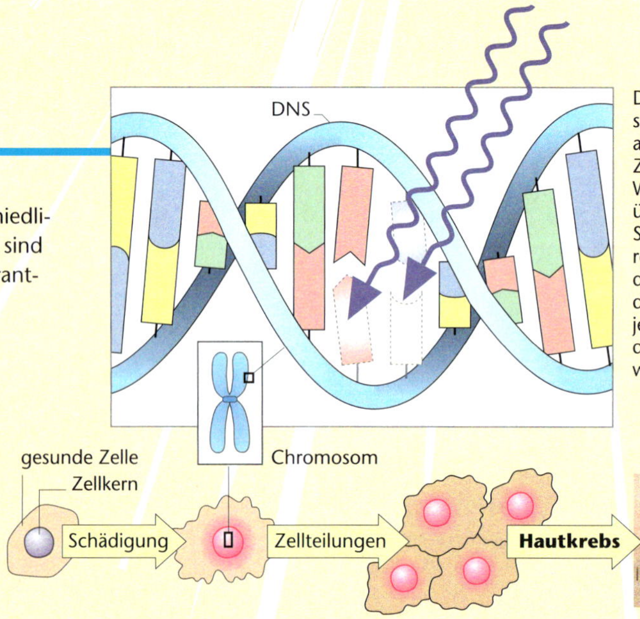

Die UV-Strahlung schädigt die Bauanleitung unserer Zellen – die DNS. Wenn die Zelle überlebt, aber den Schaden nicht reparieren kann, dann wird die defekte DNS bei jeder Zellteilung an die Tochterzellen weitergegeben.

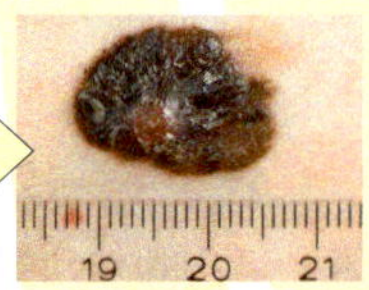

Soll ich mich bräunen lassen?

- Finde mithilfe der Tabelle heraus, welcher Hauttyp du bist.
- „Bräune ist nichts anderes als ein Eigenschutz der Haut." Erläutere diese Aussage.
- Ermittle Hautschäden und Hauterkrankungen, die von übermäßigem „Sonnenbaden" herrühren.

Hautcreme
Jede Creme weist drei Grundbestandteile auf: Wasser, Fett oder Öl, Emulgator.

- Gib z. B. Sonnenblumenöl zu Wasser. Beschreibe deine Beobachtungen.

- Schüttle das Öl-Wasser-Gemisch kräftig. Beobachte einige Minuten.

- Warum weist jede Creme die drei Grundbestandteile auf?

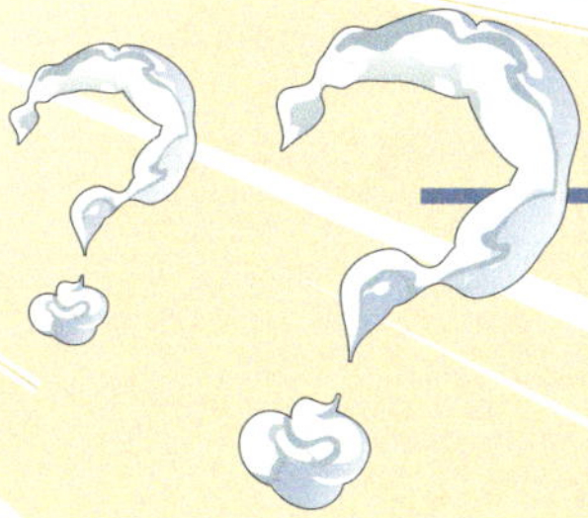

Welcher Emulsionstyp ist es?
Sonnenmilch, Sonnencremes und Sonnenlotionen sind entweder Öl-in-Wasser-Emulsionen oder Wasser-in-Öl-Emulsionen. Den Emulsionstyp kann man mit einem Farbstoffgemisch aus wasserlöslichem Methylenblau und öllöslichem Sudanrot prüfen.

- Überlege, wie du vorgehen kannst, um den Emulsionstyp zu prüfen.

- Trage auf eine glatte Fläche (z. B. Glasplatte) Proben von Sonnenmilch, Sonnencremes und Sonnenlotionen auf. Halte die Platte unter einen ruhig fließenden Wasserstrahl. Sind die Produkte wasserfest?

- Gib sehr kleine Proben auf Küchenpapier. Stellst du Unterschiede zwischen den Produkten fest? Halte das Papier auch gegen das Licht.

Hauttyp	Aussehen	max. Sonnzeit (in Mitteleuropa)
 I	**keltischer Typ** – Haut sehr hell, meist Sommersprossen – Haare sehr oft rot – Augen meist blau	– keine Bräunung – Sonnenbrand nach 5 – 10 min – Empfohlener Lichtschutzfaktor: dauerhaft mindestens 15
 II	**europäisch-hellhäutiger Typ** – Haut hell, tw. mit Sommersprossen – Haare hellblond bis braun – Augen blau-grau oder grün	– Sonnenbrand nach 10 – 20 min – Empfohlener Lichtschutzfaktor: anfangs 14, später 9 – 14
 III	**europäisch-dunkelhäutiger Typ** – Haut hellbraun, – Haare dunkelblond bis dunkelbraun – Augen grau bis braun	– Sonnenbrand nach 20 – 30 min – Empfohlener Lichtschutzfaktor: anfangs 8, später 5 – 8
 IV	**mediterraner Typ** – Haut bräunlich-oliv, – Haare dunkelbraun bis schwarz – Augen dunkelbraun	– Sonnenbrand nach 40 – 45 min – Empfohlener Lichtschutzfaktor: anfangs 4, später 2 – 4

- Viele deiner Freunde und Freundinnen gehen in ein Sonnenstudio. Du möchtest das eigentlich nicht. Sammle Argumente, um dich gegen die Aufforderungen deiner Freundinnen und Freunde wehren zu können.

UV-Schutz
Sonnencremes und Sonnenlotionen enthalten unterschiedliche Stoffe zum Schutz vor ultravioletter Strahlung.

- Informiere dich über diese Stoffe und ihre Wirkungsweise.

- Welche Vor- und Nachteile weisen die unterschiedlichen Stoffe auf?

Werkstatt

Kosmetika für Mädchen und Jungen

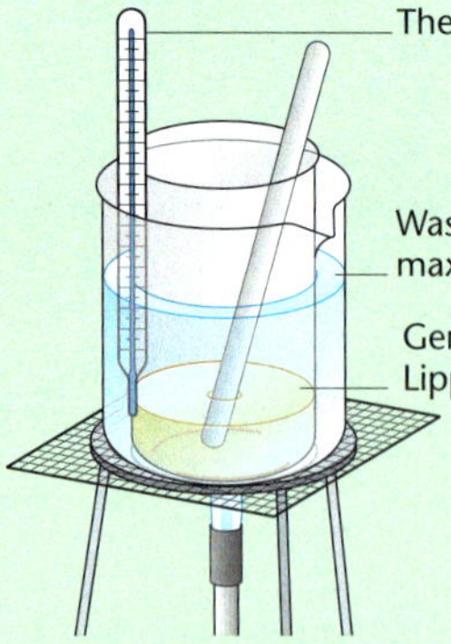

1 Das Gemisch wird im Wasserbad erhitzt.

1 Lippenpflegestift selbst gemacht

Material

Schutzbrille, Becherglas (250 ml, weite Form), Becherglas (100 ml, hohe Form), Glasstab, Thermometer (–10 °C bis 110 °C), Gasbrenner, Anzünder, Dreifuß, Keramik-Drahtnetz, Waage, Lippenstifthülse zum Direktbefüllen, öllösliches Lebensmittelaroma, Bienenwachs, Jojobaöl, Sheabutter, Lecithin Cm, α-Bisabolol

Versuchsanleitung

Gib 15 g Jojobaöl, 6 g Bienenwachs, 2 g Sheabutter, 1 g Lecithin und 4 Tropfen α-Bisabolol in ein kleines Becherglas und erhitze die Stoffe im Wasserbad auf nicht mehr als 80 °C (▷ B 1). Rühre dabei ständig, damit sich die Wachse gleichmäßig vermischen. Das Lebensmittelaroma wird zum Schluss untergerührt. Gieße die Masse in die Lippenstifthülse und lasse die Masse erstarren.

2 Perlglanz-Lippenstift selbst gemacht

Material

Schutzbrille, Becherglas (100 ml, hohe Form), Becherglas (250 ml, weite From), Glasstab, Thermometer (–10 °C bis 110 °C), Gasbrenner, Anzünder, Dreifuß, Keramik-Drahtnetz, Waage, Lippenstifthülsen zum Direktbefüllen, Perlglanzpigmente, weißes Bienenwachs, helles Carnaubawachs, öllösliches Lebensmittelaroma, Rizinusöl, Lecithin Cm, α-Bisabolol

2 Lippenstift mit Perlglanzeffekt

Versuchsanleitung

Gib 50 g Rizinusöl, 8 g weißes Bienenwachs, 5 g Carnaubawachs, 3 g Lecithin und 2 Tropfen α-Bisabolol in ein kleines Becherglas und erhitze die Stoffe im Wasserbad (▷ B 1). Damit sich die Wachse gleichmäßig vermischen, musst du ständig rühren. Rühre etwas vom Lebensmittelaroma zum Schluss unter.

Rühre dann die Perlglanzpigmente ein. Willst du verschiedene Farben erzeugen, musst du die Masse aufteilen und dann erst einfärben. Gieße dann die Masse in die Lippenstifthülsen und lasse die Masse erstarren.

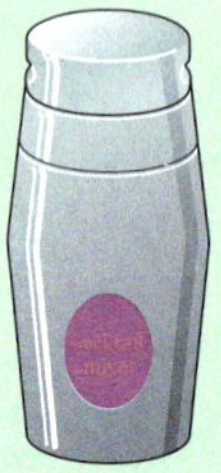

3 Schüttelbecher mit Gel

3 Haargel für cooles Styling

Material

Schutzbrille, Becherglas (250 ml), Thermometer (–10 °C bis 110 °C), Messzylinder, Schüttelbecher, Spatellöffel, Heizplatte, Perlglanzpigment, Gel-Bildner PN, kosmetisches Haarwasser, destilliertes Wasser

Versuchsanleitung

Gib 1 Spatellöffel Gelbildner und 20 ml Haarwasser in den Schüttelbecher (▷ B 3). Gib dann 80 ml lauwarmes, destilliertes Wasser dazu. Verschließe den Schüttelbecher gut und schüttle kräftig. Nach einigen Minuten entsteht das Gel.
Für ein Haargel mit Farbglanz kommt ins fertige Gel einfach noch 1 Spatellöffel Perlglanzpigmente.

4 Haarwachs für festen Halt

Material

Schutzbrille, Becherglas (100 ml, hohe Form), Becherglas (250 ml, weite Form), Glasstab, Thermometer (–10 °C bis 110 °C), Gasbrenner, Anzünder, Dreifuß, Keramik-Drahtnetz, Waage, Dose, Vaseline, weißes Bienenwachs oder Ceralan, Parfümöl Kokos

Versuchsanleitung

Schmelze 50 g Vaseline mit 5 g Bienenwachs oder Ceralan im Wasserbad. Lasse die Masse etwas abkühlen. Gib dann 5 Tropfen Parfümöl zu und fülle das Wachs in die Dose.

Auf einem Quadratzentimenter Kopfhaut wachsen etwa 100 Haare. Sie wachsen in der Woche zwischen 2 mm und 2,5 mm und haben einen Durchmesser von 4 bis 12 Hundertstel Millimeter. Das Haar erhält seine Farbe durch das natürliche Pigment Melanin, das in der Haarrinde eingelagert ist. Gesundes Haar braucht entsprechende Pflege. Dazu gehört regelmäßiges Haarewaschen.

So sind Haare aufgebaut
Der Haarschaft ist der sichtbare Teil des Haares. Er ist aus drei Schichten aufgebaut. In der Mitte sind die schwammartigen Markzellen (Medula). Darum herum liegen die Faserzellen mit den Farbpigmenten. Sie bestimmen die Farbe, Festigkeit und Elastizität des Haares. Um die Faserschicht liegt schützend, wie bei einem Tannenzapfen, die Schuppenschicht.

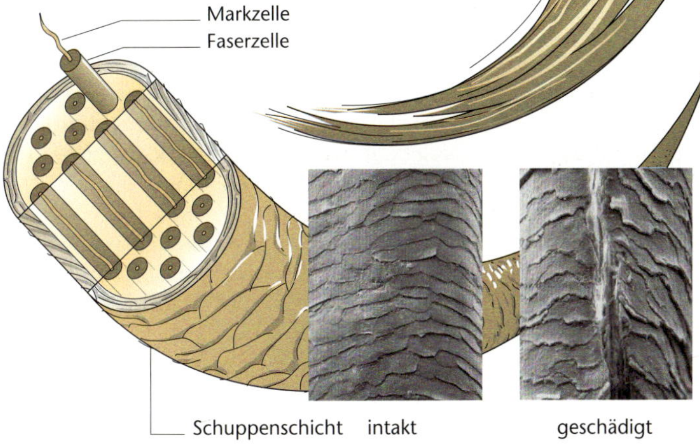

1 Aufbau des Haares

Die Schuppenschicht ist durchsichtig. Durch sie schimmern die Farbpigmente des Haares hindurch. Der Gerüststoff des Haares ist Keratin. Je nach Anteilen der verschiedenen Melanintypen entstehen die unterschiedlichen Haarfarben.

Haare erhalten eine andere Farbe
Tönungen sind Gemische aus unterschiedlichen Farbpigmenten. Sie dringen tief in das Haar ein und lagern sich an das Keratingerüst des Haars an. Bei jeder Haarwäsche werden einige Farbpigmente herausgewaschen.
Haarfärbemittel enthalten Farbstoffe. Im Gegensatz zum Tönen reagieren die Farbmoleküle im Haar, sodass das Haar dauerhaft gefärbt wird.

Der Färbevorgang
Das dauerhafte Färben des Haares erfolgt in zwei Schritten. Zuerst wird mithilfe eines Oxidationsmittels der natürliche Farbstoff des Haares zerstört. Das bekannteste Oxidationsmittel für Haare ist Wasserstoffperoxid. Im zweiten Schritt reagiert die in der Färbung enthaltene Vorstufe des eigentlichen Farbmoleküls mit dem Oxidationsmittel und bildet dabei große Farbmoleküle (▷ B 2). Diese können nicht mehr aus dem Haar herausgespült werden. Häufiges Färben kann zu Schädigungen der Schuppenschicht führen (▷ B 1). Denn durch die Zugabe von Ammoniak wird die Schuppenschicht abgespreizt (▷ V 2), sodass die färbenden Chemikalien besser in das Haar gelangen können.

Tönungen sind Gemische von Farbpigmenten. Färbemittel enthalten Farbstoffe, die im Haar große Farbmoleküle bilden.

Versuche

1 Gib einige Tropfen verschiedener Haarpflegeprodukte auf feuchtes Universalindikatorpapier.

2 Nimm zwei Haare. Tauche ein Haar in Ammoniaklösung. Betrachte beide Haare unter dem Mikroskop.

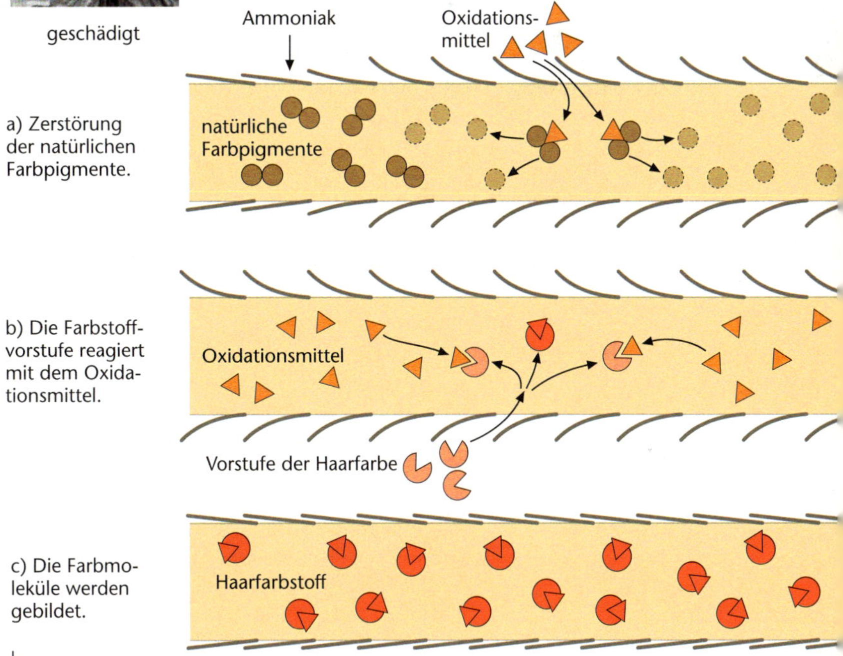

2 Färbevorgang im Schema

Schlusspunkt

Ernährung und Pflege

Fette

Fettmoleküle sind Ester aus Glycerin und Fettsäuren (▷B1). Fette sind Gemische verschiedener Ester.

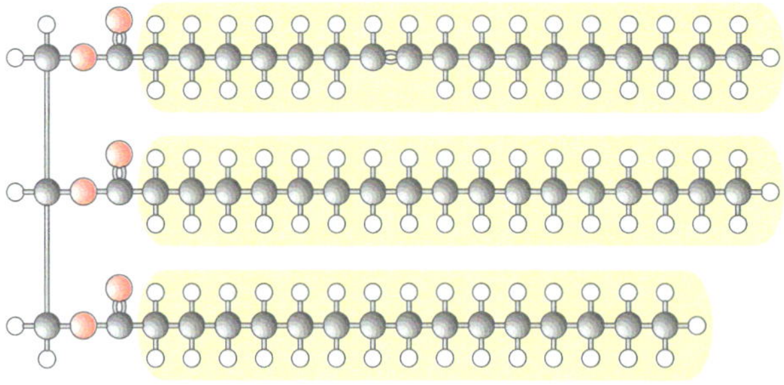

1 Aufbau eines Fettsäureglycerinestermoleküls

Monosaccharid ($C_6H_{12}O_6$)

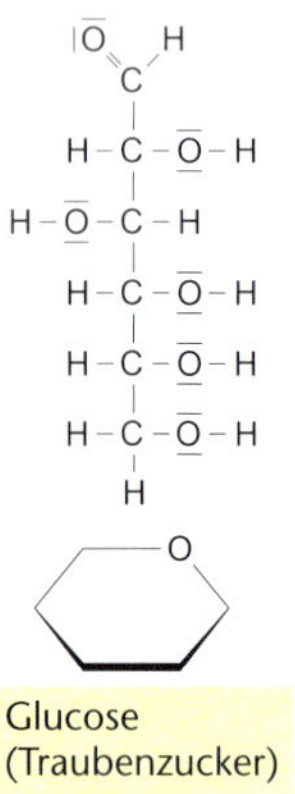

Mono- und Disaccharide

Mono- und Disaccharide gehören zu den Kohlenhydraten. Dissaccharidmoleküle bilden sich durch Verknüpfung zweier Monosaccharidmoleküle (▷B2).

Disaccharid ($C_{12}H_{22}O_{12}$)

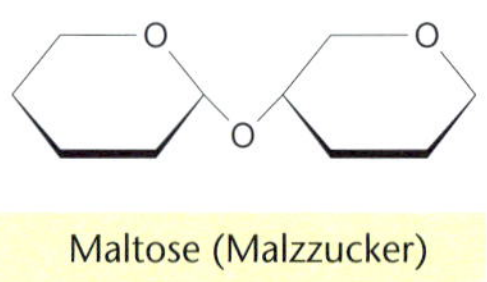

2 Übersicht über Mono- und Disaccharide

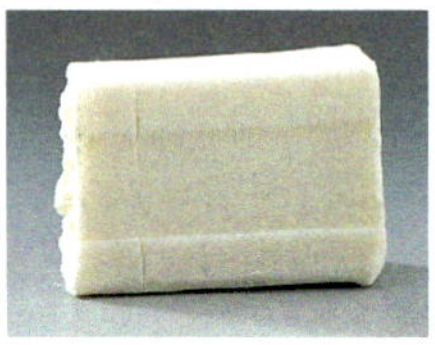

Seifen

Seifen sind Alkalisalze langkettiger Fettsäuren.
Kernseifen sind Natriumsalze der Fettsäuren. Schmierseifen sind Kaliumsalze der Fettsäuren.

Aufbau des Seifenanions

Ein Seifenteilchen lässt sich modellhaft so darstellen: ein hydrophiler „Kopf" und ein hydrophober Rest (▷B3).

3 Bau eines Seifenanions im Modell

Eiweiße

Eiweiße sind aus Aminosäuren aufgebaut. Aminosäuren besitzen im Molekül zwei funktionellen Gruppen: die Aminogruppe ($-NH_2$) und die Carboxylgruppe ($-COOH$).
Aminosäuremoleküle verbinden sich unter Wasserabspaltung miteinander in einer Kondensationsreaktion. Dabei entstehen Dipeptide (▷B4) oder Polypeptide.

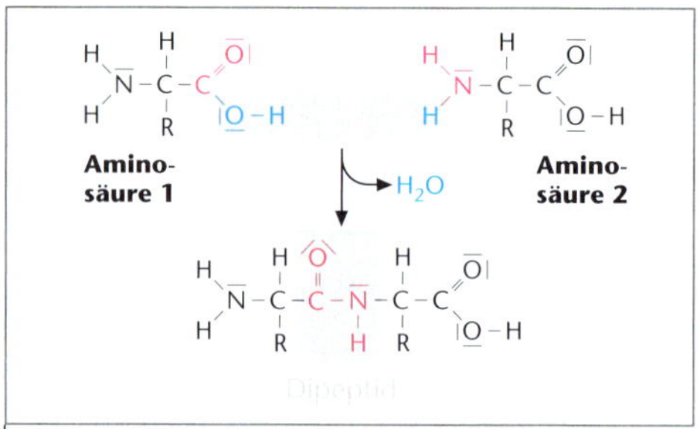

4 Die Bildung eines Dipeptids

Stärke und Cellulose

Stärke und Cellulose sind Kohlenhydrate, die sich aus vielen miteinander verbundenen Glucosemolekülen zusammensetzen. Stärke und Cellulose gehören zu den Polysacchariden.

Tenside und Grenzflächenspannung

Tenside ordnen sich an der Grenzfläche zwischen wasserfreundlichen und wasserfeindlichen Stoffen an. Dadurch setzen sie die Grenzflächenspannung herab. Seifen gehören zu den Tensiden.

Waschwirkung

Seifen wirken benetzend und schmutzablösend. Die Seifenanionen umhüllen den Schmutz und lösen ihn ab. Der fein verteilte Schmutz wird so im Waschwasser gehalten(▷B5).

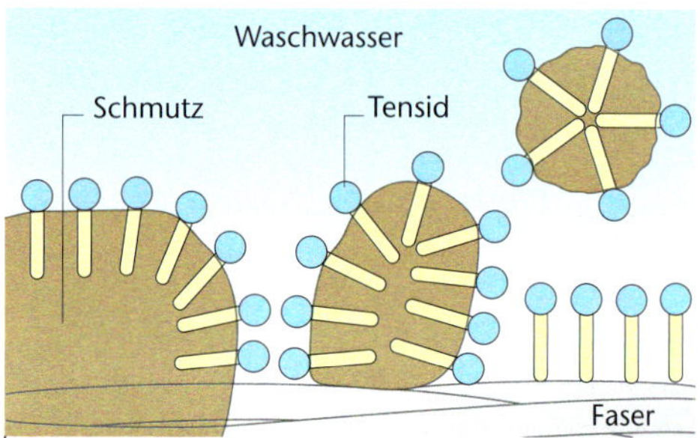

5 Waschwirkung der Tenside im Modell

Aufgaben

1 Fette Öle sind bei Zimmertemperatur flüssig. Beschreibe den Aufbau eines Ölmoleküls im Gegensatz zu einem Fettmolekül (▷ B 1).

1 Zu Aufgabe 1

2 Gib den Namen der folgenden Fettsäuren an:
a) $C_{17}H_{29}COOH$,
b) $C_{15}H_{31}COOH$,
c) C_3H_7COOH.
Welche dieser Säuren gehören zu den essenziellen Fettsäuren? Warum sind diese für die Ernährung unentbehrlich?

2 Zu Aufgabe 3

3 Welche der in Bild 2 gezeigten Nahrungsmittel sind besonders fetthaltig, eiweißhaltig oder kohlenhydrathaltig? Schätze zunächst und informiere dich dann mithilfe von Büchern oder dem Internet.

3 Zu Aufgabe 4

4 Schokolade oder Chips beispielsweise (▷ B 3) enthalten „versteckte Fette“. Was ist unter diesem Begriff zu verstehen? Finde noch andere Lebensmittel, die „versteckte Fette“ enthalten.

5 Fettbrände können leicht durch überhitztes Fett entstehen (▷ B 4). Wie kann man Fettbrände löschen? Begründe.

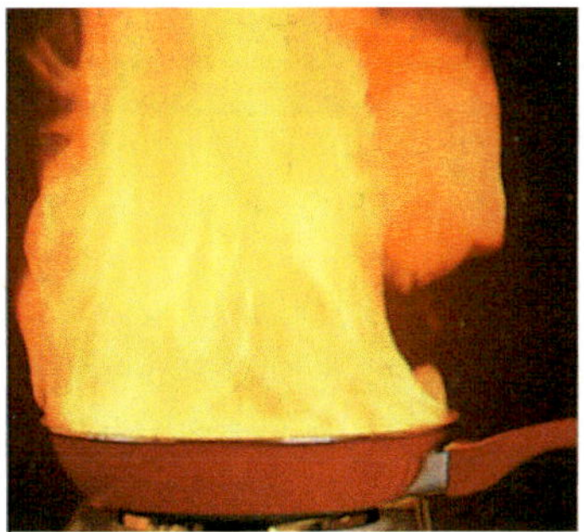

4 Zu Aufgabe 5

6 Bilde ein Dipeptidmolekül aus einem Molekül Valin und einem Molekül Alanin. Wie lautet der Name dieser Reaktion?

7 Beschreibe die Wirkung von Seifenlösung auf verschmutzte Kleidung.

8 Erkläre, weshalb Seife zum Haare waschen ungeeignet ist.

9 Bei einer Seifenblase (▷ B 5) sind die Seifenmoleküle in bestimmter Art und Weise zur Luft hin ausgerichtet. Zeichne eine Seifenblase und zeichne dann die Anordung der Seifenanionen mithilfe des Streichholzmodells.

5 Zu Aufgabe 9

10 Was geschieht mit einem Wollpullover, der mit normalem Vollwaschmittel gewaschen wurde (▷ B 6)? Erkläre.

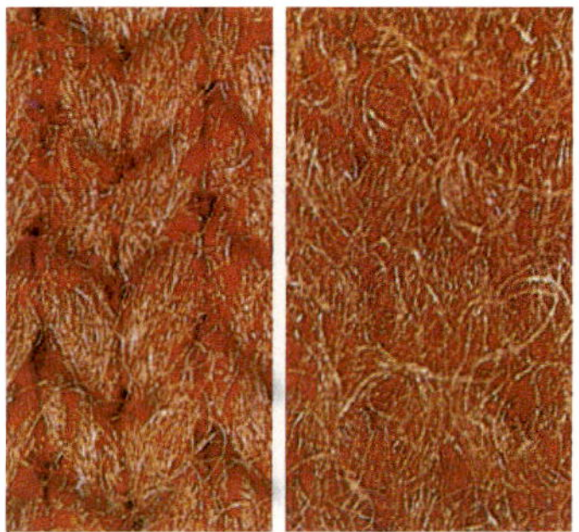

6 Zu Aufgabe 10

11 Hautcremes sind O/W- oder W/O-Emulsionen (▷ B 7).
a) Erkläre die Funktion von Emulgatoren in den Hautcremes.
b) Woraus besteht die Schutzschicht der Haut?
c) Was würde passieren, wenn man die Haut zu häufig mit Seife wäscht?

7 Zu Aufgabe 11

Für die Erstellung eines Versuchsprotokolls oder für Hefteinträge ist es oft notwendig, Versuchsaufbauten zu zeichnen. Ein exakt gezeichneter Versuchsaufbau hilft bei der Auswertung von Versuchsergebnissen und dient als Vorlage für den Aufbau ähnlicher Experimente.

Wie man einen Versuchsaufbau zeichnet
Wegen der einheitlichen Darstellung, sollten die chemischen Geräte und ihre Zusammenstellung in einer Schnittzeichnung dargestellt werden (▷B3). Im Gegensatz zum realen Versuchsaufbau (▷B2) gibt eine Schnittdarstellung vom Versuchsaufbau (▷B1) das Wesentliche übersichtlich wieder.
Dabei reicht es oft aus, die für den Aufbau wichtigen Laborgeräte als Schnittzeichnungen darzustellen. Viele andere Geräte (z. B. Brenner, Dreifuß, Stativ) können in vereinfachter Form gezeichnet oder ganz weggelassen werden.
Die Versuchsskizze sollte jedoch immer beschriftet werden.

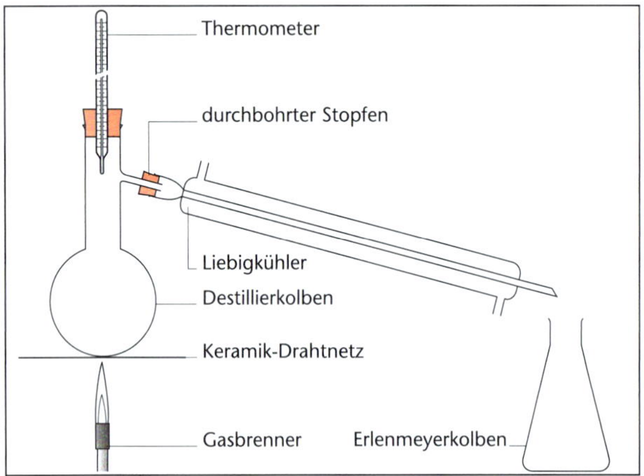

1 Schnittzeichnung vom Versuchsaufbau

3 Eine Schnittzeichnung wird erstellt.

2 Realer Versuchsaufbau

Laborgeräte

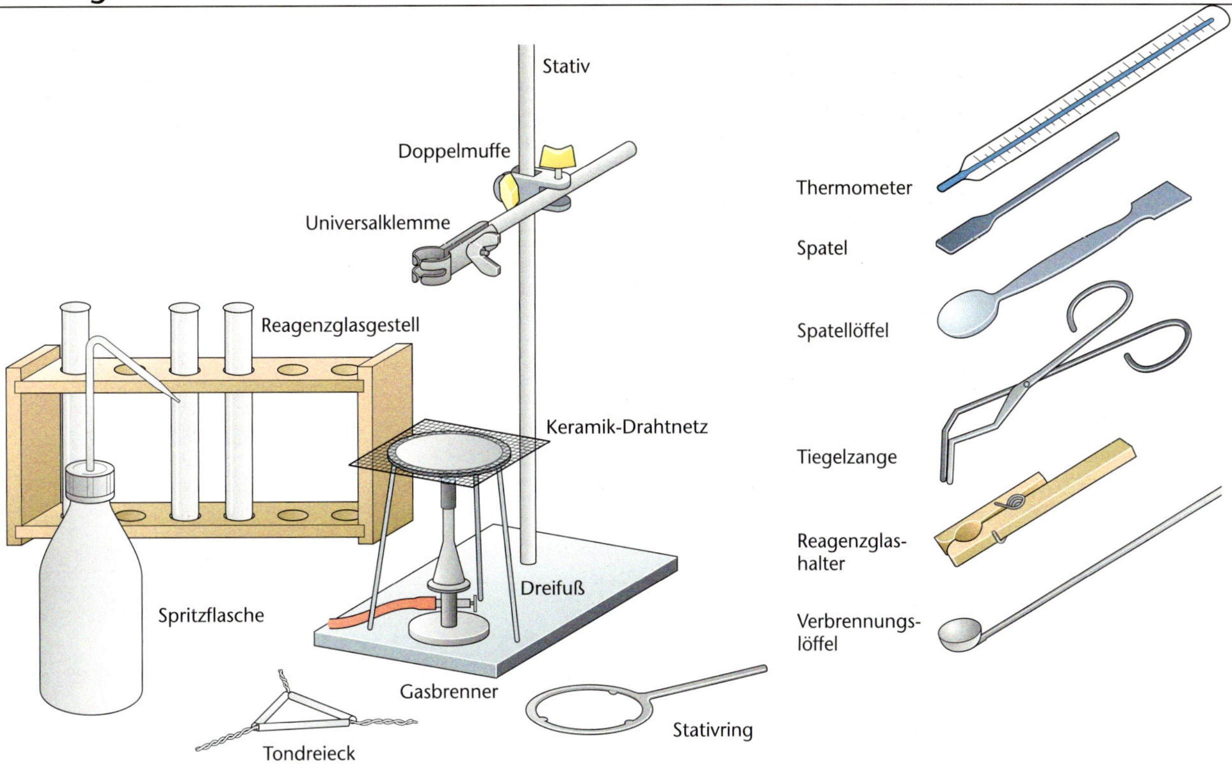

Schnittzeichnungen einiger Laborgeräte

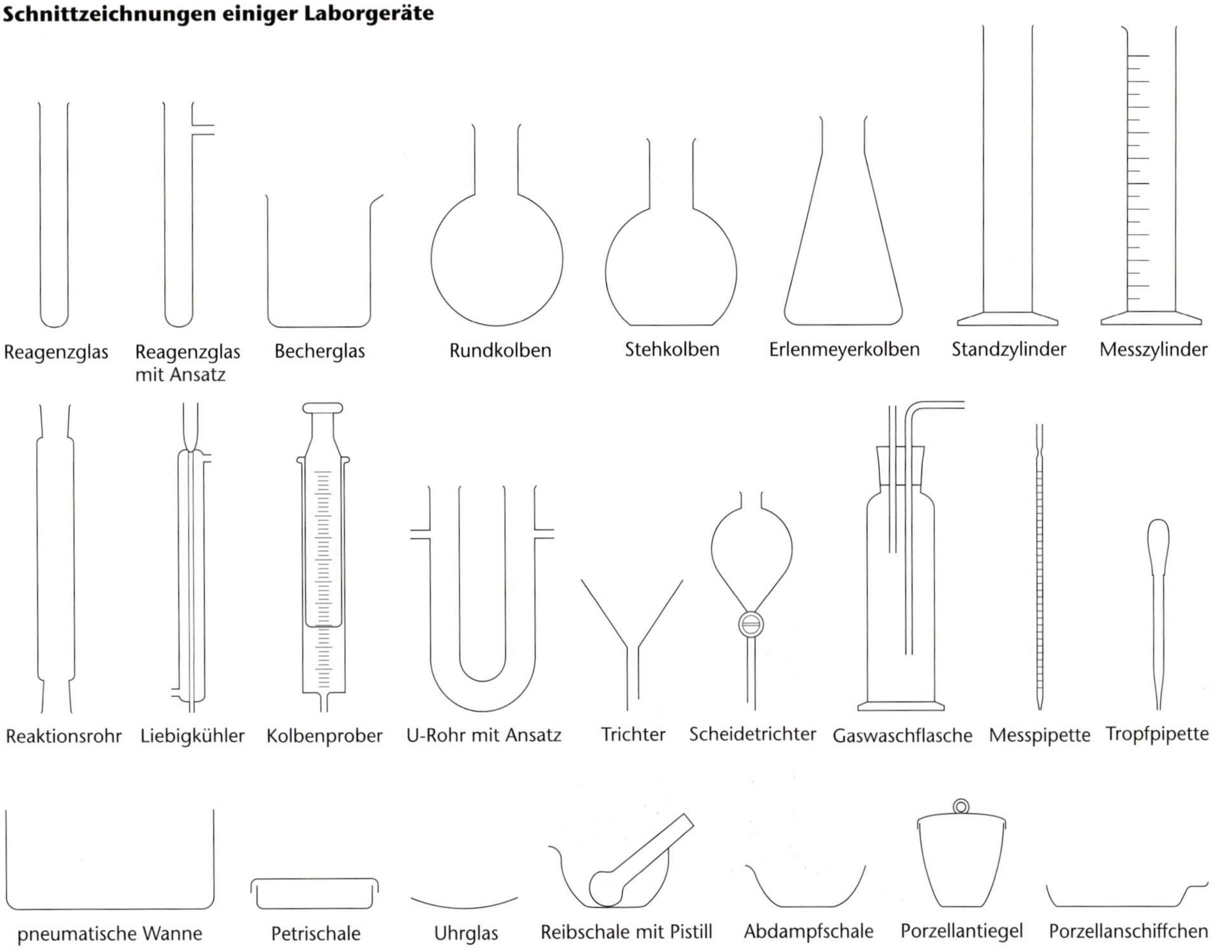

Entsorgungsplan

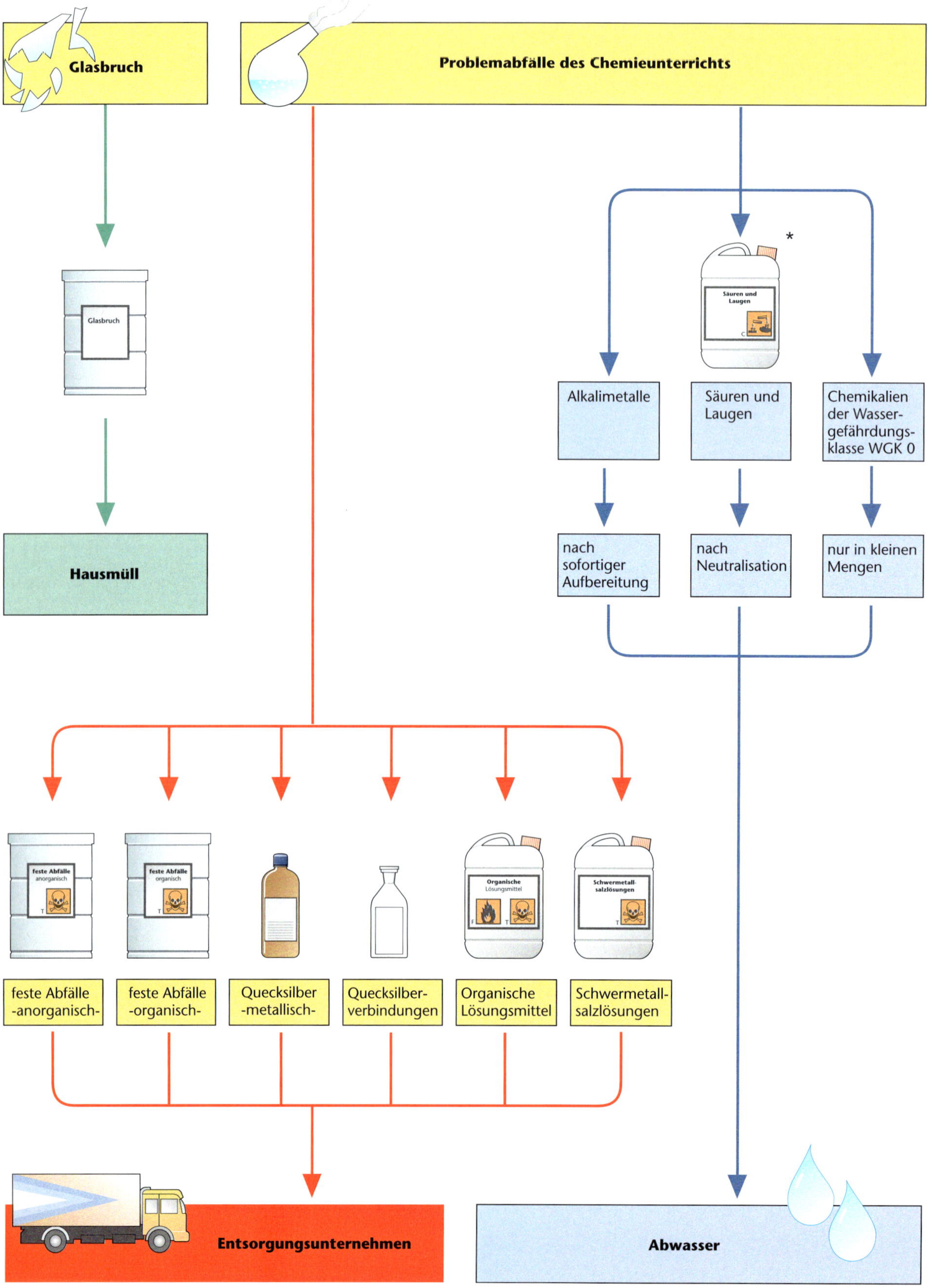

* Problemabfälle müssen in geeigneten Sammelgefäßen aus Kunststoff oder Glas gesammelt werden.

Dezimale Vielfache und Teile von Einheiten

Kürzel	Vorsatz	Faktor
p	Piko	$10^{-12} = \frac{1}{1\,000\,000\,000\,000}$
n	Nano	$10^{-9} = \frac{1}{1\,000\,000\,000}$
µ	Mikro	$10^{-6} = \frac{1}{1\,000\,000}$
m	Milli	$10^{-3} = \frac{1}{1\,000}$
c	Zenti	$10^{-2} = \frac{1}{100}$
d	Dezi	$10^{-1} = \frac{1}{10}$
da	Deka	10
h	Hekto	$10^{2} = 100$
k	Kilo	$10^{3} = 1\,000$
M	Mega	$10^{6} = 1\,000\,000$
G	Giga	$10^{9} = 1\,000\,000\,000$
T	Tera	$10^{12} = 1\,000\,000\,000\,000$

Griechische Zahlwörter
(nach chemischer Nomenklatur)

$\frac{1}{2}$	hemi	10	deca
1	mono	11	undeca
2	di	12	dodeca
3	tri	13	trideca
4	tetra	14	tetradeca
5	penta	15	pentadeca
6	hexa	16	hexadeca
7	hepta	17	heptadeca
8	octa	18	octadeca
9	nona	19	enneadeca
10	deca	20	eicosa

Umrechnung von Zeiteinheiten

Jahr a	Tag d	Stunde h	Minute min	Sekunde s
1 a =	365 d			
	1 d =	24 h		
		1 h =	60 min	
			1 min =	60 s

Umrechnung von Volumeneinheiten

Kubikmeter m^3	Kubikdezimeter dm^3	Kubikzentimeter cm^3	Kubikmillimeter mm^3
$1\ m^3$ =	$1\,000\ dm^3$		
	$1\ dm^3$ (l) =	$1\,000\ cm^3$ (ml)	
		$1\ cm^3$ =	$1\,000\ mm^3$

Umrechnung von Masseneinheiten

Tonne t	Kilogramm kg	Gramm g	Milligramm mg
1 t =	1 000 kg		
	1 kg =	1 000 g	
		1 g =	1 000 mg

Umrechnung von Druckeinheiten

Megapascal MPa	Bar bar	Hektopascal hPa	Pascal Pa
1 MPa =	10 bar		
	1 bar =	1 000 hPa	
		1 hPa =	100 Pa

Größe und Einheiten

Größe: Name	Zeichen	Beziehung	Erläuterungen	Einheiten: Name	Zeichen
Masse	m			Gramm Kilogramm	g kg
Volumen	V		Produkt aus drei Längen	Kubikmeter Liter Milliliter	m^3 $1\ l = 1\ dm^3$ $1\ ml = 1\ cm^3$
Stoffmenge	n	$n = \frac{m}{M}$	M: molare Masse m: Masse der Stoffportion	Mol	mol
Dichte	ρ	$\rho = \frac{m}{V}$	m: Masse der Stoffportion V: Volumen der Stoffportion		g/cm^3 $1\ g/m^3 = 0{,}001\ g/cm^3$
Celsiustemperatur	ϑ			Grad Celsius	°C
thermodynamische Temperatur	T	$T = (\frac{\vartheta + 273{,}15}{°C})\ K$		Kelvin	K
Stromstärke	I	$I = \frac{U}{R}$		Ampere Milliampere	A mA
Spannung	U	$U = R \cdot I$	I: Stromstärke R: Widerstand	Volt Millivolt	V mV

Elementname	Symbol	Ordnungszahl	Atommasse in u	Dichte in g/cm³ (Gase in g/l)	Schmelztemperatur in °C	Siedetemperatur in °C
Actinium	Ac	89	227,0278	10,10	1050	3200
Aluminium	Al	13	26,9815	2,70	660	2467
Antimon	Sb	51	121,7570	6,68	630	1750
Argon	Ar	18	39,9480	1,66	−189	−186
Arsen	As	33	74,9216	5,72	613 s	817 p
Astat	At	85	210,0000	–	302	337
Barium	Ba	56	137,3300	3,51	725	1640
Beryllium	Be	4	9,0122	1,85	1278	2970
Bismut	Bi	83	208,9804	9,8	271	1560
Blei	Pb	82	207,2000	11,4	327	1740
Bor	B	5	10,8110	2,34	2300	2550 s
Brom	Br	35	79,9040	3,12	−7	59
Cadmium	Cd	48	112,4100	8,65	321	765
Caesium	Cs	55	132,9054	1,88	28	669
Calcium	Ca	20	40,0780	1,54	839	1484
Cer	Ce	58	140,1200	6,65	799	3426
Chlor	Cl	17	35,4530	2,95	−101	−35
Chrom	Cr	24	51,9961	7,20	1857	2672
Cobalt	Co	27	58,9332	8,9	1495	2870
Eisen	Fe	26	55,8470	7,87	1535	2750
Fluor	F	9	18,9984	1,58	−219	−188
Francium	Fr	87	223,0000		27	677
Gallium	Ga	31	69,7230	5,90	30	2403
Germanium	Ge	32	72,6000	5,32	937	2830
Gold	Au	79	196,9665	19,32	1064	3080
Hafnium	Hf	72	178,4900	13,3	2227	4602
Helium	He	2	4,0026	0,17	−272 p	−269
Indium	In	49	114,8180	7,30	156	2080
Iod	I	53	126,9045	4,93	113	184
Iridium	Ir	77	192,2200	22,41	2410	4130
Kalium	K	19	39,0983	0,86	63	760
Kohlenstoff	C	6	12,0110	2,25 [2)]	3650 [2)]	4827
Krypton	Kr	36	83,8000	3,48	−157	−152
Kupfer	Cu	29	63,5460	8,92	1083	2567
Lanthan	La	57	138,9055	6,17	921	3457
Lithium	Li	3	6,9410	0,53	180	1342
Magnesium	Mg	12	24,3050	1,74	649	1107
Mangan	Mn	25	54,9380	7,20	1244	1962
Molybdän	Mo	42	95,9400	10,2	2610	5560
Natrium	Na	11	22,9898	0,97	98	883
Neon	Ne	10	20,1790	0,84	−249	−246
Nickel	Ni	28	58,6934	8,90	1455	2730
Niob	Nb	41	92,9064	8,57	2468	4742

Elementname	Symbol	Ordnungs-zahl	Atommasse in u	Dichte in g/cm³ (Gase in g/l)	Schmelz-temperatur in °C	Siede-temperatur in °C
Osmium	Os	76	190,2300	22,5	2700	5300
Palladium	Pd	46	106,4000	12,0	1554	2970
Phosphor	P	15	30,9738	1,82 3)	44 3)	280
Platin	Pt	78	195,0800	21,4	1772	3827
Polonium	Po	84	209,0000	9,4	254	962
Praseodym	Pr	59	140,9077	6,77	931	3512
Protactinium	Pa	91	231,0358	15,4	–	–
Quecksilber	Hg	80	200,5900	13,6	–39	357
Radium	Ra	88	226,0254	5,0	700	1140
Radon	Rn	86	222,0000	9,23	–71	–62
Rhenium	Re	75	186,2070	20,5	3180	5627
Rhodium	Rh	45	102,9055	12,4	1966	3727
Rubidium	Rb	37	85,4678	1,53	39	686
Ruthenium	Ru	44	101,0700	12,3	2310	3900
Sauerstoff	O	8	15,9994	1,33	–219	–183
Scandium	Sc	21	44,9559	3,0	1541	2831
Schwefel (rhomb.)	S	16	32,0660	2,07	113	444
Schwefel (monokl.)	S	16	32,0660	1,96	119	444
Selen	Se	34	78,9600	4,81	217	685
Silber	Ag	47	107,8680	10,5	962	2212
Silicium	Si	14	28,0855	2,32	1410	2355
Stickstoff	N	7	14,0067	1,17	–210	–196
Strontium	Sr	38	87,6200	2,60	769	1384
Tantal	Ta	73	180,9479	16,6	2996	5425
Technetium	Tc	43	98,9062	11,5	2172	4877
Tellur	Te	52	127,6000	6,0	449	990
Thallium	Tl	81	204,3700	11,8	303	1457
Thorium	Th	90	232,0381	11,7	1750	4790
Titan	Ti	22	47,8800	4,51	1660	3287
Uran	U	92	238,0290	19,0	1132	3818
Vanadium	V	23	50,9415	5,96	1890	3380
Wasserstoff	H	1	1,0079	0,083	–259	–253
Wolfram	W	74	183,8400	19,3	3410	5660
Xenon	Xe	54	131,3000	5,49	–112	–107
Yttrium	Y	39	88,9059	4,47	1522	3338
Zink	Zn	30	65,3900	7,14	419	907
Zinn	Sn	50	118,7100	7,30	232	2270
Zirconium	Zr	40	91,2240	6,49	1852	4377

1) Dichteangaben für 20 °C und 1013 hPa
2) Angaben gelten für Graphit; Diamant: Schmelztemp. 3550, Dichte 3,51
3) Angaben gelten für weißen Phosphor; roter Phosphor: Schmelztemp. 590 p, Dichte 2,34

s = sublimiert
p = unter Druck
– = Werte nicht bekannt

Satz-ziffer	Bedeutung
R 1	In trockenem Zustand explosionsgefährlich
R 2	Durch Schlag, Reibung, Feuer oder andere Zündquellen explosionsgefährlich
R 3	Durch Schlag, Reibung, Feuer oder andere Zündquellen besonders explosionsgefährlich
R 4	Bildet hochempfindliche explosionsgefährliche Metallverbindungen
R 5	Beim Erwärmen explosionsfähig
R 6	Mit und ohne Luft explosionsfähig
R 7	Kann Brand verursachen
R 8	Feuergefahr bei Berührung mit brennbaren Stoffen
R 9	Explosionsgefahr bei Mischung mit brennbaren Stoffen
R 10	Entzündlich
R 11	Leicht entzündlich
R 12	Hochentzündlich
R 14	Reagiert heftig mit Wasser
R 15	Reagiert mit Wasser unter Bildung hoch entzündlicher Gase
R 16	Explosionsgefährlich in Mischung mit brandfördernden Stoffen
R 17	Selbstentzündlich an der Luft
R 18	Bei Gebrauch Bildung explosionsfähiger/leicht entzündlicher Dampf/Luftgemische möglich
R 19	Kann explosionsfähige Peroxide bilden
R 20	Gesundheitsschädlich beim Einatmen
R 21	Gesundheitsschädlich bei Berührung mit der Haut
R 22	Gesundheitsschädlich beim Verschlucken
R 23	Giftig beim Einatmen
R 24	Giftig bei Berührung mit der Haut
R 25	Giftig beim Verschlucken
R 26	Sehr giftig beim Einatmen
R 27	Sehr giftig bei Berührung mit der Haut
R 28	Sehr giftig beim Verschlucken
R 29	Entwickelt bei Berührung mit Wasser giftige Gase
R 30	Kann bei Gebrauch leicht entzündlich werden
R 31	Entwickelt bei Berührung mit Säure giftige Gase
R 32	Entwickelt bei Berührung mit Säure sehr giftige Gase
R 33	Gefahr kumulativer Wirkungen
R 34	Verursacht Verätzungen
R 35	Verursacht schwere Verätzungen
R 36	Reizt die Augen
R 37	Reizt die Atmungsorgane
R 38	Reizt die Haut
R 39	Ernste Gefahr irreversiblen Schadens
R 40	Verdacht auf krebserzeugende Wirkung
R 41	Gefahr ernster Augenschäden
R 42	Sensibilisierung durch Einatmen möglich
R 43	Sensibilisierung durch Hautkontakt möglich
R 44	Explosionsgefahr bei Erhitzen unter Einschluss
R 45	Kann Krebs erzeugen

Satz-ziffer	Bedeutung
R 46	Kann vererbbare Schäden verursachen
R 48	Gefahr ernster Gesundheitsschäden bei längerer Exposition
R 49	Kann Krebs erzeugen beim Einatmen
R 50	Sehr giftig für Wasserorganismen
R 51	Giftig für Wasserorganismen
R 52	Schädlich für Wasserorganismen
R 53	Kann in Gewässern längerfristig schädliche Wirkung haben
R 54	Giftig für Pflanzen
R 55	Giftig für Tiere
R 56	Giftig für Bodenorganismen
R 57	Giftig für Bienen
R 58	Kann längerfristig schädliche Wirkungen auf die Umwelt haben
R 59	Gefährlich für die Ozonschicht
R 60	Kann die Fortpflanzungsfähigkeit beeinträchtigen
R 61	Kann das Kind im Mutterleib schädigen
R 62	Kann möglicherweise die Fortpflanzungsfähigkeit beeinträchtigen
R 63	Kann das Kind im Mutterleib möglicherweise schädigen
R 64	Kann Säuglinge über die Muttermilch schädigen
R 65	Gesundheitsschädlich: Kann beim Verschlucken Lungenschäden verursachen
R 66	Wiederholter Kontakt kann zu spröder und rissiger Haut führen
R 67	Dämpfe können Schläfrigkeit und Benommenheit erzeugen.
R 68	Irreversibler Schaden möglich

Beispielhafte Kombinationen der R-Sätze (Auszug)

R 14/15	Reagiert heftig mit Wasser unter der Bildung hochentzündlicher Gase
R 15/29	Reagiert mit Wasser unter Bildung giftiger und hochentzündlicher Gase
R 20/21	Gesundheitsschädlich beim Einatmen und bei Berührung mit der Haut
R 20/21/22	Gesundheitsschädlich beim Einatmen, Verschlucken und Berührung mit der Haut
R 21/22	Gesundheitsschädlich bei Berührung mit der Haut und beim Verschlucken
R 23/24/25	Giftig beim Einatmen, Verschlucken und Berührung mit der Haut
R 36/37/38	Reizt die Augen, Atmungsorgane und die Haut
R 39/23	Giftig: ernste Gefahr irreversiblen Schadens durch Einatmen
R 39/24	Giftig: ernste Gefahr irreversiblen Schadens bei Berührung mit der Haut

Satzziffer	Bedeutung
S 1	Unter Verschluss aufbewahren
S 2	Darf nicht in die Hände von Kindern gelangen
S 3	Kühl aufbewahren
S 4	Von Wohnplätzen fernhalten
S 5	Unter ... aufbewahren (geeignete Flüssigkeit vom Hersteller anzugeben)
S 6	Unter ... aufbewahren (inertes Gas vom Hersteller anzugeben)
S 7	Behälter dicht geschlossen halten
S 8	Behälter trocken halten
S 9	Behälter an einem gut gelüfteten Ort aufbewahren
S 12	Behälter nicht gasdicht verschließen
S 13	Von Nahrungsmitteln, Getränken und Futtermitteln fern halten
S 14	Von ... fern halten (inkompatible Substanzen vom Hersteller anzugeben)
S 15	Vor Hitze schützen
S 16	Von Zündquellen fern halten – nicht rauchen
S 17	Von brennbaren Stoffen fern halten
S 18	Behälter mit Vorsicht öffnen und handhaben
S 20	Bei der Arbeit nicht essen und trinken
S 21	Bei der Arbeit nicht rauchen
S 22	Staub nicht einatmen
S 23	Gas/Rauch/Dampf/Aerosol nicht einatmen (geeignete Bezeichnung[en] vom Hersteller anzugeben)
S 24	Berührung mit der Haut vermeiden
S 25	Berührung mit den Augen vermeiden
S 26	Bei Berührung mit den Augen gründlich mit Wasser abspülen und Arzt konsultieren
S 27	Beschmutzte, getränkte Kleidung sofort ausziehen
S 28	Bei Berührung mit der Haut sofort mit viel ... abwaschen (vom Hersteller anzugeben)
S 29	Nicht in die Kanalisation gelangen lassen
S 30	Niemals Wasser hinzugießen
S 33	Maßnahmen gegen elektrostatische Aufladung treffen
S 35	Abfälle und Behälter müssen in gesicherter Weise beseitigt werden
S 36	Bei der Arbeit geeignete Schutzkleidung tragen
S 37	Geeignete Schutzhandschuhe tragen
S 38	Bei unzureichender Belüftung Atemschutzgerät anlegen
S 39	Schutzbrille/Gesichtsschutz tragen
S 40	Fußboden und verunreinigte Gegenstände mit ... reinigen (vom Hersteller anzugeben)
S 41	Explosions- und Brandgase nicht einatmen
S 42	Beim Räuchern/Versprühen geeignetes Atemschutzgerät anlegen (geeignete Bezeichnung[en] vom Hersteller anzugeben)
S 43	Zum Löschen ... (vom Hersteller anzugeben) verwenden (wenn Wasser die Gefahr erhöht, anfügen: „Kein Wasser verwenden")

Satzziffer	Bedeutung
S 45	Bei Unfällen oder Unwohlsein sofort Arzt zuziehen (wenn möglich, dieses Etikett vorzeigen)
S 46	Bei Verschlucken sofort ärztlichen Rat einholen und Verpackung oder Etikett vorzeigen
S 47	Nicht bei Temperaturen über ... °C aufbewahren (vom Hersteller anzugeben)
S 48	Feucht halten mit ... (geeignetes Mittel vom Hersteller anzugeben)
S 49	Nur im Originalbehälter aufbewahren
S 50	Nicht mischen mit ... (vom Hersteller anzugeben)
S 51	Nur in gut belüfteten Bereichen verwenden
S 52	Nicht großflächig für Wohn- und Aufenthaltsräume zu verwenden
S 53	Exposition vermeiden. Vor Gebrauch besondere Anweisung einholen
S 56	Diesen Stoff und seinen Behälter der Problemabfallentsorgung zuführen
S 57	Zur Vermeidung einer Kontamination der Umwelt geeigneten Behälter verwenden
S 59	Informationen zur Wiederverwendung/ Wiederverwertung beim Hersteller/Lieferanten erfragen
S 60	Dieser Stoff und/oder sein Behälter sind als gefährlicher Abfall zu entsorgen
S 61	Freisetzung in die Umwelt vermeiden. Besondere Anweisungen einholen/Sicherheitsdatenblatt zu Rate ziehen
S 62	Bei Verschlucken kein Erbrechen herbeiführen. Sofort ärztlichen Rat einholen und Verpackung oder dieses Etikett vorzeigen
S 63	Bei Unfall durch Einatmen: Verunfallten an die frische Luft bringen und ruhig stellen
S 64	Bei Verschlucken Mund mit Wasser ausspülen (nur wenn Verunfallter bei Bewusstsein ist)

Beispielhafte Kombinationen der S-Sätze (Auszug)	
S 1/2	Unter Verschluss und für Kinder unzugänglich aufbewahren
S 3/7	Behälter dicht geschlossen halten und an einem kühlen, gut gelüfteten Ort aufbewahren
S 3/14	An einem kühlen Ort entfernt von ... aufbewahren (die Stoffe, mit denen Kontakt vermieden werden muss, sind vom Hersteller anzugeben)
S 3/9/14	An einem kühlen, gut gelüfteten Ort, entfernt von ... aufbewahren (die Stoffe, mit denen Kontakt vermieden werden muss, sind vom Hersteller anzugeben)
S 3/9/49	Nur im Originalbehälter an einem kühlen, gut gelüfteten Ort aufbewahren
S 3/9/14/49	Nur im Originalbehälter an einem kühlen, gut gelüfteten Ort, entfernt von ... aufbewahren (die Stoffe, mit denen Kontakt vermieden werden muss, sind vom Hersteller anzugeben)
S 7/8	Behälter trocken und dicht verschlossen halten
S 20/21	Bei der Arbeit nicht essen, trinken oder rauchen
S 24/25	Berührungen mit den Augen und der Haut vermeiden

In der nachfolgenden Liste werden Gefahrstoffe aufgeführt, die in den Versuchsanleitungen des vorliegenden Buches vorkommen. Die in der zweiten Spalte stehenden Kennbuchstaben sind den Gefahrensymbolen zugeordnet. Die Bedeutung der Kurzdarstellungen der R- und S-Sätze ist auf den vorherigen Seiten aufgeführt.

Aus der Nichterwähnung eines Stoffes darf nicht auf seine Unbedenklichkeit geschlossen werden. Vielmehr ist mit Chemikalien grundsätzlich besonnen umzugehen!

Bezeichnung des Stoffes	Kennbuchstabe des Gefahrensymbols	Gefahrenhinweise (R-Sätze)	Sicherheitsratschläge (S-Sätze)	AGW-Wert in mg/m³
Aceton	F, Xi	11-36-66-67	9-16-26	1200
Alkohol s. Ethanol				
Ameisensäure, 90 % und größer	C	35	23-26-45	9,5
Ameisensäure, 10 % bis unter 90 %	C	34	23-26-45	9,5
Ameisensäure, 2 % bis unter 10 %	Xi	36/38	23-26-45	9,5
Ammoniak, wasserfr., 25 % und größer	T, N	23-34-50	9-16-26-36/37/39-45-61	14
Ammoniak, wasserfr., 5 % bis unter 25 %	T, N	23-34	9-16-26-36/37/39-45-61	14
Ammoniak, wasserfr., 0,5 % bis unter 5 %	Xn	20-36/37/38	9-16-26-36/37/39-45-61	14
Ammoniaklösung, 25 % und größer	C, N	34-50	26-36/37/39-45-61	14
Ammoniaklösung, 10 % bis unter 25 %	C	34	26-36/37/39-45-61	14
Ammoniaklösung, 5 % bis unter 10 %	Xi	36/37/38	26-36/37/39-45-61	14
Bariumchlorid	T	20-25	45	0,5 E
Bleichlorid	T, N	61-20/22-33-62-50/53-62	53-45-60-61	0,15
Brom	T+, C, N	26-35-50	7/9-13-26-45-61	0,7
Butan	F+	12	9-16	2400
Butandiol (1,4)	Xn	22	---	200
Butanol	Xn	10-22-37/38-41-67	7/9-13-26-37/39-46	310
Calcium, gekörnt	F	15	8-24/25-43	
Calciumchlorid	Xi	36	22-24	
Calciumhydroxid (gelöschter Kalk)	Xi	41	22-24-26-39	
Calciumoxid	Xi	41	22-24-26-39	
Chlor	T, N	23-36/37/38-50	9-45-61	1,5
Chlorwasserstoff, wasserfr., 5 % und größer	T, C	23-35	9-26-36/37/39-45	3
Chlorwasserstoff, wasserfr., 1 % bis unter 5 %	C	20-35	9-26-36/37/39-45	3
Chlorwasserstoff wasserfr., 0,5 % bis u. 1 %	C	20-34	9-26-36/37/39-45	3
Chlorwasserstoff, wasserfr., 0,2 % b. u. 0,5 %	C	34	9-26-36/37/39-45	3
Chlorwasserstoff, wasserfr., 0,2 % b. u. 0,2 %	Xi	36/37/38	9-26-36/37/39-45	3
Citronensäure	Xi	36	26	
Cumolhydroperoxid	T, O, N	7-21/22-23-34-48/20/22-51/53	3/7-14-36/37/39-45-50-61	
Dieselöl	Herstellerangaben beachten			
Eisen(III)-chlorid-6-hydrat	Xn	22-38-41	26-39	
Essigsäure, 90 % und größer	C	10-35	23-26-45	25
Essigsäure, 25 % bis unter 90 %	C	34	23-26-45	25
Essigsäure, 10 % bis unter 25 %	Xi	36/38	23-26-45	25
Essigsäureethylester s. Ethansäureethylester				
Ethanal (Acetaldehyd)	F+, Xn	12-36/37-40	16-33-36/37	91

Bezeichnung des Stoffes	Kennbuchstabe des Gefahrensymbols	Gefahrenhinweise (R-Sätze)	Sicherheitsratschläge (S-Sätze)	AGW-Wert in mg/m³
Ethanol	F	11	7-16	960
Ethansäurebutylester	---	10-66-67	25	i. B.
Ethansäureethylester	F, Xi	11-36-66-67	16-26-33	1500
Ethen (Ethylen)	F+	12-67	9-16-33-46	
Fehlingsche Lösung II	C	35	26-37/39-45	
Glykol (Ethandiol)	F, Xn, N	11-20-50/53	---	1,3
Hexan	F, Xn, N	11-38-48/20-51/53-62-65-67	9-16-29-33-36/37-61-62	180
Kaliumnitrat	O	8	16-41	
Kaliumpermanganat	O, Xn, N	8-22-50/53	60-61	0,5
Kupfer(II)-chlorid	Xn, N	22-36/38-50/53	22-26-61	
Kupfer(II)-oxid	Xn	22-50/53	22-60-61	0,1
Kupfer(II)-sulfat	Xn, N	22-36/38-50/53	22-60-61	0,1
Lithium	F, C	14/15-34	8-43-45	
Lithiumbromid	Xn	22-36/38	26-36	
Lithiumchlorid	Xn	22-36/37/38	---	
Magnesiumpulver (phlegmat.)	F	11-15	7/8-43	
Magnesiumspäne	F	11-15	7/8-43	
Methanol	F, T	11-23/24/25-39/23/24/25	7-16-36/37-45	270
Natrium	F, C	14/15-34	5-8-43-45	
Natriumhydroxid (wasserfrei)	C	35	26-37/39-45	
Natronlauge, 5 % und größer	C	35	26-37/39-45	
Natronlauge, 2 % bis unter 5 %	C	34	26-37/39-45	
Natronlauge, 0,5 % bis unter 2 %	Xi	36/38	26-37/39-45	
Pepsin	Xn	36/37/38-42	22-24-26-36/37	
Phosphorsäure, 25 % und größer	C	34	26-45	2
Phosphorsäure, 10 % bis unter 25 %	Xi	36/38	26-45	2
1-Propanol	F, Xi	11-41-67	7-16-24-26-39	
Salpetersäure, 70 % und größer	C, O	8-35	23-26-36-45	2,6
Salpetersäure, 20 % bis unter 70 %	C	35	23-26-36-45	2,6
Salpetersäure, 5 % bis unter 20 %	C	34	23-26-36-45	2,6
Salzsäure, 25 % und größer	C	34-37	26-45	3
Salzsäure, 10 % bis unter 25 %	Xi	36/37/38	26-45	3
Schwefeldioxid, 5 % bis unter 20 %	Xn	20-34	9-26-36/37/39-45	1,3
Schwefeldioxid, 0,5 % bis unter 5 %	Xi	36/37/38	9-26-36/37/39-45	1,3
Schwefelsäure 15 % und größer	C	35	26-30-45	i. B.
Schwefelsäure 5 % bis unter 15 %	Xi	36/38	v26-30-45	i. B.

Bezeichnung des Stoffes	Kennbuchstabe des Gefahrensymbols	Gefahrenhinweise (R-Sätze)	Sicherheitsratschläge (S-Sätze)	AGW-Wert in mg/m³
Silbernitrat	O, C, N	8-34-50/53	26-36/37/39-45-60-61	0,01 E
Spiritus s. Ethanol				
Wasserstoff	F+	12	9-16-33	
Weinsäure	Xi	36	24-25	
Wundbenzin	Herstellerangaben beachten			
Zink (gekörnt)	N	50/53	60-61	
Zinkiodid	Xi	36/38	---	
Zinkpulver (nicht stabilisiert)	F, N	15-17-50/53	43-46-60-61	
Zinkpulver, (stabilisiert)	N	50/53	60-61	
Zinksulfat	Xn, N	22-41-50/53	22-26-39-46-60-61	

i. B.: in Bearbeitung

E: Einatembare Fraktion

Auch viele Haushaltschemikalien wie z. B. Rohrreiniger, Entkalker oder Reinigungsbenzin sind Gefahrstoffe. Informationen über ihre Gefährlichkeit sind dem jeweiligen Etikett zu entnehmen.

Spalte 3: Gefahrenhinweise (R-Sätze, r = risk)
Es sind die Nummern der R-Sätze angegeben. Die Nummern sind durch einen Bindestrich getrennt; sind Nummern mit einem Schrägstrich versehen, handelt es sich um eine Kombination von R-Sätzen.

Spalte 4: Sicherheitsratschläge (S-Sätze, s = security)
Es sind die Nummern der S-Sätze angegeben. Die Nummern sind durch einen Bindestrich getrennt; sind Nummern mit einem Schrägstrich versehen, handelt es sich um eine Kombination von S-Sätzen.

Spalte 5: AGW-Wert
Es wird der Arbeitsplatzgrenzwert angegeben. Dieser gibt die Konzentration eines Gefahrstoffes in der Luft am Arbeitsplatz an, die nicht überschritten werden darf.

Gas (für technische Anwendungen)	Gewinde	alte Farbkennzeichnung	neue Farbkennzeichnung nach DIN-EN 1089-3 (zusätzliche Kennzeichnung „N" bis Juni 2006)	
			Flaschenschulter	Flaschenmantel*
Sauerstoff	rechts	blau	weiß	blau oder grau
Stickstoff	rechts	dunkelgrün	schwarz	grau, schwarz oder dunkelgrün
Druckluft	rechts	grau	leuchtend grün	grau
Argon	rechts	grau	dunkelgrün	grau oder dunkelgrün
Helium	rechts	grau	braun	grau
Kohlenstoffdioxid	rechts	grau	grau	grau
Wasserstoff	links	rot	rot	rot
Acetylen	Spezialgewinde	gelb	kastanienbraun	kastanienbraun, schwarz oder gelb

* Die einzig verbindliche Kennzeichnung des Flascheninhalts erfolgt durch den Gefahrgutaufkleber. Die Farbkennzeichnung dient als ergänzende und unterstützende Information. In Deutschland soll ab 01.07.2006 bei Sauerstoff, Stickstoff und Argon die Rumpffarbe grau verwendet werden.

Sicheres Experimentieren

1 **NOT-AUS-Schalter**: Alle Strom- und Gaszuführungen können mit diesem Schalter mit einem Druck unterbrochen werden.
Feuerlöscher: Kleine Brände können mit einem Feuerlöscher bekämpft werden.
Feuerlöschdecke: Durch Einhüllen brennender Personen mit einer Feuerlöschdecke können die Flammen erstickt werden.
Augendusche: Chemikalien, die in das Auge gelangt sind, können mit einer Augendusche ausgespült werden.
Erste-Hilfe-Kasten: Kleine Verletzungen können mit Erste-Hilfe-Materialien behandelt werden.
Telefon (Notruf): Mit den Telefonnummern 110 für Polizei und 112 für Feuerwehr kann Hilfe herbeigerufen werden.

8 a) An dem Gefahrensymbol ist zu erkennen, dass es sich um eine ätzende Flüssigkeit handelt. Beim Entsorgen dieser Flüssigkeit sollten Schutzhandschuhe und Schutzbrille getragen werden, da der Stoff zu Verätzungen führen kann.

b) Nicht mehr identifizierbare Stoffe sollten vorsichtshalber als Problemabfall entsorgt werden.

11 a) Mit dem Gasbrenner können die leuchtende, nicht leuchtende und rauschende Flamme eingestellt werden.

b) Beim Erhitzen einer Flüssigkeit sollte die nicht leuchtende Flamme eingestellt werden. Die rauschende Flamme führt zu einem sehr starken Erhitzen, sodass die Flüssigkeit aus dem Reagenzglas spritzen kann. Die leuchtende Flamme dagegen ist nicht heiß genug und führt außerdem zur Rußbildung.

c) Bei einer Experimentierpause sollte die leuchtende Flamme eingestellt werden, weil diese gut zu sehen und nicht so heiß ist wie die beiden anderen Flammentypen.

Stoffe, Teilchen, Eigenschaften

2 Zur Beantwortung dieser Frage kannst du die Tabelle im Anhang des Buches und das Periodensystem (Buchdeckel hinten) zur Hilfe nehmen. Auch eigene Recherchen z. B. im Internet oder Lexikon können hilfreich sein.

a) **Wasser** ist eine farblose, geruchlose Flüssigkeit. Seine Schmelztemperatur t_{sm} beträgt 0 °C, seine Siedetemperatur t_{sd} 100 °C. Die Dichte beträgt 1,00 g/cm^3.

b) **Blei** ist bei Zimmertemperatur ein dunkelgrauer, glänzender Feststoff. Blei zeigt die typischen Eigenschaften eines Metalls: Es ist elektrisch leitfähig, ein guter Wärmeleiter und leicht verformbar. Blei schmilzt bei 327 °C und siedet bei 1 740 °C. Mit einer Dichte von 11,40 g/cm^3 zählt Blei zu den Schwermetallen.

c) **Eisen** ist ein grau glänzendes Metall. Eisen leitet den elektrischen Strom, es ist ein guter Wärmeleiter und leicht verformbar. Seine Schmelztemperatur t_{sm} beträgt 1 535 °C, seine Siedetemperatur t_{sd} 2 750 °C. Eisen gehört mit einer Dichte von 7,87 g/cm^3 zu den Schwermetallen.

d) **Iod** liegt bei Zimmertemperatur in Form von glänzenden, grauschwarzen Plättchen vor. Bereits bei geringer Erwärmung sublimiert Iod. Dabei entsteht violetter Ioddampf. Iod schmilzt bei 113 °C und siedet bei 184 °C. Die Dichte beträgt 4,93 g/cm^3.

11 Wenn in Filmen wie in „Titanic" Schiffe nachgebaut werden, so holt man die alten Pläne und baut nach diesen originalgetreu zum Beispiel die Inneneinrichtung, den Bug oder das Heck eines Schiffes nach. Damit der Zuschauer meint, das Original vor sich zu haben, muss das nachgebaute Schiff bis in das kleinste Detail mit dem Original übereinstimmen.
Dieses Modell kann man sehen und auch anfassen.
Beispiel: Filmstudio in München, dort ist das das U-Boot-Modell aus dem Film „Das Boot" zu sehen.

Das Teilchenmodell in der Chemie wird nicht benutzt, um ein Original nachzubauen. Teilchen sind so klein, dass man sie selbst mit einem guten Mikroskop nicht sehen kann.
Modelle in der Chemie sind demnach keine Abbildungen der Wirklichkeit. Sie dienen vielmehr dazu, etwas besser zu verstehen. Modelle der Chemie sind Vorstellungs- und Erklärungshilfen.

12 Ein Dummy kann als Ersatz für einen Fahrer oder Beifahrer in Crash-Tests eingesetzt werden, weil er z. B. das Gewicht, die Größe, die Bewegungsabläufe eines Menschen aufweist. Ein Dummy verhält sich beim Crash-Test damit ähnlich wie ein Mensch.

Trennen und Mischen

1 **Reinstoffe** sind Stoffe, die nur aus einer Stoffart bestehen.
Reinstoffe sind: Würfelzucker, Eisenfeilspäne, destilliertes Wasser, Alkohol und Kochsalz.

Stoffgemische bestehen aus unterschiedlichen Reinstoffen. Die Bestandteile des Gemisches können durch verschiedene Trennverfahren gewonnen werden.
Stoffgemische sind: Brausetabletten (bestehen aus unterschiedlichen Körnern), Mineralwasser (besteht aus Wasser, Mineralien und evtl. Gas), Regenwasser (besteht aus Wasser, Schmutz- und Staubpartikeln), Wein (besteht aus Alkohol und Wasser).

6 Bei heterogenen Stoffgemischen sind die unterschiedlichen Bestandteile z. B. mit der Lupe oder unter dem Mikroskop erkennbar. Bei homogenen Stoffgemischen sind die Bestandteile nicht erkennbar.
Milch ist eine Emulsion aus Fetttropfen in Wasser (heterogenes Gemisch).

Rotwein ist eine Lösung aus Alkohol und Wasser (homogenes Gemisch).
Salzwasser ist eine Lösung aus Salz und Wasser (homogenes Gemisch).
Zigarettenrauch ist Rauch aus Teerpartikeln in der Luft (heterogenes Gemisch).
Lehmwasser ist eine Suspension aus Lehm und Wasser (heterogenes Gemisch).
Schmutzwasser ist eine Suspension aus Schmutzpartikeln und Wasser (heterogenes Gemisch).

7 **Kaffeezubereitung**: Extrahieren und Filtrieren.
Teezubereitung: Extrahieren, evtl. Filtrieren.
Trinkwasser aus Meerwasser: Destillieren.
Butter aus Frischmilch: Zentrifugieren.

Rund um das Wasser

2 a) Wasser hat bei 4 °C die größte Dichte. Da kälteres Wasser (zwischen 0 °C und 4 °C) eine geringere Dichte hat als Wasser von 4 °C, gefrieren Gewässer von der Oberfläche her zu.
b) Das Volumen der meisten Flüssigkeiten nimmt beim Abkühlen ab. Auch Wasser zieht sich beim Abkühlen bis 4 °C zusammen. Beim weiteren Abkühlen nimmt das Volumen einer Wasserportion von 4 °C bis 0 °C wieder zu.

Die chemische Reaktion

5 a) Schwarzes Silbersulfid wird beim Erhitzen zerlegt, es findet eine chemische Reaktion statt. Aus einem Ausgangsstoff (einem Edukt) entstehen zwei Endstoffe (zwei Reaktionsprodukte). Bei der Zerlegung von Silbersulfid entstehen unter Wärmezufuhr die Reaktionsprodukte Silber (silbrig glänzende Kugel) und Schwefel (gelber Stoff). Das Reaktionsschema für die chemische Reaktion lautet:

Silbersulfid ⟶ Silber + Schwefel

b) Silbersulfid ist eine Verbindung, sie lässt sich in Silber und Schwefel zerlegen. Silber und Schwefel sind Elemente. Sie sind Grundstoffe, die sich nicht in weitere Stoffe zerlegen lassen.

c) Es hat eine endotherme Reaktion stattgefunden, da bei der Zerlegung von Silbersulfid ständig Energie (in Form von Wärme) zugeführt wird.
Im Reaktionsschema wird die endotherme Reaktion wie folgt angegeben:

Silbersulfid ⟶ Silber + Schwefel | endotherm

6 a) Beim Erhitzen von Kupfer und Schwefel findet eine chemische Reaktion statt. Aus zwei Ausgangsstoffen (zwei Edukten) entsteht ein Endstoff (ein Reaktionsprodukt).
Die Ausgangsstoffe (Edukte) sind Kupfer und Schwefel.
Der Endstoff (Reaktionsprodukt) ist Kupfersulfid.
Das Reaktionsschema für diese chemische Reaktion lautet:

Kupfer + Schwefel ⟶ Kupfersulfid | exotherm

b) Bei der Reaktion von Kupfer und Schwefel hat sich die Verbindung Kupfersulfid gebildet. Die Bildung einer Verbindung nennt man Synthese.

c) Der Ablauf einer exothermen Reaktion kann mit folgender Modellvorstellung verglichen werden: Eine Kugel soll über einen Hügel nach unten gebracht werden. Sie kann den Hügel nicht von alleine überwinden. Dazu benötigt man Energie. Oben, von der Spitze des Hügels aus, kann die Kugel dann von selbst ins Tal rollen.
Die chemische Reaktion kommt nicht von alleine in Gang. Die Ausgangsstoffe Kupfer und Schwefel müssen zuerst aktiv gemacht werden. Dazu benötigt man Aktivierungsenergie, man muss erwärmen. Hat die Reaktion eingesetzt, wird viel Energie (in Form von Wärme und Licht) frei.
Sie reicht aus, um die chemische Reaktion in Gang zu halten.

Luft und Verbrennung

3 Bei der Verbrennung von rötlichem Kupfer über dem Gasbrenner findet eine Oxidation statt. Es entsteht Kupferoxid, welches an seiner grau-schwarzen Farbe zu erkennen ist. Wird Kupfer jedoch über eine Kerzenflamme gehalten, entsteht kein Kupferoxid, sondern nur Ruß. Die Kerzenflamme ist nicht heiß genug, um die Oxidation von Kupfer zu bewirken. Die Aktivierungsenergie, um die Reaktion in Gang zu bringen, wird nicht erreicht. Stattdessen schlägt sich Ruß der Kerzenflamme (entsteht bei der Verbrennung des Kerzenwachses) am Kupfer nieder.

7 Im Körper des Menschen werden Nährstoffe, meist Glucose (Traubenzucker) oxidiert. Die Oxidationen verlaufen im Vergleich zu Verbrennungen an der Luft sehr langsam ab und ohne Flammenerscheinung. Die frei werdende Energie dient zur Aufrechterhaltung der Körpertemperatur und zur Bewegung.

Die chemische Zeichensprache

1 a) rechnerische Erstellung der Formel Mg: II-wertig; N: III-wertig
Das KGV von II und III ist 6.
II x **3** = 6 und III x **2** = 6
Die Formel lautet: Mg_3N_2

b) $3\,Mg + N_2 \longrightarrow Mg_3N_2$

4 a) Eisen ist hier III-wertig, Chlor ist I-wertig. Die Formel für Eisen(III)-chlorid ist somit $FeCl_3$. Bei der Reaktionsgleichung muss beachtet werden, dass Chlor nur als zweiatomiges Molekül vorkommt:
$2\,FeCl_3 \longrightarrow 2\,Fe + 3\,Cl_2$

b) Die Formel wird aus dem Namen abgeleitet: Schwefeltrioxid. Ein Schwefelatom ist mit drei Sauerstoffatomen verbunden, also: SO_3

In der Reaktionsgleichung muss beachtet werden, dass Sauerstoff nur als zweiatomiges Molekül vorkommt.

$2\,S + 3\,O_2 \longrightarrow 2\,SO_3$

Reduktion und Redoxreaktion

4 $2\,H_2 + O_2 \longrightarrow 2\,H_2O$
Wasserstoff ist das Reduktionsmittel und wird bei der Reaktion selbst oxidiert. Sauerstoff ist das Oxidationsmittel und wird selbst reduziert.

Atombau, Periodensystem und Elementgruppen

3 a) Die **Ordnungszahl** steht am Elementsymbol links unten. Die Ordnungszahl von Magnesium ist 12.

b) Die **Ordnungszahl** gibt die Anzahl der Protonen im Kern bzw. der Elektronen in der Hülle an. Demnach besitzt das Magnesiumatom 12 Protonen im Kern und 12 Elektronen in der Hülle. Verteilt man die 12 Elektronen auf Schalen, besitzt das Magnesiumatom drei Schalen. Die erste Schale enthält zwei Elektronen, die zweite Schale acht Elektronen und die dritte Schale zwei Elektronen.
Schalenmodell:
1. Schale: 2 Elektronen
2. Schale: 8 Elektronen
3. Schale: 2 Elektronen

c) Die Anzahl der Außenelektronen gibt Auskunft über die **Hauptgruppennummer**, die Anzahl der Schalen über die **Periodennummer**. Magnesium steht demnach in der II. Hauptgruppe und in der 3. Periode im Periodensystem. Es gehört zur Elementgruppe der Erdalkalimetalle.

6 Das flüssige Element in Bild 4 gehört zur Elementgruppe der Halogene. Das Bild zeigt das Element Brom. Brom steht in der VII. Hauptgruppe. Das Bromatom besitzt demnach 7 Außenelektronen. Die 35 (Ordnungszahl = 35) Elektronen des Bromatoms verteilen sich wie folgt: Die erste Schale enthält zwei Elektronen, die zweite Schale acht Elektronen, die dritte Schale achtzehn Elektronen und die vierte Schale sieben Elektronen. Brom steht in der 4. Periode.

Chemische Bindungen

1 a) F – F

b)

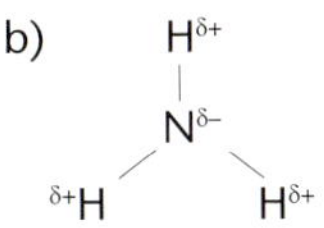

c)

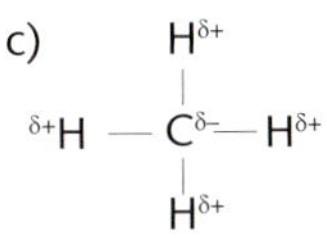

d)

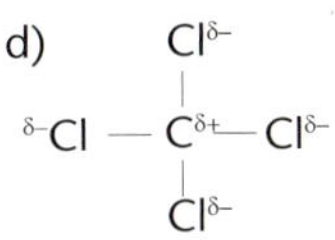

e) O = O

3 Strukturformeln lassen sich nur zeichnen, wenn sich Atome miteinander verbinden, es sich also um eine Atombindung handelt. Bei Magnesiumchlorid handelt es sich um eine Ionenbindung. Es lässt sich lediglich die Verhältnisformel erstellen.

9 Bei c) (Natriumfluorid), d) (Calciumoxid) und e) (Lithiumoxid) handelt es sich um Ionenverbindungen und damit um Salze. Es handelt sich um Verbindungen zwischen Metallen und Nichtmetallen, deren Elektronegativität um mehr als 1,7 auseinander liegt.

Säuren, Laugen, Salze

2 Salze können auf verschiedenen Wegen entstehen. Das gilt auch für die Bildung von Zinksulfat $ZnSO_4$.
a) Unedle Metalle reagieren mit sauren Lösungen (hier: verdünnte Schwefelsäure) zu Wasserstoff und einem Salz:

$Zn + H_2SO_4 \longrightarrow ZnSO_4 + H_2$

b) Metalloxide reagieren mit sauren Lösungen (hier: verdünnte Schwefelsäure) zu Wasser und einem Salz:

$ZnO + H_2SO_4 \longrightarrow ZnSO_4 + H_2O$

10 Die Salze der Schwefelsäure sind die Sulfate und die Hydrogensulfate. Mit Bariumhydroxid können Sulfationen SO_4^{2-} nachgewiesen werden (weißer Niederschlag).
Im Spritzmittel gegen Rebläuse ist daher das Salz Kupfersulfat mit der **Formel $CuSO_4$** enthalten.

11 a) Bei der Verdünnung einer sauren oder alkalischen Lösung auf das 10fache steigt der pH-Wert jeweils um 1. Die Lösung mit einem pH-Wert von 10 weist also nach der Verdünnung auf das 10fache den pH-Wert 11 auf.

b) Wird eine Lösung mit dem pH-Wert 2 auf das 1000fache verdünnt, so wird sie 3-mal auf das 10fache verdünnt ($1000 = 10 \times 10 \times 10$), also steigt der pH-Wert um 3 von 2 auf **5**.

Technische Prozesse

1 1. Schritt: $S + O_2 \longrightarrow SO_2$
2. Schritt: $2SO_2 + O_2 \longrightarrow 2SO_3$
3. Schritt: $SO_3 + H_2O \longrightarrow H_2SO_4$

3 Durch Einlagerung von Stahlstäben und Stahlgittern erhält der Stahlbeton eine sehr hohe Festigkeit. Da sich Beton und Eisen beim Erwärmen gleich stark ausdehnen, entstehen bei Temperaturschwankungen keine Risse im Beton.

Elektrische Energie und chemische Prozesse

1 a) Aus dem Namen Kupfer(II)-chlorid kann man ablesen, dass das Kupferatom in der Verbindung II-wertig ist. Da das Chloratom I-wertig ist, lautet die **Formel $CuCl_2$**.

b) **Vorgänge an der Kathode**: Die zweifach positiv geladenen Kupferionen Cu^{2+} wandern zur Kathode und nehmen dort je zwei Elektronen auf. Es entstehen Kupferatome Cu. Die negativ geladene Elektrode überzieht sich mit einer rotbraunen Schicht aus Kupfer.
Vorgänge an der Anode: Die einfach negativ geladenen Chloridionen Cl^- wandern zur Anode und geben dort je ein Elektron ab. Es entstehen Chloratome. Je zwei Chloratome bilden ein Chlormolekül Cl_2. An der Anode entweicht Chlor, ein gelbgrünes Gas.

c) Im Luftballon seitlich am U-Rohr sammelt sich Chlorgas. Chlor ist giftig und darf nicht in die Luft gelangen. Der Luftballon verhindert, dass das gebildete Chlor aus der Apparatur entweichen kann.

5 Die Kupferatome im Kupferblech geben Elektronen ab. Es entstehen Kupferionen. Die Silberionen der Lösung nehmen Elektronen auf. Es entstehen Silberatome.
Das unedlere Metall (Kupfer) geht in Lösung, das edlere Metall (Silber) scheidet sich ab. Zwischen den Kupferatomen und den Silberionen hat ein **Elektronenübergang** stattgefunden. Kupfer hat ein größeres Bestreben Elektronen abzugeben als Silber.

Alkane – Energieträger und Rohstoffe

5 Normalbenzin und Superbenzin unterscheiden sich in ihrer Octanzahl.
a) Die Octanzahl gibt die Klopffestigkeit eines Benzins an. Als Bezugsgröße dient Isooctan mit der Octanzahl 100, n-Heptan erhält die Octanzahl 0.

b) Ein Benzin hat die Octanzahl 92, wenn es genauso klopffest ist wie ein Gemisch aus 92 % des Isooctans und 8 % des n-Heptans.

10 a) Der Abgaskatalysator befindet sich zwischen dem Motor und dem ersten Schalldämpfer.

b) Hauptschadstoffe des Autoabgases sind Kohlenstoffmonooxid, Stickstoffoxide und Kohlenwasserstoffe. Bei Dieselfahrzeugen gehören Rußpartikel zu den Schadstoffen.

c) Kohlenstoffmonooxid wird zu Kohlenstoffdioxid umgewandelt, Stickstoffoxide werden zu Stickstoff reduziert. Kohlenwasserstoffe werden in Kohlenstoffdioxid und Wasser umgewandelt.

d) Der Rußpartikelfilter sorgt dafür, dass Ruß zu Kohlenstoffdioxid verbrennt.

13 a) Bei der Polymerisation des Ethens brechen unter Zugabe von Katalysatoren die Doppelbindungen der Ethenmoleküle auf. Die Moleküle verknüpfen sich dann zu langen Molekülketten. Aus Ethen entsteht bei der Polymerisation Polyethen.

b) Als Kurzzeichen für Polyethen wird PE verwendet.

Alkohole und organische Säuren

6 Das linke Molekülmodell zeigt ein **Ethanolmolekül**. Ethanol gehört zur Stoffgruppe der **Alkanole**. Das Molekül ist aus einer Ethylgruppe und einer Hydroxylgruppe aufgebaut. Die **Hydroxylgruppe** ist die funktionelle Gruppe der Alkohole. Das Ethanolmolekül enthält zwei Kohlenstoffatome und leitet sich vom entsprechenden Alkanmolekül mit zwei Kohlenstoffatomen ab, dem Ethanmolekül. Ethanol ist eine farblose Flüssigkeit mit einer Siedetemperatur von 78 °C. Zwischen den polaren Ethanolmolekülen wirken starke Anziehungskräfte, die Wasserstoffbrückenbindungen, die eine hohe Siedetemperatur verursachen. Ethanol löst sich aufgrund seiner Molekülstruktur (polare Hydroxylgruppe; kurzer unpolarer Kohlenwasserstoffrest) sowohl in Wasser als auch in Benzin. Ethanol verbrennt mit bläulicher Flamme zu Kohlenstoffdioxid und Wasser.

Das rechte Molekülmodell zeigt ein **Ethansäuremolekül** (Essigsäuremolekül). Ethansäure gehört zur Stoffgruppe der **Alkansäuren**. Das Molekül ist aus einer Methylgruppe und einer **Carboxylgruppe** aufgebaut. Die Carboxylgruppe ist die funktionelle Gruppe der Alkansäuren. Das Ethansäuremolekül leitet sich vom entsprechenden Alkanmolekül mit zwei Kohlenstoffatomen ab, dem Ethanmolekül. Ethansäure ist eine farblose Flüssigkeit mit stechendem Geruch. 100 %ige Ethansäure erstarrt bei 16 °C zu eisartigen Kristallen (Eisessig). Konzentrierte Ethansäure wirkt stark ätzend. Ihre Dämpfe sind brennbar. Verdünnte Ethansäure leitet den elektrischen Strom und färbt Universalindikator rot. Sie reagiert mit unedlen Metallen unter Bildung von Wasserstoff. Ethansäuremoleküle sind polar, zwischen ihnen wirken Wasserstoffbrücken. Ethansäure ist aufgrund der Molekülstruktur sowohl in Wasser als auch in Benzin löslich.

8 Bei den abgebildeten Verbindungen handelt es sich um **Ester**. Ester entstehen durch Kondensationsreaktion (unter Wasserabspaltung) aus Alkoholen und Säuren.
Bildung von **Propansäureethylester** (Rumaroma) aus Propansäure und Ethanol,
Bildung von **Butansäuremethylester** (Apfelaroma) aus Butansäure und Methanol,
Bildung von **Butansäureethylester** (Ananasaroma) aus Butansäure und Ethanol,

Bildung von **Ethansäurepentylester** (Bananenaroma) aus Ethansäure und Pentanol.

Beispiel:
Butansäure + Methanol ⟶ Butansäuremethylester + Wasser
$C_3H_7COOH + CH_3OH \longrightarrow C_3H_7COOCH_3 + H_2O$

Ernährung und Pflege

2 a) Linolensäure
b) Palmitinsäure
c) Butansäure (Buttersäure)

Zu den essenziellen Fettsäuren gehört die mehrfach ungesättigte Linolensäure.

Mehrfach ungesättigte Fettsäuren besitzen mindestens zwei Doppelbindungen im Molekül. Die ungesättigten Fettsäuren sind lebenswichtig, weil sie im Körper nicht aufgebaut werden können. Man muss sie mit der Nahrung zu sich nehmen.

6 Ein Valinmolekül verbindet sich mit einem Alaninmolekül unter Wasserabspaltung (Kondensationsreaktion) zu einem **Dipeptid**.

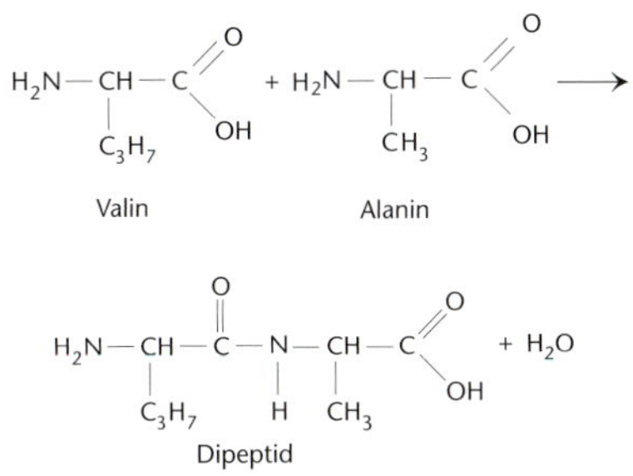

8 Im Leitungswasser sind Calciumionen. Beim Waschen bilden die Calciumionen mit den Seifenanionen schwer lösliche Kalkseife. Diese würde sich auf der Kopfhaut und den Haaren absetzen. Die Haare würden verfilzen, die Kopfhaut jucken.

11 a) Ein **Emulgator** ist ein Zusatz für Cremes, der verhindert, dass sich bei einer Creme die Ölphase und die Wasserphase trennen.

b) Für die Schutzschicht der Haut sorgen Drüsen, die in der Haut eingelagert sind. **Talgdrüsen** sorgen für eine fettige Schutzschicht. Durch **Schweißdrüsen** wird die Haut mit einem schwachen Säureschutzmantel überzogen, der die Haut gegen Infektionen schützt.

c) Beim regelmäßigen Waschen der Haut mit Seife werden sowohl die Fettschutzschicht als auch der Säureschutzmantel zerstört. Die alkalische Seifenlösung neutralisiert den Säureschutz der Haut. Die Fettschutzschicht wird wie beim normalen Waschvorgang abgelöst.

A

B

C

D

E

U1.1 Getty Images (Stone/Catherine Ledner), München – **U1.2** ZEFA (masterfile/Mark Tomalty), Düsseldorf – **U4.1** Corbis (Knobloch/A. B./zefa), Düsseldorf – **U4.2,3** Getty Images (Kelly/Dazeley), München – **U4.4** Avenue Images GmbH (Thinkstock), Hamburg – **10.2** Okapia (Tschanz Hofman), Frankfurt – **10.3** Mauritius (Phototake), Mittenwald – **10.4** Superbild (Zscharnack), Unterhaching/München – **11.5** Hudora, Remscheid – **11.6** Mauritius (ace), Mittenwald – **11.7** Corbis (Patrick Ward), Düsseldorf – **11.8** Superbild (Zscharnack), Unterhaching/München – **11.9** laif (Klein), Köln – **11.10** Mauritius (Sipa), Mittenwald – **11.13** Silvestris (K.-H. Jacobi), Dießen – **12.1-4** AKG, Berlin (Erich Lessing/Werner Forman), Berlin – **12.5** BPK, Berlin – **13.6** Jeans-Halle, Sindelfingen – **13.7** Mauritius (Ley), Mittenwald – **13.8** AKG, Berlin – **13.9,10** Deutsches Museum (J.B. Porta), München – **13.11** Materialprüfamt Universität Kaisers, Kaiserslautern – **13.12** Okapia (Eberhard Morell), Frankfurt – **13.13** Mauritius (age), Mittenwald – **15.2** AKG, Berlin – **15.3** BASF AG, Ludwigshafen – **16.2** Bierbaum-Proenen GmbH & Co. KG, Köln – **16.3** Dalloz Safety GmbH, Lübeck – **16.4** Aug. Hedinger GmbH & Co. KG, Stuttgart – **22.1** Allover (Lantelm), Kleve – **23.3** FIRE Foto - Thomas Gaulke (Thomas Gaulke), München – **23.4** RWE Umwelt West GmbH, Grevenbroich – **27.4B** Erbstößer Sicherheitstechnik GmbH, Marktheidenfeld – **28.2** DaimlerChrysler, Stuttgart – **28.4** Stockfood Photo Stock Agency (Maximilian Stock LTD), München – **29.5** Corbis (Susan Barr), Düsseldorf – **29.7** Katja Buß, Stuttgart – **29.8** FOCUS (EOS/Meckes), Hamburg – **31.1** Mauritius (age/Steputat/Phototheque-SDP), Mittenwald – **35.1** Corel Corporation, Unterschleissheim – **35.2** Jahreszeiten Verlag, Hamburg – **35.4** MEV, Augsburg – **37.1-4** Thomas Seilnacht, Bern – **37.7** Mauritius (Pigneter), Mittenwald – **40.2** Reinhard-Tierfoto, Heiligkreuzsteinach – **46.1** Bilderberg (Walter Schiesswohl), Hamburg – **46.2** Dr. Andreas Henseler, Asperg – **46.3** Image 100, Berlin – **46.4,5** DaimlerChrysler, Stuttgart – **46.6** AKG, Berlin – **47.7** VG Bild-Kunst, Bonn 2004 – **50.1** AKG (Sotheby's), Berlin – **52.2** pictureservices RF (IPS), Mittenwald – **54.1** Silvestris (S. Kerscher), Dießen – **57.5** Dr. Andreas Henseler, Asperg – **57.6** Corbis (Sygma/John Van Hasselt), Düsseldorf – **60.1** Mauritius (U. Kerth), Mittenwald – **62.3A** Okapia (Manfred Metzger), Frankfurt – **62.3B** Hermann Eisenbeiss, Bad Kohlgrub – **63.6** Bilderberg, Hamburg – **63.7,8** Mauritius (age), Mittenwald – **63.9B** Manfred P. und Christina Kage, Lauterstein – **65.2** Okapia (Hans Reinhard), Frankfurt – **65.3** Teubner Foodfoto, Füssen – **66.3** Okapia (Jeff Foott), Frankfurt – **67.4** Manfred P. und Christina Kage, Lauterstein – **68.1** Corbis (Neil Rabinowitz), Düsseldorf – **69.2** Gesellschaft für techn. Zusammenarbeit – **70.2, 71.3** Carl-Jürgen Bautsch, Hamburg – **71.2** Creativ Collection Verlag GmbH, Freiburg – **71.6, 72.1** Mauritius (Rosenfeld/Superstock), Mittenwald – **72.3** Fotoagentur Version (Herby Sachs), Köln – **73.4** AURA (Ammon), Luzern – **73.5** Vario-Press (Jens Trautmann), Bonn – **73.6, 75.1** Mauritius (Kumicak/Pöhlmann), Mittenwald – **75.2A** Thomas Seilnacht, Bern – **75.2B** Okapia (G. Büttner), Frankfurt – **75.3A** MEV, Augsburg – **76.1** Getty Images RF (Photodisc), München – **76.2** Dr. Heiko Bellmann, Lonsee – **76.3** Helga Lade, Frankfurt – **76.4** Corel Corporation, Unterschleissheim – **78.1** Okapia (NAS), Frankfurt – **78.2** Corbis (Hulton-Deutsch Collection), Düsseldorf – **78.3** La Geometrie, Leyden – **78.4** Picture-Alliance (dpa/Jan-Peter Kasper), Frankfurt – **79.6** ullstein bild (Kreth), Berlin – **79.7** Bilderberg (Reinhard Dirscherl), Hamburg – **79.8** Dr. Eckart Pott, Stuttgart – **79.9** Okapia (Berthold Singler), Frankfurt – **79.5A** Getty Images (Photonica), München – **79.5B** Avenue Images GmbH (Corbis), Hamburg – **79.5C,D** Okapia (Hans Reinhard/J-L Klein & M-L Hube), Frankfurt – **81.1** Hartmut Fahrenhorst, Unna – **81.2** Heinz Schlüter, Flensburg – **82.1** Corbis (The Mariners' Museum), Düsseldorf – **83.1** Mauritius (Superstock), Mittenwald – **83.2** Corbis (Stocktrek), Düsseldorf – **84.1** Picture-Alliance (dpa/M. de Jonge), Frankfurt – **84.2** Gilles Boccioli, Wien – **84.3** Picture-Alliance (Carsten Rehder), Frankfurt – **84.4** Okapia (Horst Zanus), Frankfurt – **84.5** Visum (A. Vossberg), Hamburg – **84.6** Argus (Raupach), Hamburg – **84.7** Hermann Eisenbeiss, Bad Kohlgrub – **86.2** Corbis (Roy Morsch), Düsseldorf – **87.3,5** Harzwasserwerke GmbH, Hildesheim – **87.4** Picture-Alliance (akg-images / Stefan), Frankfurt – **88.1** Unbekannter Lieferant, Stuttgart – **88.4** Mauritius (World Pictures), Mittenwald – **89.3** Lippeverband, Essen – **89.5** Prof. Dr. Horst Müller, Dortmund – **90.1** Image 100, Berlin – **91.3** Helga Lade, Frankfurt – **91.4** Arco Digital Images (W. Daffue), Lünen – **91.5** Wildlife (N.Wu), Hamburg – **92.1** Mauritius (Lindner), Mittenwald – **93.3** Mauritius, Mittenwald – **94.5** Stockfood Photo Stock Agency (S.&P. Eising), München – **97.3,4** Ulrike Medenbach, Witten – **97.5, 99.4** Mauritius (Dr.Pott/ Hubacher), Mittenwald – **100.Z1** AKG, Berlin – **102.1** Visum (Patrick Morrow), Hamburg – **102.2** Drägerwerk AG, Lübeck – **102.6, 103.3** Westfalen AG, Münster – **105.1** BPK (Kupferstich), Berlin – **105.2** Corbis (Bettmann), Düsseldorf – **105.3, 106.Z1** AKG, Berlin – **107.1** AKG (Waldemar Abegg), Berlin – **107.3** Bayer AG, Leverkusen – **107.4** Mauritius (B.Lehner), Mittenwald – **109.1** Stockfood Photo Stock Agency (S.&P.Eising), München – **109.2,3** Mauritius (ACE), Mittenwald – **110.1** FIRE Foto - Thomas Gaulke (Thomas Gaulke), München – **111.2** Superbild (Number_Three), Unterhaching / München – **111.3,4** Mauritius (Mitterer/Stock Market), Mittenwald – **112.1** Helga Lade (K. Röhrig), Frankfurt – **114.1** Mauritius (Gatzen), Mittenwald – **115.1** Picture-Alliance (Heinz Wieseler), Frankfurt – **115.2** Mauritius (Hubatka), Mittenwald – **115.3-5** Picture-Alliance, Frankfurt – **115.6** Visum (Bill Staley), Hamburg – **116.2, 118** FIRE Foto - Thomas Gaulke (Thomas Gaulke), München – **119** Mauritius (Gilsdorf), Mittenwald – **121.1** Helga Lade (Stock Photo), Frankfurt – **124.3** Corbis (Stephanie Maze), Düsseldorf – **126.1** Getty Images/ Bongarts, Hamburg – **126.4A** Thomas Seilnacht, Bern – **126.6B** Eberhard Theophel, Gießen – **127.2** Mauritius (age), Mittenwald – **128.1** Corbis (YIORGOS KARAHALIS/Re), Düsseldorf – **130.1** Mauritius (Eye-Press), Mittenwald – **130.2** Helga Lade, Frankfurt – **131.1** Ulrich Niehoff, Bienenbüttel – **131.2** Prof. Dr. Peter Menzel, Esslingen – **131.5** Keystone (Volkmar Schulz), Hamburg – **131.6** Prof. Dr. Peter Menzel, Esslingen – **132.3** Mauritius (Spectrum), Mittenwald – **133** NWS (Gerst), Stuttgart – **134.1** Wolfgang Redeleit, Bienenbüttel – **134.3** FOCUS (Hans Silvester), Hamburg – **134.2A** Visum (Steinmetz), Hamburg – **134.2B** Corbis (Jecan), Düsseldorf – **135.1** ullstein bild (ullstein - Popper Ltd.), Berlin – **135.2** Keystone, Hamburg – **136.2** Picture-Alliance (dpa), Frankfurt – **136.4A** FOCUS (SPL), Hamburg – **136.4B** Joachim Nittka, Augsburg – **137.3A** Thomas Seilnacht, Bern – **138.2** FIRE Foto - Thomas Gaulke (Thomas Gaulke), München – **139.1** Prof. Dr. Peter Menzel, Esslingen – **139.2** Bilderberg (Klaus Bossemeyer), Hamburg – **139.3** Dieter Schmidtke, Schorndorf – **139.4** SPIEGEL-Verlag, Hamburg – **140.1** ullstein bild, Berlin – **140.2** AKG, Berlin – **140.3** Mauritius, Mittenwald – **141.4** Avenue Images GmbH (PhotoDisc), Hamburg – **141.5, 143.1** Duvieu, foxnaturalconcept@free.fr, Nantes – **143.2** Deutsches Museum, München – **143.3** Mauritius, Mittenwald – **144.1** Corbis (Meyer zur Capellen/zefa), Düsseldorf – **145.1** Unbekannter Lieferant, Stuttgart – **147.1** AKG, Berlin – **148.1** FOCUS (SPL), Hamburg – **148.3A** Mauritius, Mittenwald – **151.2C** Humboldt-Universität zu Berlin, Berlin – **152.1** Deutsches Museum, München – **156.2** Helga Lade (Flac), Frankfurt – **156.1C** Corbis (Yogi, Inc./), Düsseldorf – **157.3** Mauritius (Peebles), Mittenwald – **157.4** RS Uhren-Handelsgesellschaft mbH, Düsseldorf – **157.5** Helga Lade (H.R.Bramaz), Frankfurt – **158** Das Fotoarchiv, Essen – **164.2-4** Mauritius (PowerStock/age/Mitterer), Mittenwald – **165.1** Fotex (Boris Lehner), Hamburg – **165.3** AKG, Berlin – **165.4** Cinetext, Frankfurt – **166.4** Mauritius (AGE), Mittenwald – **166.2B,D** Hermann Eisenbeiss, Bad Kohlgrub – **169.2** NASA, Washington , D.C. – **171.6** Osram, München – **172.1,3,4** Deutsches Museum, München – **172.2** Mauritius (Kuchlbaur), Mittenwald – **172.5** Corbis (Bettmann), Düsseldorf – **174.1B** Thomas Seilnacht, Bern – **175.5A** Bilderberg (Michael Engler), Hamburg – **175.5B** Architekturphoto, Düsseldorf – **175.5C** Okapia (Janfot), Frankfurt – **179.2** Mauritius (Ypps), Mittenwald – **179.3** Bildarchiv Stanko Petek (www.LUFTBI, Radolfzell – **179.4,6** Bilderberg (Eberhard Grames), Hamburg – **180.2** Mauritius (Pöhlmann), Mittenwald – **180.5** Ulrike Medenbach, Witten – **180.1E** Mauritius (age), Mittenwald – **181.6** Transglobe Agency (Adolf Marents), Hamburg – **181.8** MEV, Augsburg – **181.9A** IMAGO (Jost), Berlin – **181.9B** André Bauer, Esch/Alzette – **181.10A** Hansmann Bildarchiv, München – **181.10B** Thomas Seilnacht, Bern – **182.1** AKG, Berlin – **182.2** Deutsches Museum, München – **182.3** Schoenberg Center, Philadelphia, PA 19104-6206 – **182.4,5,7** Deutsches Museum, München – **183.9** Risoe National Laboratory, Roskilde – **183.10** FOCUS, Hamburg – **186.1** Okapia (Yoav Levy/Phototake), Frankfurt – **187** Deutsches Museum, München – **188.2** Unbekannter Lieferant, Stuttgart – **188.3** Deutsches Museum, München – **189.7** Thomas Seilnacht, Bern – **190.1** Deutsches Museum, München – **192.1** Scala, Antella (Firenze) – **192.3**

AKG, Berlin – **192.4A** Okapia (Gerald & Buff Corsi), Frankfurt – **192.4B** Deutsches Museum, München – **192.5A** Stockfood Photo Stock Agency (Michael Meisen), München – **192.5B, 193.6,7** Deutsches Museum, München – **193.8** Corbis (Bettmann), Düsseldorf – **193.9** ullstein bild, Berlin – **193.10** AKG, Berlin – **193.11** ullstein bild, Berlin – **194.1,2,4** Deutsches Museum, München – **194.3** Jünger Verlag Frankfurt – **194.5** AKG, Berlin – **195.1** Picture-Alliance (dpa Fotoreport), Frankfurt – **195.2** Conrad Electronic GmbH, Hirschau – **196** MSA, Weiden – **196.1,3** Deutsches Elektronen-Synchotron, Hamburg – **198.3** Thomas Seilnacht, Bern – **200.3** Hermann Eisenbeiss, Bad Kohlgrub – **200.5** Osram, München – **201.6** Picture-Alliance (FoodPhotography Eising), Frankfurt – **202.1** AKG, Berlin – **202.2** Landesmuseum für Natur und, Oldenburg – **202.4** Mauritius, Mittenwald – **202.5** Picture-Alliance (Bernd Hanselmann), Frankfurt – **203.1** Stockfood Photo Stock Agency (Maximilian Stock LTD), München – **203.2** FOCUS, Hamburg – **204.1,2** Stockfood Photo Stock Agency, München – **204.3,4** Mauritius (Poehlmann/Sock Image), Mittenwald – **204.6A** Stockfood Photo Stock Agency, München – **204.6B** Burkhard Weizel, Koblenz – **204.6C** Ulrike Medenbach, Witten – **206.1** Fakultät für Mathematik und Physik, Tübingen – **206.2** Corbis (Bettmann), Düsseldorf – **206.3** MEV, Augsburg – **207.6,7** Petra Schleusener, Aachen – **215.4,5** Okapia (Vock/Hermann Eisenbeiss), Frankfurt – **221.1** Thomas Seilnacht, Bern – **222.1** Deutsches Museum, München – **222.2A** Ulrike Medenbach, Witten – **224.3** Helga Lade (Dr.Lorenz), Frankfurt – **225.5A** Florian Karly, München – **226.1** Stockfood Photo Stock Agency (Eising), München – **226.2** Huober Brezel, Erdmannhausen – **226.3** Mauritius, Mittenwald – **226.4** Werner Lieber, Heidelberg – **227.5** Corbis, Düsseldorf – **229.1B** MEV, Augsburg – **229.2A** Stockfood Photo Stock Agency (Schliack, Amos), München – **229.2C** Gert Elsner, Stuttgart – **229.2D** Hengstenberg, Esslingen – **234.4** K+S Kali GmbH, Kassel – **235.1,2** Corbis (McNamee/Steiner), Düsseldorf – **238.1** ddp (Roggenthin), Berlin – **238.2** Okapia (Lange), Frankfurt – **238.3** Ulrike Medenbach, Witten – **238.4** Werner Lieber, Heidelberg – **238.6** pictureNEWS (Vedder), Frankfurt/Main – **239.1** Ulrike Medenbach, Witten – **239.2** FOCUS (SPL), Hamburg – **239.4** BPK (Petersen), Berlin – **239.6** Schott AG, Mainz – **240.1** Corbis (Davis), Düsseldorf – **241.1** ds-produkte Dieter Schwarz GmbH, Stapelfeld – **242.1** Okapia (Titz), Frankfurt – **242.2, 243.1** Corbis (Davis/Mackenzie), Düsseldorf – **243.3** Creativ Collection Verlag GmbH, Freiburg – **244.3** BASF AG, Ludwigshafen – **244.4** Gert Elsner, Stuttgart – **245.2** Thomas Seilnacht, Bern – **246.1-3** Corbis (Cluff/Fobes/Rowell), Düsseldorf – **248.4** Keystone (Schulz), Hamburg – **248.1A** fischer Befestigungssysteme, Waldachtal – **248.1C** MEV, Augsburg – **248.2A** Stockfood Photo Stock Agency (Eising), München – **248.2B** Mauritius (Foodpix), Mittenwald – **248.2C** Avenue Images GmbH (Corbis), Hamburg – **249.5** Corbis (Weatherly), Düsseldorf – **249.6** Stockfood Photo Stock Agency (Arras), München – **249.7A,B** Mauritius (O`Brien/Habel), Mittenwald – **249.7C** Corbis (Schmidt/zefa), Düsseldorf – **253.5** Alba Gewürze, Bielefeld – **258.1** Arnold Holste, Bielefeld – **260.3** Corbis (McCarthy), Düsseldorf – **260.4** FOCUS (TH Foto-Werbung/Science Photo Library), Hamburg – **260.5A** Corbis (Wheeler), Düsseldorf – **260.5B** Picture-Alliance (dpa), Frankfurt – **261.3** Mauritius (O`Brien), Mittenwald – **262.1** Phywe Systeme GmbH & Co. KG, Göttingen – **263.2** BASF AG, Ludwigshafen – **263.3** Guntram Gerst, Stuttgart – **263.4** Corbis (Cody), Düsseldorf – **264.2** Lurgi AG, Frankfurt – **266.1** Corbis (Austrian Archives), Düsseldorf – **266.3** BASF AG, Limburgerhof – **267.1,2,4** Deutsches Museum, München – **267.3, 268.1** BASF AG, Ludwigshafen – **268.2** Picture-Alliance (ZB - Fotoreport/Wolfgang Kluge), Frankfurt – **270.1A** Okapia (Sandved), Frankfurt – **270.1B,C** Mauritius (Kaiser/fm), Mittenwald – **270.1F** ullstein bild (Caro/Bastian), Berlin – **271.2** Helga Lade, Frankfurt – **271.3** Dyckerhoff AG, Wiesbaden – **273.3** Getty Images (Stone/Ledn), München – **273.4** Peter Wirtz Fotografie, Dormagen – **274.3** Corbis (Adam Woolfitt), Düsseldorf – **274.1B** Carl Zeiss, Oberkochen – **274.1C** Schott AG, Mainz – **275.1** Meissner Bleikristall GmbH, Meissen – **275.2** Schott AG, Mainz – **275.3** Miele, Gütersloh – **275.4** Mauritius (Haag + Kropp), Mittenwald – **275.5** Okapia (manfred Kage), Frankfurt – **275.6** Bayerwald (Schnitt0), Neukirchen vorm Wald – **275.7** Mauritius (Pokorski), Mittenwald – **276.1** Helga Lade (BAV), Frankfurt – **276.2A** Ziegelwerk Schmid, Bönnigheim – **276.2B** Villeroy & Boch, Mettlach – **276.2D** MEV, Augsburg – **276.3A** Astrofoto, Sörth – **276.3B** NGK, Ratingen – **277.1** Helga Lade (Bergmann), Frankfurt – **277.2** RW silicium GmbH, Pocking – **277.3** Wacker Siltronic, Burghausen – **277.4** IBM, Frankfurt – **278.2** FOCUS (Astrid&Hanns-Frieder Michler/spl), Hamburg – **278.3** Mauritius (O`Brien), Mittenwald – **280.1** Caro Fotoagentur (Jandke), Berlin – **280.2** Superstock (RF), Jacksonville – **280.3** Filser, Wolfgang, Arzbach – **280.4** Guntram Gerst, Stuttgart – **280.5** Bilderberg (Steinhilber), Hamburg – **281.6** Argus (Hartmut Schwarzbach), Hamburg – **281.7** Corbis (CDC/PHIL), Düsseldorf – **281.8** Okapia (Klaus Rose), Frankfurt – **281.9** STOCK4B (Höck), München – **281.10** MEV, Augsburg – **281.11** Bilderberg (Hans-Jürgen Burkard), Hamburg – **282.3** Helga Lade, Frankfurt – **282.4A** BMW AG, München – **282.4B** DaimlerChrysler AG, Stuttgart – **282.4C** Champion Zündkerzen GmbH, Bad Homburg – **283.1** MEV, Augsburg – **283.4** FOCUS (SPL), Hamburg – **284.3** Picture-Alliance (dpa/Kay Nietfeld), Frankfurt – **285.4** Mauritius (Höök), Mittenwald – **285.6-8** Mauritius (Hackenberg/Pöhlmann/Mayer), Mittenwald – **285.9** Conrad Electronic GmbH, Hirschau – **285.10** Mauritius (Mayer), Mittenwald – **285.11** Conrad Electronic GmbH, Hirschau – **286.1** Mauritius, Mittenwald – **288.2** PRfact AG (SIGG), Zürich – **288.3** Mauritius (Gilsdorf), Mittenwald – **288.4** Helga Lade (Bramaz), Frankfurt – **290** Deutsches Museum, München – **294.1** heliocentris Energiesysteme GmbH, Berlin – **294.2** DaimlerChrysler, Stuttgart – **296.1** Superbild, Unterhaching/München – **296.2** DaimlerChrysler AG, Stuttgart – **296.3A** Mauritius, Mittenwald – **296.4** Ulrich Niehoff, Bienenbüttel – **296.5** Infoherz New Media GmbH, Neubrandenburg – **297.1** Aug. Hedinger GmbH & Co. KG, Stuttgart – **298.3A** Helga Lade, Frankfurt – **298.3B** Mauritius (Mayer), Mittenwald – **299.2** MEV, Augsburg – **300.1** Conrad Electronic GmbH, Hirschau – **300.3** Peter Wirtz Fotografie, Dormagen – **301.1** Robert Bosch GmbH, Kalefeld/Willershausen – **301.3** Varta AG, Hannover – **301.4** Das Fotoarchiv, Essen – **303.3** Varta AG, Hannover – **303.4** MEV, Augsburg – **304.1,2** Deutsches Museum, München – **305.4** Corbis (Digital Art), Düsseldorf – **305.5** AKG (Schütz), Berlin – **305.7** Deutsches Museum, München – **305.8** ullstein bild, Berlin – **305.9** BASF AG, Ludwigshafen – **306.1, 307.3-5,7** Helga Lade (B. Blume/D. Kuhn), Frankfurt – **307.6** Hoechst AG, Frankfurt – **308.2** RWE PowerAG, Köln – **308.4** Picture-Alliance (dpa), Frankfurt – **311.4** Mauritius (AGE), Mittenwald – **311.5** Corbis (Layne Kennedy), Düsseldorf – **311.6-8** Mauritius (Arthur/H. Hoffmann), Mittenwald – **312.2** Kompogas AG, Glattbrugg – **312.3A** MEV, Augsburg – **312.3C** Corbis (Bob Rowan – Progressive Image), Düsseldorf – **312.3D** Mauritius (Rossenbach), Mittenwald – **313.2** Okapia (Erich Schrempp/NAS), Frankfurt – **313.3** Picture-Alliance (dpa/Hans Techt), Frankfurt – **316.1** Astrofoto, Sörth – **319.1** Helga Lade, Frankfurt – **321.3** HJS Fahrzeugtechnik GmbH & Co KG, Menden – **322.1,3** Picture-Alliance (dpa), Frankfurt – **324.1** Mauritius (Hubatka), Mittenwald – **324.4** ESSO, Karlsruhe – **325.1** Thomas & Thomas Design, Heidesheim – **326.3** Picture-Alliance (dpa/Greg Wood), Frankfurt – **326.4** Corbis (Gianni Dagli Orti), Düsseldorf – **326.5** Imago Stock & People, Berlin – **327.6** Picture-Alliance, Frankfurt – **327.8A** Otto Versand, Hamburg – **327.8B** DuPont Textiles & Interiors (Deutsc, Östringen – **328.2,4** FOCUS (EOS/Meckes/Dr.Jeremy Burgess/SPL), Hamburg – **328.3** Okapia (LSF/OSF), Frankfurt – **328.5** plainpicture (Duralux), Hamburg – **329.1** Eberhard Theophel, Gießen – **329.3** Ralph Grimmel, Stuttgart – **330.1** Helga Lade (Dieter Rebmann), Frankfurt – **330.2** © EE TM 1999 – **330.3** Stockfood Photo Stock Agency (Gaby Bohle), München – **330.4** Helga Lade (Rainer Binder), Frankfurt – **330.6** Mauritius (Exler), Mittenwald – **330.5** Corbis (RF), Düsseldorf – **331.2** Deutsche Gesellschaft für Kunststof, Köln – **331.3** Stenger Waffeln GmbH, Mayen – **333.1** Picture-Alliance (Bernd Weißbrod), Frankfurt – **333.3** Mauritius (Exler), Mittenwald – **334.1** Corbis (Paul A. Souders), Düsseldorf – **334.2,3** Angermayer (Hans Pfletschinger), Holzkirchen – **335.4** laif, Köln – **335.5,6** Okapia, (Manfred Ruckszio), Frankfurt – **335.8** Stockfood Photo Stock Agency (Element Photo), München – **336.1** AKG, Berlin – **336.2-4,6,8-10** Deutscher Brauer-Bund e.V., Berlin – **336.5** Helga Lade (Fischer), Frankfurt – **338.3** Mauritius (Ripp), Mittenwald – **338.4** Ruth Hammelehle, Kirchheim/Teck – **339.2** Okapia, Frankfurt – **344.1** DaimlerChrysler, Stuttgart – **344.2** Corbis (Paul A. Souders), Düsseldorf – **344.3** NREL, Golden, CO 80401 – **344.4** Okapia (Steinmetz), Frankfurt – **344.5** Picture-Alliance (dpa/Roland Scheidemann), Frankfurt – **345.1** Agrar-Press, Nörvenich – **345.2** Mauritius

(Bodenbender), Mittenwald – **345.3** laif (Veit Mette), Köln – **346.3** Picture-Alliance (dpa/Kay Nietfeld), Frankfurt – **347.3** Picture-Alliance (dpa/Manfred Vornholt), Frankfurt – **347.4, 348.1,2** AKG, Berlin – **348.3** Corbis (Corbis KIPA), Düsseldorf – **349.4,5** Hengstenberg, Esslingen – **351.5D** Picture-Alliance (dpa/Wolfgang Kluge), Frankfurt – **351.5F** Bayer AG, Leverkusen – **352.2** Hengstenberg, Esslingen – **353.6,7** Stockfood Photo Stock Agency (John Shipes/Michael Brauner), München – **355.1** Mauritius (Rosenfeld), Mittenwald – **355.3A** Okapia (Manfred Kage), Frankfurt – **355.3B** Hengstenberg, Esslingen – **355.4A** Okapia (Lond.Sc.films), Frankfurt – **357.4,6,7** Stockfood Photo Stock Agency (Arras/Gong/Wolfgang Usbeck/Peter Eising/Macimilian Stock), München – **358.1** Deutsches Museum, München – **358.3** Corbis (Jose Luis Pelaez, Inc.), Düsseldorf – **359.2** FOCUS (EOS/Meckes), Hamburg – **361.1** Stockfood Photo Stock Agency (Studio Bonisolli), München – **362.1** Visum (Günter Standl), Hamburg – **362.2** Mauritius (Kupka), Mittenwald – **362.3** Interfoto, München – **363.4** Corbis (Mug Shot), Düsseldorf – **363.5-7, 364.1** Stockfood Photo Stock Agency (Harry Bischof/Peter Rees/Michael Meisen/FoodPhotography Eising/Bodo A. Schieren/Peter Eising), München – **366.1A** Corbis (Roger Wood), Düsseldorf – **373.4** Okapia, Frankfurt – **373.5A** Picture-Alliance (dpa/Heinz Tschanz-Hofmann), Frankfurt – **373.5B** Deutscher Brauer-Bund e.V., Berlin – **375.1** Florian Karly, München – **376.2** AKG, Berlin – **376.1A** Hansmann Bildarchiv, München – **376.1B** HENKEL KGAA, Düsseldorf – **377.3A** MEV, Augsburg – **377.3B-D** Walter Rau Speickwerk, Stuttgart – **378.1** Okapia (Hermann Eisenbeiss), Frankfurt – **380.1** laif, Köln – **381.4** Corbis (Philip James Corwin), Düsseldorf – **382.3** HENKEL KGAA, Düsseldorf – **382.5** Gert Elsner, Stuttgart – **384.2** HENKEL KGAA, Düsseldorf – **384.3** FOCUS (Clive Freeman, The Royal Institution), Hamburg – **384.4** Gottfried Quinzler, Sindelfingen – **384.5** HENKEL KGAA, Düsseldorf – **385.4** FOCUS (EOS/Meckes), Hamburg – **385.1A** TV Yesterday, München – **385.1B** BW Photoagentur, München – **386.1** MEV, Augsburg – **386.2** Okapia (Neufried), Frankfurt – **387.3** Getty Images (Schober), München – **387.4A,B** Getty Images PhotoDisc (PhotoDisc), Hamburg – **387.4C** Niem-Handel, Gernsheim – **387.5A** Avenue Images GmbH (Brand X Pictures), Hamburg – **387.5B** MEV, Augsburg – **387.5C** Das Fotoarchiv, Essen – **387.5D** Fotosearch RF, Waukesha, WI – **388.2** Getty Images RF (Photodisc), München – **389.1** Unbekannter Lieferant, Stuttgart – **391.1** Stockfood Photo Stock Agency (Maximilian Stock LTD), München – **391.3** IMAGO (Juhl), Berlin – **391.5** Matthias Kulka, Düsseldorf – **391.7** Fotex, Hamburg – **392.2** Phywe Systeme GmbH & Co. KG, Göttingen – **402.1** Westfalen AG, Münster

Nicht in allen Fällen war es möglich, den Rechteinhaber der Abbildung ausfindig zu machen. Berechtigte Ansprüche werden selbstverständlich im Rahmen der üblichen Vereinbarungen abgegolten.

Elementsymbol mit Ordnungszahl	Beschreibung der Abbildung
1 H	**Wasserstoff** wird in roten Stahlflaschen aufbewahrt.
2 He	**Helium** wird in Stahlflaschen mit brauner Flaschenschulter aufbewahrt.
3 Li	**Lithium** wird wegen seiner hohen Reaktionsfähigkeit unter Paraffinöl aufbewahrt.
4 Be	elementares **Beryllium**
5 B	elementares **Bor**
6 C	**Kohlenstoff** in der Modifikation Graphit
7 N	**Stickstoff** wird in Stahlflaschen mit schwarzer Flaschenschulter aufbewahrt.
8 O	**Sauerstoff** wird in Stahlflaschen mit weißer Flaschenschulter aufbewahrt.
9 F	**Fluor** wird in Stahlflaschen mit gelber Flaschenschuler aufbewahrt.
10 Ne	**Neon** erzeugt bei der elektrischen Entladung in Leuchtstoffröhren rotes Licht.
11 Na	**Natrium** wird wegen seiner hohen Reaktionsfähigkeit unter Paraffinöl aufbewahrt.
12 Mg	**Magnesium**band
13 Al	**Aluminium**folie wird als Verpackungsmaterial für Lebensmittel verwendet.
14 Si	**Silicium** ist der Grundbestandteil in Mikrochips.
15 P	schwarzer und weißer **Phosphor**
16 S	**Schwefel** in Stangenform
17 Cl	**Chlor** ist gelbgrün und besitzt eine bleichende Wirkung.
18 Ar	**Argon** erzeugt bei der elektrischen Entladung in Leuchtröhren blaues Licht.
19 K	**Kalium** wird wegen seiner hohen Reaktionsfähigkeit unter Paraffinöl aufbewahrt.
20 Ca	elementares **Calcium**
21 Sc	elementares **Scandium**
22 Ti	Künstliche Hüftgelenke sind zumeist aus **Titan**.
23 V	**Vanadium** ist als Legierungsbestandteil in Werkzeugen enthalten.
24 Cr	Sanitär-Armaturen werden häufig mit einer **Chrom**schicht überzogen.
25 Mn	**Mangan**haltiger Stahl erzeugt Härte und Festigkeit. Dieser Stahl wird z. B. für technische Federn verwendet.
26 Fe	Nägel sind oft aus **Eisen**.
27 Co	In Rasierklingen ist **Cobalt** als Legierungsbestandteil enthalten. Es sorgt für verschleißfestes Schneiden.
28 Ni	In wiederaufladbaren Nickel-Metallhydrid-Batterien (Akkumulatoren) dienen **Nickel**verbindungen als Anode.
29 Cu	**Kupfer**draht
30 Zn	Eine **Zink**beschichtung z. B. auf Gießkannen dient als Rostschutz.
31 Ga	**Gallium** ist bei Zimmertemperatur zähflüssig.
32 Ge	Wegen ihrer hohen Brechungsindices werden **Germanium**verbindungen dem Glas von optischen Linsen beigemengt.
33 As	**Arsen** ist als Arsen-Gallium-Legierung in Leuchtdioden enthalten. Dort ist es für die rote Farbe verantwortlich.
34 Se	**Selen** ist in Selen-Hefe-Tabletten enthalten, welche die Regenerierung von Haut, Haaren und Nägeln fördern.

Elementsymbol mit Ordnungszahl	Beschreibung der Abbildung
35 Br	**Brom** besitzt eine braungelbe Farbe. Es liegt bei Zimmertemperatur als Flüssigkeit und Gas vor.
36 Kr	**Krypton** ist als Füllgas in vielen Glühlampen enthalten.
37 Rb	**Rubidium** wird wegen seiner hohen Reaktionsfähigkeit in zugeschmolzenen Glasröhrchen aufbewahrt.
38 Sr	**Strontium** wird wegen seiner hohen Reaktionsfähigkeit unter Paraffinöl aufbewahrt.
39 Y	**Yttrium**verbindungen verursachen die rote Farbe in manchen Lasern.
40 Zr	**Zirconium** verbrennt unter hellem Leuchten und wird deshalb in Blitzlampen eingesetzt.
41 Nb	**Niob** wird als Legierungsbestandteil in chirurgischen Geräten (z. B. Arztscheren) verwendet.
42 Mo	**Molybdän** wird als Anodenwerkstoff in Elektronenröhren (z. B. Bildröhren) verwendet.
43 Tc	radioaktives **Technetium**
44 Ru	**Ruthenium**legierungen sind besonders hart und werden deshalb z. B. für Federn von Füllfederhaltern verwendet.
45 Rh	**Rhodium** dient als Beschichtungsmaterial für viele medizinische Geräte (z. B. Mundspiegel beim Zahnarzt).
46 Pd	Zahnkronen bestehen meist aus **Palladium**-Gold-Legierungen.
47 Ag	Silberbesteck besteht aus einer **Silber**legierung oder ist mit einer Silberschicht überzogen.
48 Cd	**Cadmium** bildet die Kathode in wiederaufladbaren Nickel-Cadmium-Akkumulatoren.
49 In	**Indium**verbindungen werden vor allem in der Halbleiterindustrie z. B. zur Herstellung von Transistoren eingesetzt.
50 Sn	Konservendosen (Weißblech) bestehen aus **Zinn**legierungen.
51 Sb	**Antimon**-Blei-Schmelzen dehnen sich beim Erstarren aus und dienen deshalb als Gußwerkstoffe für Bleilettern.

Elementsymbol mit Ordnungszahl	Beschreibung der Abbildung
52 Te	**Tellur** wird bei der Herstellung von Autoreifen zur Vulkanisierung benötigt.
53 I	**Iod** ist schwarzviolett und sublimiert bei Zimmertemperatur zu violettfarbigem Ioddampf.
54 Xe	**Xenon** wird als Füllgas für Hochdrucklampen verwendet.
55 Cs	**Caesium** wird wegen seiner hohen Reaktionsfähigkeit in zugeschmolzenen Glasröhrchen aufbewahrt.
56 Ba	**Barium** wird wird wegen der hohen Reaktionsfähigkeit unter Paraffinöl aufbewahrt.
72 Hf	elementares **Hafnium**
73 Ta	Aufgrund seiner chemischen Wiederstandsfähigkeit wird **Tantal** in Kondensatoren verwendet.
74 W	Wegen seiner hohen Schmelztemperatur wird **Wolfram** als Glühdraht in Glühlampen verwendet.
75 Re	Wegen seiner hohen Schmelztemperatur wird **Rhenium** als Glühdraht in elektrischen Feuerzeugen verwendet.
76 Os	**Osmium** wird gerne als Platin-Legierungsbestandteil z. B. für Kompassnadeln verwendet.
77 Ir	Viele chirugische Geräte (z. B. Injektionsnadeln) bestehen aus **Iridium**legierungen.
78 Pt	Die Hohlräume des Autoabgaskatalysators sind oft mit **Platin** beschichtet. Dabei wirkt Platin als Katalysator.
79 Au	**Gold**barren
80 Hg	**Quecksilber** wird zur Füllung von vielen Flüssigkeitsthermometern verwendet.
81 Tl	**Thallium** ist sehr giftig und fruchtschädigend. Es wird daher in einem verschlossenen Gefäß aufbewahrt.
82 Pb	**Blei** bildet in Autoakkus die Anode.
83 Bi	**Bismut** wird als Schmelzdraht in Schmelzsicherungen verwendet.

Periodensystem der Elemente

mittlere Atommasse in u — 186,2
Ordnungszahl — 75 **Re** — Elementsymbol
Metalle / Halbmetalle / Nichtmetalle
Elementname — Rhenium

fest · gasförmig · flüssig

	I (1)	II (2)	III A (3)	IV A (4)	V A (5)	VI A (6)	VII A (7)	VIII A (8/9/
1	1,0 1 **H** Wasserstoff							
2	6,9 3 **Li** Lithium	9,0 4 **Be** Beryllium						
3	23,0 11 **Na** Natrium	24,3 12 **Mg** Magnesium						
4	39,1 19 **K** Kalium	40,1 20 **Ca** Calcium	45,0 21 **Sc** Scandium	47,9 22 **Ti** Titan	50,9 23 **V** Vanadium	52,0 24 **Cr** Chrom	54,9 25 **Mn** Mangan	55,8 26 **Fe** Eisen
5	85,5 37 **Rb** Rubidium	87,6 38 **Sr** Strontium	88,9 39 **Y** Yttrium	91,2 40 **Zr** Zirconium	92,9 41 **Nb** Niob	95,9 42 **Mo** Molybdän	98 43 **Tc** 4,2·10⁶ a Technetium	101,1 44 **Ru** Ruthenium
6	132,9 55 **Cs** Caesium	137,3 56 **Ba** Barium	57–71 Lanthanoide	178,5 72 **Hf** Hafnium	180,9 73 **Ta** Tantal	183,8 74 **W** Wolfram	186,2 75 **Re** Rhenium	190,2 76 **Os** Osmium
7	223 87 **Fr** 22 min Francium	226 88 **Ra** 1600 a Radium	89–103 Actinoide	267 104 **Rf** 78 min Rutherfordium	268 105 **Db** 29 h Dubnium	271 106 **Sg** 2 min Seaborgium	270 107 **Bh** 61 s Bohrium	270 108 **Hs** 23 s Hassium

	(Fortsetzung)
4	58,9 27 **C** Cobalt
5	102,9 45 **Rh** Rhodiu
6	192,2 77 **Ir** Iridium
7	278 109 **M** 8 Meitneriu

Lanthanoide	138,9 57 **La** Lanthan	140,1 58 **Ce** Cer	140,9 59 **Pr** Praseodym	144,2 60 **Nd** Neodym	145 61 **Pm** 17,7 a Promethium	150,4 62 **Sm** Samarium	152,0 63 **Eu** Europiu
Actinoide	227 89 **Ac** 22 a Actinium	232 90 **Th** $1{,}4 \cdot 10^{10}$ a Thorium	231 91 **Pa** $3{,}3 \cdot 10^{4}$ a Protactinium	238 92 **U** $4{,}5 \cdot 10^{9}$ a Uran	237 93 **Np** $2{,}1 \cdot 10^{6}$ a Neptunium	244 94 **Pu** $8{,}0 \cdot 10^{7}$ a Plutonium	243 95 **A** 7370 Americiu